Klaus Ehrlenspiel · Alfons Kiewert · Udo Lindemann

Kostengünstig Entwickeln und Konstruieren

Kostenmanagement bei der integrierten Produktentwicklung

Springer

Prof. em. Dr.-Ing. Klaus Ehrlenspiel
Kemnatenstr. 47 A
80639 München, Germany
ehrlenspiel@mytum.de

Dr.-Ing. Alfons Kiewert
TU München
Institut Mechatronik,
LS Produktentwicklung (PE)
Boltzmannstr. 15
85748 Garching, Germany
akiewert@pe.mw.tum.de

Prof. Dr.-Ing. Udo Lindemann
TU München
Institut Mechatronik,
LS Produktentwicklung (PE)
Boltzmannstr. 15
85748 Garching, Germany
udo.lindemann@pe.mw.tum.de

ISBN 10 3-540-25165-0 Berlin Heidelberg New York
ISBN 13 978-3-540-25165-1 Berlin Heidelberg New York

Bibliografische Information der Deutschen Bibliothek
Die Deutsche Bibliothek verzeichnet diese Publikation in der Deutschen Nationalbibliografie; detaillierte bibliografische Daten sind im Internet über http://dnb.ddb.de abrufbar.

Springer ist ein Unternehmen von Springer Science+Business Media

springer.de

Printed in Germany

Umschlaggestaltung: medionet AG, Berlin
Satz: Digitale Druckvorlage der Autoren

Gedruckt auf säurefreiem Papier 68/3020/M - 5 4 3 2 1 0

Vorwort zur 5. Auflage

Kosten senken ist eine Daueraufgabe, deshalb erscheint nun die 5. Auflage des Buchs.

Inhalt und Umfang des Buches sind ausgereift und die Basis für eine Vorlesung „Kostenmanagement im Maschinenbau" an der TU-München und ein VDI-Seminar „Konstrukteure senken Kosten". Es unterstützt die Lehre an anderen Universitäten und Fachhochschulen.

Deshalb wurde gegenüber der 4. Auflage nur die Literatur ergänzt und wieder gefundene Fehler beseitigt.

Kosten senken ist nicht nur eine Aufgabe in Deutschland, sondern in allen Industrieländern. Deshalb wird seit längerem an der Übersetzung des Buches ins Englische gearbeitet. Prof. Hundal/USA leistet die Hauptübersetzungsarbeit. Es wird demnächst im Springer Verlag New York in Zusammenarbeit mit der ASME erscheinen.

München, im April 2005

Klaus Ehrlenspiel • Alfons Kiewert • Udo Lindemann

Vorwort zur 4. Auflage

Der Kostendruck nimmt immer weiter zu. Kostenzielorientiertes Entwickeln und Konstruieren ist aktueller und nötiger denn je. Die in Bild 2.3-4 beschriebene Kostensenkung von -30 % hat sich neben einer Leistungssteigerung oft zur „Standardvorgabe" bei Neuentwicklungen und Produktüberarbeitungen entwickelt!

Aus Rückmeldungen zum Buch, aus Seminaren und Industriekontakten wissen wir, dass dies Buch dabei hilft. Deshalb folgt in einem Zeitraum von ein bis drei Jahren eine Auflage nach der anderen. – Das freut uns natürlich!

Diesmal wurde ziemlich viel überarbeitet und neu eingebracht.

So haben wir in der Praxis immer wieder erlebt, wie wichtig die Kostenverfolgung während eines Projektes ist. Deshalb stellen wir in Kapitel 4.8.3.2 zwei weitere Systeme zur Kostenverfolgung vor.

Die Verlängerung der Nutzungsdauer von Produkten bringt für den Nutzer und den Hersteller Vorteile. Deshalb wurde Kapitel 5 „Beeinflussung der Lebenslaufkosten" um den Abschnitt 5.4 ergänzt.

Dann das immer aktueller werdende Thema Variantenmanagement! Die Forderung nach kundenindividuellen Produkten steht dem Wunsch nach geringen Kosten diametral gegenüber. Das Variantenmanagement muss helfen, einen Kompromiss zu finden. Das Kapitel 7.12 wurde inhaltlich umgestellt und erweitert. Zwei neue Beispiele zur Baukastenkonstruktion wurden eingefügt: Baukastenanwendung bei Porsche-Sportwagen und bei Traktoren (Prof. Dr.-Ing. Renius).

Dann war da die Umstellung auf den Euro. Und dies, obwohl alle Zahlenangaben im Buch nur „Verhältniszahlen“ sind. Zum einen dürfen die Zahlen aus Industriebeispielen nicht die Originalwerte angeben, zum anderen ist es nicht möglich, die Kostenangaben ständig aktuell zu halten. Es geht nur um Praxisbeispiele, die ohnehin immer betriebsspezifische Kostenangaben enthalten (siehe Bild 7.13-2).

Ferner wurde als erster Schritt zu einer vollständigen Englisch-Übersetzung des Buches ein Inhaltsverzeichnis in Englisch eingefügt. Dafür danken wir Prof. Dr. Hundal von der University of Vermont. Dies erleichtert Ausländern die Orientierung und bringt für deutsche Leser wichtige Fachbegriffe.

Schließlich war die neue Rechtschreibung, die Ergänzung der Literatur und die Korrektur von Fehlern zu besorgen.

Bei dieser umfangreichen Überarbeitung hat Dr.-Ing. A. Kiewert die Hauptlast getragen. Herr H. Nyncke M.A. hat über Monate die DV-technische Realisierung durchgeführt. Ihnen sei für ihr Engagement vielmals gedankt. – Der Springer-Verlag hat uns in bewährter Weise unterstützt.

Unser Wunsch für Sie als Leser ist, dass Sie mit dem Buch mehr „Kostendurchblick“ bekommen und das „Kosten senken“ anpacken. Es geht!

München, im Mai 2002

Klaus Ehrlenspiel • Alfons Kiewert • Udo Lindemann

Vorwort zur 3. Auflage

Das Buch trifft offenbar auf einen starken Bedarf in Praxis und Lehre. Deshalb erscheint nach einem guten Jahr die 3. Auflage.

Inhaltlich wurden Ergänzungen beim Bewerten und beim Variantenmanagement vorgenommen. – Insbesondere haben wir einem Wunsch von Lesern nach einer Zusammenfassung der wichtigsten Checklisten und Regelsammlungen für die praktische Arbeit beim Kostensenken entsprochen. Der auch optisch unterscheidbare Anhang mit einer „Leitlinie zum Kostensenken“ ist dafür hoffentlich hilfreich.

Natürlich wurde die Literatur ergänzt und es wurden gefundene Fehler beseitigt: Es gibt, wie beim Kostensenken, laufend Verbesserungspotential.

Dies zu realisieren wünschen wir gemeinsam mit dem Verlag auch Ihnen!

München, im Juni 1999

Klaus Ehrlenspiel • Alfons Kiewert • Udo Lindemann

Vorwort zur 2. Auflage

Wir veröffentlichen dieses Buch, weil wir in der Praxis erfahren haben, dass sich mit den hier beschriebenen Denkweisen und Methoden oft 20-30 % der Herstellkosten der Produkte senken lassen – von Gemeinkosten und Lebenslaufkosten (Life-cycle-costs) ganz zu schweigen.

Das erscheint uns eine intelligente und zusätzliche Möglichkeit zu sein zur Stärkung des vielbesprochenen „Standorts Deutschland“. Mindestens zusätzlich zur einfachen Personalverringerung im Zeichen von „Lean Production“.

Das Buch wurde gegenüber der **1. Auflage von 1985** vollkommen überarbeitet. Dies gilt insbesondere für die Kap. 2 bis 6. Es wurden die Erfahrungen aus vielen Industrieprojekten und aus ca. 90 Seminaren in und mit der Industrie verwertet. (Kap. 7.13 bringt z. B. die Ergebnisse einer fast 20jährigen Zusammenarbeit mit 8 bis 15 Unternehmen der Forschungsvereinigung Antriebstechnik unter der Überschrift „Kosten-Benchmarking“).

Ferner wurde der Erkenntniszuwachs im methodischen Entwickeln und Konstruieren berücksichtigt: Anpassung allgemeingültiger Methoden an das jeweils konkrete Problem, integrierte Produktentwicklung bei zunehmender Spezialisierung, Nachdruck auf frühe Entwicklungsphasen, da hier die wesentlichen Entscheidungen fallen.

Es war unser Bestreben, moderne Fertigungs- und Montageverfahren zu berücksichtigen. Meist gibt es aber kaum verwertbare Aussagen über deren Zeit- und Kostenvorteile. Außerdem war vieles erarbeitet und fiel dann aus Umfangsgründen wieder dem Rotstift zum Opfer. Wir haben die Erfahrung gemacht, dass sich die Fertigungstechnologien und Zuliefermärkte so dynamisch entwickeln, dass man sich im konkreten Fall das einsetzbare Wissen ohnehin jeweils selbst beschaffen muss. Das Buch kann nur die grundsätzlichen Anregungen liefern.

Unser **Dank** gilt zunächst allen Mitarbeiterinnen und Mitarbeitern des Lehrstuhls für Konstruktion im Maschinenbau für die inhaltliche Arbeit, insbesondere Herrn Dipl.-Ing. M. Mörtl und Herrn Dipl.-Ing. J. Wulf, sowie Frau Dipl.-Ing. U. Phleps.

Die wissenschaftlichen Hilfskräfte Frau Dipl.-Ing. C. Geng, Herr Dipl.-Geogr. M. Krämer, Herr Dipl.-Ing. Dipl.-Wirtsch.-Ing. M. Reichart, Frau E. Carbajo und Frau C. Stubenrauch hatten lange Zeit damit zu tun, Text und Bilder in die Datenverarbeitung zu übernehmen.

Danken wollen wir auch unseren Förderern. Viele Vorhaben, die von der DFG, der FVA und dem BMFT gefördert wurden, haben zu den Erkenntnissen beigetragen.

Ebenso haben wir natürlich auch viel aus der Praxis von Unternehmen und deren Mitarbeitern gelernt.

Dem Springer-Verlag sei für die sorgfältige Buchausführung und die gute Zusammenarbeit gedankt. Hierbei wollen wir besonders Herrn Dr. Merkle erwähnen.

München, im Mai 1998

Klaus Ehrlenspiel • Alfons Kiewert • Udo Lindemann

Inhaltsverzeichnis

Kurzzeichen XXV

1 Einleitung 1

1.1 Kostensenken – ein Problem der Produktentwicklung 1
1.2 Ziele des Buchs 2
1.3 Aufbau des Buchs 2
1.4 Zur leichteren Nutzung des Buchs 4

2 Kostenverantwortung der Produktentwickler 5

2.1 Was sind Kosten? 5
2.2 Wer nimmt Einfluss auf die Kostenentstehung im Unternehmen? 8
2.3 Beispiele für den Einfluss der Produktentwicklung auf die Kostenentstehung 14

3 Schwerpunkte beim Kostenmanagement für die Produktentwicklung 19

3.1 Was ist Kostenmanagement? 19
3.1.1 Marktgerechte Produkte entwickeln 21
3.1.2 Kostengünstige Produkte entwickeln 22
3.1.3 Kosteneffiziente Entwicklungsprozesse schaffen 23
3.2 Probleme beim Kostenmanagement in der Produktentwicklung 23
3.2.1 Führung 25
3.2.2 Informationsverfügbarkeit 27
3.2.3 Methoden- und Hilfsmitteleinsatz 29
3.3 Anpassung des Kostenmanagements 31
3.3.1 Produktart und Produktprogramm 31
3.3.2 Produktionsart 33
3.3.3 Ziel und Umfang des Kostenmanagements 34

4 Methodik und Organisation des Kostenmanagements für die Produktentwicklung 35

4.1 Bausteine des Kostenmanagements 35
4.2 Prozesse im Produktlebenslauf 38
4.3 Der Mensch in der Organisation 42
4.3.1 Das Individuum und die Arbeit im Team 42
4.3.2 Integrative Organisationsformen 44
4.4 Methoden des Kostenmanagements in der Produktentwicklung 46
4.4.1 Probleme lösen mit dem Vorgehenszyklus 46
4.4.2 Strategische Ausrichtung des Vorgehens 49
4.4.3 Target Costing 50
4.5 Integration der Methoden zur zielkostenorientierten Entwicklung 52

4.5.1 Aufgabenklärung: Anforderungsklärung, Zielkostenermittlung und aufspaltung 53
4.5.1.1 Klären der Anforderungen 53
4.5.1.2 Funktionsanalyse 55
4.5.1.3 Ermitteln der Gesamtzielkosten 55
4.5.1.4 Aufspalten der Gesamtzielkosten in Teilzielkosten 61
4.5.2 Lösungssuche: Wie werden kostengünstige Lösungsansätze erarbeitet? 63
4.5.2.1 Suche nach vorhandenen Lösungen 64
4.5.2.2 Lösungssuche mit Hilfe physikalischer Effekte 64
4.5.2.3 Variation der Gestalt 66
4.5.2.4 Lösungssuche mit Hilfe von Kreativitätstechniken 67
4.5.2.5 Konzeptentwicklung mit dem morphologischen Kasten 68
4.5.3 Lösungsauswahl: Wie kann die beste Lösung ausgewählt werden? 69
4.5.3.1 Analyse von Produkteigenschaften 69
4.5.3.2 Bewertung und Entscheidung 70
4.5.3.3 Zusammenfassung des methodischen Vorgehens 71
4.6 Werkzeuge und Hilfsmittel zur Unterstützung des Kostenmanagements 73
4.6.1 Fertigungs- und Kostenberatung der Konstruktion 75
4.6.2 Kostenstrukturen 77
4.6.3 Relativkosten 81
4.6.4 Regeln 82
4.6.5 Checklisten 83
4.6.6 Portfolioanalyse 84
4.7 Beispiel zum methodischen Vorgehen: Beschriftungslaser 84
4.7.1 Aufgabenklärung 84
4.7.2 Lösungssuche 86
4.7.3 Lösungsauswahl 91
4.8 Praxis des Kostenmanagements 94
4.8.1 Einführung des Kostenmanagements 94
4.8.2 Welcher Aufwand zum Kostensenken ist gerechtfertigt? 95
4.8.3 Durchführung des Kostenmanagements 98
4.8.3.1 Interdisziplinäre Arbeitsmethodik 99
4.8.3.2 Planung, Steuerung und Kontrolle von „Kostensenkungsprojekten“ 101
4.8.3.3 Innerbetriebliche Voraussetzungen 112
4.8.3.4 Information und Weiterbildung 113
4.9 Weitere bekannte Methoden zum Kostenmanagement 114
4.9.1 Überblick 114
4.9.2 Wertanalyse 115

5 Beeinflussung der Lebenslaufkosten 119
5.1 Was sind Lebenslaufkosten? 119

5.2 Was beeinflusst die Lebenslaufkosten? 125
5.3 Wie entwickelt man auf Lebenslaufzielkosten hin? 129
5.4 Verlängerung der Nutzungsdauer zur Senkung der Lebenslaufkosten 131
5.5 Beispiele für die Verringerung von Lebenslaufkosten 133

6 Beeinflussung der Selbstkosten 137
6.1 Selbstkosten im Unternehmen 137
6.2 Verringern der Produktentwicklungskosten 139
6.2.1 Schwerpunktbildung der Produktentwicklungsarbeiten 141
6.2.2 Effizienzsteigerung der Produktentwicklung 142
6.2.3 Leistungstiefe in der Produktentwicklung 149
6.3 Produktentwicklung verursacht Komplexität im Unternehmen 150
6.3.1 Komplexitätskosten 150
6.3.2 Kosten der Teilevielfalt und der Technologiekomplexität 151
6.3.3 Kosten von Produktvarianten 152

7 Einflüsse auf die Herstellkosten und Maßnahmen zur Kostensenkung 157
7.1 Überblick über die Einflüsse und deren Stärke 157
7.2 Einfluss der Aufgabenstellung 160
7.3 Einfluss des Konzepts 162
7.4 Einfluss der Gestalt 166
7.5 Einfluss der Stückzahl 167
7.5.1 Stückzahlrelevante Vorgänge 169
7.5.2 Ursachen für die Stückzahldegression 170
7.6 Einfluss der Baugröße und der Abmessungen 174
7.6.1 Pauschale Wachstumsgesetze für Kosten 174
7.6.2 Einfluss der Abmessungsverhältnisse von Wirkflächen 179
7.7 Gemeinsamer Einfluss von Baugröße und Stückzahl 181
7.7.1 Formale Beziehungen 182
7.7.2 Berechnungsbeispiel 183
7.7.3 Beispiel Stirnzahnräder und Folgerungen auch für andere Teile 186
7.8 Einfluss der Auslegung 190
7.9 Einfluss des Materials 192
7.9.1 Bedeutung der Materialkosten 192
7.9.2 Verringerung der Rohmaterialkosten 194
7.9.2.1 Überblick 194
7.9.2.2 Verringerung des Materialvolumens 196
7.9.2.3 Verringerung der Materialkosten pro Volumen 200
7.10 Einfluss der Leistungstiefe 203
7.10.1 Überblick 203
7.10.2 Vor- und Nachteile der Leistungstiefen-Verringerung 204
7.10.3 Entscheidung zwischen Eigenfertigung und Zukauf 205
7.10.4 Kostengünstig Konstruieren bei unsicherem Fertigungsort und mangelhafter Kostentransparenz 207
7.11 Einfluss des Fertigungsverfahrens 212
7.11.1 Überblick 212

7.11.2 Urformverfahren ... 219
7.11.2.1 Wichtigste Gießverfahren ... 219
7.11.2.2 Einflüsse auf die Kosten von Gussteilen ... 220
7.11.2.3 Kostensenken durch Vollform-Gießverfahren ... 224
7.11.2.4 Regeln zur kostengünstigen Gestaltung von Gussteilen ... 224
7.11.2.5 Beispiele für die Gussgestaltung ... 229
7.11.2.6 Kostengünstige Gestaltung von Kunststoffteilen ... 230
7.11.2.7 Kostengünstige Konstruktion von Sinterteilen ... 234
7.11.3 Umformverfahren ... 236
7.11.3.1 Wichtigste Umformverfahren ... 236
7.11.3.2 Gestaltungsregeln ... 239
7.11.4 Trennverfahren ... 242
7.11.4.1 Wichtigste Trennverfahren ... 242
7.11.4.2 Einflussgrößen auf die Kosten bei spanenden Verfahren ... 244
7.11.4.3 Gestaltungsregeln bei spanenden Verfahren ... 246
7.11.4.4 Hochgeschwindigkeitsfräsen und -schleifen ... 250
7.11.4.5 Stanzen und Nibbeln ... 252
7.11.4.6 Brenn-, Laser-, Plasma-, Wasserstrahlschneiden ... 252
7.11.5 Verbindungen ... 255
7.11.5.1 Wichtigste feste Verbindungen ... 256
7.11.5.2 Kostengünstiges Konstruieren von Schweißgruppen (konventionelles Lichtbogenschweißen) ... 258
7.11.5.3 Laser- und Elektronenstrahlschweißen ... 260
7.11.5.4 Kleben ... 263
7.11.5.5 Schrauben und andere Verbindungselemente ... 263
7.11.6 Maßtoleranzen und Rauheit ... 266
7.11.7 Montage ... 270
7.11.7.1 Bedeutung montagegünstigen Konstruierens ... 270
7.11.7.2 Einflussgrößen auf die Montagekosten ... 271
7.11.7.3 Regeln zur kostengünstigen Montage ... 274
7.11.7.4 Beispiele für montagegünstiges Konstruieren ... 274
7.11.8 Qualitätskosten, Messen und Prüfen ... 280
7.12 Variantenmanagement ... 282
7.12.1 Ursachen und Auswirkungen der Produkt- und Teilevielfalt ... 287
7.12.1.1 Externe Ursachen der Variantenvielfalt ... 287
7.12.1.2 Interne Ursachen der Variantenvielfalt ... 289
7.12.2 Vor- und Nachteile der Variantenvielfalt ... 290
7.12.2.1 Vorteile einer hohen Variantenvielfalt ... 290
7.12.2.2 Nachteile einer hohen Variantenvielfalt ... 291
7.12.3 Maßnahmen zur Analyse der Variantensituation ... 294
7.12.3.1 Analyse der Produkt- und Teilevielfalt ... 294
7.12.3.2 Schnittstellenanalyse ... 303
7.12.4 Verringerung der Produkt- und Teilevielfalt ... 304
7.12.4.1 Normung und Standardisierung ... 305

7.12.4.2 Konstruktive Teilefamilien bilden 310
7.12.4.3 Integralbauweise bevorzugen 313
7.12.4.4 Maßnahmen zur Verringerung der Rüstkostenverringerung einsetzen 318
7.12.4.5 Organisatorische Maßnahmen zur Verringerung der Teilevielfalt 320
7.12.5 Baureihenkonstruktion 320
7.12.5.1 Definition, Zweck und Wirkung 320
7.12.5.2 Normzahlreihen als Hilfsmittel zur Baureihenkonstruktion 324
7.12.5.3 Ähnlichkeitsgesetze 327
7.12.5.4 Grenzen für geometrisch ähnliche Baureihen 331
7.12.5.5 Beispiel für eine Baureihe 332
7.12.6 Baukastenkonstruktion 335
7.12.6.1 Definition, Zweck und Wirkung 335
7.12.6.2 Aufbau (Morphologie) von Baukästen 339
7.12.6.3 Entwickeln von Baukästen 343
7.12.6.4 Modularisierung 347
7.12.6.5 Verwendung von Plattformen 348
7.12.6.6 Prinziplösungen, Typisierung 349
7.12.6.7 Parametrik, Konstruktionslogik 350
7.12.6.8 Beispiel eines Baukastens in der Lager- und Fördertechnik 351
7.12.6.9 Beispiel eines Baukastens bei Sportwagen 355
7.12.6.10 Beispiel eines Baukasten / Baureihensystems für Traktoren 357
7.12.7 Zusammenfassung 361
7.13 Ergebnisse eines Kosten-Benchmarking 363
7.13.1 Überblick und Vorgehen 363
7.13.2 Kosten-Benchmarking in der Antriebstechnik 364
7.13.3 Stirnzahnräder 368
7.13.4 Vergleich geschweißter und gegossener Getriebegehäuse 371
7.13.5 Wärmebehandlung und Härteverfahren 379
7.13.6 Welle-Nabe-Verbindungen 381
7.13.7 Montage von Getrieben 386
7.13.8 Gesamtgetriebe und Kostensenkungsbeispiel 389
7.14 Einfluss der Entsorgung auf die Herstellkosten 396
7.14.1 Ausgangssituation und Motivation für entsorgungsgerechtes Entwickeln 396
7.14.2 Vorgehen beim entsorgungskostengünstigen Entwickeln 398
7.14.3 Beispiel für eine entsorgungskostengünstige Anpassungskonstruktion 399
7.14.4 Einige einfache Regeln zum Senken der Entsorgungskosten 404

8 Grundlagen der Kostenrechnung für die Produktentwicklung 405
8.1 Entstehung der Kosten des Herstellers 405

8.2 Kostenbegriffe für die Produkt-Herstellung 406
8.2.1 Definition und Gliederung der Kosten 407
8.2.2 Die Begriffe Verkaufspreis, Selbstkosten und Herstellkosten 409
8.3 Die Kostenrechnung im Unternehmen 410
8.3.1 Kostenartenrechnung 411
8.3.2 Kostenstellenrechnung 411
8.3.3 Kostenträgerrechnung 414
8.4 Kalkulationsverfahren 415
8.4.1 Summarische Zuschlagskalkulation 415
8.4.2 Differenzierende Zuschlagskalkulation 417
8.4.3 Beispiele für wirkliche Kostenentstehung und Zuschlagskalkulation 421
8.4.4 Nachteile der Zuschlagskalkulation 429
8.4.5 Platzkostenrechnung 431
8.4.6 Prozesskostenrechnung 433
8.5 Teilkostenrechnung 434
8.5.1 Anwendung der Teilkostenrechnung 435
8.5.2 Deckungsbeitragsrechnung 437
8.5.3 Grenzkostenrechnung 442

9 Kostenfrüherkennung bei der Entwicklung – entwicklungsbegleitende Kalkulation 445
9.1 Überblick 445
9.1.1 Ziele der entwicklungsbegleitenden Kalkulation 445
9.1.2 Ablauf der entwicklungsbegleitenden Kalkulation 449
9.1.3 Verfahren der Kurzkalkulation 450
9.1.4 Möglichkeiten zur Aufwandsverringerung 451
9.2 Kostenschätzung 451
9.3 Kurzkalkulation 453
9.3.1 Suchkalkulation – Ähnlichkeitskalkulation 454
9.3.2 Ermittlung der Kosten über eine Einflussgröße 454
9.3.2.1 Gewichtskostenkalkulation 455
9.3.2.2 Materialkostenmethode 456
9.3.2.3 Kurzkalkulation über leistungsbestimmende Größen 457
9.3.3 Bemessungsgleichungen 458
9.3.4 Kurzkalkulationsformeln mit mehreren Einflussgrößen 458
9.3.4.1 Erstellung von Kurzkalkulationsformeln mit der Regressionsanalyse 458
9.3.4.2 Beispiel für eine Kurzkalkulation mit mehreren Einflussgrößen 460
9.3.4.3 Erstellung von Kurzkalkulationsformeln mit Optimierungsverfahren 462
9.3.4.4 Verwendung neuronaler Netze zur Kostenermittlung 464
9.3.4.5 Verwendung der Fuzzy-Logik zur Kostenermittlung. 466
9.3.5 Kurzkalkulation mit Kostenwachstumsgesetzen 466
9.3.6 Vorgehensweise bei der Erarbeitung der Kurzkalkulation 471

9.3.7 Genauigkeit der Kurzkalkulationen 474
9.3.7.1 Innerbetriebliche Genauigkeit der Vorkalkulation 475
9.3.7.2 Überbetriebliche Genauigkeit der Vorkalkulation 475
9.3.7.3 Ausgleich zufälliger Fehler 477
9.3.7.4 Aktualisierung 480
9.4 Rechnerintegrierte Kalkulation 480
9.4.1 Rechnerintegration von Arbeitsplanung und Kalkulation 482
9.4.2 Rechnerintegration von CAD, Arbeitsplanung und Kalkulation 484

10 Beispielsammlung 489
10.1 Beispiel „Betonmischer" 491
10.1.1 Ziel des Beispiels 491
10.1.2 Problembeschreibung 491
10.1.3 Beschreibung der konkurrierenden Produkte 491
10.1.4 Ablauf des Kostensenkungsprojekts 493
10.1.5 Aussagen des Fallbeispiels 506
10.2 Beispiel „Zentrifugenständer" 506
10.2.1 Einführung 506
10.2.2 Aufgabe klären 507
10.2.3 Wichtige Aussagen des Beispiels 513
10.3 Beispiel zu Anwendung und Vergleich von Kurzkalkulationsverfahren: „Lagerbock" 513
10.3.1 Einführung 513
10.3.2 Kostenermittlung in der Arbeitsvorbereitung und Vorkalkulation 515
10.3.3 Gewichtskostenkalkulation für die Schweißkonstruktion, Stückzahl 1 518
10.3.4 Kostenermittlung mit Kostenwachstumsgesetzen: Schweißausführung, Baugröße $\varphi_L = 0{,}5$ und 2 519

Literatur 523

Anhang 545
A 1 Überblick – Einführung 545
A 2 Leitlinie zum Kostensenken 546
A 2.1 I Aufgabe und Vorgehen klären 546
A 2.2 II Lösungen suchen 548
A 2.3 III Lösung auswählen 551
A 2.4 Projektverfolgung, Auswertung 551
A 3 Wichtige Bilder und Regeln 552
A 3.1 Kalkulation (Kostenentstehung) 552
A 3.2 Kostenstrukturen – Kostenziele – mitlaufende Kalkulation 554
A 3.3 Materialkosten 556
A 3.4 Fertigungskosten 557
A 3.5 Montagekosten 558
A 3.6 Variantenreduzierung 559

Sachverzeichnis 561

Table of contents

Nomenclature XXV

1 Introduction 1

1.1 Cost reduction – a problem of product development 1
1.2 Aims of the book 2
1.3 Structure of the book 2
1.4 How to use the book 4

2 The designer's responsibility for costs 5

2.1 What are costs? 5
2.2 Who influences costs in a company? 8
2.3 Examples of the influence of product development on costs 14

3 Key points in cost management for product development 19

3.1 What is cost management? 19
3.1.1 Developing market-driven products 21
3.1.2 Developing cost-driven products 22
3.1.3 Realizing cost-efficient development processes 23
3.2 Problems of cost management in product development 23
3.2.1 Management 25
3.2.2 Availability of information 27
3.2.3 Using methods and tools 29
3.3 Problems of adaptability to the type of product and production 31
3.3.1 Type of product and product-program 31
3.3.2 Type of production 33
3.3.3 Aim and extent of cost management 34

4 Methodology and organisation of cost management for product development 35

4.1 Elements of cost management 35
4.2 Processes during the product life-cycle 38
4.3 The human in the organisation 42
4.3.1 Relation between the individual and team-work 42
4.3.2 Integrative organisation types 44
4.4 Methods of cost management in the product development 46
4.4.1 Procedural cycle for solving problems 46
4.4.2 Strategy of procedure 49
4.4.3 Target Costing 50
4.5 Integration of methods for target-cost driven product development 52

4.5.1 Clarification of the task: Clarifying the requirements, defining and breakdown of the cost-target ... 53
4.5.1.1 Clarification of the requirements ... 53
4.5.1.2 Functional analysis ... 55
4.5.1.3 Defining the total cost-target ... 55
4.5.1.4 Splitting the total cost-target into individual cost targets ... 61
4.5.2 Search for solutions: How to find cost-effective solutions? ... 63
4.5.2.1 Search for known solutions ... 64
4.5.2.2 Search for solutions by applying physical effects ... 64
4.5.2.3 Variation of the shape ... 66
4.5.2.4 Search for solutions by creative techniques ... 67
4.5.2.5 Concept development with the morphological matrix ... 68
4.5.3 Evaluation of solutions: How to find the best solution ... 69
4.5.3.1 Analysis of product properties ... 69
4.5.3.2 Evaluation and decision making ... 70
4.5.3.3 Summary of the methodical procedure ... 71
4.6 Tools and aids for cost managemen ... 73
4.6.1 Advice regarding manufacturing and costing ... 75
4.6.2 Cost structures ... 77
4.6.3 Relative costs ... 81
4.6.4 Rules ... 82
4.6.5 Checklists ... 83
4.6.6 Portfolio analysis ... 84
4.7 Example of the methodical procedure: a laser writer ... 84
4.7.1 Clarification of the task ... 84
4.7.2 Search for solutions ... 86
4.7.3 Evaluation of the best solution ... 91
4.8 Cost management in practice ... 94
4.8.1 Introduction of cost management ... 94
4.8.2 How much effort is justified for cost reduction? ... 95
4.8.3 Executing cost management ... 98
4.8.3.1 Interdisciplinary procedure ... 99
4.8.3.2 Planning, steering and controlling ... 101
4.8.3.3 In-house pre-requisites ... 112
4.8.3.4 Further development and education ... 113
4.9 Other methods for cost management ... 114
4.9.1 Overview ... 114
4.9.2 Value analysis ... 115

5 Influencing the life cycle costs ... 119
5.1 What are life cycle costs? ... 119
5.2 What has influence on life cycle costs? ... 125
5.3 How to develop to a target for life cycle costs? ... 129
5.4 Extension of usage period to lower live cycle costs ... 131

5.5 Examples of life cycle cost reduction 133

6 Influencing the total cost 137

6.1 Total cost in a company 137
6.2 Decreasing the cost of product development 139
6.2.1 Priorisation of product development efforts 141
6.2.2 Increasing the efficiency of product development 142
6.2.3 Outsourcing in product development 149
6.3 Product development causes complexity in the company 150
6.3.1 Cost of complexity 150
6.3.2 Cost of the parts variety and the complexity of technology 151
6.3.3 Cost of product variants 152

7 Influences on the cost of production and measures for cost reduction 157

7.1 Overview of the influences and their magnitudes 157
7.2 Influence of the task 160
7.3 Influence of the concep 162
7.4 Influence of the shape 166
7.5 Influence of production quantity 167
7.5.1 Processes influenced by the production quantity 169
7.5.2 Reasons for cost degression with production quantity 170
7.6 Influence of size and dimensions 174
7.6.1 Flat-rate cost laws 174
7.6.2 Influence of the geometrical relationships of active surfaces 179
7.7 Combined influence of size and production quantity 181
7.7.1 Formal relationships 182
7.7.2 A calculation example 183
7.7.3 An example of gears, with conclusion 186
7.8 Influence of layou 190
7.9 Influence of material. 192
7.9.1 Importance of the material costs 192
7.9.2 Reduction of raw material costs 194
7.9.2.1 Overview 194
7.9.2.2 Reduction of material volume 196
7.9.2.3 Reduction of material cost per unit volume 200
7.10 Influence of the degree of outsourcing 203
7.10.1 Overview 203
7.10.2 Pros and cons of outsourcing 204
7.10.3 The make-or-buy decision 205
7.10.4 Design to cost in case of uncertain manufacturing facilities and poor cost transparency 207
7.11 Influence of the manufacturing process 212
7.11.1 Overview 212
7.11.2 Basic shaping processes 219
7.11.2.1 Important casting processes 219
7.11.2.2 Influence on the cost of cast parts 220

7.11.2.3 Decreasing costs with full mold casting processes 224
7.11.2.4 Design rules for low-cost cast parts 224
7.11.2.5 Examples of good design of cast parts 229
7.11.2.6 Low cost design of plastic parts 230
7.11.2.7 Low cost design of sintered parts 234
7.11.3 Metal deformation processes 236
7.11.3.1 Most essential metal deformation processes 236
7.11.3.2 Rules for design 239
7.11.4 Separation processes 242
7.11.4.1 Most essential separation processes 242
7.11.4.2 Influences on the cost of machining processes 244
7.11.4.3 Design rules for machining processes 246
7.11.4.4 High-speed milling and grinding 250
7.11.4.5 Punching and nibbeling 252
7.11.4.6 Cutting by gas, laser, plasma and waterjet 252
7.11.5 Joints 255
7.11.5.1 Most important permanent joints 256
7.11.5.2 Low cost design of welded parts (Conventionalelectric arc welding) 258
7.11.5.3 Laser and electron-beam welding 260
7.11.5.4 Adhesive processes 263
7.11.5.5 Bolted and other joints 263
7.11.6 Dimensional Tolerance and roughness 266
7.11.7 Assembly 270
7.11.7.1 Importance of design for assembly 270
7.11.7.2 Parameters affecting assembly cost 271
7.11.7.3 Rules for design for assembly 274
7.11.7.4 Examples of design for assembly 274
7.11.8 Cost of quality, measurement and testing 280
7.12 Management of variants 282
7.12.1 Causes of product and parts variety 287
7.12.1.1 External causes of variety 287
7.12.1.2 Internal causes of variety 289
7.12.2 Pros and cons of variety 290
7.12.2.1 Advantages of high variety 290
7.12.2.2 Disadvantages of high variety 291
7.12.3 Analysis of the products' and parts' variety 294
7.12.3.1 Analysis of product and parts variety 294
7.12.3.2 Analysis of interfaces 303
7.12.4 Reducing the variety of products and part 304
7.12.4.1 Standardisation of parts 305
7.12.4.2 Group technology 310
7.12.4.3 Design parts in one piece 313
7.12.4.4 Reduction of set-up costs 318
7.12.4.5 Organisational measures to reduce parts' variety 320
7.12.5 Developing size ranges 320

7.12.5.1 Definition, purpose and effect 320
7.12.5.2 Standard numbering series as an aid for developing size ranges 324
7.12.5.3 Similarity principles 327
7.12.5.4 Limits for geometrically similar size ranges 331
7.12.5.5 Example of a size range 332
7.12.6 Design of a modular product 335
7.12.6.1 Definition, aim and effect 335
7.12.6.2 Modular product systematics 339
7.12.6.3 Development of modular products 343
7.12.6.4 Modularisation 347
7.12.6.5 Use of platforms 348
7.12.6.6 Principle solutions, typecasting 349
7.12.6.7 Parametrics, logic of design 350
7.12.6.8 Example of a modular product from storage and conveyor technology 351
7.12.6.9 Modular systematic for sport cars 355
7.12.6.10 Modular systematic for agricultural tractors 357
7.12.7 Summary 361
7.13 Results of a cost-benchmarking 363
7.13.1 Overview and procedure 363
7.13.2 Cost-benchmarking in mechanical transmission system 364
7.13.3 Gears 368
7.13.4 Comparision between welded and cast gear housings 371
7.13.5 Heat treatment and hardening processes 379
7.13.6 Hub and shaft connection 381
7.13.7 Assembly of gears 386
7.13.8 A complete gear as an example for design to cost 389
7.14 Influence of disposal on the production cost 396
7.14.1 Starting point and motivation for design for environment 396
7.14.2 Procedure for low-cost design for environment 398
7.14.3 Example for a low-cost adaptive design for environment 399
7.14.4 Some simple rules to reduce the disposal costs 404

8 Basics of costing for product development 405
8.1 How do costs arise for the product manufacturer 405
8.2 Cost definitions for the product manufacture 406
8.2.1 Definition and structuring of the costs 407
8.2.2 Selling price, total cost and manufacturing cost 409
8.3 Cost accounting in a firm 410
8.3.1 Cost type accounting 411
8.3.2 Cost center accounting 411
8.3.3 Job-order cost accounting 414
8.4 Calculation processes 415
8.4.1 Lump sum job order costing 415
8.4.2 Differentiating job order costing 417

8.4.3 Examples of actual cost origination and job order costing 421
8.4.4 Disadvantages of job order costing 429
8.4.5 Work place costing 431
8.4.6 Activity-based costing 433
8.5 Variable costing 434
8.5.1 Application of variable costing 435
8.5.2 Contribution costing 437
8.5.3 Direct costing 442

9 Early cost identification methods in product development cost calculation concurrent with development 445
9.1 Overview 445
9.1.1 Aims of cost calculation concurrent with development 445
9.1.2 Course of cost calculation concurrent with development 449
9.1.3 Methods of short cost calculation 450
9.1.4 Possibilities of reducing the effort for short cost calculation 451
9.2 Cost estimation 451
9.3 Short cost calculation 453
9.3.1 Exploratory calculation for similar parts/products 454
9.3.2 Cost estimation involving one parameter 454
9.3.2.1 Weight-based costing 455
9.3.2.2 Material-based costing 456
9.3.2.3 Short cost calculation with performancedeterminingparameters 457
9.3.3 Dimensioning equations from cost and technological parameters 458
9.3.4 Short cost calculation involving several parameters 458
9.3.4.1 Short cost calculation with regression analysis 458
9.3.4.2 Example for a short cost calculation with several parameters 460
9.3.4.3 Short cost calculation with optimisation methods 462
9.3.4.4 Application of neural nets for cost determination 464
9.3.4.5 Application of Fuzzy logic for cost determination 466
9.3.5 Short cost calculation using similarity laws 466
9.3.6 Procedure for carrying out the short cost calculation 471
9.3.7 Accuracy of short cost calculation 474
9.3.7.1 In-house accuracy of costing 475
9.3.7.2 Accuracy of costing across several companies 475
9.3.7.3 Compensation for accidental errors 477
9.3.7.4 Updating of short cost calculation 480
9.4 Computer-integrated cost calculation 480
9.4.1 Computer integration of process planning and costing 482
9.4.2 Computer integration of CAD, process planning and costing 484

10 Some examples 489
10.1 Example: concrete mixer 491

10.1.1 Aim of the example ... 491
10.1.2 Description of the problem ... 491
10.1.3 Description of the competing products ... 491
10.1.4 Progression of the cost-reduction project ... 493
10.1.5 Result of the example ... 506
10.2 Example: Body of a centrifugal separator ... 506
10.2.1 Introduction ... 506
10.2.2 Clarification of the task ... 507
10.2.3 Essential results of the example ... 513
10.3 Example of application and comparison of short cost calculation fora bearing pedestal ... 513
10.3.1 Introduction ... 513
10.3.2 Cost estimation in process planning and costing ... 515
10.3.3 Weight-based cost estimation for a weldment, single unit produced. ... 518
10.3.4 Short cost calculation with similarity calculation for the weldedbody, size parameter φ_L= 0,5 and 2 ... 519

Bibliography ... 523

Appendix ... 545
A 1 Overview – introduction ... 545
A 2 Guidelines for cost reduction ... 546
A 2.1 I Clarification of task and procedure ... 546
A 2.2 II Search for solutions ... 548
A 2.3 III Evaluation of the best solution ... 551
A 2.4 Project execution, evaluation ... 552
A 3 Important figures and rules ... 552
A 3.1 Calculation of origination of costs ... 552
A 3.2 Cost structures – cost targets – concurrent cost estimation ... 554
A 3.3 Material costs ... 556
A 3.4 Manufacturing (Production) costs ... 557
A 3.5 Assembly costs ... 558
A 3.6 Reducing the number of variants ... 559

Index ... 561

Kurzzeichen

In Klammern Seitenzahlen der Definition oder des Hauptvorkommens.
Große Buchstaben (z.B. HK) bedeuten absolute Kosten (z.B. Euro), kleine Buchstaben (z.B. hk) bedeuten Kostenanteile.

φ	Stufensprung (324)
φ_L	Stufensprung der Länge (174; 328; 466)
Index 0	Grundentwurf (328; 467)
Index 1	Folgeentwurf (328; 467)
BAB	Betriebsabrechnungsbogen (413)
Ca	Cauchy-Zahl (337)
EFK	Einführungskosten (Malus) (169)
EFK_p	Einführungskosten pro Produkt = *EFK*/*S* (169)
EK	Einzelkosten (412)
EKK	Entwicklungs- und Konstruktionskosten (419)
EKK_P	Entwicklungs- und Konstruktionskosten pro Produkt (169)
EKKGKZ	Entwicklungs- und Konstruktionskosten Gemeinkostenzuschlagsatz (422)
f	Grenzkurve im Zielkostenkontrolldiagramm (500)
f_m	Faktor für Mindermengenzuschlag bei Materialkosten (189)
FEK	Fertigungseinzelkosten (418)
FGK	Fertigungsgemeinkosten (419)
FGKZ	Fertigungsgemeinkostenzuschlagsatz (419)
fix	fix (435; 438)
FK	Fertigungskosten (418)
FKe	Fertigungskosten aus Einzelzeiten (170; 182)
fke	Anteil der Fertigungskosten aus Einzelzeiten *fke* = *FKe*/*HK* (182)
FKr	Fertigungskosten aus Rüstzeiten (Rüstkosten) (169; 182)
fkr	Anteil der Fertigungskosten aus Rüstzeiten *fkr* = *FKr*/*HK* (182)
FLK	Fertigungslohnkosten (419)
flk	Fertigungslohnkostensatz (419)
GE	Geldeinheiten (z. B. €) (461)
GK	Gemeinkosten (412)
GKZ	Gemeinkostenzuschlagsatz (418; 419)
HK	Herstellkosten (182; 418; 419)
HK2	Herstellkosten 2 = HK +EKK (293)
HK_g	Herstellkosten/Gewicht (Gewichtskostensatz) [€/kg] (455; 519)
i	Übersetzungsverhältnis (163, 179, 394)
K_{ein}	Einmalkosten (169)
K_{fix}	fixe Kosten (435)
K_V	spezifische Werkstoffkosten (195)
K_V^*	Werkstoff-Relativkosten (aufs Volumen bezogen) (200)
Kvar	variable Kosten (435)
m	Modul (369)
m_A	Abnahmemenge (189)

M_t	Moment (164; 165)
MEK	Materialeinzelkosten (417)
MGK	Materialgemeinkosten (418)
MGKZ	Materialgemeinkostenzuschlagsatz (418)
mk	Anteil der Materialkosten *mk* = *MK/HK* (456; 182)
MK	Materialkosten (inclusive masseabhängige Kosten) (174; 417)
MoK	Montagekosten (386)
n	Losgröße (169)
P	Leistung (330)
p	Flächenpressung (385)
PK	Platzkostensatz (516)
q	Entscheidungsparameter zur Definition der Zielkostenzone (500)
R_m	Bruchfestigkeit (195)
S	gesamte, hergestellte Stückzahl (169)
SEF	Sondereinzelkosten der Fertigung (419)
SEV	Sondereinzelkosten des Vertriebs (418)
SK	Selbstkosten (418; 419)
t_E	stückproportionaler, nicht reduzierbarer Anteil der erstmaligen Zeit t_1 (176)
t_N	Stückzeit für N-ten Arbeitslauf (172)
$1\text{-}t_E$	durch Stückzahl reduzierbarer Zeitanteil (172)
t_e	Einzelzeit (176)
t_{er}	Erholungszeit: Zeit, die für das Erholen des Menschen erforderlich ist (176)
t_h	Hauptzeit (176; 469)
t_n	Nebenzeit (176; 471)
t_r	Rüstzeit: Rüstgrundzeit, Rüsterholungszeit, Rüstverteilzeit (176; 471)
t_v	Verteilzeit: Zeit, die zusätzlich zur planmäßigen Ausführung eines Ablaufs durch den Menschen erforderlich ist (176)
UK	Unterschiedskosten für WNV zu einer Basisvariante ohne WNV (461)
WNV	Welle-Nabe-Verbindung (461)
VVK	Verwaltungs- und Vertriebskosten (419, 427)
VVGK	Verwaltungs- und Vertriebsgemeinkosten (419, 424)
VVGKZ	Verwaltungs- und Vertriebsgemeinkosten Zuschlagsatz (422)
VWGK	Verwaltungsgemeinkosten (418)
VTGK	Vertriebsgemeinkosten (418)
VTEK	Vertriebseinzelkosten (418)
var	variabel (435; 438)
z	Anzahl der Lose (169)

1 Einleitung

1.1 Kostensenken – ein Problem der Produktentwicklung

Wir sind eines der wichtigsten Exportländer der Welt und konkurrieren international auch mit den Preisen – und Kosten – unserer Produkte. Die zunehmende Globalisierung verschärft die Situation.

Sollen wir warten bis wir weitere Produktbereiche über die Foto-, Video-, Phono-, Uhren- und Motorradproduktion hinaus verlieren?

Nein, denn wir sind vom Know-how und der Infrastruktur her konkurrenzfähig. Fortschrittliche Unternehmen, die durch innovative und qualitativ erstklassige Produkte Weltmarktführer in ihrer Sparte sind, zeigen, dass dies – auch bei Produktion in Deutschland – möglich ist [Sim97].

Die bisherigen Wege zum Kostensenken waren, in der letzten Zeit durch „Lean production" angestoßen, einfach und naheliegend: Verringerung des Personals und Rückzug auf die Kernkompetenzen durch „Outsourcing".

Dies Buch will den Weg des Produktkosten-Senkens wieder verstärkt ins Bewusstsein bringen. Dieser Weg ist an sich nicht neu: REFA, RKW und Wertanalyse haben ihn vor langen Jahren betont. Durch Target Costing ist er aber wieder „modern" geworden.

Wir haben ihn in der Forschung vor rund 30 Jahren aufgegriffen. Die erste Ausgabe dieses Buchs brachte bereits 1985 wichtige Erkenntnisse und Methoden, die zusammen mit der Praxis erarbeitet wurden: kostenzielorientiertes Entwickeln, lange bevor Target Costing in Deutschland bekannt wurde. – Wir haben inzwischen mehr Erfahrung. Wir wissen, wo die Schwächen liegen und wie wir sie überwinden.

Was oft fehlt, ist die Motivation und der Mut, mit neuem gemeinsamem Denken alte Zöpfe abzuschneiden. Entwickler sollten sich darüber im Klaren sein, dass sie die Produktkosten weitgehend festlegen. Deshalb müssen sie sich zusätzlich zu ihrer Technik Kostenwissen aneignen. Und sie brauchen Methoden, um nicht nur Festigkeitsziele, sondern auch Kostenziele zu erreichen.

Ein Hauptanliegen muss dabei die zielgerichtete Zusammenarbeit von Entwicklung, Fertigung, Controlling, Vertrieb und Beschaffung sein im Sinn des Abbauens von Abteilungsmauern (Bild 3.2-2). **Kostensenken ist eine Gemeinschaftsaufgabe**! Abteilungsegoismus und Informationsverweigerung sind Kostentreiber!

Wenn man dies wirklich beherzigt, ist nach unserer Erfahrung in den meisten Fällen eine Herstellkostensenkung von 10 bis 30 % realisierbar, durch neue Konzepte auch deutlich darüber hinaus (Kap. 4.8.2).

Kostenmanagement ist heute eine **notwendige Ergänzung** für das Entwickeln neuer, **innovativer und leistungsfähiger Produkte**, für die sich Kunden begeistern können, die die Bedürfnisse des Marktes treffen. Dies sei zum Beginn eines Buchs über Kostensenken gesagt. Denn **vom Kostensenken allein kann kein Unternehmen leben**, von zu teuren Produkten mit Overengineering aber auch nicht!

1.2 Ziele des Buchs

Das Buch richtet sich zuerst an Entwickler und Konstrukteure. Sie können vor allem in den frühen Phasen der Produktentwicklung viel beeinflussen. Da werden die Weichen bereits gestellt – aber sie können es, wie gesagt, nicht allein. Deshalb ist das Buch auch für Kooperationsbereite aus Fertigung, Controlling, Vertrieb und Beschaffung geschrieben.

Dozenten und vor allem ihren Studenten sei es empfohlen, damit sie die Denkweise und Methoden in die Praxis tragen.

Folgende **Lernziele** sollen vermittelt werden:

- Wie kann man Produkte auf zu definierende **Kostenziele** hin entwickeln? Wie findet man Kostenziele? Wie hält man sie ein?
- Welche Arten der Zusammenarbeit, der Organisation, welche Methoden und Hilfsmittel haben sich dafür bewährt? Kurz: Wie ist **Kostenmanagement** für die Produktentwicklung zu gestalten?
- Welches sind für Entwickler die **Haupteinflussgrößen auf die Kosten** und wie kann man sie im günstigen Sinn gestalten?
- Welche **Kostenbegriffe** und **Arten der Kostenrechnung** sind für Entwickler wichtig? Was ist also das betriebswirtschaftliche Grundwissen?
- Welche Erkenntnisse sind in Forschung und Praxis gesammelt worden? Welches ist der gegenwärtige **Wissensstand**?
- Wie kann methodisches Entwickeln und Konstruieren mit kostengünstigem Konstruieren verknüpft werden? Wie also können **innovative** und **kostengünstige** Produkte in **einem** Ablauf entwickelt werden?

1.3 Aufbau des Buchs

Kein Buch über Kostenbeeinflussung kann geschrieben werden, ohne am Anfang (**Kap. 2**) zu klären, was man unter Kosten versteht und **welche Kosten für den Entwickler von Bedeutung sind**.

Da die Entwicklung und Konstruktion zusammen mit der Produktplanung den größten Einfluss auf die Produktkosten hat, müssen die Gründe dafür und die Folgerungen daraus für das ganze Unternehmen erläutert werden.

In **Kap. 3** wird erläutert, **was unter Kostenmanagement verstanden wird** und welche Konsequenzen sich daraus für die Arbeit in der Entwicklung und die Zusammenarbeit mit anderen Unternehmensbereichen und Zulieferern ergeben.

Ein Schwerpunkt des Buchs liegt mit **Kap. 4** auf der Vermittlung von **Organisationsmöglichkeiten, sowie Methoden und Werkzeugen zum Kostenmanagement**. Es wird gezeigt, wie sie funktionieren und wie sie sich einführen und nutzen lassen. Es ist selbstverständlich, dass hier Rücksicht auf unterschiedliche Unternehmensgrößen, Produktkomplexität und die produzierte Stückzahl genommen werden muss.

Da ein Unternehmen nutzerfreundliche Produkte liefern will, sollten auch die Kosten des Nutzers minimiert werden, die dieser mit dem Produkt haben wird. Ein Maßstab für die nutzerbezogenen Kosten sind die **Lebenslaufkosten** (Life-cycle-costs), die in **Kap. 5** als Ergänzung der herstellerbezogenen Sicht (Herstellkosten) behandelt werden.

Mit der Beeinflussung der **Selbstkosten** wird in **Kap. 6** vor allem die gezielte Gemeinkostensenkung durch die Entwicklung behandelt. Ein bisher eher vernachlässigter Bereich, der aufgrund der zunehmenden Gemeinkostenanteile besonders wichtig ist.

Ausführlich geht **Kap. 7** dann auf Einflussmöglichkeiten zur Senkung der **Herstellkosten** ein. Hier werden alternative Fertigungs- und Montageverfahren, Werkstoffe, aber auch das Variantenmanagement mit der Baukasten- und Baureihenkonstruktion und weitere Möglichkeiten die Variantenvielfalt zu beherrschen angesprochen.

Die Grundbegriffe und Vor- und Nachteile üblicher **Kostenrechnungsverfahren** zeigt **Kap. 8** auf. Die wichtige Entscheidung zwischen Eigenfertigung und Zukauf kann auf diese Weise unterstützt werden.

Da ohne **mitlaufende Kalkulation** keine Kostenziele in der Konstruktion eingehalten werden können, werden in **Kap. 9** die in der Praxis genutzten Verfahren und neue, effektive Methoden vorgestellt.

Im Buch finden sich immer wieder kurze **Beispiele aus der Praxis**. Anhand zweier ausführlicher Beispiele wird in **Kap. 10** gezeigt, wie die Kosten in Unternehmen konkret gesenkt werden konnten. Außerdem werden an einem einfachen Produkt verschiedene Verfahren der mitlaufenden Kalkulation erläutert.

Das vorliegende Buch zeigt eine breite Palette von Möglichkeiten, die Kosten eines Unternehmens zielgerichtet zu senken. Dabei kommt es nicht auf die „buchstabengetreue“ Umsetzung der dargestellten Methoden an. Sie müssen – so schwierig das sein mag – angepasst an die Situation ausgewählt und eingesetzt werden.

➔ **„Man muss es tun! – Wir wünschen guten Erfolg!“**

1.4
Zur leichteren Nutzung des Buchs

Kostensenken ist ein komplexes Problem. Dementsprechend gibt es verschiedene Sichten, Ansatzpunkte und Zugänge.

Den schnellsten Einstieg in die grundsätzliche Ausrichtung findet der Leser mit den **Kap. 4.5** und **4.8**, sowie über die **Beispiele** in den Kap. 4.7, 10.1 und 10.2. Wenn er dann mit dem Thema vertraut ist, bietet ihm der **Anhang** mit einer „Leitlinie zum Kostensenken" eine Kurzfassung zur täglichen Arbeit.

Zusätzlich ist zu Beginn von **Kap. 4.6** ein tabellarischer Überblick über **Hilfsmittel zum Kostenmanagement** mit Kapitel- und Bildangaben eingefügt, in Kap. 7.10.4 eine Zusammenfassung **von Regeln zum kostengünstigen Entwickeln**.

Schließlich haben wir eine graphische Hervorhebung vorgenommen:

> ➔ Wichtige Leitsätze und Regeln für die praktische Anwendung sind im Text durch solche „Kästen" besonders herausgestellt.

Die Kostenangaben wurden von DM in € geändert. Wir weisen darauf hin, dass **Zahlenangaben für Kosten** von Teilen, Werkstoffen usw. aus diesem Buch **nicht übernommen** werden können, sie sind **immer betriebsspezifisch** (Kap. 7.13 Kostenbenchmarking) und **zeitabhängig**, weil sich die Randbedingungen (Löhne, Preissteigerungsrate usw.) im Laufe der Zeit ändern. Wenn in Beispielen Angaben für Kosten gemacht wurden, sind die zugrunde liegenden Firmendaten verfälscht. Auch bei den Werkstoffen haben wir die alten, bekannten Bezeichnungen verwendet; die Werkstoffnummer (z. B. 1.0570 für St 52-3) wurde nicht verwendet.

Die **Bedeutung von Begriffen** können Sie über die im Stichwortverzeichnis **fett** gedruckten Seitenzahlen finden.

2 Kostenverantwortung der Produktentwickler

In diesem Kapitel sollen zunächst einige für die Produktentwicklung relevante Kostenbegriffe erläutert werden. Im Anschluss daran wird untersucht, welchen Einfluss die an der Produktentwicklung beteiligten Unternehmensbereiche auf die Kostenentstehung eines Unternehmens haben. Dabei wird deutlich, dass der Produktentwicklung im Rahmen des Kostenmanagements in Unternehmen herausragende Bedeutung zukommt. Über Kostenfragen sollten allerdings Innovationen als Träger eines langfristigen Unternehmenserfolgs nicht vernachlässigt werden.

2.1 Was sind Kosten?

In unserer Gesellschaft ist bereits die bloße Existenz eines Menschen mit ständigem Geldausgeben verbunden. Nahrung, Kleidung, Unterkunft, all das sind elementare Bedürfnisse, die durch die Aufwendung finanzieller Mittel stets von neuem befriedigt werden wollen. Aus diesem Grund dürfte jedem von uns das Problem der Kostenentstehung aus eigener Erfahrung vertraut sein.

In der Betriebswirtschaftslehre werden **Kosten** (vgl. Kap. 8.1) allgemein als in Geld bewerteter Güterverbrauch für die betriebliche Leistungserstellung definiert. Als Güter im Sinne dieser Definition gelten Material, Energie und Betriebseinrichtungen ebenso wie die menschliche Arbeitskraft, Information oder die Nutzung von Kapital und der Rechte anderer. Ziel des Gütereinsatzes im Rahmen einer betrieblichen Leistungserstellung ist die **Schaffung von Produkten** oder das **Erbringen von Dienstleistungen**. Dabei wird immer eine sog. **Wertschöpfung** angestrebt, was bedeutet, dass dem Ergebnis des Gütereinsatzes mehr Wert beigemessen wird als der Summe der entstandenen Kosten.

Die Kosten eines Unternehmens und Möglichkeiten zu ihrer Senkung können aus einer Vielzahl von Perspektiven heraus betrachtet werden. Unter dem Aspekt einer kosteneffizienten Produktentwicklung interessieren vor allem die durch Produkte verursachten Kosten. Vor diesem Hintergrund hat sich eine Einteilung der Kosten nach **Bild 2.1-1** als sinnvoll erwiesen. Den Kern der produktbezogenen Kostenentstehung bilden die **Herstellkosten** (*HK*, vgl. Kap. 7), also diejenigen Kosten, die direkt dem Herstellprozess eines Produkts zugeordnet werden. Dazu zählen im Wesentlichen die Materialkosten und die Fertigungskosten für das Produkt. Darüber hinaus gibt es Kosten, die nicht direkt mit der Produktherstellung in Zusammenhang gebracht werden (z. B. Verwaltungskosten). Sie werden mit den Herstellkosten zu den **Selbstkosten** (*SK*, vgl. Kap. 6) eines Unternehmens zusam-

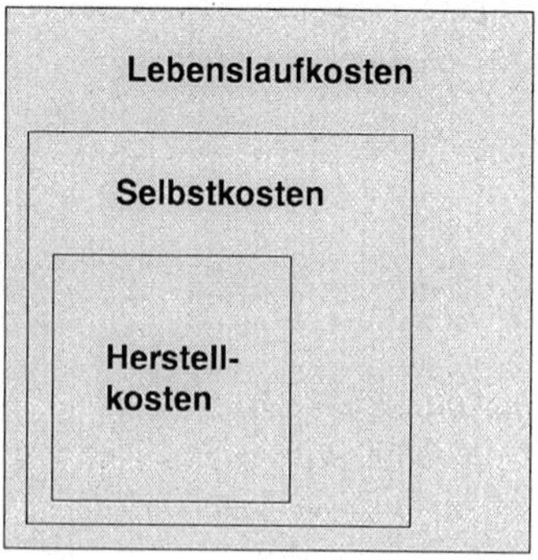

Bild 2.1-1. Einteilung der Kosten

mengefasst. Die Selbstkosten gehen als Teil des Verkaufspreises wiederum in die **Lebenslaufkosten** (*LLK*, vgl. Kap. 5) eines Produkts ein.

Die Lebenslaufkosten sind die Kosten, die beim Produktnutzer als Summe aller Kosten aufgrund des Kaufs und während der Nutzungszeit eines Produkts anfallen (vgl. Bild 5.1-5). Sie lassen sich grob in die folgenden Kostenarten untergliedern:

- **Einstandskosten**, die im Wesentlichen aus dem Einstandspreis des Produkts bestehen. Von den Einstandskosten kann eventuell der Wiederverkaufswert des Produkts am Ende der Nutzungsdauer abgezogen werden.
- **Einmalige Kosten**, wie z. B. Kosten für Transport, Aufstellung, Inbetriebnahme, Personalschulung und Entsorgung[1];
- **Betriebskosten**, wie z. B. laufende Kosten für Energie, Betriebsstoffe und deren Entsorgung sowie die Löhne des Bedienpersonals;
- **Instandhaltungskosten** für Wartung, Inspektion und Instandsetzung;
- **Sonstige Kosten**, zu denen z. B. die Kapitalverzinsung, steuerliche Belastungen, Versicherungen und Ausfallkosten gehören.

Für den Nutzer sind die Lebenslaufkosten das Kriterium, an dem er die Wirtschaftlichkeit eines Produkts messen kann. Diese streng ökonomische Sicht auf das Verhältnis von Nutzen und Kosten bei Produkten ist im Investitionsgüterbereich zunehmend wichtig. Die Lebenslaufkosten sind ein zentrales Verkaufsargument, das sich der Kunde auch vertraglich zusichern lassen kann. Auf dem Konsumgütersektor spielen bei Kaufentscheidungen dagegen oft auch andere Einflüsse eine wichtige Rolle. Die strikte Beurteilung dieser Produkte nach den zu erwartenden Lebenslaufkosten ist weniger üblich, obwohl dieser Aspekt dort auch an Bedeutung gewinnt (Bild 5.2-1).

Grundsätzlich besteht dabei ein **Spannungsverhältnis zwischen** den Interessen des **Produktnutzers** und denen des **Herstellers**. Das primäre Interesse des Herstellers gilt der Maximierung und Absicherung seiner Unternehmenserträge, d. h. des Gewinns. Vereinfacht gesagt, entsteht der **Gewinn** aus der Differenz zwischen Verkaufspreis des Produkts und den Selbstkosten des Unternehmens für die Pro-

[1] Nach dem Kreislaufwirtschaftsgesetz fallen diese Kosten u. U. auf den Hersteller zurück.

dukterstellung. Darum strebt der Hersteller mit der Entwicklung kostengünstiger Produkte und innerbetrieblicher Rationalisierung vor allem danach, die Selbstkosten des Unternehmens so weit wie möglich zu reduzieren. Über die Selbstkosten hinaus ist der Hersteller aber an den Lebenslaufkosten seines Produkts insofern interessiert, als dadurch seine Konkurrenzfähigkeit am Markt, d. h. das Kundeninteresse, entscheidend verbessert wird, soweit er nicht ohnehin durch gesetzliche Bestimmungen z. B. bezüglich der Entsorgung dazu gezwungen wird.

Für die Selbstkosten auf Unternehmensebene existieren noch eine Reihe weiterer Einteilungen, die im Rahmen des Kostenmanagements von Bedeutung sind. Dazu zählt die grundsätzliche Unterscheidung nach **Kostenarten** (vgl. Kap. 8.3.1), wie z. B. Materialkosten, Personalkosten oder Kapitalkosten. Aus der Kostenrechnung kommt zum einen noch die Einteilung in **Einzelkosten** und **Gemeinkosten** (vgl. Kap. 8.3.2), zum anderen in **fixe Kosten** und **variable Kosten** (vgl. Kap. 8.5) hinzu. Wie in **Bild 2.1-2** angedeutet, handelt es sich dabei nicht um „andere" Kosten, sondern lediglich um eine andere Sichtweise auf die Selbstkosten des Unternehmens.

Einzelkosten sind Kosten, die sich sog. **Kostenträgern** (vgl. Kap. 8.3.3) direkt zuordnen lassen. Unter Kostenträgern werden dabei einzelne Produkte oder Dienstleitungen des Unternehmens verstanden. Typische Einzelkosten sind die Kosten für Fertigungsmaterial oder Fertigungslohn. Im Gegensatz dazu werden unter dem Begriff Gemeinkosten all jene Kosten zusammengefasst, die sich nicht direkt einem bestimmten Kostenträger zuordnen lassen. Dazu zählen z. B. die Kosten der Verwaltung, die Gehälter der Angestellten, aber auch Kosten von CAD

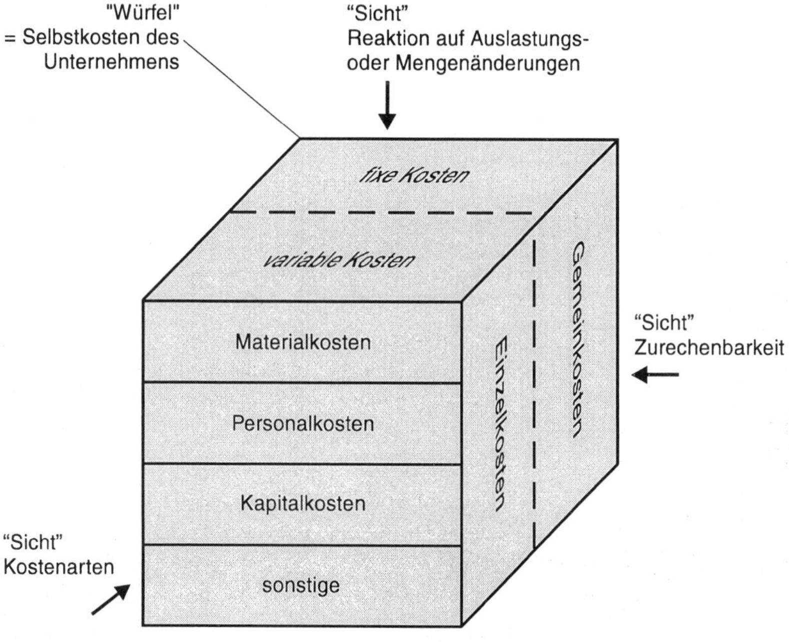

Bild 2.1-2. Verschiedene „Sichten" auf die Selbstkosten eines Unternehmens

oder der Raumheizung, die keinem bestimmten Kostenträger zugeordnet werden können.

Des Weiteren werden Kosten, je nachdem ob sie vom Beschäftigungsgrad oder der produzierten Stückzahl abhängig sind, entweder als fixe oder als variable Kosten bezeichnet. Variable Kosten sind somit beispielsweise Materialeinzel- oder Fertigungslohnkosten, die nur anfallen, wenn tatsächlich produziert wird. Fixe Kosten, wie Mieten, Abschreibungen oder Gehälter, fallen dagegen i. d. R. unabhängig von der Auslastung eines Unternehmens an.

2.2 Wer nimmt Einfluss auf die Kostenentstehung im Unternehmen?

Ziel der Unternehmenspolitik ist es, den Ertrag, also die Verzinsung des eingesetzten Kapitals zu steigern und langfristig abzusichern. Da der Gewinn sich aus dem Erlös abzüglich der Kosten ergibt, sind dazu grundsätzlich die drei in **Bild 2.2-1** aufgeführten Vorgehensweisen denkbar, die meist parallel angewandt werden.

Die erste Möglichkeit besteht darin, den **Erlös des Unternehmens zu erhöhen**.

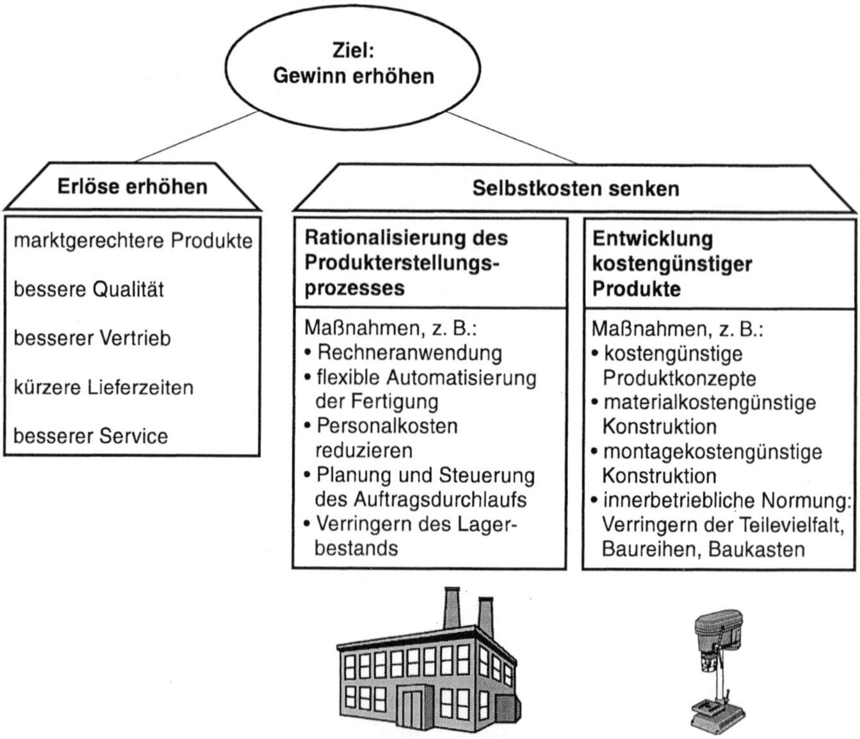

Bild 2.2-1. Alternativen zur Steigerung des Unternehmensertrags

Das Angebot marktgerechterer, „besserer“ Produkte kann dazu ebenso beitragen, wie die Verkürzung von Lieferzeiten und die Verbesserung von Vertrieb und Kundenservice. **Insbesondere Unternehmen in Ländern mit starkem Wettbewerb leben von innovativen Produkten** [Gau00]. Dies sei zu Beginn eines Buchs zum Kostensenken besonders betont.

Die zweite Möglichkeit, den Gewinn zu erhöhen, ist die **Verringerung der Selbstkosten**:

Dies kann unter anderem durch die **Rationalisierung des Produkterstellungsprozesses** erfolgen. Unter dem Begriff Rationalisierung werden alle Maßnahmen zusammengefasst, die dazu dienen, die betrieblichen Abläufe effizienter zu gestalten, und dadurch die Kosten bei der Herstellung eines vorgegebenen Produkts oder beim Erbringen einer Dienstleistung reduzieren. Dazu können u. a. verstärkter Rechnereinsatz, Automatisierung in der Fertigung, das Senken der Personalkosten, die Beschleunigung des Auftragsdurchlaufs oder die Verringerung des Lagerbestands beitragen.

Parallel dazu muss die Strategie der **Entwicklung kostengünstiger Produkte** verfolgt werden. Hierbei geht es um das Erarbeiten grundsätzlich kostengünstiger Produktkonzepte, die Verringerung der Teilevielfalt, die fertigungs-, montage- und materialkostengünstige Gestaltung von Produkten und die innerbetriebliche Normung. Im Gegensatz zu Rationalisierungsmaßnahmen stellt die Entwicklung kostengünstiger Produkte eine Maßnahme zum Senken der Kosten dar, die eher mittel- und langfristig zum Tragen kommt.

Wie fügen sich diese drei Strategien zur Ertragssteigerung in die betrieblichen Abläufe ein? Um diese Frage beantworten zu können, muss zunächst ein Blick auf die fünf wichtigsten Abschnitte im Produktlebenslauf (**Bild 2.2-2**) geworfen werden:

- Die **Entscheidung** über das Produkt wird bei der Projektierung oder der Produktplanung vorbereitet und anschließend entweder beim Kunden auf Grundlage eines abgegebenen Angebots oder bei einem Verantwortlichen innerhalb des Unternehmens getroffen. Die Vorbereitung beider Entscheidungen weist grundsätzliche Unterschiede auf.

  Bei der **Projektierung** wird - ausgehend vom Kundenwunsch - ein meist spezielles Produkt- oder Anlagenkonzept erstellt. Wichtig dabei ist die möglichst „scharfe“ Interpretation der Kundenanforderungen sowie das Aufzeigen möglicher Lösungsalternativen zu einzelnen Forderungen und Wünschen und der damit verbundenen Kostenwirkungen. Es werden die für den Kunden wichtigsten technischen Eigenschaften durch einen überschlägigen Berechnungs- und Konstruktionsprozess festgestellt (z. B. Gewicht, Leistungsfähigkeit, Baugröße) und die Kosten abgeschätzt.

  Das Ergebnis der Projektierung ist ein Angebot. Trotz der meist nur sehr geringen Zeit für die Projektierung sollte der Nachweis über die Erreichbarkeit der Zielkosten Voraussetzung für die Freigabe eines Angebots sein. Bei der Projektierung wird daher soweit wie möglich mit bekannten „Elementen“ (Funktionen, Bauteilen und deren Kosten) gearbeitet, so dass das Angebot bei Auftrag oft als Varianten- oder Anpassungskonstruktion realisiert wird.

Im Gegensatz zur Projektierung ist die **Produktplanung** der Prozess für eine innerbetriebliche Entscheidung, ob ein neues Produkt oder eine neue Anlage für eine Vielzahl von Kunden entwickelt werden soll. Es werden die Kundenanfragen „vorausgedacht", aus denen in Zukunft profitable Aufträge entstehen können. Fragen hierbei sind:

- Welche Problemstellungen werden in Zukunft zu Kundenanfragen führen?
- Mit welchen Problemlösungen kann man weitere profitable Aufträge erhalten?

Die Produktplanung ist eher langfristig, strategisch ausgerichtet, mit dem Ergebnis einer internen Entscheidungsvorlage - häufig für eine Neu- oder Anpassungskonstruktion. Der mit der Entscheidung verbundene Neuheitsgrad in Bezug auf Markt sowie auch Produkt und Technologie erhöht dabei das unternehmerische Risiko.

Bei der Produktplanung werden zunächst - ausgehend von Informationen über das Unternehmen und sein Umfeld - Suchfelder für Produktideen festgelegt und das Unternehmenspotenzial analysiert. Anschließend gilt es, Produktideen zu finden und einem meist mehrstufigen Bewertungssystem zuzuführen. Strategische Produktentscheidungen können dabei meist nicht auf Anhieb bzw. in einem streng planbaren Ablauf getroffen werden. Sie bedürfen einer längeren, kontinuierlichen Vorbereitung, während der es darauf ankommt, in einem Lernprozess interne Fähigkeiten der Organisation sowie externe Chancen und Gefahren zu erkennen und Handlungsoptionen zu sammeln [Ger02].

Wichtig bei der Produktplanung ist es, die verschiedenen zusammenhängenden Systeme – Märkte, Kundengruppen, Vertriebswege, Bedürfnisstrukturen, rechtliche Rahmenbedingungen, Herstellprozesse etc. – bei der Entscheidungsfindung im Blick zu behalten und mit den Unternehmenszielen zu einem „schlüssigen" Ganzen zu verknüpfen [Mai01]. Das Wissen über die Merkmale der verschiedenen Systeme und ihre Zusammenhänge ist Voraussetzung für die Produktplanung und auch dafür, dass Entscheidungen umsetzbar und mögliche Ziele erreichbar sind.

- Zur **Entwicklung** eines Produkts zählen alle Vorgänge, die nach dem Anstoß des Entwicklungsvorhabens die Aufnahme einer regulären Produktion vorbereiten. Im Zuge des Entwicklungsprozesses müssen die Eigenschaften des Produkts so festgelegt werden, dass die Nutzung durch den Kunden und die Fertigung entsprechend den Vorgaben der Projektierung möglich ist. Ziel der Entwicklung ist das Erarbeiten von Fertigungs- und Nutzungsunterlagen.
- In der **Fertigung** (auch Produktion) entsteht das reale Produkt weitgehend nach den Vorgaben der Entwicklung.
- Das Produkt wird im Hinblick auf seine **Nutzung** gekauft. Projektierung, Entwicklung und Fertigung orientieren sich darum am Nutzen eines Produkts für potentielle Käufer [VDM97]. Orientierung am Nutzergewinn!
- Die **Entsorgung** des Produkts nach dem Ende der Nutzung schließt den Produktlebenslauf ab.

Während der einzelnen Lebensabschnitte entstehen Kosten, die sich über den ganzen Produktlebenslauf hinweg zu den Lebenslaufkosten summieren (vgl. Bild 5.1-3). Diese werden je nach Art und Nutzung des Produkts in ihrer Zusammensetzung stark variieren. Die damit verbundene Problematik wird in Kap. 5 noch Gegenstand einer ausführlichen Diskussion sein. An dieser Stelle ist jedoch die Frage sehr viel wichtiger, wann genau während des Produktlebenslaufs die Weichen gestellt werden für das Besondere, den „Pfiff" eines Produkts ebenso wie für die weitere Kostenentstehung.

Bild 2.2-2 zeigt schematisch die Möglichkeiten der Kostenbeeinflussung und die zunehmende Kostenentstehung über der Abfolge der Lebensabschnitte eines Produkts. Die Kurven sind gegenläufig! In den Anfangsphasen, in denen man am meisten beeinflussen kann, weiß man am wenigsten über die späteren Kosten. Es ist einleuchtend, dass bei der Produktplanung und Projektierung die Kosten eines vage definierten Produkts zunächst nur sehr vage festliegen aber die Einflussmöglichkeiten am größten sind. Mit Beginn des Entwicklungsprozesses sind die entscheidenden Weichenstellungen erfolgt, bei seinem Abschluss liegen die Lebenslaufkosten des Produkts weitgehend fest, auch wenn sie noch nicht bekannt sind. Im Rahmen von Produktion, Nutzung und Entsorgung kann nur noch eine Kostenoptimierung einzelner Prozesse auf der Grundlage des Entwicklungsergebnisses erfolgen. Ist ein Pkw-Motor entwickelt, dann ist an den Herstellkosten und den Betriebskosten kaum mehr zu rütteln. Durch geschickte Auswahl der Fertigungsprozesse oder durch besonders behutsame Fahrweise können noch Kosten einge-

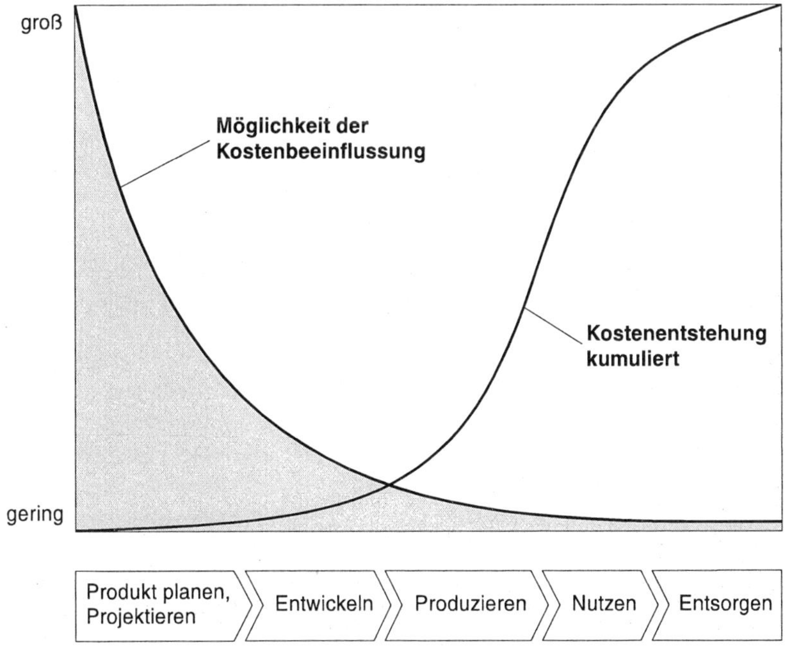

Bild 2.2-2. Möglichkeiten der Kostenbeeinflussung und Kostenfestlegung während des Produktlebenslaufs: das „Dilemma der Produktentwicklung"! (Beispiel Neukonstruktion)

spart werden. Am größten Teil der Lebenslaufkosten wird das im Vergleich zu der Einflussnahme, die zu Beginn bestand, jedoch nur wenig ändern können. Das gilt in gleichem Maß für den Innovationsvorsprung bzw. die Orientierung am Kundennutzen eines Produkts. Diese Aussagen gelten für die Neukonstruktion. Bei Anpassungs- und Variantenkonstruktion sind die Einflussmöglichkeiten geringer (vgl. Kap. 4.8.2).

Die Bedeutung der frühen Lebensabschnitte für einen Produkterfolg kann nicht genug betont werden. Was hier falsch gemacht wird, kann in der Folge, wenn überhaupt, nur mit sehr hohem Aufwand korrigiert werden. Daraus ergibt sich auch die Bedeutung von Maßnahmen zur **Kostenfrüherkennung** (vgl. Kap. 9). Den traditionell eher technisch denkenden Entwicklern muss daher nahe gebracht werden, dass

- **jede technische Festlegung auch eine Festlegung von Kosten** darstellt;
- diese Kostenfestlegung **simultan im Entwicklungsprozess** kontrolliert werden muss (Die Kosten müssten bei der technischen Entscheidung vorliegen!);
- **andernfalls das Produkt zu teuer** werden kann, was zeit- und kostenintensive Änderungen erforderlich macht (vgl. Bild 4.2-3).

Aus den Erfahrungen der Praxis heraus wurde daraus die „**Rule of Ten**" formuliert, die das exponentielle Wachstum der Kosten über dem Lebenslauf vermitteln soll. Änderungen sind umso teurer, je später sie erfolgen: Eine Änderung während der Aufgabenklärung kostet z. B. 1 €, während der Konstruktion 10 €, während der Fertigungsvorbereitung 100 €, während der Fertigung 1 000 € und nach der Auslieferung 10 000 €!

Produktplanung, Projektierung und Entwicklung sind von überragender Bedeutung für den weiteren Lebenslauf eines Produkts. Doch wer fällt die grundlegenden Entscheidungen innerhalb dieser Prozesse, **wer legt tatsächlich die zukünftigen Kosten eines Produkts fest?** Dazu sei kurz die Rolle dargestellt, die Geschäftsführung, Vertrieb, Entwicklung und Fertigung beim Planen, Projektieren und Entwickeln eines neuen Produkts spielen.

Die **Geschäftsführung** legt die Firmenpolitik fest. Damit ist sie selbstverständlich auch für die grundsätzliche Ausrichtung der Produktpalette des Unternehmens verantwortlich. Mit der Entscheidung für ein bestimmtes Produkt oder Produktprogramm wird auch über dessen wesentliche Kosten entschieden, selbst wenn sie im Einzelnen noch nicht bekannt sind.

Ein technisch kompetenter **Vertrieb** und ein entsprechendes **Marketing** stellen den Mittler zwischen dem Markt, den Kunden und dem Unternehmen dar. Ihre Aufgabe ist es daher, die Wünsche potentieller Kunden zu analysieren und auf der Grundlage dieser Erkenntnisse die Projektierung neuer Produkte anzustoßen. Die konsequente Einbeziehung von Vertrieb und Marketing und damit des Kundenbedarfs beim Planen, Projektieren und Entwickeln stellt einen Schlüssel zum Produkterfolg dar. Teil der Mittlerfunktion ist es auch, Kostenziele für ein neu zu entwickelndes Produkt vom Markt abzuleiten und damit in dieser Hinsicht konkrete Vorgaben für den Entwicklungsprozess zu schaffen.

Die **Entwicklung** ist der „Träger" sowohl des Projektierungs- als auch des Entwicklungsprozesses. Hier sollten sich die Informationen aus den unterschiedlichen Bereichen in einem marktfähigen Produktkonzept bzw. Produkt niederschlagen. Zu den wichtigsten Aufgaben der Entwicklung gehört es, den Spagat zwischen dem Wunschprodukt des Kunden, den geplanten Technologieveränderungen und dem technisch wie wirtschaftlich Realisierbaren zu vollziehen. Mit dem Abschluss der Konstruktion sind sowohl die Herstell-, als auch die Betriebs- und Entsorgungskosten weitgehend fixiert. Von daher kann gesagt werden, dass die Entwicklung den „größten", zumindest aber einen unmittelbar quantitativen Einfluss auf die Herstell- und Lebenslaufkosten eines Produkts hat (vgl. **Bild 2.2-3**).

In der **Fertigung** entstehen zusammen mit der **Beschaffung** (Einkauf) meist die größten Kosten im Unternehmen, weshalb bei der Durchsetzung von Rationalisierungsmaßnahmen der Schwerpunkt eigentlich immer auf diesen Bereichen lastet. Da die Optimierung der Teilefertigungs- und Montageprozesse jedoch schon bei der Festlegung der Produktgestalt selbst am wirkungsvollsten und aufwandsärmsten ist, muss die Einbindung der Fertigung und der Beschaffung in Planung, Projektierung und Entwicklung neuer Produkte von Beginn an organisiert werden. Dabei fließen das Know-how und die unternehmensspezifischen technologischen Randbedingungen in den Entwicklungsprozess ein, genauso wie sich die Fertigung ihrerseits rechtzeitig auf die neuen Produkte einstellen kann (Teamarbeit, Kap: 4.3.1; 4.6.1 und 4.8.3.1).

In der Vergangenheit wurde vielfach versucht, den Einfluss der unterschiedlichen Unternehmensbereiche auf die Kostenfestlegung bei der Produktentwick-

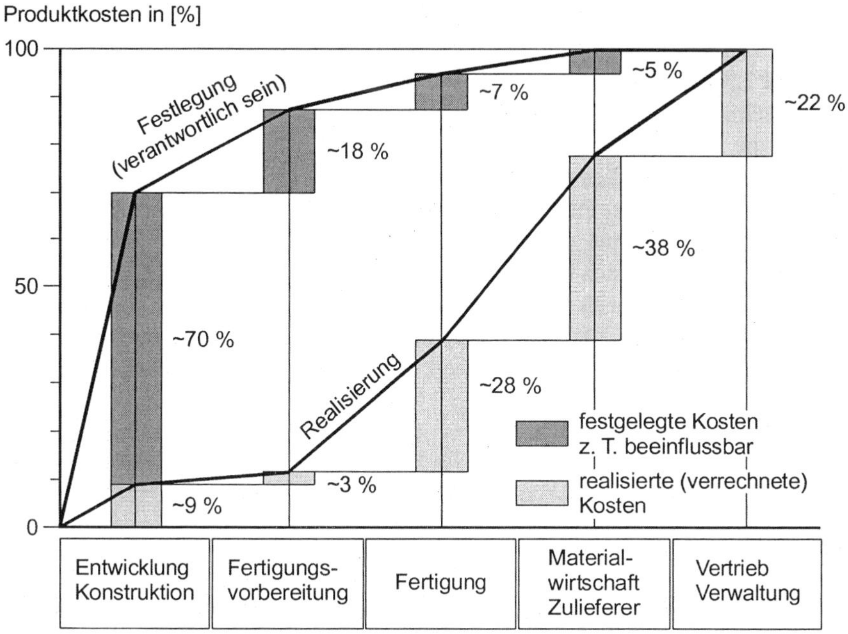

Bild 2.2-3. Kostenfestlegung und Kostenentstehung in unterschiedlichen Unternehmensbereichen [VDI87; VDM95]

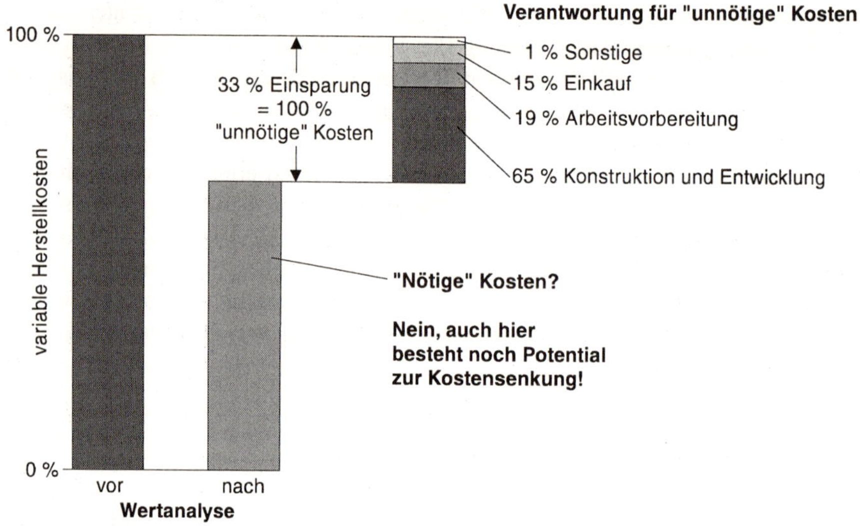

Bild 2.3-2. Durch Wertanalyse erreichte mittlere Herstellkostensenkung bei 135 Objekten; Verantwortung für „unnötige" Kosten [Kie79]

lungsprozess ebenso wenig eine klar definierte, „letzte, unüberwindliche Grenze" besteht wie für andere technische Parameter, sei hier am Beispiel mehrerer Generationen eines Baumaschinengetriebes veranschaulicht.

Bild 2.3-3 zeigt die Entwicklung von Teilezahl und Kosten des Getriebes über drei Jahrzehnte hinweg. Im Lauf der Zeit gelang es, sowohl die Zahl der Bauteile des Getriebes als auch seine Herstellkosten um ca. 70 % zu reduzieren (vgl. Kap. 7.11.1). Über einen so langen Zeitraum betrachtet, stellt sich die technische Entwicklung als ein vom Markt (Absatz- und Beschaffungsmarkt) getriebener Evolutionsprozess dar, in dem sich technische und wirtschaftliche Verbesserungen aus einem ununterbrochenen Wissenszuwachs ergeben. Wichtig ist, dass man dabei nicht getrieben wird, sondern treibt.

Grundsätzlich läuft die Produktentwicklung im Spannungsfeld zwischen den Interessen des Kunden an einem möglichst hohen Nutzwert des Produkts auf der einen Seite und dem Herstellerinteresse an möglichst hohen Erträgen des eingesetzten Kapitals auf der anderen Seite ab. Daneben wird sie von einer Vielzahl weiterer zeitlich wechselnder Randbedingungen beeinflusst. Insbesondere die zeitliche Veränderlichkeit fast aller wichtigen Parameter führt dazu, dass es beim kosteneffizienten Gestalten von Produkten weder ein absolutes noch ein stabiles relatives Optimum gibt. **Der Entwickler befindet sich also in der Situation, ein Optimum zu suchen, von dem er nicht weiß, wo es ist. Er weiß nur, dass es sich ständig verändert**.

Vereinzelte Maßnahmen zur kosteneffizienten Produktgestaltung verbessern die allgemeine Kostensituation deshalb nur wenig und vor allem lediglich für kurze Zeit.

> ➔ Wirksame Maßnahmen zur Steigerung der Kosteneffizienz müssen in eine ständige geplante und gesteuerte Produkt- und Prozessoptimierung einmünden. Das integrierte Kostenmanagement bildet dabei die organisatorische Klammer, die das Zusammenwirken einer Vielzahl von Einzelmaßnahmen koordiniert.

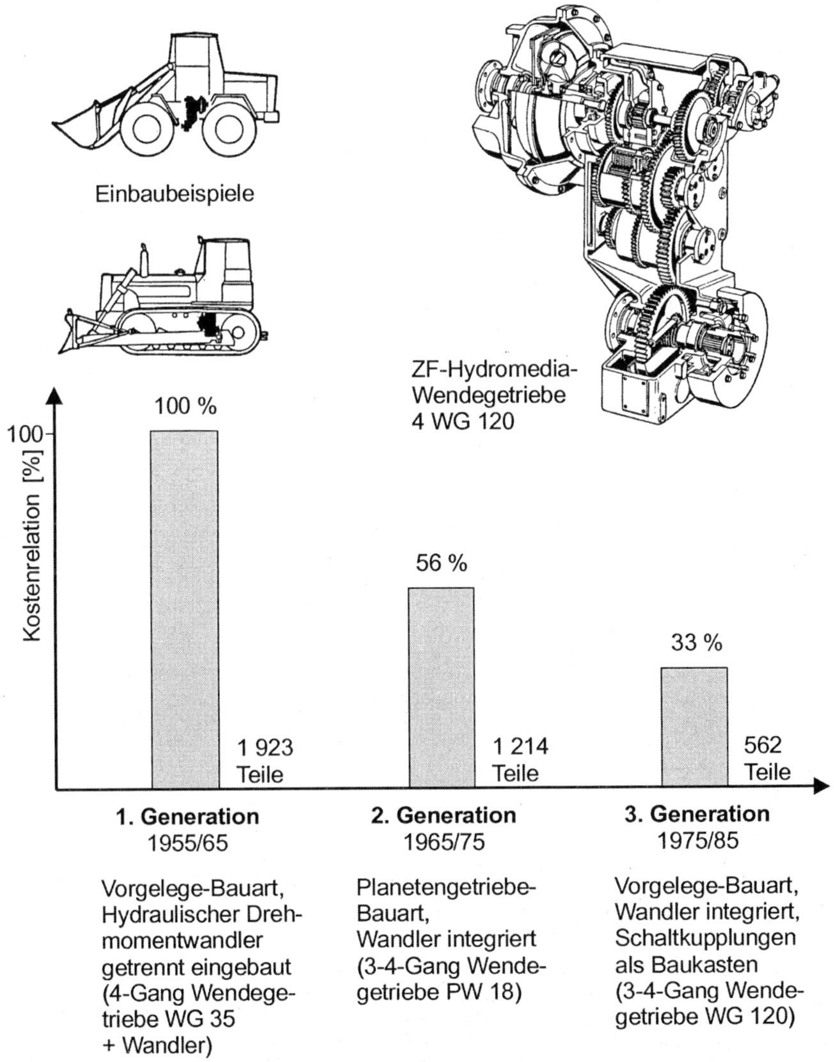

Bild 2.3-3. Zeitliche Entwicklung der Kosten und Leistung von Getrieben mit hydraulischem Drehmomentwandler (n. ZF, Teuerungsrate berücksichtigt)

3 Schwerpunkte beim Kostenmanagement für die Produktentwicklung

Im ersten Abschnitt dieses Kapitels wird dargelegt, welche Ziele ein effizientes Kostenmanagement im Bereich Produktentwicklung hat. Anschließend wird mit dem zielkostenorientierten Vorgehen der Leitgedanke moderner Kostenplanung in der Produktentwicklung vorgestellt. Im zweiten Abschnitt werden schließlich einige wichtige Probleme angesprochen, die heute und in Zukunft bei der Umsetzung des Kostenmanagements in der industriellen Praxis auftreten können.

3.1 Was ist Kostenmanagement?

Zunächst unabhängig von der speziellen Perspektive der Produktentwicklung kann Kostenmanagement folgendermaßen definiert werden:

„Kostenmanagement ist die gezielte und systematische Steuerung der Kosten. Ziel ist es, durch konkrete Maßnahmen die Kosten von Produkten, Prozessen und Ressourcen so zu beeinflussen, dass ein angemessener Unternehmenserfolg erzielt und die Wettbewerbsfähigkeit nachhaltig verbessert wird.“ [Fra97]

Zur Entwicklung und Herstellung von Produkten muss im Unternehmen eine Vielzahl unterschiedlicher Prozesse ablaufen, auf die im Rahmen dieses Buchs noch genauer eingegangen wird. Die Aufrechterhaltung dieser Prozesse ist nur unter Verbrauch von Gütern möglich, was grundsätzlich mit der Entstehung von Kosten verbunden ist. Zur Entwicklung und Produktion von Automobilen müssen bspw. Rohmaterialien, Energie und Fertigungseinrichtungen ebenso zur Verfügung stehen wie die Arbeitskraft von Mitarbeitern der unterschiedlichsten Qualifikationen. Die laufenden Prozesse auch langfristig so zu gestalten, dass unter **minimalem Verbrauch von Gütern ein konkurrenzfähiges Produkt** entsteht, ist eine Aufgabe aller Mitarbeiter eines Unternehmens. Im Rahmen des betrieblichen Kostenmanagements muss ein Umfeld geschaffen werden, das es den Mitarbeitern ermöglicht, diese Aufgabe in ihrem persönlichen Verantwortungsbereich jeden Tag von neuem zu lösen. Dem Management als Bannerträger in Kostenfragen kommen von daher dreierlei Funktionen zu, die hier als **strategisches** und **operatives Vorgehen** sowie **die Gestaltung der unternehmerischen Rahmenbedingungen** bezeichnet werden sollen. **Bild 3.1-1** stellt diese drei Elemente unternehmerischen Handelns, auf die im Folgenden näher eingegangen werden soll, im Zusammenhang dar.

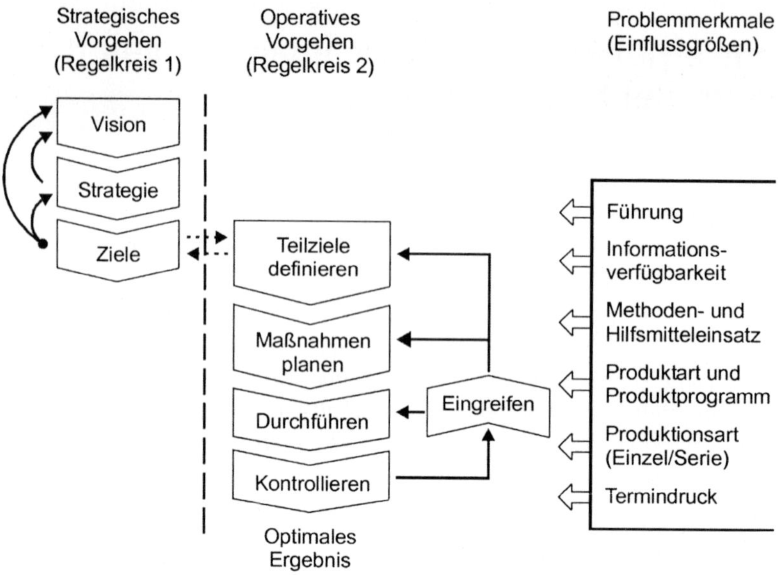

Bild 3.1-1. Kostenmanagement entspricht dem allgemeinen Management-Prozess: Sowohl das strategische Vorgehen wie das operative Vorgehen muss als Regelkreis gestaltet werden

Das **strategische Vorgehen** hat Antworten auf drei Fragen zu liefern:

- **Wo wollen wir hin? – Vision** der Zukunft.
  Grundlage jeder strategischen Planung muss eine Vision davon sein, wie das eigene Unternehmen langfristig aussehen und wie es zukünftig im Markt stehen soll.
- **Wie kommen wir dorthin? – Strategie** für die Zukunft.
  Die Langfristmaßnahmen zeigen den Weg zur Erreichung der Vision auf und bilden den Rahmen für das operative Handeln.
- **Welche operativen Ziele** müssen wir auf dem Weg erreichen? – Meilensteine auf dem Weg in die Zukunft.
  Die langfristige Strategie wird vor allem dann transparent, wenn aus ihr klar definierte Teilziele abgeleitet werden. Diese Teilziele bestimmen die Arbeit, die im Unternehmen geleistet werden soll.

Die im Rahmen der strategischen Planung festgelegten **Teilziele** bilden die Grundlage des **operativen Vorgehens** eines Unternehmens. Das operative Vorgehen lässt sich in drei Tätigkeitsfelder aufspalten:

- **Planen** – Unter Berücksichtigung der verfügbaren Ressourcen muss ein Prozessablauf ermittelt werden, mit dem die vorgegebenen Teilziele erreicht werden können. Durch geeignete Maßnahmen muss der Prozess angestoßen werden.
- **Durchführen und Kontrollieren** – Nachdem ein Prozess gestartet wurde, muss sein Ablauf durch angemessene Kontrollmechanismen überwacht werden.

Weichen die Arbeitsergebnisse vom angesteuerten Ziel ab, so sollte das frühzeitig erkannt werden.

- **Eingreifen** – Im Fall drohender Abweichungen vom definierten Ziel muss der Prozess durch geeignete Eingriffe neu ausgerichtet werden.

In Bild 3.1-1 ist der **Regelkreis-Charakter** (vgl. Bild 4.2-2) sowohl der strategischen als auch der operativen Planung durch die rückwärts gerichteten Pfeile angedeutet: Iterationen im Managementprozess sind notwendig, um dem gesteckten Ziel sukzessive näher zu kommen.

Die Gestaltung der unternehmerischen Rahmenbedingungen ist durch Personalführung und Personalentwicklung geprägt. Nur wenn es gelingt, eine geeignete Mitarbeiterstruktur aufzubauen und alle Mitarbeiter ihren Fähigkeiten gemäß einzusetzen und zu motivieren, werden die geplanten Prozesse tatsächlich flüssig und kosteneffektiv ablaufen können.

Während das bisher Gesagte für die Führung jedes beliebigen Unternehmens zutrifft, soll nun auf die Besonderheiten eingegangen werden, die sich aus dem **Kostenmanagement speziell in der Produktentwicklung** ergeben. Im vorherigen Kapitel wurde bereits der starke Einfluss besprochen, der von der Produktentwicklung auf die Kostenentstehung in vielen Unternehmensprozessen ausgeht. Kostenmanagement muss darauf dringen, diesen Einfluss konsequent im Interesse einer kosteneffektiven Prozessgestaltung zu nutzen. Dazu müssen die drei folgenden fundamentalen Forderungen an den Entwicklungsprozess verwirklicht werden.

3.1.1 Marktgerechte Produkte entwickeln

Die Entwicklung markt- bzw. kundengerechter, ja den Kunden begeisternder Produkte zu fordern mag zunächst wie eine Binsenweisheit klingen, in Wirklichkeit stellt die Erfüllung dieser Forderung jedoch die elementarste Grundvoraussetzung jedes erfolgreichen unternehmerischen Handelns dar. Ihre Umsetzung erweist sich in der Praxis oft alles andere als einfach. Produkte müssen zu einem gewinnbringenden Preis und in ausreichender Zahl verkauft werden. Die dazu erforderlichen Kunden können gewonnen werden, wenn sie sich gemessen an den Kosten des Produkts einen attraktiven oder doch ausreichenden Nutzen bzw. Gewinn versprechen. Der Nutzen aus Kundensicht kann neben wirtschaftlichen Größen auch qualitative und emotionale Elemente (Kundenbegeisterung) beinhalten. Für ein **Produkt, das die Menschen begeistert**, lässt sich unabhängig von reinen ökonomischen Erwägungen ein höherer Preis durchsetzen. Und das kann in vielen Situationen der entscheidende Wettbewerbsvorteil gegenüber der Konkurrenz sein.

Der Entwicklungsprozess bezieht sich stets auf eine angenommene **zukünftige Marktsituation** und läuft deshalb unter sich **ständig ändernden Randbedingungen** ab. Die Bedürfnisse potentieller Kunden dennoch mit größtmöglicher Zuverlässigkeit zu prognostizieren ist eine zentrale Aufgabe der Vertriebs- oder Marketingabteilung jedes Unternehmens. Aus drei Gründen sollten **Entwicklung und Konstruktion frühzeitig in diesen Zielfindungsprozess** einbezogen werden:

- Es geht um die **Abstimmung** zwischen den **grundsätzlichen technischen Möglichkeiten**, den Möglichkeiten des Unternehmens und den **Wünschen** eines anvisierten Kundenkreises zu Beginn der Projektierung oder Planung eines neuen Produkts. Die Produktpalette darf in diesem Zusammenhang nicht allein am Markt, sondern muss auch an den verfügbaren Ressourcen ausgerichtet werden.
- Hier gilt es, die **technologische Entwicklung** sowohl beim Kunden und den Wettbewerbern als auch im eigenen Haus und bei den Zulieferern einer sorgfältigen Abschätzung zu unterziehen und daraus ein tragfähiges Zukunftsszenario zu entwickeln.
- Die oft **diffusen Kundenwünsche** müssen in **technischer Hinsicht** auf ihren **wesentlichen Kern reduziert** werden. Damit soll vor allem verhindert werden, dass Überflüssiges unter die Anforderungen gelangt, wodurch später technische und wirtschaftliche Probleme verursacht werden, ohne dass der Kunde auch wirklich bereit wäre, das zu honorieren.

3.1.2 Kostengünstige Produkte entwickeln

Ein von allen nicht wesentlichen Anforderungen befreites Lastenheft stellt die unverzichtbare Grundlage dar, auf der die Entwicklung kostengünstiger Produkte erfolgen kann.

> ➔ Produkte sind dann kostengünstig, wenn mit ihnen Gewinn gemacht werden kann, d. h. wenn ihre Selbstkosten deutlich unter den am Markt erzielbaren Verkaufspreisen liegen.

Bei der Entwicklung kostengünstiger Produkte hat sich das Augenmerk des Entwicklers folglich nicht nur auf die technische Funktion des Produkts zu richten, sondern in gleichem Maße auf die Prozesse, die mit seiner Herstellung verbunden sind.

> ➔ Ein gutes Entwicklungsteam schafft Produkte, die den Kunden, und definiert dafür Herstellungsprozesse, die das eigene Unternehmen zufrieden stellen.

Ein ganz entscheidender Faktor ist dabei die **Informationskultur** innerhalb eines Unternehmens. Nur wenn Informationen, und das heißt auch Kosteninformationen, intern weitestgehend frei und ohne bürokratischen Aufwand fließen können, lassen sich bei der Entwicklung die zahlreichen Abhängigkeiten berücksichtigen, die für die Gestaltung effizienter Prozesse von Bedeutung sind (Bild 4.8-5). Kostenmanagement in der Produktentwicklung bedeutet, eine Entwicklungsumgebung zu schaffen, in der diese Einsicht wirklich gelebt wird (Bild 3.2-1).

3.1.3 Kosteneffiziente Entwicklungsprozesse schaffen

Über die Kostenverringerung an Produkten darf nicht vergessen werden, dass auch die Produktentwicklung selbst zum Teil beträchtliche Kosten verursacht (3 bis 25 % der Selbstkosten, im Mittel 9 % *SK*). Dies gilt besonders für die Entwicklung kundenspezifischer Produkte, die in Einzelfertigung hergestellt werden. Vor dem Hintergrund des allerorts stärker werdenden Kostendrucks muss deshalb auch der Entwicklungsprozess kosteneffizient ablaufen (vgl. Kap. 6.2). Damit ist häufig die Forderung verbunden, die **Durchlaufzeiten von Entwicklungsvorhaben deutlich zu verkürzen**. Durch die effizientere Gestaltung von Prozessen können Kosten und Zeit gesenkt werden. Der zweite und vielleicht wichtigere Grund, warum die Entwicklungszeiten verkürzt werden müssen, ergibt sich aus der Schnelllebigkeit unserer Zeit. In sich permanent wandelnden Märkten ist der Faktor Zeit ein entscheidender Wettbewerbsvorteil. Wer ein innovatives Produkt als erster anbietet, kann u. U. hohe Gewinne realisieren, er trägt allerdings auch die höheren Risiken.

Zur Verwirklichung der beschriebenen drei zentralen Forderungen an den Entwicklungsprozess muss meist eine Vielzahl unterschiedlichster Maßnahmen ergriffen werden (Bild 2.2-1). Diese können vom Erarbeiten grundsätzlich neuer technischer Produktkonzepte über die Verbesserung des Rechnereinsatzes bis hin zur umfassenden organisatorischen Umgestaltung des Unternehmens reichen. In seiner ganzen Breite lässt sich dieses Maßnahmenspektrum deshalb wohl nur im Rahmen eines integrierenden Gesamtkonzepts realisieren, wie es beispielsweise in „**Integrierte Produktentwicklung**“ [Ehr03] vorgestellt wurde. In Kap. 4 wird die Methodik des Kostenmanagements in der Produktentwicklung vor dem Hintergrund dieser übergreifenden Struktur dargestellt.

3.2 Probleme beim Kostenmanagement in der Produktentwicklung

In der Praxis misst sich der unmittelbare Erfolg eines Entwicklungsprozesses an den Parametern **Funktionserfüllung, Kosten-** und **Termineinhaltung** („magisches Dreieck“ aus Qualität, Zeit und Kosten; zu Zielkonflikten siehe Kap. 4.5.3.3). Das Auftreten von Problemen im Entwicklungsprozess bedeutet, dass die Vorgaben für einen oder mehrere dieser Parameter nicht eingehalten werden können. Frankenberger [Fran97] hat mehrere reale Entwicklungsprozesse in Industrieunternehmen beobachtet und die Mechanismen der Zusammenarbeit analysiert, die zu einer positiven oder negativen Beeinflussung des Entwicklungsergebnisses hinsichtlich der genannten Parameter führten. Die sehr komplexen Zusammenhänge werden hier vereinfacht wiedergegeben (vgl. **Bild 3.2-1**).

Geringe Produktkosten (Bild 3.2-1 rechts) lassen sich immer auf **richtige Lösungsentscheidungen** während der Entwicklung zurückführen. Richtige Entscheidungen können aber nur auf der Grundlage einer **zutreffenden Analyse der**

zur Auswahl stehenden Lösungsvarianten getroffen werden. Beim Erarbeiten zutreffender Analysen spielt die **Kompetenz der Mitarbeiter** eine wesentliche Rolle, von herausragender Bedeutung ist jedoch vor allem die **gute und schnelle Informationsverfügbarkeit** innerhalb des Unternehmens. Die Verfügbarkeit von Informationen hängt auf der einen Seite unmittelbar von der **Erfahrung der Mitarbeiter**, auf der anderen Seite von der **Kommunikation** zwischen den Mitarbeitern ab. Die Analyse der Abhängigkeiten zeigte darüber hinaus, dass Quantität und Qualität der Kommunikation wiederum ganz wesentlich von der **Erfahrung des einzelnen** beeinflusst werden.

Diesen vernetzten Mechanismen des Erfolgs lassen sich in gleicher Weise die Mechanismen des Misserfolgs gegenüberstellen (Bild 3.2-1 links): **Hohe Produktkosten** sind stets auf **falsche Lösungsentscheidungen** zurückzuführen. Eine

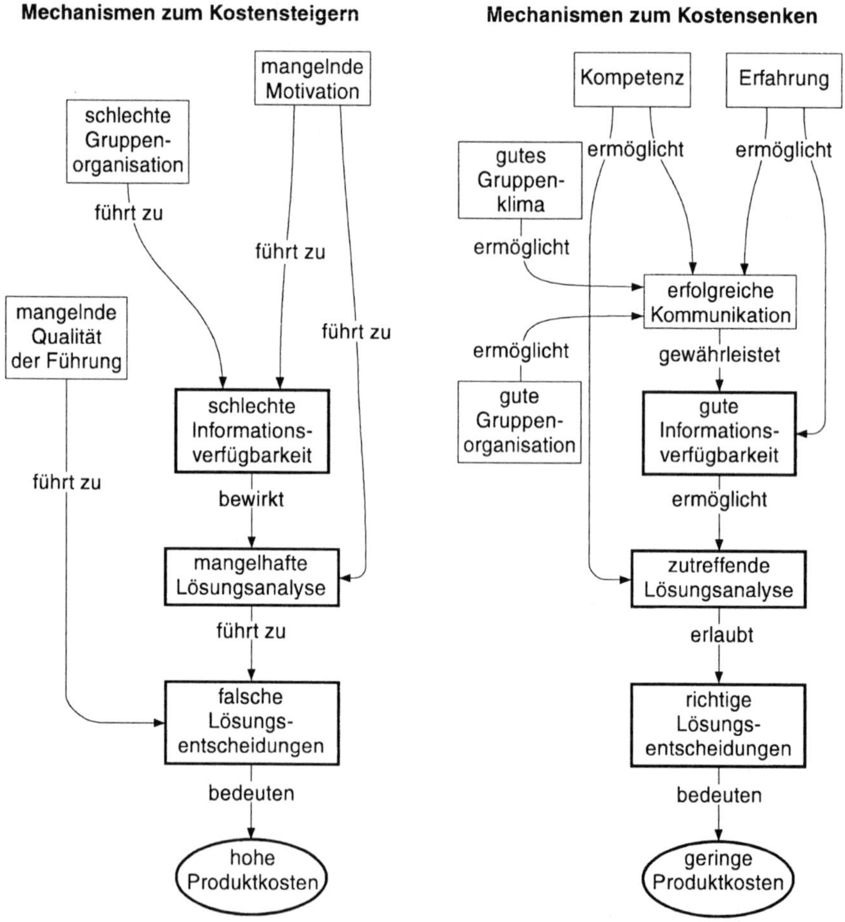

Bild 3.2-1. Mechanismen zum Kostensteigern (links), Mechanismen zum Kostensenken (rechts) [Fran97]

verhängnisvolle Rolle spielt in diesem Zusammenhang die **mangelnde Qualität der Führung** einer Gruppe: Sie schafft die Voraussetzung dafür, dass sich neben der organisatorischen Hierarchie auf individuelle Erfahrung gestützte **informelle Hierarchien** herausbilden. Werden diese an sich ungewollten Hierarchien von einzelnen zur **Machtausübung** ausgenützt, wird häufig die **Güte der Lösungsentscheidung** beeinträchtigt. Falsche Entscheidungen während der Produktentwicklung werden meist auf der Grundlage **mangelhafter Lösungsanalyse** getroffen. Die mangelhafte Analyse beruht einerseits unmittelbar auf der **fehlenden Motivation von Mitarbeitern**, vor allem jedoch auf einer **schlechten Informationsverfügbarkeit**. Diese hängt wiederum stark von der **Motivation des einzelnen** ab, sich um die benötigten Informationen zu bemühen. Eine **ungeeignete Gruppenorganisation** beeinträchtigt direkt die Informationsverfügbarkeit und wirkt sich darüber hinaus negativ auf die Motivation der Mitarbeiter aus.

Die Untersuchung von Frankenberger bestätigt noch einmal die überragende Bedeutung, die der **rechtzeitigen Informationsverfügbarkeit** bei der Entwicklung kostengünstiger Produkte und damit der **Kostenfrüherkennung** zukommt (vgl. Kap. 9: Kostenfrüherkennung bei der Entwicklung). Durch die Untersuchung werden die Mechanismen erhellt, die die Verfügbarkeit von Informationen im Unternehmen fördern oder verhindern. Damit wird klar, dass die Schwierigkeiten, die bei der Einführung eines Kostenmanagements in der Praxis auftreten können, kaum aus technischen Problemen entstehen, sondern vielmehr aus Problemen im organisatorischen und sozialen Gefüge des Unternehmens. Die zentralen Problemkreise **Führung**, **Informationsverfügbarkeit** und **Methoden- und Hilfsmitteleinsatz** sollen im Folgenden kurz angesprochen werden.

3.2.1 Führung

Eine geringe Qualität der Führung setzt nach Frankenberger Mechanismen in Gang, die sich in Entwicklungsprozessen negativ auf die Produktkosten auswirken. Bei der Analyse von Produktentwicklungen, die hinsichtlich der Kosten erfolgreich verlaufen sind, taucht die Qualität der Führung als Einflussfaktor dagegen explizit überhaupt nicht mehr auf. Damit ist ein sehr wichtiges, im Zusammenhang mit „Führung" auftretendes Phänomen angesprochen: „Führung" gelangt vor allem dann ins Bewusstsein, wenn Schwierigkeiten auftauchen. **In optimal ablaufenden Unternehmensprozessen kommt die „Führung" dagegen auf unmerkliche, „unsichtbare" Weise zur Wirkung.**

Die Führung übt den größten Einfluss auf die Entwicklung der sozialen Strukturen innerhalb eines Unternehmens und damit auf das aus, was gemeinhin Unternehmenskultur genannt wird.

- **Personalmanagement**
  Unternehmen leben von der Qualität und Motivation ihrer Mitarbeiter! Personalmanagement heißt, jede zu erfüllende Funktion zielgerichtet mit geeigneten Mitarbeitern zu besetzen. In Kap. 4.3 wird ausführlich darauf eingegangen werden, was unter dieser „Eignung" eines Funktionsträgers zu verstehen ist.

In der Praxis muss die Führung eines Unternehmens zumindest kurzfristig mit dem gegebenen Mitarbeiterstamm auskommen. Um die Fähigkeiten der vorhandenen Mitarbeiter möglichst optimal zu nutzen, sind Umorganisationen erforderlich und Maßnahmen zur Personalentwicklung und zur Schulung durchzuführen.

> ➔ Zu den wichtigsten Anforderungen an ein gutes Personalmanagement zählt es, allen Mitarbeitern von Zeit zu Zeit **Impulse zu vermitteln**. Dazu gehört das Aufzeigen von beruflichen Entwicklungsmöglichkeiten ebenso wie die Förderung und Qualifizierung der Mitarbeiter durch Schulungen und regelmäßige Veränderungen ihres Aufgabenbereichs.

- **Gestaltung der Organisation**
  Viele Unternehmen des Maschinenbaus erfuhren in den letzten Jahren eine Umorganisation: Die klassische Linienorganisation wurde durch eine produktbezogene Organisationsstruktur (Spartenorganisation, Profit Center, Segmentierung) oder eine Matrixorganisation ersetzt. Dieser Trend weist auf einen Wandel des allgemeinen Verständnisses von effizienter Organisation hin. Früher wurde versucht, die Unternehmensprozesse durch eine weitgehende hierarchische, tayloristische Aufgliederung der Funktionsbereiche und Spezialisierung der Mitarbeiter möglichst optimal zu gestalten. Dabei zeigte sich jedoch, dass die Ausbildung der zur Entwicklung und Produktion komplexer technischer Systeme unbedingt erforderlichen informellen Querverbindungen im Unternehmen durch eine solche Organisationsstruktur eher behindert als gefördert wird. Die oft auch strikte räumliche Trennung der Linien für Vertrieb, Entwicklung und Produktion erschwert die Kommunikation zwischen den unterschiedlichen, mit einer Aufgabe befassten Mitarbeitern. Gleichzeitig geht das übergeordnete Verständnis und damit meist auch das Gefühl der Verantwortung des einzelnen für das Produkt und den reibungslosen Ablauf der Unternehmensprozesse verloren. Beide Probleme erschweren insbesondere auch ein wirksames Kostenmanagement in Entwicklung und Konstruktion.
  Eine stärker **produktbezogene Organisationsform**, wie die Sparten- oder auch die Matrixorganisation, versucht die Voraussetzungen für das Entstehen der erforderlichen innerbetrieblichen Informationsnetzwerke zu verbessern. Mitarbeiter unterschiedlicher fachlicher Qualifikation werden dabei einem bestimmten Produktentstehungsprozess zugeordnet und oft auch räumlich zu Teams zusammengefasst. Die Einbindung des einzelnen in ein Team soll über den gemeinsamen Produkterfolg Verantwortung und Motivation vermitteln. Ziel jeder Unternehmensführung muss es sein, eine an die Anforderungen des eigenen Unternehmens angepasste Organisationsstruktur zu entwickeln und umzusetzen. Dabei dürfen die Probleme nicht übersehen werden, die fast immer mit der Einführung einer neuen Organisationsform verbunden sind. Die ausgefeilteste Organisationsstruktur ist nichts wert, solange sie nur auf dem Papier besteht. Zu erreichen, dass sie von der Mehrzahl der Mitarbeiter wirklich gelebt wird, erweist sich daher oft als der schwierigere Teil der Aufgaben des Managements. Das Risiko bei dieser Organisationsform besteht in der zumindest teilweisen

Auflösung der fachlichen Heimat der Mitarbeiter.
Speziell die im Rahmen eines umfassenden Kostenmanagements ergriffenen organisatorischen Maßnahmen dürfen nicht nur bestrebt sein, die horizontale Vernetzung im Betrieb zu verbessern, sondern müssen auch die mentalen Unterschiede zwischen den verschiedenen Hierarchieebenen berücksichtigen (vgl. Bild 3.2-2). Kostenmanagement wird gemeinhin als Chefsache betrachtet, das zur wirksamen Kostensteuerung unabdingbare Fach- und Detailwissen ist dagegen eher auf der Sachbearbeiterebene angesiedelt.

➔ Die Kostenproblematik zu einer Herausforderung für jeden einzelnen Mitarbeiter zu machen ist ein wichtiges Ziel der im Rahmen des Kostenmanagements durchzuführenden organisatorischen Maßnahmen.

- **Planung der Mitarbeiterkapazität**
  Kosten senken kostet! Die Ausarbeitung und Durchführung von Maßnahmen zur Kostenkontrolle in Entwicklung und Konstruktion kostet vor allem die Arbeitszeit von Mitarbeitern, egal ob es sich dabei um die Bereitstellung von Kosteninformationen oder die Ausarbeitung alternativer konstruktiver Lösungen handelt.

➔ Wirksames Kostenmanagement setzt voraus, dass diese zusätzliche Arbeitszeit eingeplant wird und dem entsprechenden Mitarbeiter auch wirklich zur Verfügung steht.

Die Unternehmensleitung muss wissen, dass eine Konstruktionsabteilung, die unter permanentem **Termindruck** [Ehr03] steht, praktisch keine kostengünstigen Lösungen entwickeln kann. Vielmehr hat dann das fristgerechte Fertigstellen von Zeichnungen die oberste Priorität. Das gleiche gilt für eine überlastete Fertigungsvorbereitung oder Kalkulation, die nicht frühzeitig beratend tätig werden kann, wenn sie ihre eigentliche Arbeit nicht schafft [Ehr93].

3.2.2 Informationsverfügbarkeit

Die Untersuchung von Frankenberger [Fran97] hat gezeigt, dass die mangelhafte Verfügbarkeit von Informationen in der Entwicklung einen Engpass auf dem Weg zum kostengünstigen Produkt darstellt. In diesem Zusammenhang gilt es, insbesondere das in Unternehmen oft weit verbreitete „**Kostenunwissen**" zu bekämpfen. Dies kann auf drei Wegen geschehen: Durch **Verbesserung der Kommunikation** mit den Wissensträgern (z. B. durch Fertigungs- und Kostenberatung, vgl. Kap. 4.6.1), durch die gezielte **Aufbereitung und Bereitstellung von Kosteninformationen** (z. B. DV-Werkzeuge) im Entwicklungsprozess und schließlich durch die gezielte **Weiterbildung der Produktentwickler** (Kap. 4.8.3.4).

- **Kommunikation**
  Kostenunwissen in der Produktentwicklung betrifft das Wissen um die Kosten im Detail ebenso wie übergreifende Zusammenhänge. Die übliche Organisation

eines Unternehmens führt meist dazu, dass die Mitarbeiter aus Controlling, Fertigung und Beschaffung, die über die größte Kompetenz in Sachen Kosten verfügen, in den Entwicklungsprozess überhaupt nicht oder nur am Rande eingebunden sind. Die eigentlichen Produktentwickler zeichnen sich dagegen oft durch eine gewisse Unsicherheit gegenüber Kostenfragen aus, auch weil Kosten in vielen Unternehmen bis vor wenigen Jahren geheim waren. Gute Entwickler kennen ihre eigenen Schwächen und gleichen ihre individuellen Wissensdefizite i. a. durch die enge Zusammenarbeit mit anderen Fachabteilungen aus. Sie wenden sich bei Bedarf an ihnen bekannte, kompetente Ansprechpartner in Vertrieb, Einkauf, Arbeitsvorbereitung, Kalkulation oder bei Zulieferern. Sowohl die richtige Einschätzung des eigenen Wissens als auch die Schaffung solcher persönlicher Querverbindungen innerhalb und außerhalb des eigenen Unternehmens überfordert unter dem vorhandenen Zeitdruck jedoch viele Mitarbeiter auch in den Führungsebenen, was unter Umständen erhebliche Folgen für die Produktentwicklung haben kann. Es lassen sich in jedem größeren Unternehmen Beispiele dafür finden, wie durch eine entsprechende Nachfrage in der richtigen Fachabteilung Millionenbeträge hätten eingespart werden können, wenn sie nicht aus Zeitmangel, Selbstüberschätzung oder Schüchternheit unterlassenen worden wäre.

➔ Durch geeignete organisatorische Mittel eine **Atmosphäre allgemeiner Offenheit und Zusammenarbeit** im Betrieb zu schaffen ist eine wichtige Maßnahme, um die Entwicklung kostengünstiger Produkte zu fördern.

Nur auf diese Weise können die aus vielen Firmen bekannten Mauern zwischen den unterschiedlichen Unternehmensbereichen abgebaut und konstruktiv kommunizierende soziale Netzwerke entwickelt werden. **Bild 3.2-2** zeigt, wie jede Abteilung ausschließlich sich selbst sieht, anstatt das Produkt durch abteilungsübergreifende Zusammenarbeit zu optimieren.

- **Problematik der Kosteninformation**
  Im Rahmen eines konsequent durchgeführten Target Costing (vgl. Kap. 4.4.3) im Entwicklungsprozess müssen die aktuell absehbaren Produktkosten und die einmal festgelegten Zielkosten einem ständigen Soll-Ist-Vergleich unterzogen werden.

➔ Die wirksame **Kontrolle der Zielkosten** setzt voraus, dass jederzeit während des Entwicklungsprozesses ermittelt werden kann, wie viel ein Produkt nach dem derzeitigen Stand der Planungen kosten würde (Kap. 9.1.2, Ablauf der entwicklungsbegleitenden Kalkulation).

Nur so lassen sich Abweichungen von den anvisierten Zielkosten rechtzeitig feststellen und Gegenmaßnahmen einleiten. Die Schwierigkeit besteht darin, vor allem in den frühen Phasen einer Produktentwicklung zuverlässig die weitere Kostenentstehung abzuschätzen (vgl. Bild 2.2-2). Angepasst an die unterschiedlichsten Produktgruppen und Fertigungsstrukturen (z. B. Einzel- und Serienfertigung, Kap. 3.3.1) wurde in der Vergangenheit eine Vielzahl von teils rechnergestützten **Methoden zur Kostenfrüherkennung** entwickelt. Kap. 9 unterzieht

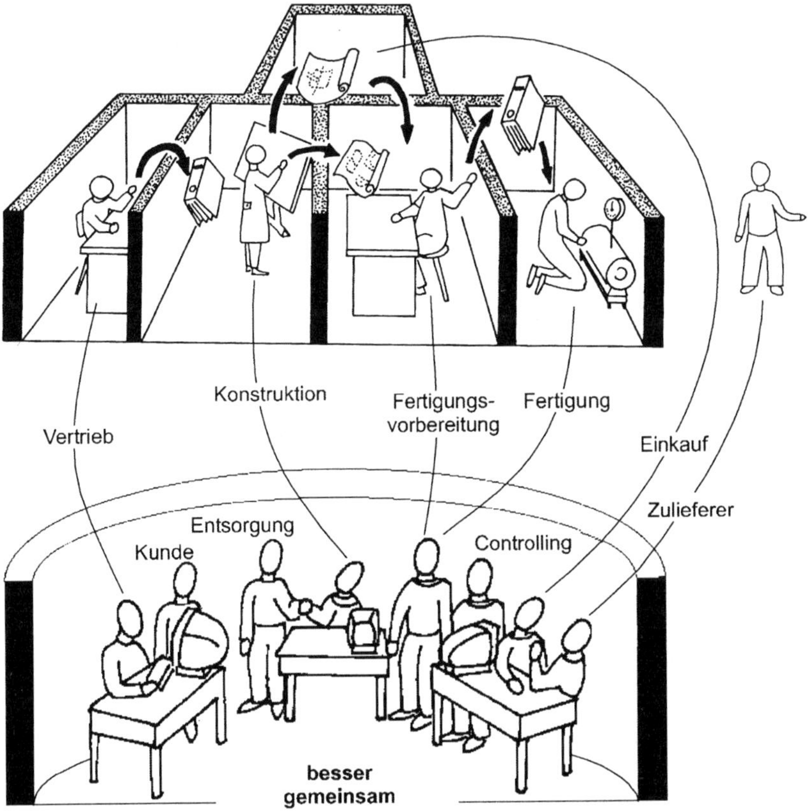

Bild 3.2-2. Teamarbeit zur Überwindung geistiger Mauern zwischen den Abteilungen [Ehr87b]

die wichtigsten Verfahren einer kritischen Wertung und beschreibt ihre richtige Anwendung.

Allen beschriebenen Methoden müssen innerbetriebliche Kosteninformationen hinterlegt werden. **Kostendaten können in der Regel kaum überbetrieblich verwendet werden**, da die Fertigungseinrichtungen, die Kostenrechnungsverfahren und die Kostenstrukturen von Unternehmen zu Unternehmen verschieden sind. Die Verfahren der Kostenfrüherkennung sind folglich nur vom grundsätzlichen Vorgehen her, nicht jedoch im datentechnischen Detail übertragbar (vgl. Bild 7.13-2).

3.2.3 Methoden- und Hilfsmitteleinsatz

Obwohl in den letzten Jahren eine Reihe von wirksamen Methoden zur Unterstützung des Kostenmanagements entwickelt wurde, fanden nur wenige tatsächlich

Eingang in die Breite der industriellen Praxis. Hier besteht ein gravierendes Wissensdefizit hinsichtlich der zu Verfügung stehenden Methoden (Kap. 4.8.3.4). Meist werden nur die Methoden aufgegriffen, die gerade in Mode sind. Ihre Einführung erfolgt oft willkürlich und ohne volles Verständnis des Kontextes, in dem sie angewendet werden sollten. Misserfolge sind so vorprogrammiert, was wiederum die Abneigung gegen methodisches Vorgehen verstärkt.

Analog zu den Betriebsmitteln der Fertigung sind Methoden die **„Betriebsmittel der Informationsverarbeitung"**, die nicht zufällig und intuitiv eingesetzt werden dürfen. Der Einsatz muss geplant und eintrainiert werden.

➔ Methoden müssen unternehmensspezifisch ausgewählt und an die jeweilige Situation angepasst werden.

➔ Die Anwender müssen die geeignete Unterstützung haben, sich in die jeweilige Methode einzuarbeiten. Methoden lernt man durch Üben!

Dabei kommt es, wie bei jedem Lernprozess, zu Irrtümern und Rückschlägen, welche vorher einkalkuliert werden sollten! Die Methoden, Hilfsmittel und Daten, die ein Detailkonstrukteur benötigt, sind andere als die, die der Entwicklungsvorstand braucht. **Unterschiedliche Aufgaben erfordern unterschiedliche Methoden**, was beispielhaft in **Bild 3.2-3** dargestellt ist (Kap. 4.8.3.4). Ähnlich wie es eine Fertigungsvorbereitung gibt, müsste es eine „Methoden- oder Informationsplanung" geben, die folgendes vorbereitet: Wer braucht welche Informationen? Wer muss welche Hilfsmittel und Methoden kennen und sie anwenden können?

Aufgabenbereich	Fragen zum Kostenwissen	Fragen zu Kostenzielen	Fragen zum Methodeneinsatz
Geschäftsführer **Technik**	**insgesamt: „unternehmensbezogen"**		
	z. B. • Bei welcher Auslastung wird die Gewinnschwelle erreicht?	z. B. • Kostenziel für das Unternehmen? ... für das Produktprogramm?	z. B. Was bringt • „Target Costing" • „Reengineering"?
Abteilungsleiter **Entwicklung**	**bezogen auf Produktprogramm und Produkt**		
	z. B. • Gesamte Produktkostenstruktur? • Schwächen der Zuschlagskalkulation?	z. B. • Kostenziel für das Produkt?	z. B. • Wie Aufteilung von Kostenzielen? • Wie Beurteilung von Zulieferanten?
Sachbearbeiter **Konstruktion**	**bezogen auf Baugruppen und Teile**		
	z. B. • Welche ist die kostengünstigste Schraube?	z. B. • Kostenziel für die Baugruppe?	z. B. • Wie errechnet man die Herstellkosten?

Bild 3.2-3. Aufgabenspezifische Zuordnung von Komponenten des Kostenmanagements

3.3 Anpassung des Kostenmanagements

Bereits im vorigen Absatz wurde davon gesprochen, dass die hier gezeigten Methoden des Kostenmanagements immer **situationsabhängig angepasst** werden müssen (Kap. 4.8.2, 6.2). Unternehmen unterscheiden sich nämlich stark sowohl hinsichtlich der **Produktart** und des **Produktprogramms** (Abschn. 3.3.1) als auch hinsichtlich der **Produktionsart** (Abschnitt 3.3.2). Weitere Einflussgrößen, die große Auswirkung auf die Ausgestaltung und Durchführung des Kostenmanagements haben, sind das **Ziel** und der **Umfang** bzw. die „Art" (Abschnitt 3.3.3) des betrachteten Objekts.

3.3.1 Produktart und Produktprogramm

- **Einfache oder komplexe Produkte**
  Die Komplexität der Produkte, die ein Unternehmen herstellt, hat erheblichen Einfluss auf das prinzipielle Vorgehen beim Kostenmanagement. Während einfache, aus wenigen Teilen bestehende Produkte oft von einem einzelnen Konstrukteur in Zusammenarbeit mit Fertigung, Einkauf und Kalkulation hinsichtlich der Herstellkosten verbessert werden können, muss zur Optimierung komplexerer Produkte ein erheblicher personeller Aufwand betrieben werden. Dabei ist zu bedenken, dass gerade bei vielen vermeintlich „einfachen Produkten" mit großen Fertigungsstückzahlen die **Komplexität** oft **im Herstellprozess verborgen** liegt. Hier gilt es, die oft sehr undurchsichtigen Zusammenhänge und Wechselwirkungen zwischen Konstruktion und Fertigung zu durchleuchten. Das betrifft in besonderem Maß Unternehmen mit einem variantenreichen Produktprogramm, wo bei konstruktiven Entscheidungen immer Kostenauswirkungen durch die festgelegte Zahl von Varianten bedacht werden müssen (Kap. 7.12).
- **Konsumgüter oder Investitionsgüter**
  Aus der Zuordnung der Produkte eines Unternehmens zum **Investitionsgüter-** bzw. **Konsumgüterbereich** ergeben sich gewöhnlich Unterschiede bei der Produktplanung und der Festlegung von Kostenzielen. Während auf dem Investitionsgütersektor potentielle Kunden unterschiedliche Angebote eher unter technisch-wirtschaftlichen Gesichtspunkten vergleichen, geben im Konsumgüterbereich oft diffuse emotionale Gründe den Ausschlag bei einer Kaufentscheidung.
- **Einzelkunden oder anonyme Kunden**
  Zur Ermittlung des geplanten Verkaufspreises und damit des übergeordneten Kostenziels muss der spätere Kunde unbedingt in den Prozess der Produktplanung einbezogen werden. Dabei macht es einen gravierenden Unterschied, ob ein Unternehmen vor allem Produkte für einen konkreten **Einzelkunden** (Auf-

tragskonstruktion) oder für eine **anonyme Zielgruppe** anbietet. So arbeitet ein Sondermaschinenbauer während der Projektierung sehr nahe mit dem zukünftigen Auftraggeber zusammen (Kap. 5.2). Die Ermittlung von Kostenzielen geschieht hier in einem Zug mit der Aufgabenklärung. Bei der Planung von Produkten für eine anonyme Gruppe von Kunden, wie es z. B. in der Automobilindustrie der Fall ist, gestaltet sich die Festlegung von Kostenzielen wesentlich schwieriger, soweit nicht schon Konkurrenten mit der geplanten Produktfunktionalität am Markt sind. Bei innovativen Maßnahmen muss mit den Methoden der Marktforschung zunächst ein Spektrum hypothetischer Kunden mit ihren Bedürfnissen ermittelt werden, an dem die weitere Produktentwicklung ausgerichtet werden kann. Hypothesen können bekanntlich wahr oder falsch sein, weshalb in diesem Fall das Risiko einer Entwicklung, die am Markt vorbei geht, erheblich höher ist (Kap. 4.5.1).

- **Endverbraucherprodukte oder Zuliefererprodukte (OEM-Produkte)**
  Es ist ein Unterschied ob die zu entwickelnden Produkte an Endkunden verkauft oder nur wieder in andere Produkte eingebaut werden (OEM-Produkte).
  Endverbraucherprodukte
  Hersteller von Endverbraucherprodukten müssen direkt am Markt agieren. Sie sind frei in Ihrer Produktgestaltung, tragen aber u. U. auch ein höheres Risiko.
  Zuliefererprodukte
  Der Markt der typischen Zuliefererprodukte, wie z. B. Automobilteile, EDV-Baugruppen, Beschläge, Normteile usw., unterliegt anderen Gesetzen. Die Konkurrenz ist meist groß und die Ziele (einschließlich möglicher Rendite) werden vom Abnehmer (z. B. Pkw-Hersteller) sehr strikt und detailliert vorgegeben. Daraus resultiert eine geringe Freiheit in der Produktgestaltung für den Zulieferer.
  Außerdem sind die Zulieferer häufig Klein-Mittelunternehmen, die erfahrungsgemäß wenig Zeit für die Entwicklung ihrer Produkte haben, so dass nur wenig Zeit bleibt für einen mehrfachen Regelkreis-Durchlauf im Sinne der Produkt-Optimierung.
  Aber auch hier gibt es Beispiele wie Zulieferer durch innovative Produkte die Produktgestaltung der Pkw-Hersteller verändern und gute Renditen erzielen.

- **Innovative oder technisch ausgereifte Produkte**
  Auch die technische Reife der Produkte hat Auswirkungen auf das Kostenmanagement.
  Innovative Produkte
  Innovative, relativ neue Produkte, wie Handys, Rechner usw. unterliegen sehr schnellen Entwicklungszyklen. Hier kommt es vorrangig auf kurze Entwicklungszeiten und schnelle Umsetzung neuer Technologien an. Große Kostensenkungen sind auf Grund der Weiterentwicklung und neuer Technologien oft möglich.
  Technisch ausgereifte Produkte
  Technisch ausgereifte Produkte, wie z. B. Industriegetriebe, haben längere Entwicklungszyklen. Kostensenkungen sind meist nur durch Detailoptimierungen möglich.

- **Größe des Unternehmens** (Großkonzern – Klein-Mittelunternehmen)
  Konzerne haben Vorteile weil sie mehr „Kapitalkraft", bessere Methoden, Marktmacht usw. haben. Nachteile, auch beim Kostenmanagement, haben sie durch „Trägheit", Hierarchien- und Abteilungsdenken.
  Klein-Mittelunternehmen haben den Vorteil der geringeren Arbeitsteiligkeit und der persönlichen Bekanntheit der Personen. Dadurch ist potentiell die Zusammenarbeit besser und leichter organisierbar. „Integration" findet z. T. in den Personen statt, da sie multifunktionell tätig sind. Andererseits herrscht gerade in Klein-Mittelunternehmen große Zeitnot und so wird es oft schwer Projekte systematisch in frühen Entwicklungsphasen zu bearbeiten.

3.3.2 Produktionsart

- **Einzelfertigung und Serienfertigung**
  Je nachdem, ob es sich um Produkte in **Einzelfertigung** oder in **Serienfertigung** handelt, unterscheiden sich die Strategien zur Kostensenkung grundsätzlich voneinander. Während bei Einzelfertigung der konstruktive Aufwand, der zum Kostensenken betrieben wird, meist sehr schnell die mögliche Kostenersparnis übersteigt, kann es sich bei Serienfertigung mit entsprechenden Stückzahlen sehr wohl lohnen, auch über kleine Details intensiv nachzudenken (Kap. 4.8.2). Die Konstrukteure von Einzelprodukten sollten folglich intuitiv und schnell kostengünstig Lösungen entwickeln, was durch Beratung und die Vermittlung von Faustregeln unterstützt werden kann (Kap. 7.10.4). Ausgefeilte Analysetechniken kommen dagegen vorwiegend bei der Entwicklung von Serienprodukten mit hoher Stückzahl zum Einsatz.
- **Größe der Fertigungstiefe (Outsourcing-Anteil)**
  Bei überwiegender Fremdentwicklung oder -fertigung müssen besondere Maßnahmen im Kostenmanagement getroffen werden. Die übliche Vorgehensweise, eine Ausschreibung mit detaillierten Zeichnungen an eine Vielzahl von potentiellen Lieferanten mit der Bitte um Angebotserstellung zu schicken, muss nicht immer die sinnvollste Möglichkeit sein, kostengünstige Produkte angeboten zu bekommen. Es muss versucht werden, die sonst bei Eigenentwicklung und Eigenfertigung eingesetzten **Methoden des Kostenmanagements auf das Verhältnis mit den Zulieferanten zu übertragen**. Das geht natürlich nur, wenn man sich auf einen oder wenige Lieferanten beschränkt und ein Vertrauensverhältnis aufbaut. Die Anforderungsliste einschließlich der Kostenziele ist also gemeinsam zu erarbeiten. Die Fertigungsmöglichkeiten und Kostenstrukturen des Lieferanten sollten bekannt sein. Die Kalkulation sollte offengelegt werden. Natürlich muss mit dem Lieferanten ein angemessener Gewinn vereinbart werden. Eine derartige Vorgehensweise ist nicht nur bei Automobilzulieferern üblich geworden (vgl. Kap. 7.10.2).

3.3.3
Ziel und Umfang des Kostenmanagements

Dieses Buch setzt eine grundsätzlich kostenzielorientierte Entwicklung voraus. Deren Kern ist die Vorgabe und laufende Kontrolle eines realistischen Kostenziels, genauso wie es für technische Forderungen (z. B. Leistung, Festigkeit) selbstverständlich sein sollte. Aus der Praxis wissen wir, dass diese scheinbare Selbstverständlichkeit noch lange nicht in allen Firmen eingeführt ist. Extreme sind:

- Kosten werden nicht oder höchstens nebenher bei der Entwicklung beachtet;
- Die Entwicklung des neuen Produkts steht unter extremen Kostendruck, weil die Firma schon ein „Sanierungsfall“ ist.

Für den ersten Fall hoffen wir in diesem Buch viele Anregungen gegeben zu haben, die auch entwicklungsbegleitend kostensenkend wirken. Wir raten aber zwischen den Extremen möglichst rasch das kostenzielorientierte Entwickeln als Normalfall einzuführen.

Gerade weil ein routinemäßiges kostenzielorientiertes Entwickeln noch so wenig in der Praxis eingeführt ist, der Konkurrenzdruck zunimmt und sich die Randbedingungen ständig ändern, kommt es zu Entwicklungsprojekten mit sehr hohem Kostendruck. Hierzu einige Hinweise:

- Einbindung und Motivation möglichst vieler Bereiche auch der Kunden und Zulieferer
- Starke Unterstützung durch die Geschäftsleitung
- Straffe Organisation mit klaren Aufgaben, Verantwortungen und regelmäßigen Treffen
- Möglichst nicht ein Produkt und dessen Entwicklung betrachten, sondern das ganze Produktprogramm und alle betroffenen Produkterstellungsprozesse
- Abwicklung "alter" Aufträge nicht vernachlässigen

Ein weiterer Gesichtspunkt (der auch schon vorher angesprochen wurde) ist der „Umfang“ oder die Bedeutung des im Kostenmanagements betrachtetet Produkts. Der „Umfang“ kann unterschiedlich gesehen werden:

- Anteil vom Gesamtumsatz (wird das gesamte Produktprogramm oder nur ein kleiner Teil betrachtet)
- Kosten des Produkts 1 000 oder 10 000 000 €?
- Betrachtetes Produkt (ganzes Produkt, nur Baugruppe oder Teil)

Bei einem geringen Umfang kann oder muss das Kostenmanagement vom Entwickler (siehe Abschnitt 4.8.2) allein oder durch eine gute Zusammenarbeit z. B. mit der Arbeitsvorbereitung und dem Einkauf durchgeführt werden. Bei einem großen Umfang ist das Kostenmanagement eine Aufgabe des Projektleiters, die durch eine alle Beteiligten zu unterstützen ist.

4 Methodik und Organisation des Kostenmanagements für die Produktentwicklung

In diesem Kapitel werden Methodik und Organisation des Kostenmanagements aus der Perspektive der Produktentwicklung dargestellt. Zunächst werden die Grundelemente des Kostenmanagements zu einer übergeordneten Methodik der integrierten Produktentwicklung in Beziehung gesetzt. Diese umfasst die Schwerpunkte Produktlebenslauf, Organisation, Methoden und Werkzeuge. Diesen entsprechend wird in den folgenden Abschnitten die praktische Umsetzung des Kostenmanagements behandelt. Das Kapitel schließt mit einem kurzen Überblick über die bekanntesten alternativen Techniken aus dem Themenkreis Kostenmanagement.

4.1 Bausteine des Kostenmanagements

Gerät ein Unternehmen in eine Verlustsituation, so lautet die Devise meist nur noch: „Herunter mit den Kosten, koste es, was es wolle!" Insbesondere die von wirtschaftlichen Krisen geschüttelten letzten Jahre haben ein breit gefächertes Instrumentarium gezeigt, mit dem sich die Kosten eines Unternehmens massiv senken lassen. Die Erfahrung lehrt jedoch auch, dass derartige Schrumpfkuren noch nicht zwingend in eine Phase neuer Prosperität übergehen.

Kurzfristiges Kostenmanagement ist mit Erster Hilfe am Unfallort zu vergleichen; durch diese Maßnahmen soll das Überleben des Unfallopfers gesichert und der Transport in ein Krankenhaus ermöglicht werden. So wie es einem Unfallmediziner nicht im Traum einfiele, den Patienten nach der Notversorgung seinem Schicksal zu überlassen, muss auch in angeschlagenen Unternehmen der durch kurzfristige Maßnahmen gewonnene Handlungsspielraum genutzt werden: Die Verantwortlichen sind gefordert, durch **mittel- und langfristiges Kostenmanagement** den wirtschaftlichen Erfolg dauerhaft zu sichern.

Kurzfristiges Kostenmanagement bedeutet in erster Linie das radikale Senken der Kosten durch:

- Reduzierung von Personalkosten,
- Stilllegung von Fertigungseinrichtungen und Outsourcing,
- Verkauf von Unternehmensteilen,
- Bereinigung des Produktprogramms.

Häufig wird pauschal über alle Unternehmensbereiche hinweg gekürzt. Das kann gefährlich sein, wenn dadurch die Möglichkeiten einer mittel- und langfristigen Kostenbeeinflussung zu stark beeinträchtigt werden. **Mit einem aufgrund von Streichungen handlungsunfähigen Entwicklungsbereich lässt sich die Produktpalette eines Unternehmens schwerlich an veränderte Marktbedingungen anpassen!** Wir wollen uns in diesem Buch auf das mittel- und langfristige Kostenmanagement in der Produktentwicklung konzentrieren, da gerade die Entwicklung in diesem Bereich über enorme Einflussmöglichkeiten verfügt.

Wirksames Kostenmanagement in der Produktentwicklung muss von der Planung bis zur Entsorgung eines Produkts alle Aspekte des Produktlebenslaufs mit ins Kalkül ziehen. Das bedeutet insbesondere, dass auch organisatorische Fragen der Produktentwicklung mit derselben Aufmerksamkeit wie technische Probleme betrachtet werden müssen. Das Thema Kostenmanagement in der Produktentwicklung muss deshalb auf der Grundlage einer integrierten Methodik der Produktentwicklung behandelt werden, wie sie z. B. von Ehrlenspiel [Ehr03] beschrieben worden ist. In der Folge seien deshalb kurz die **Elemente** einer **integrierten Produktentwicklungsmethodik (IPE-Methodik)** vorgestellt, die in **Bild 4.1-1** in ihrem Zusammenhang dargestellt sind. Auf die mit den unterschiedlichen Bausteinen aufs Engste verknüpften Techniken des Kostenmanagement soll dann in den anschließenden Kapiteln eingegangen werden.

Wie bereits mehrfach betont, steht der **Produktlebenslauf** im Mittelpunkt jeder Produktentwicklung und damit auch einer IPE-Methodik. In Kap. 4.2 soll deshalb geklärt werden, aus welchen unterschiedlichen Prozessen sich die Gesamtheit des Produktlebenslaufs zusammensetzt und welche Konsequenzen daraus im Interesse eines größtmöglichen wirtschaftlichen Nutzens für ein Unternehmen und den Vorgehensplan gezogen werden müssen (s. a. Kap. 5).

Der **Mensch** ist der Träger aller Prozesse des Produktlebenslaufs. Ihm werden wir aus diesem Grund vor allem im Hinblick auf die mit der Produkterstellung verknüpften Prozesse in Kap. 4.3 besondere Aufmerksamkeit schenken. Hierbei wird die Frage im Mittelpunkt stehen, wie durch geeignete Gestaltung der **Organisation** eines Unternehmens und der Teamarbeit optimale Arbeitsbedingungen geschaffen werden können.

In Kap. 4.4 werden der **Vorgehenszyklus**, allgemeingültige **Strategien** und der sich aus beidem ableitende **Vorgehensplan** erläutert, die das zielkostenorientierte Vorgehen bei der technischen Entwicklung steuern. Denn nur wenn es gelingt, die durch die Technik des Target Costing vorgegebenen ökonomischen Ziele auch tatsächlich zu verwirklichen, wird man von erfolgreichem Kostenmanagement sprechen können.

Mit dem Vorgehensplan ist der Einsatz einer Reihe von **Werkzeugen** (Kap. 4.6) verbunden, die durch den PC in Bild 4.1-1 symbolisiert werden, die jedoch beileibe nicht alle an einen Rechner gebunden sind.

Das Balkendiagramm aus Bild 4.1-1 steht stellvertretend für das **Projektmanagement**, mit dessen Hilfe im Rahmen der IPE-Methodik die übergeordneten Abläufe bei der Produktentwicklung auch hinsichtlich der Kostenentstehung und

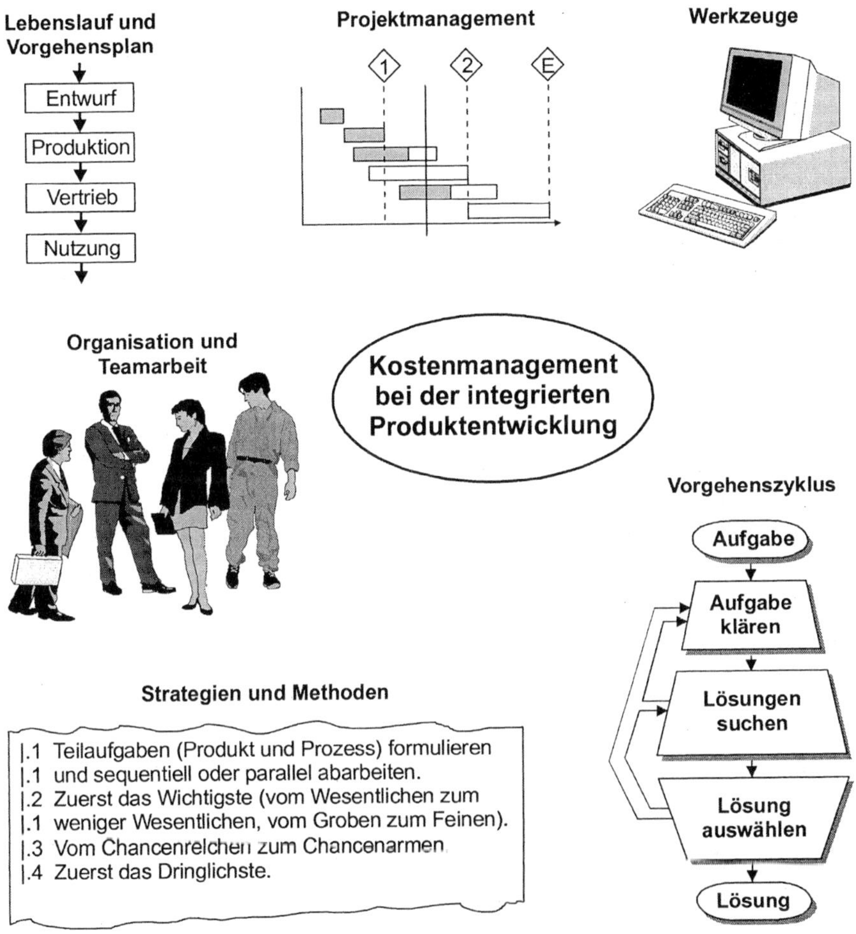

Bild 4.1-1. Elemente der IPE-Methodik als Basis für das Kostenmanagement

Kostenbeeinflussung kontrolliert werden sollen. Als Schwerpunkt in Kap. 4.8.3.2 soll es eine Grundlage der praktischen Umsetzung des Kostenmanagements im Unternehmen bilden.

Damit sind die Säulen der IPE-Methodik benannt. Auf dieser Grundlage soll in der Folge das Vorgehen beim Kostenmanagement im Unternehmen aufgebaut werden. Um beim Leser jedoch nicht den Eindruck entstehen zu lassen, diese Sichtweise sei die einzige denkbare, werden in Kap. 4.9 eine Reihe von konkurrierenden oder ergänzenden Methoden vorgestellt. Diese behandeln im Kern dasselbe Problem meist aus einem anderen Blickwinkel heraus [Cla91; Cla92; Bin97; Hun97; Mon89; Wel98].

4.2
Prozesse im Produktlebenslauf

Von einer übergeordneten Warte aus gesehen lässt sich der Lebenslauf eines Produkts als ein Netz miteinander verflochtener und einander ablösender Teilprozesse deuten. **Bild 4.2-1** zeigt schematisch und ohne Anspruch auf Vollständigkeit die zeitliche Abfolge der unterschiedlichen Teilprozesse des Lebenslaufs und ihre Überschneidungen. Durch die schmalen schwarzen Pfeile sei der überragende Einfluss angedeutet, der von Entscheidungen während der Produktentwicklung auf die nach geordneten Teilprozesse ausgeübt wird. Nicht zur Geltung kommen kann in einer solchen Graphik allerdings die notwendige enge Verflechtung des Entwicklungsprozesses mit jedem der übrigen Teilprozesse, die die Voraussetzung für die erfolgreiche und damit kosteneffiziente Produktentwicklung darstellt. In der Tat wird jedoch gerade in der industriellen Praxis dem Gedanken zuwenig Rechnung getragen, dass der Entwickler **nicht nur das Produkt, sondern die ganze Prozesskette mitgestalten muss**, deren Teil er natürlich auch selbst ist. Sein Ziel sollte dabei die Optimierung der aufgezählten Prozesse im Sinne eines möglichst hohen Unternehmensertrags sein.

Um hier Abhilfe zu schaffen, wurde in den letzten Jahren die Idee des **Simultaneous Engineering** entwickelt. Damit wird dreierlei erreicht: **Zeiteinsparung** bei der Produkterstellung, **Kosteneinsparung** hinsichtlich Selbstkosten und Lebenslaufkosten, **Qualitätsverbesserung** der Produkte mit Blick auf den Kunden.

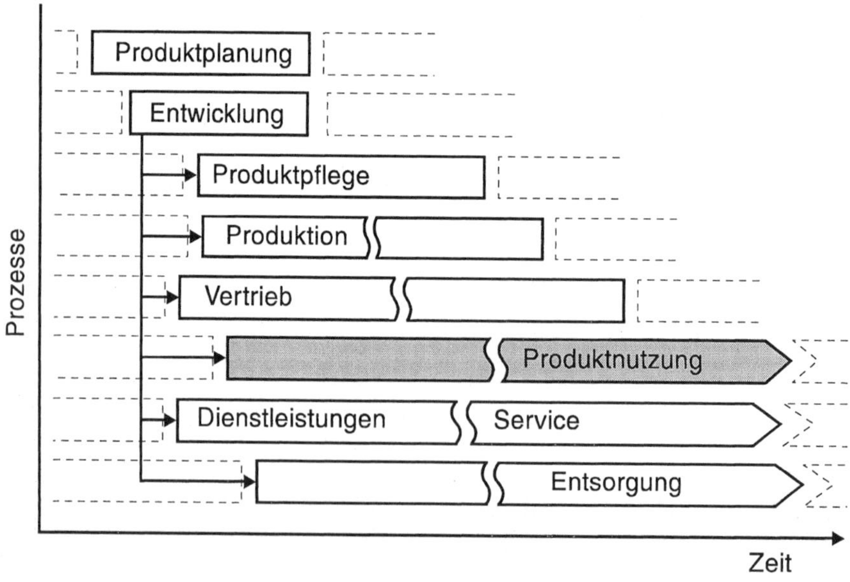

Bild 4.2-1. Der Produktlebenslauf aus Prozess-Sicht

Auf Fragen der Teamarbeit und Organisation in einem solchen SE-Team wird unter Kap. 4.3.1 und 4.3.2 ausführlicher eingegangen. An dieser Stelle soll aufgezeigt werden, wo die Verknüpfungen zwischen den unterschiedlichen Teilprozessen des Produktlebenslaufs liegen, die durch ein Vorgehen mit Hilfe von Simultaneous Engineering während der Produktentwicklung stärker beachtet werden sollen. Das verallgemeinerte Lebenslaufmodell nach **Bild 4.2-1** kann naturgemäß nicht alle wichtigen Aspekte für die unterschiedlichsten industriellen Produkte umfassen. **Es ist deshalb eine wichtige Aufgabe jedes Entwicklungsverantwortlichen, sich ein differenziertes Modell über den gesamten Lebenslauf seines zu entwickelnden Produkts zu erarbeiten.** Je mehr es gelingt, dieser umfassenden Sicht auf das neue Produkt innerhalb der Entwicklung Wirkung zu verleihen, umso leichter wird es, die gesteckten Ziele zu verwirklichen (vgl. Bild 5.1-3).

Zusammenarbeit der Unternehmensfunktionen

Wo müssen nun die **Verbindungen vom Prozess der Produktentwicklung zu den anderen Teilprozessen** Produktplanung, Fertigung, Vertrieb, Montage, Beschaffung, Controlling, Nutzung, Service, Produktpflege und Entsorgung geschaffen werden, damit eine effektive Zusammenarbeit möglich ist?

- **Produktplanung**
  Im Produktplanungsprozess werden die Aufgaben definiert, denen sich die Produktentwicklung in der Folge zu stellen hat. Die Produktentwickler müssen von Anfang an in diesen Entscheidungsprozess einbezogen werden, da sie am ehesten in der Lage sind, die **Realisierbarkeit und Problematik eines neuen Projekts aus technischer Sicht** zu beurteilen. Noch viel wichtiger sind jedoch **die Impulse, die von Seiten der Entwicklung hinsichtlich einer innovativen Produktplanung** ausgehen müssen. Die Erfahrung zeigt nämlich, dass solche Impulse nicht immer von den Produktnutzern kommen.

- **Teilefertigung, Montage, Beschaffung und Controlling**
  Die **innige Abstimmung zwischen Entwicklung, Fertigung, Montage, Beschaffung und Controlling ist ein Schlüssel zum Unternehmenserfolg.** Diese Tatsache ist seit langem bekannt, und doch liegen die Dinge auch heute noch bei vielen Unternehmen im Argen. Die Probleme der Abstimmung von Entwicklung und Fertigung sind so vielfältig [Ehr93], dass auch in Kap. 7 nur auf einige wichtige Aspekte dieser Beziehung im Detail eingegangen werden kann. Grundsätzlich gilt jedoch immer, dass die Forderungen nach Fertigbarkeit und geringer Kostenentstehung in der Produktion nur bei einer intensiven Zusammenarbeit aller realisierbar sind.

- **Vertrieb und Marketing**
  Vertrieb und Marketing haben das Ohr am Kunden und müssen deshalb eng an den Entwicklungsprozess gebunden werden. Während aller Phasen einer Produktentwicklung kann so flexibel auf Änderungen des Marktgeschehens reagiert werden, was die Gefahr eines Entwickelns am Kunden vorbei vermindert.

- **Nutzung**
  Der optimale Kundennutzen steht natürlich im Mittelpunkt des Entwicklungs-

prozesses. Bei Investitionsgütern ist das oft gleichbedeutend mit der Mehrung des Kundengewinns [VDM97]. Der Entwickler braucht deshalb unmittelbaren Kundenkontakt, um nicht in kostenintensives „Overengineering" zu verfallen (Kap. 5.2). Vertrieb und Marketing reichen nicht als alleinige Informationsvermittler aus.

- **Service**
  Umfassender Produktservice (Beratung und Instandhaltung) wird für den Kunden immer wichtiger. Die Entwicklung kann sich dabei über alle wesentlichen Kundenprobleme informieren!
- **Produktpflege**
  Die routinemäßige Überarbeitung von Serienprodukten trägt dazu bei, die Attraktivität eines Produkts bis zur Vorstellung des Nachfolgeprodukts zu erhalten. Darüber hinaus ist dem ständigen Wandel in den Herstell- und Beschaffungsprozessen Rechnung zu tragen. Um die Kosten von Produktüberarbeitungen gering zu halten, müssen die erforderlichen Änderungen bereits während der Entwicklung vorgedacht werden.
- **Entsorgung**
  Die Frage, was am Ende des individuellen Lebenslaufs mit einem Produkt zu geschehen hat, gewinnt auch durch neue gesetzliche Regelungen immer mehr an Bedeutung. Deshalb muss bei der Produktentwicklung die umweltverträgliche und kostengünstige Entsorgung berücksichtigt werden (vgl. Kap. 7.14).

Die Erfahrung lehrt, dass Prozesse im allgemeinen nicht von alleine zuverlässig ablaufen. In Analogie zum Regelkreis der Steuerungstechnik kann auch die **Produktentwicklung als Regelkreis** aufgefasst werden (**Bild 4.2-2**), bei dem es darum geht, mehrere Regelgrößen unter dem Einfluss von Störgrößen mit den Sollwerten der Führungsgröße abzugleichen. Der zu regelnde Prozess, z. B. das Projekt eines Simultaneous-Engineering-Teams, bildet dabei die Regelstrecke. Aufgabe des Projektleiters als Regler sind, die Überwachung des Ist-Zustands des Prozesses und sein Vergleich mit dem Soll-Zustand der Führungsgröße, der durch die Projektziele vorgegeben ist. Erkennt der Regler eine Abweichung zwischen Ist- und Soll-Zustand, so hat er mit Maßnahmen in den Prozess einzugreifen, die geeignet sind die erneute Übereinstimmung herbeizuführen. Eine solche Abweichung vom geplanten Prozessablauf könnte beispielsweise die erkennbare Verfehlung des festgelegten Kostenziels im Verlauf eines Entwicklungsprozesses darstellen. In diesem Fall muss durch Änderungen am aktuellen Entwicklungsstand die Übereinstimmung der vorläufigen Kostenberechnung mit dem angestrebten Kostenziel wiederhergestellt werden (vgl. Bild 3.1-1, Bild 4.4-2).

Bild 4.2-3 zeigt das Zeitverhalten eines solchen Regelprozesses, an dem die Konstruktion, die Arbeitsvorbereitung, die Betriebsmittel- und Investitionsplanung sowie die Fertigung beteiligt sind. Hier sind Durchläufe durch Teilregelkreise zeitaufwändig aneinandergereiht. **Es wird deutlich, dass ein paralleles Durchlaufen aller Teilregelkreise durch simultane Abstimmung im Team die Entwicklungszeit erheblich reduziert**. Besonders wichtig für die Praxis ist also die Gestaltung der **Prozesse als kurze Regelkreise**. Andernfalls kann es aufgrund einer schlechten Abstimmung zwischen einzelnen Prozessen (z. B. Entwicklungs-

und Nutzungsprozess) im schlimmsten Fall dazu kommen, dass das Auseinanderklaffen von Ist- und Soll-Zustand erst beim Misserfolg des Produkts am Markt bemerkt wird: Das Produkt ist zu teuer und damit unverkäuflich (vgl. Bild 4.4-2).

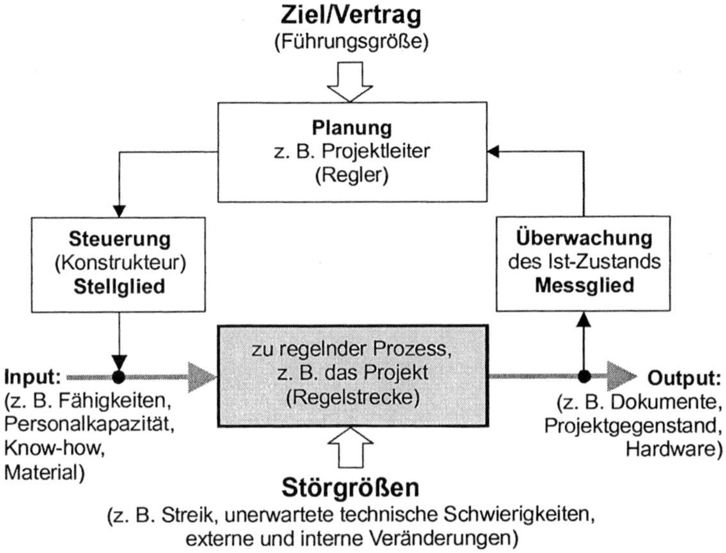

Bild 4.2-2. Produktentwicklung als Regelkreis [Wit84]

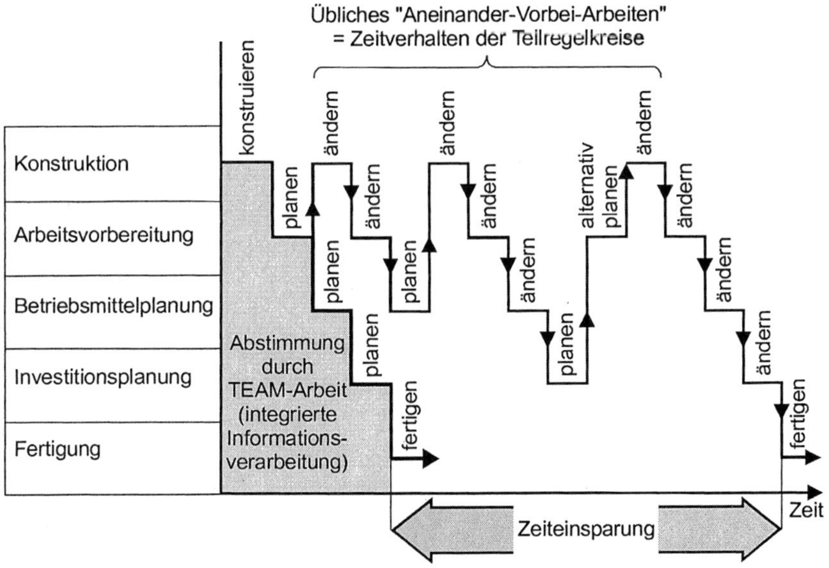

Bild 4.2-3. Die abgestimmte Informationsverarbeitung erspart das wiederholte Ändern [Wit84]

4.3 Der Mensch in der Organisation

Aus der oben geschilderten Notwendigkeit einer engen Zusammenarbeit der Produktentwicklung mit anderen Abteilungen erwachsen in zwei Richtungen Anforderungen an die Mitarbeiter und die Organisationsstruktur eines Unternehmens, auf die in den folgenden Kapiteln eingegangen werden soll: Die Anforderungen an das Individuum und die Zusammenarbeit im Team (Kap. 4.3.1) sowie die Anforderungen an die Unternehmensorganisation (Kap. 4.3.2).

4.3.1 Das Individuum und die Arbeit im Team

In jedem Unternehmen müssen Menschen permanent mit anderen Menschen zusammenarbeiten. Und jeder von uns hat die Erfahrung gemacht, dass die Zusammenarbeit mit anderen bisweilen sehr mühsam sein kann. Wie kommt es, dass wir uns mit dem einen Kollegen ohne viele Worte verständigen können, während die Kooperation mit einem anderen für uns jedes Mal zur quälenden Geduldsprobe wird?

Aus der Erkenntnis heraus, dass die funktionierende **Kooperation zwischen den Mitarbeitern** einen kaum aufzuwiegenden Wettbewerbsvorteil darstellt, versuchen viele Unternehmen, die Form der internen und externen Zusammenarbeit aktiv zu gestalten. In diesem Zusammenhang wird viel mit **Persönlichkeitsleitbildern** gearbeitet, an denen sich die **Einstellung** und **Weiterentwicklung** von Mitarbeitern des Unternehmens orientieren. Niemand wird die darin aufgeführten Anforderungen vollständig erfüllen, wenn er neu in ein Unternehmen kommt. Neben der Funktion einer Richtlinie zur Auswahl von Mitarbeitern muss das Persönlichkeitsleitbild auch die Aufgabe der Weiterqualifizierung der Mitarbeiter im Sinn einer ständigen Personalentwicklung haben: Mit dem Eintritt in das Unternehmen beginnt für den Mitarbeiter ein Lernprozess, in dessen Verlauf er seine Fähigkeiten hinsichtlich der Sozial-, Fach- und Führungskompetenz systematisch ausbaut.

Natürlich beeinflusst eine ganze Reihe von **äußeren Faktoren** die individuelle Entwicklung der Mitarbeiter eines Unternehmens. Dabei steht an erster Stelle das **Arbeitsklima** im Betrieb, das entscheidend dazu beitragen kann, dass ein Mitarbeiter seine Aufgaben als persönliche Herausforderung betrachtet, diese dann meist **aktiv bewältigt** und nicht bloß als lästige Pflicht empfindet. Ein weiterer Faktor, der auf die **Motivation der Mitarbeiter** wirkt, ist die **berufliche Perspektive**, die sich ihnen bietet. Viele berufliche Aufgaben werden nach einiger Zeit routinemäßig erledigt, was auf lange Sicht meist zum Absinken der Motivation bei den Mitarbeitern führt. Das lässt sich vermeiden, wenn der einzelne zum richtigen Zeitpunkt einen neuen Aufgabenkreis zugewiesen bekommt (Job Rotation).

Teamarbeit [Bor96]

Entwicklung und Produktion von technischen Systemen sind heute auf allen Ebenen der intensiven Zusammenarbeit in Teams geprägt. Unter einem **Team** wird dabei eine **Gruppe von Menschen** verstanden, die **zielorientiert**, meist **zeitlich befristet**, mit der **gemeinsamen Bewältigung einer Aufgabe** beschäftigt sind.

- **Vorteile der Teamarbeit**
  Gegenüber der Einzelarbeit zeichnet sich besonders die **interdisziplinäre Teamarbeit** durch eine **höhere Quantität und Qualität von Ideen und Meinungen** sowie ein **größeres Wissen** und eine **breitere Urteilsbasis** aus. Aufgrund des Zusammenwirkens verschiedener Erfahrungshorizonte können im Team wirksamere Mechanismen zur **Vermeidung von Irrtümern** und zur **Konsensfindung** entwickelt werden. Entscheidungen, die wirklich im Team gefällt worden sind, finden im Allgemeinen eine höhere Akzeptanz als Einzelentscheidungen, da sie von mehreren Personen gestützt und umgesetzt werden. Daraus ergibt sich eine unter dem Gesichtspunkt der Kostenvermeidung besonders wichtige Beschleunigung von Unternehmensprozessen. Da jedoch insbesondere bei der Einführung von Teamarbeit zunächst ein relativ hoher Kapazitätsbedarf entsteht, ist ein ausgewogenes Verhältnis zwischen Team- und Einzelarbeit aus Gründen der Effizienz anzustreben.
- **Probleme der Teamarbeit**
  Teamarbeit wird trotzdem bisweilen als schwierig empfunden, was an den charakteristischen Problemen liegt, die bei der Zusammenarbeit in der Gruppe auftreten können. In der Arbeit im Team sind wortgewandte, schlagfertige Menschen im Vorteil, so dass **bedächtigere, gründlicher denkende Teammitglieder an den Rand gedrängt werden können**. Werden Konflikte dieser Art nicht einvernehmlich gelöst, kommt es erst gar nicht zu eigentlicher Teamarbeit. Ein weiteres Problem, das in Gruppen auftreten kann, ist die **Selbstzensur der Gruppe zur Erhaltung der Harmonie** („group thinking"). Dieser Effekt kann dazu führen, dass gute Lösungen unterdrückt, risikofreudige Entscheidungen grundsätzlich vermieden und Fehlentscheidungen nicht korrigiert werden. Zu einer solchen gruppenbedingten Unentschlossenheit kommt es dann, wenn im Team **kein Verantwortungsbewusstsein für die gemeinsamen Ziele** aufgebaut wird.

Die aufgezählten Probleme weisen auf Defizite der Mitarbeiter hinsichtlich ihrer **sozialen Kompetenz** hin. In der Tat sollte man sich von vermehrter Einführung von Teamarbeit keine sofortigen Produktivitätswunder erwarten: Es wird in jedem Fall dauern, bis sich im Unternehmen eine Kultur der Teamarbeit entwickelt hat. Unterstützt werden kann dieser Prozess durch gezielte Schulungsmaßnahmen, in deren Rahmen die Mitarbeiter auf die Arbeit in interdisziplinären Teams vorbereitet werden.

Regeln zur effektiven Teamarbeit:

➔ Teams benötigen eine klare **Zielsetzung** und eine **Termin-, Kapazitäts- und Kostenplanung** mit entsprechender Aufgabenverteilung.

➔ Ein Team sollte nicht mehr als **7 bis 8 Mitglieder** umfassen; größere Gruppen arbeiten zunehmend uneffektiv.

➔ Ein Team sollte in der Geschäftsführung einen **Paten** haben oder alternativ einen **„Lenkungskreis“** in der Geschäftsführung.

➔ Bei komplexeren Aufgabenstellungen, die mehr Mitwirkende verlangen, Mitglieder in ein **Kernteam** und ein **erweitertes Team** aufteilen. Nicht zum Kernteam gehörende werden nur von Fall zu Fall eingeladen.

➔ **Teamzusammensetzung** an den **Arbeitsfortschritt** anpassen.

➔ Der **Teamleiter** sollte sich nach innen eher als **Moderator** („primus inter pares“) denn als Vorgesetzter verstehen.

➔ Teamentscheidungen nach außen auch gegen Widerstände vertreten.

➔ Teamentscheidungen müssen **protokolliert** werden.

4.3.2 Integrative Organisationsformen

Bis jetzt wurden die Probleme der Zusammenarbeit im Unternehmen nur auf den Ebenen der einzelnen Mitarbeiter und der Kleingruppen betrachtet. In diesem Kapitel richtet sich unsere Aufmerksamkeit dagegen auf **die unternehmensweite Organisation der Zusammenarbeit**. Die drei bekanntesten Organisationsformen in Industrieunternehmen sind:

- **Linienorganisation**
- **Projektorganisation**
- **Matrixorganisation**

Hinsichtlich ihrer Effizienz lässt sich kaum eine endgültige Bewertung dieser Organisationsformen vornehmen. Vorteilhaft für die Kooperation und Motivation hat sich die Unterteilung großer Organisationen in **produktbezogene Einheiten** (Profit Center, Cost Center, Segmente) herausgestellt. Unabhängig davon sollte allerdings das sog. **Subsidiaritätsprinzip** als Grundprinzip in jede Organisationsstruktur eingearbeitet werden. Das Subsidiaritätsprinzip besagt, dass **in hierarchischen Organisationen Entscheidungen immer auf der möglich niedrigsten Entscheidungsebene gefällt werden sollen**. Übergeordnete Stellen werden nur dann aktiv, wenn eine operative Gruppe überfordert ist und Hilfe benötigt. Dadurch wird erreicht, dass Entscheidungen dort fallen, wo die größte Sachkompetenz vorhanden ist, und die Führungsebenen entlastet werden [Pic96; War92; Wil94].

Simultaneous Engineering

Ein wichtiges Instrument zur Verbesserung der interdisziplinären Zusammenarbeit im Unternehmen hat in den letzten Jahren weite Verbreitung gefunden: das sog.

Simultaneous Engineering[3] [Eve95, Cre90]. Unter der integrierenden Vorgehensweise des Simultaneous Engineering versteht man die **zielgerichtete, interdisziplinäre Zusammen-** und **Parallelarbeit** von **Produkt-, Fertigungs-, Beschaffungs-** und **Vertriebsentwicklung**, bei der der **gesamte Produktlebenslauf** betrachtet wird (Bild 6.2-2). Die Organisation erfolgt mit Hilfe eines straffen Projektmanagements [Kan93; Pfe93].

Mit der Einführung von Simultaneous Engineering werden im Wesentlichen drei Ziele verfolgt:

- **Zeiteinsparung bei der Produktentwicklung und -erstellung** [VDM98]
- **Kostenverringerung bezüglich der Selbstkosten**
- **Qualitätsverbesserung bezogen auf die Vorstellungen des Kunden**

Regeln zur Umsetzung des Simultaneous Engineering:

➔ **„Mach's gleich richtig!"** – **Eigenschaftsfrüherkennung** für Produkt, Produktion, Nutzung und Entsorgung:
- Mehr Kapazität für die **Aufgabenklärung** (z. B. durch den Einsatz von Quality Function Deployment).
- **Integration** der Erfahrungen – Das **interdisziplinäre SE-Team** lässt die Erfahrungen aus ähnlichen Produkten oder Prozessen bereits in den frühen Phasen in den Entwicklungsprozess einfließen.
- Frühzeitiger Einsatz von **Berechnung**, **Simulation** und **Kostenschätzung** (Eigenschaftsfrüherkennung).
- Frühzeitige Durchführung **orientierender Versuche** (z. B. Handversuche, Rapid Prototyping).
- Zwischenrevisionen, **Freigabebesprechungen**, Reviews zu vereinbarten Meilensteinen durchführen (z. B. Konzept-, Realisierungs- und Serienfreigabe, Bild 4.4-2).

➔ **Parallelisierung** der Arbeiten:
- Zeitlich nacheinander laufende Arbeiten (z. B. Produkt- und Produktionsentwicklung) werden (fast) parallel gemacht: möglich durch **gute Kommunikation** und vorläufige Annahmen.
- Kernteam setzt in der Realisierungsphase **parallel arbeitende Gruppen** ein und sorgt für die notwendige Vernetzung.

➔ **Beschleunigung** der Arbeiten:
- **Reduzierung der Besprechungsdokumentation** durch gute Kommunikation – aber gute Ergebnis- und Produktdokumentation!
- **Effektive Werkzeuge** (z. B. für Informationssuche, CAD/CAM, EDM/PDM-Systeme, Datenbanken).

---

[3] Im englischsprachigen Raum wird mehr der Begriff „Concurrent Engineering" (CE) verwendet.

➔ **Projektorganisation**
- Teammitglieder auf Zeit aus der Linie herausnehmen;
- **Kernteam** und erweitertes Team bilden das Gesamtteam;
- kooperativer, aber starker und motivierender **Teamleiter**;
- **Ablaufplan** mit Meilensteinen strikt einhalten.

Konkrete Maßnahmen zur Verbesserung der Zusammenarbeit der Entwicklung mit anderen Unternehmensbereichen mit dem Ziel Kosten einzusparen, müssen ferner immer aus der jeweiligen Situation des Unternehmens heraus entwickelt werden (Bild 6.2-2). Ein Beispiel für eine solche Maßnahme ist die Einführung einer **Fertigungs- und Kostenberatung**, wie sie in Kap. 4.6.1 beschrieben ist.

4.4 Methoden des Kostenmanagements in der Produktentwicklung

Die im Rahmen der Firmenorganisation auf Kleingruppen oder den einzelnen herunter gebrochenen Teilaufgaben sind meist zu komplex, um unstrukturiert bearbeitet werden zu können. Aus diesem Grund ist methodisches Vorgehen notwendig. Mit dem Vorgehenszyklus und den damit verbundenen Strategien steht ein Universalwerkzeug zur Verfügung, das bei allen Problemstellungen eingesetzt werden kann (s. a. Kap. 4.9.2).

4.4.1 Probleme lösen mit dem Vorgehenszyklus

Der **Vorgehenszyklus** nach **Bild 4.4-1** ist ein aus Erkenntnissen der Denkpsychologie und der Systemtechnik abgeleitetes **Schema zur Lösung von Aufgaben**, das dem Regelkreisdenken nach Bild 4.2-2 entspricht [Ehr03] und in empirischen Untersuchungen bestätigt wurde (Kap. 7.4 [Dyl91]). Als allgemeingültiges Vorgehensmodell ermöglicht der Vorgehenszyklus ein **strukturiertes Bearbeiten auch schwieriger und komplexer Aufgabenstellungen**. Danach zerfällt jede Problemlösung in die drei Hauptarbeitsschritte **Aufgabenklärung, Lösungssuche** und **Lösungsauswahl**, auf die im Folgenden genauer eingegangen werden soll.

- **Aufgabenklärung**
  Der Arbeitsschritt „Aufgabe klären“ lässt sich wiederum in drei Teilschritte untergliedern: Analysieren der Aufgabe, Strukturieren der Aufgabe und Formulieren der Aufgabe.
  Beim **Analysieren der Aufgabe** muss systematisch geklärt werden, was getan werden soll. Im Rahmen einer Entwicklungsaufgabe bedeutet das z. B. die Vorstellungen und Ziele des Auftraggebers, insbesondere dessen Preisvorstellungen, in Erfahrung zu bringen. Gleichzeitig gilt es, alle relevanten Randbedingungen zu erfassen und die Vor- und Nachteile bestehender Lösungen zu ermit-

teln. Die Vorgaben des Auftraggebers und die Situationsanalyse ermöglichen die Definition von Zielen, aus denen die Anforderungen an eine Lösung des Problems abgeleitet werden können.
Das **Strukturieren der Aufgabe** dient der Aufgliederung des Gesamtproblems in überschaubare und voneinander abgrenzbare Teilprobleme. Damit ist bereits der wichtigste Schritt zur Bewältigung auch komplexer Problemstellungen getan. Die definierten Teilprobleme können dann entsprechend ihrer logischen Abhängigkeit und Wichtigkeit von einer oder mehren Personen bearbeitet werden.
Das **Formulieren der Aufgabe** fasst das Ergebnis der Aufgabenklärung in einem Dokument, z. B. einer Anforderungsliste, zusammen. Dieses Dokument bildet die Grundlage für die folgenden Schritte im Vorgehenszyklus. Zur Aufgabenklärung gehört auch die Planung des Vorgehens (Termine, Beteiligte ...).

- **Lösungssuche**
  Ziel des Arbeitsschritts „Lösungen suchen" ist die **Schaffung eines Lösungsfeldes**, aus dem im letzten Arbeitsschritt dann eine alle Anforderungen erfüllen-

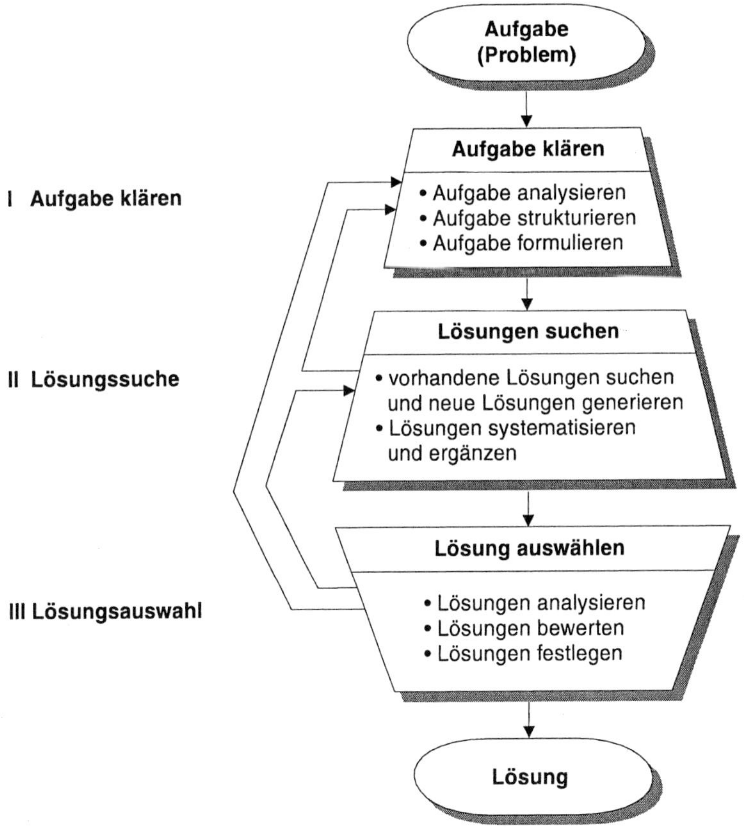

Bild 4.4-1. Der Vorgehenszyklus als allgemeine Problemlösungsmethode

de Lösung ausgewählt werden kann. Die explizite Trennung von Lösungssuche und Lösungsauswahl soll die Gefahr verringern, sich bei der Problemlösung ausschließlich in ausgetretenen Pfaden zu bewegen.
Zur Suche oder Synthese von Lösungen existiert eine Vielzahl von problemangepassten Techniken. Die für das Entwickeln und Konstruieren kostengünstiger Produkte wichtigsten Methoden sind in Kap. 4.5.2 bzw. 7 ausführlich dargestellt. Grundsätzlich lassen sich die Synthesetechniken jedoch in drei Kategorien einteilen: Die **intuitive Lösungssuche**, die **durch Kreativitätstechniken unterstützte Lösungssuche** und die **Lösungssuche mit Hilfe systematischer Methoden**. Diese Techniken sind an die Problemsituation (Aufgabenart, zeitlicher Rahmen und vorhandenes Wissen) anzupassen. Im Prinzip sind zu jeder Aufgabe beliebig viele Lösungen denkbar, die unmöglich alle ermittelt werden können. Meist kommt es darauf an, in möglichst kurzer Zeit die guten, kostengünstigen Lösungen zu finden. Deshalb sollte jede Lösungssuche mit systematischen und ordnenden Methoden abgeschlossen werden, um sicherzustellen, dass keine viel versprechenden Lösungsmöglichkeiten übersehen werden [Ull92].

- **Lösungsauswahl**
  Auch der Arbeitsschritt „Lösung auswählen" zerfällt in drei Teilschritte: Lösungen analysieren, Lösungen bewerten, Lösung festlegen.
  Beim **Analysieren der Lösungen** müssen die spezifischen Eigenschaften der unterschiedlichen Lösungen ermittelt werden, um eine Grundlage für die rationale Bewertung aller Alternativen zur Verfügung zu haben. Neben den einzelnen Teillösungen ist dabei auch ihr Zusammenspiel im Gesamtsystem zu untersuchen.
  Bei der **Bewertung der Lösungen** werden die Ist-Eigenschaften der Lösungen den zu erfüllenden Anforderungen (Soll-Eigenschaften) gegenübergestellt. Auf diese Weise werden Vor- und Nachteile, Chancen und Risiken einzelner Lösungsvarianten transparent.
  Die **Festlegung der Lösung** basiert auf der Bewertung der Alternativlösungen. Je nachdem, wie stark die Bewertung der Lösungen formalisiert werden kann, ergibt sich die abschließende Entscheidung entweder unmittelbar aus dem Bewertungsverfahren oder bedarf einer zusätzlichen intuitiven Abwägung.

Es liegt auf der Hand, dass das Lösen eines Problems nur in seltenen Fällen dem linearen Ablauf folgen wird, der der Beschreibung des Vorgehenszyklus zugrunde liegt. Die Pfeile in **Bild 4.4-1** deuten die **Möglichkeit zu Rücksprüngen** zwischen den Arbeitsschritten an, sofern sich die Notwendigkeit dazu ergibt. So kann beispielsweise bei der Lösungssuche deutlich werden, dass die Anforderungen an ein Produkt nur ungenügend geklärt sind, was eine weitere Iteration über den Arbeitsschritt „Aufgabe klären" erforderlich macht.

Der Vorgehenszyklus kann durch Einbringen geeigneter Begriffe und Maßnahmen an unterschiedliche Problemstellungen angepasst werden, z. B. an das Einhalten von Zielkosten (Bild 4.5-7) oder von Lebenslaufzielkosten (Bild 5.3-1).

4.4.2
Strategische Ausrichtung des Vorgehens

Bei komplexen Aufgabenstellungen gestaltet sich die Steuerung des Vorgehens bei der Problemlösung komplizierter. Das Ineinanderschachteln von Vorgehenszyklen führt zum Aufbau umfangreicherer Prozess-Strukturen, für die wiederum anschaulichere Planungs- und Darstellungstechniken existieren. Dazu zählen **Vorgehenspläne** (z. B. nach [VDI93], s. Bild 4.4-2; Bild 4.8-2) und **Methoden des Projektmanagements**, die den zeitlichen Ablauf eines Prozesses stärker betonen (vgl. Kap. 4.8.3).

Wie kann nun die Strukturierung komplexer Problemlösungsprozesse erfolgen, woran kann sich der Planer orientieren? Vor eine derartige Aufgabe gestellt, bedient sich jeder vernünftig denkende Mensch intuitiv gewisser grundlegender Prinzipien, gleichgültig ob er eine Urlaubsreise plant oder einen Betonmischer entwerfen soll. Diese Prinzipien seien **Strategien** genannt.

Beispiele:

- **„Aus der Logik des Problems heraus"**
  Meist ergibt sich direkt aus der Problemstellung heraus das günstigste Vorgehen zu seiner Lösung. Dabei erzwingen oft einschränkende Randbedingungen ein bestimmtes Vorgehen und schließen Alternativen aus.
- **„Vom Dringlichen zum weniger Dringlichen"**
  Dabei orientiert sich das Vorgehen an den zeitlichen Zwängen, die sich aus der Problemstellung ergeben.
- **„Vom Wichtigen zum weniger Wichtigen"**
  Was wichtig ist und was nicht, muss im Rahmen der Aufgabenklärung ermittelt werden. Das weitere Vorgehen wird darauf abgestimmt.
- **„Vom Abstrakten zum Konkreten"**
  Insbesondere bei neuen, ungewohnten Problemstellungen kann es günstig sein, sich von einer abstrakten Problembetrachtung ausgehend zum Konkreten vorzutasten.
- **„Vom Einfachen zum Komplizierten"**
  Es kann sinnvoll sein, mit den einfachen Teilaspekten eines Problems zu beginnen und sich zu den komplizierteren vorzuarbeiten.
- **„Vom Chancenreichen zum Chancenarmen"**
  Diese Strategie ordnet das Vorgehen nach der Wahrscheinlichkeit, mit der einzelne Prozess-Schritte erfolgreich abgeschlossen werden können. Indem chancenreiche Schritte an den Anfang gestellt werden, können die chancenarmen Schritte meist vermieden werden und dadurch Ressourcen gespart werden.

4.4.3 Target Costing

Target Costing [Tan89; Mon89; Sak89a; Sak89b; Cla92; Hor93; Seid93; Ehr93b; Fra93; Pee93; Sak94; Bug96; Stö97; Bul98; Stö99] **ist eine Methode der Kostensteuerung in Entwicklungsprozessen**, die seit den sechziger Jahren in Japan aus der industriellen Praxis heraus entwickelt wurde und die Wertanalyse als Vorläufer hat [Mil87], (Kap. 4.9.2). Ähnliche Ansätze gab es in Europa (z. B. [Kes54; Lor76; Ehr85]) und den USA [Les64], wo man sich seit den achtziger Jahren intensiv mit dieser Methode des Kostenmanagements auseinandersetzt. Mittlerweile ist sie in aller Munde und wird in vielen Unternehmen auch angewendet.

Beim Target Costing werden ausgehend von Marktuntersuchungen die Eigenschaften eines neu zu entwickelnden Produkts festgelegt und gleichzeitig ein marktkonformer, hypothetischer Verkaufspreis ermittelt. Zieht man von diesem Preis den geplanten Gewinn ab, so gelangt man zu den sog. **Zielkosten,** die den finanziellen Rahmen für den Entwicklungsprozess vorgeben (Bild 4.5-3 rechts). Diesem Ansatz liegt ein grundsätzlicher Wandel des Verhältnisses vom Hersteller zum Kunden zugrunde, ein Wandel vom **Verkäufermarkt zum Käufermarkt**: Während der Hersteller früher **nach** der Entwicklung eines neuen Produkts fragte:

„Wie viel wird dieses Produkt kosten?"

und den daraus ermittelten Preis am Markt auch tatsächlich durchsetzen konnte, ist er heute gezwungen, **am Beginn** einer Produktentwicklung die Ausgangsfrage des Target Costings zu stellen:

„Wie viel darf das Produkt kosten?"

Mit Hilfe verschiedener Methoden, die in Kap. 4.5.1.4 besprochen werden, können die Zielkosten z. B. auf einzelne Funktionen, Baugruppen oder Bauteile des Produkts aufgespaltet werden. Im Idealfall wird die Einhaltung der einmal festgelegten **Teilzielkosten** dann während des gesamten weiteren Entwicklungsprozesses strikt überwacht. **Die Grundidee ist dabei, dem Entwicklungsprozess den Managementzyklus *Planen – Kontrollieren – Eingreifen* auch hinsichtlich der Produktkosten aufzuprägen** (vgl. Kap. 3.1, Bild 3.1-1).

Die Unterschiede zwischen der klassischen und der zielkostenorientierten Produktentwicklung werden in **Bild 4.4-2** deutlich. Beim klassischen Vorgehen wird ein Entwicklungsvorhaben oft bis zur vollständigen Fertigungsdokumentation (Zeichnungen, Stücklisten, etc.) vorangetrieben, bevor durch die Fertigungsvorbereitung und Kalkulation eine Vorkalkulation des Produkts erstellt wird: Meist sind Änderungen dann mit hohem Kosten- und Zeitaufwand verbunden. Die Folge sind lange dauernde, uneffiziente Regelkreise (Bild 4.4-2 links). Oft erfolgt dabei gar keine Rückmeldung der Kosten an die Entwicklung. Im Gegensatz dazu werden beim Target Costing die Ergebnisse während aller Stadien der Produktentwicklung auf die Einhaltung des Gesamtkostenziels hin überprüft (Bild 4.4-2 rechts). Erkannte Abweichungen können sofort korrigiert werden, die Iterationsschleifen werden so kurz wie möglich („kurze Regelkreise"). Damit können Entwicklungsprozesse unter Einhaltung der geplanten Produktkosten auch zeitlich kürzer werden, was positive Auswirkungen auf die Entwicklungskosten (Änderungskosten!) und die Marktpräsenz eines Unternehmens hat (Bild 4.2-3; Bild 6.2-2).

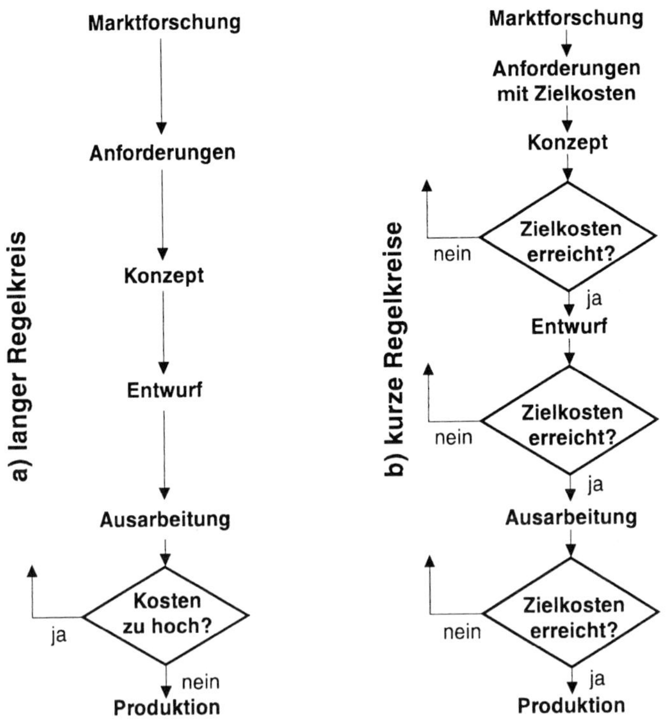

Bild 4.4-2. Vergleich von klassischem (links) und zielkostenorientiertem (rechts) Vorgehen bei der Produktentwicklung beim Durchlaufen der Konkretisierungsstufen

Der große und wahrscheinlich auch dauerhafte Erfolg der Idee des Target Costing beruht auf drei Hauptgründen:

- **Durch die Notwendigkeit, bereits in einer sehr frühen Phase des Entwicklungsprozesses einen Verkaufspreis zu ermitteln, wird eine genaue Analyse der Marktsituation und der Marktentwicklung erzwungen.** Das bietet dem Unternehmen die Chance, in geradezu vorbildlicher Weise die eingangs aufgestellte Forderung nach der Entwicklung Kunden- bzw. Marktgerechter Produkte zu verwirklichen. Durch die Verknüpfung einzelner Funktionen des zu entwickelnden Produkts mit bestimmten Zielkosten können aus Sicht des Kunden „unwirtschaftliche" Produkteigenschaften frühzeitig erkannt und aus der Anforderungsliste entfernt oder niedriger gewichtet werden.
- **Bei konsequenter mitlaufender Kontrolle der a priori festgelegten Teilzielkosten können eventuelle Abweichungen zum frühest möglichen Zeitpunkt erkannt und korrigiert werden.** Damit wird auf die zentrale Einsicht aus Kap. 2 reagiert, dass Änderungen während des Entwicklungsprozesses umso teurer kommen, je länger die zu revidierende Entscheidung zurückliegt („Rule of Ten", vgl. Kap. 2.2). Auf diese Weise liegt der Nachdruck bei der Produktentwicklung wie selbstverständlich auf den frühen Phasen.

- Das klassische 'kostengünstige Konstruieren' orientierte sich weitestgehend am Produkt selbst. Hier ging es vor allem darum, mit möglichst geringem Aufwand an Material, Menschen und Maschinen das vorgegebene Produkt herzustellen. Dabei lag das Augenmerk von Konstruktion und Arbeitsvorbereitung hauptsächlich auf Fertigungsoperationen im engeren Sinn: Muss diese Passfedernut wirklich mit einem Fingerfräser hergestellt werden, oder kann auch ein Scheibenfräser eingesetzt werden? Häufig wurden dabei die unterschiedlichen Produkte eines Unternehmens völlig getrennt voneinander betrachtet, so dass übergeordnete Problembereiche, wie z. B. die Logistik oder der Kundendienst, überhaupt keine Beachtung fanden. **Im Gegensatz dazu berücksichtigt Target Costing in der Produktentwicklung alle mit dem Produktlebenslauf verbundenen Prozesse entsprechend ihrer Vernetzung und Wichtigkeit**.

Bisher wurden die Vorteile eines zielkostenorientierten Vorgehens beim Kostenmanagement herausgestrichen. Aus diesem Ansatz ergeben sich vier wichtige Aufgabenstellungen, die mit der Einführung des Kostenmanagements in der industriellen Praxis gelöst werden müssen:

- **Wie ermittle ich Gesamtzielkosten?** (vgl. Kap. 4.5.1.3)
- **Wie gelange ich von den Gesamtzielkosten zu den Teilzielkosten?** (vgl. Kap. 4.5.1.4)
- **Wie kontrolliere ich die Einhaltung der Zielkosten während der Produkterstellung?** (vgl. Kap. 4.5.3.1 u. 9)
- **Wie steuere ich den Entwicklungsprozess möglichst zielkonfliktarm?** (vgl. Kap. 4.8.3)

Zur Lösung dieser Aufgaben steht eine Reihe **sachgebundener und organisatorischer Methoden** zur Verfügung, die meist einer **Anpassung an unternehmensspezifische Besonderheiten** bedürfen. Diese werden nachfolgend ausführlich vorgestellt. Im Wesentlichen geht es darum, die Kostenziele realistisch festzulegen und dann die entstehenden Kosten während des Entwicklungsprozesses möglichst früh zu erkennen. Darum müssen Abteilungen, die im logischen Ablauf des Prozesses der Entwicklung nachgeordnet sind (z. B. Fertigungs-, Montagevorbereitung, Kalkulation), von Anfang an mit ihrem Wissen und ihren Aktivitäten in die Entscheidungsfindung einbezogen werden. Dies kann durch Teamarbeit, Simultaneous Engineering, Kostenberatung usw. erreicht werden. **Parallele Bearbeitung der Aufgaben muss an die Stelle sequentieller Arbeitsteilung treten**.

4.5 Integration der Methoden zur zielkostenorientierten Entwicklung

In Kap. 4.1 bis 4.4 wurden die Grundbausteine des Kostenmanagements vorgestellt. Diese werden im Folgenden nach konstruktionsmethodischen Gesichtspunkten in eine **zielkostenorientierte Entwicklungsmethodik** integriert. Der Ablauf eines Entwicklungsvorhabens orientiert sich dabei sowohl an den durch das Projektmanagement vorgegebenen Arbeitsabschnitten (vgl. Kap. 4.8.3.1), als auch an den durch die Konstruktionsmethodik definierten Konkretisierungsstufen Konzept,

Entwurf und Ausarbeitung (vgl. Bild 4.4-2). Alle Arbeitsabschnitte können dem Vorgehenszyklus (Bild 4.4-1) entsprechend bearbeitet werden, weshalb auch im Folgenden so verfahren wird. – Ein Beispiel dazu ist in Kap. 4.7 angegeben.

4.5.1 Aufgabenklärung: Anforderungsklärung, Zielkostenermittlung und -aufspaltung

Im Rahmen eines Entwicklungsprozesses umfasst der erste Schritt des Vorgehenszyklus das genaue Abklären der Anforderungen an das neue Produkt (Bild 4.4-1). Dazu zählt z. B. die Festlegung maximal zulässiger Herstellkosten. Die Technik des Target Costing räumt der Ermittlung und Aufspaltung der Zielkosten einen besonders hohen Stellenwert ein, weshalb diesem Punkt im Folgenden eigene Kapitel gewidmet werden (Kap. 4.5.1.3 u 4.5.1.4) [Tan89; Seid93; Frö98; Stö99].

4.5.1.1 Klären der Anforderungen

Erfahrungsgemäß ist die Unklarheit der Ziele und der Anforderungen an ein Produkt der Hauptgrund für Projektverzögerungen und Änderungsschleifen im Sinne von Bild 4.2-3 und Bild 4.4-2 (links). Es geht darum, die „Schnittstelle", die „geistige Mauer" zwischen Hersteller und dem bekannten oder anonymen Kunden (Kap. 3.3.1) zu überwinden. Wenn man nicht weiß, was er wirklich will, wo sein Problem liegt und wofür er Geld ausgeben würde, braucht man sich später über Misserfolge und kostspielige Änderungen nicht zu wundern (Kap. 5.1).

Ein wirkungsvolles Mittel den Prozess in Gang zu bringen ist die Aufstellung einer **Anforderungsliste**, die in Forderungen (Festforderungen, Mindestforderungen mit Zahlenwerten) und Wünsche (mehr qualitative Angaben) aufgeteilt sein kann. Sie ist das Dokument, das abteilungsübergreifend als Startdokument für ein Projekt erarbeitet und im Lauf der Entwicklung immer wieder ergänzt werden muss. Dementsprechend können Angaben über die Herkunft von Informationen zweckmäßig sein und es muss, wie im Rahmen der Produktdokumentation allgemein üblich, ein Änderungsdienst eingerichtet werden (zu Zielkonflikten: siehe Kap. 4.5.3).

Ausgangspunkt kann das Pflichten- oder Lastenheft eines bekannten Kunden oder des Vertriebs bzw. Marketings sein. Inhalt sind nicht nur technische Anforderungen, sondern, wie aus **Bild 4.5-1** hervorgeht, natürlich auch Zielkosten (Kap. 4.5.1.3) und Anforderungen aus der Ergonomie, der Arbeitssicherheit, dem Industrial Design. Neben diesen externen Anforderungen müssen auch die internen, organisatorischen Anforderungen, wie z. B. Termine, Entwicklungsbudget, Personalkapazität, geklärt und festgelegt werden. Grundsätzlich ist der gesamte Lebenslauf des Produkts vom Entwicklungsstart bis zur Entsorgung in einem inter-

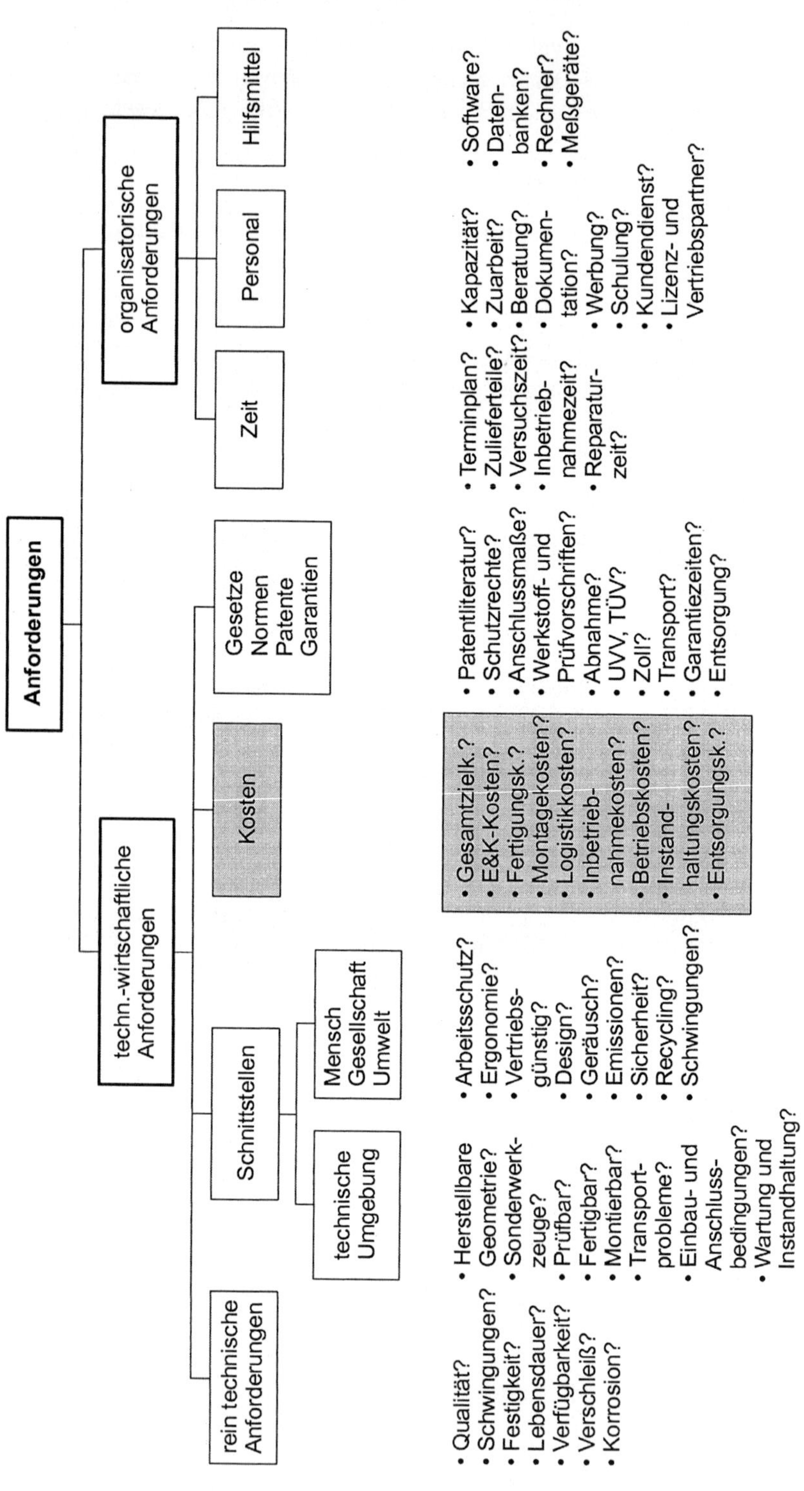

Bild 4.5-1. Anforderungsarten mit einigen lebenslauforientierten Fragen (Checkliste für die Erstellung der Anforderungsliste)

disziplinären Team durchzusprechen. Es ist wichtig, im Sinn von Bild 3.2-2, Kunden und vorab bekannte Zulieferer in die Klärung einzubeziehen.

Nach dem bisherigen könnte man meinen, eine Anforderungsliste wäre nur für ein großes Projekt nötig. So ist es nicht: Auch bei kleineren Aufgaben, wie z. B. die Konstruktion von Vorrichtungen oder Werkzeugen, hat sich das vorab Festlegen von z. B. Leistungen, Schnittstellenmaßen, Terminen in einer kurzen Liste mit Abzeichnung des Auftraggebers bewährt.

4.5.1.2 Funktionsanalyse

Ausgehend von der Anforderungsliste werden bei der Funktionsanalyse Funktionen definiert, die das Produkt erfüllen muss. Die Funktionsanalyse steht damit an der Schwelle von der Aufgabenklärung zur Lösungssuche. Sie dient in erster Linie dazu, den Entwickler zu veranlassen, sich detailliert mit dem Zweck des von ihm zu konstruierenden Systems auseinanderzusetzen, bevor er über konkrete Lösungen nachdenkt. Es gibt in der Literatur eine Reihe von Vorschlägen zur Formulierung von Funktionen und Funktionsstrukturen (z. B. [Aki94; Ehr03; Pah97]). In vielen Fällen ist es aber zunächst völlig ausreichend, die Grundfunktionen des betrachteten technischen Systems als Substantiv und Verb zu formulieren (z. B. „Kraft verstärken", „Stoffe trennen", ...) und sich mit Hilfe einer **einfachen oder hierarchisch gegliederten Liste** zu vergegenwärtigen (Bild 4.7-2). Nur wenn diese Vorgehensweise sich z. B. aufgrund der Vielzahl der Beziehungen zwischen den unterschiedlichen Funktionsträgern eines Systems als nicht mehr praktikabel erweist, sollte darüber nachgedacht werden, auf eines der angesprochenen Werkzeuge auszuweichen.

4.5.1.3 Ermitteln der Gesamtzielkosten

Im Rahmen der Aufgabenklärung müssen auch **Zielkosten für das zu entwickelnde Produkt** ermittelt werden. An diesen einmal festgelegten Zielkosten orientiert sich der gesamte weitere Verlauf der Produktentwicklung.

Ein Problem bei der Ermittlung der Zielkosten ist der zeitliche Versatz zwischen dem Zeitpunkt der Marktanalyse und dem Beginn des Verkaufs eines neu entwickelten Produkts [Bug95; Ehr96; Fra93; Hor93; Lak93; Wes02]. **Nur wenn die zu Beginn des Entwicklungsprozesses gestellten Prognosen zum Zeitpunkt der Markteinführung noch zutreffen, können mit dem Produkt auch wirklich die geplanten Erträge erwirtschaftet werden!** Um das Risiko eines Fehlschlags am Markt so weit wie möglich zu verringern, muss zweierlei sichergestellt werden:

- **Zuverlässige Zielkostenermittlung**
  Es ist unmöglich, absolut sichere Vorhersagen über das Marktgeschehen zum Zeitpunkt der geplanten Produkteinführung zu machen. Durch sorgfältige Analyse bestehender Trends und ihrer vorsichtigen Extrapolation lässt sich jedoch das Risiko einer falschen Vorhersage minimieren. Sind die Gesamtzielkosten

ermittelt, so muss wiederum zuverlässig abgeschätzt werden, ob sie für die Firma unter den gegebenen Umständen auch wirklich erreichbar sind. Die Problematik der Kostenzielermittlung wird gleich nachfolgend besprochen.

- **Kurze Entwicklungszeiten**
  Das wirksamste Mittel, die Sicherheit der zu Beginn der Entwicklung gestellten Marktprognosen zu erhöhen, besteht darin, die Entwicklungszeit für ein neues Produkt so kurz wie möglich zu gestalten. Je kürzer diese Zeitspanne ausfällt, desto unwahrscheinlicher ist das Eintreten von Ereignissen, die den getroffenen Annahmen widersprechen. Maßnahmen zur Verkürzung von Entwicklungszeiten werden in Kap. 6 erörtert (vgl. Bild 6.2-2).

Ausgangspunkt zur Ermittlung der Gesamtzielkosten sind die Kernfragen des Target Costings:

- Was will der Kunde?
- Wie viel ist der Kunde bereit dafür zu zahlen?

Diese Fragen allein reichen aber nicht aus, um realistische Zielkosten zu formulieren. Denn der Kunde möchte immer die beste Lösung und möglichst wenig oder gar nichts bezahlen. Häufig kann er auch nicht die notwendigen Kosten für eine „Eigenschaft" bzw. Forderung quantifizieren. Kann z. B. ein Pkw-Käufer angeben, wie viel er bereit ist dafür zu zahlen, dass sein Pkw den Zulassungsvorschriften entspricht, oder dass das Getriebe dicht ist usw.? Die scheinbar einfache Frage: wie viel ist der Kunde bereit zu zahlen? muss deshalb noch um weitere Aspekte (**Bild 4.5-2**) ergänzt werden. Die wichtigsten Punkte werden im Folgenden diskutiert.

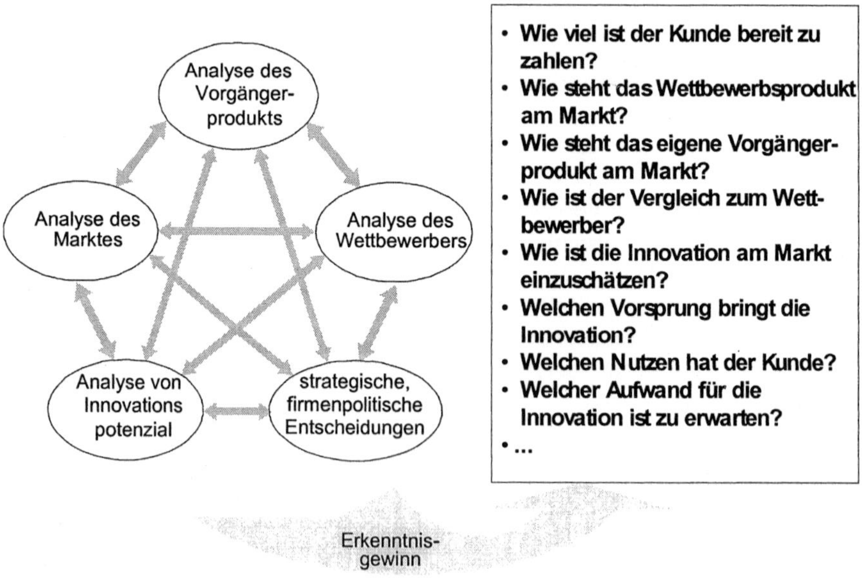

Bild 4.5-2. Was beeinflusst die Gesamtzielkosten?

- **Wie viel ist ein potentieller Kunde bereit für unser Produkt zu zahlen?**
  Der Philosophie des Target Costing gemäß stehen die potentiellen Kunden im Zentrum der Zielkostenermittlung, denn sie sind es, die das zu entwickelnde Produkt in ausreichender Zahl kaufen sollen. Ein Produkt wird gekauft, wenn es dem Käufer in irgendeiner Weise Nutzen bzw. Gewinn verspricht oder ihn begeistert. Die Wertschätzung eines möglichen Nutzers und damit Käufers kann in den objektiven und den subjektiven Kundennutzen auf gespalten werden.
  Mit dem **objektiven Kundennutzen** ist die Wirtschaftlichkeit des Produkts im engeren Sinn gemeint. Diese ergibt sich aus der **Funktionalität** des Produkts auf der einen Seite und den entstehenden **Anschaffungs- und Betriebskosten** auf der anderen Seite. In diese Bewertung gehen selbstverständlich auch Kriterien wie die Zuverlässigkeit oder der mit dem Produkt verbundene Service ein. Unter dem **subjektiven Kundennutzen** werden dagegen eher unscharfe Wertungskriterien verstanden, die auf den Geschmack des Publikums oder den aktuellen Zeitgeist zurückzuführen sind. Dazu zählen z. B. das **Design** des Produkts oder das **Image** einer Marke [Cla91]. Zusätzliche Kaufanreize bieten Produkteigenschaften, die nach Seidenschwarz [Seid97] als **„Begeisterungsmerkmale"** bezeichnet werden. Sie heben das Produkt positiv aus der Masse der Wettbewerber heraus und verleihen ihm einen individuellen Charakter.
  Folgende Hilfsmittel können zur Marktanalyse (nach [Koh99]) verwendet werden: persönliche Kundenbefragung (aufwändig, am besten mit begleitender Checkliste); Fragebögen (meist wenig Nutzen); Experten im Unternehmen befragen (geringer Aufwand, aber Gefahr der Betriebsblindheit); externe Experten und Statistiken (Institute, VDMA); Portfolioanalyse (Bild 4.6-8). Weitere Marketinghilfsmittel: Conjoint-Analyse, Analytical Hierarchy Prozess [Aak95; Arn95; Gre88; Mal93]).

- **Analyse des Marktes (Market into Company)**
  Beim „Market into Company" werden die Gesamtzielkosten aus dem Markt abgeleitet. Der am Markt erzielbare Preis („target price") wird dabei durch Methoden der Marktforschung gewonnen. Die Analyse des Marktes dient dazu, Produktmerkmale und deren Wertschätzung aus Sicht des Kunden zu ermitteln. Nach Abzug des geplanten Gewinns („target profit margin") bleiben die vom Markt erlaubten Kosten („allowable costs").

- **Wie viel leisten und kosten die eigenen Vorgängerprodukte?**
  Am besten von allen Konkurrenten unseres geplanten Produkts kennen wir das eigene Vorgängerprodukt. Das detaillierte Wissen über die Kosten und die Kostenstruktur dieses Produkts sollten wir insbesondere dazu nutzen, die prinzipielle Realisierbarkeit der vom Markt abgeleiteten Zielkosten unter den Entwicklungs- und Produktionsbedingungen des eigenen Unternehmens zu überprüfen. Denn anfangsvereinbarte Zielkosten werden ihre Wirkung nur dann entfalten, wenn sie auch wirklich eingehalten werden können. Ziel der Analyse von Vorgängerprodukten ist es, beurteilen zu können, welche Zielkosten für ein bestimmtes Produkt unter den im Unternehmen (und bei seinen Zulieferern) vorliegenden Bedingungen erreicht werden können. Die Kosteninformationen soll-

ten strukturiert vorliegen, wobei die Struktur sich an der Baustruktur, den Produktfunktionen, den Kostenarten u. a. orientieren sollte.

- **Analyse der Wettbewerber (Out of Competitor)**
  Auch wenn der potentielle Käufer unseres Produkts im Mittelpunkt der Zielkostenermittlung steht, wäre es leichtsinnig, die möglichen Konkurrenzprodukte im Markt der Zukunft außer acht zu lassen. Denn die Bewertung unseres Produkts durch einen Interessenten wird stark davon abhängen, welche funktionalen und preislichen Alternativen die dann aktuellen Wettbewerbsprodukte bieten. Es ist schließlich der Alptraum eines jeden Unternehmens, am Ende eines kostspieligen Entwicklungsprozesses mit einem innovativen Konkurrenzprodukt konfrontiert zu sein, das die Marktchancen der eigenen Entwicklung auf einen Schlag zunichte macht. Ein Vergleich der Wettbewerberprodukte mit den eigenen Produkten (Vorgängerprodukt, Konzept eines neuen Produkts etc.) unter Berücksichtigung der Markterfordernisse gibt eine Vielzahl wertvoller Hinweise.
  Die Produkte, die die Wettbewerber auf den Markt bringen werden, kennen wir in aller Regel nicht. Bei der Zielkostenermittlung sind wir deshalb gezwungen, den **Kundennutzen anhand der verfügbaren Konkurrenzprodukte abzuschätzen** und dabei das **vermutete Innovationspotenzial** einfließen zu lassen. Gleichzeitig muss, so gut es geht, abgeschätzt werden, welche Kosten den Konkurrenten bei der Herstellung ihrer Produkte entstehen. Es versteht sich von selbst, dass der Einsatz der in diesem Kapitel vorgestellten Techniken wichtig ist, die Ergebnisse jedoch unsicher sind.

- **Analyse des Kundennutzen / Wirtschaftlichkeitsanalyse (Out of customer benefit / cost effective analysis)**
  Der wirtschaftliche Nutzen, den ein Kunde durch den Kauf des Produkts für sich generieren kann, gibt Auskunft über eine vertretbare Höhe seiner Investition und damit eines sinnvollen Preises. Diese Vorgehensweise bietet sich bei besonders bei in ihrer Funktionalität neuen Produkten oder auch bei optionaler Ergänzungsausstattung an. Bei Konsumgütern ist dieser Ansatz weniger geeignet. Bei Investitionsgütern gibt es diese Vorgehensweise sehr häufig, man kann über die Preisfindung für die Investition hinaus häufig auch Überlegungen zu Verfügbarkeit, Wartungs- und Betriebskosten etc. einschließen.

- **Analyse von Innovationspotenzialen (Out of Innovation)**
  Innovationen haben einen hohen Einfluss auf die Zielkostenfindung. Einerseits ist es wichtig zu klären, wie der Markt die Innovation beurteilt und welchen Vorsprung sie gegenüber dem Wettbewerber bringt. Bei einer positiven Einschätzung ist ein Potenzial zu besseren Preisen gegeben. Andererseits können Entwicklungen der Technologie des Zuliefermarktes und des Produktherstellers (Materialien, Sensoren, Elektronik, Fertigungsverfahren, Berechnungsverfahren, Einsatz flexibler Software bei Steuerungen etc.) zu Kosten senkenden Innovationen in Produkten und / oder Prozessen führen. Diese Innovationspotenziale müssen von der Technik in den Zielkostenfindungsprozess eingebracht werden.

- **Berücksichtigung strategischer Entscheidungen**
  Strategische, firmenpolitische Entscheidungen nehmen Einfluss auf die Festlegung der Zielkosten. Dies können z. B. festgesetzte Zielkosten sein, die den stra-

tegischen Eintritt in ein bestimmtes Marktsegment ermöglichen sollen, aber auch Restriktionen auf die Produkterstellung wie z. B. Vorzugslieferanten, Eigenfertigung aufgrund mangelnder Auslastung, Abnahmeverpflichtungen bei Tochterunternehmen etc.

Die Antworten auf diese Fragen können Anregungen und Randbedingungen zu einer ersten, schnellen Lösungssuche liefern, mit der das unter den Bedingungen des eigenen Unternehmens am Produkt realisierbare Kostensenkungspotenzial abgeschätzt werden kann. Grundlage dieser vorgezogenen Lösungssuche bilden die bereits identifizierten Anforderungen an das neue Produkt. Sie zeigen auch, dass es bei anspruchsvollen Kostenzielen nicht ausreicht nur die Entwicklung eines Produkts zu betrachten, sondern dass die gesamte Prozesskette untersucht und geändert werden muss. Auf der Basis aller verfügbarer Informationen zu möglichen Zielkosten und unter Berücksichtigung der Unternehmenssituation werden die Zielkosten („target costs") vom Management festgelegt bzw. mit den für die Umsetzung Verantwortlichen (z. B. dem Projektleiter) vereinbart.

Die meisten neu zu entwickelnden Produkte gehen aus ähnlichen Vorgängerprodukten hervor. In solchen Fällen liegt es nahe, zur Abschätzung der Kosten des neuen Produkts eine am Vorgänger orientierte Kalkulation zu erstellen (vgl. **Bild 4.5-3** links), in die die Kaufteile und die wahrscheinlichen Fertigungsprozesse eingehen. Aus den Herstellkosten werden mit Hilfe der bekannten Zuschläge (Bild 8.4-2) die Selbstkosten und der kalkulierte Preis ermittelt. Der anzustrebende Marktpreis muss sich an den Wettbewerbsprodukten orientieren und deshalb tiefer liegen (vgl. Bild 4.5-3 rechts). Neben der konventionellen Preisermittlung **„bottom up"** müssen die für den Entwickler maßgeblichen Ziel-Herstellkosten auch **„top down"** errechnet werden.

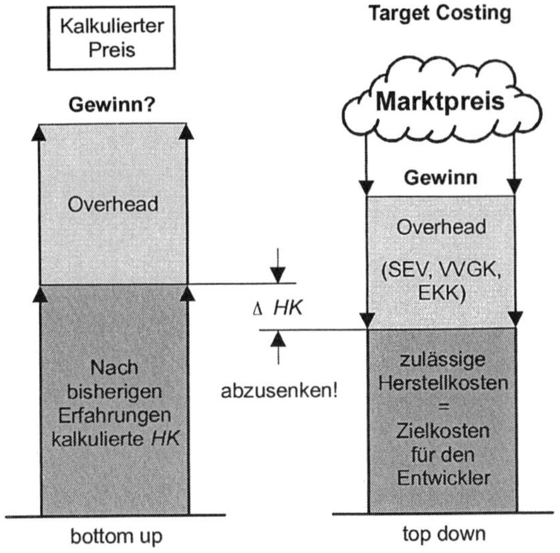

Bild 4.5-3. Der Marktpreis bestimmt das Kostenziel (nicht die zu erwartenden Herstellkosten den Marktpreis)!

Dabei werden der geplante Gewinn und die abgeschätzten Overhead-Kosten vom Marktpreis abgezogen. Die ursprünglich kalkulierten Herstellkosten müssen im Verlauf des Entwicklungsprozesses um die Kostendifferenz ΔHK abgesenkt werden. Dazu ist es sinnvoll, diese Differenz auf die Funktionen oder Komponenten des Produkts aufzuteilen.

Bevor so das Gesamtzielkosten und die Teilzielkosten im gegenseitigen Einvernehmen festgelegt werden, sollten folgende Punkte kritisch betrachtet werden:

- Warum ist unser Produkt so teuer (z. B. geringere Stückzahlen als die Konkurrenz (Kap. 7.5), andere Leistungsmerkmale usw.)?
- Warum kann die Konkurrenz so viel kostengünstiger anbieten (z. B. höhere Stückzahlen, Fertigung in einem Niedriglohnland usw.)?
- Wofür ist der Kunde bereit wie viel zu zahlen (z. B. welche Funktionen braucht er wirklich usw.)?
- Braucht der Kunde z. B. mehr Leistung, und wie würde er das honorieren?

Die Antworten auf diese Fragen können Anregungen und Randbedingungen zu einer **ersten, schnellen Lösungssuche** liefern, mit der das unter den **Bedingungen des eigenen Unternehmens** am Produkt realisierbare **Kostensenkungspotenzial** abgeschätzt werden kann. Hierzu bieten sich besonders die in Kap. 4.5.2.4 beschriebenen Techniken zur Lösungssuche mit Hilfe von Kreativitätstechniken an. Grundlage dieser vorgezogenen Lösungssuche bilden die bereits identifizierten Anforderungen an das neue Produkt. Das weitere Vorgehen hängt stark vom Ergebnis dieser Abschätzung ab:

1. **Fall:** Die Abschätzung zeigt ein Kostensenkungspotenzial auf, das einen Verkaufspreis erlaubt, der deutlich unter den Preisen der Konkurrenz liegen wird. **Dann wird der ermittelte Verkaufspreis als Zielpreis verwendet.**
2. **Fall:** Die Abschätzung ergibt einen Verkaufspreis, der im Bereich der Preise der Konkurrenz liegt. **Ähnlich wie im ersten Fall wird man auch hier einen Zielpreis festlegen, der deutlich unter den Preisen der Konkurrenten liegt.** Dabei wird davon ausgegangen, dass das Delta zwischen dem erkennbaren Kostensenkungspotenzial und dem festgelegten Verkaufspreis im Lauf der Entwicklung noch geschlossen werden kann.
3. **Fall:** Der geschätzte Verkaufspreis liegt immer noch deutlich über den Preisen der Konkurrenz, ohne dass weiteres Kostensenkungspotenzial erkennbar wäre. Wird in diesem Fall trotzdem ein aus der Sicht der Marktsituation vernünftiger Zielpreis festgeschrieben, so ist das Risiko sehr hoch, dass die Zielvorgaben im Verlauf des Entwicklungsprozesses nicht eingehalten werden können. **Unter diesen Umständen muss die geplante Produktentwicklung neu überdacht werden,** wobei es sich empfiehlt, eine Projektstudie zur intensiven Suche nach Lösungen und zur Absicherung vorzuschalten.

Steht der Zielpreis für das neu zu entwickelnde Produkt fest, so können daraus durch **Abziehen des geplanten Gewinns und der Overheadkosten** die **Gesamtzielkosten für die Herstellung des Produkts** ermittelt werden (Bild 4.5-3).

4.5.1.4 Aufspalten der Gesamtzielkosten in Teilzielkosten

Da im Allgemeinen ein Produkt aus mehreren Komponenten (Baugruppen) besteht, das von unterschiedlichen Entwicklungsgruppen bzw. Entwicklern bearbeitet wird, muss ein Gesamtziel in Teilziele auf gespalten werden, die dann für den jeweiligen Entwickler verbindlich sind.

Voraussetzungen

- Hier wird davon ausgegangen, dass es ähnliche **Vorläuferprodukte** gibt, an deren Kostenstruktur man sich orientieren kann.
- Ferner ist klar, dass die mit den Teilzielkosten arbeitenden **Entwickler in den Prozess der Kostenspaltung von vornherein eingebunden** werden müssen. Nur so werden sie motiviert sein, diese Ziele zu erreichen. Auch werden sie dann bereits mögliche Kostensenkungspotenziale ansprechen können.
- Schließlich zeigt die Praxis, dass die ermittelten **Teilzielkosten** im Verlauf des Entwicklungsprozesses **keine unabänderlichen Größen** sein können. Es ergibt sich nämlich, dass bei manchen Komponenten mehr Kostensenkungspotenzial vorhanden ist, als zuvor abgeschätzt wurde, bei anderen weniger. Dann müssen die Teilkostenziele gegenseitig abgeglichen werden.
- Auch wenn der Ausgangspunkt für Teilzielkosten nicht direkt auf Baugruppen zuordenbare Kundenwünsche, Anforderungen und Funktionen sind, sollten sie möglichst **für Baugruppen gebildet** werden (Cost Deployment) [Rös96; Sau86; Tan89; Frö94; Fre98; Stö99]. Nur Teilzielkosten von Baugruppen sind später bei der mitlaufenden Kalkulation eindeutig kontrollierbar!
- **Ausgangspunkt** für die Festlegung der Teilzielkosten muss immer der **Kundennutzen** sein („Wie viel ist der Kunde bereit für diese Funktion, Eigenschaft, Baugruppe zu bezahlen“). Dabei ist allerdings klar, dass es an jedem Produkt Komponenten gibt, die **für den Kunden selbstverständlich** sind, die einfach notwendig zum Produkt gehören und wofür der Kunde keinen akzeptablen Kaufpreisanteil angeben könnte (z. B. bei einem Fahrzeug die Räder, bei einem Getriebe das Gehäuse). Andererseits gibt es „Kundennutzen“, der relativ wenig kostet, aber gut bezahlt wird (z. B. interessante Farben beim Pkw).
- Die **Zielkostenspaltung** muss im **interdisziplinären Team** durchgeführt werden, um alle relevanten Erfahrungen und Anregungen zusammenzutragen. Eine Visualisierung der Beiträge ist dringend anzuraten.

Vorgehen

Trotz der wissenschaftlich differenziert geführten Debatte [Seid93; Rös97] über die Zielkostenspaltung schlagen wir aufgrund obiger Voraussetzungen eine pragmatische Vorgehensweise vor, die sich an Bild 4.5-3 und **Bild 4.5-4** orientiert. Die Aufteilung der Gesamtzielkosten kann sich der am Schluss aufgeführten Methoden zur formalen Absicherung bedienen, bleibt aber im Grunde **eine in der gemeinsamen Diskussion vereinbarte Festlegung** (Kap. 10.1.4; I.2b).

- Die 100 % Gesamtzielkosten werden sowohl nach **kundenrelevanten Funktionen und Eigenschaften** aufgeteilt wie nach bekannten **Vorläufer-Kom-**

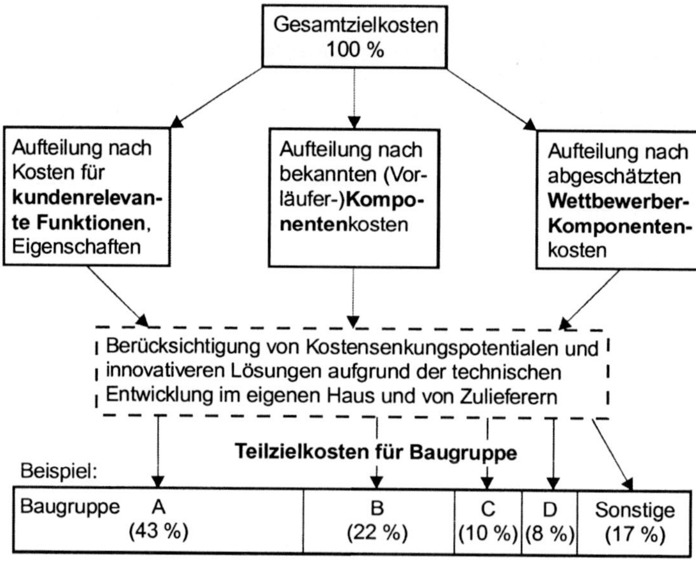

Bild 4.5-4. Beispiel für die Aufteilung von Gesamtzielkosten auf Teilzielkosten von Komponenten oder Baugruppen A bis D eines zukünftigen Produkts

ponenten oder Baugruppen (Bild 4.5-4). Ergänzend kann man versuchen, die Aufteilung nach geschätzten **Komponentenkosten der Wettbewerber** vorzunehmen. Das ergibt drei Kostenstrukturen, die sehr unterschiedlich sein werden, aber eine erste Orientierung geben.

- Die Kostenstrukturen werden dann modifiziert durch die in gemeinsamen Teamdiskussionen geäußerten **Innovations- und Kostensenkungspotenziale** (z. B.: „es lässt sich softwaremäßig flexibler und kostengünstiger steuern als wie bisher elektromechanisch; der Zulieferer X hat besonders günstige Baugruppen; es reicht der kostengünstige Werkstoff W“).
- Schließlich werden alle Erkenntnisse konzentriert in der neuen Struktur der Teilzielkosten, die dann bis auf weiteres für alle verbindlich ist. Damit sind auch die dafür Verantwortlichen festgelegt.

Zur Ermittlung und Aufspaltung der Zielkosten eines neuen Produkts existiert eine Vielzahl von Methoden, die in der folgenden Aufzählung jeweils den zu Beginn des Kapitels erwähnten Aspekten der Zielkostenermittlung zugeordnet sind.

- Aspekt **Kunde** (vgl. [Aak95; Arn95; Bau93; Gre88; Mal93; Rie93; Sei93]):
  - Auftragsgespräch (vgl. Kap. 10.1)
  - Kundenbefragung
  - Conjoint Analyse, Analytical Hierarchy Process [Arn95]
- Aspekt **Wettbewerber**:
  - Marktanalyse [Hei91]
  - Portfolioanalyse (vgl. Kap. 4.4.6)
  - Benchmarking (vgl. Kap. 7.13) [Cam94; Mer94; Pie95; Kre97; Bro98]
  - Produktklinik [Wil98; Wil99]

- Aspekt **Vorgängerprodukte**:
  - Kostenstrukturen (vgl. Kap. 4.6.2)
  - ABC-Analyse (vgl. Kap. 4.6.2)
- Aspekt **Technologische Entwicklung**:
  - Konstruktionsmethodik [And81; Bre93; Ehr03; Hub92; Kol94; Pah97; Roo95; Rot94; Ulr95; VDI93; Wal97]
  - Innovationsmethoden [Alt84; Kap96; Lin93; Ter97]

Wie an Beispielen in Kap. 4.7 und 10.1 gezeigt wird, sollte es mit ihrer Hilfe möglich sein, die Zielkosten für ein zu entwickelndes Produkt zu ermitteln und sinnvoll aufzuspalten.

4.5.2 Lösungssuche: Wie werden kostengünstige Lösungsansätze erarbeitet?

Nach dem **Klären der Anforderungen** und der damit verbundenen **Festlegung der Zielkosten** muss ein technisches Konzept erarbeitet werden, mit dem sich die gesteckten Entwicklungsziele verwirklichen lassen. Es ist nahe liegend, zunächst die unmittelbar einfallenden Lösungen zu notieren und zu ordnen. Dafür hat sich z. B. bewährt, die Arten von Energien zu verwenden: mechanische, elektrische, magnetische, hydraulische Lösungen. Der Entwickler sollte sich hierbei am grundsätzlichen Vorgehen der Konstruktionsmethodik orientieren, wie es beispielsweise in [Ehr03] ausführlich dargestellt ist. Die Abfolge der Arbeitsschritte im Rahmen der Konstruktionsmethodik nach dem Klären der Anforderungen sei im Folgenden kurz erläutert (statt dem zeitlichen Begriff „Phase" wird „Konkretisierungsstufe" verwendet):

Die Methoden und Hilfen aus den **Schritten I (Aufgabenklärung) und III (Lösungsauswahl) des Vorgehenszyklus** (Bild 4.4-1) sind für **jede Konkretisierungsstufe des Entwickelns anwendbar**. Anders ist es bei der Lösungssuche in Schritt II, wo es je nach Konkretisierungsstufe spezielle Hilfsmittel gibt, die aber hier nur zum Teil dargestellt werden (zu den Konkretisierungsstufen s. Bild 4.8-2).

Anwendbar sind für die **Lösungssuche** in den **Konkretisierungsstufen**:

- **Konzipieren**: Lösungssuche mit Hilfe von Systematiken, insbesondere von physikalischen Effekten (Kap. 4.5.2.2) oder Variation der Gestalt (Kap. 4.5.2.3), wobei es zunächst auf die funktionsbezogenen Wirkflächen und Wirkbewegungen ankommt (direkte Gestaltvariation: Bild 4.5-6).
- **Entwerfen**: Lösungen können auch gefunden werden durch indirekte Gestaltvariation: Variation der Werkstoffeigenschaften (Kap. 7.9), der Fertigungs-, Verbindungs- und Montageverfahren (Kap. 7.11).
  Ferner können die Bauweisen geändert werden: Leicht- und Kleinbauweise (Kap. 7.9.2.2); fertigungsspezifische Bauweisen, z. B. Guss-, Blech-, Schweißbauweise (Kap. 7.11.2, 7.11.3, 7.11.5.3, 7.13.4); Integral- bzw. Differenzialbauweise (Kap. 7.12.4.3); Baureihenbauweise (Kap. 7.12.5); Baukastenbauweise (Kap. 7.12.6).

- **Ausarbeiten**: Da das Ausarbeiten in einem fließenden Übergang zum Entwerfen steht und dabei die letzten konkreten Festlegungen des Produkts geschehen, gelten auch hier obige Lösungsfindungsmethoden z. T. noch. Spezieller sind: Teilenormung (Kap. 7.12.4.1), Maßtoleranzen und Rauheit (Kap. 7.11.6).

Damit hängen auch die **Konstruktionsarten** zusammen [Ehr03; Pah97]:

- Die **Neukonstruktion**(-entwicklung) umfasst alle Konkretisierungsstufen.
- Die **Anpassungskonstruktion** behält das gegebene Konzept bei und ändert im Wesentlichen Abmessungen, Formen, Lage der Baugruppen sowie Material und Fertigung. Prinzipien von Nebenfunktionen können neu werden.
- Bei der **Variantenkonstruktion** werden hauptsächlich geometrische Festlegungen geändert. Konzepte, Materialien und Fertigungsverfahren bleiben erhalten.

Durchgängig für alle Konkretisierungsstufen anwendbar sind: Suche nach vorhandenen Lösungen (Kap. 4.5.2.1), Einsatz von Kreativitätstechniken (Kap. 4.5.2.4) und des morphologischen Kastens (Kap. 4.5.2.5).

4.5.2.1 Suche nach vorhandenen Lösungen

Worüber andere schon nachgedacht haben, darüber brauchen wir uns nicht mehr den Kopf zu zerbrechen!

Vorhandene Lösungen zu technischen Problemen können überall gefunden werden: Im **eigenen Unternehmen**, auf dem **Markt** (Internet!), in **Konkurrenzprodukten**, in **Patentschriften**, in **Katalogen** [VDI82], in Checklisten (z. B Bild 4.6-7) und in der **Fachliteratur** [Bir92; Bir93; Büt95; Ehr03; Rei93; Sche97]. Diese sind oft kostengünstig, zuverlässig und schnell zu verwirklichen.

4.5.2.2 Lösungssuche mit Hilfe physikalischer Effekte

Die meisten Problemstellungen, mit denen der Maschinenbauingenieur konfrontiert ist, werden durch die **technische Ausnutzung physikalischer Gesetzmäßigkeiten** gelöst. Deshalb sollte die prinzipielle Abklärung der physikalischen Lösungsmöglichkeiten fester Bestandteil des methodischen Vorgehens sein [Rod91].

Ein Beispiel für die Weiterentwicklung technischer Systeme durch die Veränderung der physikalischen Wirkzusammenhänge stellt die Entwicklung der Computerdrucker während der letzten zwanzig Jahre dar (vgl. **Bild 4.5-5**). Ausgehend vom Matrixdruckkopf wurde über das Thermotransferverfahren, den auf verschiedene Weise realisierten Tintenstrahldruckkopf bis hin zum Laserdruck die physikalische Funktionsweise dieser Geräte laufend verändert. Die Veränderung des physikalischen Wirkprinzips trug hier entscheidend mit dazu bei, dass kostengünstigere Bauweisen für diese Endgeräte entwickelt werden konnten.

So sind die stark gefallenen Preise für Tintenstrahldrucker u. a. darauf zurückzuführen, dass die Tropfenerzeugung des piezoelektrischen Effekts durch die thermisch wirkende Bubble-jet-Technologie abgelöst wurde.

	Prinzipielle Lösungen von Druckern		Physikalische Effekte
Nadeldrucker	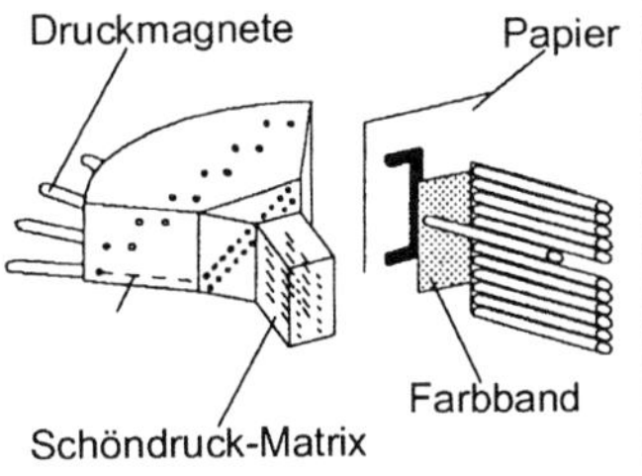	Bei einem 24-Nadel-Drucker ermöglichen zwei Reihen gegeneinender versetzter Nadeln (Schöndruck-Matrix) einen durchgezogenen lückenlosen Strich. Die Nadeln werden durch einen Elektromagneten hinausgestoßen und schnellen durch Federkraft wieder zurück. Mit dieser Technik sind auch Graphiken und eigene Zeichen möglich.	• Elektromagnetische Anziehung • Trägheit • Stoß • Adhäsion
Tintenstrahldrucker (thermisch)	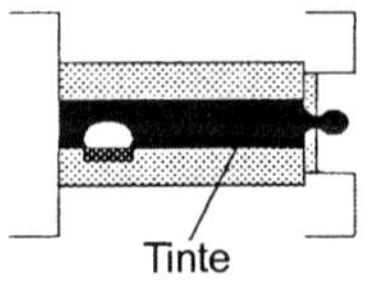	Das Prinzip des Tintenstrahldruckers: Durch Erhitzen mit einem Heizelement entsteht eine Dampfblase, die sich explosionsartig ausdehnt und die Tinte durch eine Düse hinausschießt.	• Gay-Lussac • Elastische Verformung Druckfortpflanzung • Bernoulli • Adhäsion (Kapillarwirkung)
Tintenstrahldrucker (piezoelektrisch)	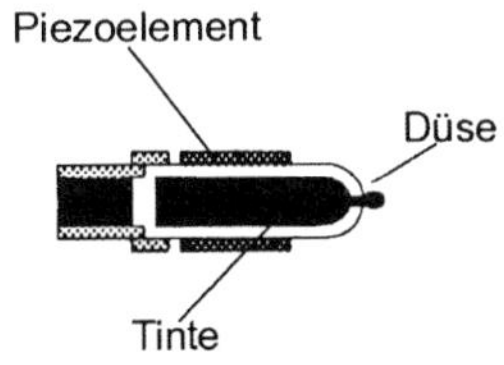	Hier eine andere Version: Ein piezoelektrisches Element rund um den Tintenbehälter zieht sich durch Anlegen einer elektrischen Spannung zusammen und verdrängt so die Tinte. Vorteil: Die Druckköpfe halten länger.	• Piezo-Effekt • Druckfortpflanzung • Bernoulli • Adhäsion (Kapillarwirkung)
Thermotransferdrucker	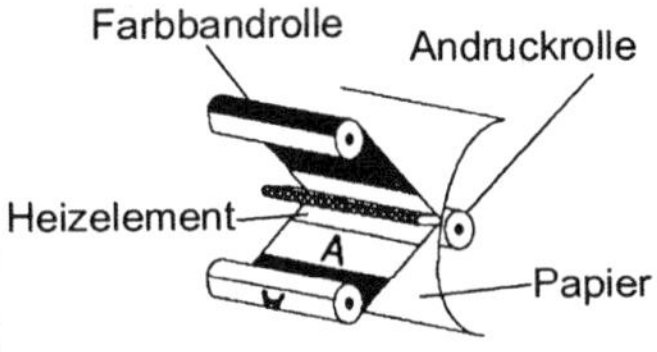	Beim Thermotransferdrucker wird die Farbe ebenfalls durch Hitze aufs Papier gebracht, und zwar von drei unterschiedlichen Farbfolien. Die Hitze "brennt" die Farbe ins Papier.	• Änderung des Aggregatzustandes • Plastische Verformung
Laserdrucker	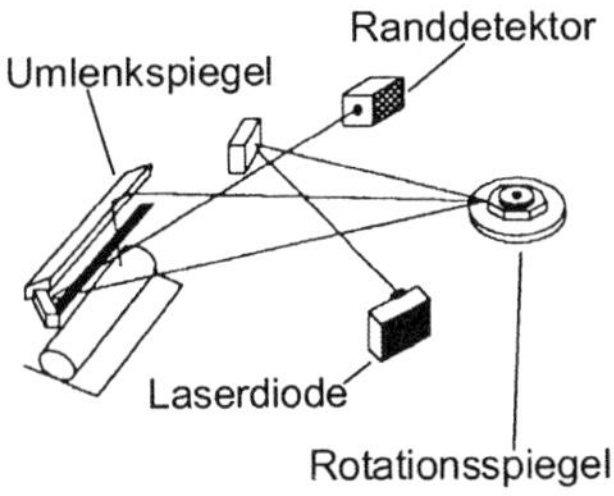	Beim Laserdrucker wird der Laserstrahl durch einen Rotationsspiegel gelenkt. Durch den Umlenkspiegel gelangt er auf die Kopiertrommel, die er punktweise entlädt oder nicht entlädt.	• Strahlungswärme • Thermoeffekt • Elektrostatische Anziehung • Adhäsion

Bild 4.5-5. Einige prinzipielle Lösungen von Druckern mit ihren physikalischen Effekten [Rep94]

Eine Änderung des physikalischen Prinzips (Konzeptänderung) kann eine durchschlagende Kostensenkung zur Folge haben (Kap. 4.8.2 u.7.3).

Die Suche nach grundlegenden physikalischen Lösungsmöglichkeiten technische Probleme kann durch die Zusammenfassung physikalischer Effekte in sog. **Checklisten oder Katalogen** methodisch unterstützt werden [Ard88; Ehr03; Kol94; Pah97; Rot94]. Ferner gibt es rechnergestützte Lösungssysteme, die aus der Analyse der Patentliteratur Lösungsvorschläge machen [Lin98a]. Im Anwendungsbeispiel zeigt Bild 4.7-3 den Einsatz physikalischer Effekte.

Ein ähnlicher Ansatz, bei dem physikalisch unterschiedliche Lösungselemente in der Software **TRIZ** angeboten werden, hat in der Industrie weite Verbreitung gefunden [Her00]. Das Verfahren beruht auf der Vorarbeit des russischen Patentingenieurs Altschuller, der eine Unzahl von Patentschriften nach ihren Lösungsprinzipien analysiert hat [Alt84].

4.5.2.3 Variation der Gestalt

Die Methode der Variation der Gestalt ist die grundlegende Technik des Ingenieurs, mit der er sich mehr oder weniger systematisch die Gestalt des zu entwickelnden Produkts erarbeitet [VDI98] (Kap. 7.4). Ausgangspunkt der Gestaltvariation kann eine Primitivgeometrie sein, wie sie sich bei Neukonstruktionen aus der Darstellung des physikalischen Wirkprinzips oft von alleine ergibt. Eine zweite Möglichkeit besteht darin, von einer bestehenden Lösung mit dem Ziel auszugehen, sie zu verbessern oder an eine veränderte Aufgabenstellung anzupassen

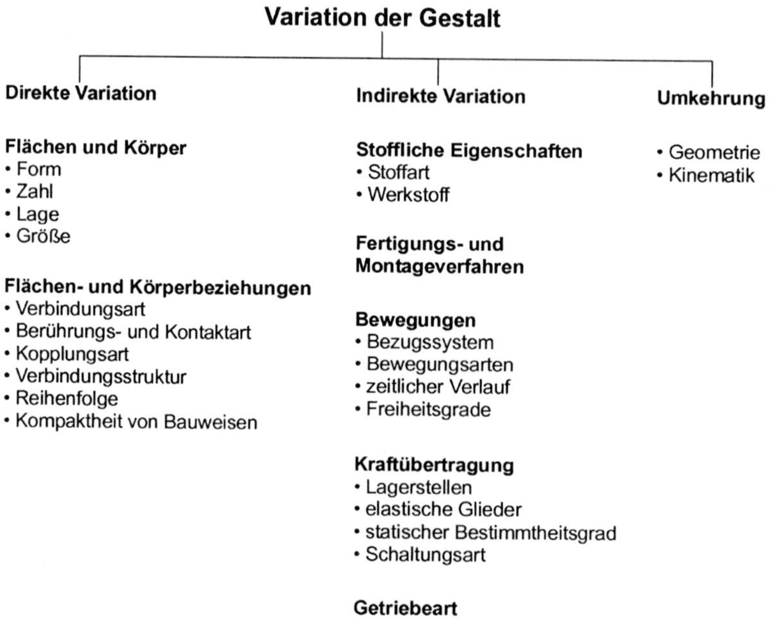

Bild 4.5-6. Übersicht über Variationsmerkmale der Gestalt

[Geu96] (Bild 4.7-4, Bild 4.7-5).

Um dem Konstrukteur ein systematisches, zielgerichtetes Arbeiten zu ermöglichen, wurden die Merkmale, nach denen variiert werden kann, im Rahmen der Konstruktionsmethodik [Ehr03] klassifiziert. **Bild 4.5-6** zeigt eine Übersicht möglicher Variationsmerkmale. Dabei wird grundsätzlich zwischen **direkten Variationsmerkmalen**, **indirekten Variationsmerkmalen** und der sog. **Umkehrung** unterschieden. Unter der direkten Variation wurden alle Merkmale zusammengefasst, die sich auf die unmittelbare Veränderung der Gestalt der betrachteten Systeme beziehen. Im Gegensatz dazu wird bei der indirekten Variation die Gestalt des Systems nicht unmittelbar verändert. Dieser Fall liegt beispielsweise vor, wenn die Stoffart oder das Fertigungsverfahren eines Bauteils abgewandelt wird. Die Umkehrung bezieht sich auf die geometrische oder kinematische Umkehrung des Funktionsprinzips. Im Extremfall kann die Umkehrung zum Wegfallen ganzer Teile führen, was sich meist Kosten senkend auswirkt.

Von herausragender Bedeutung ist die Methode der Gestaltvariation für die **fertigungsgerechte und damit kostengünstige Ausführung** von Bauteilen. Über die in Bild 4.5-6 aufgeführten Variationsmerkmale hinaus existiert deshalb eine Vielzahl von Gestaltungsregeln zur fertigungsgerechten Konstruktion, die z. B. in Kap. 7.10.4 ausführlich dargestellt sind.

4.5.2.4
Lösungssuche mit Hilfe von Kreativitätstechniken

Die Kreativität der Teilnehmer eines interdisziplinären Teams anzuregen kann sehr fruchtbar sein. Dafür gibt es verschiedene Techniken [Gam96; Osb57].

- Ziel eines **Brainstormings** ist es, nach der Klärung und Formulierung einer Problemstellung gemeinsam eine Vielzahl von möglichen Lösungen zu produzieren. Ein Brainstorming kann in Gruppen von ca. **5-15 Personen** durchgeführt werden, die im Idealfall **interdisziplinär** gemischt sind. Die von den Teilnehmern eingebrachten Ideen müssen **visualisiert** werden (z. B. auf Tafeln, Flip-Charts usw.), damit die Gruppe davon zur weiteren Ideenfindung angeregt werden kann. Sehr wichtig ist es, dass während eines Brainstormings **keinerlei Kritik** an den eingebrachten Ideen geübt wird. Nur dann kann sich das angestrebte freie Gedankenspiel einstellen, das neben zahlreichen „spinnerten" Ideen auch aussichtsreiche innovative Lösungen hervorbringen kann. Die Auswertung einer Brainstorming-Sitzung erfolgt zu einem späteren Zeitpunkt. Eine Variante des Brainstormings, die sich besonders für größere Gruppen eignet, ist das **Brainwriting**, bei dem die Teilnehmer ihre Ideen auf Kärtchen schreiben, die dann gemeinsam diskutiert werden [Osb57].
- Bei der **Synektik** handelt es sich um eine Abwandlung des Brainstormings, bei der die Gruppe sich mit Hilfe von **Analogien aus dem nichttechnischen Bereich** (z. B. Biologie, Kunst usw.) zur Lösung eines technischen Problems anregen lässt. Nachdem sich die Gruppe mit dem Problem vertraut gemacht hat, wird gemeinsam versucht, Vergleiche oder Analogien zu anderen Lebensbereichen anzustellen. Nach der Analyse einer geäußerten Analogie wird sie mit dem

gestellten Problem verglichen. Daraus kann dann u. U. eine neue Idee zur Lösung des Problems entwickelt werden [Gor61].

- Die **Methode 6-3-5** ist ein Verfahren zur Problemlösung in einer Gruppe von sechs Personen, die je drei Lösungsvorschläge erarbeiten und diese im Umlauf **fünfmal** ergänzen. Wie beim Brainstorming wird mit einer gemeinsamen Formulierung der Problemstellung begonnen, bevor jeder für sich mit der Lösungssuche beginnt. Jeder hat ca. 5 Minuten Zeit, drei verschiedene Lösungsvorschläge zu skizzieren und mit Stichworten zu erläutern. Anschließend werden die Formulare weitergegeben. Der beschriebene Vorgang wird so oft wiederholt, bis jeder Teilnehmer jedes Formular bearbeitet hat. Das Ergebnis der Sitzung sollte von Fachleuten ausgewertet werden [Roh69].
- Die **Galeriemethode** eignet sich besonders zur gemeinsamen Lösungssuche bei **Gestaltungsproblemen**. Nach der Darlegung des Problems skizziert jeder Teilnehmer für sich mögliche Problemlösungen. Die gefundenen Lösungen werden aufgehängt, so dass jeder sie ansehen, gedanklich verarbeiten und mit den anderen diskutieren kann. Die Lösungen können daraufhin gemeinsam oder individuell weiterentwickelt und wiederum allen zugänglich gemacht werden [Hel78].

Die Ergebnisse der Arbeit mit Kreativitätstechniken sollte in gleicher Weise wie vorhandene Lösungen in eine systematische Aufbereitung des Lösungsraums in Form eines morphologischen Kastens integriert werden (vgl. Kap. 4.5.2.5).

4.5.2.5 Konzeptentwicklung mit dem morphologischen Kasten

Da meist mehrere Lösungen für ein Teilproblem gefunden werden, gilt es nun, diese Teillösungen zu funktionierenden Gesamtkonzepten zusammenzusetzen, die bewertet werden können.

Ein bewährtes Hilfsmittel zur Kombination von Teillösungen zu einer Gesamtlösung stellt der ursprünglich von Zwicky [Zwi66] entwickelte **morphologische Kasten** dar. Dabei handelt es sich um eine Matrix, in der den vom System zu erfüllenden Teilfunktionen jeweils die gefundenen Teillösungen gegenübergestellt werden (vgl. **Bild 4.7-7** oben). Der morphologische Kasten bietet einen ausgezeichneten Überblick über die vorhandenen Teillösungen und kann auf diese Weise auch zu weiteren Variationen im Bereich Physik oder Gestalt anregen. Deshalb sollte mit seiner Aufstellung auch gleich am Anfang der Lösungssuche begonnen werden, um ihn von Anfang an zur begleitenden Dokumentation des Konstruktionsprozesses zu nutzen [Ket71].

Wie kann nun mit Hilfe des morphologischen Kastens ein optimales Maschinenkonzept erarbeitet werden? Im Prinzip wäre es möglich, alle denkbaren Kombinationen von Teillösungen zu unterschiedlichen Teilfunktionen zu bilden und diese zu bewerten. Aber hier würde der Bewertungsaufwand meist die Grenzen des Vertretbaren sprengen. Die Kombination einzelner Teillösungen kann sich folglich an den Strategien orientieren, die in Kap. 4.4.2 vorgestellt wurden. Zur Gestaltung kostengünstiger Produkte sollte hier vor allem die Strategie **„Vom Einfachen zum Komplizierten“** beachtet werden: **Das Konzept sollte aus möglichst einfachen**

Teillösungen zusammengesetzt werden, die sich auch einfach kombinieren lassen. Das bedeutet im Allgemeinen, dass vor allem physikalisch, geometrisch und kinematisch unmittelbar kompatible Teillösungen miteinander kombiniert werden. Auf diese Weise lässt sich das vor allem im Hinblick auf die Kosten gefürchtete **Overengineering** eines Systems vermeiden.

4.5.3 Lösungsauswahl: Wie kann die beste Lösung ausgewählt werden?

Aus mehreren Lösungsvorschlägen muss der beste ausgewählt werden, d. h. es muss entschieden werden. Wichtige Entscheidungen sollten methodisch vorbereitet werden. Dazu müssen zunächst die **Eigenschaften der alternativen Lösungen** analysiert werden. Die Ergebnisse dieser Analysen erlauben das **Bewerten von Lösungen im Hinblick auf definierte Entscheidungskriterien**, womit eine Entscheidung erleichtert wird.

4.5.3.1 Analyse von Produkteigenschaften

Es hat sich bewährt, die Eigenschaftsanalyse von alternativen Lösungen im Hinblick auf die gestellten Anforderungen (Kap. 4.5.1.1) zunächst sehr emotionslos durchzuführen. Es geht also um einen Vergleich der **Ist-Eigenschaften** (gefundene Lösungen) mit den **Soll-Eigenschaften** (Anforderungen Bild 4.5-1). Wenn sofort bewertet wird, kommen oft sogenannte „Killerphrasen", wie „Das ist noch nie gegangen!" oder: „Das ist bei uns viel zu teuer!" in die Diskussion, womit auch aussichtsreiche Lösungen sofort beiseite gewischt werden.

Sowohl für technische Eigenschaften, wie Schnittstelleneigenschaften, als auch Kosten (entsprechend Bild 4.5-1) kann man **vier Arten von Analysemethoden** einsetzen:

- Überlegung und Diskussion mit dafür kompetenten Personen;
- Berechnung, Optimierung, Kennzahlenvergleich;
- Simulation;
- Versuch, Rapid Prototyping, praktische Umsetzung von Produkten und Prozessen (bei der Kostenanalyse ergeben sich meist zunächst Fertigungszeiten).

Da diese Analysemethoden für technische Eigenschaften eher bekannt sind und nicht der Thematik dieses Buches entsprechen, sollen noch einige **Erkenntnisse zur Kostenanalyse** folgen.

- Wesentlich ist die **Kostenfrüherkennung**, d. h. dass **vor** der Entscheidung für eine Lösungsalternative klar ist, welche die kostengünstigere ist. Dafür reichen zunächst schon **Relativ-Aussagen** von Fachleuten (z. B. Fertigungsvorbereiter, Kostenberater, Controller) in der Art: „Diese Lösung ist ca. 40 % kostengünstiger als die bisherige." (Kostenschätzung s. Kap. 9.2).
  Von Zeit zu Zeit muss aber im Sinn der mitlaufenden Kalkulation auch ein absoluter Kostenbetrag errechnet oder geschätzt werden, um die Erreichbarkeit des

vorgegebenen Kostenziels überprüfen zu können. – Dafür können Kurzkalkulationsverfahren eingesetzt werden, wie sie in Kap. 9.3 beschrieben sind. – Bei Eigenfertigung hat sich eine **überschlägige Vorkalkulation** mit einem Fertigungsvorbereiter bewährt: Notizen zum voraussichtlichen Fertigungsablauf mit den für die Fertigungsoperationen geschätzten Zeiten und Kosten. Bei Lieferanten anfragen: Angebote liegen meist am schnellsten vor!

- Die **Unsicherheit von Kostenaussagen** kann entsprechend Bild 4.8-3 und Bild 9.1-1 besonders in frühen Phasen der Entwicklung groß sein: ein Zustand, der gerade Technikern zuwider ist. Diesen muss man jedoch in Kauf nehmen. Es ist besser, sich relativ früh um die Kostensituation zu kümmern (Holschuld des Entwicklers!), als nur technisch orientiert weiterzuarbeiten. Nach einer schließlich festgestellten Überschreitung des Kostenziels zeigt sich sonst oft, dass ein erheblicher Teil bisheriger Arbeit nutzlos eingesetzt wurde. Zudem fallen dann noch weitere Änderungskosten an (siehe Bild 4.2-3). Zur erreichbaren Genauigkeit siehe Kap. 9.3.7.
- Eine relativ späte, aber eben sicherere Kostenanalyse ist die **Vorkalkulation**. Bei Einzelfertigung wird danach aus Termingründen meist nichts mehr geändert. Kostenüberschreitungen können dann auch durch Fertigung und Materialwirtschaft nur noch selten ausgeglichen werden. Bei **Serienfertigung** mit entsprechend aufwändiger Produktentwicklung und höheren Genauigkeitsanforderungen an die Kalkulation wird der Vorgehenszyklus zwischen Entwicklung und Vorkalkulation im Sinn einer Annäherung an das Kostenziel mehrfach durchlaufen (Iteration).

Parallel zur Produktentwicklung werden bei der Serienfertigung oft auch Fertigungs- und Montageprozesse neu entwickelt und nach Kostenkriterien optimiert.

4.5.3.2 Bewertung und Entscheidung

Bewertung heißt Wertzuweisung und Gewichtung für die ermittelten Eigenschaften, wobei eigentlich der **Kunde** (Nutzer, Markt) die Bewertungsinstanz ist. Welchen Wert er dem Produkt beimisst, zeigt sich aber eben leider erst zu spät nach dem Verkauf und während der Nutzung. Es muss überlegt werden, wie man meist ohne direkte Kundenbeteiligung möglichst kundennah bewertet. Da auch der Hersteller seine Interessen einfließen lassen muss, wird eine ganzheitliche Bewertung schwierig.

Um diese Schwierigkeiten zu verringern, gibt es eine Reihe von **formalen Bewertungsmethoden**, von denen einige unten mit Literaturangaben aufgeführt sind. Man darf sich aber durch den Formalismus nicht täuschen lassen und „zahlengläubig" werden. Im Grunde verhelfen diese Methoden dem Bewertungsteam (dies wird angeraten!) und dem entscheidenden Chef nur, sich intensiv mit der Bewertung auseinanderzusetzen und ähnlich wie beim „unterteilenden Schätzen" (Kap. 9.2) Kriterium nach Kriterium (Eigenschaftsart) aus der Zielsicht der Kunden genauer zu beurteilen. Dadurch geschieht **eine Entscheidungsvorbereitung**, um dann im Sinne eines Lernvorganges fundierter ein ganzheitliches Urteil über die zukünftige Produktausführung treffen zu können. – In Anbetracht der Vielfalt der Eigenschaften, deren Gewichtung und Widerspruch und der unsicheren (stellvertretenden) Kundensicht ist eine notwendig subjektive **Entscheidung** zu treffen.

- Folgendes **Vorgehen beim Bewerten** (Punktbewertung) verringert die Unsicherheit:
  1. **Kriterien** (Eigenschaften) für die Bewertung aus Sicht der Kunden, des Marktes, aber auch des Herstellers und der Gesellschaft schriftlich zusammentragen. Möglichst im Team mit Rückgriff auf die Anforderungen (Bild 4.5-1) Technik und Kosten gemeinsam bewerten!
  2. Diese Kriterien u. U. **gewichten** (Multiplikatoren bei einer Punktbewertung).
  3. Die Lösungsalternativen hinsichtlich der Kriterien analysieren, eine **Punktvergabe** (z. B. 4-10 pro Kriterium) durchführen und mit der Gewichtung multiplizieren (s. a. Bild 10.1-5).
  4. Die Lösungsalternativen nach ihrer Punktesumme **kritisch vergleichen** (Hat eine an sich gute Lösung Schwachstellen, die noch verringert werden können?).
  5. Entscheiden.
- Einige **Bewertungsmethoden** [Ehr03; Pah97; Bre93]:
  - Vorteil-/Nachteil-Vergleich (im Team!),
  - Auswahlliste (s. Bild 4.7-6),
  - einfache Punktbewertung (s. o.),
  - gewichtete Punktbewertung (s. o.; s. a. Bild 10.1-5),
  - technisch-wirtschaftliche Bewertung nach VDI 2225 [VDI97],
  - Nutzwertanalyse [Zan70].

4.5.3.3 Zusammenfassung des methodischen Vorgehens

In den bisherigen Ausführungen wurde eher knapp gezeigt, welche Methoden und Hilfsmittel man bei der Entwicklung eines technisch, insbesondere aber hinsichtlich der Kosten befriedigenden Produkts einsetzen kann. Die konkrete Durchführung leuchtet vielleicht besser anhand der Beispiele der Kap. 4.6 und 10 ein.

Erschwerend kommen **Zielkonflikte** hinzu. Solche können z. B. sein: Bei einer Maschine werden hohe Leistungsfähigkeit und Durchsatz gefordert. Gleichzeitig sollen aber die Herstellkosten sinken. Es muss ein Kompromiss gefunden werden. In der Praxis ergab sich als hilfreich: Bewusstmachen des Zielkonflikts und Verantwortliche für jedes der Ziele benennen [Eil98].

Dem Praktiker, der die Konstruktionsmethodik kaum kennt, wird nun ob der Vielfalt und der neuen Begriffe der Kopf schwirren. Er sollte die Methoden und Hilfsmittel als Bestandteile eines **Werkzeugkastens** auffassen. Er muss diese Werkzeuge erst kennen lernen und selbst erfahren, wie man konkret damit umgeht und bei welcher Aufgabe und in welcher Situation sie hilfreich sind: nur kein sklavisches „alle der Reihe nach anwenden"!

Wir wissen, dass dies flexible „Herunterbrechen" auf den konkreten Fall sehr schwierig und frustrierend sein kann, aber auch freudige „Aha-Erlebnisse" vermitteln kann. Als eine kurze Zusammenfassung des bisherigen hat sich der fürs **konstruktive Kostensenken ergänzte Vorgehenszyklus** nach **Bild 4.5-7** in der Praxis sehr häufig bewährt (eine erweiterte Fassung ist im **Anhang** mit der **„Leitlinie zum Kostensenken"** enthalten, Bild 5.3-1 zeigt den Vorgehenszyklus angepasst an Lebenslaufkosten-Senkung von Produkten):

- Im **Hauptarbeitsschritt I** (Aufgabenklärung) sind nach der Teambildung und Vorgehensplanung neben den technischen Anforderungen (Kap. 4.5.1.1) unbedingt die **Gesamtzielkosten** festzulegen (Kap. 4.5.1.3). Diese müssen auf Funktionen, Baugruppen, u. U. Bauteile oder Kosten für Fertigungsoperationen aufgeteilt werden (Kap. 4.5.1.4). Dann sind **Schwerpunkte und Kostensenkungspotenziale** aus einer Kostenanalyse des Vorgängerprodukts oder ähnlicher Produkte des eigenen Unternehmens und von Konkurrenzprodukten zu suchen (Kostenstrukturen!) und darauf aufbauend die Aufgabe und das Vorgehen detailliert mit den **Teilzielkosten** vorzugeben Bild 4.5-4.
- Daran schließt sich **Hauptarbeitsschritt II**, die **Suche nach unterschiedlichen Lösungen** oder Teillösungen an (Kap. 4.5.2). Die Suche nach verschiedenen Lösungen ist notwendig, da man nicht sicher sein kann, dass die erste gefundene Lösung zugleich die kostengünstigste ist. In Hauptarbeitsschritt II wurden mit

I Aufgabe und Vorgehen klären

I.0 **Vorgehen** planen, **Team** bilden, **Verantwortliche** benennen
I.1 **Gesamtzielkosten** festlegen: Gewinnziel, Wirtschaftlichkeitsziel aus dem Markt (Lebenslauf-, Selbst-, Herstellkosten). **Was wünscht der Kunde?**
I.2 **Analyse** ähnlicher Maschinen: **Kostenstruktur** nach Lebenslaufkosten und/oder Herstellkosten bezogen auf Funktionen, auf Bauteile (z. B. nach Material-, Fertigungskosten aus Einzelzeiten und Rüstzeiten), nach Fertigungsverfahren, Fremd-, Eigenfertigung durchführen.
Überprüfung der Normung (allgemein/werkintern):
I.3 **Schwerpunkte** zum Kostensenken suchen. Was kann geändert werden, was nicht? **Kostensenkungspotentiale** ermitteln.
I.4 **Gesamtkostenziel** auf Funktionen, Baugruppen, -teile, Fertigungsgänge aufteilen. Aufgabenstellung im einzelnen festlegen (**Teilzielkosten**).

II Lösungen suchen

II.1 **Funktion:** Weniger oder mehr Funktionen? Funktionsvereinigung?
II.2 **Prinzip:** Anderes Prinzip (Konzept)? Baugrößenverringerung?
II.3 **Gestaltung:** Weniger Teile (Integralbauweise)? Werkinterne **Normung**: Gleichteile, Wiederholteile, Teilefamilien, Baureihe, Baukasten?
II.4 **Material:** Weniger Material? Weniger Abfall? Kostengünstigeres Material? Norm-, Serienmaterial, Kaufteile?
II.5 **Fertigung**: Andere, weniger Fertigungsgänge? Andere Vorrichtungen, Betriebsmittel? Weniger Genauigkeit? Montagevarianten? Eigen- oder Fremdfertigung?

III Lösung auswählen

III.1 Analyse und Bewertung der Alternativen: **Kostenschätzung, Kalkulation.**
III.2 Auswahl einer Lösung und abschließende Ausarbeitung der Produktdokumentation.

Bild 4.5-7. Vorgehenszyklus zur Kostensenkung von Produkten

den Teilschritten II.1 bis II.5 Vorschläge zum Kostensenken eingeführt, die aus einer Untersuchung von Wertanalysen an 135 Produkten aus 42 Firmen abgeleitet sind (vgl. Bild 2.3-2; [Ehr78]). Weitere Anregungen in Bild 4.6-7.

- Am besten parallel zur Lösungssuche, spätestens im Anschluss daran, sind in **Hauptarbeitsschritt III** die Kosten der erarbeiteten Lösungen zu ermitteln bzw. abzuschätzen (vgl. Kap. 4.5.3, Kap. 9), damit die kostengünstigste ausgewählt werden kann. Wird das Kostenziel nicht erreicht, sind aus der Kalkulation neue Hinweise auf Kostenschwerpunkte und Änderungsmöglichkeiten abzuleiten und erneut in Hauptarbeitsschritt II Lösungen zu suchen. Die neuen Kostenstrukturen sind dafür wertvoll. Bisweilen kann es sogar dazu kommen, dass in Hauptarbeitsschritt I die Anforderungen neu geklärt und mit dem Auftraggeber abgestimmt werden müssen (Bild 4.4-1, Bild 4.4-2).
- Danach wird die Produktdokumentation (Zeichnungen, Stücklisten, ...) ausgearbeitet.

In Bild 4.5-7 sind das Vorgehen und die Hinweise sehr komprimiert zusammengefasst. Im Detail muss es insbesondere bei der Lösungssuche immer weiter verfeinert und angepasst werden, z. B. mit den Grundregeln zum herstellkostengünstigen Konstruieren in Kap. 7.10.4 bis zu speziellen Regeln für einzelne Bauteile (Kap. 7.13) und Fertigungsverfahren (Kap. 7.11).

4.6 Werkzeuge und Hilfsmittel zur Unterstützung des Kostenmanagements

Das ganze Buch zeigt Methoden und Hilfsmittel zum Kostenmanagement bzw. Kostengünstigen Konstruieren auf. Mit den **Bildern 4.6-1a und b** wird eine Übersicht der in diesem Buch enthaltenen Hilfsmittel mit Hinweisen auf das entsprechende Kapitel gegeben. Zusätzlich werden in den folgenden Abschnitten wichtige einzelne Hilfsmittel gesondert erläutert.

Wie die Bilder 4.6-1a und b zeigen, gibt es viele **Organisationsformen, Methoden und Werkzeugen** zum Kostenmanagement. Welche und in welcher Ausführung sie in der Praxis zur Anwendung kommen, ist im Einzelfall zu prüfen. Sie müssen immer an die jeweilige Situation **angepasst** werden (Bild 6.2-3). Ferner sind die Mitarbeiter in der Anwendung der Hilfsmittel zu **schulen**.

➔ Die **wichtigsten Hilfsmittel zum Kostenmanagement** sind:
- Sach- und Kostenwissen;
- Zusammenarbeit, Organisation und Motivation;
- systematisches Vorgehen.

➔ Die angegebenen Hilfsmittel sind immer **fall- und betriebsspezifisch** anzupassen!

	Name	Verweis auf Kapitel
Methode	Benchmarking	Kap. 7.13
	Design to Cost, ... to Manufacturing, ... to Assembly	Kap. 4.9.1
	Kaizen	Kap. 4.9.1
	Komplexitätsreduzierung	Kap. 6.2
	Kontinuierlicher Verbesserungs-Prozess KVP	Kap. 4.9.1
	Kostenmanagement	insbes. Kap. 4 und 10
	Kostenziel • Ermittlung • Aufspaltung	 Kap. 4.5.1.3; 10.1 Kap. 4.5.1.4; 10.1
	Leistungstiefe/Outsourcing	Kap. 6.2.3; 7.10
	Projektmanagement • Projektkostenverfolgung • Trenddiagramm • Balkenplan	Kap. 4.8
	Qualität und Kosten	Kap. 7.11.8
	Qualitätsmanagement QFD	Kap. 4.9.1
	Target Costing	Kap. 4.4.3; 4.5.1.3; 4.5.1.4; 10.1; 10.2
	Variantenmanagement • Wiederholteileverwendung • Suche nach Ähnlichteilen • Sachmerkmalsleisten • Baureihe und Baukasten	Kap. 7.12
	Vorgehenszyklus	Kap. 4.4.1
	Wertanalyse • Wertgestaltung • Wertverbesserung	Kap. 4.9.2
Organisat.	Fertigungs- u. Kostenberatung	Kap. 4.6.1
	Profit Center, Cost Center	Kap. 4.3.2
	Simultaneous Engineering SE	Kap. 4.3; 4.6.1; 4.8.3.1
Werkzeug	ABC-Analyse	Kap. 4.6.2; Bild 4.6-4
	Bewertungsverfahren	Kap. 4.5.3; 4.5.3.2; Bild 4.7-6
	Checklisten	Kap. 4.6.5
	Conjoint Analyse	Kap. 4.5.1.4
	Cost Deployment	Kap. 4.5.1.4
	Funktionskosten	Kap. 4.6.2
	Grenzstückzahlen Verfahrensvergleich	Kap. 7.11.1, Bild 7.11-5; Kap. 10.3
	Konkurrenzanalysen	Kap. 7.13

Bild 4.6-1a Übersicht über Hilfsmittel zum Kostenmanagement
Gegliedert nach: Methode, Organisatorische Maßnahme, Werkzeug (Leiste links)

	Name	Verweis auf Kapitel
Werkzeug	Entwicklungsbegleitende Kalkulation, Kurzkalkulation	Kap. 9
	• Schätzen	Kap. 9.2
	• Unterschiedskostenkalkulation	Kap. 9.1.4
	• Such-, Ähnlichteilkalkulation	Kap. 9.3.1
	• Gewichtskostenkalkulation	Kap. 9.3.2.1
	• Materialkostenmethode	Kap. 9.3.2.2
	• Bemessungsgleichungen	Kap. 9.3.3
	• Einflussgrößenkalkulation	Kap. 9.3
	• Kostenwachstumsgesetze	Kap. 9.3.5
	• rechnergestützte Kalkulation	Kap. 9.4
	Konstruktionskataloge	Kap. 4.5.2.1
	Kostenstrukturen	Kap. 4.6.2
	Marktanalysen	Kap. 4.5.1.4
	Morphologischer Kasten	Kap. 4.5.2.5
	Portfolioanalyse	Kap. 4.6.6
	Prozesskostenrechnung	Kap. 8.4.6
	Regeln, Trendangaben	Kap. 4.6.4
	Relativkosten	Kap. 4.6.3
	Suche nach Ähnlichteilen	Kap. 4.5.2.1; 7.12.3; 7.12.4
	Vor-/Nachkalkulation	Kap. 8

Bild 4.6-1b. Übersicht über Hilfsmittel zum Kostenmanagement
Gegliedert nach: Methode, Organisatorische Maßnahme, Werkzeug (Leiste links)

4.6.1 Fertigungs- und Kostenberatung der Konstruktion

Eine sehr schnell und effektiv wirkende Maßnahme zum kostengünstigen Konstruieren ist eine Beratung der Konstrukteure durch dafür bestimmte Mitarbeiter aus Arbeitsvorbereitung oder gegebenenfalls der Kalkulation, der Materialwirtschaft oder der Wertanalyse („Fertigungs- und Kostenberater"). Eine zunehmende Anzahl von Firmen wählt diesen Weg. Diese Maßnahme ist für gute Konstrukteure an sich selbstverständlich. Sie haben neue Entwürfe schon immer mit fertigungstechnisch erfahrenen Mitarbeitern durchgesprochen [Deb98; Lin93a].

Der **Berater hat die Aufgaben** Vergleichskalkulationen aufzustellen, Kostenschätzungen direkt am Zeichenbrett zu machen, mit dem Konstrukteur zusammen die Einhaltung des Kostenziels zu kontrollieren und Angebote über Zukaufteile oder Auswärtsfertigung zusammen mit dem Einkauf einzuholen. Er berät hinsichtlich vorhandener Vorrichtungen und Werkzeuge sowie bei Engpässen von Betriebsmitteln. Die Funktion des Beraters erfordert sehr hohe fachliche und menschliche Qualifikation, da er sowohl die Denkweise, Eigenart wie das Wissen der Entwicklung, Fertigung und Betriebswirtschaft verstehen muss. Er muss auch als

„Serviceperson" ohne „Besserwisserhaltung" zur Beratung geeignet sein [Dun82; Ehr85; Reh87]. Es ist zweckmäßig, dass der Berater disziplinarisch der Fertigung oder Betriebswirtschaft zugeordnet bleibt, um nicht aus dem Know-how-Fluss zu fallen.

Organisationsformen

- Der Berater ist **nominiert** und wird **bei Bedarf** von der Entwicklung gebeten, aktiv zu werden.
- Der Berater kommt an **fest vereinbarten Zeiten** zu bestimmten Entwicklungsgruppen, ist sonst z. B. in der Fertigungsvorbereitung tätig.
- Der Berater hat seinen **Arbeitsplatz in der Entwicklung** und arbeitet nur bei Bedarf in der Fertigungsvorbereitung.

Ergebnisse

- **Verringerung des Aufwandes** und der **Durchlaufzeiten** für Änderungen durch die Konstruktion, für Fertigungs- und Prüfplanung, für Betriebsmittelplanung, NC-Programmierung, Lagersortenhaltung und Einkauf;
- **Qualitätsverbesserung** (fertigungsgerechte Gestaltung);
- **Wegfall von nachträglichen Kostensenkungsmaßnahmen** mit entsprechend aufwändigen Änderungen.

Bild 4.6-2. Organisationsformen und Ergebnisse der Fertigungs- und Kostenberatung

Gliederung von Kostenstrukturen nach

- Kosten für Anforderungen (ähnlich Bild 7.2-1)
- Kosten für Produkteigenschaften bzw. -merkmale (z. B. Kosten für geringe Wartung und geringes Geräusch; Bild 4.5-1)
- Anteilen der Lebenslaufkosten (Bild 5.1-5)
- Kosten für Produktfunktionen (z. B. Mischen, Antreiben, Entleeren: „Funktionskosten") (Bilder 4.6-6; 10.1-5)
- A-B-C-Teilen (ABC-Analyse) (Bild 4.6-4)
- Kosten für Baugruppen und Bauteile (Bild 4.6-5)
- Material- und Fertigungskosten (Bilder 7.7-3; 7.7-4; 7.13-15)
- Fertigungskosten bezüglich einzelner Arbeitsgänge (Bild 7.7-2; 10.2-2)
- Fertigungskosten aus Rüst- und Einzelzeiten (Bild 7.7-4; 7.12-15)
- fixen und variablen Kosten (Bild 8.5-1)

Bild 4.6-3. Möglichkeiten zur Bildung von Kostenstrukturen

4.6.2 Kostenstrukturen

Unter einer Kostenstruktur versteht man die Aufteilung von Kosten in verschiedene Anteile (**Bild 4.6-5**). Es können absolute oder relative Anteile verwendet werden. Kostenstrukturen können nach allen Kostenarten, z. B. Lebenslaufkosten, Herstellkosten, nach verschiedenen Gesichtspunkten gebildet werden (**Bild 4.6-3**).

Kostenstrukturen sind nicht nur für die Aufteilung des Kostenziels (Kap. 4.5.1.4), sondern ganz allgemein zum Auffinden der wesentlichen Kostenschwerpunkte ein hervorragendes Hilfsmittel. Sie bewahren davor, „den Wald vor lauter Bäumen nicht mehr zu sehen" und sich z. B. mit den Kosten für Schrauben von einigen Euro zu beschäftigen, wenn andererseits änderbare Materialkosten von einigen tausend Euro anstehen.

So entnimmt man z. B. aus der Kostenstruktur eines Turbinengetriebes in **Bild 4.6-5**, dass Gehäuse, Rad und Ritzelwelle bereits 75 % der Herstellkosten aller Teile ausmachen (A-Teile im Sinne der ABC-Analyse). Es ist also zunächst wichtiger, sich um die kostengünstige Gestaltung des Gehäuses zu bemühen als z. B. um die der berührungslosen Wellendichtringe oder die Rohrleitungen.

Ebenso ist zu sehen, welch hohen Materialkostenanteil Rad und Radwelle haben (ca. 45 % der Herstellkosten). Daraus kommt die Anregung, den teuren Nitrierstahl 31 CrMoV 9 des Rades durch den nur ca. die Hälfte kostenden Einsatzstahl 16 MnCr 5 (Bild 7.9-10) zu ersetzen.

Kostenstrukturen der wichtigsten Produkte sollten wenigstens die maßgebenden Konstrukteure vorliegen haben. So werden die Produkte „kostentransparent". Beim Konstruieren sind Kostenstrukturen nach Bauteilen und Arbeitsgängen nützlich, um ganz konkrete Hinweise zum Kostensenken zu erkennen. Sie liefern dem Konstrukteur langfristig robuste und verständliche Kosteninformationen [DIN87a; Seid93]. Meist gelten sie nicht nur für ein Produkt, sondern für eine ganze Reihe ähnlicher Produkte. Auch wenn sich die Kosten im Laufe der Zeit ändern, bleiben die Verhältnisse zueinander über längere Zeiträume konstant [Ehr85; VDI87; Ehr80b]. Anhand der Kostenstrukturen lassen sich während der Konstruktion auch kostenmäßige Auswirkungen von Änderungen leichter und genauer abschätzen (Kap. 9.2). Bei Vergleichen von Kostenstrukturen ähnlicher Produkte werden Unterschiede erkannt, die Hinweise auf zu teure Bauteile oder zum Kostensenken geben.

ABC-Analyse (Paretoanalyse)

Eine Art der Kostenstruktur ist die ABC-Analyse (Paretoanalyse) (**Bild 4.6-4**). Bei ihr werden Teilmengen einer Gesamtmenge (z. B. Maschinenteile eines Produkts) hinsichtlich einer Eigenschaft (z. B. Kosten, Gewicht, Umsatz, Zuverlässigkeit) so geordnet, dass drei Klassen entstehen. Die **Klasse A** hat die größten Anteile an der Eigenschaft, **Klasse B** mittlere, **Klasse C** nur noch geringe. Die Unterteilung erfolgt nach freiem Ermessen. Zweck der ABC-Analyse ist es, Schwerpunkte für ein Vorhaben zu finden, d. h. Wesentliches von Unwesentlichem zu trennen.

Standardwerte für die Klassenbildung sind:

5 % der Teile machen 75 % der Kosten des Umsatzes aus;
20 % der Teile machen 20 % der Kosten des Umsatzes aus;
75 % der Teile machen 5 % der Kosten des Umsatzes aus;

Im Einzelfall können Abweichungen davon auftreten. Vereinfacht kann z. B. auch die 80/20-Regel angewendet werden (80 % der Kosten werden von 20 % der Teile verursacht). Das Bild 4.6-4 zeigt eine typische ABC-Analyse über die Produkte einer Firma nach Umsatz und Gewinn. Man erkennt aus der Umsatzanalyse, dass nur drei Produkte a, b, c schon den größten Teil des Umsatzes ausmachen. Aus der Gewinnanalyse erkennt man, dass aber der Gewinn vorwiegend von den Produkten c, e, b stammt.

Auch in **Bild 4.6-5** ist die Aufteilung nach A, B und C möglich. Man erkennt, dass nur ca. 16 % der Teile (A-Teile: Gehäuse, Rad und Ritzelwelle) schon rund 75 % der Herstellkosten ausmachen. Man wird bei Kostensenkungsmaßnahmen bei diesen Teilen anfangen. Rund 56 % der Teile sind C-Teile, also von untergeordneter Bedeutung. Sie machen rund 2 % der Teile-Herstellkosten aus. In Kap. 9.3.7 ist gezeigt, wie sich die Klassifizierung nach A, B und C auf die Genauigkeit bei der Kostenermittlung auswirkt (s. a. Bild 10.1-12).

Funktionskosten

Unter Funktionskosten versteht man die für die Verwirklichung einer Funktion erforderlichen Kosten [VDI87]. Der Zweck ist:

- Lösungsvarianten können bezüglich ihrer Kosten pro Teilfunktion und nicht nur nach Bauteilen und Baugruppen verglichen werden (Bild 7.11-44). Auch der Vergleich von Konkurrenzprodukten wird erleichtert (Kap. 7.13).

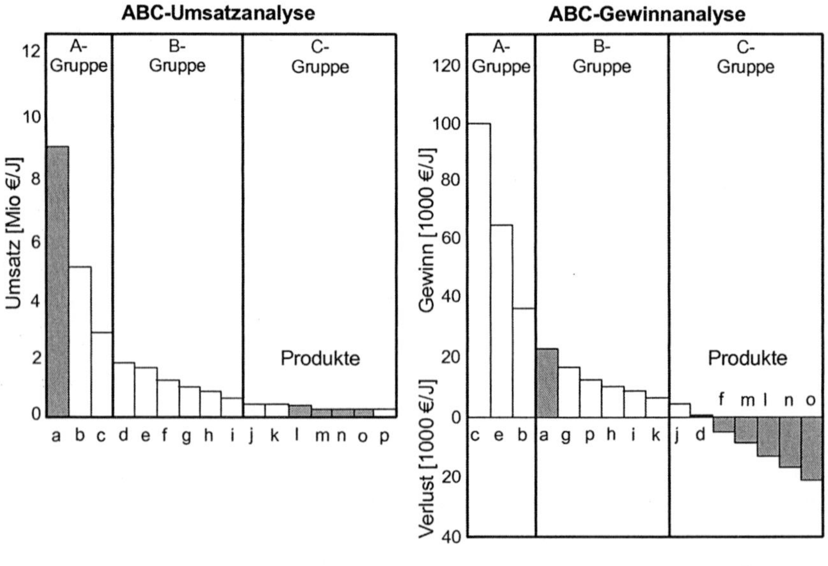

Bild 4.6-4. ABC-Produktanalyse (n. Meerkamm)

Turbinengetriebe in Einzelfertigung

Leistung	10 000 kW
Drehzahl	9 000/3 000 min^{-1}
Achsabstand	450 mm
Gewicht	2 500 kg

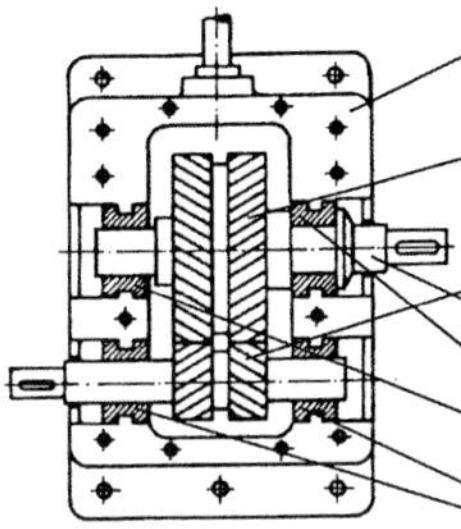

Erkenntnisse und Folgerungen: z. B.
- GG-Gehäuse teuer
  - fertigungsgerechter Konstruieren
- Radmaterial wegen Nitrierfähigkeit teuer
  - einsatzhärten?
  - nur Ringe auf Welle aufschrumpfen?
- Materialkosten machen rund die Hälfte der Herstellkosten der bearbeiteten Teile aus
  →Materialkosten sparen

Kostenstruktur des Getriebes nach Bauteilen			**Kostenstruktur der Bauteile nach Kostenarten**		
Teil	€	*HK*	*MK*	*Fke*	*Fkr*
Gußgehäuse (GG)	23 160	28 %	68 %	24 %	8 %
Rad (31 CrMoV 9)	21 560	26 %	44 %	46 %	10 %
Ritzelwelle (15 CrNi 6)	17 400	21 %	26 %	49 %	25 %
Radwelle (C 45 N)	11 550	14 %	45 %	45 %	10 %
2 Radlager	4 110	5 %	Kaufteile		
2 Ritzellager	3 320	4 %	Kaufteile		
2 Dichtungen 2 Deckel	1 340	1,6 %	Kaufteile		
Rohrleitungen	360	0,4 %	Kaufteile		
Herstellkosten der Teile	**82 800**	**100 %**	**53 %**	**35 %**	**12 %**
Montage	9 040				
Probelauf	4 920				
Fertigungsrisiko	8 210				
Gesamte *HK* des Getriebes	104 970				

Gussgehäuse: *MK* einschließlich Modellkostenanteil

Bild 4.6-5. Kostenstruktur eines Turbinengetriebes (nach Bauteilen und Kostenarten)

- Kombinationen von Teillösungen mit den günstigsten Funktionskosten werden systematisch möglich;
- Beurteilung der Kosten einer Funktion im Vergleich zu dem Wert, den der Markt einer Funktion zumisst (Kosten untergeordnete Funktionen nicht zuviel? Kap. 4.5.1.4);
- Kostenschätzung auf hohem Abstraktionsniveau, z. B. beim Konzipieren.

Die Funktionskosten basieren auf der Funktionsanalyse (Kap. 4.5.1.2) des Produkts. Die Kosten der an der Funktionserfüllung beteiligten Bauteile oder Funktionsträger werden den Teilfunktionen zugeteilt. Dabei geht es nicht um die „centgenaue Zuordnung“ von Kosten, sondern um das sinnvolle Einschätzen von Schwerpunkten. Ein Beispiel zeigt **Bild 4.6-6**. Den Bauteilen des Getriebes nach Bild 4.6-5 werden fünf Teilfunktionen zugeordnet. Dabei müssen die Kosten für Bauteile, die mehrere Teilfunktionen erfüllen (Wellen, Gehäuse), mit einer Schätzung funktionsgerecht aufgeteilt werden. Die Berechnung kann sehr einfach mit einer Tabellenkalkulation vorgenommen und variiert werden. Man gibt in dem linken Teil der Tabelle die Anteile in Prozent an, multipliziert sie im rechten Teil mit den Bauteilkosten von Spalte 2 und summiert rechts unten die Funktionskosten

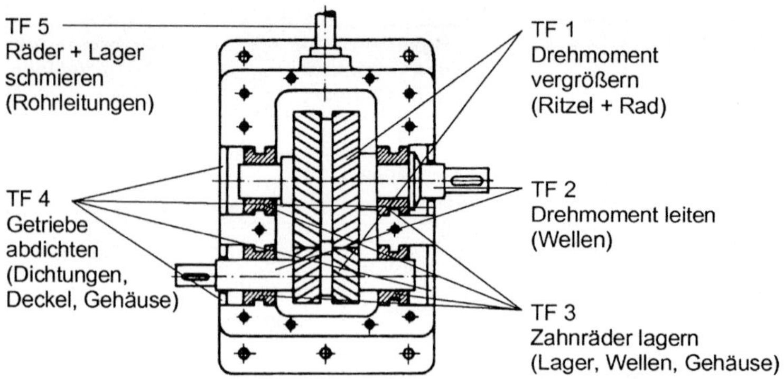

		Teilfunktionen									
		Anteile					Kosten [€]				
		TF1	TF2	TF3	TF4	TF5	TF1	TF2	TF3	TF4	TF5
Teil	Kosten [€]	Drehm. vergröß.	Drehm. leiten	Räder lagern	Getr. dicht.	Getr. schm.	Drehm. vergröß.	Drehm. leiten	Räder lagern	Getr. dicht.	Getr. schm.
Gussgehäuse	23 160			60 %	40 %				13 896	9 264	
Rad	21 560	100 %					21 560				
Ritzelwelle	17 400	70 %	15 %	15 %			12 180	2 610	2 610		
Radwelle	11 550		50 %	50 %				5 775	5 775		
2 Radlager	4 110			100 %					4 110		
2 Ritzellager	3 320			100 %					3 320		
2 Dichtungen 2 Deckel	1 340				100 %					1 340	
Rohrleitungen	360					100 %					360
	82 800						**33 740**	**8 385**	**29 711**	**10 604**	**360**
							40,7 %	**10,1 %**	**35,9 %**	**12,8 %**	**0,4 %**

Bild 4.6-6. Funktionskostenstruktur eines Turbinengetriebes

auf. Man erkennt, dass die wichtigste Teilfunktion TF1 Drehmoment vergrößern, die durch die Zahnräder verwirklicht wird, nur 40,7 % der Herstellkosten verursacht. Die Teilfunktion TF3 Zahnräder lagern, auf die der Kunde eigentlich gar keinen Wert legt, hat mit 35,9 % einen fast gleich hohen Anteil. Kostensenkungsmaßnahmen sollten deshalb hier ansetzen. Es ist z. B. zu prüfen, ob die Funktion eines Lagers nicht durch das der angeschlossenen Maschine übernommen werden kann (integrierte Bauweise: in der Praxis immer wieder realisiert!).

Funktionskosten sind ein wesentlicher Ansatz der Wertanalyse [Mil87; VDI95]. Sie können auch mit der Methode QFD [Aka92; Dan96], die auf der Betrachtung von Funktionen beruht, verbunden werden.

Angemerkt werden muss, dass **Funktionskosten auf Basis vorhandener konkreter Lösungen ermittelt** werden (Bild 7.11-44). Sie können **nicht für Funktionen** angegeben werden, für die **keine Lösungen** und **Kosten** existieren!

4.6.3 Relativkosten

Relativkosten werden seit langem als Hilfsmittel zum kostengünstigen Konstruieren benutzt [Les64]. 1964 wurde mit der VDI-Richtlinie 2225, Blatt 2 [VDI77] ein erster Katalog von Relativkosten für Werkstoffe veröffentlicht (Bild 7.9-10). Vor 1970 bildeten einige deutsche und schweizerische Firmen eine Arbeitsgemeinschaft Relativkosten [Bus83]. In DIN 32 990 und DIN 32 992 sind Begriffe, Erarbeitung und Darstellung von Relativkosten genormt [DIN87b; DIN89a-b; DIN93]. In [DIN87b] sind die Ergebnisse eines Forschungsverbundprogramms zur Erarbeitung von Grundlagen zu Relativkosten zusammengefasst [Bei82a; Ehr83; Spu82]. In einer abschließenden Untersuchung [RKW90] wurde festgestellt, dass es nicht sinnvoll ist, abgesehen von den Grundlagen, allgemeinverbindliche Unterlagen zu Kosteninformationen zu erstellen. Sie müssen leider immer wieder firmenspezifisch erstellt werden (Kap. 7.11.5.5b). Im Rahmen der japanischen Target Costing–Literatur werden sie **Cost Tables** genannt [Gle96; Sch98a; Seid93; Tan89].

Relativkosten werden gebildet, indem man die Kosten von Baureihen, Werkstoffen, Fertigungsverfahren usw. auf die Kosten einer Basis bezieht.

Bild 7.9-10 zeigt als Beispiel einen kleinen Auszug aus VDI 2225 Blatt 2 [VDI77]. In ihr wird ein Materialrelativkosten-Katalog angegeben. Als Basis werden hier die Kosten für Rundmaterial von 35-100 mm Durchmesser USt 37-2 (DIN 1013), Bezugsmenge 1 000 kg verwendet. Die Kosten der anderen Werkstoffe werden durch die Kosten des Basiswerkstoffes geteilt. Es ergeben sich Materialrelativkosten-Zahlen (bzw. nach VDI 2225 „relative Werkstoffkosten" $K_V{}^*$). Sofern sich die anderen Materialien in ihren Kosten proportional zu den Kosten des Basiswerkstoffes ändern, bleibt die Relativkostenzahl konstant. Man erhält also den Vorteil der **seltener notwendigen Aktualisierung**. Ferner lassen sich die längerfristig konstant bleibenden **Zahlen im Bereich von z. B. 0,5 bis 30 leicht** merken. Trotzdem müssen auch Materialrelativkosten innerbetrieblich erstellt und z. B. alljährlich überprüft bzw. aktualisiert werden [Ehr80b].

Bild 7.11-28 zeigt Relativkosten von Gestaltzonen am Beispiel von Bohrungen bei der Firma Voith. Man erkennt, dass die Fertigungskosten progressiv mit Baugröße und Toleranzeinengung wachsen. Hier zeigt sich auch eine **Problematik aller zahlenmäßigen Hilfsmittel für das Kostengünstige Konstruieren**. Das Blatt, das auf die Produkte und die Fertigung der Fa. Voith (Einzelfertigung großer Wasserturbinen [Bus83]) abgestimmt ist, lässt sich in anderen Firmen (kleine Produkte, Serienfertigung usw.) nicht einfach anwenden (zur Genauigkeit s. a. Kap. 9.3.7).

Relativkosten haben folgende **Vorteile**:

- Die Relativkostenzahlen aus wenigen Ziffern sind **leicht merkbar**.
- Relativkosten **ändern sich im Laufe der Zeit weniger** als Absolutkosten, vor allem, wenn das Bezugsobjekt so gewählt ist, dass sich die Kosten der Lösungsvarianten in gleicher Weise ändern.

Die bei der Funktionsanalyse identifizierten Teilfunktionen bildeten die Grundlage für die Suche nach **physikalischen Effekten** zu ihrer Erfüllung. Während für die Teilfunktionen **„TF1: Ablenken des Laserstrahls“** und **„TF3: Aufnehmen der Strahlenergie“** keine echten Alternativen zu den bisher genutzten physikalischen Effekten 'Reflexion' und 'Absorption' gefunden wurden, ergab sich für die Teil-

Ausgangsvariante der Strahlabsorberplatte

Schwachstellen:
- Kühlbohrungen ungünstig gestaltet: unsicheres Zusammentreffen, Spannvorrichtung notwendig, fraglich ob Eloxalschicht im Bohrgrund, Bohrerdurchmesser zu klein, Werkzeugbruchgefahr
- Anzahl der Arbeitsschritte für das Umspannen zu groß
- gesamte Geometrie zu kompliziert

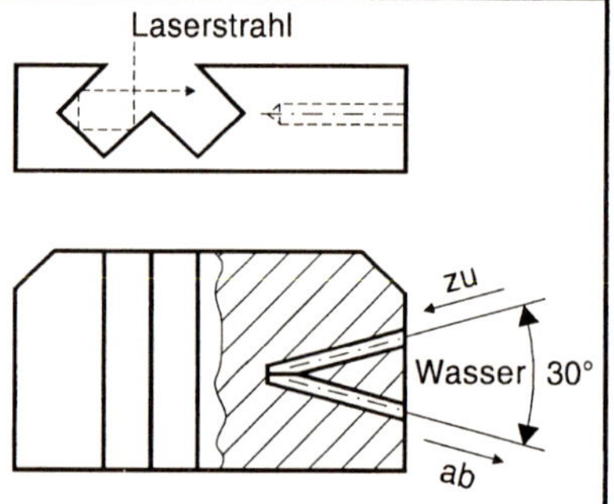

Variante 1

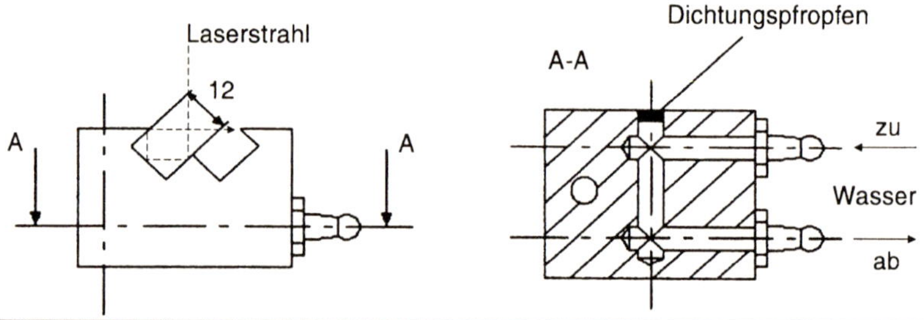

Variationsmerkmale:	**Begründung:**
Lage, Anzahl Kühlbohrungen	sicheres Zusammentreffen der Bohrungen, keine Spannvorrichtung, bessere Wärmeabfuhr
Größe Bohrdurchmesser	sichere Eloxalschicht im Bohrgrund, Werkzeugbruchgefahr geringer, Kühlleistung größer
Größe Absorberplatte	folgt aus Variation Größe Bohrdurchmesser
Form Absorberplatte	einfachere Geometrie, weniger Bearbeitungsschritte
Negation Dichtungspfropfen	folgt aus Variation Lage, Anzahl Kühlbohrungen
Negation Kühlanschlüsse	folgt aus Variation Lage, Anzahl Kühlbohrungen
Größe Absorberfläche	Fräserdurchmesser größer, Hauptzeit geringer

Bild 4.7-4. Erarbeiten von Alternativlösungen für die Strahlabsorberplatte (TF 3) durch Variation der Gestalt

funktion **„TF5: Stellungsüberwachung"** eine ganze Reihe von physikalischen Alternativen, die in **Bild 4.7-3** dargestellt sind.

Elektronische Bauelemente wie Sensoren müssen eingekauft werden, weshalb unmittelbar nach Abklärung der physikalischen Möglichkeiten nach marktgängigen Lösungen gesucht wurde. Durch eine Katalogrecherche konnte so innerhalb

Variante 2

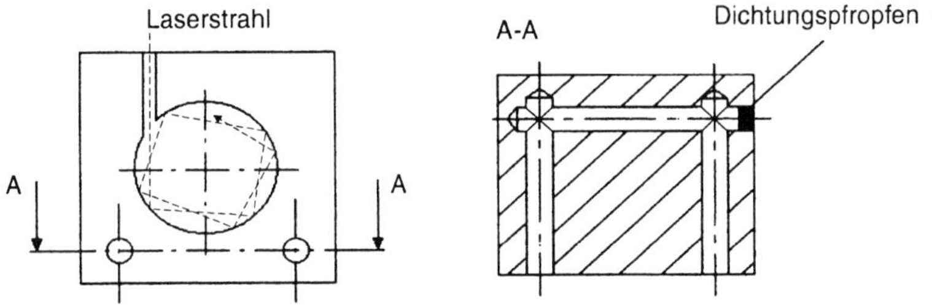

Variationsmerkmale:	**Begründung:**
Form der Absorptionsfläche	einfachere Fertigung, bessere Diffusion des Strahls, bessere Wärmeabfuhr bei gleichmäßiger Temperaturverteilung
Form des Absorbers	einfachere Fertigung
Lage, Anzahl Kühlbohrungen	sicheres Zusammentreffen der Bohrungen, keine Spannvorrichtung, bessere Wärmeabfuhr
Negation Dichtungspfropfen	folgt aus Variation Lage, Anzahl Kühlbohrungen

Variante 3

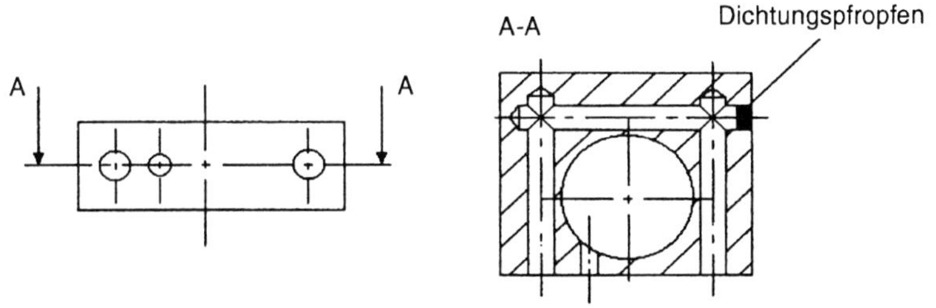

Variationsmerkmale:	**Begründung:**
Form Schlitz > Loch	Fertigung einfacher
Lage Kühlbohrungen	Fertigung einfacher, weniger Umspannvorgänge
Größe Absorber	kompaktere Bauweise

Bild 4.7-5. Erarbeiten von Alternativlösungen für die Stahlabsorberplatte (TF 3) durch Variation der Gestalt

kurzer Zeit zu jedem physikalischen Effekt ein im Handel erhältliches Bauteil (Bild 4.7-3 rechts) ermittelt werden, das die geforderte Teilfunktion erfüllt. Alle gefundenen Lösungen versprachen darüber hinaus, den Shutterpositionsblock, der 22 % der Herstellkosten verursachte, überflüssig zu machen. Auf eine weitere Bearbeitung der Teilfunktion **„TF4: Positionieren der Stellungssensoren“** konnte daraufhin wegen dieser Funktionsintegration verzichtet werden. Auf die Bewertung und Auswahl einer dieser Lösungsmöglichkeiten wird im folgenden Kapitel eingegangen.

Ohne grundlegende und vom Auftraggeber nicht gewünschte Änderungen am Gesamtkonzept des Laserresonators konnte die Teilfunktion **„TF3: Aufnehmen der Strahlenergie“** wie bisher nur durch die Absorption der optischen Leistung realisiert werden. Da die wassergekühlte Strahlabsorberplatte jedoch bisher 21 % der Herstellkosten der Baugruppe verursachte, wurde bei ihr besonders intensiv über eine Kostensenkung durch Variation der Gestalt nachgedacht (Bild 4.5-6).

Bild 4.7-4 und **Bild 4.7-5** zeigen zunächst die Ausgangslösung, in der der Strahl in einer aus zwei um 90° gegeneinander versetzten Nuten gebildeten Strahlfalle eingefangen und so oft reflektiert wird, bis seine gesamte Leistung absorbiert worden ist. Die Kühlung der Absorberplatte erfolgt durch zwei fertigungstechnisch sehr ungünstige und deshalb teure Schrägbohrungen, die sich an der Spitze treffen müssen. In einem ersten Variationsschritt **Variante 1** wurde die Platte dicker gemacht (Variationsmerkmal Größe) und die Zahl der Bohrungen (Variationsmerkmal Zahl) erhöht, um die Schrägbohrungen vermeiden zu können. In **Variante 2** werden dann die als Strahlfalle wirkenden Nuten durch eine einzige, leicht zu fertigende Bohrung ersetzt (Variationsmerkmal Form und Fertigungsverfahren), in der der Laserstrahl bis zur vollständigen Absorption herumläuft. In **Variante 3** wird schließlich noch die Lage der Bohrung und der Kühlkanäle zueinander verändert (Variationsmerkmal Lage), was eine kompaktere Bauweise und bessere Wärmeabfuhr ermöglicht.

Neben einem Pneumatikzylinder blieb zur effizienten Erfüllung der **Teilfunktion „TF2: Lageänderung der Ablenkeinrichtung“** eigentlich nur die physikalische Effektkette aus Elektromagnet und einer elastischen Feder. Auch hier zeigte die unmittelbare Suche nach käuflichen Lösungen, dass ein einfacher Hubmagnet in Verbindung mit einer Feder um den Faktor 5 kostengünstiger war als der bisher verwendete Drehmagnet.

Bei Verwendung eines Hubmagneten zur Realisierung der Lageänderung der Ablenkeinrichtung kann diese jedoch nicht mehr gedreht werden, sondern muss translatorisch in den Strahlengang des Lasers bewegt werden. Bei der Lösungssuche zur **Teilfunktion „TF1: Ablenken des Laserstrahls“** wurden der bestehende Prismenträger mit dem Ziel variiert, die rotatorische Bewegung in eine translatorische umzuwandeln (Variationsmerkmal Bewegungsart) und gleichzeitig seine Fertigung zu vereinfachen (vgl. **Bild 4.7-2** und **Bild 4.7-7**).

Sämtliche erarbeiteten Lösungen wurden in einem **morphologischen Kasten** den zugehörigen Teilfunktionen zugeordnet. Der morphologische Kasten in Bild 4.7-7 oben unterscheidet sich von den üblicherweise verwendeten Kästen darin, dass die Lösungen mit Ausnahme der untersten Zeile auf der Ebene der physikalischen Effekte dargestellt sind. In der jeweils darunter liegenden Zeile sind dann zu jedem der physikalischen Effekte konkrete käufliche oder durch Gestaltvariation gewonnene Teillösungen skizziert. Auf der Grundlage dieser Zusammenschau konnte nun durch die Bewertung der unterschiedlichen Teillösungen das kostengünstigste Gesamtkonzept für die Baugruppe Shutter entwickelt werden. Das Vorgehen wird nachfolgend gezeigt.

4.7.3 Lösungsauswahl

In Kap. 4.7.2 wurde beschrieben, wie auf methodischem Weg unterschiedliche Teillösungen zur Erfüllung der in der Baugruppe 'Shutter' zu realisierenden Teilfunktionen TF 1 bis TF 5 erarbeitet wurden. Die Lösungen zu jeder Teilfunktion wurden nun **analysiert** und **bewertet**, um die im Hinblick auf **Funktion und Kosten am besten geeigneten Teillösungen** auswählen zu können. Erst im Anschluss daran wurde ein neues **Konzept** für die gesamte Baugruppe gestaltet. Dieses Vorgehen bot sich in diesem Fall an, da die verschiedenen Teillösungen unproblematisch zu kombinieren waren. In Systemen, in denen sich das Zusammenwirken der unterschiedlichen Teilfunktionen schwieriger gestaltet, muss oft zuerst die Kompatibilität einzelner Teillösungen untereinander geprüft werden, bevor dann mögliche Lösungskombinationen als Gesamtkonzepte analysiert und bewertet werden können.

Zur Realisierung der **Teilfunktion „TF2: Lageveränderung der Ablenkeinrichtung“** standen im morphologischen Kasten (Bild 4.7-7 Mitte) drei verschiedene Lösungen zur Auswahl: der Drehmagnet aus der bestehenden Konstruktion, ein Hubmagnet und ein Miniatur-Druckluftzylinder. In einem ersten **Analyseschritt** wurden die **Eigenschaften der drei Lösungen** bezüglich der in **Bild 4.7-6** oben festgelegten Kriterien aus den Herstellerkatalogen ermittelt. Bereits jetzt wurde klar, dass der Hubmagnet mit Abstand die kostengünstigste Lösung darstellen würde. Mit der rechnerischen Klärung des Zeitverhaltens der drei Lösungen (Wie schnell kann der Prismenträger in den Strahl gebracht werden?) wurde aufgrund des rechnerischen Aufwands gewartet, bis eine vorläufige Bewertung mit Hilfe einer **Auswahlliste** vorlag. In dieser Auswahlliste wurde die ausreichende Erfüllung eines Kriteriums durch die Teillösung mit einem '+', die Nichterfüllung mit einem '–' gekennzeichnet. Fehlende Informationen werden durch ein '?' angezeigt. Die Nichterfüllung eines Bewertungskriteriums reicht aus, damit eine Teillösung insgesamt als unzureichend bewertet wird. Der Blick in die Auswahlliste zeigt, dass aus Kostengründen sowohl der Miniaturzylinder als auch der Drehmagnet unabhängig von der ungeklärten Frage nach ihrem Zeitverhalten als Lösung ausscheiden. Die Eignung des betrachteten Hubmagneten hing dagegen ausschließlich von dieser Frage ab. Durch die **Berechnung** der Hubbewegung mit aufgesetztem Prismenträger konnte jedoch nachgewiesen werden, dass die in der Anforderungsliste verlangten max. 10 ms für den Unterbrechungsvorgang eingehalten werden können.

Bei der Auswahl einer Lösung zur Realisierung der **Teilfunktion „TF5: Stellungsüberwachung“** wurde deutlich, dass nicht alle aufgestellten Kriterien von gleicher Wichtigkeit für das Gesamtsystem waren. Aus diesem Grund wurde die Auswahl der Stellungssensoren mit Hilfe einer hier nicht dargestellten Nutzwertanalyse durchgeführt. Als günstigste Lösung ergibt sich daraus die Gabellichtschranke mit integrierter Schaltlogik. In diesem Fall reduziert sich gleichzeitig der Aufwand zur Erfüllung der **Teilfunktion „TF4: Positionieren der Stellungssensoren“** auf eine einfache Befestigungsmöglichkeit. Das teure Bauteil ‘Shutterpositionsblock' kann damit aller Voraussicht nach entfallen.

Der Prismenträger, der die **Teilfunktion „TF1: Ablenken des Laserstrahls“** zu erfüllen hat, wurde durch eine Variation der Gestalt in fertigungstechnischer Hinsicht optimiert. Eine weitergehende Analyse der Eigenschaften konkurrierender Varianten wurde aufgrund der Einfachheit des Bauteils nicht für sinnvoll erachtet.

Aus dem gleichen Grund wurde auch bei der Auswahl der Teillösung zur **Teilfunktion „TF3: Aufnehmen der Strahlenergie“** auf eine strenge Bewertung verzichtet. Hier wurde lediglich die sichere Funktion der favorisierten Variante mit Hilfe eines orientierenden Versuchs (vgl. [Ehr03]) überprüft.

Nach der Auswahl der jeweils günstigsten Teillösung zu jeder definierten Teilfunktion lagen die Grundelemente des zu gestaltenden Konzepts fest. Die Kombination zu einem Konzept (Bild 4.7-7 unten) bereitete daraufhin keine größeren Probleme mehr. Eine erste grobe **Kostenschätzung** anhand dieses Konzepts ließ

Analyse der Eigenschaften der verschiedenen Varianten:

Bewertungskriterien	**Hubmagnet**	**Miniatur-Zylinder**	**Drehmagnet**
Einstandspreis [€]	12,50	22,50	60,00
Antriebsenergie	elektr. Energie	Druckluft	elektr. Energie
Baugröße [mm]	22 × 25 × 32	ø 8 × 35	ø 25 × 25
Zeitverhalten	?	?	?
Lebensdauer	sehr gut	gut	sehr gut
Montierbarkeit	sehr gut	gut	sehr gut
Störsicherheit	sehr gut	gut	sehr gut

Bewertung der Eigenschaften der verschiedenen Varianten:

Bewertungskriterien	**Hubmagnet**	**Miniatur-Zylinder**	**Drehmagnet**
Einstandspreis	+	+	-
Antriebsenergie	+	-	+
Baugröße	+	+	+
Zeitverhalten	?	?	?
Lebensdauer	+	+	+
Montierbarkeit	+	+	+
Störsicherheit	+	+	+
Gesamtnutzwert	?	-	-

Bild 4.7-6. Bewertung der Lösungen zur Teilfunktion 3 „Lageänderung der Ablenkungseinrichtung“ mit einer Auswahlliste

eine Senkung der Kosten der gesamten Baugruppe um ca. 30 % erwarten.

Auch wenn sich dieser Wert nach der Ausarbeitung und genaueren Kalkulation des Konzepts nicht ganz halten ließ, konnte doch die angestrebte Kostensenkung von 25 % für die Baugruppe 'Shutter' noch leicht übertroffen werden.

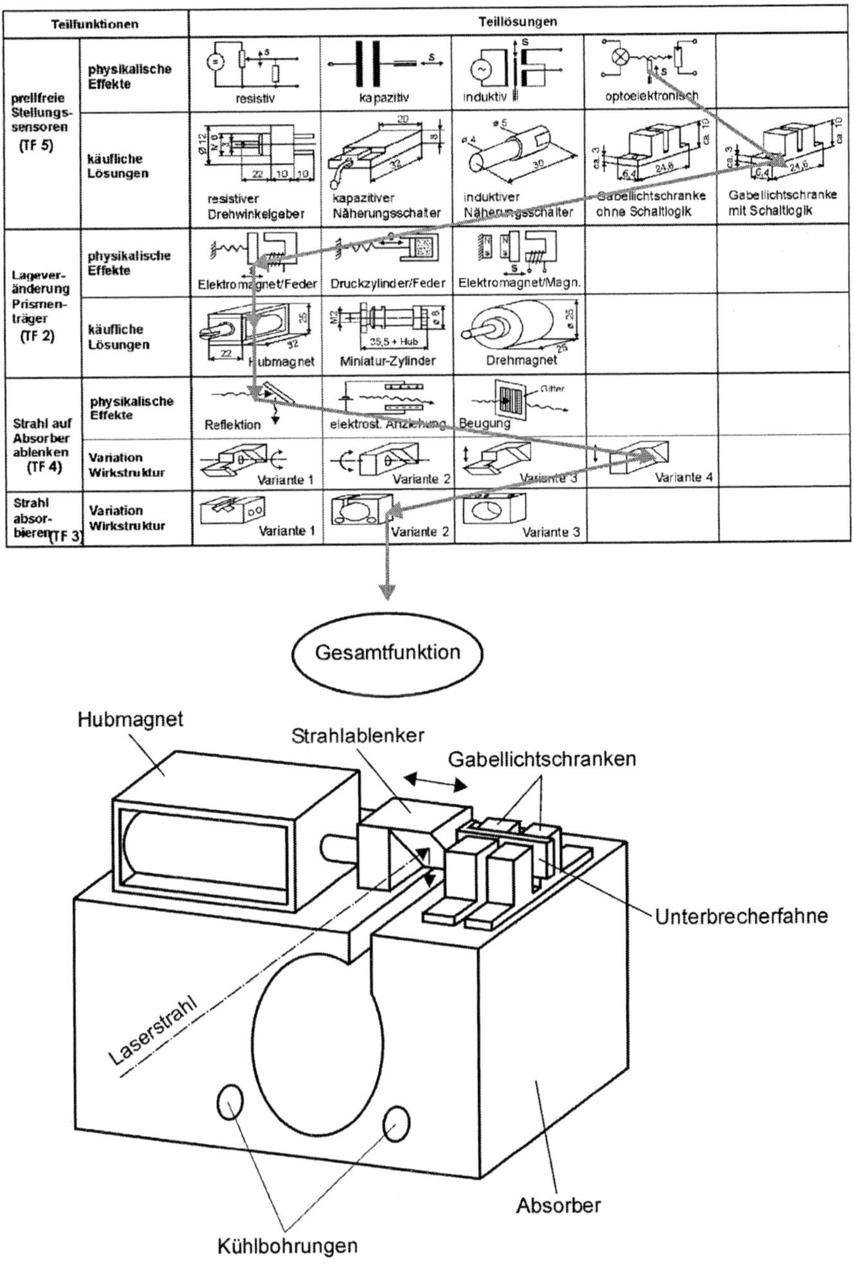

Bild 4.7-7. Konzeptentwicklung aus dem morphologischen Kasten

4.8
Praxis des Kostenmanagements

4.8.1
Einführung des Kostenmanagements

Die Einführung eines komplexen Denk- und Handlungssystems aus innerer, persönlicher Einstellung bzw. Zielsetzung, Organisation, Methoden und Hilfsmitteln betrifft fast alle in einem Unternehmen Tätigen. Sie ist keine Maßnahme, die einfach rational gesteuert werden kann, wie z. B. der Kauf und die Aufstellung eines vernetzten Computer-Systems. **Es geht um die betroffenen Menschen**, die nur z. T. in ihrem Handeln rational verstehbar sind und deshalb oft nur schwer für das Neue mit (angeblich) objektiven Fakten und Argumenten überzeugt werden können. Ein wesentlicher, oft überwiegender Anteil des Menschen wird aus dem Unbewussten, den Gefühlen, dem Selbstwertgefühl gesteuert.

Um dementsprechend bei der Einführung des Kostenmanagements keinen Schiffbruch zu erleiden, müssen einige **Erfahrungen aus der Führung** beachtet werden:

➔ Die Zielsetzung, Planung und Durchführung des Einführungsprojekts muss **mit den Beteiligten/Betroffenen** erarbeitet werden. Nur dadurch können sie zu einem „organisatorischen Lernen" motiviert werden. Sonst kommt es zu inneren Blockaden in einer „ohne mich"-Haltung.

➔ Maßnahmen, die Führungskräfte betreffen, müssen von diesen überzeugend **„vorgelebt"** werden. Dieses Vorbild ist wichtiger, als man auf den ersten Blick vermuten würde. In der Führung werden Sache und Mensch verbunden: auf der „objektiven" Seite: Rationalität, Struktur, Theorie, auf der „subjektiven" Seite: Vertrauen, Gefühl, Visionen. [Dae95].

➔ Die **Einführung** sollte selbst **als ein Projekt** im Sinne des Projektmanagements durchgeführt werden. Dem zu bildenden Team kann ein (externer) Moderator zugeordnet werden, der als Neutraler bei der Situationsanalyse sowie der Erarbeitung und Umsetzung von Maßnahmen unterstützt [Amb97].

➔ Zweckmäßig wird am Anfang ein kleineres, überschaubares Projekt in einem Produktbereich in Angriff genommen, das Erfolg verspricht: z. B. ein Kostensenkungsprojekt für ein Produkt, das dazu dient, festzustellen, welche organisatorischen Maßnahmen zweckmäßig wären, welche Methoden und Daten fehlen. An dieses **Einführungsprojekt** kann eine mehr systematische Schwachstellenanalyse oder Situationsanalyse anschließen, aus der das weitere Vorgehen des Einführungsprojekts abgeleitet wird.

Die **Phasen** des Einführungsprojekts können also folgende sein:

- **Projektstart** vom Auftraggeber (z. B. Geschäftsleitung): Zielsetzung, Vorgehen, erwartete Ergebnisse, Zeitplan, Bildung des Projektteams, Bestimmung des Projektleiters. Konzentration auf einen Pilot-Produktbereich.
- **Beispielhaftes Einführungsprojekt** an einem Produkt als Vorläufer für die Situationsanalyse.
- **Schwachstellen-/Situationsanalyse** anhand des Einführungsprojekts (Organisation, Methoden, Hilfsmittel, Daten, Prozessabläufe usw.) im Sinne einer Aufgabenklärung für die Einführung des Kostenmanagements.
- **Lösungssuche** bezüglich Maßnahmen in Organisation, Methoden, Hilfsmitteln, Daten, Prozessabläufen. **Umsetzungsplan**: Zuständige Personen, Zeitplan, Kostenplan?
- **Durchführung** der Maßnahmen.
- Beispielhafte Erprobung an einem **zweiten Kostensenkungsprojekt**. Erkenntnisse daraus? Was kann verbessert, optimiert werden?
- **Entscheidung der Geschäftsleitung**, das Kostenmanagement zur Standard-Arbeitsmethode – auch in anderen Produktbereichen – zu machen. Was muss noch verändert werden? Was muss betont, was kann vernachlässigt werden?

Erfahrungsgemäß ist wichtig, das Projekt nicht nach der ersten Begeisterungsphase abzubrechen, da der Einführungsaufwand erheblich ist und der Nutzen noch nicht recht sichtbar ist. **Organisatorisches Lernen ist meist ein Langfrist-Prozess!**

Ferner muss ein solches **Projekt ausgeglichen realisiert** werden. Es darf gemäß Bild 6.2-3 nicht nur **eine** Seite betont werden. Das Bild 6.2-3 stellt für vier Veränderungsschritte qualitativ das Ausmaß der Veränderung dar. Je weiter außen im Kreisdiagramm, desto stärker war die Veränderung. Im „mangelhaften Einführungsbeispiel“ ist nur der Einsatz von Software vorangetrieben worden. Alle anderen wichtigen Maßnahmenbereiche (Schulung, Organisation, Methoden) sind unterentwickelt geblieben. So können kein Nutzen und keine Akzeptanz entstehen!

4.8.2
Welcher Aufwand zum Kostensenken ist gerechtfertigt?

Erfahrene Entwickler und Konstrukteure, die sich intensiv mit den durch sie festgelegten und nachfolgenden entstehenden Herstellungskosten von Produkten auseinandergesetzt haben, wissen, wo und wann sie auf Kosten besonders achten müssen, wo sie nachsehen können, wen sie am besten fragen. **Sie konstruieren schon im ersten Ansatz kostengünstig** (z. B. nach den Regeln in Kap.7.10.4).

Das soll nicht heißen, dass sie auf die Information aus dem Kostenmanagement verzichten.

Weniger Erfahrene, aber auch die alten Hasen, fragen sich oft, **wo lohnen sich besondere Anstrengungen zum Kostensenken**, wie z. B. Teambildung, Alternativen-Entwicklung, mitlaufende Kalkulation [Kie88]?

Dazu folgendes sehr **einfaches** Beispiel:

- **Wie lange darf jemand nachdenken**, der als Konstrukteur 1 €/Minute kostet (Stundensatz 60 €/Stunde), wenn er eine einmal hergestellte 10 kg schwere Vorrichtung, um 10 % in den Materialkosten senken will? – Er spart also z. B. 1 kg Stahl zu 0,5 €/kg ein. Die **Antwort ist einfach**: Damit das Nachdenken nicht teurer kommt, als die Kostensenkung, darf der Konstrukteur nur (0,5 €/1 €) · 60 Sekunden = 30 Sekunden nachdenken!
- Das ist sehr wenig! **Er muss also bereits von vornherein kostengünstig arbeiten**. Er muss, wie eingangs gesagt, durch Erfahrung an früheren typischen Fällen wissen, wie er konstruieren muss. Am besten ist es in diesem Fall, wenn er rasch konstruiert, da hier die Konstruktionszeit den größten Kostenanteil ausmacht.

	Konventionelle Konstruktion ohne besonderen Aufwand bezügl. Kosten	**Besonders auf kostengünstige Konstruktion geachtet** mit 20 % längerer Konstruktionszeit und Kostensenkung um 30%
Fall A: Kleine Vorrichtung (10 kg), die nur 1mal hergestellt wird		
• Konstruktionskosten • (Stundensatz 60 €/h)	5 h ≙ 300 €	5 h + 20 % = 6 h ≙ 360 €
• Herstellkosten	50 €	50 € - 30 % = 35 €
• Herstell- und • Konstruktionskosten	**350 €**	**395 €**
		teurer um 45 € = +13 %
Fall B: Großes Sondergetriebe, das nur 1mal hergestellt wird		
• Konstruktionskosten • (Stundensatz 60 €/h)	300 h ≙ 18 000 €	300 h + 20 % = 360 h ≙ 21 600 €
• Herstellkosten	50 000 €	50 000 € - 30 % = 35 000 €
• Herstell- und • Konstruktionskosten	**68 000 €**	**56 600 €**
		gespart: 11 400 € = -17 %
Fall C: Kleine Serienbaugruppe (10 kg), die 10 000mal hergestellt wird		
• Konstruktionskosten • (Stundensatz 60 €/h)	200 h ≙ 12 000 €	200 h + 20% = 240 h ≙ 14 400 €
• Herstellkosten	500 000 €	500 000 € - 30 % = 350 000 €
• Herstell- und • Konstruktionskosten	**512 000 €**	**364 400 €**
		gespart: 147 600 € = -28,8 %

Bild 4.8-1. Zusätzlicher Entwicklungsaufwand ist vorteilhaft bei großen, teuren Produkten in Einzel- und bei Serienfertigung

Der **gerechtfertigte Aufwand hängt von** den **Kosten/Stück**, der **produzierten Stückzahl** und der **erreichbaren Kostensenkung ab**. Das soll anhand der drei Fälle A, B, C in **Bild 4.8-1** noch genauer besprochen werden. Die linke Spalte entspricht der konventionellen Konstruktionsart ohne besonderen Aufwand zum Kostensenken. Rechts dagegen ist bei allen Fällen eine **20 % längere Konstruktions**-(Entwicklungs-)**zeit** angesetzt, damit die nötigen Informationen, **um 30 % Kostensenkung** zu bewirken, einfließen können. In allen Fällen sei die 30 % Kostensenkung möglich und immer kostet die Konstruktionsstunde 60 €.

- **Fall A**: Die obige **kleine Vorrichtung** mit 10 kg Gewicht verursacht bei einer Konstruktionszeit von 5 Stunden Herstellkosten *HK* von 50 €. Man sieht, dass die Summe aus Herstellkosten *HK* und Entwicklungs- und Konstruktionskosten *EKK* links, konventionell 350 € beträgt und rechts bei 20 % längerer Konstruktionszeit 395 €. Es wird also nicht gespart, sondern die Vorrichtung wird trotz einer Herstellkostenreduzierung um 30 % 45 € = 13 % teurer. Die Folgerungen wurden oben schon besprochen.
- Im **Fall B** sei ebenfalls in Einzelfertigung **ein großes Sondergetriebe** zu konstruieren, das 300 Stunden Konstruktionszeit benötigt und Herstellkosten von 50 000 € aufweist. Die mögliche Kostensenkung sei ebenfalls wie bei A 30 %, d. h. 15 000 €. Jetzt lohnt sich die um 20 % höhere Konstruktionszeit (60 Stunden), denn es werden in Summe 11 400 € (= 17 %) Kosten gespart. Man sieht, bei hohen Kosten lohnt sich der Aufwand, Methoden und Hilfsmittel zum Kostensenken einzusetzen. Die Konstruktionszeit ist ja bei gleicher Produktart (Komplexität) praktisch gleich lang, unabhängig ob es sich um ein großes, teures Objekt oder ein kleines mit geringeren Herstellkosten handelt (s. Kap. 8.4.4).
- Ähnlich ist es im **Fall C**: Hier sind die **Kosten** insgesamt **hoch**, denn es handelt sich wie bei A um eine **kleine,** 10 kg schwere **Baugruppe**, die aber **10 000-mal** hergestellt wird und dann insgesamt Herstellkosten von 500 000 € verursacht. Die Kostenersparnis ist mit 147 600 € enorm, d. h. selbst eine Verringerung der Herstellkosten von nur 10 % bringt schon insgesamt eine Ersparnis von 47 600 €, d. h. ca. 9 %.

Zusammenfassung:

Bei **hohen Kosten**, also teuren (großen) Produkten in Einzelfertigung oder Produkten mit geringen Kosten, aber großer Produktionsstückzahl, lohnen sich besondere Anstrengungen zum Kostenmanagement (s. ähnliche Angaben am Schluss von Kap. 7.13.8).

Bei **geringen Kosten**, also besonders bei kleinen Vorrichtungen und einmalig hergestellten Geräten kommt es darauf an, schnell aus einem vorhandenen, an ähnlichen Konstruktionsbeispielen geschulten Wissen kostengünstig zu konstruieren. Es ist ein „Regelwissen" nötig, das unternehmensspezifisch erarbeitet und geschult werden muss. **Allgemein einsetzbare Regeln**, die auch ohne konstruktionsbegleitende Kalkulation Kosten senkend wirken können, sind in Kap. 7.10.4 A bis B 2 angegeben. Ferner ist, wie die Beispiele zeigen, auch die voraussichtlich erreichbare Kostensenkung zu beachten: Dazu werden nachfolgend einige Hinweise gegeben.

Erfahrungswerte für prozentuale Herstellkostensenkung

Nachfolgende Angaben sollen eine Hilfe für eine erste, grobe Abschätzung des gerechtfertigten Kostensenkungsaufwandes vor allem bei Einzel- und Kleinserienfertigung sein. Die **Kosten** im Sinn des oben Gesagten müssen bekannt sein. Früher durchgeführte Kostensenkungsmaßnahmen müssen berücksichtigt werden.

- **Geringe Kostensenkung** (bis ca. 10 %) durch **„Abspecken"** des Produkts, d. h. Materialkostenverringerung, günstigere Lieferanten, Überprüfung der eigenen Fertigungstiefe, günstigere Fertigungs- und Montagebedingungen, Vereinheitlichung von Teilen, Werkstoffen, Verbindungsverfahren (Beispiel Kap. 7.13.8).
- **Mittlere Kostensenkung** (bis ca. 20 %) durch ein **intensives Projekt im Sinne von „Target Costing"**. Es handelt sich noch im Wesentlichen um eine Anpassungskonstruktion mit Maßnahmen wie oben. – Die prinzipielle Lösung (Konzept) des Produkts bleibt erhalten. Es kann aber nötig werden, Konzepte von Nebenfunktionen neu zu erarbeiten. Teamarbeit im Sinn von Simultaneous Engineering ist selbstverständlich (Beispiele in Kap. 10.1 und 10.2).
- **Große Kostensenkung** (< 30 % ein heute oft gefordertes Ziel!). Hierfür muss die Qualität des Methodeneinsatzes, auch durch besonders qualifiziertes Personal deutlich höher werden! Durch konstruktionsmethodisches Vorgehen müssen **neue Konzepte** für das Produkt erarbeitet werden (Kap. 7.3, Kap. 10.1.4, Unterkapitel I.3). Enge interdisziplinäre Zusammenarbeit und Unterstützung durch die Unternehmensleitung ist Voraussetzung (Kap. 4.3.2, Bild 6.2-2). Die auftretenden – auch technischen – **Risiken sind höher**. Solch **hohe Kostensenkungen** sind meist nicht durch Maßnahmen der Entwicklung allein zu erreichen. Es müssen im Allgemeinen auch tief greifende Änderungen im gesamten Leistungsprozess des Produktbereichs vorgenommen werden, wie Outsourcing, Umstrukturierungen usw.

4.8.3 Durchführung des Kostenmanagements

Da Produktkosten nicht nur einen Bereich bzw. eine Abteilung im Unternehmen berühren, sondern meist alle, muss das **Kostenmanagement interdisziplinär** eingeführt und auch im Rahmen der täglichen Arbeit so durchgeführt werden. Das bereitet in vielen Unternehmen Schwierigkeiten, da nach wie vor das spezialisierte Bereichs-/Abteilungsdenken vorherrscht (Bild 3.2-2) [Ehr93; Hei95; Gra97a; Hor97; VDI98; VDI99; Stö99].

Um eine hohe Akzeptanz und eine günstige Kosten-Nutzen-Relation zu erreichen, muss das Kostenmanagement

- einfach und durchsichtig aufgebaut sein,
- eine am Projektfortschritt orientierte interdisziplinäre Teamarbeit unterstützen,
- die Qualifikation und Motivation der Mitarbeiter fördern.

Das gelingt nur, wenn die interdisziplinäre Arbeitsmethodik mit einem leistungsfähigen Planungs- und Steuerungssystem für Termine, Produkt- und Projektkosten sowie Kapazitäten in der Produktentwicklung verknüpft wird [Bur93; Der95; Sau86].

4.8.3.1 Interdisziplinäre Arbeitsmethodik

Entsprechend der Richtlinie [VDI93] kann der Entwicklungs- und Konstruktionsprozess disziplinübergreifend in die in **Bild 4.8-2** dargestellten **Konkretisierungsstufen** gegliedert werden, die z. T. in weitere **Arbeitsabschnitte** unterteilt wurden. Die rautenförmigen Entscheidungsschritte erlauben aufgrund der Zwischenergebnisse, relativ früh im Prozessablauf den Gesamt-Entwicklungsprozess zielgerichtet (Funktion, Qualität, Produkt- und Prozesskosten, Zeit) zu steuern (s. a. Bild 4.4-2).

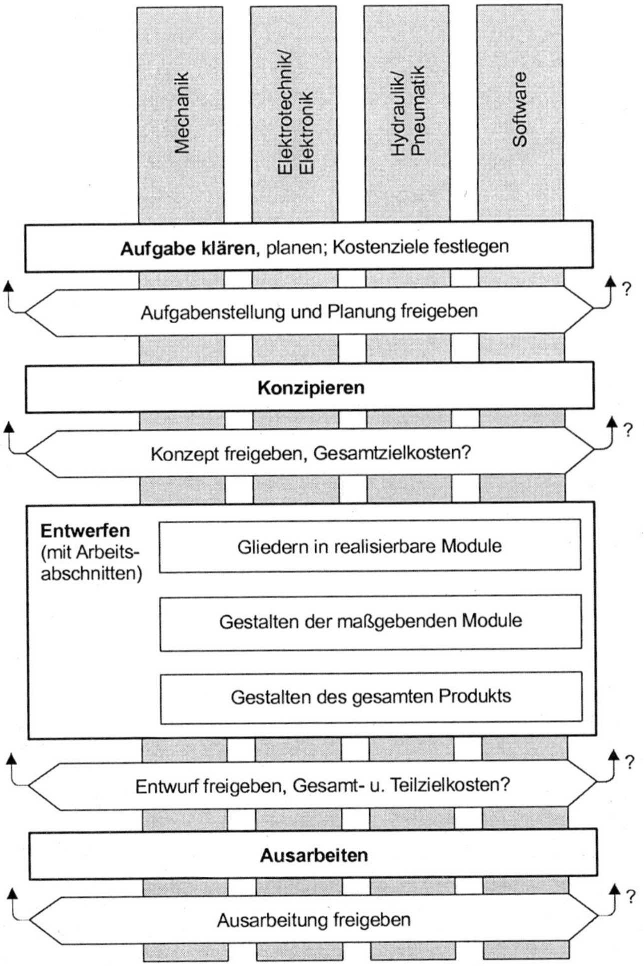

Bild 4.8-2. Arbeitsmethodik zur interdisziplinären Zusammenarbeit in der Produktentwicklung und Konstruktion [Der95]

Es ist klar, dass für die **Integration der unterschiedlichen Disziplinen** (z. B. Mechanik, Elektrotechnik, Verfahrenstechnik, Software) die Konkretisierungsstufen, Arbeitsabschnitte vertieft und detailliert werden müssen. Folgende Regeln haben sich dafür bewährt [Der95; VDI98]:

➔ **Arbeitsabschnitte sinnvoll eingrenzen**

- Möglichst wenig Arbeitsabschnitte definieren, die klar abgegrenzt sind bezüglich der kontrollierbaren Zwischenergebnisse.
- Arbeitsabschnitte so abgrenzen, dass eine eindeutige Zuordnung von Personal-Kapazitäten erfolgen kann (z. B. Entwicklungsingenieur/Detailkonstrukteur).

➔ **Arbeitsabschnitte verständlich formulieren**

- Arbeitsabschnitte möglichst für alle Disziplinen gleich und dennoch für alle verständlich als Standardarbeitsabschnitte formulieren (Schnittstellenprobleme).
- Arbeitsabschnitte so formulieren, dass sie für alle Konstruktionsarten verwendet werden können (Neu-, Anpassungs-, Variantenkonstruktion, s. Kap. 4.5.2).
- Arbeitsabschnitte nicht zu abstrakt formulieren, aber auch nicht zu konkret (Verständlichkeit versus Allgemeingültigkeit).

Praxis-Erfahrungen mit dieser Methodik lassen sich wie folgt zusammenfassen:

- Die Umsetzung von **Simultaneous Engineering** wird wegen des für alle verbindlichen Ordnungsrahmens erleichtert. Dies wird insbesondere durch die **Koordination der einzelnen Bereiche** erreicht. Rückwirkungen von Lösungen eines Bereichs auf Lösungen eines anderen werden rechtzeitig erkannt (z. B. die Wahl des Prinzips einer Spindel beeinflusst u. U. die Antriebsmotorart und diese wiederum die Steuerungssoftware).
- Durch die frühzeitige Koordination der Bereiche werden spätere, aufwändige **Änderungen** (Iterationsschleifen) **minimiert**. Die frühen, entscheidenden Phasen der Entwicklung werden besonders betont und interdisziplinär bearbeitet. Dadurch wird die **Entwicklungszeit verkürzt** (s. Bild 6.2-2) [VDM98].
- Das Erreichen der **Gesamtzielkosten** (s. a. Bild 10.1-12) bezüglich des Produkts wird erleichtert, da die Teilzielkosten der einzelnen Bereiche rechtzeitig diskutiert und unter Umständen günstigere Verschiebungen des Lösungsumfanges veranlasst werden (z. B. rechtzeitige Erkenntnis, dass eine mechanische Steuerung zu unflexibel und zu teuer ist gegenüber einer Softwarelösung mit entsprechender Elektronik).
- Für die **Mitarbeiter** ergeben sich
  - ein vermehrtes Denken „über den Tellerrand hinaus", d. h. ein Verständnis für andere Bereiche und deren Probleme und Restriktionen,
  - ein vermehrtes Verantwortungsgefühl für das gesamte Produkt und
  - eine günstige Weiterbildung durch den gegenseitigen Wissensaustausch.

4.8.3.2
Planung, Steuerung und Kontrolle von „Kostensenkungsprojekten“

Warum ist eine besondere Planung, Steuerung und Kontrolle nötig?

Praxiserfahrungen in Projekten zum Kosten senken an komplexen Produkten über längere Zeiten haben folgendes gezeigt:

- Zielkosten und geforderte Eigenschaften des zu entwickelnden Produktes werden über Detailproblemen oft aus dem Auge verloren. Man sieht den Wald vor lauter Bäumen nicht mehr. Dies geschieht vor allem deshalb, weil mehrere Abteilungen koordiniert zusammenarbeiten müssen (Bild 4.8-2 zeigt die notwendige Koordination auf).

Damit dies nicht eintritt und man den Überblick behält ist folgendes nötig:

- Ein straffes **Projektmanagement**, das die Aktivitäten und Termine plant und kontrolliert, wie in Kap. 4.2 und 4.3 beschrieben (Bild 4.8-4)
- Eine planmäßige Erarbeitung und Festlegung der **Zielkosten**, ihre Aufspaltung auf Funktionen, Baugruppen, Bauteile des zu entwickelnden Produktes. Ferner der laufende Vergleich Zielkosten mit den entstehenden Kosten (**Soll / Ist-Vergleich**; siehe Beispiel in Kap. 10.1).
- Eine **laufend aktualisierte Kostenrechnung** und **-schätzung** für die bearbeiteten Teile, Baugruppen und Produkte, um die Zielkosten planmäßig erreichen zu können.
- Eine **mitlaufende Dokumentation**. Sie kann in einfachen Fällen mit einer selbst geschriebenen Tabellenkalkulation (Kap. 9.1.2; Kap. 10.1; Bild 10.1-8) erfolgen. In umfangreicheren Projekten und auf Dauer sollten dazu eigene Programme verwendet werden.
- Es muss ein betriebsspezifisch angepasstes **Computer gestütztes System** für Termine, Kosten, Produkteigenschaften und für die Produktstruktur eingeführt werden, an das sich alle Mitarbeiter halten und das von den beteiligten Abteilungen unter Leitung des Projektverantwortlichen aktuell gehalten wird. (Im Prinzip das, was zu Bild 4.8-2 gesagt wurde).

Probleme kann es dabei vor allem folgende geben:

- Die Kostenrechnung und -schätzung in den frühen Phasen der Produktentwicklung macht große Schwierigkeiten. Welcher Arbeitsvorbereiter oder Kostenrechner traut sich schon, nur auf Grund von Skizzen, Bearbeitungsideen und Montagevorschlägen Kosten zu schätzen, die später bei der Realisierung unter Umständen weit ab von der Realität liegen? Controller und AV-Mitarbeiter sind es gewohnt, auf Grund „verlässlicher Daten“ der Technik zu kalkulieren. Hier sind aber zu Anfang eines Projektes für alle die Daten unsicher (**Bild 4.8-3**). Auch die Konstrukteure haben am Anfang selbst technisch die gleiche Unsicherheit mit neuen Lösungsideen. Alle Beteiligten müssen sich „einfach trauen“, ihre Erfahrung zur Kostenfrüherkennung einzusetzen, sonst kommt man nicht weiter. Die Bilder 9.1-1, 9.3-9 und 9.3-10 können Hinweise auf mögliche Fehler und die Fehlerverringerung geben. Im weiteren Verlauf des Produktent-

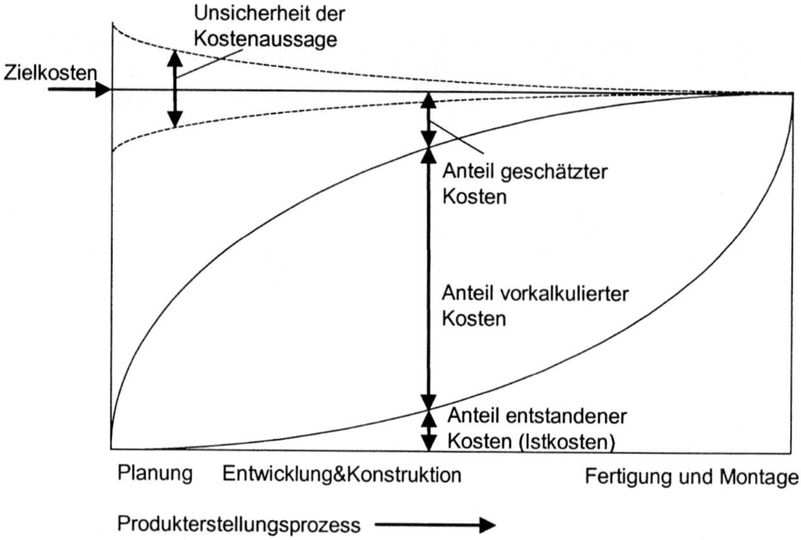

Bild 4.8-3. Die Produktkosten setzen sich im Verlauf des Produkterstellungsprozesses aus kalkulierten, geschätzten Kostenanteilen und bereits entstandenen Istkosten zusammen. Anfängliche Unsicherheit wird zur Sicherheit [Stö99]

wicklungsprozesses nimmt die Informationsverfügbarkeit zu, aus geschätzten Kosten werden kalkulierte und zum Schluss exakte Istkosten.

- Das meist größte Problem ist die **vertrauensvolle Zusammenarbeit** der Abteilungen von Entwicklung, Fertigung, Montage, Einkauf und Controlling und Kostenrechnung (Bild 3.2-2).
- Weitere Probleme ergeben sich daraus, dass z. B. die Abteilungen in größeren Unternehmen über **mehrere Standorte** verteilt sind. Es muss nicht nur das Produkt allein, sondern auch die Teile- und z. B. die Werkzeugbeschaffung verfolgt werden. Dabei kann zusätzlich noch die Softwarebasis der Teilunternehmen unterschiedlich sein [Ren97].

Mit der Praxis realisierte Systeme

Nachfolgend werden drei in der Praxis realisierte Systeme beschrieben. Sie sind an unterschiedlichen Stellen für verschiedene Unternehmen und damit für unterschiedliche Anforderungen entwickelt worden. Ihre Softwarebasis ist unterschiedlich und es gibt weitere Systeme am Markt z. B. [Ren97]. Es soll mit diesem Kapitel nicht ein bestimmtes System empfohlen werden, sondern es soll gezeigt werden, welche Möglichkeiten und Probleme damit verbunden sind.

Zunächst ein Überblick:

a) Einleitend das einfachere **Integrierte Planungs- und Kontrollsystem (IPK)**, das die Arbeitsmethodik gemäß Bild 4.8-2 mit einer laufenden Kostenrechnung verknüpft [Der95, VDI98].

b) Die **Systematik zur Wirkungskontrolle (SWK)** für Kostensenkungs-Projekte, die den Projektablauf entsprechend des Vorgehenszyklus (Bild 4.4-1) mit einer detaillierten, konsistenten DV-gestützten Kostenrechnung und Dokumentation verknüpft. Hierfür wurde eine Datenbank erprobt (Concept Database CDB), die es gestattet, die Lösungsideen mit z. B. ihren Kosten, ihrem Einsparungspotenzial, ihrer Umsetzdauer so zu speichern, dass man sie auch für andere Kostensenkungsprojekte ähnlicher Art wieder nutzen kann [Lin01]. (Die Concept Database wird aber hier nicht weiter beschrieben, da sie kein eigentliches Planungsinstrument ist).

c) Das **Target Costing Management System (TCMS)**, das im Laufe mehrerer industrieller Target Costing Projekte entstand und die ständige Überwachung der Erreichung der Zielkosten unterstützt [Stö99].

Nachfolgend werden die drei Systeme eingehender beschrieben.

a) Integriertes Planungs- und Kontrollsystem (IPK)

Im Allgemeinen ist in Unternehmen die **Kostenrechnung ein eigenes System** und somit **unabhängig von Termin- und Kapazitätsplanungssystemen**.

Die Produktkosten werden in der Kostenrechnung erfasst, aber selten die Prozesskosten des Entwickelns und Konstruierens. Statt dessen werden die Arbeitsstunden für bestimmte, vorgegebene Tätigkeitsklassen (Teilprozesse) an die Terminplanungssysteme gemeldet, die wiederum selten als Prozesskosten dargestellt werden.

Außerdem kommt es oft vor, dass bei Terminplanungssystemen die Gliederung in Teilprojekte nicht ausreichend erzeugnisorientiert erfolgt, also z. B. nicht nach Baugruppen (Module in Bild 4.8-2). Ferner wird nicht nach Konkretisierungsstufen (z. B. Konzipieren, Entwerfen, Ausarbeiten) unterschieden, so dass die erzeugnisorientiert zurückgemeldeten Zeiten und Kosten nicht dem anfangs geschätzten Aufwand für Teilprojekte gegenübergestellt werden können. Damit ist ein Soll-Ist-Vergleich nur für das Gesamtprojekt, nicht aber für einzelne Teilprojekte möglich.

Um hier **konsistente Systeme für die Kostenrechnung und für die Termin- und Kapazitätsplanung** zu schaffen, wurden beide Systeme vereinheitlicht [Der95, VDI98].

Ausgangsbasis war die Erzeugnisgliederung nach Bild 4.8-2. und ebenso die dort beschriebene Arbeitsmethodik. Für die **Termin- und Kapazitätsplanung** ergibt sich aus der Erzeugnisgliederung die Zerlegung in Teilprojekte und aus der Arbeitsmethodik die Zerlegung in Teilprozesse. Ein Teilprojekt innerhalb eines Gesamtprojekts umfasst beispielsweise die gesamte Auftragsabwicklung einer Maschine innerhalb einer Anlage oder einer Baugruppe. Den Teilprojekten kann eine Auftragsnummer zugeordnet werden. Teilprozesse innerhalb eines (Teil)Projekts sind die in der Arbeitsmethodik (Bild 4.8-2) beschriebenen Konkretisierungsstufen und je nach Detaillierung die Arbeitsabschnitte. – Für die **Kostenrechnung** werden aus der Erzeugnisgliederung die Kostenträger mit entsprechender Auftragsnummer und aus der Arbeitsmethodik die Teilprozesse für die Rückmeldung

der Arbeitsstunden und Prozesskosten abgeleitet. So können beide Systeme (für Prozesszeiten und Prozesskosten) verknüpft und optimal aufeinander abgestimmt werden.

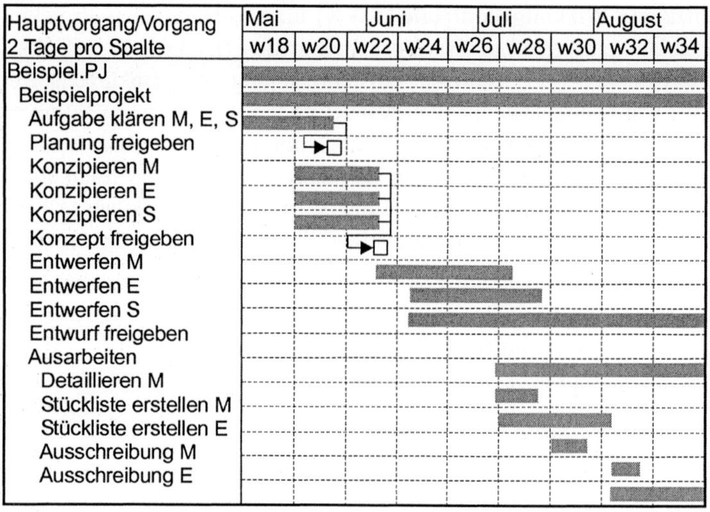

Bild 4.8-4. Interdisziplinäre Terminpläne (für M = Mechanik, E = Elektronik bzw. Elektrik, S = Software [Der95])

Für eine rationelle Umsetzung des Planungs-, Steuerungs- und Kontrollsystems empfiehlt sich eine durchgängige **Rechnerunterstützung**. So lassen sich beispielsweise schon mit einfachen Standardprogrammen für die Projektplanung übersichtliche Terminpläne oder Kapazitäten planen (**Bild 4.8-4**; s. a. [Stu97]). Damit können u. a. Kapazitätsengpässe frühzeitig erkannt und beseitigt werden. Ferner ist es möglich, durch die Kopplung dieser Systeme mit dem Kostenrechnungssystem abgewickelte Aufträge wirtschaftlich zu beurteilen. Die daraus gewonnenen Erkenntnisse bilden die Grundlage für die Planung neuer Projekte.

Das hier beschriebene Planungs-, Steuerungs- und Kontrollsystem kann aus den bisher gewonnenen Erfahrungen **folgende Vorteile** bringen:

Die Gewöhnung der Mitarbeiter fördert die Akzeptanz und verbessert die Güte der Rückmeldungen.

- Erfahrungswerte, z. B. über den Aufwand für die Standardarbeitsabschnitte, bilden sich im Laufe der Zeit heraus und erhöhen die **Planungssicherheit** für neue Projekte.
- Die einheitliche Erfassung der Daten eröffnet **Vergleichs- bzw. Auswertungsmöglichkeiten** für verschiedene Projekte.
- Die Standardisierung auf einer allgemein gehaltenen Planungsebene verringert den **Pflegeaufwand** erheblich und erhöht die Übersichtlichkeit bei komplexen Projekten.
- Das System ist **aktuell**. Dabei ist eine regelmäßige Aktualisierung wichtiger als eine übertriebene Planungsgenauigkeit.
- Das System liefert wichtige Informationen für grundlegende Entscheidungen und für Berichte im Rahmen des Projektfortschritts.

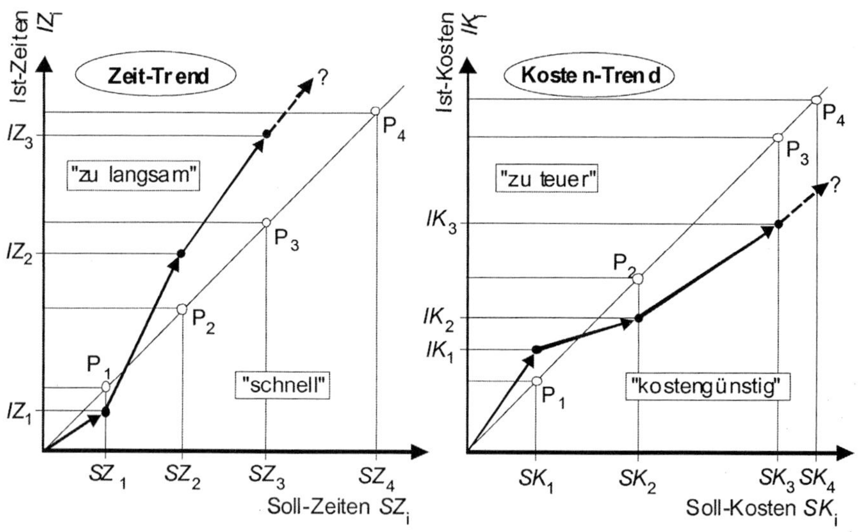

Bild 4.8-5. Zeit- und Kostentrend eines Projekts

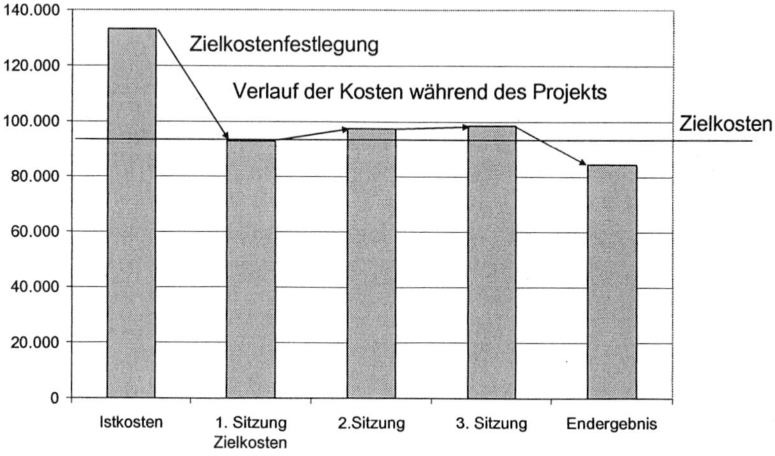

Bild 4.8-6. Kostenentwicklung des Produkts im Rahmen eines Projekts

- Beim Einsatz einer geeigneten Software sind die Daten online verfügbar, damit ist eine kurze Reaktionszeit möglich, der Eingabe- und Auswertungsaufwand ist gering.

- Die als Standard vorgegebene grobe Planung kann individuell projektbezogen auf einer feineren Stufe z. B. abteilungsbezogen detailliert werden.

Eine anschauliche Kontrolle des Projekts bezüglich der geplanten/realisierten Projektzeiten und -kosten lässt sich mit den „**Trend-Diagrammen**“ nach **Bild 4.8-5** durchführen.

Der Aufbau der Bilder ist sehr einfach: In der Abszisse werden die Soll-Zeiten SZ_i bzw. die Soll-Kosten SK_i der einzelnen Projektmeilensteine P_1 bis P_i aufgetragen. In der Ordinate erscheinen die zugehörigen Ist-Werte IZ_i bzw. IK_i. Wenn das Projekt genau nach Plan läuft, treffen sich beide Werte auf der 45° Geraden. Darüber läuft das Projekt zu langsam bzw. ist zu teuer.

Am Beispiel des Betonmischers (Kap. 10.1, Bild 10.1-8) zeigt **Bild 4.8-6** wie die Zielkosten des Produkts während des Projekts zu den Projektmeilenstein (Sitzungen) sich entwickelten (die Daten aus der Kostenverfolgungstabelle Bild 10.1-8 ergänzt und grafisch dargestellt).

b) Systematik zur Wirkungskontrolle (SWK) für Kostensenkungs-Projekte

Im Folgenden wird eine Systematik zur „Wirkungskontrolle“ vorgestellt, die in Zusammenarbeit des Lehrstuhls für Produktentwicklung an der TU München mit mehreren Unternehmen entwickelt wurde. Mitarbeiter des Lehrstuhls haben Industrie-Projekte über die Dauer von bis zu mehr als einem halben Jahr begleitet. Aufgabe war es jeweils, die Kosten eines Produkts um etwa 25 bis 30% zu reduzieren und die Qualität beizubehalten bzw. zu steigern. Aus einer umfangreichen Produktpalette wurden dabei die umsatzstärksten Systeme näher betrachtet und Optimierungspotenziale nach dem im Folgenden beschriebenen Vorgehen generiert. In einem der Projekte zur Kostensenkung an größeren Investitionsgütern zeigte sich im Wesentlichen das Problem vorab z. B. bei Baugruppen und deren Fertigung oder Zukauf Kostensenkungspotenziale abzuschätzen. Die Frage war dann. „Mit was fangen wir an? Was können wir vernachlässigen?“ Ferner wurde der dringende Bedarf einer angemessenen Kostenrechnung im Unternehmen deutlich [Lin01].

Aufbau der Systematik zur Wirkungskontrolle (SWK)

Um die Durchgängigkeit und die Arbeit im Team zu verbessern, sowie dem Projektverantwortlichen eine Kontrolle des Prozesses zu erleichtern, müssen alle gesammelten Informationen in einen systematischen Zusammenhang gebracht werden. Dazu müssen die Daten in einer geeigneten – in der Regel digitalen – Form vorliegen. Dazu wurde eine Systematik entwickelt, die in **Bild 4.8-7** dargestellt ist.

Im Folgenden wird an Hand von Bild 4.8-7 der Weg von einer Kostensenkungsidee zu einer konkreten Aussage aufgezeigt:

Kosteninformationen sind bereits anfangs beim Ermitteln beziehungsweise Auswählen der Baugruppen und Bauteile notwendig, die im Rahmen der Kostensenkungsmaßnahme einer genaueren Betrachtung unterzogen werden sollen. Hierfür wird in der Regel eine ABC-Analyse eines Vorläuferprodukts durchgeführt (1). Informationen zu den Herstellkosten erhält man aus den Materialkosten (MK) und Fertigungskosten (FK) aus der Systemebene mit den Baugruppen (2 oben) sowie heruntergebrochen bis auf die Teilsystemebene (z. B. den Bauteilen) (2 unten). – Mit Hilfe geeigneter Methoden zur Ideenfindung (3) werden für die zu untersu-

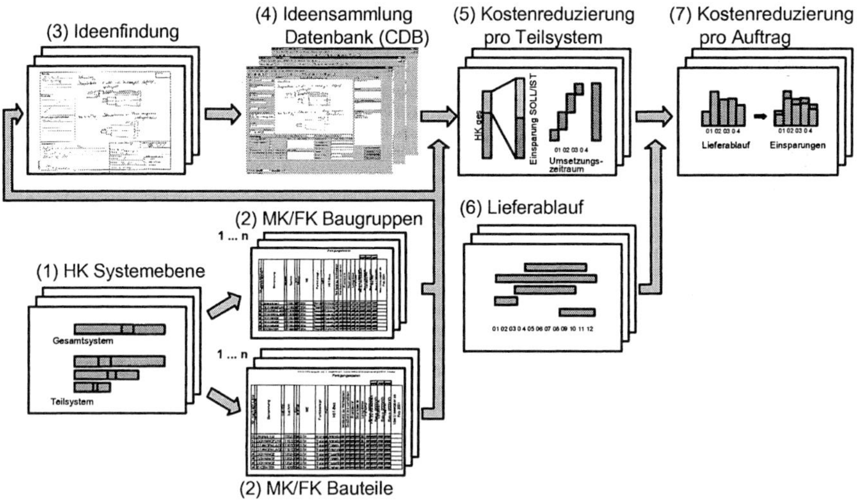

Bild 4.8-7. Wirkungskontrollsystematik

chenden Teile Lösungen generiert und kombiniert, welche voraussichtlich die Herstellkosten senken und /oder den „Wert" verbessern. Diese Ideen werden in eine Datenbank (4) (s. o. CDB Concept Data Base) eingearbeitet und durch weitere Ausarbeitung so konkretisiert, dass sie auch hinsichtlich ihrer Kosten abgeschätzt werden können. Die Ideen sind dann nach ihrem Einsparungspotenzials zu bewerten (5). Dazu sind erneut die Kosteninformationen des betrachteten Teilsystems aus (1) und (2) nötig. Werden diese in Zusammenhang mit der Vorschau künftiger Aufträge (Lieferablauf) gebracht, d. h. mit der Menge und den Lieferdatum der einzelnen Systeme (6), so lässt sich ermitteln, wann eine Idee wirksam werden kann und in welchem Umfang sich im Gesamtsystem Einsparungen ergeben können (7).– Auch die Betrachtung von Prozesskosten ist in dieser Systematik möglich. – Berücksichtigt werden müssen auch Einmalkosten, wie Änderungs- und Werkzeugkosten.

Kostensenkungsmaßnahmen werden auf diese Weise transparent und können jederzeit übersichtlich dargestellt werden. Was aber dann wirklich eingespart wurde ergibt sich erst später nach Fertigung und Nachkalkulation!

Im Projekt zeigte sich auch, welche **Defizite** in der **Kalkulation** vorhanden sind. Die Daten liegen meist in einer für das Kostensenkungsprojekt nicht geeigneten Form vor. Eine Kalkulation für einzelne Bauteile oder Baugruppen und besonders für Funktionen ist schwierig und erfordert einen hohen Zeitaufwand. Der Ausweg, die Kosten zu schätzen scheitert oft am mangelnden Zutrauen der Kalkulatoren und ihrer mangelnden Erfahrung darin (Bild 4.8-3). Auch sind die Kostenstrukturen für einzelne Bauteile zum Teil unterschiedlich und somit nicht vergleichbar. Häufig sind Kosten für einzelne Elemente eines Produktes gar nicht oder nur mit erheblichem Aufwand zu ermitteln.

Auch eine Betrachtung der **Funktionskosten** eines Produktes gestaltet sich oft schwierig, wenn die gleichen Bauteile unterschiedlichen Funktionen zugeordnet werden können bzw. das Produkt sich nicht sinnvoll in einzelne kundenrelevante Funktionen zerlegen lässt.

Zur Pflege und um die Durchgängigkeit des **Systems der Wirkungskontrolle** zu gewährleisten ist es notwendig, einen **SWK-Verantwortlichen** festzulegen. Dieser überprüft die Richtigkeit der Eingangsinformationen (Ist-Kosten), steuert Informationen und Arbeitsergebnisse. Er sorgt für die logische Verknüpfung der Lösungsideen, die Verteilung auf die einzelnen Produkte und die Summierung der möglichen Einsparungen und stellt die Durchgängigkeit im Prozess sicher. Er fasst die für das Kostensenkungsprojekt benötigten Informationen zusammen. Tatsächliche Kosteneinsparungen, wie auch Einsparungspotenziale können so zu jedem Zeitpunkt für unterschiedliche Absicherungsstufen sichtbar gemacht werden.

Problematik der Potenzialabschätzung

Auch in anderen Projekten zeigte sich die Abschätzung des Kostensenkungspotenzials einer Änderung als wesentliches Problem. Grundsätzlich ist dabei zu klären, ob eine vorläufige, grobe oder auch eine fortgeschrittenere Idee weiter zu verfolgen ist oder aufzugeben ist, d. h. ob ein Kostenvorteil erreicht werden kann. (Technisch notwendige Änderungen seien somit aus dieser Betrachtung ausgeklammert). – Für eine genaue Kostenbewertung muss die Konstruktion der Änderung vorliegen, die jedoch selbst wieder Kapazität bzw. Geld kostet. Diese überhaupt anzustoßen, unterliegt somit wiederum einer Bewertung. Eine frühe Bewertung des möglichen Einsparpotenzials kann dementsprechend nur sehr ungenau erfolgen, eine späte Bewertung mag dagegen hohe Kosten verursachen, die von den Einsparungen nicht gedeckt werden können. Ebenso lassen sich große Änderungen in Bezug auf den Entwicklungsaufwand des Produkts nur schwer abschätzen, während kleine Änderungen ein nur geringes Potenzial aufweisen, das schnell von den Aufwendungen zunichte gemacht werden kann.

Die Möglichkeit detailliert die Kosten zu rechnen ist daher auch vor diesem Hintergrund unabdingbar. In diese müssen u. a. Materialkosten, Lohnkosten, Entwicklungskosten, Werkzeugkosten (bzw. die gesamten Investitionskosten), administrative Änderungskosten sowie Kosten zur Verwaltung der zusätzlichen Variante mit einfließen. – Dabei ist auch zu berücksichtigen, dass die fixen Kosten der bisherigen Lösung von der neuen Lösung mit getragen werden müssen, z. B. die alten Werkzeugkosten, die auf die Gesamtstückzahl zu verrechnen sind. – Diese doppelte Belastung durch Zuschläge (Prozesskosten und frühere Fixkosten) erschwert die Bemühungen zur Kosteneinsparung, insbesondere bei kleineren Stückzahlen. Eine weitere Unsicherheit entsteht, da sich u. U. die verkauften Stückzahlen erhöhen, wenn die Kostensenkung an den Kunden z. T. mit niederen Preisen weitergegeben wird. – Doch selbst bei einer positiv zu beurteilenden Maßnahme stellt sich häufig die Frage, wo die Kosten eigentlich eingespart werden. Eine konkrete Einsparung wird ja erst dann erzielt, wenn auch langfristige Änderungen in den Unternehmensstrukturen erfolgen (z. B. Personalabbau, Verkauf von Maschinen, Erhöhung des Absatzes o. Ä.). Das gleiche Problem zeigt sich auch bei der finanziellen Bewertung von Produktvarianten: eine zusätzliche oder weggelassene Variante wird derzeit bei Serienprodukten durchaus bis zu 15 000 € und mehr bewertet.– Diese Kosten zeigen sich aber leider nicht direkt, sondern nur in einem unternehmensweiten, langfristigen Kontext über alle Varianten hinweg im Rahmen einer Prozesskostenrechnung.

c) Target Costing Management System (TCMS)

Es wurde mit mehreren Firmen ein computergestütztes System erstellt, das den Target Costing Prozess (nach Bild 4.4-1 und 4.5-7) durchgängig unterstützt [Stö99]. Es wurde in der Praxis an verschiedenen unterschiedlichen Produkten erprobt. Die Produkte waren z. B. folgende: Bei Siemens in Berlin und Erlangen gasisolierte Hochspannungs-Schaltanlagen (Einzel- und Kleinserienfertigung) und bei Firma Pretema in Pforzheim Stanzteile für Elektro- und Feinwerktechnik sowie die zugehörigen Stanzwerkzeuge. Die Stanzteile repräsentieren dabei die Großserie, die Werkzeuge die Einzelfertigung.

Das so genannte Target Costing Management System (TCMS) wird im Folgenden entsprechend **Bild 4.8-8** am Beispiel der Hochspannungs-Schaltanlagen beschrieben. Gestartet wird mit den Anforderungen der technischen Unternehmensbereiche (links oben). Es folgt teilweise rückgekoppelt eine rechnergestützte Zielkostenfindung, Zielkostenspaltung, -verfolgung und -erreichung. Dabei wird der Target Costing Prozess von der Projektierung über die Entwicklung und Konstruk-

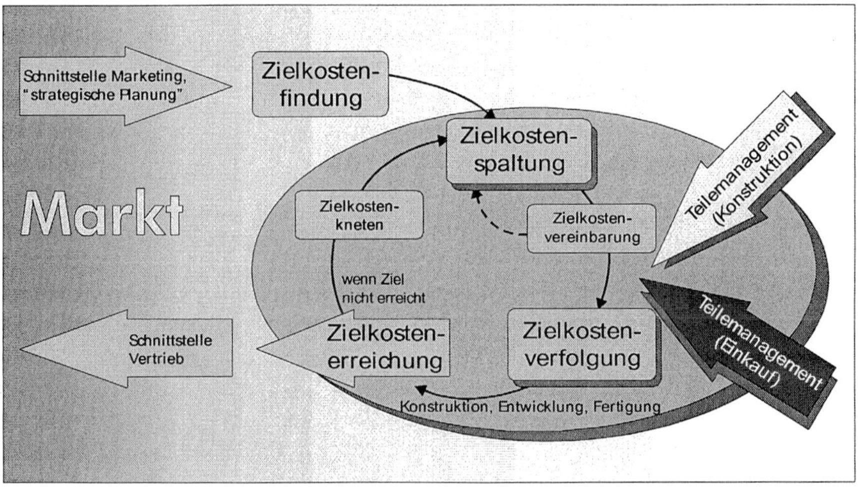

Bild 4.8-8. Target Costing Management System (TCMS)

tion bis zur Arbeitsvorbereitung und Kalkulation durchgängig unterstützt. Es muss an die Randbedingungen eines Betriebes angepasst werden.

Das am Lehrstuhl für Produktentwicklung auf Basis der Software Microsoft Access entwickelte System wird hier an einem Beispiel von Schaltanlagen erläutert.

Die **Zielkostenfindung** erfolgt ausgehend von den Kosten ähnlicher Vorläufer-Produkte in Abstimmung mit der Projektierung bzw. dem Verkauf auf Grund von

Kundenkontakten und den wahrscheinlichen Preisen der Konkurrenz. Die Gesamtzielkosten sind damit vorgegeben. Strategische Entscheidungen des Verkaufs werden berücksichtigt.

Darauf erfolgt die Phase der **Zielkostenspaltung**. Das angebotene Produkt kann, da es meist nicht vollkommen neu ist, auf Grund früherer Erfahrungen relativ leicht in Teillösungen aufgespaltet werden. Dementsprechend erfolgt dann die Spaltung der Gesamtzielkosten in Teilzielkosten über Produktfunktionen, die einzelnen Teillösungen zugeordnet werden können **(Bild 6.8-9)**. Es können somit Teilzielkosten gestuft auf der Gesamtprodukt-, Funktions-, Baugruppen- und auch Bauteilebene erarbeitet werden. Standardkosten von bereits konstruierten Eigenprodukten, von Zukaufteilen, von analysierten Wettbewerberprodukten als auch Informationen aus dem Markt können in die Zielkostenspaltung einfließen.

Im nächsten Schritt beginnt die Konstruktion unter Vorgabe der festgelegten Zielkosten. Das TCMS informiert den Konstrukteur über Produkt- und Sachmerkmale, Termine, festgelegte Ziel- und angefallene Ist-Kosten bis zum vorliegenden Zeitpunkt über den aktuellen Auftrag bzw. über bereits früher abgewickelte Aufträge als Vergleich **(Bild 4.8-10)**.

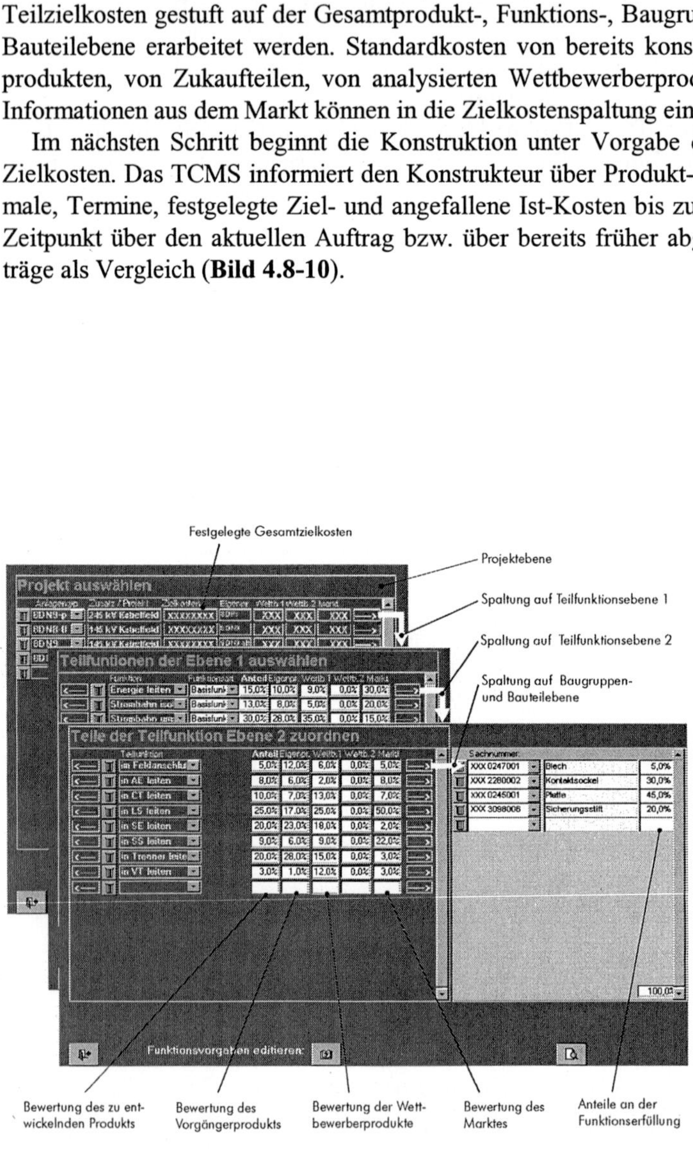

Bild 4.8-9. Masken des TCMS zur Zielkostenspaltung auf Funktionen bzw. Baugruppen und Bauteile

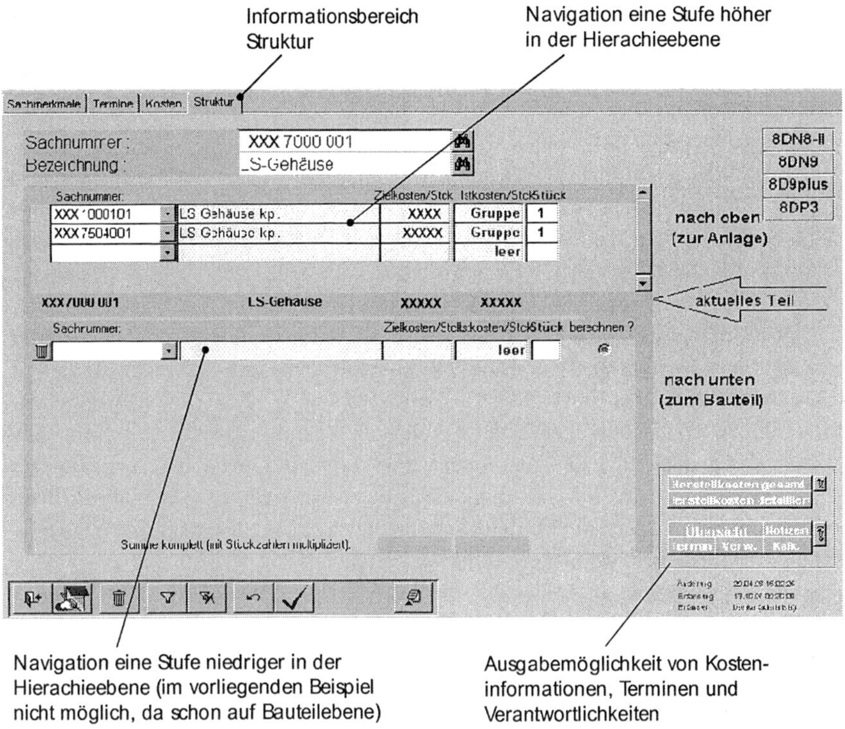

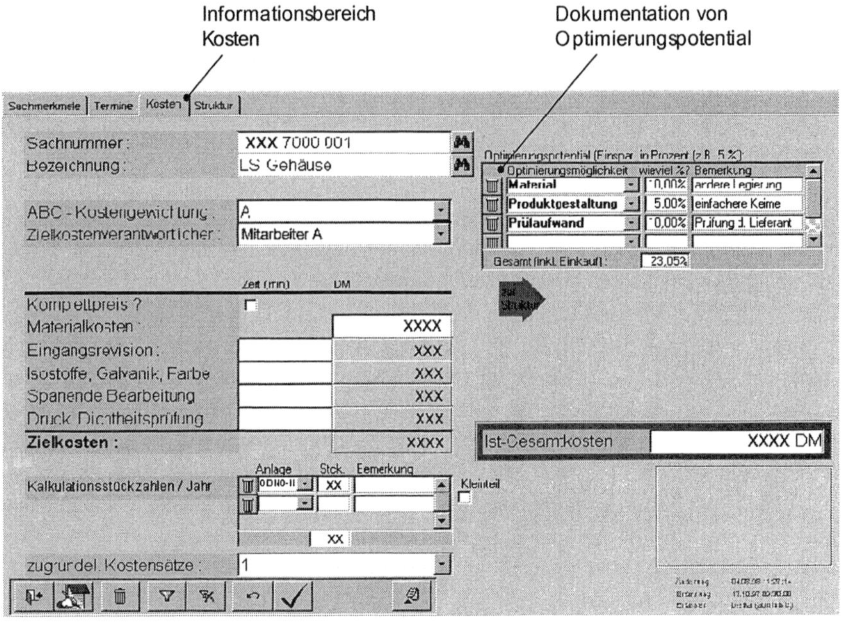

Bild 4.8-10. Beispiele für Masken des TCMS für das Teilemanagement in der Konstruktion für die Baustruktur und die Kosten des Produkts

Neben diesen Funktionalitäten steht dem Konstrukteur eine Vielzahl weiterer Möglichkeiten wie z. B. die Aufnahme von Optimierungspotenzialen zur Verfügung.

Die anfallenden Ist-Kosten werden in diesem Anwendungsfall vom Vertrieb verwaltet. Die Kostendaten werden dabei über Anfragen an Zulieferer und an die eigene Produktion ermittelt. Dadurch, dass im vorliegenden Fall alle Unternehmenseinheiten als eigene Cost-Center gelten, stellen die Angebote der eigenen Produktion ebenso Ist-Kosten dar, wie die von den Zulieferern erhaltenen Angebote. Ebenso wie der Konstrukteur kann auch der Mitarbeiter des Vertriebs Potenziale hinsichtlich einer Kostensenkung im System dokumentieren.

Zur Ermittlung der anfallenden Kosten und Überprüfung der Zielkostenerreichung steht im TCMS als weiteres Modul die **Zielkostenverfolgung** zur Verfügung.

Dieses Modul zeigt die Produktzielkosten und die angefallenen Kosten in einem Soll/Ist-Vergleich, entsprechend dem jeweiligen Zustand der vorhandenen Konstruktion. Es macht auch Angaben über die Wahrscheinlichkeit, die Zielkosten noch zu erreichen. Dabei werden auch mögliche Maßnahmen zur Beeinflussung berücksichtigt. Entsprechend Bild 4.8-3 wird dabei ein Prozess von größerer Kostenunsicherheit zu vollkommener Sicherheit durchlaufen.

Damit ist entsprechend Bild 4.8-7 die letzte Phase der **Zielkostenerreichung** angestoßen. Falls sich hier herausstellt, dass die vorgegebenen Zielkosten mit den bisherigen Maßnahmen nicht zu erreichen sind, wird das so genannte „Zielkosten-Kneten" durchgeführt. Darunter versteht man den erneuten Durchlauf des bisherigen Vorgehens, mit z. B. vertiefter Diskussion darüber, wo an dem Produkt noch gespart werden kann. Dazu gehören z. B. die Fragen „Für welche Eigenschaften ist der Kunde im Grunde nur bereit zu bezahlen? Gibt es bisher außer acht gelassene Möglichkeiten in Produktion und Vertrieb? (z. B. Komplettfertigung in Niedrig-Lohnländern, mehr Direkt-Vertrieb)?"

4.8.3.3 Innerbetriebliche Voraussetzungen

Es genügt nicht, einfach mit Kostensenken mal anzufangen. Kosten werden in vielen Abteilungen verursacht. Sie sind ein gemeinsames Problem. Deshalb muss man auch in gegenseitiger Abstimmung interdisziplinär an ihre Senkung gehen.

Die wichtigste Voraussetzung aus den Angaben in **Bild 4.8-11** ist, dass alle Maßnahmen von der **Unternehmensleitung** gewollt, eingeleitet, durchgesetzt und kontrolliert werden. Wenn sie nicht dahinter steht, versanden die Anstrengungen einzelner Gruppen – die geleistete Arbeit war umsonst. Ein **Beispiel** aus der Praxis: Die Konstruktion erarbeitet ein Kosteninformationssystem (Kurzkalkulationsformeln, rechnergestützte Angebotskalkulation). Dies wird mangels Aktualisierung unbrauchbar. Dies tritt dann ein, wenn z. B. ein Abteilungsleiter in der Arbeitsvorbereitung oder Kalkulation die Weitergabe nötiger Daten verweigert oder wenn der kaufmännische Vorstand wechselt. Deshalb sollten solche Informationssysteme so im betrieblichen Ablauf verankert werden, dass ein Zwang zur Pflege vorhanden ist.

a) Betriebswirtschaftliche/fertigungstechnische Voraussetzungen

- „Muss"-Voraussetzung
  - Preise für Werkstoffe müssen bekannt, aktuell und leicht zugreifbar dokumentiert sein.
  - Preise für Teile müssen bekannt, aktuell und leicht zugreifbar dokumentiert sein.
- „Kann"-Voraussetzung
  - Zeitrichtwerte für wichtige Fertigungsabläufe;
  - Stundensätze für wichtige Maschinen [€/h];
  - Arbeitspläne/Kalkulationen für Produkte mit einem Suchsystem am PC verfügbar machen: Aktualisierte Zeiten und Kosten.

Insgesamt: Herstellkosten und Einstandspreise müssen freigegeben und dürfen nicht geheimgehalten werden.

b) Organisatorische Voraussetzungen

- Kostensenken „kostet" Zeit und qualifiziertes Personal in mehreren Abteilungen. Deshalb muss die **Geschäftsleitung** es wollen, initiieren und kontrollieren: Investitionsbereitschaft!
- Die Mitarbeiter in Entwicklung u. Konstruktion, Fertigung, Kalkulation ... müssen mit den neuen Methoden, Hilfsmitteln arbeiten...und sie erarbeiten. Deshalb müssen sie **rechtzeitig** in den **Informations- und Entscheidungsprozess** einbezogen werden.

Bild 4.8-11 Beispiele für betriebliche und organisatorische Voraussetzungen für Kostengünstiges Konstruieren

Mit umfangreicheren Maßnahmen zum Kostensenken sollte also erst begonnen werden, wenn von der Geschäftsleitung die nötige Investitionsbereitschaft für Personal, Zeit und finanzielle Mittel vorhanden ist (Kap. 4.8.1). Es ist klar, dass Kostensenken nicht ohne Aufwand zu haben ist: Kostendaten müssen beschafft, aufbereitet und konstruktiv genützt werden (Kap. 4.8.2). Ferner muss klar sein, dass kaufmännische Daten, wenigstens auf Herstellkostenbasis, freigegeben werden müssen wie z. B. Festigkeitswerte. Geheimniskrämerei in dieser Hinsicht schadet dem Unternehmen. Wie soll man in der Konstruktion Kosten senken, wenn man nichts von Kosten wissen darf? Allerdings müssen die Kostendaten vertraulich, d. h. unbedingt nur betriebsintern behandelt werden!

4.8.3.4
Information und Weiterbildung

Konstrukteure haben, bedingt durch vorwiegend technische Ausbildung und durch den Mangel an betriebswirtschaftlichem Informationsfluss, traditionell **wenig Kostenwissen**. Dieses Defizit muss durch Weiterbildungsmaßnahmen (innerbetriebliche und externe) beseitigt werden, da man Kosten nicht beeinflussen kann, wenn man davon nichts weiß (Kap 3.2.3).

Das **Wissen muss je nach Verantwortungsumfang unterschiedlich sein**: Ein Detailkonstrukteur sollte die Kostenarten kennen, die zu Herstellkosten führen,

Systematisches Vorgehen anhand eines Arbeitsplans (Bild 4.9-1). Er enthält die Schritte des Vorgehenszyklus (Bild 4.4-1):

- Grundschritt 1 „Projekt vorbereiten" entspricht „Aufgabe strukturieren".
- Grundschritt 2 „Objektsituation analysieren" entspricht „Aufgabe analysieren".
- Grundschritt 3 „Soll-Zustand festlegen" entspricht „Aufgabe formulieren".
- Grundschritt 4 „Lösungsideen entwickeln" entspricht „Lösungssuche".
- Grundschritt 5 „Lösungen festlegen" entspricht „Lösungen analysieren, bewerten und festlegen".

Weitere Kennzeichen sind:

- **Ressortübergreifende Teamarbeit**, wodurch das Wissen aller betroffenen Bereiche und alle Gesichtspunkte, die für ein Problem relevant sind, erfasst werden (s. Kap. 4.3.1). Statt isolierter Betrachtungsweise und Entscheidung aus der Sicht nur eines Fachbereiches wird eine integrierende Betrachtung angestrebt. Der wertanalytische Arbeitsplan und die Grundideen, z. B. funktions- und kostenorientiertes Denken und die Zusammenarbeit, können abgewandelt, aber auch für die Arbeit einer Einzelperson eingesetzt werden [Reh87].

Grundschritt	Teilschritt
	(Bearbeitungsintensität und ggf. auch die Reihenfolge der Teilschritte innerhalb eines jeden Grundschritts sind projektabhängig)
1 Projekt vorbereiten	1.1 Moderator benennen 1.2 Auftrag übernehmen, Grobziel mit Bedingungen festlegen 1.3 Einzelziele setzen 1.4 Untersuchungsrahmen abgrenzen 1.5 Projektorganisation festlegen 1.6 Projektablauf planen
2 Objektsituation analysieren	2.1 Objekt- und Umfeldinformationen beschaffen 2.2 Kosteninformationen beschaffen 2.3 Funktionen ermitteln 2.4 Lösungsbedingte Vorgaben ermitteln 2.5 Kosten den Funktionen zuordnen
3 Soll-Zustand festlegen	3.1 Informationen auswerten 3.2 Soll-Funktionen festlegen 3.3 Lösungsbedingende Vorgaben festlegen 3.4 Kostenziele den Soll-Funktionen zuordnen
4 Lösungsideen entwickeln	4.1 Vorhandene Ideen sammeln 4.2 Ideenfindungstechniken anwenden
5 Lösungen festlegen	5.1 Bewertungskriterien festlegen 5.2 Lösungsideen bewerten 5.3 Ideen zu Lösungsansätzen verdichten und darstellen 5.4 Lösungsansätze bewerten 5.5 Lösungen ausarbeiten 5.6 Lösungen bewerten 5.7 Entscheidungsvorlage erstellen 5.8 Entscheidungen herbeiführen
6 Lösungen verwirklichen	6.1 Realisierung im Detail planen 6.2 Realisierung einleiten 6.3 Realisierung überwachen 6.4 Projekt abschließen

Bild 4.9-1. Arbeitsplan der Wertanalyse n. DIN 69 910 [DIN87d]

- **Funktionsdenken**, um Abstand zu gewinnen von bestehenden Lösungen und damit auf neue Lösungen zu kommen. Den Funktionen werden die vorhandenen Kosten des Objekts zugeordnet, so dass man aus diesen **Funktionskosten** zu bearbeitende Schwerpunkte, unnötige Funktionen und Kosten erkennen kann (Kap. 4.5.1.2). Ein „Kostenziel" wird angegeben.
  Funktion im Sinne der Wertanalyse ist die Wirkung eines Objekts. Sie wird sehr anschaulich durch ein Substantiv und Verb beschrieben. Es gibt Haupt-, Teil-, Hilfs- und unerwünschte Funktionen sowie die Geltungsfunktion.
- **Einbindung des Managements** aus der klaren Erkenntnis heraus, dass Wertanalyse nur erfolgreich eingeführt werden kann, wenn die Führungsebene die hierzu erforderlichen Aktivitäten versteht, will und unterstützt. Diese Forderung ist eine Frucht jahrzehntelanger Erfahrungen, die grundsätzlich für die Einführung und Anwendung aller Arbeitsverfahren und Methoden gilt. Deren Wirksamkeit kann ja in der Regel nur zum Teil quantitativ nachgewiesen werden und tritt oft erst nach so langer Zeit ein, dass der Erfolg nicht mehr unmittelbar einsichtig ist (Kap. 4.8.1).
- **Kooperatives, veränderungsbereites Verhalten** aller mitarbeitenden oder betroffenen Personen. Wer Erfahrungen in Unternehmen oder Verwaltungen gesammelt hat, weiß, dass auch die ausgefeiltesten Methoden, Anweisungen und Pläne wirkungslos untergehen, wenn sie nicht durch motiviertes und qualifiziertes Personal aufgegriffen und umgesetzt werden. Leistungs- und verantwortungsbereite Mitarbeiter, die den Erfolg des Teams über ihren eigenen stellen, erzeugen – natürlich nur zusammen mit einer begeisternden Führung – jenes kooperative, gute Betriebsklima, das das Kennzeichen einer erfolgreichen Mannschaft ist. Personal ist die wichtigste Ressource eines Unternehmens!

Die Wertanalyse kann folgende Erfolge aufweisen [Kre81]:

Direkt messbare Erfolge sind die Kostensenkungen an Produkten, die sich bei 800 durchgeführten Wertanalysen im Durchschnitt auf 23 % (5-75 %) der variablen Herstellkosten belaufen. Bei 80 % der Wertanalysen lag die Amortisierungsdauer unter einem Jahr.

Als **qualitative Erfolge** werden beobachtet: Bessere, marktgerechtere Produkte, Begeisterung für Teamarbeit, mehr Arbeitszufriedenheit, direktere Informationsflüsse, mehr rationales Vorgehen.

Die Wertanalyse wurde in den letzten Jahren weiterentwickelt zum **Value Management** [Kre81; VDI95], das Problemlösungsmethoden mit Projekt- und Managementinstrumentarien sowie Methoden zur positiven Gestaltung des psychosozialen Bereiches verknüpft. Es wird dabei berücksichtigt, dass emotionale Beziehungen das Arbeitsergebnis maßgeblich bestimmen können.

Vergleicht man Wertanalyse und Target Costing, so sind viele gemeinsame Ansätze vorhanden. Target Costing verfolgt aber stärker die Ausrichtung auf die vom Kunden bzw. vom Markt her gesetzten Kostenziele [EUR95; Bul98; Sti98].

Das Anliegen dieses Buches ist, die Gedanken beider Bereiche aufzunehmen und noch stärker als bisher in eine integrierte Produktentwicklung einzubinden [Ehr03], die ihrerseits ihre wissenschaftliche Basis im methodischen Konstruieren hat [Rod91; Pah97]. Damit sollen innovative und kostengünstige Produkte in der gewünschten Qualität und Zeit entwickelt werden können.

5 Beeinflussung der Lebenslaufkosten

In diesem Kapitel soll gezeigt werden, wie man als Produktentwickler die Lebenslaufkosten eines Produkts zum Vorteil des Nutzers verringern kann. Zu deren Bedeutung wird auf die in Kap. 2.1 gemachten Erläuterungen verwiesen. Es wird deutlich, dass eine Veränderung dieser Kosten nur im engsten Kontakt mit dem Kunden bzw. Nutzer möglich ist. Hier liegt noch ein großes Entwicklungspotenzial für den Maschinen- und Anlagenbau, denn oft ist dem Nutzer selbst nicht bekannt, wo die Hauptanteile in seiner Lebenslaufkostenstruktur liegen und wie diese durch technische Parameter des Herstellers verändert werden können.

5.1 Was sind Lebenslaufkosten?

Bevor im Einzelnen auf die Zusammensetzung der Lebenslaufkosten (*LLK*, **Bild 5.1-1**) eingegangen wird, sollen Begriffe geklärt werden. Ferner soll etwas aus der Praxis zur Bedeutung dieser Kosten gesagt werden.

Jedes Produkt hat seinen Lebenslauf, während dessen auch Kosten anfallen: Von der ersten Idee, bzw. vom Auftrag über die Entwicklung, Fertigung, Nutzung bis zur Entsorgung fallen immer wieder Kosten an, die der Nutzer meist direkt (z. B. in Form von Betriebskosten) oder indirekt (z. B. die Herstellkosten über den Einstandspreis) zu tragen hat. Das ist also die **Produktlebensdauer eines einzelnen Produkts** (s. Bild 5.1-3). Von diesem Lebenslaufbegriff individueller Produkte ist die **Marktlebensdauer** von Produkten zu unterscheiden (s. Bild 5.1-4). Unter Marktlebensdauer wird dabei die Zeitdauer verstanden, während der ein Pro-

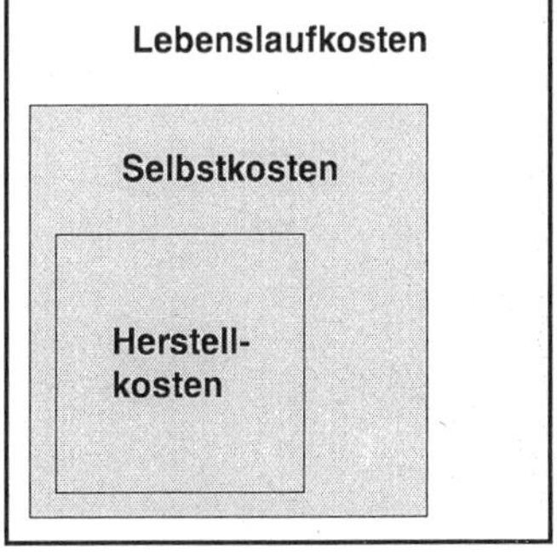

Bild 5.1-1. Herstell-, Selbst- und Lebenslaufkosten

dukt oder Produktprogramm vom Hersteller gebaut und vertrieben wird. Im Weiteren werden hier jetzt nur noch die Kosten während der erstgenannten individuellen Produktlebensdauer besprochen.

Leider ist sich der Nutzer oft überhaupt nicht im Klaren, um welche Kosten es dabei geht. In **Bild 5.1-2** ist schematisch mit dem Gleichnis des Eisbergs gezeigt, wie oft nur die unmittelbar zu sehende Spitze, der Kaufpreis, beachtet wird. Was z. B. die Inbetriebnahme, das Anlernen, die Software mit ihrem Anpassungsbedarf und ihren jeweils neuen Versionen kostet, bleibt im Dunkeln, von den Umwelt- und Entsorgungskosten gar nicht zu reden. All das wäre konstruktiv beeinflussbar, wenn auch der Hersteller über diese Kosten, die ja beim Nutzer anfallen, Bescheid wüsste und sich deren Bedeutung bewusst wäre.

Ein Beispiel: Ein Hersteller von **Foto-Entwicklungsautomaten** bat die Autoren um Mithilfe, die Herstellkosten des Automaten zu senken, da auf dem Verkaufspreis ein gewisser Druck lastet. Auf die Frage an den Hersteller, ob man dem Kunden (Foto-Entwicklungslabor) nicht anderweitig bezüglich dessen Kosten helfen könne und wie sich denn die Kosten eines fertigen Abzugs aus der Sicht dieses Kunden zusammensetzten, war wenig Information vorhanden. Schließlich

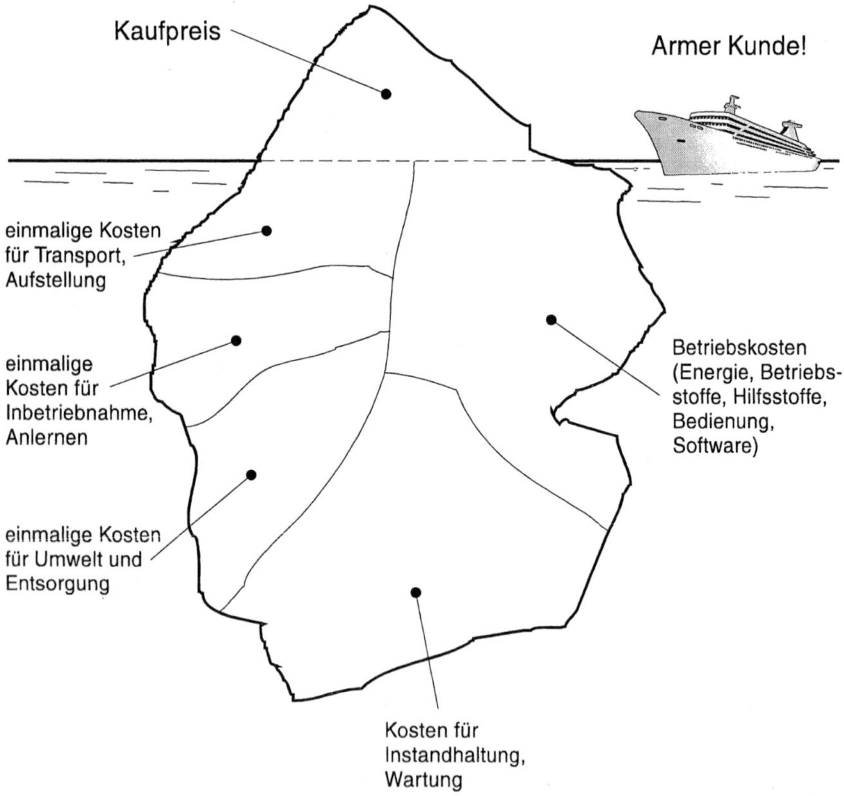

Bild 5.1-2. Der Eisberg der Lebenslaufkosten aus der Sicht des Nutzers

ergab sich, dass Papier und Entwickler 70 % der Bild-Herstellkosten ausmachten und die vom Automatenhersteller beeinflussbaren Anteile nur 15-20 % betrugen, wovon wieder 60 % als Personalkosten auf die „Bedienung" des Automaten entfielen. Daraus wurde als Ziel abgeleitet, so zusätzlich zu automatisieren, dass statt zwei Personen für die Bedienung nur noch eine nötig war. Die Entwicklungsaufgabe war also durch die Aufgabenklärung jetzt ganz anders als am Anfang (Kap. 4.5.1.1). Die Herstellkosten des Automaten wurden dadurch etwas höher statt geringer. Man konnte dadurch rund 5 % der Bild-Herstellkosten einsparen. Hätte man den Automaten dagegen um 10 % im Verkaufspreis verringert, so wären diese Bild-Herstellkosten nur um 0,5 % niedriger geworden! Es war, wie so oft, auch in diesem Fall nicht einfach, an die Nutzer-Informationen zu gelangen. Die Nutzer sind meist viel zu ängstlich, auch nur Teile ihrer Kosten weiterzugeben bzw. offen zu legen. An solche Daten kann der Hersteller aber dennoch kommen, wenn zu einigen Kunden ein engeres Vertrauensverhältnis entsteht.

In diesem Beispiel waren Maschinenhersteller und Nutzer in zwei voneinander unabhängigen Firmen zu Hause. Es war deshalb nur **eine** Informationsbarriere zu überwinden (Bild 3.2-2). Bei größeren Anlagen (z. B. Chemieanlagen), wird oft noch ein „Engineering-Unternehmen" dazwischengeschaltet, das die Anlage nur zusammenstellt, aber weder die Anlagenteile baut, noch sie betreibt. Dann sind schon mehr „Mauern" zu überwinden. – In solchen Fällen ist ein gemeinsames Entwicklungsteam, mindestens aber ein „Aufgabenklärungsteam" hilfreich, das die Ziele und das Know-how von Nutzer, Anlagen-Engineering-Unternehmen und Maschinen-/Apparate-Hersteller zusammenführt.

Es wird damit auch klar, dass die Lebenslaufkosten nicht nur für die Gestaltung von Produkten wichtig sind, sondern auch für die Entwicklung von Prozessen, die ja durch das Zusammenwirken von Maschinen oder Apparaten und Menschen entstehen.

Woraus setzen sich Lebenslaufkosten zusammen?

Lebenslaufkosten oder englisch Life-cycle-costs sind die Kosten, die beim Produktnutzer als Summe aller Kosten (Bild 5.1-5) aufgrund des Kaufs und während der Nutzungszeit eines Produkts (Anlage, Maschine, Gerät, Apparat) anfallen (Produktlebensdauer). Dies sind:

- **Einstandskosten**, im wesentlichen aus dem Einstandspreis bestehend, evtl. abzüglich Wiederverkaufswert (meist als Abschreibung plus Verzinsung in laufende Kosten umgerechnet);
- **einmalige Kosten**, wie z. B. Kosten für Transport, Aufstellung, Inbetriebnahme, Schulung von Personal, Entsorgung;
- **Betriebskosten**, wie z. B. laufende Kosten für Energie, Betriebsstoffe und deren Entsorgung, Löhne zur Bedienung;
- **Instandhaltungskosten**, wie z. B. für Wartung, Inspektion, Instandsetzung;
- **sonstige Kosten**, wie z. B. Kapitalverzinsung, steuerliche Belastungen, Versicherungen, Ausfallkosten.

Die Entstehung dieser Kosten geht vereinfacht aus **Bild 5.1-3** hervor: Über der **Produktlebensdauer** sind die sich aufsummierenden Kosten aufgetragen (die

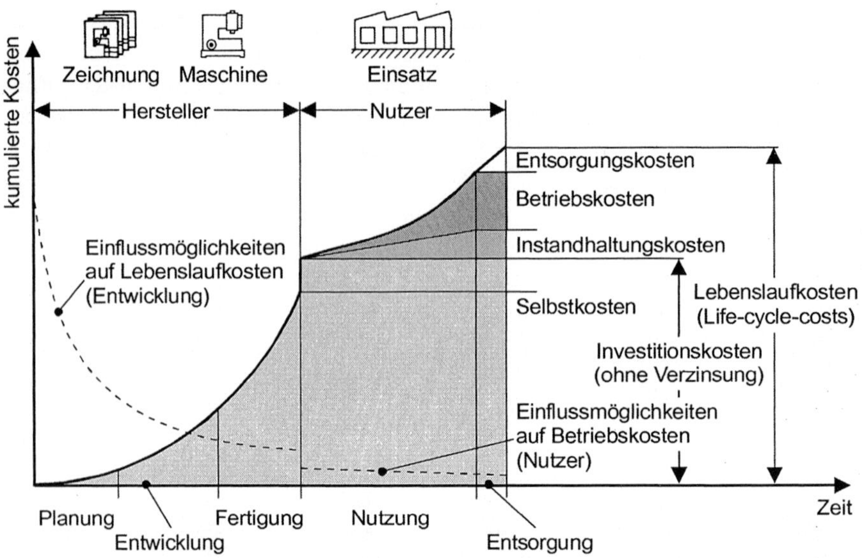

Bild 5.1-3. Lebenslaufkosten während der Produktlebensdauer (vereinfacht, ohne sonstige Kosten)

Investitionskosten des Nutzers sind hier als fester Betrag ohne Verzinsung angegeben). Am Anfang, bei der Entwicklung des Produkts, sind die Kosten noch gering:

Sie fallen nur für Ideen an, die „zu Papier" gebracht werden (Kosten für Entwicklung und Konstruktion). Trotzdem werden dort schon die später stark ansteigenden Kosten für das Produkt und dessen Nutzung weitgehend festgelegt (s. Bild 2.2-3).

In der Teilefertigung, Montage und über die Beschaffung entstehen die Herstellkosten des Produkts (ausführlicher in Kap. 7): Das „Papier" der Konstruktion wird sozusagen „umgeformt" in Metall und Kunststoff der Maschine. Mit den Kosten weiterer Abteilungen ergeben sich die Selbstkosten (Kap. 6). Beim Verkauf des Produkts entsteht durch den Gewinn und die Risikovorsorge (Gewährleistungskosten) des Herstellers ein Sprung, wobei der Kaufpreis des Nutzers als dessen Investitionskosten aufgefasst werden kann. Die einmaligen Kosten des Nutzers für Aufstellung, Inbetriebnahme usw. sollen ebenfalls damit angezeigt sein. Beim Betrieb der Maschine entstehen im weiteren Verlauf Betriebs- und Instandhaltungskosten, die bis zum Ende der Nutzung anwachsen und ein Vielfaches der Investitionskosten ausmachen können. **Die Minimierung dieser** schlussendlich **beim Nutzer entstehenden Lebenslaufkosten sollte das vornehmliche Ziel eines kostenbewussten Entwicklers sein** [Coe94; Fis94; Gro04; Paw05; RTO00; VDM97; Weu99].

Bild 5.1-4 zeigt die **Marktlebensdauer** eines Produkts im Gegensatz zur Produktlebensdauer nach Bild 5.1-3. Ein einzelnes Produkt kann eine sehr viel größere Lebensdauer haben, als es im Verkaufsprogramm eines Herstellers enthalten ist. Ein Beispiel stellen Oldtimer-Pkw dar. Im Bild sind die Vorleistungskosten für

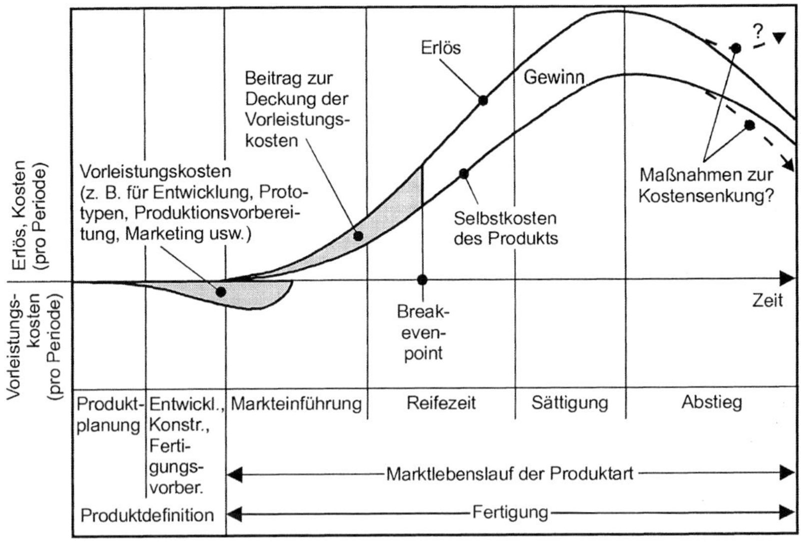

Bild 5.1-4. Entwicklung von Erlösen und Kosten über der Marktlebensdauer eines Produkts

eine Produktentwicklung und -einführung angegeben (*EFK*, s. Kap. 7.5.1). Außerdem sieht man den Break-even-point, der angibt, wann diese Kosten durch den Verkauf gedeckt sind und Gewinn entsteht.

In **Bild 5.1-5** sind die Begriffe von Bild 5.1-3 nochmals übersichtlich dargestellt.

Fruchtbar ist, wenn man nicht nur Maschinen und Anlagen als hinsichtlich der Lebenslaufkosten zu betrachtende „primäre Produkte" auffasst, sondern auch die **„sekundären Produkte"** aus diesen Anlagen analysiert. Damit sind z. B. die Kosten gemeint, die für die Produktion einer kWh, eines m^3 Trinkwassers, einer Flasche aus einer Glasblasanlage oder, wie oben gezeigt, für einen fotografischen Abzug entstehen. Auch hier sind wieder deren Kostenstrukturen besonders aufschlussreich.

Außer den bisher genannten Bestandteilen der Lebenslaufkosten kann man noch **„erweiterte oder volkswirtschaftliche Lebenslaufkosten"** einführen. Sie enthalten Kostenanteile für die Nutzung technischer Produkte, die derzeit noch nicht vom unmittelbaren Nutzer getragen werden, sondern von der Allgemeinheit, der Volkswirtschaft bzw. von Versicherungen. Hier sei nur an die Kosten für Waldschäden erinnert. Auch die **Entsorgungskosten** gehören teilweise zu dieser Gruppe. In Zukunft sollen sie zunehmend nach dem Verursacherprinzip verrechnet und getragen werden (s. Kap. 7.14). In Bild 5.1-5 sind sie den Kosten des Produktherstellers zugerechnet worden, würden also in den Selbstkosten verrechnet werden. Je nach Branche oder Produkt kann es aber auch sein, dass sie der letzte Produktnutzer zu begleichen hat.

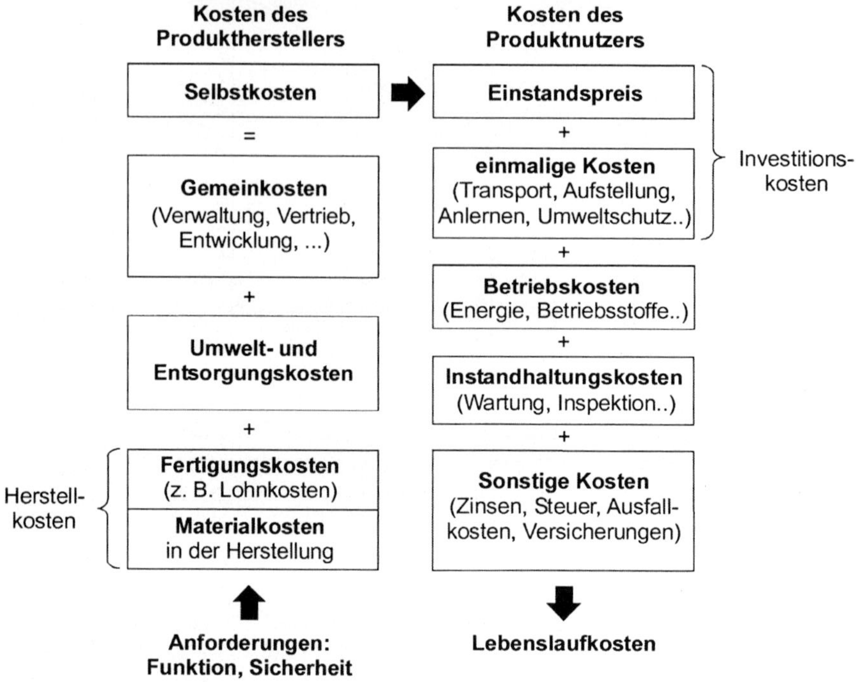

Bild 5.1-5. Zusammensetzung der Lebenslaufkosten

Eine durchgängige **Kostenrechnung für die Lebenslaufkosten** ist erst in Ansätzen vorhanden: Jeder Betroffene – Hersteller, Nutzer, Entsorger – rechnet bisher in seinem Schema [Wel97].
Angemerkt sei, dass auch **andere Begriffe** üblich sind. Anstelle Lebenslaufkosten werden verwendet: Produkt-Gesamtkosten [VDI87] und Lebenszykluskosten, was den englischen Life-cycle-costs entspricht.

Es gibt schließlich **Teilüberdeckungen** mit anderen Kostenbegriffen, wie z. B. mit dem Begriff der Qualitätskosten (Qualität von der Planung bis zur Nutzung) oder mit dem Begriff der Umweltkosten (u. a. Entsorgung des Produkts), ferner mit Total Costs of Ownership oder Prozessgesamtkosten.

Zweckmäßig ist, die später im Lebenslauf entstehenden Kostenanteile (z. B. Energiekosten bei alternativen Klimaanlagen) relativ zu unterschiedlichen Beschaffungskosten **auf einen bestimmten Zeitpunkt** (z. B. Kalenderdatum) zu beziehen. Dann erst werden verschiedene Alternativen wirtschaftlich vergleichbar. Dies kann durch eine **Abzinsungsrechnung** geschehen. Man kann auch den Zeitpunkt des **„Return of Investment"** oder den **Break-even-point** (Bild 8.5-2) errechnen, d. h. die Zeitdauer, wann z. B. anfängliche Mehrkosten im Kaufpreis durch später geringere Betriebskosten aufgewogen werden [Män97].

5.2 Was beeinflusst die Lebenslaufkosten?

Jede Produktart hat eine bis zu einem gewissen Grad typische Lebenslaufkosten-Struktur, wie in **Bild 5.2-1** beispielhaft dargestellt ist. In ihr sind einige Anteile der Lebenslaufkosten enthalten. Für einfache Geräte, wie Schraubenschlüssel oder andere Werkzeuge, entstehen nur Investitionskosten, und es fallen weder Betriebs- noch Instandhaltungskosten an, für Fahrzeuge sind dagegen alle drei Kostenarten von Bedeutung, so dass die Optimierungsaufgabe komplex wird.

Die Lebenslaufkosten von Wasserwerkpumpen (ganz rechts im Bild) enthalten als wesentliche Kostenanteile die Energiekosten, die wiederum stark von der jährlichen Einschaltdauer und von der Pumpenleistung abhängen [Fra82]. So haben die Energiekosten für ein Pumpenaggregat von 2 000 kW Leistung und einer jährlichen Einschaltdauer von 8 000 Stunden, bezogen auf die ganze Lebensdauer von 20 Jahren, einen Anteil von 96 % an den Lebenslaufkosten. Dementsprechend sollte der Betreiber höhere Einstandspreise in Kauf nehmen, wenn er dafür Pumpen mit besserem Wirkungsgrad erhält. Bei obiger Leistung könnte der Pumpen-

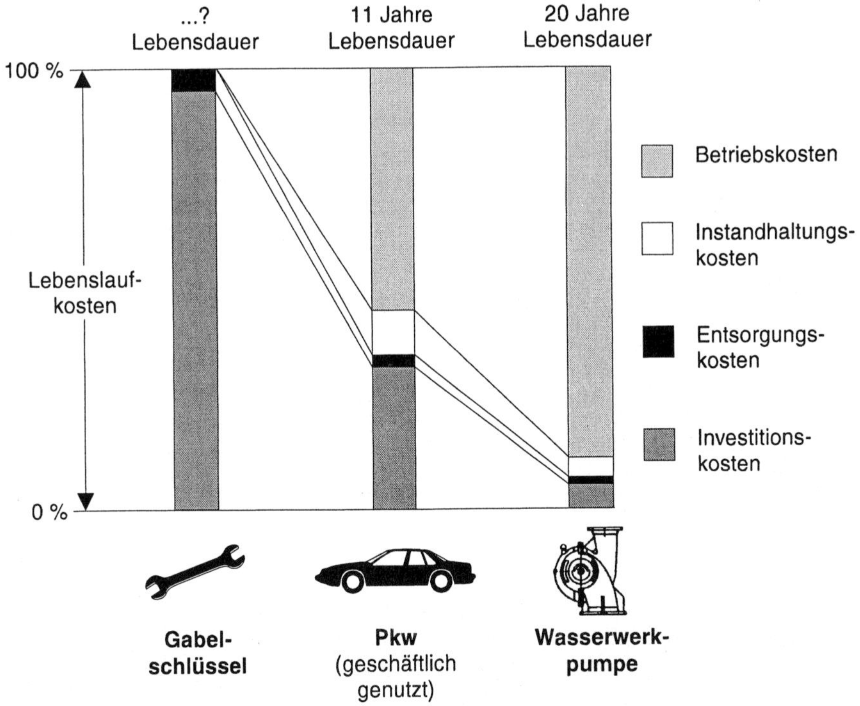

Bild 5.2-1. Lebenslaufkosten-Strukturen

preis doppelt so hoch sein wie üblich, wenn damit der Wirkungsgrad um 0,2 % höher wäre. Man erhält dann die gleichen Lebenslaufkosten. Da aber eine Wirkungsgrad-Steigerung um 0,2 % bereits mit einem Bruchteil dieser Preis-(Kosten-) Steigerung zu verwirklichen ist, käme der Unterschied dem Betreiber als echte Kostenersparnis zugute. – Sehr oft honorieren aber die Einkäufer z. B. hohe Wirkungsgrade kaum, sondern achten auf niedere Investitionskosten: „Nur der Kaufpreis zählt!". Diese Art, kurzfristig zu denken, ist weit verbreitet, aber eben kurzsichtig und im Grunde unwirtschaftlich.

Wie man sieht, hängen die Schwerpunkte zur Beeinflussung der Lebenslaufkosten nicht nur stark von der Produktart ab, sondern auch von der Einsatzdauer. Der Anteil der Investitionskosten, d. h. die jährlich verrechnete Abschreibung, hängt z. B. vom Abschreibungszeitraum des Produkts ab (hier des Pkw). So dominieren bei einem Pkw mit geringer gefahrener km-Zahl die Investitionskosten, bei hoher km-Zahl die Kraftstoffkosten. Daraus erkennt man den Einfluss sowohl der Qualität des Produkts und der Betriebsart (Kurzstrecken-/Langstrecken-Fahrten) wie auch der Qualität der Instandhaltung. Diese Abhängigkeiten führen zu unterschiedlichen **Kostenschwerpunkten**, die vor Beginn der Produktentwicklung bekannt sein müssen, da sich die Entwicklung an ihnen ausrichten muss. **Bild 5.2-2** macht diese anhand einiger Beispiele klar.

Produkt		**Nutzung pro Jahr**	**Kostenschwerpunkt**		
			Abschreibung + Verzinsung	Energiekosten	Bedienung, Personalkosten
	Pkw	10 000 km	●		
		40 000 km		●	
	Fernseher	700 Std.	●		
	Feuerlösch-pumpe	50 Std.	●		
	Wasserwerk-pumpe	8 000 Std.		●	
	PC (geschäftlich)	1 600 Std.			●
	PC (privat)	700 Std.	●		

Bild 5.2-2. Schwerpunkte der Lebenslaufkosten (n. H. J. Franke)

Dass sich diese Schwerpunkte im Lauf der Jahre ändern können und dann Konzeption und Gestaltung eines Produkts ganz anders werden müssen, ist in **Bild 5.2-3** am Beispiel eines Frachtschiffantriebs dargestellt (Kap. 7.3). In Bild 5.2-3a wird gezeigt, wie in den siebziger Jahren mittelschnell laufende Dieselmotoren (Motor B) (z. B. 430 min^{-1}) einschließlich des Getriebes (430/120 min^{-1}) in Kosten, Gewicht und Raumbedarf gegenüber langsam laufenden Dieselmotoren (Motor A) so vorteilhaft waren, dass sie diese verdrängten. Aus Bild 5.2-3b wird allerdings klar, dass im Lauf der Zeit (vor allem während der Energiekrise 1973) die Brennstoffkostenanteile so stark angestiegen sind, dass der mittelschnell laufende Dieselmotor mit seinem Bedarf an hochwertigem, teurem Dieselöl gegenüber dem billige, fast „teerähnliche" Schweröle verbrennenden langsam laufenden Dieselmotor in den Lebenslaufkosten zu teuer wurde. Heute werden deshalb die meisten Frachtschiffe von langsam laufenden, den Propeller direkt bewegenden Zweitaktmotoren angetrieben [Puc89].

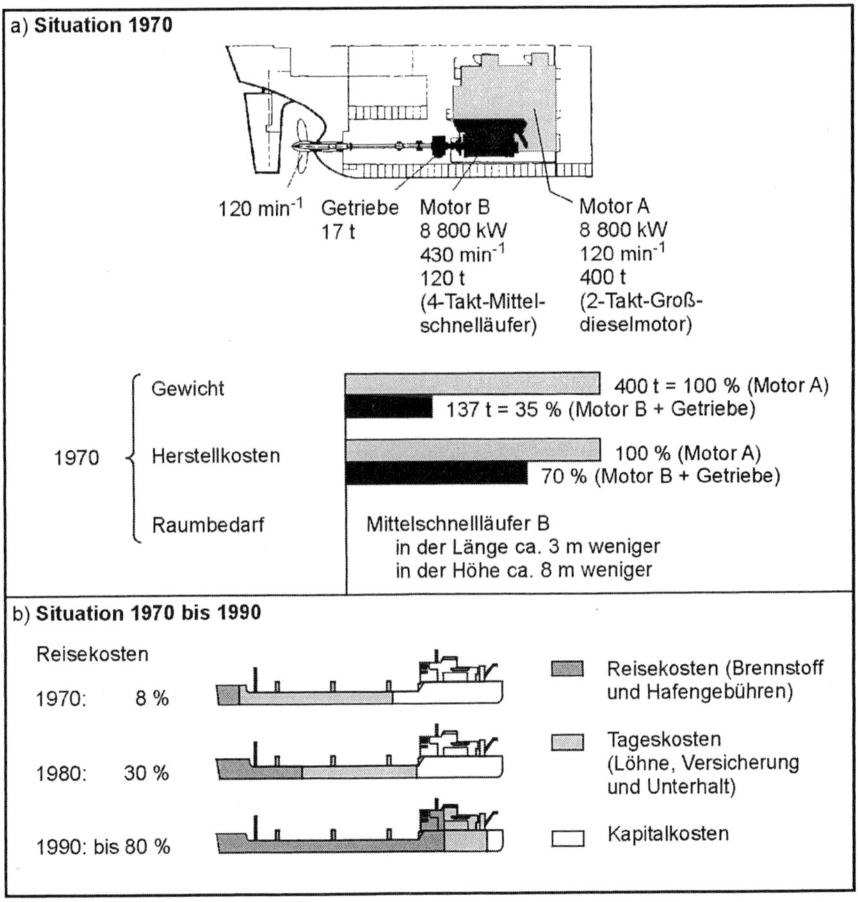

Bild 5.2-3. Vergleich verschiedener Antriebskonzepte bei Frachtschiffen (n. BHS [Puc89])

In **Bild 5.2-4** sind nun zusammenfassend alle wesentlichen Einflussgrößen auf die Lebenslaufkosten dargestellt. Sie werden dann für die Produktentwicklung bestimmend, wenn der Kunde wünscht, dass das Produkt nicht nur hinsichtlich des Verhältnisses Funktionsnutzen zum Beschaffungspreis günstig ist, sondern auch in den Lebenslaufkosten, um seine Gewinnsituation zu verbessern [VDM97]. Es sollte demnach entsprechend dem Kundenwunsch bzw. seiner Kostenrechnung, also nach Beurteilungskriterien der Abnehmermärkte, entwickelt werden. Das heißt natürlich nicht, dass man beim Kontakt Hersteller-Kunde nicht zu einer anderen Auffassung kommen kann (s. o. Bsp. „Foto-Entwicklungsautomat").

Dadurch wird wieder deutlich, wie entscheidend ein intensiver Kontakt des Herstellers (Entwicklers!) mit Kunden – noch besser mit unmittelbaren Nutzern oder Betreibern – vor und während der Produktentwicklung ist (Kap. 3.3.1 u. 4.2).

Es wurden die Einflüsse auf die Lebenslaufkosten aufgezeigt. Wenn auch die daran orientierten Ziele und Anforderungen für die Produktentwicklung klar sind, geht es um deren Umsetzung. Welche konstruktiven Maßnahmen im Einzelnen zur Senkung der Lebenslaufkosten führen, kann aber allgemein nicht gesagt werden.

Einflüsse auf Lebenslaufkosten

- **Produktart** einschließlich dessen Qualität und hergestellter Stückzahl, z. B. als Einzel- oder Serienprodukt (s. Bild 5.2-1).
- **Konstruktionsprinzip**, z. B. mechanisch, hydraulisch, elektrisch usw. - Beispiel: mechanische Getriebe sind meist verlustärmer als hydromechanische.
- **Produktnutzung** hinsichtlich Einsatzdauer, Lebensdauer, Umgebungsbedingungen, wie Schmutz, korrodierende Stoffe, Temperaturen (s. Bild 5.2-2 und 5.2-3).
- **Wartung** und **Instandhaltung**, deren Qualität vom Nutzer, aber auch vom Hersteller oder Dritten abhängen kann, z. B. Ersatzteilverfügbarkeit, Fehlersuche mit Fernüberwachung, Servicedichte und -qualität.
- **Kostenstruktur des Nutzers**, z. B. machen länderspezifische niedrige Lohnkosten einen hohen Automatisierungsaufwand sinnlos.
- **Kosten für umgesetzte Energien und Stoffe**, z. B. können teure Brennstoffe, Hilfsstoffe, Schmierstoffe, Verschleißteile konstruktionsrelevant werden (s. Bild 5.2-3).
- **Produktlebensdauer und -zuverlässigkeit**, da "langlebige" Produkte mit entsprechender Zuverlässigkeit oft bezüglich der Lebenslaufkosten günstiger sind. Die entgegengesetzte Tendenz ergibt sich bei Vermarktung modischer Varianten.
- **Langfristtrends**, wie z. B. die relative Zunahme der Bedienungs- und Instandhaltungskosten gegenüber den Beschaffungspreisen, Rationalisierung der Herstellung, zunehmender Konkurrenzdruck, relative Zunahme der Energiekosten.
- **Gesetzliche Vorgaben, Verordnungen**, z. B. Steuern, wie Kfz-Steuer, Mineralölsteuer, Inspektions- und Entsorgungsvorschriften.
- **Zeitdauer**, denn i. A. wirken sich kürzere Prozesse kostenverringernd aus ("Zeit ist Geld").
- **Preispolitik einer Branche oder beim Kunden**. Maßgebend ist oft aus vermögens und psychologischen Gründen der aktuelle Beschaffungspreis. Bei Pkw-Reifen z. B. verlangen Pkw-Hersteller geringe Erstausrüsterpreise. Der Gewinn des Zulieferers stellt sich dann oft erst im Ersatzteilgeschäft ein. Die Reifenlebensdauer wird vom Nutzer kaum honoriert. Im Pkw-Geschäft sind der Wiederverkaufswert und damit auch die Produktqualität mit maßgebend für die Lebenslaufkosten.

Bild 5.2-4. Einflüsse auf die Lebenslaufkosten, die für die Entwicklung maßgebend sein können

Dazu sind die Produkte und deren Bedingungen zu unterschiedlich. Jedoch kann, wie nachfolgend gezeigt wird, eine dafür Erfolg versprechende Arbeitsmethodik eingehalten werden.

5.3 Wie entwickelt man auf Lebenslaufzielkosten hin?

:Der Vorgehenszyklus als eine allgemein anwendbare Problemlösungsmethode wurde in Bild 4.4-1 vorgestellt. Die aus Praxiserfahrungen erfolgte Anpassung zum Produktkosten-Senken allgemein zeigt Bild 4.5-7. Eine weitere Anpassung zum Erreichen der Lebenslaufzielkosten ist in **Bild 5.3-1** dargestellt.

Sowohl zur Aufgabenklärung wie zur Lösungssuche sind Bild 5.1-5 und Bild 5.2-4 hilfreich. Speziell zur Lösungssuche sollen die Regeln in **Bild 5.3-2** anregen.

I Aufgabe und Vorgehen klären

I.0 **Vorgehen** planen, **Team** bilden, **Verantwortliche** benennen.
I.1 Gesamte **Lebenslaufzielkosten** festlegen: Gewinnziel für den Kunden/Betreiber, Wirtschaftlichkeitsziel aus dem Markt. **Was wünscht der Kunde?**
I.2 **Analyse** ähnlicher Maschinen: Kostenstruktur nach Lebenslaufkosten und nach Kostenarten (Bild 5.1-5), Einflüssen (Bild 5.2-4), bezogen auf Funktionen.
I.3 **Schwerpunkte** zum Kostensenken suchen. Was kann geändert werden, was nicht? **Kostensenkungspotentiale** mit Kunden/Betreiber ermitteln.
I.4 **Zielkosten** aufteilen nach *LLK*-Arten (z. B. Energie-/Stoffverbrauchskosten, Verschleißkosten) auf Funktionen, Baugruppen.
Aufgabenstellung im einzelnen festlegen.

II Lösungen suchen (s. Regeln Bild 5.3-2)

II.1 **Funktion:** Weniger oder mehr Funktionen? Funktionsvereinigung von Prozessen, Produktmodulen? Funktionstrennung (z. B. gesonderter Verschleißschutz)?
II.2 **Prinzip:** Anderes Prinzip (Konzept)? Mehr Automatisierung? Mehr Software?
II.3 **Gestaltung:** Weniger Teile (Integralbauweise)? Mehr Zuverlässigkeit? Längere Lebensdauer?
II.4 **Material:** Weniger Material? Weniger Abfall? Verschleiß-/korrosionsgünstigeres Material? Besser zu entsorgendes Material?
II.5 Günstige **Lösungen** für alle **Teilprozesse** des Lebenslaufs (Bild 5.1-5), z. B. Aufstellung, Anlernen, Betrieb, Wartung und Instandhaltung, Schulung und Serviceorganisation dafür, Entsorgung (s. Regeln in Bild 5.3-2).

III Lösungen auswählen

III.1 Analyse und Bewertung der Alternativen: **Kostenschätzung, Kalkulation** (nach Kostenarten entspr. Bild 5.1-5), Erprobung, Versuche.
III.2 Auswahl einer Lösung

Bild 5.3-1. Vorgehenszyklus zur Lebenslaufkosten-Senkung von Produkten

Zu beachten ist, dass für die Lebenslaufkosten nicht nur die (Sach-)Merkmale eines Produkts (z. B. Konzept, Gestalt, Material) wichtig sind, sondern die damit beeinflussten Prozesse im Produktlebenslauf. Die Analyse, Berechnung, Simulation dieser Prozesse ist nötig. – Ferner sind nicht nur das technische Objekt, sondern

Regeln zum Senken der Lebenslaufkosten

1. Allgemein
Wähle **verlustarme, zuverlässige, lebensdaueroptimale Konstruktionsprinzipien** z. B. nach physikalischem Prinzip (mechanisch, hydraulisch, elektrisch), Wirkflächen, Wirkbewegungen (Varianten, s. [Ehr95]).

2. Niedrige einmalige Kosten
2.1 Niedrige **Transportkosten** durch Maße, Gewichte, die der Transportart entsprechen. Verpackung, Wetterschutz, Rostschutz "den zu erwartenden Umständen" entsprechend; komplett als "package" transportierbar.
2.2 **Niedrige Aufstell- und Anlernkosten** durch entsprechende Hilfen, Vorrichtungen für die Aufstellung; Anweisungen direkt sichtbar; möglichst einfaches Anlernen, in Betrieb nehmen (Voraussetzung: sich in den mittleren Betreiber hineinversetzen). Sinnfällige, einfache Bedienung. Einrichtung zur Geräusch- und Schwingungsisolierung schon in Lieferung enthalten.

3. Niedrige Betriebskosten
3.1 **Energie einsparen, Verluste verringern**
- Vermeiden von Energiewandlung.
- Verringern von Reibungsverlusten (z. B. Rollbewegung statt Gleitbewegung; elast. Lager bei hin- und hergehender Bewegung; Verringerung der Kräfte, die über Lager zu übertragen sind).
- Verringern von Strömungsverlusten und Nutzen der Verlustenergie.
- An den Arbeitsprozess angepasste Maschinen (z. B. Drehzahlregelung).

3.2 **Kosten für Betriebs- und Hilfsstoffe verringern**
- Keine Sonderschmieröle, sondern möglichst die Standardöle des Nutzers gleich für alle Aggregate; lange Ölwechselfristen.
- Möglichst wenig Schmierstellen, Lebensdauerschmierung bevorzugen.
- Wenige und kostengünstige Hilfsstoffe, seltener Wechsel.
- Seltener Software-Wechsel und dann in Benutzeroberfläche und Schnittstellen Austausch möglichst gleichzeitig.

4. Niedrige Instandhaltungskosten
4.1 **Inspektion und Wartung** selten und für alle Aggregate zum gleichen Zeitpunkt. Einfache und sinnfällige Maßnahmen; leicht erkennbare bzw. leserliche Hinweise, am besten mit Piktogrammen; Werkzeuge möglichst entbehrlich oder am Ort vorhanden. Wenn möglich, zentrale Überwachung mit optischer und akustischer Meldung und Quittierungsmöglichkeit. - Gute Demontagefähigkeit der Aggregate zur Inspektion.
4.2 **Instandsetzungskosten** senken durch seltenen und einfachen Wechsel kostengünstiger Ersatzteile, -flüssigkeiten, -gase, ohne dass Spezialpersonal nötig ist. Eindeutige und klare Hinweise auf Wechselnotwendigkeit.
Gute Zugänglichkeit der Austauschstellen, keine Sonderwerkzeuge, keine nachträglichen Justiervorgänge.

5. Niedrige Entsorgungskosten
(s. Kap. 7.14.4)

Bild 5.3-2. Regeln zum Senken der Lebenslaufkosten (Dies können nur unvollständige Beispiele sein, da die Produktvielfalt zu groß ist)

auch die damit befassten Menschen (z. B. Fahrweise, Service-, Instandhaltungsqualität) wichtig. Es muss also auch in dieser Hinsicht einfach gestaltet bzw. entsprechend geschult werden.

5.4 Verlängerung der Nutzungsdauer zur Senkung der Lebenslaufkosten

Zur Senkung der Lebenslaufkosten bietet sich – neben den bekannten Maßnahmen zur Verringerung einzelner Kostenanteile – für Hersteller und Anwender von Maschinen und Anlagen die Chance, diese **upgradinggerecht** zu entwickeln. Das heißt, die Produkte können später einfacher an neue Anforderungen angepasst werden, was zu einer längeren Nutzungsphase führt. Damit können z. B. für den Nutzer einmalige Investitionskosten über einen längeren Zeitraum verteilt und das Produkt dem Wandel von Technologie, Gesetzen etc. angepasst werden.

Unter **Upgrading** wird die Nutzensteigerung eines bestehenden Produkts für den Produktanwender verstanden. Die Nutzensteigerung wird durch eine Funktionsergänzung oder Funktionsänderung während oder am Ende des Produktlebenslaufs erreicht [Phl99]. Diese Funktionserweiterungen waren bei der Auslieferung des Produkts durch den Hersteller noch nicht *vollständig* entworfen, sie wurden jedoch bei der Entwicklung des Produkts vorausschauend (aufgrund von Trendanalysen, Technologieforschung, etc.) mit einbezogen, um einen späteren Upgradingprozess zu vereinfachen. Während der Nutzung wird mit dem Upgradingprozess eine Baugruppe oder Funktion (=Modul) in das ursprüngliche Produkt implementiert (siehe Beispiel 5 in Kap. 5.5).

Ein upgradinggerechtes Produkt ist somit „aufwärtskompatibel" für Funktionen, die es während der upgradinggerechten Produktentwicklung noch nicht gab oder die noch nicht detailliert waren.

Die Möglichkeit eines einfachen, kostengünstigen Upgradings bedarf jedoch einer speziellen Vorgehensweise bereits in der frühen Phase der Planung und Entwicklung des Produkts. Die möglichen Auslöser für den Start eines Upgradingprojekts sind vielfältig: Erfindungen, gesetzliche Vorgaben, Verhalten der Konkurrenz, Preisänderungen usw. Diese unternehmensinternen und –externen Auslöser und deren Eigenschaften müssen intensiv mit Trendanalysemethoden, Szenariotechnik o. ä. analysiert und ihr weiteres Verhalten prognostiziert werden. Daraus soll für das Produkt ein abgesichertes Szenario formuliert werden können. Darauf aufbauend muss frühzeitig eine strategische Entscheidung für die künftige Ausrichtung des Unternehmens und der Produkte gefällt werden. Zur Absicherung dient u. a. eine umfangreiche Schätzung von Aufwand und Nutzen dieses Projekts [Mör02].

Mit der Planung, Entwicklung und Fertigung eines upgradinggerechten Produkts tritt der Hersteller in Vorleistung für Optionen, die der Anwender erst sehr viel später ausnutzen wird (s. **Bild 5.4-1**). Aus der Möglichkeit, Produkte länger

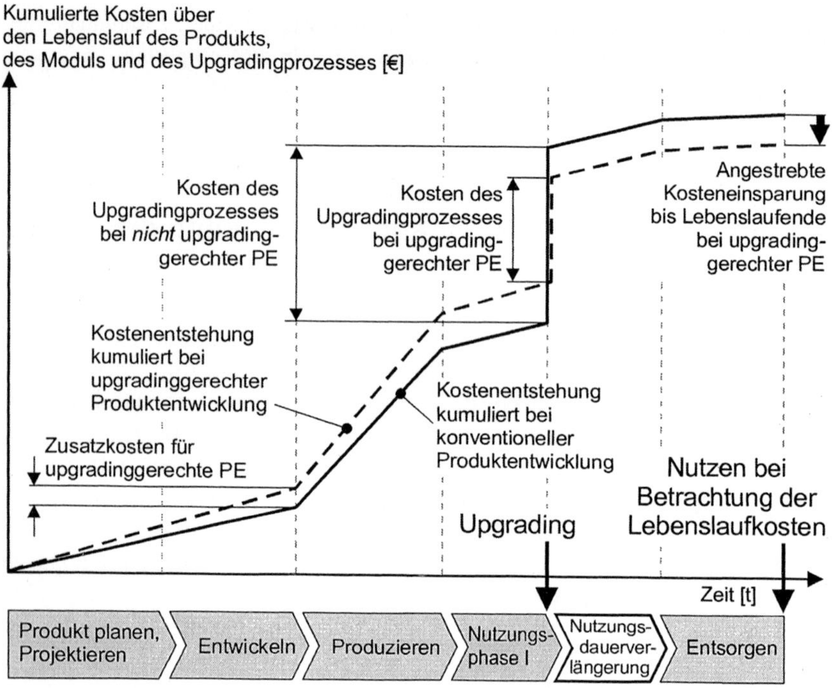

Bild 5.4-1. Erwartete Kosteneinsparung bis zum Lebenslaufende durch upgradinggerechte Produkte (PE = Produktentwicklung)

und mit erweiterbarem Funktionsumfang zu nutzen, ergibt sich eine Vielzahl von **Chancen** für den Hersteller und den Anwender:

- Engerer Kontakt zwischen Hersteller und Anwender,
- Kosten für Anpassungen und Funktionserweiterungen/-änderungen sinken durch erhöhte Stückzahlen,
- Betriebskosten sinken durch Einsatz neuer Technologien,
- Neuinvestitionen verringern sich,
- Abstimmung mit geänderten Nutzungs- und Funktionsanforderungen des Anwenders,
- Anpassung an geänderte Randbedingungen und Einflüsse,
- Schonung wertvoller Ressourcen (Kapital, Arbeit, Rohstoffe).

Da ein gesamtes Upgradingprojekt von der ersten Idee bis zur Durchführung des Upgradings mehrere Jahre in Anspruch nehmen kann, bestehen aber auch gewisse **Risiken** in diesem Handeln:

- Änderung des Steuerwesens,
- Verlängerung der Abschreibungsdauer,
- Schwierigkeiten der Rentabilitätsberechnung über lange Zeiträume,
- Zinsbewegungen,
- Eintrittswahrscheinlichkeit des vorausgeplanten Szenarios,

- Eröffnung eines Gebrauchtgerätemarktes fördert den Handel mit den ursprünglichen Maschinen und erschwert Aktivitäten für ein Upgrading,
- weitere Unwägbarkeiten und unvorhersehbare Störfälle (z. B. Naturkatastrophen).

Durch die Verlängerung der Nutzungsdauer ändert sich das Verhältnis von Betriebs- zu Investitionskosten (vgl. Bild 5.2-1).

Der Anwender hat durch Upgradingmaßnahmen einen höheren Einfluss auf die Betriebskosten als sonst üblich, d. h. die Kurve in Bild 5.1-3 ist für diesen Fall höher anzusetzen.

Was Upgrading für den Anwender bringt, zeigt das Beispiel 5 (Etikettiermaschine) im nachfolgenden Kapitel 5.5.

5.5 Beispiele für die Verringerung von Lebenslaufkosten

1. Beispiel:

Der in Kap. 10.1 beschriebene **Betonmischer** wurde nicht nur auf ein Herstellkostenziel hin neu gestaltet, sondern auch auf ein für die Kunden attraktives Verschleißkostenziel hin. Dazu waren umfangreiche Versuche nötig, die in Zusammenarbeit mit dem Lieferanten an der Verschleißauskleidung des Mischtrogs durchgeführt wurden.

2. Beispiel:

Der in Kap. 5.1 dargestellte **Foto-Entwicklungsautomat** wurde nach Ermittlung der Betreiber-Kostenstruktur stärker automatisiert, wonach die Herstellkosten für das Produkt des Betreibers (Foto-Abzüge) um ca. 5 % geringer wurden.

3. Beispiel:

Bei einem **Zigaretten-Wickelautomaten** kommt es ebenfalls nicht in erster Linie auf geringe Kosten des Automaten an, sondern darauf, dass er kostengünstige Filterzigaretten produziert. Dazu muss man die Kostenstruktur einer Zigarette kennen. Erst als im Kontakt mit dem Zigarettenhersteller klar war, dass die Hauptkostenanteile der Tabak (ca. 50 % der Herstellkosten), der Filter und das Papier (ca. 45 %), die Kapitalkosten (3 %) und die Instandhaltungskosten der Maschinen (2 %) waren, konnten sinnvolle konstruktive Maßnahmen zur Kostensenkung überlegt werden. Diese sind z. B. bei dem hohen Tabakkostenanteil möglich: Verringerung der Tabakmenge dadurch, dass nur an den „Systemschnittstellen“ dichter Tabak eingebracht wird, nämlich am Anfang und Ende der Zigarette und in der „Mitte“, wo die Finger angreifen. Ferner wurde eine hohe Zuverlässigkeit der Maschinen angestrebt mit entsprechend geringen Stillstandszeiten für die Instandhaltung, so dass rund um die Uhr produziert werden kann.

Man sieht beim 2. und 3. Beispiel, dass es sinnvoll ist, Produkte und Anlagen so zu entwickeln, dass der **Gewinn des Nutzers** positiv beeinflusst wird [VDM97] (Prinzip: „Mehrung des eigenen Gewinns durch Mehrung des Kundengewinns“).

4. Beispiel:

Entsorgungskosten: s. Kap. 7.14, Kaffeemaschine.

5. Beispiel:

In dem Forschungsprojekt „Optimierung der Produktlebensdauer" [OPL00] wurde analysiert, wie Unternehmen zu neuen, die Nutzungsdauer verlängernden Maschinenkonzepten gelangen. Im Folgenden wird das Beispiel einer **Etikettiermaschine** kurz beschrieben. Diese wird in Abfüll- und Verpackungsanlagen eingesetzt.

Üblich war bisher eine vorrangig integrierte Bauweise der Etikettiermaschinen (siehe **Bild 5.5-1** links: variable Rundläufermaschine). Aufgrund einer intensiven Marktforschung sowie dem Kontakt zu vielen Kunden in Verkaufsgesprächen und bei Messen ermittelte man die Forderung der Getränkeindustrie nach erhöhter Flexibilität in der Verarbeitung unterschiedlicher Behälterausführungen (=Flaschen, Dosen o. ä. mit unterschiedlicher Höhe, Durchmesser und Form). Es erfolgte deshalb der Aufbau eines modularen Konzepts für die Etikettiermaschine (Bild 5.5-1 rechts: Solomodul). Dieses erlaubt nun eine Kaltleim- und Selbstklebeetikettierung sowie Heißleimetikettierung von der Rolle auf *einer* Maschine für verschiedene Behälter.

Da bei einem Formatwechsel der Etikettierung die Kaltleim- bzw. Heißleimaggregate und die Spendeaggregate für Selbstklebeetiketten nach dem Plug&Label-Prinzip einfach ausgetauscht werden können sollten, wurde die Maschine in Modulbauweise gestaltet. Dadurch reduzieren sich die Umstellzeiten ganz erheblich. Ebenso wurde es ermöglicht, unterschiedliche Aggregate parallel einzusetzen oder nach einem beliebigen Zeitraum auf eine andere Art der Etikettierung umzustellen.

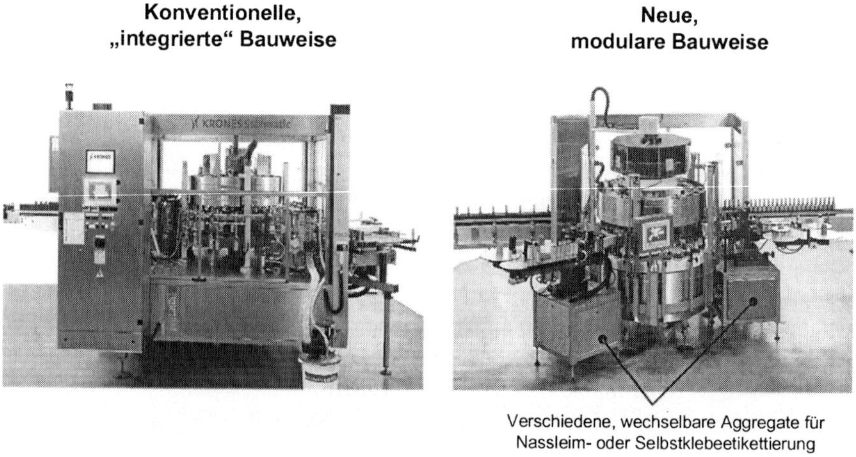

Bild 5.5-1. Vergleich zwischen integrierter und modularer Bauweise einer Etikettiermaschine (links variable Rundläufermaschine, rechts Solomodul, Fotos: Krones AG)

Das hier vorgestellte Maschinen- und Anlagenkonzept hat folgende wirtschaftliche Vorteile:

- Maschine ist schnell umrüstbar auf verschiedene Etikettiersysteme.
- Aggregate sind gut zugänglich und für Wartungs- und Einstellarbeiten transportfähig.
- Aggregate für andere bestehende oder künftige Etikettiersysteme sind nachrüstbar.
- Da die Aggregate relativ schnell getauscht werden können, ist die Maschine schnell wieder betriebsbereit, womit die Betriebsunterbrechungskosten gering gehalten werden.

Für eine längere Nutzungsdauer der gesamten Abfüllanlage sprechen insbesondere nachstehende Gründe:

- Der Anwender muss sich beim Kauf einer Etikettieranlage nicht bereits für die gesamte Nutzungsdauer auf ein Etikettierverfahren festlegen.
- Die Aggregate sind bei Bedarf einfach nachrüstbar oder austauschbar. Das wird durch die jeweils vorhandene Elektronik im Aggregat ermöglicht, die auf die übrige Anlage abgestimmt ist (Kompatibilität).
- Die Aggregate können parallel eingesetzt werden, da es sich um eine „offene" Bauweise handelt, wo ein weitgehend uneingeschränkter Zugang der Etikettierfunktion an den Behälter möglich ist (siehe Bild 5.5-1 rechts).

Fazit:

Aufgrund der intensiven Marktrecherche und des engen Kundenkontakts wurden neue Anforderungen ermittelt und zu deren Erfüllung ein neues, modulares Maschinenkonzept erarbeitet. Es wurde darauf geachtet, dass das Produkt und die verschiedenen Module bzw. Aggregate zueinander abgestimmt und kompatibel sind. Der Anwender kann die Aggregate unabhängig voneinander beschaffen und – bedingt durch seine momentanen Produktionsanforderungen – zwischen den Aggregaten wechseln [Mör02].

6 Beeinflussung der Selbstkosten

Der Senkung der Herstellkosten wird im Rahmen einer möglichst kosteneffizienten Produktentwicklung meist die größte Bedeutung beigemessen. Darüber wird jedoch häufig vergessen, dass die Produktentwicklung nicht nur auf diesem Weg Einfluss auf die Selbstkosten eines Unternehmens nimmt. Während der Senkung der Herstellkosten später ein eigenes Kapitel (Kap. 7) gewidmet ist, sollen an dieser Stelle weitere wichtige Einflussmöglichkeiten der Produktentwicklung auf die Selbstkosten des Unternehmens aufgezeigt werden (s. ***Bild 6-1)****. Die Senkung dieser Kosten ist dabei nur ein Aspekt der Problematik; mindestens genauso wichtig ist es, die Unternehmensstruktur so zu gestalten, dass schnell und flexibel auf Marktveränderungen reagiert werden kann und Innovationen möglich sind.*

6.1 Selbstkosten im Unternehmen

Bild 6.1-1 zeigt in drei Darstellungen die Kostenstruktur eines Produkts aus verschiedenen Perspektiven (vgl. Bild 2.1-2), um an dieser Stelle die unterschiedlichen Betrachtungsweisen anzusprechen. In Kap. 8 sind diese im Einzelnen erläutert.

Selbstkosten sind die Summe aus Herstellkosten, Entwicklungs- und Konstruktionskosten sowie Vertriebs- und Verwaltungskosten (links im Bild). Einzelkosten werden den Produkten direkt zugeordnet, Gemeinkosten werden über Schlüssel verteilt (Bildmitte, s. a. Bild 8.4-2). Variable Kosten sind abhängig von der aktuell

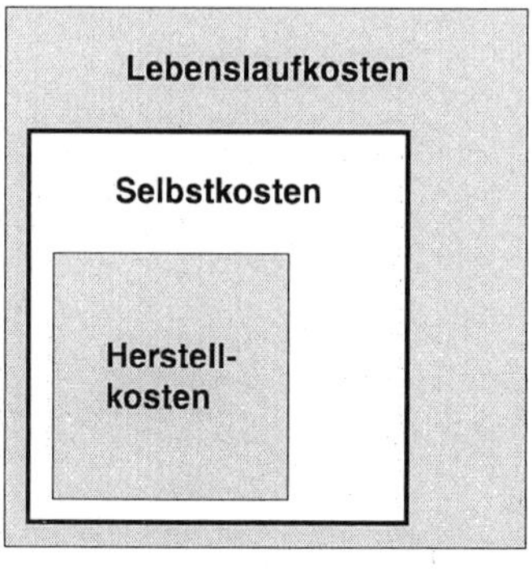

Bild 6-1. Herstell-, Selbst- und Lebenslaufkosten

produzierten Menge, fixe Kosten sind in der derzeitigen Situation (kurzfristig) nicht veränderbar (rechts im Bild).

Primäres Ziel der Unternehmensleitung bei Maßnahmen zur Kostensenkung ist die Absenkung der fixen Kosten. Damit wird einerseits das Ziel verfolgt, die Ertragslage eines Unternehmens zu verbessern, da in den fixen Kosten mit einem Anteil von häufig mehr als 50 % der Selbstkosten erhebliche Reserven liegen. Gleichzeitig wird die Grenzstückzahl gesenkt, ab der das Unternehmen Erträge erwirtschaften kann, die Flexibilität wird größer. **Das Unternehmen gewinnt dadurch Gestaltungsspielraum auf den Absatzmärkten und wird resistenter gegen Konjunkturschwankungen (Bild 6.1-2)**.

Zuallererst tragen die an der Produktentwicklung beteiligten Unternehmensbereiche natürlich die volle Kostenverantwortung für den Prozess der Produktentwicklung. Diese Kosten des Entwicklungsprozesses selbst werden nach der im Maschinenbau meist angewandten differenzierenden Zuschlagskalkulation als Anteil der Gemeinkosten auf die gefertigten Produkte aufgeschlagen. Auch wenn die Produktentwicklung, wie in Kap. 2.2 ausgeführt wurde, im Durchschnitt nur einen Anteil von ca. 9 % an der gesamten Kostenentstehung im Unternehmen hat

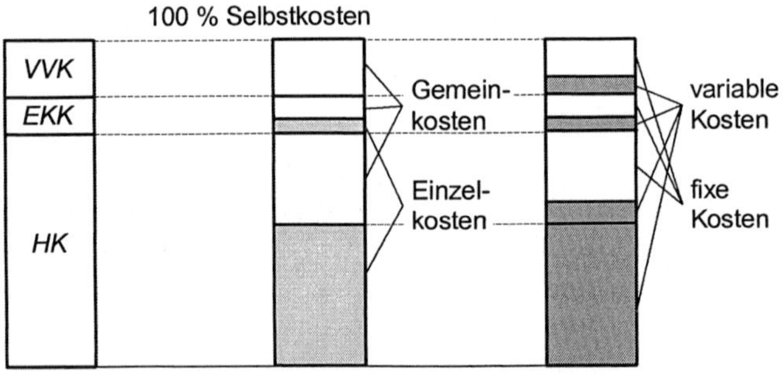

Bild 6.1-1. Verteilung der Selbstkosten eines Produkts (s. Bild 7.9-1 und Bild 8.4-2)

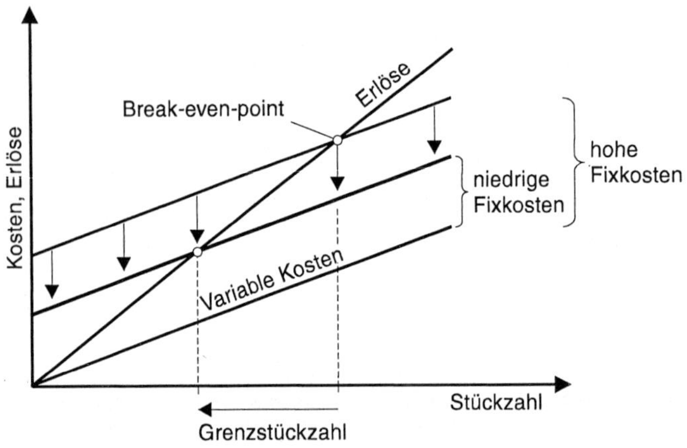

Bild 6.1-2. Verschiebung der Grenzstückzahl bei Senkung des Fixkostenanteils im Unternehmen

(vgl. Bild 2.2-3), so wird sie im Rahmen von Kostensenkungsprogrammen doch nur in den seltensten Fällen verschont werden (Kap. 6.2).

Darüber hinaus verfügt die Produktentwicklung über einen nicht zu unterschätzenden Einfluss auf die Kostenentstehung in einer Reihe weiterer Unternehmensprozesse (vgl. Kap. 2.2). Da wäre zunächst der **Fertigungsprozess** zu nennen, wobei in diesem Kapitel ausschließlich die Einflussnahme der Produktentwicklung auf die Gemeinkosten in der Fertigung betrachtet werden soll. Der direkte Einfluss der Entwicklung auf die Fertigungskosten wird dagegen im anschließenden Kap. 7 detailliert untersucht. Kostenrelevant sind darüber hinaus die im Unternehmen ablaufenden **Logistik- und Serviceprozesse**, deren Kosten ebenfalls beträchtlich von Entscheidungen während der Produktentwicklung abhängen (Bild 6.3-4).

Wichtige Grundvoraussetzung für all diese Gedanken ist die **Verfügbarkeit von aussagekräftigen Informationen über die tatsächliche Kostensituation**. Die oben bereits angesprochenen Problempunkte einer verursachungsgerechten Kosteninformation zeigen, dass die Kostenrechnungssysteme üblicherweise nicht auf diese Aufgabenstellung ausgerichtet sind. Häufig werden die variablen Anteile der Herstellkosten relativ genau, die übrigen Anteile aber nur als Zuschlag pauschal ermittelt. Die Rechnungssysteme müssen einer Vielzahl unterschiedlicher Anforderungen Genüge leisten, weshalb eben die spezifischen Anforderungen nur bedingt berücksichtigt werden (vgl. Kap. 8.4.3). Die in diesem Kapitel dargestellten Themen werden durch die **Prozesskostenrechnung** (vgl. Kap. 8.4.6) unterstützt, jedoch ist – auch bedingt durch den zusätzlichen Aufwand – deren Einsatz in den Unternehmen eher die Ausnahme.

6.2 Verringern der Produktentwicklungskosten

Die Kosten der Organisationseinheit Konstruktion und Entwicklung werden im Betriebsabrechnungsbogen (BAB) der Kostenstelle nach Kostenarten geordnet ausgewiesen (Bild 8.3-3). In vielen Unternehmen werden diese Kostenstellenkosten als **die** Produktentwicklungskosten betrachtet. Für die Ermittlung der kostentreibenden Größen der Entwicklung sind aber **die Kosten aller dadurch angestoßenen Prozesse zur Entwicklung und Pflege der Produkte erforderlich. Diese Prozesse beinhalten vielfältige Aufwendungen in Marketing, Fertigungsplanung, Einkauf und anderen Unternehmensfunktionen**. Die Organisation der Entwicklungsarbeit in Projekten in Verbindung mit Projektbudgets und einem Projektcontrolling kommt dem Anliegen der Ursachenverfolgung durch die Prozessnähe entgegen. In der industriellen Praxis muss leider häufig beobachtet werden, dass Projektarbeit eingeführt wird, ohne dass die projektbezogenen Kosteninformationen verfügbar gemacht werden (vgl. Kap. 4.8.3.2). Damit sind die Projektverantwortlichen zur Improvisation gezwungen [Lin92].

Vor dem Hintergrund der alltäglichen Realität mit den unterschiedlichsten Ausprägungen der Kostenrechnungsmodelle in den Unternehmen und den sachlichen

Anforderungen aus Produktentwicklungs- und Produktpflegeprozessen wird in den folgenden Darstellungen ein Kompromiss gesucht.

Zwischen Produkten aus **Einzelfertigung und Serienproduktion** sowie in kundenspezifischer und kundenneutraler Entwicklung muss differenziert werden. Besonders bei einem Produktmix aus Standard- und Sonderlösungen ist die Kostenrechnung in hohem Maße gefordert. Die Gefahr einer falschen Zuordnung von Kosten zu Standardprodukten statt zu Sonderlösungen ist groß, sie ist in der Verrechnungspraxis der Zuschläge begründet (s. Bild 8.4-5 bis Bild 8.4-7). Dieser Fehler hat in vielen Unternehmen dazu geführt, dass sie mit ihren dann zu günstig angebotenen Sonderlösungen und den zu teuren Standardprodukten in Produktnischen abgedrängt wurden [Ber95; Buc99; Eve92; Eve97; Hor97; Schu89; Sak94; Sto99; VDI98a].

Die Kosten einer Produktentwicklung setzen sich aus einer Vielzahl unterschiedlicher Einzelbestandteile zusammen. Wie die Verrechnungsmodelle auch aussehen, **Personalkosten** sind bei einer hohen Eigenentwicklungstiefe die bestimmende Größe der Entwicklungskosten. Daher ist die Leistung des Personals entscheidend. Auf der Aufwandsseite werden Gehaltsniveau (einschließlich der Nebenkosten) sowie die erforderliche Zahl der Mitarbeiter diskutiert. Neben der Höhe der Entwicklungskosten muss hier berücksichtigt werden, dass diese Kosten als fixe Kosten im Unternehmen gesehen werden müssen, da kurzfristig notwendige Reduzierungen dieser Personalkosten bei entsprechenden Marktnotwendigkeiten kaum möglich sind. Neben der reinen Kostenbetrachtung ist auch die strategische Bedeutung einer eigenen Produktentwicklung für die Innovationsfähigkeit bei der Betrachtung von Produktentwicklungskosten zu berücksichtigen.

Was sind nun die wesentlichen Aspekte, die die Produktentwicklungskosten ausmachen, die Kostensenkungspotenziale unter Beachtung von Qualität und Innovationsvermögen beschreiben? **Bild 6.2-1** zeigt eine Struktur, anhand der das Thema behandelt werden kann. Die wichtigen Fragen sind dabei: **Was** tun wir, **wie** tun wir es und **wer** tut es?

Zunächst gilt es, die zu bearbeitenden Projekte und Aufgaben sorgfältig zu selektieren und sich auf die **für das Unternehmen wichtigen Projekte zu beschränken** (vgl. Kap. 6.2.2).

Die erforderlichen Aktivitäten müssen **möglichst effizient** durchgeführt werden. Hier ist die aufgaben- und prozessadäquate Aufbau- und Ablauforganisation zu wählen und auszugestalten. Der wirkungsvolle Einsatz von EDV erfordert die Beschreibung und Durchdringung der Entwicklungsprozesse und der Produkte (vgl. Kap. 6.2.2).

In diesem Zusammenhang stellt sich die Frage nach der **Eigen- oder Fremdentwicklung**. In Kombination mit der Frage der Eigen- oder Fremdfertigung gilt es, zu sachlichen Bewertungen und Entscheidungen zu kommen (vgl. Kap. 6.2.3 u. 7.10.3).

Produktentwicklungskosten verringern! CHECKLISTE		
Schwerpunktbildung	**Effizienz**	**Eigen-/Fremdentwicklung**
Welche Entwicklungsarbeit unterstützt die Unternehmensziele? Welche Entwicklungsarbeit bringt die wichtigsten Fortschritte für das Unternehmen? Sind die Entwicklungsziele klar? Sind die Wirtschaftlichkeitsfragen ausreichend abgeklärt? Bringt die Entwicklung zusätzlichen Kundennutzen? Wo liegen die größten Chancen und Risiken? ...	Sind die Verantwortlichkeiten geklärt? Sind die Abläufe zielorientiert? Wo sind alte Vorgehensweisen überholt? Welche Randbedingungen führen zu Demotivation? Warum wird schon wieder geändert? Was lernen wir aus dem abgeschlossenen Projekt? ...	Haben wir die ausreichende Fachkompetenz für diese Entwicklungsaufgabe? Haben wir die ausreichende Kapazität im geplanten Zeitfenster? Ist die Aufgabenstellung klar definiert? Wer betreut den Entwicklungspartner? Ist das Entwicklungsthema für uns von strategischer Bedeutung? ...

Bild 6.2-1. Checkliste zur Verringerung der Produktentwicklungskosten

6.2.1 Schwerpunktbildung der Produktentwicklungsarbeiten

In vielen Unternehmen kann beobachtet werden, dass **zu viele Aufgaben, zu viele Projekte**, die alle als dringlich und notwendig angesehen werden, mehr oder weniger zeitgleich angegangen werden. Meist ist dabei festzustellen, dass die Ergebnisse nicht den Erwartungen entsprechen, dass die eigenen Kapazitäten durch zu viele Projekte blockiert werden und Prioritätsprobleme an der Tagesordnung sind. Daher ist es erforderlich, Mechanismen zu entwickeln und gemeinsam mit allen Beteiligten im Unternehmen zu vereinbaren, wie Projekte gemäß ihrer Wichtigkeit und Dringlichkeit geordnet werden können, nach welchen Gesichtspunkten Projekte überhaupt in Angriff genommen werden sollen. Dabei sind sicherlich die Anforderungen des Marktes wesentliches Thema, aber auch Fragen der Rendite, des Return of Investment von Entwicklungsaufwendungen müssen hier zwingend gesehen werden.

Dem geschätzten Aufwand für die Produktentwicklung (von der Marktanalyse über Konstruktion/Entwicklung, Prototypen, Sonderbetriebsmittel usw. bis hin zu

Schulung und Markteinführung) sind die geplanten Erlöse gegenüberzustellen. Dabei müssen eine angemessene Verzinsung des eingesetzten Kapitals sowie die sich abzeichnenden Chancen und Risiken mit in die Beurteilung einfließen. Bei der Entscheidung sollte die strategische Ausrichtung des Unternehmens Leitlinie sein. **Hier sind also ganzheitliche Betrachtungen gefragt, nicht isolierte Sichtweisen der Entwicklung, des Marketings oder des Service.**

Die Renditeorientierung der Projektarbeit darf nicht als Einengung verstanden werden, sie ist vielmehr Voraussetzung dafür, dass die notwendigen Freiräume für Basisentwicklungen und Innovationen geschaffen und abgesichert werden können. Die Zielsetzung für Produktentwicklung ist nicht ein isoliertes Thema der Entwickler, sondern des gesamten Unternehmens.

➔ Entwicklungsprojekte nach Dringlichkeit und Wichtigkeit ordnen!

➔ Mitarbeiter schwerpunktmäßig nur in einem Projekt einsetzen!

6.2.2 Effizienzsteigerung der Produktentwicklung

Personal

Die wesentlichste Einflussgröße auf die Effizienz von Produktentwicklung liegt in **Qualifikation und Motivation des Personals** begründet (vgl. [Fran97; Amb97]). Das gilt sowohl für das Personal im eigenen Unternehmen wie auch für das Personal von beteiligten Fremdunternehmen. Was sind hier die wesentlichen Kriterien? Zum einen müssen wir sehen, dass die Anforderungen an den Ausbildungsstand aufgrund der sich zunehmend schneller verändernden Technologien immer weiter steigen. Daraus resultierend sind Ausgangsqualifikation sowie kontinuierliche Weiterbildung der Mitarbeiter entscheidende Größen. Dabei sind nicht nur die rein technologie- und technikadressierten Teilthemen von großer Bedeutung, sondern auch die Themen, die mehr den „weichen" Faktoren zuzuordnen sind. Diese sind in Fragen der Zusammenarbeit, des ganzheitlichen, vernetzten Arbeitens und Denkens, in Fragen der Konfliktbewältigung und anderen Teilaspekten zu sehen [Bei97].

Die Qualität der Ausbildung sowie die grundsätzliche Eignung der Mitarbeiter sind eine der wesentlichen Quellen für Erfolg. Hierbei ist zu beachten, dass die in dem jeweiligen Aufgabengebiet zu sehende **Struktur der Qualifikationen** in ihren unterschiedlichen Ausprägungen wichtig ist. So sind die verschiedenen für unsere Produkte erforderlichen Fachdisziplinen, wie Maschinenbau, Elektrotechnik, Informatik usw., und die Ausbildungswege, wie Facharbeiter, Techniker, Ingenieure u. a., in der notwendigen Zusammensetzung erforderlich. Anzustreben ist auch eine ausgewogene **Altersstruktur** zur Sicherstellung des Wissenstransfers von den älteren Mitarbeitern auf die jüngeren, aber auch des ständigen Hinterfragens „alten" Wissens sowie die Neuerung von Methoden und Hilfsmitteln durch den Nachwuchs. Ständige **Weiterbildung** im Unternehmen und Eigeninitiative werden immer wichtiger für alle Marktteilnehmer, in hohem Maße auch für Produktentwickler (Kap. 4.8.3.4).

Motivation

ist ein entscheidender Erfolgsfaktor (vgl. [Fran97; Spr95]). Motivierte Mitarbeiter, die das Gesamtziel eines erfolgreichen Produkts vor Augen haben, werden viele Prozesse der Produktentwicklung erfolgreicher gestalten. Mitarbeiter, die wenig motiviert sind, nur ihr spezifisches Teilthema sehen, sich mehr Sorgen um ihre persönliche Einfluss-Sphäre oder ihre berufliche Zukunft machen, werden bestenfalls durchschnittliche Arbeitsergebnisse generieren. Das bedeutet für die Führungskräfte in der Produktentwicklung eine Herausforderung, die über das Kernthema ihrer technischen Fachkompetenz weit hinausgeht. Jedoch lassen sich auf diesem Weg erhebliche Leistungssteigerungen realisieren.

➔ Personalentwicklung, Führung und Personalstruktur zu wesentlichen Zielsetzungen machen!

Organisation

Die nächste Fragestellung, die ergänzend dazu gesehen werden muss, ist die nach der richtigen Organisation. Sie ist Zielen verpflichtet und basiert auf den Fähigkeiten und Erfahrungen der beteiligten Mitarbeiter wie auch der Unternehmenskultur und Unternehmenshistorie. Organisation soll dazu führen, dass viele Beteiligte effizient gemeinsam Prozesse abwickeln können.

Es gibt mit Sicherheit nicht die eine, allen Anforderungen genügende Organisationsform, die als richtig angesehen werden kann. Vielmehr ist vor dem Hintergrund der Personalsituation, der Anforderungen aus dem Produkt, der Historie des Unternehmens sowie der Marktanforderungen eine geeignete Form zu finden. Ob nun funktional, in Matrix oder prozessorientiert organisiert wird, muss im Einzelfall entschieden werden (Kap. 3.2.1).

Flexibilität gegenüber veränderten Marktanforderungen, die zunehmende Arbeit in dezentralen Entwicklungsteams sowie die weiter zunehmende Durchdringung der Produktentwicklung durch Möglichkeiten der rechnerbasierten Kommunikation und Informationsverarbeitung sind Rahmenbedingungen für die Organisation.

➔ Organisation stetig weiterentwickeln!

Projektmanagement

Die Form und die Ausprägung des Projektmanagements tragen in entscheidender Weise zum Erfolg wie auch zum Misserfolg im Unternehmen bei. Bei komplexeren Produkten (hohe Teilezahl, viele Funktionen, ...) bzw. bei Produkten mit hoher Prozesskomplexität (z. B. schwierige Fertigungsprozessfolge) ist es notwendig, im Sinne des **Simultaneous Engineering** Arbeitsschritte zeitparallel abzuwickeln, um einerseits den Anforderungen aus der Systemkomplexität sowie andererseits aus den Forderungen der Zeitoptimierung, der Ablauflaufoptimierung, gerecht zu werden (Kap. 4.3.2). Bei komplexen Produkten, wie z. B. Automobilen, die aus ihrer Produkt- wie auch aus der Prozesskomplexität heraus gesehen werden müssen, zeigt es sich, dass viele Projektteams zeitparallel arbeiten müssen. Die Intensität und der Aufwand der Abstimmprozesse müssen ebenso wie der Grad der Projektaufgliederung sorgfältig durchdacht werden. Bezüglich der Entscheidungskompetenz und damit auch der Verantwortung wird zunehmend der Weg der Entscheidung über Hierarchien durch das **Subsidiaritätsprinzip** ersetzt. Es wird dort entschieden, wo die höchste Sachkompetenz vorhanden ist. Komplexität sollte klein gehalten bzw. reduziert werden. Wir müssen Systeme entwickeln und einsetzen, um die erforderliche Komplexität ausreichend gut zu beherrschen.

> ➔ Entscheidungen dort fällen, wo die höchste Sachkompetenz verbunden mit der notwendigen Übersicht gegeben ist!

Termin- und Kapazitätsplanung

Seit Jahrzehnten wird das Thema der Termin- und Kapazitätsplanung in Konstruktion und Entwicklung strapaziert (vgl. [Fra98; Pau78]), jedoch zeigen auch neuere Umfragen [Kle98] nach wie vor Handlungsbedarf (vgl. Kap. 4.8.3.2). Die dramatische Verkürzung von Entwicklungszeiten, in vielen Branchen wird hier von einer Halbierung gesprochen, erfordert massiv die Parallelisierung von Arbeit, aber auch die Eliminierung unnützer Arbeit.

Die Erfahrung aus der Forschung im Bereich der Konstruktionsmethodik hat uns immer wieder vor Augen geführt, dass durch die richtigen Festlegungen in den **frühen Produktentwicklungsphasen** (während der Aufgabenklärung und den ersten Konzeptüberlegungen), insgesamt viel Zeit und Aufwand eingespart werden kann. Wenn hier mit Nachdruck gearbeitet wird, reduzieren sich nachfolgende Iterationen und Nachbesserungen. Die Verkürzung von Produktentwicklungszeiten bedeutet also auch, in die frühen Phasen der Produktentwicklung mehr Zeit und Kapazität als bisher zu investieren, um durch aufwandsarmes Vordenken und zielgerichtete Eigenschaftsfrüherkennung bei zukünftigen Produkten Iterationsschleifen zu vermeiden (**Bild 6.2-2**). Dadurch eröffnet sich auch die Chance, kurzfristig auf Marktveränderungen reagieren zu können.

Um die Zusammenhänge zu visualisieren, sind in Bild 6.2-2 folgende Annahmen für die Entwicklungs-, Herstell- und Betriebskosten getroffen worden, die auf Praxiserfahrungen beruhen (weitere Kosten unberücksichtigt):

- Durch bessere Planung, intensiveren Personal- und Methodeneinsatz ist die **Entwicklungszeit bei der integrierten Produkterstellung** (fette Linie) gegenüber der konventionellen Produkterstellung (gestrichelte Linie) **auf die Hälfte reduziert** (bei Neukonstruktion in Einzelfertigung sogar auf 40 %! [VDM98]). Die **Entwicklungskosten bleiben** mit 30 % der alten Herstellkosten **konstant**.
- Durch die integrierte Produktentwicklung werden die **Herstellkosten um 25 % gesenkt**. Das führt dazu, dass sich auch die **Durchlaufzeit in der Fertigung um 25 % verkürzt**.
- Ferner wird angenommen, dass sich die **Betriebskosten um 20 % verringern**.

Damit ergeben sich folgende Vorteile:

- Für den **Hersteller** wird die **Durchlaufzeit** bei diesen Annahmen um insgesamt **43 % kürzer**. Er ist somit entweder **schneller im Markt** oder kann u. U. später

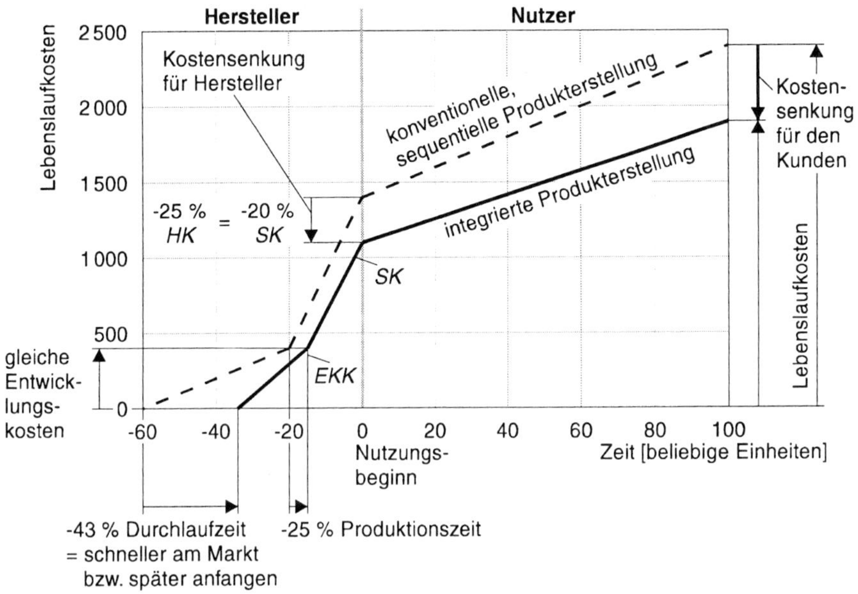

Bild 6.2-2. Kosten- und Zeitersparnis bei Intensivierung der Produktentwicklung in frühen Phasen (s. a. Bild 10.1-11)

mit der Entwicklung anfangen und besser auf Marktänderungen reagieren. Die **Selbstkosten sinken um 20 %**. Hier wird angenommen, dass diese Senkung direkt im Preis an den Kunden weitergegeben wird.

- Für den **Kunden** ergibt sich eine Senkung des Preises um 20 % und abhängig von der Betriebszeit eine **erhebliche Senkung der Lebenslaufkosten**.

> ➔ Zeit und Kapazität in frühen Entwicklungsphasen investieren!
>
> ➔ Eigenschaften von Produkten früh und aufwandsarm absichern!

Änderungen

Jede Produktentwicklung umfasst Iterationen oder Optimierungsvorgänge und führt damit zwangsläufig zu Änderungen. Änderungen verursachen Änderungskosten, Änderungen nehmen Zeit in Anspruch, Änderungen beeinflussen die Qualität des Arbeitsergebnisses, sie beinhalten sowohl Chancen als auch Risiken.

Ziel aller Bestrebungen muss es folglich sein, späte Änderungen in den Produkterstellungsphasen zu vermeiden, in denen sie mit erheblichem Zeit- und Kostenaufwand verbunden sind oder aber große Risiken in sich bergen (s. Rule of Ten, Kap. 2.2). **In frühen Entwicklungsphasen, in denen Änderungen wenig Zeit benötigen und wenig Kosten verursachen, sollten notwendige Änderungen gezielt provoziert, in späteren Phasen dagegen tunlichst vermieden werden**. Dazu trägt das in Bild 6.2-2 dargestellte Vorgehen ebenso bei wie die zeitliche Trennung von **Vorentwicklung** (z. B. zur Abklärung technologischer Risiken) und eigentlicher Produktentwicklung. Muss tatsächlich geändert werden, so sollten die Änderungen effektiv und effizient abgewickelt werden. Die meist fehlenden Informationen zu den Auswirkungen von Änderungen wären eine wertvolle Grundlage für die Beurteilung (Kap. 6.3.3). Wichtig ist es zu wissen, welche Bauteile und Baugruppen betroffenen sind, welche technischen und wirtschaftlichen Auswirkungen sich auf die Eigenschaften des gesamten Produkts ergeben, welche Personen oder Organisationen mit einbezogen werden müssen, wie groß der Änderungsaufwand (Zeit, Kosten) ist [Gem95; Eve97b; Con98; Kle98]. Da in vielen Unternehmen in die Produktentwicklung auch die Produktpflege eingebunden ist, wird häufig zwischen 20 % und über 50 % der Entwicklungskapazität durch die Abwicklung von Änderungen absorbiert (vgl. [Con98; Lin98b]). Produktänderungen bestimmen also in hohem Maß die Gesamteffizienz der Entwicklung.

➔ Änderungsursachen aufdecken und in Zukunft vermeiden!

➔ Vor der Durchführung von Änderungen deren Auswirkungen in der gesamten Prozesskette prüfen!

Hilfsmittel

Vielfältige Hilfsmittel helfen dabei, die Informationen für die Produktentwicklung effizienter zu gestalten. Informationsträger sind dabei z. B. EDV, Listen, Zeichnungen, Modelle, Protokolle. Zur Steigerung der Effizienz gibt es eine Reihe von Möglichkeiten, z. B. Besprechungen, Teamsitzungen, Briefe, Fax, Email u. a. bis hin zum automatisierten Versand von Dokumenten in Workflow-Management-Systemen. **Vor dem Einsatz neuer Hilfsmittel sollten grundsätzlich die Prozesse (Neuentwicklung, Änderungen, Freigabe, ...) analysiert und optimiert werden**. Dabei sind einfache, eindeutige Strukturen mit wenigen Schnittstellen anzustreben [Sch95; Kan93; Bur93; Mat98].

Beispiele für **konventionelle Hilfsmittel** in der Entwicklung sind Normen, Formulare, Checklisten, Berichte (Versuch, Service, Messebesuch, ...), Metaplantafeln in Besprechungen. Auch die Versuchswerkstatt mit ihren Möglichkeiten ist hier zu erwähnen (Bild 4.6-1).

➔ Effizienz durch den Einsatz von Hilfsmitteln zur Verbesserung der Kommunikation steigern!

➔ Vor dem Einsatz neuer Hilfsmittel die Prozesse der Entwicklung analysieren und optimieren!

Rechnereinsatz

Wesentliche Maßnahmen der Effizienzsteigerung sind mit dem Einsatz von Rechnertechnik verbunden. CAD, FEM, Intranet und viele weitere Begriffe prägen die heutige Entwicklungsarbeit. Die zu erwartende weitere Leistungssteigerung der Rechner und der Rechnernetze geht einher mit erweiterten Möglichkeiten der Simulation, der Visualisierung, der Informationsbeschaffung und der Kommunikation [Mee89].

Teilweise werden die zu erwartenden Vorteile durch andere Effekte aufgehoben, was durch einige Beispiele erläutert werden soll. Wer hat sich noch nicht mit dem Versionswechsel von Softwarepaketen herumgeärgert? Neue Versionen von Textverarbeitungssystemen, der CAD-Software erreichen uns ein- bis zweimal im Jahr. Je nach Umfang der Neuerungen wären Schulung und Einarbeitung erforderlich, was aber üblicherweise vernachlässigt wird. Der Datenaustausch mit Entwicklungspartnern wird erschwert, wenn nicht synchron umgestellt wird.

Deutlicher wird diese Problematik bei notwendigen Systemwechseln auf andere Anbieter oder andere Technologien. So kann bisher nur selten beobachtet werden, dass der Wechsel von den 2D- auf die 3D-Systeme im CAD durch methodische Schulung der Mitarbeiter begleitet wird. Damit wird der Vorteil von 3D-CAD nicht oder erst spät genutzt.

Bild 6.2-3 zeigt auf, dass idealerweise neben der **Einführung neuer Software** auch Methoden, Schulung und Qualifizierung der Mitarbeiter sowie die Organisation mit gleicher Gewichtung aktualisiert werden müssen (s. a. Kap. 4.8.1; 4.8.3.4).

Die Möglichkeiten der Makrotechnik oder Variantengenerierung und der Überwachung in CAD- und Simulationssystemen zur Standardisierung werden oft nur in geringem Umfang genutzt. Hier liegt jedoch eine hervorragende Möglichkeit, bestimmte Vorgänge in der Entwicklung zu automatisieren und die Einhaltung von vereinbarten Standards und Normen zu erzwingen (vgl. [Fig88; Mer96; Lin84]).

Der **Informationsaustausch zwischen verschiedenen Systemen** wird zunehmend durch Standardschnittstellen und moderne systemtechnische Lösungen unterstützt. Die Informationsbeschaffung und -suche hängt dagegen noch sehr stark von Personen ab. Welche Informationen werden in welcher Qualität eingespeist und gepflegt? Kennt der Nutzer diesen Hintergrund? Wird die Information auch richtig genutzt?

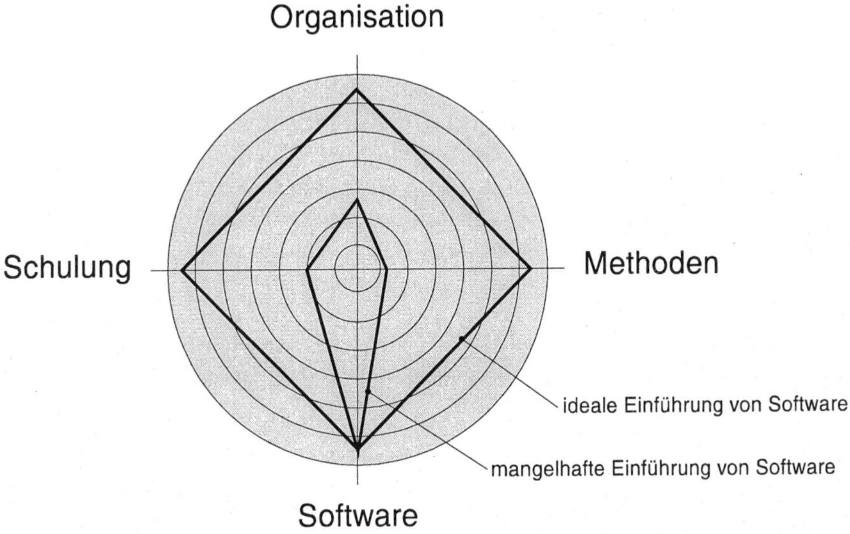

Bild 6.2-3. Ganzheitliches Einführen von Veränderungen: hier Software.

Die Frage der **Dokumentation** und der Durchgängigkeit eben dieser Informationen sowie ihre langfristige Verfügbarkeit und Nutzbarkeit ist ein EDV-technisch noch nicht zufriedenstellend gelöstes Problem. Weit über zehn Jahre müssen Produktdokumentationen verfügbar sein, so die Vorgabe des Gesetzgebers (in der Praxis von Pkw-Herstellern 40 Jahre). Um den Problemen der Software- und Hardwareveränderungen aus dem Weg zu gehen, werden hier klassische Formen der Informationsspeicherung wie Papier oder Mikrofilm gewählt oder die Information auf einfachste Datenrepräsentationen (z. B. Pixelbilder zusätzlich zu CAD-Daten) zurückgeführt.

Die Auswahl der für die aktuelle Aufgabenstellung wesentlichen Information aus der zunehmenden Flut ist oft die große Herausforderung (vgl. [Ehr03]). Hier sind oft Erfahrung, das Wissen um Zusammenhänge, die Unterstützung durch andere Wissensträger erforderlich.

➔ Bei der Einführung neuer Software gleichrangig die anzuwendenden Methoden, die Qualifikation der Mitarbeiter und die Anpassung der Organisation beachten!

Methoden

Während Produktentwicklern oft der Umgang mit über 20 verschiedenen Rechnerwerkzeugen zugemutet wird, ist die gezielte Qualifizierung hinsichtlich der Anwendung von Methoden eher die Ausnahme. Wird aber ein sehr spezieller Methodeneinsatz für notwendig erachtet, werden Mitarbeiter häufig in sehr komplexen Methoden wie z. B. FMEA, QFD oder TRIZ (vgl. [Alt84; Rei96]) geschult. In der Anwendung fehlen dann häufig die Grundlagen allen methodischen Vorgehens und die Fähigkeit, in der jeweiligen Situation zu beurteilen, welche Methoden in welcher Ausprägung und Intensität eingesetzt werden sollten (Kap. 3.2.3).

➔ Methoden und ihre Anwendung in unterschiedlichen Situationen trainieren!

Wissensmanagement

Um die Nutzungsmöglichkeiten des vorhandenen Wissens zu erhöhen, bemüht sich das Wissensmanagement durch die Lokalisierung von Wissen und Vernetzungen zwischen Wissensträgern sowie eine zunehmende Dokumentation des Entwicklungsprozesses um die Begründung der Entscheidungen. **Informationen** (vgl. [Amb97; Fran97; Gra97]) werden nach wie vor **überwiegend im Gespräch vermittelt**. Gerade die neuesten Entwicklungen der rechnergestützten Kommunikationstechnik zeigen die Notwendigkeit, die sich daraus ergebenden neuen Möglichkeiten auch in der Produktentwicklung zu prüfen und zu nutzen. **Aber nicht der technologiegläubige Einsatz all dieser Mittel ist entscheidend, sondern ihr Einsatz zur nachhaltigen Steigerung der langfristigen Effizienz.**

6.2.3 Leistungstiefe in der Produktentwicklung

Personalkosten sind bestimmend für die Höhe der Entwicklungskosten (Anhaltswert 60-80 %). Daher stellt sich die Frage nach der „richtigen“ **Eigenleistungstiefe in der Produktentwicklung**, nach dem Grad und der Form der Fremdvergabe von Entwicklungsleistungen. Diese Frage führt, in Kombination mit der Frage der Eigen- und Fremdfertigung, oft zu emotionalen, nicht sachgerechten Entscheidungen oder Ausprägungen in der Beurteilung (Kap. 7.10).

Schon immer haben Produktentwickler Entwicklungsleistungen von Partnern (Zulieferer, Entwicklungsbüros, Konstruktionsbüros, ...) mit in die eigene Leistungserbringung einbezogen. Schon immer stellte sich die Frage, welche Bauteile und Baugruppen durch eigenes Personal entwickelt werden, an welcher Stelle aus Termingründen oder auch aus Kostengründen fremde Kapazität, an welcher Stelle ergänzende fremde Qualifikation mit hinzugezogen werden muss. Die weitere Differenzierung ergibt sich aus der Fragestellung, ob in Verbindung mit Eigenentwicklung bzw. Fremdentwicklung auch die Frage der **Eigenfertigung** bzw. der **Fremdfertigung** verknüpft ist (Kap. 7.10.3). Die Diskussion zur eigenen Entwicklungstiefe ist vielfältiger Natur, so erleben wir den Widerstreit zwischen zunehmender eigener Entwicklungstiefe im Gegensatz zu der Intensivierung der Fremdvergabe an Entwicklungsbüros bzw. an Systemlieferanten. Eine allgemein gültige Regel lässt sich auch an dieser Stelle nicht finden, es ist für jedes Unternehmen eine klare Strategie zu entwickeln und immer wieder zu überprüfen, inwieweit Eigenentwicklung mit eigenem Personal opportun ist. Die Intensivierung von Fremdentwicklung führt zu einer Reihe von Aspekten, die positiv auf die Unternehmensergebnisse wirken. Als Beispiele seien hier die **Reduzierung der Fixkosten der Produktentwicklung** im eigenen Unternehmen genannt, die punktuelle Beschleunigung des Konstruktionsprozesses bei gegebenem Bedarf durch externe Kapazität oder auch Qualifikation, die Nutzung von spezifischem Know-how in fremden Unternehmen, der Aufbau und die Pflege strategischer Allianzen mit Partnerunternehmen.

Damit verbunden sind aber auch Aufwendungen und Risiken, wie z. B. der drohende Verlust von technologischer Kompetenz, die Abhängigkeit von Entwicklungspartnern, die Steigerung des Koordinationsaufwands. Auch die Produktpflege muss als langfristig wirkendes Thema bewertet werden [Wil96].

➔ Kernkompetenzen der Entwicklung definieren, weiterentwickeln und stärken!

➔ Entwicklungspartnerschaften aufbauen und weiterentwickeln!

6.3 Produktentwicklung verursacht Komplexität im Unternehmen

Die Aktivitäten in der Produktentwicklung beeinflussen nicht nur, wie anfangs in Kap. 6.2 dargestellt, die unmittelbaren Kosten der Produktentwicklung, sie beeinflussen vielmehr in erheblichem Umfang die Komplexität aller Prozesse im Unternehmen in teilweise erheblichem Ausmaß („Komplexe Produkte bedingen meist komplexe Prozesse“). Die Problematik liegt nun darin, dass genau diese Komplexität in ihren wesentlichen Ausprägungen nicht sichtbar ist und durch die üblichen Controlling-Instrumente auch nicht erkannt werden kann.

Die Komplexität im Unternehmen wird durch vielfältige Einflussgrößen bestimmt. Aus der Produktentwicklung heraus sind hier im Wesentlichen zu nennen: die Zahl der Unterschiedsteile der Produkte (Kap. 7.12), die Anzahl der eingesetzten Technologien, die Zahl der beteiligten Entwickler und Entwicklungspartner sowie die Dimension der Vernetzung unter all diesen Größen. Weitere Einflüsse kommen sicherlich in einer je nach Produkt unterschiedlichen Ausprägung aus den Märkten, auch aus der Organisation des Unternehmens und anderen Funktionen.

6.3.1 Komplexitätskosten

Unter **Komplexitätskosten** werden Kosten verstanden, die sich aus der Komplexität des Produkts und der Produktionsprozesse ergeben. Sie können durch die Prozesskostenrechnung transparent gemacht werden. Darüber hinaus verursacht Komplexität Opportunitätskosten[5], die nicht explizit ermittelt werden können.

Beispiel für Opportunitätskosten der Komplexität ist die Bindung wertvoller Kapazität in der Entwicklung für Variantenerstellung und -pflege, die dann für die Produktinnovation fehlt. Ähnlich sieht es in den Planungsbereichen der Produktion, im Controlling und im Einkauf aus. Eine ABC-Analyse kann hier helfen, Transparenz zu schaffen – häufig werden nämlich 70-80 % des Umsatzes mit nur 20-30 % der Varianten erwirtschaftet (vgl. Bild 4.6-4).

Aus Sicht des Marketings und des Vertriebs ist erkennbar, dass bei zu großer Variantenvielfalt auf der Produktseite Randprodukte die Kernprodukte substituieren. **Produkte, die wegen der kleineren Stückzahl nur zu erhöhten Kosten produziert und ohne spürbaren Mehrpreis vermarktet werden, greifen die eigenen Kernprodukte an und führen damit zu einer Erlösschmälerung** (Kap. 8.4.4).

---

[5] Opportunitätskosten umfassen den Gewinnbeitrag, auf den verzichtet werden muss, weil die beschränkt verfügbaren Ressourcen nicht für die günstigste Vorgehensweise eingesetzt werden (vgl. [Ker96]).

Selbst wenn die Opportunitätskosten zahlenmäßig unberücksichtigt bleiben, so führt eine Bereinigung der Variantenvielfalt zu erheblichen Kostensenkungspotenzialen (vgl. Bild 6.3-3; Kap. 7.12).

Es muss angemerkt werden, dass auch andere Sachverhalte zu hoher Komplexität in den Unternehmensprozessen führen können, wie z. B. eine extrem hohe Eigenfertigungstiefe, ein hoher Anteil an Fremdkonstruktionen, die Beschaffung des Materials bei einer Vielzahl von Lieferanten (Kap. 7.12.3.1).

> ➔ Die Auswirkungen von Komplexität und Komplexitätsveränderung transparent machen!

6.3.2 Kosten der Teilevielfalt und der Technologiekomplexität

Typische einmalige Komplexitätskosten sind die Kosten, die in Entwicklung und Konstruktion entstehen, um Neuteile zu definieren und zu erproben. Dementsprechend entstehen Fertigungsaufwendungen für Planung, Sonderbetriebsmittel, Technologieentwicklungen sowie die Kosten des Serienanlaufs. Auch in anderen Unternehmensfunktionen, wie der Materialwirtschaft, dem Qualitätswesen, dem Service, treten diese Einmalaufwendungen auf (vgl. Kap. 7.5 u. 7.12).

Die **Verwaltungskosten** im Sinn der beschriebenen Komplexitätskosten eines zusätzlichen Bauteils liegen üblicherweise in Dimensionen von 1 500-2 000 € für Kaufteile und 3 000-3 500 € und mehr für Teile in Eigenfertigung (**Bild 6.3-1**). Dabei sind Verwaltungsaufwendungen beim Zulieferer noch gar nicht berücksichtigt. Beinhaltet sind Aufwendungen für Dokumentation, Auftragssteuerung, Disposition, Planungsaufgaben in der Produktion, sämtliche Aufgaben der Logistik, auch der Kalkulation und der Rechnungsstellung sowie in dem Gesamtumfeld von Ersatzteil und Service. Nicht enthalten sind im Bild die Kosten für die Konstruktion und Entwicklung des Bauteils.

Jedes Bauteil muss dokumentiert werden. Zur Vielzahl der Dokumente zählen beispielhaft technische Zeichnungen, Stücklistenstammsatz, technische Berechnung, Versuchsbericht, Bedienungsanleitung, Ersatzteildokumentation, Dispositionssatz, Bestellung, Wareneingangsschein, Rechnung, Prüfprotokoll der Fertigung, Arbeitsplan, NC-Programm, Werkzeugeinstellung und viele andere. Einige davon sind u. U. in mehreren Sprachen erforderlich. Viele Bauteile führen also zu vielen Dokumenten, die alle wiederum mit Aktivitäten verbunden sind.

Die Herstellprozesse der Bauteile sind durch unterschiedliche Technologien der Produktion geprägt. Hochgradig tiefgezogene Karosseriebauteile neigen zu Faltenbildung, einsatzgehärtete Bauteile zu Verzug und Eigenspannungen, aus Toleranzgründen gepaarte Bauteile erschweren die Fertigungssteuerung ähnlich wie einzelne Bearbeitungsgänge bei Zulieferern.

Änderungen an Bauteilen führen dann dazu, dass diese Prozessketten der Beschaffung und Produktion erneut verändert werden, wodurch bisher sicher ablaufende Prozesse zusätzlich gestört werden.

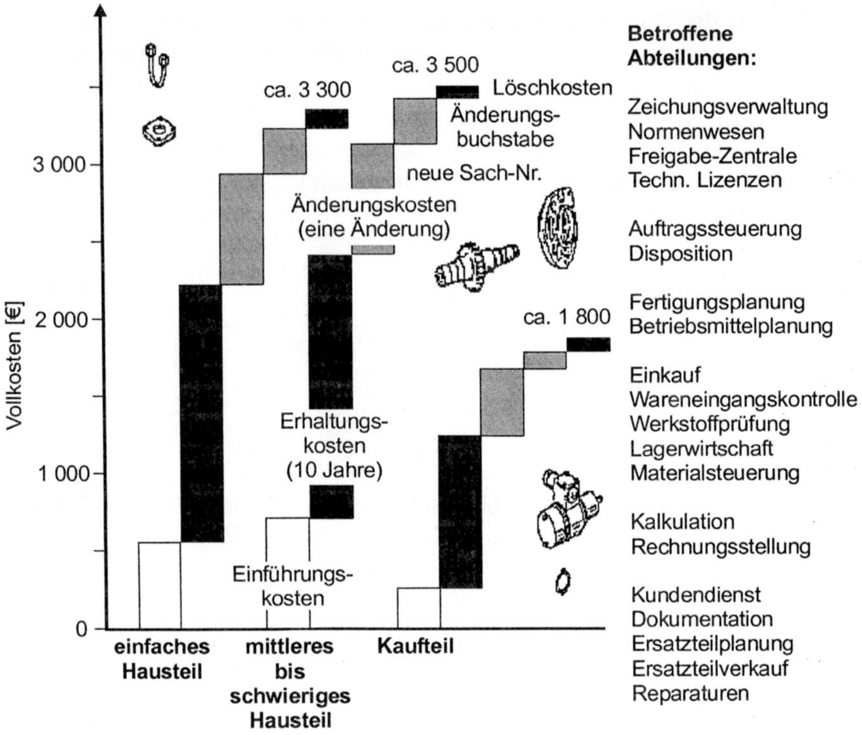

Bild 6.3-1. Beispiele für die Verwaltungskosten von Bauteilen (mtu Dieselmotoren)

Wie groß die Gefahr ist, dass die Zahl der Bauteile und damit die Komplexität im Unternehmen ansteigt, zeigt eine Untersuchung von [Hic85] (**Bild 6.3-2**). Hier wird gezeigt, wie sich innerhalb von 10 Jahren die Zahl der Sachnummern für eine Produktreihe weit mehr als verdoppelt hat. Der Umsatz pro Bauteil ist also in Folge deutlich gesunken.

➔ Vor der Festlegung neuer Teile vorhandene oder ähnliche Teile suchen!

6.3.3 Kosten von Produktvarianten

In drastischer Form wird die Auswirkung einer zu großen Produktvarianz immer wieder von Unternehmensberatern dargestellt (**Bild 6.3-3**). Das Bild zeigt, dass erfolgreiche Unternehmen einer bestimmten Sparte mit deutlich weniger Produkten und noch sehr viel weniger Baugruppen und Bauteilen in ihren Produkten zu positiven Ergebnissen gelangen.

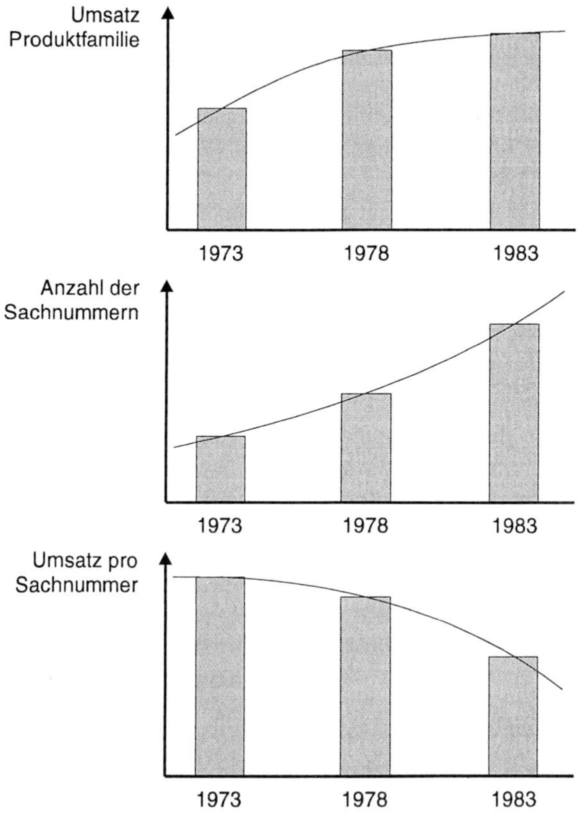

Bild 6.3-2. Die Teilezahl einer Produktfamilie der Elektrotechnik wuchs schneller als der Umsatz [Hic85]

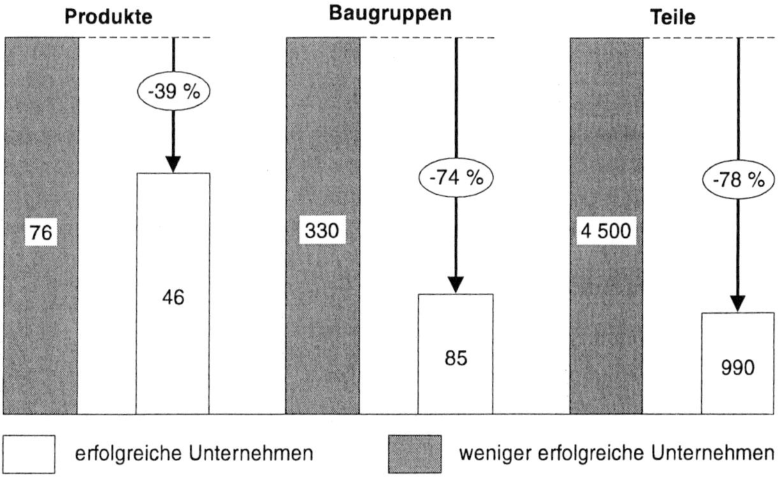

Bild 6.3-3. Weniger Varianten – mehr Erfolg [Hen93]

7 Einflüsse auf die Herstellkosten und Maßnahmen zur Kostensenkung

*Da sich die Herstellkosten (**Bild** 7.1-1) entsprechend der Kostenrechnung aus der Summe der Material- und der Fertigungskosten (Teilefertigung und Montage) bestimmen, können die Maßnahmen entsprechend **Bild** 7.1-2 in drei Gruppen eingeteilt werden, die jeweils gleichartig angegangen werden können.*

Darüber hinaus gibt es entsprechend den Produkt- und Prozessmerkmalen eine Vielzahl weiterer Einflüsse, die nachfolgend in vielen Beispielen besprochen werden. Die Beispiele sollen Anregungen zum eigenen Vorgehen liefern. Dies muss natürlich an die jeweils vorliegende Aufgabe angepasst werden.

7.1 Überblick über die Einflüsse und deren Stärke

Aus der Fülle der Einflussgrößen auf die Herstellkosten, die im **Bild 7.1-3** aufgeführt sind, wurden in diesem Buch nur einige wesentliche herausgegriffen. Fast alle Abteilungen im Unternehmen haben Einfluss auf Kosten. Wie die Kreise andeuten, haben Entwicklung und Fertigung den wesentlichen Anteil (Bild 2.2-3). Das den Kreisen gemeinsame Feld zeigt, dass die meisten Entscheidungen in enger Abstimmung zwischen Fertigung und Entwicklung getroffen werden sollten.

Kostenbestimmend ist meist das **Konzept**, d. h. das Funktionsprinzip. Beispiele für die Verdrängung alter Prinzipien durch kostengünstige neue sind: Verbrennungsmotor verdrängt Dampfmaschine, Kugelschreiber verdrängt Füllhalter,

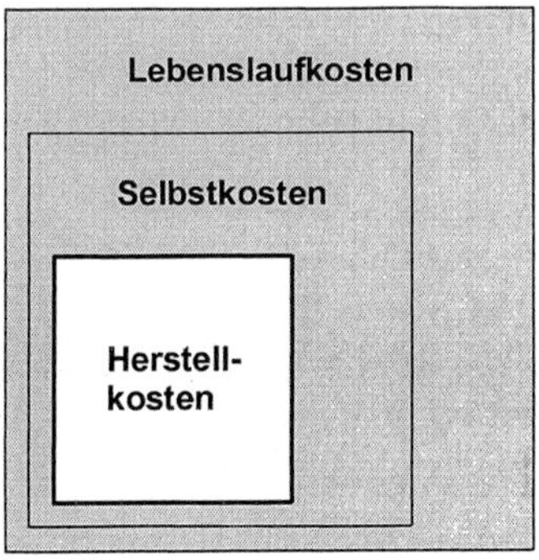

Bild 7.1-1. Herstell-, Selbst- und Lebenslaufkosten

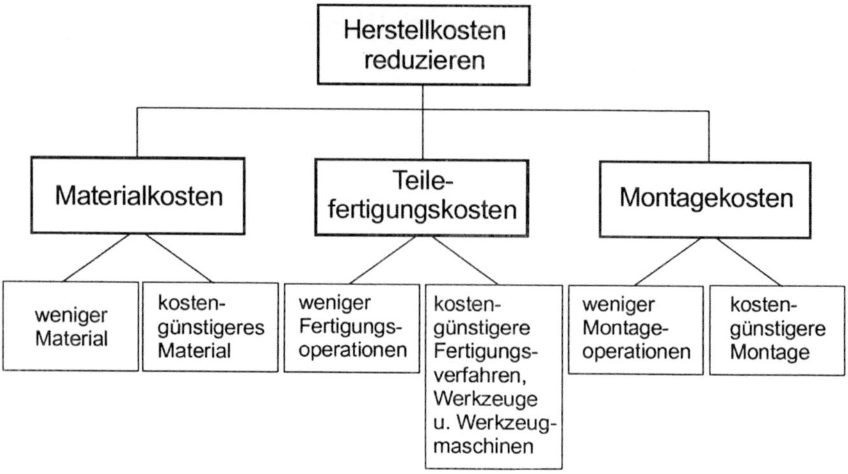

Bild 7.1-2. Möglichkeiten zur Reduzierung von Herstellkosten [Kol94]

Computer verdrängt mechanische Rechenmaschine. Es ist klar, dass Gestaltvarianten früherer Konzepte „dagegen machtlos“ sind. Es gilt auch hier die im Bild 2.2-2 und Bild 2.2-3 gezeigte sehr große Möglichkeit der Kostenbeeinflussung in frühen Phasen des Entwickelns, die wiederum unter bestimmten Anforderungen gegeben ist (Kap. 7.2). Es liegt auf der Hand, dass eine Änderung der **Aufgabenstellung** auch die Kosten verändert. Eine vollautomatische Kamera z. B. ist aufgrund der Forderung nach Automatik teurer als eine nichtautomatische. Die Aufgabenstellung lässt sich im Kontakt mit dem Kunden oft noch erheblich verändern.

Konstruktive Hauptkosteneinflüsse sind also:

- **Aufgabenstellung** (Anforderungen),
- **Konzept** (Funktionsprinzip; z. B. physikalisches Prinzip mit Werkstoffart, Zahl und Art der Wirkflächen, Komplexität),
- **Baugröße** (z. B. Abmessungen, Werkstoffmenge),
- **Stückzahl**, und damit im wesentlichen auch die Standardisierung, Normung, insbesondere bei Einzel- und Kleinserien-Fertigung,
- **Fertigungs- und Montage-Technologie**, stark beeinflusst durch Werkstoff, Stückzahl und Baugröße.

Wenn diese Hauptkosteneinflüsse nicht geändert werden können, was häufig der Fall ist, treten andere Einflussgrößen in den Vordergrund, z. B. die Toleranzen, die Oberflächenbeschaffenheit und Gestaltungsdetails. Für Detailkonstrukteure werden diese dann zu Hauptkosteneinflüssen.

Man kann die Einflussnahme der Konstruktion nicht nur nach Einflussgrößen, sondern auch nach den beeinflussten Kostenarten gliedern, was in **Bild 7.1-4** geschehen ist. Man sieht daraus, dass auch Gemeinkosten und Anteile der Selbstkosten (Kap. 6) durch konstruktive Maßnahmen verändert werden können.

Die in den folgenden Kapiteln besprochenen Einflüsse auf die Herstellkosten werden anhand von Beispielen aus der Praxis erläutert. Diese stammen aus eigenen

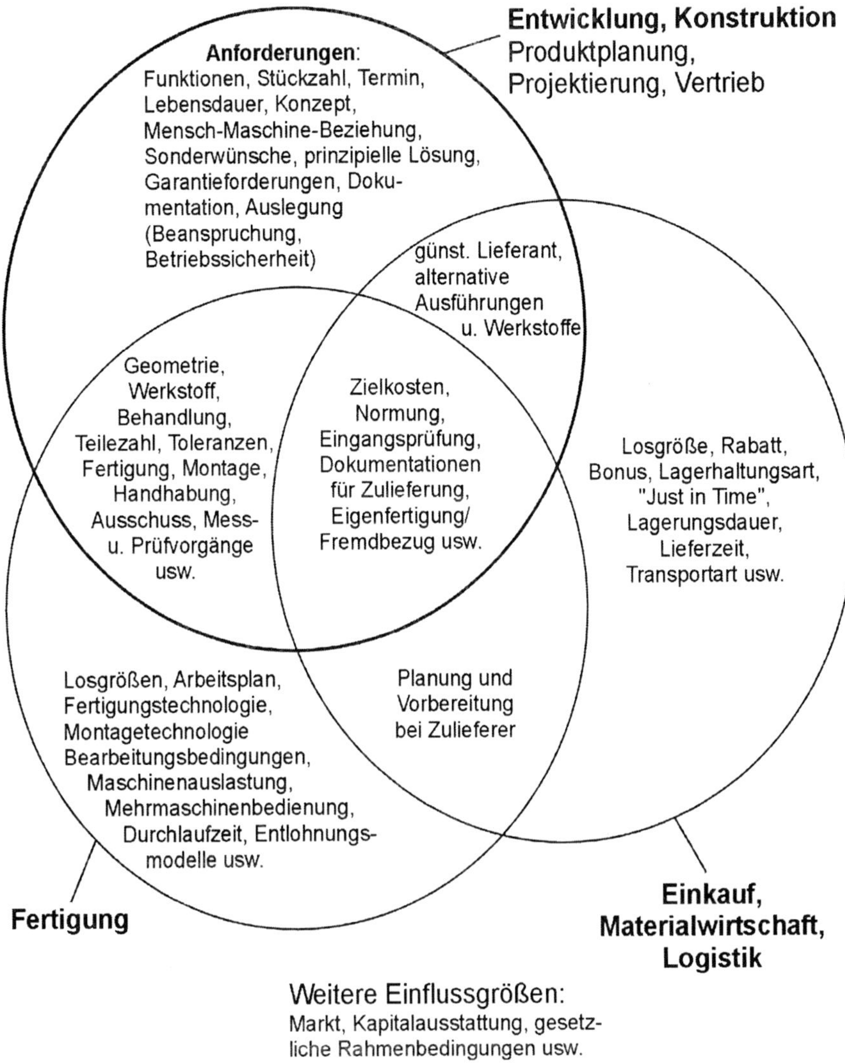

Bild 7.1-3. Beispiele für Einflussgrößen auf die Herstellkosten

Untersuchungen und aus der Literatur. Da bei letzteren die Ausgangsdaten und Randbedingungen oft nicht angegeben sind, ist es meist nicht möglich, Zahlenwerte für die eigenen Verhältnisse zu übernehmen. Tendenzaussagen oder Regeln sind dagegen oft übertragbar (Kap. 7.13.2b u. 9.3.7.2, Bild 7.13-2).

	Kostenart	z. B. beeinflussbar durch konstruktive Maßnahmen	wesentlich beeinflussbar ferner durch:	zuordenbar auf Kostenträger
MK	Materialeinzelkosten *MEK*	weniger oder weniger hochwertiges Material/ Kaufteile, Norm- statt Sonderkaufteile	Einkauf (Lieferant, Rabatt)	ja
	Materialgemeinkosten *MGK*	weniger Teilevielfalt durch Werknormen	Materialwirtschaft Arbeitsvorbereitung	nein
	Fertigungslohnkosten *FLK*	Ersatz von Handarbeit durch Maschinenarbeit, Werkstoffe mit fertigen Oberflächen verwenden (Halbzeuge)	Arbeitsvorbereitung (Rationalisierung)	ja
HK	(Hauptzeitkosten)	weniger zu zerspanendes Aufmaß		
FK	(Nebenzeitkosten)	weniger eng tolerierte Maße, weniger komplizierte Teile (weniger umspannen)		
SK	(Rüstkosten)	weniger Arbeitsgänge, größere Lose durch Produktnormung		
	Fertigungsgemeinkosten *FGK*	gemeinkostenintensive Arbeitsgänge meiden		nein
	Sondereinzelkosten der Fertigung *SEF*	weniger Sonderwerkzeuge, Vorrichtungen		ja
	Entwicklungs- und Konstruktionskosten *EKK*	Produktnormung, CAD, Rationalisierung des Konstruktionsprozesses, Entwicklungskooperation	—	z. T. bei entsprechender Aufschreibung
	Verwaltungs- und Vertriebsgemeinkosten *VVGK*	Produktnormung	Verwaltung und Vetrieb	nein
	Sondereinzelkosten des Vertriebs *SEV*	—		ja

Bild 7.1-4. Kostenarten und ihre Beeinflussung durch konstruktive Maßnahmen

7.2 Einfluss der Aufgabenstellung

Ein Produkt und dessen Kosten werden durch die Anforderungen aus der Aufgabenstellung und die verfügbaren Lösungsmöglichkeiten bestimmt [Ehr77]. Jede Forderung und ihre Einengung durch Toleranzen darf nicht nur nach ihrer technischen Erfüllbarkeit, sondern muss auch hinsichtlich der dadurch verursachten Kosten betrachtet werden. „Anforderungen kosten Geld." Man sollte eigentlich zu jeder Anforderung im Sinne von 'Target Costing' die dafür zulässigen Kosten schreiben.

Dass Anforderungen Kosten verursachen, zeigt das Beispiel der Pkw-Entwicklung (**Bild 7.2-1**). Jede zusätzliche Anforderung ließ die Kosten im Lauf der Zeit anwachsen. Deshalb geht das Target Costing von Funktionen aus, definiert die Wertanalyse 'Funktionskosten' und stellt die Frage: „Wie viel kostet die Erfüllung der Funktion?" Diese ist bei der Analyse von vorhandenen Produkten ('Wertverbesserung') einfach zu beantworten, da die Lösungen für die Funktion bekannt

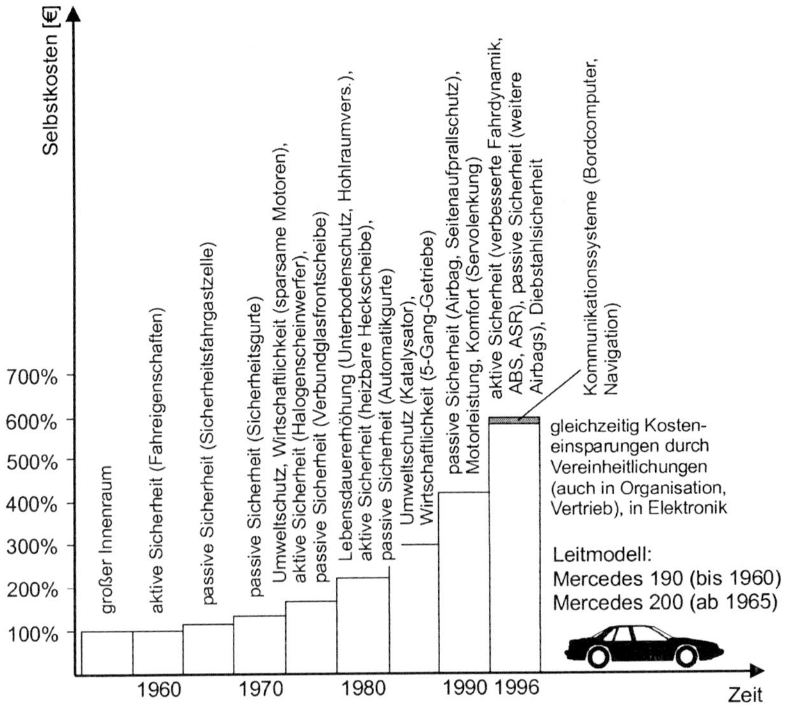

Bild 7.2-1. Allmählicher Anstieg der Anforderungen an Pkw und damit der anforderungsbedingten Kosten

sind. Man braucht nur die Kosten der für die Funktion ganz oder anteilig verantwortlichen Bauteile zu summieren. Aber auch für noch nicht selbst konstruierte Produkte lassen sich Funktionskosten ungefähr angeben, sofern eine prinzipiell mögliche Lösung bekannt ist oder die Funktion mit käuflichen Elementen realisiert werden kann. Es ist jedoch nicht möglich, die Kostenauswirkung von Funktionsforderungen anzugeben, wenn keine Lösung, auch keine annähernde Lösung bekannt ist. Dann müssen zuerst Lösungen erarbeitet und deren Kosten abgeschätzt oder kalkuliert werden (Kap. 4.6.2). Grundsätzlich gilt das gleiche für nicht funktionelle Anforderungen, wie z. B. Sicherheit, Bedienbarkeit, Servicemöglichkeit, Recyclingfähigkeit. Es muss eingehende Erfahrung vorliegen und es müssen die notwendigen technischen Maßnahmen mit ihrer Kostenauswirkung bekannt sein, wenn die Auswirkung z. B. bestimmter Geräuschgrenzen, definierter Verfügbarkeit oder Lebensdauer angegeben werden soll.

➔ Produktkosten werden niedriger, wenn weniger Anforderungen, Toleranzeinengungen, Garantiezusagen, Abnahmebedingungen, einzuhaltende Normen oder Vorschriften zugesagt werden müssen.

7.3 Einfluss des Konzepts

Der Einfluss des Konzepts (prinzipielle Lösung) auf die Herstellkosten ist groß (Kap. 4.8.2). Durch das Konzept wird das Produkt in seinen wesentlichen Eigenschaften, den einzelnen Abläufen und ihrer Anordnung in einer Funktionsstruktur festgelegt. Es wird bestimmt, mit welchen Energiearten und welchen physikalischen Effekten die Teilfunktionen realisiert werden. Damit und mit den Wirkbewegungen und Wirkflächen werden wesentliche Entscheidungen bezüglich „Komplexität" und Baugröße getroffen (Kap. 4.5.2). Von den im Kap. 7.1 genannten Hauptkosteneinflüssen sind damit zwei weitere maßgebend bestimmt. Ein zusätzlicher, die Stückzahl, ist allerdings meist durch den Marktbedarf gegeben.

Will man eine hohe Kostensenkung erreichen, muss die Konzeptphase und die dafür erprobte Konstruktionsmethodik stärker beachtet werden (vergl. Kap. 4.8.2). Wie sich aus einer Umfrage [Bei74] und einer empirischen Untersuchung [Dyl91] ergab, werden aber nur 0-10 % der gesamten Entwicklungszeit dafür aufgewendet.

Die kostensenkende Wirkung neuer Konzepte und damit der (auch risikobehafteten) Neukonstruktion soll an Beispielen gezeigt werden (s. a. Kap. 7.9.2.2):

- Entwicklung eines kostengünstigen **Lasersystems** (s. Kap. 4.7).
- Entwicklung der ersten **Taschenrechner**:
  Bei gleicher grundsätzlicher Aufgabenstellung sind die Preise (und auch die Kosten) von Rechenmaschinen in rund zehn Jahren auf etwa ein Hundertstel gefallen, seit mit der Halbleitertechnologie gegenüber den früheren mechanischen Rechenmaschinen ein physikalisch völlig neues Lösungsprinzip eingeführt wurde. Der durch die Preissenkung erschlossene größere Markt ermöglichte über die Stückzahldegression weitere Rationalisierungsmöglichkeiten. Die Baugrößenverringerung erlaubte auch, die Materialkosten – die ja bei Massenfertigung dominieren – erheblich abzusenken. Der Rechner könnte sogar noch viel kleiner sein, denn die heutige Baugröße ist durch die Schnittstelle Mensch/Maschine nach unten begrenzt. Wegen der Fingergröße und der Lesbarkeit können die Tasten und die Zahlenausgabe nicht kleiner werden.
  Das Beispiel zeigt, dass der elektrische Signalumsatz im Gegensatz zum mechanischen mit minimalen Energie- und dementsprechend auch Massenbeträgen auskommt. Eine so starke Kostensenkung scheint nur im Signalumsatz denkbar. Beim Energie- und Stoffumsatz verbietet sich meist eine derartige Baugrößen- und Massensenkung, obschon seit Einführung des Ottomotors auch eine Verringerung des Leistungsgewichts um den Faktor 1 000 eingetreten ist.
- **Folienschalter**:
  Das Beispiel in **Bild 7.3-1** zeigt, wie ein neues Konzept mit Teilezahlreduzierung durch Einsatz neuer Werkstoffe und Fertigungsverfahren die Baugröße und die Kosten drastisch senkt: Der Folienschalter (nur für kleinere Ströme geeignet) links im Bild kommt mit der halben Teilezahl des elektromechanischen Schalters aus und wird nur rund 0,5 mm dick. Dies wurde durch Funktionsver-

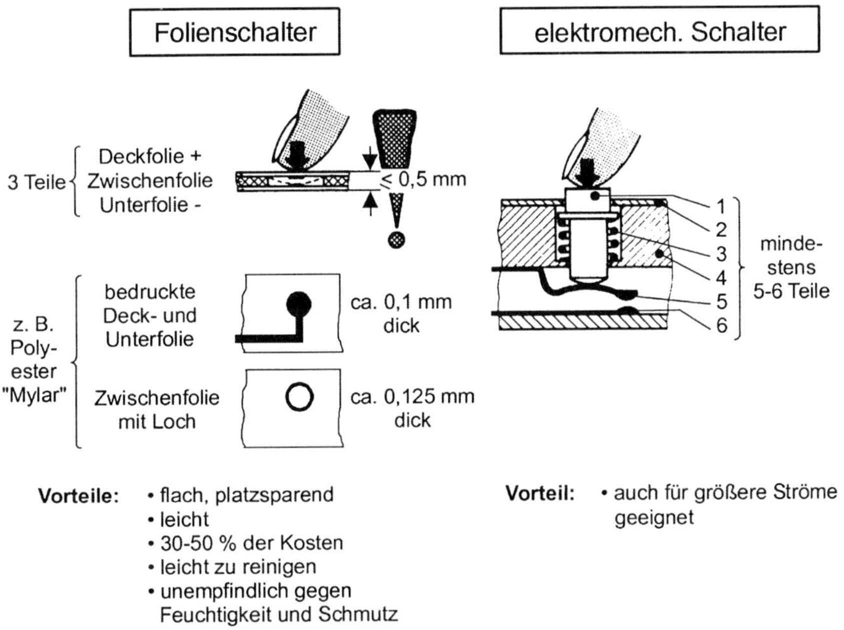

Bild 7.3-1. Vergleich Folienschalter/elektromechanischer Schalter: Folienschalter ist klein, leicht und kostengünstig durch neues Konzept, neues Fertigungsverfahren

einigung an der mit einem Leiter bedruckten Polyesterfolie möglich: Deren Eigenelastizität erspart Druckknopf und Feder, die aufgedruckte Leiterbahn die Kontaktfedern (Kap. 7.12.4.3). Die Kostensenkung wird dann noch größer, wenn durch größere Anwendungsbreite die Stückzahl steigt (Bild 7.5-1).

- **Betonmischer**:
  Das Beispiel in Kap. 10.1 zeigt, wie eine Maschine im physikalischen Prinzip des Stoffumsatzes (Funktion Mischen) gleich bleibt, aber durch Änderung des Antriebskonzepts und des Fertigungsverfahrens über 30 % in den Herstellkosten gesenkt wurde.
- **Vier Stirnradsatz-Konzepte** für Übersetzung $i = 10$:
  In **Bild 7.3-2** sind (nicht maßstäblich) vier verschiedene Radsatz-Konzepte für Stirnradgetriebe gezeigt, die alle eine Übersetzung $i = 10$ verwirklichen [Fis83]:
  - einstufige Radsätze;
  - zweistufige Radsätze;
  - Zweiwege-Radsätze;
  - Dreiwege-Radsätze (Begriffe s. Bild 7.3-2).

  Variiert wurde außer dem Konzept die Baugröße über das Eingangsdrehmoment M_{t1}. Die geradverzahnten Räder sind aus einsatzgehärtetem Werkstoff 16 MnCr 5, geschliffen und in Einzelfertigung hergestellt. Die Tragfähigkeit wurde nach DIN 3990 berechnet.

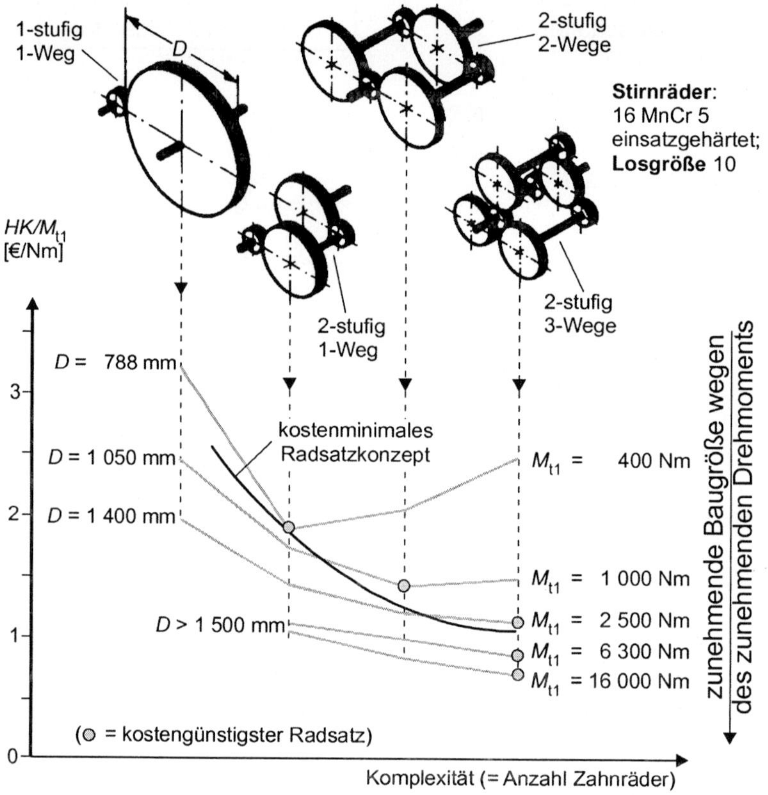

Bild 7.3-2. Einfluss des Konzepts auf die Herstellkosten der Stirnradsätze [Fis83] (gilt nur innerhalb der angegebenen Parameter!) Übersetzung i = 10

Die Herstellkosten der Räder wurden mit einem Rechenprogramm [Ehr82a] berechnet, in dem mittlere Fertigungszeiten und Verrechnungssätze deutscher Getriebehersteller enthalten sind. Der Kostenvergleich berücksichtigt nur die Zahnräder, nicht Wellen, Lager, Gehäuse und auch nicht die Montage, und ergab:

- Das Radsatzgewicht pro übertragenem Drehmoment (und damit die Baugröße pro Drehmoment) nimmt stark mit zunehmender Komplexität ab (in Bild 7.3-2 nicht dargestellt). Beim Dreiwege-Radsatz sind es nur noch 38 % des einstufigen Radsatzes. Dies kommt durch drei Einflüsse zustande: Die Aufteilung auf zwei Stufen verringert den Achsabstand. Ferner wird die Hertzsche Pressung bei geringerer Übersetzung pro Stufe (zweistufiger Radsatz!) kleiner, da die Krümmungsverhältnisse günstiger werden. Schließlich werden bei Mehrwege-Radsätzen die Zentralräder mehrfach ausgenutzt, bzw. das Drehmoment fällt pro Eingriff auf 1/2 bzw. 1/3 ab (s. a. Bild 7.9-5).
- Die kostengünstigsten Konzepte sind je nach Drehmoment (Baugröße) unterschiedlich: Bei kleiner Baugröße (d. h. kleinem Drehmoment M_{t1}) ist der zweistufige Radsatz am günstigsten, bei größerer Baugröße zuerst der (zweistufige) Zweiwege-Radsatz, dann der Dreiwege-Radsatz (s. Kurve: kostenminimales

Radsatzkonzept). Man sieht, dass das Radsatzkonzept mindestens soviel Kosteneinfluss hat wie die Baugröße, also zu den Haupteinflussgrößen auf die Kosten zählt.

Die Gründe für dieses Verhalten sind folgende: Man sieht aus den abfallenden Kurven, dass die Kosten pro Drehmoment (€/Nm) um so geringer werden, je größer das Drehmoment wird. Dies erklärt sich aus den unterschiedlichen Wachstumsgesetzen. Das Drehmoment wächst bei sonst konstanten Einflussgrößen mit der 3. Potenz der Baugröße (φ_L^3). Die Herstellkosten enthalten (s. Kap. 7.6) vor allem bei kleineren Produkten und Einzelfertigung aber große Anteile, die nur mit $\varphi_L^{0,5}$, und φ_L^2 wachsen (Bild 7.6-3). Dementsprechend nimmt der Quotient €/Nm mit zunehmender Baugröße ab (Zur Genauigkeit daraus abgeleiteter Regeln s. Kap. 4.6.4).

Andererseits erhöhen sich gegenläufig dazu die Fertigungskosten mit zunehmender Zahnradanzahl (Komplexität). Das bewirken u. a. die Nebenzeiten (Aufspannen, Einstellen, Messen). Deshalb steigt die Kurve beim kleinen Drehmoment 400 Nm mit steigender Teilezahl wieder an.

Warum werden dann die Herstellkosten pro Drehmoment bei den großen Radsätzen (also bei großem Drehmoment 2 500-16 000 Nm um so geringer, je „verzweigter" die Radsätze sind? Das liegt daran, dass die großen Radsätze grundsätzlich hohe Anteile von Werkstoff- und Wärmebehandlungskosten in ihren Herstellkosten aufweisen. Das geht bis zu 50 und 60 % (Bild 7.6-3 gibt eine Vorstellung davon). Da zunehmende „Verzweigung" wegen der Mehrfachausnutzung der Zahnräder das Radsatzvolumen drastisch senkt, sinken damit auch die Werkstoffkosten und die masseproportional verrechneten Wärmebehandlungskosten (Kap. 7.13.5). Je größer das Radsatzdrehmoment (und damit die Baugröße) ist, um so mehr überwiegt dieser Einfluss gegenüber dem Einfluss der zunehmenden Zahnradanzahl. – Man sieht, wie vernetzt die Einflüsse auf die Herstellkosten sind. Außerdem hängt das Kostenminimum noch von der Gesamtübersetzung ab. Wenn diese $i = 5$ statt wie bisher $i = 10$ ist, wird der einstufige Radsatz am kostengünstigsten.

- **Frachtschiffantrieb**:
  Bild 5.2-3 zeigt den Vergleich zweier Schiffsantriebs-Konzepte: Langsamlaufender (120 min^{-1}), direkt mit dem Propeller gekuppelter Großdieselmotor mit 8 800 kW und mittelschnelllaufender (430 min^{-1}), über ein Planetengetriebe untersetzter Dieselmotor gleicher Leistung. Dabei verringert sich das Gewicht trotz zusätzlichem Getriebe um 65 %, die Kosten (der Werft) um 30 %. Ein zusätzlicher Vorteil ist der geringere Platzbedarf des schnelleren Motors, der z. B. dem Laderaum zugute kommt. Andere Einflüsse auf die Betriebskosten (Brennstoffkosten, Wartung, Zuverlässigkeit) können diesen Investitionskostenvorteil bei einer Lebenslaufkostenrechnung wieder aufheben. Vor der Ölkrise 1965 bis 1974 war dieser Vorteil jedenfalls vorhanden, weshalb dieses Konzept bei rund 25 Frachtschiffen erfolgreich verwirklicht wurde [Ehr73]. Der Grund für die Baugrößen- und Kostenabsenkung ist dadurch gegeben, dass eine konstante Antriebsleistung am Motor ($P = M_t \cdot \omega$) entweder durch hohes Moment M_t bei niederer Drehzahl oder umgekehrt durch hohe Drehzahl bei niederem Moment rea-

lisiert werden kann. Letzteres ergibt kleine, leichte, kostengünstigere Motoren mit höherer Zylinderzahl.

➔ **Konzepte für kleine und leichte Bauweise** ergeben meist kostengünstige Maschinen. Klein und leicht werden Maschinen mit starken physikalischen Effekten (z. B. aus mechanischer und hydrostatischer Energie), durch Parallelschaltung von Wirkflächen (Leistungsverzweigung), Geschwindigkeits- bzw. Drehzahlerhöhung. Im Allgemeinen ist die Kostenverringerung weniger groß als die Gewichtsverringerung (Bild 5.2-3).

➔ **Konzepte mit einfachem Aufbau und wenigen Teilen** (z. B. Funktionsvereinigung, Integralbauweise) sind meist kostengünstiger, vor allem bei Produkten mit kleinen Abmessungen und/oder hohen Stückzahlen.

7.4 Einfluss der Gestalt

Unter **Gestalt** eines materiellen Produkts versteht man die Gesamtheit seiner geometrischen Merkmale. Dazu gehören neben den Abmessungen auch die Zahl und Lage der Elemente des Produkts (Flächen, Maschinenelemente), die Toleranzen im Sinne einer „Makro-Gestalt" und ebenso die „Mikro-Gestalt", nämlich die Rauheit der Flächen. Es ist ohne weiteres einsichtig, dass dadurch wesentliche Kostenparameter festgelegt werden: die Baugröße (Kap. 7.6) und mit dem Material und der Oberflächenbehandlung (Kap. 7.9) oft direkt auch die Fertigungsverfahren (Kap. 7.11) einschließlich der Montage.

Die **Gestaltfestlegung** erfolgt schwerpunktmäßig in den Konkretisierungsstufen Entwerfen und Ausarbeiten (s. Bild 4.4-2, Kap. 4.5.2). Allerdings werden gestalterische Vorgaben dafür auch schon bei den Anforderungen und im Konzept gemacht, so dass sich das Gestalten als eine wesentliche konstruktive Tätigkeit durch alle Arbeitsschritte des Entwicklungsprozesses hindurchzieht. In Bild 4.8-2 ist das gestaltbetonte Entwerfen entsprechend der Strategie „vom Wichtigen zum weniger Wichtigen" aufgeteilt in „Gestalten der maßgebenden Module (oder Teile, Baugruppen)" und „Gestalten des gesamten Produkts" [VDI98].

Viel mehr lässt sich allgemeingültig im Sinne eines **Vorgehensplans** auch kaum empfehlen. Zu vernetzt sind die Merkmale eines Produkts, die beim Gestalten festgelegt werden, wie **Bild 7.11-1** zeigt. Es hängt sehr von der Aufgabenstellung, von der Produktart, von dem, was schon vorgegeben ist, ab, womit man beim Gestalten anfängt: Mit funktionswichtigen Abmessungen, die bei der Auslegung (Kap. 7.8) stattfinden, wozu auch die Festlegung des Werkstoffs gehört, oder mit der Festlegung von Fertigungsverfahren, wonach dann die fertigungs- und montagegerechte Gestaltung erfolgt (Bild 7.11-2).

Wenn auch das Vorgehen insgesamt nur grob strukturiert werden kann, so ist doch das **Vorgehen im Detail**, beim Festlegen einzelner Produktmerkmale sehr viel besser bekannt. Es erfolgt, wie empirische Beobachtungen von Konstrukteuren ergaben [Dyl91], nach dem **Vorgehenszyklus** (Bild 4.4-1). Bei jeder Festlegung (Maß, Toleranz, Form usw.) müssen die Anforderungen geklärt, Lösungen gesucht und aus den Lösungen die endgültige ausgewählt werden. Dieses Vorgehen wird **oft gar nicht bewusst**, es entwickelt sich auch bei reinen Praktikern im Lauf des Erfahrungszuwachses von selbst meist im richtigen Sinn. Bei wichtigen Dingen sollte man sich trotzdem den Ablauf klarmachen und ihn in der Gruppe oder Organisation bewusst durchziehen. Meist bleibt nämlich die Anforderungsermittlung auf der Strecke, oder es wird nur **eine** erste „beste" Lösung vorgesehen.

7.5 Einfluss der Stückzahl

Der starke Einfluss der Stückzahl gleicher Produkte auf die Kosten wird ersichtlich, wenn man sich vergegenwärtigt, wie teuer anfangs die in niedriger Stückzahl hergestellten ersten Autos, Fernseher oder elektronischen Taschenrechner waren. Nur wenige konnten sich diesen Luxus leisten. Hauptsächlich durch rationelle, leistungsfähige Fertigungsverfahren und die daran angepassten Konstruktionen sind die Kosten und damit langfristig auch die Preise gefallen, so dass die früheren Privilegien heute Selbstverständlichkeiten sind. Kostensenkende Fertigungsverfahren sind aber nur möglich, wenn damit entsprechend hohe Stückzahlen produziert werden. **Bild 7.5-1** zeigt schematisch diese „Einfluss-Spirale" für den Übergang von der Einzel- zur Serienfertigung: Um eine größere absetzbare Stückzahl zu erzielen, geschieht vorab eine Umkonstruktion auf größere Stückzahl für eine rationellere Fertigung mit entsprechendem Kostensenkungspotennial, wodurch wieder eine Preissenkung möglich wird, welche die Marktchancen vergrößert usw. Das Schema gilt im Prinzip auch für Kleinserienfertigung. Die Umkonstruktion für

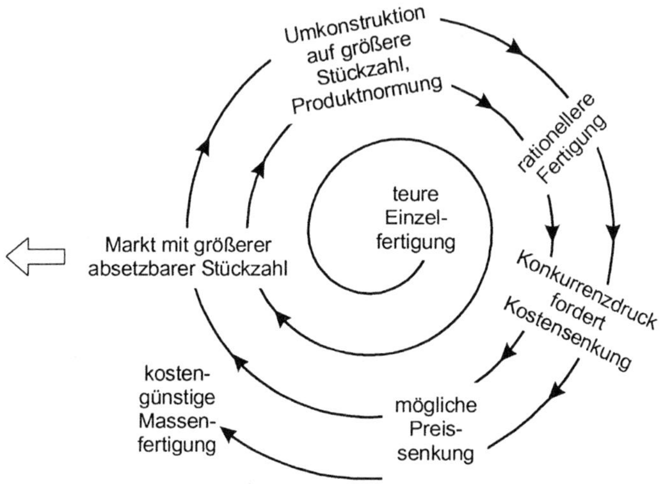

Bild 7.5-1. „Einfluss-Spirale" für den Übergang von Einzel- zu Serienfertigung

größere Stückzahlen kann durch den Einsatz geeigneter Fertigungsverfahren geschehen oder/und über interne Standardisierung gemäß Bild 7.12-4 (s. a. Kap. 7.12.4.1, Bild 7.12-18).

Die an Kunden extern absetzbare Stückzahl ist im Wesentlichen marktbedingt. Im Bereich der Einzel- und Kleinserienfertigung hat die Konstruktion durch Standardisierung bzw. Produktnormung (Kap. 7.12) einen maßgebenden Einfluss auf die intern produzierte Stückzahl gleichartiger Teile oder Baugruppen. Mit der Baukasten- und Baureihenbauweise wird ein Kompromiss geschlossen zwischen speziellen Kundenwünschen (Einzelfertigung) und einer höheren Stückzahl der produzierten Teile.

Wesentlich für das Verständnis des Stückzahl-Einflusses ist die Unterscheidung zwischen den **einmalig unabhängig von der Stückzahl** während der Entwicklung und dem Serienanlauf anfallenden Kosten (**Bild 7.5-2**) und den **für jedes Stück** anfallenden Produktionskosten. Das ist ebenso wie die Unterscheidung in fixe Kosten bzw. variable oder in Einzel- bzw. Gemeinkosten (Kap. 7.12.2 u. 8.3.2, Bild 2.1-2) eine besondere Sicht auf die Kosten des Unternehmens.

Vorgänge mit einmaligen Kosten

1 Verwaltung Vertrieb Projektierung	• Werbeaufwand • Angebotserstellung • Auftragsverhandlung • Auftragsklärung, -bestätigung • innerbetriebliche Auftragspapiere • Auftragsabrechnung
2 Konstruktion Entwicklung	• Entwurf und Zeichnungserstellung, Stückliste • Berechnungen • Registratur
3 Arbeitsvorbereitung	• Fertigungsplanerstellung • Fertigungszeit-Errechnung • Fertigungssteuerung • Registratur
4 Fertigung	• Rüstzeiten, Lernvorgänge für Montage, Versuch • Sonderbetriebsmittel (Vorrichtungen, Modelle, Werkzeuge) • innerbetriebliche Transport-Einrichtung
5 Einkauf	• Einholen von Angeboten • Bestellvorgang • Terminüberwachung • Mindermengenzuschläge • Rechnungskontrolle, Zahlungsvorgang
6 Materiallager	• Eingangskontrolle • Einlagerungsvorgang • Materialbereitstellung
7 Versand	• Festlegung Versandart • Versandpapiere • Verpackung

Bild 7.5-2. Vorgänge, die einmalige Kosten verursachen, unabhängig davon, ob sie auf die gesamte herzustellende Stückzahl S oder auf die Losgröße n eines Produkts zu beziehen sind.

Je nach dem betrachteten Vorgang existieren unterschiedliche Begriffsdefinitionen.

Begriffe zur Stückzahl:

- Stückzahl *S* (gesamte produzierte Stückzahl)
- Anzahl Lose *z*
- Losgröße *n* ($\Sigma n = S$), die Stückzahl *S* wird häufig nicht in einem sondern in mehreren Losen mit teilweise unterschiedlichen Stückzahlen gefertigt.

7.5.1 Stückzahlrelevante Vorgänge

a) Kosten bei der **(Neu-)Entwicklung eines Produkts** für eine gesamte produzierte Stückzahl *S,* die mit der im Maschinenbau üblichen differenzierenden Zuschlagskalkulation (Kap. 8.4.2) nicht stückproportional verrechnet werden.

- **Einmalig anfallende Kosten**: Sämtliche Kosten, die für die Entwicklung anfallen: Kosten für Planung, Marktanalyse, Konzept, Entwurf, Ausarbeitung, Berechnung, orientierende Versuche, Prototypen-Herstellung, spezifische Fertigungsinvestitionen, wie z. B. auch Modell- und Werkzeugkosten (einschl. Montage, soweit sie nicht in den Sondereinzelkosten der Fertigung *SEF* verrechnet werden), erstmalige Vertriebs- und Werbungskosten (soweit nicht Sondereinzelkosten des Vertriebes *SEV*) usw. (s. Kap. 7.11.2.2a, Bild 6.3-1).
- **Begriffe**: Einführungskosten *EFK* [Ehr85], auch:
  Entwicklungskosten bezogen auf ein einzelnes Produkt EKK_p
  Vorleistungskosten
  auflagenfixe Kosten

  Diese Kosten müssten **pro Produkteinheit** auf die gesamte produzierte Stückzahl *S* umgerechnet werden, was häufig nicht erfolgt:

  $$\text{Einführungskosten pro Produkt } EFK_p = \frac{EFK}{S}$$

b) Herstellkosten bei der Fertigung der Losgröße *n* eines Produkts $\sum n = S$

- **Einmalig anfallende Kosten**: Man kann unterscheiden in **direkte Kosten** in der Produktion (Rüsten der Maschine) = **Fertigungskosten aus Rüstzeiten** *FKr* (Rüstkosten) und in **indirekte Kosten** in der Fertigung vorgelagerten Bereichen = z. B. Entwicklung und Konstruktion, Fertigungsvorbereitung, evtl. Beschaffungskosten einschl. Logistikkosten, für die Einleitung des Losauftrags.
- **Begriffe**: Fertigungskosten aus Rüstzeiten *FKr* (Rüstkosten)
  Einmalkosten K_{ein} [Ehr85]
  losfixe Kosten
- **Umrechnung pro Produkteinheit** bei produzierter Losgröße *n*:

  $$\text{Fertigungskosten aus Rüstzeiten pro Stück} = \frac{FKr}{n}$$

$$\text{Einmalkosten pro Stück} = \frac{K_{\text{ein}}}{n}$$

Die Kostendegression durch die Stückzahl wird in der Praxis der Kostenrechnung nur zum Teil berücksichtigt. Üblich ist heute noch, die Einführungskosten *EFK* in Vertrieb, Projektierung, Entwicklung und Konstruktion, Arbeitsvorbereitung und Materialwirtschaft pauschal auf die Herstellkosten als Gemeinkosten aufzuschlagen, so dass alle Produkte, gleichgültig welcher Stückzahl, gleichermaßen davon betroffen werden (Kap. 6.1, Kap. 8.4.4, Bild 8.4-2). Getrennt erfasst und auf die jeweilige Stückzahl bezogen werden nur die Kosten für Modelle, Vorrichtungen und Sonderbetriebsmittel (Sondereinzelkosten der Fertigung *SEF*). Die Fertigungskostendegression entsteht also heute bei der Zuschlagskalkulation im Wesentlichen nur durch die Berücksichtigung der Rüstkosten *FKr*, die durch die Losgröße *n* zu teilen sind. Insofern ist die Aussage richtig, dass bei der Zuschlagskalkulation und bei stückzahlmäßig gemischter Fertigung die wirkliche Stückzahldegression viel größer ist als die üblicherweise errechnete. Die Prozesskostenrechnung kalkuliert hier verursachungsgerechter (Kap. 8.4.6) [Buc99; Sch96; Sto99].

7.5.2 Ursachen für die Stückzahldegression

Für die Kostensenkung bei zunehmender Stückzahl sind vor allem vier Ursachen verantwortlich:

a) Kostendegression durch Aufteilung einmaliger Kosten

Die Einführungskosten *EFK* und Einmalkosten *K*ein sind durch die zugehörige Stückzahl *S* bzw. die Losgröße *n* zu teilen. Wenn nur die Fertigungskosten aus Rüstzeiten *FKr* erfasst werden, ergeben sich mit den Fertigungskosten aus Einzelzeiten (Bild 7.6-2) *Fke* die Herstellkosten pro Stück:

$$HK_{\text{n}} = \frac{FKr}{n} + FKe + MK \left[\frac{€}{Stück} \right] \tag{7.5/1}$$

Die Fertigungskosten aus Rüstzeiten pro Stück fallen also nach einer Hyperbel ab und werden zu den für jedes Stück wieder neu anfallenden Fertigungskosten aus Einzelzeiten *FKe* und Materialkosten *MK* addiert (**Bild 7.5-3**). Je nachdem, wie die Kostenstruktur für die Erstellung eines Stücks aussieht, ist die Stückzahldegression stark oder schwach. Ein Anteil der Fertigungskosten aus Rüstzeiten von 80 % bei Einzelfertigung bedeutet also, dass bei Fertigung von zwei gleichen Teilen jedes um 40 % kostengünstiger wird. Beträgt der Anteil der Fertigungskosten aus Rüstzeiten nur 20 %, so wird bei Fertigung von zwei Teilen jedes nur 10 % kostengünstiger. Aus diesen Kostenstrukturen sind die Höhe des Anteils der Fertigungskosten aus Rüstzeiten und die Empfindlichkeit bezüglich der Stückzahldegression ablesbar.

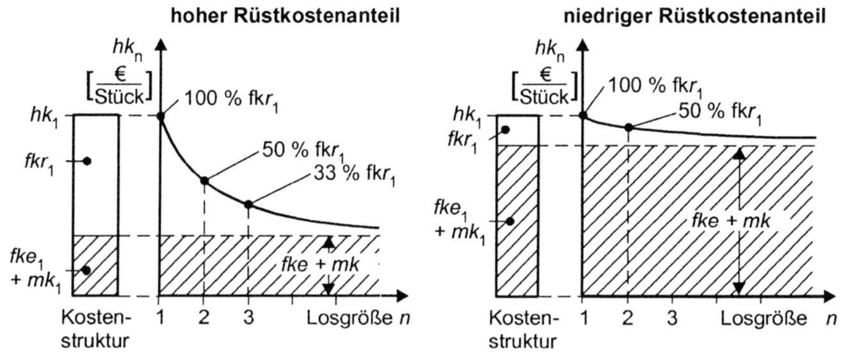

Bild 7.5-3. Herstellkosten-Degression bei Produkten mit hohem Rüstkostenanteil (links) und niedriegem Rüstkostenanteil (rechts), in Abhängigkeit von der gefertigten Losgröße (s. a. Bild 7.7-1 bis Bild 7.7-6)

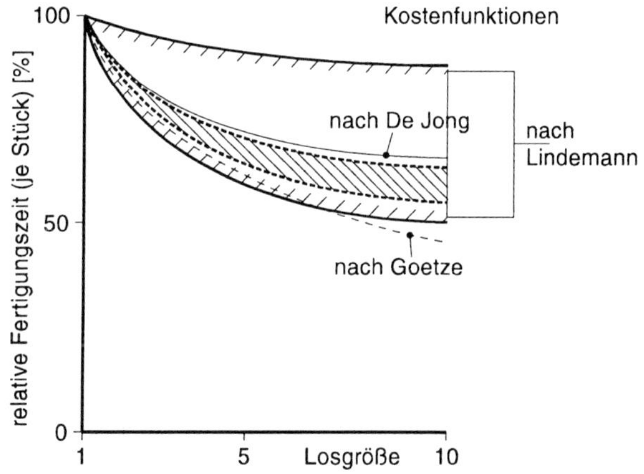

Bild 7.5-4. Fertigungskosten-Degression in Abhängigkeit von der gefertigten Losgröße (z. T. Trainiereffekt [Bau78])

b) Kostendegression durch den Trainiereffekt

Bekannt ist, dass ein erstmaliger Arbeitsvorgang, der zunächst ungewohnt ist, im Lauf der Wiederholung immer leichter „von der Hand geht“ geht, da man sich in geistigen und manuellen Abläufen trainiert. Das gilt für alle Tätigkeiten: für Konstruktions-, für Verkaufs- und Bestellvorgänge, für die Erstellung von Arbeitsplänen, für die Durchführung von Montagevorgängen oder auch für das Verpacken von Maschinenteilen [Bro66a; Bro96; DeJ56]. Wie man aus **Bild 7.5-4** [Bau78] sieht, kann der Einfluss sogar sehr erheblich sein: Bei zehnmaliger Wiederholung des Vorgangs ist der Zeitaufwand nur noch ca. 60 % des erstmaligen!

Dieser Einfluss wird in Kalkulationen von Maschinen zu selten oder ungenügend berücksichtigt (Bild 7.5-4). Man weiß allerdings aus Erfahrung, dass der Prototyp meist teurer wird, als man zunächst abschätzte, und man weiß, dass nach

Anlaufen einer Vorserie die Kosten oft geringer werden, als vorkalkuliert. Es werden dementsprechend auch die Begriffe Übungsdegression und Anlaufkurve gebraucht. In der Literatur [Bro66a; Bro96] wird eine Überschlagsformel angegeben, die dem Aufbau nach der Gl. (7.5/1) ähnelt:

$$t_N = t_1 \left(\frac{1 - t_E}{N^\alpha} + t_E \right) \left[\frac{\text{Zeit}}{\text{Stück, Vorgang}} \right] \tag{7.5/2}$$

mit t_N = Stückzeit für N-ten Arbeitsablauf;

t_E = stückproportionaler, nicht mehr reduzierbarer Restanteil (Endanteil E!) der erstmaligen Zeit t_1 (entsprechend obigen stückproportionalen Kosten);

$1\text{-}t_E$ = durch Stückzahl reduzierbarer Zeitanteil;

α = Ablaufexponent;

N = Anzahl der ausgeführten Arbeitsabläufe.

Auch hier wird also, wie oben bei a), unterschieden zwischen einem nicht reduzierbaren Restzeitanteil t_E, der den stückabhängigen Kosten *FKe* + *MK* entspricht, und einem reduzierbaren Anteil ($1\text{-}t_E$), der den einmalig anfallenden Rüstkosten *Fkr* entspricht.

Entsprechend den Zeitaufnahmen nach Bild 7.5-4, die im Mittel für viele weitere Untersuchungen gelten [DeJ56], ergaben sich $t_E = 0{,}315$ und $\alpha = 0{,}322$. Der nicht mehr reduzierbare Teil der erstmalig verbrauchten Zeit t_1 beträgt also danach 31,5 %. Somit wird die Gl. (7.5/2) zu:

$$t_N = t_1 \left(\frac{1 - 0{,}315}{N^{0{,}322}} + 0{,}315 \right) \left[\frac{\text{Zeit}}{\text{Stück, Vorgang}} \right] \tag{7.5/3}$$

Damit fällt bei jeder Stückzahl-Verdoppelung die benötigte Zeit t_N um 20 % ab (Streubereich 15-25 %).

c) Kostendegression durch optimierte Konstruktion

Produkte werden je nach Stückzahl ganz anders konstruiert und ausgelegt. Zum einen sind für höhere Stückzahlen längere Konstruktionszeiten und damit höhere Konstruktions- und Entwicklungskosten sinnvoll, da sie sich auf eine höhere Stückzahl verteilen (siehe Punkt a). Zum anderen lohnen sich die dadurch erreichten Verbesserungen auch wenn sie pro Stück nur gering sind (Kap. 7.5.2d). Als Beispiel sei hier nur auf einen Baugrößenvergleich von Industrie- und Pkw-Getrieben hingewiesen. Die Industriegetriebe bauen sehr viel größer weil sie nicht so im Detail (Lebensdauer, angepasst an Bauraum und Anschlüsse usw.) extrem optimiert werden müssen und können wie die Pkw-Getriebe.

d) Kostendegression durch leistungsfähigere Fertigungsverfahren (Prozesse)

Jedes Fertigungsverfahren, jeder Prozess hat einen Bereich der produzierten Stückzahl, in dem es, relativ zu anderen, die geringsten Kosten verursacht. Das geht z. B. aus Bild 7.11-5 hervor. Leistungsfähigere Fertigungsverfahren, d. h. solche, die für eine jeweils größere Losgröße niedere Stückkosten *HK* ergeben, haben meist höhere einmalige Kosten. Dies können Investitionskosten sein, die dann durch die Zahl der während der Nutzungsdauer produzierten Produkte zu

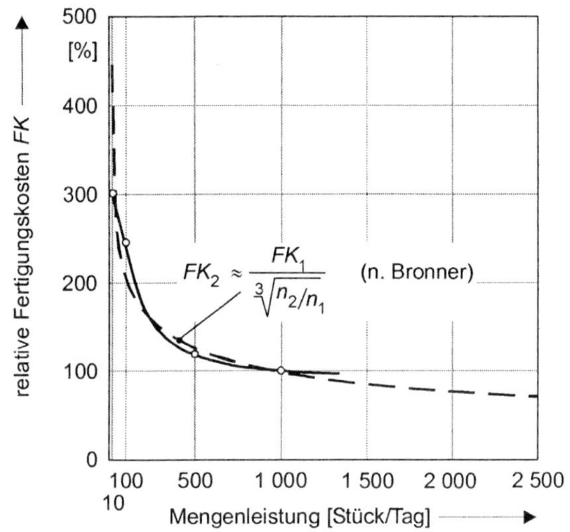

Bild 7.5-5. Fertigungskosten eines Pkw-Motors in Abhängigkeit von der Mengenleistung [Der71]

dividieren sind bzw. als Abschreibungsbeträge den Stückkosten zugeschlagen werden. Diese einmaligen Kosten pro Stück sind im Allgemeinen für das jeweils leistungsfähigere Verfahren geringer. Meistens sind aber auch die Fertigungszeiten, die zu den für jedes Stück anfallenden Fertigungskosten führen, erheblich geringer. Es kommt also darauf an, das für die jeweilige Stückzahl optimale Fertigungsverfahren zu wählen und dafür fertigungsgerecht zu gestalten.

Ein Beispiel für die Stückzahldegression bei der Herstellung von Pkw-Motoren gibt **Bild 7.5-5** [Bro66a; Bro96; Der71]. Die Fertigungskosten fallen auf ca. 1/4 ab, wenn statt 10 Motoren pro Tag 1 000 Stück gefertigt werden. Die von Bronner angegebene Gleichung für die relativen Fertigungskosten ähnelt der Gleichung für den Trainiereffekt (7.5/3)

$$FK_2 = FK_1 \left(\frac{n_2}{n_1}\right)^{-0{,}322} \approx FK_1 \cdot \frac{1}{\sqrt[3]{n_2 / n_1}} \tag{7.5/4}$$

und ergibt ebenfalls eine **Absenkung jeweils um ca. 20 % bei Stückzahlverdoppelung**. In erster Näherung kann man mit der 3. Wurzel aus dem Verhältnis der hergestellten Stückzahlen rechnen. Diese Kostendegression ist weitgehend unabhängig von der Produktart. Obwohl sie nicht die Materialkosten berücksichtigt, die vor allem bei Normteilen eine weniger starke Stückzahldegression haben, sondern nur die Fertigungslohn- und -gemeinkosten betrachtet, hat sie sich in erster Näherung für die Abschätzung der **Herstellkosten** bewährt (s. u.).

e) Kostendegression durch Mengenrabatt

Mengenrabatt ist üblich beim Bezug größerer Rohstoff- bzw. Kaufteilmengen. Es ist durch Untersuchungen an Zahnrädern [Ehr82a; Ehr82b] bekannt, dass – je nach

Abnahmemenge und Verhandlungsgeschick des Einkaufs-Unternehmens – die Einstandspreise für gebräuchliche, völlig gleich spezifizierte Stähle zwischen 1:1,5 und 1:2 unterschiedlich sein können (Bild 7.13-2). Auch sind Unterschiede in der abgenommenen Jahresmenge bedeutsam. Welche Preisdegression bei rostfreien Stählen in Abhängigkeit von der Abnahmemenge üblich sein kann, zeigt Bild 7.9-11 [Eck77]. Bereits ohne Verhandlungen werden ca. 35 % Unterschied genannt zwischen einer Abnahmemenge von 5 000 kg gegenüber 100 kg.

Auch nach einer Untersuchung der BBC entsprechend den Unterlagen von Boston Consulting ist eine mittlere **Kosten-(Preis-)absenkung um 20-30 % bei Verdoppelung der Produktionsmenge** von Standardprodukten (z. B. Elektromotoren, Turbolader) oder Halbzeugen (z. B. Resopalplatten, Halbleiter) inflationsbereinigt zu beobachten (Boston-Erfahrungskurve) [Tre78]. Auch hier zeigt sich wieder eine pauschale stückzahlbedingte Kostendegression gemäß Bild 7.5-3 bis Bild 7.5-4 und Gl. (7.5/3) und (7.5/4). Da diese Produkte/Materialien bei Anlagen und Fertigprodukten als Materialkosten verrechnet werden, entspricht dies einem langfristigen Mengenrabatt, oft allerdings über mehrere Jahre Beobachtungsdauer.

Wahrscheinlich wirken dann auch die im Lauf der Zeit durchgeführten Rationalisierungsmaßnahmen von einigen Prozent pro Jahr im erwähnten Sinne. In der Automobilindustrie müssen Zulieferanten ihre Produkte jedes folgende Jahr preisgünstiger liefern, als im Jahr davor.

7.6 Einfluss der Baugröße und der Abmessungen

Einen ähnlich starken Einfluss auf die Kosten eines Produkts wie Konzept und Stückzahl hat die Größe des Produkts. Es ist eine alte Ingenieurregel, Baugrößenverringerung, d. h. **Kleinbau** anzustreben, und dadurch auch die Kosten zu senken. Meist ist damit auch eine Gewichtsverringerung verbunden, so dass auch Leichtbau eine Kostensenkung ergibt, solange er nicht ins Extreme (z. B. bei Flugzeugen, Rennwagen, Raketen, Satelliten) getrieben wird, wo Entwicklungs-, Versuchs-, Prototypkosten und Kosten für besondere Fertigungsverfahren die Materialkostensenkung wieder aufheben. Meist sind dann noch teure Sonderwerkstoffe nötig, so dass nur die Masse reduziert wird, nicht aber die Kosten. **Bild 7.6-1** zeigt die Zusammenhänge bei Zahnradgetrieben. Etwas teurere Werkstoffe, die einsatzgehärtet und geschliffen werden, verringern insgesamt das Gewicht und die Herstellkosten bzw. Selbstkosten (s. Kap. 7.8).

7.6.1 Pauschale Wachstumsgesetze für Kosten

a) Es ist offensichtlich, dass die **Materialkosten** *MK* einer Maschine in erster Näherung proportional zum Materialvolumen wachsen, also mit der dritten Potenz eines Längenmaßstabs bzw. Stufensprungs $\varphi_L = l_1/l_0$ (dabei sind l_0 = typisches Längenmaß des Grundentwurfs; l_1 = entsprechendes Maß des Folgeentwurfs;

Kap. 7.12.5.3). Dies gilt für geometrisch ähnliche Bauteile, und es sei vorausgesetzt, dass die Materialkosten pro Volumen konstant sind. Dies sind sie in Wirklichkeit nicht, da einerseits die Fertigungskosten zur Herstellung des Materials (z. B. Halbzeug) weniger als mit φ_L^3 wachsen (z. B. proportional zur Oberfläche, also mit φ_L^2) und beim Bezug größerer Mengen von Material ein Mengenrabatt gegeben wird. Andererseits müssen zur Erstellung sehr großer Teile die Ausgangsmaterialien anders gefertigt werden: z. B. Wellen freiformgeschmiedet statt aus gewalztem Material. Die Materialkosten pro Stück MK_1 werden also ausgehend von einer Baugröße 0 angesetzt:

$$MK_1 = MK_0 \cdot \varphi_L^{2,4...3} \tag{7.6/1}$$

Bei der Zahnrad-Kostenanalyse (Kap. 7.13.3) [Ehr82a; Fis83] ergab sich für Zahnräder aus 16 MnCr 5 ein Wachstum der masseabhängigen Kosten mit $\varphi_L^{2,4}$ (Ø 50-200 mm) bzw. mit φ_L^3 (Ø 600-1 500 mm; Bild 7.6-3).

b) Die **Fertigungskosten aus Einzelzeiten** *FKe* für spanende Bearbeitung wachsen beim Feindrehen, Schleifen eher proportional zur Oberfläche (also mit φ_L^2), beim Schruppen eher proportional zum zerspanten Volumen (also mit φ_L^3). Nach Bronner [Bro66a; Bro96;VDI87] kann man setzen:

$$FKe_1 = FKe_0 \cdot \varphi_L^{1,8...2,2} \tag{7.6/2}$$

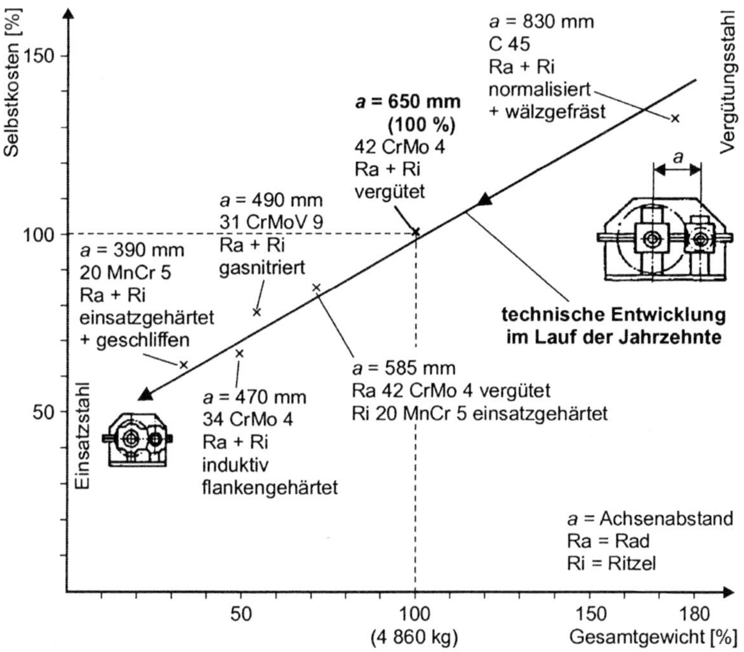

Bild 7.6-1. Kosten-, Gewichts- und Baugrößen-Verringerung bei einem Getriebe (für $M_{1\text{nenn}}$ = 21 400 Nm; n_1 = 500 1/min; i = 3; geschweißtes Gehäuse, Einzelfertigung; Daten n. [Nie83])

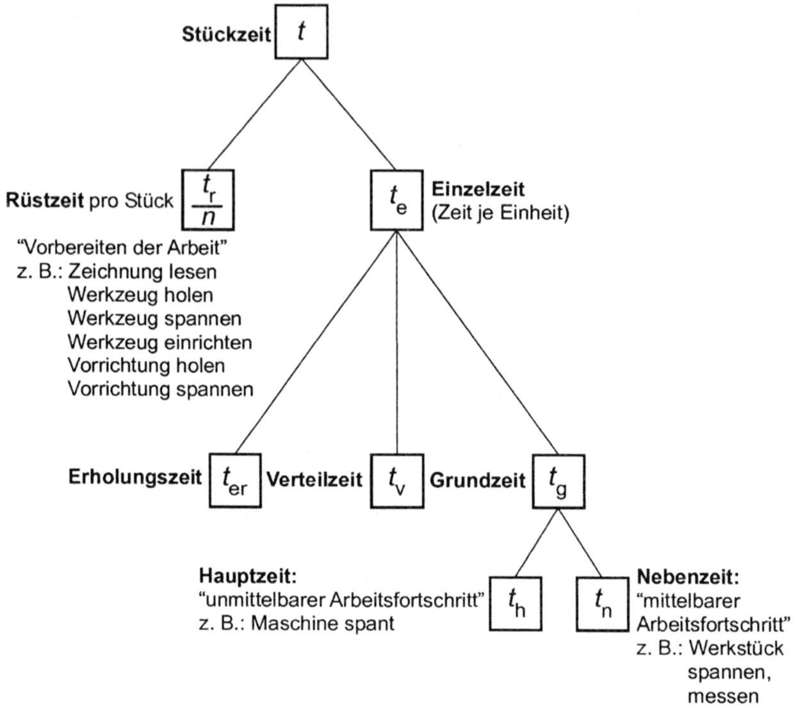

$$t_{\text{pro Stück}} = \frac{t_r}{n} + t_{er} + t_v + t_h + t_n$$

Bild 7.6-2. Vorgabezeiten nach REFA

Der Exponent 1,8 soll nach Bronner für Massenfertigung gelten, 2,2 für Einzelfertigung. Nach Lindemann [Lin80] ergibt sich aber für Einzelfertigung bei einer Leit-/Zugspindeldrehbank ein Exponent von 1,8 (mit wenig Schruppanteil) bis 2,0 (mit viel Schruppanteil). Bei der FVA-Zahnraduntersuchung (Kap. 7.13.3) ergab sich bei kleinen Zahnrädern von 50-200 mm Durchmesser in Einzelfertigung sogar nur ein Exponent von 0,8, bei großen Rädern von 200-1 000 mm Durchmesser 1,9. Offenbar dominieren bei kleinen Zahnrädern die mit der Baugröße nur wenig anwachsenden Nebenzeiten. Es wird ja bei diesen mehr pauschalen Untersuchungen angenommen, dass sich alle Zeitanteile der Einzelzeit t_e (Hauptzeit t_h, Nebenzeit t_n, Erholzeit t_{er}, Verteilzeit t_v) gleichartig verändern (Gliederung der Fertigungszeiten in Bild 7.6-2). Da die Industrie Haupt- und Nebenzeiten selten getrennt ausweist, sondern meist mit der Einzelzeit *te* rechnet, ist eine praxisnahe, detaillierte Untersuchung kaum möglich. Wie in Bild 9.3-7 gezeigt, haben unterschiedliche Fertigungsverfahren unterschiedliche Exponenten [Pah79; Rie82].

c) Die **Fertigungskosten aus Rüstzeiten** *FKr* (Rüstkosten) sind meist nicht wie obige Fertigungskosten durch das Fertigungsverfahren über den physikalisch notwendigen Zeitbedarf klar festgelegt, sondern schwanken stärker [Ehr82a; Käs74;

Lan72]. Klar ist, dass die Rüstkosten mit der Baugröße des Werkstücks wachsen, weil größere Maschinen und größere Vorrichtungen mehr Zeit zur Vorbereitung der Fertigung bedingen und z. B. große Werkstücke nur mit dem Kran bewegt werden können. Dementsprechend wachsen sie aber nicht stetig, sondern sprunghaft in Abhängigkeit vom benützten Fertigungsmittel.

Eigene Untersuchungen [Ehr82a] ergaben als ersten Ansatz für spanend hergestellte Teile (Zahnräder) von einigen kg bis ca. 1 500 kg Gewicht als Mittelwert:

$$FKr_1 = FKr_0 \cdot \varphi_L^{0,5} \tag{7.6/3}$$

Der Exponent nimmt bei Zahnrädern mit der Baugröße zu [Ehr82a; Fis83]. Bei Durchmesser 50-200 mm ist er 0,14, bei 200-1 000 mm 0,56, bei 1 000-1 500 mm sogar 1,8. Nach anderen Untersuchungen [Rie82] schwankt er zwischen 0 und 0,5.

d) Fasst man die aus der Kostenanalyse von Zahnrädern bezüglich des **Baugrößeneinflusses** gewonnenen Erkenntnisse grafisch zusammen, so erhält man als Mittelwert aller Firmenkalkulationen **Bild 7.6-3**. Die folgenden Aussagen gelten streng genommen nur für die Einzelfertigung von Zahnrädern. Es hat sich aber herausgestellt, dass sie auch auf andere ähnlich anspruchsvolle Teile, Gruppen und Produkte übertragbar sind (z. B. Pumpenlaufräder, Turbinenteile, Motorenteile), sofern eine Standardfertigung, d. h. eine im Grunde ähnliche Fertigungstechnik, vorliegt. Es ist allerdings zweckmäßig, für wichtige Teile die betriebsinternen Wachstumsgesetze und Kostenstrukturen ähnlich Bild 7.6-3 und Bild 7.7-1 zu überprüfen.

Aus Bild 7.6-3 geht hervor, dass die Herstellkosten bei kleinen Teilen zunächst langsam anwachsen, z. B. proportional zum Längenmaßstab $\varphi_L = l_1/l_0$. Später wachsen sie steiler mit φ_L^2 und schließlich bei sehr großen Teilen nahezu mit φ_L^3 d. h. proportional zum Volumen. Der Grund dafür liegt in den erwähnten Ähnlichkeitsbeziehungen der drei Kostenarten: Die bei kleinen Teilen zu vernachlässigenden Materialkosten dominieren bei großen Teilen infolge ihres Wachstums mit φ_L^3. Dagegen überwiegen bei kleinen Teilen die nur mit ca. $\varphi_L^{0,5}$ wachsenden Rüstkosten. Man sieht, dass sie sich wie ein Band auf die Materialkosten *MK* und Fertigungskosten aus Einzelzeiten *FKe* legen: Bei kleinen Zahnrädern machen sie 80-90 % der Herstellkosten aus, bei großen nur noch wenige Prozent. Dementsprechend unterschiedlich ist der Stückzahleinfluss, wie Kap. 7.7 erläutert. Aus der Kurve können folgende, z. T. altbekannte Erkenntnisse, als Regel formuliert, abgeleitet werden:

➔ „**Kleinbau**" vermindert die Herstellkosten besonders bei großen Teilen in Einzelfertigung. Dasselbe gilt auch für kleine **und** große Teile in Serienfertigung. Bei Serienfertigung ist also „Kleinbau" immer Kosten mindernd.

Die letzte Aussage zur Serienfertigung hat ihre Ursache darin, dass die meist hohen Rüstkosten kleiner Teile sich bei Aufteilung auf eine größere Stückzahl so verringern, dass die stark größenabhängigen Materialkosten *MK* und Fertigungskosten aus Einzelzeiten *FKe* übrig bleiben (Bild 7.7-1).

Die Kostenstruktur der kleinen Teile in Serienfertigung ist dann ähnlich der sehr großer Teile in Einzelfertigung. Dementsprechend kann man dann auch vom Gewicht ausgehend überschlägig kalkulieren.

➔ Die **Gewichtskostenkalkulation** (mit €/kg = f (Gewicht)) ist zur Abschätzung der Herstellkosten besonders geeignet bei großen Teilen (Produkten) in Einzelfertigung bzw. bei allen Teilen (Produkten), die in Serie hergestellt werden. Voraussetzung ist, dass nur die Baugröße geändert wird, konstruktive Ausführung und Fertigung praktisch gleich bleiben (Kap. 9.3.2.1).

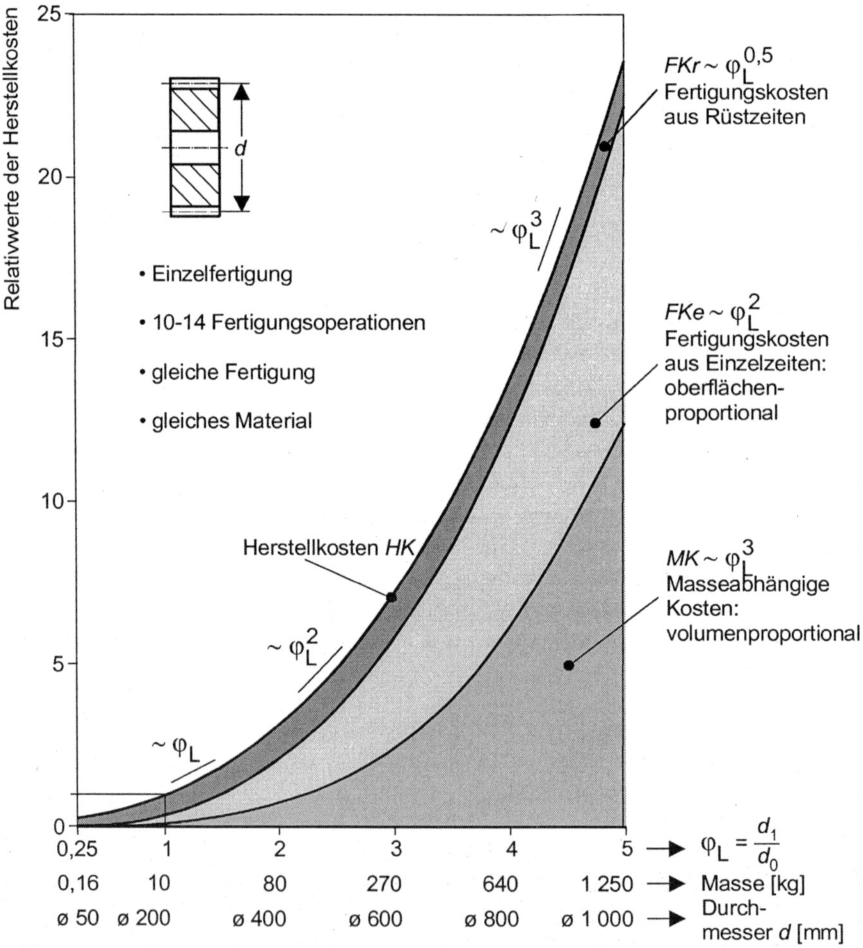

Bild 7.6-3. Anwachsen der Herstellkosten und ihrer Anteile mit zunehmender Baugröße bei Einzelfertigung von einsatzgehärteten, geschliffenen Zahnrädern [Fis83]

7.6.2
Einfluss der Abmessungsverhältnisse von Wirkflächen

Insbesondere bei **walzenförmigen Wirkkörpern**, deren Wirkfläche am Umfang liegt, wie z. B. bei Zahnrädern, Reibrädern, Radiallagern, Trommelfiltern oder tangentialen Strömungsmaschinen (z. B. Tangentialgebläse, Ossberger-Turbine sowie Papier- und Druckmaschinen), ergibt sich immer wieder die konstruktive Entscheidung, wie das Verhältnis von Breite *b* zu Durchmesser *d* gewählt werden soll. Soll man besser schmale, scheibenförmige oder lange, „wurstförmige" Gebilde konstruieren? Es ist klar, dass letzterem infolge von Durchbiegung oder Verdrillung bereits eine technische Grenze gesetzt ist. Wie man aus folgendem erkennen kann, gibt es keine einheitliche Regel, sondern es hängt von den Wachstumsgesetzen ab, was jeweils günstiger ist.

a) Stirnradgetriebe

Im Kosten-Benchmarking nach Kap. 7.13.3 wurden die Herstellkosten von gehärteten und geschliffenen Stirnzahnrädern aus 16 MnCr 5 mit 12 Getriebefirmen analysiert. Die Frage war, welche Radsätze (Übersetzung $i = 3{,}55$) bezogen auf das übertragbare Drehmoment (€/Nm) am kostengünstigsten seien: schmale (Breite *b*/Durchmesser *d* des Ritzels = 0,3) oder breite, gedrungene ($b/d = 1{,}2$). Es ergab sich, dass es bezüglich der Kosten pro Drehmoment fast gleichgültig ist, ob man Radsätze eher schmal oder breit baut. Der Grund hierfür liegt zumindest bei sehr großen Radsätzen auf der Hand: Das Drehmoment wächst in erster Näherung, wenn man von der Hertzschen Pressung ausgeht, mit dem Durchmesser zum Quadrat und mit der Breite linear. Es ist also:

$$\varphi_{\mathrm{Mt}} = \varphi_{\mathrm{d}}^{2} \cdot \varphi_{\mathrm{b}} = \varphi_{\mathrm{L}}^{3}$$

Die Herstellkosten wachsen aber auch fast volumenproportional, da die Material- und Wärmebehandlungskosten (Kap. 7.6.1) überwiegen. Damit wird wieder:

$$\varphi_{\mathrm{HK}} \approx \varphi_{\mathrm{d}}^{2} \cdot \varphi_{\mathrm{b}} = \varphi_{\mathrm{L}}^{3}$$

Der Quotient aus Kosten und Drehmoment €/Nm bleibt also in erster Näherung konstant.

Bei kleinen Abmessungen (geringen Drehmomenten) sind die Anteile mit $\varphi_{\mathrm{L}}^{0{,}5}$ und φ_{L}^{2} an den Herstellkosten groß (Bild 7.6-3). Dementsprechend ändern sich die Herstellkosten mit den Abmessungen nur wenig. Das gilt aber sowohl für die Breite als auch für den Durchmesser in gleicher Weise. Deshalb ist hier auch kein anderes Verhalten zu erwarten.

Die Erfahrung der Praxis zeigt aber, dass Getriebe umso kostengünstiger sind, je größer das Verhältnis *b*/*d* ist, soweit technisch machbar. Die beschriebene Indifferenz von *b*/*d* auf die drehmomentbezogenen Herstellkosten von Stirnradsätzen steht also im Widerspruch zur Erfahrung von Getriebeherstellern. Diese wird aber dann doch durch die Untersuchung nach Bild 7.13-14 bestätigt. Danach sind gedrungene, eher kubische Gehäuse um rund 13 % kostengünstiger als lange, schmale, die einen Radsatz gleichen Drehmoments aufnehmen können. Die Tendenz „in die Breite zu konstruieren" wird also in diesem Fall durch die Verringerung der

Gehäusekosten verursacht und nicht durch die Zahnräder. Wenn die Funktion (bei Zahnrädern das Drehmoment) nicht volumenproportional, sondern wie nachfolgend (bei Filtern die Filterleistung) oberflächenproportional wächst, ergeben sich andere Verhältnisse.

b) Trommelfilter

Vakuum- und Druckfilter werden für verfahrenstechnische fest/flüssig-Trennoperationen mit rotierenden Trommeln gebaut. Die für die Funktion maßgebende Wirkfläche, die das Filtertuch trägt, ist die Trommelumfangsfläche. Durch dieses Tuch wird durch Vakuum oder Druck das flüssig/fest-Medium bewegt. Der auf dem Tuch zurückbleibende Kuchen wird am Umfang abgenommen. Entsprechend dieser Wirkfläche ist die Filterleistung proportional $\pi \cdot db$. Auch hier steht man vor der konstruktiven Entscheidung, bei gleicher Filterfläche schmale „Scheiben" oder breite „Walzen" zu bauen.

In **Bild 7.6-4** sind die gesamten Herstellkosten von 30 ausgeführten Filtern bezogen auf die Filterfläche aufgetragen. Man sieht, dass die Herstellkosten pro m^2 Filterfläche bis auf ca. 65 % absinken, wenn das Verhältnis Trommelbreite b zu Trommeldurchmesser d statt $b/d = 0{,}6$ mit $b/d = 1{,}2$ ausgeführt wird. Breite Trommeln ergeben also bei gleicher Filterfläche kostengünstigere Filter als schmale scheibenförmige Trommeln.

Den Grund für diese Beziehungen zwischen Abmessungen und Herstellkosten kann man wahrscheinlich in folgenden Zusammenhängen sehen: Die Herstellkosten sind bei den aus nichtrostenden Blechen geschweißten Filtertrommeln in erster Näherung proportional zur Oberfläche der „büchsenartigen Trommel":

$$HK \sim \text{Oberfläche (Stirnfläche + Mantel)} = \frac{\pi d^2}{4} \cdot 2 + \pi\, db$$

Die Filter-Leistung ist $P_\mathrm{F} \sim \pi\, db$. Damit ergibt sich

$$\frac{\text{Herstellkosten } HK}{\text{Filterleistung } P_\mathrm{F}} \sim \frac{\pi \dfrac{d^2}{2} + \pi\, db}{\pi\, db} \sim \frac{1}{2\dfrac{b}{d}} + 1$$

Die auf die Filterleistung bezogenen Herstellkosten werden also umso kleiner, je größer b/d wird. Ein ähnliches Ergebnis tritt auf, wenn die Herstellkosten proportional zum Volumen der Trommel gesetzt werden. Würden die Herstellkosten ebenso wie die Filterleistung nur proportional zur Filteroberfläche $\pi \cdot db$ wachsen, so wäre kein Einfluss von b/d vorhanden und die Verhältnisse wären ähnlich wie oben bei Zahnrädern. Nun bringen aber die Stirnflächen einen mit d^2 wachsenden Anteil ein. Dieser ist relativ zur Mantelfläche klein zu halten. Kleine Stirnflächen ergeben aber eben schlanke Filter.

c) Durchström-Wasserturbinen, Papier-, Druckmaschinen

Entsprechende Untersuchungen an trommelförmigen Wasserturbinen des Systems Ossberger („Durchströmturbinen") bestätigten eine gleiche Tendenz. Für einen be-

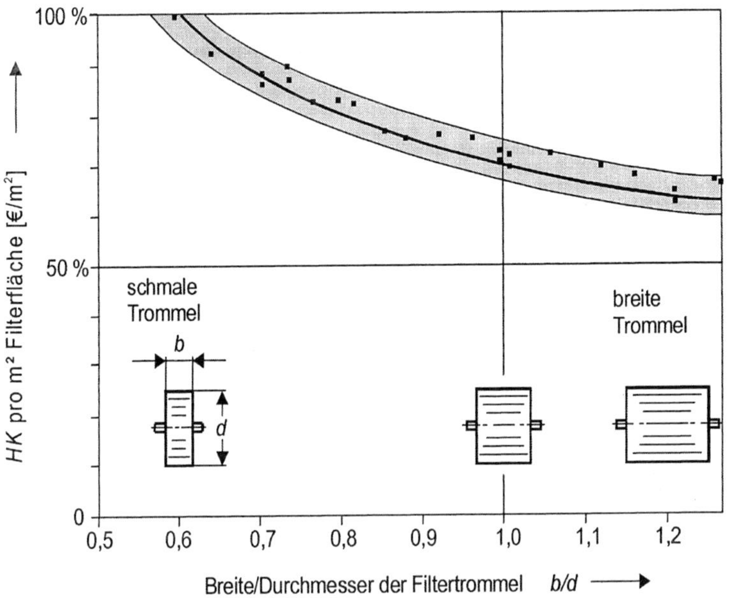

Bild 7.6-4. Einfluss von Durchmesser *d* und Breite *b* einer Filtertrommel auf die Herstellkosten pro m^2 Filterfläche (BHS Druck- und Vakuumfilter)

stimmten Leistungszuwachs (d. h. Schaufelwirkflächenzunahme) ist es kostengünstiger, die Schaufelwirkfläche durch die allerdings technisch begrenzte Verbreiterung der Trommel zu realisieren statt durch eine Durchmesservergrößerung. Entsprechende Erfahrungen liegen auch bei walzenförmigen Papiermaschinen und Druckmaschinen vor.

In [VDI97] ist im Rahmen der **„Bemessungslehre"** weiterhin eine Vielfalt von Beispielen für den Einfluss von Abmessungsverhältnissen auf die Kosten durchgerechnet worden.

7.7 Gemeinsamer Einfluss von Baugröße und Stückzahl

Wie im vorigen Kapitel gezeigt, beeinflusst die Baugröße in unterschiedlichem Maße die drei Kostenbestandteile Fertigungskosten aus Rüstzeiten *FKr*, Fertigungskosten aus Einzelzeiten *FKe* und Materialkosten *MK*. Die Stückzahl *n* (Losgröße) ihrerseits verändert aber besonders stark die Rüstkosten pro Teil, da diese ja einfach durch *n* zu teilen sind. So ergibt sich ein enger Zusammenhang der beiden Einflussgrößen im Bereich der Einzel- und Kleinserienfertigung. Die Überlegungen gelten grundsätzlich für Werkzeugmaschinen mit und ohne NC-Steuerung. Rechnet man die Programmerstellung zu den Rüstkosten, so fallen gerade bei der

NC-Fertigung hierfür erhebliche Kosten an. Nebenzeitkosten (Verfahrwege, Messzeiten) werden bei NC-Programmen reduziert und so auf die Einmalkosten verlagert (Kap. 7.5.1b).

7.7.1 Formale Beziehungen

Man kann nun Gl. (7.5/1) mit den Gl. (7.6/1) bis (7.6/3) kombinieren und erhält die Herstellkosten pro Stück einer Baugröße i bei einer gefertigten Losgröße n bei Einzel- und Kleinserienfertigung:

$$HK_{\text{in}} = \frac{FKr_{01}}{n} \cdot \varphi_{\text{L}}^{0,5} + FKe_0 \cdot \varphi_{\text{L}}^2 + MK_0 \cdot \varphi_{\text{L}}^3 \left[\frac{€}{Stück}\right] \tag{7.7/1}$$

Dabei ist vorausgesetzt, dass sich das Fertigungsverfahren nicht ändert (konventionelle spanende Fertigung) und dass die Einmalkosten Kein nur aus Rüstkosten FKr bestehen (Kap. 7.5.1b).

In Wirklichkeit wird der Stückzahleinfluss noch größer sein, da auch die Fertigungskosten aus Einzelzeiten mit der Stückzahl n abnehmen (Trainiereffekt, andere Fertigungsverfahren) und da auch die Materialkosten sich mit der Stückzahl verringern (Kap. 7.9). Es kann also ein allgemeiner Ansatz (s. Bild 7.7-6) gemacht werden, der für das jeweilige Fertigungsverfahren besonders bestimmt werden muss:

$$HK_{\text{in}} = \frac{FKr_{01}}{n^{\alpha}} \cdot \varphi_{\text{L}}^{\delta} + \frac{FKe_{01}}{n^{\beta}} \cdot \varphi_{\text{L}}^{\varepsilon} + \frac{MK_{01}}{n^{\gamma}} \cdot \varphi_{\text{L}}^{\varsigma} \left[\frac{€}{Stück}\right] \tag{7.7/2}$$

Zweckmäßig ist es, aus (7.7/1) die Herstellkosten HK_{01} der Einstückfertigung für die Baugröße 0 herauszuziehen, so dass in der Klammer nur die Kostenanteile übrig bleiben (kleine Buchstaben). Diese repräsentieren die Kostenstruktur:

$$HK_{\text{in}} = HK_{01} \left(\underbrace{\frac{fkr_{01}}{n} \cdot \varphi_{\text{L}}^{0,5} + fke_0 \cdot \varphi_{\text{L}}^2 + mk_0 \cdot \varphi_{\text{L}}^3}_{W} \right) \left[\frac{€}{Stück}\right] \tag{7.7/3}$$

Ausgangspunkt für die Berechnung sind demnach die Kostenstruktur für Einstückfertigung ($n = 1$) der Baugröße 0 (Grundentwurf)

$$1 = fkr_{01} + fke_0 + mk_0 \tag{7.7/4}$$

und der Absolutwert der Herstellkosten dieser Baugröße HK_{01} in Einstückfertigung. Daraus lassen sich in einem gewissen Umgebungsbereich dieser Baugröße 0 und bei nicht zu großer Losgrößenabweichung (es dürfen keine neuen Fertigungsverfahren eingesetzt werden) die neuen Herstellkosten HK_{in} berechnen. Da die Kostenstruktur ein hervorragendes Mittel ist, um Schwerpunkte zum Kostensenken zu erkennen, ist die neu entstehende Kostenstruktur besonders interessant. Bezeichnet man den Klammerausdruck in Gl. (7.7/3) mit W, so wird die neue Kostenstruktur:

$$\frac{HK_{\mathrm{in}}}{HK_{01} \cdot W} = 1$$

$$= \frac{1}{W}\left(\frac{fkr_{01}}{n} \cdot \varphi_{\mathrm{L}}^{0,5} + fke_0 \cdot \varphi_{\mathrm{L}}^{2} + mk_0 \cdot \varphi_{\mathrm{L}}^{3}\right) = fkr_{\mathrm{in}} + fke_{\mathrm{i}} + mk_{\mathrm{i}} \qquad (7.7/5)$$

Die einzelnen Summanden auf der rechten Seite der Gl. (7.7/5) stellen also die Anteile der neuen Kostenstruktur dar.

Hinweis: In diesem Buch werden **Großbuchstaben** (***HK*****,** ***MK*****,** ***FKr*****,** ***Fke***) verwendet, wenn es sich um **absolute Beträge** und **Kleinbuchstaben** (***hk*****,** ***mk*****,** ***fkr*****,** ***fke***) wenn es sich um **Anteile** in % (meist bezogen auf *HK*) handelt.

7.7.2 Berechnungsbeispiel

Aufgabe:

Es seien für den in **Bild 7.7-1 oben** wiedergegebenen Kupplungsstern einer Doppelzahnkupplung folgende Daten bekannt:

- **Technische Daten:**
  - Teilkreisdurchmesser $d_0 = 200\,\mathrm{mm}$,
  - Masse $m_0 = 20\,\mathrm{kg}$,
  - Werkstoff: 16 MnCr 5,
  - einsatzgehärtet und geschliffen,
  - 13 Fertigungsoperationen;
- **Kostenstruktur (Einstückfertigung):**
  - 50 % Anteil der Fertigungskosten aus Rüstzeiten fkr_{01},
  - 40 % Anteil der Fertigungskosten aus Einzelzeiten fke_0,
  - 10 % Anteil der Material- und Wärmebehandlungskosten mk_0 (Bild 7.7-1).
- Kosten:
  - Herstellkosten bei Einstückfertigung $HK_{01} = 500$ €,
  - Kostenstruktur $fkr_{01} + fke_0 + mk_0 = 1 = 0{,}5 + 0{,}4 + 0{,}1$.

Gesucht sind die Masse, die Herstellkosten, die neue Kostenstruktur und die Veränderung der Herstellkosten über der Stückzahl von 1 bis 20, bei einem Teilkreisdurchmesser von 50 bis 1 000 mm. Zweck ist, für eine schnelle Projektierung grobe Anhaltswerte zu bekommen, wie in Bild 7.7-1 dargestellt.

Ergebnis:

Beispielhaft sei hier nur die Rechnung für $d_1 = 1\,000\,\mathrm{mm}$ Teilkreisdurchmesser und Stückzahl $n = 1$ durchgeführt:

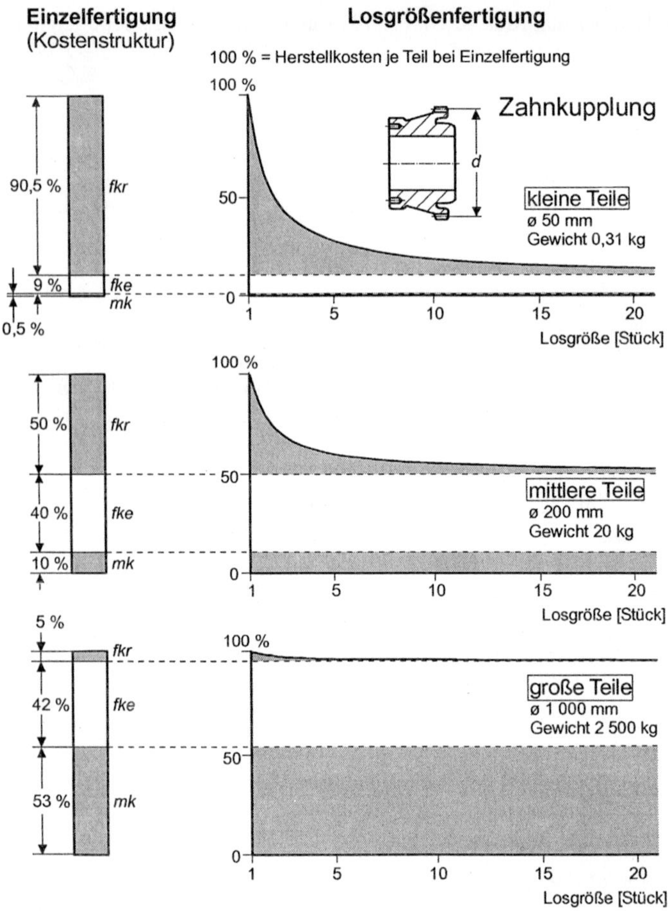

Bild 7.7-1. Herstellkosten in Abhängigkeit von Bau- und Losgröße [Fis83]

Der Stufensprung wird:

$$\varphi_L = \frac{d_1}{d_0} = \frac{1\,000 \text{ mm}}{200 \text{ mm}} = 5.$$

Damit wird die neue Masse:

$$m_1 = m_0 \cdot \varphi_L^3 = 20 \text{ kg} \cdot 125 = 2\,500 \text{ kg}.$$

Der Ausdruck W nach Gl. (7.7/3) wird für Losgröße $n = 1$:

$$W = \frac{0{,}5}{1} \cdot 5^{0{,}5} + 0{,}4 \cdot 5^2 + 0{,}1 \cdot 5^3 = 1{,}12 + 10 + 12{,}5 = 23{,}62\,.$$

Die neuen Herstellkosten werden nach Gl. (7.7/3):

$$HK_{11} = HK_{01} \cdot W = 500€ \cdot 23{,}62 = 11800€$$

die neue Kostenstruktur wird nach Gl. (7.7/5):

$$1 = \frac{1}{23{,}62}(1{,}12 + 10 + 12{,}5) = 0{,}05 + 0{,}42 + 0{,}53 = fkr_{11} + fke_1 + mk_1 \,.$$

Also bestehen die Herstellkosten des großen Kupplungssterns zu 5 % aus Fertigungskosten aus Rüstzeiten, zu 42 % aus Fertigungskosten aus Einzelzeiten, zu 53 % aus Materialkosten und gewichtsproportionalen Wärmebehandlungskosten (z. B. Härten). Diese und weitere Ergebnisse der Rechnung sind in **Bild 7.7-1** wiedergegeben (s. a. Kap. 7.12.5.3 u. 9.3.5).

Man erkennt, in der Bedeutung über dieses Beispiel weit hinausgehend, folgendes:

- **Große Teile** (Bild 7.7-1 unten) haben hohe Anteile an Materialkosten und gewichtsproportionalen Wärmebehandlungskosten. Dies kommt, wie auch bei Bild 7.6-3 gezeigt, durch das Wachstum mit φ_L^3 zustande. Die Fertigungskosten aus Einzelzeiten sind der zweite bedeutende Anteil. Dagegen sind die Fertigungskosten aus Rüstzeiten fast vernachlässigbar. Dementsprechend ist kaum ein Abfall der Herstellkosten mit der Stückzahl vorhanden.
- **Kleine Teile** (Bild 7.7-1 oben) haben ganz im Gegensatz dazu verschwindende Materialkostenanteile (unter 1 %). Auch die Fertigungskosten aus Einzelzeiten sind anteilmäßig noch sehr gering. Dominierend dagegen sind die Fertigungskosten aus Rüstzeiten. Dementsprechend ist die Stückzahldegression hoch. Bei 90 % Rüstkostenanteil liegen die Herstellkosten zweier gleicher Teile jeweils um 45 % pro Stück niedriger.

Die sich aus diesen Erkenntnissen ergebenden Konstruktionsregeln sind am Ende von Kap 7.7.3 formuliert.

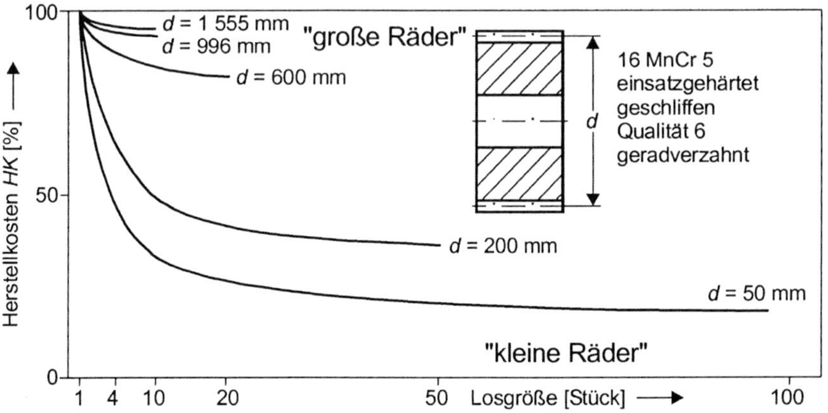

Bild 7.7-2. Einfluss der Losgröße auf die Herstellkosten eines Stirnrades in Abhängigkeit vom Teilkreisdurchmesser [Fis83]

7.7.3
Beispiel Stirnzahnräder und Folgerungen auch für andere Teile

Die in Kap. 7.7.1 wiedergegebenen Gleichungen beruhen in ihren Zahlenwerten auf der in [Ehr82a] erwähnten Kostenanalyse von Zahnrädern mit 12 Firmen der Antriebstechnik (Kap. 7.13-3). Der Stückzahl- und Baugrößeneinfluss ist in

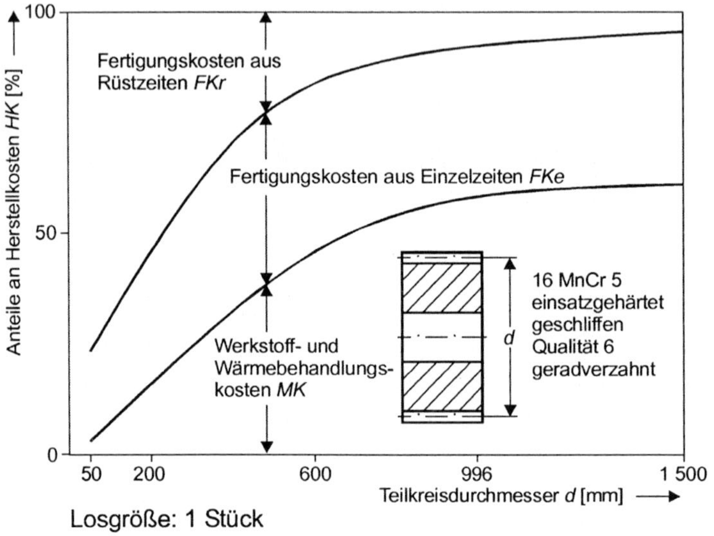

Bild 7.7-3. Herstellkosten von Stirnrädern in Abhängigkeit vom Teilkreisdurchmesser (Losgröße: 1 Stück) [Fis83]

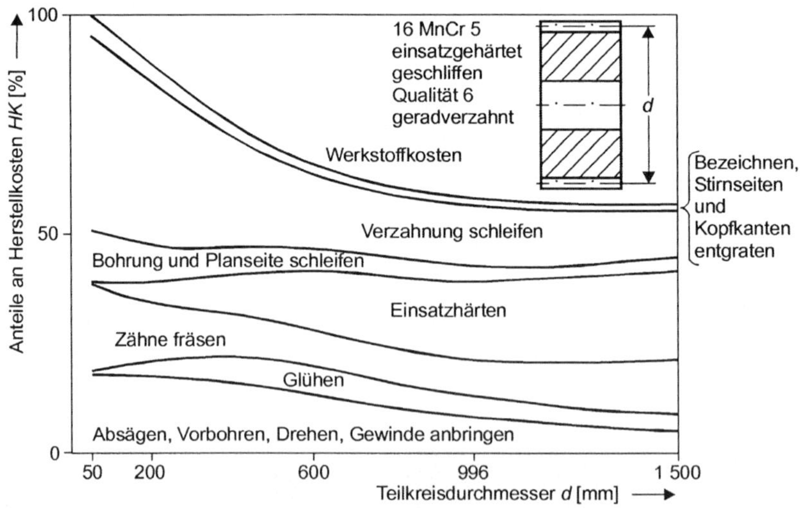

Bild 7.7-4. Anteil der Fertigungsverfahren an den Herstellkosten von Stirnrädern (Losgröße: 1 Stück) [Fis83]

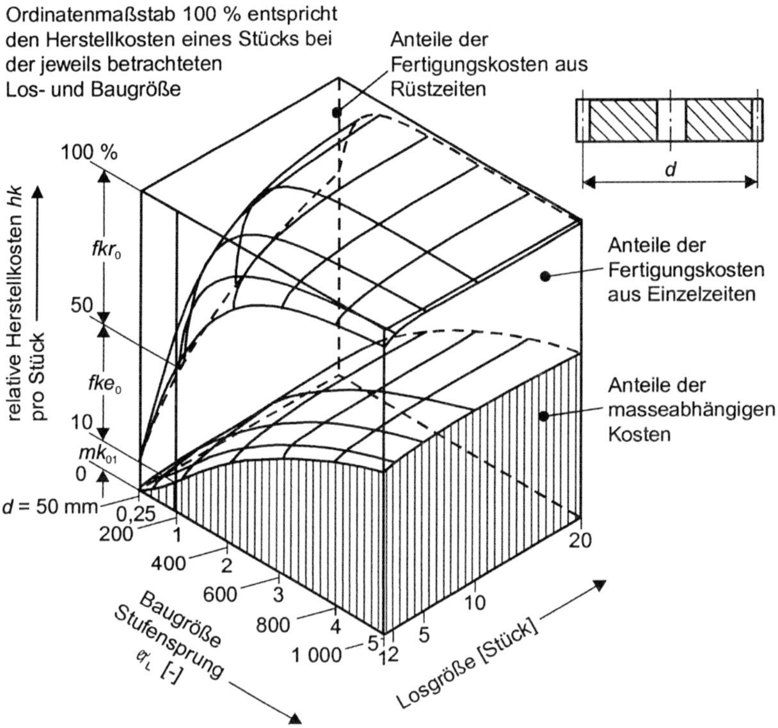

Bild 7.7-5. Relative Herstellkosten für Stirnzahnräder nach Los- u. Baugröße

Bild 7.7-2 wiedergegeben. Große Zahnräder wurden bei der Untersuchung nicht für große Losgrößen kalkuliert, weil das unrealistisch wäre. Die Veränderung der Kostenstruktur zeigt **Bild 7.7-3**. Man sieht auch hier, wie die Fertigungskosten aus Rüstzeiten abnehmen und die masseabhängigen Kosten zunehmen. Wie sich die Kostenanteile der Fertigungsverfahren mit der Baugröße verändern, zeigt **Bild 7.7-4**. Bestimmte Fertigungsprozesse, wie „Zähne fräsen" und „Verzahnung schleifen", dominieren bei kleinen Zahnrädern. Aus solchen Kostenstrukturen lassen sich Schwerpunkte zum Kostensenken erkennen.

Der gemeinsame Einfluss von Baugröße und Stückzahl auf die Herstellkosten ist in **Bild 7.7-5** räumlich dargestellt (**„Kostenwürfel"**). Unten sind die Materialkostenanteile bzw. masseabhängigen Anteile *mk* aufgetragen. Man sieht, wie sie vom linken unteren Eckpunkt (Einzelfertigung, kleine Teile) sowohl mit der Losgröße als auch mit der Baugröße anwachsen und dort bis zu 50...60 % der Herstellkosten ausmachen (Die Obergrenze des Würfels entspricht 100 % Herstellkosten pro Stück). Man sieht ferner im darüber liegenden Gebiet, wie die Fertigungskosten aus Einzelzeiten *fke* mit der Baugröße wachsen. Dementsprechend vermindern sich die darüber liegenden Rüstkostenanteile *fkr* nach beiden Richtungen drastisch.

Die Maßstäbe sind entsprechend den Verhältnissen der Einzel- und Kleinserienfertigung gewählt. Wenn man für die Losgröße einige 100 bzw. 1 000 Stück in

Betracht zöge, kommen natürlich neue, rationellere Fertigungsverfahren zum Zug, welche die Rüst- und Einzelzeiten reduzieren (Bild 7.7-6). Damit nähern sich die Kostenstrukturen auch von kleinen Serienteilen denen von Großmaschinenteilen in Einzelfertigung an, so dass für beide bis zu einem gewissen Grade die gleichen Regeln zum Kostensenken gelten.

Es ist bemerkenswert, dass der Kostenwürfel nichts anderes als die Kostenstruktur W in Gl. (7.7/3) darstellt und aus der Ausgangskostenstruktur eines Zahnrads mit 200 mm Teilkreisdurchmesser ($fkr_{01} = 0{,}5$, $fke_0 = 0{,}4$, $mk_0 = 0{,}1$) gewonnen wurde. So genügt in der Praxis die Aufnahme der Kostenstruktur eines repräsentativen Teils (Baugruppe), um die Kosten eines geometrisch vergrößerten oder verkleinerten Teils in unterschiedlicher Stückzahl zu bestimmen.

Selbstverständlich sind dazu auch die absoluten Herstellkosten dieses einen Teils nötig. Mit der Gl. (7.7/1) wurden die von den 12 Firmen nach [Ehr82a] kalkulierten Zahnräder nachgerechnet. Es ergab sich eine besonders bei großen Baugrößen gute Übereinstimmung. Dies gilt insbesondere dann, wenn man nicht, wie in Kap. 7.7.2, einen großen Stufensprung $\varphi_L = 0{,}25$ bzw. 5 wählt, sondern näher am Ausgangsteil bleibt (z. B. $\varphi_L = 0{,}5$ oder 1,5). **Bild 7.7-6** zeigt dafür die Ver-

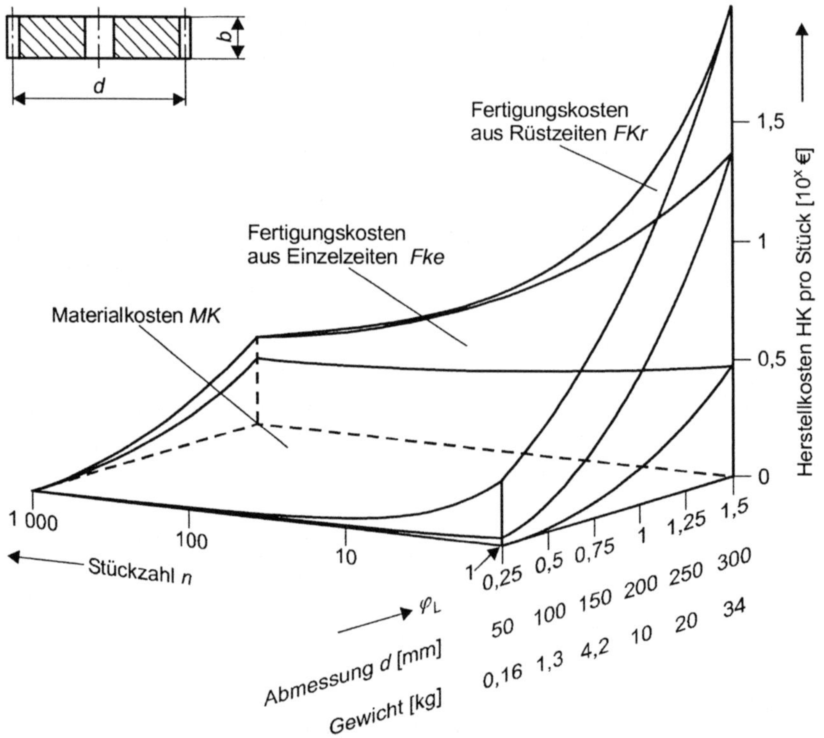

$$HK = FKr_{01} \cdot n^{-1} \cdot \varphi_L^{0,5} + Fke_0 \cdot n^{-0,322} \cdot \varphi_L^2 + MK_0 \cdot f_m \cdot \varphi_L^3$$

$$f_m = 1{,}5144 \cdot m_A^{-0,1768} + 0{,}57$$

Bild 7.7-6. Herstellkosten in Abhängigkeit von Stückzahl und Baugröße

hältnisse bis zu einer Stückzahl 1 000 (große Teile kommen in so großen Stückzahlen kaum vor). Die Effekte der Stückzahldegression über eine so große Stückzahl wurden in den Materialkosten durch die Formel für den Faktor f_m berücksichtigt. Die Gleichung ist die Umsetzung der gestuften Mindermengenzuschläge bzw. Mengenrabatte nach Bild 7.9-11 in Abhängigkeit von der Abnahmemenge m_A. Bei den Fertigungskosten aus Rüstzeiten *FKr* wurde die Stückzahldegression nach Bild 7.7-5 mit $n^{-0,322}$ berücksichtigt. Bei Wälzlagern und Schrauben wurden tendenziell ähnliche Zusammenhänge wie hier bei Zahnrädern gefunden (s. hierzu auch Kap. 7.12.5.3 u. 7.12.5.5).

Aus den dargestellten Erkenntnissen lassen sich folgende Regeln zum kostengünstigen Konstruieren ableiten, die insbesondere bei immer wieder ähnlichen Teilen und gleichartiger Fertigung gelten:

➔ **Sehr große Teile und Produkte** von 1 000 kg Gewicht und mehr haben überwiegend Material- (und Wärmebehandlungs-) Kosten. Es kommt darauf an, Material zu sparen oder kostengünstiges Material zu verwenden (Kap. 7.9). Die ebenfalls im Vordergrund stehenden Fertigungskosten aus Einzelzeiten müssen, z. B. durch Vermeidung von Fertigungsvorgängen und rationellere Fertigungsverfahren, verringert werden (Kap. 7.11). Auch die Wahl von leicht zu verarbeitendem Material ist zu prüfen. Ein Stückzahleinfluss ist bei diesen Teilen kaum mehr vorhanden, sofern das Fertigungsverfahren beibehalten wird und nicht neue Einführungskosten *EFK* (Kap. 7.5.1) entstehen. Die Teile können individuell gestaltet und gefertigt werden. Teilefamilien, Baukasten- und Baureihenkonstruktion spielen dann eine Rolle, wenn dadurch der Arbeitsaufwand in Konstruktion und Arbeitsvorbereitung rationalisiert werden kann oder Fertigungsverfahren mit hohen Einführungskosten (z. B. Modellkosten beim Gießen oder Werkzeugkosten beim Blechumformen) einsetzbar sind (Kap. 6.3.2 und 7.12.3 bis 7.12.6).

➔ **Kleine Teile und Produkte** unter einigen Kilogramm Gewicht haben bei **Einzelfertigung** von Baureihen und Baukästen überwiegend Fertigungskosten aus Rüstzeiten, die sich durch höhere Losgrößen stark verringern lassen. Gleichteilkonstruktion, Teilefamilienbildung, Baureihen- und Baukastenkonstruktion sind das wichtigste Mittel zur Kostensenkung (Kap. 7.12). Ein weiteres Mittel bei spanender Fertigung ist die Verringerung der Zahl der Fertigungsvorgänge, z. B. durch Integralbauweise (Kap. 7.12.4.3). Damit verringern sich auch die Rüstkosten. Materialkostenersparnis lohnt sich i. a. bei Einzelfertigung von kleinen Teilen nicht.

➔ Die Kostenstrukturen **kleiner und mittelgroßer Teile und Produkte** nähern sich bei **Großserienfertigung** denen großer Teile in Einzelfertigung an (s. o.). Die Material- und Fertigungskosten aus Einzelzeiten überwiegen, die Fertigungskosten aus Rüstzeiten werden pro Stück gering. Sie sind aber insgesamt über der ganzen Stückzahl nicht vernachlässigbar!

7.9 Einfluss des Materials

7.9.1 Bedeutung der Materialkosten

Unter Materialkosten versteht man entsprechend der betriebswirtschaftlichen Abrechnung (Bild 8.3-2) insbesondere die Kosten für Kaufteile und für Halbzeuge (d. h. Rohmaterial im Maschinenbau). Der Schwerpunkt dieses Kapitels (insbesondere Kap. 7.9.2) liegt in diesem Sinne auf den Rohmaterialkosten.

Die Materialkosten einschließlich der Kosten für Kaufteile machen im Maschinenbau mit ca. 43 % (15-60 % n. [VDM95]) der gesamten Kosten (Selbstkosten) einen großen Anteil aus (**Bild 7.9-1** u. 8.4-2). Bei Großmaschinen in Einzelfertigung steigen die Materialkosten im Sinn des Rohmaterials bis auf 50–70 % der Herstellkosten an (Kap. 7.6 u. 7.7, Bild 7.6-3). Die Tendenz zum „Outsourcing" (s. Kap. 7.10), d. h. der Konzentration auf Kern-Kompetenzen, -Teile und -Prozesse, führt zu steigenden Materialkosten, wobei dann Kaufteile bedeutend werden. Eine zweite Tatsache rückt die Materialkosten in den Vordergrund des Interesses: Sie sind fast die einzigen echten variablen Kosten, die der Konstrukteur „wirklich in der Hand hat". Es gibt keine direktere und schnellere Kostenauswirkung als z. B. ein Teil nicht zu kaufen weil es nicht nötig ist, ein dünneres Blech oder eine kostengünstigere Qualität vorzusehen. Lohnkosten können kurzfristig für das Unternehmen als Ganzes aufgrund der Sozialgesetzgebung kaum verringert werden. Sie können zunächst nur von einem Produkt auf ein anderes (vielleicht bisher von auswärts beschafftes) verlagert werden.

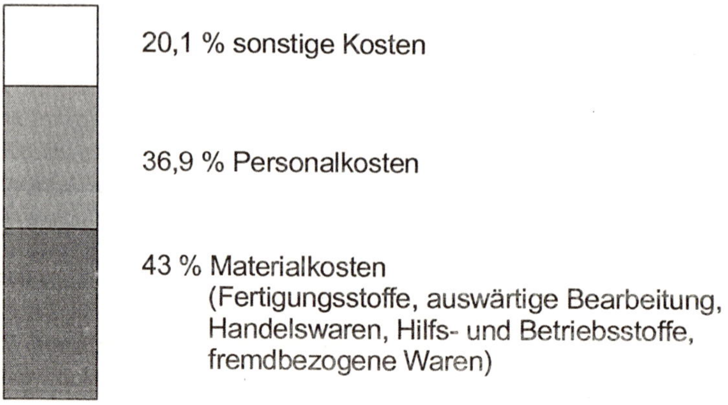

Bild 7.9-1. Gesamtkosten von Maschinenbauunternehmen nach Kostenarten [VDM95]

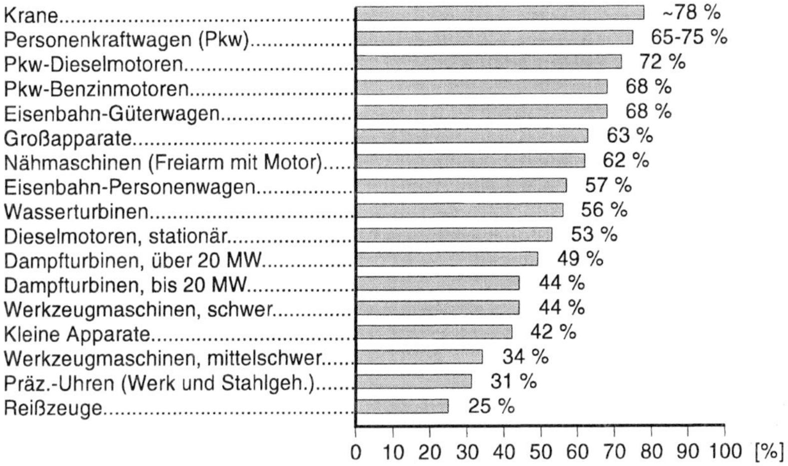

Bild 7.9-2. Prozentualer Materialkostenanteil bezogen auf die Herstellkosten [VDI77]

Bei der Bedeutung der **Materialkosten**, die entsprechend Bild 8.4-2 im Maschinenbau **viermal so hoch sind wie die Lohnkosten**, erscheinen die traditionell intensiven Bemühungen um Fertigungsrationalisierung in einem anderen Licht. Dementsprechend müsste eine viel engere Zusammenarbeit von Einkauf und Logistik, Arbeitsvorbereitung und Konstruktion angestrebt werden (Kap. 7.12.3.1b). Die Bedeutung des Einkaufs für die Materialkosten ist erheblich, wie Bild 7.13-2 (unten) zeigt. Selbst beim Standardstahl für Einsatzhärtung (16 MnCr 5) schwanken bei 12 Getriebeherstellern die Einstandspreise fast wie 1 : 2. Bei anderen, nicht so gängigen Materialien oder bei Kaufteilen sind die Unterschiede noch viel größer. Es gilt nach wie vor: „**Im Einkauf liegt der Gewinn.**"

Die Materialkostenanteile sind bei der Serienfertigung besonders hoch. Wie **Bild 7.9-2** zeigt, sind bei Pkw über 70 % Materialkostenanteil üblich (Kaufteile eingeschlossen und bezogen auf Herstellkosten). Wenn nämlich durch leistungsfähigere Fertigungsverfahren die Fertigungszeit gesenkt wird, bleiben die Materialkosten als zunächst weniger beeinflussbare Größe übrig. Dies gilt vornehmlich für das Rohmaterial (Bild 7.7-6). Bei Zukaufteilen sind oft in hohem Maße Fertigungskosten enthalten. Größere Stückzahlen erlauben dann eine Kostenverminderung, so dass Großabnehmer z. B. von Wälzlagern 80-90 % Rabatt bekommen. Je weniger Fertigungskosten das Material enthält, um so weniger kann der Preis auf die Stückzahl (Abnahmemenge) reagieren.

Materialkosten sind ferner hoch bei großen, einfachen Maschinen, d. h. Maschinen, bei denen anteilmäßig wenig Fertigung anfällt. In Bild 7.9-2 haben Krane ca. 78 % Materialkostenanteil an den Herstellkosten, Eisenbahngüterwagen ca. 68 %. Ganz im Gegensatz dazu liegen Reißzeuge bei ca. 25 %. Bei Bauteilen ergeben sich die Schwerpunkte zur Kostenbeeinflussung aus der Kostenstruktur (Material-/Fertigungskosten aus Einzelzeiten bzw. Rüstzeiten, wie z. B. Bild 7.7-3 und Bild 7.7-4 zeigen).

7.9.2
Verringerung der Rohmaterialkosten

7.9.2.1
Überblick

Möglichkeiten, die Rohmaterialkosten zu senken, folgen aus dem Ansatz zur Berechnung der Materialkosten, wie sie in Kap. 8.4.2 (Differenzierende Zuschlagskalkulation) wiedergegeben ist. Rohmaterialkosten errechnen sich im Wesentli-

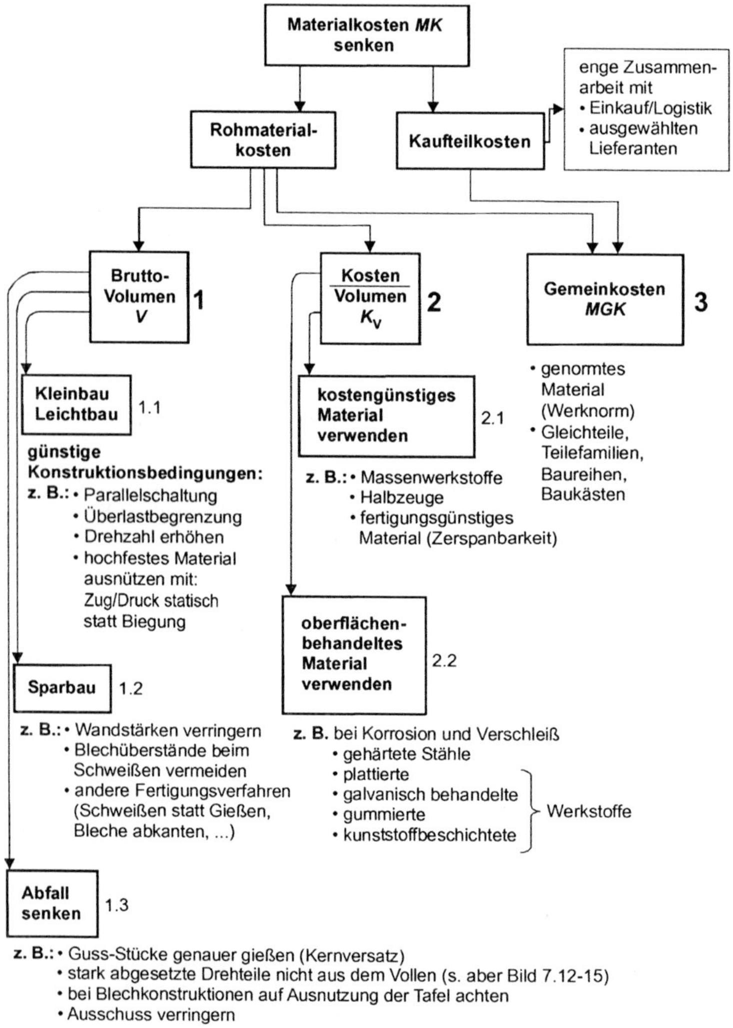

Bild 7.9-3. Materialkostengünstig Konstruieren und Regeln dafür

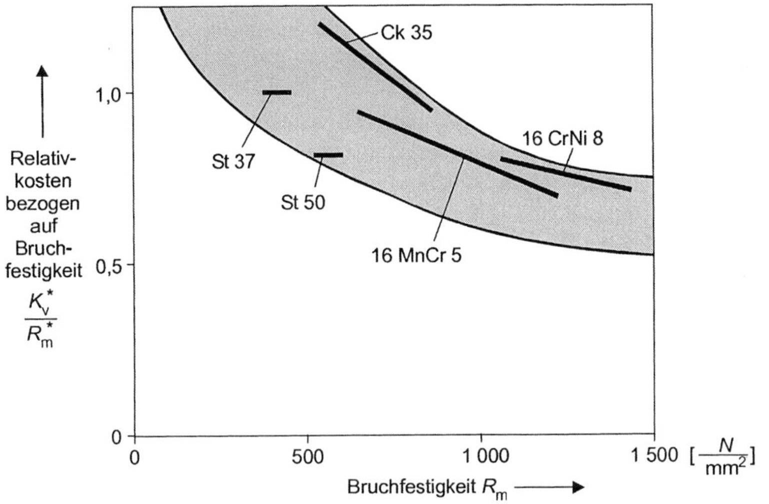

Bild 7.9-4. Einfluss der Festigkeit auf die Relativkosten: Höherfeste Stähle sind bei Zugbeanspruchung i. a. kostengünstiger als niederfeste (Relativkosten K_V^* [VDI77], relative Zugfestigkeit R_m^*). Der Stern bedeutet den Bezug auf Rundmaterial USt 37-2)

chen aus dem Materialvolumen (**Bruttovolumen**) und den spezifischen Werkstoffkosten K_V (**Kosten/Volumen**) (s. **Bild 7.9-3**). Natürlich kann man die Werkstoffkosten auch auf das Gewicht beziehen. Die Konstruktion kommt aber vom Rechnungsgang her zunächst aufs Volumen. Es kommt allerdings nicht nur darauf an, einen pro Volumen möglichst kostengünstigen Werkstoff einzusetzen, d. h. den Wert K_V (Kosten/Volumen) möglichst niedrig zu machen, denn ein teurer, hochfester Werkstoff kann das notwendige Volumen V soweit verringern, dass trotz des höheren Materialpreises die Materialkosten $V \cdot K_V$ insgesamt abgesenkt werden.

Ausschlaggebend sind offenbar z. B. die Materialkosten pro Festigkeitswert. Das gilt insbesondere für reine Zugbeanspruchung. Bildet man für verschiedene Stähle den Wert

$$\frac{K_V}{R_m}\left[\frac{€}{m^3}\cdot\frac{m^2}{N}\right],$$

so ergibt sich für gebräuchliche höherfeste Stähle, dass sie etwas kostengünstiger sind als niederfeste (**Bild 7.9-4**). Die gleiche Tendenz ergibt sich bei Schraubenverbindungen, bei denen hochfeste Schrauben i. a. kostengünstiger sind als niederfeste (Kap. 7.11.5.5).

Dies gilt allerdings nur mit großen Unsicherheiten, da sowohl die Festigkeitswerte als auch die Kosten starke Unterschiede aufweisen. Wenn weitere Forderungen, wie ausreichende Zähigkeit (bei niederfesten Stählen meist höher), Verschleißfestigkeit, gute Bearbeitbarkeit oder Schweißbarkeit hinzukommen oder wenn sich bspw. die Beanspruchungsart des Werkstoffs ändert, wird eine generelle Aussage unmöglich.

Liegt z. B. nur eine Ausnutzung der Festigkeit an den Randzonen des Bauteils vor, wie es bei Biege- und Torsionsbeanspruchung der Fall ist, so werden die aufs Volumen bezogenen Werkstoffkosten K_V wichtiger. Dies gilt noch mehr, wenn das Bauteil kaum kräftemäßige Beanspruchungen aufweist, sondern nur zur Sicht- oder Raumabtrennung dient (Beispiel: Verkleidungen, Armaturenbretter) oder wenn es auf geringe Verformung ankommt, so dass eine niedere Beanspruchung gewählt wird. Im Folgenden werden die Maßnahmen zum materialkostengünstigen Konstruieren nach den Nummern in Bild 7.9-3 besprochen.

7.9.2.2 Verringerung des Materialvolumens

Maßnahme 1.1: **Kleinbau und Leichtbau** (s. Bild 7.9-3)

Unter **Kleinbau** sind Maßnahmen zu verstehen, die die Baugröße von Produkten verringern, insbesondere durch Eingriff in das Konzept des Produkts, wie z. B.:

- **Parallelschaltung von Wirkflächen** ergibt eine Leistungsteilung auf mehrere Wege und damit eine Baugrößenverringerung. Beispiel nach **Bild 7.9-5**: Die Vergrößerung der Zahl der Leistungswege bei einem Getriebe ergibt eine Baugrößen-Verringerung, da pro Leistungsweg nur der entsprechende Teil der Leistung zu übertragen ist (Konzepteinfluss!). Baugröße, Gewicht und damit Materialkosten sinken ab. Dies ist auch aus Bild 7.3-2 ersichtlich. Allerdings steigen die Teilezahl und damit die Logistik- und die Montagekosten. Andere Beispiele sind Lamellenkupplungen mit einer größeren Zahl von Reibflächen, Wälzlager und Freiläufe mit möglichst vielen Wälz-/Klemmkörpern.
- **Überlastbegrenzung**, z. B. durch Rutschkupplungen, Flüssigkeitskupplungen, Sollbruchstellen, Trennschalter, Sicherungen, Bypass-Regelungen oder Überduckventile, bewirkt, dass die ganze Konstruktion nur für einen definierten Leistungswert ausgelegt werden muss und nicht für den selten vorkommenden Höchstwert.
- **Drehzahlerhöhung** ist bei Energie umsetzenden rotierenden Maschinen eine durchgängig angewandte Maßnahme zur Baugrößen- und Massenverringerung. Beispiele sind im Motorenbau (Bild 5.2-3), Turbinenbau und Elektromaschinenbau zu finden. Bei einer bestimmten geforderten Leistung $P = M_t \cdot \omega$ kann durch Steigerung der Drehzahl das Moment M_t erniedrigt werden. Kräfte

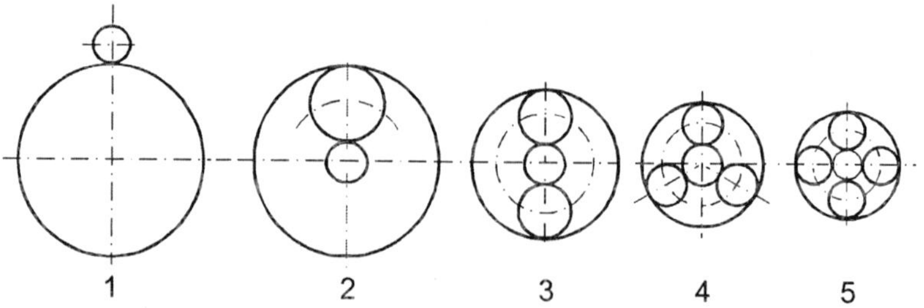

Bild 7.9-5. Größenvergleich zwischen Parallelwellengetriebe und Planetengetriebe bei gleichem übertragbaren Moment und gleichem Übersetzungsverhältnis

bzw. Hebelarme werden kleiner, wodurch sich wieder Baugröße und Masse verringern. Günstig ist auch die Verringerung des Trägheitsmomentes bei Maschinen mit sich häufig ändernder Drehzahl oder hin- und hergehenden Massen.

- **Hochfestes Material** ist, wie oben in Bild 7.9-4 erwähnt, vor allem bei Zug-(Druck-)Beanspruchung kostengünstiger, da dann die hohe Festigkeit über den ganzen Querschnitt ausgenützt werden kann. Indirekt ergeben sich, wie **Bild 7.9-6** zeigt, z. B. durch hochfeste Schrauben weitere Einsparungen, da dann die ganze gestalterische Umgebung kleiner wird. Wie stark sich der Wechsel von Vergütungsstahl zu Einsatzstahl bei Getrieben auswirkt zeigt Bild 7.6-1.
- **Zug-(Druck-)Beanspruchung** statt Biegebeanspruchung anstreben, da hierbei die Festigkeit des Werkstoffs nicht nur an den Randzonen, sondern im ganzen Volumen ausgenützt wird. Im gleichen Sinne wirkt: Kürzestmöglichen Kraftflussweg zwischen Ein- und Ausleitstelle der Kraft anstreben und symmetrisch aufgebaute Konstruktionen verwirklichen.

Die Maßnahmen für **Leichtbau** (1.1 in Bild 7.9-3) sind selbst wieder komplex. Leichtbau wird nicht nur durch einfache Wahl eines leichteren Werkstoffs erreicht (z. B. Leichtmetall-Leichtbau, also Stoffleichtbau), sondern auch durch das gestalterische Ausnützen der Festigkeit hochfester Werkstoffe (Formleichtbau). Gewichtsverringerung ist nicht immer mit Kostenabsenkung gleichzusetzen. Bei hohen Gewichten nicht ausgenützter Produkte ist zunächst durch einfache Gewichtsverringerung eine Materialkostenersparnis erreichbar (Sparbau, Bild 7.9-7). Wird aber eigentlicher Leichtbau getrieben, so können die Entwicklungs-, Rechen- und Versuchskosten sowie der höhere Fertigungsaufwand die Materialkosteneinsparung weit übersteigen, so dass die Bauteilkosten wieder sehr hoch werden. Dann lohnt sich Leichtbau nicht mehr durch Ersparnis an Herstellkosten, sondern nur noch durch Verringerung der Lebenslaufkosten (Kap. 5, Bild 7.8-1). Zum Beispiel ergibt die Gewichtsverringerung beim Flugzeug eine Treibstoffersparnis oder ermöglicht durch mehr „zahlende" Fracht höhere Erlöse. Damit bei einer Flugzeugflotte 1 kg Gewicht pro Flugzeug eingespart wird, dürfen die Entwicklungs- und Versuchskosten bis zu 1 Millionen Euro betragen (Airbus).

Wesentlich beim Konstruieren ist die Formulierung eines Ziels: bei den Kosten

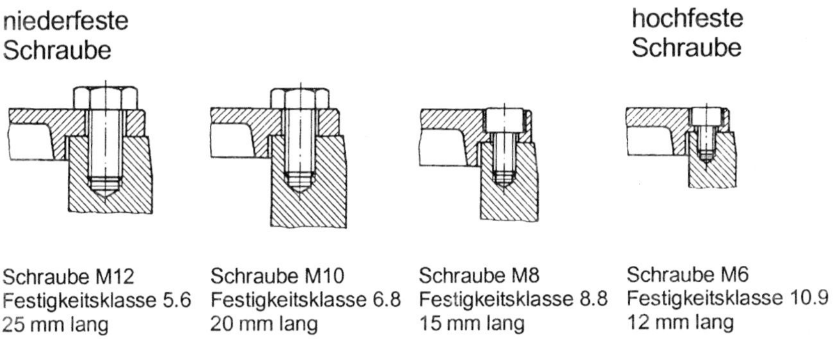

Bild 7.9-6. Einfluss der Schraubenfestigkeit auf Gewicht und Materialkosten: Höhere Schraubenfestigkeit verringert das Gewicht des Bauteils und die Materialkosten. Innensechskantschrauben (DIN 912) sind besonders günstig

eines Kostenziels, beim Gewicht eines Gewichtziels. Hierfür hat sich ein sehr radikales Verfahren bewährt: **Zielwertvorgabe für ein Produkt durch Addition der jeweils günstigsten auffindbaren Einzelwerte von Konkurrenten für Bauteile oder Baugruppen.** Wenn es z. B. um den leichtesten Verbrennungsmotor geht, werden jeweils die Gewichte der leichtesten Baugruppen von Konkurrenzmotoren zusammenaddiert, gleichgültig ob sie zusammenpassen oder nicht. Daraus wird ein Gewichtsziel formuliert. Ähnliches wird bei Automobilherstellern für die Kosten von Pkw durchgeführt, wobei die Baugruppen-Kosten von Konkurrenzfirmen mit hausinternen Kalkulationen nachvollzogen werden.

Maßnahme 1.2: **Sparbau** (s. Bild 7.9-3)

Unter Sparbau ist, wie oben angedeutet, ein einfaches Einsparen von Materialvolumen („**abmagern**") ohne Änderung des konstruktiven Entwurfs oder der Materialart zu verstehen, also z. B. Verringerung der Blechdicke, Wanddicke oder der Blechüberstände beim Schweißen (**Bild 7.9-7**). Das lässt sich bei wenig beanspruchten Produkten (z. B. Gehäuse) nach einfacher Erprobung durchführen. Sparbau ist besonders bei großen Maschinen oder hohen Stückzahlen wichtig – oder auch dann, wenn der Volumenpreis des Materials hoch ist (z. B. bei wärmebeständigen oder korrosionsfesten Stahlwerkstoffen oder Kupferlegierungen).

Eine weitere Maßnahme zur Verringerung des Materialvolumens ist die **Änderung des Fertigungsverfahrens**, z. B. von Gießen nach Schweißen. Bei größeren Behältern und Gehäusen ergeben sich sehr häufig Gewichtsverringerungen bis auf

Bild 7.9-7. Vermeiden von Blechüberständen bei Schweißkonstruktionen (n. K. Tuffentsammer)

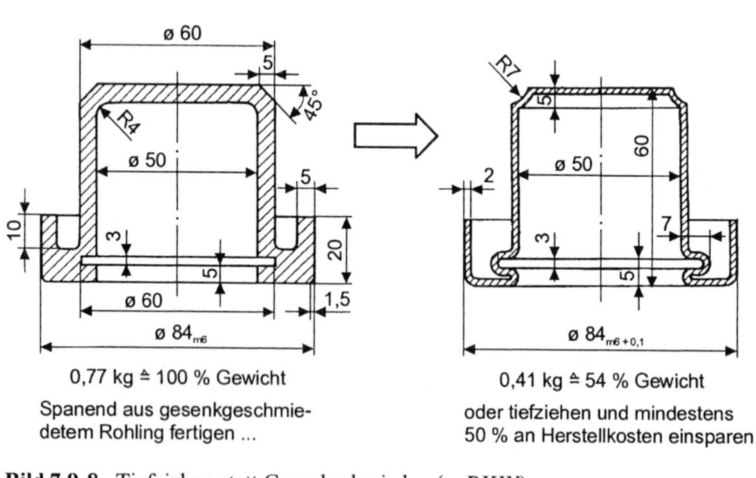

Bild 7.9-8. Tiefziehen statt Gesenkschmieden (n. RKW)

die Hälfte. Bleche sind meist in geringeren Wandstärken einsetzbar, als diese beim Gießen herstellbar sind. In **Bild 7.9-8** ist gezeigt, wie ein bisher gesenkgeschmiedetes und spanend bearbeitetes Teil durch Tiefziehen auf ungefähr die Hälfte des Gewichts und der Herstellkosten gebracht wurde. Die Wandstärke konnte von 5 mm auf 2 mm verringert werden.

Maßnahme 1.3: **Einsatzgewicht und Abfall senken** (s. Bild 7.9-3)

Das Senken von Einsatzgewicht und Abfall beim Fertigen wird von der Konstruktion oft vernachlässigt.

Es kommt darauf an, endkonturnah zu fertigen, d. h. das Rohvolumen des zu beziehenden Werkstoffs – im Vergleich zum Fertigvolumen – zu verringern. Hinzu kommt, dass das überschüssige Material meist teuer (spanend) abgearbeitet werden muss. **Beispiele für Maßnahmen** sind:

- **Endkonturnahe Fertigungsverfahren** wählen, wie z. B. Gießen, Schmieden, Sintern, Einsatz von Blechschneid- und -biegemaschinen (s. Bild 7.11-24, aber auch Bild 7.12-15).
- **Guss-Stücke** genauer gießen, z. B. durch bessere Kernlagerung einen beim Gießen auftretenden Kernversatz meiden. Dies spart spätere Zerspanungskosten und oft auch Lunker und damit Ausschuss.
- **Drehteile nicht aus dem Vollen arbeiten**, sondern vorgeschmiedete oder gegossene Rohteile verwenden. Das Aufmaß (Rohmaß - Fertigmaß) zusammen mit Arbeitsvorbereitung und Einkauf einengen und auf Bearbeitung verzichten, wo sie nicht nötig ist. Hier besteht allerdings eine starke Abhängigkeit von der Stückzahl (Regeln in Kap. 7.7.3).
- Bei **Stanzteilen** auf Ausnützung der Blechtafel achten (Flächenschluss). Bild 7.11-34 unten zeigt, wie für ein Teil durch geringfügige Umgestaltung Abfall und Werkstoff gespart werden können. Hierfür gibt es CAD-„Schachtelprogramme".
- Die **Ausschusskosten** machen im Maschinenbau 0,5-1,5 % der Selbstkosten aus

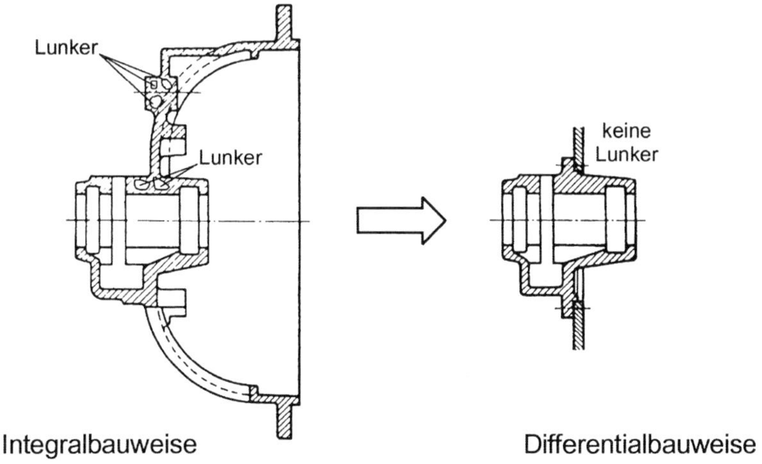

Bild 7.9-9. Teilung eines ausschussgefährdeten Gussteils: links: Lagerschild einteilig (Integralbauweise), Herstellung und Bearbeitung auch infolge Ausschussgefahr teuer; rechts: Lager abgetrennt (Differenzialbauweise), leichtere und kostengünstigere Fertigung besonders bei Serienfertigung auf Sondermaschinen (Kap. 7.11.2.5b)

(oder 1,5-4 % der gesamten Materialkosten) [VDM78b]. Sie sind in kleinen Betrieben (unter 100 Beschäftige) nur halb so hoch wie in großen Betrieben (über 2 000 Beschäftigte). Offenbar können sie durch gute Zusammenarbeit mit der Arbeitsvorbereitung rechtzeitig verhindert werden. Beispielsweise ergeben sich oft bei komplizierten Guss-Stücken Lunker, Spannungsrisse und Verzüge, die zum Ausschuss führen können. In solchen Fällen kann es kostengünstiger sein, die „Integralbauweise" aufzulösen in zwei oder mehr Teile („Differenzialbauweise"), wie in **Bild 7.9-9** gezeigt. Trotz zusätzlicher Bearbeitung und Verbindungsstellen mit entsprechendem Montageaufwand kann ein solches Teil kostengünstiger werden. Das zeigt sich allerdings meist erst dann, wenn der erste Ausschuss entstanden ist (s. a. Kap. 7.12.4.3 u. 7.11.8).

7.9.2.3
Verringerung der Materialkosten pro Volumen

Wenn das Werkstoffvolumen V nicht weiter verringert werden kann, kann versucht werden, ein Material zu wählen, das pro Volumen kostengünstiger ist (kleinerer Wert K_V in €/cm³), so dass die Materialkosten $V \cdot K_V$ abnehmen. Entsprechend Bild 7.9-3 kommen folgende Maßnahmen in Frage:

Maßnahme 2.1: **Kostengünstigeres Material** mit geringerem K_V-Wert verwenden (s. Bild 7.9-3)

Massenwerkstoffe sind kostengünstiger als weniger gängige Werkstoffe. Nach Nennung einiger Maschinenbaubetriebe sind dies bei Eisenwerkstoffen, z. B.:

- allgemeine Baustähle St 37, St 42, St 50, St 60;
- Vergütungsstähle C 10, (Ck 10), C 15, C 35, (Ck 35), C 45, (Ck 45), 25 CrMo 4, 42 CrMo 4, 37 MnSi 5, 34 Cr 4, 41 Cr 4;
- Einsatzstähle 16 MnCr 5, 20 MnCr 5, 15 CrNi 6, 18 CrNi 8;
- Nitrierstahl 31 CrMoV 10;
- nichtrostende Stähle X 5 CrNi 18 9, X 10 CrNiMoTi 18 20;
- Graugusswerkstoffe GG 20, GG 25;
- Kugelgraphitguss-Werkstoffe GGG 40, GGG 45, GGG 50;
- Stahlgusswerkstoffe GS 45, GS 52, GS 60, GS 62, GS-20 Mn 5, GS-22 Mo 4, GS-C25.

Zur Vermeidung hoher Beschaffungs- und Lagerkosten richtet man sich nach den im Werk gängigen Werkstoffarten (Werknorm!). Zur Auswahl sind werksintern erstellte Relativkostenzahlen wertvoll, da Werkstoffpreise bei Anfragen der Einkaufabteilung z. B. um 20 % differieren, (in besonderen Fällen mehr; Bild 7.13-2), Relativkostentabellen müssen werkintern erstellt werden. Sie müssen z. B. von Jahr zu Jahr aktualisiert werden (Kap. 4.6.3). Es kommt dabei nicht auf einen sehr genauen Zahlenwert K_V^* in €/cm³ an, sondern auf die groben Relationen zwischen den gebräuchlichen Werkstoffen bzw. Werkstoffgruppen.

In **Bild 7.9-10** sind beispielhaft aus VDI 2225 [VDI77] **relative Werkstoffkosten** K_V^* für Werkstoffgruppen angegeben. Die Streuungen ergeben sich aufgrund verschiedener Werkstoffarten innerhalb der Gruppe. Als Basiswert ($K_V^* = 1{,}0$) ist Rundstahl USt 37-2 (DIN 1013) im Durchmesserbereich 35-100 mm, Bezugsmen-

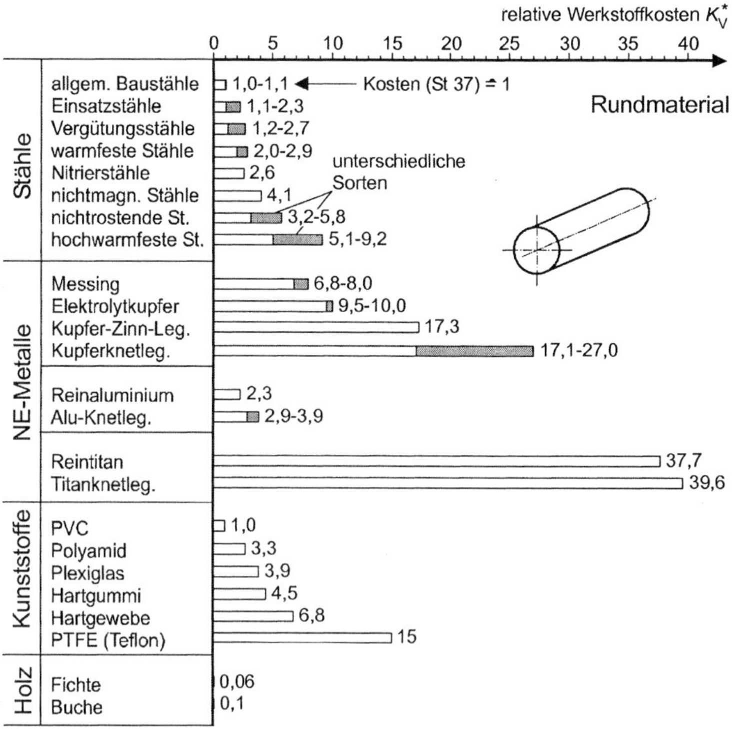

Bild 7.9-10. Beispiel für Werkstoff-Relativkosten [VDI77] (K_V^* = Kosten pro Volumen bezogen auf USt 32 Rundmaterial)

ge 1 000 kg benutzt worden (Kap. 4.6.3). Man erkennt, dass Einsatzstahl und Vergütungsstahl etwas teurer sind, nichtrostende und warmfeste Stähle aber ein Vielfaches der Kosten aufweisen und insbesondere Kupferlegierungen z. T. eine Zehnerpotenz höher liegen. Solche Relationen sind wesentlich für die Materialwahl. Für die Verhältnisse bei Gusswerkstoffen gilt seit Jahren in etwa:

Grauguss	:	Kugelgraphitguss	:	Temperguss	:	Stahlguss
1,0	:	1,2-1,5	:	1,7	:	2,0 -2,5

In **Werknormen** kann man Festigkeitswerte bzw. allgemeine technische Daten und Relativkosten kombiniert angeben. Eine graphische Darstellung ist dabei dringend anzuraten.

Die Bedeutung der **Abnahmemenge** für den Bezugspreis zeigt **Bild 7.9-11** und hierbei besonders die hohen Mindermengenzuschläge bis zu 30 %. Diese ergeben sich aus den Einmalkosten für die Durchführung der Lieferung. Auf unterschiedliche Abnahmemengen und wahrscheinlich unterschiedliches Verhandlungsgeschick des Einkaufs sind die in [Ehr82a; Fis83] festgestellten Streuungen üblicher Werkstoffe zurückführen (z. B. Bild 7.13-2).

Bei Halbzeugen und Normteilen gibt es **kostengünstigste Abmessungen**, die sich aus den Abmessungszuschlägen in Lieferanten-Preislisten ergeben. Bei jeder Profilform (z. B. Rundmaterial, Flachstahl, U-Profil) existiert ein Preisminimum in

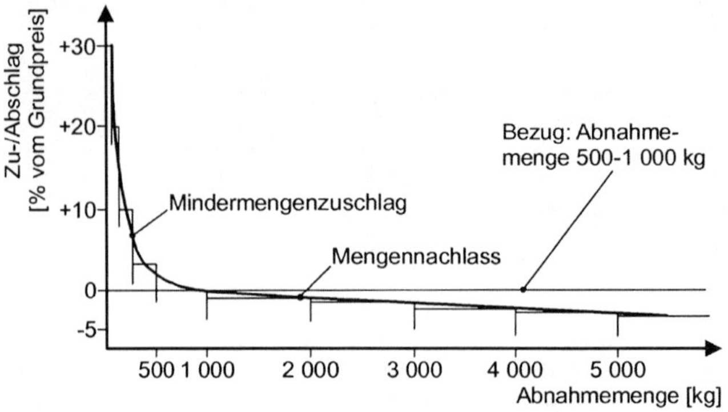

Bild 7.9-11. Mindermengenzuschlag bzw. Mengennachlass für rostfreie Stähle [Eck77]

Abhängigkeit vom Werkstoff, das wahrscheinlich bei der am meisten abgesetzten Abmessung liegt. Kleine Abmessungen sind wegen enger einzuhaltender Toleranzen teuer, bei großen Abmessungen handelt es sich oft um Sonderanfertigungen, oder es werden wegen der selteneren Fertigung höhere Lagerkosten verrechnet. So sind z. B. Rundstahl von 20-30 mm Durchmesser und Vierkantstahl mit einer Kantenlänge von 20-30 mm am preisgünstigsten.

➔ Für Halbzeuge gibt es ein Kostenminimum bei bestimmten Abmessungen, das in der Nähe der gängigsten Abmessungen liegt.

Die **Bearbeitbarkeit der Werkstoffe** ist für die Fertigungskosten wesentlich. Es sind also bei der Materialwahl nicht nur geringe Volumenkosten zu beachten, sondern auch z. B. die Zerspanbarkeit, die Schweißbarkeit und die Verformbarkeit. Dies ist besonders wichtig bei großen Bauteilen und der Herstellung großer Stückzahlen, wo neben den Materialkosten die Kosten aus den Hauptzeiten der Bearbeitung eine erhebliche Rolle spielen. Man kann folgende Regeln für die Zerspanbarkeit formulieren:

➔ Werkstoffe sind i. a. umso leichter zerspanbar, je geringere Festigkeit (Härte) sie haben. Grauguss verhält sich ungefähr wie Stahl mittlerer Festigkeit.

➔ Kupferlegierungen, Kunststoffe, insbesondere aber Leichtmetalle sind i. a. leichter zerspanbar als Stahl. Hochfeste, austenitische Stähle oder Sonderstahlguss (nichtrostend und/oder hitzebeständig) sind schwer zerspanbar.

Maßnahme 2.2: **Oberflächenbehandeltes Material** verwenden

Das Unbrauchbarwerden von Maschinen entsteht meist durch Verschleiß und Korrosion und nicht durch Bruch. Verschleißgünstige oder korrosionsfeste Werkstoffe sind aber oft sehr teuer. Nichtrostende Stähle kosten z. B. das 3- bis 6-fache von allgemeinen Baustählen (Bild 7.9-10). Es ist dann kostengünstiger, in Funktionstrennung die notwendigen Kräfte durch kostengünstige Kohlenstoffstähle zu übertragen und zum Verschleiß- und Korrosionsschutz nur die Oberfläche zu behandeln (Bild 7.11-4).

- **Verschleißschutz** gegen gleichmäßigen Abrieb, Fressen, Oberflächenermüdung, Pittingbildung, Erosion und Kavitation:
  Vollständiger Verschleißschutz bei abrasivem oder Strahlverschleiß ist auch durch Spezialstähle wie Manganhartstahl nicht möglich. Die Oberfläche wird z. B. geschützt durch: Auftragschweißen, Flammspritzen von Hartstählen, Plattieren mit Hartstählen oder Gummieren. Bei gleitenden, rollenden, wälzenden Wirkflächen (z. B. bei Zahnrädern, Lagern, Führungen, Reibrädern, Ketten) senkt größere Werkstoffhärte den Verschleiß. Aus Kosten- und Festigkeitsgründen verwendet man selten durchgehärtete Stähle, sondern oberflächengehärtete Werkstoffe. Als Härteverfahren sind Einsatzhärten, Gasnitrieren, Badnitrieren, Schutzschichten, Borieren, Flamm- und Induktionshärten üblich.
- **Korrosionsschutz** gegen ebenmäßig abtragende Korrosion, Spalt-, Kontakt-, Grenzflächen-, Schwingungsriss- und Spannungsrisskorrosion:
  Ein vollständiger Korrosionsschutz durch die Verwendung geeigneter Werkstoffe ist möglich (z. B. durch Einsatz von rostfreien Stählen, Aluminiumlegierungen oder Kunststoffen). Für Verfahren zum Oberflächenschutz siehe Bild 7.11-4. Konstruktive Maßnahmen gegen Korrosion zeigen Pahl/Beitz [Pah97] auf.

7.10 Einfluss der Leistungstiefe

7.10.1 Überblick

Im Zeichen zunehmenden und weltweiten Konkurrenzdrucks, kurzfristiger Auftragsschwankungen und steigender Produktkomplexität (entsprechend der Wissens- und Variantenexplosion [Ehr97]) besteht die nahe liegende Tendenz von Produktherstellern, sich in ihren jeweiligen **Kernkompetenzen** stark zu machen und randständige Aktivitäten an Lieferanten zu vergeben (Outsourcing) [Wil96]. Ein wesentlicher Grund für Fremdvergabe war ferner immer schon der, die Vorteile eines spezialisierten Lieferanten hinsichtlich Kosten, Technik und Terminen zu nutzen. Damit ergibt sich die Entscheidung zwischen **Eigenfertigung und Zukauf** (make or buy; Kap. 7.10.3).

Im Maschinenbau liegt die Eigenfertigungstiefe über 60 % (1993), in der Automobilindustrie bei ca. 35-50 % [Bir93]. Heute wird aber die Entscheidung weiter gesehen: Ganze Produkte werden an Lieferanten einschließlich Entwicklung, Fertigung, Montage und Erprobung vergeben (**Systemlieferanten**). Es geht also um mehr als nur auswärtige Fertigung, es geht um die Entscheidung über den Grad der Leistungstiefe. **Leistungstiefe** kann man im technischen Bereich als den Wertschöpfungsanteil im Fertigungsprozess, der vom Unternehmen selbst erbracht wird

(**Fertigungstiefe**), sowie den Wertschöpfungsanteil der Entwicklungsleistungen (**Entwicklungstiefe**) definieren.[6]

7.10.2 Vor- und Nachteile der Leistungstiefen-Verringerung

Das vergebende Unternehmen hat Vorteile, aber auch Nachteile aus der Vergabe an andere Leistungsträger zu erwarten. Diese sind in jedem Fall gegeneinander abzuwägen [Bir93].

Vorteile:

- mehr Flexibilität bei schwankender Auslastung, da geringe Fixkosten;
- niedere Kosten durch niedere Einstandspreise;
- schnellere Lieferung bzw. Reaktionsvermögen;
- spezielles Know-how des Lieferanten auf seinem Spezialgebiet;
- mehr Kapazität für eigene Kernkompetenz;
- im Auslandsmarkt (bei vorgeschriebenen Lieferumfängen) präsent;
- weniger Kapitalbindung für eigene Fertigungsanlagen, deshalb weniger fixe und höhere variable Kosten;
- keine Abhängigkeit vom eigenen Maschinenpark.

Nachteile:

- Know-how-Verlust an Zulieferer und u. U. sogar an die Konkurrenz;
- evtl. ungenügende Qualität;
- fertigungsgerechtes Konstruieren schwieriger, da Lieferant nicht bekannt;
- Lieferausfall
  - bei Konkurs/Verkauf/Streik oder
  - durch Mängel in der Logistikkette des Lieferanten;
- Aufwand für Abstimmung mit dem Lieferanten, evtl. für dessen Qualifizierung (höhere Prozesskosten):
- Vertrauensverhältnis zu den Lieferanten muss erst geschaffen werden.

Es ist also in jedem Fall abzuwägen, wo die Kernkompetenzen liegen (sollen). Geringe Leistungstiefe ist nicht grundsätzlich besser. Wenn aber nach außen verlagert wird, sollte man sich auf wenige Lieferanten konzentrieren und eine langfristige Partnerschaft aufbauen, also nicht nur die Produktionsspitzen nach außen verlagern. Die Entwicklung und Fertigung sind dann gemeinsam mit dem Lieferanten zu besprechen. Die Basis bildet eine enge (u. U. vertragliche) Zusammenarbeit zwischen Entwicklung und Einkauf des Unternehmens, z. B. durch gegenseitige Überstellung von Mitarbeitern auf Zeit (z. B. von Systemlieferanten im Bereich Pkw so praktiziert; Kap. 3.3.2).

---

[6] Wertschöpfung bezeichnet die Gesamtleistung (Umsatzerlöse und Bestandsveränderungen) abzüglich der Vorleistungen (zugekauftes Material, fremde Dienstleistungen, Zinsen) [Hein95]

7.10.3
Entscheidung zwischen Eigenfertigung und Zukauf

Die Entscheidung „Selbst Fertigen oder Kaufen“ hängt zunächst von der grundsätzlichen Strategie des Unternehmens ab. Es gibt am Markt erfolgreiche, sogar konkurrierende Unternehmen, wobei die einen Fertigungstiefe Null haben und nur montieren und erproben, die anderen das meiste selbst fertigen. Jede Entscheidung bringt Vor- und Nachteile, die entsprechend gestaltet werden müssen. Folgende Hinweise zur Anregung: **Eine bestimmte Leistung um so eher selbst erstellen,**

- je strategisch wichtiger sie ist (Kernkompetenz),
- je innovativer sie ist,
- je häufiger sie anfällt (Stückzahleffekt! Dann aber kalkulieren: siehe unten.),
- je geringer die Standardisierungsmöglichkeit ist und
- je unsicherer sie geplant werden kann.

Da nicht alle Fälle über diese Strategien entschieden werden können, fällt bei der Konstruktionsarbeit die Entscheidung immer wieder an und wird aus Unkenntnis der **Kosten-Zusammenhänge** oft falsch getroffen [Bro66b; And86; Män90; VDM78a; Mel92]. Es ist i. a. nicht richtig, die Einstandspreise mit den eigenen Herstell- oder gar Selbstkosten (Vollkostenrechnung) zu vergleichen und den Fremdbezug dann zu befürworten, wenn die eigenen Herstellkosten höher sind als die Einstandspreise (Einkaufspreis + Beschaffung). In den Herstellkosten sind nämlich noch hohe Anteile an Fixkosten enthalten, die das Unternehmen auch noch trägt, wenn das Produkt von auswärts bezogen wird. Es muss dann seine eigenen Fixkosten tragen und bezahlt dem Zulieferanten zusätzlich dessen Fixkosten und dessen Gewinn. Zur Kostenvergleichsrechnung müssen also unbedingt variable und fixe Kosten unterschieden werden (Teilkostenrechnung, Grenzkostenrechnung, Kap. 8.5.1). Ferner müssen Abschätzungen über die Veränderungen von Prozesskosten gemacht werden, wenn z. B. bisher als Gemeinkosten verrechnete Prozesse tangiert werden (z. B. Materialwirtschaft, Logistik, Entwicklung). Insgesamt kommt es darauf an, die jeweils „entscheidungsrelevanten Kosten“ zu erkennen und zu vergleichen [Sei90].

Schließlich ist die Entscheidung, wie oben angedeutet, nicht einfach nur aufgrund der Kosten zu fällen [VDM78a], sondern es spielt eine Reihe von **firmenpolitischen Gesichtspunkten** eine Rolle: Liquiditätsprobleme, Risikoüberlegungen (Abhängigkeitsverhältnis von Lieferanten und Logistik), angestrebte Fertigungstiefe (Kap. 7.10.2). Je nach Tragweite muss deshalb die Entscheidung u. U. von der Unternehmensleitung getroffen werden. Zur Entscheidungsvorbereitung kann eine Punktbewertung der nicht kostenmäßig fassbaren Kriterien dienen.

Unabhängig von der Kostenrechnung lassen sich **folgende Fälle** unterscheiden:

- Die Entscheidung nach **Fremdbezug** stellt sich **nicht**, d. h. **Eigenfertigung muss** erfolgen,
  - wenn das eigene Unternehmen Wert auf absolute Geheimhaltung legt bzw. auf die Sicherung und den Ausbau des Know-how;

  - wenn sich herausstellt, dass kein Lieferant vorhanden ist, der z. B. bezüglich der Technologie oder qualitäts- oder terminmäßig in Frage kommt;
  - wenn der Transport mit großen Risiken verbunden wäre.

- Die Entscheidung nach **Eigenfertigung** stellt sich **nicht**, d. h. **Fremdbezug muss** erfolgen,
  - wenn das Produkt nur vom Lieferanten bezogen werden kann, weil er Schutzrechte besitzt oder als einziger das nötige Know-how bzw. den erforderlichen Qualitätsstandard hat;
  - wenn das eigene Unternehmen das benötigte Produkt nicht in der erforderlichen Qualität, Menge oder Zeit liefern kann.

- Die Entscheidung nach **Eigenfertigung oder Fremdbezug** stellt sich jedoch und erfordert eine **Kostenvergleichsrechnung**,
  - wenn der eigene Betrieb die notwendige Kapazität hat, aber Fremdbezug aufgrund des Angebotspreises kostengünstiger scheint;
  - wenn der eigene Betrieb mit gewissen Investitionen die Fertigung aufnehmen könnte bzw. zusätzliche (qualifiziertere) Arbeitskräfte benötigt;
  - wenn in getrennt abrechnenden Teilbetrieben eines Konzerns die Produktion erfolgen könnte;
  - wenn sich die zu produzierende Stückzahl erhöht, aber noch nicht ausreicht, ein dementsprechendes neues Fertigungsverfahren einzuführen;
  - wenn die Erzeugnisse nur noch selten benötigt werden, die eigenen Fertigungseinrichtungen nicht mehr ausgenützt werden und deren Platz für neue Fertigungseinrichtungen benötigt wird;
  - wenn zwei Produkte A und B selbst gefertigt werden könnten, aber nur für eines Kapazität vorhanden ist,
  - und bei vielen weiteren Situationen (Komplexität in der eigenen Produktion, stark schwankender Bedarf etc.).

Es können folgende **Regeln für die Entscheidung „Eigenfertigung oder Zukauf"** formuliert werden:

➔ **Eigenfertigung**, wenn die dem eigenen Betrieb (Konzern) entstehenden realen (variablen) Kosten pro Stück geringer sind als der Einstandspreis. Zum Einstandspreis sind dann noch weitere Prozesskosten zuzurechnen, wenn z. B. in Entwicklung und Konstruktion oder in der Qualitätssicherung zusätzliche Maßnahmen zur Erhaltung der gleichmäßigen Qualität des Lieferanten nötig werden. Bei Serienherstellern werden sogar „Lieferanten-Entwicklungsprogramme" durchgeführt.

➔ Bei Produkt-Teilen, die nicht das Produkt-Know-how darstellen, ist zu prüfen, ob **Zukauf** nicht **kostengünstiger** als Eigenfertigung ist. Dabei sind jedoch die Qualität, die Lieferzeit und die Abhängigkeit von Lieferanten zu beachten. Beim Kostenvergleich für die Eigenfertigung sind nur die dem Betrieb wirklich entstehenden Kosten einzusetzen (Wie viel Geld fließt in den alternativen Fällen nach außen ab?).

7.10.4 Kostengünstig Konstruieren bei unsicherem Fertigungsort und mangelhafter Kostentransparenz

Durch die Spezialisierung und die Globalisierung werden immer häufiger die Entwicklungsprozesse von den Fertigungsprozessen (oder Teilen davon) getrennt. Damit besteht die Gefahr, dass ein Produkt nicht optimal und unnötig teuer wird.

Problem:

Es liegt auf der Hand, dass kostengünstiges Konstruieren schwierig wird, wenn die Fertigung von z. B. Baugruppen oder ganzen Produkten bei einem Lieferanten erfolgt, der nicht oder in Details nicht bekannt ist, die Entwicklung und Konstruktion aber im eigenen Hause geschieht.

Man kennt ja weder die Materialbeschaffung, noch die Fertigungseinrichtung und auch nicht die Kostenrechnung des Lieferanten. Die im Bild 3.2-2 gezeigte (geistige) Mauer zwischen Konstruktion und Fertigung wird anscheinend unüberwindbar hoch. Dies wird besonders schwerwiegend, wenn der Fertiger in einem (unbekannten) Land gesucht werden soll, dessen Qualitäts- und Kostenverhältnisse kaum abgeschätzt werden können[7]. Dies kommt insbesondere bei Anlagen vor, für die im Abnehmerland bestimmte Eigenanteile gefordert werden.

Der anscheinend viel einfachere Fall ist der bisher übliche, dass nämlich der Einkauf mit Fertigungszeichnungen bei potentiellen Lieferanten anfragt und aufgrund des günstigsten Einstandspreises entscheidet. Aber auch hierbei könnten meist noch günstigere Herstellkosten des Lieferanten (und damit Preise) erzielt werden, wenn die Konstrukteure des Auftraggebers die Fertigungsvorteile des Lieferanten kennen würden.

Problemlösung:

Offenbar kommt es also darauf an, die erwähnte „Mauer" der Unkenntnis zwischen Konstruktion (Auftraggeber) und Fertigung (Lieferant) zu verkleinern oder besser: zu beseitigen. Das Vorgehen ist also das gleiche, wie „herstellerintern" in Kap. 3 und 4 beschrieben: Entwicklung, Teilefertigung und Montage müssen geistig zusammenrücken. Beim Zulieferer ist es sehr förderlich, wenn er in der Nähe produziert.

Das klingt zunächst ungewohnt und scheint vielleicht unmöglich zu sein, solange die Strategie der Zusammenarbeit zwischen Abnehmer und Lieferant nicht geändert wird. Bei Pkw-Herstellern wird dies bereits praktiziert!

Es muss folgendes geleistet werden:

- Enge **Zusammenarbeit** zwischen Entwicklung, Materialwirtschaft (Einkauf) und Vertrieb des Herstellers. Der Vertrieb soll möglichst eingefahrene Standards verkaufen und wenige Sonderwünsche des Kunden akzeptieren. Dann sind auch Zulieferungen weniger problematisch.

---

[7] Wenn z.B. in China gefertigt werden soll, ist auf minimale Materialkosten zu achten, denn Fertigungs- und Montagekosten sind viel geringer als im „Westen".

- Kein Streuen der Anfragen an beliebige, zunächst unbekannte Lieferanten, sondern im Gegenteil: Suche von wenigen insgesamt günstigen „**Vorzugslieferanten**". Dies kann durch Test-Angebote, Konzept-Wettbewerb (bei Systemlieferanten), Besuche und Verhandlungen oder im Rahmen von „Lieferanten-Tagen" geschehen. Die ausgewählten Lieferanten sollten dann längerfristig liefern, um eine Kontinuität in der Beziehung und somit eine (u. U. vertragliche) Partnerschaft zu schaffen. Inwieweit sie auch günstig bleiben, muss immer wieder durch Vergleichsangebote anderer Lieferanten geprüft werden. Weltweit agierende Unternehmen mit größeren Serien praktizieren das im Rahmen des „Global sourcing".
- Mit diesem u. U. vertraglich gebundenen Vorzugslieferanten wird in **Teamarbeit** auf ein gemeinsam festgelegtes Kostenziel hin konstruiert. Er liefert das eigene Fertigungs-/Montage- und Kostenrechnungs-Know-how (s. Kap. 4.3.2). Die Kostenrechnung wird offengelegt [Stu94; Romm93].
- Alternativ wird nach Vereinbarung des Preises vom Auftraggeber nur die Grobgestalt festgelegt. Die funktionskritischen Maße, Toleranzen und Werkstoffeigenschaften werden vom Auftraggeber markiert und vereinbart. **Feingestalt und Fertigungsdokumentation** werden dann je nach Fertigungseinrichtung und Vormaterial vom **Vorzugslieferanten** definiert und vom Auftraggeber freigegeben [Lin93a; Deb98].
- Eine weitere Maßnahme besteht darin, dass der **Fertigungs- und Kostenberater** des Auftraggebers die besonders günstigen Produktionsbedingungen des Vorzugslieferanten sowie dessen Restriktionen erkundet und diese Kenntnisse an die Konstruktion des Auftraggebers weitergibt. Dabei ist es zweckmäßig, wenn der Auftraggeber eine kleine Fertigungsvorbereitung, evtl. im Rahmen der Kalkulation, weiter aufrechterhält.
- **Angebote** müssen erstmalig und später wiederholt hinsichtlich ihrer Komponenten (Mengen- und Wertgerüst) analysiert und **kontrolliert** werden. Dafür müssen bei mehreren Lieferanten möglichst detaillierte Angebote angefordert werden! Vorteilhaft ist es dann auch, statistische Vergleiche über einen längeren Zeitraum sowie Quervergleiche mit verschiedenen Anbietern durchzuführen.

Insgesamt ist dabei natürlich klar, dass folgende **Grundregeln des fertigungs-/montage- und kostengünstigen Konstruierens** die Basis der kostenzielbezogenen Arbeit bilden. Die Regeln entstanden aus der Erfahrung kostengünstigen Konstruierens, **ohne** dass eine **verlässliche Kostenanalyse** möglich war. Sie sind im Buch an anderen Stellen bereits vorhanden, sollen aber hier bewusst noch einmal zusammengefasst dargestellt werden. Sie sind sowohl bei Eigen- als auch bei Fremdfertigung sinnvoll.

Sie sollen insbesondere helfen ...

- wenn keine Kostenrechnung möglich ist.
- wenn keine Kostenanalyse eines vergleichbaren Produkts vorliegt oder möglich ist.
- wenn unbekannt ist, wer das Produkt fertigt.

A Grundregeln zum herstellkostengünstigen Konstruieren (Bild 4.5-7):

I Aufgabe und Vorgehen klären

- Ein **Team** gründen:
  Konstruktion, AV, Einkauf, Service, Meister/Werker aus Fertigung, Montage (Sie sollten über die realen Probleme und Zeitaufwände in Fertigung, Montage und Logistik Bescheid wissen). Teamleiter als Verantwortlichen zum Kostensenken benennen. Vorgehen planen.
- **Gesamtzielkosten** festlegen und wenn möglich aufteilen (Schätzungen). Welche Kosten müssten gesenkt werden?
- Analyse des Produkts hinsichtlich der **wahrscheinlich dominierenden Kostenanteile**; wo sind **Kostensenkungspotenziale**?
  Welche Baugruppen/Teile? Fertigungs-/Material- bzw. Zukaufkosten? Welche Prozesse/Fertigungsvorgänge benötigen besonders viel Zeit? Welche machen am meisten Probleme? Welche sind evtl. übertrieben genau? Wo sind Teile einzusparen? Welche Eigenschaften honoriert der Kunde, welche nicht? Alles sichtbar notieren!
  Wie macht's die Konkurrenz (Benchmarking, s. Kap. 7.13)?

II Lösungen suchen

- Funktion: Weniger oder mehr Funktionen? Funktionsvereinigung?
- Prinzip: Anderes Prinzip (Konzept)
- Gestaltung: Baugrößenverringerung? Weniger Teile (Integralbauweise)? Werkinterne Normung: Gleichteile, Wiederholteile, Teilefamilien, Baureihe, Baukasten?
- Material: Weniger Material? Weniger Abfall? Kostengünstigeres Material? Norm-, Serienmaterial, Kaufteile?
- Fertigung: Andere, weniger Fertigungsgänge? Andere Vorrichtungen, Betriebsmittel? Weniger Genauigkeit? Montagevarianten? Eigen- oder Fremdfertigung?
- Wie macht's die Konkurrenz? Wie wird's in ähnlichen Bereichen gemacht (Analogien)? Wie macht's die Natur (Bionik)?
- Einsatz von weiteren Regeln zum Kostensenken (aus diesem Buch)

III Lösung auswählen

- Wenn keine Vergleichskalkulation der bevorzugten Lösungsalternativen möglich ist, verbleibt nur, für die gefundenen Alternativen den wahrscheinlichen Fertigungs-, Montageaufwand zu **schätzen** (Platz- bzw. Personen- bzw. Maschinenstundensätze sollten bekannt sein. Kap. 9.2).
- Manches ist aus Anhaltswerten **überschlägig kalkulierbar**: z. B. Kosten pro m^2, Kosten pro kg, Kosten pro klassifiziertem Teil.
- Von auswärts zu beziehende Umfänge **anfragen**! (Auch wenn sie später selbst gefertigt werden! Meist bekommt man die Preise und damit Kosten von Zulieferanten schneller als aus dem eigenen Betrieb.)
- Die Angebotsdaten speichern und bei Bedarf auswerten.

B Regeln und Maßnahmen zum Herstellkostensenken, wenn die Kosteninformation ungenügend ist

B1 Allgemeingültige Maßnahmen zum Produktkostensenken

- **Randbedingungen beachten**:
  - Einzel-/Serienfertigung
  - kleine/große Teile
  - kostengünstige Standardwerkstoffe/teure Sonderwerkstoffe
- Bei Angebotsabgabe/Auftragsgespräch möglichst wenig oder **wenig „scharfe" Forderungen**, Funktionen, Toleranzeinengungen, Garantien, Abnahmebedingungen, einzuhaltende Vorschriften oder Normen vereinbaren.
- Sich auf **Kernfunktionen/Kernteile** beschränken. Alles „Randständige" auswärts vergeben:
  - Auswärts fertigen oder auch montieren lassen.
  - Auswärts konstruieren und fertigen lassen.

  (Den Lieferanten Freiheiten zum Kostensenken einräumen.)
- **Konkurrenzlieferant suchen** oder aufbauen, wenn bei Zulieferung oder Auswärtsvergabe nur ein Lieferant vorhanden ist.
- **Stückzahl-angepasst Konstruieren:**
  - **Prototypen** (Stückzahl 1) aus Standard-Materialien in konventioneller mechanischer Fertigung herstellen. (Wichtig sind dabei kurze Erstellungszeit, hohe Zuverlässigkeit und möglichst Vergleichbarkeit mit Fertigung in späterer Serie.)
  - Bei **Serien**, insbesondere **Kleinserien**, bisherige **Prototypen umkonstruieren** auf kostengünstigere Ur- und Umformverfahren (z. B. Gießen, Spritzgießen, Sintern, Blechumformen, ...).
- **Teilezahl verringern:**

  In den meisten Fällen ist damit eine Kostensenkung verbunden. Jedes neue Teil bringt organisatorische Einführungskosten, Logistikkosten, Rüstkosten mit sich, es benötigt Verbindungsflächen, Verbindungselemente (-verfahren) und dementsprechende Montagekosten. Integralbauweise ist also meist anzustreben.

  Das Gegenteil, nämlich aufzuteilen (Differenzialbauweise), ist nur dann sinnvoll, wenn ein Teil zu groß wäre für die Bearbeitung, die Montage, den Transport oder wenn es, weil zu komplex, ausschussgefährdet ist; ferner, wenn man teures Material nicht an allen Wirkflächen des Teils braucht oder man nur gewisse Wirkflächen als Verschleißteile auswechseln muss.
- **Teilezahl verringern durch:**
  - Gleichteil-/Wiederholteil-Konstruktion,
  - Baukasten-/Baureihen-Konstruktion,
  - Einsatz von Urform-Verfahren (Gießen, Spritzgießen, Sintern),
  - Einsatz von Umform-Verfahren (Blechumformung, Schmieden, Strangpressen, Walzen).

- Bei kleiner Stückzahl rechnen sich teure Werkzeuge, Formen und Modelle nicht.
- Für die Fertigung **einfach und „robust"** (fehlerunempfindlich) konstruieren:
  - Teile mit wenig Fertigungsgängen;
  - Teile ohne Umspannen bearbeitbar, aber gut spannbar;
  - Teile mit wenig Bearbeitungsflächen, wobei diese auf gleicher Höhe („durchfräsen"), nicht schiefwinklig zueinander und gleichartig (z. B. gleiche Bohrungen) sein sollten;
  - Bemaßung messbar und wenn möglich grob toleriert;
  - soweit bekannt, Teile maschinenangepasst konstruieren: z. B. für vorhandenes Bearbeitungszentrum.
- Für die **Montage einfach** konstruieren:
  - wenig Teile, wenig Varianten,
  - vormontierbare, getrennt prüfbare Baugruppen,
  - einfache Verbindungen (ohne Zusatzteile) leicht zugänglich,
  - alles in einer Richtung fügbar (Sandwichbauweise).

B2 Spezielle Regeln für Einzelfertigung/Serienfertigung

- **Mechanische Fertigung <u>kleiner Teile</u> in Einzelfertigung** (z. B. bis 5 kg Gewicht) aus üblichen Standardwerkstoffen (Baustahl, ...).
  Hierbei sind die Rüstkosten dominierend (z. B. 60-90 % der *HK*). Die Materialkosten sind anteilmäßig sehr gering (einige Prozent).
  Bei den Gemeinkosten dominieren ebenfalls „Einmalkosten", wie Zeichnungserstellung, Einführungskosten (können pro Teil/Sachnummer im Maschinenbau einige 1 000 € ausmachen, im Fahrzeugbau 10 000 € und mehr).
- Ferner dominieren bei der Montage Handlings-, Logistik-, Materialbereitstellungskosten.

➔ **Regeln:**

  - **Teilezahl-Verringerung** durch Gleichteile, Wiederholteile, Integralbauweise, Teilefamilien, Baureihen-, Baukastenbauweise (Damit ist indirekt auch eine Stückzahlerhöhung mit Rüst-/Einmalkostenverringerung verbunden.)
  - Wenig und nur **einfache Verbindungen**

- **<u>Große (schwere) Teile</u> in Einzelfertigung** (z. B. ab einigen 100 kg) aus üblichen Standardwerkstoffen, **ebenso Teile aus Serien- und Massenfertigung** (auch kleine Teile).
  Hierbei sind die Anteile der Materialkosten und Kosten aus Fertigungskosten aus Einzelteilen an den Herstellkosten dominierend. Die Rüstkosten treten zurück.

➔ **Regeln:**

- **Materialkosten verringern** durch Kleinbau (Vermeiden von Überdimensionierungen; FEM-Analyse!), Geschwindigkeits-/Drehzahlerhöhung; Verwendung hoch beanspruchbarer (meist nur geringfügig teurer) Werkstoffe; Verwendung kostengünstiger Standardwerkstoffe,
  wo keine hohen Beanspruchungen auftreten. Bei **Serienfertigung** materialsparende, endformnahe Fertigungsverfahren, wie Gießen, Schmieden, Tiefziehen wählen. Geringe Materialdicken anstreben. Auf direkten Kraftfluss von Krafteinleitung zu -ausleitung achten (Zug-/Druckbeanspruchung anstreben, Biege- und Torsionsbeanspruchung meiden; s. Bild 7.9-3).
- Fertigungskosten aus Einzelzeiten verringern. Bei **Serienfertigung** endformnahe Fertigungsverfahren (Gießen, Spritzgießen, Sintern, Schmieden, Blechumformung, ...). Vermeiden teurer Fertigungsoperationen (Toleranzentfeinerung). Wenig Bearbeitung. Leicht zu bearbeitendes Material.

7.11 Einfluss des Fertigungsverfahrens

7.11.1 Überblick

Die Fertigungskosten haben mit rund 28 % der Selbstkosten nach den Materialkosten (ca. 38 %) einen großen Kostenanteil im Maschinenbau [VDM95]. Dementsprechend ist die Wahl des Fertigungsverfahrens für die Bauteile bzw. die Folge der Fertigungsverfahren zusammen mit der davon abhängigen Montage wesentlich fertigungskostenbestimmend. In den meisten Fällen liegen allerdings die Fertigungs-, Montageverfahren und die Werkstoffgruppen fest, da sich bestimmte Verfahren aus Erfahrung als optimal herausgestellt haben und da das Know-how und die Investitionen dafür im eigenen Haus vorhanden sind.

Wenn allerdings Fertigung und Montage neu zur Disposition gestellt sind, müssen die in **Bild 7.11-1** dargestellten **vernetzten Merkmale** berücksichtigt werden. Wie man sieht, hängt fast „alles von allem“ ab. Es spielt z. B. eine Rolle für die Wahl des Fertigungsverfahrens, aus welchem Werkstoff die Teile sein sollen, ob sie groß oder klein sind, einfach oder komplex, super-genau oder eher mittel, ob die Oberfläche glänzend, glatt oder rau sein soll. Müssen die Teile überhaupt montiert werden, und kann man sie vielleicht kostengünstiger als **ein** Teil in Integralbauweise herstellen? Wenn nicht, müssen dann die Verbindungsverfahren eine

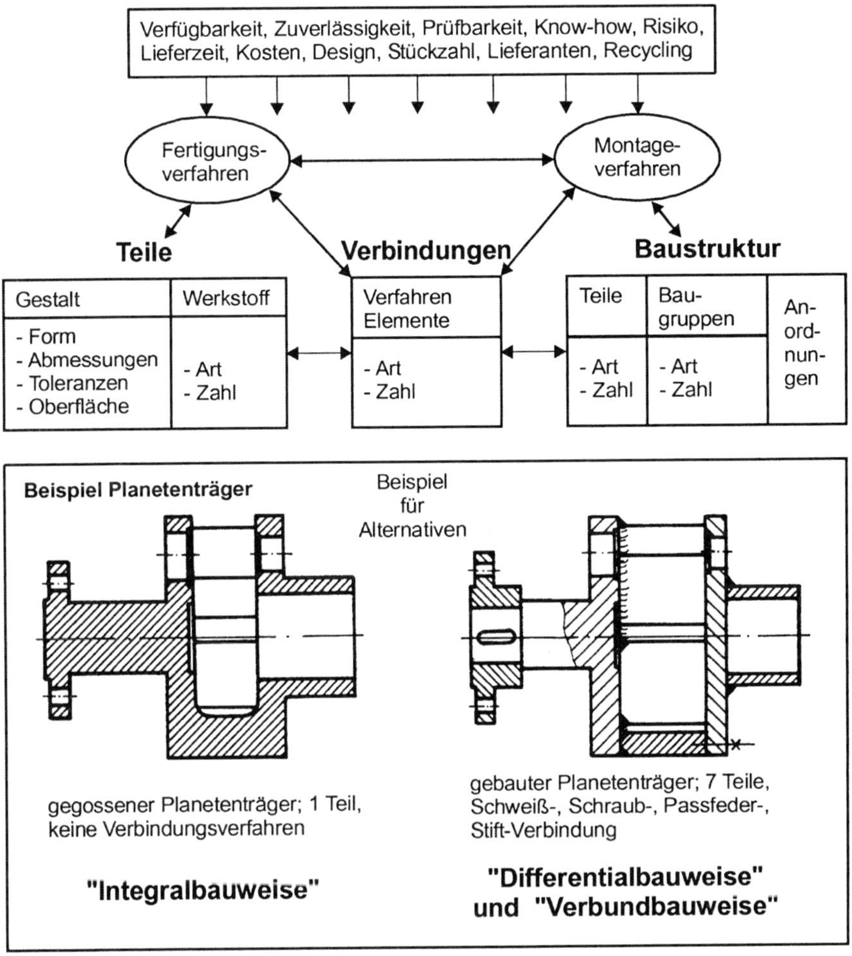

Bild 7.11-1. Einflüsse auf die Wahl des Fertigungsverfahrens

Demontage erlauben – vielleicht weil Ersatzteile nötig werden oder es beim Recycling gefordert ist [Mat57]?

Das **Beispiel Planetenträger** im Bild 7.11-1 macht die Komplexität noch ein wenig deutlicher. Rechts ist der Träger in Differenzialbauweise aus vielen Halbzeugen (7 vorbearbeitete Teile) zusammenmontiert bzw. geschweißt und damit unlösbar verbunden. Was kostet das Vorbearbeiten, was das Schweißen, was das Nachbearbeiten, was die Montage der aufgesetzten Kupplung? Wie lang ist die Lieferzeit? Ist es nicht günstiger, wie links gezeigt, alles aus einem Stück gegossen auszuführen? Wie viel kostet das Modell für die Gießform, was das Gießen und Nachbearbeiten? Mit welcher Stückzahl gleicher Planetenträger muss man die Kostenrechnung durchführen? Man sieht: eine Menge schwer zu beantwortender Fragen. Dabei haben wir bisher die technisch unterschiedlichen Eigenschaften, wie

Festigkeit, Verformungsverhalten, Prüfbarkeit noch gar nicht angesprochen (Den Einsatz eines Planetengetriebes zeigt Bild 10.1-9).

Daraus wird klar, dass mit einer einfachen, endgültigen Entscheidung eine komplexe Situation gar nicht optimal zu lösen ist. Da muss ein Team aus Entwicklung, Fertigung, Montage, Qualitätssicherung, Einkauf und Controlling zusammenwirken, und das in mehreren Stufen von Grob nach Fein (Kap. 4.3.2). Das zeigt **Bild 7.11-2**. Erst wenn nach der „Feinwahl" alle Details für Werkstoff, Fertigung, Montage, Verbindungen festgelegt sind, kann **fertigungs- und montagegerecht und -kostengünstig gestaltet** werden. Oft muss auch das iterativ geschehen: Beim Gestalten stellt sich erst heraus, dass z. B. so schlecht montiert werden kann oder dass bei einem bestimmten Fertigungsverfahren z. B. keine Verzugsfreiheit gegeben ist. Also muss in der Fertigung oder Montage etwas geändert werden.

Das bedeutet, dass **ohne ausreichendes Wissen über Fertigungs-, Montage- und Verbindungsverfahren und Werkstoff nicht kostengünstig gestaltet werden kann**.

Welche Möglichkeiten über direkte persönliche Information und Teamarbeit hinaus vorhanden sind, sich die **nötigen Informationen** – auch über Kostenvergleiche – zu beschaffen, geht aus **Bild 7.11-3** hervor. Es ist Aufgabe der Entwickler, die Einflüsse (Parameter und Kostentreiber der hauseigenen Fertigungsprozesse zu verstehen, ebenso wie die alternativer Fertigungsprozesse von Zulieferern. Das kann Jahre dauern.

Im Folgenden werden Angaben gemacht, die entsprechend Bild 7.11-2 die Entscheidung zum fertigungsgerechten Konstruieren vorbereiten und unterstützen.

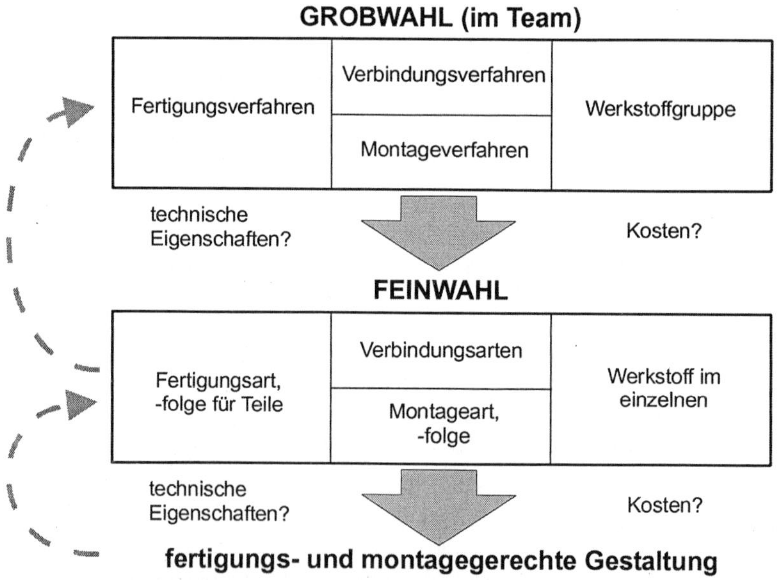

Bild 7.11-2. Grobwahl bzw. Feinwahl für die fertigungs-/montagegerechte Gestaltung: Ohne Wissen über Fertigungs-, Montage-, Verbindungsverfahren und Werkstoff kann nicht kostengünstig gestaltet werden

Informationsmöglichkeiten für die Fertigung

1 Persönliche Information

- Konstrukteur **informiert sich selbst** im Unternehmen über die Fertigungs- und Montagemöglichkeiten und Erfordernisse.
- Konstrukteur wird von **Fertigungsberater** informiert: Nach Anruf in der Konstruktion, zu festen Zeiten routinemäßig oder durch ständigen Kontakt mit der Konstruktion.
- **Interdisziplinäres Team** (z. B. Entwicklung, Fertigung, Montage, Einkauf, Qualitätssicherung, Controlling) liefert die nötigen Informationen.
- **Zulieferant/Spezialist** bespricht sinnvolle Änderungen mit dem Konstrukteur.
- **Seminare, Filme** zu neuen Verfahren der Produktionstechnik; Vorlesungen.

2 Schriftliche („papierene") Information

Richtlinien, Gut-Schlecht-Beispiele, Werknormen, Maschinendaten-Blätter, Bücher, Zeitschriften, Konstruktionsvorschriften, frühere Zeichnungen.

3 EDV-Information

- **Bildschirm-Abfrage** über Werknormen, Wiederholteile, Normteile, Kaufteile, Maschinendaten, Konstruktionsregeln, frühere Konstruktionen, Arbeitspläne.
- **CAD-Makros** über Normteile, Gestaltzonen; Wiederholteile werden direkt in neue Zeichnung übernommen, Regeln in den Bildschirm eingeblendet.
- **Fertigungs- und Montagesimulation**, um Kollisionen zu vermeiden, zeitoptimale Vorgänge zu erreichen.
- **Fertigungsorientiertes CAD-System** [Mee98].

Bild 7.11-3. Informationsmöglichkeiten für die fertigungsgerechte Konstruktion

a) Wahl des Fertigungsverfahrens

Wichtig ist, **typische Eigenschaften von Fertigungsverfahren** zu kennen. Aus der großen Zahl möglicher Verfahren (Übersicht in **Bild 7.11-4**) werden in den nachfolgenden Kapiteln einige wichtige besprochen, soweit darüber Kosteninformationen zugänglich waren. Das Bild dient nur zur groben Orientierung und soll Anregung geben, auch **alternative Fertigungsverfahren in Betracht zu ziehen** und sich weiter darüber zu informieren. Wie sehr dann Spezialisten im eigenen Haus oder bei Zulieferern zu Rate zu ziehen sind, zeigt allein die Gruppe der Schweißverfahren. In Bild 7.11-4 sind nur acht verschiedene erwähnt. Es gibt aber über 250 verschiedene. Es gibt ferner Verfahren **für große Maßgenauigkeit**, wie z. B. spanende Trennverfahren, Feinguss oder Genauschmieden; **für große Stückzahlen**, wie z. B. Kokillen-, Druck-, Spritzguss, Fließpressen, Tiefziehen, Räumen, **für bestimmte Werkstoffe**, wie z. B. Sintern, Spritzgießen usw.

Bei **Serienfertigung** bestimmen die mit großen Investitionskosten beschafften Fertigungsanlagen (z. B. Transferstraßen, Sondermaschinen) die konstruktive Ausführung im Einzelnen weitgehend. Änderungen zur Kostensenkung bleiben dann fast wirkungslos.

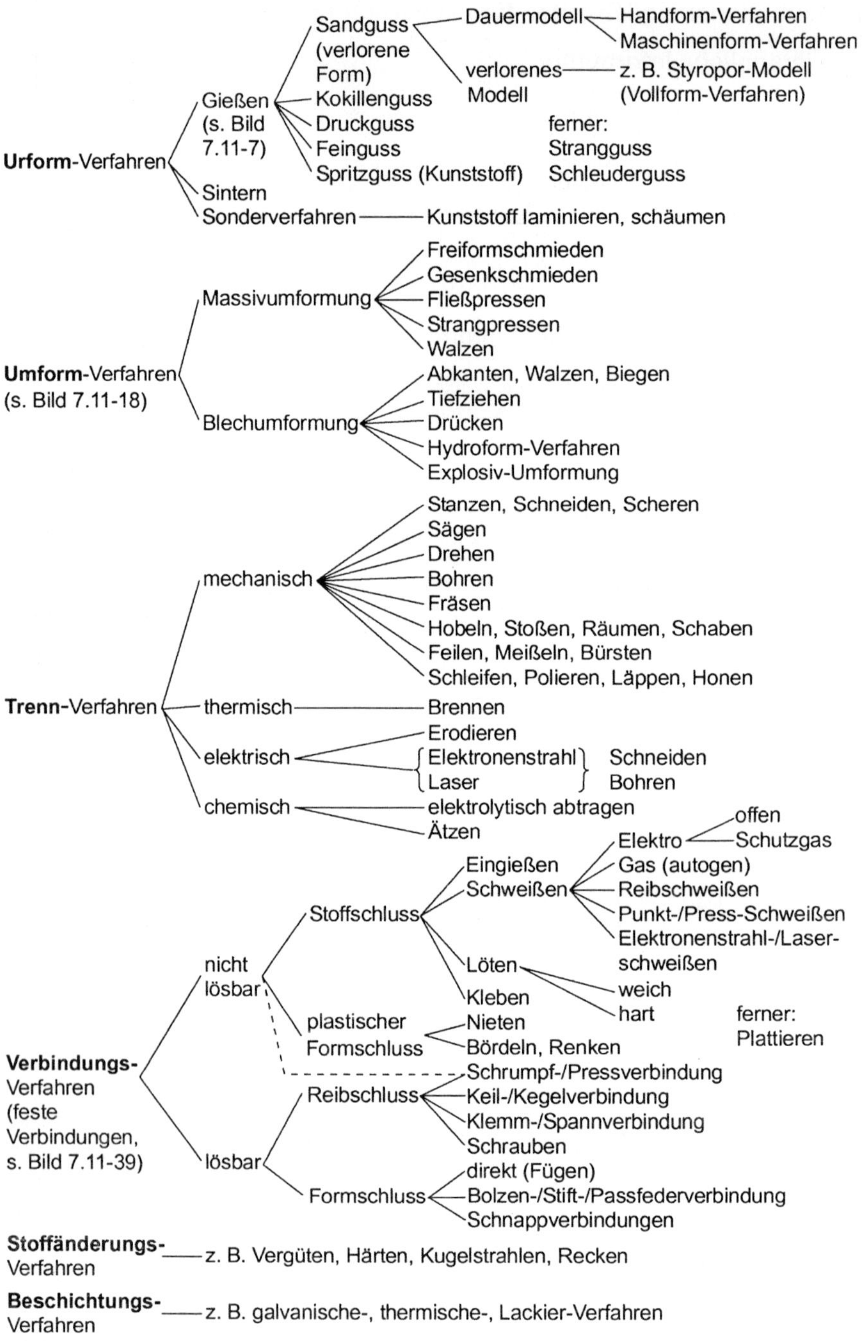

Bild 7.11-4. Überblick über gebräuchliche Fertigungsverfahren (Einteilung nach Praxis-Erfordernissen, nur z. T. n. DIN 8580, z. T. auch n. Bauer)

In diesem Fall muss die konstruktive Überarbeitung von Bauteilen **vor der Neubeschaffung einer Fertigungsanlage** mit dem Lieferanten besprochen werden: Welche Änderungen am Bauteil führen zu einer Reduzierung der Taktzeit? Welche zu einer Reduzierung der Investitionskosten? Es ist also zweckmäßig, kostensenkende Lösungsideen lange vor einer Neubeschaffung zu sammeln.

Für die Wahl des Fertigungsverfahrens im Unternehmen aus der Sicht der Kosten müssen die **variablen Kosten zum Vergleich** herangezogen werden (Kap. 8.5.1).

b) Die Struktur der Fertigungskosten

Die Fertigungskosten *FK* ergeben sich aus der Summe von Fertigungslohnkosten *FLK*, Gemeinkosten *FGK* und Sondereinzelkosten der Fertigung *SEF* für die Teilefertigung und die Montage (Bild 8.4-2).

$$FK = FK_{\text{Teile}} + FK_{\text{Montage}}$$

$$= (FLK + FGK + SEF)_{\text{Teile}} + (FLK + FGK + SEF)_{\text{Montage}}$$

Das Verhältnis Lohn- zu Gemeinkosten ist bei hohen Investitionen (z. B. Bearbeitungszentren, Verzahnmaschinen) zu den Gemeinkosten hin verschoben, bei einfachen Arbeitsplätzen (z. B. Montage in Einzelfertigung) ist es eher gleichgewichtig.

Je nach Baugröße, Losgröße, Teileart (Kap. 7.7) können sich die Schwerpunkte der Fertigungskosten verschieden auf Einzel- oder Rüstzeiten verteilen. Kostenstrukturen von Fertigungsabfolgen für typische Bauteile sind dann notwendig, um zu beeinflussende Schwerpunkte erkennen zu können und geeignetere Fertigungsverfahren zu wählen bzw. konstruktiv tätig zu werden.

c) Grenzstückzahlen

Ein wesentliches Hilfsmittel zur Auswahl von Fertigungsverfahren hinsichtlich der zu erwartenden Kosten sind Grenzstückzahlen. **Bild 7.11-5** zeigt, wie sich die Herstellkosten pro Werkstück verringern, wenn sich die Stückzahl erhöht (s. Begründung dafür in Kap. 7.5 bzw. 7.7; Bild 7.7-1). In Bild 7.11-5 haben die Fertigungsverfahren A bis C unterschiedlich hohe einmalige Kosten (Kap. 7.5: z. B. Investitions-, Rüst-, Modell-, Form- oder Werkzeugkosten). Deshalb erhält man unterschiedlich stark abfallende Kurven für die Herstellkosten pro Stück. Fertigungsverfahren mit sehr hohen einmaligen Kosten (z. B. Kokillengießen gegenüber handgeformtem Sandguss) haben oft geringere Haupt- und Nebenzeiten, so dass die Fertigungskosten aus Einzelzeiten *FKe* sprunghaft absinken. Die Materialkosten *MK* wurden in Bild 7.11-5 fast konstant angenommen, was in der Praxis nicht der Fall ist. Man erhält Rabatte für größere Bezugsmengen (Bild 7.9-11). Leistungsfähigere Fertigungsverfahren (Genauguss oder Gesenkschmieden statt Spanen aus dem Vollen) haben oft weniger Materialabfall, womit sich die Materialkosten pro Stück verringern. Man erkennt aus Bild 7.11-5, dass es Grenzstückzahlen, d. h. Schnittpunkte der Kostenkurven (A bis C) verschiedener Fertigungsverfahren (besser: Verfahrensfolgen) gibt, die angeben, welches Fertigungsverfahren bei Veränderung der Stückzahl (Losgröße) kostengünstiger wird (Bild 10.3-5). Aus dem Bild ist ferner zu erkennen, wie die Materialkosten bei zunehmender

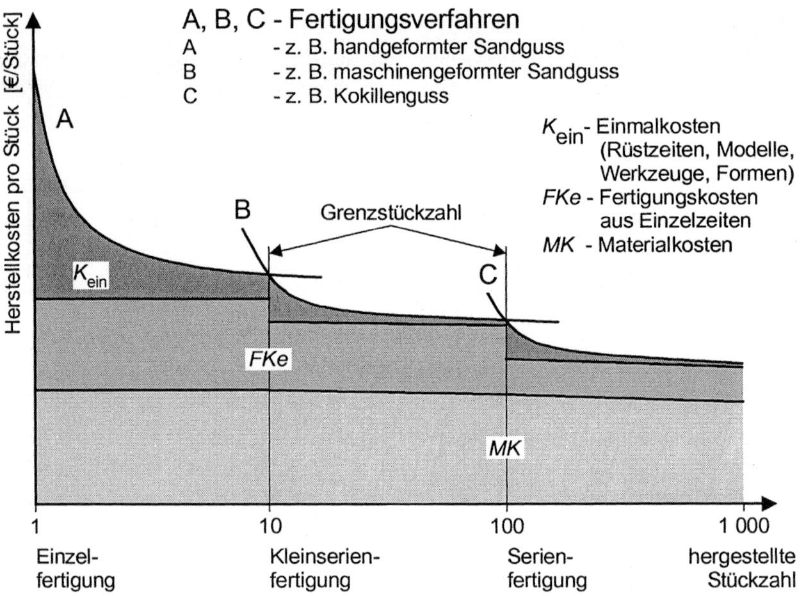

Bild 7.11-5. Absinken der Herstellkosten mit steigender Stückzahl durch Einsatz immer kostengünstigerer Fertigungsverfahren A bis C (s. Bild 8.5-2)

Stückzahl immer mehr in den Vordergrund rücken (Bild 7.7-6). Das Beispiel in Kap. 10.3 zeigt die Berechnung der Grenzstückzahl mit konkreten Zahlen.

Bild 7.13-13 zeigt am Beispiel von Gießen/Schweißen, von welcher Vielzahl von Einflussgrößen Grenzstückzahlen abhängig sein können.

d) Fertigungsgerechtes Gestalten

Die Gestaltung ist stark abhängig von der Art des gewählten Fertigungsverfahrens [Bra86; Cho78; Mat57; Spu81], da für jedes Fertigungsverfahren (und jeden Stückzahlbereich) die fertigungsgerechte und kostengünstigste Konstruktion anders aussieht (Bild 7.11-2). Es wäre also verfehlt, wenn man z. B. bei einer ursprünglichen Schweißkonstruktion nur Ausrundungsradien in den Blechecken vorsieht und meint, damit die ideale Gusskonstruktion gestaltet zu haben (**Bild 7.11-6**). Andererseits erlaubt Grauguss bei größerer Stückzahl ohne wesentliche Zusatzkosten z. B. eine sehr stark verrippte Konstruktion und fast beliebige, dem Kraftfluss folgende Formen, während beim Schweißen jede Rippe besondere Kosten verursacht (Bleche ausschneiden, Naht vorbereiten, Einpassen, Einschweißen, Verputzen). Ferner besteht ein großer Unterschied zwischen der Gestalt von Stahlguss- und Graugussteilen. Entsprechend dem leichten Fließen des Gusseisens kann die Wand dünner sein, es können mehr Ecken, Nischen und Durchbrüche vorhanden sein. Stahlguss mit seiner starken Neigung zum Schwinden, zu Lunkern und Rissen muss dickwandig, zum Einguss hin in der Wandstärke zunehmend gestaltet werden. Wenn man eine Analogie zu bekannten architektonischen Formen aufstellt, so entspricht ein Stahlgussgehäuse der Wuchtigkeit und „Schwerfälligkeit“ einer frühromanischen Kirche, ein Graugussgehäuse eher einem gotischen

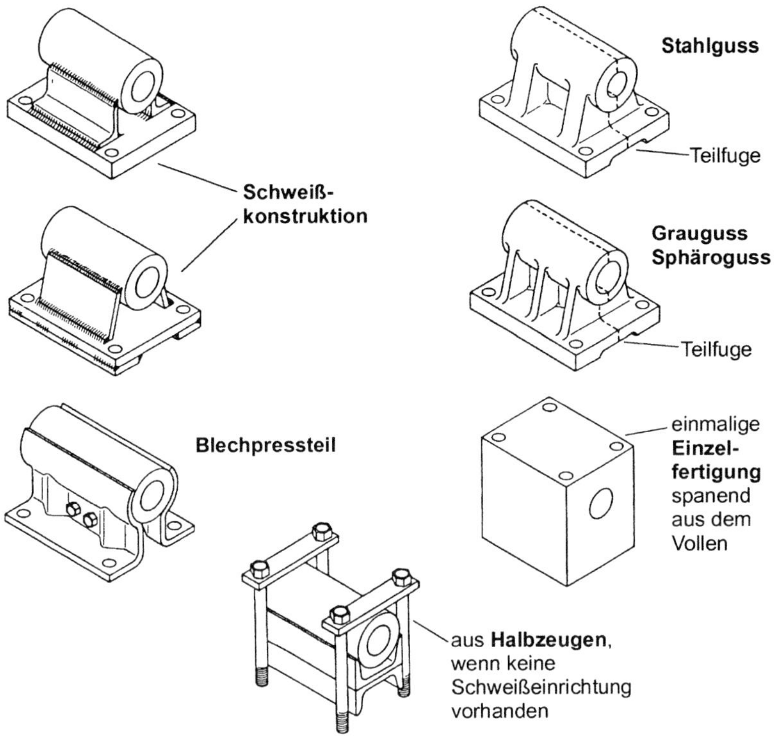

Bild 7.11-6. Typische „Fertigungsgestalten“ am Beispiel Lagerbock

Dom und ein Schweißgehäuse einem sehr einfachen, glatten, nüchternen Betonbau. In ähnlicher Weise gibt es typische Konstruktionen für alle Fertigungsverfahren, also typische Spritzguss, Gesenkschmiede- oder Tiefziehkonstruktionen, die Konstrukteure als geistige Vorbilder beim Gestalten verwenden.

Die Reihenfolge beim Gestalten ist also im Wesentlichen die in Bild 7.11-2 aufgezeigte: erst die Wahl der Teilefertigungs- und Montageverfahren, dann das fertigungs- und montagegerechte Gestalten.

7.11.2 Urformverfahren

7.11.2.1 Wichtigste Gießverfahren

In **Bild 7.11-7** sind wichtige Gießverfahren mit Daten für ihren Einsatzbereich angegeben. Da diese laufenden Entwicklungen unterliegen, dienen sie nur zur groben Orientierung.

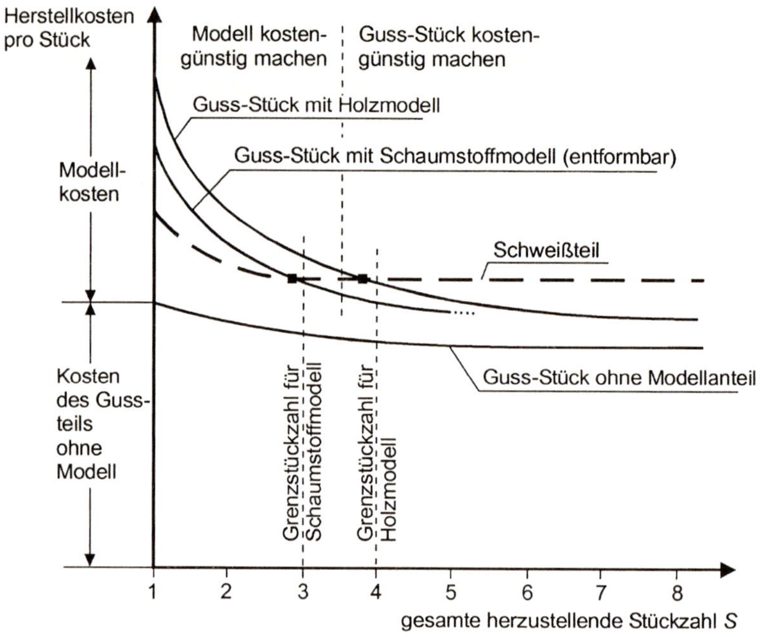

Bild 7.11-8. Qualitativer Herstellkostenvergleich von Schweiß- und Gussteilen [Haf87]

vermindert sich der prozentuale Modellanteil stark mit der Baugröße. Der Grund dafür ist, dass generell Holzmodelle in ihren Herstellkosten weit weniger stark mit der Baugröße wachsen als Maschinenteile (s. Bild 7.13-11). Da keine eingehenden Untersuchungen über Modellkosten vorliegen, muss jeweils grob geschätzt oder angefragt werden. Eine Überschlagsformel für Holzmodelle gibt Pacyna in [Pac82a] an. Regeln für modellkostengünstiges Konstruieren sind in Bild 7.11-11a wiedergegeben. Es geht dabei darum, möglichst einfache Modelle ohne oder mit wenig Kernen, mit wenig Vorsprüngen und Rippen zu erhalten. Es gelten ähnliche Regeln wie beim Schweißen. Jede Rippe muss ja gesondert gefertigt werden.

Im Gegensatz dazu kommt es bei einem Guss-Stück, das in hoher Stückzahl abgegossen wird, darauf an, das **Rohgehäuse**, also das Guss-Stück selbst kostengünstig (d. h. in vielen Fällen leicht) zu machen. Man wird unter Inkaufnahme höherer Modellkosten lieber mehr Rippen vorsehen, wenn dafür die Wandstärke und das Gewicht verringert werden. Günstig angebrachte Rippen ergeben (außer evtl. beim Putzen) kaum mehr Fertigungsmehraufwand beim Formen und Abgießen. Das Material läuft ja „von selbst" in die Form. Dies ist ganz anders beim Schweißen (Kap. 7.11.5.3). Das Gießen erlaubt demnach eine sehr freizügige Gestalt, die sich kostenmäßig erst dann auswirkt, wenn man elementare technologische Regeln verletzt, wie z. B. „ein Guss-Stück soll einfach ausformbar sein".

b) Baugrößeneinfluss

Die Baugröße (Gewicht) ist die wesentliche Kosteneinflussgröße. Dementsprechend wurden früher **Angebotspreise** von Gießereien nur aus dem Gewicht bestimmt: Ein schweres Teil kostete mehr, ein leichtes Teil weniger. Demnach kam es nur darauf an, das Teil leicht zu konstruieren, gleichgültig wie kompliziert es auch wurde.

Auch heute spielt das Gewicht beim Angebotspreis immer noch die größte Rolle, aber man berücksichtigt die Komplexität aufgrund von Erfahrungen mit ähnlichen, früher abgegossenen Teilen [Pac80; Pac82b]. Steigende Komplexität liegt z. B. vor bei viel Kernarbeit, großen Abmessungen mit geringen Wanddicken oder besonderen Qualitätsanforderungen. Bis zu einem gewissen Grade wird die angefragte Losgröße berücksichtigt. Der Werkstoff geht wie folgt ein: Zwischen Grauguss GG 10 und GG 25 ist kaum ein Unterschied, Sphäroguss (z. B. GGG 40) kostet im Mittel 1,2 bis 1,5mal soviel, Stahlguss (z. B. GS 52) das 2,0 bis 2,5fache. Aber gerade bei Stahlguss gibt es Preisunterschiede von 1:20 in den Werkstoffen (teuer ist z. B. korrosionsfreier, warmfester Stahlguss) [VDI77]. **Insgesamt konstruiert man bei Bezug von auswärts im Allgemeinen immer noch kostengünstig, wenn das Guss-Stück leicht und eher etwas komplizierter ist.**

Bilder wie 9.3-1 kann man sich von interessierenden Maschinenteilen, Baugruppen aufgrund von Kostenkalkulationen oder Angebotspreisen selbst machen. Es sind dann **Gewichtskostenkalkulationen** möglich, wie in Kap. 9.3.2.1. beschrieben.

c) Einfluss von Qualitätsanforderungen

Insbesondere bei Stahlgussteilen spielen die Qualitätsanforderungen wegen der Prüfkosten und der erforderlichen Nacharbeit eine dominierende Rolle. Die Relativkosten bei Teilen gleicher Schwierigkeit sind in **Bild 7.11-9** angegeben.

Man sollte also hohe Qualitätsanforderungen ohne zwingenden Grund vermeiden.

d) Weitere Einflüsse

Es ist zweckmäßig, die betriebsspezifischen Einflüsse auf die Kosten von Gussteilen mit einem dafür kompetenten Gießereispezialisten zu erkunden. Das betrifft z. B die Kosten von Kernen, den Einfluss der Formkastenfüllung und der nachträglichen Wärmebehandlung. So ist letztere als Spannungsarm-Glühen vor allem bei plattenförmigen Teilen aus GG nötig, wenn Verzugs- und Rissgefahr besteht. Dies Glühen ergibt z. B. zusätzliche Kosten von 10-20 % (mehr Angaben in [Ehr83; Ehr85]).

Anforderungen	Relativkosten
• ohne besondere Anforderungen (Rohguss)	1
• normale Anforderungen (ohne Gütestufe)	2
• erhöhte Anforderungen (Gütestufe II-III)	3
• hohe Anforderungen (Gütestufe I, Sonderanforderungen)	4

Bild 7.11-9. Relativkosten für Gütestufen bei Gussteilen (DIN 17 245)

7.11.2.3
Kostensenken durch Vollform-Gießverfahren

a) Zur Technologie

Für Einzelanfertigung (maximal auch einige Stück) hat sich bei handgeformtem Sandguss der Einsatz von Modellen aus Polystyrolschaumstoff bewährt. Es wird unter Berücksichtigung des Schwindmaßes eine originalgetreue Kopie des späteren Guss-Stückes aus diesem Werkstoff durch Fräsen oder Schneiden mit elektrisch erhitztem Draht bzw. durch Kleben erstellt. Das Modell wird bei Vollform-Gießverfahren im Formkasten belassen und vergast beim Einfüllen des flüssigen Metalls („Lost Foam"). Da manchmal unerwünschte Rückstände am Gussteil verbleiben, wird beim Hohlform-Gießverfahren das Schaumstoffmodell vor dem Abgießen heraus gebrannt. Wird es (selten!) zur Wiederverwendung ausgeformt, so können nach Reparatur noch einige Abgüsse gemacht werden [VDI78].

b) Zur Kostensenkung

Die Kostenvorteile eines Schaumstoffmodells gegenüber Holzmodellen sind umso größer, je komplizierter und größer das Werkstück ist. Allein die sonst nötigen Holzkernbüchsen zur Herstellung der Kerne erfordern erheblichen Aufwand. Ferner müssen die Instandhaltung und Lagerung der Holzmodelle berücksichtigt werden. Je nach Behandlung beim Entformen (Aus-der-Form-„Schlagen" eines Modells) oder nach den Lagerungsbedingungen (Verzug durch Feuchtigkeit) können dabei bis zu 30 % der Modellkosten anfallen.

Nach [VDI78] liegen die Kosten von Schaumstoffmodellen nur bei 30 % der Kosten einer Holzmodelleinrichtung, nach anderen Quellen sogar nur bei 10-20 %.

c) Gestaltungshinweise beim verlorenen Modell

Vorteilhaft ist, dass auf jede Überlegung zur Formteilung verzichtet werden kann und man dementsprechend auch nicht an Aushebeschrägen und Hinterschneidungen denken muss. Ebenso entfallen Kerne und damit die Kernlager. Die Gestaltungsfreiheit ist groß. Es muss nur an das Einformen gedacht werden (Einbringen von Sand). Darüber hinaus können Stahlleitungen, Bolzen, Büchsen und Verschleißstreifen eingegossen werden. Das Werkstückgewicht kann 100 g bis 100 t und mehr betragen. Die vergießbaren Werkstoffe sind beliebig.

7.11.2.4
Regeln zur kostengünstigen Gestaltung von Gussteilen

Die jeweils zutreffenden Regeln richten sich nach den Fertigungsoperationen, die im konkreten Fall die Kostenschwerpunkte bestimmen. Sie reichen von der Modell- und Formerstellung über das Abgießen bis zum Putzen und der mechanischen Bearbeitung. Welche Fertigungsoperationen Kosten bestimmend sind, kann aus Kostenstrukturen von ähnlichen Bauteilen erkannt werden (Kap. 4.6.2). Dabei müssen natürlich auch Baugröße und Stückzahl in etwa ähnlich sein. Mindestens muss klar sein, ob der Kostenschwerpunkt in den Modellkosten, den Gussteilrohkosten (evtl. dabei in den Materialkosten) oder in den Kosten für die mechanische Nachbearbeitung liegt (s. Kap. 7.11.2.2 und Bild 7.13-15).

Eine derartige Kostenstruktur ist für Stahlgussteile in **Bild 7.11-10** gezeigt. Es ist danach bspw. bei **kleinen Stahlguss-Stücken** höherer Qualität nicht zweckmäßig, viel Überlegungsarbeit zu investieren, wie die Materialkosten dieser Teile gesenkt werden können. Man wird vielmehr die Umgestaltung des Gussteils in Richtung auf einfachere Nachbehandlung (Schweißen, Putzen) betreiben, da dort über 50% der Herstellkosten liegen. Anders ist es bei sehr großen Stahlguss-Stücken („Schweißen" ist nötig bei Fehlstellen im Guss-Stück).

Bei **großen, schweren Stahlguss-Stücken** dagegen muss das Augenmerk auf der Verringerung der Materialkosten liegen. Man wird u. U. sogar mit FEM-Analysen versuchen, bei der Beanspruchung des Materials in die Nähe der technischen Grenzen zu gehen, um die Wandstärken verringern zu können (Maßnahme 1.1 in Bild 7.9-3). Ebenso wird man kostengünstige Materialien wählen, soweit möglich.

Sofern in der Technologie nichts Besonderes geschieht, sind solche Kostenstrukturen längerfristig gültig. Man muss sich allerdings der großen Streuungen bewusst sein, die im Bild unterdrückt wurden und die die große „Individualität" des einzelnen Guss-Stücks kennzeichnen. Es ist vorstellbar, wie schnell sich die Kostenstruktur verschiebt, wenn ein z. B. 8mal teureres Gussmaterial verwendet wird, als in Bild 7.11-10. Dann sind auch bei kleinen Bauteilen die Materialkosten dominierend. Man sollte also eine individuelle Kostenanalyse fordern, bevor man Kosten senkend tätig wird [Ehr85].

Zusammenfassend kann man nach [Ehr83] aus der Untersuchung von Stahlgussteilen (von 30 kg bis 20 000 kg) folgende Aussagen machen:

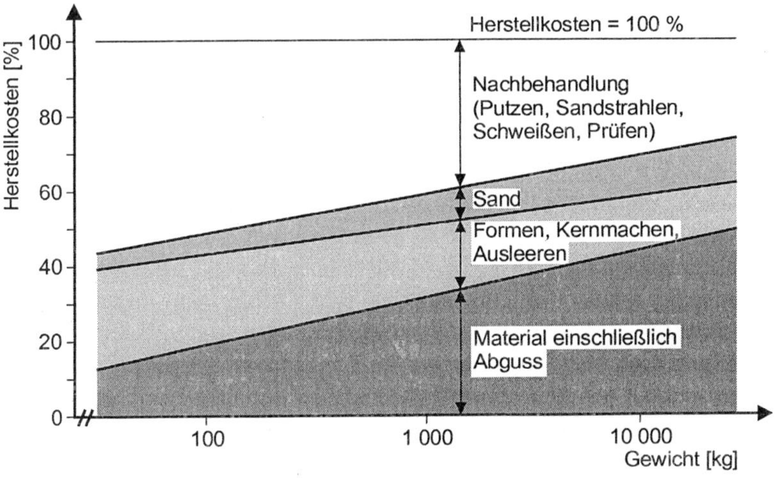

Bild 7.11-10. Kostenstruktur der Herstellkosten von Stahlgussteilen

Gestaltungsregel	schlechter	besser
1. **Geringe Modellkosten** (bei wenigen Abgüssen u. kleinen Teilen)		
einfache Modelle und Kerne aus Ebenen, Quadern und Zylindern (v. a. bei kleinen Bauteilen und geringen Stückzahlen S = 1 bis 3)	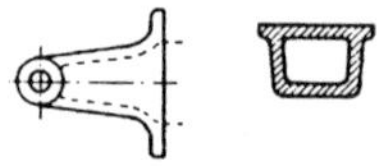	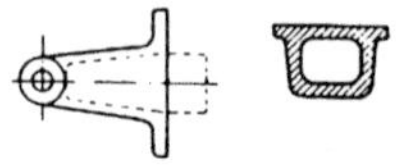
ungeteilte Modelle, möglichst ohne Kerne ("Rippenguss statt Hohlguss"), wenig Gusskästen	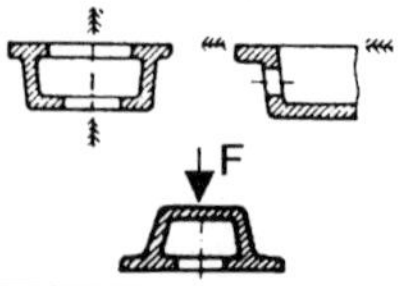	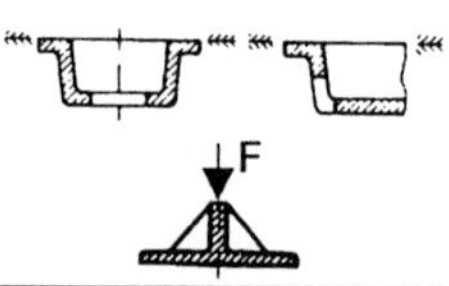
Aushebeschrägen (1:10 bis 1:50) von Teilfuge schon in der Form vorsehen (DIN 1511) für einfaches Modell-/Kernausheben	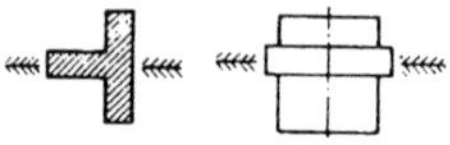	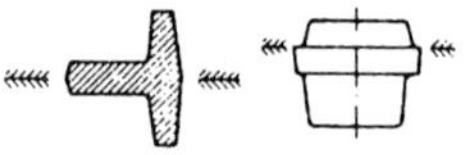
Hinterschneidungen und damit Steckteile meiden	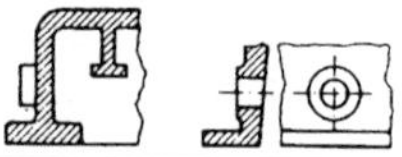	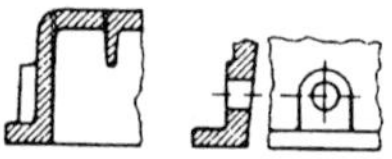
statt "Rechts- und Links-"Ausführung nur **ein symmetrisches Modell** bzw. wahlweise anzusteckende Teile sparen	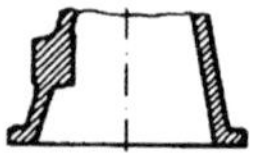	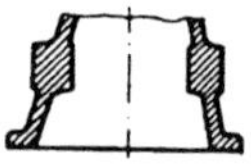
ohne Anreißen (automatisch) bearbeitete **Gießteile in der Nähe wichtiger Flächen positionieren und spannen** (Modell- oder Kernversatz führt nicht so sehr zu dünnen Wänden)		
2. **Geringe Ausschusskosten** (gute Gussqualität)		
sicher aufliegende Kerne, breite Kernmarken (Sand schwimmt in Eisen)	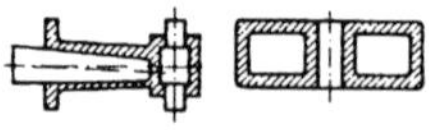	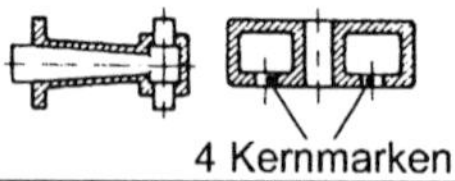
gleichmäßige Wandstärken, keine Materialanhäufungen, keine Knotenpunkte (Lunker, Risse), einheitliche Ausrundungsradien	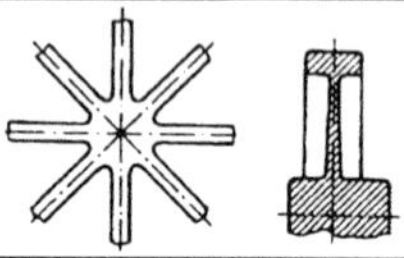	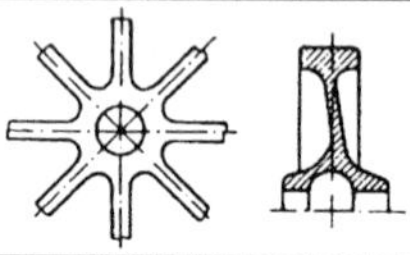
geneigte statt waagrechter **Flächen** in der Gussform (Gasblasen-Abfuhr)	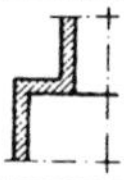	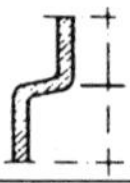
keine Querschnittsverengungen zwischen Anguss und Steiger (guter Zufluss, Nachfließen beim Schwinden, Aufsteigen von Schmutz im Steiger!), um so wichtiger, je größer Schwindmaß: ca. 2 % bei GS, GT; 1,5 % bei GGG; 1 % bei GG	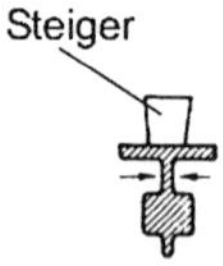	

Bild 7.11-11a. Gestaltungsregeln für **Gusskonstruktionen** (n. [Pah97], K. Tuffentsammer, W. Riege)

Gestaltungsregel	schlechter	besser
allmähliche Übergänge, keine scharfkantigen Ecken		
Teilung großer, sperriger Stücke		
dünne, weit vorspringende Wände vermeiden (Sprödbruch beim Transport)		
Versteifungsrippen dünner als zu versteifende Wand (sollen vorher erkalten)		
schräge und gekrümmte Rad**speichen und -rippen**, um Schwindrisse aus Zugspannung zu vermeiden; Biegespannung lässt mehr Verformung zu!	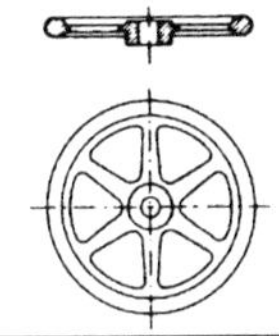	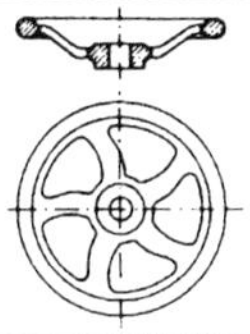
Guss-Spannungen können durch nachträgliches Glühen der Teile vermindert werden		
3. **Geringe Putzkosten** (bis zu 30 % der Herstellkosten)		
schwer zugängliche Winkel vermeiden; **große Öffnungen** bei Hohlteilen vorsehen	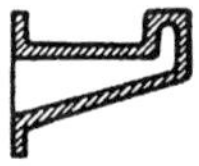	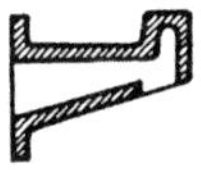
für Steiger bzw. Eingüsse Platz oben auf dem Guss-Stück lassen oder stehenbleibende Steiger-/ Angussreste tolerieren (Dreck schwimmt auf)	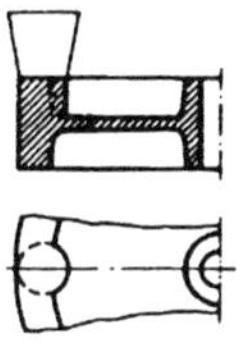	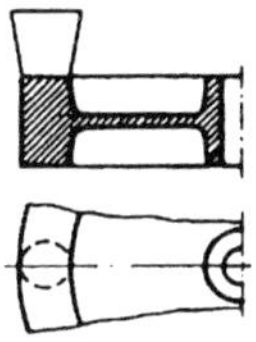
Steiger/Angüsse auf ebene Flächen auftreffen lassen; sie sind dort besser zu entfernen als an gekrümmten		
Grate von Teilfugen stehenlassen bzw. besondere Rippe als Gratträger vorsehen	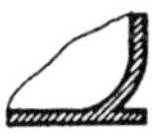	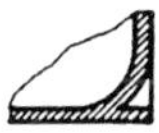
spitze und rechtwinklige Gratzonen sind schwer abzuschleifen; stumpfe Winkel sind besser	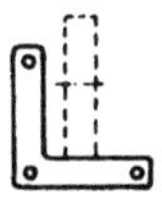	
4. **Geringe Bearbeitungskosten** (bei kleinen Teilen hoher Stückzahl 60-80 % *HK*)		
Teilfuge so legen, dass **Gussgrat** an unbearbeiteten Flächen nicht stört und dass er leicht entfernt werden kann	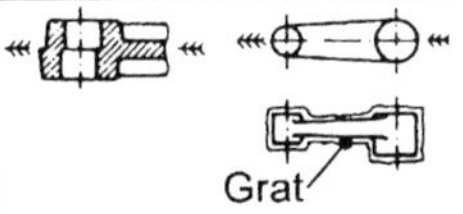	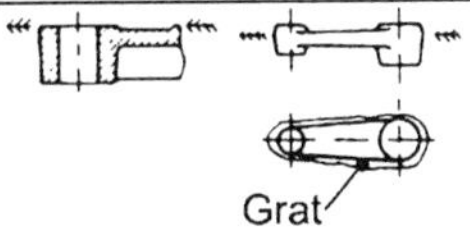
an **Auslauf** der Bearbeitungswerkzeuge denken	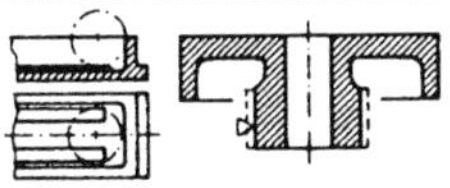	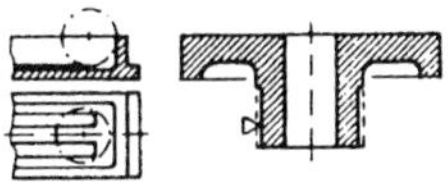

Bild 7.11-11b. Gestaltungsregeln für **Gusskonstruktionen** (n. [Pah97], K. Tuffentsammer, W. Riege)

Gestaltungsregel	schlechter	besser
Auflage- und Spannflächen gleich mit angießen	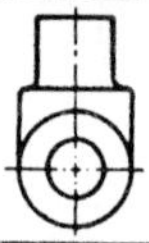	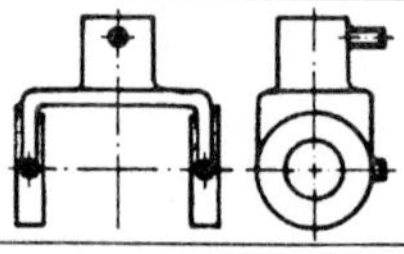
mehrere hintereinander angeordnete Bearbeitungsflächen auf **gleiche Höhe, gleichen Durchmesser** bringen (Durchfräsen, Durchhobeln, gleiche Werkzeuge)	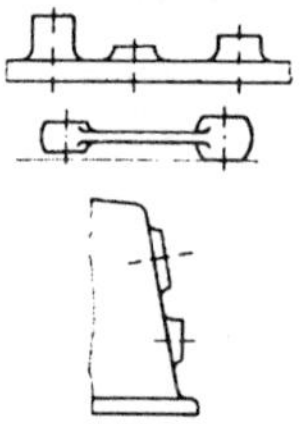	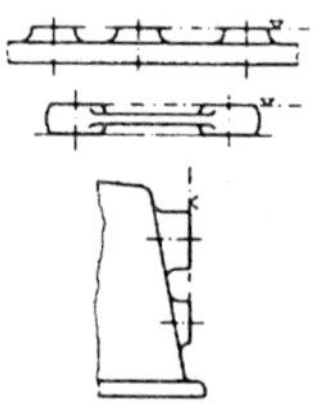
die unbedingt notwendigen **Bearbeitungsflächen** gegenüber den rohen Flächen **vorspringen** lassen	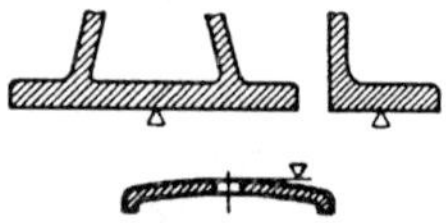	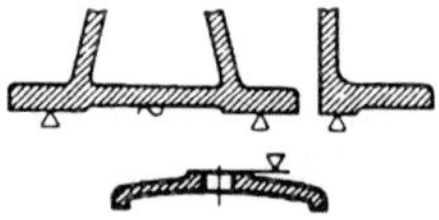
schräge Bearbeitungsflächen vermeiden	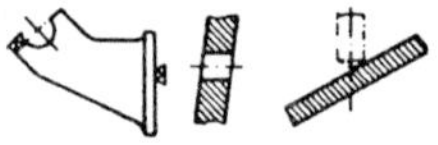	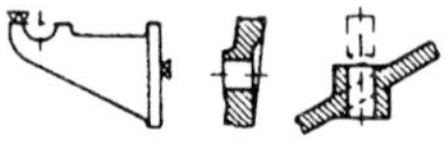
5. Geringe Kosten durch Versagen (beanspruchungsgerecht)		
bei GG auf **Druckbeanspruchung** konstruieren (Druckfestigkeit ca. 4 mal so groß wie Zugfestigkeit)	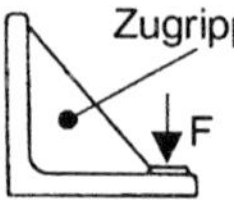	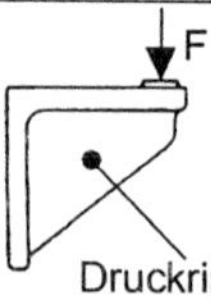
bei GG und Leichtmetall Aufschlag **Steifigkeit** achten (GG und Al ca. 3 mal so elastisch wie Stahl; Mg-Legierungen ca. 5 mal so elastisch)	Rippen und Wulstversteifungen meist billiger als Hohlkonstruktionen (aber nicht so schön)	

Bild 7.11-11c. Gestaltungsregeln für **Gusskonstruktionen** (n. [Pah97], K. Tuffentsammer, W. Riege)

Der Anteil der **Fertigungskosten an den Gussteilherstellkosten** (Sandkosten, Einformen, Ausleeren, Putzen, Prüfen und sonst. Nachbehandlung) wächst mit

- zunehmender Güteanforderung;
- zunehmender Werkstückschwierigkeit.

Der Anteil der **Materialkosten an den Gussteilherstellkosten** wächst an mit

- zunehmendem Werkstoffpreis (z. B. Sonderstahl. Bei sehr teuren Werkstoffen kann dieser Anteil über 95 % ausmachen);
- zunehmendem Teilegewicht.

Die Vielfalt von **Gestaltungsregeln** für kostengünstige Gussteile sind in **Bild 7.11-11a-c** gesammelt. Das alte VDG-Buch ist immer noch brauchbar [VDG66]!

Bei **Gussteilen, die ein wieder zu verwendendes Modell** (z. B. bei Sandguss) **oder eine Dauerform benötigen**, kommt es trotz der großen Gestaltungsfreiheit darauf an, das Teil so zu gestalten, dass es der Gießtechnologie möglichst gut entspricht. Es muss zunächst die Teilfuge festgelegt werden. Dann muss auf Entformbarkeit (Aushebbarkeit) des Modells bzw. des Gussteils geachtet werden. Das kleinste Gestaltdetail (z. B. ein Vorsprung, eine parallel zur Teilungsebene gelegte Rippe) kann erhebliche Zusatzkosten verursachen.

Bei Vollformguss entfallen diese Gesichtspunkte weitgehend. Oft genug kann ferner „Rippenguss" den kernbehafteten, teuren „Hohlguss" ersetzen.

Das gewählte **Gussmaterial** ist wesentlich für das Gestalten. So ist z. B. der Unterschied zwischen dem dünnflüssigen GG und GGG und dem sehr viel schneller erstarrenden, stärker schwindenden Stahlguss GS beträchtlich. GS hat 2 % Schwindmaß statt ca. 1 % bei GG.

Es ist zweckmäßig, wie erwähnt, nach dem Vorentwurf eines Guss-Stücks einen Gießereifachmann oder Modellschreiner bezüglich der weiteren Gestaltung zu befragen. Dabei sollte auch überlegt werden, wie die Minimierung der Kosten für das Modell, das Guss-Stück und die nachfolgende Bearbeitung geschehen kann.

7.11.2.5 Beispiele für die Gussgestaltung

Nachfolgend wird am Beispiel a) gezeigt, wie die Umkonstruktion in Gussausführung Kosten senkt, aber auch am Beispiel b), wie umgekehrte Maßnahmen positiv wirken können.

a) **Bild 7.11-12** zeigt ein Beispiel für die **Umkonstruktion** eines **aus 11 Einzelteilen** zusammenmontierten Bauteils (Biegewerkzeug für eine Verpackungsmaschine) zu einem Feingussteil von 300 g Gewicht. Feingussteile sind bei komplizierten

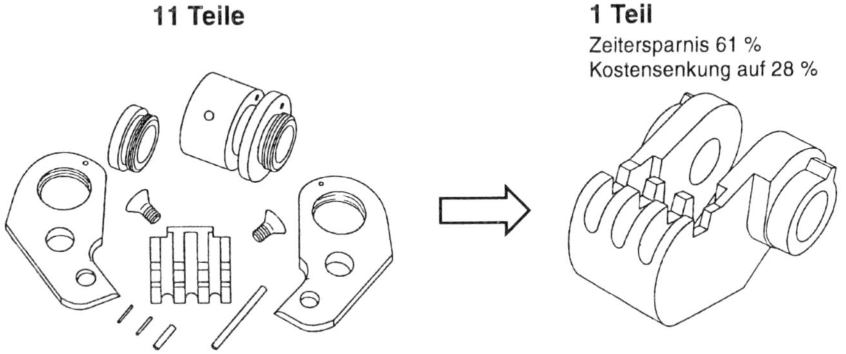

Bild 7.11-12. Integralbauweise durch Feingussverfahren: Biegewerkzeug für Verpackungsmaschine, statt 11 Teile (links) nur noch ein Teil (rechts) (n. RKW)

Formen besonders vorteilhaft, da infolge der hohen Maßgenauigkeit weitgehend spätere Bearbeitungskosten erspart werden. Die Bearbeitungszeit für dieses Teil ging von 7,75 Stunden auf 3 Stunden (also um 61 %) zurück, die Herstellkosten sanken um 72 %! In vielen Fällen wird für einen Prototyp mit Recht so wie links gezeigt konstruiert. Wenn die Maschine dann aber in Serie geht, wird vergessen, sie stückzahlangepasst umzukonstruieren (Kap. 7.12.4.3).

b) Die **Umkonstruktion** von **Gussbauweise** (Integralbauweise) in eine kombinierte **Guss-/Blechbauweise** (Differenzialbauweise) zeigt Bild 7.9-9 an einem Lagerschild. Die Ausschusskosten infolge von Lunkern waren an dem komplexen Gussteil so hoch, dass sich die Reduzierung der Gusskonstruktion auf den eigentlichen Lagerkörper positiv auswirkte. Das „Schild", d. h. die Verbindung zum Maschinenkörper wurde als angeschraubte Blechplatte realisiert, und dabei wurden sowohl Kosten wie Lieferzeit gespart.

7.11.2.6 Kostengünstige Gestaltung von Kunststoffteilen

a) Gestalt, Werkstoff, Fertigungsverfahren („Triade")

Kunststoffteile dringen immer weiter in die Technik vor und verdrängen Metalle, da sie in „**konstruierbaren Werkstoffeigenschaften**" hergestellt werden können: z. B. leicht, verformbar bis eher steif, elektrisch und thermisch (meist mehr als weniger) isolierend, reibungs- und oft auch verschleißgünstig, korrosionsgünstig. Gegenüber Metallen sind im Allgemeinen ihre Festigkeit, thermische und zeitliche Stabilität und Härte noch ein Problem. Die Kosten pro Teil sind dann niedrig, wenn Massen-Kunststoffe in großen Stückzahlen in Spritzguss, Blas-, Schäumverfahren eingesetzt werden können.

Es wurde deshalb von „konstruierbaren Werkstoffeigenschaften" gesprochen, weil gerade in diesem sich schnell entwickelnden Gebiet das Zusammenwirken der „**Triade**" aus geeigneter **Gestalt**, geeignetem (thermo-/duroplastischem, (un-)verstärktem) **Werkstoff** und optimalem **Fertigungsverfahren** optimiert werden muss [Zol96]. Das beste Beispiel für das Zusammenwirken dieser drei Bereiche liefern Kunststoffteile mit gerichteten Fasern.

Welchen Einfluss die Stückzahl auf das Gewicht, Fertigungsverfahren und die Kosten bei einer 1 x 0,5 m großen Lkw-Seitenverkleidung auf faserverstärktem Kunststoff hat, zeigt **Bild 7.11-13**. Das Bild soll anregen, sich zusammen mit Fachleuten über Alternativen und deren Eigenschaften intensiv Gedanken zu machen. Im konkreten Fall wurde eine verrippte Platte mit 2,5 mm Wanddicke, Rippenhöhe 40 mm aus Polypropylen PP GF 30 mit ungerichteten Glas-Kurzfasern ausgewählt. Sie wird im Kompakt-Spritzgießverfahren gefertigt.

b) Zur Technologie Kunststoffspritzguss

Im Weiteren werden **nur thermoplastische Kunststoffe im Spritzgießverfahren** betrachtet, und nur, soweit Kosteninformationen für die Konstruktion vorliegen. Beim Spritzgießen wird der Kunststoff durch Wärmezufuhr (durch Heizung und/oder Schnecke) plastifiziert und unter Druck in den formgebenden Hohlraum des Werkzeugs gespritzt. Im Werkzeug erstarrt das Teil und wird dann entformt.

Vorteile des Kunststoffspritzguss-Verfahrens:

- Es können in einem Arbeitsgang sehr komplizierte Teile ohne Nacharbeit erzeugt werden, die als Integralteile eine große Zahl früher getrennt hergestellter Teile zusammenfassen. Die Montagekosten werden drastisch gesenkt (Bild 7.12-14). Die bei Kunststoffen große Elastizität relativ zur Festigkeit ge-

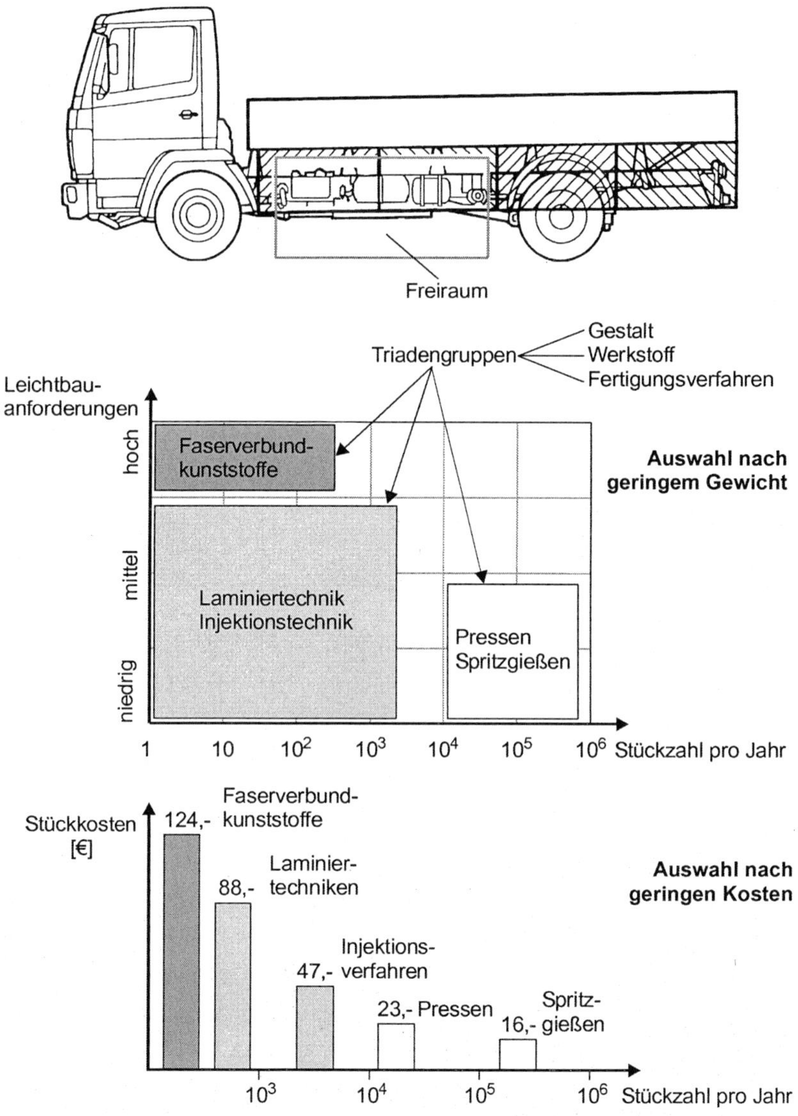

Bild 7.11-13. Beispiel für die Entwicklung und Auswahl von Kunststoffprodukten [Zol96]

stattet zudem Schnappverbindungen auszuführen, Gelenke durch Filmscharniere zu ersetzen und Federn anzuspritzen (Bild 7.11-48).

- In manchen Fällen können speziell den Forderungen hinsichtlich Elastizität, Gleiteigenschaften, Isolierung, Korrosionsfestigkeit angepasste Werkstoffe verwendet werden.

Nachteile:

- Die Teilekosten werden bei den oft teuren Spritzgusswerkzeugen (Werkzeugkosten = Einführungskosten *EFK*; Kap. 7.5.1) nur dann sehr kostengünstig, wenn es sich um Massenfertigung handelt. Geringe Stückzahlen sind nur bei ganz einfachen Teilen kostengünstig realisierbar.
- Kunststoffe sind oft mechanisch zu wenig fest, halten nur geringe Temperaturen aus, kriechen unter Last und verändern ihre Eigenschaften durch Feuchtigkeitsaufnahme. Die Eigenschaften sind stark von den Verarbeitungsbedingungen abhängig (Verzug). Die Längenausdehnung mit der Temperatur ist sehr viel höher als bei Stahl (bei Polyäthylen das 20fache!).

Technologisch bedingte Gestaltungsregeln sind vor allem in [VDI79] angegeben. Zum Teil sind auch die in Bild 7.11-11a-c aufgeführten Regeln gültig.

c) Regeln zum kostengünstigen Gestalten von Spritzgussteilen

Die Herstellkosten von Spritzgussteilen setzen sich aus den Material- und Fertigungskosten zusammen. Dabei ist entsprechend der Kostenstruktur nach **Bild 7.11-14** klar, dass die Materialkosten überwiegen, je größer (schwerer) die Teile sind und je teurer der Werkstoff pro Volumen (Gewicht) ist. Die Fertigungskosten hängen ganz wesentlich von der **Zykluszeit** ab. Darunter wird die Zeit verstanden, die zur Produktion eines Teils (eines Nests mehrerer Teile) auf der meist teuren Spritzgussmaschine verstreicht. Die Zykluszeit ist abhängig von Werkstoff, Werkzeug und der Spritzgussmaschine selbst. Sie hängt physikalisch ganz wesent-

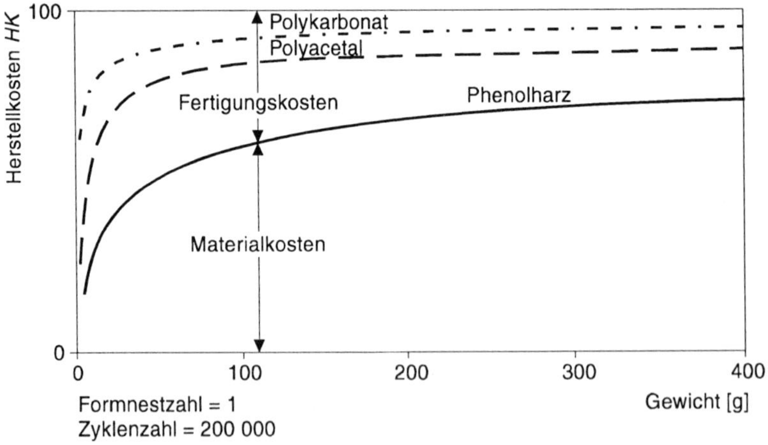

Bild 7.11-14. Anteil von Fertigungs- und Materialkosten an den Herstellkosten bei Kunststoffspritzguss-Teilen [Kie79]

lich von der Zeit zum Abkühlen der Teile ab. Werden die Teile zu früh entformt, so sind sie noch weich und verziehen sich unzulässig. Da Kunststoff ein schlechter Wärmeleiter ist, kommt es darauf an, **dünne Wandstärken** vorzusehen. Dies verkürzt die Zykluszeit zweifach: Die eingebrachte Wärmemenge verringert sich wegen der Volumenverkleinerung, und die Wärmeleitungswege werden kürzer. Besonders verzugsempfindliche Teile (Platten, Zahnräder) bzw. Teile hoher Genauigkeit müssen länger in der Form belassen werden, damit sie ausreichend abkühlen können. Durch Verrippung z. B. bei Platten kann dem entgegengewirkt werden.

Die **Materialkosten** hängen, wie erwähnt, vom Volumen des Teils ab (bzw. je nach Vereinbarung vom Gewicht). Es ist also auch aus dieser Sicht ein kleines Volumen anzustreben. Dies wird bei sonst geforderten Abmessungen ebenfalls wieder durch **geringe Wandstärke** realisiert. Ferner soll ein Kunststoff mit gerin-

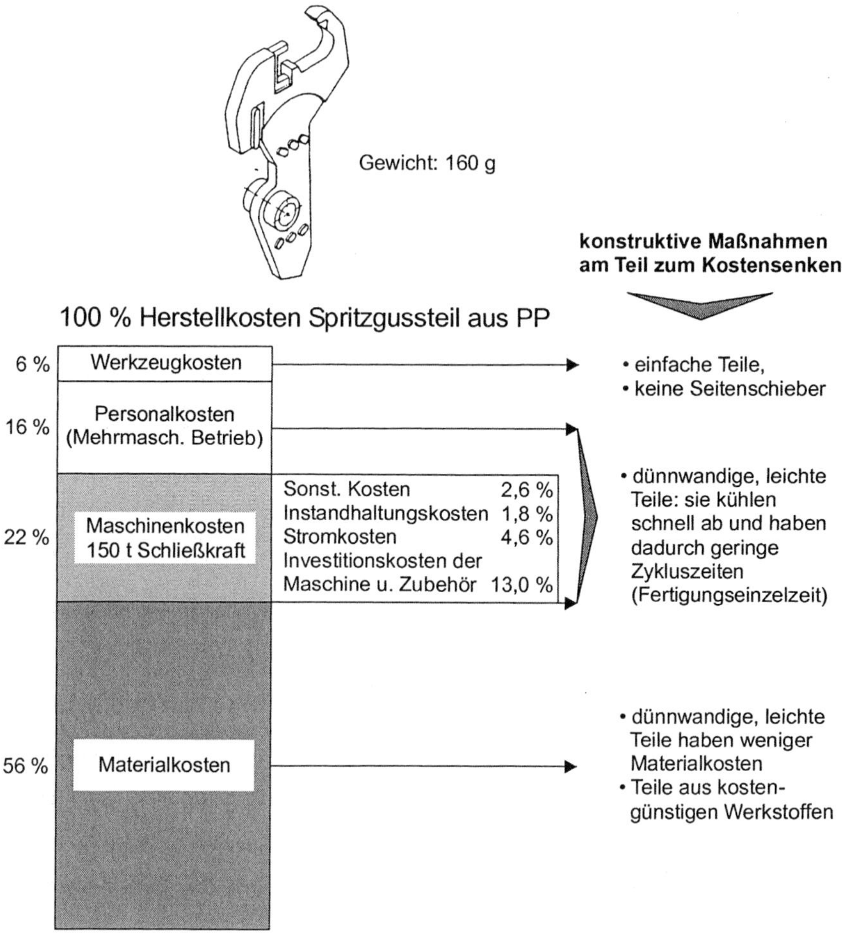

Bild 7.11-15. Herstellkosten und Kostensenkungsmaßnahmen bei einem typischen Kunststoffteil

gem Materialpreis gewählt werden. Dieser kann z. B. aus einer Relativkostentabelle entnommen werden. Dabei ist aber nicht zu vergessen, dass, wie bei Eisenwerkstoffen (s. Kap. 7.9.2.2, Bild 7.9-4), manchmal ein höherfester, geringfügig teurerer Werkstoff eine so starke Volumenverringerung ergibt, dass er insgesamt wirtschaftlicher wird.

Wie Bild 7.11-14 zeigt, werden die mit dem Gewicht zunehmenden Materialkostenanteile an den Herstellkosten so dominierend, dass bei größeren Spritzgussteilen die Forderung, auf geringe Materialkosten zu achten, erstes Gebot wird.

Eine typische **Herstellkostenstruktur** eines Spritzgussteils ist in **Bild 7.11-15** dargestellt. Die Materialkosten (Polypropylen PP) und dann die Maschinenkosten machen die größten Kostenanteile aus.

Rechts ist angegeben, **mit welchen Maßnahmen** (Regeln) **man die Kosten senken kann**. Dünnwandige, leichte Teile zu machen wirkt sich, wie erwähnt, doppelt aus. Man bekommt weniger Materialkosten und geringere Zykluszeiten in der Spritzgussmaschine und dadurch weniger anteilige Maschinenkosten.

Die **Werkzeugkosten** pro Werkstück sind dann gering, wenn das Teil einfach ist, keine Hinterschneidungen hat (Seitenschieber!) und die Zahl der Teile pro Werkzeug (Formnestzahl) groß gewählt werden kann (Darauf hat der Konstrukteur aber praktisch keinen Einfluss). Ferner wird das Werkzeug kostengünstiger, wenn die Genauigkeitsansprüche gering gehalten werden. Die hergestellte Stückzahl sollte hoch sein (z. B. einige 100 000 Stück).

Bei sehr hohen Stückzahlen kann man die Werkzeugkosten fast vernachlässigen bzw. durch einen konstanten Betrag berücksichtigen.

7.11.2.7
Kostengünstige Konstruktion von Sinterteilen

a) Sinterverfahren

Beim Sintern wird z. B. Eisenpulver mit Zusätzen von Cu, Ni, Cr, Mn und C in einer meist prismatischen Form von einem Press-Stempel zu einem Rohling gepresst. Dieser wird danach unterhalb des Schmelzpunktes der Hauptkomponente gesintert. Ein weiterer Pressvorgang (Kalibrieren) kann angeschlossen werden. Es ergeben sich sehr genaue kleine bis mittelgroße Teile mit wenig Nacharbeit in meist größeren Serien [Der71]. Typische Teile sind Pumpenzahnräder, Lagerbüchsen, Reibbeläge oder poröse Filtereinsätze.

b) Gestaltungsregeln (Bild 7.11-16)

Entsprechend dem Pressvorgang sind nicht zu hohe, nicht abgestufte, am Mantel auch kompliziert geformte Teile günstig. Die Bearbeitung der Mantelfläche kann meist entfallen und macht dadurch Sinterteile gegenüber zerspanten Werkstücken bei höheren Stückzahlen kostengünstiger. Bei kleinen Teilen mit Abmessungen im Bereich einiger cm liegen die Materialkosten nur bei 10-20 % der Herstellkosten der einsatzfertigen Teile. Von Bedeutung sind die Press- und Sinterkosten (30-50 %) und die Kontrollkosten. Wichtig ist es deshalb, die Toleranzen nicht zu eng zu wählen und den Kalibriervorgang einzusparen. Insbesondere Maße in

Gestaltungsregel	schlechter	besser
1. Geringe Ausschusskosten (gute Sinterqualität)		
prismatische Körper mit nur **einem** durchgehenden **Höhenmaß** bevorzugen; Mantelform kann beliebig und kompliziert sein		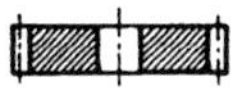
nicht zu hohe Körper relativ zur Dicke (Durchmesser) *H/D* < 2,5 Wanddicken *s* > 2 mm Bohrungen *d* > 2 mm (gleichmäßige Dichteverteilung!)	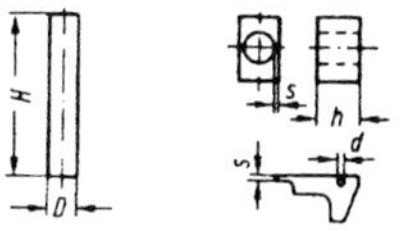	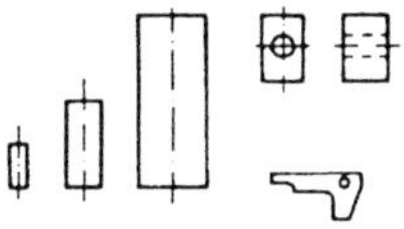
keine **Hinterschneidungen**, negativen Schrägen, spitzen Winkel, stufenlosen Dickenänderungen	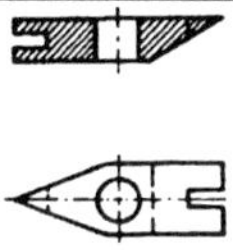	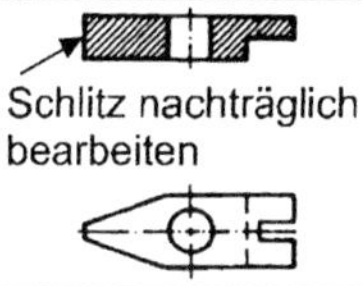
grobe Toleranzen bevorzugen	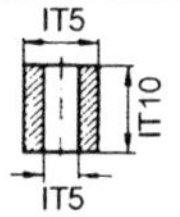	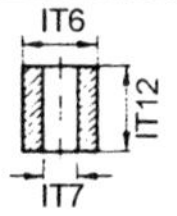
feinverzahnte Rändelungen und Profile meiden, Modul *m* > 0,5 mm (sonst keine gleichmäßige Pulverfüllung)	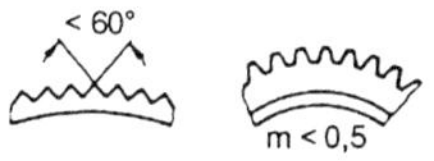	
2. Geringe Werkzeugkosten		
Durchbrüche zur Verringerung des Materialaufwandes oder Gewichts **kreisförmig** ausführen		
Höhenabstufungen vermeiden, da sonst teure unterteilte Presswerkzeuge nötig		

Bild 7.11-16. Gestaltungsregeln für Sinterteile (n. [Pah97], H. O. Derninger, G. Hoffmann)

Pressrichtung sollen nicht zu eng toleriert werden (z. B. IT 13). Die Teile können auch einsatzgehärtet oder gasnitriert werden.

c) Beispiel

- Im Pkw- und Motorradbau werden statt gesenkgeschmiedeten Pleueln gesinterte **„Sinterschmiedestahl"-Pleuel** eingesetzt. Die Teilfuge wird nicht mehr mechanisch bearbeitet, sondern ist durch gezieltes Brechen in Pleuelstange und Deckel getrennt und kostengünstig **ohne Pass-Schrauben** formgenau und stabil bei der Montage zentriert (**Bild 7.11-17**). Die hohe Passgenauigkeit ergibt eine höhere Laufruhe.

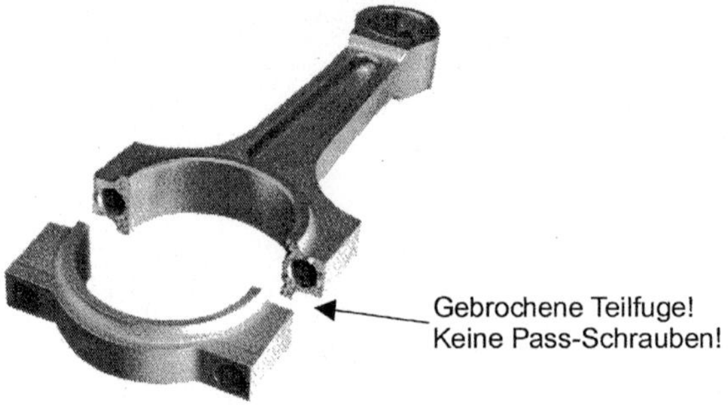

Bild 7.11-17. Gecracktes Motor-Sinterschmiedepleuel (n. BMW)

7.11.3 Umformverfahren

7.11.3.1 Wichtigste Umformverfahren

Die für das Umformen wichtigsten Verfahren sind in **Bild 7.11-18** wiedergegeben. Einige bei der Blechumformung typische Formen zeigt **Bild 7.11-19**.

Der in den letzten Jahren zunehmende Einsatz der Blechverarbeitung hat besonders die Weiterentwicklung folgender Verfahren begünstigt: Rollen, d. h. Kaltumformen von Blechbändern zu kundenspezifischen Profilen, Tiefziehen, Biegen in Verbindung mit Nibbeln und Laserschneiden auf Komplett-Bearbeitungsmaschinen (**Bild 7.11-20**) [TRU96].

Schmieden wird eingesetzt, um eine Festigkeitssteigerung insbesondere in „Faserrichtung" zu erzielen, die mit der Kraftflussrichtung zusammenfallen soll. Gegenüber durch Spanen hergestellten Formteilen sind bei größeren Stückzahlen durch Gesenkschmieden erhebliche Kostenersparnisse möglich (Beispiele: Achsschenkel, Kurbelwellen, Pleuel, Kupplungsteile oder Hebel). Gegenüber Gießen (z. B. aus höherfestem Kugelgraphitguss oder Stahlguss) sind jeweils alternative Kostenuntersuchungen nötig. Bei Verzahnungen, vorwiegend in Planebene (gerade- und bogenverzahnte Kegelräder), ergeben sich ab 2 000-5 000 Stück/Jahr durch das Genauschmieden Kosteneinsparungen gegenüber zerspanten Rädern, wobei Qualität 7 (DIN 3962) erreicht wird. Fertig geschmiedet werden auch prismatische und verwundene Turbinenschaufeln.

Beim **Freiformschmieden** können bei größeren Werkstücken und kleinen Stückzahlen durch einfache Vorformgebung der bei diesen Werkstücken große Materialkostenanteil und die Schruppkosten verringert werden. Bei der Gestaltung ist auf einfache Formen (keine kegeligen Flächen!), große Rundungen und nicht zu große Querschnittsunterschiede zu achten.

Verfahren	Eigenschaften
Freiformschmieden:	geringe Stückzahlen, Genauigkeit: gering;
Gesenkschmieden:	Serienfertigung, Genauigkeit: mittel;
Fließpressen:	Kaltverformung unter hohem Druck, Serienfertigung, Genauigkeit: fein bis mittel;
Strangpressen:	für Profile;
Walzen (Warm- u. Kaltwalzen):	für Profile, Rohre und Bleche;
Rollen:	Kaltumformen von Blechbändern zu einer Vielzahl kundenspezifischer Profile;
Ziehen:	für Draht und Profile;
Abkanten, Walzen, Falzen, Sicken, Runden von Blechen:	Einzelfertigung und Serien; Genauigkeit: mittel;
Prägebiegen, Dreipunktbiegen:	Genauigkeit hoch;
Tiefziehen:	mit und ohne Niederhalter, oft in mehreren Zügen mit Zwischenglühen des Bleches, für mittlere und große Serien, Genauigkeit: fein bis mittel;
Drücken:	Blechverformung auf Drückbank, bis zu 50 % Festigkeitserhöhung (1 g bis 35 kg).
(Stanzen, Nibbeln und Schneiden werden bei Trennverfahren behandelt Kap. 7.11.4)	

Bild 7.11-18. Wichtigste Umformverfahren

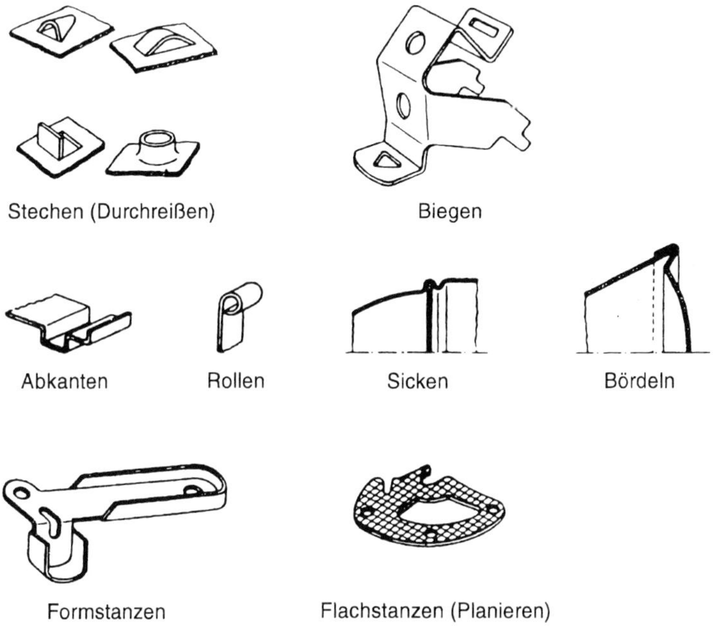

Bild 7.11-19. Einige Möglichkeiten der Blechumformung

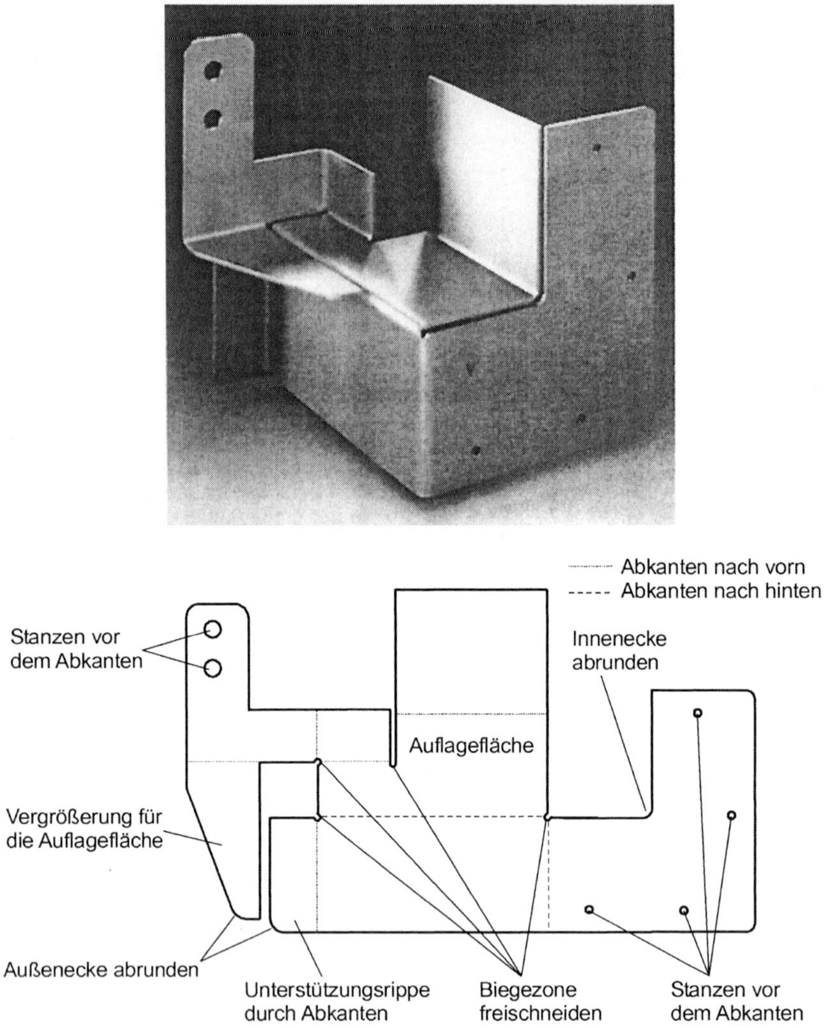

Bild 7.11-20. Konstruktion eines Blechteils (Stanzen und Biegen) [TRU96]

Fließpressen kann bei einfachen rotationssymmetrischen Körpern (Hülsen, verjüngte und abgesetzte Rohre) und höheren Stückzahlen bei guter Genauigkeit sehr kostengünstig sein. Wie bei allen Kaltverformungen tritt eine Kaltverfestigung ein, wobei die Zähigkeit abnimmt.

Blechumformung in Verbindung mit Schweißen bietet auch bei größeren Maschinenteilen (z. B. Geräterahmen, Verkleidungen, Textilmaschinenständer oder Werkzeugmaschinengestelle) gegenüber Gießen Gewicht und Kosten sparende Möglichkeiten. Die Gewichtsersparnis ist vor allem bei großen Bauteilen einsichtig, da Gusswandstärken aus Fließgründen größer als entsprechende Blechdicken sein müssen.

7.11.3.2
Gestaltungsregeln

Gestaltungsregel	schlechter	besser
1. **Geringe Ausschusskosten** (gute Qualität)		
Vorsehen **großer Rundungen**, fließender Übergänge (DIN 7523); Vermeiden zu schlanker Rippen, von Hohlkehlen und zu kleinen Löchern (teigiger Werkstoff!)	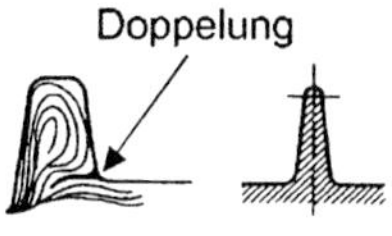	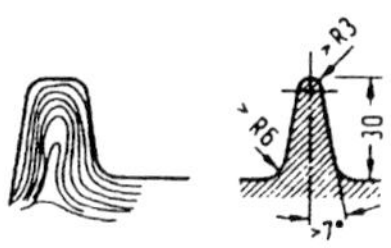
Vermeiden **schroffer Querschnittsübergänge** und zu tief ins Gesenk ragender Querschnittsformen	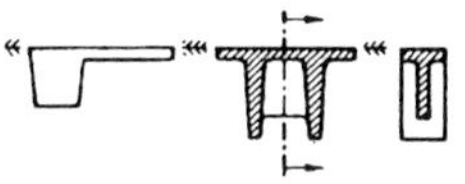	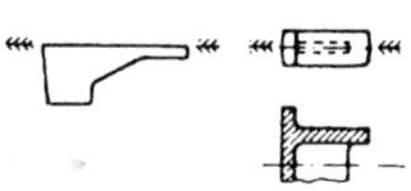
Versetzen von **Teilfugen** bei napfförmigen Teilen großer Tiefe	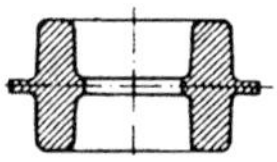	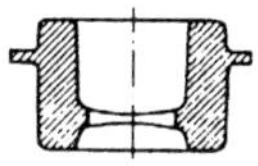
Anordnen der **Teilfuge** so, dass Versatz leicht erkennbar und Entfernen der Gratnaht leicht möglich ist	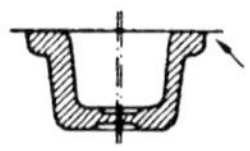	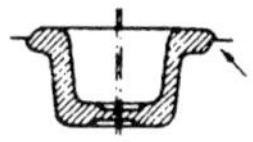
Vermeiden zu dünner Böden bzw. großer, flacher Schmiedestücke	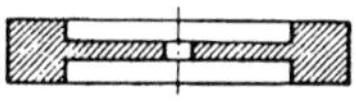	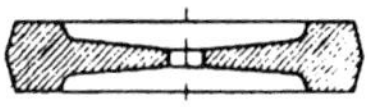
2. **Geringe Werkzeug- und Fertigungskosten**		
Vermeiden von **Unterschneidungen**	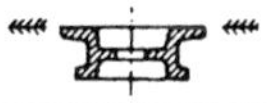	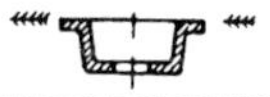
Vorsehen von **Aushebeschrägen** (DIN 7523, Bl. 3); z. B. Innenflächen 1:5; außen 1:10	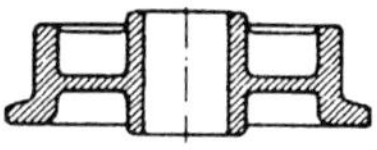	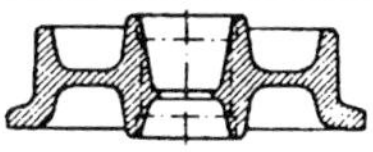
Vermeiden **geknickter Teilfugen** (Gratnähte)	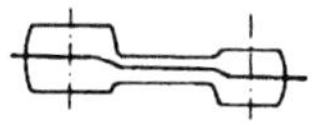	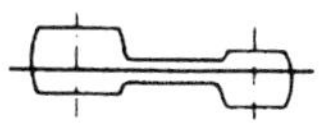
Anstreben von **Teilfugen in etwa halber Höhe** senkrecht zur kleinsten Höhe	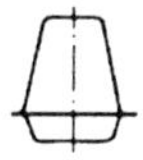	
Anstreben einfacher, möglichst **rotationssymmetrischer Teile**; Vermeiden stark hervorspringender Teile (Gesenke drehen statt fräsen)		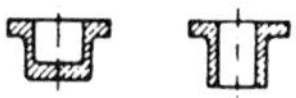
Anstreben von Formen, wie sie bei **freier Stauchung** entstehen; Anpassen an Fertigform bei großen Stückzahlen	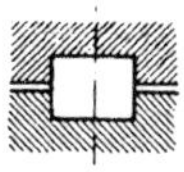	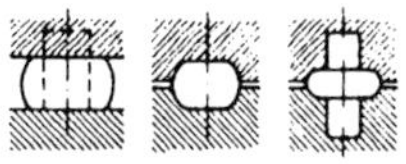

Bild 7.11-21a. Gestaltungsregeln für **Gesenkschmiedeteile** (n. [Pah97], K. Vieregge)

Gestaltungsregeln sind für **Gesenkschmiedeteile** in **Bild 7.11-21a+b**, für **Kaltfließpressteile** in **Bild 7.11-22** und für **Biegeteile** in **Bild 7.11-23** angegeben.

Gestaltungsregel	schlechter	besser
Bearbeitungsflächen vorspringen lassen (Unempfindlichkeit gegen Gesenkversatz, Zundernarben)	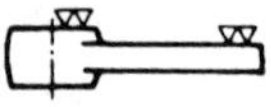	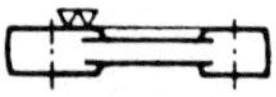
Prägeflächen (maßhaltig) klein halten		
Gesenkvielfalt (Rechts- und Linksausführung) durch symmetrische Konstruktion einschränken		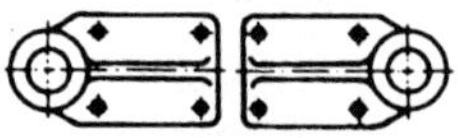

Bild 7.11-21b. Gestaltungsregeln für **Gesenkschmiedeteile** (n. [Pah97], K. Vieregge)

Gestaltungsregel	schlechter	besser
Vermeiden von **Unterschneidungen**		
Vermeiden von **Seitenschrägen** und **kleinen Durchmesserunterschieden**		
Vorsehen **rotationssymmetrischer Körper** ohne Werkstoffanhäufungen, sonst teilen und fügen		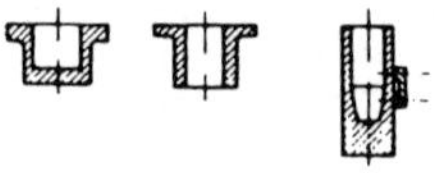
Vermeiden **schroffer Querschnittsänderungen**, scharfer Kanten und Hohlkehlen	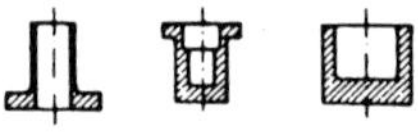	
Vermeiden von kleinen, langen oder seitlichen **Bohrungen** sowie von Gewinden	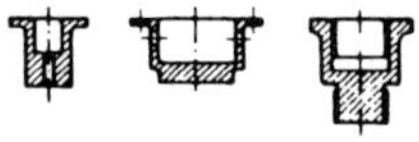	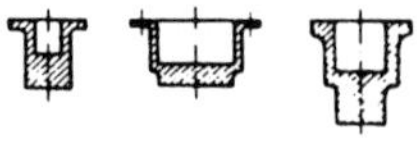
Versuchen, **Napfhöhe in einem Zug** zu erreichen $h \leq 0{,}65\ d$ bei St, Al, Cu **bei mehreren Zügen**: h_{max} | | s_{min} Wanddicke 10 d | Aluminium | 0,08 mm 8 d | Zink | 0,5 6 d | Al Mg Si | 1 1200 mm | Stahl | 0,1		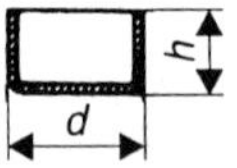
Lange Löcher mit $d < 10$ mm besser bohren		

Bild 7.11-22. Gestaltungsregeln für **Kaltfließpressteile** (n. [Pah97], H. D. Feldmann)

Gestaltungsregel	schlechter	besser
Vermeiden **komplexer Biegeteile** (Materialverschnitt), dann besser teilen und fügen; Vergleichskalkulation durchführen!	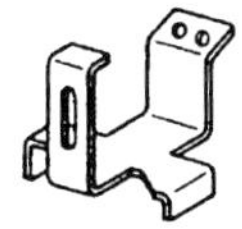	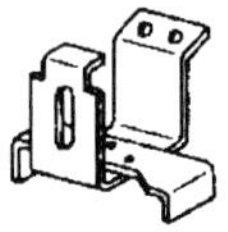
Beachten von Mindestwerten für **Biegeradien** (Wulstbildung in der Stauchzone, Überdrehung in der Zugzone), Schenkelhöhe und Toleranzen	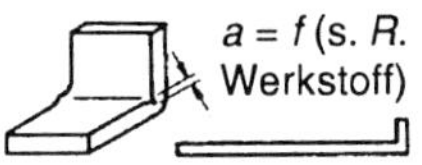	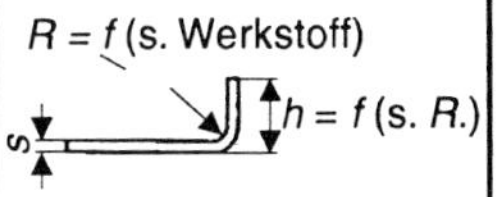
Beachten eines **Mindestabstandes von der Biegekante** für vor dem Biegen angebrachte Löcher		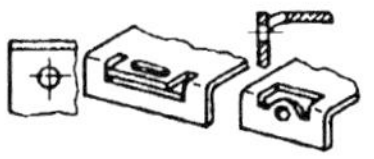
Anstreben von **Durchbrüchen und Ausklinkungen** über die Biegekante, wenn Mindestabstand nicht möglich ist		
Vermeiden von **schräg verlaufenden Außenkanten** und Verjüngungen im Bereich der Biegekante	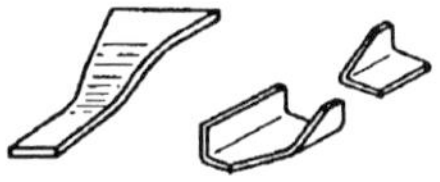	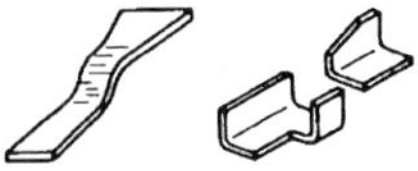
Vorsehen von **Freisparungen an Ecken** mit allseitig umgebogenen Schenkeln	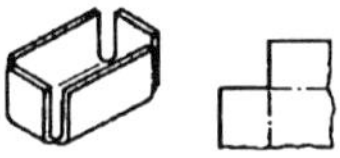	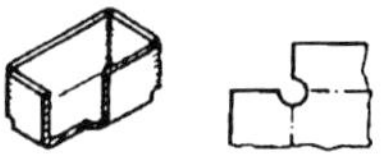
Dünne Bleche (z. B. < 1,5 mm) durch Sicken und Falze versteift ergeben u. U. Materialkosteneinsparungen	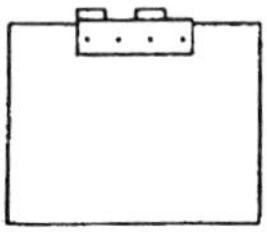	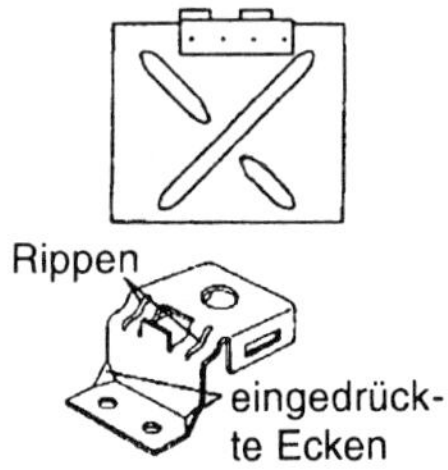
Biegekante nicht parallel zur Walzrichtung (Festigkeitsabfall)		

Bild 7.11-23. Gestaltungsregeln für **Blech-Biegeteile** (n. [Pah97])

Beispiel Schmiedeflansche

Bei **Gesenkschmiedteilen** muss, wie auch bei Gussteilen, zwischen den Kosten für die Rohteilerstellung und der nachfolgenden (spanenden) Bearbeitung ein Optimum gesucht werden. **Bild 7.11-24** gibt ein Beispiel für Flansche. Zunehmend endkonturnahe und damit teurere Gesenke wirken sich bei hoher Stückzahl S kostensenkend aus (Kap. 7.5.1). Die Bearbeitungskosten, die ja an jedem Teil wieder neu auftreten, und die Materialkosten nehmen dann ab. In Kap. 10.2 ist als weite-

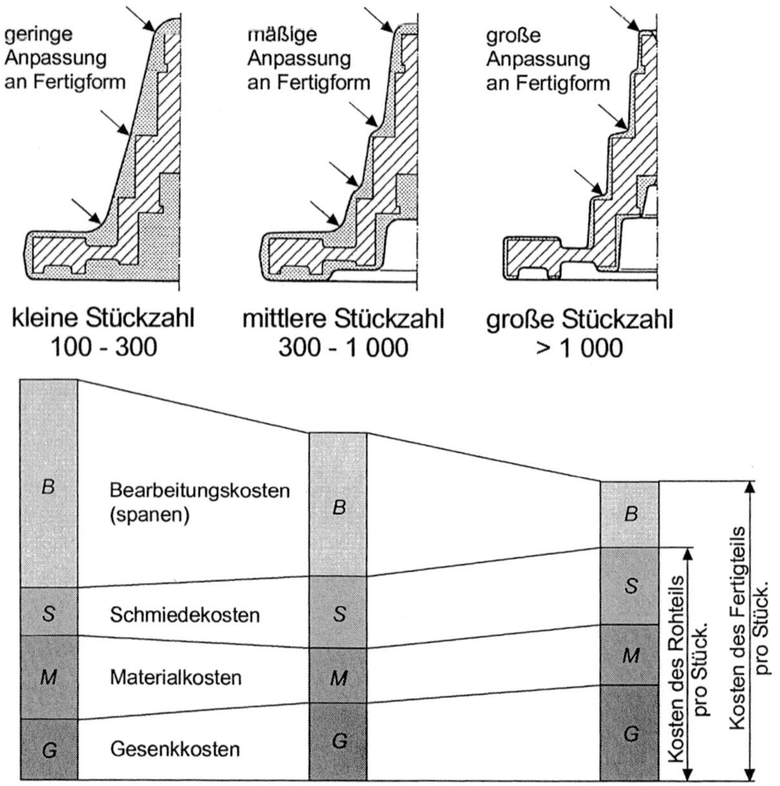

Bild 7.11-24. Vorteil endkonturnaher teurer Gesenke bei höherer Stückzahl (n. Voith)

res Beispiel für die Optimierung zwischen Rohgehäuse und mechanischer Bearbeitung ein gebogener und geschweißter Zentrifugenständer gezeigt.

7.11.4 Trennverfahren

7.11.4.1 Wichtigste Trennverfahren

Einen Überblick über die wichtigsten Verfahren gibt **Bild 7.11-25**. Spanende Verfahren zeichnen sich i. a. durch große Genauigkeit aus und werden deshalb mindestens zur Endbearbeitung von Werkstücken benutzt. Nach [Spu82] nehmen die spanenden Fertigungsverfahren einen sehr hohen Anteil am gesamten Produktionsvolumen ein. Rund 2/3 der spanend hergestellten Teile sind Rotationsteile.

- Spanende Verfahren:
  - Drehen,
  - Hobeln, Stoßen, Räumen, Meißeln,
  - Bohren, Reiben, Senken,
  - Fräsen, Feilen,
  - Schleifen, Läppen, Honen, Polieren,
  - Sägen;
- Stanzen, Scheren, Schneiden, Nibbeln;
- Brennschneiden, Wasserstrahlschneiden;
- Elektrisches Erodieren, elektrolytisches Abtragen, Elektronenstrahl-/ Laserschneiden bzw. -bohren.

Bild 7.11-25. Wichtigste **Trennverfahren**

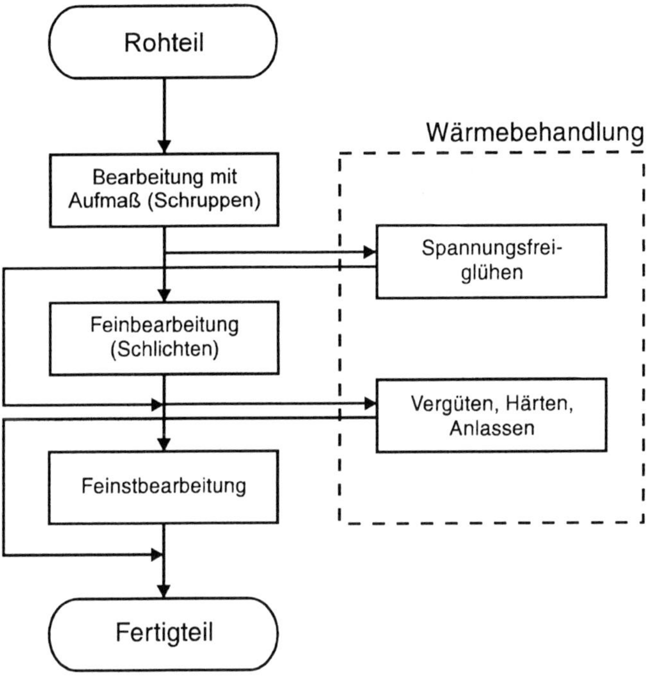

Bild 7.11-26. Arbeitsablauf in der spanenden Fertigung (n. Spur)

Um die **grobe Form des Werkstücks** herzustellen, sind spanende Verfahren bei großen Werkstücken und/oder großen Stückzahlen unwirtschaftlich. Entsprechend Kap. 7.6 und 7.7 sind dann die Materialkosten so bestimmend, dass man das Zerspanen aus einem vollen Block meidet. Durch Ur- und Umformverfahren sowie Schweißkonstruktionen wird die Bauteilform angenähert. Dagegen rücken bei kleinen Bauteilen vor allem bei Einzelfertigung die Form- oder Modellkosten sowie Rüstkosten so in den Vordergrund, dass man sich u. U. ganz auf spanende Verfahren beschränkt und größere Werkstoffverluste in Kauf nimmt. Die Materialkosten sind dann ohnehin nur gering (Vorrichtungsbau, einmalig benötigte Versuchseinrichtungen. Bild 7.11-12 links).

Im Allgemeinen geht man vom Rohteil (Block, Rundmaterial, Schmiedeteil usw.) aus und nähert sich dem Fertigteil je nach geforderter Endqualität über mehrere Stufen (Vor-/Fein-/Feinstbearbeitung) an (**Bild 7.11-26**). Damit durch die bei der Bearbeitung eingebrachten Spannungen das Material nicht verzogen wird, muss spannungsfrei geglüht werden. Eine weitere Wärmebehandlung (Vergüten, Härten, Anlassen) kann vor der Feinstbearbeitung erfolgen (Kap. 7.13.5).

7.11.4.2
Einflussgrößen auf die Kosten bei spanenden Verfahren

Wichtige Einflussgrößen, deren Änderung zur Kostensenkung ausgenutzt werden kann, sind folgende:

- **Spanende Verfahren und deren Leistungsfähigkeit:**
  Es gibt, bezogen auf die Materialabnahme, unterschiedlich leistungsfähige Verfahren (z. B. Fräsen statt Hobeln), die sich entsprechend auf die Kosten auswirken. Dasselbe gilt auch bezüglich erzielbarer Genauigkeit und Rauheit. Ein Beispiel gibt **Bild 7.11-27** für die Zahnrad-Feinbearbeitung an: Die fünf Verfahren haben jeweils ihre technologischen Vor- und Nachteile, die gegen deren unterschiedlichen Kosten abzuwägen sind. Danach sind Leistungshonen und Hartmetallfräsen bei fast gleicher Qualität kostengünstiger als Schleifen. Dies sind neue Verfahren, die 1985 bei der Erstausgabe des Buches noch nicht in diesem Vergleich auftauchten. – Ein anderes Beispiel zeigt **Bild 7.11-28**. Das Bearbeiten von Bohrungen ist bei gleicher Toleranz auf dem Bohrwerk um ein Vielfaches teurer als auf der Bohrmaschine (Bohren und Reiben). Zum Einfluss von Maßtoleranzen und Rauheit: s. Kap. 7.11.6.

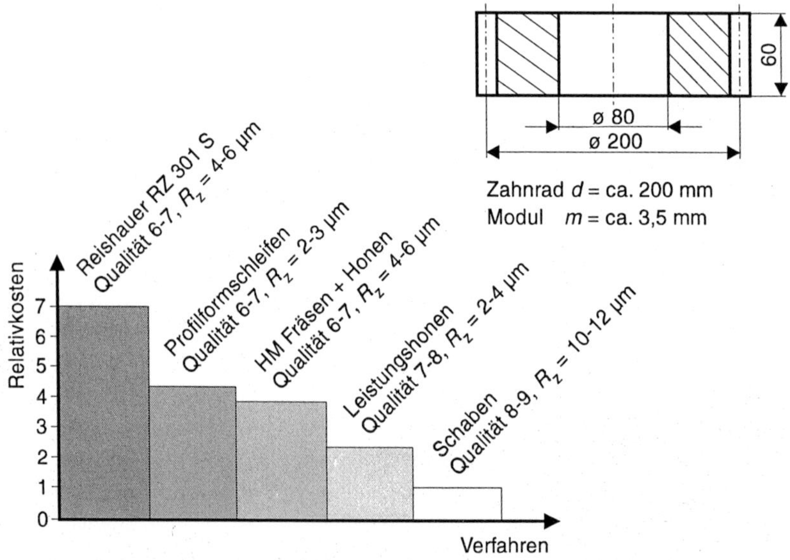

Bild 7.11-27. Relativkosten für die Feinbearbeitung von Zahnrädern (n. ZF)

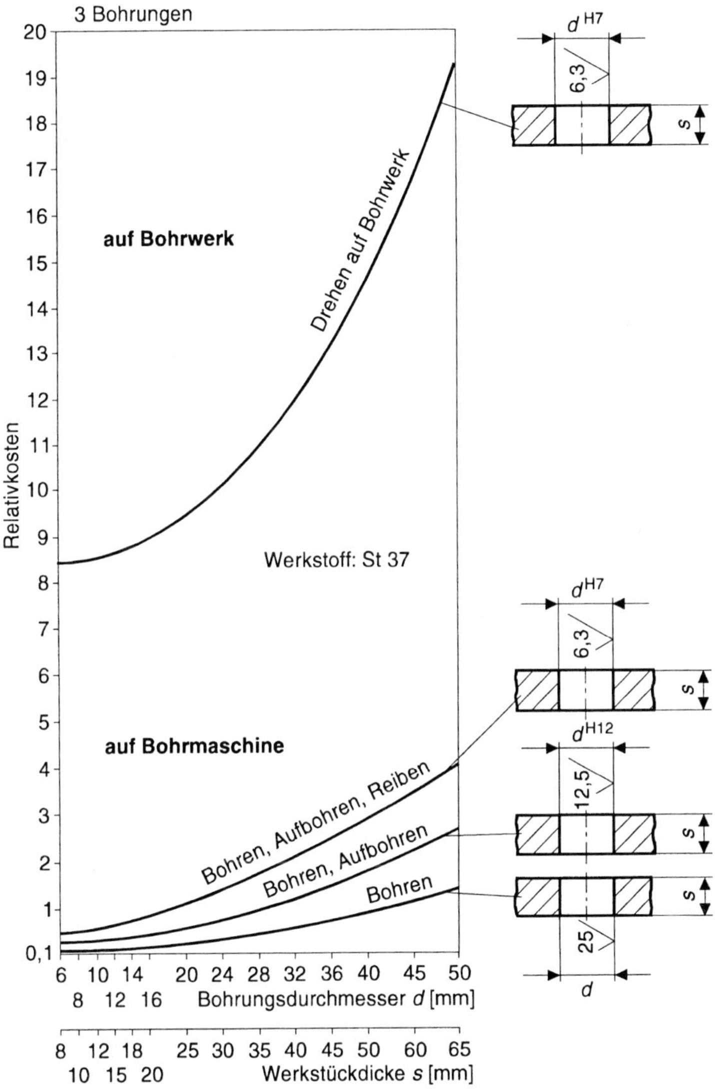

Bild 7.11-28. Relativkosten für Bohrwerk und Bohrmaschine (n. Voith [Bus83])

- **Art des Werkzeugs:**
  Die Art des Werkzeugs wirkt auf die Bearbeitungszeit und damit die Fertigungskosten. Konstrukteure haben i. a. allerdings keinen Einfluss darauf, ob z. B. mit Schnellstahl-, Hartmetall- oder Keramikdrehmeißeln gearbeitet wird. Aber sie können z. B. bei Frästeilen Walzenfräser gegenüber Fingerfräsern bevorzugen.
- **Baugröße, Stückzahl:**
  Da beim Spanen die Fertigungskosten im wesentlichen proportional zur bearbeiteten Oberfläche wachsen (Kap. 7.6.1), wird man bestrebt sein, diese beson-

ders bei großen Werkstücken in Einzelfertigung bzw. bei jeder Werkstückgröße in Serienfertigung z. B. durch Bearbeitungsleisten gering zu halten. Über größere Stückzahlen (Normung!) sind die bei kleinen Werkstücken oft hohen Rüstkosten absenkbar (s. a. Kap. 7.6 und 7.7).

- **Material:**
  Es gibt erhebliche Unterschiede in der Bearbeitbarkeit der Werkstoffe und damit in den anfallenden Fertigungskosten. Als Faustregel gilt: Bei Stahl ist die Zerspanungszeit umso höher, je höher die Bruchfestigkeit ist. Baustähle und Einsatzstähle sind zu nichtrostenden Stählen, Vergütungs- und Nitrierstählen relativ günstiger in der Zerspanbarkeit.

7.11.4.3
Gestaltungsregeln bei spanenden Verfahren

Die Regeln werden unterteilt in Regeln zur Verringerung des Ausschusses und in Regeln zur Verringerung der Werkzeug- und Fertigungskosten (aus Rüst-, Haupt- und Nebenzeiten).

Allgemein für spanende Verfahren gelten die Regeln in **Bild 7.11-29.**

Die Gestaltungsregeln für konventionelle Bearbeitung sind wiedergegeben für:

- Drehen in **Bild 7.11-30**;
- Bohren in **Bild 7.11-31**;

Allgemeine Gestaltungsregeln für das Spanen

- Möglichst wenig zerspanen (Bearbeitungsflächen vorstehen lassen).
- Möglichst wenig feinbearbeiten (Oberfläche rauh lassen).
- Möglichst grobe Toleranzen verwenden (so gut wie nötig, aber so billig wie möglich).
- Bearbeitungsflächen nicht schiefwinklig gegeneinander anordnen (erfordert Aufspannen auf Winkeltisch).
- An einem Teil geometrisch gleiche Gestaltzonen (gleiche Lochdurchmesser, Gewinde, Ausrundungsradien, gleiche Kegel), gleiche Werkzeuge und (genormte) Lehren verwenden. An Fertigungsfamilien denken (Kap. 7.12.4.2).
- Ausschussgefährdete, komplizierte Teile sind oft kostengünstiger zu bearbeiten, wenn sie geteilt konstruiert (Differentialbauweise), getrennt bearbeitet und wieder montiert werden (Bild 7.9-9).
- Alles in einer Aufspannung bearbeiten. Dies ist kostengünstiger und genauer als beim Umspannen (Bild 7.11-35).
- Große Werkzeugradien vorsehen, wodurch höhere Schnittgeschwindigkeiten z. B. beim Fräsen ermöglicht werden.
- Auf gute Spannmöglichkeit achten, da bei modernen Maschinen hohe Zerspankräfte.
- Bemaßung von einem Koordinatenursprung aus vornehmen (Winkelmaße in achsparallele Koordinatenmaße umrechnen).

Bild 7.11-29. Allgemeine Gestaltungsregeln für spanende Verfahren

Gestaltungsregel	schlechter	besser
1. **Geringe Ausschusskosten** (gute Qualität)		
Beachten des erforderlichen **Werkzeugauslaufs**	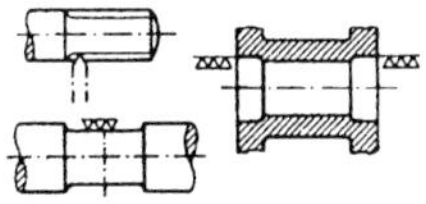	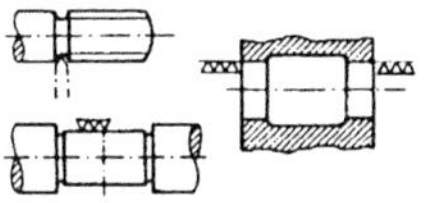
Kegeldrehen erleichtern durch Auslaufstellen	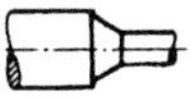	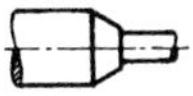
Vorsehen ausreichender **Spannmöglichkeiten**, Spannflächen groß genug, so dass sie nicht zerdrückt werden (s. Bild 7.11-35)	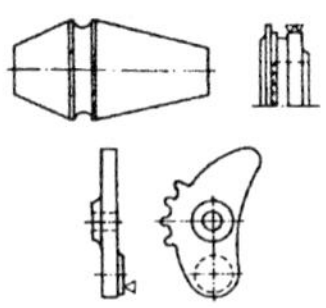	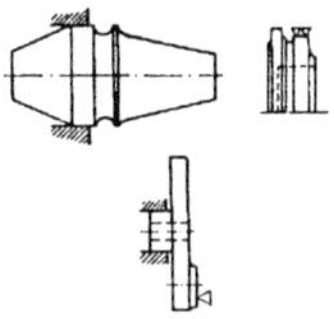
Teile so, dass in **einer** Aufspannung gedreht werden kann		
Spannfläche möglichst nah an Bearbeitungsfläche legen		
Für **genau senkr. Lage** v. **Stirnflächen** zur Drehachse; gemeins. Drehen mit Zylinderfläche fordern		 in einer Aufspannung mit Bohrung drehen
2. **Geringe Werkzeug- und Fertigungskosten**		
Vermeiden großer Zerspanarbeit, z. B. durch hohe Wellenbunde, besser aufgesetzte Buchsen	Beachte Bild 7.12-15! 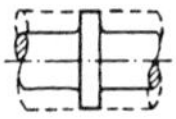	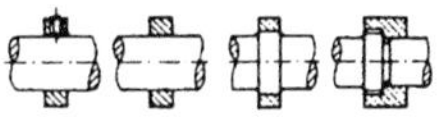
Anpassen der Bearbeitungslängen und -güten an Funktion **(möglichst grobe Toleranzen)**	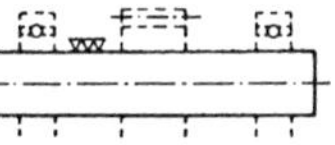	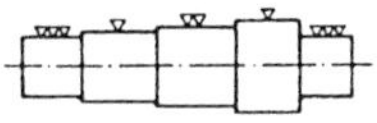
Anstreben einfacher **Formmeißel** (Bei NC-Drehen kein Problem)	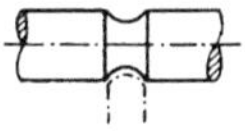	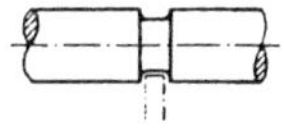
Vermeiden von **Nuten** und engen Toleranzen bei **Innenbearbeitung**	zweiteilig 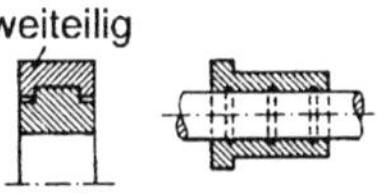	zweiteilig 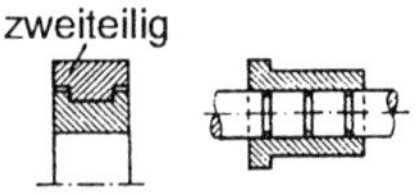
Ausrundungen nicht an ebene oder zylindrische Flächen tangierend anschließen lassen, sondern im stumpfen Winkel		
Kegel- und **Kugel**flächen besser vermeiden (b. NC-Drehen möglich)	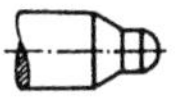	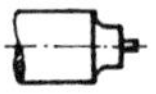
An Rotationskörpern angedrehte Fasen sind kostengünstiger als angedrehte Radien		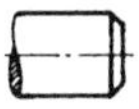

Bild 7.11-30. Gestaltungsregeln für **Drehbearbeitung** [Pah97]

Gestaltungsregel	schlechter	besser
1. Geringe Ausschusskosten (gute Qualität)		
Vorsehen von **Ansatz- und Auslaufflächen** bei Schräglöchern		
Vorsehen von **Platz für Vorschub** des Bohrfutters und Bohrers		
Gleich harte Werkstoffe beim Bohren in die Trennfläche gefügter Teile (sonst Verlaufen der Bohrung)	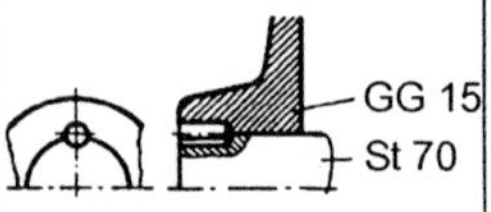	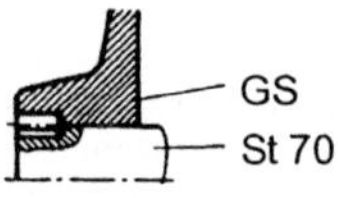
2. Geringe Werkzeug- und Fertigungskosten		
Anstreben **durchgehender Bohrungen**; Vermeiden von Sacklöchern, evtl. besonderen Deckel vorsehen	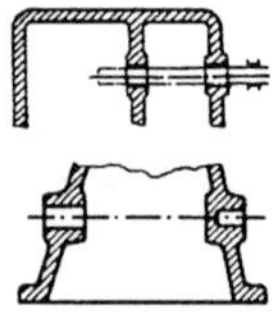	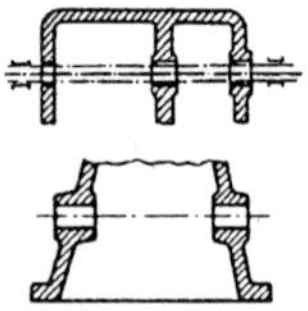
Zulassen von **Sacklöchern** möglichst nur mit Bohrspitze; Durchbohren ist kostengünstiger	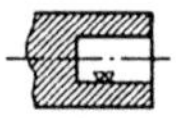	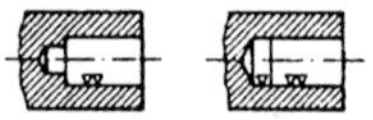
Gestufte Bohrungen vermeiden		
Schräge Bohrungen vermeiden	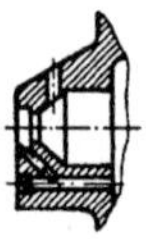	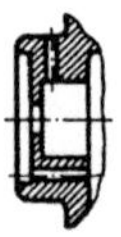

Bild 7.11-31. Gestaltungsregeln für **Bohrbearbeitung** [Pah97]

- Fräsen in **Bild 7.11-32**;
- Schleifen in **Bild 7.11-33**;
- Stanzen, Schneiden in **Bild 7.11-34**.

Beispiel Nutmutter

Die in **Bild 7.11-35** dargestellte Mutter wurde früher in 2 Aufspannungen hergestellt. Zuerst wurde die Innenpassung Ø 80^{H8} hergestellt. Zum Drehen des Außengewindes wurde innen gespannt. Durch die von der Konstruktion zusammen mit der Arbeitsvorbereitung vorgenommene Verlängerung konnten Gewinde und Planfläche in einer Aufspannung hergestellt werden, nachdem vorher mit entsprechend groben Toleranzen vorgedreht wurde. Der Innendurchmesser wurde mit einer Toleranz von ±1 mm bearbeitet. Ergebnis: erhebliche Kostenverringerung!

Gestaltungsregel	schlechter	besser
1. **Geringe Ausschusskosten** (gute Qualität)		
Spannfläche möglichst **nah an Bearbeitungsfläche** (genauer und kostengünstiger durch größere mögliche Spanabnahme)	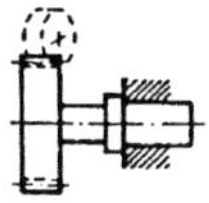	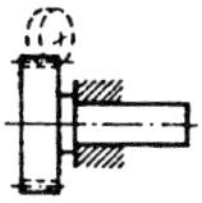
Spannmöglichkeiten vorsehen		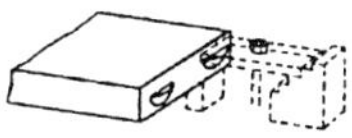
2. **Geringe Werkzeug- und Fertigungskosten**		
Anordnen von **Flächen** in **gleicher Höhe** und parallel zur Aufspannung	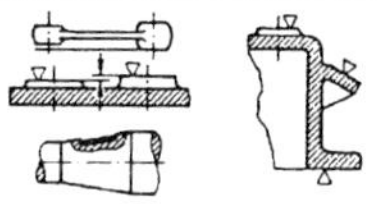	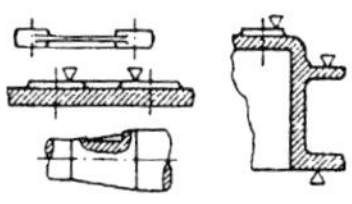
Anstreben **gerader Fräsflächen**, Formfräser teuer; Abmessungen so wählen, dass Satzfräser einsetzbar	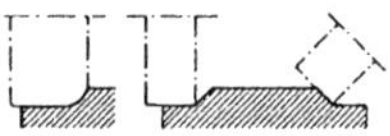	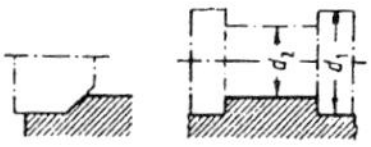
Durchfräsen mit Scheibenfräser kostengünstiger als Streckenbearbeitung mit Fingerfräser (trennen in 2 Teile! Malteserkreuz-Rad)		
Vorsehen **auslaufender Nuten** bei Scheibenfräsern; Scheibenfräser kostengünstiger als Fingerfräser	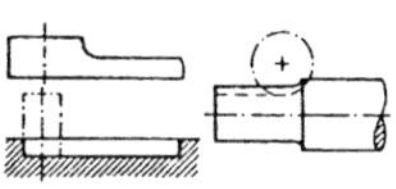	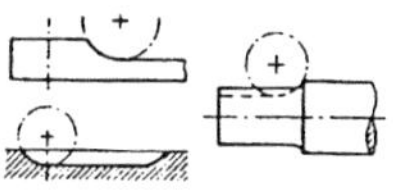
Anpassen des **Werkzeugauslaufs** an Fräserdurchmesser. An nötige **Einspannläge** des Werkstücks denken!	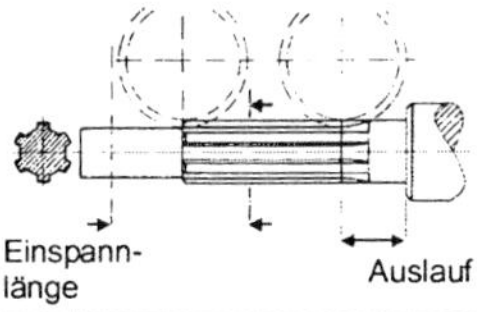	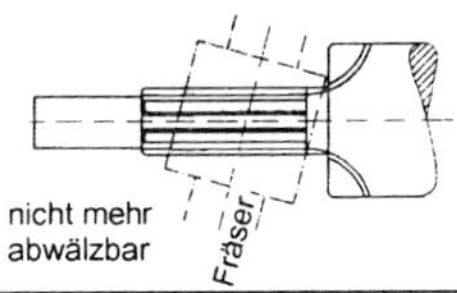
Gleiche Teile so gestalten, dass Zusammenspannung möglich zur **gemeinsamen Bearbeitung**	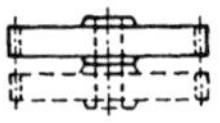	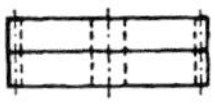
Fräsen mit **Messerkopf** statt Walzenfräser	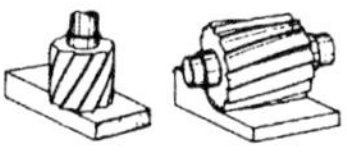	
Beim **Räumen** symmetrische Formen vorsehen, sonst verläuft Räumnadel	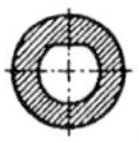	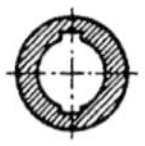
Ein- und Auslaufkante senkrecht zur Räumrichtung	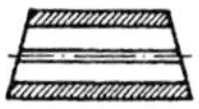	

Bild 7.11-32. Gestaltungsregeln für **Fräsbearbeitung** [Pah97]

Gestaltungsregel	schlechter	besser
1. Geringe Ausschusskosten (gute Qualität)		
Vorsehen von **Schleifscheiben-auslauf**	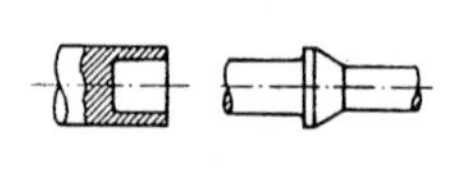	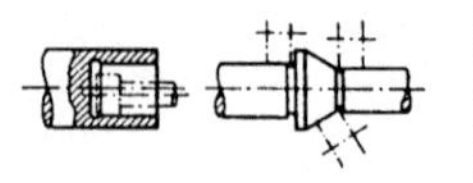
Vermeiden von **Bund-begrenzungen**	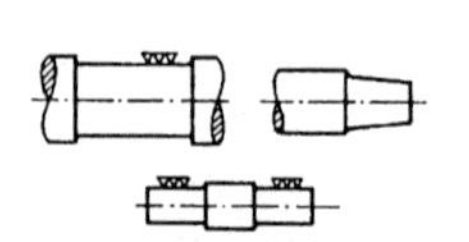	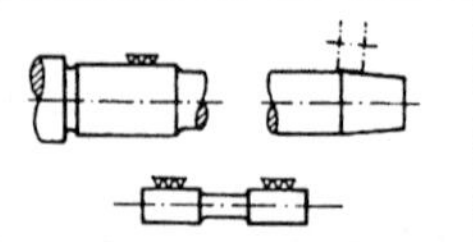
2. Geringe Werkzeug- und Fertigungskosten		
Anstreben **unbehinderten Schleifens** durch zweckmäßige Anordnung der Bearbeitungsflächen	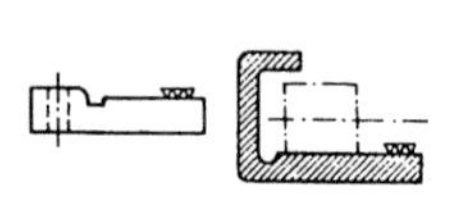	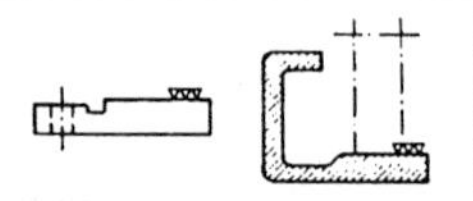
Bevorzugen gleicher Ausrundungsradien (wenn kein Auslauf möglich) und Neigungen an einem Werkstück	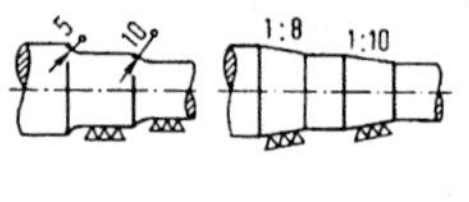	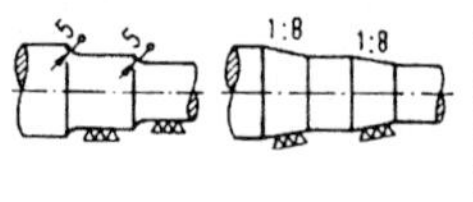
Spitzenlos Schleifen ist günstig - walzenförmige Teile anstreben	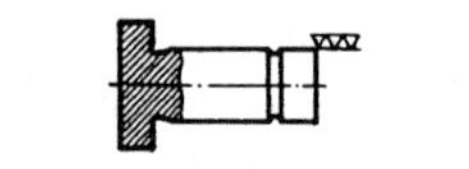	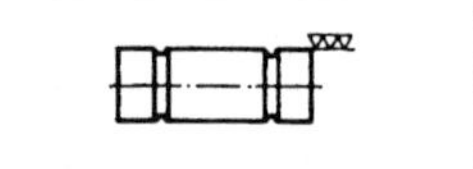
Auf Dauer fest miteinander verbundene Teile, bei denen es auf Genauigkeit ankommt (z. B. mehrteilige Gehäuse) **im montierten Zustand bearbeiten:** Ersparnis enger Tolerierung von zwischenliegenden Fügeflächen	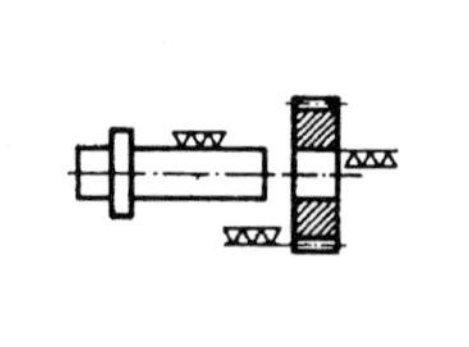	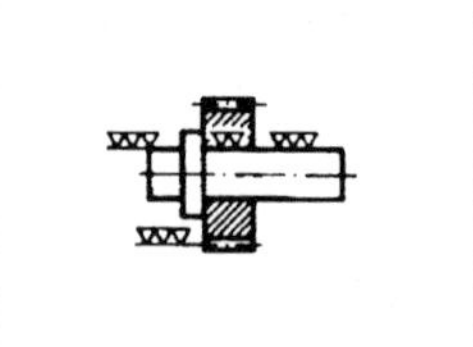

Bild 7.11-33. Gestaltungsregeln für **Schleifbearbeitung** [Pah97]

7.11.4.4
Hochgeschwindigkeitsfräsen und -schleifen

In den letzten Jahren sind spanende Verfahren mit extrem hoher Schnittgeschwindigkeit in die Praxis eingeführt worden. Die Schnittgeschwindigkeiten beim HG-Fräsen sind 5-10mal höher als konventionell üblich [Schu96], beim HG-Schleifen werden 60-200 m/s Umfangsgeschwindigkeit der Schleifscheibe erreicht und 10-20fache Zerspanleistung gegenüber konventionellem Drehen, Fräsen und Außenräumen [Fer92]. Das senkt die Hauptzeiten, was insbesondere für große Werkstücke mit großen Zerspanvolumina kostenmäßig interessant ist.

Gestaltungsregel	schlechter	besser
1. Geringe Ausschusskosten (gute Qualität)		
Vermeiden spitzwinkliger Ausschnittformen und zu enger Toleranzen		
Bevorzugen von Werkstückformen, die bei Folgeschnitten gegen Schnittversatz nicht anfällig sind	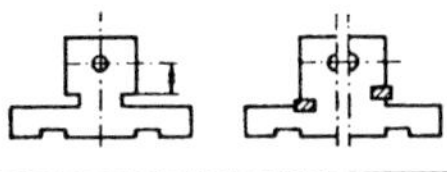	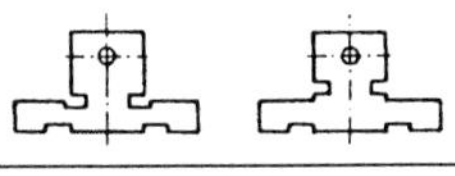
2. Geringe Werkzeug- und Fertigungskosten		
Anstreben **einfacher Schnittformen**; Bevorzugen abgeschrägter Ecken; Vermeiden von Rundungen; geradlinige Schnittkanten vorsehen! (Tafelscheren)	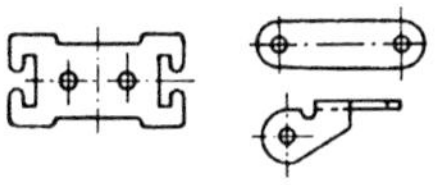	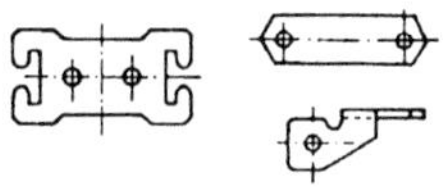
Anstreben **scharfkantiger Übergänge**, um Aufteilung des Schneidstempels in einfache, gut schleifbare Querschnitte zu erleichtern	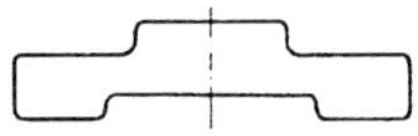	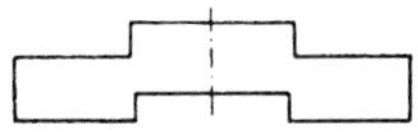
Vermeiden von **Verschnitt** (Abfall) durch Verschachteln zu Blechstreifen und Ausnutzen handelsüblicher Blechbreiten	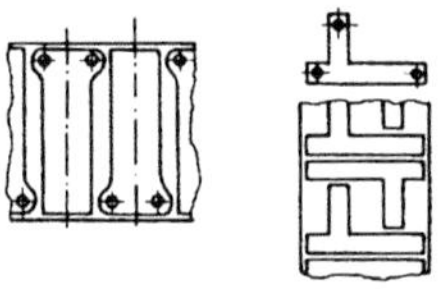	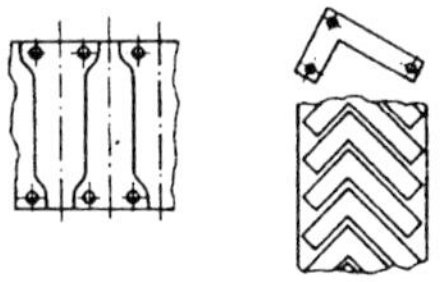

Bild 7.11-34. Gestaltungsregeln für **Stanzen und Schneiden** [Pah97]

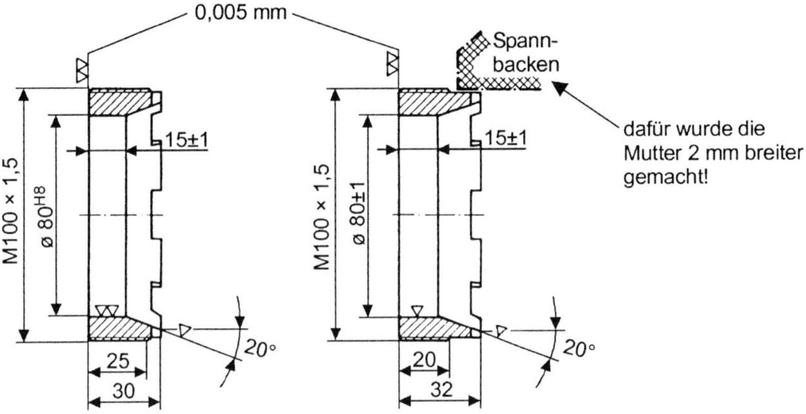

Früher:
zwei Aufspannungen
Feinbearbeitung ø 80 ^{H8}

Jetzt:
eine Aufspannung, keine Feinbearbeitung ø 80 mm
... und ca. 3000 € im Jahr gespart!
bei 1500 Stück/Monat

Bild 7.11-35. Nutmutter: Nur einmal spannen durch konstruktive Ausbildung **einer** Spannfläche (n. RKW)

Beim **HG-Fräsen** kann bei gleicher Bearbeitungszeit alternativ die Anzahl der Fräszeilen erhöht werden, so dass eine bessere Annäherung an die Sollkontur erreicht und der Aufwand für die manuelle Nachbearbeitung geringer wird [Schu96].

Beim **HG-Schleifen** kann auf **einer** Maschine die Vor- und Endbearbeitung durchgeführt werden. Man erhält eine hohe Endqualität ohne kostenintensive manuelle Nachbearbeitung. Für den Kostenvergleich zum konventionellen Schleifen ist wichtig, dass die Investitionskosten höher sind als bei konventionellen Maschinen, so dass für die Bearbeitung genügend Werkstücke mit hohen Zerspanvolumina vorliegen müssen [Ver94; Fer92].

7.11.4.5
Stanzen und Nibbeln

Moderne Stanz- und Nibbelmaschinen [TRU96] sind vielfältig einsetzbar, haben hohe Bearbeitungsgeschwindigkeiten und ein günstiges Kosten-Leistungs-Verhältnis. Diese Maschinen werden ferner als Kombinationsmaschinen mit Biegeeinrichtungen ausgeführt, so dass Werkstücke, wie in Bild 7.11-20 gezeigt, auf einer Maschine direkt aus der Blechtafel heraus gefertigt werden.

Für diese CNC-Maschinen gibt es CAD-Programme, die es erlauben, ein Bauteil durchgängig mit NC-Programmierung zu konstruieren und in einer Fertigungskette auch sofort herzustellen.

Die dominierenden Maschinenkostenanteile bei dieser Technik sind die Fixkosten (Abschreibung, Zinsen, Raumkosten), die bei Einschichtbetrieb rund 90 %, bei Zweischichtbetrieb rund 80 % ausmachen. Die variablen Kosten (Werkzeuge, Instandhaltung, Energie) sind also eher untergeordnet. Zur Berechnung der Herstellkosten sind dazu noch die Personalkosten zu berücksichtigen.

Dementsprechend hat Stanzen und Nibbeln in Verbindung mit der NC- und der Schweiß-Technik z. B. im Textil- und Werkzeugmaschinenbau die gewohnte Gussgehäusebauweise aus Kostengründen z. T. ersetzt (Beispiele in **Bild 7.11-36)**.

7.11.4.6
Brenn-, Laser-, Plasma-, Wasserstrahlschneiden

a) Verfahrensvergleich

Alle vier Schneidverfahren zeichnen sich dadurch aus, dass sie im Gegensatz zu mechanischen Trennverfahren praktisch keine Kräfte auf das Werkstück aufbringen und dass NC-gesteuert fast beliebige Konturen geschnitten werden können. Sie stehen je nach zu schneidenden Materialien und je nach Ansprüchen an die Schnittkanten miteinander in Konkurrenz.

Ein Vergleich ihrer **Eigenschaften** und auch in Relation zur Stanz-/Nibbelbearbeitung ist aus **Bild 7.11-37** zu entnehmen.

Das autogene **Brennschneiden** ist das traditionelle Schneidverfahren für un- und niedriglegierte Stähle bis zu 1 m Dicke, allerdings mit relativ niedrigen Schnittgeschwindigkeiten.

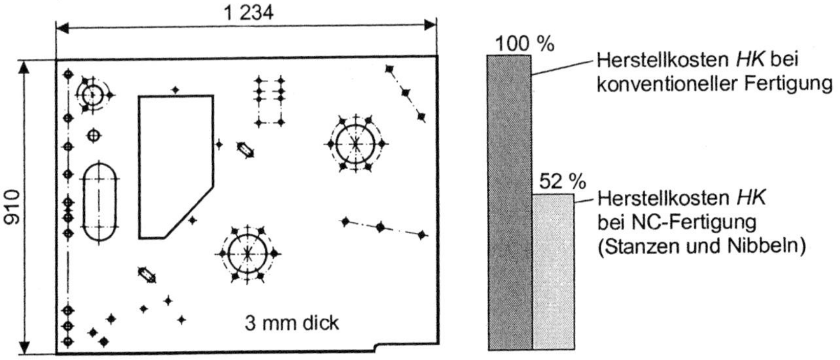

Trommelseitenwand aus Blech bei 1 400 Stück/Jahr wird in NC-Fertigung gegenüber hydraulischem Stanzen und Bohren von Hand wesentlich kostengünstiger (Fahr).

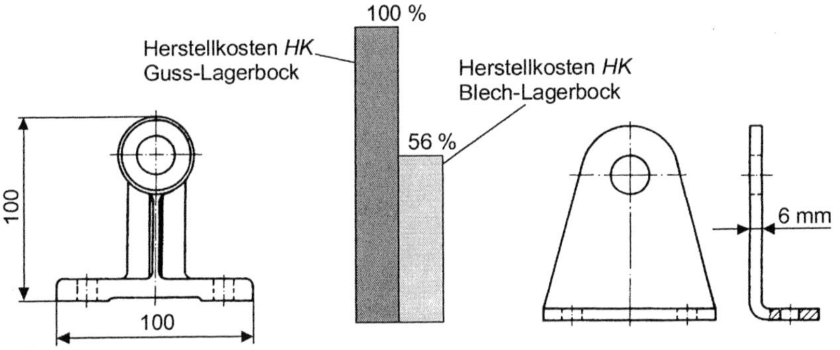

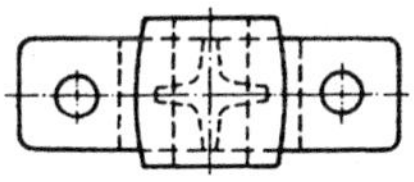

Blech-Lagerbock gefertigt auf NC-Maschine ist bei einer Losgröße von 10 Stück um 44 % günstiger als die frühere Gusskonstruktion (Trützschler).

Bild 7.11-36. Beispiele für kostengünstige Blechkonstruktionen (n. M. Geiger)

Brennschneiden steht als Trennverfahren in Konkurrenz zum **Sägen**. Sägen ist i. a. wirtschaftlicher bei Rund- und Walzprofilen, Brennschneiden dagegen bei Blechen, insbesondere wenn es sich nicht nur um gerade Schnitte handelt. Die Kosten für Brennschneiden sind fast proportional zur Brennlänge und nehmen weniger als proportional mit der Blechdicke zu. Es ist erforderlich, die Brennlänge möglichst klein zu halten, z. B. durch Konstruktion von Teilen, die auf einer Seite eine gemeinsame Schnittkante aufweisen, oder dadurch, dass der „Abfall" ein verwendbares Teil ergibt.

Noch niedrigere Schnittgeschwindigkeiten treten beim abrasiven **Wasserstrahlschneiden** auf, mit dem sich allerdings praktisch alle Materialien schneiden lassen. Unerreicht gute Schnittkantenqualität liefert das **Laserschneiden** [Eng93; Gie92].

Verfahren	Materialien und Materialdicken	Schnitt-geschwindigkeit	Schnittkanten	Bemerkungen
autogenes Brenn-schneiden (z. B. mit Azetylengas und Sauerstoff)	un- und niedriglegierte Stähle 3 mm bis 1 m (dünne Bleche unter 2 bis 10 mm bei hochlegierten Stählen u. Titan nicht)	4 m/min	rau	• hoher Wärmeeintrag • bei höheren Ansprüchen ist Nacharbeit nötig
Laserstrahl-schneiden	Baustahl bis ca. 20 mm Edelstahl bis ca. 10 mm Aluminium bis ca. 6 mm Kunststoffe, Laminate, Glas bedingt	20 m/min und mehr	nahezu senkrecht meist ohne Grat, Schnittfugenbreite 0,1-0,5 mm Rautiefe < 100 µm	• meist keine Nacharbeit nötig • auch sehr schmale Stege und • scharfe Spitzen möglich • praktisch kein Wärmeverzug
Plasmastrahl-schneiden (Gleichstromlichtbogen mit Schneidgas: Argon, Stickstoff, ...)	vor allem hochlegierte Stähle, Leichtmetalle, NE-Metalle von 3 mm bis 100 mm (unter 1 mm bis 3 mm schwierig)	4-6 m/min bei dünnen, niedriglegierten Stählen	konische Schnittkante	Bei höheren Ansprüchen Nacharbeit nötig
Wasserstrahl-schneiden abrasiv (einige 1 000 bar mit Korund-, Quarzpulver)	Baustahl und Edelstahl bis ca. 100 mm Aluminium Kunststoffe, Laminate, Glas, Gestein, Textilien, Wellpappe	einige 0,1 m/min	Fast kein Einzugsradius, keine Wärmebeeinflussung, kein Grat. Rauteile und Winkligkeit abhängig von Materialdicke und Schneidart.	Meist keine Nacharbeit nötig. Die Materialen bleiben in ihrer Ursprungsform (kein Zusammendrücken wie beim Sägen, Messerschneiden), fast keine Temperaturerhöhung.
Stanz-/Nibbelbear-beitung	Baustahl und Edelstahl bis ca. 10 mm Aluminium Kunststoffe, Laminate bedingt		Kleiner Einzugsradius bei geringer Rautiefe, gewisse Winkligkeit der Kante, kaum Grat.	Beim Stanzen meist keine Nacharbeit nötig. Wirtschaftlich in Konkurrenz zum Laserschneiden. Höhere Teilezahl notwendig wegen Stanzwerkzeugkosten.

Bild 7.11-37. Vergleich von **Schneidverfahren** (z. T. n. [TRU96])

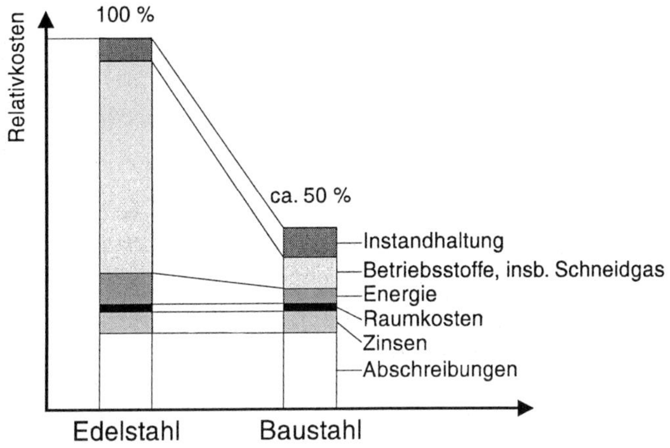

Bild 7.11-38. Laserschneiden bei Edelstahl ist doppelt so teuer wie bei Baustahl [TRU96]

b) Schnittkosten

Die **Schnittkosten** müssen durch einen (Angebots-)Kostenvergleich ermittelt werden. Wegen der sehr unterschiedlichen Bedingungen kann keine allgemeine Aussage gemacht werden. Außerdem befinden sich insbesondere das Laser- und Wasserstrahlschneiden in einer schnellen technologischen Entwicklung.

In **Bild 7.11-38** ist gezeigt, dass beim Laserschneiden von Edelstahl ungefähr die doppelten Maschinenkosten auftreten, und zwar im Wesentlichen wegen des hohen Verbrauchs an Schneidgas.

7.11.5 Verbindungen

Maschinen bestehen aus Maschinenteilen, die über Verbindungen bzw. Verbindungselemente miteinander in Beziehung stehen. Jedes Bauteil benötigt zu jedem Nachbarteil mindestens eine feste Verbindung, sofern sich dieses nicht über ein Lager bewegt. Dies entspricht der Betrachtung der Maschine als System, das aus Elementen und deren Beziehungen besteht. Die Beziehungen sind die Verbindungen. Daraus wird die Wichtigkeit der Verbindungen (Bild 7.11-1) deutlich. Aus der Klasse der festen (ruhenden, Kraft übertragenden) Verbindungen werden hier nicht nur stoffschlüssige, unlösbare Verbindungen (wie Schweißen, Löten, Kleben) behandelt, sondern auch lösbare mit Reibschluss und Formschluss sowie Verbindungselemente wie Schrauben, Spannelemente, Kupplungen.

Entsprechend dem Industriegebrauch [Bau80] wird hier nicht von „Fügen“ (DIN 8580) gesprochen. Die Einteilung der Verbindungen erfolgt pragmatisch. Bezüglich einer Systematik wird auf Roth [Rot96; VDI82] verwiesen. Bewegliche Verbindungen (z. B. Lager, Führungen) und alle, für die keine brauchbaren Kostenaussagen vorliegen, werden nicht behandelt.

7.11.5.1 Wichtigste feste Verbindungen

Im **Bild 7.11-39** sind die wichtigsten festen Verbindungen aufgeführt. Dabei versteht man unter festen Verbindungen solche, die keine Bewegungen zwischen den verbundenen Teilen zulassen (s. Bild 7.11-4).

a) Nicht lösbare Verbindungen (meist stoffschlüssig)

- **Löten**:
  - Weichlöten (mit Arbeitstemperatur < 450°C),
  - Hartlöten (mit Arbeitstemperatur > 450°C, höherfest bei meist größeren Serien (Durchlaufofen));
- **Kleben:** Kalt-/Heißkleben;
- **Schweißen** (s. a. Kap. 7.13.4):
  - **Gas- (Autogen-) Schweißen**: z. B. bei Dünnblechen und Rohren, Blechstärke (0,5...1 bis 5...15 mm);
  - **offenes Lichtbogenschweißen**: universelles Schweißverfahren ab Blechstärken (Elektroschweißen) von ca. 1 bis 2 mm, meist mit umhüllten Elektroden;
  - **Schutzgas-Lichtbogenschweißen** unterdrückt Schlacken- und Oxydbildung, universelles Schweißverfahren; MIG, MAG, WIG-Verfahren;
  - **Press-Schweißen**: Erwärmung durch el. Strom oder durch Gas anschließend zusammendrücken, für Verbinden von Rundmaterial, Profilen, Bolzen auf Blechen usw., meist Serienfertigung;
  - **Reibschweißen**: ähnlich Press-Schweißen, aber Erzeugung der Wärme durch Reibung: Verbinden von Rundmaterial, Bolzen auf Blechen, meist Serienfertigung;
  - **Punktschweißen, Rollschweißen**: Verbindung insbes. dünner Bleche, Bolzen auf Blechen; Blechdicke meist < 6 mm bei Stahl, < 3 mm bei Leichtmetall; Einzel- und Serienfertigung;
  - **Elektronenstrahlschweißen**: für Sonderwerkstoffe, sehr begrenzte Erwärmung, große Tiefenwirkung;
  - **Laserschweißen**;
- **Plastischer Formschluss**:
  - Nieten;
  - Bördeln;
  - Klammern;
- **Schrumpf-/Pressverbindung** (s. Kap. 7.13.6):
  - z. B. Welle-Nabe-Verbindungen; meist unlösbarer Reibschluß, sofern nicht statisch aufweitbare Schrumpfverbindungen (Ölpressverband) verwendet werden.

b) Lösbare Verbindungen (meist form- und reibschlüssig)

- **Reibschluss**:
  - Schrauben (sind auch formschlüssig!);
  - Keil-/Kegelverbindung;
  - Klemm-/Spannverbindung;
- **Formschluss**:
  - Schnappverbindung (z. T. auch reibschlüssig);
  - Bolzen-, Stift-, Passfederverbindungen.

c) Für den Maschinenbau wichtige Anwendungsfälle

- **Welle-Nabe-Verbindungen** (s. Kap. 7.13.6);
- nichtschaltbare **Wellenkupplungen.**

Bild 7.11-39. Wichtigste **feste Verbindungen** (s. a. Bild 7.11-4)

Wegen fehlender Daten können hier nicht immer die eigentlich für die Verbindungen maßgebenden **Funktionskosten** verglichen werden. Bei einer Verbindung müssen nämlich sämtliche für die Funktion z. B. „Verbinden = Übertragen von x N Kraft (oder Moment) in y-Richtung" wichtigen Kosten berücksichtigt werden (Kaufteile, Fertigungs-, Material-, Montagekosten und Montage-/Demontagekosten des Kunden bei Instandhaltung). Wie Bild 7.11-44 am Beispiel einer Axialsicherung eines Wälzlagers zeigt, können die Funktionskosten, d. h. die Gesamtherstellkosten einer Verbindung ein Vielfaches der Kaufteil-(Normteil-)Kosten betragen. (Man sagt so schnell: „Machen wir doch einen Wellensicherungsring rein. Der kostet ja nur 40 Cent." Die Herstellkosten sind dann aber 4 €.)

Ferner haben bestimmte Verbindungen „**kostengünstige Bedingungen**" aufgrund der physikalischen Eigenschaften der „Systemumgebung". Sie bieten sich als kostengünstige Verbindungen geradezu an. Solche sind z. B.

- **Bördelverbindung** bei plastisch verformbarem Blech nicht zu großer Dicke. Diese lässt sich bei spröden Federstahlblechen oder bei Kunststoffen nicht mehr realisieren. Hierzu gehören auch Verlappungen, Kerb-, Renk- oder Schränkverbindungen (Bild 7.11-4);
- **Schnappverbindung** bei Kunststoffen infolge des niederen Elastizitätsmoduls im Vergleich zur Festigkeit;
- **Pressverbindung** bei Welle-Nabe-Verbindungen infolge der allseitigen Umschlossenheit von Material und des elastischen Verhaltens;
- **Punktschweißungen** bei dünnen Blechen (Bild 7.11-40).

Relativkosten für Blechverbindungen

In **Bild 7.11-40** werden verschiedene Blechverbindungsverfahren hinsichtlich ihrer Relativkosten verglichen. Die kostengünstigste Verbindung: Punktschweißen bei Stahlblechen wurde zu 1,0 gesetzt.

Die Relationen verschieben sich, wenn die Kosten auf die Festigkeitseigenschaften (Funktionskosten) bezogen werden.

Verbindung	Relativkostenzahl
• Punktschweißen	1
• Kleben (Araldit)	1,7
• Nieten	2,6 - 3,5
• Schweißen (Lichtbogen)	2,9 - 4,4
• Schrauben	3,6 - 4,4
• Hartlöten	3,7 - 6,9

(3 mm Stahl- bzw. Aluminiumbleche, Losgröße 200, Fertigungskosten ohne Werkstoffkosten)

Bild 7.11-40. Relativkosten von Blechverbindungen (n. G. C. Schulze, Siemens)

7.11.5.2
Kostengünstiges Konstruieren von Schweißgruppen (konventionelles Lichtbogenschweißen)

a) Allgemeines

Bei Schweißgruppen wie Gehäusen und Maschinenständern werden die Herstellkosten von zwei Anteilen bestimmt: dem **Rohteil** und dessen **mechanischer Bearbeitung**. Bei kleinen Baugruppen bis zu einigen 100 kg Gewicht sind die Kosten beider Anteile von Bedeutung. Bei großen Baugruppen ab einigen 1 000 kg Gewicht rückt das Rohteil wegen des annähernd mit der 3. Potenz der Länge zunehmenden Werkstoffanteils in den Vordergrund (Bild 7.13-15 links). Deshalb ist es ratsam, bei großen Schweißgruppen Material zu sparen (dünnere Bleche, mehr Verrippung), auch wenn die Fertigungskosten für das Rohteil dadurch ansteigen. Eigene und fremde Untersuchungen [Bei82a; Pah82] ergaben folgende wichtige **Einflussgrößen** auf die Herstellkosten des Rohteils:

- Schweißverfahren,
- Art der Schweißnaht,
- verschweißtes Nahtvolumen (= Nahtquerschnitt x Nahtlänge),

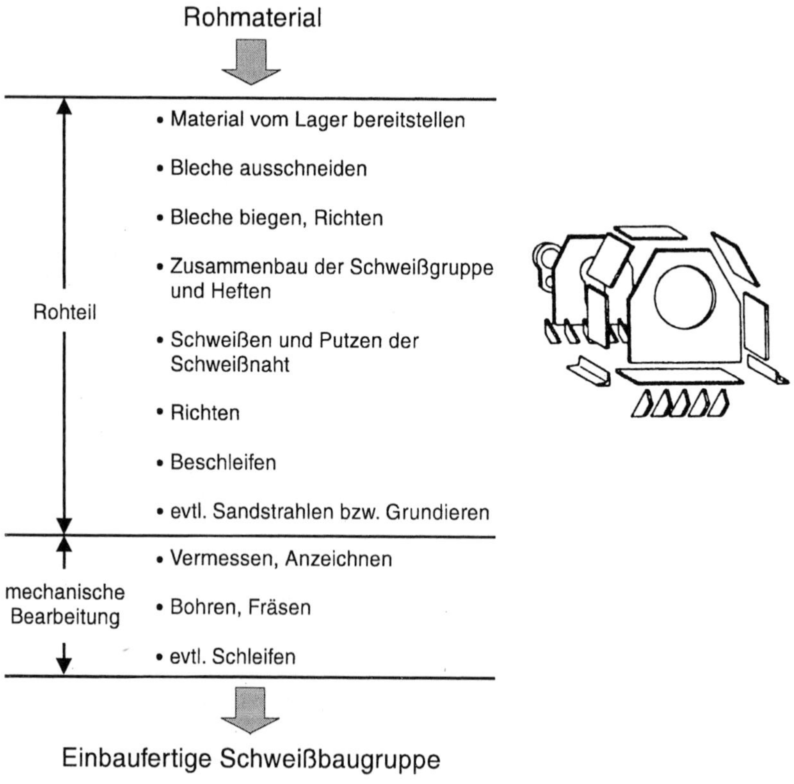

Bild 7.11-41. Fertigungsoperationen bei der Herstellung einer geschweißten Baugruppe

- Zahl der verschweißten Blech- und Halbzeugteile,
- Größe (Gewicht) der Schweißgruppe.

Dabei wird gut schweißbarer Werkstoff vorausgesetzt. Wie sonst, so ist es auch hier zweckmäßig, sich den Fertigungsablauf vor dem Entwurf vor Augen zu führen und zu untersuchen, inwieweit die skizzierte Konstruktion die einzelnen Fertigungsoperationen hemmt oder fördert (**Bild 7.11-41**). Dabei muss man sich auch vergegenwärtigen, dass das eigentliche Schweißen für die Herstellkosten einer Schweißgruppe (z. B. Gehäuse) entsprechend Kap. 10.2 (Bild 10.2-2) nur einen kleinen Anteil ausmacht.

b) Schweißkosten

Das Schutzgasschweißen (MIG, MAG) bringt gegenüber dem Elektroden-Lichtbogenschweißen bedeutende Zeitvorteile, so dass es trotz höherer Platzkostensätze meist wirtschaftlicher ist. Nur bei großen Schweißnahtdicken und -längen ist das Unterpulverschweißen kostengünstiger als das Schutzgasschweißen. Ferner ergeben Nähte mit geringer Schweißnahtfläche A geringere Fertigungszeiten: Die X-Naht ist günstiger als die Kehlnaht. Diese Angaben beziehen sich nur auf den Fertigungsgang Schweißen. Aus Bild 10.2-2 ist aber zu erkennen, dass der Arbeitsvorgang Schweißen nur 15-20 % der Kosten für das Rohgehäuse und nur 7-9 % der Herstellkosten des ganzen Gehäuses ausmacht. Das „Drum-herum" des Schweißens ist wesentlich kostenintensiver: Bleche ausschneiden, Naht vorbereiten, Zusammenbau und Heften der Schweißgruppe, Richten und Beschleifen. Dementsprechend muss gestaltet werden!

c) Beispiele

- Eine **Umkonstruktion** von Guss- auf Schweißkonstruktion zeigt **Bild 7.11-42.** Man erkennt im oberen Teil des Bildes, ähnlich wie im unteren Beispiel, die Bedeutung der Teilezahlreduzierung für die Kostensenkung („Biegen und Abkanten statt Schweißen"). Diese Maßnahme beeinflusst sehr viele Fertigungsoperationen positiv.
- Die Kostenreduzierung eines **Schweißgehäuses** für eine Zentrifuge ist in Kap. 10.2 gezeigt. Hier war die Teamarbeit zwischen den Spezialisten (Konstruktion, Arbeitsvorbereitung, Kalkulation, Schweißer) besonders fruchtbar. Trotz gleichen Abmessungen und gleichem Gewicht konnten – im Wesentlichen durch Abkanten, Biegen – die Herstellkosten auf ca. 50 % reduziert werden.

d) Gestaltungsregeln

Gestaltungsregeln für Schweißgruppen sind in **Bild 7.11-43a+b** zusammengestellt. Da beim Bezug von auswärts auf die Kalkulation der Zulieferer geachtet werden muss, die in erster Linie eine Gewichtskalkulation ist (Kap. 9.3.2.1), gelten folgende Regeln:

Regeln für **kostengünstige Schweißgruppen**:

➔ Bei **Bezug von Zulieferern** möglichst klein und leicht konstruieren. Wenig Wandstärke durch mehr Rippen und Teile.

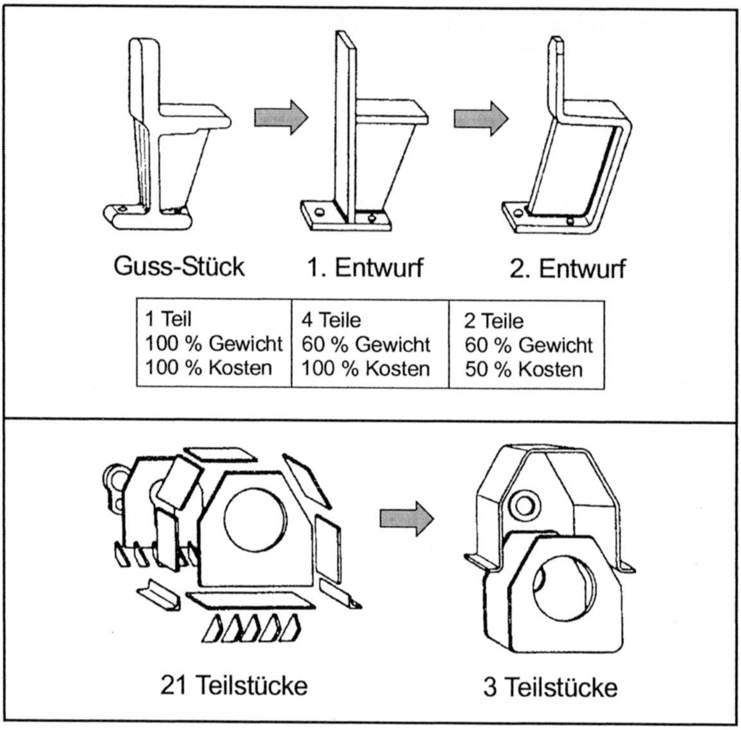

Bild 7.11-42. Beim Schweißen statt vieler Einzelteile wenige gebogene Teile bevorzugen

➔ Bei **Eigenfertigung und kleineren/mittleren Schweißgruppen** auf geringe Teilezahl und Schweißnahtvolumen achten: abkanten und biegen, wenig Rippen und einfache Formen bevorzugen, auch wenn das Gewicht dadurch größer wird.

➔ Bei **Eigenfertigung von großen Schweißgruppen** von einigen 1 000 kg Masse rückt der Materialkostenanteil in den Vordergrund. Deshalb auf geringe Wandstärke achten. Teilezahl, Schweißnahtvolumen, Rippenzahl und Kompliziertheit der Form können zunehmen, wenn nur das Gewicht abnimmt.

7.11.5.3
Laser- und Elektronenstrahlschweißen

a) Verfahren

Beide Verfahren arbeiten ohne Zusatz- und Hilfsstoffe und erzeugen sehr schmale, tiefe Schweißnähte (beim Laserschweißen kann Schutzgas zweckmäßig sein).

Gestaltungsregel	schlechter	besser
1. Geringe Ausschusskosten (gute Qualität)		
eindeutiges **Positionieren** zum Schweißen, z. B. durch Fixierung der Fügeteile	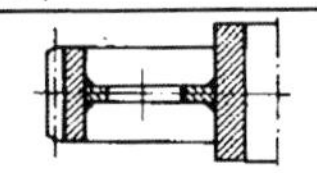	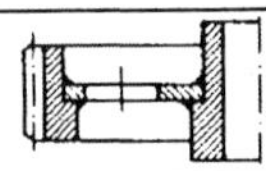 aber teurer
Vorsehen von **Bearbeitungszugaben**, um Schweißtoleranzen auszugleichen	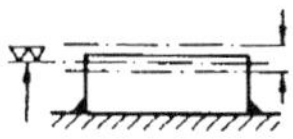 Toleranz	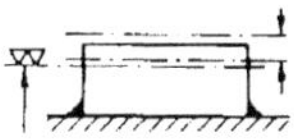 Toleranz
Reduzieren von Schrumpfspannungen (Eigenspannungen, Verzug) durch Nahtformlänge, -anordnung und Schweißfolge sowie durch elastische Anschlussquerschnitte mit niedrigen Steifigkeiten (elastische Zunge und Ecke); **Schweißfolgeplan!**	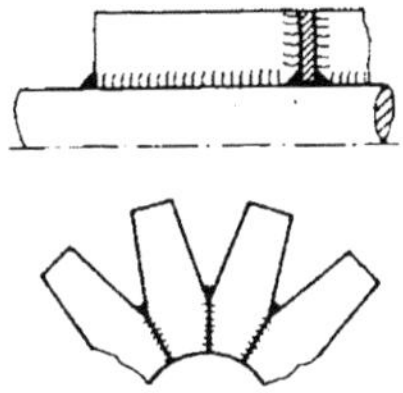	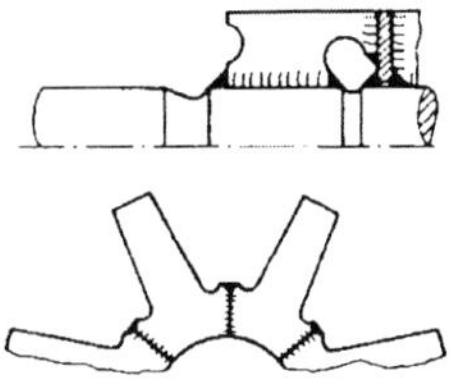
Schweißnähte **weg aus hochbeanspruchten Gebieten**	 Behälterkanten	
Schweißnaht nicht in starke Querschnittssprünge (Bleche z. B. anschäften)	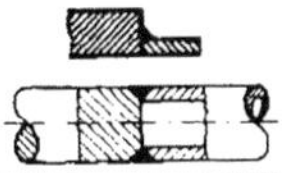	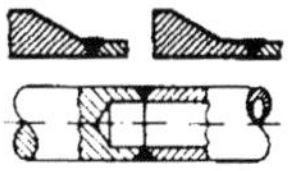
Doppelkehlnaht dynamisch besser als einfache Kehlnaht; Stumpfnaht besser als Kehlnaht; Nähte evtl. wurzelverschweißen oder bearbeiten		
Schweißnaht-Wurzel bei Biegung nicht in die Zugzone legen		
Schweißnähte nicht in Seigerungszonen bei Walzprofilen legen		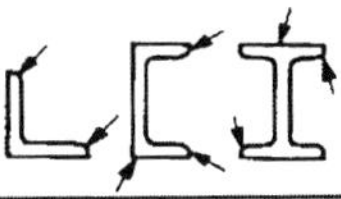
Schweißnähte nicht in vorher kaltverformte Zonen legen (Verzugsgefahr)		
2. Geringe Fertigungskosten		
Bei **Bezug von auswärts** möglichst klein und leicht konstruieren. Wenig Wandstärke durch mehr Rippen und Teile.		
Bei **Eigenfertigung** und **kleineren** oder **mittleren Schweißgruppen** auf geringe Teilezahl und Schweißnahtvolumen achten: **abkanten** und **biegen**, wenig Rippen und einfache Formen bevorzugen, auch wenn das Gewicht dadurch größer wird.	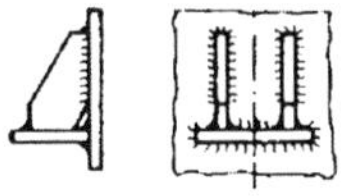	wenig Teile! 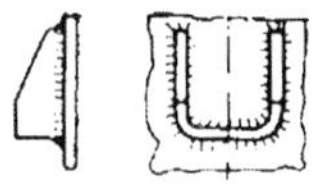

Bild 7.11-43a. Gestaltungsregeln für **Schweißteile** (z. T. n. [Pah97])

Gestaltungsregel	schlechter	besser
zu Bild 7.11-43a: Erläuterung: Mit der **Zahl der zu verschweißenden Teile** nimmt der Aufwand für Brennschneiden und Nahtvorbereitung zu. Das Zusammenbauen und Heften wird zeitaufwendiger. Die Schweißnahtlänge und das zu verschweißende Nahtvolumen nimmt zu. Abkanten und Biegen sind dagegen vor allem bei dünnen Blechen viel kostengünstiger (kürzere Fertigungszeiten; s. Kap. 10.2).		
Bei **Eigenfertigung von großen Schweißgruppen** von einigen 1 000 kg Masse rückt der Materialkostenanteil in den Vordergrund. Deshalb auf **geringe Wandstärke** achten. Teilezahl, Schweißnahtvolumen, Rippenzahl und Kompliziertheit der Form können zunehmen, wenn nur das Gewicht abnimmt.		
Anstreben **fertigungstechnisch günstiger Nahtformen**, wenn es die Beanspruchungen zulassen (Stumpf-, Kehlnähte)	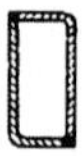	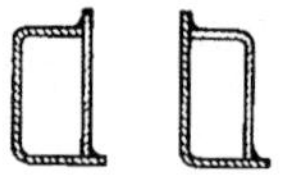
Vermeiden von Nahtanhäufungen und -kreuzungen; gleiche Nahtdicken anstreben	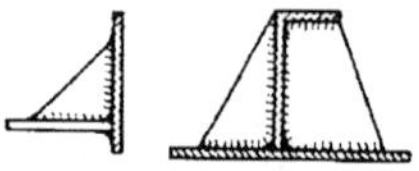	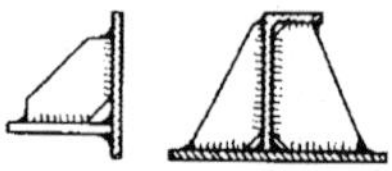
Schweißvorbereitung möglichst einsparen (Absätze, Anschrägungen)	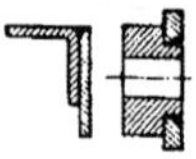	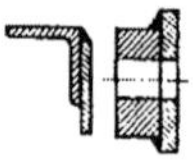
Anstreben **guter Zugänglichkeit** der Nähte	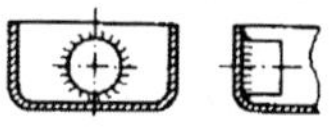	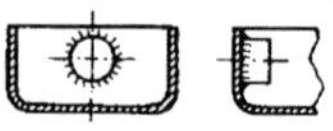
Schweißnahtdicke $a \leq 0{,}5\ s$, s = dünnste Blechstärke; aber $a \geq 3$ mm **Schweißnahtvolumen** klein halten		
besser **lange, dünne Schweißnähte** als kurze, dicke		
Erläuterung: Es liegt auf der Hand, daß die Schweißzeit in erster Näherung proportional zum Schweißnahtvolumen ist (Schweißnahtquerschnitt x Schweißnahtlänge). Das Unterbrechen von Schweißnähten stört den Arbeitsablauf. Außerdem führen dicke Schweißnähte und Schweißnahtanhäufungen durch die starke Wärmezufuhr im allgemeinen zu erhöhtem Verzug und entsprechender Richtarbeit.		
Schweißnähte **nicht in die Bearbeitungsstelle** legen		

Bei gleicher Blechdicke werden folgende Nähte zunehmend kostengünstiger	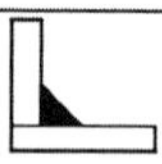 Kehlnaht teurer	V-Naht 	X-Naht  billiger

Bild 7.11-43b. Gestaltungsregeln für **Schweißteile** (z. T. n. [Pah97])

Die Verfahren sind leicht zu automatisieren. Die eingebrachte Wärme ist gering und damit auch der Verzug der Bauteile. Nacharbeiten entfallen. Es kann insbesondere beim **Elektronenstrahlschweißen** eine große Zahl von Werkstoffkombinationen in nahezu beliebigen Werkstückgeometrien verschweißt werden [Schl89].

Ein wesentlicher Nachteil beim Elektronenstrahlschweißen gegenüber dem Laserschweißen ist die Notwendigkeit, die Werkstücke meist in eine Vakuumkammer einbringen zu müssen. Deshalb hat sich das Verfahren vor allem bei kleinen Teilen aus der Feinwerktechnik für hochpräzise Verschweißungen bewährt.

Da dieser Umstand beim **Laserschweißen** entfällt und außerdem sehr leistungsfähige Schweißanlagen (bis 40 kW bei CO2-Laser) zur Verfügung stehen, wird Laserschweißen aus Qualitäts- und Kostengründen zunehmend mehr eingesetzt [Ben93]. Allerdings sind die Investitionskosten hoch und die nötige Personalqualifikation beachtlich. Lohnschweißereien bieten für weniger häufige Fälle wirtschaftliche Vorteile [Hei94; Kin94a].

b) Konstruktive Angaben [TRU96]

Gut **verschweißbar** sind Stähle mit < 0,25 % C, ansonsten ist Vorwärmen zweckmäßig. Cr-Ni-Stähle und Titan (Schutzgas!) eignen sich sehr gut. NE-Metalle sind weniger gut schweißbar mit dem CO2-Laser, besser mit dem Nd-YAG-Laser (s. a. Bild 7.11-37).

Die **Nahtvorbereitung** muss insofern präzise sein, als der Laserstrahl nur 0,3-0,6 mm Durchmesser hat und deshalb die Stoßkanten parallel und bündig anliegen müssen. Zunder-, Lack-, Rostschichten müssen gründlich entfernt werden.

7.11.5.4 Kleben

Das Kleben kann dann als kostengünstige Verbindung eingesetzt werden, wenn folgende Anforderungen bzw. Bedingungen der zu fügenden Teile gegeben sind:

- Verbinden sehr unterschiedlicher Werkstoffe (z. B. Metalle mit organischem Material) bei nicht zu hohen Kräften;
- Vorhandensein großflächiger Verbindungsstellen (z. B. Pkw-Innenverkleidung);
- Flüssigkeits- oder Gasdichtheit.

Kostenintensiv sind der Aufwand zum Reinigen und Entfetten der Oberflächen, die lange Aushärte-/Abbindezeit des Klebers, die Qualitätsüberwachung, das Entsorgen von Beizlösungen und Klebstoffresten.

Automatische Klebung (auch schnellere Heißklebung!) führt durch entsprechende Dosier- und Mischgeräte zur besseren Klebequalität und zur Einsparung von Klebstoff [The89; Hab97].

7.11.5.5 Schrauben und andere Verbindungselemente

Die meist eingesetzte Verbindungstechnik ist Schrauben, erst in großem Abstand folgt Nieten.

a) Funktionskosten (s. Kap. 7.11.5.)

Käufliche, meist genormte Verbindungselemente (Schrauben, Muttern, Nieten, Seegerringe) machen als Kaufteilkosten, bezogen auf die Kosten des gesamten Produkts, nur wenige Prozent aus. Man meint, sie als „C-Teile" im Sinne der ABC-Analyse (Kap. 4.6.2) vernachlässigen zu können. Wie **Bild 7.11-44** am Beispiel einer axialen Wälzlagerbefestigung zeigt, sind sie aber wichtig, denn die Folgekosten des Normteils betragen meist ein Mehrfaches der Kaufteilkosten.

Im Bild sind die **Funktionskosten** der **Alternative A** (Axialsicherung eines Kugellagers mit einer Nutmutter) zu 100 % gesetzt. Dies ist die Summe des Einkaufspreises für Nutmutter und Sicherungsblech ferner der Bearbeitungs- und der Montagekosten: also die gesamten Herstellkosten der Verbindung. Die Aussage ist, dass die Kaufteilkosten (Nutmutter und Sicherungsblech) nur 1/3 der Funktionskosten der Verbindung ausmachen.

Die **Alternative B** mit Wellensicherungsring kostet komplett nur 40 % der Lösung A. Die Kaufteilkosten (Sicherungsring) machen hier sogar nur ca. 10 % der Funktionskosten aus.

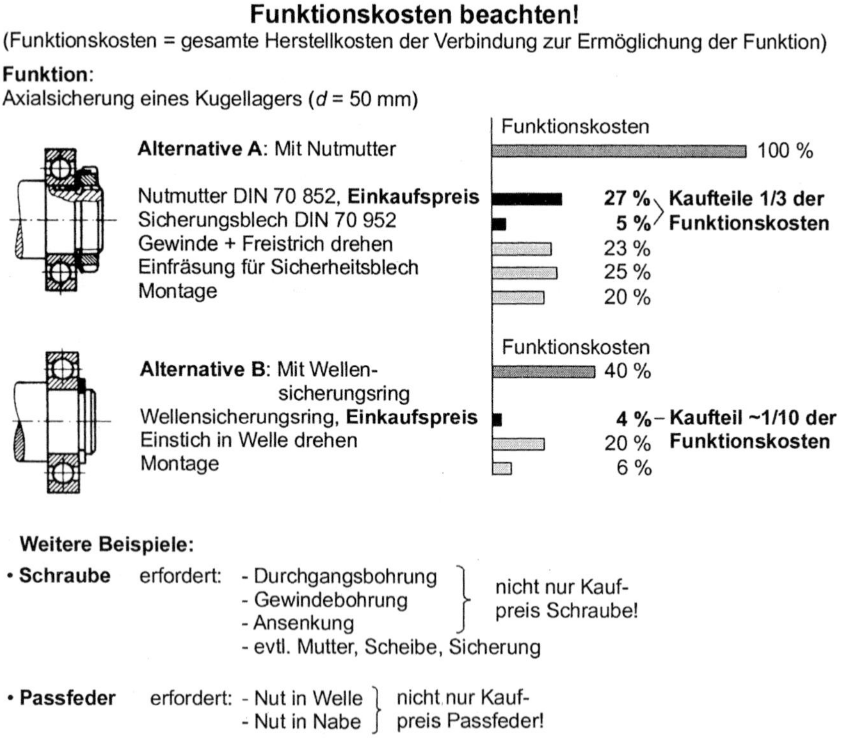

Bild 7.11-44. Funktionskosten für Axialsicherung eines Kugellagers (Funktionskosten: hier = gesamte Herstellkosten der Verbindung). Sie betragen das 3- bzw. 10fache der Kaufteile!

Generell schätzt Bauer [Bau91], dass die Einstandspreise für Verbindungskaufteile üblicherweise unter 10 % der Funktionskosten liegen.

b) Relativkosten und Regeln

Wie in Kap. 4.6.3 erwähnt, sind Relativkosten unternehmensintern unter Berücksichtigung aller beeinflussten Kosten und unter Angabe aller Randbedingungen zu bilden, wenn sie aussagefähig sein sollen. Dazu gehört auch ihre Aktualisierung [Bau91]. Die Relativkostendiagramme in diesem Buch sind in diesem Sinne nur als grobe Anregungen für eigene Untersuchungen zu verstehen. Soweit sie unter dem Firmennamen Voith veröffentlicht werden, entstanden sie im Wesentlichen in der Investitionsgüter-Produktion mit kleinen Stückzahlen und großen Bauteilen (Papiermaschinen, Wasserturbinen). Ihre Erarbeitung ist bei Busch [Bus83] beschrieben.

Die Relativkosten der gesamten **Schraubenverbindung** (Fertigungs- und Montagekosten ohne die Bauteilverstärkung entsprechend Bild 7.9-6) in Abhängigkeit von der Gestaltung zeigt **Bild 7.11-45**. Die einfache Sechskantschraube ist als Durchsteckschraube am kostengünstigsten. Das Gewindeschneiden in Eigenfertigung ist eben immer teurer als die Massenfertigung von Gewinden in Muttern. Senken bedeutet immer Mehraufwand. Auch aufgrund einer anderen Firmenuntersuchung gilt:

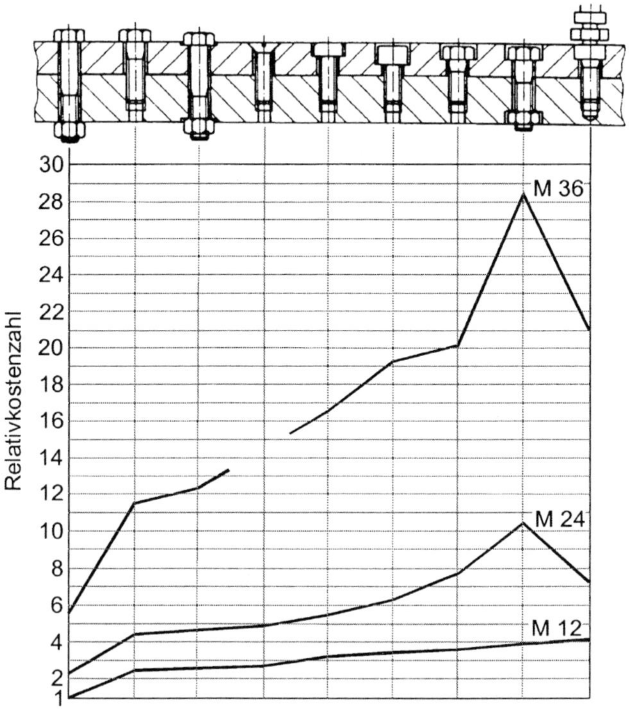

Bild 7.11-45. Relativkostenzahlen von Schraubenverbindungen für verschiedene Abmessungen (n. Voith)

➔ **Durchsteck-Sechskantschrauben** mit Mutter und **Sechskantschrauben mit Gewinde im Gegenteil** sind die kostengünstigsten Schraubenverbindungen, sofern nicht zusätzlicher Materialeinsatz nötig ist (Bild 7.9-6)

Untersuchungen von Voith und [Bau91] haben folgendes ergeben: Bezogen auf das Nutzen-Kosten-Verhältnis (Streckgrenze/Einkaufspreis) sind **Schrauben der Festigkeitsklasse 8.8 und 10.9** am günstigsten. Schrauben der Klasse 5.6 sind bei allen Durchmessern und Längen die teuerste Lösung. Diese Aussage wird noch schwerwiegender, wenn man die Mehrkosten der notgedrungen größeren verschraubten Bauteile mit berücksichtigt (Bild 7.9-6).

Folgende Regeln gelten also für die Schraubenkosten, nicht für die gesamte Verbindung:

➔ Für eine gewünschte Vorspannung ist die **hochfestere Schraube kostengünstiger** als die weniger feste, wenn alle Schrauben (5.6/8.8/10.9) am Lager sind.

➔ Die Sechskantschraube DIN 931 ist etwas kostengünstiger als die Zylinderschraube mit Innensechskant DIN 912. Unter Berücksichtigung der verschraubten Teile dürfte entsprechend Bild 7.9-6 in den meisten Fällen die **Innensechskantschraube** die **kostengünstigste Verbindung** sein.

➔ Wenn Lagerbestand und Sortenvielfalt durch Werknormen eingeschränkt werden sollen, ist die Entscheidung, **nur 8.8-Schrauben** zu verwenden, vernünftig, solange die verwendeten Schrauben meist unter M30 bleiben.

Die technisch günstigsten **Schraubensicherungen** sind Sperrzahnschrauben und verklebte Schrauben.

Bei **Stiftverbindungen** sind Spannhülse und Zylinderkerbstift am kostengünstigsten (kein Reiben der Bohrung).

➔ **Spannhülse** und **Zylinderkerbstift** sind die kostengünstigsten Stiftverbindungen und kostengünstiger als Zylinder- und Kegelstifte mit geriebenen Löchern.

Bei **axialen Sicherungen für Wellen und Naben** ist der **Wellensicherungsring** nach DIN 471 mit einer Scheibe die kostengünstigste Sicherung, die außerdem mehr Kraft überträgt als der Splint mit Scheibe. Am teuersten ist, wie schon in Bild 7.11-44 gezeigt, die Nutmutter mit Sicherungsblech.

7.11.6 Maßtoleranzen und Rauheit

a) Maßtoleranzen

Konstrukteure wissen, dass enge Toleranzen teuer sind, und konstruieren deshalb nach der Regel „nur so fein wie nötig“. Viel mehr Allgemeingültiges ist darüber nicht bekannt. Da die veröffentlichten firmeninternen Untersuchungen wahrscheinlich jeweils von anderen Voraussetzungen ausgehen (Randbedingungen werden kaum genannt), gibt es sehr große quantitative Unterschiede (**Bild 7.11-46**): Setzt man die Fertigungskosten für die Herstellung einer Bohrung mit IT 11 zu 1, so kann man für IT 4 eine Kostensteigerung zwischen dem 2fachen und über 15fachen ablesen. Dieses Ergebnis lässt keine schärfer präzisierte Aussage als obige zu.

Aber auch dann, wenn, wie im Beispiel der FVA-Kostenanalyse an **Zahnrädern**, 10 Firmen nach völlig gleichen technischen Daten die Kosten unterschiedlicher Zahnrad-Qualität (4-7 nach DIN 3961-3967) kalkulieren, ergibt sich ein ähnliches Bild [Fis83]. Setzt man in die Qualität 6 zu 100 %, so ergeben sich bei 200 mm Teilkreisdurchmesser für DIN-Qualität 4 um ca. 5 % bis 35 % höhere Herstellkosten. Ursache für diese Unterschiede sind Zeitunterschiede beim Fräsen der Zahnflanken von 1:4 selbst beim Einsatz gleicher Fräsmaschinen (s. a. Kap. 9.3.7; Bild 7.13-2). Sondert man Ausreißer aus, so kann man als grobe Regel formulieren:

> ➔ Bei einsatzgehärteten und geschliffenen Stirnrädern von 200 mm Durchmesser nehmen die Herstellkosten von Qualität 6 nach 5 und 4 im Mittel jeweils um 10 % zu, bei Rädern von 1 m Durchmesser nur jeweils um 2-3 % [Fis83].

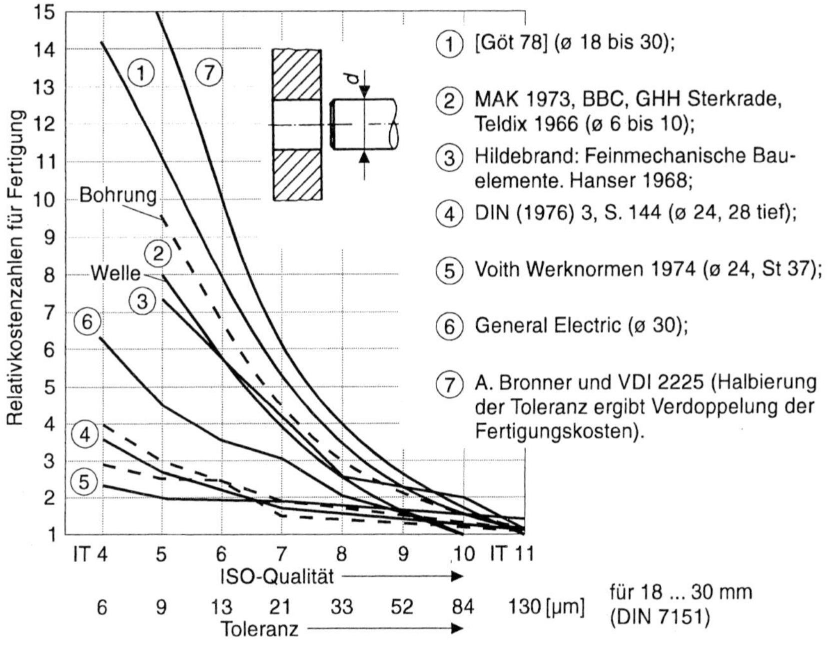

Bild 7.11-46. Streuung der Relativkostenzahlen für ISO-Toleranzen bei Lochdurchmesser 18-30 (alle Maße in mm), DIN 7151 (als Basis wurde IT 11 gewählt)

Es ist typisch, dass die Kosten für Toleranzen großer Werkstücke innerhalb der Herstellkosten weniger ansteigen als die kleiner, denn infolge hoher Werkstoffanteile (Kap. 7.6) werden die Fertigungskosten und damit auch die Kosten für die Einhaltung engerer Toleranzen zurückgedrängt. Wählt man aber die Fertigungskosten als Vergleichsmaßstab, so wird der Unterschied größer.

Die Zunahme der Kosten für engere Toleranzen ist für jeden unmittelbar einsichtig, wenn zusätzliche Fertigungsverfahren dafür nötig werden (**Bild 7.11-47**). Da jedes Verfahren eine Grenze erreichbarer Maßtoleranz und Rauheit hat, muss man betriebsintern feststellen, mit welcher Werkzeugmaschine bzw. Fertigungsart welche Toleranz zu erzielen ist. Bild 7.11-28 zeigt, wie die Einengung von Toleranz und Rauheit bei Bohrungen zusätzliche Fertigungsverfahren erfordert. Am teuersten ist die Bearbeitung am Bohrwerk.

Beispiele für toleranzvermeidende Gestaltung:

- Bild 7.11-35 zeigt die Umkonstruktion eines Ringes, dessen Innendurchmesser von Ø 80^{H8} auf 80 ± 1 geändert wurde. Man sieht, wie wichtig es ist, sich beim Konstruieren den Fertigungsablauf genau zu überlegen und evtl. mit Fertigungsfachleuten Kontakt aufzunehmen.
- **Bild 7.11-48** zeigt, wie man durch einen Übergang auf Kunststoffspritzteile mittels Integralbauweise die Zahl der Teile verringern kann (weniger Fügestellen und Passungen) und durch Ausnutzen der Kunststoffelastizität Passungen unnötig macht (elastischer Toleranzausgleich) (s. Kap 7.11.2.6.b).

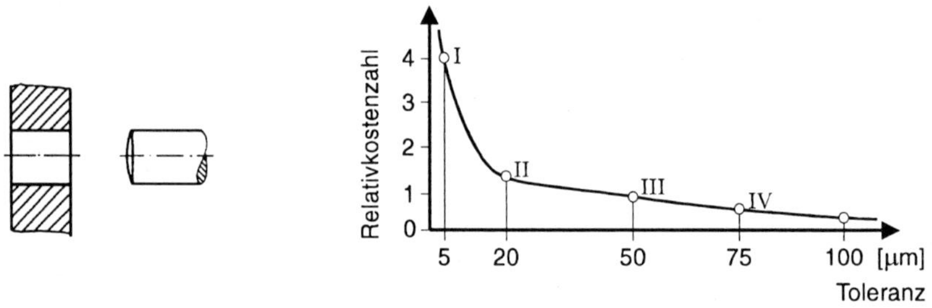

	Verlangte Toleranz (mittleres Spiel)	Passungs-möglichkeit	Bearbeitungsverfahren Achse	Bearbeitungsverfahren Bohrung
I	$T_m = 5$ µm	H5/h5	gedreht, geschliffen, geläppt	gebohrt, geschliffen, gehont
II	$T_m = 20$ µm	H8/h8	gedreht, geschliffen	gebohrt, geschliffen
III	$T_m = 20$ µm	H10/h10	gedreht	gebohrt, gerieben
IV	$T_m = 75$ µm	H11/h11	Halbfabrikat blank, gezogen	gebohrt

Bild 7.11-47. Anstieg der Fertigungskosten mit kleiner Toleranz (n. S. Hildebrand)

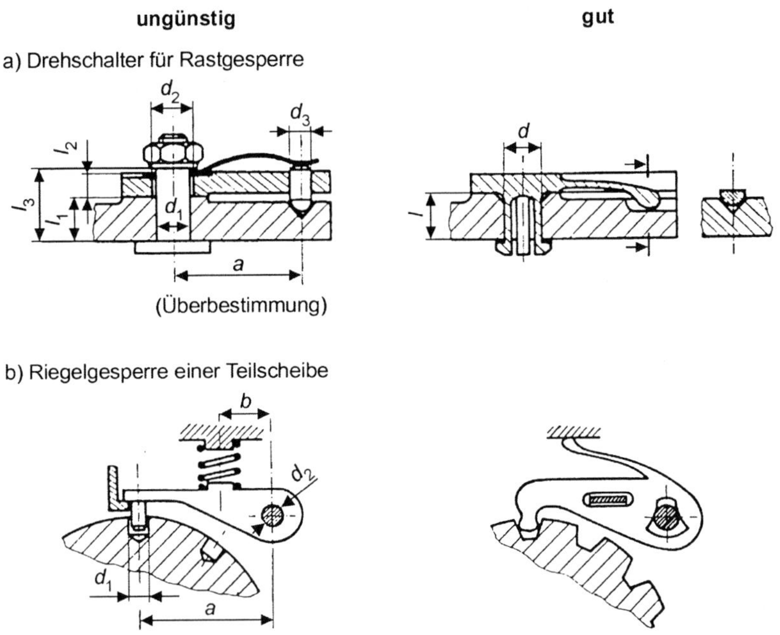

Bild 7.11-48. Toleranzvermeidende Gestaltung (n. R. Koller)

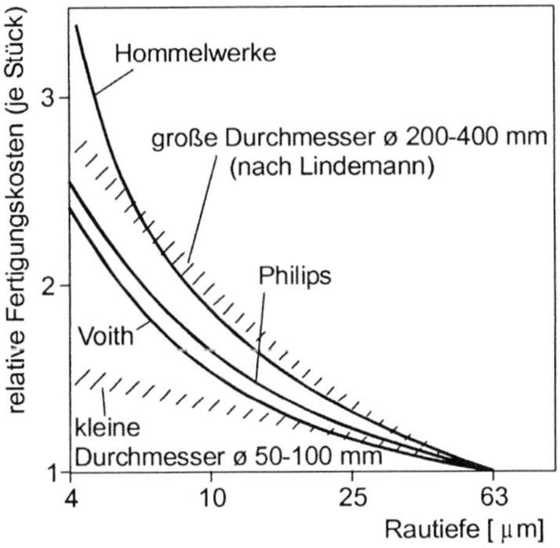

Bild 7.11-49. Streuung der Relativkostenzahlen für die Fertigung unterschiedlicher Rauheit beim Drehen [Lin80]

b) Rauheit

Für die Kosten zum Erreichen geringer Rauheit gilt grundsätzlich das gleiche wie für Maßtoleranzen: Die Streuungen der Angaben verschiedener Firmen sind groß (**Bild 7.11-49**). Nach Lindemann [Lin80] steht beim Drehen der Einfluss der Feinbearbeitung und damit die Rauheit dann im Vordergrund, wenn man nur die Fertigungskosten betrachtet (an Materialkosten kann z. B. nichts geändert werden) und wenn die Schruppkosten gering sind. Dagegen ist bei Betrachtung der Herstellkosten der Rauheitseinfluss, besonders bei größeren Teilen, nicht mehr dominant. Muss aber das Fertigungsverfahren geändert werden oder wird eine besondere Bearbeitung nötig, um eine geforderte Rauheit zu erlangen, so steigen ähnlich wie in Bild 7.11-47 die Kosten an.

7.11.7 Montage

7.11.7.1 Bedeutung montagegünstigen Konstruierens

Montagekosten können bis zu 50 % der Herstellkosten ausmachen [Stö75; Gle96]], besonders bei Produkten mit hoher Teilezahl (z. B. in der Feinwerktechnik) oder hoher Komplexität (z. B. Messgeräte, Werkzeugmaschinen). Im Maschinenbau dominieren kleine Stückzahlen mit einer Vielfalt wechselnder Montageaufgaben, weshalb eine kostensenkende Automatisierung kaum vorhanden ist. Nach [Stö75] sind die Tätigkeiten bei der Montage entsprechend **Bild 7.11-50** verteilt:

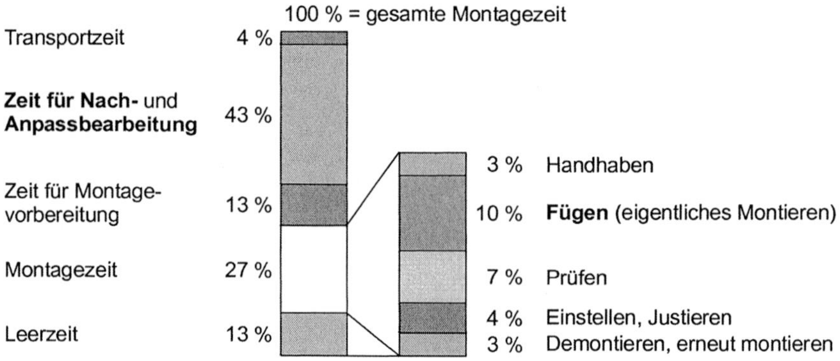

Bild 7.11-50. Reale Tätigkeitsstruktur bei der Montage im Maschinenbau (Einzel- und Kleinserienfertigung) [Stö75]

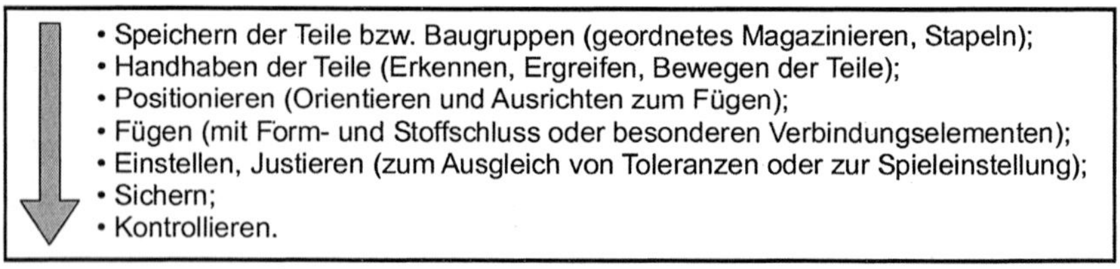

Bild 7.11-51. Ablauf des Montierens [And75, Pah79]

Die Nach- und Anpassarbeit aufgrund unvollständiger Teilefertigung oder ungeeigneter Tolerierung nimmt somit mit rund 43 % aller Montagetätigkeiten den größten Anteil ein. „Bei Montage anpassen“ ist also teuer. Das eigentliche Montieren macht nur rund ein Viertel der gesamten Montagezeit aus und das Fügen selbst nur 10 %!

Viele Montagevorgänge werden von der Konstruktion z. T. schon beim Konzipieren, sicher aber beim Entwerfen festgelegt: die Zahl der zu montierenden Teile, deren Verbindungsarten, die Einstell-, Sicherungs- und Kontrollmöglichkeiten. Der Konstrukteur muss aufgrund seiner montagetechnischen Erfahrung – am besten im Team oder mit einem Mitarbeiter aus der Montage – den Montagevorgang in allen Einzelheiten vorausdenken und festlegen, wie montiert wird, welche Hilfsmittel (Werkzeuge, Vorrichtungen, Maschinen, Messzeuge) dafür verwendet werden können. Nach [And75; Stö75; Gai81; Lot86; Bäß88; Ehr93a; Sto94] gibt es nachfolgende zwei Prinzipien, die die Konstruktion berücksichtigen kann:

- **Vermeidung von Montagevorgängen:**
  Hierfür ist insbesondere die **Verringerung der Teilezahl** wirksam. Es zeigt sich, wie wichtig die der Fertigung vorausgehenden Entscheidungen sind, die auch durch die größten Anstrengungen in der Fertigung nicht mehr wettgemacht werden können: Wenn früher getrennt hergestellte Teile durch z. B. Guss-/Spritzguss/Sinterverfahren nun in Integralbauweise als ein Teil hergestellt werden, gibt es nichts mehr zu montieren (Bild 7.11-12, Bild 7.11-54; Kap. 7.12.4.3).
- **Vereinfachung der Montagevorgänge** im wesentlichen auf drei Arten:
  - direkte Vereinfachung durch montagetechnisch günstigere Merkmale hinsichtlich Geometrie und Werkstoff (z. B. gröbere Toleranzen, geeignete Verbindungsverfahren);
  - ergonomisch günstigere Gestaltung, so dass der Montagevorgang den menschlichen Fähigkeiten besser entspricht;
  - so gestalten, dass der Einsatz technischer Hilfsmittel (Betriebsmittel) möglich wird: z. B. Vorrichtungen, motorisch angetriebene Werkzeuge oder Automaten. Dies ist besonders dann wirtschaftlich, wenn durch Produktnormung (z. B. Baukastensysteme, Kap. 7.12.6) die Wiederholhäufigkeit der Montageoperation steigt.

Beim Konstruieren ist ein Kompromiss zu suchen zwischen Teilefertigungskosten und Montagekosten (z. B. eng tolerierte Teile, dafür kein Anpassen bei Montage) sowie zwischen Erstmontagekosten und Montage-(Demontage-)Kosten bei Wartung, Reparatur und Entsorgung (Recycling, Kap. 7.14).

7.11.7.2
Einflussgrößen auf die Montagekosten

Beim Montieren werden Einzelteile (Teilsysteme) als Elemente zu Baugruppen (komplexeres Teilsystem) und diese wiederum als Elemente zur Maschine (komplexes System) gefügt.

a) Dementsprechend sind die Kosten in erster Linie abhängig von folgenden **Einflussgrößen**:

- Teilezahl und deren Fügeeigenschaften aufgrund von Geometrie, Oberfläche und Werkstoff;
- Baugruppenzahl und deren Fügeeigenschaften an den Schnittstellen zu anderen Baugruppen oder Teilen;
- Verbindungsverfahren.

Nach [And75; Pah79] kann man beim Montieren den in **Bild 7.11-51** angegebenen **Ablaufplan** von Teiloperationen aufstellen, nach dem auch die Regeln in Bild 7.11-53a-d gegliedert sind.

b) Technische Probleme und deshalb auch Kosten verursachen **schwer handhabbare Teile**, die sich durch folgende Eigenschaften auszeichnen:

- extremes Gewicht (Masse);
- extreme Ausmaße bzw. Abmessungsunterschiede;
- grobe Toleranzen;
- Wirrformen (z. B. Federn, Klammern, Sicherungsringe, Kabel);
- hohe Empfindlichkeit;
- extreme physikalische oder chemische Eigenschaften.

Wirrformen oder Wirrteile sind oft durch geeignete Gestaltung vermeidbar. Bild 7.11-53b gibt einige Hinweise. Wirrteile sind meist aus Draht oder Blech (z. B. Wellensicherungsringe, Klammern, Spiralfedern). Schlitze und Löcher sollten kleiner sein als die Materialdicke. Scharfe Ecken, spitze Winkel sollten vermieden werden. Die von der Fertigung her mögliche Ordnung sollte in die Montage eingebracht werden.

c) Organisatorische Probleme sind aber wesentlich kostenbedeutsamer, wie sich aus der überbetrieblichen Untersuchung in Kap. 7.13.7 „Die gestörte Getriebemontage" ergibt [Hub95a]. So ist z. B. eine der zeit- und kostenintensivsten Störungen in der Einzel- und Kleinserienfertigung die mangelnde Teileverfügbarkeit zum Montage-Solltermin (s. a. Bild 7.13-24). Bei einer eingefahrenen Serienmontage entfällt diese Art der Störung, und andere treten in den Vordergrund.

d) Um diese technischen und organisatorischen **Probleme zu verringern**, haben sich folgende **Maßnahmen** bewährt:

- **Montagegünstiges Entwickeln** und Konstruieren **im Team** mit Montage-Experten.
- Aufteilung des Gesamt-Montageprozesses in **Vormontage** und **Endmontage**. Dementsprechend müssen vormontier- und prüfbare Baugruppen konstruiert werden. Damit wird die Montage-Komplexität verringert.
- Gründung von selbstverantwortlichen **Montagegruppen**, mit denen zusammen der Materialfluss, der Zeitablauf und die Qualitätskontrolle optimiert werden.

Technische Maßnahmen für automatisierungsgerechtes Montieren

- 1 Aufgabe
  - wenige Varianten vereinbaren
- 2 Baustruktur
  - vormontierbare Baugruppen
    - getrennt prüfbar
    - Basisbaugruppe vorsehen, modulare Montage
    - wenige variantenspezifische Baugruppen; diese erst gegen Ende montieren
    - bei variantenunabhängigen Baugruppen einheitliche Anbaubedingungen, Schnittstellen vorsehen
- 3 Teile
  - wenige Teile, wenige verschiedenartige Teile
    - durch Integralbauweise
      - Gussverfahren (Kunststoff, Metall)
      - Blechumformung
      - Sinterverfahren
      - Outsert-/Inserttechnik
    - Gleichteile
    - Kauf-, Norm- u. Standardteile
  - nicht verwechselbare, nach Lage erkennbare und greifbare Teile
  - keine biegeschlaffenTeile (z. B. Kabel, Dichtungen)
  - keine Wirrteile, besser vorgeordnete Teile
  - leicht transportierbare Teile, leicht handhabbar und einführbar
  - selbsttätig ausrichtende und sichernde Teile
- 4 Verbindungen
  - wenige zusätzliche Verbindungsteile
  - vormontierte Verbindungsteile (z. B. Schraube mit Dichtung)
  - mit Translation montierbar
    - Schnapp-, Rastverbindungen
    - Bördel-, Stauch-, Verlapp-, Kerbverbindungen
  - Kleben
- 5 Fügebewegung
  - möglichst nur eine Bewegungsart, z. B. Translation
  - möglichst nur von einer Richtung stapelartig montieren
  - auf gute Zugänglichkeit achten
  - Einstellen, Justieren vermeiden
- 6 Handhabungsgerät
  - Grenzen und Eignung bzgl. Abmessungen, Kräfte, Wege, Geschwindigkeiten; Genauigkeit beachten

Organisatorische Maßnahmen für montagegünstiges Konstruieren

- Schulung der Konstrukteure anhand von Beispielen aus dem eigenen Hause
  - Filme über neue zweckmäßige Montageverfahren
- Beratung der Konstruktion durch Montagefachmann
  - von Fall zu Fall
  - Berater macht zeitlich fixierten Besuch
  - Berater ist ständig in der Konstruktion
- Projektteam für montagegünstige Konstruktion
- Arbeitsgruppe Montageplanung innerhalb der Arbeitsvorbereitung einrichten

Bild 7.11-52. Maßnahmen für die kostengünstige Montage [Ehr93a]

7.11.7.3
Regeln zur kostengünstigen Montage

In **Bild 7.11-53a-d** sind eine Vielzahl von Regeln zusammengetragen, mit denen die Montagekosten gesenkt werden können.

Diese Regeln sind für die Handmontage aufgestellt, gelten aber auch als Voraussetzung für die mechanisierte oder automatisierte Montage. Da die Zahl der Montageoperationen direkt von der Zahl der Teile abhängt, ist die wichtigste Maßnahme Weglassen oder Zusammenfassen von Teilen (Integralbauweise, Kap. 7.12.4.3).

Da ferner die Nach- und Anpassbearbeitung einen großen Kostenanteil einnimmt, ist die Produktnormung wichtig, um z. B. für kritische und immer wiederkehrende Passoperationen gestufte Passteile verwenden zu können. Es können dann Lehren und Vorrichtungen für sonst erst in der Montage vorgenommene Bearbeitungen und auch für die Montage selbst angefertigt werden. Die Gestaltungsregeln (Bild 7.11-53) sind auch als Checkliste für die Montagebeurteilung von Konstruktionen verwendbar.

In **Bild 7.11-52** sind technische und organisatorische Maßnahmen für die kostengünstige Montage in einer übersichtlichen Struktur zusammengefasst.

7.11.7.4
Beispiele für montagegünstiges Konstruieren

a) Die zentrale konstruktive Maßnahme „keine Teile – keine Montage!“ ist in **Bild 7.11-54** am Beispiel einer **Schlauchklemme** gezeigt.

Die frühere 6teilige Metallkonstruktion wurde durch eine einteilige Integralbauweise in Kunststoffspritzguss abgelöst, wobei die große Elastizität des Kunststoffs positiv ausgenützt wurde. Die Montage des jetzt nur noch „Centartikels“ entfällt ganz, da der Nutzer sie selbst am Schlauch montiert. Man sieht, wie stark sich Gestaltungsprinzipien auswirken.

Beim runden **Verschlussdeckel** in Bild 7.11-53a (oben) wurde die ursprüngliche Konstruktion mit 8-10 Teilen (je nach Schraubenzahl) durch **ein** Normteil (Verschluss-Scheibe DIN 470) ersetzt. Die Abdichtung gegen Spritzwasser und Verschmutzung ist ausreichend. Bei solchen Unterschieden sind keine Vergleichskalkulationen mehr nötig.

b) Bei der **Befestigungseinrichtung** für Pkw-Brems- und Kraftstoffleitungen nach **Bild 7.11-55** wurden sowohl die Regel „Teilezahlreduzierung“ (von 3 auf 1, wieder durch Integralbauweise mit Kunststoff) als auch die Regel „einfache geradlinige Fügebewegung“ realisiert (Bild 7.11-53c); damit war außerdem der Übergang von teurer Handmontage zur schnellen automatisierten Montage möglich.

c) Das Vermeiden von Pass- und Justierarbeiten zeigt Bild 7.11-17 am Beispiel eines in der Teilfuge **„gecrackten“ Motorenpleuels**. Es entfällt nicht nur das Bearbeiten der Teilfuge, sondern eben auch das Einstellen, Verstiften beider Teile bei der Montage.

Gestaltungsregel	schlechter	besser
1. Verringerung der Zahl der Montageoperationen		
durch Weglassen von Teilen rechteckiger Deckel	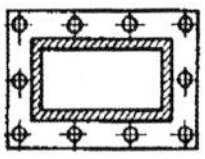	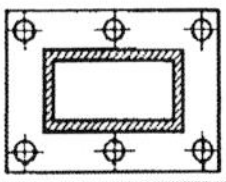
runder Deckel	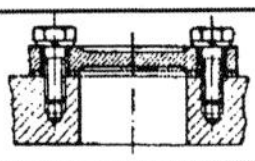	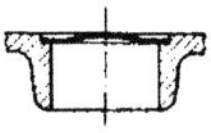
durch vorgefertigte Anschläge	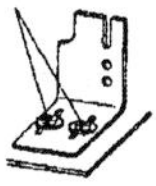	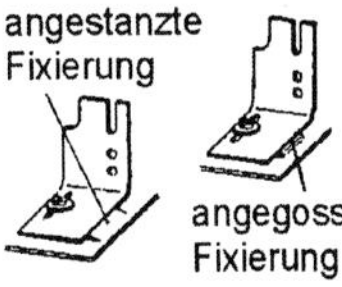
durch Zusammenfassen von Teilen (Integralbauweise)	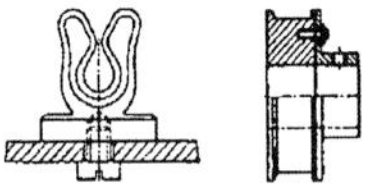	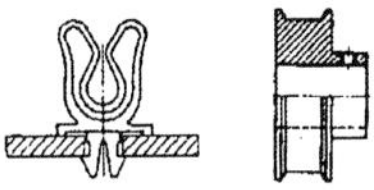
durch Verwendung vormontierter und getrennt prüfbarer Teile und Baugruppen	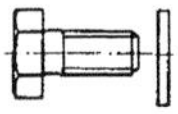	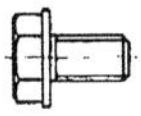
durch einheitliche Teile (Gleichteile, Kaufteile)	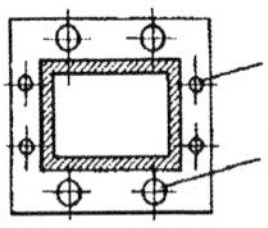	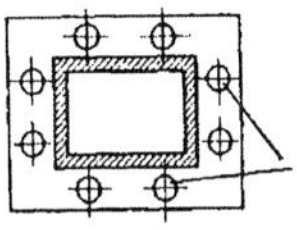
durch einheitliche, variantenunabhängige Montageoperationen (kurze gerade Fügebewegungen, möglichst einheitliche Richtung)	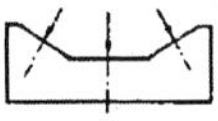	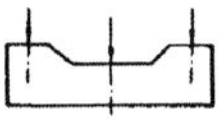
Basisteil wählen, auf das montiert und mit dem transportiert wird		
2. Leichtes Speichern der Teile		
stapelfähige Teile (dann auch im Stapel bearbeitbar!)	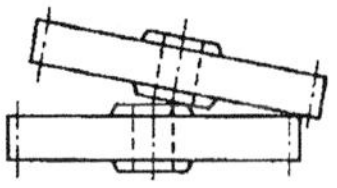	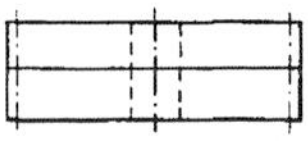
Bei Wirrformen durch lageorientiertes Speichern (z. B. Heftklammern) ursprüngliche Ordnung beibehalten: Kleinteile am Stanzstreifen lassen bis zum Schluss		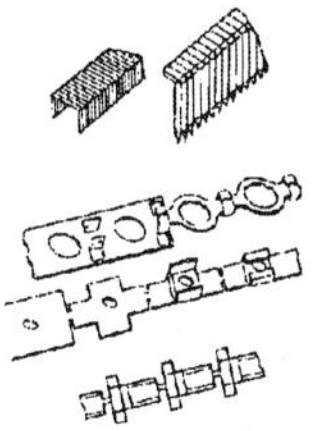

Bild 7.11-53a. Gestaltungsregeln für kostengünstiges **Montieren** (z. T. n. U. Andreasen, K. H. Beelich, G. Pahl, Th. Stöferle, VDI 3237)

Gestaltungsregel	schlechter	besser
3. Leichtes Handhaben der Teile		
Leichte Lage-Erkennung entweder "symmetrisch konstruieren" oder "erkennbar unsymmetrisch" (Verwechseln vermeiden)	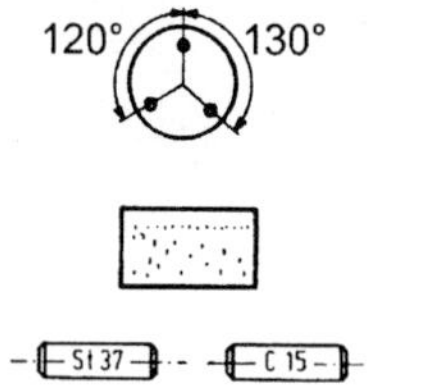	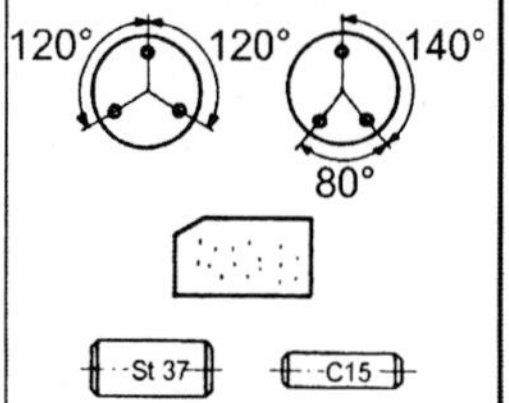
Leichtes Ergreifen ▪ Abdrückschrauben oder überstehende Flansche bei geteilten Gehäusen vorsehen ▪ Verhaken vermeiden	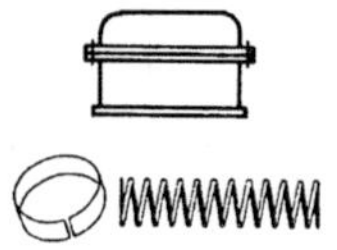	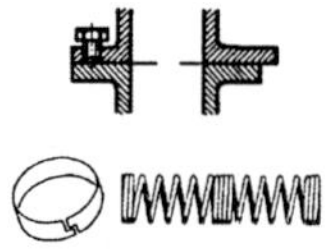
Leichtes Bewegen ▪ **Halte- und Aufhängeeinrichtungen** für schwere Teile nicht vergessen; bei schweren Teilen 2 oder 3 Ösen bzw. Nasen, so dass Neigung mit Hubzeug verändert werden kann (Horizontalmontage von Gehäuseteilen) ▪ Teile so, dass sie leicht rollen ▪ Teile so, dass sie beim Transportieren nicht klemmen	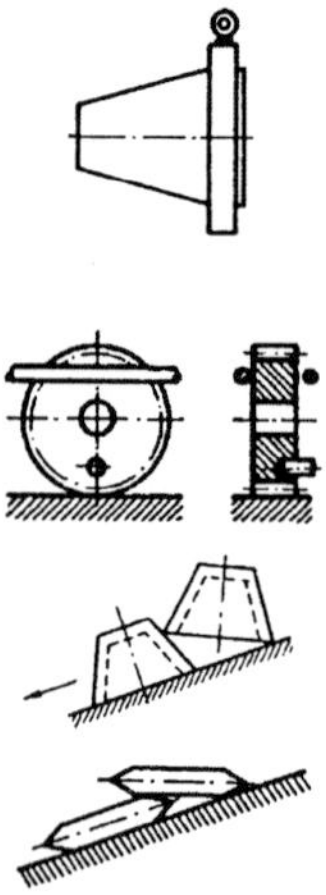	
Biegeschlaffe Teile vermeiden		
Grenzen und Eignung bzgl. Abmessungen, Kräfte, Wege, Geschwindigkeiten; Genauigkeit beachten für automatisierungsgerechtes Montieren		
4. Leichtes Positionieren der Teile		
selbsttätiges Ausrichten (ohne Anpassen, Verstiften), z. B. Deckel mit Zentrierung	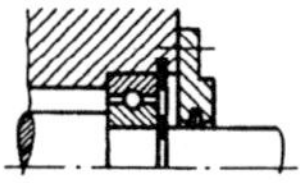	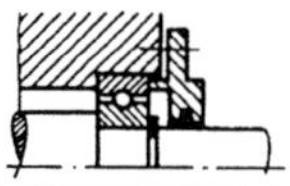

Bild 7.11-53b. Gestaltungsregeln für kostengünstiges **Montieren** (z. T. n. U. Andreasen, K. H. Beelich, G. Pahl, Th. Stöferle, VDI 3237)

Gestaltungsregel	schlechter	besser
5. Leichtes Fügen		
• **Geeignete Verbindungselemente** • **Geradlinige Fügebewegung** - **Kerb- und Spannstifte** oft günstiger als Gewindestifte oder Zylinder- und Kegelstifte in geriebenen Löchern	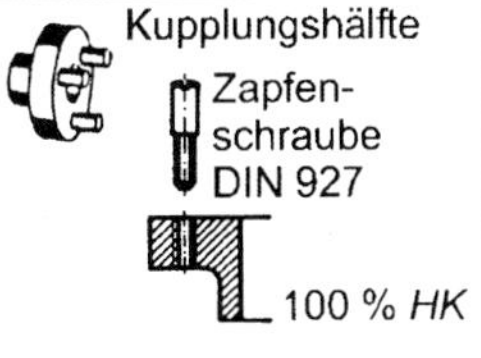	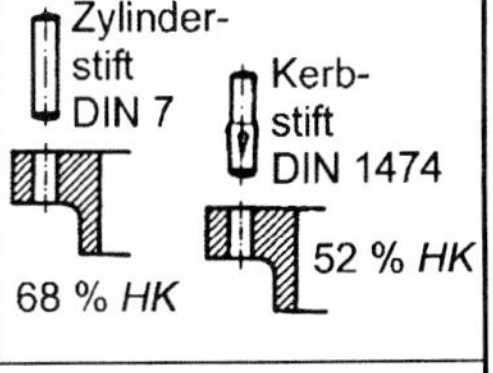
- Spezielle und wenige Verbindungselemente und -verfahren (Schnapp-, Rast-, Bördel-, Stauch-, Verlapp-, Kerbverbindungen) (kleben, Dick-/Dünnschichttechnik)	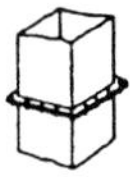	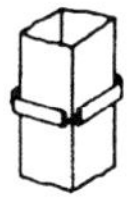
Leichtes Einführen • Passteile **anfasen** zum Einfädeln (Zapfen, Wellen, Blechfahnen in Schlitze) • Bei langen Wellen **Passflächen nicht mit gleichem** Durchmesser oder absetzen; gilt auch für aufzuziehende Naben oder Wälzlager • Passflächen **nicht gleichzeitig anschnäbeln lassen**	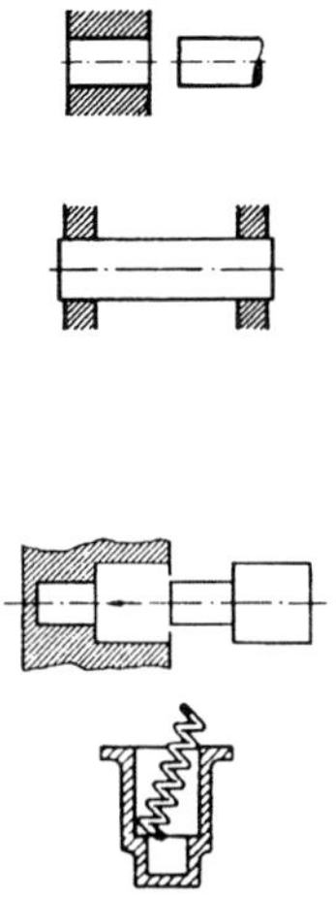	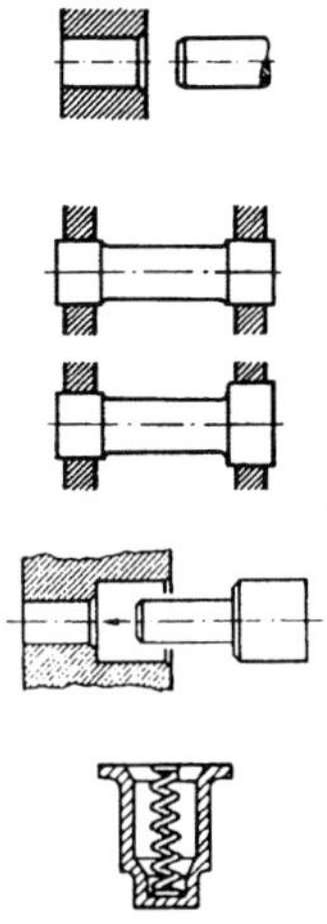
• Auf **Zugänglichkeit** achten • Formschlüssiges **Einlegen** von Ringen bei geteilten Gehäusen statt Anschrauben • **Passfeder so tief legen**, dass andere zu montierende und demontierende Teile darüber weggehen • Fügen beobachtbar machen, evtl. an Außenkontur		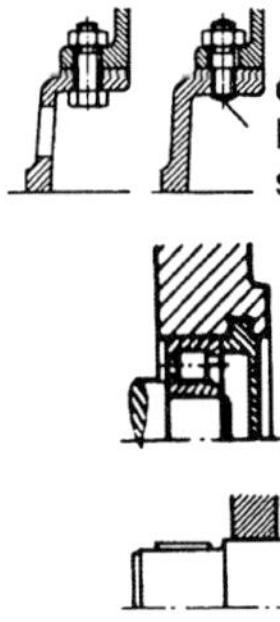

Bild 7.11-53c. Gestaltungsregeln für kostengünstiges **Montieren** (z. T. n. U. Andreasen, K. H. Beelich, G. Pahl, Th. Stöferle, VDI 3237)

Gestaltungsregel	schlechter	besser
6. Leichtes Einstellen, Justieren ("grob fertigen, fein justieren")		
▪ **Doppelpassungen** vermeiden, Klemmen! Kegelsitze dürfen weder radiale noch axiale Anschlagflächen haben	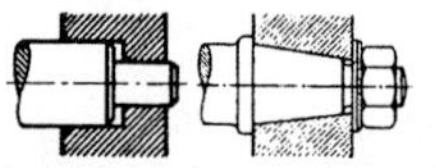	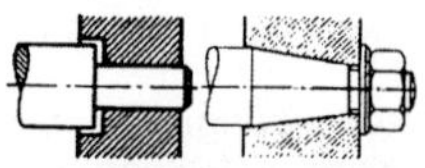
▪ **Gewinde zentrieren nicht!** Besondere Zentrierpassungen vermeiden	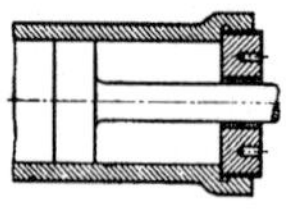	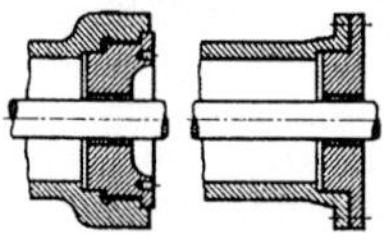
gestufte **Passteile** oder stufenlose **Einstellung** verwenden		
Statt enger Toleranzen: **elastisch** oder **plastisch verformbare** oder **nachstellbare** Teile verwenden	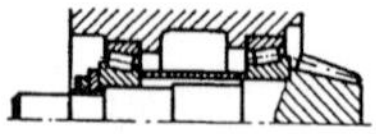	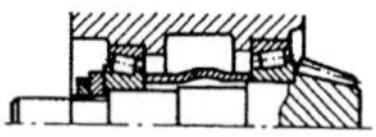
Kerbstift spart abgesetzte Achse mit enger Passung; Durchbohren möglich!	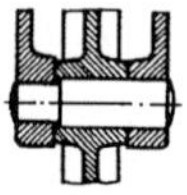	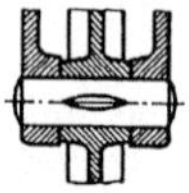
Ankleben von Lagerböcken statt Nacharbeit von Passungen		
7. Eindeutige, leichte Sicherung		
Lagesicherung von Gehäuseteilen durch weit entfernte Pass-Stifte	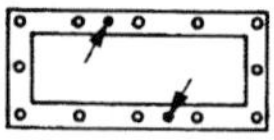	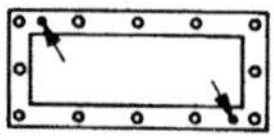
Statt **besonderer Sicherungen** (Sicherungsblech) Verdreh-sicherung durch Formschluss am Schraubenkopf	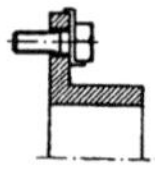	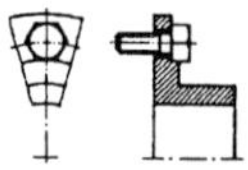
Einfache **Sicherungselemente** vorsehen	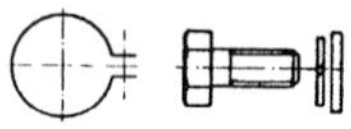	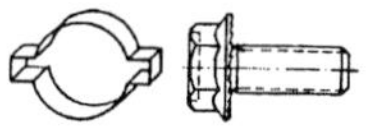
8. Leichtes Kontrollieren		
Sich "selbst kontrollieren" durch unterschiedlich dicke Schrauben	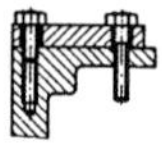	
Norm-Maße und -Toleranzen verwenden (Werkzeuge, Lehren vorhanden!)		
Auszuwuchtende Teile mit Roll-stellen und Unwucht-Wegnahme-stellen versehen	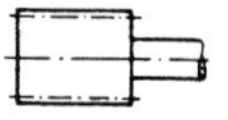	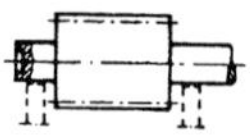

Bild 7.11-53d. Gestaltungsregeln für kostengünstiges **Montieren** (z. T. n. U. Andreasen, K. H. Beelich, G. Pahl, Th. Stöferle, VDI 3237)

Gestaltungsregel	schlechter	besser
9. Leichtes Demontieren		
Passfedern können bei **Verjüngung** an einem Ende mit Hammerschlag demontiert werden		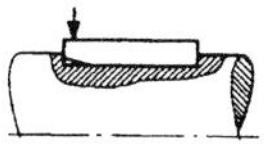
Demontage-Löcher, -Nuten vorsehen, auf Werkzeug-Zugänglichkeit achten	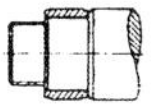	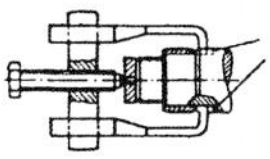
Bei geteilten Gehäusen Abdrückgewinde oder überstehende Flansche vorsehen	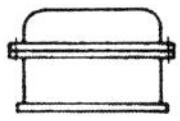	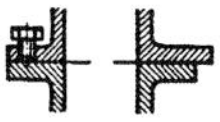

Bild 7.11-53e. Gestaltungsregeln für kostengünstiges Montieren (z. T. n. U. Andreasen, K. H. Beelich, G. Pahl, Th. Stöferle, VDI 3237)

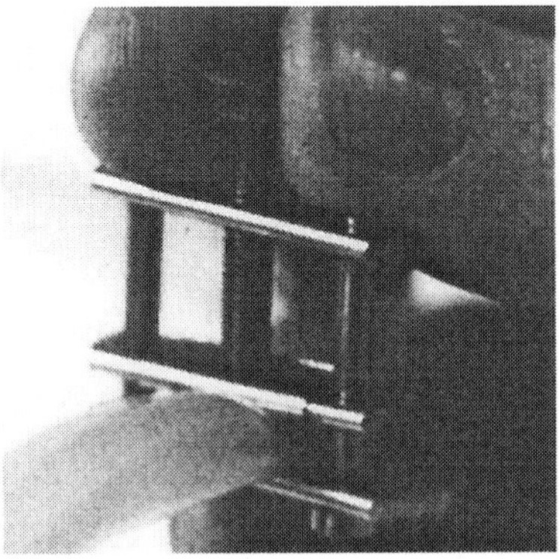

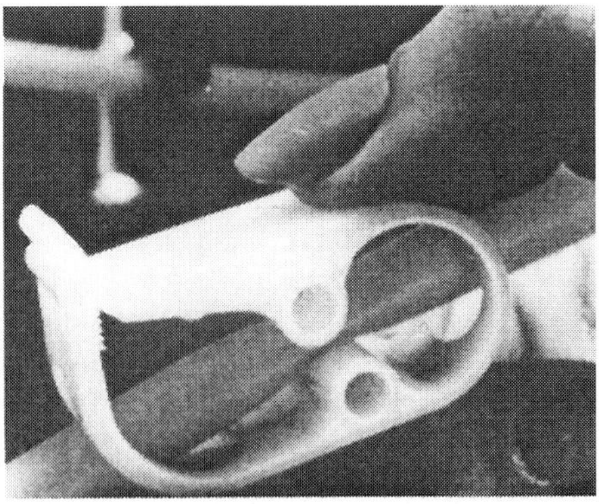

Bild 7.11-54. Schlauchklemme in Metall aus 6 Teilen oder einteilig aus Kunststoff (n. U. Andreasen)

"früher" **Handmontage**	"heute" **automatisierte Montage**
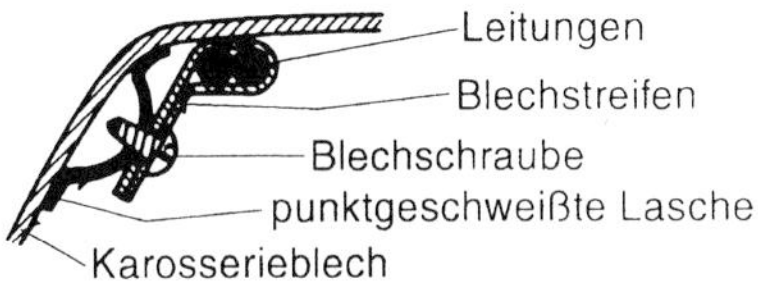	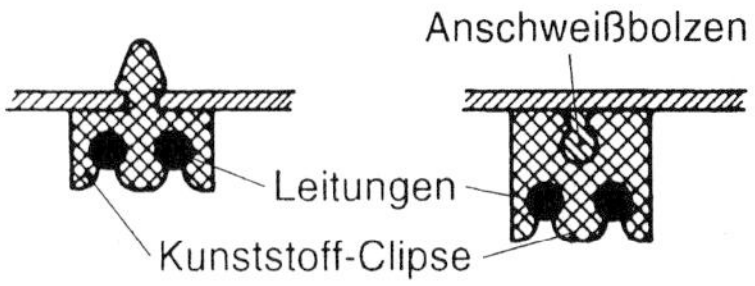
3 Teile	1 Teil
Blechlasche an die Karosserie anpunkten; Leitungen in Blechstreifen legen; Blechstreifen und Schraube positionieren; verschrauben	Loch in Karosserie vorsehen oder Anschweißbolzen aufpunkten; Leitungen in Clipse legen; positionieren; einclipsen

Bild 7.11-55. Beispiel für das automatische Befestigen von Brems- und Kraftstoff-Leitungen (Pkw VW Golf)

7.11.8
Qualitätskosten, Messen und Prüfen

a) Qualitätskosten

Da die Qualität eines Produkts die Übereinstimmung von Ist- und Soll-Eigenschaften darstellt, muss dieser Regelkreis zu jedem frühest möglichen Zeitpunkt während der Produkterstellung geschlossen werden, d. h.: Die Eigenschaften müssen qualitativ und quantitativ möglichst schon bei der Entwicklung festgestellt und deren Umsetzung durch geeignete Maßnahmen eingehalten werden (analog Bild 4.4-2). Je später der Regelkreis in Gang kommt, umso teurer wird es (**Rule of Ten**, s. Kap. 2.2) [Hal93]. Die damit verbundenen Qualitätskosten werden in Deutschland mit zwischen 5 und 25 % der Herstellkosten angegeben [Sto87]. Bei manchen Bauteilen und Maschinen (Reaktorbau, Flugzeugbau) übersteigen die Prüfkosten die sonstigen Fertigungskosten (Ausschusskosten: Kap. 7.9.2.2).

Ein Schritt nach vorn ist, die Fertigungs- und vorher die Entwicklungsprozesse so zu steuern, dass gar kein Ausschuss entsteht. Für die Entwicklung heißt das, auf das Produkt bezogen **Konzept und Gestaltung robust**, d. h. fehlerunempfindlich festzulegen. Das ist weitgehend machbar.

Ein kleines Beispiel dafür ist in Bild 7.11-54 mit der Schlauchklemme gezeigt. Es wurde ein Prinzip gewählt, das einfacher ist, weniger Teile hat, weniger Fertigungsprozesse, weniger einzuhaltende Maße. Also muss auch die Fehleranfälligkeit in der Fertigung geringer sein. Weitere Beispiele sind offensichtlich: Der Drehstrom-Käfigläufer-Motor ist robuster, auch weniger ersatzteilbedürftig als der Gleichstrom-Kommutator-Motor mit seinen Stromübertragungsbürsten. Der Elektrorasierer-Schwinganker-Antrieb war zumindest in den ersten Jahren robuster als der elektromotorische Antrieb.

Da bisher kaum allgemeingültige Methoden zur Konstruktion robuster und kos-

- Längenmessung (Abstand von Flächen, Bohrungen, Innen- und Außendurchmesser, Rundlauf);
- Winkelmessung (Flächen, Bohrungen);
- Formenkontrolle (z. B. auf Profilprojektor, 3D-Messmaschine);
- Härtemessung;
- Rissprüfung (magnetisch, Ultraschall, Röntgenstrahlen, Farbeindringverfahren);
- Festigkeitsprüfung an mitgefertigten Materialproben;
- Dichtheitsprüfung (Wasser, Öl, Luft, Gas);
- Druckfestigkeitsprüfung (Wasser, Öl, Luft, Gas);
- Auswuchtung (statisch, dynamisch);
- Schleuderprobe.

Bild 7.11-56. Wichtige Kontrollen im Maschinenbau

tengünstiger Produkte bekannt sind, ist dies dem Geschick der Konstrukteure überlassen.

b) Mess- und prüfgerechte Teile

Unabhängig davon müssen Teile und Produkte mess- und prüfgerecht gestaltet werden, um die hohen Prüfkosten wenigstens teilweise zu verringern.

Die wichtigsten Kontrollen im Maschinenbau sind in **Bild 7.11-56** dargestellt.

Um prüfgerecht zu konstruieren, muss die Zusammenarbeit mit Mitarbeitern aus der Qualitätssicherung gesucht werden. Die **gemeinsame Aufstellung** eines **Mess-**

Gestaltungsregel	schlechter	besser
Integralkonstruktionen anstreben, da sie weniger zu bearbeitende Flächen als zusammengebaute haben, damit weniger zu kontrollierende Maße; sie dürfen allerdings messtechnisch nicht zu kompliziert oder zu groß werden	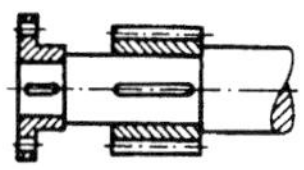	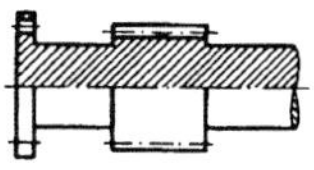
Für dynamisches **Auswuchten** Laufflächen für Rollen der Auswuchtmaschine vorsehen; evtl. Unwucht-Entnahmestelle vorsehen	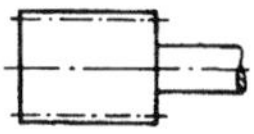	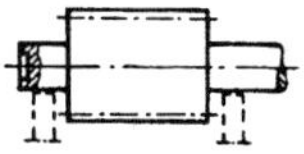
Bei schnelllaufenden Rotoren rotationssymmetrisch konstruieren (statt 1 Passfeder besser 2, nach innen verschraubt)	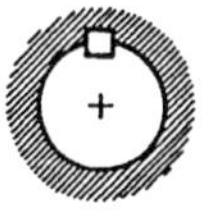	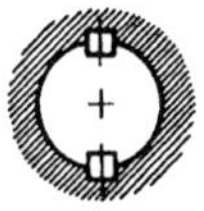
Für Durchmesser-Messung in Verzahnungen, Lagern, Nuten, **gerade Wirkflächenzahl** vorsehen	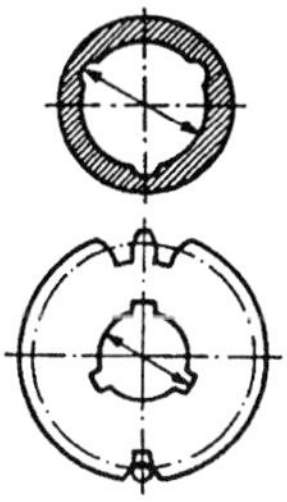	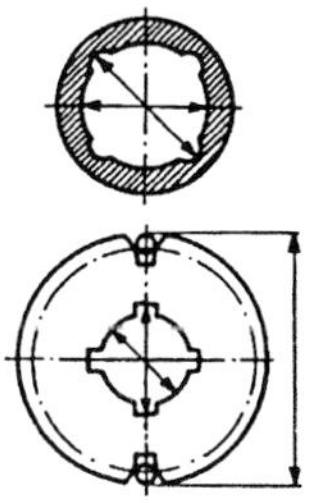
Norm-Maße und **-Toleranzen** vorsehen für vorhandene Lehren (Rachenlehren, Prüfdorne und Spannzeuge)	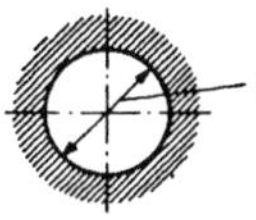	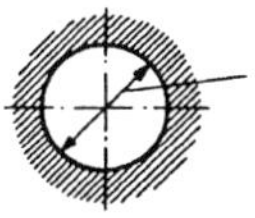
Zum **Ausrichten** besondere Referenzflächen (z. B. geschliffen) vorsehen und auf Zeichnung angeben	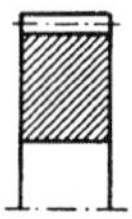	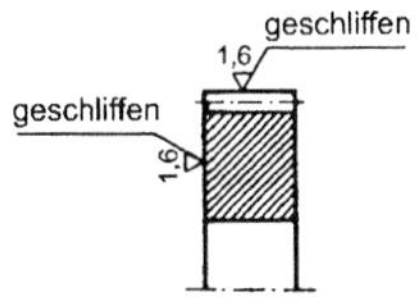

Bild 7.11-57. Einige Gestaltungsregeln für **mess- und prüfgerechte Teile** (z. T. n. G. Reisinger)

Mess- und Prüfplans ist ein erster Schritt, der u. U. auch Konstruktionsänderungen noch in der Entstehungsphase veranlassen kann. Da grundsätzlich jede durch die Konstruktion vorgenommene quantitative Festlegung vom Lieferanten bzw. Wareneingang und in der Teilefertigung und Montage geprüft werden muss, ist von der Konstruktion zu überlegen, ob sie überhaupt in der geforderten Genauigkeit gemessen werden kann [Dut93].

Eine weitere Möglichkeit, bei wichtigen Teilen rechtzeitig Maßnahmen einzuleiten, ist der Einsatz der **FMEA** und **QFD** (Kap 4.9.1).

Einige **Gestaltungsregeln** für die mess- und prüfgerechte Konstruktion sind in **Bild 7.11-56** angegeben. Entsprechende Blätter sollten unternehmensintern geschaffen werden.

7.12 Variantenmanagement

Der Wandel vom Verkäufer- zum Käufermarkt bedeutet ein verstärktes Konkurrieren von Herstellern um die Gunst des Kunden (Kap. 3.1.1 u. 4.4.3). Es werden demzufolge wenig besetzte Marktnischen gesucht und vermehrt spezifische Kundenwünsche erfüllt. Durch kurzfristige Überarbeitung oder Neuentwicklung von Produkten werden neue Kaufanreize erzeugt. Dieser Markttrend vergrößert die Variantenvielfalt bei gleichzeitig geringerer Stückzahl und Losgröße pro **Variante**. Dabei versteht man unter einer Variante einen Gegenstand ähnlicher „Gestalt" und/oder Funktion [DIN77].

Tendenziell führen Variantenzuwachs und Losgrößenverringerung zu erhöhten direkten und indirekten Kosten (Komplexitätskosten) pro Variante, zu verlängerten Durchlauf- und Lieferzeiten und Problemen der Qualitätssicherung (Kap. 6.3, Kap.7.12.2.2).

Variantenmanagement umfasst alle Maßnahmen mit denen die Variantenvielfalt innerhalb eines Unternehmens bewusst beeinflusst wird. Dies gilt also für Produkte sowie betroffene Prozesse. Ziel ist dabei, die Reduzierung und Beherrschung der Komplexität, d. h. minimale interne Komplexität bzw. Variantenvielfalt bei gleichzeitig genügend viel angebotenen Varianten nach außen, d. h. zum Kunden hin. Variantenmanagement soll folgende Ziele zu erreichen:

- Bedienen des Marktes **nur mit den nötigen Varianten** (am Markt erforderliche Varianz [Schh89]).
- Erkennen und **Reduzieren der unnötigen Varianten**.
- **Verringern der Durchlaufzeiten** und insbesondere der direkten und der **indirekten Kosten** bei den nötigen Varianten.

Auf das ergänzend zu betrachtende Konfigurationsmanagement [Bur93; Say84] wird hier nicht eingegangen. Es behandelt Fragen der Kompatibilität, der Versionierung, des Änderungsmanagements u. a.

Die angesprochene Variantenvielfalt kann sich beziehen auf:

- **Produkt- oder Erzeugnisvarianten,** die **extern** „zum Kunden hin" sichtbar werden (z. B in den Varianten der Leistung, Baugröße, Ausstattung, Materialien, des Designs).
- **Baugruppen- und Teilevarianten,** die **intern** z. B. in unterschiedlicher Gestalt oder Fertigungs- und Montagetechnik erzeugt werden.

Neben den angesprochenen Varianten auf Produkt- und Teileebene existiert oft unerkannt eine hohe Variantenvielfalt in Form von Gestaltzonen, prinzipieller Lösungen für die gleiche Funktion und von Fertigungsverfahren.
Untersuchungen, vor allem bei der Automobilindustrie, führten u. a. zu folgenden Ergebnissen [Eve88]:

- Die Anzahl der Teilenummern ist von 1975 bis 1985 um 400 % gestiegen.
- 50 % der Varianten sind überflüssig.
- 50 % der Investitionen sind komplexitätsbedingt.
- 80 % der Tätigkeiten sind nur noch mittelbar Wert schöpfend.

Auch im **Maschinenbau** haben sich die Produkt- und Teilevielfalt und damit die Komplexität der Produkterstellungsprozesse enorm erhöht. Direkte und indirekte Kosten und Zeitabläufe sind dementsprechend gestiegen.

Um eine Vorstellung zu vermitteln, wie groß die tatsächlich mögliche Variantenzahl bei einer an sich einfachen industriellen Baugruppe werden kann, zeigt **Bild 7.12-1** ein emailliertes Ventil aus einem Baukastensystem, das für das Befüllen und Leeren chemischer Behälter eingesetzt wird. Die jeweilige Variantenzahl

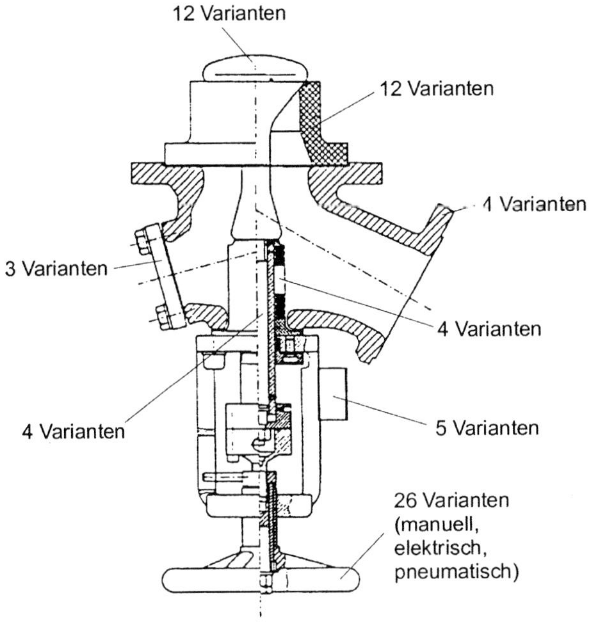

Bild 7.12-1. Baukastensystem für emaillierte Ventile mit 3,5 Millionen sinnvollen Kombinationen [Koh96]

der Bauteile (z. B. Größenvarianten) ist angegeben, ebenso die große Variantenzahl für den Antrieb. Damit lassen sich 3,5 Millionen sinnvolle (verträgliche) Ventilkonfigurationen bilden.

Wenn wegen der Aggressivität chemischer Substanzen nicht eine Emaillierung, sondern unterschiedliche Werkstoffe eingesetzt würden, für die in den Käufer-Ländern jeweils meist unterschiedliche Sicherheitsrichtlinien bestehen, wäre die Variantenzahl noch weit höher.

Man sieht, die Steigerung der Teilevielfalt, Produktvielfalt und die daraus resultierende Variantenvielfalt der Produkte erzwingen eine systematische Durchforstung der Produktpalette, um Teile und Varianten zu reduzieren. Ergänzend müssen die unternehmerischen Prozesse so ausgelegt sein, dass sie mit einer großen Teile- und Variantenzahl effizient umgehen können.

Eine zunehmende **Teilekomplexität** ist gleichbedeutend mit einer hohen Zahl variantenspezifischer Teile und einer geringen Anzahl standardisierter Teile. Sie ist eine Folge der gestiegenen Variantenvielfalt auf Produktebene, der mangelnden Übertragung bereits bestehender Teile in neuere Produkte und des hohen Anteils an Neukonstruktionen an Stelle von Änderungskonstruktionen (Anpassungskonstruktionen). Grund für eine mangelnde Übertragung bestehender Teile ist die fehlende Übersicht über die Produktpalette und der Schnittstellen zwischen den einzelnen Komponenten. Möglichkeiten der Standardisierung werden so oft nicht sichtbar.

Eine hohe Anzahl eigen erstellter Teile und Komponenten, ein Variantenentstehungspunkt auf früher Wertschöpfungsstufe und auftrags- bzw. kundenbezogene Individualisierung auf früher Stufe des Fertigungsprozesses führt zu einer Zunahme der **Produktionskomplexität**. Die Folge sind geringe Stückzahlen je Produkt sowie eine hohe Anzahl und/oder Verschiedenartigkeit der eingesetzten Teile (Teilekomplexität). Es kommt zu einer steigenden Zahl der abzuwickelnden Aufträge in der Fertigung, kleineren Losgrößen und einer häufigeren Umstellung der Produktion. Daraus ergibt sich die Notwendigkeit flexibler Maschinenkonzepte, die die Prozesskomplexität erhöhen und einen erhöhten Koordinationsbedarf bewirken.

Im Zusammenhang mit der Variantenvielfalt steht der Begriff der **Komplexität**. Aus produktionsbezogener Sicht entspricht die Komplexität der Vielschichtigkeit der Gesamtheit aller Merkmale einer Produktionskonzeption. **Komplexitätskosten** sind die aus dieser Vielschichtigkeit resultierenden Kosten [Hom97; Ros02; Gem98; VDI98a]. Man unterscheidet interne und externe Komplexität (z. B. komplizierte gesetzliche Vorschriften).

Als Ursachen und zugleich Kenngrößen der internen Komplexität lassen sich die Variantenzahl bzw. der Umfang des Rahmenprogramms, die Struktur der Produkte (Teile- und Komponentenzahl), die gewählte Organisationsform der Produktion, die Kundenstruktur bzw. Kundenzahl, die Entwicklungs- und Fertigungstiefe, die Zahl der Lieferanten und die Anzahl der an der Auftragserfüllung beteiligten Mitarbeiter und Funktionen nennen.

Eine Untersuchung von erfolgreichen und weniger erfolgreichen Unternehmen [Romm93] hat gezeigt, dass die zunehmende Komplexität mit der Strategie „Ein-

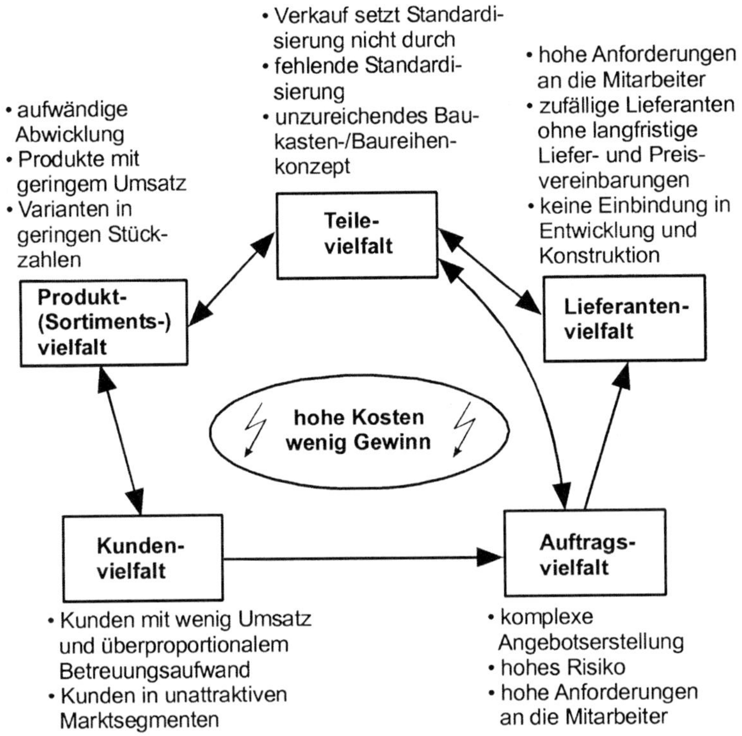

Bild 7.12-2. Abhängigkeiten der fünf „Vielfalts"-Problemfelder (z. T. nach [Koh99])

fachheit und Schwerpunktsetzung" besser beherrschbar wird. Dies wirkt sich auf die in **Bild 7.12-2** dargestellten fünf „Vielfalts"-Problemfelder aus.

Langfristig erfolgreiche Unternehmen zeichnen sich nämlich statistisch in signifikanter Weise aus durch:

- **Geringere Produktvielfalt** (Konzentration auf „starke" Produkte, Eliminierung von Umsatz-C-Produkten, Bild 4.6-4);[8]
- **Geringere Kundenvielfalt** (Konzentration auf A- und B-Kunden);
- **Weniger Lieferantenvielfalt** (Einbindung in Entwicklung und Konstruktion mit längerfristiger Vertrauensbasis). Damit werden auch eine Reduzierung des Umlaufkapitals, eine verringerte Teilevielfalt und eine weniger umfangreiche Lagerhaltung erreicht.

8 „In der Beschränkung erst zeigt sich der Meister": Bereits B. Riebel sagt: „... muss sich von dem Gedanken frei machen, alle erzielbaren Aufträge hereinnehmen zu wollen, alle möglichen Abnehmer als Kunden zu gewinnen und zu beliefern, alle erreichbaren Absatzgebiete zu bearbeiten, alle Waren zu erzeugen oder zu verkaufen. Vielmehr ist gerade die Auswahl der anzustrebenden und zu fördernden Leistungsbereiche, der zu bearbeitenden Ausschnitte aus dem gesamten Markt, die Hauptaufgabe der Absatzpolitik, und zwar auf lange wie auf kurze Sicht, im Kleinen wie im großen" [Rie85].

- **Segmentierung** der Fertigung in Fertigungs- und Montageinseln mit dort weitgehend selbstverantwortlicher **Gruppenarbeit** vereinfacht die innerbetriebliche Planung und Logistik [Wil94].
- **Verringerung der Fertigungstiefe** verringert auch die im Unternehmen zu planenden Varianten, da diese auf die Zulieferanten verlagert werden (Kap. 7.10 u. 6.2.3).

Zu den traditionellen Unternehmenszielen einer hohen Produktivität und Wirtschaftlichkeit, dem Streben nach Gewinn und der Unternehmenswerterhaltung und –steigerung kommen heutzutage weitere strategische Erfolgsfaktoren hinzu wie eine hohe, der Konkurrenz überlegene Qualität oder ein hoher Servicegrad (Lieferservice, Kundendienst, zusätzliche Dienstleistungen).

Zudem haben die einzelnen Abteilungen im Unternehmen unterschiedliche Zielsetzungen, die sich zum Teil als konfliktträchtig erweisen. Der Vertrieb fordert aus markt- und kundenstrategischen Gründen mehr Varianten, die Fertigung befürwortet ein höheres Maß an Standardisierung und Einheitlichkeit zur Erhaltung der Wirtschaftlichkeit der Produktion. Diese Zielkomplexität erfordert einen hohen Abstimmungs- und Koordinationsaufwand. Ein Mangel an Kommunikation, Koordination und Zusammenarbeit innerhalb und zwischen den Unternehmensbereichen kann z. B. zu einer Dominanz des Vertriebs relativ zu Entwicklung, Konstruktion und Produktion führen. Der Vertrieb wirkt auf Basis seiner spezifischen Zielsetzungen häufig den Bestrebungen der Variantenreduzierung entgegen. Dies geschieht aufgrund von Unkenntnis der Kostenfolgen oder einer reinen Umsatzorientierung. Der Kunde erhält die Zusage der Erfüllung beliebiger individueller Wünsche. Die Folge ist eine erhöhte Anzahl an Produktvarianten.

Ähnliches gilt für die Normungsstelle. Ist diese als Kontrollinstanz der unternehmensinternen Normen unwirksam, findet eine zu späte Normung und Standardisierung der Bauteile statt. Das Potenzial dieser Abteilung wird dadurch nicht ausgeschöpft. Das liegt oft daran, dass die Normenabteilung organisatorisch falsch und damit zu schwach positioniert ist.

Eng verknüpft mit der mangelnden Kommunikation sind Defizite hinsichtlich Information. Fehlende Transparenz der Variantenvielfalt, unzureichende Beschreibung der Produktstruktur, unübersichtliche Variantenbeschreibung, ungenügende Informationsträger zur Erkennung und Beschreibung der aktuellen Variantenvielfalt machen eine Nutzung eigentlich vorhandener Informationen unmöglich. Eine kontinuierliche Verbesserung zukünftiger Produkte wird damit erschwert.

Ein Mangel an Gestaltungswerkzeugen und -hilfsmitteln, die den Entwicklungsprozess (z. B. Wiederholteilsuchsystem) unterstützen, macht sich ebenfalls negativ bemerkbar.

7.12.1 Ursachen und Auswirkungen der Produkt- und Teilevielfalt

Um mit einer Variantenvielfalt sinnvoll umgehen zu können, ist es erforderlich, die Ursachen und die Vor- und Nachteile der Variantenvielfalt detailliert zu kennen [Ker99].

Die Ursachen der Variantenvielfalt lassen sich bezogen auf ein Unternehmen gliedern in externe und -interne Ursachen. Die externen Ursachen resultieren aus Faktoren wie Markt, Wettbewerb und Technologie, auf die das Unternehmen kaum Einfluss hat. Interne Ursachen lassen sich hauptsächlich auf organisatorische und technische Defizite zurückführen, die zu einer unnötigen Variantenvielfalt auf Produkt- und Teileebene führen.

7.12.1.1 Externe Ursachen der Variantenvielfalt

Ein Unternehmen, welches durch das Anbieten und den Verkauf von Produkten Umsätze erzielen will, steht in einem komplexen Spannungsfeld, das sich aus verschiedenen Faktoren zusammensetzt. Jeder dieser externen Faktoren hat einen Einfluss auf die hohe Varianz auf Produktebene in den Unternehmen [Hic85]:

- Eine stetige Zunahme der **Marktkomplexität** stellt die Unternehmen vor neue Herausforderungen. Die Nachfrage nach Standardprodukten stagniert oder nimmt ab. Die Reaktion der Unternehmen ist vielfach das Setzen auf individuelle Produkte als Marktfaktor. Es kommt zur Produktion zusätzlicher Varianten (weitere Typen, Sonderausstattungen) mit der Erwartung von Umsatzstabilisierung und überdurchschnittlich hohem Deckungsbeitrag (Komplexitätsfalle).
- Die **Internationalisierung der Märkte** führt z. T. zu äußerst divergierenden länderspezifischen Anforderungen an die Produkte und wird so auch Verursacher der Varianz im Produktprogramm vieler Unternehmen:
  - International verschiedenartige bzw. sich z. T. **kurzfristig wandelnde Wertauffassungen** bezüglich Design, Handhabung, Ausstattung, Qualitätserwartung, Kosten, etc., besonders im Konsumgüterbereich steigern die Vielfalt (Kap. 7.12.11.a).
  - Die Globalisierung und Deregulierung der Märkte führt zu einer Ausweitung der **Wettbewerbsintensität** und -dynamik und damit zur Zunahme der Wettbewerbskomplexität. Unternehmen sehen sich einer größeren Anzahl und Varianz von Konkurrenzprodukten gegenüber. Um nicht die Gunst der Kunden zu verlieren, bestimmt der aktuelle Stand der Wettbewerberprodukte die Entwicklung der eigenen Produkte. Die Entwicklungszyklen werden kürzer. Produkte werden häufig überarbeitet, um nicht den Anschluss zu verlieren.
  - Viele Unternehmen sehen die Notwendigkeit zur **Differenzierung gegenüber der Konkurrenz** und zur **konsequenten Markt- und Kundenorientierung**, um wettbewerbsfähig bleiben zu können. Auf die Sättigung vieler Märkte reagieren die Hersteller mit der Entwicklung zusätzlicher Produktvarianten in wenig besetzten Marktnischen, die von anderen Wettbewerbern

möglichst noch nicht besetzt sind (Marktsegmentierung). Zusätzliche Marktanteile und Wettbewerbsvorteile erhoffen sich Unternehmen durch ein breit gestreutes Angebotsprofil (= hohe Sortimentsbreite) und damit eine Diversifizierung der Produkte, vor allem, wenn die übrigen Bedingungen wie Qualität, Preis, Lieferzeit, Kundendienst, etc. sich nicht wesentlich von der Konkurrenz abheben.

- Sind Anpassungskonstruktionen nicht strategisch überdacht und aufeinander abgestimmt, entsteht innerhalb eines kurzen Zeitraums eine große Zahl an Varianten. Ferner ist es für ein Unternehmen auch meist nicht ohne weiteres möglich, Vorgänger neuer Varianten komplett aus dem Produktprogramm zu streichen, um der Variantenvielfalt entgegen zu wirken. Der Kunde erwartet die Verfügbarkeit von Ersatzteilen und Serviceleistungen über die gesamte Lebenszeit des Produkts. Vor allem bei Produkten mit langer Lebensdauer ist dies mit hohen Kosten für das Unternehmen verbunden.

- Der **technologische Fortschritt** begünstigt ebenfalls die Entstehung variantenreicher Produkte. Nicht nur die sich ändernden Kundenwünschen sondern auch der technologische Fortschritt erzwingt eine ständige Weiterentwicklung der Produkte. Zum Teil werden Anforderungen z. B. im Umweltbereich sogar vom Gesetzgeber (Normen, Vorschriften, Richtlinien, Gesetze, etc) formuliert.
  Um konkurrenzfähig zu bleiben muss der aktuelle Stand der Technik ständig berücksichtigt werden. Da es sich meist um Anpassungskonstruktionen handelt forciert die Integration neuer technischer Konzepte die Entstehung neuer Varianten.
  Viele Produkte erfahren eine kurzfristige Überarbeitung oder Neuentwicklung. Dies hängt auch mit den immer kürzer werdenden Produktlebenszyklen zusammen. Die Absicht ist, bei den Kunden neue Kaufanreize zu erzeugen. Ein Paradebeispiel ist die Computerindustrie: Rechner, die heute gekauft werden, sind in wenigen Monaten schon wieder veraltet. Probleme in Bezug auf die Variantenvielfalt ergeben sich, weil vielfach vorhandene Lösungen bei Vorgänger- oder ähnlichen Produkten ungenügend berücksichtigt werden. Es existieren häufig historisch gewachsene Produktspektren, bei denen keine konsequente, kontinuierliche Reduzierung des Teilestammes durchgeführt wird. Vielfach wird Kunden zugesichert, auch nach Jahren nahezu alle Ersatzteile direkt vom Hersteller zu beziehen, was die langfristige Aufrechterhaltung und Pflege des Teilestammes verlangt.
- **Unterschiedliche ergonomische Anforderungen** an die Produkte, z. B. wegen anatomischer Unterschiede in der Bevölkerung;
- **Klimatische Umgebungsbedingungen**, die zu veränderten Anforderungen führen (z. B. Kühlung, Schmierung, Kapselung);
- **Normen, Vorschriften, Richtlinien, Gesetze**, die international sehr differieren.

7.12.1.2
Interne Ursachen der Variantenvielfalt

Interne Ursachen resultieren aus Defiziten in den unternehmenseigenen technischen oder organisatorischen Rahmenbedingungen, die eine unnötige Variantenvielfalt auf Produkt- und Teileebene hervorrufen [Schh89; Eve92]:

- Sprunghaftes, **aktionistisches Verhalten** der Unternehmensleitung mit laufend neuen unabgestimmten Entscheidungen zu Produkten, zur Fertigung usw.;
- **Mangel an Koordination und Zusammenarbeit** zwischen den Unternehmensbereichen;
- **Kommunikationsdefizite** in Entwicklung und Konstruktion;
- **mangelhafte Zugriffsmöglichkeit** auf relevante Informationen;
- **unzureichende Beschreibung** der Produktstruktur;
- **zu späte Normung und Standardisierung** der Bauteile;
- **Fehlen von** effektiven, schnellen **Wiederholteil- und Ähnlichkonstruktionssuchsystemen;**
- **Kontinuierliche Verbesserungsprozesse** KVP ohne übergeordnete Strategie;
- ungeordnetes, chaotisches **Änderungswesen** in allen Unternehmensbereichen;
- Verwendung von **konventionellen Kalkulationsverfahren** zur Beurteilung der Kosten anstelle des Prozesskostenansatzes (Bild 8.4-2, Bild 8.4–10);
- bereits vorhandene **Erfahrung wird nicht genutzt**;
- **falsche Nutzung der Kopier- und Änderungsfreundlichkeit** bei CAD-Systemen, d. h. schnelle Konstruktion, aber kostenintensive Herstellung.
- **Dominanz des Vertriebs** gegenüber der Konstruktion und Produktion. Aussage aus der Praxis: „80 % der Produktvarianten werden über den auftragshungrigen Vertrieb von unattraktiven Kunden in das Unternehmen hineingedrückt“ (Statt am Gewinn orientieren sich Vertriebsmitarbeiter oft entsprechend ihren Zielvorgaben am Umsatz);
- Angebot einer kundenspezifischen Lösung als **„Türöffner“** für Folgeaufträge.

Besonders hingewiesen sei auf die ersten sechs Punkte, denn durch die angegebenen Mängel in Kommunikation und Standardisierung entstehen in Maschinenbau-Unternehmen mit Variantenkonstruktion auch ohne Einwirkung vom Markt (Vertrieb!) laufend neue, unnötige Varianten, obwohl von der Auftragsseite her bei fast gleichartigen Produkten sehr viele Teile gleich sein könnten. Der Grund ist, dass sozusagen die Konstrukteure A, B und C, die fast gleiche Aufträge bearbeiten, nicht viel voneinander wissen und jeder seine Gestaltdetails anders festlegt. Das gleiche tritt dann bei der Arbeitsplanerstellung wieder auf. Auch ist die Suche nach bereits vorhandenen gleichen oder ähnlichen Teilen oft sehr mühsam. – Ein Weg zur Vermeidung dieser Varianten ist in Kap. 9.4.2 angegeben.

Aus den internen Ursachen der Variantenvielfalt ist auch abzuleiten, dass die verschiedenen Abteilungen eines Unternehmens im Rahmen des Variantenmanagements verschiedene Anforderungen und Aufgaben haben:

- Aufgabe der **Marketingabteilung** ist die Erfassung der Kundenwünsche. Die Vielzahl an unterschiedlichen Anforderungen muss durch das Marketing auf ein sinnvolles Maß reduziert werden.

- Die **Entwicklung und Konstruktion** hat entscheidenden Anteil an der Variantensituation in einem Unternehmen. Durch entsprechende Gestaltung der technischen Schnittstellen lässt sich die Flexibilität eines Produkts beeinflussen. Durch Verwendung gleicher Bauteile in unterschiedlichen Produkten lässt sich die Anzahl der individuell angepassten Konstruktionen einschränken. Varianten sollten erst möglichst spät in der Wertschöpfungskette als solche entstehen, was eine entsprechende Produktkonzeption erfordert. Um die Entwicklung und Konstruktion dabei zu unterstützen müssen entsprechende Hilfsmittel zur Verfügung stehen, die die Abteilung während der Entwicklung / Konstruktion mit Informationen versorgt, bzw. die Konstruktion selbst vereinfacht. Beim Umgang mit Varianten spielt die Konstruktionsart der betrachteten Produkte insofern eine wichtige Rolle, als dass die Maßnahmen und Ansätze zur Vermeidung bzw. Beherrschung der Varianten von der Bearbeitungstiefe der Produkte abhängig sind (Neukonstruktion, Anpassungskonstruktion, Variantenkonstruktion).
- Die **Fertigung** soll möglichst aufwandsarm sein. Eine Verringerung der Umspann bzw. Rüstzeiten ist bei geeigneter Gestaltung der zu fertigenden Teile möglich. In einem produzierenden Unternehmen ist Variantenmanagement ohne Einbezug der Fertigung nicht denkbar. Diese Abteilung kann entscheidende Impulse für die Konstruktion liefern, um z. B. fertigungstechnische Teilefamilien zu bilden.
- Ähnliches gilt für die **Montage**. Rechtzeitige Berücksichtung montagespezifischer Informationen führt zu montagetechnischen Teilefamilien.
- Die **Serviceabteilung** braucht eine Übersicht über die produzierten Varianten und evtl. spezifische Serviceanleitungen für die einzelnen Varianten.

7.12.2 Vor- und Nachteile der Variantenvielfalt

7.12.2.1 Vorteile einer hohen Variantenvielfalt

Kunden haben unterschiedliche Bedürfnisse, die von den Unternehmen aufgrund von Wettbewerbsgründen zunehmend berücksichtigt werden müssen (Wandel der Anbietermärkte zu Kundenmärkten). Wesentliche Anforderung an die Produkte ist die der Stiftung von Nutzen bei Kunden / Nutzern. Die **Erfüllung** der zunehmend **individueller werdenden Kundenwünsche** bzw. ein kundenspezifisches Leistungsangebot ist von großer strategischer Bedeutung. Bei vielen Kunden herrscht eine Abneigung gegenüber einer uniformen Bedarfsdeckung. Neben dem Gebrauchsnutzen ist auch noch ein Geltungsnutzen durch das Erzeugnis zu befriedigen, was durch eine nach außen sichtbare Varianz ermöglicht werden kann.

Durch entsprechende Produktdifferenzierung ist es möglich, Erzeugnisse in mehreren Preislagen anzubieten und so verschiedene Kaufkraftgruppen anzusprechen.

Auch die Kundenbindung wird durch das Produktsortiment beeinflusst. Ein breites und immer wieder aktualisiertes Produktspektrum erzeugt Kaufreize sowohl bei neuen Zielgruppen, als auch auf Folgeaufträge bei bereits bestehenden Kunden.

7.12.2.2 Nachteile einer hohen Variantenvielfalt

Es ist charakteristisch, dass sich die Kosten der Variantenvielfalt weniger in dem Herstellkostenanteil der Selbstkosten auswirken. Sie erhöhen die Gemeinkosten in den Bereichen Entwicklung und Konstruktion, Vertrieb, Qualitätssicherung, Logistik (einschließlich der Materialwirtschaft) und Rechnungswesen. Dort fallen Tätigkeiten, die früher einmalig für eine große Anzahl von gleichen Produkten (Teilen) nötig waren, jetzt für fast jedes verkaufte Produkt immer wieder an (s. Kap. 6.3.2; Bild 6.3-1).

Die hohen (häufig nicht transparenten) Gemeinkosten lassen sich mit konventionellen Kostenrechungen kaum bestimmten Produkten zuordnen. Eine nicht verursachungsgerechte Zuordnung der Kosten birgt die Gefahr, dass kostentreibende Varianten nicht identifiziert werden und der Aufwand zur Erstellung und Verwaltung der Varianten viel höher als der spätere Gewinn ist.

Da mit steigender Produkt- und Teilezahl auch eine entsprechende Zunahme der Kunden-, Lieferanten- und Auftragsvielfalt verbunden ist, steigt der Komplexitätsgrad in allen Unternehmensbereichen bzw. Abteilungen, was eine Zunahme des organisatorischen Aufwands bedeutet.

Im schlimmsten Falle begibt sich das Unternehmen in die so genannte **Komplexitätsfalle** den sog. „Circulus vitiosus“, ein Kreis aus steigender Variantenvielfalt und Wettbewerbsnachteilen. Darunter versteht man folgenden Sachverhalt:

- Ausgangspunkt ist ein relativ einfaches Produktprogramm bestehend zum größten Teil aus Standardprodukten. Es stellt sich ein stagnierender Absatz ein.
- Die Reaktion der Unternehmen ist vielfach eine Erweiterung des Produktprogramms durch Nischenprodukte und Sondervarianten. Der Wunsch ist eine Steigerung der Erlöse (des Umsatzes) durch steigende Variantenvielfalt.
- Die Folgen sind: Es stehen sich eine Zunahme der Komplexität und der Produktvielfalt und keine bedeutende Zunahme des Marktanteils gegenüber (Kannibalisierungseffekt, Marktsättigung, nicht beliebig vergrößerbares Marktvolumen). Oder noch deutlicher:
  überproportional wachsende Kosten stehen unterproportional wachsenden Erlösen gegenüber!
- Dadurch erhöhen sich die Stückkosten für das gesamte Sortiment ohne Erzielung von Zusatzerlösen, es erfolgt eine Abnahme der Wettbewerbsfähigkeit des Unternehmens.
- Das Problem dabei ist der fehlende Überblick über die tatsächlichen Kosten durch herkömmliche Kostenrechnungssysteme (Zuschlagskalkulation): Diese belasten die Standardprodukte zu hoch und die „Exoten“ zu gering.

- Eine mangelnde Transparenz von Ursache und Wirkung führt zur Behandlung der Symptome, nicht aber der Ursachen: Viele Unternehmen versuchen einen Ausgleich durch weitere Varianten, wodurch sich ein Kreislauf bildet.

So entwickelt sich in vielen Unternehmen genau die entgegengesetzte Situation als jene, die ursprünglich gewünscht oder erhofft wurde und die Variantenvielfalt stellt demzufolge ein großes Problem dar.

Welche Auswirkungen dies auf die Kosten hat wird im Folgenden erläutert. In diesem Kapitel werden insbesondere die Herstellkosten behandelt. Auf die darüber hinausgehenden Kosten wird hingewiesen. Ihre Verringerung zeigt Kap 6.3 (Bild 6.3-4). Die Variantenvielfalt hat nicht nur Kosten in allen Bereichen zur Folge, sondern sie verursacht auch längere Durchlaufzeiten. Deshalb ist eine Verringerung der Variantenvielfalt auch im Sinne der immer wichtiger werdenden Lieferzeitverkürzung ein Ansatzpunkt.

Nicht in den Herstellkosten, sondern in den Selbstkosten werden folgende Prozesse erfasst:

- Die **Einführungskosten für neue Produkte** und dementsprechend **neue Teile** sowohl in den Bereichen Entwicklung und Konstruktion (s. in Kap. 7.5.1) als auch in Fertigung, Montage, Marketing, Vertrieb, Service, Verwaltung. Dabei sind mit der Einführung und Verwaltung eines neuen Teils, ebenso wie mit der Änderung eines vorhandenen Teils Kosten von mindestens mehreren tausend Euro verbunden. Bild 6.3-1 vermittelt einen Eindruck davon. Erfahrungsgemäß können bei hoher Arbeitsteiligkeit eines Unternehmens diese Kosten auch um einen Faktor 5-10 höher sein [Pok74].
- **Vorleistungskosten** der Bereiche Entwicklung und Konstruktion, Vertrieb, Einkauf, Verwaltung, Fertigung zur **Standardisierung von Produkten** (z. B. die Maßnahmen zur Variantenreduzierung in Kap. 7.12.4) und zur **Rationalisierung von Prozessen** (z. B. Organisationsänderungen, DV-Einführung und laufende Kosten) sowie Kosten des **Personaltrainings** und der Weiterbildung, z. B. zur Einführung neuer Methoden und Hilfsmittel. Durch diese Maßnahmen werden die Kosten in diesen Bereichen kurzfristig erhöht, nach erfolgreicher Einführung aber gesenkt. Zu kurzfristige Ausrichtung des Managements und entsprechendes Controlling verhindern deshalb solche Maßnahmen. – Ebenso wird die reale Kostensenkung bei Variantenreduzierung durch Baureihen-/Baukastensysteme für ein bestimmtes Produkt durch den vermittelnden Gemeinkostenzuschlag über alle Produkte regelmäßig zu niedrig gerechnet, weshalb auch meist der Angebotspreis kaum abgesenkt wird. Damit wird aber der Kaufanreiz am Markt verringert, das Baureihen-/Baukastensystem wird gegenüber kundenspezifischen Sonderlösungen kein Erfolg [Jes96]. Eigentlich hätte man dann auch auf die Standardisierungsanstrengungen und -kosten verzichten sollen. Dies ist ein häufig zu beobachtender „Mechanismus" in der Praxis.

Im Gegensatz dazu werden die **Herstellkosten verringert**, wenn die Variantenvielfalt eingeschränkt wird und dementsprechend mehr gleiche Teile/Baugruppen produziert werden (s. Kap. 7.5).

Dies erfolgt durch die Absenkung der

- **Materialeinzelkosten** *MEK* über die Bestellmengendegression (Bild 7.9-11), die sich auf niedrigere Einkaufspreise auswirkt.
- **Materialgemeinkosten** *MGK* über Einführungskosten-Degression und die Einmalkosten-Degression (z. B. für Bestellwesen, Eingangskontrolle, Disposition, Lagerverwaltung, innerbetrieblichen Transport).
- **Fertigungslohnkosten** *FLK* über die Rüstkostendegression und leistungsfähigere Prozesse und den Trainiereffekt.
- **Fertigungsgemeinkosten** *FGK* über Einführungskostendegression (z. B. für Arbeitsplan-, Prüfplan-, NC-Programmerstellung), über Einmalkosten-Degression (z. B. Disposition der Losfertigung, verringerte Kontrollvorgänge), über leistungsfähigere Prozesse. Dies gilt in gleicher Weise für die Teilefertigung wie für die Montage (Die Reduktion der Gemeinkosten wirkt sich meist erst in der nächsten Abrechnungsperiode aus, wenn die Gemeinkostenzuschlagsätze neu festgelegt werden (Kap. 8.4.2)).

Das durch Variantenreduktion **beeinflussbare Potential** für die Herstellkosten wird von Caesar [Cae91] mit 15-20 % angegeben, wie **Bild 7.12-3** zeigt. Dabei sind in diesem Bild die Kosten von Entwicklung und Konstruktion mit eingeschlossen.

Welch starke Herstellkosten-Absenkung u. a. durch Teilezahlverringerung entstehen kann, zeigt Bild 2.3-3 am Beispiel von Baumaschinengetrieben. Im Verlauf von 30 Jahren ist an dem Getriebe über Konzeptänderungen und geeignete Teilekonstruktion die Teilezahl in Stufen auf ca. 30 % abgesenkt worden. Die Herstellkosten sind preisbereinigt dabei auf 1/3 gefallen. Natürlich waren auch andere Einflüsse dafür wirksam, wie z. B. Fertigungs- und Montagerationalisierung.

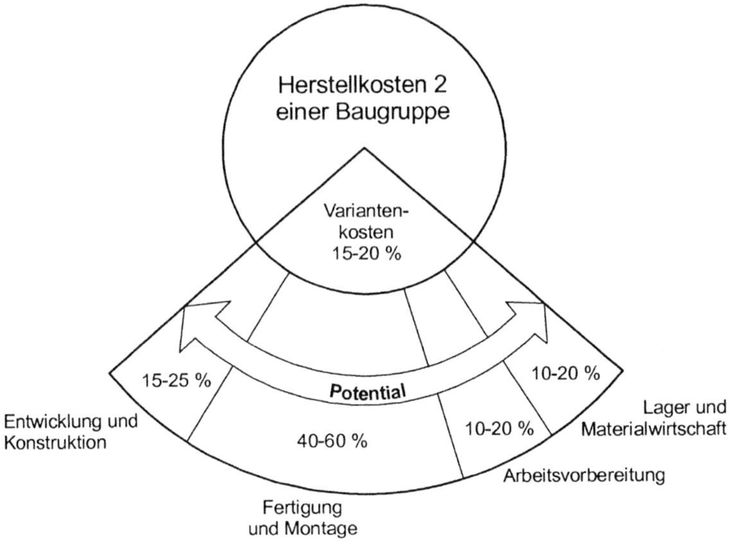

Bild 7.12-3. Beeinflussbares Potential für die Herstellkosten 2 ($HK2 = HK + EKK$ nach Kap. 8.4.2) durch Variantenreduzierung [Cae91]

Zum Einfluss der Stückzahl *S* bzw. Losgröße *n* auf die Kosten sei auf die Bilder 7.5-3 bis 7.5-5, 7.7-1, 7.7-5 und 7.7-6 verwiesen.

Bei der Untersuchung eines Dieselmotorherstellers zeigte sich, dass die durch die Erstellung einer neuen Zeichnung erforderlichen Tätigkeiten in anderen Abteilungen sechs mal so viel kosten, wie die Erstellung der Zeichnung selbst (Bild 6.3-1). Je nach dem Grad der Arbeitsteilung in einem Unternehmen kann eine Zeichnungsänderung auch noch höhere Kosten verursachen. Dabei handelt es sich ausschließlich um Verwaltungskosten. In [Mau01] werden bis zu 15 000 € als "Administrationskosten" für ein Teil / Jahr in der Pkw-Zulieferindustrie genannt. Der Fertigungs- und Montageaufwand ist dabei noch nicht berücksichtigt.

Aus dem Dargestellten ergibt sich eine Gratwanderung: Man benötigt eine genügend große Zahl an Varianten, um den unterschiedlichen Kundenwünschen gerecht zu werden. Gleichzeitig darf der mit der steigenden Zahl an Varianten einhergehende Kostenzuwachs (z. B. in Entwicklung und Konstruktion, Teileverwaltung usw.) nicht so hoch sein, dass die Preise für den Kunden unattraktiv werden. An dieser Stelle setzt das Variantenmanagement an.

7.12.3 Maßnahmen zur Analyse der Variantensituation

Bei der Ermittlung der richtigen Anzahl an Varianten müssen die Markterfordernisse und die angebotene Produktpalette untersucht werden. Um sich einen Überblick über die vorhandene Variantensituation zu verschaffen, stehen verschiedene Methoden zur Verfügung, von denen nachfolgend einige erläutert werden.

7.12.3.1 Analyse der Produkt- und Teilevielfalt

Die Feststellung des Ist-Zustands ist die Ausgangsposition zur Erforschung der **Ursachen für die Varianten- und Teilevielfalt**. Hierzu können verschiedene Analysemethoden eingesetzt und ausgehend von deren Ergebnissen Abhilfemaßnahmen abgeleitet werden, wie sie in Kap. 7.12.4 bis 7.12.6 im einzelnen noch besprochen werden.

Allgemein gilt bei Behebung von Schwachstellen eines (unbefriedigenden) Ausgangszustands: Je verursachungsgerechter, sorgfältiger und genauer die Analyse des Ist-Zustands und seiner Bedingungen durchgeführt wird, um so eher werden die wirksamen Maßnahmen zur Verbesserung erkannt. Insofern werden viele Abhilfemaßnahmen der nachfolgenden Kapitel hier bereits angesprochen.

Die Analyse muss sich sowohl auf das Produktprogramm als ganzes wie auf die Produkte hinsichtlich ihrer Teilevielfalt beziehen. Wegen der gegenseitigen Vernetzung reicht es nicht, nur im Bereich Entwicklung zu analysieren, sondern es müssen praktisch alle Bereiche des Unternehmens – mindestens hilfsweise – einbezogen werden.

a) Analyse der Variantenvielfalt des Produktprogramms (z. B. im Team von Geschäftsleitung, Vertrieb, Entwicklung, Controlling, Produktion, Materialwesen)

Um einen Überblick zu bekommen, ist es zweckmäßig, insgesamt für das Unternehmen sowie bezogen auf den jeweiligen Kunden, auch als Zeitreihe über die letzten Jahre, folgendes zu untersuchen:

- **Umsatz, Gewinn, Stückzahl abgesetzter Produkte** in bestimmten Ländern, für bestimmte Kunden. Dabei müssen die kundenspezifischen Konfigurationen beachtet werden. Es ist zweckmäßig, sich der unter c) angegebenen Hilfsmittel zu bedienen, insbesondere der Visualisierung von „trockenen" Tabellen und Zahlenreihen (Kap. 4.6). – Hier sei nur auf die **ABC-Analyse** (eine graphische Rangreihe) nach Bild 4.6-4 verwiesen.
- In ähnlicher Weise kann in einem **Portfolio-Diagramm** das **eigene Produktprogramm** mit dem der **Konkurrenz** verglichen werden, wobei es sich dabei meist um mehr oder weniger abgesicherte Schätzungen handeln wird (Bild 4.6-8).

Bei der Analyse der Produkt- bzw. Teilevielfalt können folgende Fragen hilfreich sein:

- Welche angebotenen Varianten sind Exoten?
- Welche Systemkomponenten eignen sich für einen Produkt übergreifenden Verwendung z. B. im Rahmen eines Baukastensystems?
- Wie werden die einzelnen Bauteile gefertigt?
- Lassen sich bestimmte Prozess-Schritte für mehrere Bauteile verwenden?
- Können Teilefamilien gebildet werden?
- Welche Kosten werden durch die Varianten verursacht?
- ...

Die Beantwortung solcher Fragestellungen ist wichtig, um die zukünftige Produktpalette festlegen zu können. Wichtig ist dabei, dass die Beantwortung dieser Fragen von einem interdisziplinären Team durchgeführt wird, um auch möglichst alle Faktoren zu berücksichtigen und evtl. Zielkonflikte aufzudecken.

Auf den Internetseiten von Automobilherstellern findet man zunehmend so genannte Produktkonfiguratoren. Dem Kunden bieten diese Konfiguratoren die Möglichkeit, ihre speziell gewünschte Fahrzeugkonfiguration zusammen zu stellen und sich gleich einen optischen Eindruck von dem Fahrzeug zu verschaffen. Für den Automobilhersteller ist der Kundenkonfigurator eine sehr wertvolle Informationsquelle. Die Marketingabteilung erhält ohne großen Aufwand (Kundenumfrage, Marktanalyse,...) eine Übersicht über die favorisierten Varianten und kann dies z. B. bei der Entwicklung eines neuen Fahrzeugs berücksichtigen.

b) Analyse der Variantenvielfalt einzelner Produktarten

In einem Team ähnlicher Zusammensetzung wie bei a) kann untersucht werden:

- Umfang der **Teilearten, Teilezahl** und ihre Veränderung über die letzten Jahre (Zeitreihenentwicklung von Sachnummern, s. Bild 6.3-2). Dies kann Anlass sein, über andere Konzepte oder eine Integralbauweise im Sinne von Bild 7.12-14 die Teilezahl abzusenken.

- Ferner sollte der „**Normungsgrad**" eines Produkts derzeit und im Vergleich zu früher oder zu ähnlichen Produkten untersucht werden. Darunter versteht man im weiteren Sinn den Umfang an „**Produktnorm**", also in welchem Maße ist das Produktprogramm über Leistungs- und Ausführungsarten standardisiert oder inwieweit wird z. B. mit Teilefamilien, mit einer Baureihe, einem Baukastensystem gearbeitet. Auch Teilumfänge eines Produkts können so konstruiert werden, der Rest ist dann z. B. kundenspezifisch. **Bild 7.12-4** zeigt die erheblichen Vorteile, aber auch einige Nachteile der Produktnorm.
  Im **engeren Sinn** werden dabei die Teile eines Produkts entsprechend **Bild 7.12-5** klassifiziert und ihre Anzahl pro Klasse aufgelistet (Teiledefinitionen in Kap. 7.12.4.1).

Was ist Produktnorm?

Produktnorm ist die für einen Hersteller verbindliche Festlegung des Produktprogramms, der Leistungsdaten, der Ausführungsarten und der Gestalt eines Produktbereichs bzw. der Produkte.

oder: Produktnorm ist die auf das Produkt bezogene Werknorm.

Produktnorm legt fest:

Produktprogramm, Leistungsdaten, Ausführungsarten, Teilefamilien, Baureihen, Baukasten,

und damit: Werkstoffe, Abmessungen, Toleranzen, Bearbeitungsarten, Zulieferteile.

Vorteile der Produktnorm

1. **Weniger Projektierungs-, Angebots- und Vertriebsarbeit**, da Sonderlösungen von Standardlösungen verdrängt werden; schnellere Kundenbedienung.
2. **Bessere technische Prospekt- und Preisunterlagen**.
3. **Weniger Konstruktionsarbeit**, da Konstruktion zu einem großen Teil vorliegt.
4. **Weniger neue Teile** und damit **weniger Einführungskosten**.
5. **Weniger Arbeit in Fertigungsvorbereitung**, da Arbeitsunterlagen vorliegen.
6. **Geringere Einkaufs- und Lagerkosten**. Bestellvorgang liegt vor. Preise sind bekannt. Größere Lose können mit mehr Rabatt bestellt werden; es müssen weniger unterschiedliche Teile/Gruppen bestellt werden; das kleinere Lager ist kostengünstiger und kann leichter überwacht werden; es bleiben weniger Ladenhüter.
7. **Geringere Fertigungskosten**, da größere Lose, Fertigungs- und Montageerfahrung vorliegen, bessere Fertigungssteuerung möglich bei bekannten Teilen, weniger Sondermaschinen und Vorrichtungen nötig, weniger Ausschuss.
8. **Geringere Lieferzeit**, da in allen Abteilungen kürzere Durchlaufzeit besteht, Teile auf Vorrat gefertigt werden können und weniger Verwechslungen und Fehler vorkommen.
9. **Geringere Reklamationsquote**, da Verhalten des Produkts bekannt, realistisch projektiert wird, weniger Konstruktions- und Fertigungsfehler vorkommen, bessere Betriebs- und Wartungskenntnisse (und Richtlinien) vorliegen, bei Fremdbezug klare Prüfbedingungen.
10. **Geringere Ersatzteilkosten und Ersatzteillieferzeit**.
11. **Geringere Herstellkosten und Selbstkosten**.

Nachteile der Produktnorm

1. Produkt erfüllt Anforderung **nicht optimal**.
2. Hersteller reagiert **nicht flexibel** auf Sonderwünsche der Kunden - "züchtet" u. U. Sonderfertigungs-**Konkurrenz**.
3. Kunden schließen sich zusammen und produzieren **eigene Sonderlösung**.

Bild 7.12-4. Produktnorm (s. a. Bild 6.3-4)

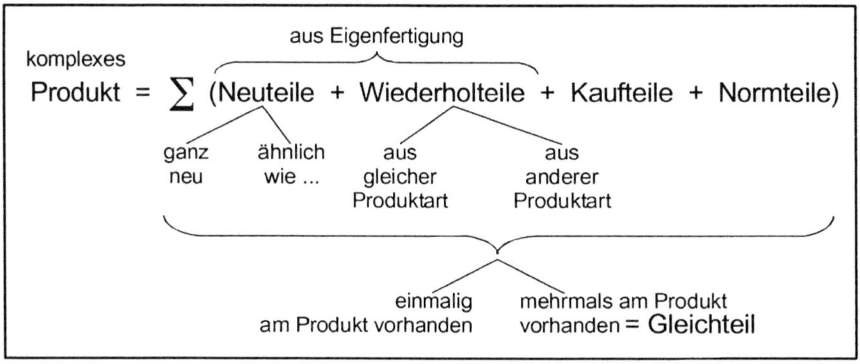

Bild 7.12-5. Teilearten eines komplexen Produkts (Baugruppe, Maschine)

- Der Normungsgrad wird dann nach **Bild 7.12-6** errechnet. Je höher der Normungsgrad eines Produkts ist, umso weniger (kundenspezifische) Neuteile enthält es, die ja besonders hohe Kosten verursachen (s. Kap. 7.12.2.2). Es hat sich in der Praxis als fruchtbar erwiesen, ausgehend von einem Vorläuferprodukt für eine konstruktive Überarbeitung, einen **Zielnormungsgrad** vorzugeben.
- Der **Variantenbaum (Bild 7.12-7)** gibt den direkten Aufschluss über die Zahl der für eine Produktart möglichen und nachgefragten Varianten. Das Bild spricht aufgrund des einfachen Beispiels „Pkw-Instrumententafel“ für sich selbst. – Man ordnet in anderen Fällen die Anbauteile entsprechend ihrer Montagereihenfolge und stellt zu jedem Montagevorgang die dafür mögliche Variantenvielfalt dar. Ein Basis- oder Trägerbauteil bildet den Anfang.

	bisheriger Normungsgrad bei bekanntem Produkt	Zielnormungsgrad bei neuem Produkt
Zahl der unterschiedlichen Teile (nach Teilearten)	71 = 100 %	64 = 100 %
• Neuteile • Wiederholteile aus z. B. ähnlichen Produkten • Gleichteile • Kaufteile • Normteile (DIN oder Werknorm)	29 10 2 5 25 (10 + 2 + 5 + 25 =) 42	17 11 3 10 23 (11 + 3 + 10 + 23 =) 47
Normungsgrad	42/71 x 100 = 59 %	47/64 x 100 = 73 %

Bild 7.12-6. Beispiel für die Vorgabe des Zielnormungsgrads für die Entwicklung eines neuen Produkts

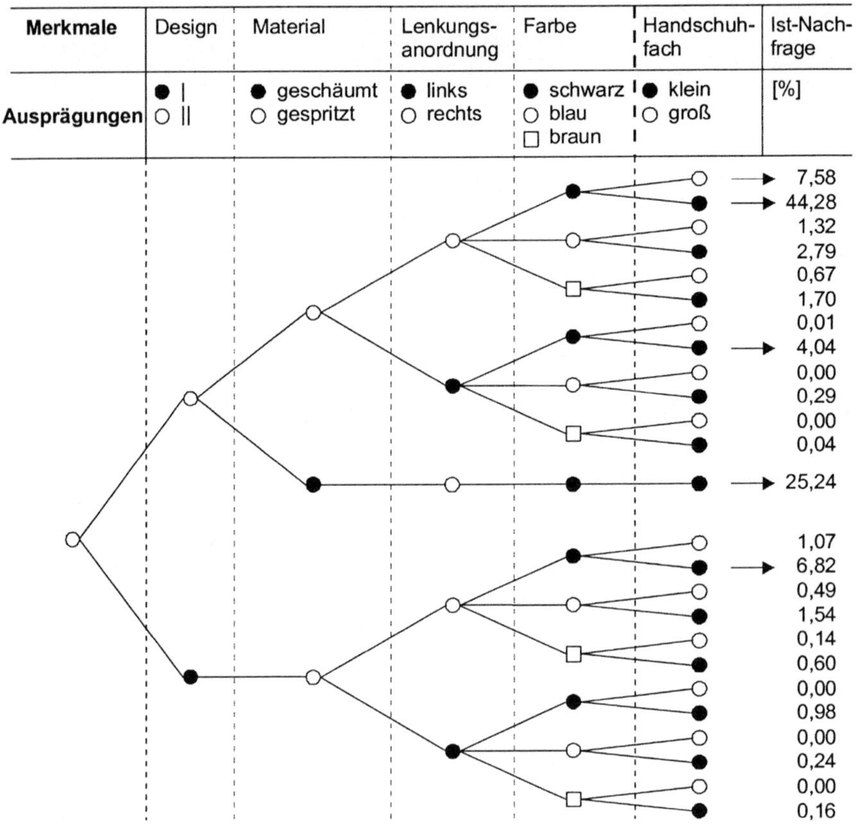

Bild 7.12-7. Variantenbaum der Instrumententafel eines PKW [Ros96]

Auf das Basisbauteil werden also die Anbauteile montiert. So entstehen Produktvarianten. Auch hier ist es wieder zweckmäßig, zum Vergleich einen Variantenbaum eines Konkurrenzprodukts zu erstellen.
Der Variantenbaum verliert bei zunehmender Teilezahl bzw. Kombinationsmöglichkeiten an Übersichtlichkeit. Man kann sich vorstellen, dass die Abbildung aller Kombinationen eines Pkw für den Betrachter nicht mehr überschaubar ist, deshalb bietet sich für so einen Fall eine sinnvolle Unterteilung des Variantenbaums an. In Kombination mit einer ABC-Analyse lässt sich feststellen welche Produkte bei den Kunden besonders gefragt sind und welche Produkte eher zu den Exoten zählen. Diese Informationen sollten bei der Entwicklung von Folgeprodukten entsprechend berücksichtigt werden. IT-Systeme unterstützen z. B. die Auswertung der möglichen Varianten hinsichtlich Produktionskosten und ermöglichen so die Festlegung von sinnvollen Variantenausführungen.

Zur Variantenreduzierung sollten Varianten mit geringen Umsätzen – sofern kundenverträglich – aus dem Verkaufsprogramm gestrichen [Ros96] bzw. in andere Bausteine integriert werden [Schh89; Eve92].

Entsprechend kann man dem Variantenbaum des Ist-Zustands einen Soll-Variantenbaum gegenüberstellen. Interessant ist auch hier eine ABC-Analyse: 88 % aller Ausführungen werden mit 20 % der Varianten realisiert (Pfeile im Bild). Ebenfalls 20 % der Varianten werden überhaupt nicht verkauft.
Kostensenkende Maßnahmen können anhand des Variantenbaums gut analysiert, gemeinsam von Entwicklung und Montage überlegt und eingeführt werden.

> ➔ **Varianten** so gestalten, dass sie möglichst **spät im Fertigungsprozess**, z. B. erst zum Ende der Endmontage, realisiert werden.

Ein einprägsames Beispiel dafür ist der „Oweihmann“ in **Bild 7.12-8**. Bei gleichen Formkosten für einen Schokoladen-Nikolaus bzw. -Osterhasen wird erst vor dem Verpacken durch die entsprechende Deckfolie festgelegt, um „welches Produkt“ es sich handelt. Ähnliches gilt manchmal für „weiße und braune Ware“. Dort werden die gleichen Geräte unter verschiedenen Markennamen angeboten.
Der Vorteil später Variantengenerierung liegt darin, dass die Fertigung bzw. Montage vereinfacht, weniger störungsanfällig wird und die noch nicht in Varianten aufgespaltenen Produkte in höherer Stückzahl gefertigt bzw. montiert werden können. – Der ideale Variantenbaum ist dann am Anfang sehr schlank und bekommt die vielen „kleinen Äste“ erst am Schluss.

- **Material- und Kaufteil-Varianten** können im Team mit Einkauf/Materialwesen/Logistik/Entwicklung/Controlling/Produktion analysiert werden.
  Beispielsweise können ABC-Analysen über Bezüge von **Materialarten** und **Fertigteilen** aufgestellt werden. Dabei ist es zielführend zu fragen: „Warum können C-Teile, C-Materialien nicht gestrichen werden zugunsten von A- oder B-Anteilen: z. B.: Warum nicht möglichst gleiche Schrauben, Lager, Dichtungen?“

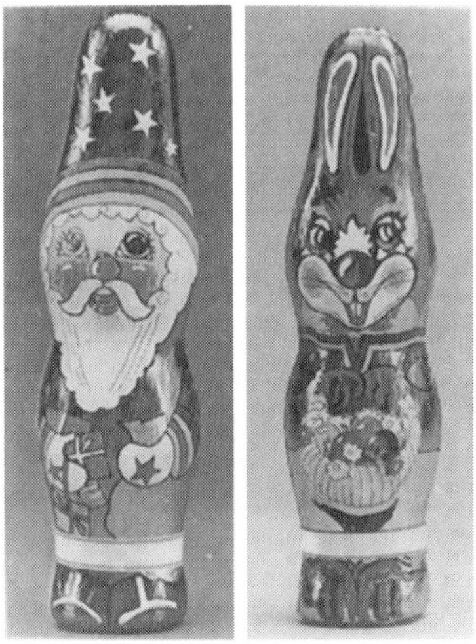

Bild 7.12-8. Der „Oweihmann“ – ein Beispiel für späte Variantenerzeugung [Hic86]

Ferner sollten ebenso die **Lieferanten** nach Umsatz pro Lieferant, nach Preis-, Qualitäts-, Liefertreue in ABC-Analysen erfasst werden. Ziel ist es, die Zahl der Lieferanten zugunsten von Vorzugslieferanten zu verkleinern.
In ähnlicher Weise wirkt eine **Analyse des Lagerbestands** (Umschlaghäufigkeit, Wert der gelagerten Teile, notwendiger Lagerplatz). Nach [Romm93] werden zweckmäßig teure Teile im Bestand minimiert, aber öfters disponiert. Billige, häufig benötigte Teile werden in größeren Beständen seltener eingelagert oder als Schüttgut ohne spezifische Disposition vorgehalten.

- Aus Sicht der Fertigung und Montage sollten formähnliche und bearbeitungsähnliche Teile in **Fertigungsfamilien** zusammengefasst werden. Das können, wie **Bild 7.12-9** zeigt, durchaus Teile mit völlig unterschiedlichen Funktionen sein. Eine Fertigungsfamilie liegt dann vor, wenn die Teile auf gleichen Werk-

Teilzeichnung	Benennung	form-orientierte Schlüsselnummer	fertigungs-orientierte Schlüsselnummer
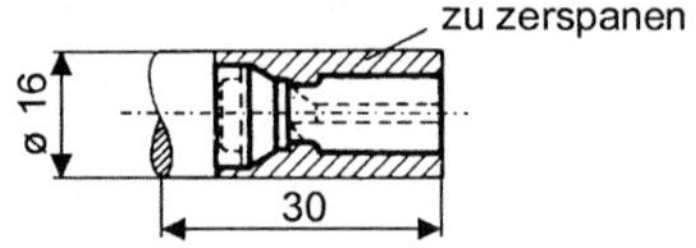	Ventil	448200508	14104072
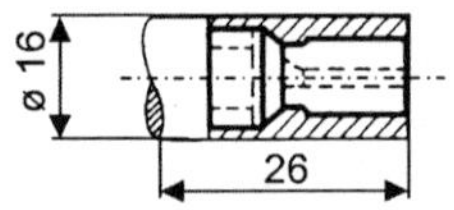	Ventil	348200508	14104072
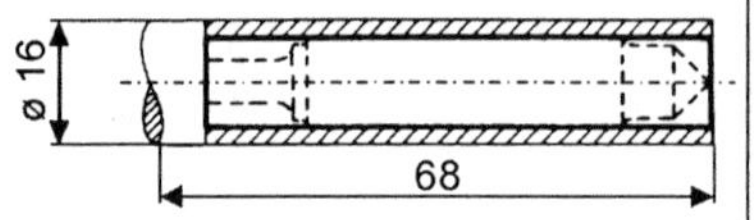	Nadel	270000501	14102072
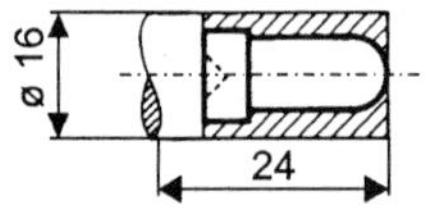	Stift	194000501	14104022
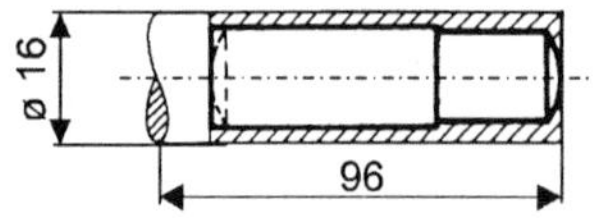	Stift	290000301	14104022
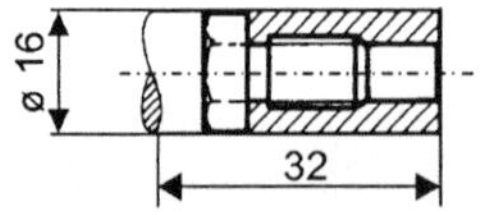	Schraube	302220608	14104091

Bild 7.12-9. Fertigungsfamilie für einen Revolverdrehautomaten mit Stangenzuführung; die Nummern sind betriebsspezifisch (n. R. Wagner, G. Junginger)

zeugmaschinen ohne Umrüsten, ohne neue Werkzeuge und Vorrichtungen hintereinander anschließend gefertigt werden können. Damit wird eine „Scheinlosgröße" gebildet, die für die jeweiligen Fertigungsoperationen fast die gleiche Auswirkung hat wie ein echtes Los.

Fertigungsfamilien bildet übrigens jeder Facharbeiter aus eigenem Interesse, sofern er für die Arbeitsdisposition an seiner Maschine bis zu einem gewissen Grad frei ist: Er bearbeitet **die** Teile direkt hintereinander, für die er möglichst wenig umrüsten muss.

Ferner werden dabei ablaufähnliche Teile gefunden, die den gleichen Arbeitsplan haben und deshalb entsprechend der **Gruppentechnologie** gefertigt werden können. Darunter versteht man die örtliche und organisatorische Zusammenfassung von Betriebsmitteln zu Maschinengruppen, auf denen die Teile (eine Fertigungsfamilie) komplett bearbeitet werden können [Hab96].

c) Hilfsmittel zur Analyse

Um bei der großen Datenmenge und -vielfalt die angestrebte Transparenz zu bekommen, sind aus arbeitstechnischen Gründen und aus Gründen der Visualisierung für die Diskussion in der Gruppe Hilfsmittel nötig. Die Daten sollten digital verfügbar sein, um in einfacher Weise Sortier- und Darstellungsprozesse ausführen zu können.

Solche Hilfsmittel sind zum großen Teil schon aufgezeigt worden, aber auch je nach Software-Ausstattung des Rechners direkt anwählbar. Aus der Literatur sind bekannt: Die „sieben statistischen Werkzeuge" [Ima93; DIN94] oder die „sieben neuen Managementwerkzeuge" [Bos91; Kin89].

Beispielhafte Hilfsmittel (Kap. 4.5):

- Rangreihen, ABC-Analyse (z. B. Bild 4.6-4);
- Histogramme oder Balkendiagramme (z. B. Bild 7.9-10);
- Korrelationsdiagramme (2 oder 3 Parameter in 2- oder 3-Achsendarstellung, z. B. Bild 9.3-4);
- Portfolio-Diagramm (z. B. Bild 4.6-8);
- Variantenbaum (z. B. Bild 7.12-7);
- Teileklassifizierung durch Schlüssel, Nummernsysteme, Sachmerkmalsleisten [Bei77; Pfl79];
- statistische Auswertungen: z. B. EDV-Suchsysteme, Cluster-Analyse (übliche Rechnerwerkzeuge (z. B. Kap. 9.3.4.1, Bild 9.3-4).

Zum Einsatz der letztgenannten zwei Hilfsmittel noch folgende Erläuterung:

- **Teileklassifikation durch dezimale Schlüssel** [Opi66]:
  Rehm [Reh81] berichtet von einem nur 3-stelligen Schlüssel, mit dem in kurzer Zeit 36 000 Teile klassifiziert wurden. Ein für die Konstruktion aufgebauter **Wiederholteilekatalog (Bild 7.12-10)** geht aus von den standardisierten Teilearten, z. B. einer Kreiselpumpe (VDMA-Einheitsblatt 24 250), die weiter unterteilt werden in Gestalt- oder Formarten, welche wieder in Gestaltdetails (z. B. Maße, Werkstoffe) auf gespalten werden (ähnlich zu einer **Sachmerkmalsleiste**).

Letzteren werden Zeichnungsnummern über eine EDV-Liste zugeordnet. Vorhandene Zeichnungen werden übernommen, nicht vorhandene werden im Rahmen des Systems im Lauf der Zeit neu erstellt. Der Nachteil dieser hierarchischen Klassifikation ist, dass man beim Aufbau des Systems zukünftige Entwicklungen berücksichtigen sollte, dies aber nur unzureichend kann und dann ein relativ starres System hat. Weiter kann ein Teil nur an **einer** Stelle eingeordnet werden, was manchmal nicht zweckmäßig ist (z. B. ein Rotationsteil mit angefrästen Flächen). Wesentlich günstiger sind **relationale Datenbanken** [Mül91].

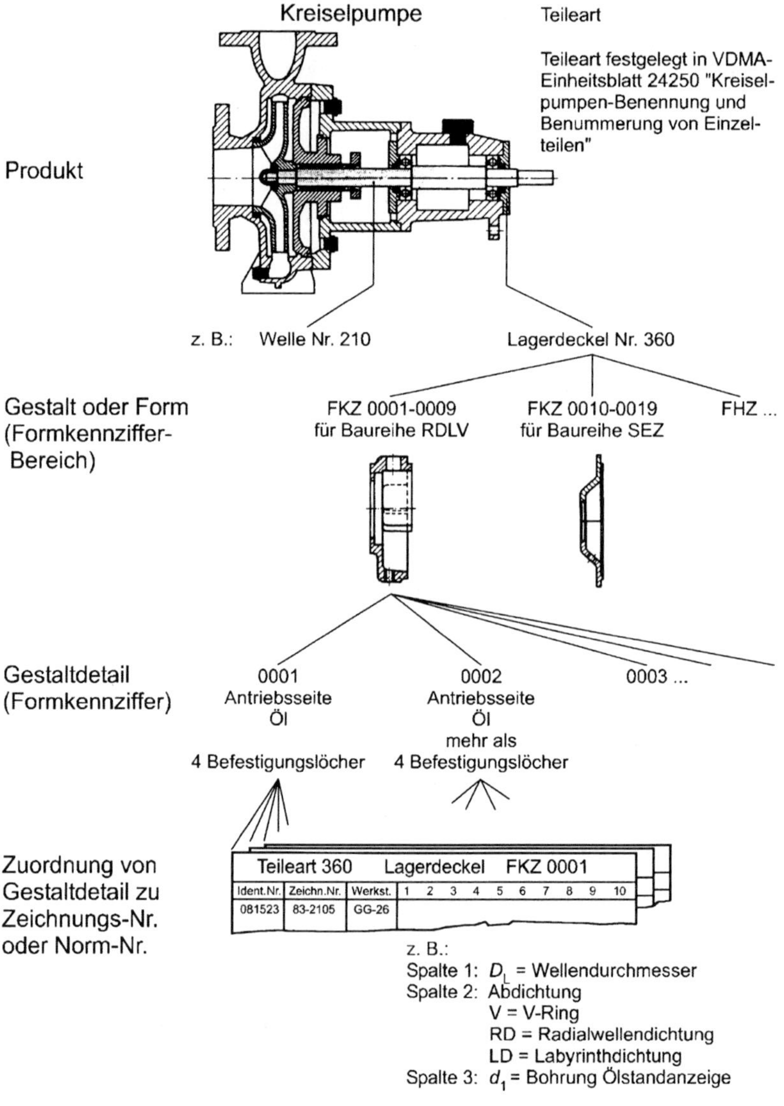

Bild 7.12-10. Aufbau eines Wiederholteil-Katalogs für Pumpenteile (n. KSB Bremen)

- **EDV-Suchsystem mit Begriffskatalog (Thesaurus)**:
  Bei diesem flexiblen System werden den einzelnen Teilen Begriffe aus einem erweiterbaren Katalog (z. B. Rotationsteil, Deckel, 4 Löcher, GG) zugeordnet. Der Rechner sucht die Teile heraus, für die eine logische Kombination von Suchbegriffen zutrifft [Mül94]. Wenn mehr Begriffe z. B. mit „UND“ kombiniert werden, wird die ausgegebene Menge kleiner (s. a. Kap 7.12.4.1d).
- **Cluster-Analyse**:
  Der Rechner bildet auf Grund von quantitativen Merkmalen (z. B. Sachmerkmale, wie Durchmesser oder Länge [Bei77; Pfl79]) eine Hierarchie der ähnlichsten Teile. Dieses relativ flexible System wird am besten mit obigem kombiniert. Man sucht also z. B. zuerst mit Deskriptoren und bildet aus der gefundenen Menge eine Ähnlichkeitshierarchie.
- **Volltextsuche:**
  Heute ist auch die Volltextsuche in den eigenen Datenbeständen und im Internet mit den entsprechenden Suchmaschinen erfolgversprechend.

7.12.3.2
Schnittstellenanalyse

Ein wichtiger Punkt bei der Variantenanalyse und auch später bei der Abgrenzung von Baugruppen und Modulen sind die **Schnittstellen** sie müssen bekannt und eindeutig definiert sein. Bei der Schnittstellenanalyse muss zwischen organisatorischen und technischen Schnittstellen unterschieden werden. Darüber hinaus können weitere Schnittstellen wie zum Beispiel rechtliche Übergabepunkte (Haftungsübergang u. a.) von Bedeutung sein.

Die **organisatorischen Schnittstellen** beinhalten den Informationsfluss zwischen den einzelnen Teilprozessen und die zugeordnete Verantwortung. Dabei spielen die Parameter Zeit und Qualität eine herausragende Rolle. Ist die Qualität der Informationen schlecht, so muss später dann oft mit erheblichem Aufwand nachgebessert bzw. geändert werden. Kommen Informationen nicht zur rechten Zeit, gibt es erhebliche Störungen im Prozess. Diese Störungen wie auch die Änderungen führen zu Terminverzug und Kostenerhöhungen.

Im Rahmen einer organisatorischen Schnittstellenanalyse sind die Prozessabläufe zu analysieren. Vor allem das Zusammenwirken über mehrere Abteilungen bzw. zwischen dem Unternehmen und seinen Zulieferern ist oft optimierungsbedürftig. Den Prozessbeteiligten sollten die für sie relevanten organisatorischen Schnittstellen und deren Gestaltung bekannt sein, um negative Erscheinungen wie z. B. redundante Arbeit zu vermeiden. Oft findet man bei der Prozessanalyse auch Ansatzpunkte für die Unterstützung des Workflows durch IT-Systeme.

Bei den **technischen Schnittstellen** werden die stofflichen, energetischen und informationstechnischen Gesichtspunkte unterschieden. Darüber hinaus werden mit besonderem Augenmerk die geometrischen Schnittstellen und die Verbindungstechnik an den Schnittstellen betrachtet.

- **Geometrie-Schnittstellen** bilden wesentliche Aufgabeninhalte in Maschinenbau und Fahrzeugtechnik. Mit Hilfe des Raum-Managements werden die verfügbaren Teilvolumina im Produkt bewirtschaftet. Wegen der häufig hohen Vernetzung ist dieses bei einigen Produkten ein sehr schwieriges Thema, da nicht immer offensichtlich ist, welche räumlichen Konsequenzen Festlegungen oder Änderungen an bestimmten Bauteilen oder Aggregaten haben können. Wer kommt bei Veränderungen an der Klimaanlage eines Fahrzeugs gezielt darauf, dass in diesem Fall die Lenkung tangiert wird [Ste98]? Wie wirken sich Bewegungen, Verformungen oder Toleranzen aus? DMU (Digital Mock-Up – das digitale Produktmodell) bietet hier zunehmend Unterstützung.
- **Stoff-Schnittstellen** sind immer dann von Bedeutung, wenn im System ein Stoffumsatz stattfindet. Dabei sind natürlich auch alle Hilfsstoffe zu berücksichtigen. Wie viel von welchem Stoff wird an welcher Stelle mit welchem Zeitverhalten und mit welchen Eigenschaften (Temperatur, Druck usw.) übergeben? Das Rundmaterial, die gedrehten Bolzen sowie die Späne in der Drehmaschine sind Beispiele für den Hauptumsatz des Produkts Drehmaschine. Kühlöl ist ein Beispiel für den wichtigen Stoff im Nebenumsatz.
- **Energie-Schnittstellen** sind z. B. über mechanische (Kraft, Drehmoment...), thermodynamische (Wärmestrom, Temperatur usw.) oder elektrische (Potenzial, Strom, Spannung usw.) Größen bestimmt.
- **Signal-Schnittstellen** umfassen z. B. Kommunikationsprotokolle, Spannungspegel von Sensoren etc.

Die technischen Schnittstellen sind von entscheidender Bedeutung für die Entwicklung und Konstruktion. Gerade für interdisziplinäre Entwicklerteams ist das Wissen um die Beschaffenheit der technischen Schnittstellen besonders wichtig. So kann gewährleistet werden, dass sich die einzelnen Subsysteme gut in das Gesamtprodukt integrieren lassen. Eine nachträgliche aufwendige Anpassung der Subsysteme, die sich in einer erhöhten Teilezahl widerspiegeln kann, entfällt. Dies gilt vor allem bei der Konzeptionierung eines flexibel modularen Produktaufbaus, mit dem Ziel mehrere Varianten aus einer definierten Anzahl von Modulen zu generieren. Schnittstellen müsse in geeigneter Weise festgelegt bzw. modifiziert werden.

7.12.4 Verringerung der Produkt- und Teilevielfalt

Die **Verringerung der Produktvielfalt** ist eine strategische Maßnahme der Geschäftsleitung im Zusammenwirken mit Vertrieb/Marketing/Entwicklung/Produktion/Controlling. Sie kann nach Vorliegen der Analyse des Produktprogramms (Kap. 7.12.3.1) durchgeführt werden. Im Gegensatz dazu wird nachfolgend die **Verringerung der Teilevielfalt** behandelt: Die Verringerung der Teilezahl pro Produkt und die **Zahl der unterschiedlichen Teile**.

Letztere ist vor allem in Einzel- und Kleinserienfertigung von Bedeutung, da die Einführungskosten unterschiedlicher Teile eine bedeutende Rolle spielen. In der Serienfertigung dagegen ist die absolute Zahl der Teile von größerer Bedeutung, da Einführungskosten bezogen auf eine große Stückzahl sehr klein werden, aber die Kosten für Fügeflächen, Verbindungen und Montage für jedes produzierte Produkt in voller Höhe anfallen.

Zur Bedeutung der Teilezahl seien einige **Anhaltswerte** aus der Praxis genannt: Pkw 10 000-20 000 Teile; Großdieselmotor 1 500-2 000 Teile; Papiermaschine 120 000 Teile, eine Boing 747 3 Mill. Teile.

Am kostengünstigsten ist es, das Entstehen von „unnötigen" Varianten gleich am Anfang des Konstruierens zu vermeiden. Will man nachträglich Varianten reduzieren, so ist das nur bei häufig nachgefragten (aktiven) Varianten (Teilen) sinnvoll. Bei seltenen (passiven) Varianten können die „Reduzierungskosten" höher als die Einsparungen werden. Es sollten Prozesskosten (Kap. 8.4.6) vor und nach der Reduzierung abgeschätzt werden. Wie man dabei in der Praxis vorgeht zeigt Kohlhase [Koh98].

Man kann die **Maßnahmen zur Verringerung der Teilevielfalt** in folgende aufteilen, die nachfolgend so besprochen werden, sich allerdings zum Teil überschneiden (Eine Übersicht über Strategien und Maßnahmen zur Teilezahlreduzierung gibt Bild A8 im Anhang „Leitlinie zum Kosten senken"):

- Teilenormungsgrad erhöhen (Kap. 7.12.4.1), Verwendung von Gleichteilen und Wiederholteilen;
- Verwendung von Kaufteilen nach Lieferantenspezifikation (Kaufteile_L); und nach Kundenspezifikation (Kaufteile_K)
- Konstruktive Teilefamilien bilden (Kap. 7.12.4.2);
- Integralbauweise bevorzugen (Kap. 7.12.4.3);
- Maßnahmen zur Rüstkostenverringerung einsetzen (Kap. 7.12.4.4);
- Organisatorische Maßnahmen einführen (Kap. 7.12.4.5);
- Baureihen (Kap. 7.12.5) und Baukästen bilden (Kap. 7.12.6); diese beiden Maßnahmen sind meist am wirkungsvollsten [Fra87];
- Modularisierung von Produkten (Kap. 7.12.6.4);
- Verwendung von Plattformen (Kap. 7.12.6.5).

Nicht direkt auf Produkte aber auch im Sinne der Variantenverringerung wirken die Verwendung von Prinziplösungen (Kap. 7.12.6.6) und die konstruktive Parametrisierung (Kap. 7.12.6.6).

7.12.4.1
Normung und Standardisierung

Nach Kienzle bedeutet Normung „das einmalige Lösen eines sich wiederholenden technischen oder organisatorischen Vorgangs mit den zum Zeitpunkt der Erstellung der Norm bekannten optimalen Mitteln des Standes der Technik durch alle daran Interessierten. Sie ist damit eine stets zeitlich begrenzte technische und wirtschaftliche Optimierung."

Normierungen und Standardisierungen gibt es in unterschiedlichen Ebenen:

- Überbetriebliche nationale und internationale Normen (DIN, ISO);
- Innerbetriebliche Normen (Werksnorm);
- Allgemein einsetzbare Lösungskataloge und sonstige Vorschriften, sowie systematische bzw. einheitliche Wissensdarstellung.

Im Rahmen dieses Buches geht es nicht um die allgemeine und selbstverständliche Beachtung und Anwendung von Normen (was auch wirtschaftliche Vorteile hat), sondern um die Kosteneinsparung, die durch die Verwendung von Norm- und Kaufteilen und durch die Standardisierung der Produkte erzielt wird.

a) Verwendung von Norm- und Kaufteilen

Vorteile bei der Verwendung von Norm- und Kaufteilen:

- **Normelemente sind erprobt**, die Austauschbarkeit ist innerhalb der jeweiligen Norm sichergestellt.
- Sie entsprechen (soweit aktuell) dem **Stand der Technik** und sind üblicherweise kostengünstig und ab Lager **kurzfristig lieferbar**.
- **Werkzeuge** für den Umgang mit Normteilen sind z. T. ebenfalls normiert und brauchen nicht teuer gefertigt zu werden (z. B. Schraubenschlüssel).
- Im Rahmen von Werknormen können firmenintern entwickelte Elemente, die sich als zuverlässig und über mehrere Produkte als einsetzbar erwiesen haben, zusätzlich festgelegt / genormt werden.
- Normelemente werden unabhängig von bestimmten Kunden entwickelt und überwiegend auch neutral für beliebige Abnehmer produziert.

Nachteile bei der Verwendung von Norm- und Kaufteilen:

- Die **Zahl** der genormten Gestaltzonen, Teile, Baugruppen oder auch Geräte / Maschinen ist **kaum noch überschaubar**. Dies führt bei den verschiedenen Unternehmen zu einer jeweils eigenen Auswahl einer Untermenge der Normelemente.
- Im Zuge der Globalisierung werden die Hersteller mit zusätzlichen regionalen und nationalen Normen konfrontiert. Diese erfordern die entsprechende Berücksichtigung bei den Herstellern und führen so zu einer Erhöhung der Variantenzahl. So müssen zum Beispiel Fahrzeuge für die unterschiedlichen Märkte angepasst werden. Maschinen- und Anlagenhersteller trifft dieses Thema zum Beispiel bei der Elektrik und in der Sicherheitstechnik.
- **Normen werden geändert** und führen so zu Änderungsnotwendigkeiten in großer Breite. Dies erfordert einen erheblichen Aufwand, um sicherzustellen, dass die den Konstrukteuren vorliegenden Informationen auf dem aktuellen Stand sind. Darüber hinaus müssen evtl. Anpassungskonstruktionen vorgenommen werden, um neuen Normen zu entsprechen.
- Normen können den technischen Fortschritt behindern, da immer wieder auf bekannte Lösungen zurückgegriffen wird und keine systematische Lösungssuche mehr stattfindet.
- Normelemente sind häufig im Einzelfall rein technisch suboptimal, so muss zum Beispiel statt einer errechneten Schraube M14.3 eine mit dem Nennmaß M16 eingesetzt werden.

Eine Normierung ist auch durch oder in Zusammenarbeit mit Zulieferern von **Kaufteilen** möglich. Birkhofer [Bir93] beschreibt den zunehmenden Online-Zugriff, der in Zukunft die direkte CAD-Übernahme einschließt. Kaufteile (auch Baugruppen) (Bild 7.12-5) können auch Normteile sein und sind meist kostengünstiger, da sie von Zulieferanten in höherer Stückzahl herstellt werden.
Dabei unterscheidet man:

- Kaufteile nach Lieferantenspezifikation (Kaufteile_L)
- Kaufteile nach Kundenspezifikation (Kaufteile_K)

Verwendung von Kaufteilen nach Lieferantenspezifikation (Kaufteile_L)

Kaufteile sind Teile, Baugruppen oder Produkte, die von Lieferanten zugekauft werden. Kaufteile_L werden vom Lieferanten standardisiert und kommen häufig den Vorteilen der Normteile gleich. Kaufteile_L werden weitgehend kundenneutral entwickelt und überwiegend auch kundenneutral produziert für beliebige Abnehmer. Bei entsprechenden Verträgen kann es hier auch andere Konstellationen geben.

Vorteile

- Kaufteile_L sind vom Hersteller für bestimmte Einsatzbedingungen erprobt.
- Die Austauschbarkeit ist in einer gewissen Zeitspanne (je nach Vertrag) sichergestellt
- Sie entsprechen (soweit aktuell) dem Stand der Technik
- Sie sind üblicherweise kostengünstig und ab Lager – also sehr kurzfristig - lieferbar
- Hersteller tun sich leichter, ihre eigenen Standards entsprechend neuen Erkenntnissen zu ändern, zumindest ist das leichter als eine Änderung einer internationalen Norm.
- Kaufteile_L erleichtern in erheblichem Umfang die Arbeit der Produktentwicklung, da Lösungen für Subsysteme nicht selber erarbeitet werden müssen sondern zugekauft werden können.

Nachteile

- Kaufteile_L sind häufig im Einzelfall rein technisch suboptimal, so muss zum Beispiel statt einer Pumpe mit einem Fördervolumen von 127 min^{-1} eine Pumpe mit 140 min^{-1} aus dem Lieferprogramm eingesetzt werden.
- Für den Service und auch die Produktnutzer gilt dies nur bedingt. Wer einmal für scheinbare Standards (jedoch nur die eines Herstellers) Ersatz gesucht hat (wie zum Beispiel bei Möbelbeschlägen) kennt die Problematik.
- Verwendet ein Hersteller Kaufteile_L, dann entsteht eine Abhängigkeit zum Lieferanten, die nicht beeinflusst werden kann und den Hersteller evtl. zu erneuten Anpassungskonstruktionen zwingt. Beispiel Elektronikzulieferer: Der Lieferant teilt dem Hersteller mit, dass bestimmte Elemente wie zum Beispiel Widerstände in der bisherigen Ausführung nur noch bis Ende des laufenden Quartals lieferbar sind.

Verwendung von Kaufteilen nach Kundenspezifikation (Kaufteile_K)

Kaufteile_K nach Kundenspezifikation werden vom Kunden bzw. durch Einfluss des Kunden standardisiert und produziert. Bei entsprechenden Verträgen kann es hier auch andere Konstellationen geben. Dabei kommt besonders die spezifische Kompetenz des Lieferanten zum Tragen.

Die **Vorteile** bei den Kaufteilen nach Kundenspezifikation sind die gleichen wie bei den Kaufteilen$_L$. Allerdings entfällt der Nachteil, technisch suboptimale Komponenten einzukaufen, da der Kunde ja die Ausführung definieren kann.

Allerdings ergeben sich bei Kaufteilen$_K$ folgende Nachteile:

- Die Kernkompetenz für die zugekauften Systemkomponenten liegt beim Lieferanten und erschwert so einen Lieferantenwechsel.
- Die Koordination der technischen Schnittstellen ist über Unternehmensgrenzen hinweg aufwendiger.
- Die Varianten- und Versionskontrolle ist aufgrund redundanter Information oftmals schwierig. Beispiel Motorsteuergeräte: Ein Automobilhersteller lässt vom Zulieferer die Motorsteuergeräte entwickeln. Dies bedeutet eine ständige Erweiterung des Softwarestands um die neu hinzu kommenden Funktionen. Da der Auftraggeber z. T. noch kleinere Anpassungen an der Software vornimmt, bevor diese in die Steuergeräte integriert wird, existieren verschiedene Softwarestände beim Hersteller und Zulieferer. Dies erfordert einen großen Aufwand hinsichtlich Koordination um den Funktionsumfang der jeweiligen Softwarestände beschreiben zu können.

b) Teilenormungsgrad erhöhen

Was unter einem **Normungsgrad** zu verstehen ist, wurde bereits oben (unter Kap. 7.12.4.1) erläutert. Es kommt bei einer konstruktiven Überarbeitung oder Neukonstruktion darauf an, die Zahl der (kundenspezifischen) Neuteile möglichst gering zu halten und möglichst viel gleiche im Unternehmen befindliche oder von außen beziehbare Teile zu verwenden. Damit sollen Gemeinkosten und auch Einzelkosten (im Sinne von Bild 6.3-4) gering gehalten werden. Dabei sind entsprechend Bild 7.12-5 folgende Definitionen[9] zu beachten:

➔ Definition: Ein **Neuteil** ist ein für das jeweilige Produkt neu konstruiertes Teil (Eigen- oder Fremdkonstruktion; „ganz neu oder ähnlich wie …“).

➔ Definition: Unter einem **Wiederholteil** versteht man ein Teil, das in anderen Produkten schon eingesetzt wurde (gleiche oder verschiedene Produktart). Baukastenteile sind grundsätzlich Wiederholteile, soweit sie nicht Kauf- oder Normteile sind. Ein Wiederholteil kann auch ein Teil der eigenen Werknorm sein.

Wiederholteile werden durch Teilefamilien, Baureihen oder Baukastensysteme festgelegt. Nach [Pät77] waren ca. 15 % aller Konstruktionsteile (ohne Normteile) als Wiederholteile geeignet, nach [Wie72] zwischen 3 und 6 %. In beiden Veröffentlichungen und in [Bei77] ist eine Vorgehensweise für die Wiederholteilerstel-

[9] Es muss unternehmensintern jeweils eine genauere Definition durchgeführt werden, je nach vorliegenden Unterlagen z. B. Unterscheidung Wiederholteil, Werknormteil, Normteil einer externen Norm).

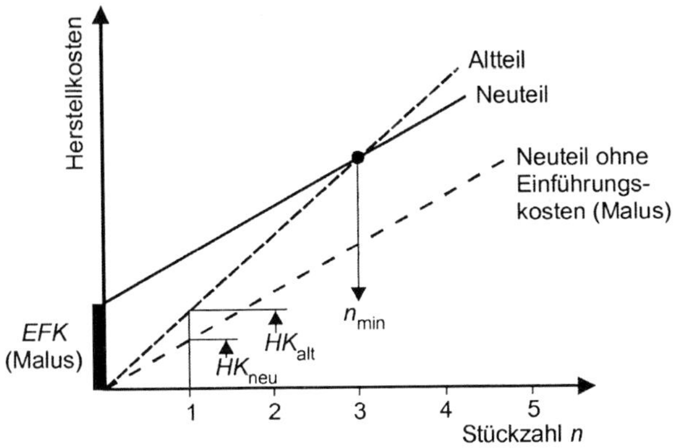

Bild 7.12-11. Mindeststückzahl *n*min, damit ein Neuteil mit den Einführungskosten *EFK* kostengünstiger wird als ein Altteil

lung angegeben. Schwierigkeiten können Änderungen ergeben, wenn Wiederholteile in Produkten unterschiedlicher Abteilungen vorkommen (Kap. 6.2.2).

> ➔ Definition: Unter einem **Gleichteil** wird ein Teil verstanden, das mehrmals an einem Produkt vorkommt. Beispiele sind: gleiche Gehäusedeckel, gleiche Hebel oder Lager.

Auch bei Einzelfertigung lässt sich also die pro Teil herzustellende Stückzahl vergrößern, so dass sich die einmaligen Kosten (Summe aus Einführungskosten und Einmal- bzw. Rüstkosten) pro Teil verringern. Dies ist insbesondere bei kleinen Teilen wichtig.

Ein **Beispiel** zur Definition des bisherigen und des **Zielnormungsgrads** ist in Bild 7.12-6 angegeben.

c) Vorgabe eines Malus

Da die Einführungskosten von Neuteilen meist kalkulatorisch nicht erfasst werden (Kap. 8.4.6), müssen diese Kosten bei Kostensenkungsüberlegungen anderweitig, z. B. durch einen **Malus** für jedes neue Teil, berücksichtigt werden [Wip81] (Bild 6.3-1). In **Bild 7.12-11** sind die Herstellkosten eines Altteils und eines Neuteils schematisch über der Stückzahl aufgetragen [Mei77]. Bei der üblichen Kalkulation ist bereits das erste hergestellte neue Teil kostengünstiger als das alte ($HK_{neu} < HK_{alt}$), da die Einführungskosten (Kap. 7.5.1) nicht oder nur auf alle Teile des Produkts verteilt berücksichtigt werden. Setzt man diese als Malus ein, so muss im Beispiel das Neuteil mehr als dreimal (n_{min}) produziert werden, bevor überhaupt eine Ersparnis eintritt.[10] Der Gedanke des Malus ist im Übrigen bei allen kostensenkenden Aktivitäten sinnvoll, so kann eine Malusvorgabe in Maschinenbauunternehmen zum Beispiel 2 500 € betragen.

[10]Beim Normungsgrad (Bild 7.12-6) wird der Begriff Wiederholteil eingeschränkt verwendet: Kaufteile und Normteile sind gesondert gezählt.

Im gleichen Sinne wie ein Malus wirkt ein **Korrekturfaktor** für die Teilekalkulation, der die Gemeinkostenzuschläge bei hoher Einsatzhäufigkeit eines Teils reduziert: Solche Teile werden dann kostengünstiger, andere teurer.

d) Suchsysteme für Wiederhol- und Ähnlichteile

Es gibt kaum ein wirkungsvolleres Mittel, die Wiederverwendung von Teilen zu erreichen, als über ein einfaches und schnell reagierendes Teile- (oder Baugruppen-)Suchsystem. Es muss für den Konstrukteur schneller gehen, ein Teil zu suchen und dann ein annähernd brauchbares zu finden, als es neu zu konstruieren (s. a. Kap. 7.12.3c)!

In Bild 7.12-10 ist ein **konventionell** erstelltes, später auf Datenverarbeitung übernommenes System für Pumpenteile gezeigt. Das Suchsystem beruht auf Sachmerkmalsleisten [Pfl79].

Je nach CAD-System ist heute eine mehr oder weniger effektive Teileverwaltung im **EDM** (Engineering Data Management) enthalten. Wichtig ist dabei auch, dass die ähnlichsten Teile schnell auf das gewünschte Zielteil hin eingegrenzt werden können und dass diese dann am Bildschirm als CAD-Zeichnung wiedergegeben werden [Mül91; Koh98].

Wenn Arbeitspläne und Teile in einer **Datenbank** dokumentiert sind, lässt sich nach allen dort vorhandenen Begriffen suchen (s. Kap. 9.4.2, System XKIS: CAD-System in Pro Engineer: Es lässt sich über Features (z. B. Lager, Verzahnung) suchen) [Rei96a].

Eine weitere sehr effektive Maßnahme ist die Suche mit **frei eingebbaren Begriffen** aus dem Stammdatenfeld von Zeichnungen bzw. Stücklisten. Dabei ist im DV-System auch ein automatisch eingesetzter Katalog für synonyme Begriffe enthalten, wie z. B. „Rolle = Zylinder = Bolzen = Zapfen“. Je mehr Begriffe eingegeben werden, um so geringer wird die Zahl der ausgegebenen Varianten, womit die Wahrscheinlichkeit, ein für das Zielteil ähnliches Teil zu finden, erhöht wird – allerdings auch die Wahrscheinlichkeit, gar kein Teil zu finden [Mül94]. In ähnlicher Weise lassen sich nicht nur Teile finden, sondern auch Baugruppen, Arbeitspläne, Vorrichtungen, Werkzeuge [Mül94; Koh98].

7.12.4.2 Konstruktive Teilefamilien bilden

a) Konstruktive Teilefamilien sind im Gegensatz zu Fertigungsfamilien (Kap. 7.12.3 b) dadurch definiert, dass die Teile im Wesentlichen die gleiche Funktion erfüllen.

b) Als **Beispiel** sind in **Bild 7.12-12** geometrisch ähnliche, halbähnliche oder nur grob formähnliche Teile aufgeführt. Teile aus einer konstruktiven Teilefamilie werden mit einem Katalog oder Suchsystem gesucht. Dabei richtet sich die Suche auf:

- vorhandene, nicht standardisierte Teile, um sie unverändert zu übernehmen (Bildung von Wiederholteilen);
- ähnliche Teile, um sie abzuändern;
- standardisierte Teile (Auffinden von Sortenzeichnungen bzw. Features);

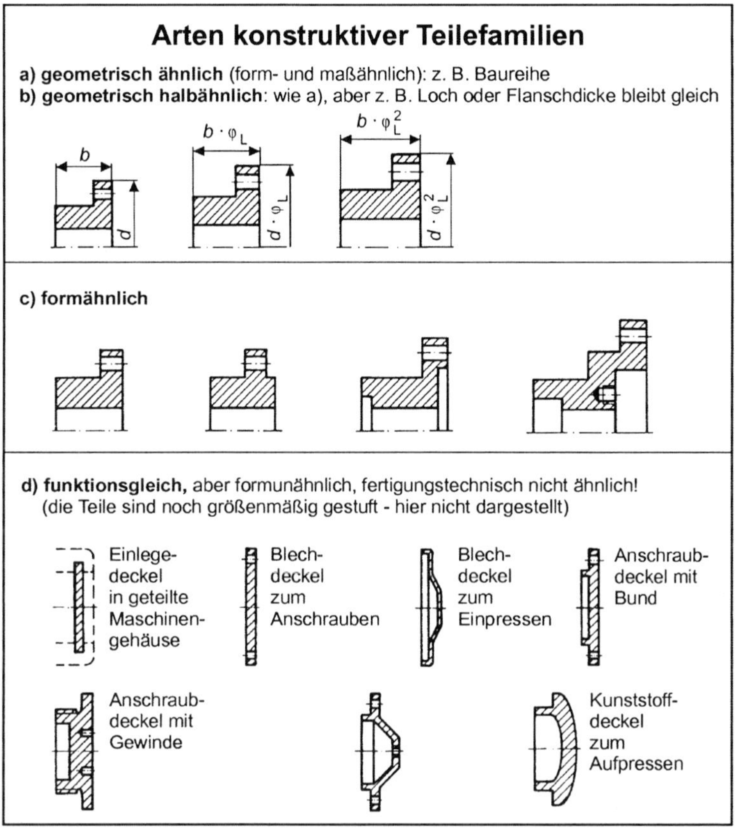

Bild 7.12-12. Arten konstruktiver Teilefamilien

- teilweise standardisierte Teile (Vordruckzeichnungen bzw. Makros, zum Eintrag auftragsabhängiger Parameter, z. B. Abmessungen).

Manchmal stellen konstruktive Teilefamilien auch fertigungstechnische Teilefamilien oder Fertigungsfamilien dar (vgl. Bild 7.12-12a bis c mit Bild 7.12-9).

c) Die **Bildung konstruktiver Teilefamilien** geschieht **meist nachträglich** aufgrund einer Vielzahl vorhandener Ausführungen, seltener im Voraus durch Neuplanung, was eigentlich zweckmäßiger wäre. Folgendes Beispiel zeigt das **Einsparungspotential** bei innerbetrieblicher Normung bzw. Teilefamilienbildung. In **Bild 7.12-13** wurde die Variantenvielfalt eines Abtriebsflansches von Lkw-Getrieben von hunderten auf nur zwei Baugrößen reduziert. Vor der Untersuchung waren die 6 Hauptkonstruktionsmaße mit 416 Ausprägungen vorhanden. Nach der Untersuchung waren es nur noch 7, wobei sich lediglich die Länge in zwei Größen als notwendig erwies. Alle anderen Maße waren durch das nicht abgestimmte Bemaßen verschiedener Konstrukteure zufällig entstanden. Hier hat ein Informationsaustausch bzw. ein effizientes Teilesuchsystem gefehlt (s. Kap.7.12.3 b). Die Herstellkostensenkung auf weniger als die Hälfte machte im Jahr nach heutigen Kosten rund 1 Mio. € aus.

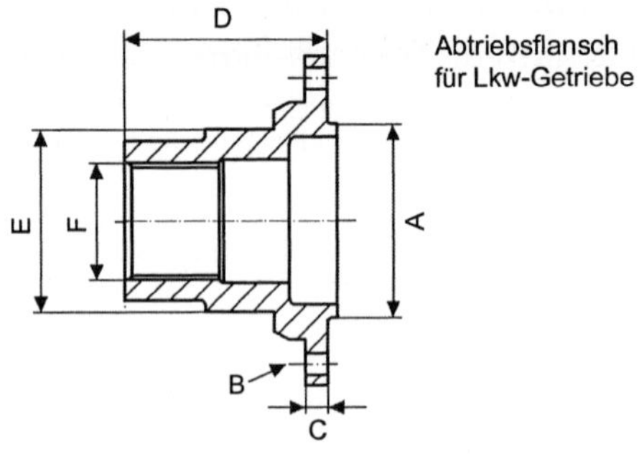

Hauptkonstruktionsmaße	Zahl der unterschiedlichen Maße **vor** der Festlegung der Teilefamilien		Zahl der unterschiedlichen Maße **nach** der Festlegung der Teilefamilien	
A Flansch-Zentrierung	176	416 Maße	1 (d = 90 mm)	7 Maße (2 Ausführungen)
B Bohrung	149		1 (8 Löcher)	
C Flanschdicke	62		1 (9 mm)	
D Flanschlänge	21		2 (60; 69 mm)	
E Dichtungsdurchmesser	6		1 (d = 60 mm)	
F Innendurchmesser	2		1 (d = 42 mm)	
Herstellkosten	100 %		46 %	

Bild 7.12-13. Kostensenkung durch konstruktive Teilefamilienbildung (n. ZF)

Solche „**Aufräumaktionen**" werden zweckmäßigerweise in vier größeren Etappen durchgeführt:

1. **Planung der Maßnahme**. Dazu wird ausgehend von der Ist-Variantenvielfalt abgeschätzt, wie viel Varianten als notwendig verbleiben werden, auch weil Kunden alte Ersatzteile bestellen oder bei Neuaufträgen auf der alten Produktausführung bestehen. Falls es sich dann zeigt, dass ein Großteil der alten Varianten ohnehin bestehen bleiben muss, ist zu überlegen, wie viel „neue Varianten" durch die Standardisierung hinzukommen würden und was deren Einführung kostet im Vergleich zum alten Zustand. Es gibt Praxiserfahrungen, dass es kostengünstiger ist, die alte Variantenvielfalt zu belassen (passive Varianten) und nur bei einer Neukonstruktion des Produkts eine Variantenreduzierung vorzunehmen (aktive Varianten vermeiden) [Koh97]. Falls die Entscheidung für eine Teilefamilienbildung positiv ausfällt, kann diese nach folgendem Vorgehen geschehen.
2. Die **Variantenreduzierung** geschieht dann z. B. in folgenden Schritten:

- Suchen des zu bearbeitenden Objekts, sofern nicht bereits klar (nach Häufigkeit des Vorkommens, kostenmäßiger Auswirkung);
- Sammeln der Zeichnungen von Ausführungsvarianten und ihrer Herstellkosten;
- Ordnen der Ausführungen nach Sachmerkmalen [Bei77; Pfl79], z. B. nach DIN 4000, also z. B. nach Ausführungsarten, Gestaltungseinzelheiten, Maßen und Toleranzen. Zweckmäßig ist, die Zeichnungen zu verkleinern und sich eine Datei oder Kartei anzulegen [Püt77];

- Ergebnis mit Konstrukteur, Arbeitsvorbereiter, Verkäufer, Controller und evtl. Einkäufer besprechen mit dem Ziel der Einschränkung. Dabei geometrische Stufung (Normzahlreihen nach DIN 323) vorschlagen (s. Bild 7.12-19) und vorhandene Normen berücksichtigen. Kostenauswirkung der Einschränkung abschätzen.

3. **Dokumentieren** des Standards entweder im Werknormensystem oder im CAD-System als Standard-Feature. Aufnahme ins Wiederholteil-Suchsystem.
4. **Ergebnis** publik machen und **einführen**.

Welche **Kostenpotentiale** selbst mit der nachträglichen Teilefamilienbildung gegeben sind, hat Bild 7.12-13 aufgezeigt. Wie leicht einzusehen, ist es kostengünstiger, die Standardisierung im Voraus festzulegen, wie dies über Baureihen-/Baukastensysteme geschehen kann. Bei dem hohen Potential ist es dabei durchaus vertretbar, wenn eine Standardisierung auch für Baugruppen/Teile erfolgt, die vom Markt weniger als geplant nachgefragt werden. Sie lohnt sich dann umso mehr, wenn sie zukünftige „Milchkühe" des Unternehmens werden.

7.12.4.3 Integralbauweise bevorzugen

a) Was ist Integral-, was Differenzialbauweise?

Unter **Integralbauweise** versteht man die Zusammenfassung mehrerer Einzelteile zu einem Teil aus einheitlichem Werkstoff, unter **Differenzialbauweise** die Umkehrung. Dabei wird die Teilezahlverringerung meist durch Änderung des Fertigungsverfahrens möglich. Für die Integralbauweise eignen sich folgende Urform- und Umformverfahren besonders:

- Gießen, besonders Feingießen, Spritzgießen;
- Sintern;
- Blechumformen;
- Schmieden, Tiefziehen;
- erosives, elektrolytisches Abtragen;

aber auch die Verwendung von Halbzeugen.

Integralbauweise ergibt meist Kosteneinsparungen. Wie Beispiele zeigen, kann in besonderen Fällen auch die Differenzialbauweise kostengünstiger sein (Bild 7.9-9 und Bild 7.12-15).

b) Wann Integral-, wann Differenzialbauweise?

Die Entscheidung ist aus folgenden Gründen komplex: Aus **Kostensicht** müssen die Herstellkosten (einschließlich der Werkzeug-, Modell- und Rüstkosten sowie der Montage- und der Ausschusskosten), ferner die „Komplexitätskosten" im Sinne der Prozesskosten und schließlich aus den Lebenslaufkosten die Kosten für Transport und mögliche Ersatzteile berücksichtigt werden.

Einflussgrößen sind ferner: Baugröße und Stückzahl der Teile sowie Fertigungsrisiko und Lieferzeit bei den Urform- und Umformverfahren, die oft für

Integralteile vorgesehen werden. Die folgenden Ausführungen können deshalb nur eine grobe Orientierung geben:

- **Integralbauweise** ist i. a. bei **kleineren/mittleren Bauteilen** und **hoher Stückzahl** zu bevorzugen, denn Werkzeug-, Modell- und Rüstkosten (alles „Einführungs-" oder „Einmalkosten") fallen bei höherer Stückzahl pro Teil nicht mehr sehr ins Gewicht (natürlich kalkulieren!), so dass sinkende Bearbeitungs-, Verbindungs- und Montagekosten sich voll auswirken können. Wo keine Teilfugen sind, brauchen diese weder bearbeitet zu werden noch müssen die Teile an diesen verbunden werden. Ganz allgemein wird die Montage – auch wegen der entfallenden Logistikkosten – günstiger. „Teile, die es nicht gibt, brauchen nicht montiert zu werden". Im Sinn der Prozesskosten werden mit sinkender Teilezahl die so genannten „Komplexitätskosten" (Kap. 6.3.1) niedriger. Schließlich ist jede „Schnitt- und Verbindungsstelle" meist ein Qualitätsproblem (Toleranzen, Wärme- und Stromleitung, Dichtigkeit, Verformung, Festigkeit, Reibkorrosion), das beim Entfallen dieser Stelle entschärft wird. **Grenzen** treten auf, wenn das „Integralteil" zu komplex wird, fertigungstechnisch nicht mehr ausreichend beherrscht wird (s. Ausschuss in Bild 7.9-9) und natürlich, wenn die „Einmalkosten" bei zu geringer Stückzahl durchschlagen (s. o.) oder wenn die Lieferzeit bei den Ur- und Umformverfahren zu hoch wird (Werkzeug- und Modellbau braucht Zeit). Wenn aber eine Integralbauweise realisiert werden kann, ohne dass diese Form- und Modellkosten anfallen, wird sie auch bei geringer Stückzahl, ja bei Einzelfertigung kostengünstig, wie unten an Hand von Bild 7.12-15 gezeigt wird. Dies ergibt sich durch den hohen **Rüstkostenanteil** besonders bei kleinen Bauteilen (Kap. 7.7). Wenn bei Integralbauweise z. B. drei Teile zu einem werden, fallen bei jedem Arbeitsgang nur einmal die Rüstkosten an. – Man sieht, wie viele Einflussgrößen komplex auf die Entscheidung Integral-/Differenzialbauweise einwirken.
- **Differenzialbauweise** kann dementsprechend in der **Einzel- und Kleinserienfertigung** bei **großen Bauteilen** kostengünstig werden. Der Vorteil des geringeren Fertigungsrisikos wurde mit Bild 7.9-9 angedeutet. Es entstehen ferner weniger fixe Kosten für Modelle, Formen und spezielle Maschinen, da die Teile aus oft vorhandenen, unterschiedlichen Werkstoffen, Halbzeugen und Normteilen gefertigt und montiert werden können. Die Logistik- und Montagekosten steigen damit zwar an, dafür wird die Qualitätsprüfung der einfachen Teile oft günstiger. Ein **Austausch** einzelner Bauteile, z. B. wegen Verschleiß, ist oft leichter möglich bzw. kostengünstiger, da nur die entsprechenden Einzelteile ersetzt werden müssen. Spätere Änderungen an den einzelnen Elementen sind leichter möglich und kostengünstiger als bei der Integralbauweise, da nicht das ganze System ersetzt, sondern nur die betroffenen Elemente an die Anforderungen angepasst werden müssen.

  Bedingt durch eine Vielzahl der aufgeführten Einflüsse lassen sich durch Differenzialbauweise in der Einzel- und Kleinserienfertigung eine Verringerung des Terminrisikos und eine Verkürzung der Produkterstellungszeit erreichen. Dies ist wichtig bei der Erstellung von Prototypen (s. Bild 7.11-12). Der Nachteil der Differenzialbauweise durch Erhöhung der mit der Teilezahl verbundenen Ein-

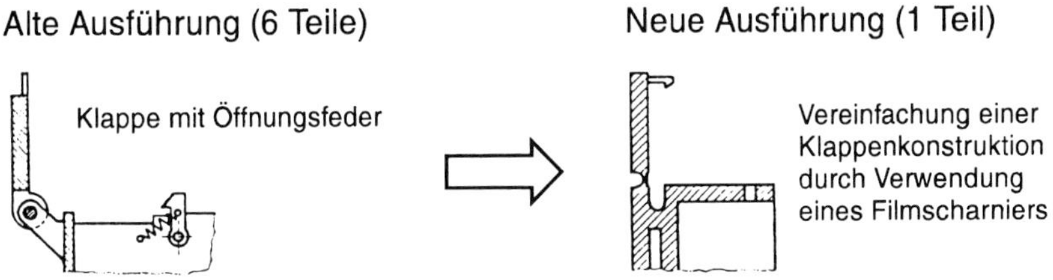

Bild 7.12-14. Kostensenkung durch Integralbauweise mit Spritzguss

malkosten schlägt entsprechend oben Gesagtem voll durch, wenn es sich um **kleine Teile** in **geringen Stückzahlen** ohne besondere Modell-, Form- und Werkzeugkosten handelt. Wenn z. B. alles spanend gefertigt wird, dann wenige Teile, wenig Fertigungsgänge – lieber mehr Materialverbrauch (s. Kap. 7.7, Regel am Schluss).

c) Beispiele und Regeln

- **Integralbauweise**
  - Die Verwirklichung der Integralbauweise durch Feinguss zeigt Bild 7.11-12. Bei Teilen aus Kunststoffspritzguss kommt hinzu, dass die Elastizität des Kunststoffs Filmscharniere und Schnappverbindungen zulässt, die sonst zusätzliche Teile erfordern (**Bild 7.12-14**, 7.11-48, 7.11-54 u. 7.11-55).
  - Wie viele Fertigungsoperationen sich durch Integralbauweise einsparen lassen, zeigt Bild 2.3-1 am Beispiel eines Dieselmotor-Kipphebels. Von neun Fertigungsoperationen wird auf drei reduziert. Beide Mal wird der Hebel gesenkgeschmiedet, aber bei der kostengünstigeren Alternative nicht mehr aus zwei Teilen zusammengeschweißt, sondern aus einem Teil ausgefräst. Dabei steigen die Materialkosten, die ohnehin nur bei ca. 5 % der Herstellkosten liegen, kaum an.
  - Bei **Teilen hoher Stückzahl** sind infolge der Verringerung der Rüstkosten und der Fertigungskosten aus Einzelzeiten durch rationelle Fertigungsverfahren (Kap. 7.7, Bild 7.9-2) die Materialkostenanteile so hoch, dass man sich Materialabfall kaum leisten kann. Deshalb werden die Teile durch Ur- und Umformverfahren endkonturnah hergestellt, so dass man zudem noch in Integralbauweise fertigen kann und dadurch auch die Fertigungskosten für die Teileverbindung spart. Deshalb gilt:

> ➔ Bei **Teilen in hoher Stückzahl** ist die **Integralbauweise** anzustreben, wobei durch Ur- und Umformverfahren die endgültige Gestalt so angenähert wird, dass wesentlicher Materialabfall vermieden wird.

  - **Bild 7.12-15** zeigt eine Ritzelwelle in Differenzial- und Integralbauweise [Ehr82a]. Oben ist eine **kleine Welle** dargestellt (Ø 66 mm, 1,6 kg). Die Rüstkosten sind bei Einzelfertigung gegenüber den Materialkosten so dominierend, dass es sich nicht lohnt, die Ritzelwelle aus zwei Teilen herzustellen, nur um weg zu schruppendes Material einzusparen. Die kostengünstige

Alternative ist die Integralbauweise, bei der die Ritzelwelle aus dem Vollen (von der Stange!) geschruppt wird (Kap. 7.6 u. 7.7) in Differenzialbauweise. Unten bei der **großen Welle** (Ø 472 mm, 580 kg) sind die Verhältnisse gerade umgekehrt. Hier lohnt es sich, die Welle aus zwei Teilen (Welle und

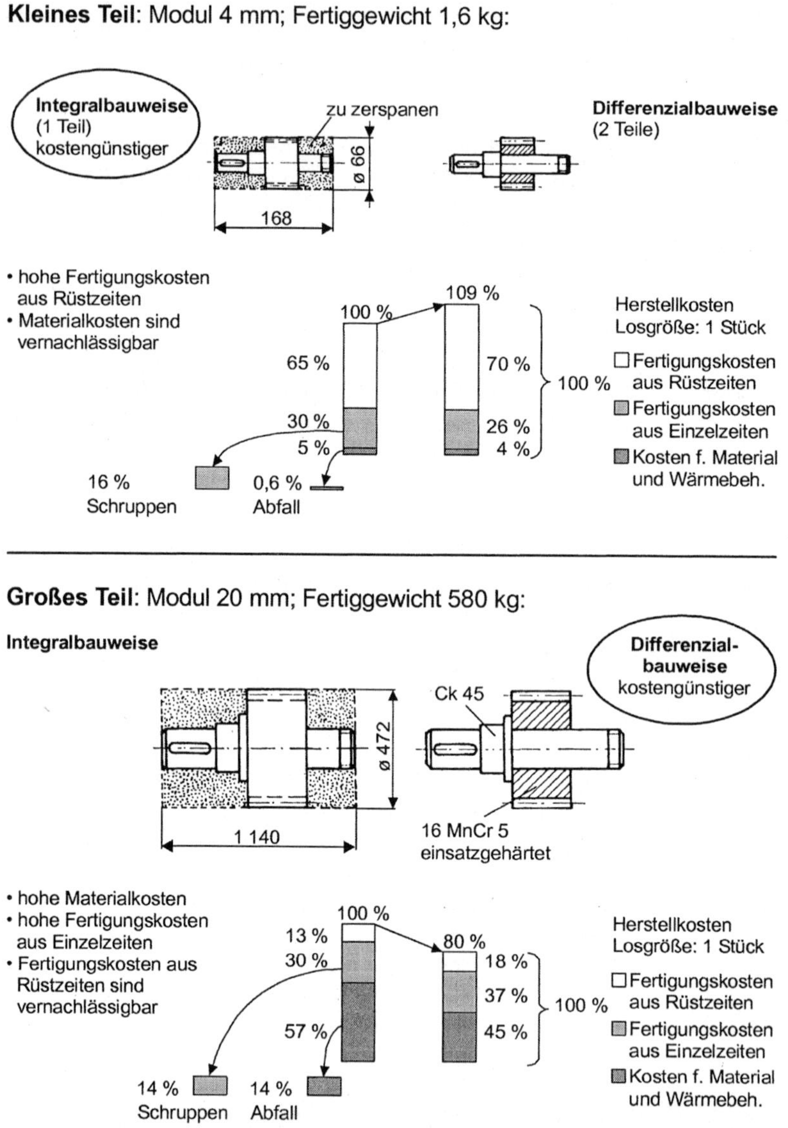

Bild 7.12-15. Integral- oder Differenzialbauweise einer Ritzelwelle bei Einzelfertigung aus dem Vollen (n. Firmenkalkulationen) [Fis83]

Zahnrad) herzustellen. Sie kostet nur 80 % der einteiligen, großen Ritzelwelle, bei der 28 % der Herstellkosten für das Schruppen aus dem Vollen und das wegzuwerfende Material aufzuwenden sind. Die masseabhängigen Kosten (Material, Wärmebehandlung, Härten) stehen hier mit fast 60 % der Herstellkosten im Vordergrund, so dass diese gering gehalten werden müssen. Ein freiformgeschmiedeter Rohling als Variante wurde nicht untersucht.

➔ **Integralbauweise** ist bei **kleiner Stückzahl** und spanender Fertigung aus dem Vollen besonders bei **kleinen und mittleren Teilen** kostengünstiger als die Differenzialbauweise (z. B. Vorrichtungskonstruktion [Bau82]).

- **Differenzialbauweise**
  Der in Bild 7.11-1 dargestellte, gegossene **Planetenträger** ist in Folge von Unterschieden der Materialdicke riss- und lunkergefährdet. Die Ausschusskosten (einschließlich der Kosten vorangegangener mechanischer Bearbeitung) müssen auf fehlerfreie Produktion umgelegt werden (ähnlich Bild 7.9-9). Die Differenzialbauweise kann dann kostengünstiger sein. Sie ist bei sehr großen Teilen aus Gründen des Transports und der bearbeitbaren Abmessungen unumgänglich.
  Ähnliche Verhältnisse liegen vor bei Alternative, **Großzahnräder** (mehr als 1,5 m Durchmesser) aus dem Vollen oder zweiteilig mit gegossenem Radkörper, gehärteter Bandage zu fertigen. Auch hier ist es bei großen Durchmessern günstiger, Differenzialbauweise mit kostengünstigem Guss-Radkörper vorzusehen (Bild 7.13-12). Das gleiche Vorgehen wird für Getriebegehäuse in Kap. 7.12.6.7 beschrieben.

➔ **Differenzialbauweise** ist bei **großen Teilen** und/oder bei teurem Werkstoff in Einzelfertigung und bei **kleinen Stückzahlen** kostengünstiger.

d) Strategie der „einteiligen Maschine"

Es ist bekannt, dass es schwer fällt, eine bekannte, gewohnte x-teilige Konstruktion radikal hinsichtlich der Teilezahl zu reduzieren. Um einen gedanklichen Durchbruch zu erleichtern, wurde 1985 die Strategie der „einteiligen Maschine" vorgeschlagen [Ehr85], die inzwischen auch anderweitig aufgegriffen wurde [Pat97].

Die Maschine oder ein Produkt (z. B. ein Getriebe nach Bild 7.13-7) wird in Gedanken und auf der Zeichnung **als ein „Gussteil" ausgedacht**. Dabei werden auch bewegte Teile festgegossen. Alle Montageöffnungen eines Gehäuses werden „zugegossen". Teilfugen zum Montieren gibt es nicht mehr. Alles ist **ein** Teil, selbst wenn es „verrückt" anmutet. Dies ist nötig, weil vorhandene Gestaltungen ein fast suggestives Beharrungsvermögen in unserem Gehirn haben. Das Abstrahieren vom optisch Geprägten und Gewohnten fällt schwer.

Danach erfolgt (mit Rotstift) ein **stufenweises Auftrennen** in die **„minimal notwendige Teilezahl"** nach folgenden Gesichtspunkten:

- Wo sind unterschiedliche Werkstoffe nötig?
- Wo liegt eine Relativbewegung vor? (Achtung: Für hin- und hergehende Teile können manchmal elastische Verbindungen statt Lagerungen genügen; Bild 7.12-14).
- Wie muss montiert/demontiert werden?

- Wo müssen Ersatzteile ausgetauscht werden?
- Wo sind Teilungen wegen des Transports nötig?
- Wo ist die Zugänglichkeit beim späteren Gebrauch notwendig?

Dann kann z. B. ein Getriebe ohne Gehäuseteilfuge (nur mit großem Montagedeckel) oder ohne Passfedern an den Rädern entstehen.

e) Baugruppen-Schnittstellen änderungsunempfindlich

Die Schnittstellen zwischen Baugruppen oder Modulen eines Produkts sollten so ausgelegt werden, dass bei auftragsspezifischen Änderungen einer Baugruppe nicht andere benachbarte Baugruppen ebenfalls geändert werden müssen, sonst entstehen vermehrt neue Teile.

7.12.4.4 Maßnahmen zur Verringerung der Rüstkostenverringerung einsetzen

Eine Maßnahme, die zwar nicht die Varianten- oder Teilezahl verringert, aber die Varianten besser beherrschbar macht, ist die Rüstkostenverringerung. Im Zeichen der kundenindividuellen Produktion wird diese Maßnahme auch ganz allgemein immer wichtiger [Pil98]. Ein wesentlicher Teil der Einmalkosten (Kap. 7.5.1) sind die Rüstkosten, die sich aus den Rüstzeiten ergeben. In **Bild 7.12-16** sind die Maßnahmen zur Verringerung der Rüstzeiten t_r eines Produkts aus mehreren Teilen dargestellt, die im Folgenden besprochen werden sollen:

- **Wenige Teile:**
  Die Bedeutung der absoluten Zahl sowie der Zahl unterschiedlicher Teile wurde erwähnt. Folgende konstruktive Maßnahmen wirken sich Teilezahl verringernd aus: Integralbauweise (Kap. 7.12.4.3), Funktionsvereinigung und Suche nach einem teilearmen Konzept (Kap. 7.3). Ein Beispiel für letzteres ist die Änderung, die sich bei mechanischen Uhren und Rechenmaschinen durch die Mikroelektronik vollzogen hat. Früher waren es Hunderte Teile, heute sind es wenige – allerdings kompliziertere. Bild 7.3-1 zeigt an einem Schalter, wie durch Funktionsvereinigung die Teilezahl halbiert wurde. Unter Funktionsvereinigung versteht man, dass ein Funktionsträger (Teil, physikalischer Effekt) mehrere Funktionen erfüllt. In obigem Beispiel werden durch die Eigenelastizität der Polyesterfolie ein Druckknopf und eine Feder gespart, durch die aufgedruckte Leiterbahn die Kontaktfedern samt deren Befestigung. Auch durch Vermeidung von Rechts-/Links-Ausführungen, d. h. durch symmetrische Teile lässt sich die Vielfalt einschränken.
- **Losgröße *n* hoch:**
  Wirksame Maßnahmen dafür sind Teilefamilien, Baukasten bzw. Wiederholteile und Gleichteile.
- **Wenig Fertigungsoperationen:**
  Die Rüstkosten nehmen mit jedem Fertigungsvorgang zu. Also ist es zweckmäßig, die Zahl der Fertigungsoperationen zusammen mit einem Kosten- und Fertigungsberater einzuschränken und rüstzeitintensive Operationen zu meiden.

- **Rüstzeitarme Betriebsmittel:**
  Durch entsprechende Gestaltung von Teilen (Beispiel Betonmischer Kap. 10.1, geschweißtes Zentrifugengehäuse Kap. 10.2) kann man rüstzeitintensive Werkzeugmaschinen (z. B. Bohrwerk statt Karusselldrehmaschine) umgehen. Als rüst- und nebenzeitarm bekannt sind NC-Maschinen. Diese erfordern allerdings eine einmalige Programmierung. Fertigungsfamilien (Kap. 7.12.3 b, Bild 7.12-9) ersparen Umrüsten. Dies sind Maßnahmen, die die Konstruktion zusammen mit der Fertigungsvorbereitung erarbeiten muss.

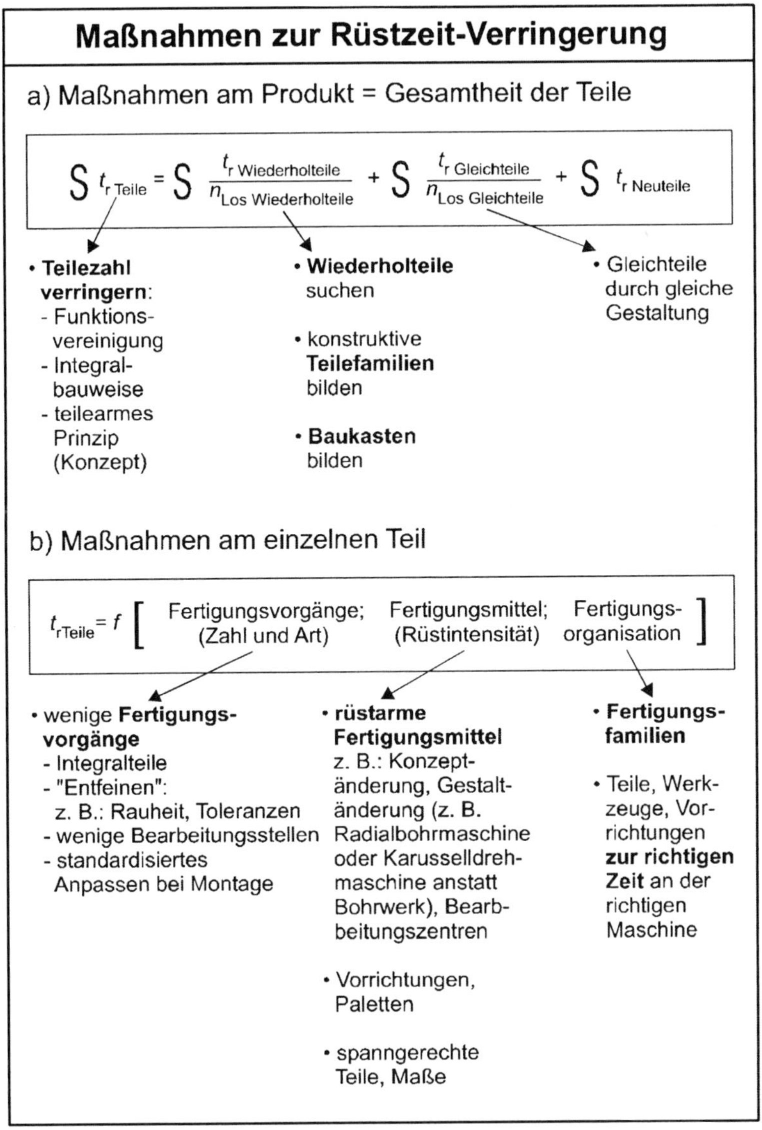

Bild 7.12-16. Maßnahmen zur Rüstzeit-Verringerung

- **Kostengünstige Betriebsmittel:**
  In den oben angesprochenen Beispielen Betonmischer und Zentrifugengehäuse wurde auf die hinsichtlich des Platzkostensatzes günstigere Karusselldrehmaschine umgestellt. Bei gleicher Rüstzeit werden dann die Rüstkosten geringer.

7.12.4.5
Organisatorische Maßnahmen zur Verringerung der Teilevielfalt

Organisatorische Maßnahmen sind z. T. bereits angesprochen worden:

- Verbesserung der **Kommunikation** zwischen Konstrukteuren ähnlicher Produkte und mit Fertigung, Kostenrechnung, Materialwirtschaft.
- Einführung von **DV-Informationssystemen** (für Norm-, Kauf-, Eigenteile).
- Verwendung der **Prozesskostenrechnung** zur Beurteilung der Einführungs- und Änderungskosten (Kap. 8.4.6);
- Vorgabe eines „**Malus**" (z. B. von 1 500 €) pro Änderung, der durch die Kostensenkung, die mit der Änderung bewirkt werden soll, überwunden werden muss. Der „Malus" entspricht im Mittel den im Bild 7.12-11 (sowie Bild 6.3-1) gezeigten Einführungskosten für ein neues Teil. Er gilt nicht für Änderungen aus Qualitätsgründen.
- Jeder Produktverantwortliche, der eine Programmerweiterung wünscht, sollte einen gleich großen **Variantenteil zur Löschung** freigeben.
- Die Bildung von kundenspezifischen Varianten kann auch später vom Händler (u. U. vom Kunden selbst) durchgeführt werden. Nur die Teile und evtl. eine Einbauanleitung werden geliefert. So montieren bei manchen Pkw erst die Händler kundenspezifische Räder, Reifen, Abdeckkappen, bei Computern werden erst beim Verkauf spezielle Rechnerkarten eingebaut.

7.12.5
Baureihenkonstruktion

Baureihen sind das wirkungsvollste Mittel, ein Produkt über einen bestimmten Größenbereich zu standardisieren, um dadurch die Teilevielfalt drastisch einzuschränken. Meist sind Baureihen kombiniert mit Baukastensystemen (Kap. 7.12.6). Jeder kennt Beispiele aus eigener Erfahrung: Pkw-Hersteller decken mit den unterschiedlichen Autotypen einen gewissen Größenbereich ab, und es werden zusätzlich z. B. auf Wunsch unterschiedliche Motoren und Innenausstattungen aus einem Baukastensystem eingebaut.

7.12.5.1
Definition, Zweck und Wirkung

a) Definition

Eine **Baureihe** besteht aus funktionsgleichen technischen Gebilden (Maschinen), die der Größe nach systematisch gestuft sind (Bild 7.12-12a, **Bild 7.12-17**).

Bild 7.12-17. Baureihe von Turboladern (BBC). Abstufung des Laufraddurchmessers nach der Reihe R 40/3 mit Stufensprung $\varphi_L = 1{,}18$ [Pah74]

Es handelt sich um eine Anpassungskonstruktion mit folgenden Merkmalen:

Gleich sind:

- Funktion (qualitativ),
- konstruktive Lösung,
- möglichst Werkstoffe,
- möglichst Fertigung.

Unterschiedlich sind:

- Leistungsdaten (Funktion quantitativ),
- Abmessungen und davon abhängige Größen (Gewicht, Kosten usw.).

b) Zweck und Wirkung

Der **Zweck** ist, einen großen Anwendungsbereich einer Produktart mit möglichst wenig unterschiedlichen Produkttypen abzudecken, um damit folgendes zu erreichen (Bild 7.12-4):

- **Kostensenkung** durch starke Verringerung der „Bürobearbeitungszeit" (Einführungskosten) pro Stück in allen Abteilungen (Erhöhung der Stückzahl) gegenüber immer wieder andersartigen Sonderkonstruktionen (Maßkonfektion statt Maßanzug). Diese Zeitverringerung wirkt sich besonders in Konstruktion, Fertigungsvorbereitung und natürlich auch in der Fertigung aus. Nach der oft erheblichen einmalig anfallenden Arbeitszeit für die Entwicklung und Dokumentation der Baureihe (einschließlich Verkaufsunterlagen) ist nur noch eine geringe Zeit für die Abwicklung der hereinkommenden Standardaufträge nötig. In der Fertigung können z. B. immer wieder gleiche Arbeitspläne verwendet werden. Teile und Baugruppen können in größeren Stückzahlen auf Lager gefertigt werden. Gleiche Produkte für unterschiedliche Kunden werden in der Fertigung zu größeren Losen zusammengefasst. Der Einkauf bestellt mit entsprechendem Rabatt größere Mengen an Material.
- **Lieferzeitverkürzung** durch starke Verringerung der Konstruktionszeit, die bei Sonderprodukten über 50 % der gesamten Lieferzeit ausmachen kann, und durch Verwendung von vorhandenem, vorbereitetem Material, von vorhandenen Vorrichtungen, Werkzeugen usw. Außerdem geht infolge des „Trainiereffekts" (s. Kap. 7.5.2b) der Zeitaufwand bei allen mit dem Produkt befassten Abteilungen stark zurück.

- **Qualitäts- und Zuverlässigkeitssteigerung**, weil „Kinderkrankheiten" des Produkttyps ausgemerzt sind, keine Projektierungs- und Konstruktionsfehler mehr vorkommen, bessere Kenntnisse für Prüfung, Inbetriebnahme und Wartung vorhanden sind und weil die Austauschbarkeit und Lieferzeit für Ersatzteile meist günstig sind.

Dies sind **Vorteile** sowohl für den Nutzer wie für den Hersteller des Produkts.

Nachteile für den Produktnutzer ergeben sich dadurch, dass er ein Produkt mit nicht immer optimalen Leistungsdaten und Betriebskosten für seine Betriebsverhältnisse erhält. Im Allgemeinen werden diese Nachteile durch obige Vorteile mehr als wettgemacht. Dies bedeutet für den Hersteller von Baureihenkonstruktionen, dass er folgendes zu beachten hat: Für den Käufer einer Baureihenkonstruktion ist diese nur interessant, wenn der Kaufpreis- und Lieferzeitvorteil gegenüber einer Spezialkonstruktion größer ist als der evtl. erhöhte Aufwand für Betriebskosten.

Der **Aufwand** für die **Erstellung** aller notwendigen **Unterlagen für eine Baureihe** (Zeichnungen, Stücklisten, Berechnungen, Verkaufsunterlagen, Bedienungs- und Wartungsvorschriften usw.) kann erheblich sein (z. B. einige Mann-Jahre). Allerdings werden die weniger gängigen Typen meist nur soweit festgelegt, wie es für die Angebotserstellung nötig ist („virtuelle Baureihe"). Hier helfen die Hilfsmittel zur Baureihenentwicklung: Normzahlstufung und Ähnlichkeitsgesetze. So kann, ausgehend von einem mittleren Grundentwurf, der durchgerechnet und durchkonstruiert wurde, nach oben und unten mit geringem Arbeitsaufwand extrapoliert werden (Kap. 7.12.5.5).

Das **Risiko** bei der Baureihenentwicklung besteht darin, dass die Baureihe am Markt nicht ankommt und damit der geleistete Aufwand umsonst war. Deshalb sind vor Beginn der Normungsarbeiten eine sehr intensive **Aufgabenklärung** und eine **Marktanalyse** notwendig: Welcher Bedarf besteht auf den möglichen Märkten? Wohin geht die zukünftige Entwicklung? Welche Forderungen sind am wichtigsten? Was entwickeln die Mitbewerber? Welche Stufensprünge hat der Wettbewerb? Welchen Einfluss auf die Lebenslaufkosten des Kunden hat der Stufensprung? Um wie viel kann bei erwartetem Auftragseingang, d. h. zu erwartender Stückzahl pro Produkttyp, der Preis aufgrund geringerer Kosten abgesenkt werden? Damit wird dem Kunden ein Anreiz geboten, auf eine für ihn angepasste Sonderausführung zu verzichten.

Technisch gut beurteilte Baureihen können am Markt u. U. nicht ankommen, wenn man es nicht riskiert, in Erwartung einer größeren Zahl von Aufträgen **mit dem Preis herunterzugehen**. Man will zuerst Aufträge sehen, um dann erst mit dem Preis zu reagieren. Wie auf technischer Seite ist auch auf kaufmännischer Seite eine „Vorab-Leistung" notwendig: Man muss sich „von vornherein" bezüglich Preis und Lieferzeit auf den Zustand des erwarteten Auftragsumfangs einstellen, sonst kommt die Einfluss-Spirale zwischen Preis (Kosten), Stückzahl und Lieferzeit nicht in Gang (Bild 7.5-1). Die rechnerisch zu erwartende und dann tatsächlich erreichte Kostensenkung fällt infolge der Unzulänglichkeiten der Zuschlagskalkulation meist zu gering aus (Kap. 8.4.3). Alle Produkte, die vom bisherigen Durchschnitt abweichen, werden wegen der Problematik der Gemeinkostenzurechnung falsch bewertet (Bild 8.4-2; Kap. 8.4.3 u. 8.4.4) [Jes96].

c) Beispiel für eine zeitlich zunehmende Baureihenentwicklung

Ein Beispiel für eine anfangs überschlägig und später mit zunehmendem Erfolg intensiver bearbeitete Baureihe ist das in **Bild 7.12-18** gezeigte **Stirnradgetriebe** mit Pfeilverzahnung und Gleitlagerung: In Stufe 0 wurde das Getriebe als Sonderkonstruktion auf speziellen Kundenwunsch gefertigt. Lieferzeit und Kosten waren hoch. Die Anfragen mehrten sich. Die Konstruktion erkannte den Marktbedarf. Um die immer gleichartigen Arbeiten bei Projektierung und konstruktiver Abwicklung zu verringern, wurden in Stufe 1 der Achsenabstand, die Zahnbreiten und der Übersetzungsbereich festgelegt. Damit waren statt der für Einzelfertigung jeweils neu konstruierten Schweißgehäuse nun Guss-Normgehäuse möglich. Für bestimmte Lager, Dichtringe und Wellen wurden Normzeichnungen (Wiederholteile) angefertigt. Für kundenwunschabhängige Teile (Ritzel, Rad) wurden Standardfeatures am CAD erstellt, die nach Berechnung des Getriebes automatisch bemaßt wurden. Für Projektierung und Verkauf konnten Leistungs- und Preisdaten errechnet werden. – Die Lieferzeit sank wegen schnellerer konstruktiver Bearbeitung, die Aufträge mehrten sich. In Stufe 2 konnte beschlossen werden, die Gehäuse für gängige Größen auf Lager zu fertigen und bestimmtes Material und Kaufteile vorab zu bestellen. Da die Kosten sanken, konnte man bei Preisverhandlungen flexibel reagieren mit der Folge größeren Auftragseingangs. Man entschloss sich, in Stufe 3 übersetzungsunabhängige Teile (Wellen, Lager, Dichtringe, Teile für die Ölver-

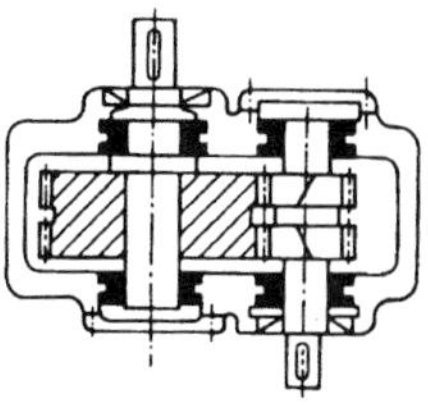

	Stufe 0	Stufe 1	Stufe 2	Stufe 3	Stufe 4
	Sonderkonstrukt.	Baureihenkonstruktion			
	Einzelfertigung			Kleinserienfertigung	
	Einzelstücke	geringe Anzahl	mittlere Anzahl	größere Anzahl	fortlauf. Lieferung
Gehäuse	Muss für jeden Auftrag neu konstruiert werden	Gussmodell vorhanden	auf Lager gefertigt	übersetzungsunabhängige Teile auf Lager gefertigt	alles auf Lager gefertigt (u. U. auch montiert)
Lager		Normzeichnungen vorhanden	Rohmaterial vorhanden		
Dichtring					
lgs. Welle					
Rad		für übersetzungsabhängige Teile Vordruckzeichnungen vorhanden		Rohmaterial vorhanden	
Ritzelwelle					

Bild 7.12-18. Entwicklung einer Produktnorm (Baureihe/Baukasten) über der Zeit

sorgung) auf Lager zu fertigen und für übersetzungsabhängige Teile (Zahnräder) das Rohmaterial (z. B. Schmiedeteile) am Lager vorrätig zu halten. Der Erfolg war so groß, dass in Stufe 4 gängige Größen vorab gefertigt, montiert und auf Lager gelegt wurden, andere Größen nach Auftragseingang in erheblichem Maß aus Lagerteilen montiert werden konnten.

Damit war die erwünschte Einfluss-Spirale zwischen Lieferzeit-, Kosten- (Preis-) -verringerung und Stückzahlzunahme so in Gang gekommen, dass eine Einzelfertigung derartiger Getriebe von Konkurrenten keine Chance mehr hatte (Bild 7.5-1). Die Konkurrenten mussten ihrerseits mit einer technisch und kommerziell günstigeren Baureihe reagieren.

Nachfolgend werden zwei für die Baureihenentwicklung wesentliche Hilfsmittel besprochen, der Einsatz von Normzahlreihen und von Ähnlichkeitsgesetzen. Mit den ersten stuft man die Baureihe flexibel, mit den letzteren kann man die Eigenschaften der Baureihen-Produkte schnell vorausberechnen, ohne all die Glieder der Reihe durchkonstruieren zu müssen (virtuelle Baureihe).

7.12.5.2
Normzahlreihen als Hilfsmittel zur Baureihenkonstruktion

a) Begriff und Zweck

Wenn man Baureihen konzipiert, ist eine grundsätzliche Frage, ob man die Abstufung linear (arithmetisch) oder nichtlinear (z. B. dezimal-geometrisch) vornehmen soll. In der Praxis, auch in der Normung, werden beide Möglichkeiten eingesetzt. Hier sollen die Vorteile der geometrischen Stufung anhand von Normzahlreihen gezeigt werden.

Normzahlreihen nach DIN 323 [DIN74] (**Bild 7.12-19**) sind dezimal-geometrisch gestufte Reihen, d. h. Zahlenreihen, bei denen sich innerhalb einer Dekade jedes Glied durch Multiplikation mit einem konstanten Faktor φ (Stufensprung) aus dem vorherigen ergibt. Sie sind ein wichtiges Hilfsmittel zur Stufung beim Baureihenentwurf.

Beispiel: Bei 10 gewünschten Gliedern pro Dekade muss sich dementsprechend der Stufensprung ergeben zu:

$$\varphi_{10} = \sqrt[10]{10} \approx 1{,}25 \text{, bei 20 Gliedern: } \varphi_{20} = \sqrt[20]{10} \approx 1{,}12 \approx \sqrt{\varphi_{10}}$$

Die Glieder haben also im Gegensatz zu einer arithmetischen Reihe mit immer gleich großem additiven Zuwachs (z. B 1; 1,25; 1,5; 1,75; 2,0; 2,25; ...) einen immer gleich großen prozentualen Zuwachs (z. B. 1; 1,25; 1,6; 2,0; 2,5; ...). Am Anfang sind also kleine absolute Sprünge, später größere vorhanden. Diese Eigenschaft geometrischer Reihen kommt dem menschlichen Empfinden besser entgegen als der im Absolutwert konstante Zuwachs bei der linearen Größenstufung.

b) Wahl des Stufensprungs φ

Die Optimierungsaufgabe zwischen Markt und Hersteller bei der Festlegung des Stufensprungs zeigt **Bild 7.12-20**. Der **Kunde** will ein Produkt mit speziell auf seine Wünsche angepasster Leistung, aber möglichst geringen Gesamtkosten und kurzer Lieferzeit.

Der **Hersteller will möglichst wenig Typen in möglichst großen Stückzahlen** fertigen, um so auf geringe Herstellkosten zu kommen. Er verwendet deshalb die Baureihe (hier nach R 10/2 gestuft, d. h. jedes 2. Glied von R 10), um die vielfältigen Kundenwünsche in nur wenigen Kanälen zusammenzudrängen. Macht der Hersteller den Stufensprung „Kanal zu Kanal" (Kanal = Baugröße) groß, so erge-

Bezeichnung	R 5	R 10	R 20	R 40
Stufensprung	$\varphi_5 = 1{,}60 = \sqrt[5]{10}$	$\varphi_{10} = 1{,}25 = \sqrt[10]{10}$	$\varphi_{20} = 1{,}12 = \sqrt[20]{10}$	$\varphi_{40} = 1{,}06 = \sqrt[40]{10}$
	1,00	1,00 = 10^0	1,00	1,00
				1,06
			1,12	1,12
				1,18
		1,25 = $10^{0,1}$	1,25	1,25
				1,32
			1,40	1,40
				1,50
	1,60	1,60 = $10^{0,2}$	1,60	1,60
				1,70
			1,80	1,80
				1,90
		2,00 = $10^{0,3}$	2,00	2,00
				2,12
			2,24	2,24
				2,36
	2,50	2,50 = $10^{0,4}$	2,50	2,50
				2,65
			2,80	2,80
				3,00
		3,15 = $10^{0,5}$	3,15	3,15
				3,35
			3,55	3,55
				3,75
	4,00	4,00 = $10^{0,6}$	4,00	4,00
				4,25
			4,50	4,50
				4,75
		5,00 = $10^{0,7}$	5,00	5,00
				5,30
			5,60	5,60
				6,00
	6,30	6,30 = $10^{0,8}$	6,30	6,30
				6,70
			7,10	7,10
				7,50
		8,00 = $10^{0,9}$	8,00	8,00
				8,50
			9,00	9,00
				9,50
	10,00	10,00 = 10^1	10,00	10,00

Bild 7.12-19. Normzahlreihen n. DIN 323

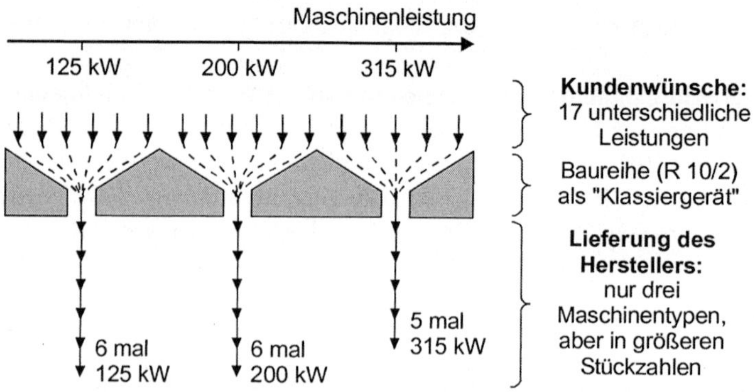

Bild 7.12-20. Normung der Maschinenleistung: Produktnorm (Baureihe) ist eine Art „Klassiergerät" und schafft die Voraussetzung für größere Stückzahlen

Stufensprung	einmalige Kosten	Betriebskosten	Lebenslaufkosten
zu großer Stufensprung j	große Stückzahl ➔ geringe Herstellkosten und Preis	hoch, da Maschine z. B. in Leistung oder Wirkungsgrad schlecht angepasst	hoch
Optimum	Optimum	Optimum	minimal
zu kleiner Stufensprung j	hoch, fast wie bei Sonderkonstruktionen	gering, da Maschine für Betriebverhältnisse gut angepasst	hoch

Bild 7.12-21. Optimierung des Stufensprungs

ben sich hohe Stückzahlen. Es kann aber sein, dass Kunden dann nicht mehr bestellen wollen, da die Produkte hinsichtlich der Leistung ihre Wünsche zu wenig treffen [Küh86].

Macht der Hersteller den Stufensprung klein, bietet er also viele Baugrößen an, so bekommt zwar der Kunde fast immer seinen Leistungswunsch erfüllt, aber die Stückzahl pro Typ wird so klein, dass der Hersteller keinen großen Preisvorteil gegenüber einer Sondermaschine bieten kann. In beiden Fällen können die Lebenslaufkosten jeweils ansteigen (**Bild 7.12-21**). Es ist also das dazwischen liegende Optimum mit den niedrigsten Lebenslaufkosten zu suchen (Kap. 5).

Da i. a. genaue Daten über die Lebenslaufkosten schwer zu erhalten sind, stuft man

- anfangs grob, z. B. nach Reihe R 10,
- später feiner, z. B. nach Reihe R 20, und zwar um so feiner,
  - je genauer bestimmte technische Eigenschaften eingehalten werden müssen,
  - je empfindlicher der Markt auf große Preisunterschiede pro Stufe reagiert.

Bei Investitionsgütern mit großen und schweren Maschinentypen muss man feiner stufen, da die Herstellkosten dort (n. Bild 7.6-3; Gl. (7.7/1)) mit annähernd der dritten Potenz des Stufensprungs der Länge wachsen. Unterlässt man dies, so er-

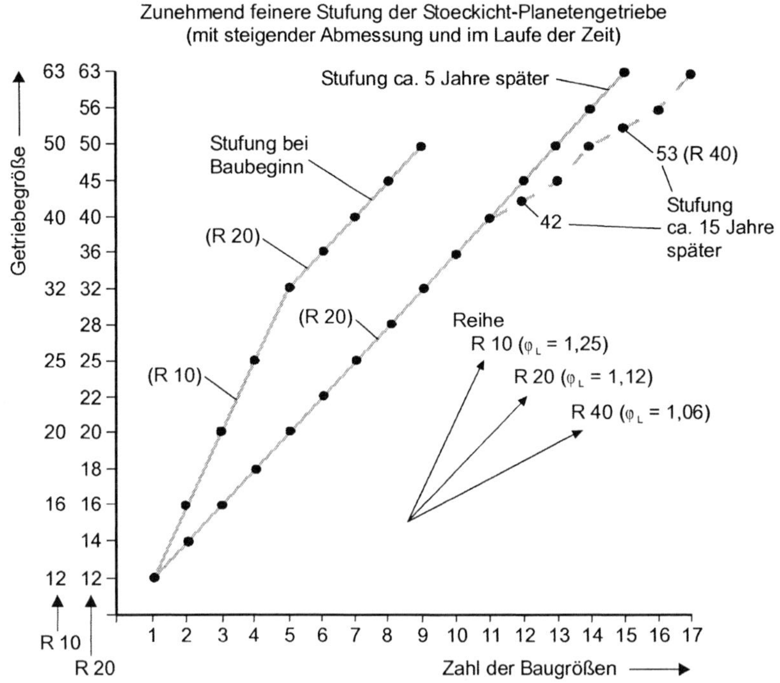

Bild 7.12-22. Baureihen-Stufung nach Normzahlen bei Planetengetrieben (s. Bild 7.12-19)

hält man zu große Preissprünge zwischen den Typen, innerhalb der die Konkurrenz verkaufen kann (**Bild 7.12-22**).

Das Bild 7.12-22 zeigt, wie die Stufung bei der **Entwicklung der Stoeckicht-Planetengetriebe** gehandhabt wurde: Beim ersten Start der Baureihe 1951 wurden 5 kleinere Typen nach Normzahlreihe R 10 gestuft, die größeren 4 Ausführungen feiner nach R 20. Fünf Jahre später waren auch die kleineren Typen fein nach R 20 gestuft, da die großen Bestellmengen dies rechtfertigten und man die Kundenwünsche besser erfüllen konnte. Zwischen die 5 Typen der Normzahlreihe R 10 wurden einfach in die Lücken noch 4 Typen nach Normzahlreihe R 20 geschoben: der Vorteil der flexiblen Verfeinerung! Nach 15 Jahren zeigte es sich, dass bei den großen, teuren Getrieben die Konkurrenz Aufträge bekam, indem sie Getriebe zwischen den R 20-Typen anbot. So wurden diese Getriebe noch feiner, nämlich nach R 40 ausgeführt.

7.12.5.3
Ähnlichkeitsgesetze

Ähnlichkeitsgesetze haben für den Entwickler den Vorteil, dass er beim Baureihen-Entwurf sehr schnell einen Überblick bekommt über die technischen und kostenmäßigen Eigenschaften der Baureihen-Einzelprodukte. Er muss sie gar nicht einzeln durchkonstruieren und anschließend nachrechnen.

a) Begriff und Zweck

Ein **Ähnlichkeitsgesetz** gibt aufgrund bekannter physikalischer oder wirtschaftlicher Gesetzmäßigkeiten für konstruktiv und fertigungstechnisch ähnliche Produkte deren Eigenschaften an, wobei die Produkte sich in der Baugröße um gewisse Stufensprünge φ_L unterscheiden (Kap. 7.7 und 9.3.5).

Beim Entwurf einer Baureihe arbeitet man einen mittleren Typ des Leistungsbereichs konstruktiv vollkommen aus (**Grundentwurf**). Von diesem ausgehend rechnet man mit Ähnlichkeitsgesetzen für alle **geometrisch ähnlichen Typen** (Folgeentwurf) alle interessierenden technischen und wirtschaftlichen Daten aus. Man erspart sich also, sämtliche Typen durchzukonstruieren. Der Zweck der Anwendung von Ähnlichkeitsgesetzen besteht in der Arbeitsersparnis für Konstruktion und Projektierung sowie in einer besseren Übersicht und Kontrolle der technischen und wirtschaftlichen Eigenschaften einer zu planenden Baureihe [Kit90].

Es gibt auch eine **geometrische Halbähnlichkeit**, bei der sich nur bestimmte Maße mit gewissen Stufensprüngen verändern, während andere Maße konstant bleiben (Kap. 9.3.5).

Es werden hier nur die grundsätzlichen Möglichkeiten der Anwendung von Ähnlichkeitsgesetzen gezeigt [Pah82]. Angestrebt wird die vollkommene geometrische Ähnlichkeit innerhalb einer Baureihe (Storchschnabelkonstruktion).

Ähnlichkeitsgesetze stellen dann die Beziehungen zwischen dem **Stufensprung der Länge** $\varphi_L = l_1/l_0$ (Index 0 Grundentwurf, Index 1 Folgeentwurf) und den übrigen am Produkt interessierenden Größen fest. Das Ziel ist dabei, für alle Glieder der Baureihe möglichst die gleichen Werkstoffe und Fertigungsarten einzusetzen und die Beanspruchungen konstant zu halten. Dies gelingt oft nur näherungsweise.

Entsprechend den physikalischen Grundgrößen definiert man bei Konstanz des Verhältnisses einer Grundgröße (Invariante) folgende **Grundähnlichkeiten**:

Ähnlichkeitsart	Grundgröße	konstante Größe	Beziehung
geometrische Ähnlichkeit	Länge l	Längenmaßstab	$\varphi_L = l_1/l_0$
zeitliche Ähnlichkeit	Zeit t	Zeitmaßstab	$\varphi_T = t_1/t_0$
Kraftähnlichkeit	Kraft F	Kraftmaßstab	$\varphi_F = F_1/F_0$
usw.			

Sind die Verhältnisse von mehr als einer Grundgröße konstant, so erhält man spezielle Ähnlichkeiten, die hier vor allem von Bedeutung sind:

b) Statische Ähnlichkeit

Der Stufensprung der Länge (φ_L) und der der statischen Kraft (φ_{Fs}) sollen konstant sein und gegenseitig so in Beziehung stehen, dass die **Spannungen** aus äußeren statischen Kräften F_S (nicht Gewichtskräften!) in allen Bautypen **konstant** sind ($\varphi_\sigma = 1$).

Spannung: $$\sigma = \frac{F_s}{A} \leq \sigma_{zul}$$

Stufensprung der Spannung:
$$\varphi_\sigma = \frac{\sigma_1}{\sigma_0} = \frac{F_{s1}}{F_{s0}} \cdot \frac{A_0}{A_1} = \varphi_{Fs} \cdot \frac{1}{\varphi_L^2} = 1$$

wobei A = Fläche; $\frac{A_1}{A_0} = \varphi_L^2$

damit muss also gelten:
$$\varphi_{Fs} = \frac{F_{s1}}{F_{s0}} = \varphi_L^2$$

Also können die Kräfte in den Produkten bei doppelter Baugröße ($\varphi_L = 2$) auf das Vierfache wachsen, ohne dass die Spannungen größer werden. Dies leuchtet ein. Man sieht aber bereits hier Grenzen der Ähnlichkeitsbetrachtungen: Da die Werkstoff-Festigkeiten mit der Baugröße abfallen, kann man die Grenzwerte nicht voll ausnutzen. Wenn ferner statische Kräfte aus dem Eigengewicht G eine Rolle spielen ($G_1/G_0 = \varphi_L^3$), wachsen diese mit der 3. Potenz der Abmessungen und können die statische Ähnlichkeit nicht mehr erfüllen, da die Kräfte ja proportional φ_L^2 wachsen sollen (s. o.).

c) Dynamische Ähnlichkeit

Für den Maschinenbau wichtiger ist die dynamische Ähnlichkeit, bei der folgende Grundgrößenverhältnisse konstant sind:

Stufensprung der Länge:
$$\varphi_L = \frac{l_1}{l_0}$$

Stufensprung der Zeit:
$$\varphi_T = \frac{t_1}{t_0}$$

Stufensprung der statischen Kräfte:
$$\varphi_{Fs} = \frac{F_{s1}}{F_{s0}}$$

Stufensprung der dynamischen Kräfte (aus Massen-, Trägheitsgesetzen):
$$\varphi_{Fd} = \frac{F_{d1}}{F_{d0}}$$

Der Stufensprung für statische muss gleich groß wie der für dynamische Kräfte sein ($\varphi_{Fs} = \varphi_{Fd}$), damit sich diese Kräfte zusammensetzen und in ihrer Auswirkung auf die Spannung gemeinsam behandeln lassen.

Der Stufensprung statischer Kräfte ist bei

$$\sigma = \frac{F_s}{A} = \varepsilon \cdot E;\; F_s = A \cdot \varepsilon \cdot E \text{, wobei } \varepsilon = \frac{\Delta l}{l} \text{ Dehnung}$$

Da der Stufensprung der Dehnung $\varphi_e = \frac{\varepsilon_1}{\varepsilon_0} = \frac{\Delta l_1 \cdot l_0}{\Delta l_0 \cdot l_1} = \frac{\varphi_L}{\varphi_L} = 1$ ist, wird

$$\varphi_{\mathrm{Fs}} = \frac{F_{\mathrm{s1}}}{F_{\mathrm{s0}}} = \frac{A_1 \cdot \varepsilon_1 \cdot E_1}{A_0 \cdot \varepsilon_0 \cdot E_0} = \varphi_{\mathrm{L}}^2 \cdot 1 \cdot \varphi_{\mathrm{E}} \tag{7.12/1}$$

Der Stufensprung der dynamischen Kräfte (ausgehend von der Fliehkraft) ist

bei $F_{\mathrm{d}} = m \cdot r \cdot \omega^2$ mit $m = \rho \cdot V$

$$\varphi_{\mathrm{Fd}} = \frac{F_{\mathrm{d1}}}{F_{\mathrm{d0}}} = \frac{m_1 \cdot r_1 \cdot \omega_1^2}{m_0 \cdot r_0 \cdot \omega_0^2} = \varphi_\rho \cdot \varphi_{\mathrm{L}}^3 \cdot \varphi_{\mathrm{L}} \cdot \varphi_\omega^2$$

Mit der Umfangsgeschwindigkeit $\upsilon = \omega \cdot r$ wird $\varphi_\upsilon = \varphi_\omega \cdot \varphi_{\mathrm{L}}$

$$\varphi_{\mathrm{Fd}} = \varphi_\rho \cdot \varphi_{\mathrm{L}}^2 \cdot \varphi_\upsilon^2 \tag{7.12/2}$$

Die Stufensprünge beider Kraftarten sind dann gleich groß, wenn Gl. (7.12/1) und Gl. (7.12/2) gleich sind:

$$\frac{\varphi_{\mathrm{Fd}}}{\varphi_{\mathrm{Fs}}} = \frac{\varphi_\rho \cdot \varphi_{\mathrm{L}}^2 \cdot \varphi_\upsilon^2}{\varphi_{\mathrm{E}} \cdot \varphi_{\mathrm{L}}^2} = 1 \text{ oder wenn } \frac{\varphi_\rho \cdot \varphi_\upsilon^2}{\varphi_{\mathrm{E}}} = 1$$

Mit $Ca = \frac{\rho \cdot \upsilon^2}{E}$ = *const.* und bei gleichem Werkstoff, d. h. $\rho = E =$ *const.*, wird $\upsilon =$ *const.* Es ändern sich dann unter geometrischer Ähnlichkeit mit dem Stufensprung der Länge φ_{L}:	
Drehzahlen n, ω Biege- und torsionskritische Drehzahlen n_{kr}, ω_{kr}	$\varphi_{\mathrm{L}}^{-1}$
Geschwindigkeit υ; infolge Trägheits- und elastischer Kräfte: Dehnungen ε, Spannungen σ, Flächenpressungen p	$\varphi_{\mathrm{L}}^0 = 1$ (= const.)
Federsteifigkeit c, elastische Verformungen Δl; infolge Schwerkraft: Dehnungen ε, Spannungen σ, Flächenpressungen p	φ_{L}^1
Kräfte F Leistungen P	φ_{L}^2
Gewichte G, Drehmomente M_{t}, Torsionssteifigkeit c_{t}, Wiederstandsmomente W, W_{t}	φ_{L}^3
Flächenträgheitsmomente I, I_{t}	φ_{L}^4
Massenträgheitsmomente θ	φ_{L}^5
Beachte: Werkstoffausnutzung und Ist-Sicherheit sind nur dann konstant, wenn der Größeneinfluss auf die Werkstoffgrenzwerte vernachlässigbar ist.	

Bild 7.12-23. Verhalten von technischen Parametern bei dynamischer Ähnlichkeit (konstante charakteristische Umfangsgeschwindigkeit υ) [Pah97]

$$\text{oder } \frac{\rho_1 \cdot \upsilon_1^2}{E_1} = \frac{\rho_0 \cdot \upsilon_0^2}{E_0} = const = \boldsymbol{Ca} \text{ (Cauchy-Zahl)} \tag{7.12/3}$$

Bei gleichem Werkstoff (Dichte ρ, Elastizitäts-Modul E) folgt daraus, dass zwischen geometrisch ähnlichen Konstruktionen nur dann dynamische Ähnlichkeit besteht, wenn an gleichartigen Stellen gleiche (Umfangs-) Geschwindigkeiten v vorliegen. Da $\varphi_\omega = \varphi_\upsilon / \varphi_L$ ist, darf dann bei doppelten Abmessungen die Drehzahl nur halb so groß sein. Aus **Bild 7.12-23** geht hervor, wie die übrigen Größen vom Stufensprung der Länge φ_L abhängen.

Man kann die Abhängigkeiten nach Bild 7.12-23 im doppellogarithmischen Maßstab auftragen und erhält je nach obigen Potenzen des Stufensprungs eine Gerade (in gleichen Abständen eingetragene Normzahlen [DIN74] ergeben eine logarithmische Maßstabseinteilung!). Ein derartiges Diagramm für ein bestimmtes Produkt vermittelt einen schnellen Überblick über die projektierte Baureihe.

7.12.5.4
Grenzen für geometrisch ähnliche Baureihen

Wie angedeutet, gibt es in der Praxis immer wieder Einschränkungen für die Realisierung einer strengen, geometrischen Ähnlichkeit. Diese entstehen durch

- **übergeordnete Ähnlichkeitsgesetze.**
  Z. B. durch den Einfluss der Schwerkraft, thermischer Vorgänge usw.;
- **übergeordnete Aufgabenstellungen.**
  Z. B. bei der Mensch-Maschine-Beziehung bleibt der Mensch in seiner Größe konstant, während die Maschine ganz unterschiedlich groß sein kann. Bedienungseinrichtungen dürfen deshalb nicht proportional zur Maschinengröße wachsen. Die Größe eines Taschenrechners wird z. B. nach unten begrenzt durch Abmessungen der Fingerkuppen zur Bedienung der Tasten;
- **übergeordnete wirtschaftliche Forderungen.**
  Es ist z. B zweckmäßig, gewisse Bauteile (Aufhängeösen, Stopfbüchsen, Lagerbuchsen, Schaudeckel) über mehrere Baugrößen konstant zu halten, um eine größere Stückzahl in der Fertigung zu erreichen;
- **nicht geometrisch ähnlich gestufte** (u. U. sogar so genormte) **Bauteile, Werkzeuge und Fertigungseinflüsse.**
  Z. B. sind Halbzeuge, Zahnradfräser nicht geometrisch ähnlich gestuft, Wandstärken (Guss!) können nicht beliebig dünn gemacht werden, ebenso nicht die Wandstärke zu spannender Teile (dünne Ringe!). Große Werkstücke haben i. a. eine geringere Festigkeit pro Flächeneinheit, da z. B. die Durchvergütung ungünstiger ist als bei kleinen Querschnitten.
- die Forderung nach **kostengünstiger Gestaltung**.
  Eine Untersuchung über Guss- bzw. Schweißgehäuse ergab, dass eine streng geometrisch ähnliche Gestaltung aus Kostengründen nicht zweckmäßig ist. Kleine Gehäuse haben geringe Materialkostenanteile, große Gehäuse haben höhere (Kap. 7.7, 7.13.4, Bild 7.13-16). Dementsprechend wird man bei kleinen Schweißgehäusen grobe Klötze („Brammen") in den Lagerbereich ein-

schweißen und Schweißnahtlänge sowie Teilezahl gering halten (Bild 7.13-29). Man wird also mit dem Material großzügig umgehen, um die Fertigungskosten zu verringern. Bei großen Gehäusen ist es aber nötig, Materialkosten zu sparen, d. h. relativ dünne Bleche und mehr Verrippung vorzusehen.

Es muss also im Einzelfall geprüft werden, wieweit die geometrische Ähnlichkeit gültig bleibt und sinnvoll ist. Aber auch wenn obige Einschränkungen zutreffen, ist noch eine Orientierung für ein planvolles Entwickeln halbähnlicher Baureihen mit Hilfe von Ähnlichkeitsgesetzen möglich [Pah84].

7.12.5.5
Beispiel für eine Baureihe

a) Aufgabe

Ein Kunde hat vor einiger Zeit ein Stirnradgetriebe mit den in **Bild 7.12-24** angegebenen technischen Daten und dem Preis von 55 000 € geliefert bekommen. Er verlangt von der Projektierung innerhalb von zwei Stunden eine Fax-Auskunft über Größe, Gewicht und Preis (1 und 2 Stück) eines Getriebes doppelter Leistung (2 500 statt 1 250 kW). Da keine Unterlagen über das gewünschte Getriebe vorliegen, kann nur eine Abschätzung über Ähnlichkeitsgesetze vorgenommen werden.

b) Ableitung der Ähnlichkeitsgesetze für Baugröße und Gewicht

Nur statische Kräfte aus den Momenten werden berücksichtigt. Dynamische Kräfte (Flieh- und Massenkräfte) und Gewichtskräfte werden vernachlässigt. Werkstoff, konstruktive Lösung und Fertigungsart seien konstant. Die Bemessung der Zahnräder erfolgt in erster Näherung wie bei Reibradgetrieben nach der zulässigen Stribeckpressung K. Der Modul und damit die Zahnfußspannung können unabhängig von der Größe der Wälzkreiszylinder nachträglich variiert werden.

Mit Normalkraft F, Breite der Zahnräder b und Ersatzdurchmesser $1/d_E = 1/d_{Ri} + 1/d_{Ra}$ (d_{Ri} = Ritzelwälzkreisdurchmesser, d_{Ra} = Radwälzkreisdurchmesser) wird

$$K = \frac{F}{b \cdot d_E} \leq K_{zul}, \; F_{zul} \leq K_{zul} \cdot b \cdot d_E$$

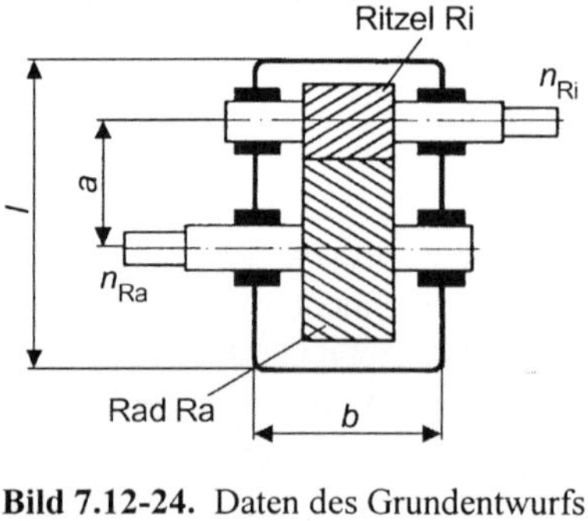

Leistung:	P_0	=	1 250 kW
Drehzahlen:	$\frac{n_{0Ri}}{n_{0Ra}}$	=	$\frac{9\,000 \text{ min}^{-1}}{3\,000 \text{ min}^{-1}} = 3$
Achsabstand:	a_0	=	200 mm
Länge:	l_0	=	710 mm
Breite:	b_0	=	500 mm
Gewicht:	G_0	=	500 kg
Preis:	X_0	=	55 000 €

Bild 7.12-24. Daten des Grundentwurfs (Index 0) für ein Stirnradgetriebe

Da K_{zul} konstant sein soll, ist mit $\varphi_L = \frac{b_1}{b_0} = \frac{d_{E1}}{d_{E0}}$, $F_{zul} \sim \frac{b_1}{b_0} \cdot \frac{d_{E1}}{d_{E0}} \sim \varphi_L^2$

Damit wird das übertragbare Drehmoment: $M_{Ri} \sim F_{zul} \cdot d_{ri0} \sim \varphi_L^3 = \frac{M_{Ri1zul}}{M_{Ri0zul}}$

und die übertragbare Leistung (da ω = const): $P_{zul} \sim M_{Rizul} \cdot \omega \sim \varphi_L^3 = \frac{P_{1zul}}{P_{0zul}}$

das Gewicht des Getriebes: $G \sim V \sim \varphi_L^3 = \frac{G_1}{G_0}$

Damit sind schon alle wesentlichen technischen Abhängigkeiten vom Stufensprung der Länge φ_L ermittelt (Die Leistung P ist hier $\sim\varphi_L^3$, da ω nicht $\sim\varphi_L^{-1}$ gesetzt wurde: Bild 7.12-23).

Der Stufensprung der Länge ergibt sich aus der verlangten Leistungsverdoppelung.

Da $\frac{P_1}{P_0} = \frac{2500\text{kW}}{1250\text{kW}} = 2 = \varphi_L^3$, wird $\varphi_L = \sqrt[3]{2} \approx 1{,}25$ entsprechend der Normzahlreihe R 10.

Daraus können bereits die **Daten des gesuchten Getriebes** (Folgeentwurf) zusammengestellt werden (in **Bild 7.12-25** kursive Werte).

c) Ableitung der Ähnlichkeitsgesetze für Herstellkosten

zur Beantwortung der Frage nach dem kalkulatorischen Preis X_1 für den Folgeentwurf 1:

Es war beim Grundentwurf (Index 0) **kalkulatorischer Preis** X_0 = 55 000 €.

Bei 5 % Gewinn verbleiben als **Selbstkosten** $SK_0 = X_0 - 0{,}05 \cdot X_0$ = 52 250 €;

	Reihe	Ermittelter Stufensprung	Bekannter Grundentwurf 0	Gesuchter Folgeentwurf 1
Abstand *a*	R 10	$\varphi_a = \varphi_L = 1{,}25$	200 mm	*250 mm*
Breite *b*	R 10	$\varphi_b = \varphi_L = 1{,}25$	500 mm	*630 mm*
Länge *l*	R 20/2	$\varphi_l = \varphi_L = 1{,}25$	710 mm	*900 mm*
Leistung *P*	R 10/3	$\varphi_P = \varphi_L^3 = 2$	1 250 kW	**2 500 kW**
Gewicht *G*	R 10/3	$\varphi_G = \varphi_L^3 = 2$	500 kg	*1 000 kg*

Der Wert *l* = 710 mm ist in Reihe R 10 nicht enthalten, aber in R 20 (Bild 7.12-19). Also wird jedes 2. Glied von R 20 verwendet (R 20/2), das den gleichen Stufensprung ergibt: $\varphi_{10} = \varphi_{20}^2 = 1{,}122 \sim 1{,}25$

Bild 7.12-25. Anwendung von Ähnlichkeitsgesetzen (Normzahlreihen s. Bild 7.12-19)

Herstellkosten bei $\frac{HK}{SK} = 0{,}70$ (firmeninterner Rechenwert, d. h. die Herstellkosten betragen ca. 70 % der Selbstkosten)

Herstellkosten des Grundentwurfs: $HK_0 = 0{,}7 \cdot SK_0 = 36\,575$ €;

Kostenstruktur des früher gelieferten Getriebes nach Auskunft der Kalkulationsabteilung:

- Anteil Fertigungskosten aus Rüstkosten

$$fkr_0 = 0{,}2 \text{ an Herstellkosten } = \frac{FKr_0}{HK_0}$$

- Anteil Fertigungskosten aus Einzelzeiten

$$fke_0 = 0{,}5 \text{ an Herstellkosten } = \frac{FKe_0}{HK_0}$$

- Anteil masseabhängiger Kosten

$$mk_0 = 0{,}3 \text{ an Herstellkosten } = \frac{MK_0}{HK_0}$$

Summarische Herstellkosten nach Gl. (7.7/3):

Herstellkosten des Folgeentwurfs:

$$HK_1 = HK_0 \cdot \left(\frac{fkr_0}{n} \cdot \varphi_L^{0,5} + fke_0 \cdot \varphi_L^2 + mk_0 \cdot \varphi_L^3 \right)$$

für Losgröße $n = 1$ Stück und $\varphi_L = 1{,}25$ wird

$$HK_{1(n=1)} = 36\,575\text{ €} \cdot \left(\frac{0{,}2}{1} \cdot 1{,}25^{0,5} + 0{,}5 \cdot 1{,}25^2 + 0{,}3 \cdot 1{,}25^3 \right) = 57\,788\text{ €}$$

Selbstkosten des Folgeentwurfs:

$$SK_{1(n=1)} = \frac{57\,788\text{ €}}{0{,}7} = 82\,544\text{ €}$$

kalkulierter Verkaufspreis

$$X_{1(n=1)} = SK_1 + 0{,}05 \cdot SK_1 = 86\,682\text{ €} \cong 87\,000\text{ €}$$

Für Losgröße $n = 2$ Stück wird

$$HK_{1(n=2)} = 53\,764\text{ €}, \text{ also rund 7 \% kostengünstiger,}$$

$$X_{1(n=2)} = 80\,646\text{ €} \cong 81\,000\text{ €}$$

Der Kunde bekommt also nach Abstimmung mit dem Verkauf die beiden Preise von 81 000 € ($n = 2$) und 87 000 € ($n = 1$) genannt.

Man sieht, dass Ähnlichkeitsgesetze gerade bei Baureihen eine gute Hilfe zur Kostenschätzung bieten. Allerdings muss man zuvor betriebsintern geprüft haben, ob die Exponenten in der Gl. (7.7/3) (Kap. 7.7.1) zutreffen, und man darf sich nur im bekannten Erfahrungsbereich bewegen.

7.12.6 Baukastenkonstruktion

Baukastensysteme werden zur Einschränkung von laufenden Sonderkonstruktionen und der damit verbundenen Variantenvielfalt in der Praxis meist ad hoc und ohne tiefer gehende Methodik entwickelt. Da die bei konsequenter Nutzung realisierbaren großen Kostenvorteile wesentlich im Gemeinkostenbereich auftreten und Kalkulationssysteme für Prozesskosten kaum vorhanden sind, kann die Kosteneinsparung gegenüber kundenspezifischen Sonderkonstruktionen bei der Zuschlagskalkulation nur schwer ermittelt werden (Kap. 6.3). Sie wird deshalb im Preis auch meist nicht weitergegeben. Damit kommt man schließlich zu einem Mischprogramm von Standardisierung und individuellen Sonderlösungen mit einer Vielzahl von unerkannt teuren Varianten: „Die Kunden erleben den Preisvorteil des Standards nicht und drücken deshalb ihre ohne Aufpreis geschluckten Sonderwünsche durch.“ Die nachfolgenden Ausführungen sollen helfen, diese Situation zu verbessern.

Die „enge“ Baukastenkastenbetrachtung mit exakt definierten Bausteinen usw., wie sie im Kap. 7.12.6.1 beschrieben wird, ist in der letzten Zeit in der Praxis durch Begriffe wie z. B. Modularisierung, Plattformen, Konstruktionsprinzipien erweitert worden, die den Grundgedanken der Mehrfachverwendung von einmal festgelegten Elementen in „baukastenähnlicher“ Form aufgreifen. Deshalb werden sie auch in diesem Kapitel behandelt.

7.12.6.1 Definition, Zweck und Wirkung

a) Definition

Unter einem **Baukasten** versteht man ein Kombinationssystem von Bausteinen unterschiedlicher oder gleicher Funktion und Gestalt [Bor61; Bie71].

- Bei **Bausteinen unterschiedlicher Funktion** erhält man ein Gesamtsystem jeweils unterschiedlicher Gesamtfunktion (Beispiel Heimwerkerbaukasten). Hier liegt der Unterschied zur Baureihe, bei der die Funktion immer gleich ist, aber nur die Größe variiert.
- Bei **Bausteinen gleicher Funktion** erhält man eine Größenveränderung bei gleicher Gesamtfunktion (Beispiel: Industriehallen, Pontonbrücken). Hier liegt eine Gemeinsamkeit mit Baureihen vor. Aber Baureihen stellen kein Kombinationssystem dar, sondern ein fest definiertes System, das nur in unterschiedlichen Größenabstufungen gebaut wird.
- Sehr oft ist ein **Baukasten** mit einer **Baureihe verknüpft**, d. h. die Bausteine jeweils gleicher Funktion werden in unterschiedlichen Größen hergestellt (**Bild 7.12-26**).

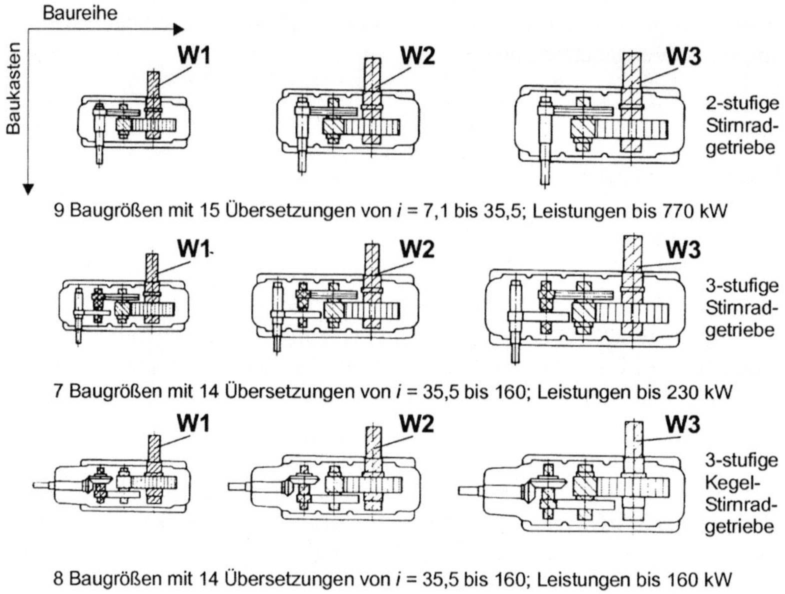

Bild 7.12-26. Redurex-Zahnradgetriebe nach dem Baureihen-/Baukastenprinzip (n. Flender)

In dem Bild ist ein **Getriebebaukastensystem** gezeigt, bei dem als Basisbausteine drei unterschiedliche Getriebegehäuse vorhanden sind, die wieder in unterschiedlichen Größen als Baureihe hergestellt werden (Herstellerbaukasten). Wie man sieht, wachsen von links nach rechts Gehäuse und Zahnräder größenmäßig in entsprechenden Stufen einer Baureihe an. Von oben nach unten sieht man, wie die gleich schraffierten Baukastenelemente (Zahnräder, Wellen) jeweils bei den unterschiedlichen Getriebearten eingebaut werden. oben: 2-stufige Stirnradgetriebe, Mitte: 3-stufige Stirnradgetriebe, unten: 3-stufige Kegel-Stirnradgetriebe. – So ist z. B. die gleiche Abtriebswelle W1 mit Zahnrad in allen drei Getriebearten von oben nach unten als Baukastenelement eingebaut. Ebenso ist dies mit dem nächst größeren Baukastenelement, der Abtriebswelle W2, der Fall usw.

b) Die **Vorteile** eines Baukastens sind vergleichbar mit denen von Baureihen:

- **Kostensenkung** des Baukastensystems im Vergleich zu einer Vielzahl von speziellen Einzelprodukten mit jeweils der gewünschten Funktion. Dabei kann eine einzelne Funktion höhere Kosten verursachen als ein Spezialprodukt dieser Funktion. Die Betonung liegt eben auf der Kostensenkung des Kombinationssystems. Die **Kostensenkung beim Anwender** wird, wie das Beispiel Heimwerkerbaukasten zeigt, dadurch erreicht, dass er den Basisbaustein (Getriebemotor) nur einmal kaufen muss und die Spezialbausteine (z. B. für Sägen, Schleifen, Fräsen) vom Anwender angebaut werden können. Darüber hinaus gibt es Kostenvorteile in der Instandhaltung, beim Ersatzteilpreis. Die **Kostensenkung beim Hersteller** entsteht dadurch, dass einzelne Bausteine in viel grö-

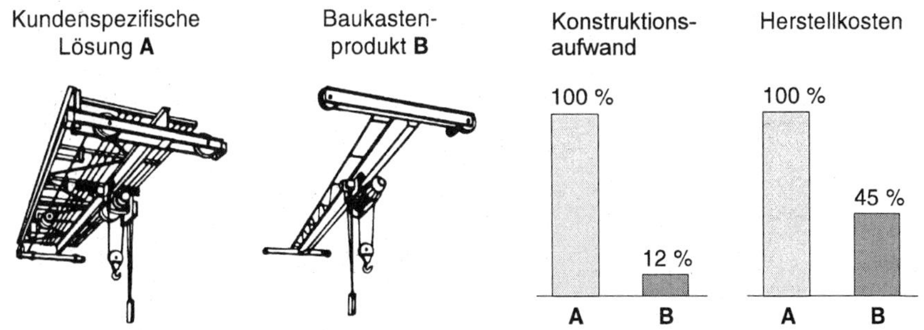

Bild 7.12-27. Vorteile eines Baukastensystems für Industriekräne [Pei67]

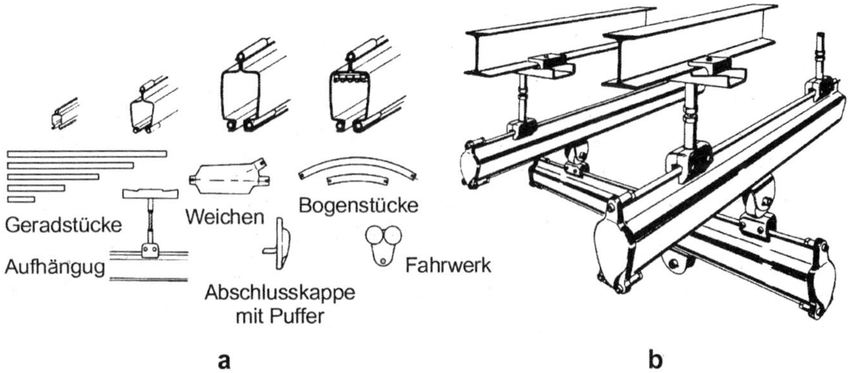

Bild 7.12-28. Offenes Baukastensystem für die Fördertechnik (Werkbild Demag, Duisburg). a: Bausteine, b: Kombinationsbeispiel [Pei67]

ßerer Stückzahl hergestellt werden können als bei Sonderprodukten, da sie ja – wie das Getriebebeispiel in Bild 7.12-26 zeigt – in mehrere Basisbausteine eingebaut werden. **Bild 7.12-27** zeigt die realisierte Kostensenkung bei einem Industriekran-Baukastensystem. Die wichtigsten Elemente werden in größerer Stückzahl hergestellt, und damit werden in der Fertigung, im Lagerwesen, im Einkauf, im Service und allen „Gemeinkostenabteilungen" (z. B. Konstruktion, Vertrieb) die jeweils einmaligen Erarbeitungskosten pro Stück verringert. **Bild 7.12-28** zeigt ein Baukastensystem für die Fördertechnik mit hängenden Schienen. Zu sehen sind die zugehörigen Bausteine (a) und ein Kombinationsbeispiel (b). Es handelt sich um einen offenen Baukasten, der beliebig viele Elemente zu verbauen gestattet.

- Eine **Lieferzeitverkürzung** ist zum Teil auf die verringerte Bearbeitungszeit eines Auftrags in allen „Gemeinkostenabteilungen" zurückzuführen, zum Teil auch darauf, dass häufig vorkommende und in der Lieferzeit bestimmende Bausteine entweder vorbereitet oder fertiggestellt vom Lager abrufbereit sind. Durch EDV-Bearbeitung kann sowohl für die Angebotsabgabe wie für die Auftragsabwicklung und Terminsteuerung eine zusätzliche Lieferzeitverkürzung erreicht werden. Die technische und preisliche Projektierung kann u. U. direkt beim Kunden mit dem Laptop erledigt werden.

- Es ergibt sich eine **Qualitätssteigerung** der Bausteine und des ganzen Baukastensystems, da durch frühere Lieferungen Betriebserfahrung vorliegt, Ersatzteile vorhanden und leicht auswechselbar sind.

Obige **Vorteile** sind gleichermaßen für Hersteller und Anwender von Bedeutung. Dabei wird vorausgesetzt, dass der größte Teil der Kostenvorteile des Herstellers im Preis weitergegeben wird. Für den **Anwender** ergibt sich darüber hinaus noch der Vorteil, dass er eine größere Flexibilität bezüglich später nachzukaufender Bausteine (Funktionen) geboten bekommt (z. B. Landmaschinen-Baukastensysteme, Heimwerkerbaukästen, Werkzeugmaschinen). Für den **Hersteller** ergibt sich schließlich der Vorteil, dass er den Kunden damit langfristig an sich bindet [Ben90; Pei67].

c) Nachteile eines Baukastensystems sind:

- **Spezielle Kundenwünsche** sind manchmal nicht erfüllbar. Der Kunde muss dann doch wieder auf Spezialausführungen zurückgreifen.
- Das Baukastensystem ist oft **technisch nicht so bedarfsgerecht** wie ein Sonderprodukt, da die Bausteine ja das Gesamtsystem befriedigen müssen. So hat z. B. bei einer nicht drehzahlgeregelten Heimwerkermaschine der Basisbaustein Getriebemotor oft für Bohren eine zu hohe Drehzahl, für Schleifen eine zu niedrige. Wegen der Verbindungen an den Schnittstellen der Bausteine sind Gewicht, Volumen oder auch Herstellkosten oft höher als bei einer Spezialmaschine gleicher Stückzahl. Es kommt eben darauf an, dass das Gesamtsystem kostenmäßig günstiger ist. Wenn die Nachfrage nach bestimmten Funktionen steigt (beim Heimwerkersystem z. B. Kreissägen, Flachschleifen) kann es sein, dass Spezialmaschinen besser und in der hohen Stückzahl kostengünstiger werden. Dies ist inzwischen bei vielen Funktionen des Heimwerkersystems eingetreten.
- Der **Zeitaufwand** beim Anwender für das Ummontieren von einer Funktion in eine andere (z. B. Heimwerkerbaukasten) schlägt beim industriellen Anwender kostenmäßig zu Buche (**Anwenderbaukasten**). Dies berücksichtigen Handwerker und Industriefirmen beim Kauf eines Baukastens. Keine Zeit für das Ummontieren fällt beim **Herstellerbaukasten** an, wenn also nur der Hersteller einen Baukasten für die Produktion seiner Produkte nutzt. Er liefert somit aus Bausteinen fertig zusammengebaute Produkte an den Kunden. Ein Beispiel stellt die Pkw- und Lkw-Produktion dar („Plattformstrategie").
- Der Hersteller wird in Bezug auf **Marktwünsche weniger flexibel**. Er sucht die oft **beträchtlichen Einführungskosten** durch entsprechenden Absatz zu rechtfertigen und wird Produktänderungen nur nach größeren Zeiträumen ins Auge fassen. Insofern ist die Konzeption eines Baukastensystems auch für den Hersteller risikobehaftet und erfordert Sorgfalt bei Aufgabenklärung und Entwurf. Das anzustrebende Hersteller-Ziel ist also eine **hohe Flexibilität** für zu liefernde Produkte bei **geringer Variantenvielfalt**.
- Um das oft beträchtliche **Entwicklungsrisiko des Herstellers** zu reduzieren, hat es sich bewährt, ein komplexes Produkt zunächst nicht insgesamt als Bau-

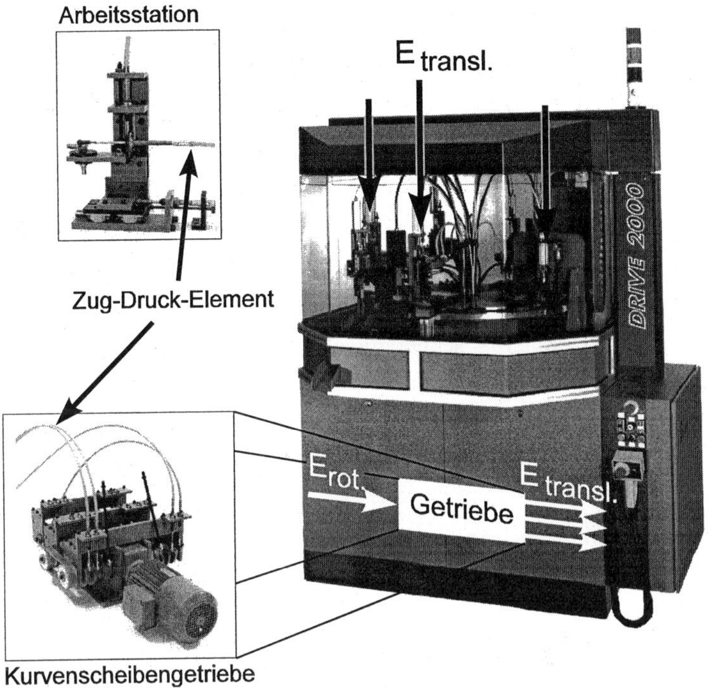

Bild 7.12-29. Lokale Baukastensysteme für einen Montageautomaten.
oben: zum Konfigurieren der Arbeitsstationen
unten: zum Konfigurieren der Kurvenscheibengetriebe [Koh96]

kastensystem zu entwerfen, sondern im Rahmen einer Gesamtkonzeption nur **lokale Baukastensysteme** zu realisieren [Koh96].

Bild 7.12-29 zeigt diese Strategie am Beispiel eines Rundtisch-Montageautomaten für Kleinteile. Mit dem lokalen Baukasten eines erweiterbaren Kurvenscheibengetriebes (unten links im Bild) erzeugt man die gewünschten Arbeitsbewegungen, die mit Zug-Druck-Elementen zu den Arbeitsstationen (oben links im Bild) geleitet werden. Auch die Arbeitsstationen stellen ein lokales Baukastensystem dar.

7.12.6.2 Aufbau (Morphologie) von Baukästen

Wenn man ein Baukastensystem neu erarbeiten will oder ein vorhandenes verbessern will, muss man sich zuerst eine **Übersicht** verschaffen über das, was es schon gibt, was gewünscht ist und welche Möglichkeiten es dafür gibt. Dafür sind je nach Situation **klärende Begriffe** oft recht hilfreich, die Antworten z. B. auf folgende **Fragen** geben:

- Welche **Funktionen** werden mit welchen Funktionsträgern bereits bisher wie häufig realisiert? Wie kann man die Funktionen zusammenfassen oder sinnvoll aufteilen?
- Welche **Struktur** hat das System jetzt oder soll das neue haben? Was heißt überhaupt hier Struktur? Ein System besteht ja aus Elementen (hier Bausteine), die miteinander in Beziehung stehen. Das ergibt die Struktur, hier die **Baukastenstruktur**. Von der Struktur hängen ganz wesentlich die **Schnittstellen** zwischen den einzelnen Bausteinen ab.
- Um welche **Art Baukasten** geht es überhaupt? Wer soll damit umgehen? Soll der Baukasten erweiterbar sein oder nicht? Welche **Bausteine** sind möglich und sinnvoll?

Beginnen wir mit der letzten Frage. Vorab sei noch bemerkt, dass es für alle nachfolgenden Alternativen auch Mischformen gibt.

a) Arten von Baukästen [Pah97; Kol94]

- **Herstellerbaukästen** baut der Hersteller zusammen, die der Nutzer nachträglich i. a. nicht mehr verändern kann (z. B. Pkw-/Lkw-Baukasten, Getriebebaukasten).
- **Anwenderbaukästen** baut im Gegensatz dazu der Anwender je nach gewünschter Gesamtfunktion zusammen (z. B. Heimwerkersystem, Küchenmaschinen-System, Anbaugeräte an landwirtschaftlichen Traktoren).
- **Geschlossene Baukästen** sind durch ein vorgegebenes Bauprogramm mit einer endlich festgelegten Zahl von Gesamtfunktionen gekennzeichnet (z. B. Heimwerkersystem).
- **Offene Baukästen** sind im Gegensatz dazu in ihren Kombinationsmöglichkeiten offen (z. B. Küchenmöbel, Baugerüstsystem, Lego-Spielbaukasten). Es existiert nur ein Baumusterplan mit Anwendungsbeispielen.
- **Strukturgebundene Baukästen** haben Alternativ-Bausteine, die nur für bestimmte Stellen des Baukastens vorgesehen sind (z. B. alternative Pkw-Motoren oder -Sitze). Sie haben in der Struktur einen festen Platz.
- **Modulare oder freie Baukästen** haben im Gegensatz dazu Bausteine mit jeweils unterschiedlichen Funktionen, die auch örtlich frei angeordnet werden können (z. B. Haustür-Kommunikationsanlagen, elektronische Überwachungs-, Steuerungssysteme).
- **Ferner** kann man unterscheiden: Technische und natürliche Baukästen (chemisches System der Elemente, Zellen, Pflanzenkomponenten), materielle und immaterielle Baukästen (Buchstaben, Worte, Noten), konkrete und abstrakte Baukästen (z. B. potentielle Baukastenstruktur), gesamte und lokale Baukästen (wurden mit Bild 7.12-29 schon erwähnt).
- **Kombination unterschiedlicher Baukästen**
  Die Verwendung von Baukästen ist in der Entwicklung „unbewusst" viel verbreiteter, als angenommen und in der Literatur diskutiert wird. Der Rückgriff auf Norm- und Kaufteile (Kap. 7.12.4.1) ist sehr oft ein Arbeiten mit Baukäs-

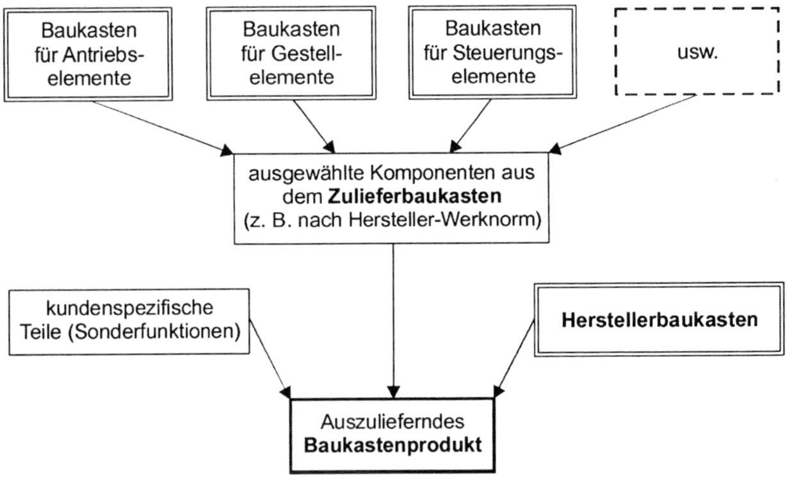

Bild 7.12-30. Auszulieferndes Baukastenprodukt als Kombination aus Zulieferbaukasten und Herstellbaukasten

ten. Der Endhersteller greift als Anwender auf die **Baukästen von** verschiedensten **Zulieferern** (Herstellern von Lagern, Verbindungsteilen, Antrieben, Gestellen usw.) zu und kombiniert diese mit eigenen Konstruktionsteilen. Diese können wieder aus einem firmenspezifischen Baukasten stammen oder nur für diesen einen Auftrag als „Spezialteile" (Sonderfunktion) entstehen **Bild 7.12-30**. Der Kunde „merkt" davon nichts. Je nach Produktart, Stückzahlen und Firmenstrategie können daraus die unterschiedlichsten Arten von Baukästen entstehen. In Kap. 7.12.6.8 ist ein Beispiel für eine solche „Kombination von Baukästen" dargestellt.

Wie weit die **Verwendung von Zulieferbaukästen** geht, ist eine wichtige firmenstrategische Frage. So gibt es in dem im Kap. 7.12.6.8 angesprochenen Bereich von Transportanlagen Firmen, die einen umfangreichen eigenen Baukasten entwickelt haben und die nur in geringem Maße auf Zulieferbaukästen zurückgreifen, andere Firmen dagegen verwenden nur Zulieferbaukästen und stellen daraus ihre Anlagen zusammen, wieder andere verwenden nur für wenige strategisch wichtige Funktionen eigene Bausteine. Wichtige Gesichtspunkte für die Entscheidung dieser Frage sind:

- Stückzahlen,
- Firmengröße (Konstruktionskapazität),
- Verfügbarkeit von Baukästen und deren Elementen,
- Firmenausstattung und -strategie (Fertigungstiefe Null?),
- Auswahl des Marktsegments.

b) Arten von Bausteinen

- Entsprechend der Vielfalt unterschiedlicher Baukastensysteme gibt es auch unterschiedliche Bausteine (z. B. materielle/immaterielle; abstrakte/konkrete; technische/natürliche).

- **Konkrete Bausteine** können Bauteile und Baugruppen sowie für sich selbständige Produkte sein (z. B. Flansch/Lagerung/Elektromotor).
- Für den Maschinenbau wichtig sind ihre Unterscheidung nach **„Energie-Arten**: mechanische, hydrostatische, hydraulische, elektrische, elektronische, Software-technische Bausteine.

Wichtig ist ihre Funktion, Gestalt und ihre gegenseitige **Verträglichkeit** an den Schnittstellen hinsichtlich Gestalt, Stoff-, Energie- und Signalaustausch. Die Bausteine können nach den von ihnen verwirklichten Teilfunktionen benannt werden. Dabei gibt es **„Muss"- und „Kann"-Bausteine**.

c) Die Baukastenstruktur

Sie gibt die Beziehungen und Schnittstellen zwischen den einzelnen **Baukastenprodukten** an (z. B. beim Heimwerker: Bohr-, Schleif-, Säge-Konfiguration). Unter einem Baukastenprodukt versteht man das konkrete Endergebnis für einen bestimmten Anwendungsfall. Diese Baukastenprodukte haben ihrerseits wieder eine Struktur in Bezug auf ihre Bausteine.

Zur Strukturbeschreibung eignen sich gerichtete „Gozinto-Graphen". Sie haben Knoten (= Objekte), diese verbindende bogenförmige Linien (= Bestandsbeziehungen) und Ziffern an diesen Bögen, die die erforderlichen Mengen (z. B. von Bausteinen) angeben [Koh96].

d) Funktionen

Sie sind deshalb besonders wichtig, da Baukästen meist unterschiedliche Funktionen erfüllen sollen, die mit wenigen Bausteinen gelöst, aber in möglichst hohen Stückzahlen gefertigt werden sollen.

Je nachdem, ob es sich um offene oder geschlossen Baukästen bzw. Anwender- oder Hersteller-Baukästen handelt, ist die Verwendung unterschiedlicher Funktionsbegriffe sinnvoll.

Allgemein anwendbar sind die Begriffe der Konstruktionsmethodik [Ehr03; Pah97]:

- **Gesamtfunktion** GF ist die lösungsneutrale Formulierung des gewollten (geplanten) Zwecks eines technischen Gebildes. Sie kann in **Teilfunktionen** untergliedert werden.
- Die **Hauptfunktion** gibt den Hauptzweck an. Sie wird durch **Nebenfunktionen** unterstützt.

Bei geschlossenen Baukästen (Beispiel Heimwerker-Baukasten) hat sich darüber hinaus noch folgende Unterscheidung bewährt:

- Die **Basisfunktion** BF (entsprechend Basisbaustein) ist diejenige Teilfunktion, die bei jeder zu erfüllenden Gesamtfunktion vorkommt (z. B. Stromzuführung, Schalter, Motor, evtl. Getriebe beim Heimwerkerbaukasten). Dies ist eine sogenannte „**Muss-Funktion**".
- Die **Spezialfunktion** SF (entsprechend Spezialbaustein) ist diejenige Teilfunktion, die charakteristisch für die Erfüllung der jeweiligen Gesamtfunktion ist (z. B. Bohrfutter und Bohrer, Sägeeinrichtung, Schleifscheibe beim Heimwerker). Dies ist eine sogenannte „**Kann-Funktion**".

7.12.6.3 Entwickeln von Baukästen

a) Grundsätzliches Vorgehen

- **Ziel** der Baukastenentwicklung ist es, die für das Gesamtsystem (auszulieferndes Baukastenprodukt) am häufigsten zu erstellenden Teilfunktionen (Bausteine) zu erkennen und zusammenzufassen. Es soll für diese eine möglichst große zu fertigende Stückzahl entstehen. Andererseits sollen aber dabei selten benötigte Teilfunktionen (Bausteine) abgetrennt werden, um eine häufig benötigte Gesamtfunktion nicht mit deren Kosten zu belasten.

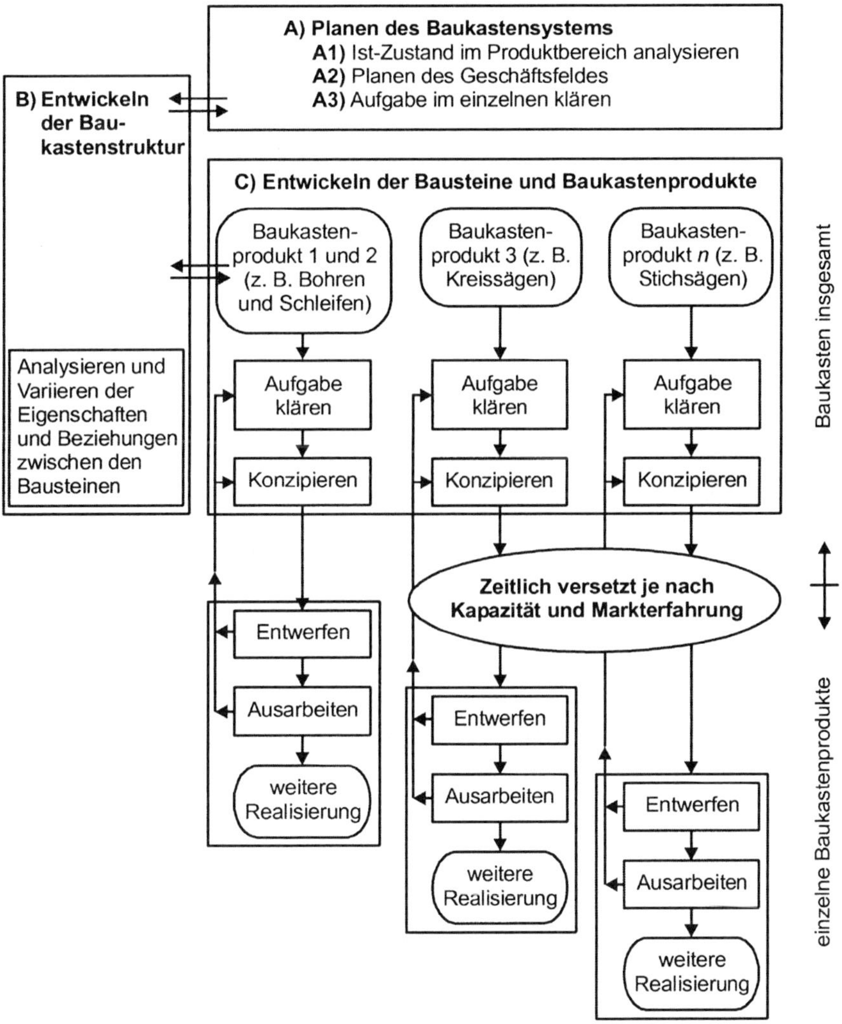

Bild 7.12-31. Vorgehen beim Entwickeln eines Baukastensystems (ähnlich [Koh96])

- Da der **Entwicklungsaufwand** und das **Risiko** erheblich sein können, muss systematisch gearbeitet und nicht „einfach mal irgendwie angefangen werden".
- Es sollte dem Beginn gemäß **Bild 7.12-31** eine **Planungsphase A** vorangestellt werden, während der bisherige Ist-Zustand in dem Geschäftsfeld (Produktbereich) analysiert wird (A1), wobei die Methoden von Kap. 7.12.3 eingesetzt werden können. Daran anschließend sollte das Geschäftsfeld mit seinen Potentialen geplant werden (A2). Dann erst erfolgt die übliche Aufgabenklärung für die technischen Details, aber auch für die Zielkosten (A3).
  Diese Planung, wie auch das nachfolgende **Konzipieren** des **Baukastens** (**B Baukastenstruktur**) und **C Entwickeln einzelner Bausteine und Baukastenprodukte** (Gesamtfunktionen und Funktionsstruktur, s. Kap. 7.12.6.2d) sollten in einem interdisziplinären **Team** erfolgen (z. B. Geschäftsleitung zeitweise, Entwicklung, Vertrieb, Marketing, Produktion, Qualitätssicherung, Controlling). Im Bild 7.12-31 ist bewusst vereinfachend ein neu zu konzipierender Heimwerkerbaukasten zugrundegelegt, damit das Beispiel unmittelbar verstanden wird.
  Das Vorgehen unter C ist an sich bekannt: Jedes Baukastenprodukt 1-*n* (Gesamtfunktion z. B. Bohren, Schleifen, Stichsägen) wird über die Konkretisierungsstufen Aufgabe Klären, Konzipieren, Entwerfen und Ausarbeiten entwickelt (Bild 4.4-2). Im Bild sind diese aber zeitlich versetzt gezeichnet. Dies ist ein Kompromiss aus der Erfahrung der Praxis heraus, um den Entwicklungsaufwand am Anfang zu begrenzen. Man entwickelt z. B. zunächst die Baukastenprodukte 1 und 2 (hier „Bohren und Schleifen"), sammelt Erfahrung damit und entwickelt dann später je nach Marktverhalten die Baukastenprodukte 3 (hier z. B. Kreissägen) bis *n* (hier z. B. Stichsägen). So wird es auch oft in der Praxis gemacht, allerdings bei komplexeren Problemen als dem Heimwerkerbaukasten. Das Anliegen hier aber ist es, nicht in den Fehler mancher Praxisfälle zu verfallen, nur am Anfang die Baukastenprodukte 1 und 2 im Auge zu haben und nicht die weiteren Möglichkeiten 3 bis *n* im Baukastenkonzept zu berücksichtigen. Dann gibt es nämlich später ungute Kompromisse. Um im Beispiel zu bleiben: Die Kreissäge kollidiert dann z. B. mit dem Elektromotor, da der Spannzylinder am Motorhals zu kurz ist. Oder: Die Drehzahl des Elektromotors ist für die neu hinzugekommene Stichsäge eher zu hoch.
  Es kommt also darauf an, für den Baukasten insgesamt und für die wesentlichen Bausteine gleich am Anfang das „**Klären der Aufgabe" und das Konzipieren ganzheitlich durchzuführen** – und zwar im oben erwähnten Team. Später können dann die einzelnen Baukastenprodukte 1 bis *n* entworfen und ausgearbeitet werden.

b) Vorgehen im Einzelnen

Gemäß Bild 7.12-31 ist zunächst im oben angesprochenen Team die **Planung des Baukastensystems (Schritt A)** durchzuführen. Dazu kann die **Checkliste A1** für die Ist-Zustandsanalyse (**Bild 7.12-32**) hilfreich sein.

Eine weitere Maßnahme ist dann die Planung des Geschäftsfeldes mit Fragen entsprechend der **Checkliste A2** (**Bild 7.12-33**).

A1 Ist-Zustand im Produktbereich analysieren (s. a. Kap. 7.12.3)

- Welche Produkt- und Teilevarianten wurden bisher an wen, wie oft und wann geliefert?
  a) Vom eigenen Unternehmen
  b) Soweit ermittelbar, von Konkurrenten (Wettbewerbsanalyse)
  b) "Was läuft und warum? Was läuft nicht und warum nicht?"
  b) Losgrößen? Kontrolle des Lagers.
- Welche (technischen) Probleme treten auf?
  (Reklamationen, Lieferzeit, Service, ...)
- Wie hoch waren die Kosten, Gewinne/Verluste?
- Wie groß ist der Markt? Der Marktanteil? Trends?
- Standardisierung:
  Wie ähnlich sind die Varianten bezüglich Gestalt und Werkstoffen?
  Wo liegt der Normungsgrad der gelieferten Produkte? (Kap. 7.12.4.1)
- Welche Erkenntnisse ergeben sich aus der Analyse für die weitere Planung und Aufgabenklärung? Was ist unklar? Wo sind Risiken/Chancen?

Bild 7.12-32. Checkliste A1 zur Analyse des Ist-Zustands im Produktbereich (zu Bild 7.12-31)

A2 Planen des Geschäftsfeldes für ein Baukastensystem

- Welcher Marktanteil als Zielsetzung?
  In welchen Bereichen/Ländern? Bis wann?
- Welche Techniken (Gesamtfunktionen, Baukastenprodukte), welche Preise, welche Qualität, welche Lieferzeiten, welche Service-Maßnahmen sind dafür nötig? (Kundenbefragung nötig!)
- Welches Potential besteht für die Standardisierung?
  (Baukastenprodukte, Größenabstufung, Baureihe)
- Welche Verkaufsstückzahlen? In welchen Perioden? Bei welchen Preisen? Welche Kostenziele sind daraus ableitbar?
- Welche internen Stückzahlen (Losgrößen) für die wichtigsten Baukastenprodukte und Bausteine sind aufgrund eines überschlägig konzipierten Baukastens realistisch? Was ergeben sich allein daraus schon für Kostensenkungspotentiale? (Richtwert nach Bild 7.5-5 15-25 % Kostensenkung bei Stückzahl-Verdoppelung)
- Zielpreise und Zielkosten für Baukastenprodukte und wichtige Bausteine abschätzen.
- Welche Art des Baukastens wird zweckmäßig sein (Kap. 7.12.6.2a)?
- Welcher Entwicklungsaufwand? Personalkapazität? Terminvorstellungen? Entwicklungs- und Vermarktungskosten? Muss investiert werden?
- Wie und von wem soll das Projekt bis wann organisiert werden?

Bild 7.12-33. Checkliste A2 zur Planung der Geschäftsfelder für ein Baukastensystem (zu Bild 7.12-31)

Bereits aus der Checkliste A2 geht hervor, dass eine vorläufige Konzeptvorstellung für das gesamte Baukastensystem in einer ersten Version vorhanden sein muss.

c) Als Vorarbeit für die Entwicklung der Bausteine und Baukastenprodukte (Bild 7.12-31, Abschnitt C) und parallel dazu der Baukastenstruktur (B) muss dann **eine insgesamte, technisch-wirtschaftliche Aufgabenklärung** (A3) durchgeführt werden, der die Aufgabenklärung für die einzelnen Baukastenprodukte 1 bis *n* folgt.

Diese wird hier für das Beispiel Heimwerkerbaukasten kurz angedeutet. Über eine Markt- und Konkurrenzanalyse wird festgestellt, dass folgende **Gesamtfunktionen** in einem bestimmten Zielmarkt abgesetzt werden können:

- die Gesamtfunktion GF_1 „Bohren“ 100 000 mal zum Preis X_1,
- die Gesamtfunktion GF_2 „rotierend Schleifen“ 90 000 mal zum Preis X_2,
- die Gesamtfunktion GF_3 „Kreissägen“ 40 000 mal zum Preis X_3,
- die Gesamtfunktion GF_4 „Stichsägen“ 5 000 mal zum Preis X_4,
- usw.

Dazu kommt eine gewisse Häufigkeit an Zubehörfunktionen (in der Benennung als Funktionsträger: Bohrständer, Handgriff, Schleifbock). Die weiteren technischen Anforderungen müssen selbstverständlich auch noch ermittelt werden.

Klar ist aber, dass es sich hier bei der **Baukastenart** (Kap. 7.12.6.2a) um einen Anwenderbaukasten und einen geschlossenen Strukturbaukasten handelt. Der Anwender bekommt also eine genaue Baubeschreibung, wo welcher Baustein zu montieren ist, damit die Gesamtfunktion des Baukastenprodukts (= Baustein-Konfiguration) realisiert werden kann.

d) Danach wird der **Baukasten als ganzer konzipiert**, wofür eine **Funktionsstruktur** (und ihre Varianten) ein Hilfsmittel sein kann.

- **Aufstellen von vereinfachten Funktionsstrukturen**
  Die Aufgliederung der Gesamtfunktionen in Teilfunktionen erfolgt so, dass möglichst wenig aber immer wiederkehrende Teilfunktionen vorkommen. Da meist schon eine gewisse Vorstellung von Bausteinen vorhanden ist, kann man auch eine Baukastenstruktur mit symbolisch (z. B. als Kästchen) bezeichneten Bausteinen aufzeichnen und sich dafür Varianten überlegen. Das hat den Vorteil, dass man sich die Varianten gut vorstellen kann, aber auch den Nachteil, dass man von den bereits konkreten Bausteinen mental nicht mehr weg kommt.

- **Konzipieren in Bezug auf Lösungen für Teilfunktionen**
  Wenn die Lösungen der Teilfunktionen nicht bekannt sind, erfolgt jetzt die Lösungssuche mit anschließender Auswahl. Es werden also geeignete Bausteine gesucht. Daraus können unterschiedliche Konzeptvarianten kombiniert werden, die dann wieder zur Auswahl anstehen und zunächst für eine überschlägige Kostenkalkulation gestaltet werden müssen (Kap. 9).

- **Entwerfen und Ausarbeiten der Fertigungsunterlagen**
  Bei komplexeren Baukästen werden nun aus Gründen des Entwicklungsaufwands nicht alle Baukastenprodukte (Gesamtfunktionen) weiter bearbeitet, sondern z. B. nur einige wichtige (s. o. unter a) und Bild 7.12-31).

Beim Ausarbeiten und Dokumentieren ist auf eine Teilenumerierung entsprechend der Baukastenlogik zu achten, da damit eine EDV-Bearbeitung des Systems erleichtert wird. Für die Auswahl von Bausteinen und die Kombination zum Baukastenprodukt bei der evtl. Angebotserstellung und Auftragsbearbeitung können Entscheidungstabellen als Software eingesetzt werden. Für die Variantenstückliste, die die Baustruktur wiedergibt, ist ein Zeichnungsnummernsystem mit Parallelverschlüsselung zweckmäßig (Identifizierungs- oder Zählnummer und klassifizierende Nummer).

- Für die **schnelle Angebotsbearbeitung** u. U. mit Laptop unmittelbar beim Kunden hat sich in der Praxis ein **EDV-Konfigurationssystem** bewährt. Es muss gemeinsam von Entwicklung und Vertrieb erarbeitet werden. Die einzelnen Bausteine und Baukastenprodukte werden, soweit für die Kunden relevant, mit den technischen Leistungsparametern beschrieben. Die Verkaufspreise und Herstellkosten werden zugeordnet. – Damit wird dem Vertrieb die Durchsetzung der erarbeiteten Standardisierung erleichtert – und er ist dann auch motiviert dafür. Kundenspezifische Sonderlösungen werden so eher vermieden bzw. mit den entsprechend höheren Kosten verkauft.

7.12.6.4 *Modularisierung*

Zur Optimierung der Prozesse in Entwicklung, Beschaffung, Fertigung und Montage sowie Service werden Produkte in **Module** unterteilt [Las00]. Für jeden Modul werden klare Verantwortlichkeiten festgelegt. Damit werden die Schnittstellen im organisatorischen Ablauf wie auch in der Funktions- und Baustruktur des Produktes klein gehalten.

Üblicherweise handelt es sich um komplexere Baugruppen (u. U. ergänzt durch bestimmte weitere Einzelteile), die in sich prüfbar und damit auch aus Qualitätssicht klar verantwortbar sind [Las00]. Zur Bildung von Modulen und auch zum Umgang mit ihnen ist die Definition klarer Schnittstellen erforderlich.

Ziel ist es, die Komplexität in Produkten und Prozessen durch geschickte Aufteilung der Aufgaben für die einzelne Organisation und die Bearbeiter zu reduzieren.

Ein Beispiel sind so genannte Systemlieferanten. Sie sind für die Entwicklung und Lieferung von Teilsystemen eines Produkts verantwortlich. Solche Systeme können bei Pkws zum Beispiel das komplette Cockpit, das Sonnendach oder die Vorderachse sein. So wird z. B. die erste Version des Smart wird in Hambach aus 7 Modulen in der Endmontage montiert. Die Modullieferanten haben die jeweilige Systemverantwortung.

Nach Piller [Pil99] lassen sich folgende Arten der Modularisierung unterscheiden:

Generische Modularisierung

Zusammensetzung eines Produkts durch stets die gleiche Zahl standardisierter Bauteile, die jeweils unterschiedliche Leistungsmerkmale aufweisen können, auf einer fixen Plattform.

Quantitative Modularisierung
Zusammensetzung von Produkten mit unterschiedlich vielen eingebauten generischen Komponenten (standardisierter Bauteile) auf einem Basismodul
Individuelle Modularisierung
Zusammensetzung von Produkten aus Modulen in fixer oder variabler Zahl, die teilweise kundenindividuell, teilweise aus einem Standardsatz stammen, auf Grundlage eines Basisprodukts
Freie Modularisierung
Freie Kombination standardisierter und individueller Module ohne die Notwendigkeit eines einheitlichen Basisprodukts.

7.12.6.5 Verwendung von Plattformen

Werden die gleichen Bauteile über mehrere Produkte hinweg gezielt geplant und standardisiert, so spricht man auch von Plattformen [Kru98; Ker99; Sta03]. Im Gegensatz zur üblichen Baukästen, wo die Bausteine einmal definiert und unverändert verwendet werden, sind bei Plattformen Anpassungen an die jeweilige Veränderung nötig und möglich. Es geht bei Plattformen darum, die oft hohen Entwicklungs-, Zulassungs- Werkzeugkosten usw. zu minimieren. Als Plattform können spezifische Einzelteile, wie spezifische Sensoren für eine ganze Motorenfamilie, oder komplexe Baugruppen wie die Bodenbaugruppe von Pkw-Karosserien, oder auch komplexe Teilsysteme wie Pkw-Sitze definiert werden. Entsprechende Beispiele finden sich in vielen Branchen mit Serienprodukten. Entscheidend ist, dass die Plattform zum Kunden hin nicht sichtbar sein soll, da sonst die Individualität der Produkte nicht mehr zum Tragen kommen würde. Im VW-Konzern spricht

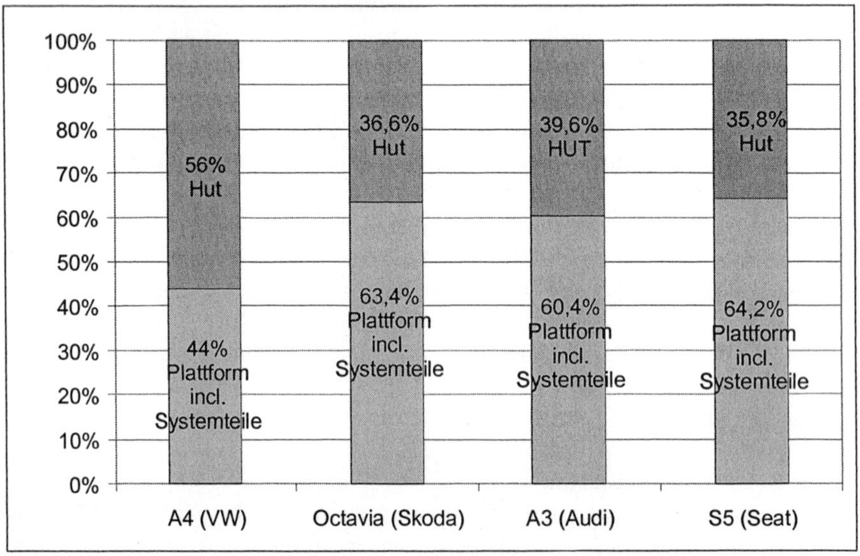

Bild 7.12-34. Anteile Plattformen bei verschiedenen Modellen (nach Kruschwitz)

man vom so genannten Hut, der einer Plattform aufgesetzt wird. Unter Hut versteht man dabei die Außenhaut des jeweiligen Fahrzeugs. Der Hut ist zum Kunden hin sichtbar und wird der Plattform aufgesetzt. Dadurch werden nach [Wil02] 1 700 000 000 $ Entwicklungs- und Produktionskosten gespart. **Bild 7.12-34** verdeutlicht den Anteil der Plattformkomponenten in Fahrzeugen des VW-Konzerns [Kru98].

Beispiel Pkw: Hier ist aus vielen Diskussionen und Veröffentlichungen bekannt, dass einige Fahrzeuge mit unterschiedlichem Design und Markennamen dennoch häufig mit etwa zwei Drittel Gleichteilen aufwarten.

Beispiel Weiße Ware: Produkte wie Kühlschränke, Herde etc. stammen häufig bei unterschiedlichen Markennamen und anderem Design von einem Hersteller mit sehr hohem Anteil an Gleichteilen.

Vorteile:

- Durch die Standardisierung erhöhen sich die Produktionszahlen, was zu erheblichen Kostenreduzierungen führen kann.
- Entwicklungszeiten verringern sich, da Plattformlösungen über mehrere Produkte gleichzeitig eingesetzt werden können. Dadurch werden Innovationen beschleunigt übertragen.
- Die logistischen Prozesse im Konzern werden durch die Reduzierung der Warenströme entlastet, da Einzelteile und Zusammenbauten aller Marken z. B. eines Automobilherstellers aus den gleichen Standorten geliefert werden

Nachteile:

- Der Standard der Plattform kann zu einer Innovationsbremse werden, weil die Belange einer unter Umständen größeren Produktfamilie berücksichtigt werden müssen.
- Bei ungeschickter Werbung oder Veröffentlichung von Informationen, die den Plattformaufbau verschiedener Produkte beschreibt, kann eine Kannibalisierung der verschiedenen Produkte untereinander entstehen.

7.12.6.6
Prinziplösungen, Typisierung

Die vorangegangenen Abschnitte beschreiben Maßnahmen direkt die Produkt- und Teilevielfalt einzuschränken. Die im Folgenden beschriebenen Maßnahmen verhindern schon sehr früh beim Entwickeln das Ausufern der Vielfalt. Damit werden nicht nur Herstellkosten sondern auch Entwicklungskosten gesenkt.

Bei der Arbeit mit Prinziplösungen ist das Lösungskonzept als solches festgelegt. Die Dimensionierung erfolgt in der konkreten Ausführung nach den individuellen Erfordernissen. Man spricht hier auch von Typ-Lösungen. Bisweilen werden auch detaillierte Vorgaben für den Entwicklungsprozess gemacht, die zum Beispiel bestimmte Fertigungsstandards o. ä. beinhalten können. Damit kann die Typisierung eine Vorstufe zur Anwendung der Parametrik sein.

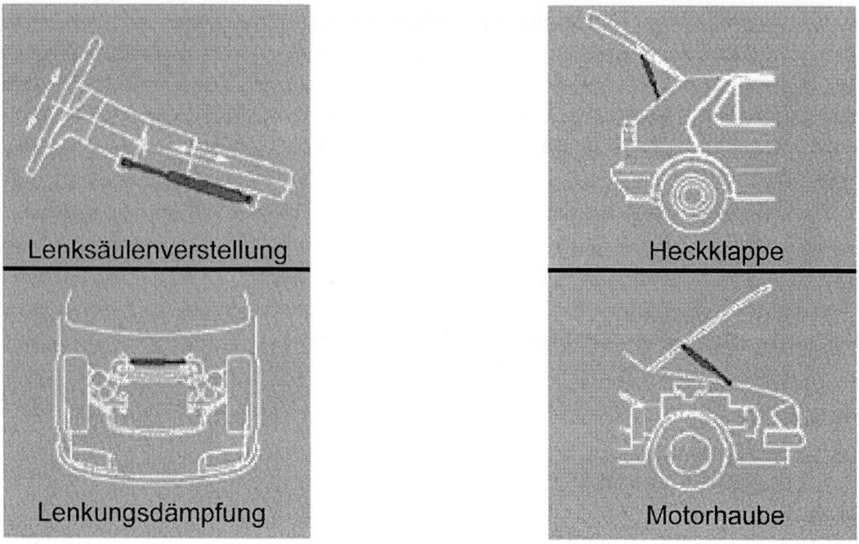

Bild 7.12-35. Gasfeder als Prinziplösung für die gleiche Funktion in unterschiedlichen Einbausituationen

Bild 7.12-35 zeigt die Verwendung von der "Prinziplösung Gasfeder" als Lösung für die Funktion "gedämpfte stufenlose Wegverstellung".

Vorteile:

- bewährtes Prinzip, damit steigt die Zuverlässigkeit;
- Verkürzung der Entwicklungszeit;
- Verzicht auf Versuche oder Simulationen möglich.

Nachteile:

- Fixierung auf vorhandene Lösungen und damit innovationshemmend;
- suboptimale Lösungen.

7.12.6.7 *Parametrik, Konstruktionslogik*

Bei Produkten mit bekanntem Prinzip, die kundenspezifisch als Variantenkonstruktion (siehe Kapitel 4.5.2) in Einzelfertigung hergestellt werden, kann die „starre“ Baureihe nach Bild 7.12-20 und 7.12-26 hinsichtlich der Kosten nachteilig, suboptimal sein. Das gilt dann, wenn ein CAD-Programm für die entsprechend der Konstruktionslogik automatischer Konstruktion existiert. Zur Verdeutlichung folgendes **Beispiel von großen Turbogetriebe-Gehäusen**:

Die Geometrie eines Stahlgehäuses eines schnell laufenden Zahnradgetriebes (Turbogetriebe entsprechend Bild 7.12-18 und 7.12-24) hängt nur von wenigen Eingangsparametern, wie zum Beispiel dem Achsabstand, der Zahnbreite, der Übersetzung, der Umfangsgeschwindigkeit der Verzahnung und den Gleitlager-

Größen ab. Früher wurde das Gehäuse als Graugussgehäuse nach Bild 7.13-14 entsprechend einer Baureihe mit vorgegeben gestuftem Achsabstand und Gehäusebreite gegossen. Für die kundenspezifischen Anforderungen (z. B. Übersetzung, Drehzahl, Leistung) mussten im starren „Korsett“ der Baureihen-Achsabstände und Gehäusebreiten entsprechend Bild 7.12-21 technisch schwer akzeptierbare Kompromisse gefunden werden. Es ist klar, dass damit für den speziellen Anwendungsfall meist unnötig große und teure Gehäuse eingesetzt wurden. – Die kreative Idee war deshalb, das Gussgehäuse zu Gunsten eines geschweißten Stahlgehäuses zu verlassen. Das wird dann jeweils kundenspezifisch gefertigt (also Differenzial- statt Integralbauweise, ähnlich wie in Bild 7.12.15, unten). Derartige Turbogetriebe können mit CAD-Variantenprogrammen automatisch konstruiert werden. Zunächst wird der Radsatz errechnet. Damit liegen die Zahnraddurchmesser, -breiten, der Achsabstand, die Wellendurchmesser fest. Auf dieser Basis kann die Geometrie des geschweißten Getriebegehäuses durch das Variantenprogramm vollständig generiert werden [Fig88; Lin92; Mer96]. Wenn man das will, können vom Programm auch die Herstellkosten errechnet werden. Man hat nun als Gehäuse das für den kundenspezifischen Radsatz Kleinstmögliche: Sozusagen einen Maßanzug, der automatisch erzeugt wurde. So wird in der Praxis gearbeitet. Denkbar ist, dass sogar das Programm zum automatischen Schneiden der Gehäuseteile aus Stahlplatten mit generiert wird usw.).

Was ist im Hinblick auf das **Variantenmanagement** geschehen? Man erzeugt im Grunde mehr, statt weniger Varianten! Aber es sind keine Varianten, die die Konstruktions- (Prozess-) kosten mehren. Es müssen ja nur noch die kundenspezifischen Programmversionen oder -zeichnungen gespeichert werden. Alles andere läuft automatisiert. Natürlich kommen bezüglich der Wirtschaftlichkeit einige Besonderheiten großer Turbogetriebe hinzu: Die Gehäuse haben ca. 40 bis 60 % masseabhängige Herstellkostenanteile (Bild 7-13-16 rechts). Die Abmessungen sind also in der dritten. Potenz dafür kostenbestimmend. Jede Abmessungsverringerung wirkt sich deshalb stark kostensenkend aus. Gefertigt – auch gegossen – wird nur in sehr kleinen Stückzahlen, so dass sich eine Stückzahl-Degression kostenmäßig kaum einstellen kann (Bild 7.7-1). Das ist ja ein Hauptargument für eine Baureihe. Das Vorausfertigen und Lagern teurer Gussmodelle erübrigt sich beim Schweißen

7.12.6.8
Beispiel eines Baukastens in der Lager- und Fördertechnik

Gerade in der Lager- und Fördertechnik werden für jeden Kunden Sonderlösungen entwickelt, z. B. muss für das Montieren von Teilen, Herstellen von Bekleidung, die Kommissionierung usw. jede dafür nötige Anlage an die kundenspezifischen Produkte, die umgesetzten Mengen, an räumliche Randbedingungen usw. angepasst werden. Solche Anlagen können aus 500 bis 1 Million Einzelteilen bestehen. Die Zahl der unterschiedlichen Teile kann z. B. 100 bis 1 000 betragen. Um diese Mengen und auch die Vielfalt der Teile konstruktiv, organisatorisch, zeitlich und kostenmäßig zu bewältigen, werden Baukästen in verschiedenster Form genutzt.

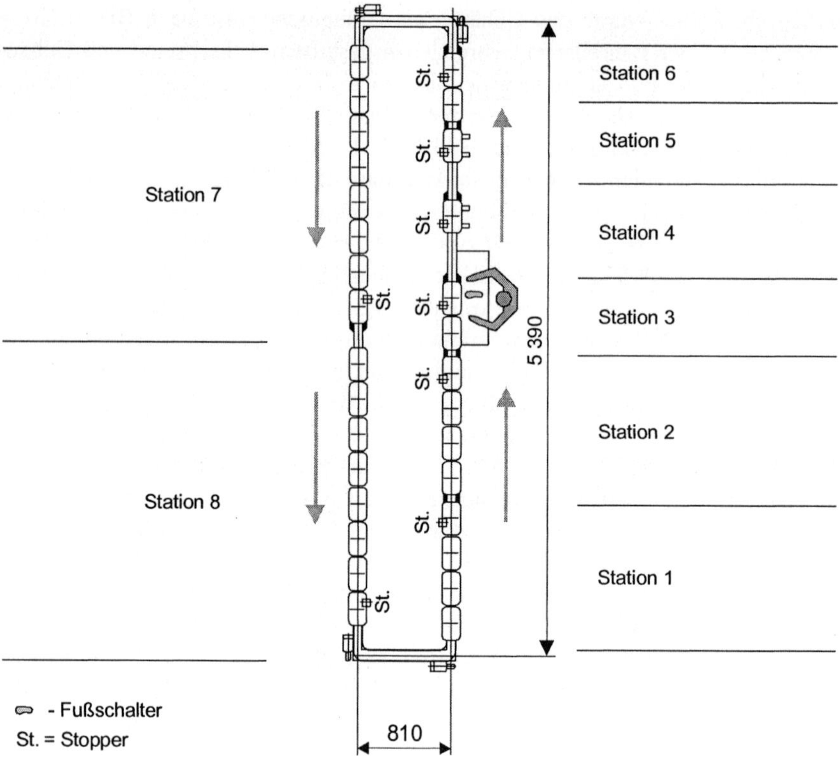

Bild 7.12-36. Beispiel eines Montageplatzes

Technische Aufgabenstellung/Anwendungsbereich des Baukastens

Für die Produktion, Montage und Lagerung von Werkstücken aller Art werden Materialfluss-Systeme, angepasst an die jeweilige Aufgabenstellung und Randbedingungen, benötigt. Das hier vorgestellte Werkstücktransportsystem[11] ist für Werkstücke mit einem Gewicht bis 20 kg geeignet (**Bild 7.12-36**, **Bild 7.12-37**). Die wichtigsten Funktionen der Anlage sind Fördern, Stauen, Puffern, Lagern, Verteilen, Zuführen, Kommissionieren, Bereitstellen, Handhaben, Positionieren. Die wesentlichen Bausteine sind Gestelle, Führungen, Antriebe usw. Eine wesentliche Randbedingung ist noch die Tatsache, dass die Anlagen weltweit vertrieben und auch erst beim Kunden endgültig zu einer funktionierenden Anlage montiert werden.

Um eine flexibel gestaltbare Konfiguration zu ermöglichen, wird, soweit möglich, auf Kaufteile (Zulieferbaukästen) und eigene Bausteine zurückgegriffen. Nur ganz spezifische Teile, wie die Schnittstelle zwischen dem Transportsystem und

[11] LFS der Fa. Dr. Hafner Montage- und Produktionssysteme GmbH, Kaufbeuren

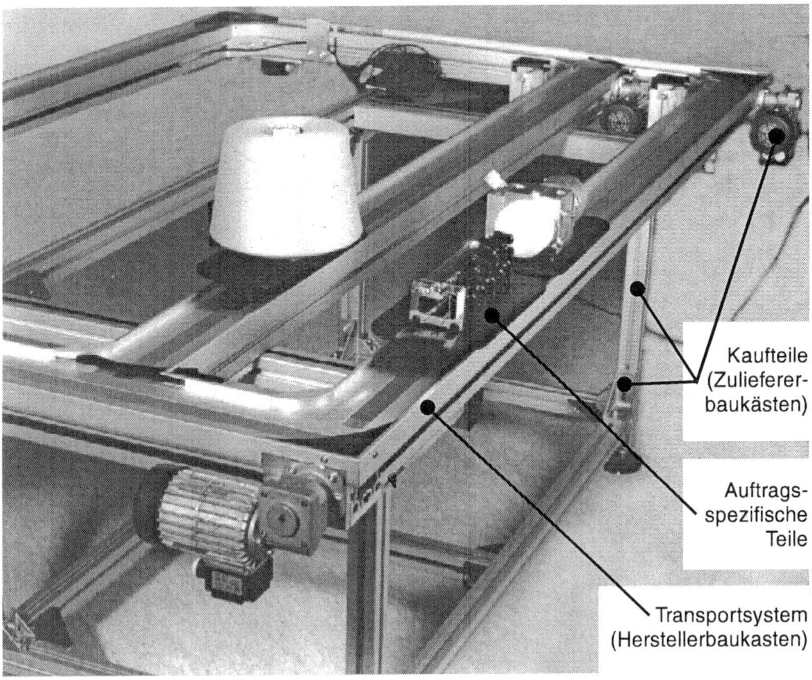

Bild 7.12-37. Verknüpfung unterschiedlicher Baukästen zu einer Anlage

dem jeweiligen Produkt, werden auftragsspezifisch (Bild 7.12-30) erstellt. Für Gestellteile, Befestigungen usw. werden im Markt erhältliche Kaufteile verwendet. Diese sind austauschbar und stellen einen offenen Baukasten dar.

Darauf werden die eigentlichen firmenspezifischen Bausteine aus dem LFS-Baukasten (Herstellerbaukasten) angeordnet. Auftragsspezifisch sind u. U. Teile an der Schnittstelle zum Kundenprodukt.

Dieses „vernetzte Baukastensystem" hat folgende **Vorteile**:

- Für **Nebenfunktionen** (z. B. das Gestell) werden kostengünstige **Kaufteile** (Profile aus einem Zulieferbaukasten) als Bausteine eingesetzt (Kosten, Zuverlässigkeit, Lieferzeit, Ersatzteile, ...).
- Für **Hauptfunktionen** (z. B. das Fördern, Positionieren) werden Bausteine aus dem LFS-Baukasten verwendet, um den Projektierungs- und Konstruktionsaufwand in Grenzen zu halten.
- Nur für die **Schnittstellen** zum jeweiligen Kundenprodukt werden, falls nötig, **„Spezialteile"** (z. B. ein speziell geformter Halter) eingesetzt. Nur für diese fällt der unumgängliche Konstruktionsaufwand an.

Unterstützt werden die Projektierung und die Konstruktion durch ein EDV-gestütztes Auswahl- und Projektierungssystem. **Bild 7.12-38** zeigt einen Ausschnitt aus dem Ergebnis des Systems. Basis eines Angebots ist ein CAD-Layout der Anlage. In diesem Layout sind die wesentlichen Elemente wie Schienen, Weichen, Antriebe usw. nach Art und Menge festgelegt (detailliertes Mengengerüst).

Angebotskalkulation

Kunde: Beispiel — Datum: 11.11.97
Proj. Nr.: Muster 01 — Bearbeiter: Mustermann

Pos. Nr.	Menge	Bezeichnung	*HK*/St	h-Montage	Σ *HK*	Σ h-Montage
1 032	15	Bogen 90	150	0,15	2 250	2,25
1 033	10	Bogen 60 rechts	130	0,15	1 300	1,50
1 034	8	Bogen 60 links	130	0,15	1 040	1,20
1 036	15	Bogen 45 rechts	100	0,15	1 500	2,25
1 037	12	Bogen 45 links	100	0,15	1 200	1,80
1 038	100	Schiene	50	0,05	5 000	5,00
1 956	1 000	Abhänger	0,2	200		
Summe:		Anlage			15 555	102,25

Bild 7.12-38. Ergebnis des Auswahl- und Projektierungssystems

Aus der Stückliste des Layouts werden die Daten in das Kalkulationssystem übergeben, das die Herstellkosten pro Stück und die Montagezeiten pro Teil ausweist. Aufaddiert und mit den entsprechenden Zuschlägen versehen, ergeben sie den Angebotspreis und bilden die Basis für die Bestellung und Montageplanung.

Die **Notwendigkeit und Vorteile** seien im Folgenden grob skizziert (die Zahlen sind nur Anhaltswerte). Der Aufwand, der in die Erstellung des Systems fließen musste, lohnte sich, weil …

- die **Angebotskosten verringert** werden und die **Angebotsgenauigkeit erhöht** wird. Das soll die folgende Abschätzung zeigen:
  Aus ca. zehn Angeboten resultiert üblicherweise ein Auftrag. Die **Angebotserstellung** für eine Anlage (mit ca. 300 000 Teilen und ca. 150 000 € Kosten (1 Teil = ca. 0,5 €)) **mit dem System** dauert ca. **1 Tag, ohne das System** etwa **2 Wochen**. Daraus folgt, dass ein Mitarbeiter **mit** dem System etwa 200 Angebote/Jahr (20 Aufträge/Jahr), **ohne** das System nur 20 Angebote/Jahr (2 Aufträge/Jahr) erstellen kann. Nimmt man im Mittel 50 000 €/Jahr Kosten für diesen Mitarbeiter an, so müssen die Kosten für die Angebotserstellung im ersten Fall auf 20 Aufträge = 2 500 € pro 150 000 €-Auftragsvolumen aber, im zweiten Fall auf nur 2 Aufträge = 25 000 € pro 150 000 €-Auftragsvolumen umgelegt werden. Dieser Zusammenhang führt dazu, dass in der Praxis Angebote oft nicht detailliert ausgearbeitet, sondern nur grob geschätzt werden. Die Folgen sind, wie bei der €/kg-Kalkulation von Gussteilen, dass nur **die** Angebote zu Aufträgen werden, bei denen die Kosten zu niedrig geschätzt wurden. Daraus ergeben sich wirtschaftliche Schwierigkeiten des einzelnen Herstellers aber auch einer ganzen Branche. Je größer die Angebotsstreuung in einer Branche ist, um so eher sinkt der mittlere Verkaufspreis ab.
- eine **schnellere** und **fehlerarme Auftragsabwicklung** erreicht wird. Bei der EDV-gestützten Angebotserstellung wird ein detailliertes Mengengerüst (Bild 7.12-38) erarbeitet. Das hat nicht nur Vorteile bei der Kostenermittlung für das

Angebot, sondern führt dazu, dass im Auftragsfall sehr schnell die notwendigen Teile bestellt und geliefert werden können (Bild 6.2-2).

- eine **zuverlässige Montage** und **Inbetriebnahme** der Anlage erfolgt. Das detaillierte Mengengerüst ist auch eine wichtige Voraussetzung für die später reibungslose Montage und Inbetriebnahme der Anlage, die sonst oft durch „vergessene“ Teile verzögert wird [Hub95a].

7.12.6.9
Beispiel eines Baukastens bei Sportwagen

Die Firma Porsche befand sich im Geschäftsjahr 1991/92 in einer Existenz bedrohenden Krise [Gut98]: Die Verkaufszahlen sanken, das Geschäftsergebnis war negativ. Grund hierfür waren in erster Linie der Einbruch des weltweiten Fahrzeugabsatzes und der Verfall der US-Währung. Darüber hinaus entsprach die Modellpolitik nicht mehr den gewandelten Marktbedürfnissen, die Fertigungs- und Kostenstrukturen waren nicht mehr wettbewerbsfähig.

Porsche produzierte drei technisch völlig eigenständige Modelle:

- 911: 6-Zylinder, luftgekühlt, Heckmotor
- 944: 4-Zylinder, wassergekühlt, Frontmotor
- 928: 8-Zylinder, luftgekühlt, Frontmotor

Hinsichtlich Fahrleistung, Eigenschaftsprofil und Preis unterschieden sich die Modelle allerdings nicht deutlich genug. Die fehlende Vereinheitlichung zwischen den Baureihen verursachte hohe Kosten in Produktion, Einkauf und Logistik.

Man entschied sich für eine komplette Neuentwicklung von zwei Modellreihen (Porsche 911 und Porsche Boxster) mit gleichzeitiger Umsetzung einer umfassenden Gleichteilestrategie.
Grundlage der Neuentwicklung bildeten folgende Forderungen:

- Optimale Abstimmung der Packagekonzepte und Innenraummaße aufeinander;
- Maßliche Abstimmung der Rohkarosserie;
- Stilistische Harmonie zwischen den Modellreihen;
- Abstimmung von Produktionsabläufen für beide Modellreihen.

Als Beispiel für die Ergebnisse sei hier nur auf zwei Punkte eingegangen:

Zwei Fahrzeugkonzepte - Ein Vorderwagen (Bild 7.12-39)

Konzept und Styling bestimmende Kaufmerkmale wie die Lage der Scheibenwurzel, der Fußraum und der konstruktiv anspruchsvolle Stirnwandbereich wurden für beide Fahrzeuge identisch gestaltet. Klar definierte Schnittstellen zum Innenraum und zum Hinterwagen sorgten dafür, dass die typenspezifischen Bauteile sicheren Anschluss fanden.

Eine Tür für 3 Autos (Bild 7.12-40)

Türrohbauten mit den zugehörigen Systemkomponenten wie Scharniere, Fensterheber und Schließsystem gehören zu den investitionsintensivsten Baugruppen der Karosserie. Porsche arbeitete an der Vereinheitlichung der Türausschnitte, Fugenverläufe, Scharniersäule, der Form der Außenhaut vom Kotflügel bis zum Fond-

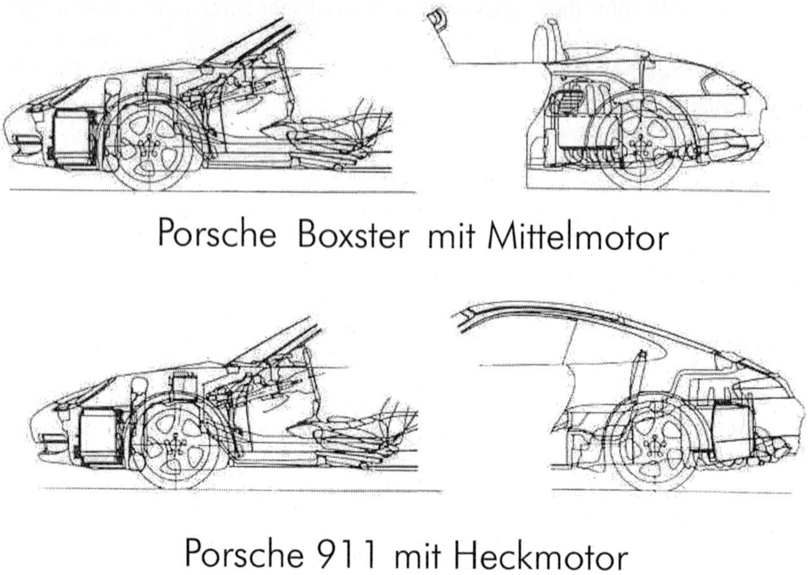

Bild 7.12-39. Zwei Fahrzeugkonzepte – Ein Vorderwagen

seitenteil. Die dabei entwickelte Tür lässt sich sowohl im Boxster, 911 Carrera Coupé und im 911 Carrera Cabrio einsetzen.

Weitere Beispiele für die Verwendung von Gleichteilen sind:

- Cockpit: Ein gemeinsames Basiscockpitmodul;
- Radaufhängung: Modularer Aufbau der Achsbaugruppen;
- Motor: Konzeptionell identische Motoren.

Bild 7.12-40. Eine Tür für 3 Autos

Die nahezu parallele Entwicklung der beiden Baureihen erfolgte unter konsequenter Einhaltung der Gleichteilstrategie. Dadurch wurden viele Synergieeffekte sichtbar. Die preisgünstige Boxster-Baureihe konnte in die Gewinnzone gebracht werden. Trotz der großen Konzeptunterschiede gelang es Porsche mit dieser Entwicklung 43 % des aller Teile als Gleichteile auszuführen und so erheblich Kosten zu senken.

7.12.6.10
Beispiel eines Baukasten / Baureihensystems für Traktoren

a) Stand der Technik

Landwirtschaftliche Traktoren sind ein gutes Beispiel für kostensensible Produkte, die in mittelgroßen Serien hergestellt und in fast allen Ländern der Welt für die Nahrungsmittelproduktion benötigt werden.

Da ca. 2/3 aller in Deutschland hergestellten Traktoren exportiert werden, führen die global sehr unterschiedlichen Anforderungen bei deutschen Herstellern zu hoher technischer Komplexität und zu einer großen Typen-/Variantenvielfalt, die aus dem Hauptkonzept, dem „Standardtraktor" hervorgegangen ist [Ren99].
Anforderungen an Traktoren sind auf Grund dessen bei Motorleistungen von etwa 10 bis 220 kW folgende:

- Zugkraft auf dem Acker / der Wiese liefern;
- Unterschiedlichste Geräte tragen und antreiben;
- Eignung für rasche Straßenfahrt (50 km/h);
- Automatisches Regeln und Steuern (CAN-Bus-Vernetzung der internen und externen Prozesse (ISO 11783), z. T. Drive by Wire und GPS-Positionierung [Ren02a]);
- Sicherheits-, Komfort-, Umweltschutz-Anforderungen.

Ansätze zum Variantenmanagement im Traktorenbau sind folgende: 1974 beschrieb Welschof erstmalig das Familienprinzip [Wel74]. Renius verfeinerte dies [Ren99] und schlug vor, die weltweit immer vielfältiger werdende Traktorentechnik in die Technologiestufen I bis V einzuteilen, die jeweils wieder sieben unterschiedliche Komponenten aufweisen **(Bild 7.12-41)**.
Jede Stufe hat dabei eine typische Leistungsbandbreite (klein, mittel, groß). Sie verschiebt sich von Technologiestufe I nach V zu höheren Werten. Weitere Unterschiede ergeben sich bei den sieben Traktorkomponenten: Fahrwerk, Dieselmotor, Getriebe, Zapfwelle(n), Hydraulik, Kabine und Elektronik. Die Technologiestufen sind typisch für das wirtschaftliche Niveau der entsprechenden Absatzmärkte: In Entwicklungsländern sind die Stufen I und II, in den Industrieländern die Stufen III, IV und V vertreten [Ren02b]. Dabei ist die **Kostenstruktur** bei den Technologiestufen IV und V ungefähr folgende: Getriebe und Hinterachse 30 %; Motor 17 %; Kabine 14 %; Elektrik 10 %.

Komponenten:	1						2					3					4			5				6			7		
	Leistung			Fahrwerk			Dieselmotor					Getriebe					Zapfwelle			Hydraulik				Kabine			Elektronik		
Technologiestufe	klein	mittel (ca. 40–80 kW)	groß	nur Hinterradantrieb	Allradantrieb opt.	Allradantrieb stand.	1 Zyl.	2 Zyl.	3 Zyl.	4 Zyl.	6 Zyl.	sehr einfach	einfach	Teillastschalt	Volllastschalt	stufenlos	540/min	540 und 1000/min	3 oder 4 Drehz.	Heck-Krafth. (KH)	Remote Control	Heck- u. Front-KH	Load Sensing	keine Kabine	USV / Einfachkabine	Komfortkabine	nicht vorhanden	etwas vorhanden	sehr bedeutend
I	X			X			X	X		X		X					X			X				X			X		
II	X	X			X			X	X	X	X		X					X		X	X			X	(X)		X	(X)	
III		X	(X)		(X)	X			X	X	X			X				(X)	X	X	X	X			X	(X)		X	(X)
IV		X	X			X			(X)	X	X			X	X				X	X	X	X	X			X			X
V		X	X			X				X	X					X			X	X	X	X	X			X			X

Bild 7.12-41. Baukastenprinzip bei Traktoren: Vorschlag der Einteilung der weltweit gefragten Traktorentechnik in 5 Technologiestufen an Hand der Hauptkomponenten

b) Begriffe zu einem Baukastenprinzip

Das Ziel eines kostengünstigen Traktorsystems muss es sein, mit einer möglichst geringen Teilevielfalt einen weiten Bereich von Traktormodellen abzudecken. Man unterscheidet zur Eingrenzung der Vielfalt folgende Begriffe:

- **Produktlinie** (bzw. das Produktprogramm eines Herstellers), die in hoch entwickelten Märkten aus mehreren **Familien** (z. B. vier) besteht. Diese setzt sich zusammen aus z. B. je 3 bis 5 **Typen**, wobei die Nennleistung als Hauptmerkmal eines Typs gilt [Ren99]. Dabei werden Sonderbauformen wie z. B. Weinbautraktoren oder Kommunaltraktoren ausgenommen.
- Unter einer **Familie** (im Traktorenbau auch als Baureihe bezeichnet) versteht man mehrere untereinander sehr ähnliche Typen mit vielen Gleichteilen und meistens einheitlichem Radstand. So zeigt **Bild 7.12-42** eine Familienstruktur, wie sie als typisches Ziel für eine „Traktoren-Produktlinie Europa 2002" gilt [Ren02b]. Die Familie 1 hat z. B. einen Radstand von 2150 mm, die Familie 2 von 2400 mm usw. Tatsächliche Bauprogramme weichen wegen der gewachsenen Strukturen immer etwas von derartigen Zielen ab.
- Ein **Typ** (oder Traktormodell) wird vor allem durch einen Motor mit einer bestimmten Nennleistung festgelegt. So umfasst z. B. die Familie 1 (mit 2150 mm Radstand) Typen mit 3-Zylinder-Motoren von 30 bis 55 kW.
- Innerhalb eines Typs gibt es noch **Varianten**. Diese entstehen z. B. durch spezielle Kundenwünsche, wie Allrad-Antrieb statt Hinterrad-Antrieb, verstellbare Spurweite, mit/ohne Fahrerkabine.

Traktorfamilie	1	2	3	4
Typischer Radstand [mm]	2150	2400	2750	2950
Motor-Nennleistung [kW]	30 - 55	60 - 90	90 - 125	135 - 210
Motor-Nenndrehzahl [min^{-1}]	2 100 - 2 500			
Dieselmotor	3 Zyl. Hubvol. ~ 3 l	4 Zyl. Hubvol. ~ 4 l	6 Zyl. Hubvol. ~ 6 l	6 Zyl. Hubvol. > 7 l
	Turbolader und Ladeluftkühler sehr verbreitet			
Umfang an Funktionen	mittel	sehr groß (Varianten!)		groß
Komfortniveau	mittel	hoch	sehr hoch	

Bild 7.12-42. Baukastenprinzip bei Traktoren: mehrere Produktfamilien bilden eine Produktlinie – Beispiel „Standardtraktoren Europa 2002“

c) Baukastenkennwert

Zur kostenmäßigen Bewertung wurde von Renius [Ren02b] ein teilebezogener Baukasten-Kennwert vorgeschlagen:

$$Baukastenkennwert = \frac{Zahl\ der\ lebenden\ Teile}{Zahl\ der\ produzierten\ Modelle} \leq Vorgabe$$

Dieser Kennwert sollte im Interesse günstiger Kosten möglichst klein ausfallen. Zielwerte für Traktoren sind nicht allgemein bekannt [Ren02a], denn sie hängen von firmenspezifischen Einflüssen ab. Es muss z. B. bei einem Hersteller definiert werden, was als Teil zählt (z. B. Eigenteile, zugekaufte Teile, herstellerspezifisch standardisierte Teile oder Baugruppen – aber nicht Normteile, wie Schrauben, Sicherungsringe usw. Mit dieser Strategie erhöht man die Stückzahl pro Teil, senkt die Herstellkosten, kann die Einkaufspreise drücken und verringert die Logistik- und Montagekosten. Damit sinken auch die Prozesskosten im Einkauf, in der Fertigung und im Service. Die Philosophie ähnelt der so genannten Plattformstrategie des Automobilbaus, ist aber im Traktorenbau zeitlich früher konsequent angewendet worden [Wel74].

d) Praktisches Vorgehen zur Teilezahlbegrenzung

Man versucht, die investitionsintensiven Bauteile bzw. Baugruppen, wie z. B. Großguss-, Blech- und Schmiedeteile, der Traktoren innerhalb einer Familie gleich zu lassen.

Einheitlich sind innerhalb der Familien vor allem: Motorkonzept, Grundabmessungen (bes. Radstand), Schaltgetriebebaukasten, Unterbau und Karosserie (Blechteile), Kabine, Leitungssysteme (Hydraulik, Kraftstoff, Luft, Klimaanlage, Elektrik, Elektronik usw.), Kraftstofftank. Im **Sinne des Baukastensystems** strebt man auch den Familien übergreifenden Einsatz von Komponenten an. Beispiele: Einheitliche Kabine. („Der Mensch ist immer der gleiche“), einheitliche Elektronik-Komponenten und Software, einheitliche Geräteschnittstellen – z. B. „Schnittstelle

Heck". Dieses Prinzip ist besonders stark zwischen benachbarten Familien ausgeprägt (aber wegen des Technologiesprunges kaum zwischen den Familien 1 und 2). Einige Firmen erweiterten die Familie 2 am oberen Ende durch den Einsatz von 6-Zylinder-Motoren. Sie durchbrachen das Schema von Bild 7.12-42, weil die Kunden weniger hoch ausgenutzte 6-Zylinder-Motoren gegenüber sehr hoch aufgeladenen 4-Zylinder-Motoren trotz höherer Kosten bevorzugten.

Ideal wäre es, mit einer einzigen Produktlinie entsprechend Bild 7.12-42 alle 5 oben genannten Technologiestufen abzudecken, um so den gesamten Weltmarkt aus einem einzigen Baukasten bedienen zu können. Das ist nach Erfahrung [Ren02b] leider wegen der erwähnten viel zu großen Spannweite der notwendigen Technik und der entsprechenden Erlösdifferenzen nicht möglich.

Erreichbar ist mit einer Produktfamilie bzw. Baureihe bei sehr guter Planung aber z. B. in den höher entwickelten Ländern eine Erfüllung der Technologiestufen III, IV und V.

Ein Beispiel dafür ist die in Deutschland entwickelte (und hauptsächlich hier produzierte) Baureihe 6000 von J. Deere, die der Familie 2 zuzuordnen ist mit allerdings zusätzlichen 6-Zylinder-Motoren. Im Jahre 2002 war sie in den Familienvarianten 6005 (III), 6010 (IV) und 6020 (IV, V) weltweit verfügbar [Ren02c]. **Bild 7.12-43** zeigt als Beispiel den Typ 6420.

Bild 7.12-43. Typischer Europäischer Mittelklasse-Standardtraktor im Jahr 2002 mit Varianten entsprechend den Technologiestufen III, IV und V, Bauart J. Deere

7.12.7 Zusammenfassung

In den vorangegangenen Abschnitten wurden einen Reihe von Möglichkeiten aufgezeigt, die Variantenvielfalt auf Produkt- und Teileebene und auch auf Prozessebene einzuschränken. Dabei kann man sich in der Praxis nicht auf eine einzige Maßnahme beschränken, sondern muss mit einem Bündel von Maßnahmen versuchen, die praktisch unendlich vielen verschiedenen Kundenwünsche mit einer möglichst geringen Variantenzahl zu bedienen. Die Ausführungen zeigen – teilweise – unterschiedliche Sichtweisen und Schwerpunkte, die noch einmal zusammengefasst werden sollen.

Bild 7.12-44 zeigt links wie ohne Variantenmanagement die individuellen Kundenwünsche neben den üblichen Standard- und Normteilen durch 100 % individuelle Module (Baugruppen, Teile usw.) verwirklicht werden. Rechts wird dargestellt wie durch verschiedene Standardisierungsansätze, die in den vorangegangenen Abschnitten aufgezeigt wurden, die Zahl der der vom Kunden frei wählbaren Ausführungen stark eingeschränkt werden kann.

Je nach Markt und Produkt kristallisieren sich unterschiedliche Kombinationen der Standardisierungsansätze heraus. Einige Beispiele (Zwei extrem verschiedene aus dem Automobilbau und zwei aus dem Maschinen- und Anlagenbau) sollen das charakterisieren:

- Ein **Rennwagen der Formel 1** wird sicherlich einige Norm- und Standardkaufteile enthalten, zu einem überwiegenden Teil aber aus individuell konstruierten und produzierten Teilen bestehen. Bei ihm steht die Forderung nach optimaler Leistungsfähigkeit gegenüber anderen Forderungen und möglichen Kosteneinsparungen durch Verwendung von Norm- oder standardisierten Teilen ganz klar im Vordergrund.

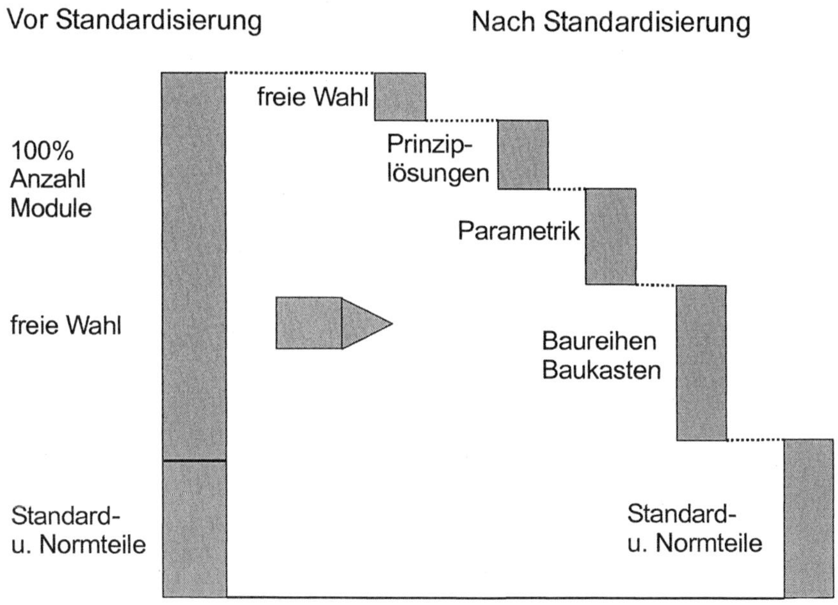

Bild 7.12-44. Bildung von Standardisierungsklassen

- Bei **Großserien Pkw** sollen dagegen möglichst viele Kundenwünsche mit geringen Kosten erfüllt werden. Er wird deshalb neben Kaufteilen zwar aus speziell entwickelten Teilen, die aber wegen der hohen Stückzahl praktisch „Normteile" sind, gefertigt. Sonderwünsche, die nicht katalogmäßig vorgesehen sind, werden nicht oder nur zu sehr hohen Kosten erfüllt. Großserienhersteller haben zur Erfüllung dieser Sonderwünsche eigene Tochterunternehmen gegründet.
- **Montageanlagen für mittlere Serien** (Kap. 12.6.8) sind zwar kundenindividuell aber aus Kosten-, Verfügbarkeits- und Zuverlässigkeitsgründen weitgehend aus Standards aufgebaut. Lediglich unumgängliche Anpassung- oder Schnittstellenteile sind spezifisch als parametrisierte oder Typ- oder Individualteile gelöst.
- Zwischen den andiskutierten Extremen liegen so genannte Typlösungen wie z. B. bestimmte **Zahnradgetriebe**. So werden schnell laufende Getriebe (Turbogetriebe) insgesamt kundenspezifisch ausgelegt um die Anforderung nach einer exakt vorgegebenen Übersetzung zu erreichen (Kap 7.12.6.7). Die Basis der kundenindividuellen Lösung bieten Typlösungen, die das Lösungsprinzip festgelegt haben, nicht aber die individuelle Auslegung.

Wie man anhand der wenigen andiskutierten Beispiele sieht, muss in jedem Einzelfall die Situation genau geprüft werden, um so die derzeit und zukünftig einigermaßen optimale Lösung zu finden. Wobei durch Marktverschiebungen, neue technische Möglichkeiten usw. einmal getroffene Entscheidungen immer wider zur Disposition gestellt werden müssen. Prinzipiell ist die Wiederverwendung von Produkten, Teilen und Prozessen durch die aufgezeigten Möglichkeiten anzustreben.

7.13 Ergebnisse eines Kosten-Benchmarking

7.13.1 Überblick und Vorgehen

Unter Benchmarking versteht man den Vergleich von Leistungsmerkmalen (Prozesse und Produkte) mit den weltweit Besten. Das können auch Mitbewerber sein. Ziel ist es, zu lernen bzw. rechtzeitig Maßnahmen einzuleiten, um besser zu werden als die Konkurrenz. Benchmarking-Projekte können partnerschaftlich und einvernehmlich oder aber auch einseitig und verdeckt durchgeführt werden [Cam94; Mer94; Pie95]. Häufig wird gesagt, dass dies auf dem Gebiet der Kosten nicht möglich sei. Es ist in der Tat nicht so leicht wie auf dem Gebiet des technischen Produktvergleichs, wo man auf gekaufte Konkurrenzprodukte zurückgreifen und diese nach allen relevanten technischen Eigenschaften untersuchen kann.[13] Bei den Kosten muss man die verursachenden Prozesse und die zugehörigen Einflussgrößen (Kostentreiber) analysieren. Die nötigen Informationen kann man aus internen und externen Quellen, z. B. auch von gemeinsamen Zulieferern und Kunden meist in überraschender Vielfalt sammeln (persönliche Auskünfte, Prospekte, Messen, Analysen, Veröffentlichungen). Sie werden geordnet, systematisiert und wie ein Puzzle zusammengesetzt. Anschließend werden wieder neue Daten erhoben. Benchmarking ist ein iterativer Prozess. Kreuz [Kre97] gibt sieben Schritte an, wie man vorgehen kann (**Bild 7.13-1**). Details werden hier nicht erläutert; dafür sei auf die genannte Literatur verwiesen.

Welche einschneidende – auch internationale – Wirkung Benchmarking haben kann, hat die MIT-Studie [Wom91] über die Situation der japanischen, US-amerikanischen und europäischen Automobilherstellung gezeigt. Unter dem Schlagwort „Lean-Production" ist auch in der deutschen Industrie ein Umdenkungsprozess eingeleitet worden, der sich auf die Triade Kosten, Zeiten, Qualität und damit auf die Gewinne der Unternehmen ausgewirkt hat und noch auswirkt. Ebenso hat McKinsey mehrere Benchmarking-Studien durchgeführt [Romm93; Klu94; Rom95]. So stellt die erstgenannte Studie unter dem Schlagwort „Einfachheit und Schwerpunktsetzung" die Strategien und Maßnahmen von erfolgreichen und weniger erfolgreichen Unternehmen einander gegenüber [Ehr02].

Im Folgenden wird nicht der Prozess des Benchmarking besprochen, sondern es werden Ergebnisse aus einem langfristigen Benchmarking dargestellt, das als Forschungsvorhaben durchgeführt wurde.

[13] Fallstudien zum Produktbenchmarking in [Sab97].

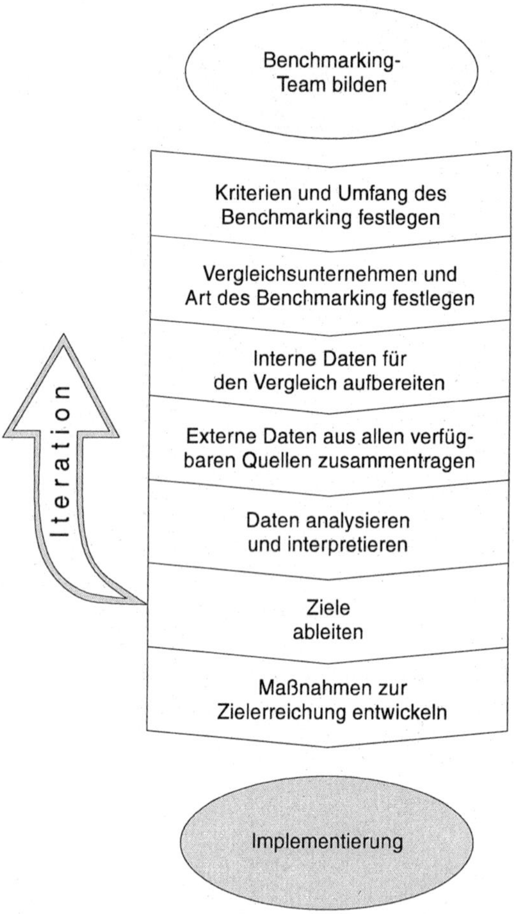

Bild 7.13-1. Benchmarking-Vorgehensweise [Kre97]

7.13.2
Kosten-Benchmarking in der Antriebstechnik

Im Zeitraum 1978 bis 1994 wurden von der Forschungsvereinigung Antriebstechnik FVA zusammen mit dem Lehrstuhl für Konstruktion im Maschinenbau der TU München in fünf Forschungsvorhaben unter Beteiligung von 8-15 Firmen stationäre ein- und zweistufige Zahnradgetriebe nach ihren Kosten analysiert [Bru93]. Es handelte sich also um ein stark objektbezogenes Benchmarking, das es aber notwendig machte, die dahinter stehenden Prozesse zu vergleichen. Hier sollen nur einige Ergebnisse als Beispiele wiedergegeben werden. Wie sich gezeigt hat, sind viele der erkannten Gesetzmäßigkeiten allgemein für den Maschinenbau gültig.

a) Zweck und Durchführung

Ein Zweck der Untersuchung war, die wesentlichen Einflussgrößen auf die Herstellkosten von Getrieben und deren Teile zu erkennen, um sie sowohl von der Konstruktion, als auch von der Fertigungstechnik her im günstigen Sinn verändern zu können.

Ein zweiter Zweck war die Bewertung der jeweils firmeneigenen Prozesse und Einrichtungen relativ zur direkten Konkurrenz. Damit konnten die eigenen Stärken und Schwächen sichtbar gemacht werden.

Im **Einzelnen wurde folgendes erarbeitet**:

- Eine Rangordnung der **Kosteneinflussgrößen** und die Abhängigkeit der Herstellkosten, insbesondere von Baugröße und Stückzahl (Kap. 7.6 u. 7.7, Bild 7.6-3, 7.7-1, 7.7-2);
- **Kostenstrukturen** der Getriebe bzw. ihrer Elemente und deren Abhängigkeit von Baugröße und Stückzahl (Kap. 7.7, Bild 7.7-3 bis Bild 7.7-5);
- **Regeln** und **Maßnahmen** zur Kostenverringerung;
- **Kurzkalkulationsverfahren** für die Herstellkosten, wobei der Bezug zu dem zu übertragenden Drehmoment anzustreben war [€/Nm].

Die **Durchführung** war bei allen fünf Vorhaben im Wesentlichen gleich:

- **Konzeption und Ausschreibung** des Vorhabens (z. B. Kostenanalyse von Stirnzahnrädern). Suche nach interessierten FVA-Mitgliedsfirmen.
- Gründung eines **Arbeitskreises** der beteiligten Unternehmen, der zu einem erheblichen Teil aus Verantwortlichen der Arbeitsvorbereitung bzw. der Wertanalyse bestand.
- Festlegung des **Untersuchungsumfangs**, d. h. der zu kalkulierenden Varianten (z. B. Stirnräder von 50-2 500 mm Durchmesser, gerad- und einfachschrägverzahnt, vergütet bzw. gehärtet aus z. B. zwei bis drei unterschiedlichen Werkstoffen). Es wurde Wert auf eine technisch klare und für alle verbindliche Vergleichsbasis gelegt. Die beteiligten Firmen mussten für alle Varianten Fertigungserfahrung haben.
- Ausarbeitung der **Zeichnungen** für die zu kalkulierenden Teile (Rohteil und Fertigteil), Vorgabe eines einheitlichen Kalkulationsformulars, das dem Arbeitsplan entspricht.
- Versand der Unterlagen an die Firmen. Diese Unterlagen wurden nach Erledigung **anonym** über die Verteilerstelle der FVA in Frankfurt dem Lehrstuhl zur Auswertung zugeleitet. Absolute Geheimhaltung war Voraussetzung für die Vorhaben. Sie wurde durch eine Verschlüsselung der Firmen erreicht (Code-Nr.).
- **Präsentation** der ausgewerteten Firmendaten vor den Mitgliedern des Arbeitskreises und **Vereinbarung weiterer Untersuchungen**. Es wurden z. B. die Rüst- und Einzelzeiten sowie die Werkzeugmaschinenarten mit ihren Platzkostensätzen für jeden einzelnen Arbeitsgang ausgewertet. Daraus konnten die Kosten errechnet werden. Die technischen Daten wurden nach vereinbarten Berechnungsverfahren eingebracht.

Die letzten drei Arbeitsschritte wurden zur Ausweitung des Untersuchungsumfangs bzw. zur Absicherung der Datenbasis mit verschiedenen Bauteilen mehrmals durchlaufen.

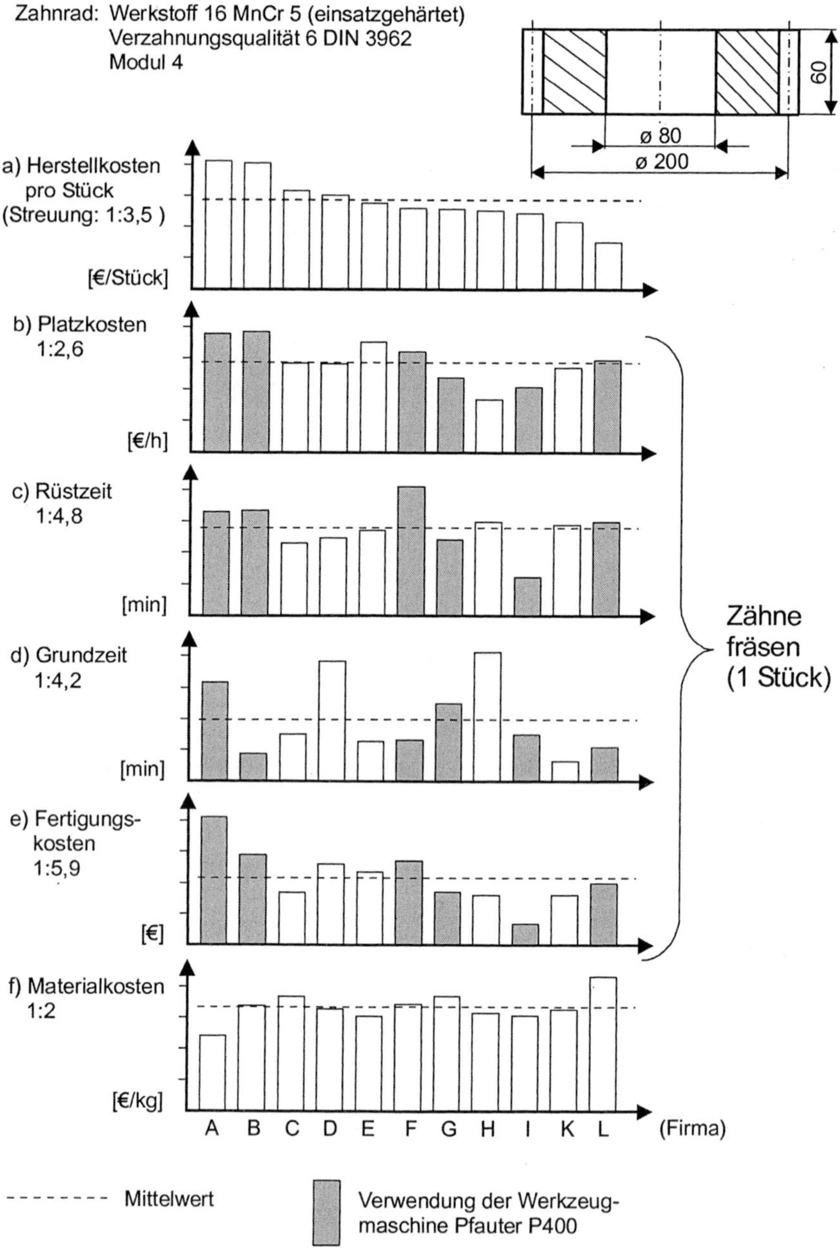

Bild 7.13-2. Von elf Firmen der Forschungsvereinigung Antriebstechnik (FVA) kalkuliertes Stirnrad (gleiche Zeichnung, gleicher Arbeitsplan, gleiches Kalkulationsformular; dunkel: gleiche Werkzeugmaschine Pfauter P400; A bis L verschlüsselte Firmen [Fis83])

b) Zwischenbetriebliche Streuung der Herstellkosten

Erstaunlich war die große Streuung der Herstellkosten von meist 1:2 bis 1:4 zwischen den teilnehmenden Firmen, obwohl technisch alles gleichwertig war.

Am Beispiel der Zahnräder ist dies in **Bild 7.13-2** gezeigt (s. hierzu auch Kap. 9.3.7.1 u. 9.3.7.2).

Die große Streubreite ist im Wesentlichen auf unterschiedliche Zeitvorgaben (z. B. Vorschübe, Rüstzeiten, Schnittgeschwindigkeiten) der Arbeitsvorbereitung zurückzuführen und nicht auf unterschiedliche Auslastung der Unternehmen, wie oft vermutet wird. Es gibt offenbar innerbetrieblich traditionell unterschiedliche Richtwerte für Zeitvorgaben – bei sonst technisch völlig gleichen Verhältnissen. Daraus kann man folgernde Schlüsse ziehen:

- In der Einzel- und Kleinserienfertigung bestehen rein fertigungstechnisch noch erhebliche Rationalisierungsreserven, die je nach Situation des Unternehmens ohne weiteres zwischen 20 und 30 % der Fertigungskosten ausmachen.
- Der Einkauf kann selbst bei Standardmaterialien noch mindestens 10 % – bei Schmiedestücken mehr – herausholen.
- Es gibt je nach Baugröße unterschiedlich teure Hersteller. Manche Firmen arbeiten bei kleinen Zahnrädern kostengünstig, bei größeren nicht und umgekehrt. Dies ergibt sich aus dem Zusammentreffen vieler Einflussfaktoren und erklärt oft charakteristische Stärken und Schwächen auf dem Markt. Diese **Größenabhängigkeit** der kalkulierten Herstellkosten von Stirnzahnrädern ist in **Bild 7.13-3** für vier beispielhafte Firmen im Verhältnis zum Mittelwert der Konkurrenten genauer dargestellt. Es gibt durchweg teure Firmen (B), ebenso Kostengünstige (M). Ferner gibt es Firmen, deren mittlere Kosten sich hinsichtlich der Teilegröße unterscheiden (A, I). Das kann für langfristige Verkaufsprogramm-Verschiebungen bedeutsam werden (Kap. 9.3.7.2).

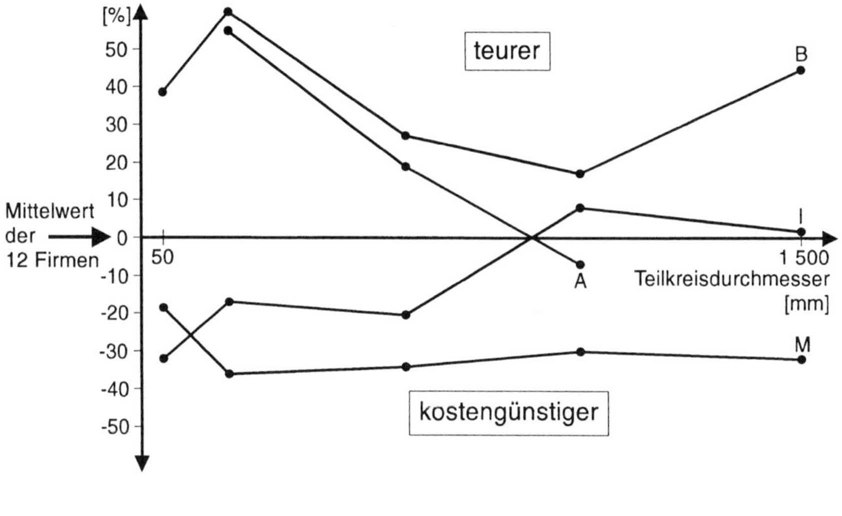

Bild 7.13-3. Kalkulierte Herstellkosten von Zahnrädern von vier ausgewählten Unternehmen A, B, I, M relativ zum Kalkulationsmittelwert aller zwölf Unternehmen [Fis83]

Trotzdem war es infolge der großen Zahl der teilnehmenden Unternehmen und der großen Streubreite der Einflussgrößen möglich, überbetrieblich gültige Erkenntnisse und Regeln zum kostengünstigen Konstruieren zu gewinnen (z. B. Kap. 7.7).

Einige Jahre später wurde obige Untersuchung über die Kosten von Zahnrädern wiederholt. Es zeigte sich, dass die Streuungen bei Fertigungszeit und Materialkosten zwischen den Betrieben eher noch größer waren.

Daraus kann man entnehmen, dass große Fertigungs- und Kostenunterschiede zwischen konkurrierenden Firmen eine stabile Situation darstellen. Natürlich kann es sein, dass einzelne Firmen kostengünstiger geworden sind; dafür haben sich andere verschlechtert. Diese großen Streuungen in Zeiten und Kosten bei technisch gleichen Bauteilen bzw. Prozessen traten bei allen Untersuchungen an Getriebekomponenten auf, wie sie nachfolgend in den Kap. 7.13.3 bis 7.13.7 beschrieben sind.

Inzwischen ist ein Vorhaben über den Prozesskosten-Vergleich durchgeführt worden [Gle97], wobei sich zeigte, dass auch bei den Gemeinkosten in den indirekten Bereichen ähnliche Streuungen auftreten, wie oben geschildert [Bro98].

7.13.3 Stirnzahnräder

Die untersuchten Einflussgrößen für die Kostenanalyse von Stirnzahnrädern sind aus **Bild 7.13-4** ersichtlich: Teilkreisdurchmesser 50-1 500 mm (in Einzelfällen bis 2 500 mm) mit Geradverzahnung und Schrägverzahnungswinkel 20° sowohl vergütet als auch einsatzgehärtet und gasnitriert [Fis83].

Folgende Erkenntnisse wurden erarbeitet:

- Die **Baugröße** (Raddurchmesser) ist eine Haupteinflussgröße auf die Herstellkosten (Kap. 7.6, Bild 7.6-3). Bei kleinen Zahnrädern ändert sich wenig, da Kostenanteile, die nur wenig größenabhängig sind, dominieren: Rüst- und Nebenzeitkosten. Bei großen Zahnrädern ändern sich die Herstellkosten fast mit der dritten Potenz der Abmessungen, da die Material- und Hauptzeitkostenanteile einschließlich der nach Gewicht abgerechneten Wärmebehandlungskosten die erwähnten Anteile verdrängen. Die Kosten pro übertragbarem Drehmoment fallen von kleinen Baugrößen zu großen auf einen fast konstanten Wert ab.
- Die **Stückzahl (Losgröße)** ist eine weitere Haupteinflussgröße auf die Herstellkosten. Infolge der hohen Rüstkostenanteile kleiner Zahnräder fallen die Herstellkosten mit steigender Losgröße schnell ab. Sie nähern sich der Kostenstruktur großer Zahnräder an, so dass dann deren Zusammenhänge und Regeln gültig werden (Kap. 7.5, s. a. Bild 7.7-1, 7.7-2, 7.7-5, 7.7-6).
- Das **Verhältnis Breite/Durchmesser** der Radsätze ist von geringer Bedeutung, wenn man Herstellkosten pro übertragbarem Drehmoment betrachtet (Kap. 7.6.2).
- Der **Modul** hat nur bei kleinen Zähnezahlen einen beachtlichen Einfluss auf die Kosten.
- Der **Schrägungswinkel** beeinflusst die Herstellkosten pro übertragbarem Drehmoment nur geringfügig. Schrägverzahnte Räder übertragen jedoch bei gleicher Sicherheit das Drehmoment kostengünstiger als geradverzahnte. Dabei

Einflussgröße	untersuchter Bereich	Einfluß auf *HK* bei Teilkreis-ø ø<200	ø≈ 500	ø>1m	Bemerkung	Bild bzw. Kap.
Baugröße Teilkreis-ø	d_1 = 50 bis 1 500 Stirnrad 16 MnCr 5	mittel	hoch	sehr hoch	φ_L = Längenmaßstab bei geom. ähnlicher Vergrößerung	7.6-3 7.7-5
Stückzahl (Losgröße)	1 bis 100 (je nach Größe)	hoch	mittel	gering		7.7-1 7.7-2 7.7-5
Übersetzung	i = 1,12 bis 6,3				bei i = 6 bestimmt Rad die *HK*	7.13-6
Breite/ Durchmesser	b/d_1 = = 0,3 bis 1,2	mittel/gering			vom Übersetzungs-verhältnis abhängig	Kap. 7.6.2
Radkörper-ausführung	Voll-/Schweißrad Gussrad			mittel/ hoch	Schweißrad: wichtig ist Verrechnungsart d. Wärmebeh.Kosten	-
Werkstoff und Wärmebeh.	einsatzgeh./ vergüt. gasnitriert	hoch	sehr hoch	sehr hoch	Kosteneinfluss bei gleichen Abmessungen: mittel bis gering	7.7-3 7.13-5 7.13-16
Verzahnungs-qualität	4 bis 8	mittel/ hoch	mittel	mittel/ gering	Verlauf sehr betriebsspezifisch	Kap. 7.11.6
Modul/ Zähnezahl	m = 2 bis 20 mm	mittel	gering	gering	bei Zähnezahl < 35: Einfluss mittel bis groß	-
Schrägungs-winkel	β = 0°; 20°	gering	mittel	gering	b. großen Verzahnungs-breiten mittel bis hoch	-
Sonstige Größen						
Modellkostenanteil (Holzmodelle)						7.13-11 7.13-12
Integral-/Differentialbauweise Ritzel						7.12-15
Kostenstrukturen: - nach Kostenarten - nach Fertigungsoperationen						7.7-3 7.7-4
Streuung Herstellkosten						7.13-2 7.13-3

Bild 7.13-4. Untersuchte Einflussgrößen bei der Kostenanalyse von Stirnrädern der FVA [Fis83] und Verweise auf weitere Bild- u. Kap.-Nr. in diesem Buch (Erläuterung: „Einfluss gering": kleiner als 10 %; „Einfluss mittel": 10-20 %; „Einfluss hoch": größer als 20 %)

sind eventuell notwendige Axiallager und deren Montageaufwand nicht berücksichtigt.

- Steigende **Verzahnungsqualität** ergibt vor allem bei kleinen Zahnrädern ansteigende Herstellkosten. Bei großen Zahnrädern ist der Einfluss geringer, insbesondere wegen der hohen massenabhängigen Kostenanteile. Hier gibt es stark betriebsspezifische Kostenunterschiede (Kap. 7.11.6).
- Der **Werkstoff** ist bei kleinen Zahnrädern von untergeordneter Bedeutung, sofern diese in kleinen Losen hergestellt werden. Dagegen ist bei großen Zahnrädern und bei hohen Losgrößen auf einen möglichst kostengünstigen Werkstoff mit hoher Tragfähigkeit zu achten. Die Wärmebehandlungskosten (Glü-

hen, Härten) verhalten sich genauso wie die Werkstoffkosten, da sie traditionell in €/kg abgerechnet werden. Beide Anteile kann man als „massenabhängige" Kosten zusammenfassen.

- Die **Wärmebehandlung** bzw. die **Härtung** ist gemeinsam mit dem dafür geeigneten Werkstoff von großer Bedeutung für die Kosten, weil sie die Baugröße unmittelbar beeinflussen. Wie Bild 7.13-5 zeigt, gehen bei Einsatzhärtung gegenüber vergüteten Zahnrädern die Herstellkosten pro übertragbarem Drehmoment auf rund 30 % zurück. Gasnitrierte Zahnräder sind dagegen weniger tragfähig und benötigen mit 42 CrMo 4 statt 16 MnCr 5 einen etwas teureren Werkstoff. Deshalb sinken hier die Kosten nur auf 45 % ab. Zu beachten ist, dass Einsatzhärtung umso günstiger wirkt, je größer das Drehmoment und damit die Baugröße ist.
- Die **Radkörperform** (Vollrad, geschweißter bzw. gegossener Radkörper) wird erst ab Teilkreisdurchmessern oberhalb 1 m bis 1,5 m (bei Einzelfertigung!) interessant. Bei hohen Anteilen masseabhängiger Kosten sind gegenüber Vollrädern geschweißte oder gegossene Ausführungen insbesondere bei Durchmessern von rund 2 m kostengünstiger (Konstruktionsvarianten Bild 7.13-17).
- Aus den **Herstellkostenstrukturen** (entweder nach Fertigungskosten aus Rüstzeiten, aus Einzelzeiten oder nach Materialkosten (Bild 7.7-3) oder auch nach Kosten für Fertigungsoperationen/Materialkosten unterteilt (Bild 7.7-4) kann man die wesentlichen Kostenschwerpunkte erkennen. Sie sind ein hervorragen-

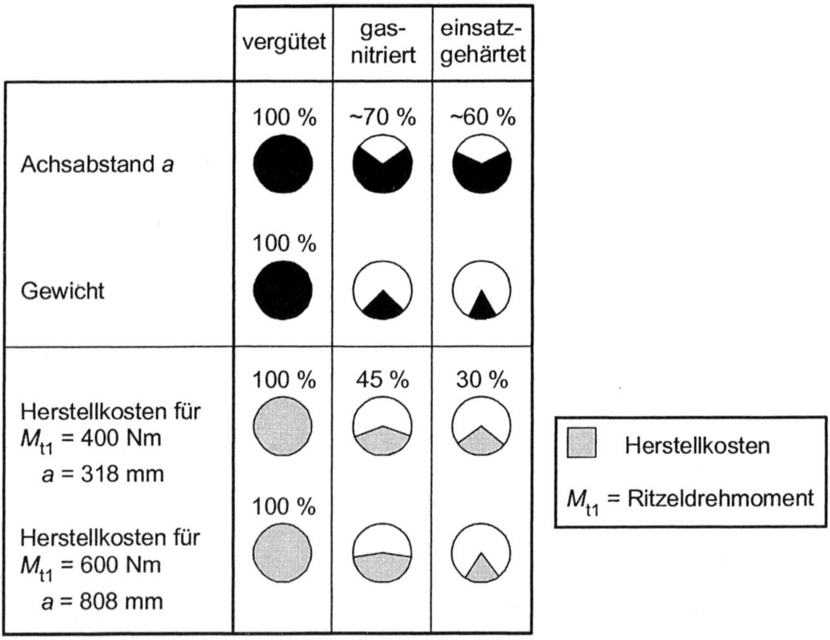

Bild 7.13-5. Vergleich der Herstellkosten von Stirnradsätzen mit gleicher Zahnflankensicherheit bei Übersetzung i = 3,55 (Werkstoffe: 42 CrMo 4 vergütet, 42 CrMo 4 gasnitriert, 16 MnCr 5 einsatzgehärtet, Losgröße 4, Tragfähigkeitsnachweis nach DIN 3990, [Fis83])

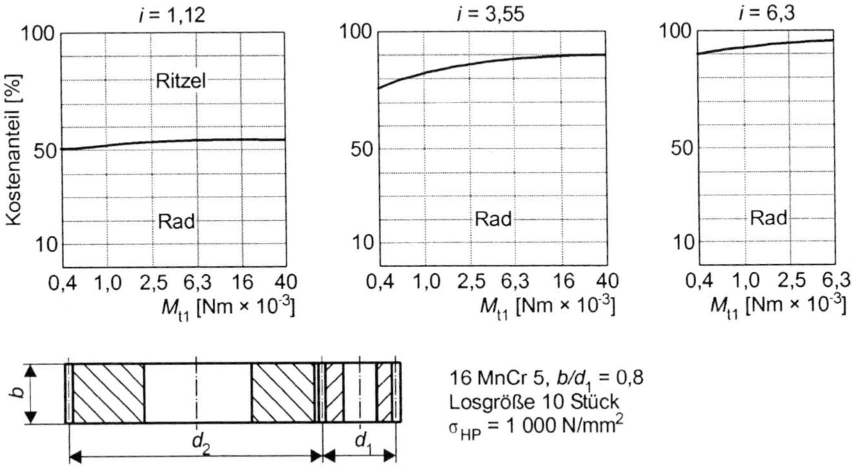

Bild 7.13-6. Kostenanteil von Rad und Ritzel an den Herstellkosten von Stirnradsätzen ($b/d1$ = 0,8, 16 MnCr 5, Losgröße 10, [Fis83])

des Hilfsmittel zum Konstruieren und ändern sich langfristig kaum. In **Bild 7.13-6** ist das Verhältnis der Kosten von Ritzel zu Rad dargestellt. Es ist klar, dass bei Übersetzung nahe 1:1 beide Zahnräder je 50 % Anteil an den Kosten des Radsatzes haben. Aber bereits bei $i = 3{,}55$ verursacht das Rad schon 80-90 % der Kosten, so dass man sich bezüglich der Kostenabschätzung für ein zu projektierendes Getriebe hauptsächlich auf das Rad konzentrieren kann.

7.13.4 Vergleich geschweißter und gegossener Getriebegehäuse

Es wurden geschweißte bzw. gegossene Getriebegehäuse für zweistufige Stirnradgetriebe entsprechend **Bild 7.13-7** hinsichtlich ihrer Herstellkosten analysiert [Haf87].

Das Bild zeigt auch eine gemittelte Kostenstruktur des gesamten Getriebes: Während der Radsatz (Räder und Wellen) rund 43 % der Herstellkosten eines Getriebes verursacht, hat das Gehäuse mit 36 % den zweitgrößten Kostenanteil. Die Kostenanalyse der Gehäuse lohnt sich also, insbesondere auch deshalb, weil beim Gehäuse eine wesentlich größere Gestaltungsfreiheit als bei den Zahnrädern und Wellen besteht. Wie die Gehäuse gestaltet wurden – entsprechend den Vorgaben der beteiligten Firmen, geht aus **Bild 7.13-8** (Schweißgehäuse) und **Bild 7.13-9** (Gussgehäuse) hervor. Daraus erkennt man auch die enormen Größenunterschiede (Gewicht 40 kg-7 300 kg). Eine Übersicht der Untersuchung zeigt **Bild 7.13-10**. Die Wahrscheinlichkeit ist hoch, dass die grundsätzlichen Kostenaussagen, die nachfolgend gemacht werden können, auch für andere Schweiß-/Gussgehäuse gültig sind.

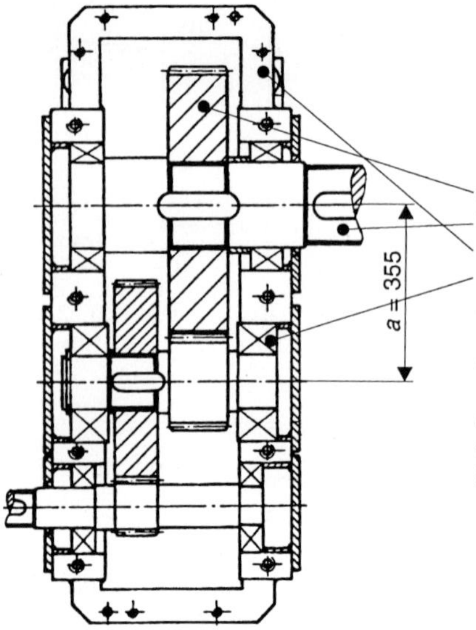

Herstellkostenstruktur:

Zahnräder	ca. 22 %	43 %
Wellen	ca. 21 %	
Gehäuse	ca. 36 %	
Lager	ca. 9 %	
Sonstiges	ca. 12 %	
Gesamtgetriebe	100 %	

(Welle-Nabe-Verbindungen ca. 5,5 % des Gesamtgetriebes; oben in Zahnrädern und Wellen enthalten)

Bild 7.13-7. Untersuchte zweistufige Stirnrad-Getriebe mit Achsabstand *a*, Kostenstruktur nach Bauteilen [Haf87]

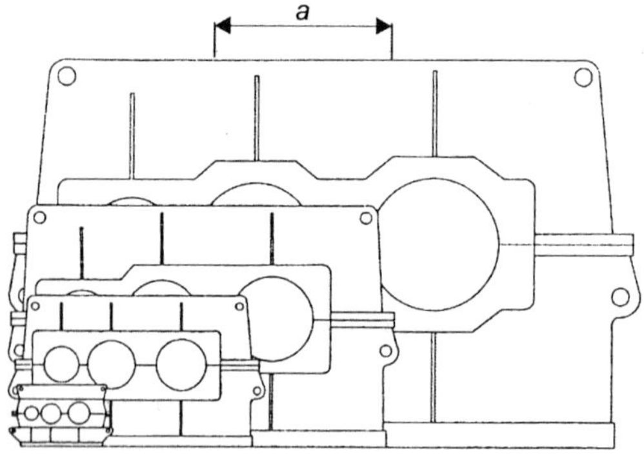

Achsabstand *a*	900mm	560 mm	355 mm	140 mm
Fertiggewicht	7 300 kg	1 900 kg	550 kg	40 kg

Bild 7.13-8. Schweißgehäuse-Baureihe [Haf87]

Die **Frage des Konstrukteurs** ist meist dreifach (Bild 7.11-2):

Welches Fertigungsverfahren – Schweißen oder Gießen – ist zweckmäßig?
Wenn diese Entscheidung getroffen ist: Wie gestaltet man das Gehäuse anforderungsgemäß, hier kostengünstig?
Welche Fertigungstiefe? (Gehäuse komplett vom Zulieferer oder nur das Rohgehäuse, dies vorbearbeitet oder alles im eigenen Haus?)

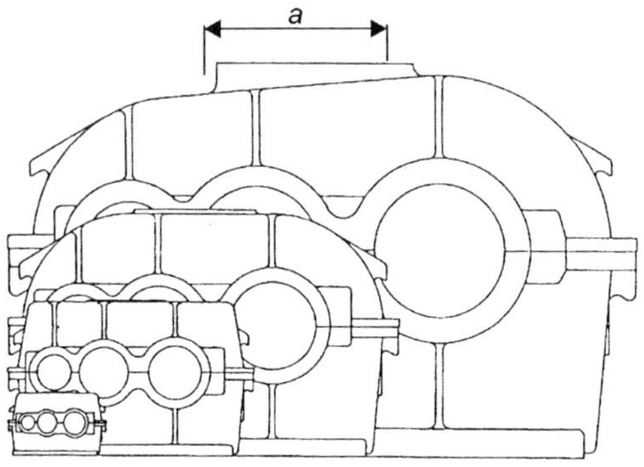

Bild 7.13-9. Gussgehäuse-Baureihe [Haf87]

Einflussgröße	untersuchter Bereich	Fertigungsart	Bild-Nr.
Baugröße	Achsabstand a = 140 ... 900 mm Fertiggewicht 40 ... 7 300 kg	Gießen Schweißen	7.13-11
Stückzahl (Losgröße)	1 ... 50	Gießen Schweißen	
Breite/Länge des Gehäuses	0,3 ... 0,56 (bei Gehäuse aus GG 25, a = 355 mm)	Gießen	7.13-14
Materialien	für Gießen: GG 25, GGG 40, GS 45, GAl Schweißen: St 37, St 52	–	
Gießverfahren	Sandguss handgeformt	–	
Modelle in verschiedenen Qualitäten	Holz (H1, H2, H3, S1, S2); Styropor	–	7.13-12
Schweißverfahren	Schutzgas-Schweißen E/MAG	–	
Gehäusebearbeitung	konventionelles Fräsen, Drehen, Bohren	Gießen Schweißen	
Sonstiges			
Kostenstrukturen Grenzstückzahlen		Gießen Schweißen	7.13-13 7.13-15 7.13-16
Art der Gestaltung		Gießen Schweißen	7.13-14 7.13-30

Bild 7.13-10. Einflussgrößen und untersuchter Bereich bei der Kostenanalyse der FVA: „Schweiß-/Gussgehäuse“ [Haf87]

Folgende **Erkenntnisse** wurden erarbeitet:

Die **Baugröße** (hier Achsabstand bzw. indirekt das Gewicht) ist wie bei den Zahnrädern (Kap. 7.13.3) eine Haupteinflussgröße auf die Herstellkosten. Das geht aus **Bild 7.13-11** hervor, das die Wachstumsgesetze für Kostenanteile von

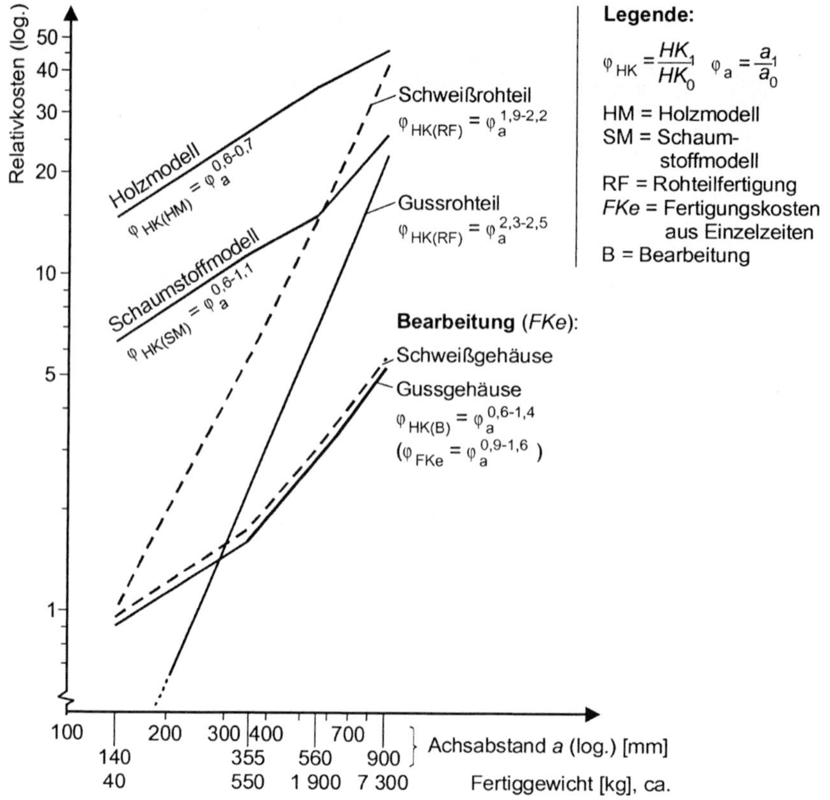

Bild 7.13-11. Kostenwachstumsgesetze (Mittelwerte) für Kostenanteile von Getriebegehäusen (Losgröße 1) bezogen auf den Achsabstand; φ_a = Stufensprung [Haf87]

Guss- und Schweißgehäusen in doppelt logarithmischer Auftragung zeigt. Die **Rohgehäusekosten** wachsen für beide Fertigungsarten meist mehr als quadratisch mit dem Achsabstand *a* (allgemein: den Abmessungen). Das heißt, ein doppelt so großes Gehäuse kostet meist mindestens das Vierfache. Die Kosten für **mechanische Bearbeitung** der Fuß- und Teilfugenflächen sowie der Lagerstellen (*FKe*: Fertigungskosten aus Einzelzeiten) wachsen etwa linear mit der Baugröße an, bei großen Abmessungen wegen des Wechsels auf größere, teurere Bearbeitungsmaschinen stärker. Die **Modellkosten** dagegen wachsen weniger steil, was dazu führt, dass die Modellkosten einen immer geringeren Anteil an den Herstellkosten aufweisen, je größer das Produkt ist.

Das ist auch am Beispiel der Zahnräder (Kap. 7.13.3) in **Bild 7.13-12** ersichtlich. Selbst für das Abgießen eines Stücks ($s = 1$) hat ein Zahnrad von 2 m Durchmesser nur noch ca. 7 % Modellkosten an den Herstellkosten, also die Hälfte gegenüber einem Rad mit 1 m Durchmesser. Im Bild ist auch der große Stückzahleinfluss beim Gießen zu erkennen: Bei zehn Abgüssen liegen die Modellkostenanteile an den Herstellkosten der Zahnräder mit 2 m Durchmesser nur noch bei ca. 0,5 %, sind also zu vernachlässigen. Natürlich ist ein Hauptgrund dafür die „Explosion“ der Materialkosten, die annähernd proportional zum Ge-

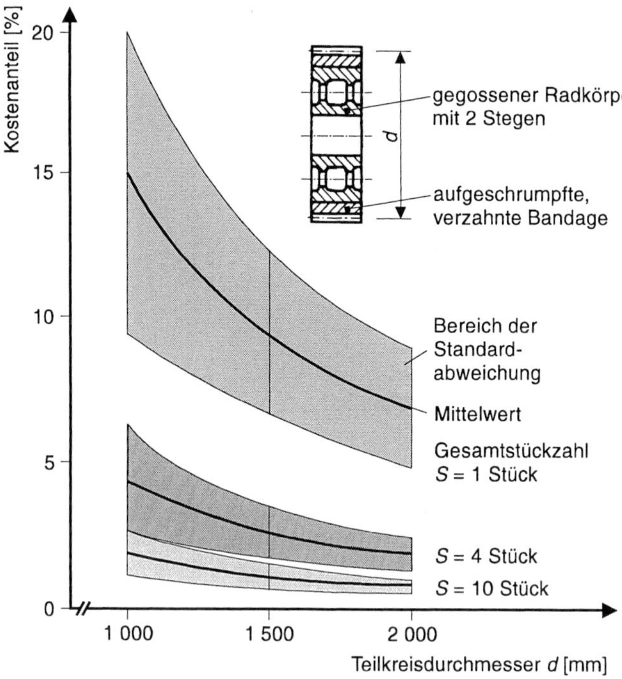

Bild 7.13-12. Anteil der Modellkosten für die Stirnradkörper an den Herstellkosten (S = Gesamtstückzahl) [Fis83]

wicht, also fast mit der dritten Potenz der Längenabmessungen wachsen. Das zeigt Bild 7.11-10 am Beispiel von Stahlgussteilen aller Art, die gegenüber GG meist zwei- bis dreifach höhere Materialpreise (pro Volumen oder Gewicht) haben. Auch aus Bild 7.13-16 ist der große Materialkosteneinfluss bei Schweißgehäusen ersichtlich.

Die **Stückzahl (Losgröße)** ist eine weitere Haupteinflussgröße auf die Herstellkosten, insbesondere beim Gießen, weil sich hier Einführungskosten „Vorleistungskosten" für die Modellerstellung direkt durch die produzierte Stückzahl dividieren. Dies schlägt am meisten beim Übergang von der Stückzahl eins zu Stückzahlen von zwei bis fünf durch (Bild 7.11-8). Im Gegensatz dazu hat die Stückzahl bei einem vorgegebenen Schweißverfahren (hier MAG-Schweißen von Hand) kaum einen Einfluss, allenfalls über den Trainiereffekt. Anders stellt sich die Situation dar, wenn mit Vorrichtungen geschweißt wird: Vorrichtungskosten sind „Vorleistungskosten" wie bei Modellen.

Deshalb sind die **„Grenzstückzahlen"**, d. h. die Stückzahlen, bei denen Gießen günstiger wird als Schweißen, von großer Bedeutung für die oben angeführte Frage des Konstrukteurs „Gießen oder Schweißen?". In **Bild 7.13-13** ist gezeigt, dass auch die Baugröße einen erheblichen Einfluss auf die Grenzstück-

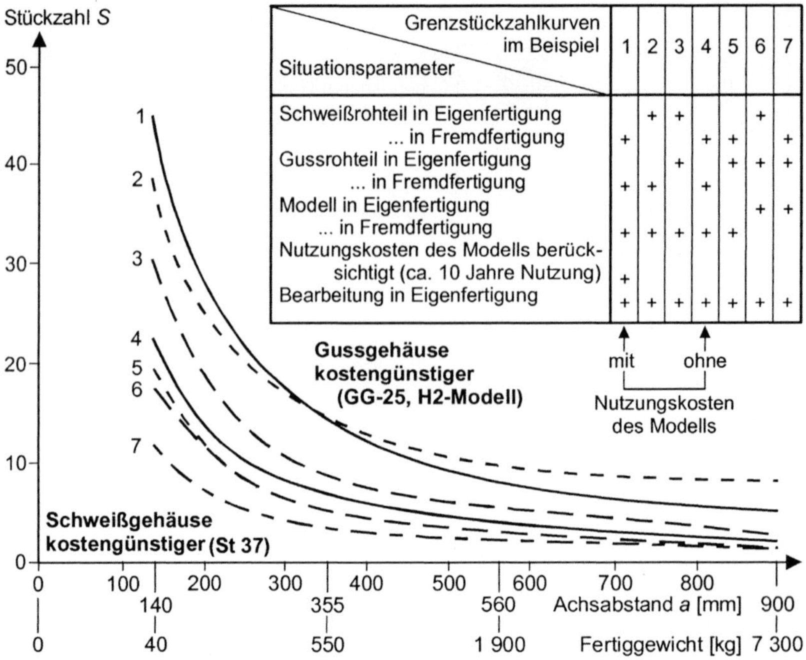

Bild 7.13-13. Grenzstückzahlen für Schweißen/Gießen bei jeweiliger Gehäuse-Einzelfertigung [Haf87]

zahl hat. Bei kleinen Getriebegehäusen kann das Gießen ab 10 bis 45 Stück wirtschaftlicher als das Schweißen sein, bei großen ist schon bei 2 bis 8 Stück der Umschlagpunkt erreicht. Auch hier gibt es wieder große firmenspezifische Streuungen! Diese Ergebnisse widersprechen der weit verbreiteten Regel, „unter drei bis fünf Stück wird geschweißt". Der Baugrößeneinfluss ist durch das geringe Kostenwachstum der Modelle zu erklären (Bild 7.13-11 und Bild 7.13-12). Aus dem Bild ist zu ersehen, dass die Grenzstückzahlkurve nach oben rutscht, wenn man die Nutzungskosten des Holzmodells (Lager- und Reparaturkosten) einrechnet. Außerdem sieht man die Verschiebungen, wenn Teile und Bearbeitungen in Eigen- oder Fremdfertigung durchgeführt werden. Das Bild zeigt, wie komplex die Entscheidung Schweißen oder Gießen allein schon auf Grund der Kosten ist (s. Kap. 7.11.1c).

Der Einfluss des **Breite-Längen-Verhältnisses** *b*/*l* eines Getriebegehäuses ist insofern von Interesse, als aus der Untersuchung Breite/Durchmesser von Zahnrädern keine Entscheidung darüber abgeleitet werden kann, ob man lieber lange schlanke oder eher kompakte, kubische Getriebe bauen soll (Kap. 7.6.2a). Nun geht aber aus **Bild 7.13-14** eindeutig hervor, dass gedrungene Gehäuse um 13 % geringere Herstellkosten haben als lange, flache. Die gleiche Tendenz gilt auch für Schweißgehäuse. Wahrscheinlich ist dies als Regel auch für andere Gehäusearten gültig. Im Getriebebau ist schon lange bekannt, dass eine Verringerung des Achsabstands Kosten senkt (Bild 7.6-1). Man muss allerdings das Breiten-

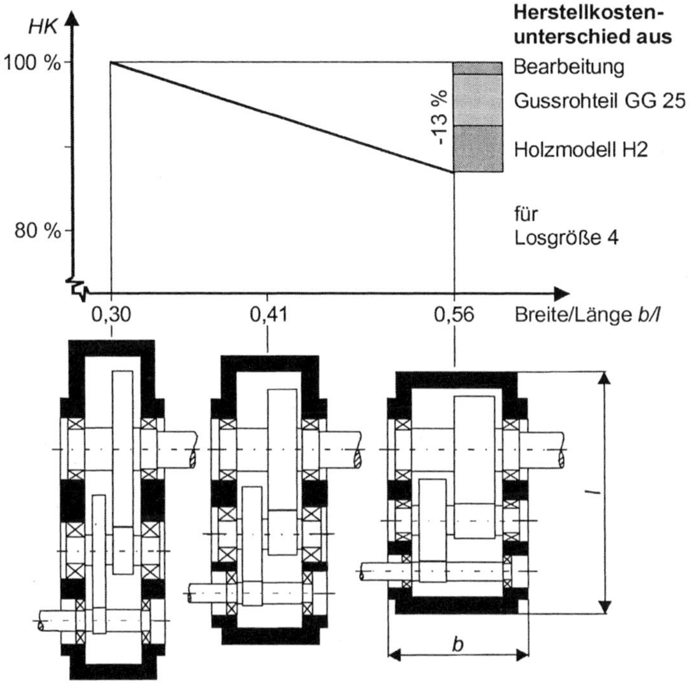

Bild 7.13-14. Einfluss des Breite-Längen-Verhältnisses auf die Herstellkosten von Gussgehäusen unter Angabe der verursachenden Kostenanteile [Haf87]

tragen der Zahnräder, die Wellendurchbiegung und den Platzbedarf der Wälzlager berücksichtigen.

Bei der **Senkung von Rohteil-, Bearbeitungs- und Modellkosten** sind die Schwerpunkte innerhalb der Kostenstrukturen stark von Baugröße und Stückzahl abhängig, wie **Bild 7.13-15** für Guss- und Schweißgehäuse zeigt.

- Die **Rohteilkosten** schieben sich bei allen Gehäusekonstruktionen mit steigender Baugröße in den Vordergrund. Dementsprechend ist auf geringe Materialkosten zu achten, die darin enthalten sind (Rohteilrelativkosten GG 25 : GGG 40 : GS 45 : GAl 2 = 1:1,5:2,5:1,3. Aluminium-Guss GAl ist also relativ kostengünstig! [Haf87]). Man sollte somit lieber dünnere Wandstärken, dafür aber Rippen verwenden. Bei Schweißgehäusen gilt: wenige Teile, geringe Schweißnahtlängen, wenig Verschnitt (s. a. Kap. 7.11.5.2).
- Die **Bearbeitungskosten** sind wichtig bei kleinen Schweiß- und Gussgehäusen hoher Stückzahl. Man wird also auf kleine, wenige und günstig angeordnete Bearbeitungsflächen Wert legen.
- Die **Modellkosten** sind bei kleinen Gussgehäusen geringer Stückzahl dominierend. Modelle sind kostengünstig, wenn sie aus wenigen einfachen Grundkörpern aufgebaut sind und wenige Teilungen, Kerne und Steckteile haben (Bild 7.11-11a).

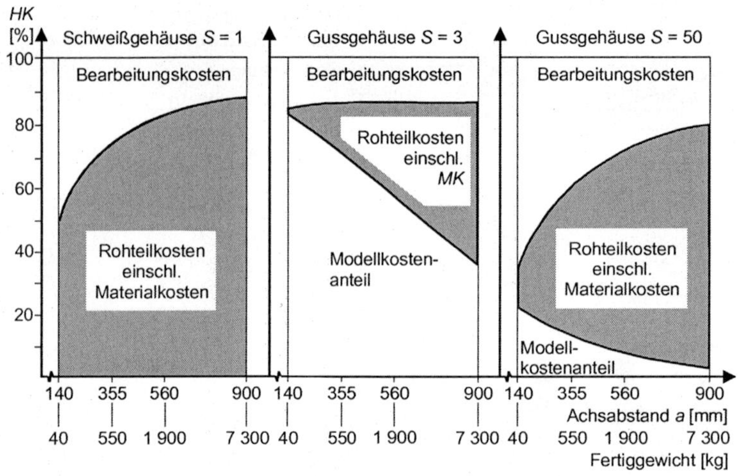

Bild 7.13-15. Herstellkostenstrukturen von geschweißten bzw. gegossenen Getriebegehäusen in Abhängigkeit von Baugröße und Stückzahl *S* (gesamte herzustellende Stückzahl) [Haf87]

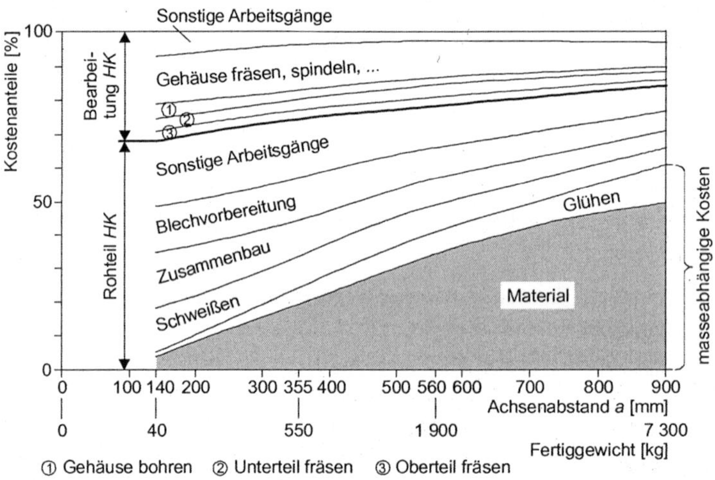

Bild 7.13-16. Kostenstruktur für Schweißgehäuse bei Rohteileigenfertigung und eigener Bearbeitung (Losgröße 4) [Haf87]

Wie die Kosten der einzelnen Fertigungsvorgänge bei Schweißgehäusen durch die mit der Baugröße anwachsenden Materialkosten relativ verdrängt werden, zeigt **Bild 7.13-16**. Es ist auch zu sehen, dass das eigentliche Schweißen nur einen geringen Anteil an den gesamten Herstellkosten hat (s. a. Bild 10.2-2).

7.13.5 Wärmebehandlung und Härteverfahren

Im Getriebebau werden Wärmebehandlungen von Bauteilen zum Entspannen und Normalisieren und als Härteverfahren vornehmlich Einsatzhärten und Gasnitrieren eingesetzt [Bru94].

Die Kosten dafür können bis zu 20-30 % der Herstellkosten – insbesondere bei großen Bauteilen (z. B. Zahnrädern) – betragen. Sie werden nämlich in der Praxis meist proportional zum Gewicht des Bauteils verrechnet. Dabei wird der Verrechnungssatz (€/kg) häufig mit steigendem Gewicht stufenweise verringert, wie aus **Bild 7.13-17** unten hervorgeht.

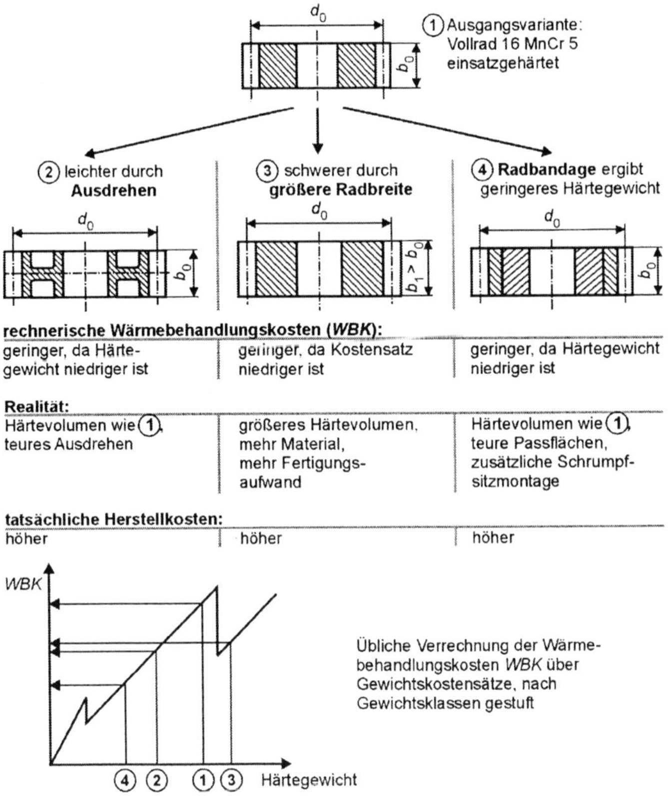

Bild 7.13-17. Fehlentscheidung bei der Radkörperkonstruktion von Zahnrädern aufgrund nicht verursachungsgerechter Kalkulation [Bru94] (s. a. Bild 8.4-8)

Ein kostenbewusster Konstrukteur wird entsprechend dieser Kostenrechnung versuchen, seine Bauteile kostengünstig zu gestalten. Dies ist im Bild am Beispiel eines ca. 1,5 m großen, einsatzgehärteten Stirnzahnrades gezeigt. Entsprechend der Erkenntnis, dass für das Ausgangszahnrad ① geringere Wärmebehandlungskosten verrechnet werden, wenn es leichter ist, entschied der Konstrukteur, das Rad von 4 050 kg um ca. 1 600 kg durch Ausdrehen zu erleichtern, wodurch im Fall ② eine rechnerische Verringerung der Herstellkosten um 8 % entstand. In Wirklichkeit waren die Härtekosten praktisch gleich wie vorher bei 1, denn die maßgebende Einflussgröße für die Härtekosten sind die Ofengröße und die Verweilzeit. Durch die Ausdrehkosten wurden die Herstellkosten sogar um 3 % erhöht, wenn man gleiche Härtekosten voraussetzt. – In ähnlicher Weise hätte der Konstrukteur auch die Fälle ③ (geringfügige Verbreiterung, um in den „Genuss" des Stufensprungs zu kommen) und ④ realisieren können (die verzahnte Radbandage hat ein geringeres Härtegewicht als das gesamte Zahnrad).

Man sieht: **Nur eine verursachungsgerechte Kostenrechnung kann eine wirkliche Hilfe für das kostengünstige Konstruieren sein** (Das gilt im übrigen ebenso für das Nicht-Honorieren konstruktiver Standardisierung, da die Gemeinkosten den Herstellkosten nicht verursachungsgerecht zugerechnet werden; s. Kap. 7.12.4.1 u. Variantenmanagement Kap. 7.12, ferner Kap. 8.4.3, Bild 8.4-8).

Allgemein zur Erläuterung einer eher verursachungsgerechteren Verrechnung der Wärmebehandlungskosten kurz nur soviel: **Härtereikosten** sind zu 70 % fixe Kosten, die wenig mit dem Gewicht des zu härtenden Bauteils zu tun haben. Sie enthalten Personalkosten, Instandhaltungskosten, Abschreibungen für die Öfen usw. Nur 5-10 % der Kosten haben etwas mit dem Bauteilgewicht zu tun, auf das sich ja die übliche Gewichtskostenkalkulation stützt (Hilfsstoffkosten, zusätzliche Energiekosten). Für einen Härtereileiter kommt es deshalb darauf an, für die vorhandenen Einrichtungen einen möglichst hohen Durchsatz an zu behandelnden Teilen zu erzielen. Dann werden die Kosten pro behandeltem Teil gering. Für ihn ist also der Ofenauslastungsgrad maßgebend und deshalb eigentlich die dazugehörige neuentwickelte Ofenstundensatzrechnung [Bru94]. Es ist somit wichtig, ähnlich wie für die Fertigung, die Zeit und nicht das Gewicht als primäre Kosteneinflussgröße (Bezugsgröße, s. Bild 8.4-10) zu verwenden [Som92].

Für den Konstrukteur ergeben sich folgende Regeln:

➔ Wenn die **Wärmebehandlung/Härtung im eigenen Haus** stattfindet, ist die Gewichtskostenrechnung skeptisch zu betrachten. Bevor „verteuernde" Maßnahmen, wie oben geschildert, vorgenommen werden, Rücksprache mit dem Härtereileiter, dem Controlling.

➔ Wenn die **Wärmebehandlung/Härtung außer Haus**, bei Zulieferanten eingekauft wird, entsprechend der (wahrscheinlichen) Kostenrechnung des Lieferanten konstruieren (s. analoge Fälle bei der Vergabe von Guss- und Schweißteilen an Lieferanten: Kap. 7.11.2.2b). Tendenz also zu geringem Gewicht, sofern die Gewichtskostenrechnung dominiert. Eigene Zusatzkosten berücksichtigen! (S. o. im Bsp.: Kosten fürs Ausdrehen!)

➔ Bei der Entscheidung über alternative Härteverfahren sind immer die **Kosten für die ganze Prozesskette** zu vergleichen (z. B. Kosten für Werkstoff, Vorbehandlung, Härten, Nacharbeit, wie z. B. Schleifen)! Ferner technische Belastungswerte, wie z. B. übertragbares Drehmoment, berücksichtigen!

7.13.6 Welle-Nabe-Verbindungen

Wie aus **Bild 7.13-18** zu erkennen ist, wurden acht unterschiedliche Welle-Nabe-Verbindungen mit Fügedurchmessern von 20-500 mm und Losgrößen von 1-100 Stück analysiert [Kit90; Ehr91]. Wie schon bei Kap. 7.13.2b angesprochen, waren auch hier bei den neun teilnehmenden Unternehmen umso größere **Herstellkosten-Streuungen** (als Vollkosten gerechnet) aufgetreten, je kleiner die Baugrößen waren. Beispielsweise streuten die Fertigungskosten für den Arbeitsgang „Nabe innen verzahnen" (wälzstoßen oder innen räumen) bei einer Zahnwellenverbindung DIN 5480 mit 20 mm wie 1:8, die Platzkostensätze wie 1:3, aber die Einzelzeiten wie 1:29 (!), die Rüstzeiten wie 1:5. Bei Fügedurchmessern von 500 mm waren die Fertigungskostenstreuungen nur noch ca. 1:2. Auch hier liegen die Hauptursachen in den Zeitvorgaben für Haupt- und Nebenzeiten und in den Rüstzeiten. Die Ergebnisse sind aber trotzdem weitgehend abgesichert. Die hier erfassten Kosten enthalten die Kosten für die Bearbeitung (Welle, Nabe), für Zu-

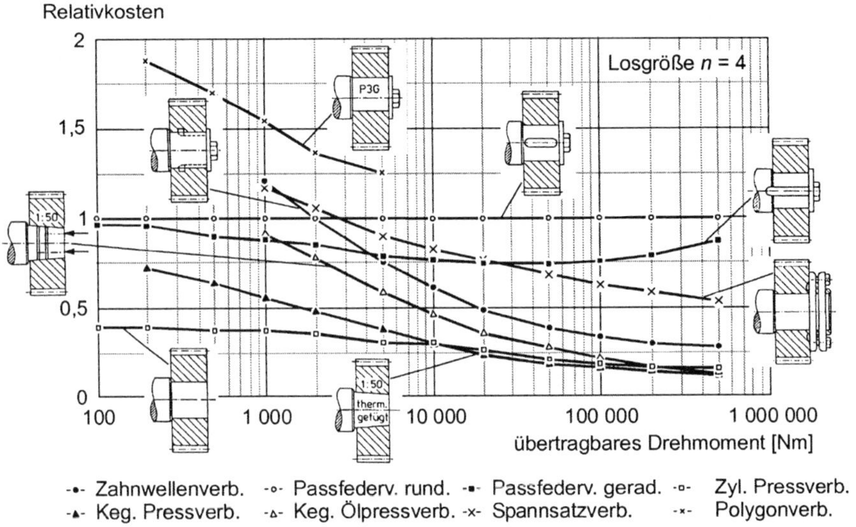

Bild 7.13-18. Relativkosten von Welle-Nabe-Verbindungen abhängig vom Drehmoment, runde Passfederverbindung zu 1 gesetzt, Breite/Durchmesser = 1. Die Relativkosten umfassen Herstellkosten für die Bearbeitung (Welle, Nabe), ferner die Kosten für Zusatzteile und für das Fügen [Kit90]

satzteile und Fügen. Im Übrigen sind auch die Streuungen der technischen Daten erheblich (z. B. 1:4 bei den errechneten übertragbaren Drehmomenten (s. Bild 7.13-22, [Kit90])).

a) Folgende Erkenntnisse wurden erarbeitet:

Die **Art der Welle-Nabe-Verbindung** hat neben der Baugröße (hier nicht besprochen!) einen erheblichen Einfluss auf die Herstellkosten, wie Bild 7.13-18 zeigt. Das zeigt die Bedeutung des Hauptkosteneinflusses Konzept oder Funktionsprinzip (s. Kap. 7.3). Erstaunlicherweise werden nach Firmenumfragen ca. 60 % aller WNV als Passfederverbindungen ausgeführt, obwohl sie bei gleichem Drehmoment doppelte bis achtfache Herstellkosten wie zylindrische oder kegelige Pressverbindungen verursachen. Im Bild sind abgerundete Passfederverbindungen zu 1 gesetzt (pro Verbindung **eine** Passfeder!) (DIN 6885A). Man sieht, dass die meisten WNV relativ zu dieser umso kostengünstiger werden, je höher das zu übertragende Drehmoment ist. Natürlich sind Passfederverbindungen leichter zu demontieren, aber es war den Firmenvertretern klar, dass dies nur in wenigen Fällen der wesentliche Grund für die Wahl von Passfedern ist. Es scheint alte Ingenieurtradition zu sein, formschlüssige Verbindungen zu bevorzugen („Da sieht man die Funktion!"). Der kegelige Ölpressverband ist eine kostengünstige Alternative, wenn eine Demontierbarkeit gefordert ist. Allerdings ist eine Vorrichtung dafür nötig.

- ➔ Reibschlüssige **Pressverbindungen** bevorzugen, wenn Montage-/Demontagebedingungen es zulassen. Passfederverbindungen vermeiden.
- ➔ Die tragende Passfederlänge groß wählen.
- ➔ Geradstirnige **Passfedern** sind günstiger als rundstirnige.
- ➔ Passfederlängen mit mehr als 1,5mal Fügedurchmesser bringen kaum höheres übertragbares Drehmoment.

Während bisher das übertragbare Drehmoment als Vergleichskriterium für die Kosten verwendet wurde, gibt **Bild 7.13-19** an, wie sich die Welle-Nabe-Verbindungs-Kosten relativ zu einer Passfederverbindung (DIN 6885A gleich 1 gesetzt) verhalten, wenn der **Fügedurchmesser vorgegeben** ist. Auch hier ist der zylindrische Pressverband meist nur halb so teuer.

Die Welle-Nabe-Verbindungs-Kosten bei **Flanschwellen** sind in **Bild 7.13-20** angegeben. Alternativen sind hier grundsätzlich die einteilige Flanschwelle (Integralbauweise, „aus dem Vollen", „angeschmiedet") und die zweiteilige Welle (Differentialbauweise; mit Passfeder-Verbindung, auch angeschweißter Flansch).

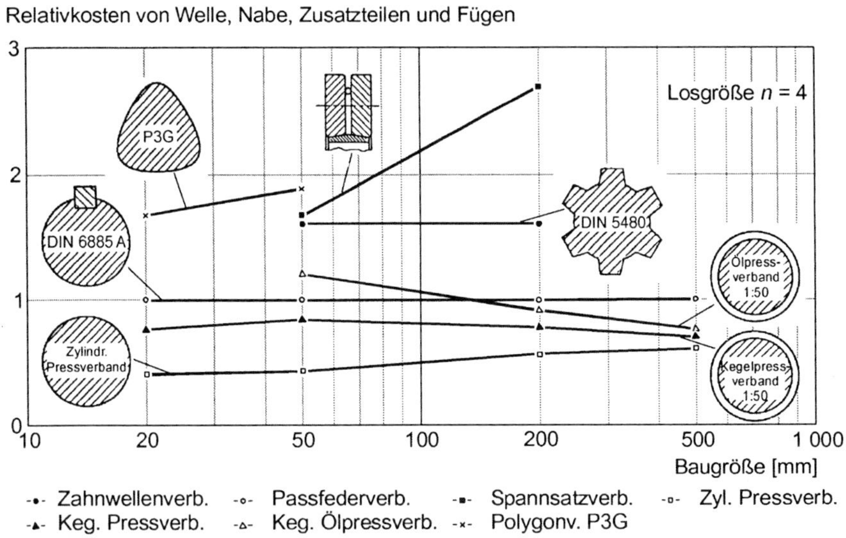

Bild 7.13-19. Relativkosten von Welle-Nabe-Verbindungen im Verhältnis zur Passfederverbindung (DIN 6885A) (zu 1 gesetzt) [Kit90]

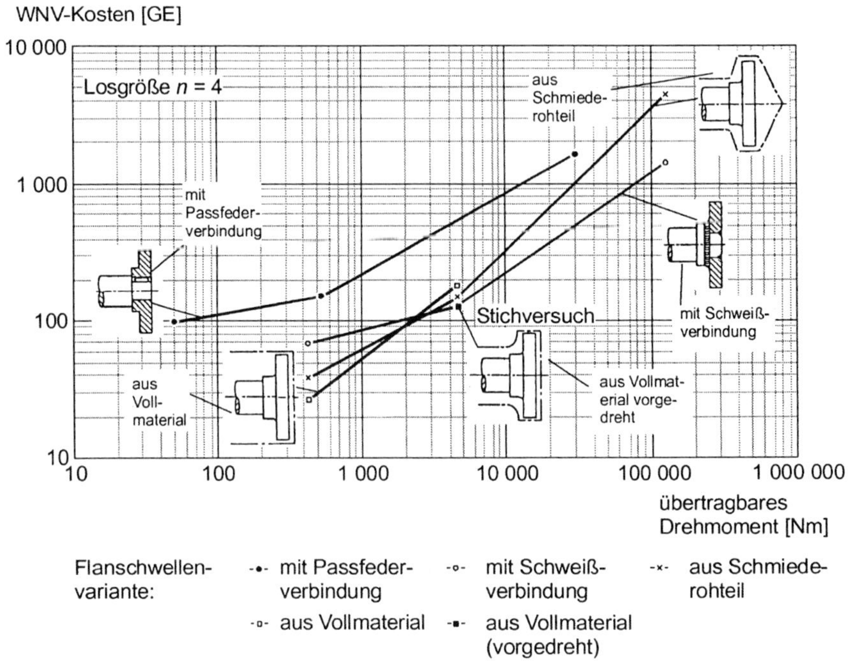

Bild 7.13-20. Welle-Nabe-Verbindungs-Kosten von Flanschwellenvarianten in Abhängigkeit vom übertragbaren Drehmoment [Kit90]

Passfederverbindungen sind auch hier durchweg teuer. Bei kleineren Drehmomenten sind Flanschwellen „aus dem Vollen“ günstig, bei großen angeschweißte Flansche. (Dabei betrug die Länge der Welle 5,5mal der eines Ersatzfügedurchmessers einer vergleichbaren zweiteiligen Variante bzw. ca. 1,7mal der eines Flanschaußendurchmessers.)

> ➔ **Flanschwellen kleiner 40 mm** Ersatzfügedurchmesser in Integralbauweise („aus dem Vollen“) ausführen (s. a. Bild 7.12-15).
>
> ➔ **Flanschwellen größer 50 mm** Ersatzfügedurchmesser als Schweißkonstruktion ausführen.

Da die **Auswahl von Welle-Nabe-Verbindungen** sich nicht nur an den Kosten orientiert, sondern auch z. B. an der Demontierbarkeit und an der Selbstzentrierung, werden in **Bild 7.13-21** für sechs Welle-Nabe-Verbindungen **Bewertungsprofile** dargestellt, die weitere fünf Kriterien enthalten. Je größer sich das innere weiße Feld darstellt, umso günstiger sind die Welle-Nabe-Verbindungen (Der Montageaufwand ist hier nochmals getrennt aufgeführt, obwohl er auch bereits in den Welle-Nabe-Verbindungs-Kosten enthalten ist).

In Bild 9.3-3 ist gezeigt, wie man **Kurzkalkulationen** zur Auswahl von Welle-Nabe-Verbindungen verwenden kann.

Fügedurchmesser 50 mm Fügelänge 50 mm Fertigungslosgröße $n = 4$

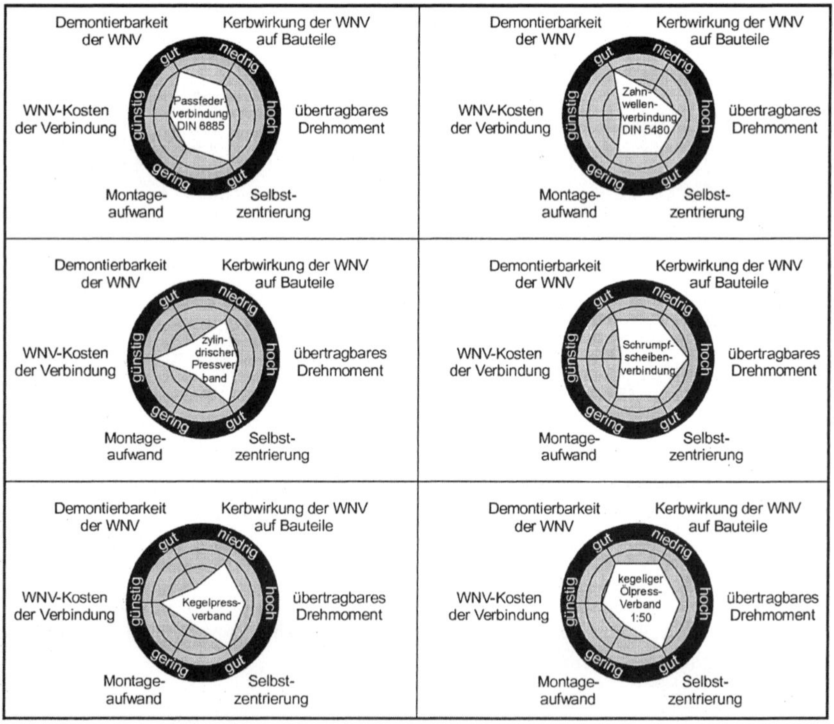

Bild 7.13-21. Bewertungsprofile für Welle-Nabe-Verbindungen [Kit90]

b) Zwischenbetrieblicher Vergleich von Auslegungsrechnungen

Um beurteilen zu können, wie sehr die Baugröße und damit auch die Kosten von Welle-Nabe-Verbindungen bereits durch die technische Auslegung bedingt sind, wurde eine Firmenbefragung hinsichtlich der übertragbaren Drehmomente von Passfedern (**Bild 7.13-22**) und von zylindrischen Pressverbindungen durchgeführt.

Das Ergebnis hat Aufsehen erregt. Es kam nämlich heraus, dass die **Streuungen der technischen Auslegung** von sechs bzw. sieben Unternehmen in fast gleicher Größenordnung liegen wie die Streuung der abgefragten Fertigungszeiten und -kosten. Und dies, obwohl die technischen Daten (Belastungsfall, technische Zeichnung, Werkstoff, Wärmebehandlung), die den Firmen zur Berechnung vorlagen, völlig gleich waren. Die Kostenstreuungen haben also ihre Basis in konstruktiven und fertigungstechnischen Streuungen. Und dies trotz den allgemein zugänglichen technischen Forschungsergebnissen [Kol84]!

Bei **Passfederverbindungen** (Bild 7.13-22) streuen die übertragbaren Drehmomente wie 1:4, die zulässigen Pressungen an der Passfeder wie 1:3,5. Innerbetrieblich ergeben sich ähnliche Streuungen, wenn verschiedene Bearbeiter dieselben Berechnungen durchführen. Bei **Pressverbänden** ist die Streuung mit fast 1:10 noch größer [Kit90].

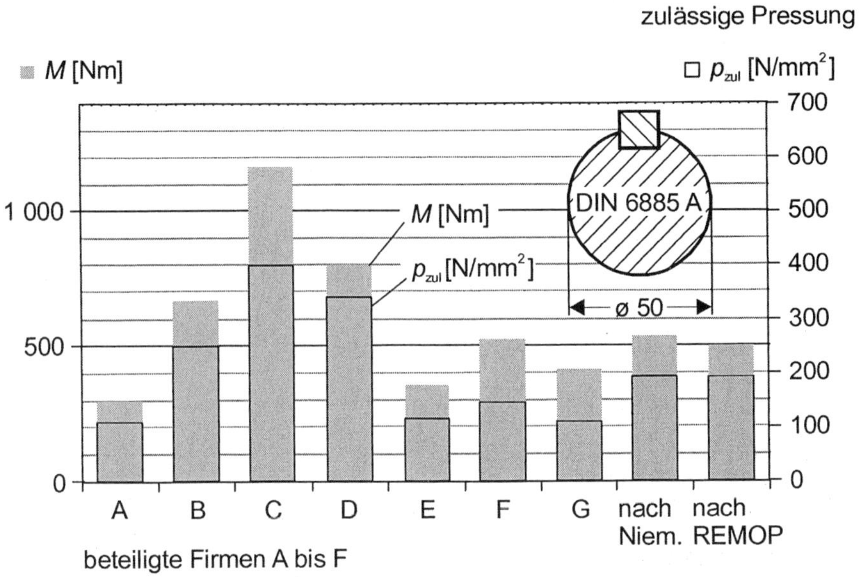

Bild 7.13-22. Streuung von Firmenangaben zum übertragbaren Drehmoment M und zur Flächenpressung p von Passfederverbindungen nach DIN 6885 Form A ($b/d = 1$; Wellenwerkstoff C 45 N; Nabenwerkstoff 16 MnCr 5 E) [Kit90]

7.13.7 Montage von Getrieben

Die Montage ist das **Sammelbecken von Versäumnissen und Fehlern** aller vorausgehenden Prozesse in Konstruktion, Fertigung, Beschaffung und Planung und ist deshalb am wenigsten durchrationalisiert und vorplanbar. Aus diesem Grund wurde die Montage von zweistufigen Stirnradgetrieben (Bild 7.13-7) und z. T. zweistufigen Kegelradgetrieben bei 5-12 mittelständischen Firmen mit Einzel- und Kleinserienfertigung analysiert. Ziel war, aus der Erkenntnis der Hauptanteile der Montagekosten und deren Haupteinflussgrößen, Maßnahmen zur Kostensenkung zu erarbeiten [Hub95a; Hub95b]. Es ist anzunehmen, dass auch hier viele Erkenntnisse allgemein typisch für den Maschinenbau sind.

a) Untersuchungsgegenstände

Es wurden zwei Getriebearten in Baugrößen von 140 mm Achsabstand (90 kg) bis 900 mm (18 300 kg) untersucht: 2-stufige Industrie-Stirnradgetriebe und 2-stufige Kegel-Stirnradgetriebe. Die Losgrößen waren 1 und 5 (z. T. 20 und 100). Unter **Montage** wurde die eigentliche Getriebemontage sowie die der Ölversorgung und Kontrollinstrumente verstanden, einschließlich der Lackierung, des Probelaufs mit Tragbildkontrolle und Abnahme.

Die **Situation** der Firmen war diesbezüglich wie folgt: Der Anteil der Montagekosten an Herstellkosten der Getriebe war 4-30 % (im Mittel 10 %). Die Montagedauer betrug 0,5-30 Tage (im Mittel 5 Tage). Die eigentliche Montagezeit war 10-60 Stunden. Die Liege- und Wartezeiten betrugen dabei 0,5-30 Tage, was zu Lieferverzögerungen bis zu 50 Kalendertagen führte. Entsprechende Konventionalstrafen fielen an.

Man sieht daraus, dass der einleitende Satz die Montage in der (kundenspezifischen) Einzel- und Kleinserienfertigung gut charakterisiert. Bei geringen kundenspezifischen Varianten (also bei Baureihen-/Baukastengetrieben) war der Anteil gestörter Getriebemontage „nur" 5-15 % aller Montagen, bei Einzelfertigung kundenspezifischer Sonderlösungen aber 15 bis über 50 %.

Die Untersuchung wurde deshalb in die Analyse ungestörter und gestörter Montage aufgespalten.

b) Die ungestörte Getriebemontage

Auch hier ist die Haupteinflussgröße die Baugröße, bis zu einem gewissen Grade auch die Losgröße, wobei Streuungen in den Montagekosten wie 1:9 auftraten. Die Losgröße bewirkt zwischen 1 und 5 Stück einen Abfall der gesamten Montagekosten von nur rund 10 %, da die Rüstanteile an den Montagearbeitsplätzen im Vergleich zur mechanischen Fertigung eher gering sind.

Aus **Bild 7.13-23** sieht man, dass der Zusammenbau mit 40-45 % der Montagekosten dominiert, während das Rüsten nur 5-8 % ausmacht. Im Zusammenbau dominieren wiederum das Aufziehen der Stirnräder auf die Wellen, die Montage der Lagerung und das Einstellen des Lagerspiels. Die gesamten Montagekosten *MoK* wachsen mit dem Achsabstand *a* ähnlicher Getriebe näherungsweise mit einer Potenz des Stufensprungs $\varphi_L = a_1/a_0$ von 1,3 auf 1,9, wobei 1,3 für kleine Getriebe gilt, 1,9 für große. Es gilt also für die Montagekosten der Variante 1 gegenüber der Variante 0: $\boldsymbol{MoK_1/MoK_0 \sim \varphi_L^{1,3...1,9}}$.

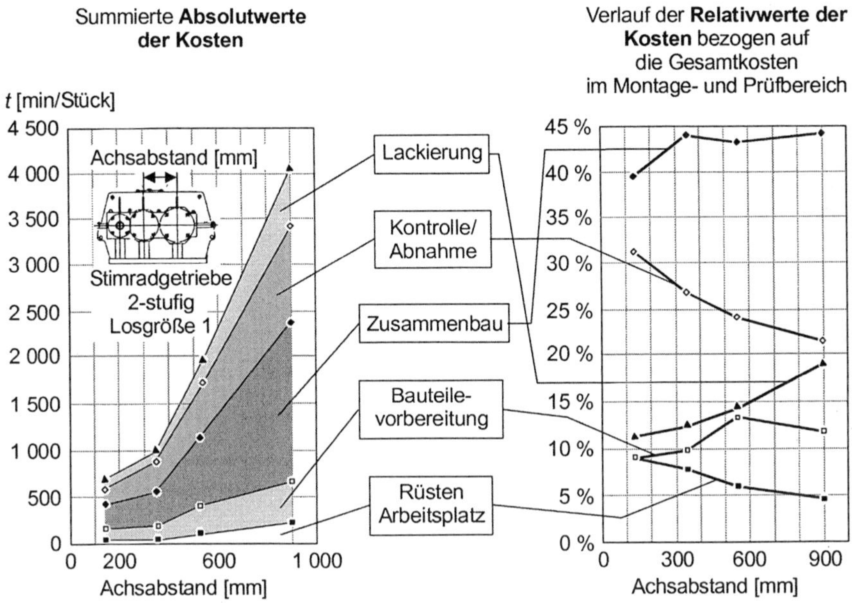

Bild 7.13-23. Kosten im Montage- und Prüfbereich in Abhängigkeit von der Baugröße (Montagelosgröße: 1 Stück) [Hub95a]

c) Die gestörte Getriebemontage

Wie oben bereits angedeutet, ist ein erheblicher Teil aller Montagevorgänge gestört, was den größten Anteil vermeidbarer Kosten bedingt. Zunächst ist der termingerechte Montagestart in vielen Fällen wegen mangelnder Teileverfügbarkeit nicht möglich: „Die Monteure laufen den fehlenden Teile nach!" Wenn dann endlich die Montage beginnen kann, stellen sich die im **Bild 7.13-24** dargestellten, im Wesentlichen von außen in die Montage eingeschleppten Störungsursachen heraus.

Es dominieren mit je ein Drittel Fehler aus der Konstruktion und Teilefertigung. Je mehr kundenspezifische Anpassungskonstruktion vorliegt, umso höher ist der konstruktive Fehleranteil. Die meisten Fehler sind primitiv, hätten bei „ordentlicher" Arbeit nicht auftreten dürfen. Sie können in „persönliche Fehler" (Unzulänglichkeit) und „Schnittstellenfehler" (mangelnder Informationsfluss) aufgeteilt werden. Dementsprechend können Kosten senkende Maßnahmen formuliert werden.

d) Kosten senkende Maßnahmen

Entsprechend obigen Angaben muss die Priorität darin gesehen werden, von der gestörten zur weitgehend ungestörten Montage voranzukommen und die Teileverfügbarkeit zum geplanten Montagestart sicherzustellen.

Zweckmäßig ist zunächst, eine **betriebsspezifische Analyse der Montagesituation** nach Zeit und Kosten (ähnlich [Hub95a]) vorzunehmen, damit die **wesentlichen Schwachstellen** erkennbar werden. Dies ist ohnehin eine Forderung des

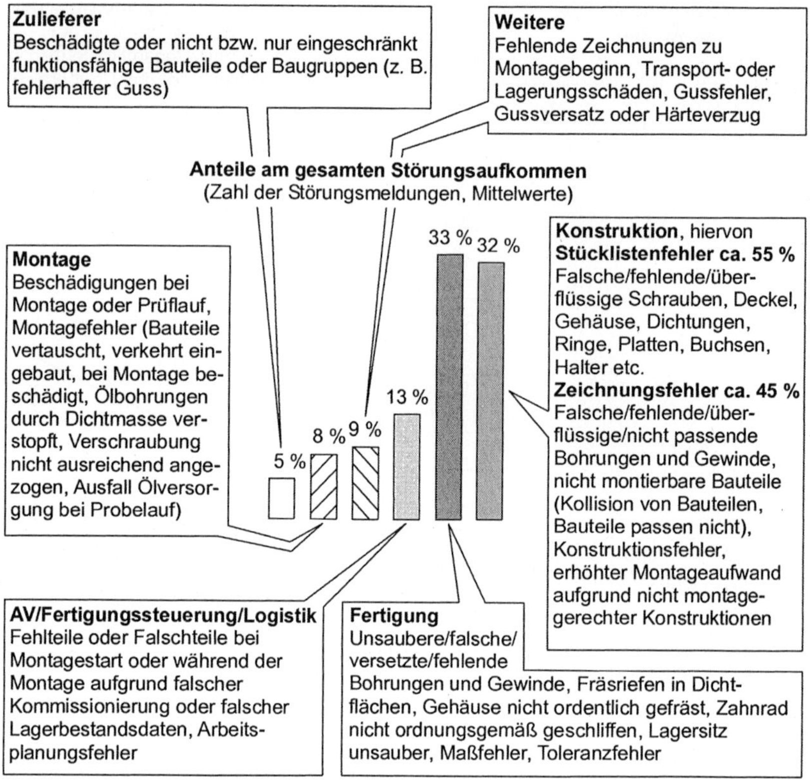

Bild 7.13-24. Störungsursachen in der Montage (Mittelwert) [Hub95a]

Qualitätsmanagements. Eine solche Untersuchung deckt wie ein Vergrößerungsglas die meisten Fehler und Versäumnisse im ganzen vorgeschalteten Produkterstellungsprozess auf. Damit können nicht nur die Fehlerfolgekosten, sondern auch die viel „schmerzhafteren“ Lieferzeitverzögerungen (Imageverlust, Konventionalstrafe, Verlust von Folgeaufträgen) bekämpft werden. Dies gilt insbesondere für die „systematischen“ Fehler, da „zufällige“ Fehler nicht vollständig zu verhindern sind.

Daraus entsteht eine **Störungsdokumentation**, die bei folgenden organisatorischen Maßnahmen hilfreich ist:

Integrative organisatorische Maßnahmen können rechtzeitig helfen, die Teileverfügbarkeit zu sichern:

- **Montagevorplanung** (Liefer- bzw. Fertigstellungszustand nicht ohnehin vorrätiger Teile) zusammen mit allen betroffenen Abteilungen in Fertigung, Beschaffung, Lager, Konstruktion, Qualitätssicherung;
- **Produkterstellung in Teamarbeit** (SE), wobei die Montage frühzeitig einbezogen werden muss;
- **Fertigungs- und Kostenberatung** mit Betonung der Montageerfordernisse;
- wenn möglich **räumliche Nähe** zwischen Montage und Konstruktion.

Maßnahmen für die Konstruktion:

- **Mehr Zeit** für die Bearbeiter zur sorgfältigen Endkontrolle von Zeichnungen und Stücklisten (evtl. mit einer Checkliste häufiger Fehler);
- Angaben zur **montagegerechten Konstruktion** [Hub95a]; Beachtung von Regeln (Bild 7.11-52 u. 7.11-53a-e);
- Maßnahmen zur **Motivationsverbesserung**.

Maßnahmen für die Teilefertigung und Beschaffung:

- Stärkung des **Qualitätsbewusstseins** und der Selbstkontrollmöglichkeit der Mitarbeiter;
- enge **Zusammenarbeit** zwischen Qualitätssicherung (auch Messtechnik!) und Fertigung/Beschaffung.

7.13.8 Gesamtgetriebe und Kostensenkungsbeispiel

In den vorhergehenden Kap. 7.13.3 bis 7.13.7 wurden die Analyse der wesentlichen Getriebekomponenten und -prozesse dargestellt sowie Kostensenkungsmöglichkeiten aufgezeigt. Die folgende **Übersicht für das Gesamtgetriebe** (Bild 7.13-7) bietet sich deshalb an.

a) Herstellkosten für das Gesamtgetriebe in Abhängigkeit von Baugröße (Gewicht) und Losgröße – Regeln zum Kostensenken

Bild 7.13-25 zeigt links den starken Anstieg der Herstellkosten über der Baugröße und rechts den schnellen Abfall im niedrigen Losgrößenbereich von 1-5 Stück. Dominant sind Radsatz und Gehäuse.

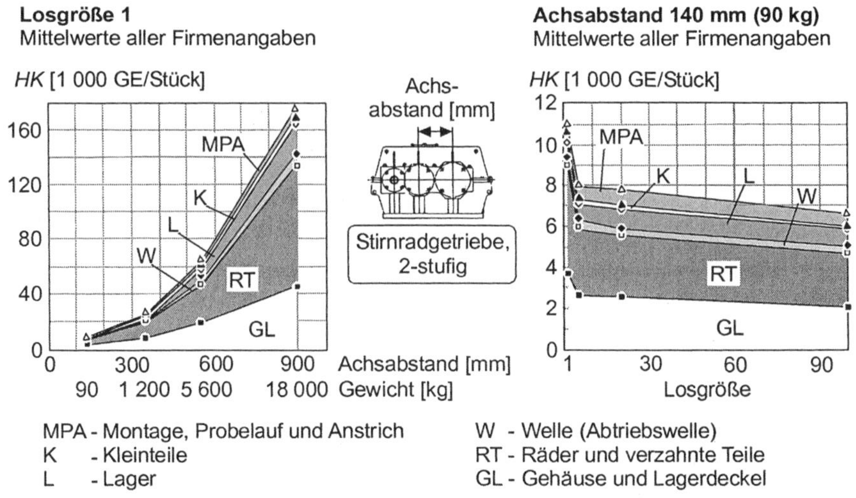

Bild 7.13-25. Herstellkosten von Getrieben in Abhängigkeit von Bau- und Losgröße [Hub95a]

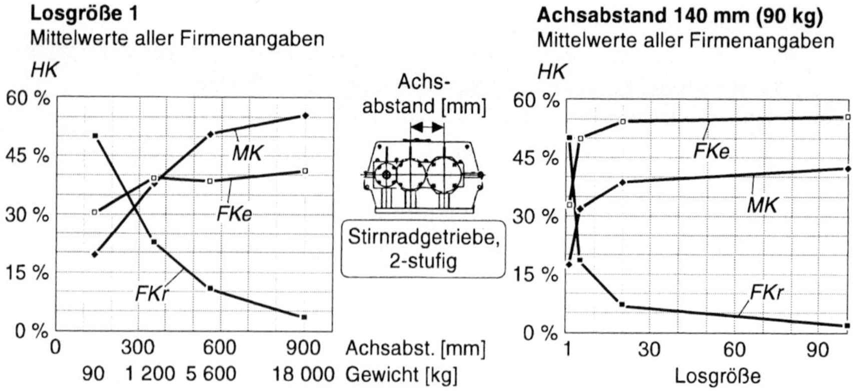

Bild 7.13-26. Verlauf der Anteile der Fertigungskosten aus Einzelzeiten *FKe*, Materialkosten einschließlich Wärmebehandlung *MK* und Rüstkosten *FKr* [Hub95a]

Warum diese Veränderungen geschehen, geht aus den Herstellkosten-Strukturen in **Bild 7.13-26** hervor. Ins Auge fällt links das starke Anwachsen der fast volumenproportionalen Material-/Wärmebehandlungskosten, die den Anteil der Fertigungskosten aus Rüstzeiten (Rüstkosten) „verdrängen". Große Getriebe haben also viel Materialkosten, kleine viel Rüstkosten s. a. Bild 7.6-3). Rechts im Bild ist der starke Abfall der Rüstkosten mit der Losgröße zu erkennen, der ja auf der Hand liegt, da diese direkt durch die Stückzahl zu dividieren sind. – Dass die Fertigungskosten aus Einzelzeiten *FKe* hier mit 55 % *HK* über den Materialkosten mit rund 40 % *HK* liegen, ist aus der relativ kleinen betrachteten Getriebebaugröße zu erklären (Achsabstand 140 mm; 90 kg). – Wie man links bei Achsabstand 900 mm (18 000 kg) erkennt, kehren sich die Verhältnisse dort um: Die Materialkosten machen 55 % aus, die Fertigungskosten aus Einzelzeiten *FKe* rund 40 %. Je größer (und schwerer) ein Produkt, umso mehr dominieren die Materialkosten (s. Bild 7.7-3).

Man kann aus diesen Kostenverläufen **folgende Regeln zum Kostensenken** ableiten (s. a. die Regeln am Schluss von Kap. 7.7.3):

➔ Bei **kleinen** Baugrößen (Achsabstand):

Fertigungskosten aus Einzelzeiten senken. Sie stellen hier den dominanten Anteil an den Herstellkosten dar. Beispielsweise durch:
- Einsatz rationeller, leistungsfähiger **Fertigungsverfahren** (insbesondere bei **zunehmender Losgröße**);
- Einsatz **wirtschaftlicher Fertigungseinrichtungen** („große" Bohrwerke, Fräs-, Schleif-, Hobel- oder Verzahnungsmaschinen möglichst vermeiden);
- Einsatz **rationeller Fertigungsabläufe** (Senkung der Zahl der Bearbeitungsschritte – Komplettbearbeitung);

- **Senkung des Zerspanvolumens** (Fertigteilkontur möglichst gleich Rohteilkontur (s. aber Bild 7.12-15); geringes Aufmaß; gröbere Toleranzen; Grob-, Feinbearbeitung optimieren;
- Fertigbearbeitung **in einer Aufspannung**;
- Schaffung **günstiger Zerspanbedingungen** (Werkstoffwahl).

Fertigungskosten aus Rüstzeiten senken (insbesondere bei geringen Losgrößen). Beispielsweise durch:

- Vorsehen **weniger Arbeitsgänge** und Maschinenwechsel;
- **Prüfung alternativer Fertigungsabläufe** und Maschinen auf Wirtschaftlichkeit (bei hohen Rüstanteilen);
- **Senken der Zahl der unterschiedlichen Teile** (Gleichteile, Wiederholteile, Baureihen, Baukästen); dadurch Erhöhung von Stückzahlen und Losgrößen.
- Bei **zunehmender Losgröße** bei kleinen Baugrößen auch **materialkostengünstig** konstruieren. Maßnahmen hierzu sind dieselben wie nachfolgend bei großen Baugrößen geschildert.

➔ Bei **großen** Baugrößen (Achsabstand) und bei **kleinen Baugrößen**, die in **höherer Losgröße** gefertigt werden:

Materialkosten senken (Kap. 7.9.2). Sie stellen hier den dominanten Anteil an den Herstellkosten dar. Beispielsweise durch:

- Kleinbau (räumliche Anordnung optimieren) je nach Fall und Leichtbau (Kap. 7.9.2.2);
- Integral-/Differenzialbauweise (Kap. 7.12.4.3);
- Verringerung bzw. Optimierung des Abfalls oder Verschnitts (z. B. durch Optimierung der Form oder des Brennschnittplans);
- Einsatz kostengünstigeren Materials (evtl. sogar festeres, besser zerspanbares);
- Einsatz von Gleichteilen, Teilefamilien, Baureihen, Baukästen, etc. (Kap. 7.12);

Sollen bei großen Baugrößen auch **Fertigungskosten** gesenkt werden, so ist dies vorrangig beim **Radsatz** zu tun. Maßnahmen hierzu s. o.

Selbstverständlich sind diese Kostensenkungsmaßnahmen, die aus gemittelten Firmenwerten abgeleitet sind, für eine firmenspezifische Umsetzung nochmals zu überprüfen.

b) Kostensenkungsbeispiel

Ausgehend von einer vorhandenen Konstruktion eines doppelstufigen Stirnradgetriebes (**Vorgängerentwurf Bild 7.13-27** links) soll ein Neuentwurf unter Anwendung der bisherigen Erkenntnisse mit 10 % Herstellkostensenkung erarbeitet werden. Die Kostenstruktur des Vorgängerentwurfs liegt vor (**Bild 7.13-28** links).

b1) Die **Aufgabe** wies folgende Anforderungen auf:

- Kostenziel: 10 % weniger Herstellkosten;
- auch die Neukonstruktion soll Baukasten-Charakter haben;
- Gehäuse als Schweißkonstruktion;

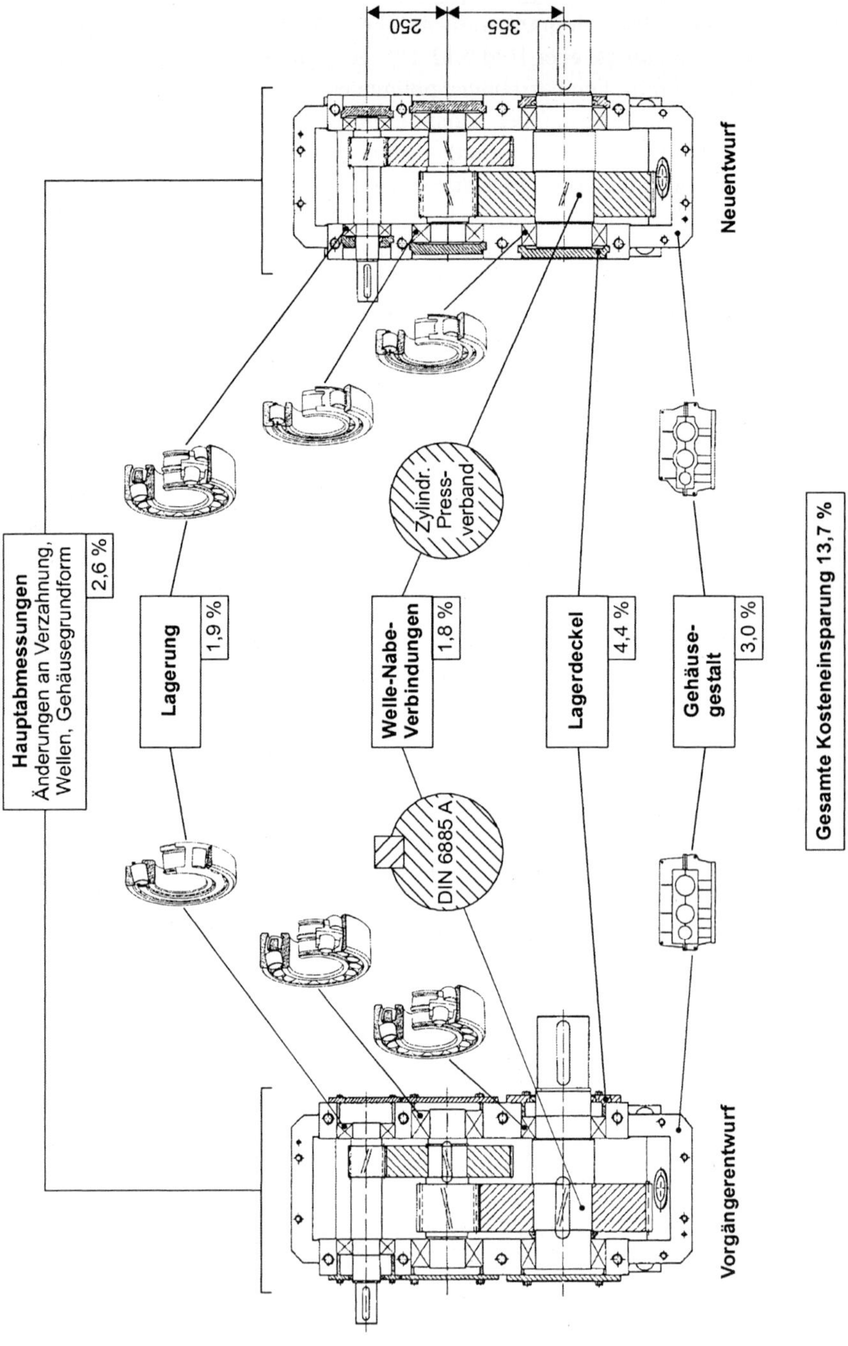

Bild 7.13-27. Wirksamkeit der Maßnahmen zur Kostensenkung an einem Getriebe [Kit90]

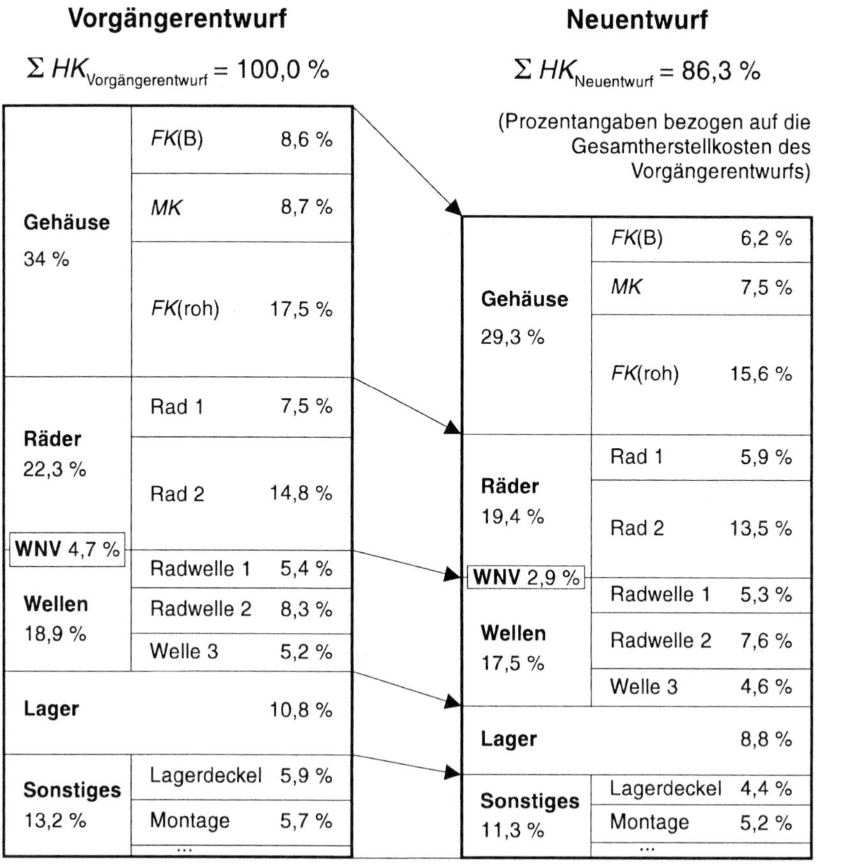

Bild 7.13-28. Gegenüberstellung der Kostenstrukturen von Vorgänger- und Neuentwurf bei Getrieben [Kit90]

- An- und Abtriebswellen (mit Passfedern) unverändert, da Kundenwunsch:
  d_{an} = 70 mm mit Passfeder DIN 6885 Bl. 1,
  d_{ab} = 160 mm mit Passfeder DIN 6885 Bl. 1;
- Losgröße 4;
- Antrieb: E-Motor, 250 kW, 1 500 min^{-1}, rechtsdrehend;
- Abtrieb: 120 min^{-1} ± 1 % Förderband, im Freien, rechtsdrehend;
- Betriebsdauer 10 Std/Tag; Anwendungsfaktor K_A = 1,25;
- Lagerlebensdauer 10 000 Std;
- Sicherheit gegen Grübchenbildung $S_H \geq 1{,}5$;
- Sicherheit gegen Zahnbruch $S_F \geq 2{,}0$.

b2) Das **Vorgehen** erfolgte entsprechend dem **Vorgehenszyklus** in **Bild 4.5-7** mit Iterationen (s. analog Bild 10.1-12).

I 1 Aufgabe klären
I 2 Analyse des Vorgängerentwurfs
I 3 Schwerpunkte zum Kostensenken sowie Lösungsfreiheiten und -potentiale
II Lösungen suchen
II 3 bis II 5 Gestalt-, Material-, Fertigungsvarianten
III Lösungen auswählen durch technische und kostenmäßige Bewertung

Die Aufgabenklärung (Abschnitt I 1) und die Analyse des Vorgängerentwurfs (Abschnitt I 2) wurden oben bei b1) bzw. in Bild 7.13-28 links bereits durchgeführt, so dass hierzu keine neuen Informationen zu erarbeiten sind. Dagegen ergibt sich

zu **I 3**: **Lösungsfreiheiten und -potentiale** sind, entsprechend den hier bekannten Kostenschwerpunkten Zahnräder und Gehäuse, wie folgt vorhanden:

- Aufteilung der Gesamtübersetzung auf die 2 Stufen
- Verzahnungsdaten (Modul, Zähnezahl, Zahnbreite)
- Gehäusegestalt und dessen Verhältnis Breite/Länge

ferner in den eher untergeordneten Anteilen:

- Art und Abmessungen von Lagerungen, Welle-Nabe-Verbindungen, Lagerdeckeln

zu **II** u. **III: Lösungen suchen und auswählen**

- In **Bild 7.13-29** sind einige **gestalterische Lösungsvarianten** dargestellt, die in der Teamarbeit vorgeschlagen wurden (Welle-Nabe-Verbindungen, Gehäusegestaltung, Lagerdeckel). Ebenso sind Angaben zur kostenmäßigen Bewertung aufgeführt.
- Die Variation und Bewertung der **Achsabstände** a (Normzahlreihe R40), der **Übersetzungsaufteilung** und **Zahnradbreiten** ergab günstigste Werte für das **Achsabstandsverhältnis** $a_1/a_2 = 250/355$ mm und die **Übersetzung** $i_1 = 1{:}3{,}75$ in der ersten schnelllaufenden Getriebestufe. Dabei konnten statt der bisherigen Kegelrollen- und Pendelrollenlager z. T. kostengünstigere **Zylinderrollenlager** verwendet werden. Da diese nur geringe Axialkräfte am Bund aufnehmen können, mussten kleine Verzahnungsschrägungswinkel angestrebt werden. Dies brachte allein schon 1,9 % Kostensenkung (Bild 7.13-27 rechts).
- In ähnlicher Weise wurden weitere Lösungen untersucht. Die **Gehäusegestaltung**, insbesondere der Seitenwände, brachte außer Fertigungskostensenkungen auch eine Materialkostensenkung. Das für das Gehäuse nötige Materialgewicht wurde von 994 kg auf 868 kg (-12,7 %) gesenkt.

b3) Ergebnis

Wie aus Bild 7.13-28 rechts zu sehen ist, konnte das gesteckte Kostenziel mit 13,7 % Absenkung deutlich übertroffen werden. Das Vorgehen beim Kostensenken war analog Bild 10.1-12. Die einzelnen Anteile der Kostensenkung sind hier bei den gegebenen Restriktionen nicht, wie sonst zu erwarten, bei den Hauptkostenträgern entstanden, sondern bei Lagern, Lagerdeckeln, Welle-Nabe-Verbindungen.

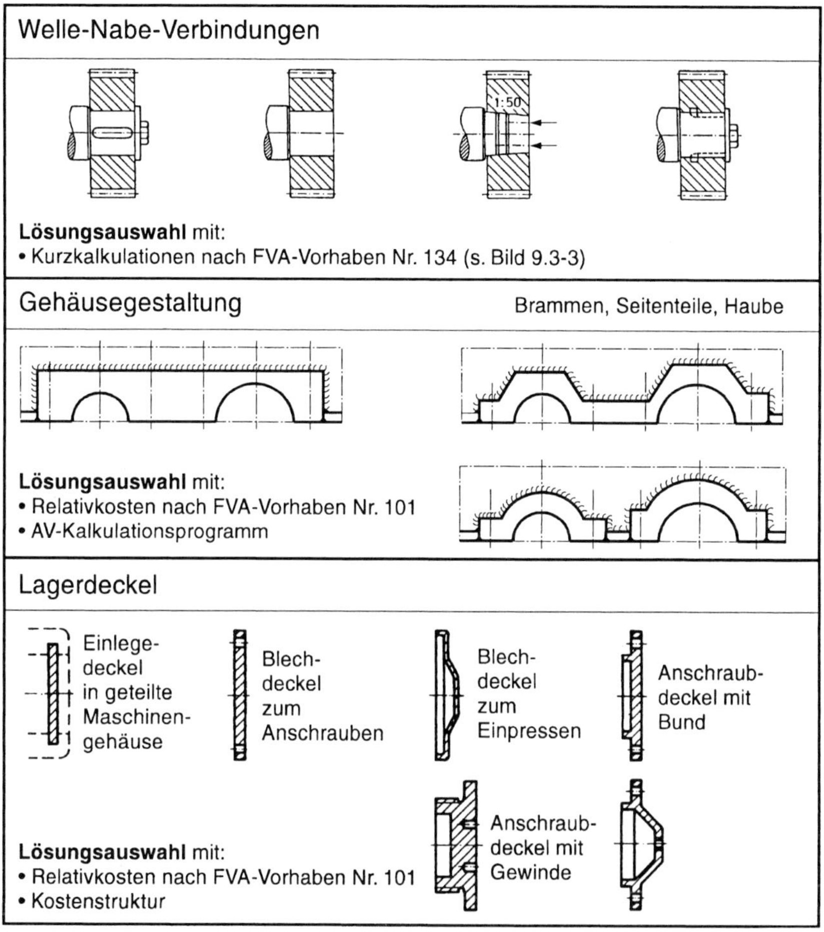

Bild 7.13-29. Lösungsvarianten von Gestaltzonen an Getrieben und Angaben zur Lösungsauswahl [Kit90]

Bei letzteren wurde statt der Passfederverbindungen die Pressverbindung vorgesehen (Bild 7.13-18), bei den Lagerdeckeln Einlegedeckel statt aufgeschraubter Deckel. – Man sieht, dass auch viele kleine Verbesserungen in der Summe zum Erfolg führen können. Der Neuentwurf wurde auch von den Firmenvertretern beurteilt und akzeptiert, ist also praxisbrauchbar.

7.14 Einfluss der Entsorgung auf die Herstellkosten

7.14.1 Ausgangssituation und Motivation für entsorgungsgerechtes Entwickeln

Der Gesetzgeber kann in Deutschland zur Abfallverminderung auf Grundlage des Kreislaufwirtschafts- und Abfallgesetzes [Bun94] eine **Rücknahme** von ausgedienten Produkten voll oder teilweise zu Lasten des Produzenten anordnen. Die Verantwortlichkeit der Produzenten für ihre Güter soll damit über den Gebrauch der Produkte hinaus bis zur Entsorgung ausgedehnt werden. Die **Entsorgungskosten** müssen nach Verabschiedung entsprechender Verordnungen [Bun92] – als zumindest teilweise zu tragender Bestandteil der Lebenslaufkosten – zur Wirtschaftlichkeitskontrolle von Produkten sowie zur Preisbildung kalkuliert werden (Bild 5.1-5). Neben der Bestimmung und Einrechnung dieser Kosten ist für den Produzenten wichtig, wie die Entsorgungskosten minimiert werden können.

Obwohl das Kreislaufwirtschafts- und Abfallgesetz bis heute noch nicht durch Verordnungen umgesetzt wurde, werden Rücknahme und Entsorgung von Produkten von ihren Herstellern durchgeführt. Dies wird oft als Test im Hinblick auf drohende Rücknahmepflichten realisiert. So testen verschiedene Hersteller in Zusammenarbeit mit Entsorgern die Entsorgungseigenschaften und -kosten. Unabhängig von der Rechtssituation wird Letztbesitzern die Rücknahme von Altgeräten aus dem Konsumgüterbereich gegen Abgabegebühren angeboten (z. B. Rücknahme weißer Ware durch Siemens). Im Investitionsgüterbereich bedeutet eine kostenfreie Rücknahme von Altprodukten wegen der direkten Kunden-Produzenten-Verbindung häufig einen Wettbewerbsvorteil.

Maßnahmen zur Entsorgungskostensenkung können insbesondere in den frühen Phasen der Produktdefinition ergriffen werden. In vielen Fällen können dabei auch die **Herstellkosten** der Produkte gesenkt werden. **Einflussgrößen** zur Senkung der Entsorgungskosten greifen an zwei Stellen des Produktlebenslaufs:

- Bei der Entwicklung wird ein Teil der Entsorgungskosten durch **Produktstruktur und -geometrie sowie Werkstoffwahl** festgelegt.
- Nach der Außerbetriebstellung eines Produkts wird der andere Teil der Entsorgungskosten durch die **Wahl der Logistik, der Entsorgungsprozesskette** und der **einzelnen Entsorgungsverfahren** verursacht.

An diesen Punkten können Maßnahmen zur Senkung der Entsorgungskosten greifen [Bri95]. Der wesentliche Teil dieser Kosten wird allerdings bereits bei der Produktdefinition festgelegt [VDI93a]. Für die Beeinflussung der Entsorgungskosten ist insbesondere die Kenntnis von **Anforderungen der Entsorgung** notwendig (**Bild 7.14-1**).

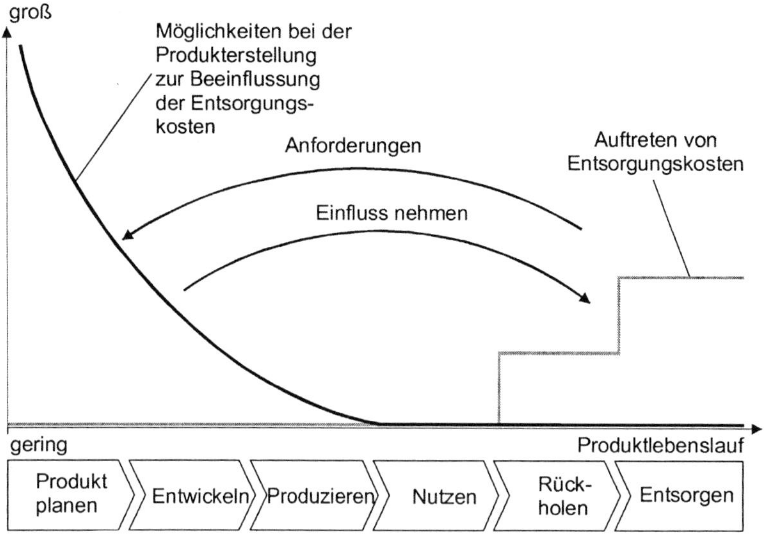

Bild 7.14-1. Die Produktentwicklung kann die Entsorgungskosten stark beeinflussen, muss aber dazu die Anforderungen aus Verwertungsverfahren für die Entsorgung kennen

Die Schwierigkeit bei der Festlegung der Entsorgungseigenschaften in der Konstruktion liegt grundsätzlich an dem großen Zeitraum zwischen der Festlegung der Entsorgungseigenschaften und der Entsorgung. Im Gegensatz zum fertigungsgerechten Konstruieren sind hierbei die Rückkopplungen zeitlich sehr viel stärker versetzt, da zwischen Produktentwicklung und Entsorgung zusätzlich die Nutzungsdauer des Produkts liegt. Ein Hinzuziehen eines **Entsorgungsfachmanns** in frühen Produktentwicklungsphasen garantiert also nicht in gleichem Maße eine Entsorgungsgerechtheit des Produkts zur Zeit der Außerbetriebstellung, wie dies ein Hinzuziehen eines Fertigungsspezialisten in Bezug auf die Fertigungsgerechtheit zum Zeitpunkt der Fertigung tut.

Darüber hinaus ist der **Entsorgungsmarkt** noch ein politischer, unbereinigter Markt, wo es regions- und zeitabhängig große Schwankungen bei Fraktionskosten und -erlösen gibt. Außerdem ist die Entsorgungstechnologie in vielen Bereichen bei weitem nicht so ausgereift, wie es in den Standardherstellungsverfahren der Fall ist. So ist bei einem Anwachsen des Entsorgungsmarktes technischer Gebrauchsgüter, bedingt durch verabschiedete staatliche Verordnungen, eine starke Weiterentwicklung von Entsorgungsverfahren zu erwarten.

Trotzdem sollte der Hersteller von technischen Gebrauchsgütern auf drohende Rücknahmepflichten reagieren, den heutigen Stand der Entsorgungstechnik analysieren und seine **Produkte entsorgungsgünstig umgestalten**. Hierfür wird im Folgenden ein Vorgehen vorgeschlagen [Phl97]. Des Weiteren sollte der Hersteller frühzeitig eine **Entsorgungslogistik planen**, die Kosten bis zu einer mehrfachen Höhe der nachfolgend betrachteten Entsorgungskosten aufweisen kann.

7.14.2 Vorgehen beim entsorgungskostengünstigen Entwickeln

Beim entsorgungskostengünstigen Entwickeln liegt ein Schwerpunkt der Aktivitäten auf der Analyse der Entsorgungseigenschaften von Produkten und der Identifikation von Handlungsbedarf. Syntheseschritte können auf der Grundlage einer sauberen Analyse ohne spezifische Hilfsmittel und nur mit Hilfe der bekannten Konstruktionsmethodik erfolgen. Die entsorgungskostengünstige Konstruktion erfolgt nach dem Ablauf des Vorgehenszyklus (Bild 4.4-1 u. 4.5-7). Die Schritte des Vorgehenszyklus lassen sich wie folgt detaillieren [Phl97; Phl99]:

I Aufgabe klären

- Festlegen der **Entsorgungsstrategie**
  Zur Festlegung der Entsorgungsstrategie werden die verschiedenen möglichen Entsorgungspfade für ein Produkt bezüglich ihrer Entsorgungskostenrelevanz abgeklärt (z. B. Trennung durch Demontage bzw. Schreddern und anschließendes Trennen). Hierfür kann eine Marktanalyse mit Entsorgungsversuchen durchgeführt werden.
- Klären der **Anforderungen**
  Die Anforderungen an entsorgungskostengünstige Produkte sind abhängig von den Entsorgungspfaden, die bei Lebenslaufende am kostengünstigsten sind. Ein Produkt, das später durch Schreddern und verfahrenstechnisches Trennen entsorgt werden soll, muss anders konstruiert werden als eines, das zur Entsorgung weitgehend demontiert wird. – In Kap. 7.14.3 werden die Anforderungen an ein demontagegerechtes Produkt dargestellt.
- **Analyse des Ist-Zustands an einem Vorläuferprodukt**
  Eine gedankliche und versuchsmäßige Analyse eines Vorläuferprodukts nach z. B. Demontagezeiten und -kosten und hinsichtlich der Recycling-Materialerlöse bzw. Deponiekosten hilft zu klären, welche Anforderungen erfüllt werden bzw. wo noch Schwachstellen sind (Wertstoffanalyse, Verbindungsanalyse, Demontageanalyse).
- **Bewertung von Schwachstellen**
  Bei der Bewertung von Schwachstellen werden diese bezüglich ihrer Dringlichkeit und des Aufwands der Veränderung klassifiziert, um den Handlungsbedarf zu identifizieren.

II Lösungen suchen

- **Umsetzung am Produkt**
  Die Behandlung der ausgewählten Schwachstellen am Produkt zum Erzeugen von entsorgungsgünstigeren Varianten kann auf Grundlage der Analyseergebnisse mit Hilfe der Konstruktionsmethodik erfolgen. Ergänzend können Hilfsmittel zur Unterstützung der Synthese wie Gestaltungsrichtlinien oder kommentierte Variationsmerkmale nach [Bri95; Phl97] herangezogen werden.

III Lösung auswählen

- **Bewertung und Auswahl von Produktvarianten**
  Die umgestalteten Produkte müssen, wie oben geschildert, gedanklich und ver-

suchsmäßig daraufhin analysiert werden, wie weit die Schwachstellen beseitigt werden konnten.

7.14.3 Beispiel für eine entsorgungskostengünstige Anpassungskonstruktion

Die Siemens-Kaffeemaschine TC 22 (**Bild 7.14-2**) wurde unter der Maßgabe einer guten Zerlegbarkeit und Reduzierung der verwendeten Werkstoffe entwickelt (demontageorientierter Entsorgungspfad). Ziel der Produktentwicklung war es, das Gerät durch einen gezielten Hammerschlag auf die Heizplatte in verwertbare Fraktionen aufzuschließen und anschließend Polypropylen (68 %), Kabel (10 %), Stahl (10 %) und Aluminium-Bauteile (6 %) zurückzugewinnen. Im Rahmen des Forschungsprojekts ProMeKreis [Pro96] wurde diese Kaffeemaschine einer Entsorgungsanalyse und Umgestaltung unterzogen, die im Folgenden kurz vorgestellt werden.

I Aufgabe klären

I.1 Festlegen der Entsorgungsstrategie

Als Entsorgungsstrategien für die Kaffeemaschine wurden die händische Demontage und die mechanische Aufbereitung (mittels Prall- und Schneidmühle sowie diverser Sortieroperationen) untersucht. Im Folgenden wird der Bereich der Demontage beschrieben.

Bild 7.14-2. Beispielprodukt Kaffeemaschine

I.2 Klären der Anforderungen

Ein Produkt gilt dann als demontagegerecht, wenn es **gut fraktionierbar**, **schnell demontierbar** ist und seine Demontageeigenschaften vom Demonteur eindeutig erkannt werden können (**Zuordenbarkeit**) [Phl97].

a) Unter **Fraktionierbarkeit** wird die Anzahl der benötigten zerstörenden und zerstörungsfreien Zerlegeschritte zum Erhalt eines Produktaufschlusses verstanden, der das Sortieren der erhaltenen Produktteile zu gut vermarktbaren Fraktionen erlaubt. Anforderungen aus dem Bereich Fraktionierbarkeit lassen sich allgemein wie folgt formulieren:

- **Minimierung der Anzahl der Zerlegungsschritte**, durch Minimieren von Werkstoffvielfalt, Teilezahl, Demontageoperationen und konzentrierte Anordnung von Schadstoffen;
- **Einhalten von Verunreinigungsgrenzen** der angestrebten Fraktionen;
- **Minimieren von Rest- und Schadstoff-Fraktionen.**

b) Die **Demontierbarkeit** bezeichnet die Zugänglichkeit und die Lösbarkeit der zu lösenden Baugruppen-, Bauteil- und Werkstoffverbindungen in einem Demontageablauf. Anforderungen aus dem Bereich Demontierbarkeit lassen sich wie folgt beschreiben:

- Zu lösende **Verbindungen und** zu entnehmende **Produktteile** müssen **gut zugänglich** sein. Hierfür sind axiale, geradlinige Zugänglichkeiten und kurze Demontagewege anzustreben. Die zu lösenden Verbindungen müssen mit den erforderlichen Werkzeugen erreichbar sein, gegebenenfalls sind entsprechende Handhabungsflächen einzuplanen.
- Die Zerlegbarkeit des Gerätes bis zum Erhalt der angestrebten Fraktionen ist durch gute, **eindeutige Lösbarkeit der Verbindungen** zu gewährleisten. Das Öffnen der Verbindungen sollte nach Außerbetriebstellung des Produkts möglichst einhändig und ohne Werkzeuge durchführbar sein.
- Der Ablauf der Demontage sollte insoweit bei der Produktgestaltung geplant werden, als **Tätigkeiten und Bewegungen des Demonteurs**, die über das Lösen von Verbindungen und das Entnehmen von Bauteilen hinaus gehen, **minimiert** werden. So sind Richtungs- und Bewegungswechsel bei der Demontage ebenso wie Wechsel der Demontagewerkzeuge zu vermeiden und eine leichte Handhabbarkeit des Demontageobjekts vorzusehen.
- Eine **Gefährdung des Demonteurs** durch das Produkt ist grundsätzlich auszuschließen.

c) Unter **Zuordenbarkeit** wird die Erkennbarkeit von entscheidenden Eigenschaften eines Produkts, Moduls oder Bauteils durch einen produktunkundigen Verwerter verstanden, die deren Behandlung (notwendige Zerlegeschritte, Fraktionenzugehörigkeit, ...) betreffen.

- **Verbindungen**, die für eine angestrebte Fraktionierung zu lösen sind, müssen also so angeordnet sein, dass sie vom produktunkundigen Demonteur schnell gefunden werden können und den zu lösenden Produktteilen gut zuordenbar sind. Der Lösemechanismus der Verbindung soll rasch erkennbar sein. Die Verbindungen sollten durchgängig mit Standardwerkzeugen zu lösen sein.

- Zur Unterstützung der Sortierung der zu separierenden Produktteile sollten **Werk- und Schadstoffe** eindeutig, normgerecht und im montierten Zustand **gut sichtbar gekennzeichnet** werden. Um Fehlzuordnungen zu umgehen, sollten Werkstoffalternativen bei Gleichteilen vermieden werden.

Anforderungen an die demontagegerechte Konstruktion sind nicht allgemeingültig mit Anforderungen an die demontagekostengünstige Konstruktion gleichzusetzen, da die Demontagekosten immer von der angestrebten Demontagestrategie abhängen und produkt- sowie verwerterspezifisch sind. Anforderungen an die demontagekostengünstige Konstruktion müssen folglich unternehmensspezifisch abgeklärt werden.

I.3 Analyse des Ist-Zustands der Kaffeemaschine

Die Umsetzung der oben aufgeführten Anforderungen bei einer demontagegünstigen Anpassungskonstruktion der Kaffeemaschine wird wie folgt bearbeitet: Bei der Anpassungskonstruktion der Kaffeemaschine war das Konzept vorgegeben, nur Entwurf und Ausarbeitung konnten an die Anforderungen aus dem Bereich Demontage angepasst werden.

Die Methoden zur Analyse vorhandener Produkte bezüglich ihrer Demontagetauglichkeit und der Kostenrelevanz von Schwachstellen kann in drei Schritten ablaufen:

- Überprüfung der Anforderungen an die demontagegerechte Konstruktion unter Laborbedingungen,
- Praxistest im Demontagebetrieb,
- Szenarienbildung zukünftiger Verwertungsmärkte und Praktiken.

Aufgrund der Analysen konnten, obwohl das Gerät schon auf seine Demontageeignung hin konstruiert war, **Schwachstellen** bezüglich der oben beschriebenen Anforderungen identifiziert werden.

Bei dcr **Verbindungsstrukturanalyse** fiel z. B. die Verschraubung des Bodens der Kaffeemaschine mit dem Gehäuse negativ auf. Die Schraube ist wegen ihres tiefen Sitzes im Gerät schlecht zugänglich. Die Gestalt des Schraubenkopfes (Ejotschraube = versenkte Sicherheitsschraube) macht Spezialwerkzeug notwendig (**Bild 7.14-3** u. Bild 7.14-4).

Im nächsten Schritt, dem **Praxistest im Demontagebetrieb** wurde erstens untersucht, ob die identifizierten Schwachstellen bei einer heute praktizierten Demontage ein Problem darstellen. Zweitens wurde ein Versuch durchgeführt, um über eine realitätsnahe Erfassung von Tätigkeitsprofil und Arbeitszeiten bei der Demontage auf weitere Schwachstellen Rückschlüsse ziehen zu können.

Beim Praxistest in einem Demontagebetrieb wurde geprüft, ob die zuvor erkannten Schwachstellen auch wirklich ein Problem darstellen. Es wurden der Tätigkeitsablauf und zugehörige Zeiten (Kosten) erfasst, um weitere Schwachstellen aufzufinden.

Wichtig war, den Test mit mehreren Kaffeemaschinen durchzuführen, um den **Trainiereffekt** feststellen zu können (Verringerung von Nebenzeiten zum Orientieren und Werkzeug suchen, Kap. 7.5.2). Dies wurde zur Simulation einer **Kleinserien-Zerlegung** durchgeführt.

- Einsparung eines Demontageschritts, da der Schnapper durch den Hammerschlag auf die Heizplatte mit gelöst wird.
- Einsparen eines Werkzeugwechsels im Demontageablauf.
- Einsparung eines Wechsels von fein- zu grobmotorischen Tätigkeiten und damit eine Demontagezeiteinsparung von 5 Sekunden, was einer Demontagekosteneinsparung von 8 % entspricht. Die wirtschaftliche Demontagetiefe bliebe bei der Realisation dieser Lösung unverändert.
- Das Gehäuse könnte auch bei einem PP-Preis von 0,08 €/kg wirtschaftlich gewonnen werden.
- Die Entsorgungskosten sinken von 0,29 €/Gerät auf 0,27 €/Gerät (bei 0,08 €/kg für PP).

7.14.4 Einige einfache Regeln zum Senken der Entsorgungskosten

Durch die Analyse vieler Geräte im Rahmen eines Forschungsvorhabens zum „entsorgungskostengünstigen Konstruieren“ [Phl97] wurden folgende Regeln erkannt:

➔ **Verringere** die **Werkstoffvielfalt** in Produkten auf wenige, mit wenig Wertverlust weiter zu verwertende Werkstoffe (z. B. St, PP, …).

➔ Die Teile aus diesen Werkstoffen sollen **schnell und eindeutig erkennbar** und **demontierbar** sein (**keine unlösbaren Verbindungen**, kein Kaschieren, Aufdampfen, …).

➔ Bei der **Weiterverwertung störende Werkstoffe** vermeiden oder leicht trennbar anordnen (z. B. nicht Fe mit Cu).

➔ Falls **Gefahr-** und **Schadstoffe** unumgänglich sind, Hinweis darauf geben und leicht entfernbar anordnen.

➔ **Wertvolle** wiederverwendbare **Produktkomponenten** (z. B. Elektromotoren, Sensoren, …) oder Stoffe sollen (vorab) schnell und einfach demontiert werden können.

8 Grundlagen der Kostenrechnung für die Produktentwicklung

Die Kenntnis der Kosten und ihrer Entstehung ist Voraussetzung zum Kostenmanagement. In der Kostenrechnung wird die Kostenentstehung abgebildet. Deshalb werden hier Grundlagen der Kostenrechnung [Dud92; Hum04; Sch96; Wöh96] dargestellt, soweit sie für die Produktentwicklung von Bedeutung sind. Für die Vertiefung des Stoffes wird die für Ingenieure geeignete Literatur [VDI90; War80; War90] empfohlen.

Die Begriffe und Zusammenhänge der Kostenrechnung sind nach dem üblichen betriebswirtschaftlichen Schema dargestellt. Jedes Unternehmen ist jedoch anders aufgebaut, hat andere Schwerpunkte etc. und kann seine eigene Kostenrechnung gestalten. Deshalb können Begriffe, Kostenzuordnungen usw. in der Praxis im Detail von dieser Darstellung abweichen. Das grundsätzliche Schema ist gleich.

Im Vordergrund steht die Berechnung der Kosten für die Erstellung eines Produkts in dem vom Unternehmen vorgegebenen Rahmen. Für die Betrachtung und Beeinflussung der Kosten des gesamten Unternehmens sind weitergehende Überlegungen nötig, denn die jeweils zu betrachtenden Kosten und zu verwendenden Kostenrechnungsverfahren sind von der Entscheidungssituation abhängig!

Das Kernproblem der Kostenrechnung ist, die Kosten verursachungsgerecht den Kostenträgern zuzurechnen (Verursachungsprinzip). Das ist, wie gezeigt wird, sehr aufwändig, wenn nicht fast unmöglich. Da die Kostenrechnung nicht zu aufwändig sein darf (Wirtschaftlichkeitsprinzip), muss sie die Kosten mit gegenüber der Wirklichkeit vereinfachten Verfahren verrechnen.

Nach einem Überblick über Kosten und Kostenrechnung steht die Kostenträgerrechnung mit der differenzierenden Zuschlagskalkulation im Mittelpunkt, da sie das übliche Kostenrechnungsverfahren im Maschinenbau darstellt. Die Grenzen der differenzierenden Zuschlagskalkulation für das Kostenmanagement werden aufgezeigt und Hinweise auf neuere Ansätze zur verursachungsgerechteren Kalkulation, wie die Prozesskostenrechnung, gegeben. Abschließend wird die Teilkostenrechnung erläutert.

8.1 Entstehung der Kosten des Herstellers

Die Kostenentstehung beim betriebswirtschaftlichen Leistungsprozess eines Unternehmens kann stark vereinfacht als Black Box dargestellt werden (**Bild 8.1-1**). Das Unternehmen erzeugt **Leistungen** (Produkte, Dienstleistungen) und gibt sie an

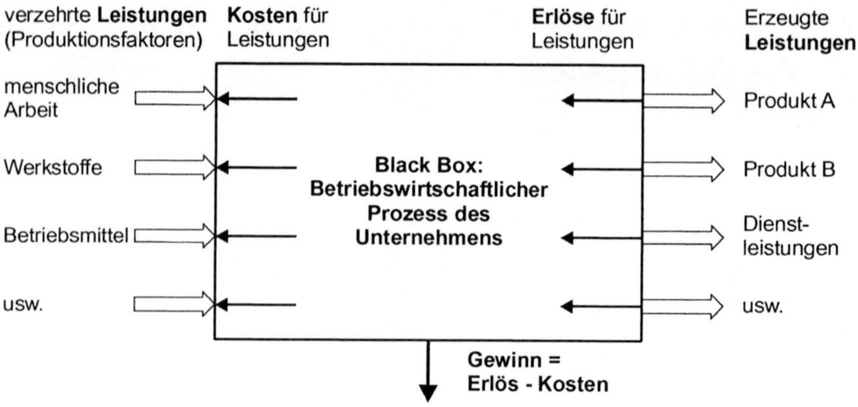

Bild 8.1-1. Das Unternehmen als Black Box für den Leistungsprozess und für die entsprechenden Geldströme (betriebswirtschaftlicher Prozess)

den Markt ab. Dafür erhält es **Erlöse**. Zur Leistungserstellung „verzehrt" es unterschiedliche **Leistungen** (Produktionsfaktoren: z. B. menschliche Arbeit, Betriebsmittel, Werkstoffe), wofür **Kosten** entstehen. Der betriebswirtschaftliche Zweck des Unternehmens besteht darin, die Differenz zwischen Erlös und Kosten, den **Gewinn**, langfristig zu sichern und zu maximieren. Gewinn und Gewinnentwicklung sind der beste Maßstab für den ökonomischen Erfolg eines Unternehmens.

Für die Erstellung eines Produkts entstehen also Kosten, die mehr oder weniger detailliert erfasst und in der Kostenrechnung zu unterschiedlichen Zwecken aufbereitet werden. Die Kostenrechnung ist das Modell des betrieblichen Geschehens aus Kostensicht. Sie beschreibt das Geschehen in der dargestellten Black Box. Die Geschäfts- und Finanzbuchhaltung (Bild 8.3-1) erfasst die Geldströme des Unternehmens mit der Umwelt, also die Ein- und Ausgänge der Black Box. Wie jedes Modell bildet auch dieses die Wirklichkeit nicht exakt ab. Daraus resultieren einige Konsequenzen für das Kostenmanagement (Kap. 8.4.4).

8.2 Kostenbegriffe für die Produkt-Herstellung

Die Begriffe für Kosten und Kosteninformationen sind in der DIN 32 990 [DIN89a] und in der Richtlinie VDI 2234 [VDI90] definiert und erläutert. Hier werden sie nur soweit wiedergegeben, wie sie zum Kostenmanagement unbedingt notwendig sind. Die Begriffe und Zusammenhänge der Kostenrechnung sind nach dem üblichen Schema dargestellt, das die Grundlage jeder betrieblichen Kostenrechnung ist. Eine Untersuchung [Lan96] zeigt, dass Umfang und Inhalt der Kostenrechnung sehr unterschiedlich sind, weil jedes Unternehmen eine bis zu einem gewissen Grade eigene Kostenrechnung gestaltet. Insbesondere haben kleinere Unternehmen oft nur eine unvollständige Kostenrechnung (**Bild 8.2-1**). Deshalb

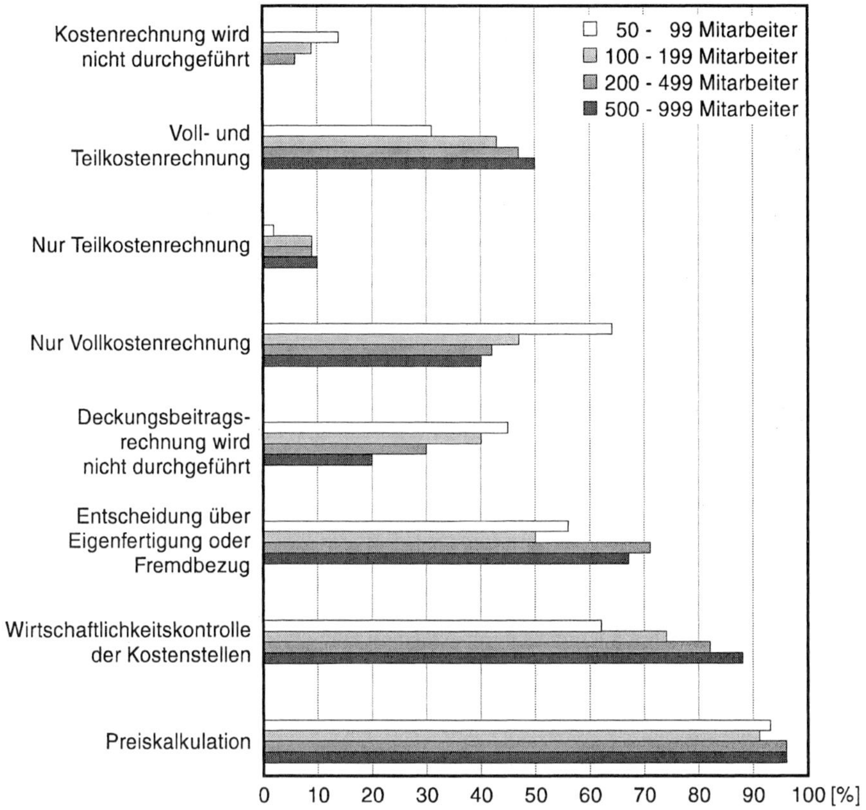

Bild 8.2-1. Inhalt und Umfang des betrieblichen Rechnungswesens in der Praxis [Lan96]

können Begriffe, Verfahren usw. in der Praxis von den nachfolgenden Ausführungen abweichen.

8.2.1 Definition und Gliederung der Kosten

Zunächst folgt eine kurze Übersicht über die wesentlichen Begriffe. In Kap. 8.3 wird dann näher auf die einzelnen Begriffe eingegangen.

> ➔ Definition [DIN89a]: **Kosten** sind der in Geld bewertete Verzehr von Produktionsfaktoren und Fremdleistungen sowie öffentlichen Abgaben zum Erstellen und zum Absetzen von Gütern und/oder Diensten.
> Produktionsfaktoren sind Betriebsmittel, Material, menschliche Arbeit usw.

Die Betriebswirtschaft bezieht den Begriff **Kosten** streng auf die betriebliche Leistungserstellung und unterscheidet davon den **Aufwand**, der z. B. für Stiftungen oder Beteiligungen über die Kosten für die betriebliche Leistungserstellung hinausgeht. Außerdem führen Kosten nicht zwangläufig zu **Ausgaben**, wie man am Beispiel kalkulatorischer Abschreibungen für beschaffte Fertigungsmaschinen (Kap. 8.4.5) oder kalkulatorischer Zinsen für das im Unternehmen gebundene Eigenkapital sieht.

Die Kosten eines Unternehmens können je nach Firmengröße einige Millionen oder mehrere Milliarden € betragen. Um diesen „Kostenblock" handhabbar zu machen, werden die Kosten nach verschiedenen Gesichtspunkten – je nach dem Zweck der Kostenrechnung – gegliedert (**Bild 8.2-2** und Bild 2.1-2). Die wichtigsten Gliederungsgesichtspunkte sind:

- **Kostenarten**, z. B. für Material, Personal, Kapital usw. (Kap. 8.3.1);
- **Kostenstellen**, z. B. Abteilungen Einkauf, Fertigung, Konstruktion usw. (Kap. 8.3.2);
- **Kostenträger**, z. B. Produkt, Maschinenteil (Kap. 8.3.3);
- **Zurechenbarkeit** (Einzelkosten, Gemeinkosten; Kap. 8.3.2);
- **Abhängigkeit vom Beschäftigungsgrad** (fixe und variable Kosten; Kap. 8.5).

Werden alle Kosten in **einem** Kostenwert angegeben, so spricht man von **Vollkostenrechnung** (Kap. 8.4). Oft ist dieser Wert wenig aussagekräftig. Er wird ergänzt durch die Werte der **Teilkostenrechnung**, die die Vollkosten nach variablen und fixen Kosten aufteilt (Kap. 8.5).

Von Bedeutung ist die Gliederung der Kosten nach dem Zeitpunkt der Errech-

Gliederung der Kosten

			Kosten für ... (Beispiele)		
			Transport-arbeiten in Dreherei	Rundstahl für Produktion des Produkts XYZ	Kleinrechner in Konstruktions-abteilung
Fragestellung, Zweck der Kostenrechnung	Kostenart?	Wodurch verursacht?	Personal (Lohnkosten)	Material (Materialkosten)	Kalkulatorische Kosten (Abschreibung)
	Kostenstelle?	Wo entstanden?	Dreherei	Material-wirtschaft	Konstruktion
	Kostenträger?	Einem Kostenträger (Produkt) zuzuordnen?	**nein:** Gemeinkosten bei üblichem Zeiterfassungs-system	**ja:** Einzelkosten	**nein:** Gemeinkosten bei üblichem Kostenrechnungs-system
	fix oder variabel?	Abhängig vom Beschäfti-gungsgrad	**zum Teil:** z. B. 70 % fix, 30 % variabel; u. U. Einsatz des Arbeiters bei anderen Arbeiten möglich	**ja:** 100 % variabel	**nein:** 100 % fix, wenn im betrachteten Zeitraum keine anderweitige Verwendung

Bild 8.2-2. Überblick über Gliederungsmöglichkeiten für Kosten

nung. Die im Nachhinein bekannten, in einer Periode angefallenen Kosten bezeichnet man als **Ist-Kosten**. Sie können für gleiche Vorgänge von Fall zu Fall schwanken (z. B. durch Ausschuss). Deshalb rechnet man vereinfachend mit **Normalkosten** (aus dem Durchschnitt vergangener Perioden). Schließlich werden solche Durchschnittswerte (einschließlich erwarteter Änderungen) für eine zukünftige Periode als zu erreichende **Plankosten** vorgegeben.

8.2.2
Die Begriffe Verkaufspreis, Selbstkosten und Herstellkosten

In Bild 8.4-2 und 8.4-9 ist dargestellt, wie sich die Herstellkosten aus Material- und Fertigungskosten ergeben und wie durch Zuschlag weiterer Kosten (Verwaltung, Vertrieb usw.) die Selbstkosten entstehen. Aus den Selbstkosten lässt sich durch Addition eines gewünschten Gewinns ein **kalkulierter Netto-Verkaufspreis** errechnen. Da man mit Nachlässen (Rabatten, Skonti) im Laufe der Auftragsverhandlungen rechnen muss, aber auch mit Zuschlägen für Risiken und Provisionen, bezieht man diese gleich ein und kommt zu einem **kalkulierten Brutto-Verkaufspreis**. Mit diesem kann man zunächst anbieten. Es ist aber eine ganz andere Frage, welcher **Marktpreis** dann tatsächlich erreicht wird.

Grundsätzlich besteht kein innerer Zusammenhang zwischen Kosten und Marktpreis (Kap. 4.4.3). Ein **vom Kunden akzeptierter Preis** entspricht dessen Vorstellung vom Nutzen des Produkts und hängt stark von den Preisangeboten der Konkurrenten ab. Den Kunden interessieren die Kosten für die Herstellung des Produkts nicht. Für den Hersteller gibt es allerdings einen einseitigen Zusammenhang zwischen Preis und Kosten: Der Preis kann beliebig höher liegen als die Kosten, er darf die Selbstkosten jedoch nicht auf Dauer unterschreiten. Wo diese Untergrenze liegt, die bei jedem Konkurrenten aufgrund der Produktgestaltung, der Produktionstechnologie, der Kapazitätsauslastung oder früher durchgeführter Rationalisierungsmaßnahmen anders liegt (Kap. 7.13, Bild 7.13-2, Bild 7.13-3), zeigt sich erst in Krisenzeiten harter Konkurrenz. Versäumnisse aus „fetten Jahren" bezüglich Verbesserung der Produktqualität, Verringerung der Lieferzeit, Vergrößerung des Marktanteils, Reduktion der variablen und fixen Kosten werden in „mageren Zeiten" zum Prüfstein des Überlebens.

Aus dieser Betrachtungsweise ergibt sich auch, dass **Kostendaten nur innerbetrieblich offen gelegt** werden dürfen, **nach außen** gegenüber der Konkurrenz oder dem Kunden aber unbedingt **geheim gehalten** werden müssen! Die Konkurrenz kann Rückschlüsse auf Fertigungsvorteile usw. ziehen, und der Kunde wird auch nur Preise knapp über den Kosten akzeptieren. Anders sieht es u. U. bei abhängigen Zulieferern (z. B. in der Automobilindustrie) aus, die ihre interne Kostenrechnung oftmals dem Abnehmer offenlegen müssen.

Schließlich ist noch zu erwähnen, dass Preise zu Kosten werden, wenn das Unternehmen Waren einkauft, z. B. werden aus den Preisen des Lieferanten für das Fertigungsmaterial die Materialeinzelkosten des Abnehmers.

8.3 Die Kostenrechnung im Unternehmen

Das Rechnungswesen im Unternehmen umfasst die in **Bild 8.3-1** gezeigten Bereiche. Die Kostenrechnung nimmt dabei eine wichtige Stellung ein, da hier die Ausgangsdaten für die übrigen Abteilungen sowie für verschiedene Managemententscheidungen erarbeitet werden. Nur sie wird im Weiteren betrachtet.

Die Kostenrechnung hat drei wesentliche Ziele [VDI90]:

- Die **laufende Kontrolle der Wirtschaftlichkeit** des Betriebsprozesses durch Vergleich der anfallenden Kosten mit der erstellten betrieblichen Leistung.
- Die Ermittlung der **voraussichtlichen Kosten** einer Auftragsabwicklung als Basis für die Erstellung des Angebotspreises (Vorkalkulation).
- Die Ermittlung der **tatsächlich angefallenen Kosten** einer Auftragsabwicklung (Nachkalkulation).

Leider ist das **Ziel der frühzeitigen Unterstützung kostenwirksamer Entscheidungen in der Entwicklung** bisher von der Betriebswirtschaft kaum aufgegriffen worden, so dass Techniker in vielen Fällen zur Selbsthilfe greifen (Kap. 9). Die Selbsthilfe **muss** aber auf der Kostenrechnung aufbauen und mit ihr abgestimmt sein.

Die Kostenrechnung erfasst, verteilt und untersucht angefallene Kosten (Bild 8.2-2) nach folgenden Fragestellungen:

- **Welche** Kosten sind angefallen? **Kostenarten**, z. B. Material-, Lohnkosten.
- **Wo** sind Kosten angefallen? **Kostenstellen**, z. B. Dreherei, Fräserei, Vertrieb.
- **Wofür** sind Kosten angefallen? **Kostenträger**, z. B. Schiffsgetriebe, Hebel.

Die anfallenden Kosten werden also nach Kostenarten getrennt und auf Kostenstellen und Kostenträger umgelegt. Anschließend werden die so verrechneten Kosten für die in Bild 8.3-1 gezeigten Aufgabenbereiche ausgewertet.

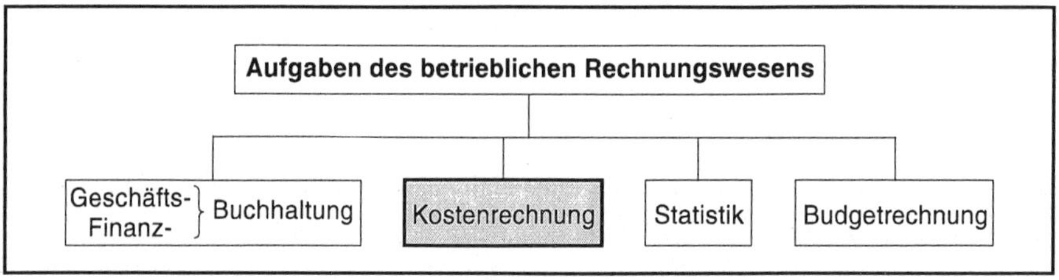

Bild 8.3-1. Bereiche und Aufgaben des betrieblichen Rechnungswesens

8.3.1 Kostenartenrechnung

➔ Definition: **Kostenart** ist die Benennung für Kosten mit gleichen Merkmalen; üblicherweise werden die Kostenarten nach Art der verzehrten Produktionsfaktoren unterschieden [DIN89a] (**Bild 8.3-2**).

8.3.2 Kostenstellenrechnung

➔ Definition: **Kostenstelle** ist ein nach bestimmten Kriterien abgegrenzter betrieblicher Bereich der Kostenentstehung.
Solche Kriterien können funktioneller, rechnungstechnischer, organisatorischer und räumlicher Art sein.
Wichtige Kostenstellen sind Abteilungen, Werkstätten, Maschinen, Maschinengruppen und eventuell einzelne Arbeitsplätze (in diesem Fall auch Kostenplatz genannt) [DIN89a].

Die Kosten werden mit Hilfe des Betriebsabrechnungsbogens getrennt nach den verschiedenen Kostenstellen erfasst (**Bild 8.3-3**). Üblicherweise erfolgt dabei die Aufteilung in Kostenstellen nach folgendem Plan:

- Allgemeine Kostenstellen, z. B. Gebäudeverwaltung oder Energieversorgung, deren Leistungen von allen bzw. von fast allen anderen Kostenstellen in Anspruch genommen werden;

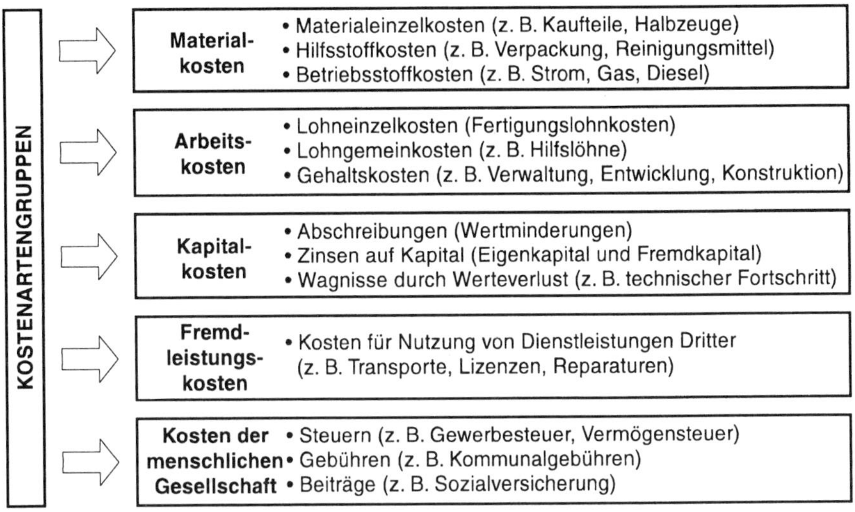

Bild 8.3-2. Kostenarten nach „verzehrten“ Produktionsfaktoren

- Fertigungshilfskostenstellen, z. B. Reparaturwerkstatt, Arbeitsvorbereitung;
- Fertigungshauptkostenstellen, z. B. Dreherei, Montage, einzelne Maschinen;
- Materialkostenstellen, z. B. Einkauf, Materialprüfung, Lager;
- Verwaltungskostenstellen, z. B. Geschäftsführung, Verwaltung;
- Vertriebskostenstellen, z. B. Verkauf, Werbung.

Die Zahl der Kostenstellen richtet sich nach den Erfordernissen im Betrieb. Jede Kostenstelle sollte einen klar abgegrenzten Bereich beinhalten, so dass Wirtschaftlichkeitsbetrachtungen für die einzelnen Kostenstellen möglich sind.

Ein Teil der Kosten, die im Betrieb auftreten, lassen sich den Kostenträgern (Produkten, Dienstleistungen) direkt zuordnen; man spricht hier von Einzelkosten. Sie brauchen also nicht über den „Umweg" der Kostenstellen verrechnet werden.

> ➔ Definition: **Einzelkosten** sind alle Kosten, die einem **Zurechnungsobjekt direkt zugerechnet** werden können bzw. im konkreten Anwendungsfall zugerechnet werden.
> Die wichtigsten Zurechnungsobjekte sind **Kostenträger**. Bezogen auf diese wird z. B. zwischen Materialeinzelkosten (u. a. Kosten für Werkstoffe, Kaufteile und Verpackungsmaterial) und Fertigungslohnkosten unterschieden.
> Häufig werden Einzelkosten als Produkt aus **Menge** (z. B. Anzahl, Gewicht, Arbeitsstunden) und **Wert** pro Mengeneinheit (z. B. Verrechnungspreis, Lohnsatz) ermittelt [DIN89a].

Kosten, die sich nicht direkt bestimmten Kostenträgern zuordnen lassen, werden unter dem Begriff Gemeinkosten zusammengefasst. Sie haben nach [VDM95] über 50 % der Selbstkosten eines Maschinenbauunternehmens erreicht. Typische Gemeinkosten sind Kosten der Verwaltung und Gehälter, die man kaum z. B. einer Kurbelwelle oder einem Zahnrad direkt zuordnen kann.

> ➔ Definition: **Gemeinkosten** sind alle Kosten, die **einem Zurechnungsobjekt nicht direkt zugerechnet** werden können bzw. anwendungsbezogen nicht zugerechnet werden [DIN89a].

Wichtige Gemeinkostenarten sind im Allgemeinen Gehälter, Hilfslöhne, Hilfs- und Betriebsstoffkosten, kalkulatorische Abschreibungen und kalkulatorische Zinsen („Kalkulatorische" Kosten fallen nicht direkt an, sondern sollen eine substantielle Kapitalerhaltung ermöglichen).

Gemeinkosten werden in der Vollkostenrechnung indirekt mit Hilfe von Schlüsseln (Gemeinkostenzuschlagsätze) auf Zurechnungsobjekte, insbesondere Kostenträger verrechnet (Kap. 8.4).

Die Ermittlung der Zuschlagsätze erfolgt mit dem **Betriebsabrechnungsbogen** BAB, der daneben noch bei anderen Aufgaben, z. B. der Wirtschaftlichkeitskontrolle, eingesetzt wird (**Bild 8.3-3**).

Der grundsätzliche Aufbau des Betriebsabrechnungsbogens ist in allen Industriebetrieben gleich. In ihm werden tabellarisch die Kosten der verschiedenen Kostenstellen nach Kostenarten gegliedert aufgeführt. Wenn eine Teilkostenrechnung (Kap. 8.5) gemacht werden soll, so wird im Betriebsabrechnungsbogen zusätzlich zwischen fixen und variablen Kosten unterschieden.

Schritt		Kostenarten \ Kostenstellen	Hilfskostenstellen: Allgem. Hilfskostenstelle (z. B. allg. Energieversorg.)	Hilfskostenstellen: Fertigungshilfskostenstelle	Hauptkostenstellen: Fertigungshauptkostenstellen: Dreherei	Hauptkostenstellen: Fertigungshauptkostenstellen: Montage	Hauptkostenstellen: Fertigungshauptkostenstellen: Summe	Hauptkostenstellen: Materialkostenstelle	Hauptkostenstellen: Verwaltungskostenstelle	Hauptkostenstellen: Vertriebskostenstelle
Schritt 1 Kostenübernahme	*EK*	1.1 Materialeinzelkosten *MEK*			150	100	250			
		1.2 Fertigungslohnkosten *FLK*			60	32	92			
	Gemeinkosten	1.3 Gemeinkostenlöhne	2	10	21	19	40	2		
		1.4 Gehälter	8	16	6	6	12	8	25	27
		1.5 Personalnebenkosten	4	8	3	3	6	4	12	10
		1.6 Gemeinkostenmaterial	9	3	7	8	15	1	1	1
		1.7 Energie (Fremdbezug)	2	4	14	10	24			
		1.8 Instandhaltung und Reparatur (Fremdleistung)	5	8	10	9	19	2		
		1.9 Steuer, Versicherung, Gebühren, Miete, Beiträge	6	8	10	10	20	3	13	12
		1.10 Werbung, Repräsentation		1					2	4
		1.11 Kundendienst, Vertreterprovision								30
		1.12 Abschreibung	8	11	25	26	51	4	10	15
		1.13 kalkulatorische Zinsen und Wagnisse	2	1	4	3	7	4		
Schritt 2 Kostenverteilung		2.1 Summe 1.3 ... 1.13	46	70	100	94	194	28	63	99
		2.2 Umlage der allgemeinen Hilfskostenstelle (Schlüssel: z. B. installierte Leistung)	→	6	13	13	26	1	5	8
		2.3 Umlage der Fertigungshilfskostenstelle (Schlüssel: *FLK* (1.2))		→	50	26	76			
Schritt 3 Ermittlung der *GK*-Zuschlagsätze		3.1 Summe Gemeinkosten *GK* (2.1...2.3)			163	133	296	29	68	107
		3.2 Fertigungslohnkosten *FLK* (1.2)			60	32	92			
		3.3 Fertigungsgemeinkostenzuschlagsatz *FGKZ*			270%	420%				
		3.4 Fertigungskosten *FK* = *FLK* + *FGK*					388			
		3.5 Materialeinzelkosten *MEK* (1.1)					250	250		
		3.6 Materialgemeinkostenzuschlagsatz *MGKZ*					29	12%		
		3.7 Herstellkosten *HK* = *FK* + *MEK* + *MGK*					667		667	667
		3.8 Verwaltungsgemeinkostenzuschlagsatz *VWGKZ*					68		10%	
		3.9 Vertriebsgemeinkostenzuschlagsatz *VTGKZ*					107			16%
		3.10 Gesamtkosten (ohne *EKK*)					842			

Zahlenwerte in 1000 €

Fertigungsgemeinkosten-zuschlagsatz (Zeile 3.3)

$$FGKZ = \frac{\text{Fertigungsgemeinkosten}}{\text{Fertigungslohnkosten}} \cdot 100\ \%$$

Materialgemeinkosten-zuschlagsatz (Zeile 3.6)

$$MGKZ = \frac{\text{Materialgemeinkosten}}{\text{Materialeinzelkosten}} \cdot 100\ \%$$

Verwaltungsgemeinkosten-zuschlagsatz (Zeile 3.8)

$$VWGKZ = \frac{\text{Verwaltungsgemeinkosten}}{\text{Herstellkosten}} \cdot 100\ \%$$

Vertriebsgemeinkosten-zuschlagsatz (Zeile 3.9)

$$VTGKZ = \frac{\text{Vertriebsgemeinkosten}}{\text{Herstellkosten}} \cdot 100\ \%$$

Bild 8.3-3. Vereinfachter Betriebsabrechnungsbogen BAB und Ermittlung der Gemeinkostenzuschlagsätze

Die Aufstellung des Betriebsabrechnungsbogens erfolgt in mehreren Schritten:

Schritt 1: Kostenübernahme

Die Zahlen der Buchhaltung für die Einzel- und Gemeinkosten werden übernommen und verursachungsgerecht auf die Kostenstellen verteilt. Die Einzelkosten dienen nur als Basis der später zu errechnenden Gemeinkostenzuschlagsätze.

Schritt 2: Kostenverteilung

Zunächst werden die Kosten der allgemeinen Hilfskostenstelle auf die anderen Kostenstellen umgelegt (Verteilungsschlüssel, z. B. bei der Energieversorgung nach installierter Leistung/Kostenstelle, Zeile 2.2). Anschließend werden die Kosten der Fertigungshilfskostenstelle auf die Fertigungshauptkostenstellen umgelegt (Verteilungsschlüssel, z. B. Fertigungslohnkosten, Zeile 2.3). Die Addition der Zeilen 2.1-2.3 ergibt die Gemeinkosten je Hauptkostenstelle (Zeile 3.1).

Schritt 3: Ermittlung der Gemeinkostenzuschlagsätze

Nun werden die Gemeinkostenzuschlagsätze ermittelt, z. B. die Fertigungsgemeinkostenzuschlagsätze durch Division der Zeile 3.1 durch Zeile 3.2 usw.

In weiteren, hier nicht gezeigten Schritten werden die geplanten Kosten mit den tatsächlich angefallenen Kosten verglichen und betriebliche Kennzahlen ermittelt [VDI90].

8.3.3 Kostenträgerrechnung

Die **Kostenträgerrechnung** rechnet die Kosten dem einzelnen Produkt (Kostenträger) zu. Diese als Kalkulation bezeichnete Rechnung hat folgende Aufgaben zu erfüllen:

- Bestimmung der Herstell- und Selbstkosten je Kostenträger (Produkt) als Basis für Preisermittlungen;
- Erfolgsüberprüfung der Produkte für die Produktionsprogrammplanung;
- Vergleichsrechnungen für verschiedene Produkte zu verschiedenen Zeiten und verschiedene Produktionsverfahren.

Je nach Zeitpunkt der Kalkulation unterscheidet man zwischen **Vor- und Nachkalkulation**. Die Vorkalkulation erfolgt **vor** der Leistungserstellung und basiert auf der Vorplanung des Fertigungsablaufs, die Nachkalkulation auf dem tatsächlichen Ablauf der Fertigung und rechnet mit Ist-Kosten. Bei längeren Laufzeiten von Projekten werden während der Produktion Zwischenkalkulationen durchgeführt. Erfolgt dies kontinuierlich schon während der Entwicklung, so spricht man von **mitlaufender Kalkulation** (Kap. 9).

Die in der Praxis verwendeten Begriffe und ihre Zuordnung zum zeitlichen Ablauf des Produkterstellungsprozesses sind unterschiedlich. Um Missverständnisse zu vermeiden, ist zu prüfen, wie Begriffe in der Praxis und wie sie hier verwendet werden. Hier wird der Ablauf der Kalkulation vereinfacht wie folgt gesehen:

Aufgrund einer Anfrage erfolgt die **Angebotskalkulation**. Kommt es zum Auftrag, wird entwickelt, und nach weitgehender Fertigstellung der Konstruktionsunterlagen erfolgt die **Vorkalkulation** mit Arbeitsplanerstellung. Nach der Fertigung erfolgt die **Nachkalkulation**. Inhalte und Umfänge der einzelnen Schritte können unterschiedlich sein. Eine zeitliche Überlappung ist möglich, weil bestimmte Teile schon gefertigt, andere aber noch nicht konstruiert wurden.

8.4 Kalkulationsverfahren

Man unterscheidet als wesentliche Verfahren **Divisionskalkulation** und **Zuschlagskalkulation**. Die Divisionskalkulation wird vornehmlich bei einheitlicher Massenfertigung verwendet und ist sehr einfach. Ein Unternehmen, das beispielsweise nur eine Art von Wagenhebern herstellt, kann alle während einer Abrechnungsperiode angefallenen Kosten durch die während dieser Periode erzeugte Stückzahl dividieren und erhält damit die Kosten pro Einheit. Eine erweiterte Form der Divisionskalkulation ist die Rechnung mit Äquivalenzziffern [DIN89b].

Je unterschiedlicher die Produkte in einem Unternehmen sind und je unterschiedlicher die gefertigte Stückzahl ist, desto mehr tritt das Problem der verursachungsgerechten Kostenzurechnung in den Vordergrund. In diesen Fällen wird die Zuschlagskalkulation angewendet. Man unterscheidet je nach der Anzahl der Bezugsgrößen zwischen der summarischen (Kap. 8.4.1) und der differenzierenden Zuschlagskalkulation (Kap. 8.4.2). Sie ist das im Maschinenbau am weitesten verbreitete Verfahren der Kostenträgerstückrechnung.

Sonderformen der differenzierenden Zuschlagskalkulation sind die Platzkosten- und Maschinenstundensatzrechnung, die auf einer detaillierteren Aufgliederung der Kostenstellen bis zu einzelnen Arbeitsplätzen (z. B. Maschinen) basieren und auch die Gemeinkosten differenzierter erfassen (Bild 8.4-9). Sie sind damit genauer und werden zunehmend verwendet.

8.4.1 Summarische Zuschlagskalkulation

Bei der summarischen Zuschlagskalkulation wird das ganze Unternehmen als eine einzige Kostenstelle betrachtet, und die Gemeinkosten werden in einem Block auf die Einzelkosten als Bezugsgröße zugeschlagen. Das Rechnen mit nur einer Bezugsgröße ist einfach, aber, wie unten gezeigt wird, mit Problemen verbunden. Deshalb darf die summarische Zuschlagskalkulation, wie die Divisionskalkulation, nur für Unternehmen mit sehr ähnlichen Produkten angewendet werden.

Als **Bezugsgröße** können Materialeinzelkosten *MEK* **oder** Fertigungslohnkosten *FLK* verwendet werden. Die Unterschiede, die sich aus der Wahl einer Bezugsgröße ergeben, werden im folgenden Beispiel erläutert:

Ein Unternehmen, das Schweißbaugruppen herstellt, hat in einer Abrechnungsperiode Selbstkosten *SK* in Höhe von insgesamt 1 000 000 €, davon Materialeinzelkosten MEK von 400 000 € und Fertigungslohnkosten FLK von 100 000 €. Je nach Bezugsgröße ergeben sich die in **Bild 8.4-1** dargestellten Gemeinkosten GK und Gemeinkostenzuschläge GKZ. In der Praxis kann man diesen Vergleich nicht durchführen, denn wenn man sich für eine Bezugsgröße, z. B. die Materialeinzelkosten, entschieden hat, wird nur diese erfasst und nur mit ihr gerechnet. Die verschiedenen Möglichkeiten werden nicht parallel verwendet!

Zunächst ergeben sich bei gleichen Selbstkosten des Unternehmens andere Gemeinkosten. Daraus errechnen sich unterschiedliche Gemeinkostenzuschläge. Diese führen dann bei der Kalkulation neuer Produkte zu völlig verschiedenen Selbstkosten. **Bild 8.4-1a** zeigt die in einer Abrechnungsperiode angefallenen Kosten und errechneten Gemeinkostenzuschläge. Mit diesen wird dann die Produktkalkulation (Kostenträgerrechnung) durchgeführt.

Die Kalkulation eines Maschinengestells 1, für das 2 000 € *MEK* und 1 000 € *FLK* an Einzelkosten anfallen, ergibt je nach Bezugsgröße die in **Bild 8.4-1b** dargestellten Werte für die Gemein- und Selbstkosten.

Wird jedoch ein anderes Maschinengestell 2, das z. B. die gleichen Materialeinzelkosten von 2 000 € (gleiches Gewicht), aber doppelte Fertigungslohnkosten von 2 000 € (mehr Teile und Schweißnähte) hat, kalkuliert, ergeben sich die Ergebnisse in **Bild 8.4-1c**. Das zweite Maschinengestell kann je nach verwendeter Bezugsgrö-

a) **Ermittlung der Gemeinkostenzuschlagsätze**

		Kalkulation mit Bezugsgröße ***MEK***	Kalkulation mit Bezugsgröße ***FLK***
Selbstkosten	*SK*	1 000 000	1 000 000
Einzelkosten	*EK*	400 000	100 000
Gemeinkosten	*GK = SK - EK*	600 000	900 000
GKZ	*GK/EK*	**150 %**	**900 %**

b) **Kalkulation Maschinengestell 1**

		mit Bezugsgröße ***MEK***	mit Bezugsgröße ***FLK***
Einzelkosten	*EK*	2 000	1 000
Gemeinkosten	*GK = EK x GKZ*	3 000	9 000
Selbstkosten	*SK*	**5 000**	**10 000**

c) **Kalkulation Maschinengestell 2**

		mit Bezugsgröße ***MEK***	mit Bezugsgröße ***FLK***
Einzelkosten	*EK*	2 000	2 000
Gemeinkosten	*GK = EK x GKZ*	3 000	18 000
Selbstkosten	*SK*	**5 000**	**20 000**

Bild 8.4-1. Beispiel zur summarischen Zuschlagskalkulation: Je nach Wahl der Bezugsgröße ergeben sich unterschiedliche Zuschlagsätze und Selbstkosten

ße rechnerisch genauso viel kosten wie das erste (Bezugsgröße MEK) oder doppelt so viel (Bezugsgröße FLK)! Die summarische Zuschlagskalkulation ist für die in der Kostenstruktur so unterschiedlichen Maschinengestelle 1 und 2 nicht geeignet!

8.4.2 Differenzierende Zuschlagskalkulation

Die differenzierende (auch: differenzierte) Zuschlagskalkulation ist im Maschinenbau weit verbreitet. Bei diesem Kalkulationsverfahren wird das Unternehmen in mehrere Kostenstellen aufgeteilt, denen die Gemeinkosten über mehrere Bezugsgrößen zugerechnet werden. Zum Beispiel kann unterschieden werden in:

- Materialgemeinkosten *MGK*;
- Fertigungsgemeinkosten *FGK*;
- Verwaltungsgemeinkosten *VWGK*;
- Vertriebsgemeinkosten *VTGK*.

Bezugsgrößen zur Gemeinkostenverrechnung sind üblicherweise:

- Materialeinzelkosten *MEK*;
- Fertigungslohnkosten (auch Fertigungseinzelkosten) *FLK*;
- Herstellkosten *HK*.

Die Kosten nach **Bild 8.4-2** und Bild 8.4-9 werden wie folgt ermittelt:

Materialkosten *MK*

Die Materialkosten ergeben sich aus den Materialeinzel- und Materialgemeinkosten.

$$MK = MEK + MGK$$

Sie haben im Maschinenbau einen Anteil von 15-60 % (im Mittel 37,8 % [VDM95]) der Selbstkosten. Die Materialkosten sind also ein bedeutender Kostenanteil im Unternehmen und auch in Produkten (Kap. 7.9.1). Der Begriff Materialkosten umfasst alle Kosten des Einkaufs: also Kosten für Rohmaterial, Halbzeuge, Norm- und Kaufteile, fremdgefertigte Teile usw. Sie enthalten damit z. B. auch Fertigungslohn-, Verwaltungskosten, Gewinne usw. des Zulieferers! Gerade bei einem hohen Fremdfertigungsanteil ist es für das Kostenmanagement wichtig zu erkennen bzw. abzuschätzen, wie sich die Kosten beim Zulieferer zusammensetzen, um entsprechende Maßnahmen zum Kostensenken zu ergreifen! Dies ist am besten in einer Zusammenarbeit mit dem Zulieferer zu erreichen (Kap. 7.10.4).

Materialeinzelkosten *MEK*

Die Materialeinzelkosten berechnen sich aus der verbrauchten Materialmenge multipliziert mit dem Wert pro Mengeneinheit (meist der Einstandspreis/Einheit). Die verbrauchten Materialmengen für den Kostenträger erhält man aus den Materialentnahmescheinen, die Einstandspreise aus den bezahlten Rechnungen und den Beschaffungsnebenkosten (Transport usw.).

$$MEK = \text{Menge} \cdot \frac{\text{Wert}}{\text{Mengeneinheit}}$$

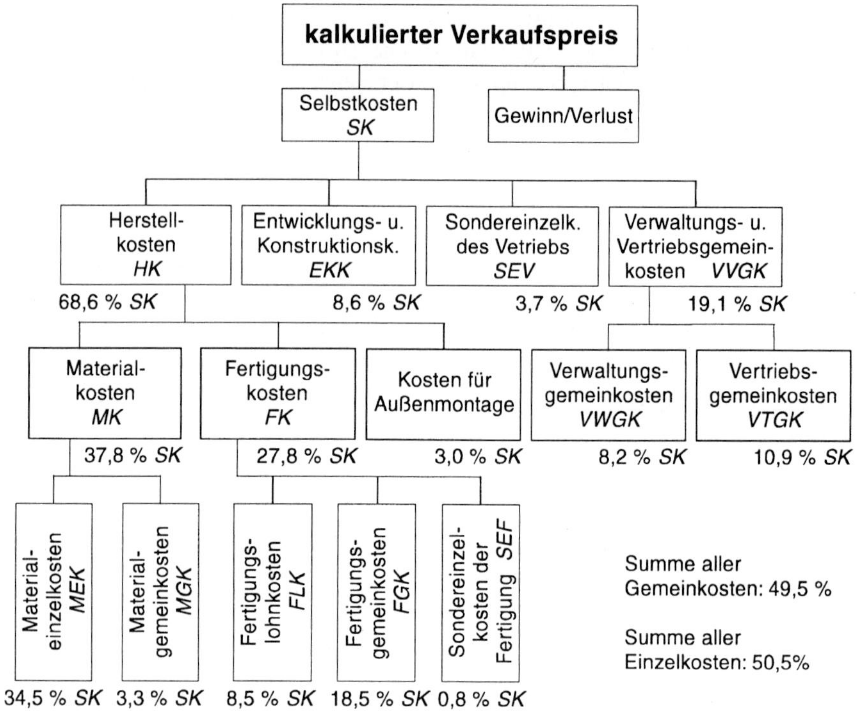

Bild 8.4-2. Kalkulationsschema des Maschinenbaus (differenzierende Zuschlagskalkulation), Prozentangaben nach VDMA Kennzahlenkompass 1995 [VDM95]

Materialgemeinkosten *MGK*

Die Materialgemeinkosten werden mit dem Materialgemeinkostenzuschlagsatz aus den Materialeinzelkosten berechnet. Die Materialgemeinkosten enthalten z. B. die Raumkosten für das Lager, Zinsen für das im Materiallager gebundene Kapital, Kosten der Wareneingangskontrolle usw.

$$MGK = MEK \cdot \frac{MGKZ}{100\%}$$

$MGKZ$ = Materialgemeinkostenzuschlagsatz (üblich 5-10-20 %)

Fertigungskosten *FK*

Die Fertigungskosten ergeben sich aus Fertigungslohn- und Fertigungsgemeinkosten.

$$FK = FLK + FGK$$

Dabei liegen die Fertigungslohnkosten mit im Mittel 8,5 % der Selbstkosten verhältnismäßig niedrig, wogegen die Fertigungsgemeinkosten mit im Mittel 18,5 % der Selbstkosten einen hohen Anteil ausmachen. In den Fertigungskosten sind die Kosten aller Fertigungsschritte, auch die Montage, enthalten. Statt mit Fertigungslohnkosten wird auch mit Fertigungseinzelkosten *FEK* gerechnet.

Fertigungslohnkosten *FLK*

Die Fertigungslohnkosten berechnen sich aus dem Lohnsatz und der Zeit/Stück

$$FLK = flk \cdot t$$

flk = Lohnkostensatz [€/min oder €/h]
t = Stückzeit [min oder h]

Die Stückzeit (Bild 7.6-2) erhält man aus den Lohnscheinen der Werker entweder als Aufschreibung der Ist-Zeiten (Nachkalkulation) oder aus den Vorgabezeiten der Arbeitsvorbereitung (Vorkalkulation).

Fertigungsgemeinkosten *FGK*

Die Fertigungsgemeinkosten werden mit dem Fertigungsgemeinkostenzuschlagsatz aus den Fertigungslohnkosten berechnet.

$$FGK = FLK \cdot \frac{FGKZ}{100\%}$$

$FGKZ$ = Fertigungsgemeinkostenzuschlagsatz (üblich 200-500 %)

Der Fertigungsgemeinkostenzuschlagsatz wird im Betriebsabrechnungsbogen für jede Kostenstelle ermittelt. Die Fertigungsgemeinkosten enthalten z. B. die Kosten für Maschinen, Hallen, Meister usw.

Sondereinzelkosten der Fertigung *SEF*

Sondereinzelkosten der Fertigung sind Kosten für Vorrichtungen, Modelle u. ä., die nur für die Fertigung eines Kostenträgers bereitgestellt werden. Allgemein verwendbare Werkzeuge werden in den Fertigungsgemeinkosten berücksichtigt.

Außenmontage

In Bild 8.4-2 sind die Kosten der Außenmontage nach [VDM95] genannt. Im üblichen Schema der differenzierenden Zuschlagskalkulation sind sie nicht gesondert aufgeführt. Wie weit sie und andere Kostenarten aufgeschlüsselt und wie sie ermittelt werden, ist betriebsspezifisch zu klären (siehe ach Bild 8.4-9 wo die Vertriebseinzelkosten *VTEK* gesondert ausgewiesen sind).

Herstellkosten *HK*

Die Herstellkosten sind die Summe aus Material- und Fertigungskosten.

$$HK = MK + FK$$

Die Herstellkosten *HK* betragen im Mittel 68,6 % der Selbstkosten. In der Praxis werden diese Kosten auch mit *HK1* bezeichnet. In *HK2* werden dann die Entwicklungs- und Konstruktionskosten *EKK* mit eingerechnet.

Selbstkosten *SK*

Die Selbstkosten ergeben sich aus der Summe der Herstell-, Entwicklungs- und Konstruktions- sowie Verwaltungs- und Vertriebsgemeinkosten.

$$SK = HK + EKK + VVGK + SEV$$

Zusätzlich sind gegebenenfalls Sondereinzelkosten des Vertriebs *SEV* zu berücksichtigen. Die Entwicklungs- und Konstruktionskosten liegen für obige Verhältnisse bei 3-25 % (Mittel 8,6 %) der Selbstkosten, die Verwaltungs- und Vertriebsgemeinkosten bei 15-20 % der Selbstkosten. In der Praxis können noch weitere Kosten als Einzelposition verrechnet werden, z. B. Fertigungsrisiko, Gewährleistungskosten. Diese Besonderheiten sind betriebsspezifisch zu klären. Das Beispiel in Kap. 8.4.3 zeigt die Durchführung der differenzierenden Zuschlagskalkulation.

Das Schema und der Rechnungsgang der Zuschlagskalkulation erscheinen einfach. Folgende **vier Probleme** ergeben sich jedoch für das Kostenmanagement:

1. Kosten des Produkts als Summe der Kosten von vielen Teilen

Die Kosten für ein Produkt summieren sich aus den Kosten vieler Teile (ein Pkw, eine Sondermaschine bestehen aus 10 000 und mehr Teilen!), deren Materialkosten und den Kosten vieler Fertigungsgänge einschließlich der Montage. Dieses **Mengenproblem** ist mit dem Einsatz der EDV zwar beherrschbar, aber die Zusammenfassung und Aufbereitung der Daten für die Transparenz beim Kostenmanagement sind aufwändig.

2. Kalkulation vor der Leistungserstellung – Vorkalkulation

Ein weiteres Problem ist der **Zeitpunkt der Kalkulation**. Im Nachhinein ist es „nur eine Fleißarbeit", die angefallenen Kosten aus den Materialentnahme- und Lohnscheinen zusammenzutragen. Für die Ermittlung der Kostenziele, des Angebotspreises und der mitlaufenden Kostenkontrolle bei der Entwicklung eines Produkts müssen die Kosten aber aufgrund noch nicht vorhandener oder unvollständiger Unterlagen (Zeichnungen, Arbeitspläne, Stücklisten) kalkuliert werden. Das ist schwierig, und die Ergebnisse sind unsicher (Kap. 9.1).

3. Aktualisierung der Kostendaten

Weil sich Kostendaten im Laufe der Zeit ändern (Lohnerhöhungen, Änderungen der Materialpreise usw.), müssen sie aktualisiert werden. Die ständige Aktualisierung der Daten und auch die Rechnung mit aktuellen, vergangenen und zukünftigen Kostensätzen bei der Vor- und Nachkalkulation sind theoretisch durch den Einsatz der flexiblen Grenzplankostenrechnung in Verbindung mit der EDV gelöst [Mül93]. In der betrieblichen Praxis gibt es hier noch erhebliche Lücken.

4. Kosteneinfluss von Stückzahl, Baugröße, Normung usw.

Die Zuschlagskalkulation verrechnet die Gemeinkosten proportional zu den Fertigungslohn- und Materialeinzelkosten für ein Produkt. Dies ist jedoch nur in wenigen Fällen zutreffend. Wie aus Beispielen in Kap. 8.4.3 ersichtlich ist, sind Konstruktions-, Verwaltungs- und Vertriebskosten z. B. von der Neuheit und der Kompliziertheit des jeweiligen Auftrags abhängig und nicht unbedingt von den schließlich entstehenden, oft sehr niedrigen Materialeinzel- und Fertigungslohnkosten (Kap. 7.12). Bei der Prozesskostenrechnung wird versucht, die Kosten anderen Einflussgrößen – „Kostentreibern" – verursachungsgerechter zuzurechnen (Kap. 8.4.6).

Auf weitere Probleme der Zuschlagskalkulation wird in Kap. 8.4.4 eingegangen. Die in Kap. 8.4.1 gezeigten Probleme der summarischen Zuschlagskalkulation sind durch die differenzierende Zuschlagskalkulation zwar erheblich verringert, bestehen aber im Prinzip weiter.

8.4.3 Beispiele für wirkliche Kostenentstehung und Zuschlagskalkulation

An den Beispielen a–d werden mögliche Fehlentscheidungen aufgrund der Zuschlagskalkulation aufgezeigt. Sie wirken sich besonders auf die Kosten bei unterschiedlichen Stückzahlen, Baugrößen und damit ebenso auf Varianten- und Sonderkonstruktionen (a, b und d), aber auch ganz konkret auf konstruktive Maßnahmen (c) aus. Die Zahlen der Beispiele sind stark vereinfacht, um die Zusammenhänge nachvollziehbar darzustellen. Die Verhältnisse sind dagegen realistisch (s. a. Bild 7.13-17).

Beispiel a: Sonderkonstruktion einer Mischerabdeckung

An einer geschweißten Abdeckung für einen stationären Betonmischer wird gezeigt, wie und wo im Verlauf der Produktion Kosten „wirklich" entstehen und wie sie aufgrund der üblichen Zuschlagskalkulation verrechnet werden.

Die Abdeckung (**Bild 8.4-3**) ist eine Sonderkonstruktion für einen Kunden, dessen Wunsch erfüllt werden muss. Man ahnt aber, dass der vereinbarte Preis von 1 600 € die „wirklichen" (d. h. tatsächlich entstandenen) Kosten kaum deckt.

Wie die Kosten entstanden sind, wird im Folgenden beschrieben: Der Anruf eines Kunden im Verkauf löste den Vorgang aus. Ein Konstrukteur musste mit dem Pkw zum Kunden fahren, um die Maße für die Abdeckung direkt an dem Betonmischer aufzunehmen. Der Kunde fragt bei dieser Gelegenheit den Konstrukteur: „Was wird die Abdeckung wohl kosten?" Der Konstrukteur überlegt: Das Gewicht der Abdeckung ist ca. 300 kg, der übliche „kg-Preis" (Gewichtskostensatz) beträgt

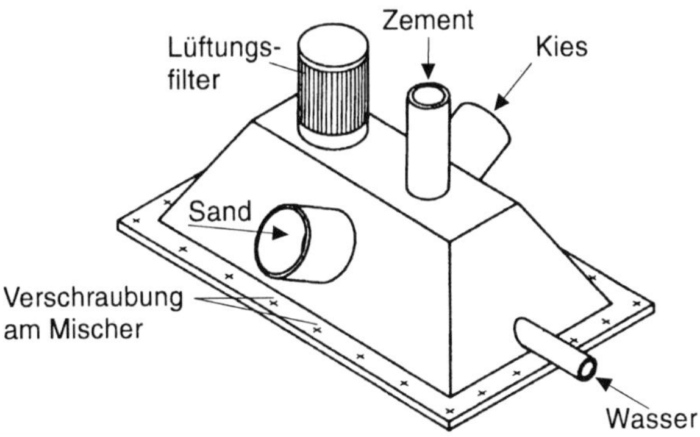

Bild 8.4-3. Abdeckung für einen stationären Betonmischer

ca. 6 €/kg, also antwortet er: „Die Abdeckung wird wohl ca. 1 800 € kosten."

Der Konstrukteur fährt zurück, erarbeitet einen Vorentwurf und gibt diesen in die Arbeitsvorbereitung bzw. in die Kalkulation. Diese macht eine Vorkalkulation als differenzierende Zuschlagskalkulation mit Platzkostensätzen (**Bild 8.4-4**) anhand des vorläufigen Mengengerüsts (benötigte Werkstoffmengen und Fertigungszeiten). Das Ergebnis (1 215 € Selbstkosten) wird dem Verkauf mitgeteilt, der auch den vom Konstrukteur genannten Schätzwert von 1 800 € erhalten hat. Der Verkauf bietet dem Kunden die Abdeckung für einen Preis von 1 800 € an. Der Kunde handelt und vereinbart einen Preis von 1 600 €.

Der Kunde ist zufrieden, weil er 12,5 % Nachlass erhalten hat. Der Vertrieb freut sich, weil ein Gewinn von 385 € (24 % vom Preis) zu erwarten ist.

Nach Fertigstellung der Abdeckung wird eine Nachkalkulation (**Bild 8.4-5**) mit dem Ist-Mengengerüst vorgenommen. Die Selbstkosten betragen danach nicht 1 215 €, sondern 1 350 € und der Gewinn damit nicht 385 €, sondern 250 € (ca. 15 %). Damit wird man im Normalfall zufrieden sein und die Differenz als übliche Ungenauigkeit zwischen Angebots- und Nachkalkulation auf sich beruhen lassen. Der Wert von 6 €/kg als „Richtpreis" ist auch bestätigt.

Man könnte nun aufgrund der Zuschlagskalkulation zur Meinung kommen, dass die Sonderkonstruktion solcher Abdeckhauben ein gutes Geschäft darstellt, das ohne weiteres weiterverfolgt werden kann. Die wirkliche Situation ergibt aber einen so großen Verlust, dass für zukünftige ähnliche Fälle ein wesentlich höherer Preis verlangt werden muss.

Materialeinzelkosten		kg	€/kg	*MEK*		
Bleche		250	1	250		
Rohre + Kleinteile				50	**300**	***MEK***
Materialgemeinkosten *MGKZ* = 10 % (von *MEK*)					**30**	***MGK***
Materialkosten					**330**	***MK***
Fertigungskosten	t_r [h]	t_e [h]	€/h	*FK*		
Absägen		0,5	40	20		
Schweißen	0,5	2,5	60	180		
mech. Bearbeitung	0,5	5,0	60	330		
Lackieren		0,5	80	40	**570**	***FK***
Herstellkosten (*MK* + *FK*)					**900**	***HK***
Entwicklungs- und Konstruktionskosten *EKKGKZ* = 10 % (von *HK*)					**90**	***EKK***
Verwaltungs- und Vertriebsgemeinkosten *VVGKZ* = 25 % (von *HK*)					**225**	***VVGK***
Selbstkosten					**1 215**	***SK***
Verkaufspreis					**1 600**	**Erlös**
Gewinn				**24 % vom Erlös**	**385**	**Gewinn**

Größen ohne Bezeichnung in €

Bild 8.4-4. Vorkalkulation der Mischerabdeckung nach Bild 8.4-3 (differenzierende Zuschlagskalkulation mit Platzkostensätzen)

Materialeinzelkosten				kg	€/kg	*MEK*		
Bleche				260	1	260		
Rohre + Kleinteile						90	**350**	***MEK***
Materialgemeinkosten *MGKZ* = 10 % (von *MEK*)							**35**	***MGK***
Materialkosten							**385**	***MK***
Fertigungskosten	t_r [h]	t_e [h]	€/h	*FKr*	*FKe*	*FK*		
Absägen		0,5	40	0	20	20		
Schweißen	0,5	3,25	60	30	195	225		
mech. Bearb.	0,5	5,0	60	30	300	330		
Lackieren		0,5	80	0	40	40		
			Summe:	60	555		**615**	***FK***
Herstellkosten (*MK* + *FK*)							**1 000**	***HK***
Entwicklungs- und Konstruktionskosten *EKKGKZ* = 10 % (von *HK*)							**100**	***EKK***
Verwaltungs- und Vertriebsgemeinkosten *VVGKZ* = 25 % (von *HK*)							**250**	***VVGK***
Selbstkosten							**1 350**	***SK***
Verkaufspreis							**1 600**	**Erlös**
Gewinn						**16 % vom Erlös**	**250**	**Gewinn**

Größen ohne Bezeichnung in €

Bild 8.4-5. Nachkalkulation der Mischerabdeckung (verrechnete Ist-Kosten)

In **Bild 8.4-6** wird der tatsächliche Ablauf des Auftrags mit der „wirklichen“ Kostenverursachung in einer „Prozesskostenrechnung“ (Kap. 8.4.6) betrachtet. Zur Vereinfachung werden alle bisher in den Gemeinkostenabteilungen (z. B. Einkauf, Konstruktion) anfallenden Arbeiten mit einem Platzkostensatz von 50 €/h bewertet. Es wird ferner vorausgesetzt, dass mit diesem Platzkostensatz alle anderen Kosten (z. B. Pförtner, Unternehmensleitung) verursachungsgerecht verrechnet werden.

Die Betrachtung des tatsächlich abgelaufenen Prozesses ergibt damit ein ganz anderes Bild als die Zuschlagskalkulation:

- Die **Materialeinzelkosten** sind verursachungsgerecht (mengen- und wertmäßig) erfasst und ändern sich nicht.
- Erfasst man den Aufwand für diese Bestellung detailliert, stellt man fest, dass der übliche **Materialgemeinkostenzuschlagsatz** von 10 % auf die *MEK* für diese relativ kleine Bestellung nicht ausreicht. Durch die Arbeitszeit bei Bestellung und Warenannahme fallen 60 € statt wie verrechnet 35 € an.
- Die **Fertigungskosten** werden (fertigungs-)prozessbezogen weitgehend verursachungsgerecht erfasst.
- Die **Konstruktionskosten** liegen für diese Sonderkonstruktion sehr viel höher, als der mittlere Entwicklungs- und Konstruktionsgemeinkostenzuschlagsatz von 10 % ausweist. Sie betragen für 17,2 h Konstruktionszeit einschließlich Reisekosten 960 € statt verrechneter 90 € bei der Vor- bzw. 100 € bei der Nachkalkulation.

Materialeinzelkosten				[kg]	[€/kg]	*MEK*		
Bleche				260	1	260		
Rohre + Kleinteile						90	**350**	***MEK***
Materialgemeinkosten				*t* [h]	[€/h]	*MGK*		
Bestellung				0,6	50	30		
Warenannahme				0,6	50	30	**60**	***MGK***
Materialkosten							**410**	***MK***
Fertigungskosten	t_r [h]	t_e [h]	[€/h]	*FKr*	*FKe*	*FK*		
Absägen		0,5	40	0	20	20		
Schweißen	0,5	3,25	60	30	195	225		
mech. Bearb.	0,5	5,0	60	30	300	330		
Lackieren		0,5	80	0	40	40	**615**	***FK***
			Summe:	60	555			
Herstellkosten (*MK* + *FK*)							**1 025**	***HK***
Entwicklungs- und Konstruktionskosten				t_{ek} [h]	[€/h]	*EKK*		
telefonische Abklärung				0,2	50	10		
Fahrt zum Kunden				8,0	50	400		
Reisekosten						100		
Entwurf				3,0	50	150		
Detaillierung				6,0	50	300	**960**	***EKK***
Verwaltungs- und Vertriebskosten				*t* [h]	[€/h]	*VVK*		
telefonische Bestellung,								
Auftrag schreiben usw.				2,0	50	100		
Versand				1,0	50	50		
Buchhaltung				2,0	50	100		
Betriebsabrechnung				1,0	50	50	**300**	***VVK***
Selbstkosten							**2 285**	***SK***
Verkaufspreis							**1 600**	**Erlös**
Gewinn						**-43 % vom Erlös**	**-685**	**Verlust!**

Größen ohne Bezeichnung in €

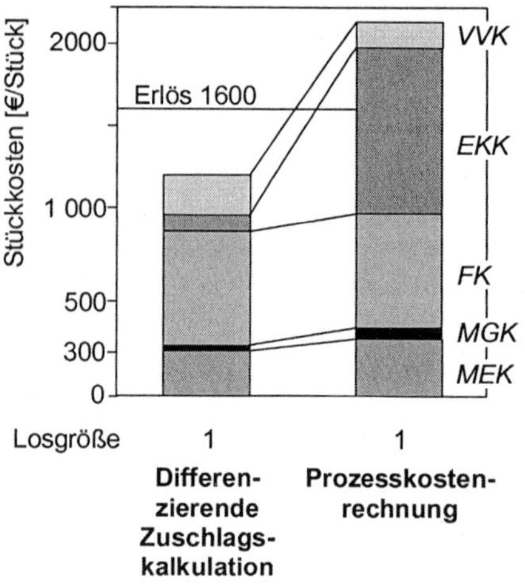

Bild 8.4-6. Prozesskostenrechnung der Mischerabdeckung („wirkliche" Kosten)

- Für die **Verwaltungs-** und **Vertriebsgemeinkosten** ergibt sich eine Änderung von 225 € bzw. 250 € auf 300 €.
- Im **Gesamtergebnis** weist die Prozesskostenrechnung für diesen Auftrag „wirkliche“ Kosten von 2 285 € statt 1 215 € bzw. 1 350 € aus. Statt eines Gewinns von 250 € verursacht der Auftrag den Verlust von -685 € = -43 % (Bild 8.4-6)!

Das Beispiel verdeutlicht die Problematik der Kostenrechnung: Sie sollte – das ist ein Hauptgrundsatz – möglichst verursachungsgerecht sein (Verursachungsprinzip), andererseits darf der Aufwand für die Kostenrechnung aber auch nicht zu groß werden (Wirtschaftlichkeitsprinzip).

Im Beispiel wurden bei der Zuschlagskalkulation nur die Fertigungs- und Materialeinzelkosten direkt und damit verursachungsgerecht für das Produkt erfasst. Davon ausgehend wurden alle anderen Kosten mit Gemeinkostenzuschlagsätzen verrechnet. Diese ergeben sich aus dem Verhältnis der in einer früheren Abrechnungsperiode (z. B. ein Jahr) in einer Kostenstelle (Kap. 8.3.2) angefallenen Kosten zu den Herstellkosten. Das ist einfach und stimmt im Mittel über die Abrechnungsperiode. Aber Besonderheiten einzelner Aufträge, wie sie z. B. bei Sonderkonstruktionen auftreten, oder Stückzahl- und Größeneinflüsse auf die Kosten werden nicht korrekt erfasst, sondern „verwischt“. Ferner sind Fertigungs- und Materialkosten baugrößenabhängig, Verwaltungs-, Vertriebs-, Entwicklungs- und Konstruktionskosten dagegen nicht. Deshalb sollte der Konstrukteur im Zweifelsfall auf Fertigungs- und Material(-einzel-)kosten zurückgreifen und die Verrechnung der Gemeinkosten mit Vorsicht betrachten. Das sind nach Bild 8.4-2 aber die Hälfte der Selbstkosten!

Beispiel b: Sonderkonstruktion von drei gleichen Mischerabdeckungen

Werden statt einer **drei gleiche Abdeckungen in Auftrag** gegeben und der Erlös pro Stück mit 1 600 € bleibt gleich, so ändern sich die „wirklichen“ und die mit der Zuschlagskalkulation errechneten Kosten und Gewinne bzw. Verluste (**Bild 8.4-7**) erheblich!

Bei der **Prozesskostenrechnung** bleiben die in Materialwirtschaft (MGK = 60 €), Konstruktion (EKK = 960 €), Verwaltung und Vertrieb (VVK = 300 €), entstehenden „wirklichen“ Kosten für den Auftrag konstant – unabhängig davon, ob ein oder drei Stück in Auftrag kommen. Pro Stück betragen sie betragen dann, statt wie bisher bei Einzelfertigung 1 320 €, nur noch 440 € (MGK = 20 €, EKK = 320 €, VVK = 100 €). Das ergibt schon eine Ersparnis von 880 €/Stück. Ferner sind bei der Fertigung Rüstzeiten für Schweißen und mechanische Bearbeitung von je 30 min vorhanden (Bild 8.4-6). Bei Losgröße 3 übernimmt jedes Stück davon nur 10 min und wird gegenüber der Einzelfertigung um 40 €/Stück entlastet. Dies ergibt zusammen eine Ersparnis von 920 €/Stück (-40 %), wenn man die „wirklichen“ Selbstkosten rechnet.

Bei der differenzierenden **Zuschlagskalkulation** sinken die Herstellkosten nur durch die Berücksichtigung der Verringerung der Rüstzeiten um 40 €/Stück.

Damit reduzieren sich automatisch auch die mit den Herstellkosten als Basis ermittelten Entwicklungs- und Konstruktionsgemeinkosten um 4 €/Stück, die Verwaltungs- und Vertriebsgemeinkosten um 10 €/Stück. Die Selbstkosten sinken rechnerisch insgesamt nur um 54 €/Stück (-4 %).

Nachkalkulation jeweils **einer** Abdeckung bei Losgröße 1 und 3

	Differenzierende Zuschlagskalkulation		Prozesskostenrechnung	
Losgröße	1 Stück	3 Stück	1 Stück	3 Stück
MEK	350	350	350	350
MGK			60	20
MGKZ = 10 % (von *MEK)*	35	35		
MK	385	385	410	370
FK *FKr*	60	20	60	20
FKe	555	555	555	555
FK	615	575	615	575
HK	1 000	960	1 025	945
EKK			960	320
EKKGKZ = 10 % (von *HK)*	100	96		
VVK			300	100
VVGKZ = 25 % (von *HK)*	250	240		
SK	1 350	1 296	2 285	1 365
Umsatz	1 600	1 600	1 600	1 600
Gewinn	250	304	-685	235
Umsatzrendite	16 %	19 %	-43 %	15 %
Kostensenkung 1-3		**-54**		**-920**
		-4 %		**-40 %**

Größen ohne Bezeichnung in €

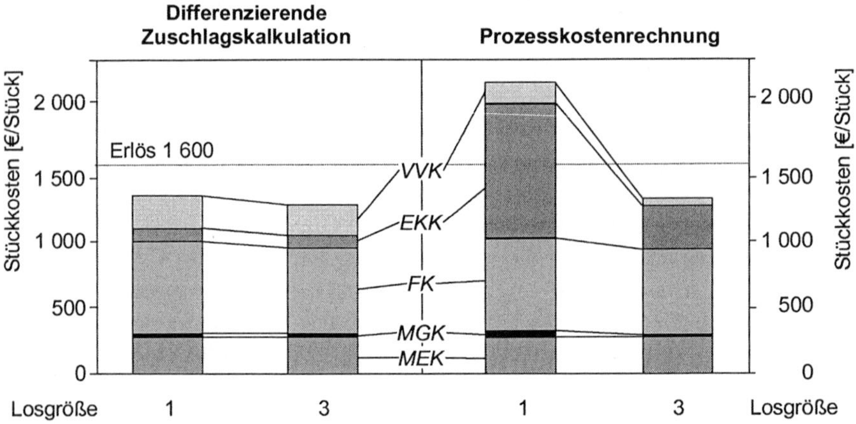

Bild 8.4-7. Durch Zuschlagskalkulation errechnete und „wirkliche" Kosten bei Fertigung von drei gleichen Mischerabdeckungen in einem Los

Wenn also der Erlös bei einer Fertigung von drei Stück mit 1 600 € konstant bleibt, ergibt sich, mit den „wirklichen" Kosten gerechnet, ein Gewinn von 235 €/Stück, d. h. ca. 15 % vom Umsatz, während bei Einzelfertigung ein Verlust von -685 € (-43 %) vorhanden war. Infolge der hohen, nur einmal anfallenden Kosten wirkt sich der Stückzahleinfluss hier drastisch aus. Bei der üblichen Zuschlagskalkulation dagegen ist die Gewinnverbesserung nur gering, nämlich von früher angeblichen 250 €/Stück (16 %) auf jetzt 304 €/Stück (19 %).

Man sieht, dass die Zuschlagskalkulation für derartige Fälle von Mischfertigung zwischen Standard- oder Routineaufträgen und Sonderkonstruktionen sowie von Einzelfertigung und kleineren Losgrößen keine zutreffenden Aussagen über die „wirklichen“ Kosten und deren Verursachung machen kann. **Damit liefert sie auch keine sinnvolle Ausgangsbasis für das Kostenmanagement**. Als Folge geht man zur eher verursachungsgerechten Prozesskostenrechnung (Kap. 8.4.6) über oder versucht wenigstens, die Konstruktions- und Entwicklungskosten als Einzelkosten zu verrechnen.

Beispiel c: Gewichtskostenkalkulation von Wärmebehandlung

Ein weiteres Beispiel für die **Folgen nicht verursachungsgerechter Kostenrechnung** ist in **Bild 8.4-8** wiedergegeben (s. a. Kap. 7.13.5, Bild 7.13-17). Es ist üblich, die Kosten der Wärmebehandlung (Glühen, Normalisieren, Härten) proportional zum Einsatzgewicht der Teile in den Ofen zu verrechnen (Gewichtskostenkalkulation, Kap. 9.3.2.1). Leichten, dünnwandigen Teilen werden so trotz gleichen äußeren Abmessungen (maßgebend für die Ofengröße) geringere Kosten zugerechnet als schweren. Das Gewicht des Zahnrades nach Bild 8.4-8 rechts

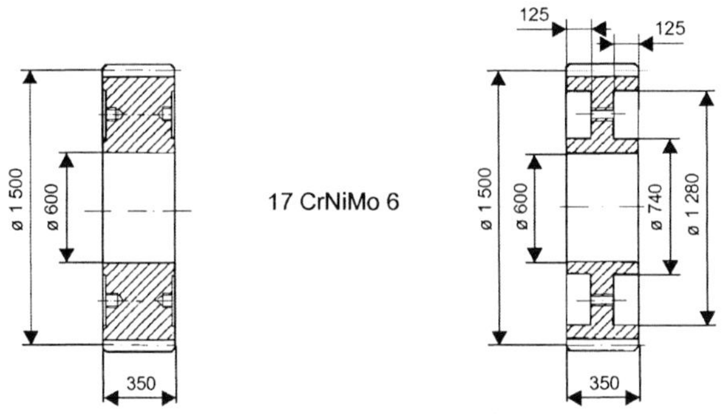

	Radkörper nicht ausgedreht	Radkörper ausgedreht	Bemerkungen
Fertiggewicht	4 050 kg	2 400 kg	
Werkstoffkosten	6 000 €	6 000 €	1,25 €/kg bei Rohgewicht 4 800 kg
Kosten für Glühen	1 700 €	1 050 €	0,40 €/kg (Gewicht höher als Fertiggewicht)
Kosten für Einsatzhärten	8 100 €	4 800 €	2,- €/kg
Kosten für Ausdrehen		650 €	
restliche Arbeitsgänge	7 950 €	7 950 €	
Herstellkosten	23 750 €	20 450 €	
	Kostenvorteil: 3 300 €		

Ausdrehen ist richtig für **Wärmebehandlung außerhalb des eigenen Betriebs**, wenn nach Gewicht abgerechnet wird.
Falsch bei **Wärmebehandlung im eigenen Betrieb**.

Bild 8.4-8. Kostenvergleich verschieden gestalteter Zahnräder (s. a. Bild 7.13-17)

wurde deshalb durch Ausdrehen um 1 650 kg verringert. Damit wurden rechnerisch ca. 3 950 € Wärmebehandlungskosten eingespart. Da diese Einsparung viel höher war als die Kosten für das Ausdrehen mit 650 €, konnte der kostenbewusste Konstrukteur stolz sein auf die von ihm erreichte Einsparung von 3 300 € = 13,9 % der Herstellkosten.

Die Entscheidung Ausdrehen ist im Übrigen richtig, wenn die Wärmebehandlung nicht im eigenen Haus, sondern bei einem Zulieferer durchgeführt wird, der mit einer Gewichtskostenkalkulation rechnet! Dann verringern sich die Wärmebehandlungskosten für den Abnehmer tatsächlich mit dem Gewicht.

Wird die Wärmebehandlung aber im eigenen Unternehmen durchgeführt, ist das Zahnrad um die Kosten des Ausdrehens teurer geworden, denn die benötigte Ofengröße und die Wärmebehandlungszeit ist die gleiche, da die Wärmebehandlungskosten im wesentlichen durch die größten Abmessungen, die identisch sind, und kaum durch die Masse des Maschinenteils bestimmt werden (Kap. 7.13.5 [Bru94]).

Beispiel d: Stückzahl- und Baugrößeneinfluss auf die Kosten

Um den Einfluss der Stückzahl und Baugröße auf die „wirklichen" und die verrechneten Kosten aufzuzeigen, wird hier mit den Zahlen des nichtausgedrehten Zahnrades des vorhergehenden Beispiels weitergerechnet.

Das Zahnrad hat Herstellkosten von 23 750 €. Nimmt man, wie in Beispiel a, Kap. 8.4.3, an, dass die Entwicklungs- und Konstruktionskosten mit einem Zuschlagsatz von 10 % auf die *HK* verrechnet werden und eine Konstruktionsstunde 50 € kostet, würden für das Zahnrad 2 375 € Konstruktionskosten verrechnet. Das entspricht 47,5 h Konstruktionszeit.

Zur Darstellung des Einflusses der **Stückzahl** wird angenommen, dass z. B. bei einem Auftrag eine Kleinserie von fünf gleichen Zahnrädern bestellt wird. Die Herstellkosten/Stück würden dann nur gering, z. B. um 5 % (Bild 7.7-1 und 7.7-2) auf ca. 22 500 €, sinken. Die Konstruktionskosten würden mit 10 % auf diese Herstellkosten aufgeschlagen und 2 250 €/Stück und 11 250 €/Auftrag betragen. Die „wirklichen" Konstruktionskosten (Konstruktionszeit) werden sich aber gegenüber der Einzelfertigung nicht erhöhen!

Zur Darstellung des Einflusses der **Baugröße** wird angenommen, dass das gleiche Zahnrad mit dem Stufensprung $\varphi_L = 0{,}5$ als Einzelfertigung hergestellt wird. Der Durchmesser beträgt dann 750 mm (alle anderen Maße entsprechend), das Gewicht ca. 500 kg und die Herstellkosten ca. 4 000 € (Kap. 9.3.4). Die Konstruktionskosten würden wieder 10 % davon, d. h. 400 €, das entspricht 8 h Konstruktionszeit, betragen. Im Vergleich zum größeren Zahnrad mit 47,5 h ist das viel zu wenig! In Wirklichkeit ist es so, dass **„im Mittel"** über eine Abrechnungsperiode der Zuschlagsatz für die Konstruktionskosten mit 10 % von den Herstellkosten **richtig** ist, **im Einzelfall falsch**! Ähnlich verhält es sich mit den Verwaltungs- und Vertriebsgemeinkosten.

Werden die so errechneten Kosten in den Preisen weitergegeben, braucht man sich nicht zu wundern, wenn der lukrative Serienauftrag an eine „richtiger" rechnende Konkurrenz verloren geht (Bild 7.5-1; Kap. 7.12.5 u. 7.12.6).

8.4.4 Nachteile der Zuschlagskalkulation

Vornehmlich in Unternehmen der Einzel- und Kleinserienfertigung mit unterschiedlichen Produkten in Komplexität und Baugröße ergeben sich Kostenverschiebungen gegenüber den „wirklich“ entstehenden Kosten (Kap. 8.4.3). Wie erwähnt, sind rund 50 % der Selbstkosten im Maschinenbau Gemeinkosten ([VDM95], Bild 8.4-2), werden also nicht direkt einem Kostenträger zugerechnet. Dies wirft ein Licht auf die mögliche Subventionierung von Produkten untereinander. Es ergeben sich folgende **Auswirkungen für die Konstruktion**:

a) Gegenüber einem Programm einfacher, standardisierter Produkte erfordern komplizierte Produkte (z. B. **Sonderkonstruktionen**) einen hohen Zeitaufwand in vielen „Gemeinkostenabteilungen“, z. B. in Konstruktion, Arbeitsvorbereitung, Einkauf, Vertrieb, der in der Kostenrechnung nicht sichtbar wird (Kap. 6, Kap. 8.4.3, Beispiel a). Wenn diese Kosten im Preis nicht berücksichtigt werden, besteht die Gefahr, dass zunehmend mehr Aufträge für Sonderkonstruktionen angenommen werden, die scheinbar mit Gewinn abrechnen, aber in Wirklichkeit von Standardprodukten subventioniert werden müssen.

Die Standardprodukte machen, da sie eingeführt sind und Zeichnungen, Arbeitspläne und Vorrichtungen z. T. vorhanden sind, weniger Arbeit in den oben genannten Gemeinkostenabteilungen. Trotzdem werden sie aufgrund der Gemeinkostenzuschläge mit zu hohen Gemeinkosten belastet, schneiden also oft schlecht – möglicherweise mit Verlust – ab, obwohl sie in Wirklichkeit Gewinn bringen. Es besteht die Gefahr, dass solche Produkte dann an Billiganbieter verloren gehen. Dies sind oft kleine Firmen, deren Gemeinkosten gering sind, da sie keine aufwändige Entwicklung, Arbeitsvorbereitung und Vertriebsorganisation haben. Das eigene Unternehmen wird damit immer mehr in eine technologisch anspruchsvolle Marktnische gedrängt und muss seine qualifizierte Entwicklung und Fertigung noch weiter ausbauen, die Gemeinkosten weiter erhöhen, obwohl es mit den früheren Standardprodukten, ohne es zu wissen, gute Gewinne hätte machen können.

Zu fordern ist deshalb, dass wenigstens die Kosten der Konstruktion und Arbeitsvorbereitung dem Produkt über entsprechende Stundenaufschreibungen zugerechnet werden. Dies wird zwar schon in vielen Unternehmen durchgeführt, es kommt aber darauf an, nicht nur die Stunden zur Kontrolle aufzuschreiben (wie es weitgehend üblich ist), sondern die Aufschreibungen auch auszuwerten und bei zukünftigen Aufträgen bzw. Angeboten entsprechend zu kalkulieren und die Kosten in den Preisen weiterzugeben!

b) Wenn **Einzel- und Kleinserienfertigung bei einer Produktart wechseln**, wird die mit der Zuschlagskalkulation errechnete Kostensenkung für Produkte mit größerer Stückzahl zu gering ausfallen. Denn die Bearbeitungszeit in Konstruktion, Arbeitsvorbereitung, Vertrieb, Einkauf hängt nicht oder kaum von der Stückzahl ab. Trotzdem wird mit konstanten Gemeinkostenzuschlägen auch für das zweite, dritte usw. Stück gerechnet. Ähnliches gilt auch für gleichartige Produkte mit unterschiedlichem Gewicht.

Bei der Vorkalkulation wird der Stückzahleinfluss meist nur bei der Rüstzeit der Fertigung berücksichtigt, die sich auf die größere Stückzahl aufteilt. Dabei ist vorausgesetzt, dass sich die Fertigungsverfahren nicht ändern. Das ergibt bei größeren Produkten je nach Rüstzeitanteil Selbstkostenabsenkungen bei Übergang von 1 auf 2 Stück/Los von wenigen Prozent, während in Wirklichkeit ein Mehrfaches anzusetzen wäre (Beispiel b u. d, Kap. 8.4.3). Der größte Nachteil der Verwischung des Stückzahleinflusses besteht für die Konstruktion darin, dass die Bemühungen um Gleichteile, Teilefamilien, Baureihen und Baukasten, d. h. betriebsinterne Normung, nicht honoriert bzw. nicht sichtbar werden (Kap. 7.12.5.1 u. 7.12.6). Diese Maßnahmen zielen darauf ab, die Stückzahl für Teile trotz Einzelfertigung der kompletten Produkte zu erhöhen. Wüsste der Konstrukteur, welchen beachtlichen Effekt es bringt, statt beispielsweise zwei unterschiedlicher Deckel nur einen zu konstruieren, würde er noch viel mehr darauf achten.

Es ist bekannt, dass ausgeklügelte Baukasten-Konstruktionen nur deshalb ungenügend Absatz fanden, weil die dadurch erzielten Kostenvorteile in der Zuschlagskalkulation verwischt wurden und deshalb auch an den Markt nicht weitergegeben werden konnten. So setzen sich dann doch wieder Spezialkonstruktionen durch, obwohl dies technisch und wirtschaftlich unsinnig ist. Produktnormung im obigen Sinne wird im Wesentlichen durchgeführt, um die Kosten aufgrund der größeren Stückzahl abzusenken (Bild 7.12-4, Bild 7.12-13, Kap. 7.12). Wird aber in der Kostenrechnung die Stückzahl nicht ausreichend berücksichtigt, ergibt sich für die Konstruktion kein Anreiz, interne Normung voranzutreiben.

c) Aus Aufwandsgründen **stark vereinfachte Kalkulationsverfahren**, z. B. auch die Gewichtskostenkalkulation, können nicht als Hilfe zum Kostenmanagement eingesetzt werden. Sie führen u. U. zu falschen Schlüssen (Beispiel a und d, Kap. 8.4.3) oder berücksichtigen konstruktive Einflüsse nicht ausreichend.

Bei **folgenden Entscheidungen** ist die Vollkostenrechnung mit differenzierender **Zuschlagskalkulation** als Kostenrechnungsverfahren **unzureichend**:

- Kostenermittlung von Produkten bei gemischter Fertigung mit großer/kleiner Stückzahl, großen/kleinen Baugrößen, hoher/geringer Komplexität, Standard-/ Sonderausführung;
- Kostenermittlung von Produkten mit sehr kapitalintensiver Fertigung, da die schmale Lohnkostenbezugsbasis sehr große Herstellkostenstreuungen ergibt;
- Beurteilung der zweckmäßigen Verwendung vorhandener Betriebsmittel;
- Beurteilung von Eigen- oder Fremdfertigung;
- Investitionsrechnung.

d) Die **Verfälschung der Einflüsse Stückzahl, Neuheit, Komplexität und Baugröße** durch die übliche differenzierende Zuschlagskalkulation prägt **auch** die Mentalität des **Verkaufs**. Unternehmen verlieren so gängige Standardprodukte zugunsten unerkannt teurer, kundenspezifischer Sonderkonstruktionen. Damit gehen die Losgrößen für Teile und Baugruppen zurück, der Konstruktionsaufwand steigt. Das Unternehmen wird zum „technisch anspruchsvollen, kleinen und teuren Einzelgänger“! (Folge: Die Kostenstruktur des Unternehmens (Kap. 2; Bild 6.1-1) wird immer ungünstiger.)

Mit diesen Hinweisen soll die betriebliche Kostenrechnung nicht in Frage gestellt werden. Sie ist vereinfacht, um nicht zu aufwändig zu sein, und muss auch andere Aufgaben, wie Lohnabrechnung usw., unterstützen. Das Kostenmanagement muss mit der im Unternehmen vorhandenen Kostenrechnung arbeiten und sich auf ihre Daten stützen (Kap. 3 u. 4)! Allerdings sollten Grenzen und Fehlermöglichkeiten der Kostenrechnung bekannt sein und bei Entscheidungen entsprechend berücksichtigt werden(Kap. 8.4.6). **In einer Zusammenarbeit von Vertrieb, Konstruktion, Arbeitsvorbereitung und Kalkulation muss dann u. U. anders entschieden werden, als die angeblich „centgenaue" Kalkulation ausweist** (Beispiel c, Kap. 8.4.3).

8.4.5 Platzkostenrechnung

Die differenzierende Zuschlagskalkulation wird wegen der beschriebenen Nachteile zunehmend durch die Platzkostenrechnung ersetzt. Sie wird allerdings meist nur in der Fertigung eingesetzt. Deshalb bleiben die Probleme der Verrechnung typischer Gemeinkostenabteilungen auch mit ihr bestehen.

Ein Platzkostensatz beinhaltet die auf die Arbeitsstunde (bzw. Dauer der Maschinennutzung) bezogenen Fertigungskosten für den jeweiligen Arbeitsplatz. Dabei kann sich der Satz auf einen Maschinen- oder Handarbeitsplatz beziehen. Er enthält die Lohn- und Lohnnebenkosten, Maschinenkosten (kalkulatorische Abschreibungen, Zinsen, Raum-, Energie-, Instandsetzungskosten), Werkzeugkosten und Restfertigungsgemeinkosten (z. B. für Fertigungssteuerung, Qualitätskontrolle, Meister). Nicht enthalten sind die Sondereinzelkosten der Fertigung. In manchen Unternehmen wird statt mit Platzkosten- auch mit Maschinenstundensätzen gerechnet, die nur die Maschinenkosten umfassen. Die Lohn- und Lohnnebenkosten und die Restfertigungsgemeinkosten werden dann getrennt berücksichtigt. In **Bild 8.4-9** sind die verschiedenen Kalkulationsverfahren gegenübergestellt.

Der **Vorteil der Platzkostenrechnung** gegenüber der üblichen Art der differenzierenden Zuschlagskalkulation liegt darin, dass bestimmte Maschinen oder Maschinengruppen als eigene Kostenstelle behandelt werden. Man erhält also eine verursachungsgerechtere Kostenermittlung, dafür aber mehr Rechenaufwand. Das Prinzip der Kostenrechnung entspricht grundsätzlich der differenzierenden Zuschlagskalkulation. Der Unterschied liegt in der erheblich höheren Zahl der Kostenstellen. In manchen Unternehmen ist eine Mischform aus Zuschlagskalkulation und Platzkostenrechnung vorhanden.

Der Vorteil der Platzkostenrechnung wird besonders deutlich bei Betrieben mit stark unterschiedlichen Produkten, die dementsprechend unterschiedlich teure Maschinen und Arbeitsplätze bei der Fertigung durchlaufen. Ferner werden durch die Platzkostenrechnung Abrechnungsschwankungen verringert. Bei der Zuschlagskalkulation sind die Fertigungslohnkosten die Bezugsgröße für den Fertigungsgemeinkostenzuschlag, der oft 8-10 mal so hoch ist. Schwankungen in den Fertigungslohnkosten wirken sich daher sehr stark auf die errechneten Fertigungskosten aus. Bei der Platzkostenrechnung geht man deshalb von der wertmäßigen Bezugsgröße, den Fertigungslohnkosten, auf eine mengenmäßige Bezugsgröße, die Fertigungszeit, über.

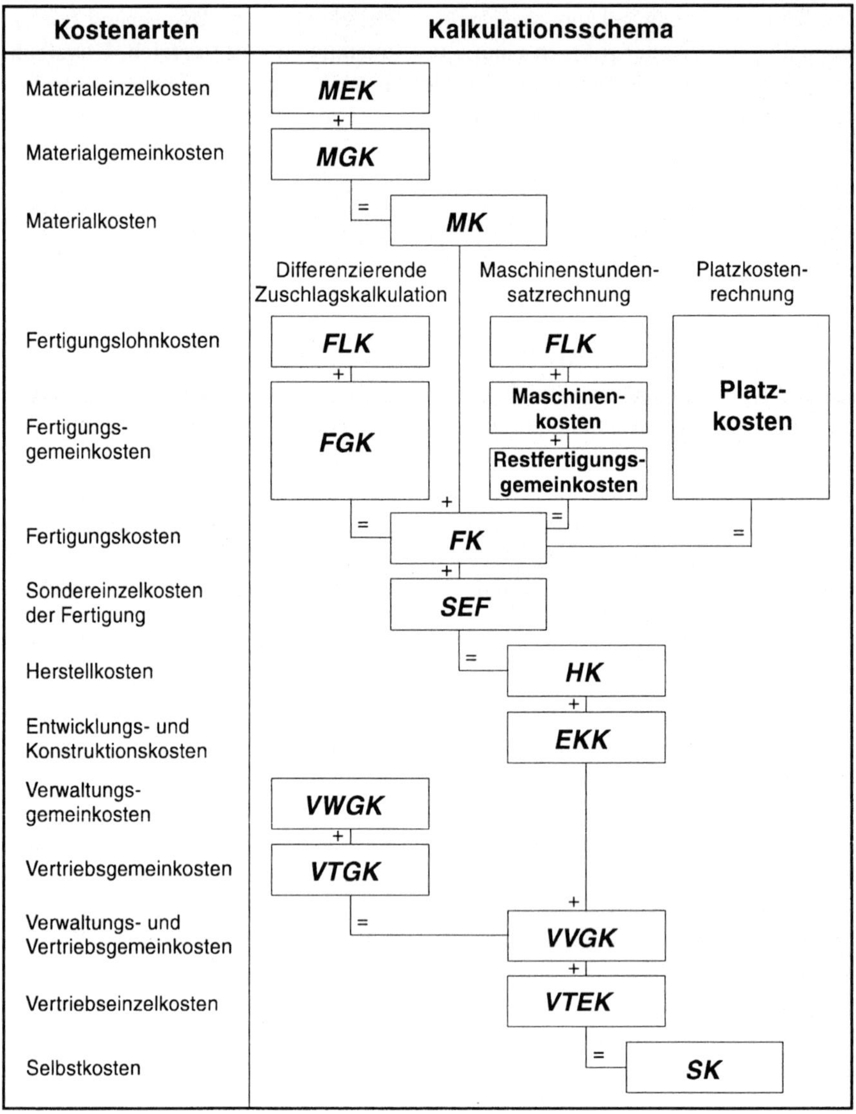

Bild 8.4-9. Differenzierende Zuschlagskalkulation, Maschinenstundensatz-, Platzkostenrechnung

Als Beispiel für die verursachungsgerechtere Kostenermittlung durch den Platzkostensatz sollen folgende zwei Maschinen dienen (s. a. Bild 8.5-1):

Platzkostensatz:	Karusselldrehmaschine	60 €/h
	Bohrwerk	70 €/h
Zuschlagskalkulation:	durchschnittliche Kosten der Kostenstelle (für beide Maschinen)	65 €/h

Sind diese zwei Maschinen in einer Kostenstelle bei der differenzierenden Zuschlagskalkulation zusammengefasst, wird nur mit den durchschnittlichen Kosten von 65 €/h gerechnet. Die Karusselldrehmaschine ist zu hoch, das Bohrwerk zu niedrig bewertet. Wenn daraus Angebotspreise für Lohnarbeit kalkuliert werden, wird Dreharbeit zu teuer angeboten mit dem Erfolg, dass keine Aufträge hereinkommen, während das zu günstig angebotene Bohrwerk überlastet wird. Voraussetzung dabei ist, dass die Konkurrenten am Markt nicht genauso (falsch) rechnen. Entsprechende Kostenverfälschungen ergeben sich auch für selbstgefertigte Produkte, die die Maschinen unterschiedlich in Anspruch nehmen.

8.4.6 Prozesskostenrechnung

In den letzten Jahren sind von verschiedenen Autoren Ansätze zur Lösung der Gemeinkostenproblematik entwickelt und unter Begriffen wie Prozesskostenrechnung, Vorgangskostenrechnung, Activity Based Costing, Transaction Accounting, Cost Driver Accounting oder ressourcenorientierte Kalkulation bekannt geworden [Ber95; Bru94; Buc99; Eve97; Hor91; Fis93; Mül93; Schh93; Schm96; Sto99].

Die Prozesskostenrechnung entstand, um die Kostentransparenz in den indirekten Bereichen (Entwicklung und Konstruktion, Arbeitsvorbereitung, Vertrieb usw.), deren Kosten bisher pauschal in den Gemeinkosten verrechnet wurden, zu erhöhen. Sie setzt an einem relativ einfachen Sachverhalt an. Während des Produkterstellungsprozesses ist eine Vielzahl von Aktivitäten bzw. Prozessen für den einzelnen Kostenträger notwendig, die Kosten verursachen. Im Sinne einer höheren Kostentransparenz in den indirekten Bereichen versucht die Prozesskostenrechnung, ähnlich wie die Platzkostenrechnung im Fertigungsbereich, die in den indirekten Bereichen anfallenden Planungs-, Steuerungs-, Überwachungs- und Koordinationsaufgaben kostenträgerbezogen zu erfassen und zuzurechnen. Die Prozesskostenrechnung ist damit kein neues Kostenrechnungssystem, sondern bedient sich der traditionellen Kostenarten- und Kostenstellenrechnung. Die Prozesskostenrechnung dient als Ergänzung und nicht als Ersatz der Kostenrechnung im indirekten Bereich.

Durch Anwendung der Prozesskostenrechnung werden auch die in den indirekten Bereichen entstehenden Kosten durch die Wahl geeigneter Bezugsgrößen (Kostentreiber) und Prozesskostensätze den einzelnen Produkten weitgehend verursachungsgerecht zugerechnet.

Bild 8.4-10 zeigt, wie in der Fertigung und Materialwirtschaft, dem direkt produktiven Bereich, die Kosten über mengenmäßige Bezugsgrößen, wie das Gewicht, die Fertigungszeit, auch schon bei der differenzierenden Zuschlagskalkulation weitgehend verursachungsgerecht verrechnet werden (Kap. 8.4.3). Der Fertigungsprozess wird von der Kostenrechnung weitgehend korrekt abgebildet: Sie ist damit praktisch seit jeher eine Prozesskostenrechnung und wird bei der Prozesskostenrechnung auch beibehalten. Dagegen wird die Verrechnung der „Gemeinkostenabteilungen", der indirekt produktiven Bereiche, bei der Prozesskostenrechnung nicht mehr über Gemeinkosten-Zuschläge, sondern über Bezugsgrößen vorgenommen. Bezugsgrößen sind z. B. im Einkauf die Anzahl der Positionen, in der

- **Entscheidungshilfe zur Ausnutzung freier Kapazitäten**
  Wenn die Kapazitätsauslastung eines Betriebs oder auch einer Kostenstelle zurückgeht oder niedrig ist, erhöhen sich die Vollkosten eines Kostenträgers (Produkts), da die fixen Kosten auf eine geringere Stückzahl umgelegt werden müssen. Man würde dann wieder Aufträge ablehnen, die die erhöhten Vollkosten nicht abdecken, obwohl ja gerade mehr Aufträge benötigt werden. In diesem Fall kann die Teilkostenrechnung Aufschluss geben, welches die Preisuntergrenze (Grenzkosten z. B. nur für Material und Lohn) ist, die für eine kurzfristige Preispolitik sinnvoll ist. Natürlich dürfen die Aufträge nicht fortwährend unter den Vollkosten liegen.
- **Entscheidungshilfe für das Produktprogramm**
  Mit der Teilkostenrechnung kann das optimale Produktionsprogramm besser geplant werden [War90]. Man kann leichter feststellen, welchen Deckungsbeitrag für die fixen Kosten eines Unternehmens unterschiedliche Produkte liefern (Kap. 8.5.2). Es ist dabei durchaus gerechtfertigt und üblich, neu entwickelte Produkte kurze Zeit unter Vollkosten zu verkaufen, bis sie sich am Markt durchgesetzt haben und die größere Kapazitätsauslastung bzw. Stückzahl ein Absinken der Vollkosten unter den am Markt durchsetzbaren Preis bewirkt.
- **Entscheidungshilfe für die kritische Ausbringungsmenge**
  Mit Hilfe der Teilkostenrechnung kann die kritische Ausbringungsmenge (Break-even-point) festgestellt werden (Bild 6.1-2, Kap. 8.5.2).
- **Entscheidungshilfe für die Wahl des Fertigungsverfahrens**
  Die Problematik sei an einem Beispiel erläutert. Für die Bearbeitung sei alternativ eine Karusselldrehmaschine oder ein Bohrwerk möglich. Dabei ist der seltene Fall vorausgesetzt, dass die Fertigungszeit und -qualität bei beiden Maschinen gleich sind. Sind die Platzkosten nur als Vollkosten bekannt, so ist es zweckmäßig, die Karusselldrehmaschine zu wählen, denn sie hat einen um 70 €/h - 60 €/h = 10 €/h geringeren Platzkostensatz (**Bild 8.5-1**). Sind aber die Platzkosten als variable Kosten bekannt, so ist das Bohrwerk günstiger, denn es hat einen um 30 €/h - 25 €/h = 5 €/h niedrigeren Platzkostensatz variabler Kosten. Man kommt also je nach Kosteninformation zu entgegen gesetzten Entscheidungen (Kap. 7.11.1a).
  Für den letzten Punkt gilt allgemein: Für im Unternehmen **vorhandene alternative Fertigungsmaschinen** und -verfahren müssen **variable Kosten** zum Vergleich herangezogen werden, denn fixe Kosten fallen ohnehin an und werden deshalb durch die Entscheidung nicht berührt. Wird es aber nötig, aufgrund der Entscheidung eine neue Maschine (hier z. B. ein Bohrwerk) zu beschaffen, also zu investieren, da die vorhandene Maschine mit Aufträgen überlastet ist, so ist es zweckmäßig, erst auch die nach Vollkosten ungünstigere vorhandene Maschine voll auszulasten (hier die Karusselldrehmaschine). Eine neue Maschine wird erst beschafft, wenn auch diese ausgelastet ist (Voraussetzung: das Unternehmen will weiter bei Eigenfertigung bleiben).

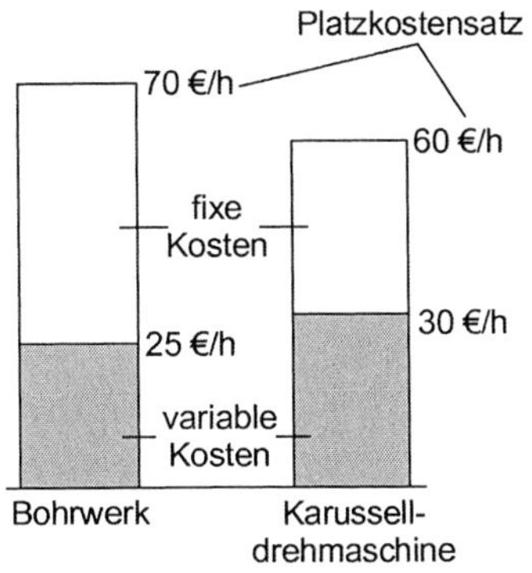

Für die Verfahrenswahl betrachtete Kosten	Entscheidung bei gleicher Fertigungszeit und Qualität	
a) nur Platzkosten als Vollkosten gerechnet	Bohrwerk mit 70 €/h zu teuer	Karusselldrehmaschine kostet nur $\frac{60}{70} \cdot 100 = 86$ %; wird vorgezogen
b) nur variable Kosten bekannt	Bohrwerk kostet nur $\frac{25}{30} \cdot 100 = 83$ %; wird vorgezogen	Karusselldrehmaschine mit 30 €/h zu teuer
c) variable und fixe Kosten bekannt, ebenso Maschinenauslastung	Bohrwerk wird vorgezogen, da geringste variable Kosten. Vor Überlastung mit Zwang zur Neuanschaffung eines weiteren: Entscheidung für Karusselldrehmaschine	⟶ Einsatz erst, wenn Bohrwerk überlastet

Bild 8.5-1. Unterschiedliche Entscheidung über Fertigungsverfahren je nachdem, welche Kosten verglichen werden

- **Entscheidungshilfe für „Eigenfertigung oder Zukauf"**
  Aus dem Beispiel sieht man, dass beide Kostenrechnungsverfahren, Vollkosten- und Teilkostenrechnung, nebeneinander notwendig und berechtigt sind. Je nach Entscheidungsart ist das eine oder andere Verfahren heranzuziehen. In der betriebswirtschaftlichen Literatur ist dafür auch der Begriff „entscheidungsrelevante Kosten" [Sei90] geprägt worden (Kap. 7.10.3).

8.5.2 Deckungsbeitragsrechnung

Die Deckungsbeitragsrechnung kommt zustande, wenn man die Teilkostenrechnung im Hinblick auf Erlöse zur Gewinn- oder Verlustrechnung anwendet.

Der Deckungsbeitrag ist die Differenz zwischen Erlös und den variablen Kosten:

Deckungsbeitrag = Erlös - variable Kosten

Er deckt damit die fixen Kosten ganz oder teilweise. Beträgt er 100 %, so deckt er die gesamten fixen Kosten. Ist er geringer als 100 %, so ergibt sich Verlust. Der Betrag über 100 % stellt dementsprechend den Gewinn dar (**Bild 8.5-2**).

Man kann den Begriff des Deckungsbeitrags also auf den ganzen Betrieb anwenden oder auch auf einzelne Produkte. Kurzfristig kann man beim Preis für ein einzelnes Produkt auch unter die Selbstkosten gehen, d. h. einen Deckungsbeitrag kleiner 100 % zulassen, wenn man das später wieder wettmacht oder bei anderen Produkten weit über 100 % Deckungsbeitrag erlöst. Gefährlich ist, wenn Konkurrenzunternehmen entweder falsch kalkulieren oder aus marktpolitischen Gründen lange Zeit unter Selbstkosten anbieten und damit auch andere Unternehmen auf den so abgesunkenen Marktpreis zwingen. So kann nicht nur die Existenz dieses Unternehmens, sondern vieler Unternehmen in der Branche gefährdet werden, da

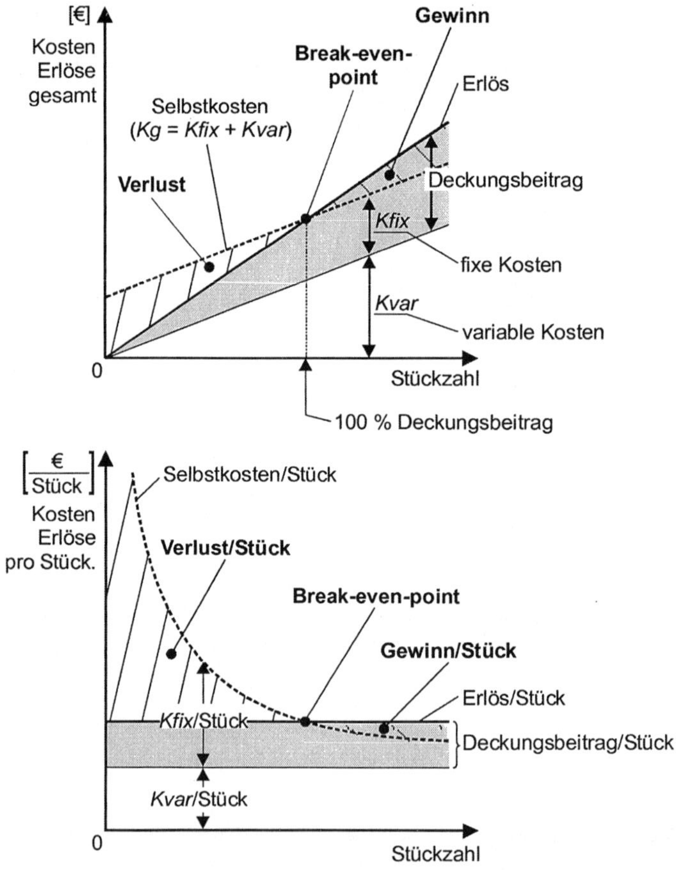

Bild 8.5-2. Gewinnschwellendiagramme (vereinfacht)
oben: gesamte Kosten bzw. Erlöse, unten: Kosten bzw. Erlöse pro Stück

dann laufend Verluste gemacht werden. Meist gestattet der Markt es später nicht, die Preise wieder auf das notwendige Niveau anzuheben [Vec86]. Falsche oder ungenaue Kalkulation mit großer Streuung bei verschiedenen Anbietern bewirkt am Markt ein Absinken der durchsetzbaren Preise, da regelmäßig der Anbieter zu Aufträgen kommt, der aufgrund von Kalkulationsstreuungen zufällig niedrig liegt. Insofern hat eine Branche Interesse an einer genauen und verursachungsgerechten Kalkulation aller Anbieter (Vermeidung von Konkursverlusten).

Als Grenze der verursachungsgerechten Kalkulation gilt: „Ein Produkt verursacht nur seine variablen Kosten und nicht die fixen; aber es trägt zur Deckung der fixen Kosten des Unternehmens bei.“

Die Deckungsbeitragsrechnung hat die folgenden Aufgaben:

1. Aufzeigen der Abhängigkeit der Kosten vom Beschäftigungsgrad

Das wichtigste Anliegen der Deckungsbeitragsrechnung ist, die Abhängigkeit der Kosten vom Beschäftigungsgrad (Auslastung der Fertigung, produzierte Stückzahl) aufzuzeigen. Die Gewinnschwellendiagramme in Bild 8.5-2 zeigen, dass bei einem bestimmten Beschäftigungsgrad oder erst bei einer bestimmten Stückzahl die Gewinnschwelle (Break-even-point) erreicht wird. Im oberen Teil des Bildes, der die gesamten Kosten für alle Aufträge zeigt, steigen die variablen Kosten proportional zur produzierten Stückzahl. Die fixen Kosten werden unabhängig davon aufaddiert. Daraus entsteht die Selbstkosten-Gerade, die von der Erlös-Geraden an der Gewinnschwelle geschnitten wird. Der untere Teil des Bildes gibt dieselben Verhältnisse für ein Stück wieder. Danach werden die Selbstkosten pro Stück mit steigender Stückzahl immer geringer. Diese Abhängigkeit ist eine Ursache der Stückzahldegression (Kap. 7.5).

Hier sind nur einfache Grundzusammenhänge dargestellt. Die variablen Kosten wachsen in Wirklichkeit nicht streng proportional, sondern verlaufen in Teilbereichen progressiv oder degressiv. Auch die fixen Kosten sind nicht über den gesamten Auslastungsbereich konstant, sondern weisen Sprünge auf, weil z. B. ab einer bestimmten Stückzahl zusätzliche Betriebsmittel beschafft werden müssen.

2. Beurteilung des Produktprogramms

Mit Hilfe der Deckungsbeitragsrechnung lässt sich zutreffend beurteilen, welche Produkte welchen Anteil am Gewinn oder Verlust haben und wie die zukünftige Planung beschaffen sein soll.

Am folgenden Beispiel soll dies verdeutlicht werden. Um das Nachvollziehen zu erleichtern, wurden sehr einfache Zahlen und folgende Annahmen gewählt:

- Ein Unternehmen fertigt jeweils 1 000 Stück der Produkte A und B in einer Abrechnungsperiode.
- Summarische Zuschlagskalkulation.
- Gemeinkostenzuschlagsatz 300 %.
- Die variablen Kosten ergeben sich aus den Einzelkosten und einem Drittel der Gemeinkosten.
- Die fixen Kosten sind konstant.

- Pro Stück ergeben sich die folgenden Kosten:

Produkt	A	B
Erlös	550	300
Einzelkosten *EK*	100	100
Gemeinkosten $GK = EK \cdot 300\,\%\ GKZ$	300	300
Selbstkosten *SK*	400	400
Gewinn/Verlust	+150	-100

Die Vollkostenrechnung für das Unternehmen in einer Abrechnungsperiode und die Gewinnschwellendiagramme über alle Produkte zeigt **Bild 8.5-3**.

Nach der Vollkostenrechnung entsteht bei der Fertigung von 1 000 Stück des Produkts A ein Gewinn von 150 000 € und bei 1 000 Stück des Produkts B ein Verlust von 100 000 € (Bild 8.5-3). Insgesamt bleibt dem Unternehmen noch ein Gewinn von 50 000 €. Um den Gewinn zu steigern, wird nach der Vollkostenrechnung erwogen, die Fertigung für Produkt B ohne weitere Änderungen im Unternehmen einzustellen (die fixen Kosten bleiben konstant!). Nach der Vollkostenrechnung ergibt sich ein höherer Gewinn von insgesamt 150 000 €, in Wirklichkeit ergibt sich aber dadurch ein Verlust, wie die Teilkostenrechnung ausweist (**Bild 8.5-4**). Man sieht aus der Teilkostenrechnung, dass Produkt B einen Deckungsbeitrag von 100 000 € geliefert hat. Ohne die Produktion von B würde dieser entfallen und im gesamten Unternehmen sogar gegenüber dem jetzigen Gewinn von 50 000 € ein Verlust von -50 000 € entstehen!

Produkte	**A**	**B**	**Gesamt**
Stückzahl	1 000	1 000	
Erlös	550 000	300 000	850 000
Einzelkosten	100 000	100 000	200 000
Gemeinkosten (300 % *GKZ* auf *EK*)	300 000	300 000	600 000
Selbstkosten	400 000	400 000	800 000
Gewinn	150 000	-100 000	**50 000**

Größen (außer Stückzahl) in €

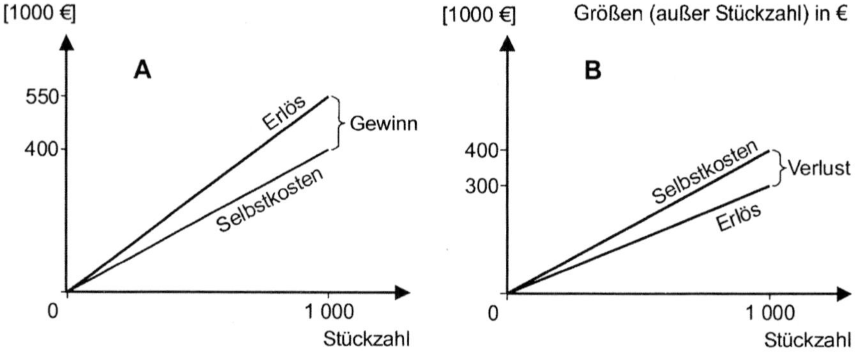

Bild 8.5-3. Kosten der Produkte A und B bei Vollkostenrechnung

Produkte	A	B	Gesamt
Stückzahl Erlös	1 000 550 000	1 000 300 000	 850 000
Variable Kosten (= *EK* + 1/3 *GK*) Deckungsbeitrag	200 000 350 000	200 000 100 000	400 000 450 000
Fixe Kosten des Unternehmens (2/3 *GK*) Gewinn			400 000 **50 000**

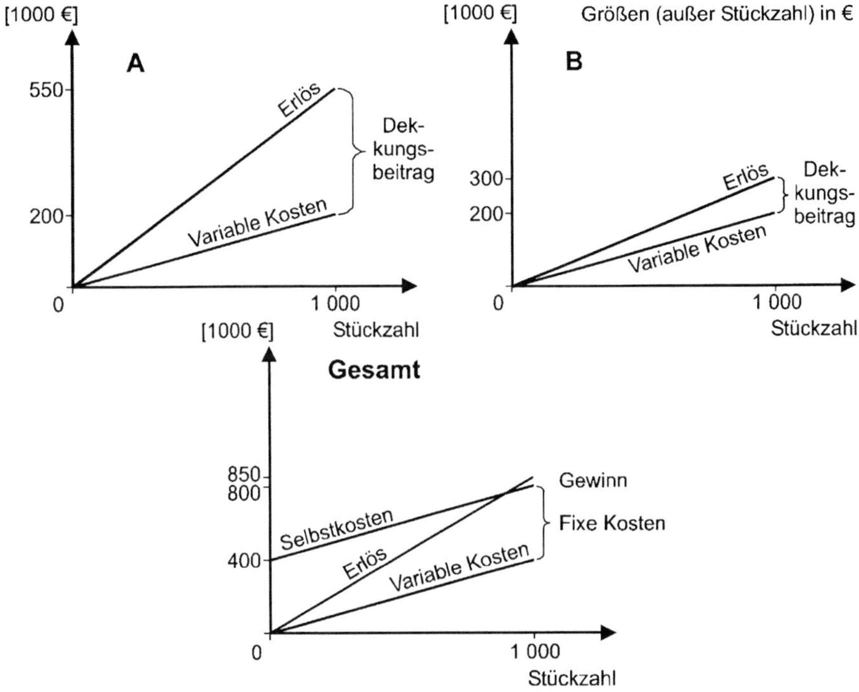

Bild 8.5-4. Kosten der Produkte A und B bei Deckungsbeitragsrechnung

Die notwendigen Maßnahmen sollten folgende sein:

- Produktion von B nicht einstellen;
- langfristig ein Nachfolgeprodukt für B mit mehr Erlös suchen (z. B. Neukonzeption);
- variable Kosten der Produkte senken (z. B. kostengünstig Konstruieren, Wertanalyse);
- Produkte A und B in größerer Stückzahl verkaufen und produzieren, sofern angenommen werden kann, dass die fixen Kosten des Unternehmens nicht ansteigen.

In der Praxis wird man versuchen, alle drei Maßnahmen gleichzeitig anzuwenden. Man sieht die große Auswirkung der Verkaufsförderung und dass es nicht immer nötig und ausreichend ist, konstruktive Maßnahmen allein anzusetzen. Es ist ein unternehmerischer Grundsatz, ein Unternehmen möglichst auszulasten, selbst

Zusatzauftrag für Produkt B	**A**	**B**	**Gesamt**
Stückzahl Erlös	1 000 550 000	1 100 330 000	 880 000
Variable Kosten (= *EK* + 1/3 *GK*) Deckungsbeitrag	200 000 350 000	220 000 110 000	420 000 460 000
Fixe Kosten des Unternehmens (2/3 *GK*) Gewinn (Verlust)			400 000 **60 000**

Größen (außer Stückzahl) in €

Bild 8.5-5. Zusatzauftrag für Produkt B

wenn Aufträge dabei sein sollten, die nach der Vollkostenrechnung zunächst kaum Gewinn machen. Durch den dabei noch gegebenen Deckungsbeitrag kann insgesamt doch ein Gewinn entstehen, wie die folgende Erweiterung des Beispiels zeigt.

Für das Produkt B kann ein Zusatzauftrag von 100 Stück wieder mit einem Erlös von 300 €/Stück angenommen werden. Nach der Vollkostenrechnung würde man den Auftrag nicht annehmen, weil ja ein zusätzlicher Verlust von 100 €/Stück bzw. 10 000 € insgesamt anfällt. In Wirklichkeit erhöht sich der Gewinn des Unternehmens durch diesen Zusatzauftrag um den gesamten Deckungsbeitrag dieses Auftrags, also um 10 000 €, weil die fixen Kosten des Unternehmens schon vorher gedeckt waren (**Bild 8.5-5**, Bild 8.5-6)!

8.5.3 Grenzkostenrechnung

In der Praxis haben die Kosten nicht einen so idealen linearen Verlauf, wie in Kap. 8.5.2 gezeigt wurde. Die variablen Kosten verlaufen abschnittsweise linear, degressiv oder progressiv, und bei den fixen Kosten können Sprünge auftreten. Deshalb definiert man Grenzkosten als:

$$\text{Grenzkosten} = \frac{\text{zusätzliche Kosten}}{\text{zusätzliche Produktionseinheit}}$$

Sie können je nach Verlauf der Kostenkurve und betrachtetem Abschnitt der Auslastung unterschiedlich sein. Oft werden sie in der Praxis gleichgesetzt mit den variablen Kosten/Stück. Die fixen Kosten finden keinen Eingang mehr in die Grenzkostenrechnung. Sie werden als Block in die Erfolgsrechnung überführt. Auch die Grenzkostenrechnung ist eine Teilkostenrechnung (**Bild 8.5-6**).

Den Umsatzerlösen werden die Grenzkosten gegenübergestellt. Der dann verbleibende Erlösüberschuss dient zur teilweisen oder vollständigen Deckung der fixen Kosten oder ergibt zusätzlich einen Gewinn. Ein Vergleich der Vollkosten- mit der Grenzkostenrechnung geht aus Bild 8.5-6 hervor, in der die Beispiele aus Bild 8.5-3 und Bild 8.5-4 anschaulich als „Flüssigkeitsströme" dargestellt sind: Bei der Vollkostenrechnung (Bild 8.5-6 oben) rechnet jedes Produkt für sich ab. Der „Erlösfluss" der Produkte A und B füllt die getrennten „Kostentöpfe" A und B. Bei A läuft ein Gewinn über. Bei B wird der „Kostentopf" nicht gefüllt, es

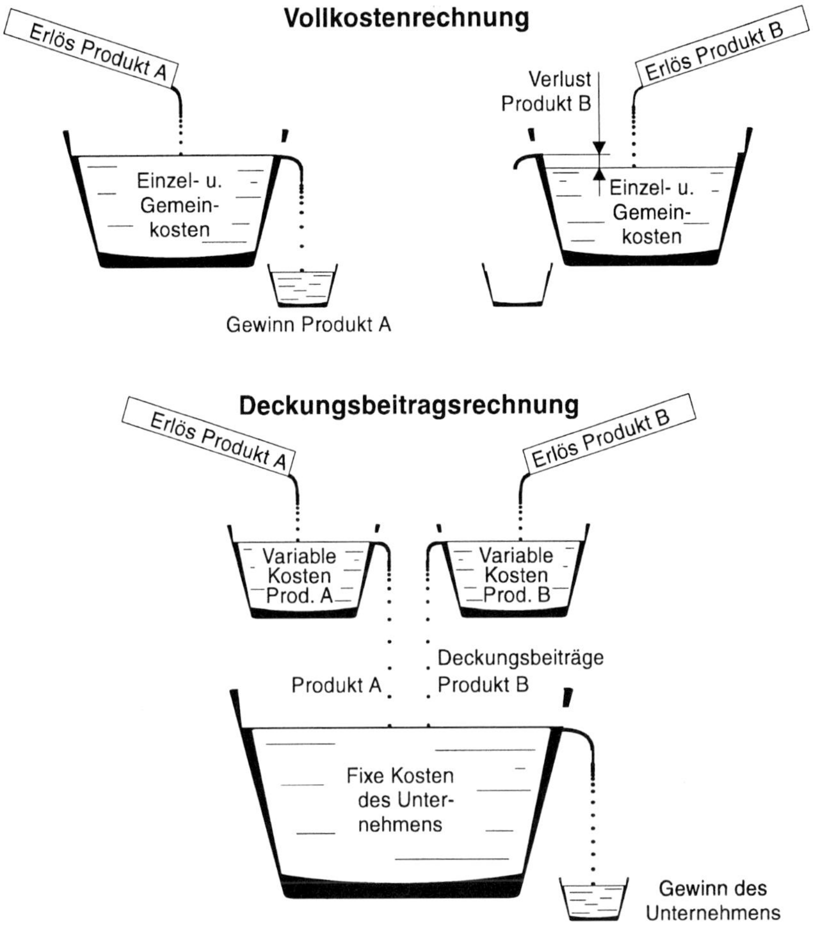

Bild 8.5-6. Verdeutlichung der Voll- und Teilkostenrechnung (Deckungsbeitragsrechnung) (nach den Beispielen in Bild 8.5-3 und Bild 8.5-4)

bleibt ein Verlust. Bei der Grenzkostenrechnung (Bild 8.5-6 unten) wird der „Fixkostentopf" des Unternehmens streng von den „Töpfen" für die variablen Kosten der Produkte getrennt. Die für die Produkte im Betrachtungszeitraum sich ergebenden Erlöse füllen zunächst die „Töpfe" der variablen Kosten der Produkte. Der Überschuss füllt in der Erfolgsrechnung als Deckungsbeitrag den „Topf" der fixen Kosten des Unternehmens. Wird er „nicht voll", ergibt sich ein Verlust; „läuft er über", ergibt sich ein Gewinn für das Unternehmen.

Der Vorteil dieser Betrachtung ist eine klare Trennung zwischen den Kosten, die unmittelbar für die Produktion nötig sind, und denen, die mit der Produktion nicht unmittelbar etwas zu tun haben. Im Fall des Verlustes weiß die Geschäftsleitung, wo zunächst Maßnahmen anzusetzen sind: an den fixen Kosten, nicht an den proportionalen!

Bei Teil- bzw. Grenzkostenbetrachtungen darf nicht vergessen werden, dass über längere Zeit natürlich die gesamten Kosten (Vollkosten) des Unternehmens gedeckt werden müssen! So kann man in „schlechten Zeiten" versuchen, durch Preissenkungen die abgesetzte Stückzahl zu erhöhen. Damit verschiebt sich aber auch die Gewinnschwelle zu höheren Stückzahlen, und es ist fraglich, ob tatsächlich durch die Preissenkung so viel mehr verkauft werden kann. Ferner werden in „guten Zeiten" vielleicht zusätzliche Aufträge mit zu geringen Preisen (geringen Deckungsbeiträgen) angenommen, weil andere Aufträge die fixen Kosten schon gedeckt haben. Das führt kurzfristig zu mehr Deckungsbeitrag und auch mehr Gewinn. Das Problem ist aber, dass diese Maßnahmen zu langfristigen Preissenkungen für alle Produkte am Markt führen und in „schlechten Zeiten" eine Preiserhöhung nicht durchsetzbar ist [Vec86].

9 Kostenfrüherkennung bei der Entwicklung – entwicklungsbegleitende Kalkulation

Ein wesentliches Element des Kostenmanagements ist eine den Entwicklungsprozess begleitende, „mitlaufende" Kalkulation. Es soll dadurch eine Kostenfrüherkennung und -beeinflussung möglichst unmittelbar zum Zeitpunkt der konstruktiven Entscheidung erreicht werden (kurzer Regelkreis, s. Bild 4.4-2). Dabei sind von Beginn einer Entwicklung an – ausgehend von der Bestimmung des Kostenziels – die Kosten des neuen Produkts in der im Unternehmen üblichen Kalkulationsstruktur aufzulisten, um einen durchgängigen Kostenvergleich zu ermöglichen und um bei Abweichungen Kostensenkungsmaßnahmen anzustoßen.

Die konventionelle Kostenrechnung ist für diese Aufgabe oft nicht geeignet. Deshalb wurden so genannte „Kurzkalkulationsverfahren" entwickelt, die auf entscheidungsrelevante Parameter der Entwicklung ausgerichtet sind. Nach einem Überblick werden die wesentlichen Verfahren der Kurzkalkulation vorgestellt. Abschließend wird die in Zukunft an Bedeutung zunehmende rechnerintegrierte Kalkulation vorgestellt.

9.1 Überblick

9.1.1 Ziele der entwicklungsbegleitenden Kalkulation

Das Kostenmanagement benötigt eine den Entwicklungsprozess begleitende, „mitlaufende" Kalkulation. Bei der üblichen Vorkalkulation **nach Abschluss der Konstruktion** werden die Kosten auf der Grundlage weitgehend **vollständiger** Konstruktionsunterlagen über Stücklisten und Arbeitspläne, die u. U. erst neu erarbeitet werden müssen, ermittelt (Bild 4.4-2). Hier liegt das Hauptproblem der mitlaufenden Kalkulation bzw. „Kostenfrüherkennung": Man will Kosten **schnell** und **früh** im Entwicklungsprozess ermitteln, obwohl die Unterlagen noch **nicht vollständig** sind, das Produkt also im Detail noch gar nicht feststeht. Idealerweise wüsste man die Kosten bereits gern, wenn nur die Anforderungen klar sind und kaum etwas von dem neuen Produkt bekannt ist [Bec94; Bec96; Ehr96; Kön95].

Bei der entwicklungsbegleitenden Kalkulation sind zwei unterschiedliche, sich ergänzende Aufgaben zu unterscheiden:

a) Kostenverfolgung des ganzen Produkts während der Entwicklung

Bei komplexen Produkten ist es allein ein Problem die Herstellkosten des ganzen Produkts während des Entwicklungsprozesses (u. U. über mehrere Jahre) zu überblicken und zusammenzutragen und immer wieder den Zielkosten gegenüberzustellen (Kap. 4.8.3.2 und 7.12.6.8). Denn die Kosten des komplexen Produkts ergeben sich als Summe der Kosten vieler Teile, die wiederum aus verschiedenen Anteilen (Materialkosten, Kosten einzelner Arbeitsgänge) bestehen. Dabei kommt es grade am Anfang des Entwicklungsprozesses nicht so sehr auf die Genauigkeit der Daten an (Kap. 9.3.7.3), sondern dass nichts vergessen wird und Abweichungen vom Üblichen erkannt und berücksichtigt werden.

Ein Problem ist dabei, dass die zur Verfügung stehenden Kostendaten ganz unterschiedliche Qualität haben. So können für Zukaufteile, bekannte Baugruppen usw. exakt festgelegte Kosten vorliegen bzw. übernommen werden, während für neu zu entwickelnde Teile nur Schätzungen oder nur Kosten für Prototypen aber nicht die Kosten für die späteren Serienteile bekannt sind. Auch diese Qualität (exakt, geschätzt usw.) der Daten sollte mit vermerkt werden um die Genauigkeit und die noch vorhandenen Risiken während der Entwicklung abschätzen zu können [Lin01]. Dabei müssen auch Erprobungs-, Werkzeug- oder Modellkosten usw., u. U. auch Verschrottungskosten für vorhandene durch Änderungen aber nicht mehr benötigte Materialien oder Werkzeuge mit erfasst werden.

Ferner liegen die Kosten in ganz unterschiedlicher Detaillierung vor. Für große Zukaufbaugruppen liegt nur der Einkaufspreis als Materialkosten vor. Daneben werden selbst gefertigte Kleinteile mit Material- und Fertigungskosten aufgeführt, die aber nur wenige Euro kosten. Hier muss ein vernünftiger Kompromiss im Detaillierungsgrad gefunden werden. Die Struktur und die Ermittlung der Übersicht über das ganze Produkt ist unbedingt mit allen im Prozessablauf von der Angebots- bis zur Nachkalkulation Beteiligten und den vorhandenen Kalkulationsverfahren abzustimmen! Sie ist eine typische Aufgabe der Projektleitung.

b) Kalkulation einzelner Baugruppen und Teile

Als eine Teilaufgabe bei der Kostenverfolgung des ganzen Produkts müssen die Kosten einzelner wesentlicher Baugruppen, Teile oder sogar einzelner wichtiger Arbeitsgänge die um- oder völlig neu konstruiert werden, während der Entwicklung neu ermittelt werden.

Im einfachsten Fall wird das Problem durch die Übernahme der Kosten eines vorhandenen ähnlichen Produkts für das neue Produkt gelöst. Mit einer Anpassung der Kosten an das neue Produkt reicht dieses Vorgehen für die Praxis im Maschinenbau, insbesondere in frühen Phasen des Entwicklungsprozesses, oft aus.

Aufwändiger ist, die Kosten mit aus dem bestehenden Produkt- und Teilespektrum statistisch ermittelten Formeln oder Kostenwachstumsgesetzen zu ermitteln (Kap. 9.3). In Ausnahmefällen ist auch eine genaue Kalkulation nötig. Einen Grenzfall der „Kostenfrüherkennung" bildet die im Kap. 9.4 beschriebene rechnerintegrierte Kalkulation. Sie baut insbesondere bei Variantenkonstruktionen (Kap. 4.5.2) zwar schon auf weitgehend vollständigen Zeichnungen auf, verkürzt aber den häufig langen Zeitraum zwischen Zeichnungserstellung und der Kalkulation mit Arbeitsplanung usw. und unterstützt so die Kostenfrüherkennung.

Es ist eine große Zahl unterschiedlicher, früh einsetzbarer Kostenermittlungsverfahren unter verschiedenen Bezeichnungen (Kurz-, Schätz-, Schnellkalkulation, Kostenfunktion usw.) bekannt [Bec96; Bro96; Ehr85; Ger94; VDI87; Hor96]. Vor der Darstellung einzelner Verfahren werden zunächst noch einige wichtige übergeordnete Gesichtspunkte diskutiert.

Weil das Produkt noch nicht detailliert beschreibbar ist und die entwicklungsbegleitende Kalkulation einfacher sein soll als die übliche Vorkalkulation, sind die **Ergebnisse notwendigerweise ungenauer** als die Ergebnisse der Vor- oder Nachkalkulation. Welche Ungenauigkeit zulässig ist, hängt vom **Verwendungszweck** der entwicklungsbegleitenden Kalkulation ab.

Verwendungszwecke können z. B. sein:

- Unterstützung der Angebotskalkulation;
- Mitlaufende Kontrolle **während** der Entwicklung, ob das Kostenziel erreicht wird (dieser Zweck steht hier im Vordergrund);
- Variantenvergleich, auch von Konkurrenzprodukten (Benchmarking);
- Erkennen von Kostensenkungspotentialen;
- Kontrollieren, frühes Abschätzen von Zulieferkosten, Angeboten;
- Ermitteln von Kostenstrukturen, Relativkosten und Regeln;
- Zeitvorgabe für Arbeitsvorgänge bei der Arbeitsplanerstellung;
- Überbetriebliche Kontrolle der Kalkulationsart und -genauigkeit.

Die **notwendige Genauigkeit** muss also immer wieder prozess- und betriebsspezifisch festgelegt werden. Hier seien zur Darstellung des Problems nur die Zwecke Angebotskalkulation und Variantenvergleich gegenübergestellt.

Wird der Preis über die **Angebotskalkulation** aufgrund der vermutlich entstehenden Herstellkosten festgelegt, ist eine hohe Genauigkeit nötig. Liegt der Angebotspreis zu hoch, erhält man den Auftrag nicht. Liegt er zu niedrig und man erhält den Auftrag, kann der Preis nachträglich nicht angehoben werden, und es entstehen Verluste (Kap. 8.5.2) [Eve77]. Wichtig ist zu wissen, dass die Kosten nur ein Gesichtspunkt bei der Festlegung der Preise sind und dass möglichst nicht nur „Bottom up = Wie viel **wird** das Produkt kosten?", sondern auch „Top down = Wie viel **darf** das Produkt kosten?" gerechnet werden muss (Bild 4.5-3).

Für den **Variantenvergleich** braucht die Genauigkeit nur so hoch zu sein, dass es möglich ist, sicher zwischen den Varianten zu entscheiden. Vor allem beim Konzipieren liegen die Kosten der Varianten oft so weit auseinander, dass erfahrungsgemäß schon eine Kostenschätzung ausreicht.

Die **mögliche Genauigkeit** der Kostenermittlung hängt, wie die Ermittlung aller anderen Eigenschaften, vom **„Bekanntheitsgrad"** des Produkts ab. So sind die Kosten eines Wiederholteils exakt bekannt, die einer Neukonstruktion (Kap. 4.5.2) nur mit einer größeren Ungenauigkeit. Die Genauigkeit wird im Laufe der Produkterstellung mit dem Bekanntheitsgrad des Produkts höher. In **Bild 9.1-1** [Bro96] (s. a. Bild 4.8-3) wird als Beispiel angenommen, dass bei der Planung die Kosten einer Neukonstruktion mit einer Genauigkeit von ±20 %, bei der Vorkalkulation mit ±5 % und bei der Nachkalkulation „genau" vorliegen (Kap. 9.3.7).

Da auch Neukonstruktionen zum größten Teil aus bekannten Teilen und Baugruppen bestehen, deren Kosten bekannt sind, ist die Ungenauigkeit für das ganze Produkt kleiner als für einzelne neue Teile. Damit wird die in Bild 9.1-1a mit ±20 % angenommene Ungenauigkeit auf den z. B. 40 %igen Anteil wirklich neuer Teile begrenzt und beträgt für das ganze Produkt bei der Planung nur noch ±8 % (Bild 9.1-1b).

Im Widerspruch zu der prinzipiell geringeren Genauigkeit (besser: größeren Unsicherheit) der Kostenaussagen zu Beginn eines Projekts steht die Forderung oder Notwendigkeit der exakten Festlegung eines Kostenziels. Bei dem Thema Festigkeit wird das Problem der Unsicherheit durch die Multiplikation der errechneten Spannung mit einem „Sicherheitsfaktor" gelöst, der wie jeder Techniker weiß, eigentlich ein „Unsicherheitsfaktor" ist. Das ist bei Kosten nicht möglich, weil der Markt bzw. ein schon festgelegter Verkaufspreis ein Kostenziel meist unterhalb des in Bild 9.1-1 gezeigten Streubereiches erzwingen. Es ist die Aufgabe des Kostenmanagements, durch entsprechende Maßnahmen das Kostenziel zu erreichen.

Ein weiterer Gesichtspunkt ist das **zu kalkulierende Objekt**. Sollen die Kosten eines komplexen Produkts, eines Einzelteils oder nur einer Gestaltzone ermittelt werden? Entsprechend dem Objekt müssen die Daten nach Baugruppen und Teilen oder nach Materialkosten, Kosten einzelner Fertigungsgänge und Montage aufgeteilt und verfolgt werden.

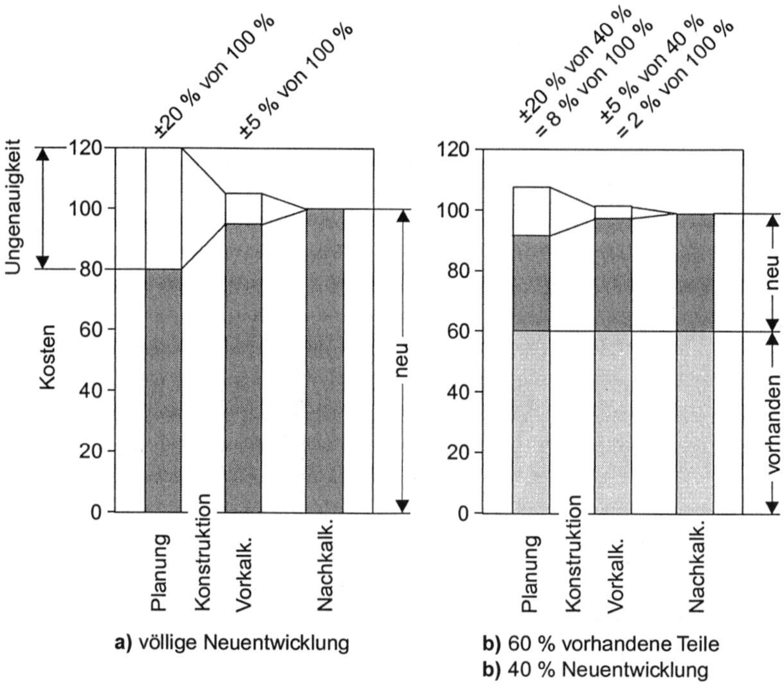

Bild 9.1-1. Genauigkeit von Kostenaussagen abhängig vom Bekanntheitsgrad des Produkts

9.1.2 Ablauf der entwicklungsbegleitenden Kalkulation

Für das Kostenmanagement ist es notwendig, **von Beginn** der Entwicklung an, schon beim Festlegen der Kostenziele, die **Kosten in der gleichen Struktur und Aufschlüsselung** vorliegen zu haben wie später bei der **Vor- und Nachkalkulation**. Nur dann sind eine kontinuierliche Kontrolle und ein Vergleich der Werte möglich [Sau86]. Die Verwirklichung dieser scheinbar selbstverständlichen Forderung stößt in der Praxis oft auf Schwierigkeiten, weil die notwendigen Kostendaten oft nicht in der geeigneten Form erfasst werden und nicht entsprechend greifbar vorliegen. Hier **Durchgängigkeit** (Bild 10.1-8) und **Transparenz** zu schaffen ist eine Voraussetzung für ein erfolgreiches Kostenmanagement! Das gilt auch für Prozesse (s. Kap. 4.8.3.2).

Bei größeren Projekten, z. B. der Entwicklung eines Pkw, werden eigene Projektplanungs- und -verfolgungsprogramme verwendet. Bei nicht so umfangreichen Produkten des Maschinenbaus hat sich der Einsatz von **Tabellenkalkulationen** bewährt, um eine Übersicht in dem häufig sehr umfangreichen „Zahlenfriedhof" zu bekommen und über die Laufzeit eines Projekts zu behalten. Sind damit einmal Übersichten erstellt, lassen sie sich schnell aktualisieren und auswerten. Sie ermöglichen auch eine „Parallelkalkulation" mit mehreren Spalten für Kosten des alten Produkts, Zielkosten und Ist-Kosten des neu entstehenden Produkts zu bestimmten Zeitpunkten. Damit sind Vergleiche und grafische Auswertungen leicht möglich (Kap. 10.1, Bild 10.1-8). Eine solche Tabelle fördert auch ganz allgemein die Kostentransparenz für die Entwickler.

Das **grundsätzliche Vorgehen** wird im Folgenden kurz beschrieben [Ehr87a; Grä98; Grö91; Mei92; Hein95; Bot96; Ehr96; Bin97; Rei97; Sch95; Sch98a; Stö98; War80; Wel98]. Wichtig ist, das Vorgehen immer an die Situation anzupassen und zu beachten, dass es ein längerer Prozess mit Iterationen und Lerneffekten ist.

Als Ausgangspunkt wird die Kalkulation eines oder mehrerer ähnlicher Produkte (u. U. auch eines Konkurrenzprodukts) verwendet [Roma93; Sau86]. Entweder werden einfach die Ausgangsdaten übernommen oder durch Extrapolation an das aktuelle Produkt angepasst. In eine weitere Spalte werden die Kostenziele für Baugruppen oder -teile eingetragen. Durch Vergleich der Ist- mit den Zielkosten erkennt man die notwendigen Ansatzpunkte zum Kostensenken. Bei der Erstellung der Tabelle werden auch Ideen oder Maßnahmen (Kostensenkungspotentiale) erkannt, mit denen man die Kosten beeinflussen kann. Die Maßnahmen, die zu ihrer Durchführung Verantwortlichen, und die erwarteten Kosteneinsparungen werden notiert und der Entwicklungsprozess begonnen. Zu festgelegten späteren Zeitpunkten wird jeweils der Stand der Entwicklung ermittelt, es werden Ziel und Ist gegenübergestellt, Abweichungen bzw. noch nicht erreichte Ziele festgestellt. Falls erforderlich, werden neue Maßnahmen eingeleitet und wieder Verantwortliche bestimmt usw.

1. Unterteilendes Schätzen

Infolge des Fehlerausgleichs, d. h. des „Sich-Herausmittelns“ **zufälliger** Fehler vieler Einzelschätzungen, ist die Genauigkeit des Gesamtergebnisses höher als die einzelner Schätzungen (Kap. 9.3.7.3). Es ist also zweckmäßig, möglichst viele Teile (Baugruppen) einzeln zu schätzen und bei A-Teilen noch Material- und Fertigungskosten, u. U. einzeln für Fertigungsvorgänge, getrennt zu schätzen. Die Kosten einzelner Teile sind auch leichter und genauer schätzbar als die Kosten des Gesamtprodukts in Summe. Hier helfen auch die Kenntnisse der Kostenwachstumsgesetze (Kap. 7.5, 7.7.1 u. 9.3.5). Neben der Genauigkeitssteigerung wird dadurch die Schätzung besser diskutierbar.

2. Schätzung durch mehrere Personen

Im gleichen Sinne wirkt genauigkeitssteigernd, wenn mehrere kompetente Personen unabhängig voneinander schätzen. Man bildet dann nach Diskussion von Ausreißern einen Mittelwert. Technisches und kalkulatorisches Wissen und entsprechende Berufserfahrung sind dazu notwendig. Folgendes Vorgehen hat sich in der Praxis bewährt: Kurzes Zusammentreffen von Spezialisten (max. 1 h), die zu Technik und Kosten etwas sagen können. Aufgabenstellung gut vorbereitet: Konzepte, Kostendaten mit Flipcharts bzw. Overhead visualisiert, Diskussion, Vereinbarung von Maßnahmen und Dokumentation der Ergebnisse (Kap. 9.1.2).

3. Kombination von Schätzung und genauer Kostenermittlung

Im Allgemeinen wird man Kosten bestimmende A-Teile durch Vorkalkulation, durch Vergleich mit früher gefertigten Teilen (Bild 9.1-1) oder durch Preisangebote der Zulieferer genauer kalkulieren als B- und C-Teile. Der relative Gesamtfehler f_{ges} ist gering, wenn ein erheblicher Anteil des Produkts genau bestimmt wird (Kap. 9.3.7, Bild 9.3-10).

4. Vergleichendes Schätzen

Schätzergebnisse werden verbessert, wenn man gewisse Stützpunkte, wie Kosten ähnlicher Teile, Mittelwerte (Gewichtskosten, mittlere Kosten/Teil), heranzieht (Kap. 9.3.1). In der Elektronikindustrie und im Sondermaschinenbau hat es sich bei der großen Zahl von Bauteilen in einem Produkt bewährt, über die Aufsummierung der Mittelwerte der Kosten pro Bauteil oder Spanneinheit usw. die Kosten des Produkts zu bestimmen. Für eine Schaltung, Anordnung usw. ergeben dann allein die Zahl der vorhandenen Bauteile und die Multiplikation mit den mittleren Kosten pro Bauteil eine zuverlässige Kostenschätzung. Es sollte aber nicht nur ein Mittelwert für alle Teile der Maschine, sondern mehrere Mittelwerte für bestimmte Teilearten oder Vorgänge verwendet werden, z. B. bei einer Werkzeugmaschine: Kosten pro m Führungslänge, Kosten pro Spanneinheit usw.

So vorteilhaft das Schätzen bezüglich Schnelligkeit und geringen Aufwands ist, so bleiben doch die folgenden **Nachteile**:

- Erkannte Fehler können nur ungenügend zur Verbesserung des Schätzens verwertet werden. Das Schätzen bleibt auch eine Angelegenheit „des Gefühls“.

- Die Ergebnisse sind weitgehend personengebunden und rational schwer nachvollziehbar. Ist der Schätzer nicht mehr verfügbar, so ist eine Kontinuität im Ergebnis nicht mehr vorhanden.
- Das Schätzen ist kurzfristig nicht lehrbar.

Die Schätzergebnisse müssen deshalb festgehalten und später mit den tatsächlich entstandenen Kosten verglichen und Abweichungen diskutiert werden. So wird eine kontinuierliche Verbesserung der Ergebnisse erreicht.

9.3 Kurzkalkulation

Unter Kurzkalkulation versteht man nach DIN 32 990 [DIN89a] eine vereinfachte Methode zur Kostenermittlung für einen definierten Kostenträger. Andere Begriffe sind Schnell-, Ähnlichkeits-, Äquivalenzziffernkalkulation [Mei92]. Die weit gefasste Abgrenzung versteht unter Kurzkalkulation alle Methoden, die im jeweiligen Bearbeitungsstadium des Produkts, also z. B. in Konstruktion oder Projektierung, verfügbar gemacht werden können. Gegenüber den Verfahren der Arbeitsvorbereitung und Kalkulation, die auf der vollständigen Produktdokumentation basieren, werden diese auf die wichtigsten und bekannten Einflussgrößen verkürzt. Typische fertigungstechnische Größen wie Vorschub, Schnittgeschwindigkeit sind dabei meist ausgeschlossen, da sie bei der Konstruktion i. d. R. noch unbekannt sind.

Bei der Erstellung der Kurzkalkulationen sind die Gültigkeitsbereiche und die Randbedingungen (Bild 7.1-3) anzugeben. Fehlen diese, so können sich grobe Fehler bei der Nutzung ergeben. Ferner ist darauf zu achten, wer die Kurzkalkulation anwenden soll. Ein Fertigungs- und Kostenberater hat erheblich mehr fertigungstechnische und Kostenkenntnisse als ein Konstrukteur. Entsprechend kann dann die Kurzkalkulation für ihn aufwändiger und genauer sein.

Zur Erarbeitung von Kurzkalkulationen gibt es drei Möglichkeiten [Kie79; Pic89; Rei97; Stö97; Stö98]:

1. Vergleichskalkulation konstruktiver Varianten

Konstruktive Varianten oder Alternativen werden konventionell kalkuliert. Variiert man bei der Kalkulation bestimmte, für die Konstruktion interessante Einflussgrößen (z. B. bei Welle-Nabe-Verbindungen die Art, Breite, Durchmesser), so erhält man Diagramme mit diesen Größen als Eingangsgrößen (Kap. 7.13.6 [Kit90]).

2. Analyse von Unterlagen der Vorkalkulation

Durch Analyse von Formeln der Arbeitsvorbereitung und Vorkalkulation können wesentliche Einflussgrößen auf die Kosten erkannt werden. Diese sowie der grundsätzliche Formel- und Kalkulationsaufbau sind für den Ansatz von möglichst verursachungsgerechten Kurzkalkulationsformeln wichtig. Die Ableitung von Ähnlichkeitsgesetzen erfolgt ebenfalls überwiegend durch Analyse der Unterlagen für die Zeit- und Kostenermittlung (Kap. 9.3.4).

3. Statistische Auswertung von Zeiten und Kosten

Aus vorhandenen Arbeitsplänen mit vor- oder nachkalkulierten Zeiten oder Kalkulationsergebnissen sowie aus Fertigungszeichnungen entnommene konstruktive Größen werden miteinander durch zunächst hypothetisch formulierte Funktionen verknüpft. Durch statistische Auswertungen werden dann die optimalen Koeffizienten und Exponenten der Formel (Kostenfunktion) ermittelt (Kap. 9.3.4).

9.3.1 Suchkalkulation – Ähnlichkeitskalkulation

Eine in der Praxis häufig angewandte, relativ einfache und schnelle Möglichkeit, die Kosten neuer Produkte zu ermitteln, ist der Vergleich mit den Kosten vorhandener Produkte. Vergleichen geht schnell und ist zuverlässig, wenn sich die Vergleichsobjekte nicht zu sehr unterscheiden und die Daten übersichtlich und aktuell vorliegen. Eine Voraussetzung zum Vergleichen ist das Suchen und Finden von ähnlichen vorhandenen Objekten. Diese Suche in den oft zehntausende von Teilen umfassenden Stammdatensätzen der Firmen ist nicht einfach.

Hillebrand [Hil86; Hil90] zeigt rechnergestützte Möglichkeiten, ähnliche Teile nach beliebigen Merkmalen und mit einem mathematisch ermittelten „Ähnlichkeitsmaß" rechnergestützt zu suchen. Werden mehrere ähnliche Teile gefunden, können durch Interpolation mittels einer Kostenfunktion die Kosten des neuen Teils sehr genau bestimmt werden. Die Merkmale, nach denen gesucht werden kann, müssen vorher entsprechend festgelegt und verschlüsselt werden. Die rechnergestützte Ähnlichteilsuche kann auch Teil eines Kosteninformationssystems sein (Kap. 9.4.2). Neuere Programme können nur nach Begriffen in beliebigen Dateien suchen, ohne dass klassifiziert werden muss [Mül94] (Kap. 7.12.3.1 c und 7.12.4.1).

Auf ähnlichen Grundlagen beruht **die Kurzkalkulation mit Werkstück-Klassifizierungssystemen**. Goetze [Göt78] geht von der Erkenntnis aus, dass insbesondere die Gestalt eines Werkstücks für dessen Fertigungskosten verantwortlich ist und dass ein Gestalt beschreibendes Klassifizierungssystem zur Kostenabschätzung geeignet sein müsste. Er ergänzt das Klassifizierungssystem von Opitz [Opi66] um weitere Schlüsselstellen, die eine Zuordnung zu konstruktiv festzulegenden, kostenwirksamen Parametern möglich machen.

9.3.2 Ermittlung der Kosten über eine Einflussgröße

Oft bestimmt eine einzige Größe das Produkt so weitgehend, dass man diese auch zur Kostenermittlung heranziehen kann. Damit ist das Verfahren sehr einfach. Das führt aber nur zu akzeptablen Ergebnissen, wenn das neue Produkt **konstruktiv und fertigungstechnisch** den Vergleichsprodukten **sehr ähnlich** ist. Im Folgenden werden drei bekannte Verfahren beschrieben.

9.3.2.1 Gewichtskostenkalkulation

Bei dieser Methode werden die Herstellkosten HK_0 eines Produkts 0 auf dessen Gewicht G_0 bezogen, man erhält einen „**Gewichtskostensatz**" *HK*g:

$$HK_g = \frac{HK_0}{G_0} \left[\frac{€}{kg} \right]$$

Die Herstellkosten *HK*i eines ähnlichen Produkts *i* werden dann durch Multiplikation seines Gewichts G_i mit dem Gewichtskostensatz HK_g errechnet. Es wird dabei vorausgesetzt, dass sich die **Kosten** direkt **proportional zum Gewicht** verhalten (**Bild 9.3-1**), d. h. die Kosten pro Gewicht HK_g seien konstant:

$$\frac{HK_i}{HK_0} = \frac{G_i}{G_0}$$

$$HK_i = HK_0 \cdot \frac{G_i}{G_0} = G_i \cdot HK_g$$

Voraussetzungen für eine zufrieden stellende Genauigkeit sind:

- **Gleichartige Produkte** (gleiche Konstruktion, gleiche Fertigung, gleiche Materialien, gleicher Stückzahl- und Größenbereich)
- **Keine wesentliche Extrapolation** über den erfassten Bereich hinaus
- Je größer die Produkte sind, d. h. **bei größerem Materialkostenanteil**, umso genauer wird die Gewichtskostenkalkulation (Bild 7.9-2). Das gilt auch für kleine Produkte, die in hoher Stückzahl gefertigt werden. Auch deren Materialkostenanteil ist hoch (Kap. 7.7, Bild 7.7-6).

Eine **Verbesserung des Verfahrens** erhält man, wenn man den Gewichtskostensatz HK_g nicht als konstant, sondern abfallend mit steigendem Gewicht annimmt, d. h. die Kosten wachsen nicht proportional, sondern degressiv mit dem Gewicht (Bild 9.3-1 rechts) (Begründung s. Text zu Bild 7.3-2). Dann wird für ein neues Produkt i zunächst das Gewicht G_i bestimmt, aus der Kurve der Herstellkosten/Gewicht *HK*g werden der zugehörige Gewichtskostensatz HK_{gi} bestimmt. Damit werden die neuen Herstellkosten HK_i errechnet (Beispiel Kap. 10.3.3):

$$HK_i = G_i \cdot HK_{gi} \left[\text{kg} \cdot \frac{€}{kg} \right]$$

Auch hier hat es sich bewährt, nicht nur einen Gewichtskostensatz, z. B. für Schweißteile, anzugeben, sondern mehrere, z. B. für kleine, mittlere und große, einfache und komplizierte Teile usw. In [Ruc82] sind z. B. Richtwerte für „Werkstatt-Fertigungskosten" in Fertigungsstunden pro Tonne Schweißkonstruktionen [h/t] klassifiziert nach Baugröße und Produktart angegeben.

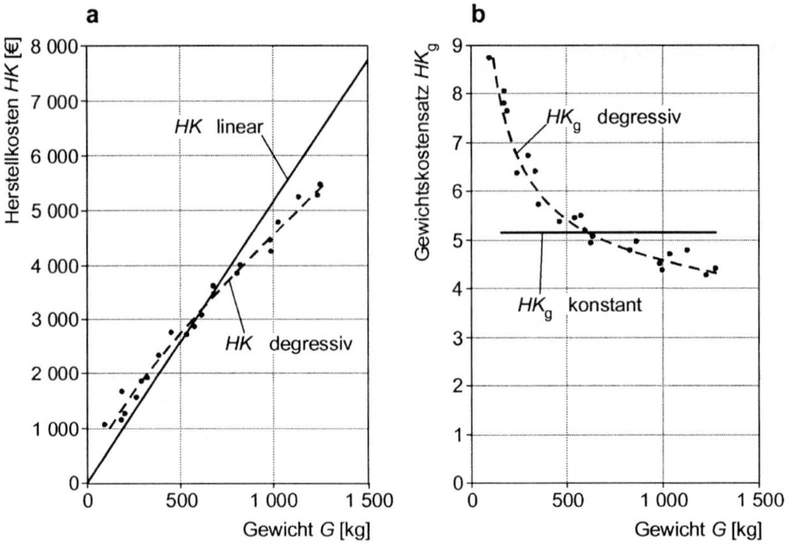

Bild 9.3-1. Gewichtskosten
a) linearer und degressiver Verlauf der Herstellkosten *HK*
b) linearer und degressiver Verlauf der Herstellkosten/Gewicht HK_g

9.3.2.2 Materialkostenmethode

Diese Methode, die in VDI 2225 [VDI97] detailliert beschrieben ist, geht davon aus, dass für eine bestimmte Produktart die Herstellkosten ein gleichbleibendes Verhältnis von Material- zu Fertigungskosten aufweisen, dass also die Kostenstruktur aus *MK* und *FK* konstant ist. Die Materialkosten des neuen Produkts lassen sich über die Stückliste und die Materialeinkaufspreise bzw. über Material-Relativkosten meist schnell ermitteln. Die Herstellkosten werden dann über den bekannten Materialkostenanteil *mk* wie folgt errechnet:

$$mk = \frac{MK}{HK} = \text{const} \quad \text{und bekannt von vorhandenen ähnlichen Produkten.}$$

Die Materialkosten *MK*neu des neuen Produkts werden ermittelt, indem aus der Stückliste oder aus der Zeichnung das Materialvolumen bestimmt und mit den Einkaufspreisen und u. U. Material-Relativkosten multipliziert wird (Bild 7.9-13). Die Herstellkosten des neuen Produkts HK_{neu} ergeben sich dann aus:

$$HK_{\text{neu}} = \frac{MK_{\text{neu}}}{mk}$$

Für die Erreichung einer zufrieden stellenden Genauigkeit gelten die gleichen Voraussetzungen wie bei der Gewichtskostenmethode.

9.3.2.3
Kurzkalkulation über leistungsbestimmende Größen

Statt des Gewichts können für ganze Produkte, wie Verdichter, Mühlen, Filter oder Trockner, die Herstellkosten auch von leistungsbestimmenden Größen, wie Leistungsbedarf, Ansaugleistung, Filterfläche oder Trocknerfläche, abhängen. Man trägt die Kosten über dieser Größe grafisch auf. Die sich ergebenden Kurven sind bei geeignetem Maßstab, z. B. doppellogarithmisch, oft Geraden. Daraus können die Kosten für andere Leistungsdaten abgelesen werden.

Mit einem Beispiel aus [Göt78] zeigt **Bild 9.3-2**, wie die Kosten bei Elektromotoren von der Polpaaranzahl abhängen. Die Aktualisierung erfolgt durch Neuauftragung oder mit Teuerungsfaktoren. Diese Art der Kurzkalkulation ist besonders für die Projektierung vorteilhaft, da die Beziehung zwischen gefragter technischer Leistung und Kosten (bzw. Preis) unmittelbar vorliegt.

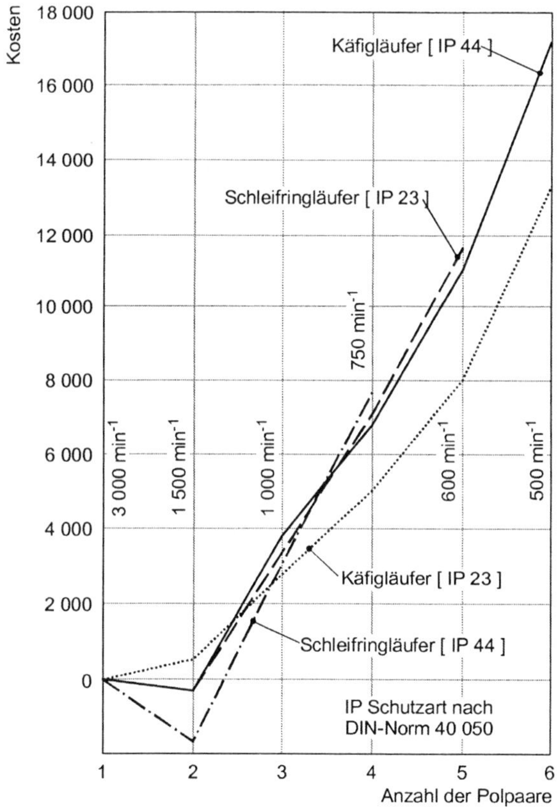

Bild 9.3-2. Kostenzuwachs für die Drehzahlverminderung aufgrund mehrerer Polpaare für Drehstrommotoren mit 45 kW Nennleistung [Göt78]

9.3.3 Bemessungsgleichungen

Bemessungsgleichungen wurden von Kesselring [Kes54] vorgeschlagen und sind in [VDI97; Ger94] erläutert. In einer Bemessungsgleichung werden die Zusammenhänge zwischen den Kosten eines Produkts und den wesentlichen technischen Einflussgrößen in einer geschlossenen Formel erfasst.

Der Vorteil einer Bemessungsgleichung besteht darin, dass sie die wesentlichen Abhängigkeiten aufzeigt und sie sowohl qualitativ wie quantitativ unmittelbar zum kostengünstigsten oder zum leichtesten, kleinsten, verlustärmsten usw. Produkt hinführt. Nachteilig ist, dass es sehr schwer ist, für komplexe Produkte praktisch brauchbare Bemessungsgleichungen aufzustellen, da meist sehr starke Vereinfachungen durchgeführt werden müssen bzw. die Zusammenhänge sehr umfangreich und komplex sind. Wenn man darauf verzichtet, eine geschlossene Formel für den Zusammenhang zwischen technischen Größen und Kosten aufzustellen, und statt dessen auf ein Rechnerprogramm übergeht, ist es z. B. für Variantenkonstruktionen möglich, alle technischen und wirtschaftlichen Zusammenhänge in diesem Rechnerprogramm zusammenzufassen und dann jeweils die optimale Lösung mit Hilfe von Optimierungsprogrammen zu ermitteln [Fig88].

9.3.4 Kurzkalkulationsformeln mit mehreren Einflussgrößen

Es gibt Maschinenteile (bzw. Fertigungsgänge), deren Herstellkosten (bzw. Fertigungszeiten) sich nicht oder nur zum Teil mit physikalisch ableitbaren Beziehungen errechnen lassen. Dies ist z. B. bei Gussteilen der Fall, bei denen eine Vielfalt empirischer oder von Fall zu Fall geschätzter Größen in die Kalkulation eingeht (Kap. 7.11.2.2). In solchen Fällen kann man die Ist-Zeiten einer Vielfalt von Teilen mit wahrscheinlich für diese Zeiten maßgebenden Größen vergleichen (z. B. Geometrie, Toleranzen oder Werkstoffarten). Man sucht einen **statistischen Zusammenhang** zwischen den Einflussgrößen und den Fertigungszeiten bzw. -kosten. Das übliche Verfahren dazu ist die Regressionsrechnung (Kap. 9.3.4.1). Da bei dieser der Ansatz grundsätzlich nur aus additiv verknüpften Gliedern besteht, sind die universelleren Verfahren die mathematische Optimierung (Kap. 9.3.4.3) und die Kalkulation mit neuronalen Netzen (Kap. 9.3.4.4).

9.3.4.1 Erstellung von Kurzkalkulationsformeln mit der Regressionsanalyse

Wenn Y die Zielgröße (z. B. Kosten oder Zeit) ist und $X_1, X_2, \ldots, X_n$ die Einflussgrößen bzw. die unabhängigen Größen sind, arbeitet die Regressionsanalyse mit einem **additiven Ansatz** vom Typ:

$$Y = a + b_1 \cdot X_1 + b_2 \cdot X_2 + \ldots + b_n \cdot X_n$$

Als Sonderfall kann auch ein **multiplikativer Ansatz** (Bild 9.3-4a, Bild 9.3-8a) verwendet werden, der durch Logarithmierung der Einflussgrößen entsteht:

$$Y = a \cdot X_1^{e1} \cdot X_2^{e2} \cdot \ldots \cdot X_n^{en}$$

Mit der Regressionsrechnung werden die Faktoren a, b_1 bis b_n, bzw. die Exponenten e1 bis en so bestimmt, dass die Summe der Quadrate der Abweichungen der Istwerte von den mit der Formel errechneten Werten ein Minimum wird.

Gerade bei der Kostenrechnung für unterschiedliche Teilespektren kommen aber **gemischte Ansätze** aus multiplikativ und additiv verbundenen Gliedern häufig vor. Als einfachstes Beispiel sei die Ermittlung der Herstellkosten aus den Material- und Fertigungskosten genannt. Die Material- und Fertigungskosten selbst ergeben sich jeweils aus der Multiplikation von Menge (kg, min) mit den Sätzen (€/kg, €/min) und werden anschließend addiert. Mit der Regressionsrechnung lässt sich dieses Problem lösen, indem nicht nur eine Gleichung für das ganze Teilespektrum und alle Kostenarten ermittelt wird, sondern mehrere Gleichungen, z. B. für die Material- und die Fertigungskosten, getrennt werden. Wird der Formelansatz mit mathematischen Optimierungsverfahren ermittelt (Kap. 9.3.4.3), sind auch beliebig gemischte Formelansätze möglich (Bild 9.3-4b). In keinem Fall ergeben sich die Haupteinflussgrößen (signifikante Einflussgrößen) oder die geeigneten Formelansätze von selbst. Im Allgemeinen ist es schwer, die Einflussgrößen zu finden und geeignete Formelansätze aufzustellen.

Die **Regressionsrechnung mit einer Einflussgröße** ist auch Basis für die vorher genannten Verfahren der Kostenermittlung über das Gewicht und einem Parameter (Kap. 9.3.1 u.9.3.2). Zur Verbesserung (Genauigkeitssteigerung) der Kurzkalkulation kann als Rechenverfahren auch die **gewichtete Regression** [Ste95] verwendet werden. Das wesentliche Unterscheidungsmerkmal dabei ist, dass die Regressionsformel für jede Anfrage neu ermittelt wird. Aus dem vorliegenden Datenbestand werden zur jeweiligen Rechnung nur Daten verwendet, die eine möglichst große Ähnlichkeit mit den Anfragedaten haben. Zusätzlich gehen die sehr nahe liegenden Werte stärker gewichtet in die Rechnung ein als weiter entfernt liegende. Der Genauigkeitssteigerung steht ein höherer Rechenaufwand gegenüber.

Mit Hilfe von statistischen Methoden werden bei der Erstellung von Kurzkalkulationsformeln:

- die Haupteinflussgrößen aus einer Vielzahl gegebener Einflussgrößen bestimmt;
- quantitativ die Faktoren und Exponenten dieser Einflussgrößen in einem Formelansatz bestimmt;
- verschiedene Formelansätze relativ zueinander bewertet (Bild 9.3-4).

Aus der Tatsache, dass statistisch gearbeitet wird, ergeben sich bestimmte Folgerungen:

- Es müssen **genügend Ist-Datensätze** vorhanden sein, d. h. Zeichnungen von Teilen, die zugehörigen Arbeitspläne mit Zeiten bzw. Kosten.
- Es wird **nur das vorhandene Teilespektrum** seiner **Art** nach in der Formel abgebildet. Die Formel gilt nur innerhalb der Grenzen des erfassten Teilespektrums. Bei einer Extrapolation muss man sich der Unsicherheiten bewusst sein.

Wird eine Formel für relativ einfache Teile erstellt, z. B. Gussteile ohne besondere Kernarbeit, ist sie für komplizierte Teile nicht aussagefähig.

- Es gibt **keine absolut richtige Formel** zur Berechnung von Zeiten und Kosten, sondern immer nur eine, die die verwendeten Datensätze mehr oder weniger gut annähert. Es ist dem Geschick des Bearbeiters überlassen, die Datensätze repräsentativ für die zu bearbeitende Teilegesamtheit auszuwählen.
- Die **Erfassung und Auswertung** der Datensätze ist **aufwändig**. Für die eigentliche Anwendung, die Kalkulation mit der gefundenen Formel, genügt ein Taschenrechner.
- Statistisch erarbeitete Formeln haben gegenüber analytisch abgeleiteten (Kap. 9.3.5) den Nachteil, dass sie **schlecht interpretierbar** sind. Man kann aus dem Formelaufbau keine direkten Schlüsse zum Konstruieren ziehen (Kap. 9.3.4.3).

Die statistischen Verfahren bieten sich nicht nur dort an, wo analytisch nicht kalkuliert werden kann, sondern auch bei Teilen oder Fertigungsverfahren, die sehr kompliziert oder umfangreich zu kalkulieren sind. Hier nähert die Kurzkalkulationsformel die Zeit- oder Kostenrechnung in einer für manche Zwecke befriedigenden Weise an, so dass schneller oder mit weniger Aufwand gerechnet werden kann.

Zu den Grundlagen und zur Durchführung der Regressionsrechnung wird auf die Literatur verwiesen [z. B. Eve77; Mag82]. Ausreichende Möglichkeiten der Regressionsrechnung bieten bereits die am PC verfügbaren Tabellenkalkulationsprogramme.

Zu beachten ist, dass bei der Regressionsanalyse die statistischen Maßzahlen (z. B. Standardabweichung, Bestimmtheitsmaß) durch Vergleich mit den Eingangsdaten errechnet werden. Bei einer praktisch abgesicherten Prüfung darf man nicht auf diese Daten zurückgreifen, weil die der Berechnung zu Grunde liegenden Werte nur die errechneten Werte bestätigen würden. Es sind vielmehr nicht bei der Regressionsrechnung benutzte Daten zur Kontrolle zu wählen.

In [Ehr85] sind eine Reihe von weiteren **Beispielen** für Regressionsanalysen und Kurzkalkulationen aufgeführt.

9.3.4.2 Beispiel für eine Kurzkalkulation mit mehreren Einflussgrößen

Das folgende Beispiel zeigt eine Kurzkalkulation für Welle-Nabe-Verbindungen, die durch Variation, Kalkulation und einer Mischung aus statistischer Auswertung und Kostenwachstumsgesetzen erarbeitet wurde [Kit90] (Kap. 7.13.6).

Um betriebsintern die Kosten von **Welle-Nabe-Verbindungen (WNV)** überschlägig errechnen zu können, wurde die in **Bild 9.3-3** beispielhaft dargestellte **Kurzkalkulation** entwickelt. Ausgehend von einer WNV-Kostenbasis UK_0 (für 50 mm Wellendurchmesser, Losgröße 1) kann mit Hilfe mehrerer Konstanten A_x und Exponenten E_x ausgerechnet werden, welche Herstellkosten entstehen, wenn die Fügedurchmesser und die Losgrößen geändert werden.

Da die Kostenvergleichsbasis 1986 ist, müssen die UK_0 mit einem vom VDMA erhältlichen Teuerungsfaktor multipliziert werden, bzw. die errechneten Kosten UK_i müssen dafür mit firmeninternen Kalkulationen verglichen werden. Die Struktur der Kurzkalkulation dürfte langfristige Gültigkeit haben.

Kurzkalkulationsformeln für WNV-Kosten von:

Welle-Nabe-Verbindungen an Welle und Zahnrad

in Baureihenausführung mit $b:d = 1:1$ (geometrisch ähnliche Hauptabmessungen, vergleichbare Fertigung und Gestalt)

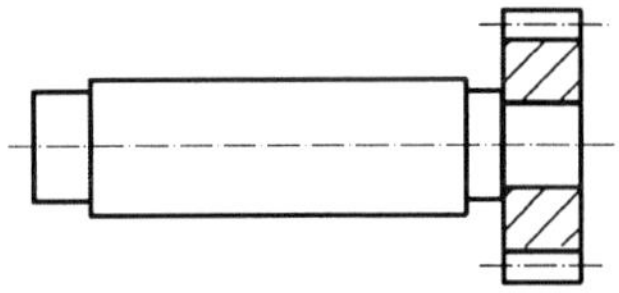

Formelansatz:

$$UK_i = UK_0 \cdot (A_0 + A_1 \cdot \left(\frac{d_i}{d_0}\right)^{E_1} + (A_2 + A_3 \cdot \left(\frac{d_i}{d_0}\right)^{E_2})/n_i)$$

UK = WNV-Kosten als Unterschiedskosten zu einer Basisvariante ohne WNV

Zielgröße:
- WNV-Kosten UK_i aus Herstellkosten

Einflussgrößenbereich:
- Fügedurchmesser: d_i = 20-500 mm (max.) je nach Verbindungsart siehe Graphik unten
- Losgröße n_i = 1-100 Stück

Gültigkeitsbereich der Zielgröße:
- Kostenvergleichsbasis: 15. Mai 1986
- die Datenbasis sind Herstellkosten jeweils für glatte Welle (C 45) und außenverzahnte Nabe (16 MnCr 5 bzw. für d = 500 mm: 17 CrNiMo 6) verbunden mit einer Welle-Nabe-Verbindung
- Verhältnis von Verbindungslänge zu Fügedurchmesser $b:d$ = 1:1

Parameter:

Mittelwerte	WNV-Kostenbasis d_0 = 50 mm, n_0 = 1	Konstanten				Exponenten		Mittlerer Kalkulationsfehler
Verbindungsart	UK_0 [GE]	A_0	A_1	A_2	A_3	E_1	E_2	[%]
Passfederverbindung	237,5	0,135	0,099	0,741	0,035	2,3	2,0	3,6
Zylindrischer Pressverband	102,4	0,117	0,128	0,723	0,012	2,4	2,0	3,8
Zahnwellenverbindung	413,2	0,119	0,068	0,801	0,039	2,5	2,3	2,0
Kegelpressverband	183,0	0,131	0,119	0,749	0,019	2,2	2,0	4,0
Kegeliger Ölpressverband	246,6	0,215	0,120	0,669	0,009	2,1	2,2	1,9
Spannsatzverbindung	230,3	0,378	0,204	0,456	0,023	2,6	2,5	4,6
Polygonverbindung P3G	527,5	0,133	0,092	0,569	0,207	2,3	1,2	1,4

Bild 9.3-3. Kurzkalkulation für WNV-Kosten an Welle und Zahnrad [Kit90]

Eine **Beispielrechnung** soll das Vorgehen veranschaulichen:

Aufgabe

Für eine Welle-Nabe-Verbindung an Welle und Zahnrad sei der Bauraum, also Fügedurchmesser *d* und Fügelänge *b*, fest vorgegeben. Zur Auswahl stehen eine Passfederverbindung PF und ein zylindrischer Pressverband ZP, die beide das geforderte Drehmoment übertragen. Die kostengünstigste Welle-Nabe-Verbindung soll zur Anwendung kommen. Bekannt seien die Daten der Fertigungslosgröße ($n_i = 3$ Stck.), des Fügedurchmessers ($d_i = 150\,\text{mm}$) und der Fügelänge ($b = 150\,\text{mm}$, $b{:}d = 1{:}1$).
Mit den in Bild 9.3-3 angegebenen Formeln und den entsprechenden Konstanten und Exponenten können die Kalkulationsformeln erstellt werden, und es sind nur noch die Fertigungslosgröße $n_i = 3$ und der Fügedurchmesser $d_i = 150\,\text{mm}$, wie oben vorgegeben, einzusetzen ($d_0 = 50\,\text{mm}$).
Als Kalkulationsformeln ergeben sich für die Passfederverbindung (PF):

$$UK\,(\text{PF}) = 237{,}5 \cdot \begin{pmatrix} 0{,}135 + 0{,}099 \cdot (\,d_i / 50\,)^{2{,}3} \\ + \left(0{,}741 + 0{,}035 \cdot (\,d_i / 50\,)^{2{,}0} \right) / \, n_i \end{pmatrix}$$

und für den zylindrischen Pressverband (ZP):

$$UK\,(\text{ZP}) = 102{,}4 \cdot \begin{pmatrix} 0{,}117 + 0{,}128 \cdot (\,d_i / 50\,)^{2{,}4} \\ + \left(0{,}723 + 0{,}012 \cdot (\,d_i / 50\,)^{2{,}0} \right) / \, n_i \end{pmatrix}$$

Ergebnis

Die kalkulierten WNV-Kosten sind für

- die Passfederverbindung DIN 6885A: 410 GE (Geldeinheiten)
- den zylindrischen Pressverband: 223 GE.

Der zylindrische Pressverband ist also um ca. 43 % günstiger als die Passfederverbindung und damit die deutlich kostengünstigere Welle-Nabe-Verbindung (Bild 7.13-18 u. 7.13-19).

9.3.4.3
Erstellung von Kurzkalkulationsformeln mit Optimierungsverfahren

Die Regressionsanalyse bestimmt in **einem** Rechenlauf die Faktoren in der Gleichung. Meist wird aber nicht gleich bei der ersten Rechnung eine als Kurzkalkulation brauchbare Formel ermittelt, sondern es müssen mehrere verschiedene Ansätze aufgestellt und ihre Eignung geprüft werden. Dieses iterative Vorgehen kann durch mathematische Optimierungsverfahren ersetzt werden. Das Vorgehen wurde für die Ermittlung von Kostenfunktionen erstmalig von Baumann [Bau82] benutzt und wird hier kurz an einem Beispiel (**Bild 9.3-4**) erläutert:

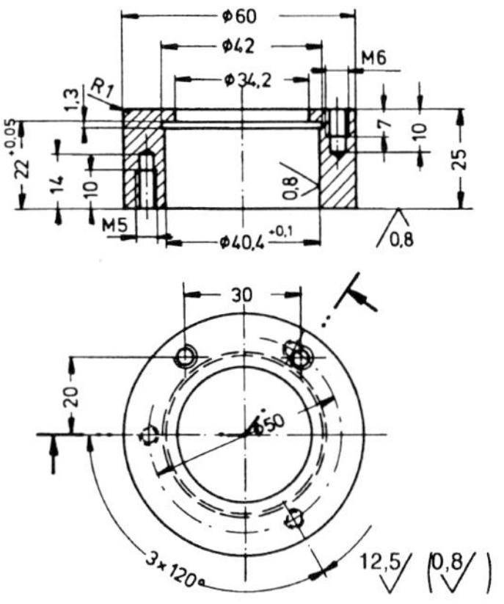

a) Kurzkalkulationsformel mit Regressionsrechnung ermittelt

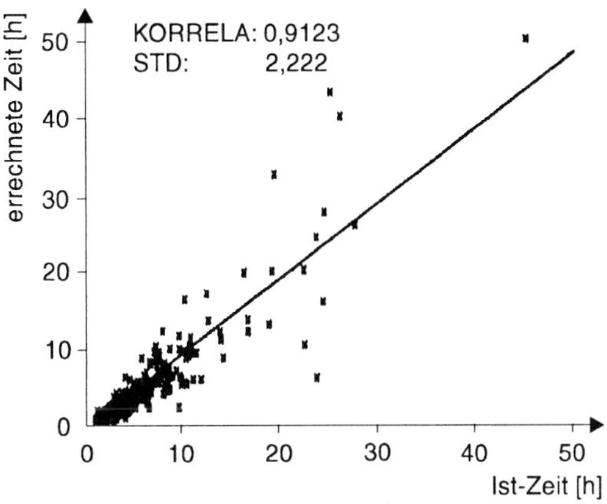

T = $1^{1,120}$ (Losgröße)
× $60^{0,219}$ (max. Länge)
× $60^{0,145}$ (max. Breite)
× $25^{0,162}$ (max. Tiefe)
× (1 + $10^{0,186}$) (Bohren)
× (1 + $/^{0,076}$) (Lehrbohren)
× (1 + $/^{0,216}$) (Fräsen)
× (1 + $3^{0,291}$) (Drehen außen)
× (1 + $4^{0,168}$) (Drehen innen)
× (1 + $2^{0,072}$) (Schleifen)
× (1 + $/^{0,261}$) (Hobeln)

***T* = 3,31 h**

b) Kurzkalkulationsformel mit Optimierungsrechnung ermittelt

T = $1^{0,700}$ (Losgröße)
× $60^{0,102}$ (max. Länge)
× $60^{0,058}$ (max. Breite)
× $25^{0,187}$ (max. Tiefe)
× [(0,111 × $10^{0,504}$) (Bohren)
+ (0,208 × $/^{0,504}$) (Lehrbohren)
+ (0,088 × $/^{0,075}$) (Fräsen)
+ (0,018 × $3^{0,291}$) (Drehen außen)
+ (0,038 × $4^{0,168}$) (Drehen innen)
+ (0,053 × $2^{0,272}$) (Schleifen)
+ (0,028 × $/^{0,261}$)] (Hobeln)

***T* = 2,44 h**

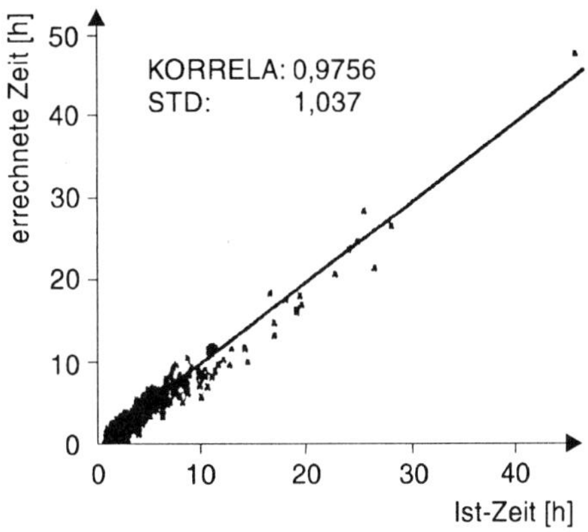

Bild 9.3-4. Vergleich von Kurzkalkulationsformeln am Beispiel eines Rings [Bau82]

Man kann verschiedene Arten von Kostenwachstumsgesetzen unterscheiden:

- **Summarische Kostenwachstumsgesetze** von Bauteilen (Gruppen, Maschinen) stellen die Kosten für diese direkt dar, ohne auf einzelne Fertigungsoperationen einzugehen. Da ihre Genauigkeit begrenzt ist, werden sie eingesetzt, um bei Baureihen wesentliche Kostenabhängigkeiten zu erkennen und Regeln abzuleiten [Ehr79; Fis83; Pah84; Die88; Kön95]. Ein Beispiel für ein summarisches Kostenwachstumsgesetz ist die Gl. (7.7/1), die durch statistische Auswertung eines größeren Spektrums zerspanter Bauteile ermittelt wurde:

$$HK_{1n} = \frac{FKr_{01}}{n} \cdot \varphi_L^{0,5} + FKe_0 \cdot \varphi_L^2 + MK_0 \cdot \varphi_L^3 \left[\frac{€}{Stück}\right] \tag{7.7/1}$$

Ein Berechnungsbeispiel ist in Kap. 7.7.2 enthalten. Sie sollte aber an Beispielteilen überprüft werden. Möglichst sind die Exponenten und der Aufbau betriebs- und teilespezifisch anzupassen. Für schnelle Kostenabschätzungen kann

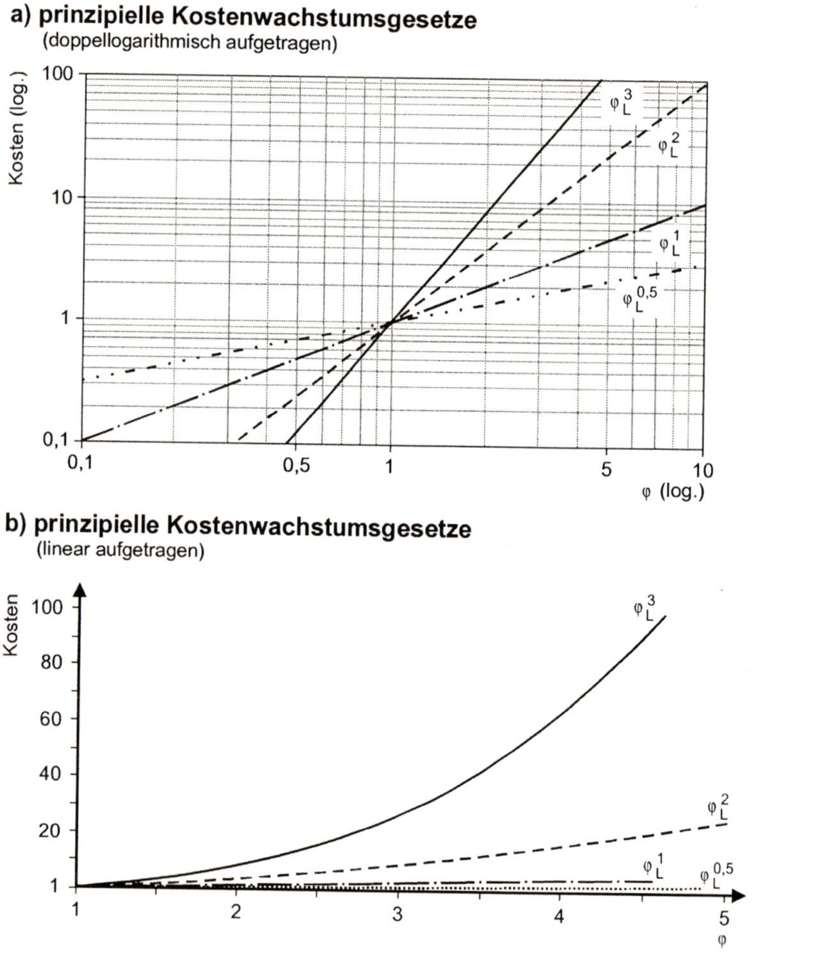

Bild 9.3-6. Prinzipielles Kostenwachstum bei unterschiedlichen Exponenten x für φ_L

man die Gl. (7.7/1) bzw. das im **Bild 9.3-6** dargestellte prinzipielle Kostenwachstum abhängig von φ_L^x verwenden. Aus der doppellogarithmischen Darstellung (Bild 9.3-6a) lassen sich Werte einfacher ablesen und sie zeigt, wie sich das Kostenwachstum über und unter $\varphi_L = 1$ verhält. In der linearen Darstellung (Bild 9.3-6b) ist die exponentielle Zunahme der Kosten bei φ_L^2 und φ_L^3 besser zu erkennen.

- **Differenzierte Kostenwachstumsgesetze** erfassen zunächst die Wachstumsgesetze der Fertigungszeiten für die an einem Bauteil angewandten Fertigungsverfahren einzeln (**Bild 9.3-7**) [Fis83; Pah84]. Vorteilhaft ist die relativ geringe Abweichung zur Vorkalkulation infolge verursachungsgerechter Kostenerfassung und Fehlerausgleich. Es werden ja die Zeiten bzw. Kosten jedes Fertigungsverfahrens und jedes Bauteils ermittelt (Bild 7.13-11 u. 10.3-7). Nachteilig sind der größere Erstellungsaufwand für die Kostenwachstumsgesetze und der größere Rechenaufwand, der aber über Rechenprogramme reduziert werden kann.

Das Rechnen mit summarischen und differenzierten Kostenwachstumsgesetzen wird in Kap. 10.3.4 beschrieben.

Beispiele für die Ableitung differenzierter Ähnlichkeitsgesetze

Für ein bestimmtes Fertigungsverfahren (z. B. Drehen) wird durch Analyse der Unterlagen aus der Arbeitsvorbereitung festgestellt, welche Abhängigkeiten zwischen konstruktiven Parametern (Abmessungen, Werkstoff) und den Fertigungszeiten bestehen. Die Begriffe und Inhalte von Zeiten sind in [REF71] beschrieben, werden aber in den Firmen manchmal unterschiedlich verwendet. Hier wird nach Haupt-, Neben- und Rüstzeit gegliedert (Bild 7.6-2).

a) Hauptzeiten *t*h:

Die Hauptzeiten lassen sich meist leicht ermitteln, z. B. beim Langdrehen:

$$t_h = \frac{D \cdot \pi \cdot B \cdot i}{v_c \cdot f}$$

mit D = Durchmesser;
B = Drehlänge;
i = Anzahl der Schnitte;
f = Vorschub;
vc = Schnittgeschwindigkeit.

Damit wird das Wachstumsgesetz der Hauptzeiten beim Drehen:

$$\varphi_{\text{thDr}} = \frac{\varphi_D \cdot \varphi_B \cdot \varphi_i}{\varphi_{vc} \cdot \varphi_f}$$

Wenn die optimale Schnittgeschwindigkeit für einen bestimmten Werkstoff und ebenso die Schnittanzahl sowie der Vorschub als konstant angesetzt werden, wird:

$$\varphi_{\text{thDr}} = \varphi_D \cdot \varphi_B = \varphi_L^2$$

Das bedeutet also z. B., dass die Hauptzeiten für das Drehen einer doppelt so großen ähnlichen Welle viermal so lang sind – dementsprechend die zugehörigen Kosten (Bild 9.3-6).

In [Hub95a] (Kap. 7.13.7b) wurde für die Montagekosten von Getrieben eine Abhängigkeit von $\varphi_L^{1,3 \dots 1,9}$ ermittelt (1,3 für kleine, 1,9 für große Getriebe).

Wachstumsgesetze für weitere Fertigungsverfahren sind in Bild 9.3-7 und [Fis83; Pah84; Die88] angegeben (s. a. Bild 7.13-11, Kap. 7.13.7b). Wie damit gerechnet wird, ist in Kap. 10.3.4 erläutert.

Maschinentyp	Verfahren	Exponent		Treff-sicherheit
		errechnet	gerundet	
Universal-Drehmaschine	Außen- und Innendrehen, Gewinde drehen, Abstechen, Nuten drehen, Fasen drehen	2 1 1,5 1	2 1 1 1	++ + + +
Karusselldrehmasch.	Außen- und Innendrehen	2	2	++
Radialbohr-maschine	Bohren, Senken, Gewinde schneiden	1	1	0
Bohr- u. Fräswerke	Drehen, Bohren, Fräsen	1	1	0
Nutenfräsmaschine	Passfedernuten fräsen	1,2	1	+
Universalrund-schleifmaschine	Außenrundschleifen	1,8	2	++
Kreissäge	Profile sägen	2	2	0
Tafelschere	Bleche scheren	1,5...1,8	2	+
Kantmaschine	Bleche kanten	1,25	2	+
Presse	Profile richten	1,6...1,7	2	+
Fasmaschine	Bleche fasen	1	1	++
Brennmaschine	Bleche brennen	1,25	1	++
MIG- und E-Handschweißer	I-Nähte V-, X-, Kehl-, Ecknähte	2 2,5	2 2	++ ++
Glühen		3	3	++
Sandstrahlen (je nach Verrechnung über Gewicht oder Oberfläche)		2 od. 3	2 od. 3	++
Montage		1	1	++
Heften zum Schweißen		1	1	++
Verputzen von Hand		1	1	++
Lackieren		2	2	++

Legende:
++ gute Treffsicherheit der Abschätzung mit gerundetem Exponent zu erwarten
\+ Treffsicherheit geringer als bei ++
0 stärkere Streuungen sind möglich

Bild 9.3-7. Exponenten für Zeiten je Einheit (Einzelzeiten) bei geometrischer Ähnlichkeit für ausgewählte Werkzeugmaschinentypen bzw. Fertigungsverfahren [Rie82, Pah97]; zur Anwendung: s. Bild 9.3-6

b) Nebenzeiten t_n:

Nebenzeiten fallen zusätzlich zur Hauptzeit bei jedem Teil wieder an, z. B. für Beschicken, Entleeren, Messen, Rücklaufen oder Wechseln des Werkstücks. Sie unterliegen im Allgemeinen keinen physikalisch beschreibbaren Zusammenhängen und müssen statistisch ermittelt werden. In der Regel sind die Nebenzeiten von der Werkstückgröße abhängig. In [Pah84] wurde eine Reihe von Nebenzeitangaben ausgewertet. Insbesondere montageähnliche Tätigkeiten, wie z. B. Werkstück spannen, Werkzeug wechseln, wachsen fast immer proportional zum Längenmaßstab. Es wird im Mittel angesetzt:

$$\varphi_{\mathrm{tn}} \approx \varphi_{\mathrm{L}}$$

c) Rüstzeiten t_r:

Rüstzeiten betreffen u. a. die Vorbereitung, Auf- und Abbau von Vorrichtungen und Werkzeugen. Sie fallen einmal pro Auftrag an. Die Auswertung nach [Lan74] ergibt, dass Rüstzeiten mit:

$$\varphi_{\mathrm{tr}} = \varphi_{\mathrm{L}}^{0,2...0,4},$$

nach [Ehr79; Fis83] im Mittel mit:

$$\varphi_{\mathrm{tr}} = \varphi_{\mathrm{L}}^{0,5}$$

wachsen. Bereichsweise und abhängig von der Höhe des Anteils der Rüst- an der Gesamtzeit kann ohne großen Fehler $\varphi_{\mathrm{L}}^{0} = 1$ angesetzt werden, d. h. die Rüstzeit ist konstant und unabhängig von der Baugröße. Das ist für eine bestimmte Fertigungsmaschine in erster Näherung der Fall. Die differenzierte Ähnlichkeitsbetrachtung geht ja davon aus, dass Grund- und Folgeentwurf mit demselben Betriebsmittel und gleichen technologischen Daten (z. B. Schnittgeschwindigkeit, Schnittzahl, Vorschub) gefertigt werden. Ändern sich diese erheblich, so muss der entsprechende Entwurf als neuer Grundentwurf konventionell neu kalkuliert werden. Dabei wird die Veränderung der Rüstzeit mit erfasst.

9.3.6 Vorgehensweise bei der Erarbeitung der Kurzkalkulation

Zur Vermeidung von Rückschlägen bei der Erstellung und Anwendung von Kurzkalkulationsformeln sollte man eine systematische Vorgehensweise einhalten [Bau82; Kie79; Pic89]. Die wesentlichen Schritte sind:

Schritt 1: Planen des Projekts und Festlegen der Anforderungen

Die Vernachlässigung dieses Schrittes ist die Ursache für viele umsonst geleistete Mannjahre. Den Autoren sind Projekte mit 6 bis 7 Mannjahren Arbeit bekannt, deren Arbeitsergebnisse hervorragend waren, die aber nicht zum betrieblichen Einsatz kamen, da man sich zuwenig Gedanken über den Zweck, die Einbindung der späteren Anwender oder die Aktualisierung gemacht hatte.

Man sollte wissen, dass mit der Erstellung von Kurzkalkulationen neben der üblichen Kalkulation eine zweite „Kalkulationsstraße“ aufgebaut wird. In einem

Unternehmen mit engem Funktionsdenken kann dies zur Ablehnung bereits im kaufmännischen Vorstandsbereich führen (Die Techniker sollen sich um ihre Technik kümmern und nicht um die Kostenrechnung!). Der Vorstand ist also einzubinden. Diese zweite Kalkulationsstraße führt schneller zum Ziel als die im Betrieb eingeführte Kalkulation, bedient aber Ziele wie Zeitvorgabe, Wirtschaftlichkeitsrechnung von Fertigungsverfahren und dergleichen nicht. Hier sei noch einmal betont, dass es bei dem Kostenmanagement während der Produktentwicklung nicht um die „centgenaue" Abrechnung von angefallenen Kosten geht, sondern um das frühzeitige Erkennen und Beeinflussen von Kosten, wenn noch nicht alle Informationen vorliegen [Sei97]!

Diese „neue Straße" braucht genau wie die eingeführte Kalkulation Pflege. Es besteht laufend die Gefahr, dass diese Pflege nicht mehr geleistet wird und damit die bisherige Arbeit unnütz wird. Deshalb **müssen** die Erstellung, Anwendung und Pflege der Kurzkalkulation mit den entsprechenden Abteilungen abgestimmt sein! Die Erstellung der Kurzkalkulation und deren Pflege sollten vom Fertigungsbereich (Arbeitsvorbereitung, Controlling) her erfolgen, da dort die Erfahrung mit Vor- und Nachkalkulation vorliegt.

Vor der Erstellung von Kurzkalkulationen muss überlegt werden, wer damit umgeht. Ist es ein Fertigungs- und Kostenberater, so kann das System komplizierter und damit genauer werden, ist es ein Konstrukteur, so muss es einfach sein und darf nur Einflussgrößen enthalten, die ihm bekannt sind. Es muss überlegt werden, welche Hilfsmittel für das Kosteninformationssystem nötig sind. Schließlich muss der Aufwand für Erstellung, Nutzung, Pflege und Aktualisierung abgeschätzt werden. Es dürfen keine unerklärbaren Unterschiede zwischen den Ergebnissen der Kurzkalkulation und der bisher üblichen Kalkulation entstehen, da sonst die Kurzkalkulation nicht ernst genommen wird.

Schritt 2: Analyse der Datenbasis

Wenn man weiß, welche Produkte und welche Zeit- bzw. Kostendaten ausgewertet werden sollen, muss man sichten, ob genügend aktuelle Datensätze (Kosten auf einen Stichtag gerechnet, Zeiten dem gegenwärtigen Fertigungsstand entsprechend) vorhanden sind. Es sollte vermieden werden, dass sich Datensätze in einem gewissen Bereich häufen und in anderen unzureichend sind. Man muss besonders auf die Zuverlässigkeit der Extremwerte achten (z. B. ganz kleine oder große, ganz einfache oder komplizierte Teile überprüfen).

Schritt 3: Ermitteln möglicher Einflussgrößen

Wichtig ist es, die wirklich für Zeiten bzw. Kosten maßgebenden Einflussgrößen zu finden. Vor allem, wenn die Kurzkalkulation zu Angebotszwecken oder beim Konstruieren genutzt werden soll, ist es wichtig, keine typisch fertigungstechnischen Größen aufzunehmen, welche die Mitarbeiter noch gar nicht festlegen können. Wichtig ist auch, dass die Einflussgrößen nicht direkt voneinander abhängen, also keine Interkorrelationen vorkommen (z. B. Baugröße und Gewicht).

Schritt 4: Datenaufnahme und Datenüberprüfung

Da dieser Schritt meist das größte Arbeitsvolumen darstellt und es sehr aufwändig ist, „vergessene" Daten im Nachhinein zu erfassen, empfiehlt es sich, Erfassungsformulare zu erstellen und zu testen. Für die weitere Erfassungsarbeit können dann Hilfskräfte eingewiesen werden. Kontrolliert werden muss schließlich, ob sich nicht bestimmte Teilearten für die Gesamtheit untypisch häufen, d. h. überrepräsentiert sind, während andere zu wenig vorkommen.

Wenn die Daten erfasst sind, können grobe Fehler vorab geprüft werden (Plausibilitätsprüfung). Solche sind z. B.: Daten außerhalb des Feldes betrieblicher Möglichkeiten (Teilegewicht zu groß oder zu klein) oder um Zehnerpotenzen jenseits möglicher Grenzen.

Schritt 5: Statistische Auswertung

Durch den Bearbeiter wird ein möglichst verursachungsgerechter Formelansatz erstellt, und die gesuchten Faktoren werden durch Regressions-, Optimierungsrechnung oder neuronale Netze ermittelt.

Bei diesem ersten Prüfen der Ansätze ist auch zu untersuchen, ob Formelansätze für Teilbereiche des gesamten Spektrums günstiger sind als eine geschlossene Formel. Schließlich sind die Ausreißer zu prüfen. Es hat sich bewährt, die errechneten Daten über den Ausgangsdaten graphisch aufzutragen und die Funktion der Regressionsgleichung einzuzeichnen (Bild 9.3-1; Bild 9.3-4; Bild 9.3-8). Durch Analyse der Ausgangsdaten erkennt man dann meist für die Gesamtheit atypische Besonderheiten. Es können dann andere (nichtlineare) Einflussgrößen eingeführt und so neue Abhängigkeiten geprüft werden (s. o.). So wird iterativ ermittelt, welche Einflussgrößen signifikant sind und welcher Formelansatz optimal ist.

Schritt 6: Darstellung der Ergebnisse

Je nach späterer Nutzung folgt eine Aufbereitung der gewonnenen Formeln in Formularen mit Ein- und Ausgabegrößen bzw. eine Programmierung von Tisch- oder Taschenrechnern. Die Ausgangsdatensätze müssen für spätere Aktualisierungsvorgänge übersichtlich vorliegen. Sinnvoll ist, die gewonnenen Formeln weiter auszuwerten, z. B. zu Regeln, Kostenstrukturen usw., und die Ergebnisse den Konstrukteuren als Grundlage zum Kostenzielorientierten Konstruieren zur Verfügung zu stellen.

Schritt 7: Einführung in den Betrieb

Der Umgang mit Kurzkalkulationsformeln ist bei Projektierung, Konstruktion und Arbeitsvorbereitung ungewohnt und wird mit Misstrauen aufgenommen. Deshalb ist eine Einführungsphase mit Schulungsmaßnahmen notwendig. Wichtig ist dabei auch, dass auch die Streuungen der konventionellen Kostenermittlung, die oft unerkannt groß sind, klar gemacht werden (Kap. 9.3.7.1). Die Mitarbeiter sehen erst dann, dass alle Kalkulationen Abweichungen haben und dass die Frage der möglichen Genauigkeit eine Frage des Aufwands und des Kalkulationszeitpunktes (vorhandene Informationen) ist und die Frage der nötigen Genauigkeit von der Frage nach dem Verwendungszweck abhängt.

Neben der Einführung ist auch die Organisation für die Aktualisierung und Pflege der Kurzkalkulation festzulegen.

9.3.7 Genauigkeit der Kurzkalkulationen

Genauigkeit bedeutet die absolute oder relative Abweichung bestimmter Daten von einem Bezugspunkt. Bei Herstellkosten bietet es sich an, als Bezugspunkt die Ist-Kosten eines Produkts zu wählen. Durch Zufälligkeiten der Fertigung (z. B. Ausschuss, Nacharbeit, unvorhergesehene Abweichungen durch Materialfehler) zeigen aber die Ist-Kosten auch bei völlig gleichen Produkten, die hintereinander oder in größeren Zeitabständen gefertigt werden, starke Streuungen. Deshalb werden besser die geplanten, vorkalkulierten Kosten (Plankosten) als Bezug verwendet, die natürlich auch immer wieder mit Hilfe der Nachkalkulation zu überprüfen sind. Als statistisches Maß wird für die Genauigkeit meist die **Standardabweichung σ** angegeben. Sie sagt bei Normalverteilung aus, dass 68,3 % der Ist-Werte in einem Bereich von $\pm\sigma$ um die mit der Kurzkalkulationsformel ermittelten Werte liegen.

Maßstab für die Genauigkeit von Kurzkalkulationen ist die Vorkalkulation. Die Ergebnisse der Kurzkalkulation dürfen von denen der Vorkalkulation um so mehr abweichen, je früher sie im Produktentstehungsprozess eingesetzt werden. Für sie stehen ohnehin weniger detaillierte Eingangsparameter zur Verfügung. Ferner sind die zur Entscheidung anstehenden Kostenunterschiede meist groß, so dass auch die Kalkulationsabweichungen größer sein dürfen.

Unter Genauigkeit wird also die Abweichung von den Werten der Vorkalkulation verstanden, wobei auch diese nicht „exakt" sind. Der **absolute Fehler *F*** des aus der Kurzkalkulation berechneten Wertes y zu dem Wert der Vorkalkulation Y errechnet sich zu:

$$F = y - Y$$

und der **relative Fehler *f*** zu:

$$f = \frac{y - Y}{Y} \; [\%] \qquad (9.3.7/1)$$

Dabei muss man unterscheiden zwischen dem relativen Fehler einer einzigen Kurzkalkulationsformel (z. B. für Zeiten oder Kosten eines einzelnen Fertigungsvorgangs oder eines einzelnen Teils) und dem relativen Fehler aus einer Summe von Ergebnissen verschiedener Kurzkalkulationsformeln (z. B. der Summe von Zeiten oder Kosten mehrerer Fertigungsvorgänge für ein Teil) für die Kosten einer Baugruppe oder ganzen Maschine aus mehreren mit Kurzkalkulation berechneten Teilen oder sogar der Summe der Kosten über einen Abrechnungszeitraum.

Im ersten Fall (bei einer Einzelschätzung) muss man mit größeren relativen Fehlern von 5-20 % rechnen, im zweiten Fall wird man wegen des Fehlerausgleichs bis 10 % geringere relative Fehler erwarten können (Kap. 9.3.7.3). Zur Genauigkeit von Relativkosten s. Kap. 4.6.3.

9.3.7.1
Innerbetriebliche Genauigkeit der Vorkalkulation

Bei der Diskussion der Genauigkeit von Kurzkalkulationen stellt sich die Frage: Wie genau ist der Bezugspunkt selbst, d. h. wie genau ist die Vorkalkulation inner- bzw. überbetrieblich?

Die Zeitermittlung beruht zum Teil auf physikalisch begründbaren Vorgängen (z. B. Hauptzeiten beim Zerspanen), zum Teil auf Vereinbarungen (ein Teil der Rüst- und Nebenzeiten, Erhol-, Verteilzeiten). Da die zu planenden Arbeiten aber meist anders sind als die normierten Zeitermittlungsunterlagen, treten bei beiden Anteilen oft große subjektive Entscheidungsspielräume des Arbeitsvorbereiters auf. Dementsprechend ergeben sich selbst bei erfahrenen Arbeitsvorbereitern bei gleichen Unterlagen im gleichen Unternehmen sowohl für Rüst- wie Hauptzeiten der gleichen Arbeit Zeitstreuungen von ca. 1:2 oder ±35 % [Käs74].

Von Pacyna [Pac76] z. B. wurde durch statistische Untersuchungen in der Gießerei-Industrie festgestellt, dass die Angebotspreise innerhalb einer Gießerei um ±20-30 % schwanken können und die Mittelwerte verschiedener Gießereien wiederum um ±10-20 %.

Die Zeitfestlegungen der Arbeitsvorbereitung und die darauf aufbauenden Ergebnisse der Kalkulation werden trotzdem oft als unumstößlich angenommen. Abweichungen werden nicht bekannt, da die gleiche Arbeit selten mehrmals von verschiedenen Personen kalkuliert wird. Insgesamt muss man jedoch innerbetrieblich bei einzelnen Arbeitsvorgängen mit beachtlichen Abweichungen rechnen, sofern die Arbeitsplanerstellung und Zeitermittlung nicht rechnergestützt durchgeführt werden. Man sollte von Kurzkalkulationen keine größere Genauigkeit verlangen, als sie die Arbeitsvorbereitung selbst aufweist. Wie die bisherige Erfahrung zeigt, ist die Genauigkeit von Kurzkalkulationen zum Teil sehr gut [Fis83; Pah84]. In günstigen Fällen ergeben sich nur einige Prozent Abweichung von der Vorkalkulation. Kurzkalkulationen, die von der Nachkalkulation ausgehen oder ein großes Datenmaterial der Vorkalkulation mittelnd erfassen, können sogar genauer sein als auf Ähnlichkeitskalkulation beruhende Aussagen der Fertigungsvorbereitung (**Bild 9.3-8**). Diese Ähnlichkeitskalkulation wird oft in der Praxis von der Fertigungsvorbereitung verwendet, weil es einfach zu aufwändig ist jedes Teil exakt zu planen. Sie greift deshalb auf vorhandene Kalkulationen ähnlicher Teile zurück (Kap. 9.1.3).

9.3.7.2
Überbetriebliche Genauigkeit der Vorkalkulation

Die Abweichungen der Vorkalkulation von Betrieb zu Betrieb sind größer als innerbetrieblich. In den Firmen sind Fertigungseinrichtungen, Auslastung und betriebswirtschaftliche Abrechnung unterschiedlich. Die maßgebenden Einflüsse für die Streuungen sind jedoch nicht Auslastung oder Abrechnungsart, also betriebswirtschaftliche Faktoren, sondern die unterschiedliche Zeitermittlung der Arbeitsvorbereitung für Grund- und Rüstzeiten. Selbst bei gleichen Fertigungsmaschinen, gleichem Werkstück und Werkstoff sowie gleicher Kalkulationsart (gleiches Formular) treten Streuungen in Grund- bzw. Hauptzeiten von 1:4 auf. Rüstzeitstreuungen liegen noch höher (Kap. 7.13.2b).

Wie Bild 7.13-3 zeigt, sind die Kalkulationsunterschiede größenabhängig. Firmen, die bei kleinen Zahnrädern kostengünstig sind (Firma I) können bei großen Zahnrädern relativ zum Mittel der Konkurrenten teurer werden oder umgekehrt (Firma A). Es gibt aber auch durchweg teure Firmen (Firma B: ca. 30 % teurer als das Mittel) oder kostengünstige Firmen (Firma M: 30 % billiger als das Mittel). Es ist bei solchen Abweichungen verwunderlich, dass die teuren Firmen am Markt

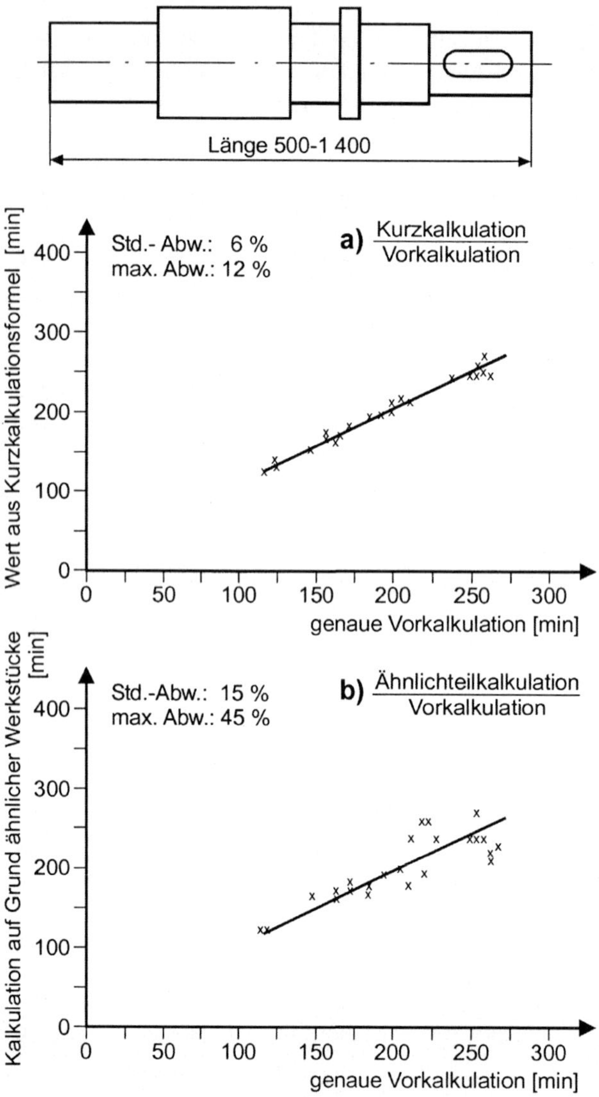

Bild 9.3-8. Vergleich der Abweichungen zwischen Kurzkalkulation, Ähnlichkeitskalkulation der Fertigungsvorbereitung und genauer Vorkalkulation [Haf87]

noch bestehen. Voraussetzung für den Kalkulationsvergleich war nämlich, dass nur Zeitangaben für Zahnräder gemacht werden, für die konkrete Fertigungserfahrungen vorliegen. Zu berücksichtigen ist aber, dass die Zahnräder nur ca. 1/3 der Getriebekosten ausmachen und dass eine Firma, die bei den Zahnrädern teuer ist, z. B. beim Getriebegehäuse kostengünstig sein kann.

Es ist möglich, dass bei Serienfertigung die großen Abweichungen, wie sie in der Investitionsgüterindustrie mit Einzel- und Kleinserienfertigung festgestellt wurden, nicht auftreten, da dort die gesamte Fertigung detaillierter geplant werden kann und unter noch größerem Kostendruck steht. Im Zuge der Internationalisierung der Märkte, muss bei internationalen Kostenvergleichen (Benchmarking Kap. 7.13) mit noch höheren Abweichungen gerechnet werden. Wobei neben „Fehlern" der Kostenrechnung auch unterschiedliche Randbedingungen, wie Wechselkurse, öffentliche Auflagen und Abgaben usw., die Vergleiche verzerren.

9.3.7.3 Ausgleich zufälliger Fehler

Wenn Zeit- oder Kostenschätzwerte y_i (für mit Kurzkalkulationen errechnete Daten) mit zufälligen Fehlern F behaftet sind, die also gleichmäßig um den wahren Wert Y verteilt sind, wird ein Summenwert $y_{ges} = y_i$ einen geringeren Fehler F_{ges} aufweisen als die Einzelwerte y_i [Kie82]. Diese Wirkung entsteht, weil sich positiv und negativ um Y_i verteilte zufällige Fehler F_i gegenseitig teilweise aufheben (Gaußscher Fehlerausgleich). Solche Summenwerte y_{ges} kommen zustande bei:

- Teilekosten (oder -zeiten) als Summe der Kosten (oder -zeiten) mehrerer Fertigungsvorgänge oder der Summe von Fertigungs- und Materialkosten;
- Baugruppen- bzw. Produktkosten als Summe der Kosten mehrerer Teile bzw. Baugruppen;
- Periodenkosten, d. h. der Summe von Zeiten oder Kosten mehrerer Einzelvorgänge z. B. über einen Monat.

Mit den relativen Fehlern f_i (Gl. (9.3.7/1)) der einzelnen Schätzwerte y_i wird der relative Fehler f_{ges} des Summenwertes y_{ges}:

$$f_{ges} = \sqrt{\frac{\sum_{i=1}^{n} (f_i \cdot y_i)^2}{y_{ges}^2}}$$

Sind die **Einzelschätzungen** $y_1 = y_2 = \ldots = y_n$ **gleich groß** und haben sie alle den **gleichen relativen Fehler** $f_1 = f_2 = \ldots = f_n$, so vereinfacht sich obige Gleichung zu:

$$f_{ges} = \frac{f_i}{\sqrt{n}}$$

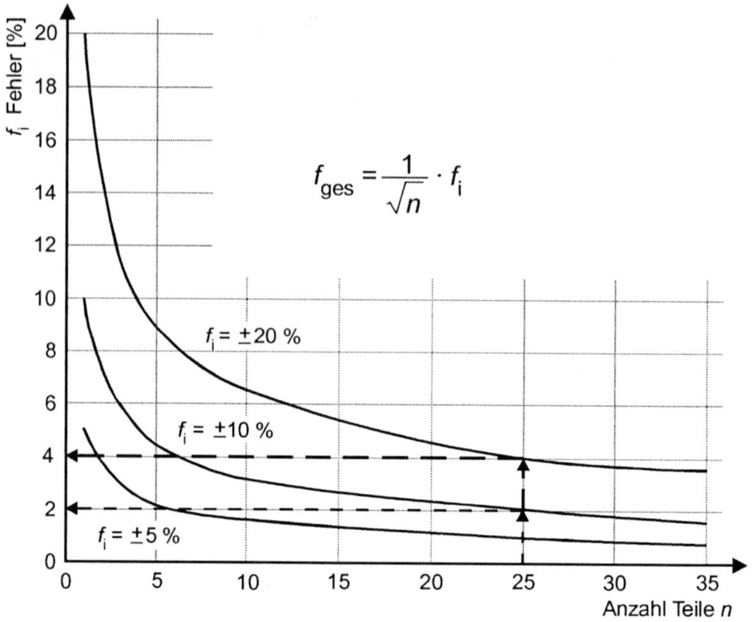

Bild 9.3-9. Relativer Fehler f_{ges} für eine Baugruppe aus n Teilen mit gleichen Kosten und gleichem relativem Fehler f_i der Einzelschätzungen

Damit ergibt sich die Aussage von **Bild 9.3-9**. Der Gesamtfehler f_{ges} einer Baugruppe aus n gleich teuren Teilen mit gleich großen, zufällig verteilten Fehlern f_i ist um n^{-2} kleiner als der Fehler jedes Teils. Hat ein Produkt z. B. $n = 25$ Baugruppen, für die alle eine Kostenschätzung von 100 € ± 20 € (f_i = 20 %) gilt, dann ergibt sich als Kostenschätzung für das Gesamtprodukt

$$25 \cdot 100\,€ = 2\,500\,€$$

Der Gesamtfehler ergibt sich aus

$$fges = fi/n^{0,5} = 20/25^{0,5} = 4\,\% = \pm 100\,€$$

Wendet man diese Aussage auf die von der ABC-Analyse (Kap. 4.6.2) bekannte ungleiche Verteilung der Einzelwerte an, so bekommt man Antwort auf die Frage: „Wie genau muss ein Einzelwert y_i ermittelt werden, damit der Gesamtwert y_{ges} einen zulässigen Fehler f_{ges} nicht überschreitet?“ (**Bild 9.3-10**).

Aus Bild 9.3-10 können die Zahlenwerte im Einzelnen entnommen werden: Für einen zulässigen relativen Gesamtfehler f_{ges} = 10 % für die Herstellkosten des Getriebes darf das Gehäuse bei y_A = 28 % Kostenanteil mit einem relativen Fehler f_{Azul} = 17 % kalkuliert werden. Für die C-Teile mit y_C = 0,4 % Kostenanteil genügt dagegen eine grobe Schätzung mit einem relativen Fehler f_{Czul} = 170 % (Der unterschiedliche Verlauf der Fehlerkurven in Bild 9.3-9 (hyperbolisch) und Bild 9.3-10 (linear) ergibt sich durch die Achsenmaßstäbe: linear und doppellogarithmisch!).

Die **praktische Bedeutung** dieser Zusammenhänge ist:

- Je detaillierter ein Produkt geschätzt oder kalkuliert wird (z. B. unterteilt nach Bauteilen bzw. Fertigungsgängen), umso genauer wird das Ergebnis.

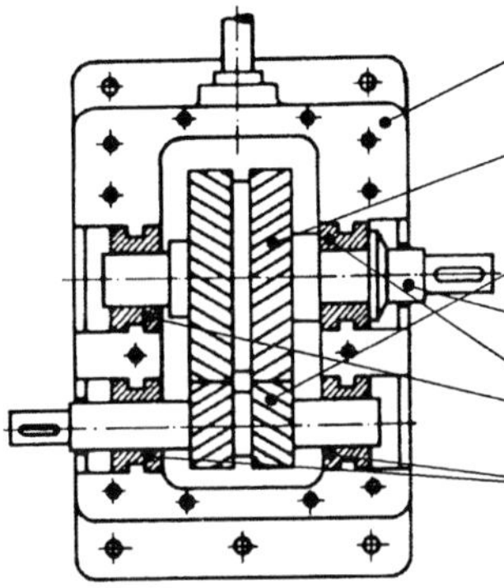

Kostenstruktur nach Bauteilen			
Teil	*HK* [€]	Anteil	
Gussgehäuse (GG)	23 160	28 %	A-Teile
Rad (31 CrMoV 9)	21 560	26 %	
Ritzelwelle (15 CrNi 6)	17 400	21 %	
Radwelle (C 45 N)	11 550	14 %	B-Teile
2 Radlager	4 110	5 %	
2 Ritzellager	3 320	4 %	
2 Dichtungen 2 Deckel	1 340	1,6 %	
Rohrleitungen	360	0,4 %	C-Teile
Herstellkosten der Teile	**82 800**	**100 %**	

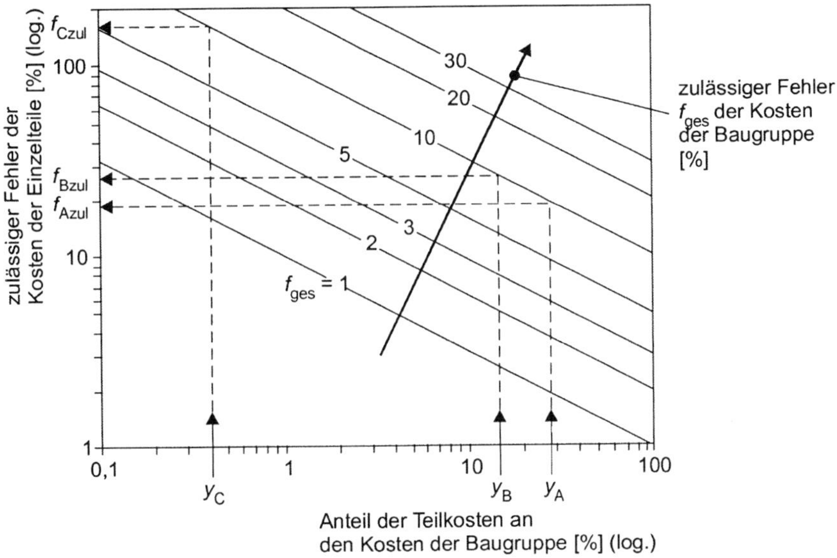

Bild 9.3-10. Beispiel für den zulässigen relativen Fehler f_{izul} einzelner Teile, um den zulässigen Fehler f_{ges} der Baugruppe zu errechnen [Kie82]

- Einzelne Anteile, z. B. Materialkosten oder Kosten einzelner Baugruppen, lassen sich einfacher und genauer schätzen bzw. kalkulieren als ein Gesamtwert für ein Produkt.
- Je größer der Anteil des zu kalkulierenden Teils am Gesamten ist (A-Teil), umso genauer muss es kalkuliert werden, um eine bestimmte Genauigkeit des Gesamtergebnisses zu erreichen. C-Teile können dagegen grob geschätzt werden (Bild 10.1-12).

9.3.7.4
Aktualisierung

Kurzkalkulationsformeln lassen sich bei geänderten Lohn- oder Materialkosten leicht aktualisieren, wenn mit den Formeln nicht direkt Kosten, sondern Fertigungszeiten bzw. Materialvolumina(-gewichte) errechnet werden. Diese brauchen nur mit den neuen Stundensätzen bzw. den neuen Materialkosten multipliziert werden. Man teilt die Kurzkalkulation also wie die übliche Kalkulation in Mengen- und Wertgerüst auf. Für einen bestimmten Zeitraum (ca. 5 Jahre) lassen sich Kurzkalkulationen, die direkt Kosten ermitteln, auch mit jährlichen Teuerungsfaktoren aktualisieren (Kap. 9.3.4.2).

Ändern sich das betriebliche Kostenrechnungsverfahren (z. B. bei Umstellung von Zuschlagskalkulation auf Platzkostenrechnung), die Fertigungstechnologie (andere Fertigungszeiten, rationellere Fertigungsverfahren) oder die Organisationsform (Werkstattfertigung in Inselfertigung), so muss die Kurzkalkulationsformel genauso wie die Standardkalkulation neu erstellt werden. Dies geht im Vergleich zur erstmaligen Formelerstellung wiederum schnell, wenn die ursprünglich verwendeten Datensätze in einer Datei geordnet vorliegen. Diese müssen anhand der neuen Fertigungszeiten korrigiert werden. Danach wird bei gleichen Einflussgrößen und gleichem Formelansatz mit dem Regressionsprogramm eine neue Formel errechnet. Somit ist eine „ständige Aktualisierung“ möglich, bei der immer die neuen Datensätze eingegeben und alte entfernt werden. Es wird in kürzeren Zeitabständen immer wieder eine neue aktuelle Gleichung errechnet.

9.4
Rechnerintegrierte Kalkulation

Die in den vorangehenden Kapiteln dargestellten Kurzkalkulationen sind Hilfsmittel, um die Kosten eines Produkts im Laufe des Entwicklungsprozesses zu ermitteln. Wie gezeigt, muss die Basis der Kurzkalkulation die betriebliche Kalkulation sein. Die Erstellung und Benutzung von Kurzkalkulationen können eingeschränkt werden, wenn es gelingt, die Angebots- und Vorkalkulation so aufzubauen und zu unterstützen, dass sie schon während des Entwicklungsprozesses durchgeführt werden kann.

Eine Kernidee dabei ist, dass die von der Entwicklung festgelegten und im CAD-System abgespeicherten Daten die Eingangsdaten für die Arbeitsplanung und Kalkulation sind. Wenn es gelingt, die CAD-Daten in geeigneter Form an ein Kalkulationsprogramm zu übergeben, kann der Entwickler nach Festlegung der Daten im CAD-System „auf Knopfdruck" die Kostenrechnung auslösen. Der angestrebte kurze Regelkreis (Bild 4.4-2) wäre damit (zumindest in der Entwurfs- und Ausarbeitungsphase) erreicht.

Allerdings sind die Vorkalkulation und ihre Basis, die Ermittlung der Mengengerüste mit der Arbeitsplanerstellung durch die Arbeitsvorbereitung, aufgrund der Planung von zahlreichen Arbeitsgängen mit der Wahl von Maschinen, Vorrichtungen, Werkzeugen, Schnittdaten usw. aufwändig. In die Arbeitsplanung fließen dabei auch nicht dokumentierte Erfahrungen der Mitarbeiter ein. Ferner sind nicht immer die optimalen Maschinen verfügbar, es entsteht Ausschuss usw. Deshalb werden die Arbeitsplanerstellung und Kalkulation häufig noch manuell durchgeführt. Durch Forschungen auf dem Gebiet der automatischen Arbeitsplanerstellung [Ham93; Die89], verbesserte Rechnerausstattung usw. wird die Rechnerunterstützung auch in den Arbeitsplanungs- und Kalkulationsabteilungen umfangreicher. In letzter Zeit wurde eine Reihe von Programmen zur Kalkulation entwickelt, die geeignet erscheinen, schon während des Entwicklungsprozesses die Kosten zu bestimmen [Bul95; Hor96]. Allerdings ist der Markt für die Software sehr unübersichtlich und bringt ständig Neuerungen hervor. Ferner sind die Anforderungen und Randbedingungen der Unternehmen (z. B. Kostenrechnungsverfahren, Organisation, Produkt- und Produktionsart) sehr unterschiedlich. Daher kann hier keine vollständige Auflistung aller am Markt befindlichen Softwaresysteme erfolgen.

Zu den wesentlichen Unterschieden der Systeme zählen das zugrundeliegende Kalkulationsverfahren und der Umfang der betrachteten Kostenanteile [Hein95; Hor96; Sche90]. Einige Systeme haben ihren Schwerpunkt in der Ermittlung der Herstellkosten, wie beispielsweise HKB (Kap. 9.4.1), XKIS (Kap. 9.4.2) oder DIDACOE [Wie90]. Sie bedienen sich der differenzierenden Zuschlagskalkulation bzw. Maschinenstundensatzrechnung, aufbauend auf einer automatischen Arbeitsplanerstellung. Andere Systeme wie KICK [Fis93; Koc94] und KOMO [Eve90] legen dagegen den Schwerpunkt darauf, die Kosten der indirekten Bereiche durch Prozesskostenansätze oder „Ressourcen" besser als bisher zu erfassen. Die Herstellkosten werden bei ihnen nicht so detailliert ermittelt wie bei HKB oder XKIS, sondern durch statistisch ermittelte Formeln. Ein weiterer Gesichtspunkt ist die Verknüpfung der Kalkulation mit anderen Programmen wie z. B. mit einem CAD-System. Die Methode Front Load Costing [Kok99; Nef00] zeigt einen probabilistetischen Ansatz, der auf der Wahrscheinlichkeitstheorie und dem Entscheidungsorientierten Ansatz der Risikoanalyse aufbaut.

Durch den zunehmenden Rechnereinsatz und die Gründung von Softwarebüros entstanden in der letzten Zeit weitere Programmsysteme, die sogar direkt über das Internet bezogen werden können z. B. für Drehen [Mas01]. Der Markt für Software ist bekannter Weise ständig im Wandel. Wenn die Beschaffung eines Kalkulationsprogramms ansteht, lohnt sich eine Recherche im Internet.

In den folgenden Kapiteln wird an zwei konkreten Beispielen die Rechnerunterstützung der Kalkulation nach zunehmendem Integrationsgrad von Kalkulation und Konstruktion vorgestellt:

- **Rechnerintegration von Arbeitsplanung und Kalkulation**
(Kap. 9.4.1). Das Programm HKB verwirklicht die Rechnerunterstützung und Verbindung der oft in getrennten Abteilungen durchgeführten Teilschritte der Arbeitsvorbereitung und Kalkulation.
- **Rechnerintegration von CAD, Arbeitsplanung und Kalkulation**
(Kap. 9.4.2). Die wesentlichen Eingangsdaten der Arbeitsvorbereitung und Kalkulation sind in den von der Konstruktion mit CAD erstellten Unterlagen rechnerintern bereits vorhanden. Die grundlegende Idee ist, diese Daten direkt in ein entsprechendes Arbeitsplanungs- und Kalkulationsprogramm zu übergeben, um Doppelarbeit, Fehler und Zeitverzug zu vermeiden. Diese theoretisch naheliegende Idee ist allerdings nicht so einfach in die Praxis umzusetzen. Mit dem System XKIS wird ein Ansatz zur Lösung dieser Probleme vorgestellt, der in einem Unternehmen der Antriebstechnik seit 1995 produktiv im Einsatz ist.

9.4.1 Rechnerintegration von Arbeitsplanung und Kalkulation

Als ein Beispiel für ein Arbeitsplanungs- und Kalkulationsprogramm wird hier das seit mehreren Jahren kommerziell vertriebene **System HKB** [Fer87; Mir91, Hei93b] vorgestellt. Das System HKB berechnet die Herstellkosten einzelner Teile, wenn ihre grundlegenden Merkmale, wie Gestalt, Werkstoff, Abmessungen, Toleranzen, Oberflächengüte, Wärme- und Oberflächenbehandlungen und Fertigungsverfahren, bekannt sind. Die Materialkosten werden wie üblich über das Gewicht und den Materialkostensatz ermittelt. Die Fertigungskosten werden über die Feststellung der Fertigungszeit (Rüst-, Neben- und Hauptzeit) und den entsprechenden Maschinenstundensatz berechnet. **Bild 9.4-1** zeigt am Beispiel einer Welle, wie die Geometrie der einzelnen Gestaltzonen detailliert eingegeben werden muss und die Fertigungszeiten und -kosten entsprechend den Gestaltzonen ausgegeben werden.

Das System enthält Regeln und Formeln zur Berechnung von Fertigungszeiten der wichtigsten Fertigungsverfahren für eine Reihe von Gestaltzonen. Die weiterhin als Basis für die Berechnung notwendigen Daten über Werkstoffe, Vorrichtungen, Kostensätze usw. werden einmal betriebsspezifisch eingegeben und periodisch ergänzt und aktualisiert. Das Programm wird nicht nur zur entwicklungsbegleitenden Kalkulation, sondern in manchen Betrieben auch als das betriebswirtschaftliche Kalkulationsprogramm verwendet.

Aus Bild 9.4-1 ist zu erkennen, dass zur Eingabe in das Programm schon ein fertiger Entwurf des Teils mit Bemaßung und Toleranzen vorliegen muss. Diese werden in entsprechenden Masken eingegeben (die fett gedruckten Werte in Bild 9.4-1). Es existiert eine Schnittstelle zum CAD-System CATIA, jedoch ist die Identifikation einzelner Gestaltzonen aufwändig. Das Haupteinsatzgebiet des Programms liegt in der Entwurfsphase. Wenn vorher entsprechende Funktionen und

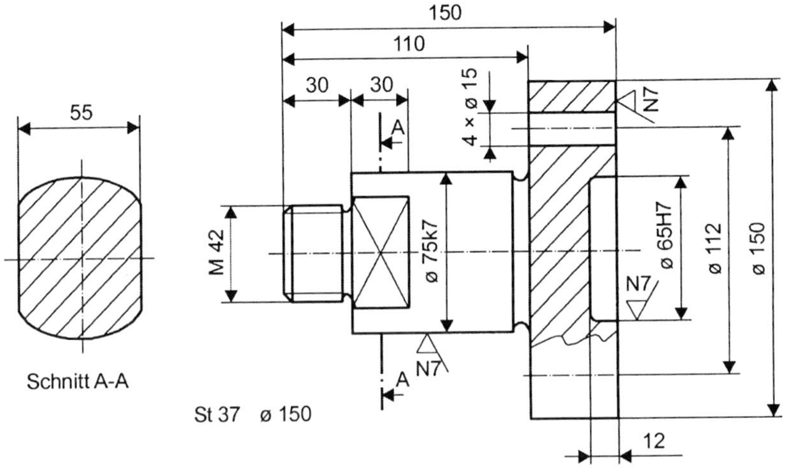

Muster AG Maschinenbau	**Herstellkosten-Berechnung mit HKB** Gesamtkosten nach WS-Merkmale	Datum 3.3.87 Visum HKB

Gegenstand: **F. 11111 Welle** Menge: 10
Baugruppe:
Bemerkung: **Docu**
Art/Makro: **Keine_besondere**
Rohmaterial: **Stahl_unlegiert** Gewicht: 20,8 kg
Rohlingform: **Zylinder** *id* = **0** *l* = **150** *d* = **150** kg = **20,81**
Herstellung: **Gewalzt_oder_gerollt**

Werkstückmerkmale	*TR*	*TE*	*FK*
Ausgangsstück	0	4	26
Facetten_und_Radien *n* = **3**	3	4	5
Außenzylinder *o* = **8** *t* = **0,50** *l* = **12** *d* = **65H7**	10	16	18
Innenzylinder *o* = **8** *t* = **0,50** *l* = **12** *id* = **65**	2	3	3
Planfläche *n* = **1** *o* = **8** *t* = **0,50** *d* = **150** *id* = **65**	0	0	0
Außengewinde *i* = **30** *d* = **42**	10	9	10
Ebene *n* = **2** *p* = **1** *o* = **8** *t* = **0,50** *h* = **10** *b* = **30** *l* = **60**	62	3	8
Durchgangs-/Sackloch *n* = **4** *p* = **1** *t* = **0,50** *d* = **15** *l* = **40**	35	4	6
Summe (Zeiten in min., Kosten in Fr)	121	44	76

Kalkulationsschema	Einzelk.	Gemeink.	Total
Materialkosten (inkl. 15 % Gemeinkosten)	23	3	26
Fertigungskosten	23	39	62
Sondereinzelkosten der Fertigung	0	0	0
Branchenspesen 10 % der Fertigungskosten	0	6	6
Herstellkosten	46	48	94
Verwaltungs- und Vertriebsgemeinkosten 15 %	0	13	13
Selbstkosten	46	61	107

Bild 9.4-1. Beispiel für die Kalkulation eines Teils mit HKB

Teileklassen definiert und Daten bestehender Produkte vorhanden sind, können diese gesucht und als Ausgangspunkt für Kostenschätzungen genutzt werden.

9.4.2 Rechnerintegration von CAD, Arbeitsplanung und Kalkulation

Wie das Beispiel in **Bild 9.4-2** zeigt, ist es möglich, CAD-Systeme direkt mit Programmen zur Kosteninformation zu verknüpfen: **System XKIS**. Dazu gehören Programme für die Information über:

- **Kosten vorhandener Produkte** (Maschinen, Wiederholteile) und deren Kostenstrukturen nach Bauteilen, nach Kostenarten, nach Fertigungsoperationen. Damit werden Schwerpunkte für die kostengünstige Gestaltung erkannt.
- **CAD-Kostenkoppelung** für die Kalkulationen wichtiger, eigengefertigter, **neuer Teile** (A-Teile). Darunter ist zu verstehen, dass sofort nach Definition eines Teils eine Kostenrechnung nach dem üblichen Schema der Arbeitsvorbereitung und Kalkulation erfolgt, wobei Herstellkosten und Kostenstrukturen errechnet und am CAD-Bildschirm dem Entwickler angezeigt werden.
- **Kaufteilpreise** (z. B. Verbindungsteile, Material, Antriebsteile, Normteile) und die **Kosten für fremdbezogene Teile** oder Baugruppen (z. B. für Guss-, Schweißteile) ermittelt mit Kurzkalkulationen.
- **Funktionskosten** für immer wiederkehrende Funktionen, für die technisch alternative Funktionsträger vorhanden sind.
- **Datensammlungen** z. B. über Platzkostensätze, Exponenten für Kostenwachstumsgesetze bestimmter Fertigungsgänge.

Diese Informationen und Programme müssen sinnvoll in die CAD-Vorgehensweise und weitere Prozesse des Unternehmens, wie Arbeitsplanung und Kalkulation, eingebaut werden. Je mehr die Rechnerunterstützung in der Arbeitsvorbereitung (CAM) voranschreitet, umso mehr wird ein Zusammenwachsen zu einer integrierten CAD/CAM-Verarbeitung erfolgen. Einerseits werden in der Konstruktion schon Teile der NC-Daten erzeugt, andererseits werden Kurzkalkulationen überflüssig, da Zeitvorgabe- (Vorkalkulations-)Programme von der Arbeitsvorbereitung bereits bei den ersten Entwurfszeichnungen eingesetzt werden können.

Das System XKIS (E**x**tendiertes **K**osten-**I**nformations-**S**ystem; Sch92, Ste93; Ste95; Rei96a]) unterstützt den Produkterstellungsprozess, ausgehend von der Konzeptentwicklung bis hin zur Fertigungsplanung.

Einsatz in der Konzeptphase zur Ähnlichteilsuche

Noch vor der Konkretisierung des Konzepts greift die featurebasierte Wiederhol- und Ähnlichteilsuche, um Gemeinkosten in Form von unnötig ausgelösten Prozessen im Unternehmen zu vermeiden. Denn wenn zu einem neuen Produkt oder einer neuen Gestaltzone gleiche oder ähnliche vorhandene gefunden werden, existieren Zeichnungen, Stücklisten, Arbeitspläne usw. und brauchen nicht neu erstellt werden.

Die featurebasierte Wiederhol- und Ähnlichteilsuche basiert auf der hierarchischen Modellierung von Bauteilen und Baugruppen mit Hilfe von Features als beschreibenden Objekten. Ein **Feature** ist die Objektbeschreibung einer Baugruppe, eines Bauteils oder einer Gestaltzone mit den jeweils objektspezifischen geometrischen und semantischen Eigenschaften. Ziel einer Suche ist es, ein Bauteil oder eine Baugruppe zu finden, das den gewünschten Anforderungen ganz oder teilweise entspricht.

Wenn die Gemeinkostenverursachung von neuen Bauteilen und Varianten in indirekten Bereichen berücksichtigt wird, ist neben der Wiederholteilverwendung auch die wiederholte Verwendung von einzelnen elementaren Features (z. B. einer speziellen Verzahnung) an einem neuen Bauteil interessant. Das gefundene Objekt kann dann entweder unverändert in den aktuellen Entwurf übernommen oder einfach angepasst werden. Dann können im weiteren Verlauf vorhandene Werkzeuge, Spannmittel und NC-Programme wieder verwendet werden.

Kalkulation der neuen Entwürfe

Basis sowohl für die automatische Kalkulation der neuen Entwürfe als auch die Wiederhol- und Ähnlichteilsuche ist die interaktive Feature-Identifikation. Das geschieht im Fall XKIS ausgehend von einer 2D- oder $2^1/_2$D-Zeichnung im CAD-System CADAM. Hier ist die interaktive Identifikation der Features mit der Maus durch „Anfassen" der beschreibenden Geometrieelemente nötig. Alternativ werden die Features weitgehend automatisch in einem 3D-Modell im CAD-System Pro/ENGINEER generiert. Durch den Export wesentlicher geometrischer und technologischer Daten in eine „neutrale" Datenbank ist ein Zugriff auf diese Informationen aus beliebigen Systemen (CAD, NC, AP etc.) möglich. Der höhere Informationsgehalt von 3D-Modellen ermöglicht zudem bei entsprechend systematisch aufgebauten Modellen ein weitgehend automatisches Extrahieren der Featuredaten aus der CAD-Datenbank.

Der zugrundeliegende Entwurf muss nicht vollständig detailliert sein. Mit einem skizzenartigen Entwurf kann der Konstrukteur die Kosten bestimmenden Eigenschaften quantifizieren und dem System angeben. Die Gewinnung der nicht geometrischen Eigenschaften (Werkstoff, Wärmebehandlungen, Oberflächenqualität etc.) geschieht ebenfalls im CAD-System mit Hilfe eingeblendeter Auswahllisten. Alle erforderlichen Daten werden vom System abgefragt; es sind dieselben, die auch für die Wiederholteilsuche zur Verfügung stehen. Aufbauend auf diesen rechnerinterpretierbaren Produktdaten findet die **automatische Grobarbeitsplanung** statt. Basis hierfür ist neben dem Produktmodell und der Wissensbasis ein detailliertes Fertigungs- und Kostenrechnungsmodell des fertigenden Unternehmens, für das kalkuliert wird.

Die **Ausgabe der Ergebnisse im CAD** erfolgt wahlweise als Kosten oder Zeiten jeweils in der in **Bild 9.4-2** oben und unten dargestellten Form.

In der oberen Darstellung werden einzelnen Bearbeitungsflächen des Planetenrades die Kosten bzw. Zeiten, die für ihre Bearbeitung anfallen, mit Pfeilen zugeordnet. Diese Zuordnung macht die Kostenverursachung detailliert transparent. Die Kosten umfassen alle beeinflussbaren und unbeeinflussbaren Einzelzeiten, die den jeweiligen Bearbeitungsflächen und damit den Features zuzurechnen sind.

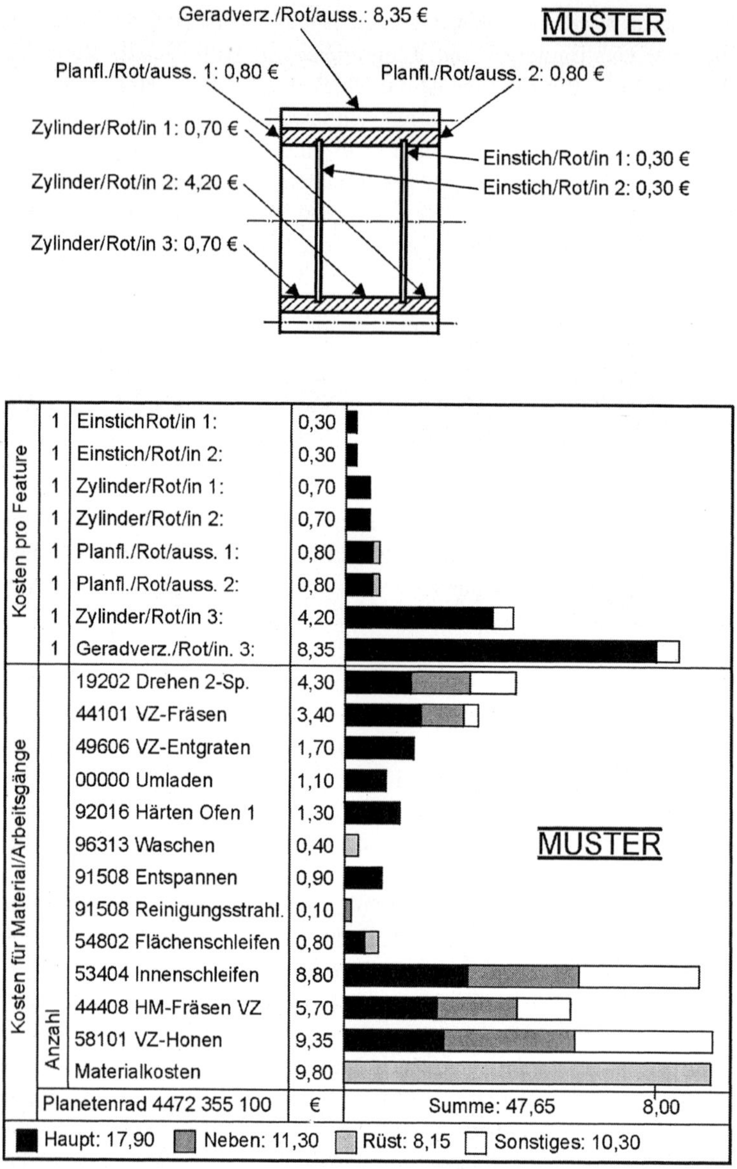

Bild 9.4-2. Ergebnisdarstellung der konstruktionsbegleitenden Kalkulation aus XKIS am CAD-Bildschirm am Beispiel eines Planetenrades [Ste95]

Zur übersichtlichen Darstellung aller Kosten, die bei der Herstellung des Teils entstehen, ist die in Bild 9.4-2 unten dargestellte **Kostenstruktur** geeignet. Neben den Kosten bzw. Zeiten für die Bearbeitung der Features – analog zur gestaltbezogenen Ausgabe – sind die geplanten Maschinen mit Rüst- und Nebenzeiten dargestellt. Zusätzlich finden sich dort auch die Kosten, die dem Einzelteil gesamtheitlich zugerechnet werden. Die Analyse dieser Kostenergebnisse ist eine Basis für gezielte Änderungen am Entwurf, die dann wiederum unmittelbar bewertet werden können. Damit ist der geforderte kurze Regelkreis (Bild 4.4-2) praktisch ohne Zeitverlust verwirklicht. Aufgrund der detaillierten Kostenaussagen kann das Produkt gezielt kostengünstig bezüglich der vorhandenen Fertigungseinrichtung optimiert werden. Ferner können mit diesem Werkzeug Fertigungsvarianten für dasselbe Bauteil sehr schnell, reproduzierbar und aufwandsarm, kosten- und zeitenmäßig verglichen werden.

Erarbeitung und Pflege des Systems

Die **Erarbeitung des Systems** erforderte eine mehrjährige Zusammenarbeit von Firma und Hochschule [Sch92; Ste93; Ste95; Rei96a]). Darüber hinaus war eine enge Zusammenarbeit der in der Firma betroffenen Bereiche Entwicklung, Fertigungsplanung, Fertigung, Kalkulation und EDV-Abteilung nötig. Zum einen war dies erforderlich, um das System in die betroffenen Unternehmensprozesse einzugliedern, damit es von allen akzeptiert wird und die Ergebnisse weiter genutzt werden, z. B. der Grobarbeitsplan als Basis für den späteren endgültigen Arbeitsplan. Zum anderen mussten bestimmte Bauteile, Gestaltzonen (z. B. Verzahnungen), Werkstoffe usw. in Abhängigkeit von Bau- und Losgröße standardisiert werden. Es wurde im interdisziplinären Team festgelegt, mit welchen Maschinen, Schnittgeschwindigkeiten, Werkzeugen, Spannmitteln usw. es optimal hergestellt wird. Allein durch diese Standardisierung wurde schon eine Kostensenkung erreicht.

Die **Pflege des Systems** durch Experten wird über eine eigene Schnittstelle zur Arbeitsplanung und Kostenrechnung ermöglicht. Über diese haben die Abteilungen Fertigungsplanung, Zeiterfassung, Betriebsmittelkonstruktion etc. ebenfalls Zugriff auf das Produktmodell in der Datenbank, die Daten- und Wissensbanken und den automatisch erstellten Grobarbeitsplan. Aus dem gesammelten Wissen erhält auch die Fertigungsplanung Hinweise für die optimierte Fertigung.

Die Möglichkeiten, mit der featurebasierten Produktmodellierung und der Wissensstrukturierung ein aktives Variantenmanagement zu betreiben, gehen erheblich weiter, als es die Wiederhol- und Ähnlichteilsuche vermuten lässt. Beginnend mit der Standardisierung der Produktgestaltung in Form von Features auf allen hierarchischen Ebenen lässt sich auch die Fertigungsvorbereitung in Form der Wissensbasis zur Arbeitsplanung und somit auch die Fertigung selbst standardisieren. Neben diesem **präventiven Variantenmanagement** ist auch die begrenzte Überarbeitung des vorhandenen Teilespektrums auf der Basis des featurebasierten Produktmodells möglich. Gerade wegen der nicht überschaubaren Vielfalt von Gestaltzonen, Bauteilen und Baugruppen ist in den meisten Unternehmen derartigen rechnergestützten Werkzeugen große Bedeutung beim gemeinkostenverantwortlichen Konstruieren beizumessen. Varianten von Produkten und Teilen entstehen in einem Unternehmen zum einen durch unterschiedliche Produktausführungen für entsprechende Kunden (extern erzeugte Varianten), zum anderen, das sei hier besonders betont, weil ohne zwingenden Grund unterschiedliche Konstrukteure und Arbeitsplaner unterschiedliche Unterlagen erzeugen, obwohl die Bauteile eigentlich gleich sein könnten (intern erzeugte Varianten; Kap. 7.12.1.2). Letztere werden mit dem System XKIS verringert.

Nutzen des Systems

Es ergeben sich folgende Vorteile des Systems [Ste95]:

- Variantenmanagement mit einer entsprechenden Herstell- und Gemeinkostensenkung;
- Automatische Prüfung der Fertigbarkeit eines Produkts mit vorhandenen Betriebsmitteln;
- Optimierung der Produktgestalt in der Entwicklung, daraus ergibt sich eine Herstellkostensenkung;
- Verringerung des Aufwands in Entwicklung und Arbeitsplanung durch Verringerung der Iterationen zwischen Fertigungsplanung und Produktentwicklung;
- Simulation von verschiedenen Fertigungsverfahren für ein Produkt;
- Entscheidungsdokumentation.

Diese Vorteile lassen sich wie viele Rationalisierungsmaßnahmen in der Entwicklung zwar nicht direkt berechnen, weil die übliche Kostenrechnung sie so nicht erfasst und die Prozesskostenrechnung noch nicht ausreichend eingeführt ist (Kap. 8.4.6). Exemplarisch seien einige Vorteile mit ihrem abgeschätzten Kostensenkungspotential aufgeführt:

- **Variantenmanagement**
  Bei einer vollständigen Wiederholbarkeit bereits **eines** mit der Wiederholteilsuche gefundenen komplexen Verzahnungsteils ist ein aus Prozessanalysen im Unternehmen ermitteltes Einsparungspotential von 25 000 € für einmalig im Produkterstellungsprozess anfallenden Ressourcenverzehr realistisch [Rei96a].
- **Zeiteinsparung**
  Die Zeitverkürzung für die Kalkulation eines Teils kann bis zu drei Wochen betragen [Ste95]. Diese Zeitverkürzung ist ein schwer in Kosten zu fassender, aber wichtiger Wettbewerbsfaktor.

10 Beispielsammlung

Am konkreten Beispiel aus der Industriepraxis lässt sich der Einsatz von Strategien, Organisationsformen und Werkzeugen des Kostenmanagements am besten verstehen, selbst dann, wenn die Beispiele nicht aus dem Erfahrungsbereich des Lesers stammen. Deshalb wurde darauf geachtet, dass die Beispiele nicht zu komplex, sondern für einen Maschinenbauingenieur nachvollziehbar sind. Außer den hier angegebenen sind weitere Beispiele, oft nicht so vollständig dargestellt, im Buch eingestreut.

Das Vorgehen und die Verhältnisse der Beispiele entsprechen den tatsächlichen Fällen. Die Zahlen und Randbedingungen sind wegen des begrenzten Umfanges vereinfacht und verfälscht, um keine direkten Rückschlüsse auf Firmen zu ermöglichen.

Folgende Übersicht soll die Orientierung erleichtern (s. Kap. 4.5.2).

Kapitel	Objekt (Konstruktionsart)	gesenkte Kosten	erreicht durch
10.1	**Betonmischer** (Anpassungs- und teilweise Neukonstruktion)	Herstellkosten Lebenslaufkosten	Target Costing, Zusammenarbeit, Konzept-, Gestalt- und Fertigungsänderung
10.2	**Zentrifugenständer** (Anpassungskonstr.)	Herstellkosten	Target Costing, Zusammenarbeit der Konstruktion und Arbeitsvorbereitung Gestalt- und Fertigungsänderung
10.3	**Lagerbock**	Herstellkosten	Einsatz und Vergleich verschiedener Kurzkalkulationsverfahren

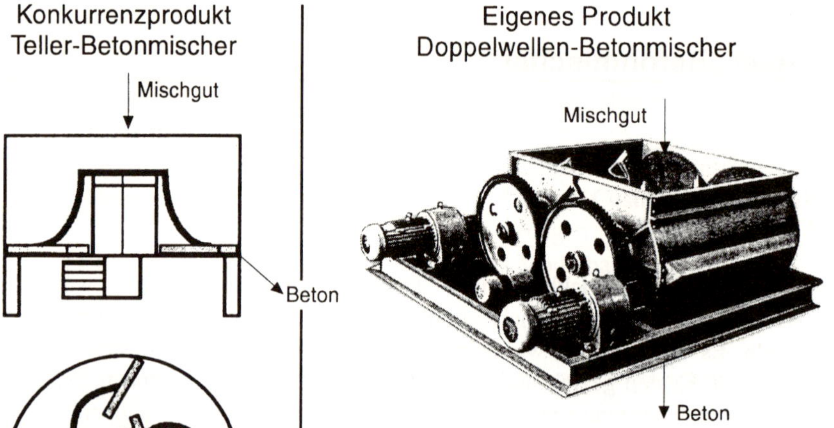

Baugröße	:	$1{,}25\ m^3$
Leistung (Festbeton)	:	$50\ m^3/h$
Antriebsleistung	:	2 × 18,5 kW
Antriebsdrehzahl	:	1 500/min
Mischwellendrehzahl	:	25/min
Grundmaße	:	3 840 × 2 660 × 1 240 mm
Gewicht	:	5 800 kg

Bild 10.1-1. Konkurrierende Betonmischer:
links: Teller-Betonmischer, rechts: Doppelwellen-Betonmischer (bisherige Ausführung)

je Mischspiel bei 40 Mischspielen/Stunde gemischt. Das Mischgut Kies, Wasser, Zement, Zuschlagstoffe und chemische Zusätze wird von oben programmgesteuert zugeführt, und über einen Entleerschieber wird der fertiggemischte Beton in Baustellenfahrzeuge oder Fahrmischer nach unten entleert. Am Markt existieren zwei unterschiedliche Prinzipien für solche Mischer.

Eigenes Produkt: Doppelwellen-Betonmischer (Bild 10.1-1 rechts)

Bei diesem Mischprinzip wird der Beton durch zwei waagerecht liegende, gegenläufige, mit Mischarmen bestückte Mischwellen im Wesentlichen im unteren Drittel des Troges gemischt. Damit die Mischarme sich nicht verhaken, müssen die Mischwellen synchron laufen. Das Mischprinzip soll wegen seiner guten Mischwirkung und der Bekanntheit am Markt beibehalten werden. Der Mischer ist Glied einer Baureihe mit Mischvolumen von $0{,}75\text{-}9\ m^3$, die hier im Beispiel aber nicht weiter betrachtet wird.

Konkurrenzprodukt: Teller-Betonmischer (Bild 10.1-1 links)

Beim Teller-Betonmischer sind die Mischarme an einer senkrecht stehenden Mischwelle befestigt. Gemischt wird auf der ganzen Grundfläche des Tellers. Das Mischprinzip erreicht nicht ganz die Mischqualität des Doppelwellen-Betonmischers, ist aber durch den einfacheren Aufbau (nur eine Welle, ein Antrieb usw.) kostengünstiger. Um das Mischergebnis zu verbessern, kann noch ein zusätzlich angetriebener Wirbler eingebaut werden.

10.1.4
Ablauf des Kostensenkungsprojekts

Die Durchführung des Projekts erfolgte in etwa nach dem Vorgehenszyklus zur Kostensenkung (Bild 4.5-7). Danach wird auch im Folgenden gegliedert.

I Aufgabe und Vorgehen klären

I.0 Vorgehen planen

Wegen der Wichtigkeit, des Termindrucks und des Umfangs der Aufgabe wurde die Überarbeitung des Betonmischers in Projektform durchgeführt. Ein Projektteam wurde gebildet und ein Projektablauf mit strengen Vorgaben geplant. Das Kernteam setzte sich aus Konstruktionsleiter, Konstrukteur, Projektingenieur, Arbeitsvorbereiter, Kalkulator, Einkaufsleiter und Montageleiter zusammen. Es wurde zeitweise ergänzt durch den Verkaufsleiter und den Werksleiter.

I.1 Gesamtzielkosten festlegen

Im konkreten Fall forderte der Kunde eine Senkung des Preises um 20 %, die in erster Näherung nur durch eine entsprechende Senkung der Herstellkosten erreicht werden konnte. Weil eine grundlegende Überarbeitung geplant war und man noch „Luft“ für spätere Korrekturen haben wollte bzw. die Erlössituation in diesem Produktbereich der Firma verbessert werden sollte, wurde von der Geschäftsleitung für die Gesamtzielkosten eine Herstellkostensenkung von -30 % auf 93 100 € gefordert. Dazu ist anzumerken, dass das lineare Herunterrechnen von Preisen zu Herstellkosten für Kostensenkungsprojekte konstruktiver Art an Produkten nur ein grober Anhalt sein kann, weil

- Herstellkosten nicht direkt mit den Preisen zusammenhängen (Kap. 8);
- die Prozesse, die die Differenz zwischen Selbst- und Herstellkosten (ca. 20-50 % der Selbstkosten) verursachen, im Beispiel und auch üblicherweise durch konstruktive Maßnahmen nicht mit verändert werden (Sie werden aber über Gemeinkostenzuschläge linear verrechnet). Bei konsequentem, umfassendem Target Costing (Kap. 4.4.3 [Seid93]) müssen die Kosten dieser Prozesse in die Untersuchung mit einbezogen und genauso konsequent gesenkt werden.

I.1a Ermittlung der Gesamtzielkosten durch das Auftragsgespräch

In der Einzel- und Kleinserienfertigung ist das **Auftragsgespräch**, das nach einem Angebot des Herstellers beim Kunden stattfindet, eine der wesentlichen Maßnahmen zur Ermittlung der Kundenforderungen, -wünsche und natürlich des Preisziels bzw. der Zielkosten. Dabei meint der Begriff **Auftragsgespräch** nicht nur **ein** einzelnes Gespräch bei einem Kunden, sondern den oft langen Prozess von den Anfragen bis zu endgültig erteilten oder entgangenen Aufträgen.

Im Allgemeinen geht der Kunde dabei von mehr oder weniger vergleichbaren Angeboten der Konkurrenz aus. Es erfolgt in gewisser Weise ein **Benchmarking**, d. h. ein Vergleich des eigenen Produkts mit den besten der Konkurrenz aus Kundensicht. Allerdings fließt dabei die Politik des Kunden ein, d. h. er mischt „Dichtung und Wahrheit“ zu seinem Vorteil: Er kombiniert die Summe aller Eigenschaften der Konkurrenzprodukte mit dem jeweils niedrigsten Preis.

Der **erste Schritt** zur Erstellung einer **kundenbezogenen Anforderungsliste** ist also die Aussagenbereinigung, um die Konkurrenzprodukte technisch/wirtschaftlich vergleichbar zu machen.

Dabei hilft eine **Eigenschaftscheckliste** der konkurrierenden Produkte, die aus eigenen Untersuchungen, Angaben aus der Literatur und früheren Auftragsgesprächen gespeist wurde (**Bild 10.1-2**).

Im Auftragsgespräch wurde vom Kunden anerkannt, dass der Doppelwellenmischer qualitative Vorteile gegenüber dem Tellermischer hat, die sich aber manchmal nur schwer quantifizieren lassen: bessere Mischqualität, bessere Wartungs- und Reparaturfreundlichkeit, Robustheit, längere Gesamtlebensdauer. Diese Vorteile sind vor allem dann kaufentscheidend für den Doppelwellenmischer, wenn der höhere Einkaufspreis, z. B. durch niedere Verschleißkosten so ausgeglichen wird, dass z. B. nach einem Jahr für den Kunden Kostengleichheit zwischen Doppelwellen- und Tellermischer (Break-even-point) aus der Summe von einmaligen Beschaffungs- und Verschleißkosten zu erwarten ist (Betriebs-, Wartungskosten usw. werden, weil sie bei beiden Typen in etwa gleich sind, nicht weiter betrachtet).

I.1b Ermittlung der Gesamtzielkosten aus Sicht der Lebenslaufkosten

Im **zweiten Schritt** wurden die Zielkosten aus der Sicht des Kunden bezüglich des Verkaufspreises und der Verschleißkosten des neuen Doppelwellenmischers aus einer Überschlagsberechnung ermittelt, wobei hier die Verzinsung des Kapitals nicht berücksichtigt wurde.

Zeit bis zum Break-even-point des alten Doppelwellenmischers (DWM) gegenüber einem Tellermischer (TM) aus Sicht des Kunden:

Eigenschaften	Tellermischer	Doppelwellenmischer "alte Bauart"
Mischqualität	gut (ohne Wirbler) (begrenzt bei Grobkorn)	sehr gut (für alle Korngrößen)
Mischzeit	60 s	60 s
Einbaumaße [mm]	ø 2 800, h = 1 400 (großer ø, niedere Bauhöhe)	3 800 × 2 700 × 1 700
Energieverbrauch	0,6 kWh/m^3 (30 % mehr bei Wirbler)	0,6 kWh/m^3
Verschleißkosten (Geschw. am Mischwerkzeug)	0,9 €/m^3 (bei Wirbler höher)	0,6 €/m^3 (1,5 m/s)
Wartungs- und Reparaturfreundlichkeit	für Mischraum gut, für Antrieb (unten!) nicht gut	gut
Gesamtlebensdauer	ca. 8 bis 10 Jahre	ca. 15 bis 20 Jahre
Preis ab Werk einschl. MwSt.	134 000 € (Wirbler 6 000 bis 8 000 €)	190 000 €

Bild 10.1-2. Eigenschaftscheckliste für 1,25 m^3-Betonmischer

Preisunterschied Doppelwellen- zu Tellermischer:

ΔP = 190 000 € - 134 000 € = 56 000 €

Bei einer üblichen Auslastung der Mischer von 40 000 m³/Jahr ergibt sich mit den Verschleißkosten aus Bild 10.1-2 ein Verschleißkostenunterschied/Jahr (ΔVK):

VKDWM = 40 000 m³/Jahr · 0,60 €/m³ = 24 000 €/Jahr
VKTM = 40 000 m³/Jahr · 0,90 €/m³ = 36 000 €/Jahr
ΔVK = 12 000 €/Jahr

Zeit bis zum Break-even-point:

$\Delta P/\Delta VK$ = 56 000 €/12 000 €/Jahr = 4,67 Jahre

Um diese Zeit auf ein Jahr zu verringern, werden eine Senkung der Herstellkosten um 25 % und eine Senkung der Verschleißkosten VK um 10 % auf 0,54 €/m³ als erreichbar angesetzt (Annahme der Proportionalität von Herstellkosten HK und Preis P. Die Herstellkosten betragen ca. 70 % des kalkulierten Verkaufspreises).

Damit ergibt sich die Zeit bis zum **Break-even-point** (**Bild 10.1-3**) des neuen Doppelwellenmischers:

Bei einem neuen Preis für den Doppelwellenmischer:

PDWMneu = 190 000 € · 0,75 = 142 500 €

wird der Preisunterschied ΔP zum Tellermischer:

ΔP = 142 500 € - 134 000 € = 8 500 €

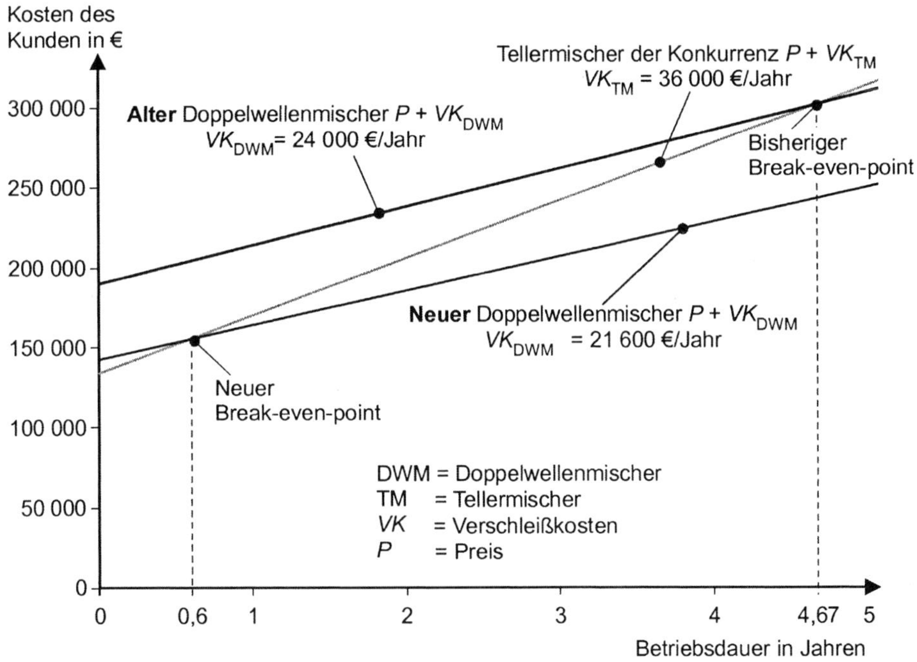

Bild 10.1-3. Break-even-point zwischen Doppelwellenmischer und Tellermischer

Neuer Verschleißkostenunterschied/Jahr (ΔVK):

VKDWMneu	=	40 000 m³/Jahr · 0,54 €/m³	=	21 600 €/Jahr
ΔVK	=	36 000 €/Jahr - 21 600 €/Jahr	=	14 400 €/Jahr

Neue Zeit bis zum Break-even-point:

$\Delta P / \Delta VK$	=	8 500 €/14 400 €/Jahr	=	0,6 Jahre

Damit sind die **Zielkosten aus Sicht der Lebenslaufkosten** klar:

1. Absenkung der Herstellkosten von 133 000 € (190 000 € · 0,7) um mindestens 25 % auf unter 100 000 €.
2. Absenkung der Verschleißkosten von 0,6 €/m^3 um 10 % auf 0,54 €/m^3.

Das Ziel, Break-even-point innerhalb eines Jahres, wird damit unterschritten. Es ist aber damit zu rechnen, dass auch die Konkurrenz Kosten senkend tätig wird, so dass die Ziele eher zu hoch als zu niedrig gesetzt werden sollten.

I.2a Aufteilung in Teilzielkosten linear nach Baugruppen

Nachdem die Gesamtzielkosten für den kompletten Doppelwellen-Betonmischer bekannt sind, müssen sie weiter in Teilzielkosten aufgeteilt werden. Dazu sind das vorhandene Produkt nach verschiedenen Gesichtspunkten (Merkmalen) zu gliedern und die Kosten entsprechend aufzuspalten. Es ergeben sich entsprechende **Kostenstrukturen** (Kap. 4.6.2) [Ehr85; VDI87].

Neben der Aufspaltung der Zielkosten werden bei der Analyse der Kosten auch **Kostensenkungspotentiale** und **Änderungsmöglichkeiten** gesucht. Dabei hilft nicht nur die Betrachtung des einzelnen eigenen Produkts, sondern es sind auch ähnliche Produkte aus dem eigenen Haus und besonders die Konkurrenzprodukte und ihre Fertigung in die Analyse mit einzubeziehen. Da nicht alle Kostensenkungspotentiale durch die Entwicklung erschlossen werden können, muss zu jedem Kostensenkungspotential auch der Verantwortliche festgelegt werden, der für die Verwirklichung zuständig ist. Bei konstruktiven Änderungen ist der Konstruktionsleiter, bei mehr fertigungstechnischen Änderungen ist der Fertigungsleiter, bei Beschaffungsänderungen ist der Einkaufsleiter usw. verantwortlich. Aber ein kompetenter Projektleiter trägt die Gesamtverantwortung für das neue Produkt einschließlich seines Erfolges (Kap. 4.3.1).

An dieser Stelle werden nur die Kostenstrukturen des gesamten Doppelwellen-Betonmischers nach Baugruppen und für die Baugruppe Antrieb nach Bauteilen dargestellt. **Bild 10.1-4** zeigt die Herstellkostenanteile für die Baugruppen der bisherigen Konstruktion. Es sind die wesentlichen Baugruppen (A-Teile) zu erkennen. Im **ersten Ansatz** kann man die notwendige Kostensenkung **linear** auf die Teilzielkosten verteilen:

- Baugruppe 1 Antrieb: 53 000 € · 70 % = 37 100 €,
- Baugruppe 2 Mischtrog: 36 000 € · 70 % = 25 100 € usw.

Die Baugruppen 3 bis 7 (B- und C-Teile) werden hier nicht weiter betrachtet. Das weitere Vorgehen wird nur noch an Baugruppe 1 (Antrieb) beschrieben.

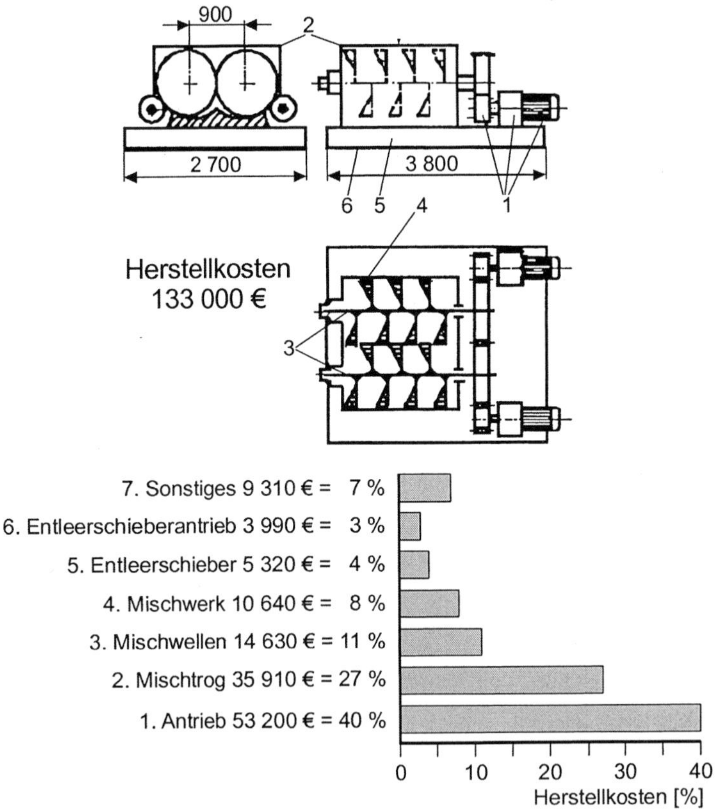

Bild 10.1-4. Kostenstruktur nach Baugruppen (bisherige Ausführung)

I.2b Aufteilung in Teilzielkosten nach Kundenfunktionen (s. Kap. 4.5.1.4)

Am Beispiel des Betonmischers soll die im Target Costing bekannt gewordene Methode der Aufspaltung der Kosten nach Kundenwünschen auf Bauteile bzw. -gruppen gezeigt werden [Seid93; Nie93; Rös96; Tan89]. Bei der Einzelfertigung ist es allerdings nicht in jedem Fall opportun, die vom Target Costing in der Serienfertigung geforderte Aufspaltung und Zuordnung der Zielkosten bis zu einzelnen vom Kunden gewünschten Eigenschaften (Bild 4.5-2, Abschnitt I.3) durchzuführen. Es sollte aber so weit wie möglich betrieben werden, um die tatsächlich **vom Kunden** gewünschten und **vergüteten Eigenschaften** zu erkennen und Einsparungspotentiale sichtbar zu machen. Dabei kommt es nicht auf die „centgenaue“ Zurechnung von Kosten an, sondern auf das **Erkennen von Schwerpunkten**! In die Aufspaltung gehen „Gewichtungen“ ein. Die Festlegung dieser Faktoren ist eine Gemeinschaftsaufgabe von Vertrieb, Entwicklung, Service usw., die intensive Diskussion und mehrere „Versuche“ erfordert! Zweckmäßig ist es, auch diese Rechnung mit einer einfachen Tabellenkalkulation durchzuführen.

Zuerst werden für den Betonmischer die wichtigsten **Kundenfunktionen** festgelegt (**Bild 10.1-5a**).

Es sollten nicht mehr als zehn sein, sonst werden die Rechnung zu unübersichtlich und die Aussagen zu unscharf. Die Eigenschaften werden vom Team aus Kundensicht **gewichtet** (Bild 4.5-4).

Anmerkung: Diese Kundenfunktionen sind aus konstruktionsmethodischer Sicht weniger „Funktionen" der Maschine (mit Stoff-, Energie- oder Signalfluss), sondern eher **kundenrelevante „Eigenschaften"**.

a) Gewichtung der Hauptfunktionen aus Kundensicht										
		Mischqualität	Mischzeit	Einbaumaße	Energiekosten	Verschleißkosten	Wartungs- und Reparaturkosten	ges. Lebensdauer	Überlastbarkeit	Summe
Funktionen		F1	F2	F3	F4	F5	F6	F7	F8	
Gewichtung		0,26	0,24	0,15	0,10	0,08	0,10	0,02	0,05	1
b) Anteile der Baugruppen an der Funktionserfüllung										
Antrieb	BG1	20	20	30	50		10	20	40	
Mischtrog	BG2	30	20	50	10	50	20	10	10	
Mischwelle, Lager	BG3	10	10	5	10	10	10	30	10	
Mischwerk	BG4	30	30		25	30	50	30	40	
Entleerschieber	BG5	5	10			5	4	5		
Entleerschieberantrieb	BG6		5	5	5	5	4	5		
Sonstiges	BG7	5	5	10			2			
Summe [%]		100	100	100	100	100	100	100	100	
c) Bedeutung Baugr. = Gewicht Funktionen × Anteil Baugr. (0,26 × 20 = 5,2 usw.)										
Gewichtung		0,26	0,24	0,15	0,10	0,08	0,10	0,02	0,05	1
Antrieb	BG1	5,2	4,8	4,5	5,0	0,0	1,0	0,4	2,0	**22,9**
Mischtrog	BG2	7,8	4,8	7,5	1,0	4,0	2,0	0,2	0,5	**27,8**
Mischwelle, Lager	BG3	2,6	2,4	0,8	1,0	0,8	1,0	0,6	0,5	**9,7**
Mischwerk	BG4	7,8	7,2	0,0	2,5	2,4	5,0	0,6	2,0	**27,5**
Entleerschieber	BG5	1,3	2,4	0,0	0,0	0,4	0,4	0,1	0,0	**4,6**
Entleerschieberantrieb	BG6	0,0	1,2	0,8	0,5	0,4	0,4	0,1	0,0	**3,4**
Sonstiges	BG7	1,3	1,2	1,5	0,0	0,0	0,2	0,0	0,0	**4,2**
Summe [%]		26,0	24,0	15,0	10,0	8,0	10,0	2,0	5,0	100,0

d) Zielkostenindex ermitteln für Zielkostenkontrolldiagramm							
Gesamtkostenziel = 93 100 €		Zielteilgewicht	Teilzielkosten	Istkosten [€]	Istkosten/ Gesamtkostenziel	Zielkostenindex	Kommentar
Antrieb	BG1	**22,9**	21 320	53 200	57,1	0,40	zu "teuer"
Mischtrog	BG2	**27,8**	25 882	35 910	38,6	0,72	zu "teuer"
Mischwelle, Lager	BG3	**9,7**	8 984	14 630	15,7	0,61	zu "teuer"
Mischwerk	BG4	**27,5**	25 603	10 640	11,4	2,41	zu "billig"
Entleerschieber	BG5	**4,6**	4 283	5 320	5,7	0,81	zu "teuer"
Entleerschieberantrieb	BG6	**3,4**	3 119	3 990	4,3	0,78	zu "teuer"
Sonstiges	BG7	**4,2**	3 910	9 310	10,0	0,42	zu "teuer"

Bild 10.1-5. Kostenspaltung nach Kundenfunktionen des Betonmischers (Blatt einer Tabellenkalkulation, hier grafisch überarbeitet)

Ausgehend von der Kostenstruktur der alten Konstruktion (Bild 10.1-4) wird in **Bild 10.1-5b** ermittelt, welchen **Anteil jede Baugruppe an** der Verwirklichung der jeweiligen **Kundenfunktion** hat (Spaltensumme = 100 %, ähnlich den Funktionskosten, Kap. 4.6.2).

In der Tabelle **Bild 10.1-5c** werden die in Bild 10.1-5a ermittelten Gewichtungen der Kundenfunktionen mit den Anteilen der Baugruppen an der Funktionserfüllung (Bild 10.1-5b) multipliziert, z. B. im ersten Feld 0,26 · 20 = 5,2 %. Die Zeilen werden dann in der **letzten Spalte** addiert und ergeben die **Teilgewichtungen** für die Baugruppen **aus Kundensicht**.

Aus den Gesamtzielkosten können mit den Teilgewichtungen die „theoretischen“ Teilzielkosten für die Baugruppen ermittelt und den Ist-Kosten gegenübergestellt werden (**Bild 10.1-5d**).

Dividiert man die **Teilzielkosten durch** die **Ist-Kosten** der Baugruppen, erhält man den „**Zielkostenindex**“. Baugruppen, die einen Zielkostenindex kleiner 1 haben, sind aus Kundensicht viel zu teuer und es besteht großer Kostensenkungsbedarf. Ist der Zielkostenindex größer 1, schätzt der Kunde den Wert der Baugruppe höher ein als die Höhe der tatsächlichen Kosten. Im Zielkostenkontrolldiagramm (**Bild 10.1-6**) werden die Zahlen grafisch dargestellt. Es werden die Ist-Kostenanteile der Baugruppen über den Teilgewichten aus Kundensicht aufgetragen. Liegen sie über der Winkelhalbierenden, ist Kostensenken unbedingt nötig, liegen sie darunter, schätzt der Kunde die Kosten der Baugruppe höher ein, als sie tatsächlich sind.

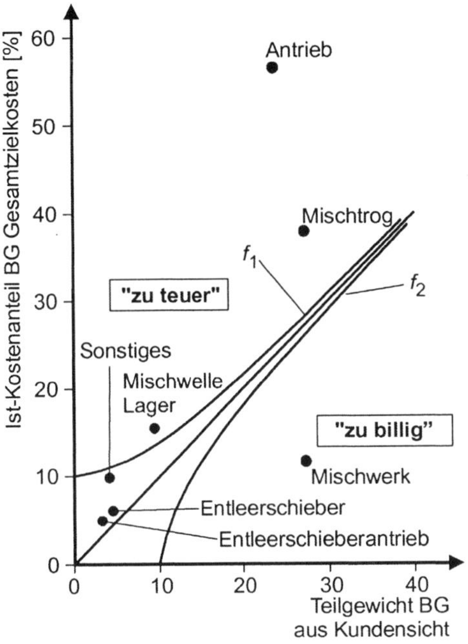

Bild 10.1-6. Zielkostenkontrolldiagramm

Im Zielkostendiagramm [Rös96] sind noch zwei Grenzkurven $f_{1,2}$ mit den Funktionen

$$f_{1,2} = \sqrt{x^2 \pm q^2}$$

f_1 = untere Begrenzung der Zielkostenkurve ($-q^2$)
f_2 = obere Begrenzung der Zielkostenkurve ($+q^2$)
x = Teilgewicht
q = Entscheidungsparameter zur Definition der Zielkostenzone, gesetzt vom Topmanagement

eingetragen. Sie geben nach Tanaka [Tan89] den Bereich an, in dem sich Kostenabweichungen ausgleichen. Dabei muss der Entscheidungsparameter q jeweils festgelegt werden (hier 10). Die **Aussage des Zielkostendiagramms** ist: Bei Bauteilen mit geringem Anteil an den Gesamtkosten können größere Abweichungen zwischen tatsächlichen Kosten und Kundengewichtung zugelassen werden als bei Baugruppen mit größerem Kostenanteil. Das deckt sich im Prinzip mit den Aussagen zum Fehlerausgleich (Kap. 9.3.7.3). Würde man allerdings die dort angegebenen Fehlerausgleichskurven in das Zielkostendiagramm eintragen, ergäbe sich ein wesentlich engerer Bereich.

Über der Erklärung der Rechenschritte sollte nicht vergessen werden, dass das Verfahren ein Hilfsmittel ist, unterschiedlichste Gesichtspunkte („Äpfel und Birnen") in einer normierten Form zu vergleichen. Das Resultat kann wie Ergebnisse der gewichteten Punktbewertung, der Nutzwertanalyse und auch der FMEA nicht als „exakter Zahlenwert" verstanden werden! Wichtig sind die gemeinsame Diskussion im Team und das systematische Vergleichen im Sinn von Bild 4.5-4.

Mit der von den Kundenfunktionen ausgehenden Aufspaltung der Zielkosten und den aus dem in I.2 geschilderten Vorgehen der Ermittlung von Kostenpotentialen sind dann die endgültigen Teilzielkosten festzulegen. Im weiteren Vorgehen kann es dann vorkommen, dass sie wieder modifiziert werden müssen, weil angenommene Kostensenkungspotentiale an einer Baugruppe nicht erreicht werden konnten oder an anderen Baugruppen größere Kostensenkungen möglich wurden.

→ Wichtig ist die Erreichung der Gesamtzielkosten! Deshalb können/müssen die **Teilzielkosten gegenseitig angepasst** werden.

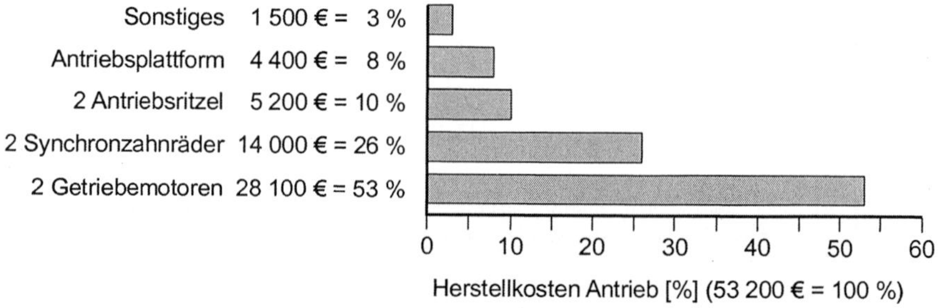

Bild 10.1-7. Ist-Kostenstruktur des Antriebs (s. Bild 10.1-1, Bild 10.1-4)

I.3 Kostensenkungspotentiale und endgültige Teilzielkosten für den Antrieb

Funktion des Antriebs:

Der Antrieb überträgt das Drehmoment der Elektromotoren mit einer Untersetzung von 1 500 zu ca. 25 min^{-1} auf die entgegengesetzt drehenden synchronisierten Wellen. Die Plattform nimmt die Antriebseinheiten und den Mischtrog auf.

Eine genaue Analyse des Antriebs ergab folgende **Schwerpunkte zum Kostensenken** an der Baugruppe Antrieb (**Bild 10.1-7,** s. a. Bild 4.8-6) mit den entsprechenden **Fragen aus dem Team** zu möglichen Änderungen:

1. Sitzung: Analyse

Doppelwellen-mischer (DWM)	Istkosten DWM	Anteil DWM	Istkosten Teller-mischer	Teilziel-kosten DWM	nötige Kosten-senkung	Kosten-senkungs-potentiale	
Baugruppen	[€]	[%]	[€]	[€]	[%]	Maßnahmen	Verantwort
Antrieb	53 000	39,8	32 000	34 100	-36	ander. Prinzip	Entwicklun
Mischtrog	36 000	27,0	27 000	21 600	-40	Schweißkonstr.	Entw.+Fert
M.welle+Lager.	15 000	11,0	10 000	12 750	-15	Vereinfachen	Entwicklun
Mischwerk	11 000	8,1	8 000	9 400	-15	Fertig. ändern	Fertigung
Entleerschieber	5 200	3,9	5 000	4 300	-17	Vereinfachen	Entwicklun
Entleerantr.	4 000	3,1	3 800	3 400	-15	Vereinfachen	Entwicklun
Sonstiges	9 000	7,0	8 000	7 550	-16	Vereinfachen	Entwicklun
Summe	**133 200**	100	93 800	93 100	**-30**		

2. Sitzung:

Stand DWM	erreichte Kosten-senkung	neue	
[€]	[%]	Maßnahmen	Verantwort
38 000	-28	anderer Liefer.	Einkauf
23 000	-36	Fertig. ändern	Fertigung
11 830	-21	ok	
10 000	-9	Fertig. ändern	Fertigung
3 400	-35	ok	
3 400	-15	ok	
7 800	-13	ok	
97 430	-27		

weitere Sitzungen ...

Ergebnis:

Kosten DWM	erreichte Kosten-senkung
[€]	[%]
31 700	-40
18 000	-50
11 800	-21
8 400	-24
3 400	-35
3 400	-15
7 800	-13
84 500	**-37**

Aus Platzgründen ist hier die Tabelle "gestapelt". Mit einer Tabellenkalkulation kann sie beliebig den Anforderungen der Praxis angepasst werden.

Bild 10.1-8. Kostenverfolgungstabelle beim Betonmischer

- Die **Antriebsplattform** ist teuer: Braucht man sie überhaupt? Welche anderen Lösungen gibt es (z. B. selbsttragende Konstruktion ohne Plattform)?
- Der **Synchronradsatz** ist sehr teuer: Ist er durch Kaufteile oder andere Konstruktionen/Prinzipien ersetzbar (z. B. andere Antriebseinheiten)?
- Die **Getriebemotoren** sind sehr teuer: Sind sie durch andere Kaufteile ersetzbar? Ist die Synchronisieraufgabe integrierbar? Gibt es andere Lieferanten?
- Untersuchung der Fertigung: Was sind die vorhandenen Möglichkeiten? Was sind durch Investitionen zu schaffende Alternativen? Statt Einzelfertigung bestimmte Bauteile in Kleinserienfertigung?
- Änderung von **Eigen- in Fremdfertigung**?

Man sieht auch hier wieder, dass eine sorgfältige Analyse und Diskussion der Anforderungen sofort Anlass für neue Lösungsideen sind. Die Änderungsmöglichkeiten und die sich daraus ergebenden Kosten wurden abgeschätzt, so dass als Teilzielkosten für die Baugruppe Antrieb eine Einsparung von mindestens 36 % = Teilzielkosten 34 100 € festgelegt wurde. Das ist mehr, als der „Kundenwert" und weniger als eine lineare Kostensenkung über alle Baugruppen ergeben würden, erscheint aber realistisch. Entsprechend wurde für die anderen Baugruppen vorgegangen. Für die Erreichung der Teilzielkosten wurden Verantwortliche bestimmt (**Bild 10.1-8**). Für die Änderung des Antriebsprinzips war es der Konstruktionsleiter, für die Suche nach Lieferanten der Einkaufsleiter.

II Lösungen suchen

Für den Antrieb mussten, um die große Kostensenkung zu erreichen, alternative Lösungsprinzipien (neue Konzepte! Neukonstruktion! gesucht und Grobentwürfe angefertigt werden. **Bild 10.1-9** zeigt fünf mögliche Alternativen, die die Forderungen an den Antrieb erfüllen. Hierbei wurde durchweg eine selbsttragende Konstruktion des Mischtrogs bevorzugt (Antriebsplattform fällt weg, der Mischer wird

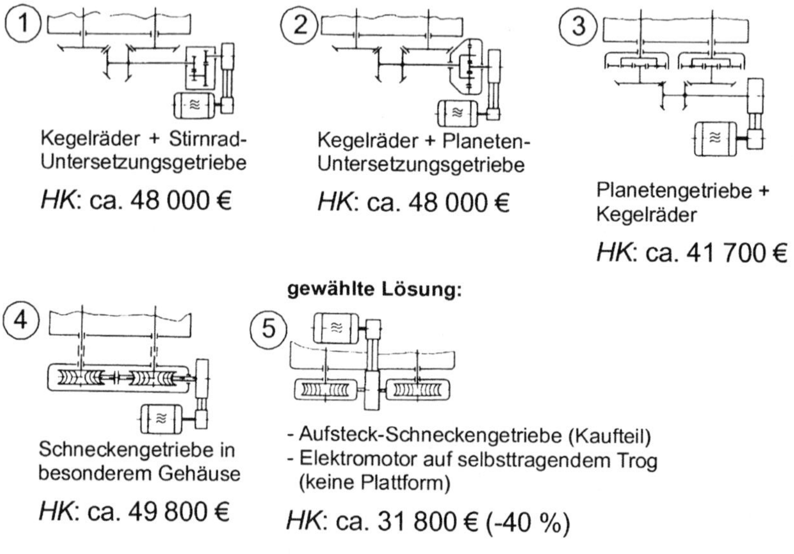

Bild 10.1-9. Alternative Antriebsprinzipien

damit auch kleiner und leichter).

Zu beachten ist hierbei, dass bei Verwendung von Schneckengetrieben deren Verluste eine rund 20%ige Erhöhung der Antriebsleistung erfordern.

Parallel zur Lösungssuche wurde ein **Kostenforechecking** durch die enge Zusammenarbeit der Konstruktions-, Arbeitsvorbereitungs- und Kalkulationsabteilung, im **Target-Costing-Team**, verwirklicht [Seid93]. Die Herstellkosten wurden mitlaufend kalkuliert, Angebote eingeholt usw. Damit war sichergestellt, dass die benötigten Informationen in einen kurzen Regelkreis fließen und die vorgegebenen Zielkosten auch erreicht werden.

Dazu ist es zweckmäßig (mit den heute auf PC verfügbaren Tabellenkalkulationen auch leicht möglich), die Kosten in Form einer „Kostenverfolgungstabelle“ zu verfolgen. Wie **Bild 10.1-8** zeigt, werden die Baugruppen oder -teile des Produkts aufgelistet und die Ist- und die Zielkosten eingetragen. Ergänzt wird diese Aufstellung, soweit vorhanden, durch entsprechende Daten von Konkurrenzprodukten. In einer weiteren Spalte werden die Maßnahmen, die zur Kostensenkung vorgesehen sind, eingetragen. Zum nächsten Termin werden die bis dahin erreichten Kosten eingetragen. Man erkennt sofort, wo die Ziele erreicht wurden und wo nicht, und kann entsprechend weitere Maßnahmen vorsehen. Diese Liste wird dann bis zum Ende des Projekts fortgeschrieben.

Aus den verschiedenen Grobentwürfen musste dann die endgültig zu verwirklichende Lösung unter Kosten- und Funktionsgesichtspunkten ausgewählt werden. Beim Antrieb fiel die Wahl schließlich auf das in Bild 10.1-9 gezeigte Prinzip 5 mit dem Aufsteck-Schneckengetriebe (Antriebsplattform entfällt), das über Keilriemen an den Schneckenwellen angetrieben und durch eine elastische Kupplung synchronisiert wird. Der Elektromotor sitzt auf einer Spannwippe direkt am Mischtrog (**Bild 10.1-10**).

Beim Mischtrog wurde ein komplett geschweißter Mischtrog gewählt. Die Bohrwerksbearbeitung für die Mischwellenlagerung entfällt durch Verwendung von eingeschweißten Lagereinsätzen.

IV Durchführung der Konstruktion

Während der Konstruktion wurden noch einige kleinere Änderungen vorgenommen, die jedoch kaum die Herstellkosten beeinflussten. Die Parallelität der Wellen (±0,5 mm) konnte mit der Schweißkonstruktion durch die Verwendung einer Vorrichtung eingehalten werden. Die Vorrichtungskosten müssen in die Kostenbetrachtung mit einbezogen werden.

Die Änderungen für die hier betrachtete Baugröße konnten auf die gesamte Baureihe übertragen werden, lediglich bei den größeren Mischern werden zwei getrennte Antriebsmotoren verwendet.

V Fertigung und Versuch

Bei der Erprobung stellte sich heraus, dass der Mischer aufgrund der Stoßunempfindlichkeit der Schneckengetriebe und auch vom Mischtrog her eine 25 %ige Überladung zulässt, so dass die Leistung entsprechend höher angesetzt werden konnte. Damit werden auch die höheren Energiekosten durch den Schneckenantrieb ausgeglichen.

Das Ergebnis des zielkostenorientierten Konstruierens ist, wie **Bild 10.1-11** in einer Gegenüberstellung zeigt, ein kleinerer, leichterer (ca. 80 %), kostengünstige-

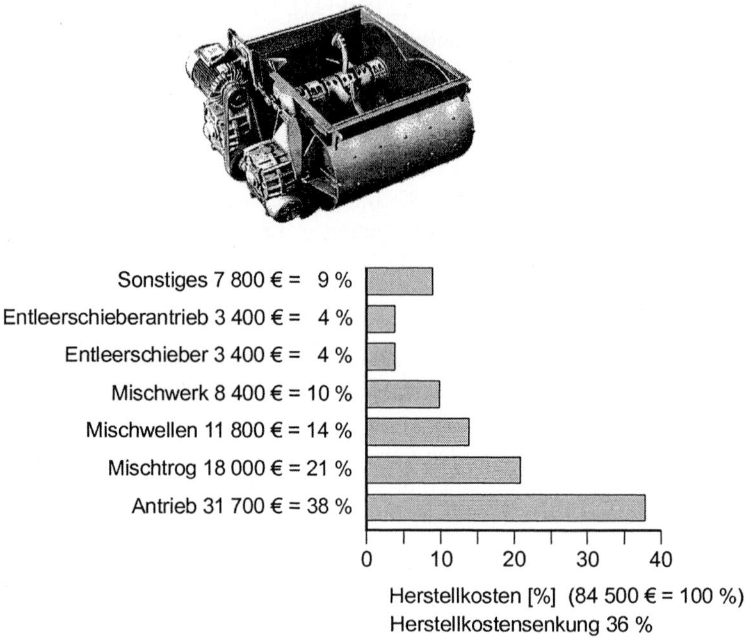

Bild 10.1-10. Doppelwellen-Betonmischer (neue Konstruktion) Herstellkostenstruktur nach Baugruppen

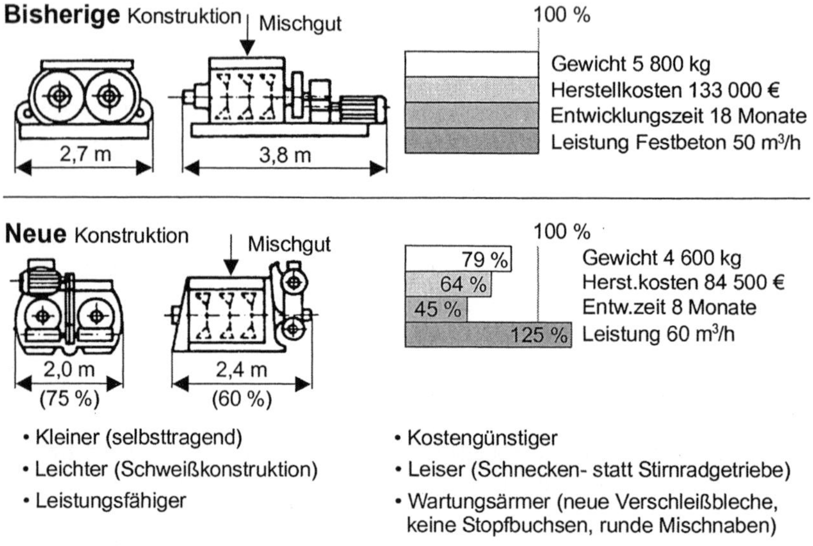

Bild 10.1-11. Vergleich alter - neuer Doppelwellen-Betonmischer

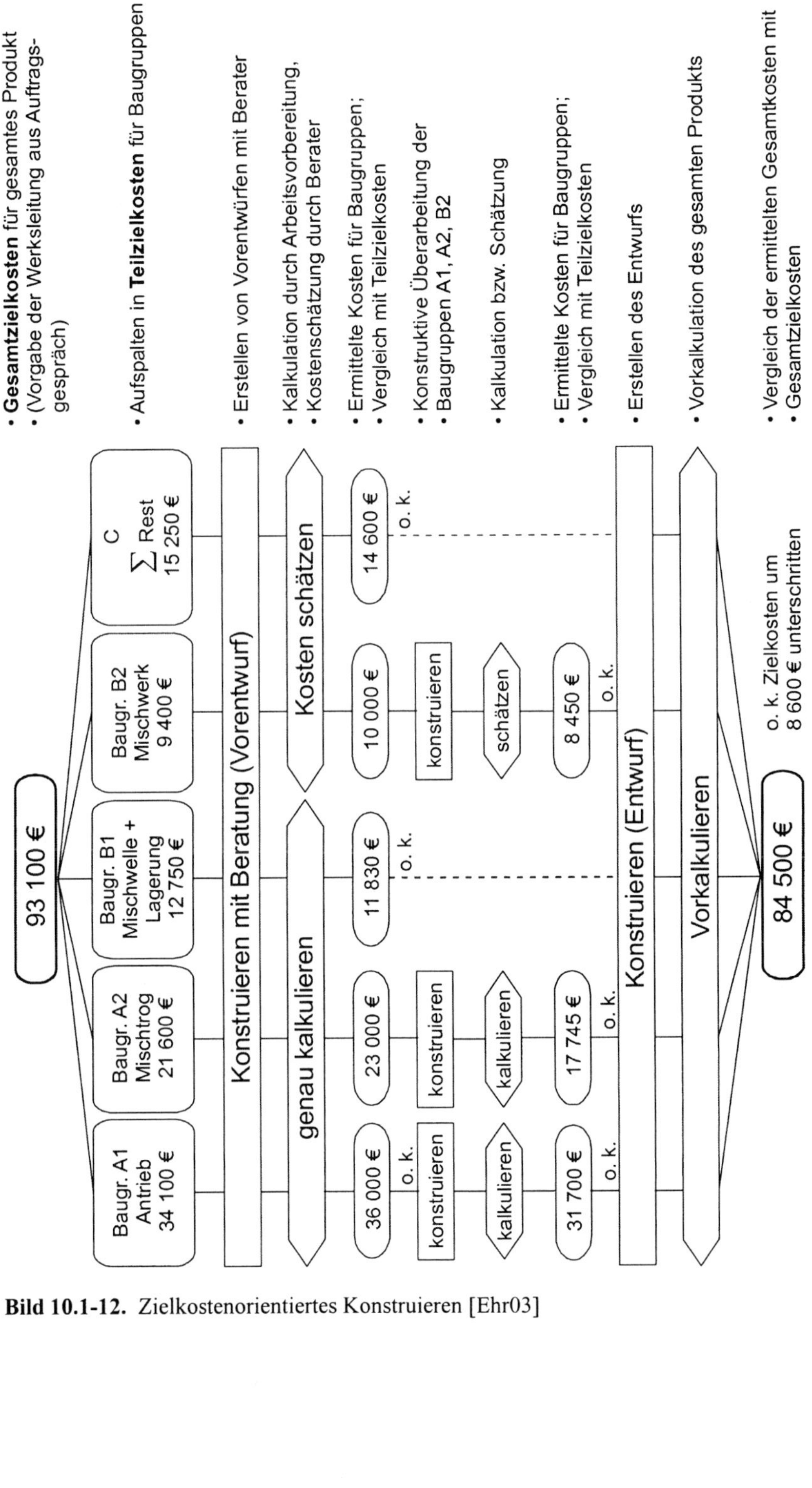

Bild 10.1-12. Zielkostenorientiertes Konstruieren [Ehr03]

rer Mischer (64 %), der außerdem noch leistungsfähiger (125 %), geräuschärmer (wegen der Schneckengetriebe) und wartungsgünstiger ist. Die Einsparung beim Grundentwurf ist so groß, dass voraussichtlich die Kosten der ganzen Baureihe um mindestens 20 % gesenkt werden können. Die durch Target Costing gesteuerte konstruktive Überarbeitung des Betonmischers, durchgeführt mit einem interdisziplinär zusammengesetzten Team, war also ein voller Erfolg. Durch die dabei intensive gegenseitige Abstimmung konnte die Entwicklungszeit von früher üblichen 18 Monaten auf 8 Monate verringert werden (s. Bild 6.2-2).

10.1.5 Aussagen des Fallbeispiels

Den Ablauf des Beispiels zeigt zusammengefasst schematisch **Bild 10.1-12** [Ehr03]. Es wird ein Team gebildet. Die Zielkosten werden in Teilzielkosten aufgespalten. Für die Erreichung der Teilzielkosten der einzelnen Baugruppen werden Maßnahmen festgelegt und Verantwortliche benannt.

Die Maßnahmen werden, z. B. durch eine Neukonstruktion, umgesetzt. Je nach Umfang werden die Kosten der Neukonstruktion für A- und B-Teile relativ genau kalkuliert, bei C-Teilen nur abgeschätzt (ABC-Analyse, Bild 4.6-4). In festgelegten Zeitabständen trifft sich das Team und berichtet über den Stand. Wird bei bestimmten Baugruppen erkannt, dass das Ziel nicht erreicht wird (A2 Mischtrog, B2 Mischwerk), werden diese erneut überarbeitet, bis die Zielkosten erreicht sind oder andere Kostensenkungsmaßnahmen beschlossen werden [Ehr87a].

10.2 Beispiel „Zentrifugenständer“

10.2.1 Einführung

Am Beispiel eines geschweißten Zentrifugenständers eines verfahrenstechnischen Apparates soll das Vorgehen beim Kostengünstigen Konstruieren aufgezeigt werden.

Das Produkt wurde am Markt bereits angeboten. Es soll entsprechend der zu erwartenden Marktlage für die Eigenfertigung überarbeitet werden, um die Herstellkosten zu senken, ohne dass die Funktion wesentlich geändert wird. Wenn möglich sollte eine Schweißkonstruktion beibehalten werden, um die werkseigene Schweißerei auszulasten. Damit liegt der Aufgabentyp einer Anpassungskonstruktion vor (Kap. 4.5.2).

Die **Funktion des Zentrifugenständers (Bild 10.2-1)** besteht darin, die Lagerung eines Trommelzylinders (Zentrifuge) in den oberen Bohrungen aufzunehmen. Das niedrigere Teil dient als Ölbehälter und zur Aufnahme des Antriebsmotors

Bild 10.2-1. Bisheriger Zentrifugenständer (Variante 0)

und diverser Zusatzaggregate und Anschlüsse. Der gesamte Zentrifugenapparat wird (rechts) an dem Zentrifugenständer befestigt.

Auch hier richtete sich das Vorgehen nach dem Vorgehenszyklus (Bild 4.5-7), weshalb das weitere Vorgehen auch danach gegliedert wird.

10.2.2 Aufgabe klären

I Gesamtzielkosten finden

Im vorliegenden Beispiel wurde für die kommenden Jahre eine große Umsatzsteigerung der Zentrifugen erwartet. Damit das Produkt am Markt langfristig konkurrenzfähig bleibt und der Marktanteil ausgebaut werden kann, sollte eine Herstellkostensenkung von 10 % am gesamten Produkt durchgeführt werden. Da der Konstrukteur mit der Aufgabe allein überfordert war, wurde ein Projektteam gebildet aus Konstrukteur (Projektleiter), Arbeitsvorbereiter, Kalkulator, Meister der Schweißerei und zeitweise dem Schweißer.

I.1 Gesamtzielkosten aufteilen durch Analyse bisheriger o. ähnl. Maschinen

Die Aufteilung der Gesamtzielkosten kann grundsätzlich auf einzelne Kostenarten, Baugruppen oder Funktionskomplexe erfolgen. Bei den Herstellkostenanteilen der

Baugruppen entfielen bei der bisherigen Konstruktion 15 % auf den Zentrifugenständer. Nach der durchgeführten ABC-Analyse war damit der Zentrifugenständer zwar nicht die teuerste Baugruppe, jedoch sollten bei der Auswahl der zunächst betrachteten Baugruppe auch die Kostensenkungspotentiale berücksichtigt werden.

Da funktionell betonte Baugruppen (z. B. die Zentrifugentrommel, der Motor usw.) im Allgemeinen ohne Beeinflussung der Funktion schwerer zu ändern sind als frei gestaltete Baugruppen (z. B. Gehäuseteile), wurden letztere vorgezogen. So wurde für die ausgewählte Baugruppe Zentrifugenständer eine höhere Kostensenkung von -20 % vorgegeben.

I.2 Kostensenkungsschwerpunkte für die Baugruppe suchen

Für den bisherigen Zentrifugenständer wurde zuerst eine Kostenstruktur für einzelne Kostenanteile und Arbeitsgänge aufgestellt. Ergänzend hierzu wurden weitere Kosten beeinflussende Größen (z. B. Teilezahl, Schweißnahtlänge) untersucht (**Bild 10.2-2**).

Die Analyse der Kostenstruktur, vor allem der kostenintensiven Anteile, war hier wie in den meisten Fällen sehr aufwändig. Der durchgeführte Vergleich mit anderen Fertigungsmöglichkeiten und Regeln zum kostengünstigen Konstruieren brachte die ersten wichtigen Erkenntnisse:

- **Rohteil-Materialkosten**: Der Anteil der Materialkosten ist relativ klein, so dass eine reine Gewichts- oder Werkstoffeinsparung voraussichtlich keine große Kosteneinsparung bringt. Hier stellt sich eher die Frage, ob nicht ein fertigungstechnisch günstigerer (u. U. teurerer) Werkstoff geeigneter wäre.
- **Rohteil-Fertigungskosten**: Die Arbeitsgänge Zusammenbau, Schweißen, Bleche ausschneiden und Richten machen ca. 40 % der Herstellkosten aus. Eine

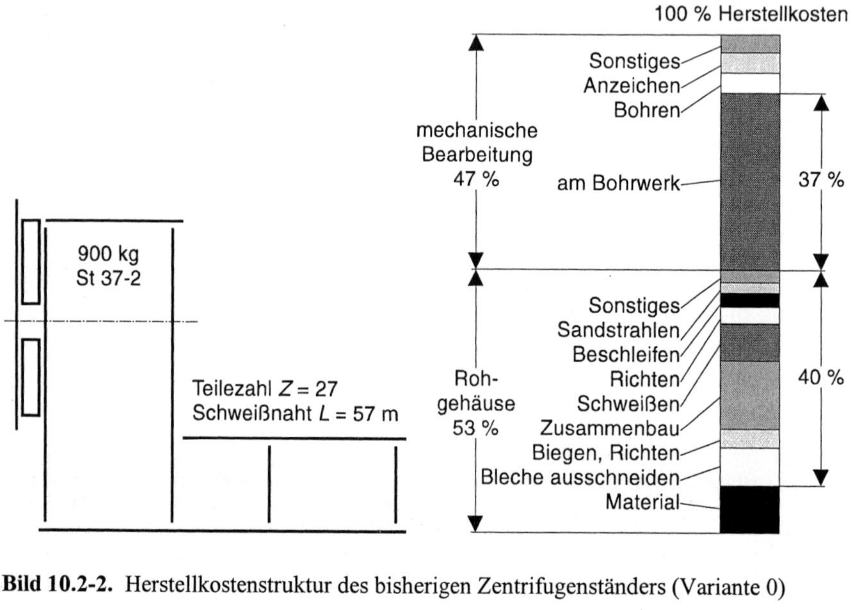

Bild 10.2-2. Herstellkostenstruktur des bisherigen Zentrifugenständers (Variante 0)

einfachere, nicht so aufwändige Lösung durch Reduzierung der Teilezahl und Schweißnahtlänge durch mehr Abkanten, Biegen und andere Halbzeugwahl wurde im Team diskutiert.

- **Bearbeitung** (Fertigungskosten): Die Bohrwerksbearbeitung ist sehr teuer. Eine Untersuchung brachte die Erkenntnis, dass die Ursachen bei der teuren Bearbeitungsmaschine (Bohrwerk) und den ungünstigen Bearbeitungsverhältnissen liegen. So müssen die Aufspannflächen zusätzlich bearbeitet werden (zusätzliche Haupt- und Nebenzeiten), und die Bohrspindelauskraglänge ist aufgrund der Form des Zentrifugenständers sehr groß. Deshalb müssen beim Bearbeiten von rechts die Schnittwerte stark reduziert werden. Eine Verringerung der Anzahl der bearbeiteten Flächen wäre ebenfalls günstiger.

Die Toleranzforderungen und Hauptabmessungen konnten hier wegen der Funktionserfüllung höchstens geringfügig geändert werden. Dieser Punkt ist im Allgemeinen sehr wichtig, da hier oft deutliche Kosteneinsparungen ohne großen Aufwand möglich sind. Beim Zentrifugenständer ließen sich nur die Bearbeitungsanforderungen bei Deckeln (flache Teile) durch Verwendung von elastischen Dichtungen reduzieren.

Der Einfluss der Fertigungslosgröße auf die Herstellkosten des Zentrifugenständers ist in dem interessierenden Bereich $n = 4$ gering, so dass eine Losgrößenerhöhung die Fertigungskosten nur geringfügig beeinflussen würde.

II Lösungssuche

II.1 Kostensenkungspotentiale und Möglichkeiten

Es wurden im Wesentlichen folgende Möglichkeiten untersucht:

- **Herstellung/Fertigung:** Die Bearbeitungskosten von Schweißkonstruktionen können gesenkt werden, indem die teure, nicht unbedingt notwendige Bohrwerksarbeit durch Drehen ersetzt wird (Bearbeitung auf Karusselldrehmaschine oder Einschweißen von vorgedrehten Lagerstühlen mit Vorrichtungen).
- **Material:** Weniger Abfall wird durch Verwendung einheitlicher Blechdicken und Brennschnittoptimierung erreicht. Ferner ist fertigungstechnisch günstigeres, geringfügig teureres Material, z. B. St 52-3 (leichtere Bearbeitung, weniger Verzug), bei geringem Materialkostenanteil vorzuziehen.
- **Gestaltung:** Verringerung der Teilezahl und Schweißnahtvolumen (dünne Nähte innen) führt zu Fertigungskostensenkung am Schweißrohteil (besonders wichtig bei kleinen Rohteilen). Weniger Teile erhält man durch Abkanten, Biegen und Verwendung von Profil-Halbzeugen.

Grundsätzlich können bei der Schweißrohteilfertigung zwei verschiedene „Fertigungsphilosophien" verfolgt werden:

1. Einzelteile (Bleche) genau fertigen: Durch höhere Genauigkeit bei der Fertigung der Einzelteile in Verbindung mit mehr Abkanten und Biegen wird der Aufwand beim Zusammenbau und beim Schweißen geringer.
2. Einzelteile (Bleche) ungenau fertigen: Durch geringere Genauigkeit bei der Fertigung der Einzelteile in Verbindung mit höherer Teilezahl und größeren Schweißnahtlängen (einfache Bleche) steigt der Aufwand beim Zusammenbau, Richten und Schweißen enorm an.

Bei der bisherigen Konstruktion wurde der 2. Weg eingeschlagen, nun soll versucht werden, den 1. Weg zu gehen, um die Kosten für Zusammenbau und Schweißen zu reduzieren.

II.2 Alternative Lösungen entwerfen

Ausgehend von den untersuchten Möglichkeiten wurden drei Alternativen (Differentialbauweise) entworfen (**Bild 10.2-3**):

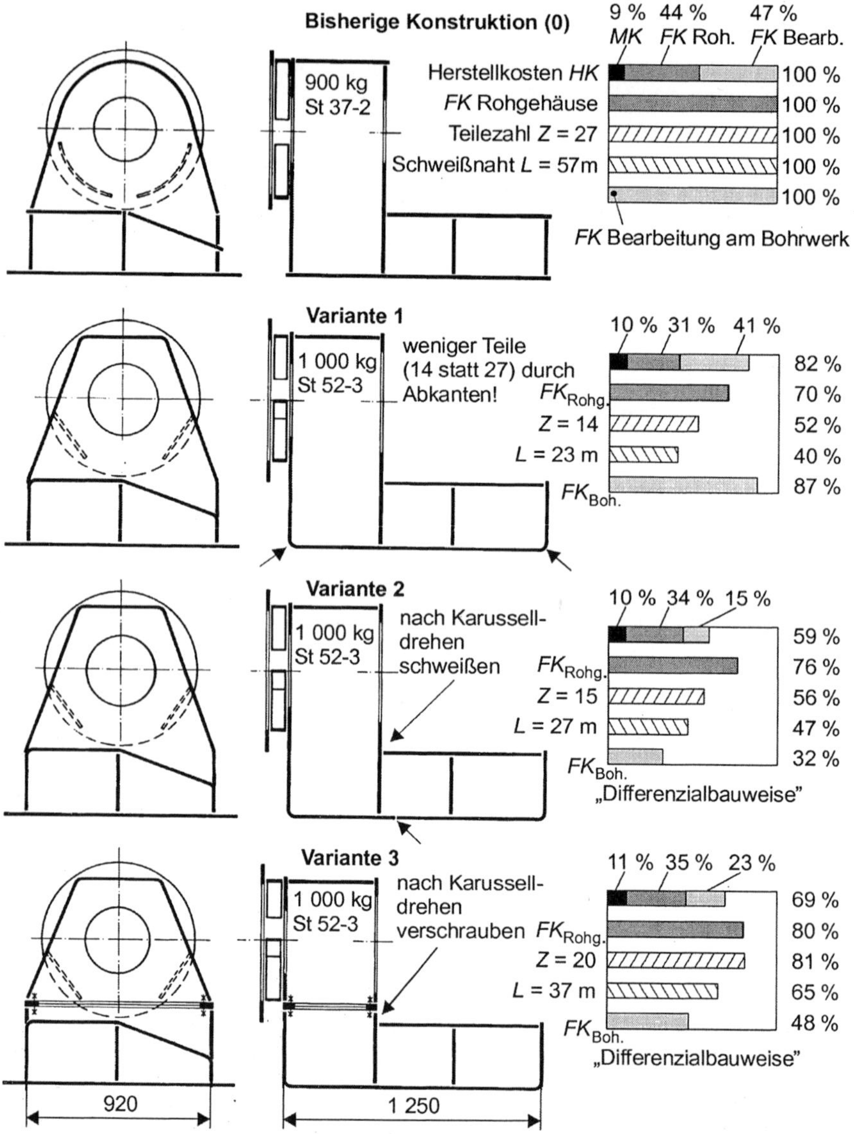

Bild 10.2-3. Alternative Lösungen für Zentrifugenständer (Varianten 0, 1, 2, 3)

Variante 1

Hier wurden Kosteneinsparungen am Rohteil durch Verringerung der Teilezahl (von 27 auf 14) und Schweißnahtlänge (von 57 auf 23 m) im Vergleich zur Ausgangsvariante 0 erreicht. Die geringe Teilezahl vereinfacht den Zusammenbau und das Richten. Die außen liegenden gebogenen und geschweißten Haubenbleche wurden z. B. durch ein abgekantetes, in die Stirnwände eingefügtes Haubenblech ersetzt (Abkanten ist im allgemeinen billiger als Biegen) und einheitliche Blechstärken aus St 52-3 vorgesehen. Zusammen mit der Optimierung des Brennplanes und der Schweißfolge konnten die Fertigungskosten des Rohteils auf 70 % verringert werden. Das Gewicht beträgt jetzt statt 900 kg ca. 1 000 kg.

Variante 2

Ausgehend von Variante 1 wurden zunächst Kosteneinsparungen bei der Bohrwerksarbeit durch Trennung des Zentrifugenständers in zwei Verbundteile erreicht. Die Lagerbohrungen können auf einer Karusselldrehmaschine horizontal bearbeitet werden und müssen danach zusammengeschweißt werden. Die Fertigungskosten aus der Bearbeitung sinken dadurch auf 32 % der ursprünglichen Kosten (Variante 0). Durch die zusätzliche Trennfuge erhöhen sich die Teilezahl und die Schweißnahtlänge wieder, so dass die Fertigungskosten des Rohteils von 70 % auf 76 % des ursprünglichen Wertes (Variante 0) erneut anwachsen.

Variante 3

Alternativ zu den zusammengeschweißten Teilen wurde ein Zentrifugenständer mit einer Trennfuge und Verschraubung entworfen.

Der Grund dafür war, dass man unzulässigen Verzug beim Zusammenschweißen des eigentlichen Zentrifugenständers mit dem Ölbehälter der Variante 2 befürchtete. Dadurch steigen im Vergleich zur Variante 2 durch die höhere Teilezahl und Schweißnahtlänge die Fertigungskosten für das Rohteil von 76 % auf 80 % des ursprünglichen Wertes (Variante 0) an. Die zusätzliche Bearbeitung der Trennfuge verursacht das Anwachsen der Fertigungskosten aus der Bearbeitung von 32 % auf 48 % der ursprünglichen Variante 0.

III Lösungsauswahl (Analyse, Bewertung, Auswahl)

Weil in der Herstellerfirma keine Kurzkalkulationen zur Verfügung standen, wurden die Herstellkosten der drei Alternativen von der Arbeitsvorbereitung überschlägig kalkuliert. Bei der Bewertung ergaben sich keine gravierenden funktionellen Unterschiede, so dass die Auswahl nach Herstellkostengesichtspunkten auf die Variante 2 (59 % der ursprünglichen Herstellkosten) fiel. Die Variante 2 stellt für den Zentrifugenständer einen idealen Kompromiss aus niedrigen Kosten für Rohteil und Bearbeitung dar. **Bild 10.2-4** zeigt die Ergebnisse der Vorkalkulation.

IV Durchführung der Konstruktion

Bei der Variante 2 wurden in Absprache mit Fertigungsspezialisten weitere Maßnahmen getroffen, um den Verzug der beiden Zentrifugenständerteile beim Zusammenschweißen zu verringern (**Bild 10.2-5**). Die anfänglichen Bedenken wegen der Gefahr des Verzugs stellten sich später bei der Fertigung als unbegründet heraus. Die Toleranzen konnten eingehalten werden.

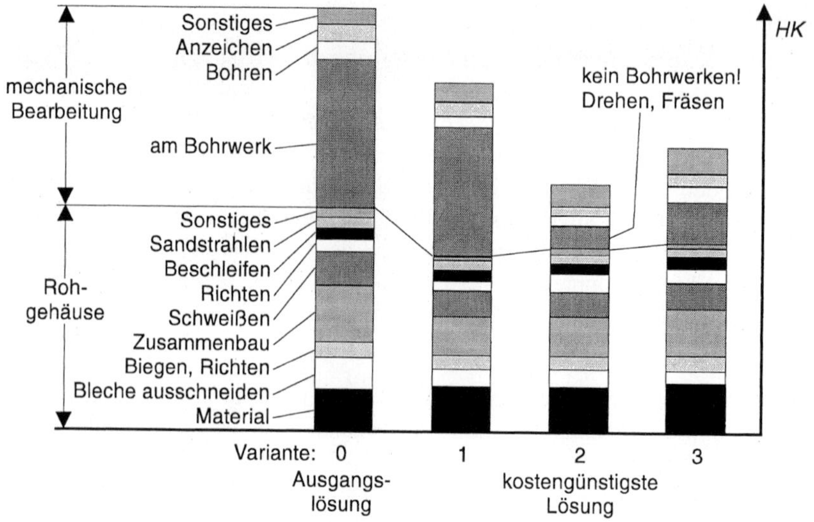

Bild 10.2-4. Herstellkostenstruktur der Zentrifugenständervarianten 0, 1, 2, 3

Bild 10.2-5. Neuer Zentrifugenständer (Variante 2)

V Fertigung und Versuch

Die Erprobung zeigte, dass der Zentrifugenständer mit den anderen Baugruppen leicht kombinierbar war und seine Funktion voll erfüllte. Bei der Nachkalkulation stellte sich heraus, dass durch Trainiereffekte bei der Fertigung die Herstellkosten

stellte sich heraus, dass durch Trainiereffekte bei der Fertigung die Herstellkosten des neuen Zentrifugenständers nur noch ca. 50 % der ursprünglichen Herstellkosten betrugen (Kap. 7.5.2b). Das Ziel, eine Einsparung von 20 % für den Zentrifugenständer, war damit deutlich überschritten. Die Herstellkosten des gesamten Apparates sanken hiermit schon um 7,5 %. Für die anderen Baugruppen reduzierten sich damit die noch zu realisierenden Einsparungen auf 2,5 %, welche dann insgesamt auch leicht erreicht wurden.

10.2.3 Wichtige Aussagen des Beispiels

Das Beispiel zeigt, dass ein **kompetentes Team** eine Voraussetzung ist für eine realistische **Aufgabenklärung**. Aus den erkannten **Kostenschwerpunkten** (Kostenstruktur) können **Kostensenkungspotentiale** abgeleitet werden. Wichtige Punkte sind weiterhin die Teamarbeit, durch die mehr und bessere Lösungen gefunden werden, die **Suche nach mehreren Lösungen**, aus denen die kostengünstigste ausgewählt werden kann, und die **mitlaufende Kalkulation**, aus der man erkennt, ob die Zielkosten wahrscheinlich erreicht werden, und die immer wieder auch Ansätze zum Kostensenken aufzeigt. Die Einbeziehung des Schweißers in das Team war wertvoll, denn er zeigte plastisch die großen Schwierigkeiten beim Zusammenbau der ursprünglichen Konstruktion auf: „Ein Gehäuse wie ein Kartenhaus!" Das gezielte Vorgehen führte schneller zu guten Ergebnissen.

10.3 Beispiel zu Anwendung und Vergleich von Kurzkalkulationsverfahren: „Lagerbock"

10.3.1 Einführung

Der **Zweck des Beispiels** ist, an einem einfach gehaltenen Objekt zu zeigen, wie man die Herstellkosten mit der konventionellen Vorkalkulation bestimmt und wie im Vergleich dazu einige Kurzkalkulationsverfahren eingesetzt werden.

Als Objekt wurde ein **Lagerbock** ausgewählt, der eine Welle mit Wälzlagern aufnehmen soll und mit vier Schrauben auf einer Grundplatte befestigt wird. Der Lagerbock wurde in drei Varianten konstruiert: als **Gussausführung** (GG, **Bild 10.3-1**), als **Schweißausführung** (**Bild 10.3-2**) und aus Vollmaterial (**Bild 10.3-3**). Ferner werden die **Losgrößen** (1, 5, 20 Stück) und die **Baugröße** (halbe $\varphi_L = 0{,}5$ und doppelte Größe $\varphi_L = 2$) variiert.

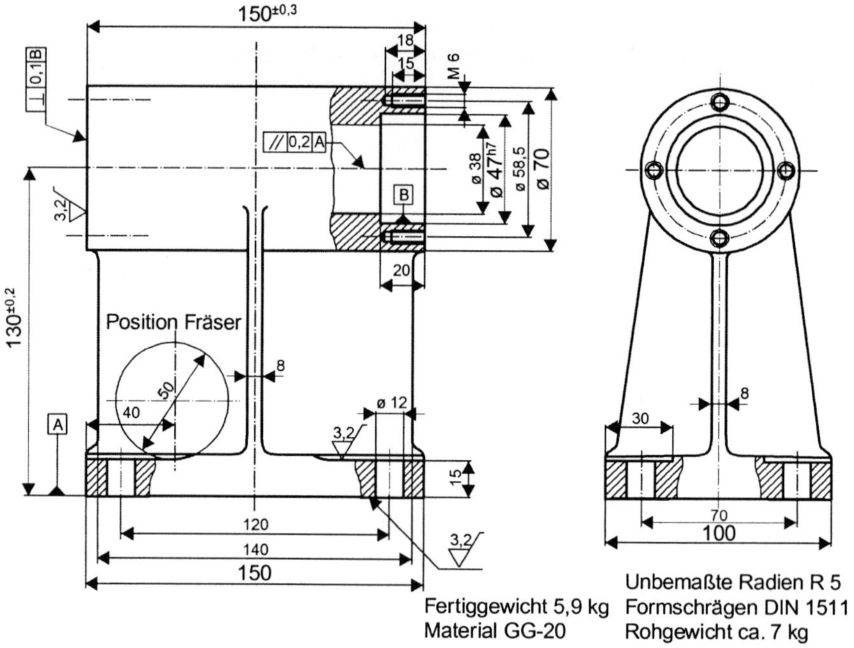

Bild 10.3-1. Lagerbock in **Gussausführung**

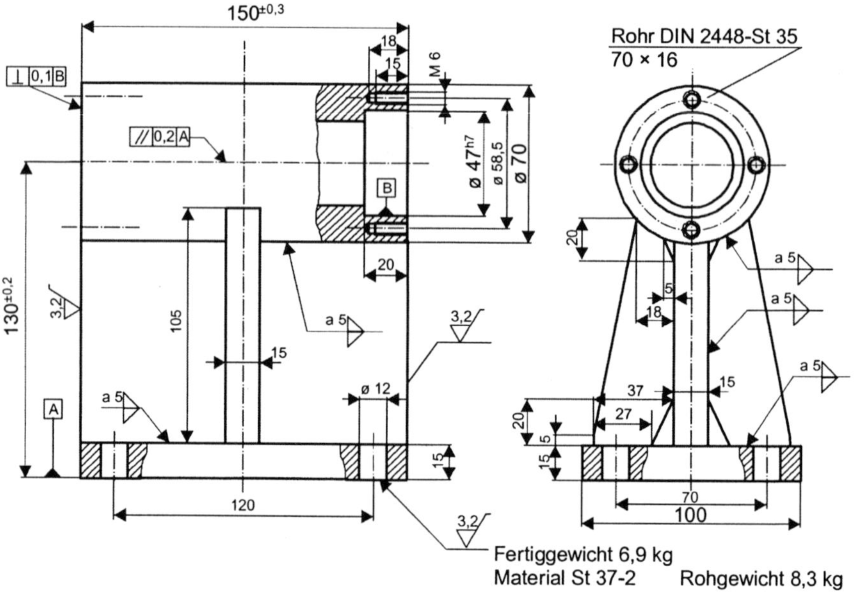

Bild 10.3-2. Lagerbock in **Schweißausführung**

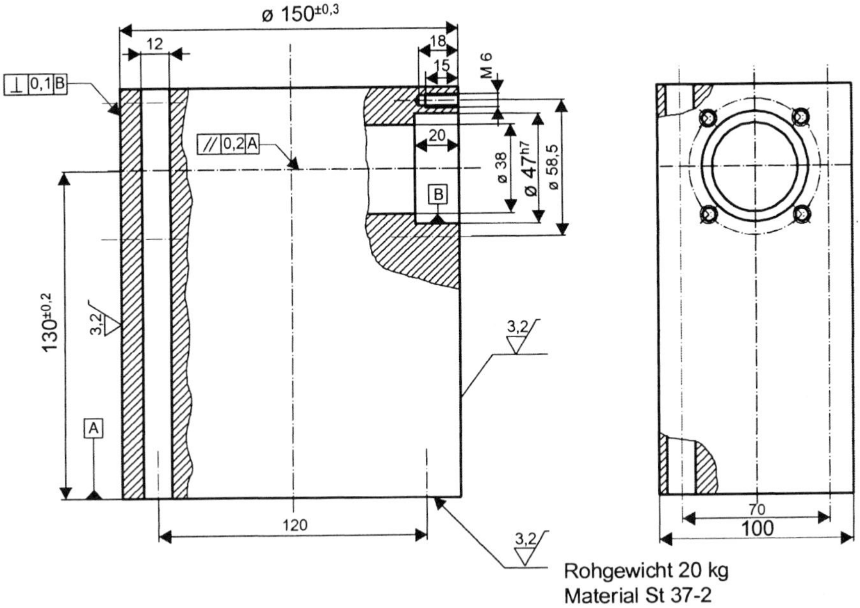

Bild 10.3-3. Lagerbock aus **Vollmaterial**

Folgende Kalkulationsverfahren werden gezeigt:

- **Kap. 10.3.2**
  Konventionelle Vorkalkulation aller drei Varianten über einen Arbeitsplan und Platzkostenrechnung. Es werden die Grenzstückzahlen der Ausführungen errechnet (Bild 10.3-5). Die Vorkalkulation ist gleichzeitig die Vergleichsbasis für die Anwendung der Kurzkalkulationen.
- **Kap. 10.3.3**
  Nur am Beispiel der **Schweißkonstruktion** wird gezeigt, wie man Kurzkalkulationsverfahren einsetzt, bzw. welche Ergebnisse man damit im Vergleich zur Vorkalkulation erhält:
  Die **Gewichtskostenkalkulation** (Kap. 9.3.2.1), die Kalkulation mit **summarischen** und mit **differenzierten Kostenwachstumsgesetzen** (Kap. 9.3.5)

10.3.2 Kostenermittlung in der Arbeitsvorbereitung und Vorkalkulation

Um die tatsächlichen Herstellkosten und die Grenzstückzahlen zwischen den Varianten zu ermitteln, sind in **Bild 10.3-4** die Arbeitspläne und Vorkalkulationen der Lagerböcke für die Stückzahl 1 zusammengefasst.

Am Beispiel der **Gussausführung** (Bild 10.3-1) sollen die Schritte der Arbeitsplanung und Vorkalkulation für die **Fertigung von einem Stück** erläutert werden:

- Die **Materialeinzelkosten** werden durch Multiplikation des Gewichtskostensatzes von 1,25 €/kg für das Gussteil mit dem Rohgewicht von 7 kg errechnet:

  $MEK = 7 \cdot 1{,}25 = 8{,}75$ €/Stück

- Die **Materialgemeinkosten** werden durch Multiplikation der Materialeinzelkosten mit dem Materialgemeinkostenzuschlagfaktor (*MGKZ*) von 15 % ermittelt:

  $MGK = 8{,}75 \cdot 0{,}15 = 1{,}31$ €/Stück

- Die **Materialkosten** ergeben sich aus der Summe von Materialeinzelkosten und Materialgemeinkosten:

  $MK = 8{,}75 + 1{,}31 = 10{,}06$ €/Stück

- Zusätzlich müssen noch **Modellkosten** von 500 € berücksichtigt werden. Wird nur ein Lagerbock hergestellt, müssen diese Modellkosten auf diesen einen Lagerbock verrechnet werden. Wird eine größere Stückzahl hergestellt, werden die Modellkosten anteilig pro Stück verrechnet.
- Für die **Vorbearbeitung des Guss-Stücks** wird eine Rüstzeit $t_r = 10$ min (pro Los) und eine Einzelzeit $t_e = 10$ min/Stück vorgegeben. Diese Zeit multipliziert mit dem Platzkostensatz $PK = 0{,}50$ €/min (Fertigungslohn- und Fertigungsgemeinkosten in einem Satz, Kap. 8.4.5) ergibt die Fertigungskosten $\boldsymbol{FK}_V$:

  $FK_V = (10 + 10) \cdot 0{,}50 = 10$ €/Stück

- Für die **Komplettbearbeitung** (Lagerbohrung, Auflagefläche usw.) auf einem **Bohrwerk** werden eine Rüstzeit $t_r = 30$ min (pro Los) und eine Einzelzeit $t_e = 30$ min/Stück ermittelt. Der Platzkostensatz für das Bohrwerk beträgt $PK = 1$ €/min. Das ergibt die Fertigungskosten $\boldsymbol{FK}_B$:

  $FK_B = (30 + 40) \cdot 1 = 70$ €/Stück

- Damit ergeben sich bei Fertigung von nur **einem Lagerbock** als Summe die Herstellkosten mit

  $HK_1 = 500 + 10{,}06 + 10 + 70 = 590{,}06$ €/Stück

Bei der Fertigung von **fünf** bzw. **zwanzig Stück** verringern sich die Kosten/Stück ganz erheblich, wie in Bild 10.3-4 angegeben, auf

$HK_5 = 162{,}06$ €/Stück und $HK_{20} = 81{,}81$ €/Stück,

weil die Fertigungskosten aus Rüstzeiten und die Modellkosten durch die pro Los gefertigte Stückzahl geteilt werden. Nur die Fertigungskosten aus Einzelzeiten fallen für jedes Stück unabhängig von der Losgröße wieder an. Es wird vorausgesetzt, dass die Fertigungsverfahren sich nicht mit der Stückzahl ändern. Würden auch sehr hohe Stückzahlen betrachtet, so muss man davon ausgehen, dass sich die Konstruktion und die Fertigung des Lagerbocks selbst bei prinzipiell gleichen Fertigungsverfahren (z. B. beim Übergang von Sand- auf Kokillenguss) und sich damit auch die Fertigungszeiten und -kosten ändern!

Die Arbeitspläne und Kalkulationen für die anderen Ausführungen (Vollmaterial und Schweißen, **Bild 10.3-4**) sind entsprechend ausgeführt. Die Kosten pro Stück sinken bei den Fertigungslosgrößen 5 und 20 Stück/Los nicht so stark wie bei der Gusskonstruktion, weil kein Modell benötigt wird.

a) Gusskonstruktion				1 Stück/Los		5 Stück/Los		20 Stück/Los
Modellkosten				500,00		100,00		25,00
Materialeinzelkosten *MEK*	7 kg		1,25 €/kg	8,75		8,75		8,75
Materialgemeinkosten *MGK*			15 %	1,31		1,31		1,31
Materialkosten *MK*				**10,06**		**10,06**		**10,06**
Arbeitsplan	t_r	t_e	*PK* [€/min]		t_{r5}		t_{r20}	
Vorbearbeitung	10	10	0,50	10,00	2	6,00	0,5	5,25
Bohrwerk	30	40	1,00	70,00	6	46,00	1,5	41,50
Fertigungskosten *FK*				**80,00**		**52,00**		**46,75**
Herstellkosten *HK*				**590,06**		**162,06**		**81,81**

b) Schweißkonstruktion				1 Stück/Los		5 Stück/Los		20 Stück/Los
Materialeinzelkosten *MEK*	8,3 kg		1,50 €/kg	12,45		12,45		12,45
Materialgemeinkosten *MGK*			15 %	1,87		1,87		1,87
Materialkosten *MK*				**14,32**		**14,32**		**14,32**
Arbeitsplan	t_r	t_e	*PK* [€/min]		t_{r5}		t_{r20}	
Zuschneiden	15	40	0,60	33,00	3	25,80	0,8	24,45
Heften u. Schweißen	15	30	0,75	33,75	3	24,75	0,8	23,06
Entgraten u. Richten	15	10	0,75	18,75	3	9,75	0,8	8,06
Bohrwerk	30	30	1,00	60,00	6	36,00	1,5	31,50
Fertigungskosten *FK*				**145,50**		**96,30**		**87,08**
Herstellkosten *HK*				**159,82**		**110,62**		**10139**

c) Vollmaterial				1 Stück/Los		5 Stück/Los		20 Stück/Los
Materialeinzelkosten *MEK*	20 kg		1,50 €/kg	30,00		30,00		30,00
Materialgemeinkosten *MGK*			15 %	4,50		4,50		4,50
Materialkosten *MK*				**34,50**		**34,50**		**34,50**
Arbeitsplan	t_r	t_e	*PK* [€/min]		t_{r5}		t_{r20}	
Zuschneiden	15	10	0,60	15,00	3	7,80	0,8	6,45
Bohrwerk	30	30	1,00	60,00	6	36,00	1,5	31,50
Langloch bohren	10	20	1,00	30,00	2	22,00	0,5	20,50
Fertigungskosten *FK*				**105,00**		**65,80**		**58,45**
Herstellkosten *HK*				**139,50**		**100,30**		**92,95**

Bild 10.3-4. Arbeitspläne und Vorkalkulationen für die Lagerböcke

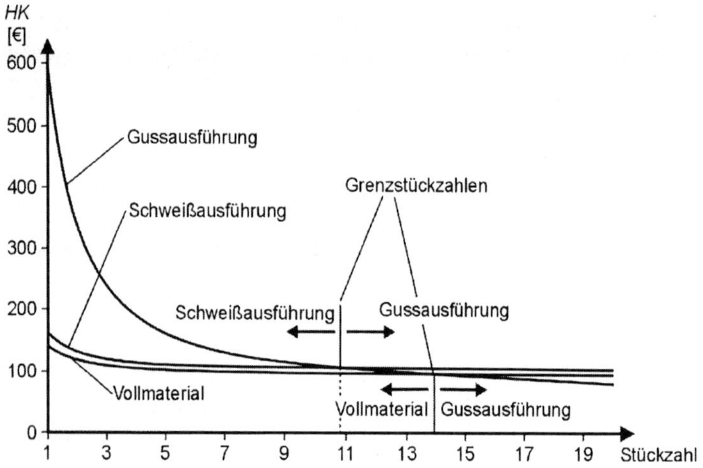

Bild 10.3-5. Grenzstückzahlen der Lagerbockvarianten

Rechnet man die Stückzahlen von 1 bis 20 kontinuierlich durch, ergeben sich die Grenzstückzahlen (**Bild 10.3-5**). Man erkennt, dass die Gusskonstruktion ab einer Grenzstückzahl von 11 Stück kostengünstiger ist als die Schweißkonstruktion und ab 14 Stück kostengünstiger als die Ausführung aus Vollmaterial. Die Ausführung aus Vollmaterial ist immer kostengünstiger als die Schweißkonstruktion. Die Kurven haben allerdings sehr flache Schnittpunkte. Das heißt, dass sich schon bei kleineren Änderungen (z. B. der Fertigungszeiten) andere Grenzstückzahlen ergeben. Diese Grenzstückzahlen gelten nur für dieses Beispiel!

10.3.3 Gewichtskostenkalkulation für die Schweißkonstruktion, Stückzahl 1

Bild 10.3-6 zeigt eine für die „Beispielfirma" aus vorhandenen Teilen ermittelte Gewichtskostenkurve für HK_g von Schweißteilen mit degressivem Verlauf (kleine Teile kosten bezogen auf das Fertiggewicht relativ mehr als große, Kap. 9.3.2.1). Das Gewicht der Schweißkonstruktion beträgt 6,9 kg. Für dieses Gewicht erhält man aus der Kurve in Bild 10.3-6 einen Gewichtskostensatz von $HK_g = 19$ €/kg und ermittelt durch Multiplikation mit dem Gewicht die Herstellkosten HK:

$HK = 6{,}9 \cdot 19 = 131$ €, d. h. $HK =$ ca. 130 €

In der oben gezeigten Vorkalkulation wurden die Herstellkosten mit ca. 160 € ermittelt, die Abweichung beträgt hier also -30 € entsprechend ca. -19 % (Bild 10.3-4). Das kann für eine Kostenabschätzung über mehrere unterschiedliche Teile ausreichend sein, wenn man davon ausgeht, dass in einem komplexeren Produkt auch Teile vorkommen, bei denen die Gewichtskostenkalkulation zu hohe Kosten ermittelt. Die Genauigkeit könnte erhöht werden, wenn man für unter-

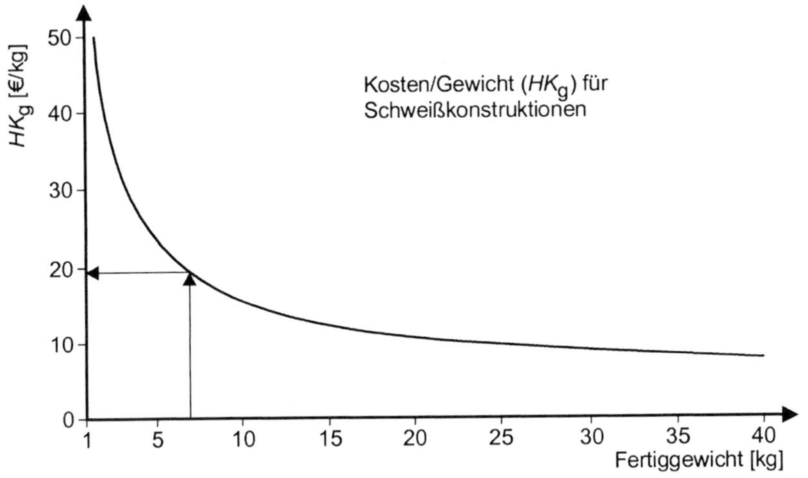

Bild 10.3-6. Gewichtskosten für Schweißteile

schiedliche Teile (z. B. einfache - komplizierte) verschiedene Gewichtskostenkurven ermittelt. In gleicher Weise könnten auch die Schweiß- und Gusskonstruktion (mit jeweils anderen Gewichtskostensätzen!) bearbeitet werden.

Wird die Stückzahl auf 5 oder 20 Stück erhöht, bleiben die mit der Gewichtskostenkalkulation ermittelten Herstellkosten mit 130 € konstant, weil die Stückzahl keinen Einfluss in der Gewichtskostenkalkulation hat. Die durch die Vorkalkulation ermittelten Kosten betragen $HK_5 = 111$ € und $HK_{20} = 101$ €, die Fehler der Gewichtskostenkalkulation betragen entsprechend +19 € (+17 %) und +29 € (+29 %).

Man sieht, dass die Gewichtskostenkalkulation sehr einfach ist, aber dafür auch nur Anhaltswerte für die Kosten geben kann.

10.3.4 Kostenermittlung mit Kostenwachstumsgesetzen: Schweißausführung, Baugröße φ_L = 0,5 und 2

Um das Vorgehen und die Grenzen der in Kap. 9.3.5 gezeigten summarischen und differenzierten Kostenwachstumsgesetze zu zeigen, wird hier ein Vergleich durchgeführt. Dabei sollen, ausgehend von der durch die Vorkalkulation ermittelten Kosten für die Schweißausführung (Grundentwurf: Baugröße $\varphi_{L0} = 1$, Stückzahl 1), die Kosten für die Baugröße $\varphi_{L1} = 0{,}5$ und 2 (d. h. jeweils halb bzw. doppelt so groß, Achshöhe 70 mm und 280 mm, bei streng geometrisch ähnlicher Verkleinerung bzw. Vergrößerung) ermittelt werden.

Bild 10.3-7a zeigt die **Kalkulation des Grundentwurfs** mit einer Aufteilung der Fertigungskosten aus Rüstzeiten (*FKr*) und Einzeiten (*FKe*) für jeden Arbeitsgang als Basis für die weitere Berechnung. In **Bild 10.3-7b** werden die Kosten für die

Baugröße $\varphi_{L1} = 0{,}5$ und 2 mit dem **summarische Kostenwachstumsgesetz** (KWG) (Gl. (7.7/1)) ermittelt (sinnvollerweise gerundet auf volle €).

Beim **differenzierten Kostenwachstumsgesetz (Bild 10.3-7c)** werden **für jeden einzelnen Arbeitsgang** die Fertigungskosten aus Rüstzeiten *FKr* mit $\varphi_L^{0,5}$ und die Fertigungskosten aus Einzelzeiten *FKe* mit dem Stufensprung φ_L und dem jeweiligen Exponenten aus Bild 9.3-7 multipliziert.

Den Vergleich der Ergebnisse zeigt **Bild 10.3-8**. Die Kostenanteile der Materialkosten und der Fertigungskosten aus Rüstzeiten unterscheiden sich zwischen dem summarischen und differenzierten Kostenwachstumsgesetz nicht, weil der gleiche Rechnungsansatz (φ_L^3 bzw. $\varphi_L^{0,5}$) vorliegt. Dagegen ergeben sich bei den

a) Kalkulation des Grundentwurfs			$\varphi_L = 1$	1 Stück/Los		
Materialeinzelkosten MEK	8,3 kg		1,50 €/kg	12,45		
Materialgemeinkosten MGK			15 %	1,87		
Materialkosten MK				**14,32**		
Arbeitsplan	t_r	t_e	PK [€/min]		FKr	FKe
Zuschneiden	15	40	0,60	33,00	9,00	24,00
Heften u. Schweißen	15	30	0,75	33,75	11,25	22,50
Entgraten u. Richten	15	10	0,75	18,75	11,25	7,50
Bohrwerk	30	30	1,00	60,00	30,00	30,00
Fertigungskosten FK				**145,50**	**61,50**	**84,00**
Herstellkosten HK				**159,82**		

b) KWG-summarisch		$\varphi_L = 1$	$\varphi_L = 0{,}5$	$\varphi_L = 2$
FKr	$FKr_1 = FKr_0 \cdot \varphi_L^{0,5}$	62,00	43,00	87,00
FKe	$FKe_1 = FKe_0 \cdot \varphi_L^{2}$	84,00	21,00	336,00
MK	$MK_1 = MK_0 \cdot \varphi_L^{3}$	14,00	2,00	115,00
Herstellkosten HK		160,00	66,00	538,00

c) KWG-differenziert		$\varphi_L = 1$	$\varphi_L = 0{,}5$	$\varphi_L = 2$
Zuschneiden	$FKr_1 = Fkr_0 \cdot \varphi_L^{0,5}$	9,00	6,00	13,00
	$FKe_1 = Fke_0 \cdot \varphi_L^{1}$	24,00	12,00	48,00
Heften u. Schweißen	$FKr_1 = Fkr_0 \cdot \varphi_L^{0,5}$	11,00	8,00	16,00
	$FKe_1 = FKe_0 \cdot \varphi_L^{2}$	23,00	6,00	90,00
Entgraten u. Richten	$FKr_1 = FKr_0 \cdot \varphi_L^{0,5}$	11,00	8,00	16,00
	$FKe_1 = FKe_0 \cdot \varphi_L^{1}$	8,00	4,00	15,00
Bohrwerk	$Fkr_1 = FKr_0 \cdot \varphi_L^{0,5}$	30,00	21,00	42,00
	$FKe_1 = Fke_0 \cdot \varphi_L^{1}$	30,00	15,00	60,00
Materialkosten MK	$MK_1 = Mk_0 \cdot \varphi_L^{3}$	**14,00**	**2,00**	**115,00**
Herstellkosten HK		**160,00**	**82,00**	**415,00**

Bild 10.3-7. Anwendung der summarischen und differenzierten Kostenwachstumsgesetze bei der Schweißkonstruktion für halbe ($\varphi_L = 0{,}5$) und doppelte ($\varphi_L = 2$) Baugröße

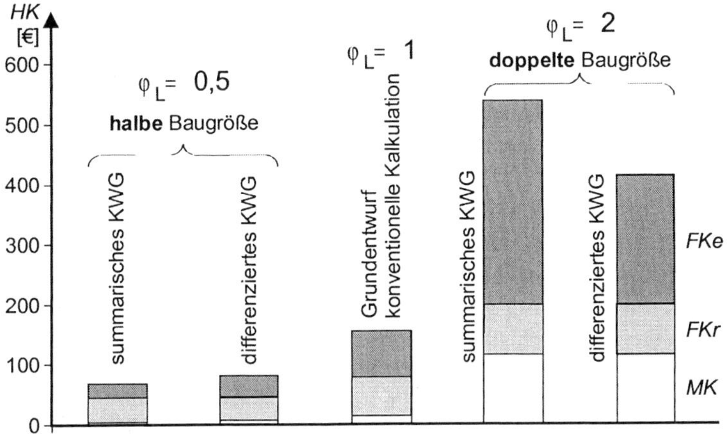

Bild 10.3-8. Vergleich summarisches und differenziertes Kostenwachstumsgesetz

Fertigungskosten aus Einzelzeiten große Unterschiede. Denn im differenzierten Kostenwachstumsgesetz ist der Anteil der Kosten, die mit dem Exponenten 2 wachsen, gering gegen den Anteil der Kosten, die mit dem Exponenten 1 wachsen.

Dieses Ergebnis spricht nicht gegen ein einzelnes Kurzkalkulationsverfahren, sondern soll zeigen, dass **jedes Verfahren seinen Anwendungsbereich** und **seine Grenzen** hat! Man kann in diesem Fall davon ausgehen, dass das differenzierte Kostenwachstumsgesetz eine genauere Kostenschätzung liefert. Liegen mehrere ähnliche Konstruktionen vor, könnte der Exponent für die Fertigungskosten aus Einzelzeiten im summarischen Kostenwachstumsgesetz angepasst werden. Hier würde z. B. ein Ansatz mit einem Exponenten von 1,6 statt 2 ein genaueres Ergebnis liefern.

Für die Stückzahlen 5 und 20 ergeben die Kostenwachstumsgesetze ähnliche Kostendegressionen bei der konventionellen Kalkulation der Grenzstückzahlen in Bild 10.3-4 bzw. Bild 10.3-5, weil genau wie dort die Fertigungskosten aus Rüstzeiten durch die Stückzahl/Los geteilt werden.

➔ Vor Anwendung eines Kurzkalkulationsverfahrens ist dessen Anwendbarkeit (Genauigkeit, Geltungsbereich usw.) zu überprüfen!

[Bec94] Becker, J.; Prischmann, M.: Konstruktionsbegleitende Kalkulation mit neuronalen Netzen – Methoden aus der Informatik zur Lösung betriebswirtschaftlicher Probleme. krp (1994) 3, S. 167-171.

[Bec96] Becker, J.: DV-Verfahren zur Unterstützung frühzeitiger Kosteneinschätzungen. krp (1996) 1, S. 81-85.

[Bee72] Beeley, P. R.: Foundry Technology. New York: Halsted Press 1972.

[Bei74] Beitz, W. u. a.: Rechnergestütztes Entwickeln und Konstruieren im Maschinenbau. Forschungskuratorium Maschinenbau, Frankfurt/M.: Maschinenbau-Verlag 1974.

[Bei77] Beitz, W.: Senkung des Konstruktions- und Fertigungsaufwands durch Einsatz bereits konstruierter Teile und Baugruppen – Kennzeichnende Merkmale für wiederkehrende Baugruppen. DIN-Mitt. 56 (1977), S. 351-359.

[Bei82a] Beitz, W.; Klasmeier, U.: Kostenfrüherkennung bei komplexen Schweißgruppen. Düsseldorf: VDI-Verlag 1982, S. 115-127. (VDI-Berichte 457)

[Bei82b] Beitz, W.: Was ist unter „normungsfähig" zu verstehen? – Ein Standpunkt aus der Sicht der Konstruktionstechnik. DIN-Mitt. 61 (1982), S. 518-522.

[Bei97] Beitz, W.; Helbig, D.: Neue Wege zur Produktentwicklung – Berufsfähigkeit und Weiterbildung. In: Beitz, W. (Hrsg.): Schriftenreihe Konstruktionstechnik, Nr. 37. Berlin: TU 1997.

[Ben90] Benthake, H.: Baukastensysteme – grundsätzliche Möglichkeiten, Optimierung am Beispiel einer Industriegetriebereihe. 7. Konstrukteurstagung Dresden 1990, Berlin: Kammer der Technik 1990, S. 217-238.

[Ben93] Benecke, R.: Beitrag zum räumlichen Laserstrahlschweißen von Stahlwerkstoffen im Feinblechbereich mit CO2-Hochleistungslasern. Düsseldorf: VDI-Verlag 1993. (Fortschrittsberichte VDI Reihe 5, Nr. 301)

[Ber95] Berkau, C.: Vernetztes Prozeßkostenmanagement – Konzeption und Realisierung mit einem Blackboardsystem. Wiesbaden: Gabler 1995.

[Bie71] Biegert, H.: Die Baukastenbauweise als technisches und wirtschaftliches Gestaltungsprinzip Karlsruhe: TH, Diss. 1971.

[Bin97] Binder, M.: Technisch-wirtschaftlich integrierte Steuerung von Produktkosten in den Phasen Entwicklung und Konstruktion. Stuttgart: Universität, Diss. 1997.

[Bir92] Birkhofer, H.: Erfolgreiche Produktentwicklung mit Zulieferkomponenten. In: Praxiserprobte Methoden erfolgreicher Produktentwicklung, Mannheim. Düsseldorf: VDI-Verlag 1992, S. 155-170. (VDI-Berichte 953)

[Bir93] Birkhofer, H.; Reinemuth, J.: Zulieferer im Wettbewerb. Düsseldorf: VDI-Verlag 1993, S. 1-22. (VDI-Berichte 1089)

[Boo89] Boothroyd, G.; Dewhurst, P.: Product Design for Assembly. Wakerfield: Boothroyd Dewhurst 1989.

[Boo94] Boothroyd, G.; Dewhurst, P.; Knight, W. A.: Product Design for Manufacturing. New York: Marcel Dekker 1994.

[Bor61] Borowski, K.-H.: Das Baukastensystem in der Technik. Hannover: TH, Diss. 1961.

[Bor96] Born, M; Eiselin, S.: Teams – Chancen und Gefahren: Grundlagen; Anwendung am Beispiel von Lean Management. Bern: Hans Huber 1996. (Psychologie-Praxis Organisation, Arbeit, Wirtschaft)

[Bor97] Beck-Bornholdt, H.-P.; Dubben, H.-H.: Der Hund, der Eier legt. Erkennen von Fehlinformationen durch Querdenken. Reinbek bei Hamburg: Rowohlt 1997.

[Bos91] Bossert, J. L.: Quality Function Deployment – A Practitioner´s Approach. Milwaukee, WI: ASQC Quality Press 1991, S. 45.

[Bot96] Botta, V.: Mitlaufende Kalkulationen für ein frühzeitiges Kostenmanagement. krp (1996) 1, S. 39-52.

[Bra86] Bralla, J. G.: HANDBOOK OF PRODUCT DESIGN FOR MANUFACTURIN. New York: McGraw-Hill 1986.

[Bre93] Breeing, A.; Flemming, M.: Theorie und Methoden des Konstruierens. Berlin: Springer 1993.

[Bri95] Brinkmann, T. et al: Umwelt- und recyclinggerechte Produktentwicklung. Augsburg: WEKA 1995.

[Bro66a] Bronner, A.: Zukunft und Entwicklung der Betriebe im Zwang der Kostengesetze. Werkstattstechnik 56 (1966), S. 80-89.

[Bro66b] Bronner, A.: Kostenrechnung als Mittel der Arbeitsgestaltung und Investitionsplanung. Ind.-Anz. 88 (1966), S. 482-486.

[Bro68a] Bronner, A.: Wertanalyse als integrierte Rationalisierung. Wt-Z. d. ind. Fertig. 58 (1968) 1, S. 16-21.

[Bro68b] Bronner, A.: Wertanalyse als Grundlage der Erzeugnisplanung. VDI-Z. 110 (1968), S. 1583-1588.

[Bro89] Bronner, A.: Einsatz der Wertanalyse in Fertigungsbetrieben. Köln: RKW-Verlag, Verlag TÜV Rheinland 1989.

[Bro96] Bronner, A.: Angebots- und Projektkalkulationen – Leitfaden für Praktiker. Berlin: Springer 1996.

[Bro98] Brokemper, A.; Gleich, R.: Benchmarking von Arbeitsvorbereitungsprozessen in der Maschinenbaubranche. krp 42 (1998) 1, S. 16-25.

[Bru93] Bruckner, J.; Ehrlenspiel, K.: Kosteninformationen für den Konstrukteur. Entwicklung von Hilfsmitteln in Zusammenarbeit von Hochschule und Industrie. VDI-Z 135 (1993) 11/12, S. 107-112.

[Bru94] Bruckner, J.: Kostengünstige Wärmebehandlung durch Entscheidungsunterstützung in Konstruktion und Härterei. München: Hanser 1994. (Konstruktionstechnik München, Band 16). Zugl. München: TU, Diss. 1993.

[Buc99] Buchner, H.; Mauer, C.: Schlankes Prozeßkostenmanagement für den Mittelstand am Beispiel des Maschinen-Zulieferers Ringspann GmbH. Controlling (1999) 2, S. 81- 86.

[Büt95] Büttner, K.; Kohlhase, N.; Birkhofer, H.: Rechnerunterstütztes Kalkulieren komplexer Produkte mit neuronalen Netzen. Konstruktion 47 (1995), S. 295-301.

[Bug95] Buggert, W.; Wielpütz, A.: Target Costing. Grundlagen und Umsetzung des Zielkostenmanagements. München: Hanser 1995.

[Bul95] Bullinger, H.-J.: Kostenorientierte Entwicklung mit innovativen CAD-Systemen. MoKoKo – durch Montage-, Fertigungs- und Kostengerechte Konstruktion schneller zu neuen Produkten. Stuttgart: IRB-Verlag 1995.

[Bul98] Bullinger, H.-J.; Warschat, J.; Frech, J.: Kostengerechte Produktentwicklung durch Target Costing und Wertanalyse. Müssen wir markt- und kostengerechte Produktentwicklung wieder von Japan lernen? Internetdokumente des IAO: http://www.rdm.iao.fhg.de/engineering/kpe/TCWA.html v. 17.12.98.

[Bun92] Bundesministerium für Umwelt Naturschutz und Reaktorsicherheit (Hrsg.): Elektronikschrottverordnung. Arbeitspapier 1992.

[Bun94] Bundestag-Drucksache 12/8084, vom 08.07.94.

[Bur93] Burghardt, M.: Projektmanagement – Leitfaden für die Planung, Überwachung und Steuerung von Entwicklungsprojekten. 2. überarb. Aufl. Berlin, München: Siemens AG, 1993.

[Bus83] Busch, W.: Relativkostenermittlung von Schraubenverbindungen. In: Schraubenverbindungen heute. Düsseldorf: VDI-Verlag 1983, S. 137-142. (VDI-Berichte 478)

[Cae91] Caesar, C.: „Kostenorientierte Gestaltungsmethodik für variantenreiche Serienprodukte", Variant Mode and Effects Analysis (VMEA). Düsseldorf: VDI-Verlag 1991. (Fortschrittsberichte VDI Reihe 2, Nr. 218)

[Cam94] Camp, R. C.: Benchmarking. München: Hanser 1994.

[Cho78] Chow, W.: Cost reduction in product design. New York: Van Nostrand Reinhold Company 1978.

[Cla91] Clark, K. B.; Fujimoto, T.: Product Development Performance: Strategy, Organization and Management in the World Auto Industry. Boston, Mass.: Harvard Business School Press 1991.

[Cla92] Clark, K. B.; Fujimoto, T.: Automobilentwicklung mit System. Strategie, Organisation und Management in Europa, Japan und USA. Frankfurt/Main: Campus 1992.

[Coe94] Coenenberg, A. G.; Fischer, T.; Schmitz, J.: Target Costing und Product Life Costing als Instrumente des Kostenmanagements. Zeitschrift für Planung (1994) 5, S. 1-38.

[Con98] Conrat, J. I.: Änderungskosten in der Produktentwicklung. München: TU, Diss. 1998.

[C0097] Cooper, R; Slagmulder, R.: TARGET COSTING and VALUE ENGINEERING. IMA Publication Number 240-97319 (1997).

[Cre90] Creese, R. C.; Moore, T.: Cost Modelling for Concurrent Engineering , in: Cost Engineering, 32. Jg. (1990) H. 6, S. 23-27.

[Dae95] Daenzer, W. F.; Huber, F.: Systems Engineering. 9. Aufl. Zürich: Verl. Industr. Org. 1995.

[Dan96] Danner, S.: Ganzheitliches Anforderungsmanagement mit QFD – ein Beitrag zur Optimierung marktorientierter Entwicklungsprozesse. Aachen: Shaker 1996. (Konstruktionstechnik München, Band 24). Zugl. München: TU, Diss. 1996.

[Das88] Daschbach, J. M.; Apgar, H.: Design Analysis through Techniques of Parametric Cost Estimation. In: Engineering Costs and Production Economics, 14 (1988) 2, S. 87-93.

[Deb98] Debuschewitz, M.: Integrierte Methodik und Werkzeuge zur herstellkostenorientierten Produktentwicklung. Berlin: Springer Verlag 1998. (Reihe Forschungsberichte: Berichte aus dem Institut für Werkzeugmaschinen und Betriebswissenschaften der Technischen Universität München Bd. 118). Zugl. München: TU, Diss. 1998.

[DeJ56] De Jong, J. R.: Fertigkeit, Stückzahl und benötigte Zeit. REFA-Nachr., Sonderheft, Darmstadt 1956.

[Dem86] Deming, W. E.: Out of the crisis. 2nd ed. Cambridge: 1986.

[Der71] Derndinger, H. O.: Einfluß der Massenfertigung auf die konstruktive Gestaltung. Wt–Z. ind. Fertig. 61 (1971), S. 284-287.

[Der95] Derhake, T.: Konstruktionsmanagement im Sondermaschinenbau. In: Proceedings of the International Conference on Engineering Design 1995, Vol. 4, 1995, S. 400ff. (Schriftenreihe WDK)

[Die88] Diels, H.: Kostenwachstumsfunktionen als Hilfsmittel zur Kostenfrüherkennung – Ihre Erstellung und Anwendung. Düsseldorf: VDI-Verlag 1988. (Fortschrittsberichte VDI Reihe 1, Nr. 157)

[Die89] Diels, O. A.: Systematischer Aufbau von Methodenbanken für die Arbeitsplanung dargestellt am Beispiel der Arbeitsplanerstellung und NC-Programmierung. Aachen: RWTH, Diss. 1989.

[DIN74] DIN 323: Normzahlreihen. Berlin: Beuth 1974.

[DIN77] DIN 199, Teil 2: Begriffe im Zeichnungs- und Stücklistenwesen. Berlin: Beuth 1977.

[DIN87a] DIN 32 991, Teil 1: Kosteninformationen. Kosteninformations-Unterlagen Gestaltungsgrundsätze Berlin: Beuth 1987.

[DIN87b] DIN 32 992, Teil 3: Kosteninformationen, Berechnungsgrundlagen, Ermittlung von Relativkostenzahlen. Berlin: Beuth 1987.

[DIN87c] DIN-Manuskriptdruck: Kosteninformationen zur Kostenfrüherkennung. Berlin: Beuth 1987.

[DIN87d] DIN 69 910: Wertanalyse. Berlin: Beuth 1987.

[DIN89a] DIN 32 990, Teil 1: Kosteninformationen, Begriffe zu Kosteninformationen in der Maschinenindustrie. Berlin: Beuth 1989.

[DIN89b] DIN 32 992, Teil 1: Kosteninformationen, Berechnungsgrundlagen, Kalkulationsarten und -verfahren. Berlin: Beuth 1989.

[DIN93] DIN 32 992, Teil 2: Kosteninformationen, Berechnungsgrundlagen, Verfahren der Kurzkalkulation. Berlin: Beuth 1993.

[DIN94] DIN EN ISO 9 004-4: Qualitätsmanagement und Elemente eines Qualitätsmanagementsystems, Teil 4. Berlin: Beuth 1994, S. 42-92.

[Dom85] Domin, A; Maskow, J.: Design to Cost – eine Methode zur Kostenreduzierung in der Produktentwicklungsphase. Konstruktion 37 (1985) 19, S. 395-399.

[Dun82] Dunkler, H.; Hedrich, P.: Fertigungstechnische Beratung durch die Fertigungsvorbereitung. Düsseldorf: VDI-Verlag 1982, S. 43-52. (VDI-Berichte 457)

[Dud92] Dudick, T. S.: MANUFAKTURING COST CONTROLS. Prentice-Hall 1992.

[Dut93] Dutschke, W.: Fertigungsmeßtechnik. Stuttgart: Teubner 1993.

[Dyl91] Dylla, N.: Denk- und Handlungsabläufe beim Konstruieren. München: Hanser 1991. (Konstruktionstechnik München, Band 5). Zugl. München: TU, Diss. 1990.

[Eck77] Eckert, F.: Erstellung eines Material-Relativkosten-Kataloges. München: TU, Lehrstuhl für Konstruktion im Maschinenbau, Unveröffentlichte Studienarbeit 1977.

[Ehr73] Ehrlenspiel, K.; Dehner, E.: Planetengetriebe für Schiffsantriebe. Hansa 110 (1973) 4, S. 289-295.

[Ehr77] Ehrlenspiel, K.: Betriebsanforderungen an Maschinen – Bedeutung und Einteilung. Konstruktion 29 (1977), S. 29-35.

[Ehr78] Ehrlenspiel, K.; Balken, J.: Auswertung von Wertanalysen zur Ermittlung von Kosteneinflüssen und Hilfsmitteln zum kostenarmen Konstruieren. München: TU, Lehrstuhl für Konstruktion im Maschinenbau, DFG-Ber. zu Projekt Eh 46/6, 1978.

[Ehr79] Ehrlenspiel, K.; Kiewert, A.; Lindemann, U.: Kostenfrüherkennung im Konstruktionsprozeß. Düsseldorf: VDI-Verlag 1979, S. 133-142. (VDI-Berichte 347)

[Ehr80a] Ehrlenspiel, K.: Möglichkeiten zum Senken der Produktkosten – Erkenntnisse aus einer Auswertung von Wertanalysen. Konstruktion 32 (1980) 5, S. 173-178.

[Ehr80b] Ehrlenspiel, K.: Genauigkeit, Gültigkeitsgrenzen, Aktualisierung der Erkenntnisse und Hilfsmittel zum kostengünstigen Konstruieren. Konstruktion 32 (1980) 12, S. 487-492.

[Ehr82a] Ehrlenspiel, K.; Fischer, D.: Relativkosten von Stirnrädern in Einzel- und Kleinserienfertigung. Abschlußbericht Teil I und II. FVA Forschungsvorhaben Nr. 61. Heft 116 u. 146. Frankfurt/M.: Forschungsverein. Antriebstech. e. V. 1982 u. 1983.

[Ehr82b] Ehrlenspiel, K.; Fischer, D.: Kostenanalyse von Zahnrädern – Ergebnisse eines FVA-Forschungsvorhabens. Düsseldorf: VDI-Verlag 1982, S. 143-154. (VDI-Berichte 457)

[Ehr83] Ehrlenspiel, K.; Hillebrand, A.; Rutz, A.: Kostenvergleichssystem Gußteile. In: Abschlußbericht KfK-PFT 48 Kosteninformationssystem, S. 77-132, Karlsruhe 1983.

[Ehr85] Ehrlenspiel, K.: Kostengünstig Konstruieren. Berlin: Springer 1985.

[Ehr87a] Ehrlenspiel, K.; Sauermann, H.-J.: Produktkostenplanung in Teamarbeit. Harvard manager (1987) 4, S. 113-118.

[Ehr87b] Ehrlenspiel, K.: Methoden zur Kostenfrüherkennung. In: Herstellkosten im Griff? Düsseldorf: VDI-Verlag 1982, S. 13-32. (VDI-Berichte 651)

[Ehr91] Ehrlenspiel, K.: Kittsteiner, H.-J.: Auswahl und Gestaltung kostengünstiger Welle-Nabe-Verbindungen. Antriebstechnik 30 (1991) 10, S. 73-80.

[Ehr93] Ehrlenspiel, K.: Industrieprobleme in Entwicklung und Konstruktion sowie Folgerungen gemäß einer Umfrage. Konstruktion 45 (1993), S. 389-396.

[Ehr93a] Ehrlenspiel, K.; Milberg, J.; Schuster, G.; Wach, J.: Rechnerintegrierte Produktkonstruktion und Montageplanung. CIM Management (1993) 2, S. 23-28.

[Ehr93b] Ehrlenspiel, K.; Seidenschwarz, W.: Target Costing, ein Rahmen für kostenzielorientiertes Konstruieren – eine Praxisdarstellung. In: VDI-Gesellschaft EKV (Hrsg.): Konstrukteure gestalten Kosten. Düsseldorf: VDI-Verlag 1993, S. 167-187.

[Ehr96] Ehrlenspiel, K.; Lindemann, U.; Kiewert, A.; Steiner, M.: Konstruktionsbegleitende Kalkulation in der integrierten Produktentwicklung. Kostenrechnungspraxis (1996) Sonderheft 1, S. 69-76.

[Ehr97] Ehrlenspiel, K.: Knowlege-explosion and its consequences. In: Riitahuhta, A. (Ed.): Proceedings of the 11th International Conference on Engineering Design 1997, Vol. 2, Tampere, Finnland 1997. Tampere: Univ. of Technology 1997, S. 474-484. (Schriftenreihe WDK 25)

[Ehr98] Ehrlenspiel, K.; Bernard, R.; Mußbach, G.: Methodische Auswahl und Gestaltung von Kunststoffverbindungen in der Praxis. In: Verbindungstechniken bei Kunststoff-Bauteilen in der Serienfertigung, 1./2.4.1998, Würzburg. Würzburg: Süddeutsches Kunststoff-Zentrum 1998, S. A1-A18.

[Ehr03] Ehrlenspiel, K.: Integrierte Produktentwicklung: Methoden für die Prozeßorganisation, Produkterstellung und Konstruktion. München: Hanser 1995, 2. Aufl. 2003.

[Eil98] Eiletz, R.: Zielkonfliktmanagement in der Entwicklung komplexer Produkte. München: TU, Diss. 1998.

[End00] Endebrock, K.: Ein Kosteninformationsmodell für die frühzeitige Kostenbeurteilung in der Produktentwicklung. Aachen: Shaker Verlag 2000. Zugleich: Bochum Univ., Diss. 2000.

[Eng93] Engemann, B.: Schneiden mit Laserstrahlung und Wasserstrahl. Ehningen bei Böblingen: expert 1993. (Kontakt und Studium, Band 362)

[EUR95] European Commission (Hrsg.): Value Management Handbook. Luxemburg: 1995.

[Eve77] Eversheim, W.; Minolla, W.; Fischer, W.: Angebotskalkulation mit Kostenfunktionen in der Einzel- und Kleinserienfertigung. Berlin: Beuth 1977.

[Eve88] Eversheim, W.; Schuh, G; Caesar, C.: Variantenvielfalt in der Serienproduktion. VDI-Z 130 (1988) 12, S. 45-49.

[Eve90] Eversheim, W.; Caesar, C.: Kostenmodell zur Bewertung von Produktvarianten – Das PC-Programmsystem KOMO. VDI-Z 132 (1990) 6, S. 75-79.

[Eve92] Eversheim, W.; Böhmer, D.; Kümper, R.: Die Variantenvielfalt beherrschen. Entwicklung geeigneter Organisationsformen – Praxisbeispiel Automobilindustrie. VDI-Z 134 (1992) 4, S. 47-53.

[Eve95] Eversheim, W.; Bochtler. W.; Laufenberg, L.: Simultaneous Engineering. Berlin: Springer 1995.

[Eve97] Eversheim, W.; Kümper, R.: Prozeß- und ressourcenorientierte Vorkalkulation in den Phase der Produktentstehung. In: Männel, W. (Hrsg): Frühzeitiges Kostenmanagement: Kalkulationsmethoden und DV-Unterstützung. Wiesbaden: Gabler 1997, S. 91-107.

[Eve97b] Eversheim, W.; Warnke, L.; Schröder, T.: Änderungsmanagement in Entwicklungskooperationen. VDI-Z 139 (1997) 3, S. 60-63.

[Fer87] Ferreirinha, P.: Rechnerunterstützte Vorkalkulation im Maschinenbau für den Konstrukteur und den Arbeitsvorbereiter mit dem HKB-Programm. Düsseldorf: VDI-Verlag 1987, S. 343-350. (VDI-Berichte 651)

[Fer92] Ferlemann, F.: Schleifen mit höchsten Schnittgeschwindigkeiten. Düsseldorf: VDI-Verlag 1992. (Fortschrittsberichte VDI Reihe 2, Nr. 280)

[Fig88] Figel, K.: Optimieren beim Konstruieren: Einsatz von Optimierungsverfahren, CAD und Expertensystemen. München: Hanser 1988. Zugl. München: TU, Diss. 1988.

[Fis83] Fischer, D.: Kostenanalyse von Stirnzahnrädern. Erarbeitung und Vergleich von Hilfsmitteln zur Kostenfrüherkennung. München: TU, Diss. 1983.

[Fis93] Fischer, J.; Koch, R.; Schmidt-Faber, B.; Hauschulte, K.-B.: Gemeinkostenvermeiden durch entwicklungsbegleitende Prozeßkostenkalkulation. Ein Ansatz zur prozeßsynchronen Prognose von Lebenszykluskosten. In: Horváth, P. (Hrsg.): Marktnähe und Kosteneffizienz schaffen. Stuttgart: 1993, S. 259-274.

[Fis94] Fischer, J.; Koch, R.; Hauschulte, K.-B.; Jakuschona, K.: Lebenszyklusorientierte Prozeßkostenplanung in frühen Konstruktionsphasen. ZwF (1994) 11, S. 566-568.

[Fra82] Franke, H.-J.: Berücksichtigung der Produkt-Gesamtkosten bei Konzeption und Gestaltung von Maschinen und Geräten. Düsseldorf: VDI-Verlag 1982, S. 71-77. (VDI-Berichte 457)

[Fra87] Franke, H.-J.; Schill, J.: Kosten senken durch Einsparen von Teilen. Düsseldorf: VDI-Verlag 1987, S. 139-152. (VDI-Berichte 651)

[Fra93] Franz, K.-P.: Target Costing. Konzept und kritische Bereiche. Controlling (1993) 3, S. 124-130.

[Fra97] Franz, K.-P.; Kajüter, P. (Hrsg): Kostenmanagement: Wettbewerbsvorteile durch systematische Kostensteuerung. Stuttgart: Schäffer-Poeschel 1997.

[Fra02] Franz, K.-P.; Kajüter, P. (Hrsg): Kostenmanagement: Wertsteigerung durch systematische Kostensteuerung. Stuttgart: Schäffer-Poeschel 2002.

[Fra98] Franken, T.: Modellbasierte Beherrschung von Konstruktionsabläufen. Düsseldorf: VDI-Verlag 1998.

[Fran97] Frankenberger, E.: Arbeitsteilige Produktentwicklung. Empirische Untersuchung und Empfehlungen zur Gruppenarbeit in der Konstruktion. Darmstadt: TU, Diss. 1997.

[Fre78] Fremgens, G. J.: Kostensenkung durch Sortenverminderung. DIN-Mitt. 57 (1978), S. 337-339.

[Fre98] Frech, J. T.: Ein Verfahren zur integrierten, prozessbegleitenden Vorkalkulation für die kostengerechte Konstruktion. Berlin: Springer 1998. Zugl. Stuttgart: Univ., Diss. 1998.

[Frö94] Fröhling, O.: Zielkostenspaltung als Schnittstelle zwischen Target Costing und Target Cost Management. krp (1994) 6, S. 421-425.

[Gai81] Gairola, A.: Montagegerechtes Konstruieren – Ein Beitrag zur Konstruktionsmethodik. Darmstadt: TU, Diss. 1981.

[Gam96] Gamber, P.: Ideen finden, Probleme lösen – Methoden, Tips und Übungen für einzelne und Gruppen. Weinheim: Beltz 1996.

[Gau98] Gauer, C.; Skriba, J.: Die Standortlüge – Abrechnung mit einem Mythos. Frankfurt: Fischer 1998.

[Gau00] Gausemeier, J., Lindemann, U. Reinhart, G. Wiendahl, H.-P.: Kooperatives Produktengineering: Ein neues Selbstverständnis des ingenieurmäßigen Wirkens. Paderborn: HNI, 2000 (HNI-Verlagschriftenreihe; Bd. 79).

[Gem95] Gemmerich, M.: Technische Produktänderungen: Betriebswirtschaftliche und empirische Modellanalyse. Wiesbaden: Gabler 1995. Zugl. Passau: Univ., Diss. 1995.

[Gem98] Gembrys, S.-N.: Ein Modell zur Reduzierung der Variantenvielfalt in Produktionsunternehmen. Berlin: IPK 1998.

[Ger94] Gerhard, E.: Kostenbewußtes Entwickeln und Konstruieren. Renningen-Malmsheim: expert 1994.

[Ger02] Gerst, M.: Strategische Produktentscheidungen in der integrierten Produktentwicklung. München: TU, Diss. 2002.

[Geu96] Geupel, H.: Konstruktionslehre. Berlin: Springer 1996.

[Gie92] Giere, R.: Einflüsse des Laserstrahlschneidens auf die mechanisch/technologischen Eigenschaften von Feinkornbaustählen und Aluminiumlegierungen. Düsseldorf: VDI-Verlag 1992. (Fortschrittsberichte VDI Reihe 5, Nr. 267)

[Gle96] Gleich, R.: Target Costing für die montierende Industrie. München: Vahlen 1996. Zugl. Stuttgart: Univ., Diss. 1996.

[Gle97] Gleich, R.; Brokemper, A.: Gemeinkostenanalyse und Prozeßkostenrechnung in der Antriebstechnikbranche. Antriebstechnik 36 (1997) 2, S. 57-61.

[Göt78] Goetze, H.: Kostenplanung technischer Systeme am Beispiel der Werkzeugmaschine. Berlin: TU, Diss. 1978.

[Gor61] Gordon, W. J. J.: Synectics, the Development of Creative Capacity. New York: Harper 1961.

[Gra97] Grabowski, H.; Geiger, K. (Hrsg.): Neue Wege zur Produktentwicklung. Stuttgart: Raabe 1997.

[Gra97a] Graßhoff J.; Gräfe, C.: Kostenmanagement in der Produktentwicklung. Controlling (1997) 1, S. 14-23.

[Grä98] Gräfe, C. Kostenmanagement im Entstehungszyklus eines Serienerzeugnisses. Verlag Dr. Kovac, Hamburg 1998.

[Gre88] Green, P. E.; Tull, D. S.; Albaum, G.: Research for Marketing Decisions. New Jersey: Prentice Hall 1988.

[Grö91] Gröner, L.: Entwicklungsbegleitende Vorkalkulation. Berlin: Springer 1991.

[Gro04] Grob, H. L.; Lahme, N.: Total Cost of Ownership-Analyse mit vollständigen Finanzplänen. Controlling H3 2004, S157-164.

[Gut98] Gutzmer, P.: Management und Umsetzung der Gleichteilstrategie bei den neuen Porschefahrzeugen Boxster und 911. In: 2. Fachkonferenz Automobilentwicklung & Management `98. 29. und 30. Juni 1998 in Wiesbaden.

[Hab96] Habenicht, W.: Teilefamilienbildung. In: Kern, W.; Schröder, H. H.; Weber, J. (Hrsg.): Handwörterbuch der Produktionswirtschaft. Stuttgart: Schäffer-Poeschel 1996, S. 2040-2050.

[Hab97] Habenicht, G.: Kleben. 3., völlig neubearb. u. erw. Aufl. Berlin: Springer 1997.

[Haf87] Hafner, J.: Entscheidungshilfen für das kostengünstige Konstruieren von Schweiß- und Gußgehäusen. München: TU, Diss. 1987.

[Hal93] Hales, C.: Managing Engineering Design. Harlow: Longman 1993.

[Ham93] Hamelmann, S: Rechnerunterstützte Arbeitsplanung – was gibt der Markt her? AV 30 (1993) 2, S. 51-55.

[Hei91] Heinen, E.: Industriebetriebslehre. Entscheidungen im Industriebetrieb. Wiesbaden: Gabler 1991.

[Hei93a] Heil, H.-G.: Kosten senken in der Konstruktion. Analyse von Kostensenkungspotentialen. Frankfurt/M.: Maschinenbau-Verlag 1993.

[Hei93b] Heidutzek, R.: Wissensbasierte Angebotskalkulation und Fertigungsplanung. ZWF CIM 88 (1993) 11. Sonderdruck.

[Hei94] Heider, P.: Lasergerechte Konstruktion und lasergerechte Fertigungsmittel zum Schweißen großformatiger Aluminium-Strukturbauteile. Düsseldorf: VDI-Verlag 1994. (Fortschrittsberichte VDI Reihe 2, Nr. 326)

[Hei95] Heine, A.: Entwicklungsbegleitendes Produktkostenmanagement. Gestaltung des Führungssystems am Beispiel der Automobilindustrie. Wiesbaden: Gabler 1995.

[Hein95] Heine, A.: Entwicklungsbegleitendes Produktkostenmanagement: Gestaltung des Führungssystems am Beispiel der Automobilindustrie. Wiesbaden: Gabler 1995. Zugl. Koblenz: Wiss. Hochschule für Unternehmensführung, Diss. 1994.

[Hel78] Hellfritz, H. (Hrsg.): Innovation via Galeriemethode. Königsstein/Taunus: Eigenverlag 1978.

[Hen84] Henderson, B.: Die Erfahrungskurve in der Unternehmensstrategie. Campus: Frankfurt/M. 1984.

[Hen93] Henzler, H. H.; Späth, L.: Sind die Deutschen noch zu retten? München: Bertelsmann: 1993.

[Her00] Herb, R.; Kohnhauser, V.: TRIZ. Der systematische Weg zur Innovation. Landsberg: Moderne Industrie2000.

[Hic85] Hichert, R.: Probleme der Vielfalt, Teil 1 „Was kostet eine Variante?" Wt-Z. 75 (1985), S. 235-237.

[Hic86] Hichert, R.: Probleme der Vielfalt, Teil 2 „Was kostet eine Variante?" Wt-Z. 76 (1986), S. 141-145.

[Hil86] Hillebrand, A.; Ehrlenspiel, K.: Suchkalkulation – ein Hilfsmittel zum kostengünstigen Konstruieren. CAD-CAM REPORT (1986) 1, S. 53-57.

[Hil90] Hillebrand, A.: Ein Kosteninformationssystem für die Neukonstruktion. München: Hanser 1991. (Konstruktionstechnik München, Band 4). Zugl. München: TU, Diss. 1990.

[Hom97] Homburg, C; Daum, D.: Wege aus der Komplexitätskostenfalle. ZWF 92 (1997) 7-8 S. 333-337.

[Hor91] Horváth, P.; Mayer, R.: Prozeßkostenrechnung – Der neue Weg zu mehr Kostentransparenz und wirkungsvolleren Unternehmensstrategien. Controlling 1 (1989) 4, S. 214-219.

[Hor93] Horváth, P. (Hrsg.): Target Costing – Marktorientierte Zielkosten in der deutschen Praxis. Stuttgart: Schäffer-Poeschel 1993.

[Hor96] Horváth, P.; Gleich, R.; Scholl, K.: Vergleichende Betrachtung der bekanntesten Kalkulationsmethoden für das kostengünstige Konstruieren. krp Sonderheft 1/1996, S. 53-61.

[Hor97] Horváth, P; Scholl, K.; v. Wangenheim, S.: Controlling in der Produktentwicklung. Controlling (1997) Jahrbuch, S. 1-11.

[Hua96] Huang, G. Q.: Design for X. London: Chapman Hall 1996.

[Hub92] Hubka, V.; Eder, E. W.: Einführung in die Konstruktionswissenschaft. Berlin: Springer 1992.

[Hub95a] Huber, Th.: Senken von Montagezeiten und -kosten im Getriebebau; München: Hanser 1995. (Konstruktionstechnik München, Band 20). Zugl. München: TU, Diss. 1994.

[Hub95b] Huber, Th.; Ehrlenspiel, K.: Kostensenken bei der Getriebemontage Antriebstechnik 34 (1995) 10, S. 61-63 (Teil I) u. 34 (1995) 11, S. 63-65 (Teil II).

[Hum04] Humphreys, K.: Projekt und Cost Engineers` Handbook. New York: Marcel Decker 2004.

[Hun97] Hundal, M. S.: Systematic Mechanical Designing. New York: ASME Press 1997.

[Ima93] Imai, M.: Kaizen – der Schlüssel zum Erfolg der Japaner im Wettbewerb. 10. Aufl. München: Lingen Müller/Herbig 1993.

[Jes96] Jeschke, A.: Beitrag zur wirtschaftlichen Bewertung von Standardisierungsmaßnahmen in der Einzel- und Kleinserienfertigung durch die Konstruktion. Braunschweig: TU, Diss. 1996 (mündl. Prüfung; Veröff. 1997).

[Käs74] Käser, A.: Wo stehen wir auf dem Gebiet der Vorbestimmung der Schnittdaten und der Arbeitszeit in der spanenden Fertigung? REFA-Nachr. 27 (1974) 1, S. 21-32.

[Kan93] Kannheiser, W.; Hormel, R.; Aichner, R.: Planung im Projektteam. München: Hampp 1993.

[Kap96] Kaplan, S.: An Introduction to TRIZ: The Russian Theory of Inventive Problem Solving. Southfield, Michigan: Ideation International 1996.

[Kap98] Kaplan, R; Cooper, R.: Cost & Effects. Boston 1998.

[Ker96] Kern, W. (Hrsg.): Handwörterbuch der Produktionswirtschaft. Stuttgart: Schäffer-Poeschel 1996.

[Ker99] Kersten, W.: Wirksames Variantenmanagement durch Einbindung in den Controlling- und Führungsprozeß im Unternehmen. In: Plattformkonzepte auch für Kleinserien und Anlagen. Düsseldorf: VDI-Verlag 1999, S. 155-175.

[Kes54] Kesselring, F.: Technische Kompositionslehre. Berlin: Springer 1954.

[Ket71] Kettner, H.; Klingenschmitt, V.: Die morphologische Methode und das Lösen konstruktiver Aufgaben. 1. Teil: Wt-Z. d. ind. Fertig. 61 (1971), S. 737-741. 2. Teil: Wt-Z. d. ind. Fertig. 63 (1973), S. 357-363.

[Kie79] Kiewert, A.: Systematische Erarbeitung von Hilfsmitteln zum kostenarmen Konstruieren. München: TU, Diss. 1979.

[Kie82] Kiewert, A.: Kurzkalkulation und die Beurteilung ihrer Genauigkeit. VDI-Z 124 (1982) 12, S. 443-446.

[Kie88] Kiewert, A.: Wirtschaftlichkeitsbetrachtungen zum kostengünstigen Konstruieren. Konstruktion 40 (1988), S. 301-307.

[Kin89] King, B.: Better Designs in Half the Time. 3. Aufl. Methuen, MA: GOAL/QPC 1989, S. E-1.

[Kin94a] Kinzel, A.: Beitrag zum Laserstrahlschweißen von Feinblechen. Düsseldorf: VDI-Verlag 1994. (Fortschrittsberichte VDI Reihe 5, Nr. 347)

[Kin94b] King, B.: Doppelt so schnell wie die Konkurrenz – Quality Function Deployment. St. Gallen: gmft 1994.

[Kit90] Kittsteiner, H.-J.: Die Auswahl und Gestaltung von kostengünstigen Welle-Nabe-Verbindungen. München: Hanser 1990. (Konstruktionstechnik München, Band 3). Zugl. München: TU, Diss. 1996.

[Kle98] Kleedörfer, R.: Prozeß- und Änderungsmanagement der Integrierten Produktentwicklung. München: TU, Diss. 1998.

[Klu94] Kluge, J. u. a.: Wachstum durch Verzicht. Stuttgart: Schäffer-Poeschel 1994.

[Koc94] Koch, R.; Fischer, J.; Jakuschona, K.; Kou-I Szu; Hauschulte, K.-B.: Konstruktionsbegleitende Kalkulation auf der Basis eines Prozeßkostenansatzes. Konstruktion 46 (1994), S. 427-433.

[Kön95] König, T.: Konstruktionsbegleitende Kalkulation auf der Basis von Ähnlichkeitsvergleichen. Bergisch Gladbach: Eul, 1995.

[Koh96] Kohlhase, N.: Marktgerechte Baukastenentwicklung – Strategien, Methoden und Instrumente. Darmstadt: TH, Diss. 1996.

[Koh97] Kohlhase, N.: Integrated Variant Reduction in Practice. In: Riitahuhta, A. (Ed.): Proceedings of the 11th International Conference on Engineering Design 1997, Vol. 3, Tampere, Finnland 1997. Tampere: Univ. of Technology 1997, S. 175-180. (Schriftenreihe WDK 25)

[Koh98] Kohlhase, N.; Schnorr, R.; Schlücker, E.: Reduzierung der Variantenvielfalt in der Einzel- und Kleinserienfertigung. Konstruktion 50 (1998) 6, S. 15-21.

[Koh99] Kohlhase, N.: Beherrschung der Variantenvielfalt. Seminarunterlagen, TA Esslingen 1999.

[Kok99] Kokes, M.; Neff, T.; Schulz, M.: Zielkostenmanagement in unternehmensübergreifenden Wertschöpfungsketten durch Front Load Costing. DAIMLER-CHRYSLER Technische Notiz Nr. TN-FT"/K-1999-005.

[Kol94] Koller, R.: Konstruktionslehre für den Maschinenbau. Berlin: Springer 1994.

[Kre81] Krehl, H.: Erfolgreiche Produkte durch Value Management. In: Proceedings of the International Conference on Engineering Design 1981. Zürich: Edition Heurista 1981, S. 246-253. (Schriftenreihe WDK 20)

[Kre97] Kreuz, W.: Kostenbenchmarking. Konzept und Praxisbeispiel. In: Franz, K. P.; Kajüter, P. (Hrsg.): Kostenmanagement. Stuttgart: Schäffer-Poeschel 1997.

[Kru98] Kruschewitz, R.: Plattformstrategie und Gleichteileverwendung im Volkswagenkonzern. In: 2. Fachkonferenz Automobilentwicklung & Management `98. 29. und 30. Juni 1998 in Wiesbaden.

[Küh86] Kühborth, W.: Baureihen industrieller Erzeugnisse zur optimalen Nutzung von Kostendepressionen. Mannheim: Univ., Diss. 1986.

[Lak93] Laker, M.: Target Costing nicht ohne Target Pricing: Was darf ein Produkt kosten? Gablers Magazin (1993) 3, S. 61-63.

[Lan72] Langheinrich, G.: Rationelle und sichere Vorkalkulation nach Rechenprogrammen mit elektronischen Tischrechnern. Werkst. u. Betr. 105 (1972), S. 21-27.

[Lan74] Langheinrich, G.: Die neuzeitliche Vorkalkulation der spanenden Fertigung im Maschinenbau. Berlin: Technischer Verlag Herbert Cramm 1974.

[Lan96] Lange, J.-U.; Schauer, B. D.: Ausgestaltung und Rechnungszwecke mittelständischer Kostenrechnung. krp 40 (1996) 4, S. 202-208.

[Las00] Lashin, G.: Baukastensystem für modulare Straßenbahnfahrzeuge. Konstruktion 1 / 2 2000 S. 61-66.

[Lei97] Leidich, E.; Schumann, F. J.: Target Cost Design based on Working Structure Cost Models. In: Riitahuhta, A. (Ed.): Proceedings of the 11th International Conference on Engineering Design 1997, Vol 2, Tampere, Finnland 1997. Tampere: Univ. of Technology 1997, S. 499-503. (Schriftenreihe WDK 25).

[Lei01] Leidich, E.; Jurklies. I.; Schumann, F. J. : Fuzzybasierte Kostenprognose in der Konzeptphase. Konstruktion 3 2001 S. 83-87.

[Les64] Leslie, H. L. G.: Design guide to value. Prod. Eng. 28.10.1963 u. 2.3.1964.

[Lin80] Lindemann, U.: Systemtechnische Betrachtung des Konstruktionsprozesses unter besonderer Berücksichtigung der Herstellkostenbeeinflussung beim Festlegen der Gestalt. Düsseldorf: VDI-Verlag 1980.

[Lin84] Lindemann, U.: CAD-Körpermodelle ermöglichen neue Zahnradgetriebe-Konstruktion. CAMP-Bericht. Berlin: 1984.

[Lin90] Lindemann, U.; Peiker, S.: Integration von Konstruktion und Fertigung im Getriebebau. In: Rechnerunterstützte Produktentwicklung, Bad Soden, 01./02.03.1990. Düsseldorf: VDI 1990. (VDI Berichte 812).

[Lin92] Lindemann, U.: Zeit- und Kostenmanagement – Herausforderung und Hilfe für den Konstrukteur. In: Praxiserprobte Methoden erfolgreicher Produktentwicklung. Düsseldorf: VDI-Verlag 1992. (VDI-Berichte 953)

[Lin93] Linde, H.; Hill, B.: Erfolgreich erfinden – Widerspruchsorientierte Innovationsstrategie. Darmstadt: Hoppenstedt 1993.

[Lin93a] Linner, S.: Konzept einer integrierten Produktentwicklung. München: TU, Diss. 1993.

[Lin98a] Lindemann, U.; Birkhofer, H.; Amft, M.; Assmann, G.; Wallmeier, S.; Wulf, J.: Rechnerunterstützung für frühe Phasen der Entwicklung. F&M 106 (1998), S. 123-127.

[Lin98b] Lindemann, U.; Reichwald, R. (Hrsg.): Integriertes Änderungsmanagement. Berlin: Springer 1998.

[Lor76] Lorenzen, H.: Wirtschaftliche Produktgestaltung. In: Leistungssteigerung von Entwicklung und Forschung im Maschinenbau. Frankfurt/M.: VDMA 1976.

[Lin01] Lindemann, U.; Stricker, H.; Gramann, J.; Pulm, U.: Kosteneinsparungen in Wertanalysen - Eine Systematik zur Wirkungskontrolle. ZWF 96 (2001) 10, S. 543-546.

[Lin05] Lindemann, U.; Methodische Entwicklung technischer Produkte. Berlin: Springer 2005

[Lot86] Lotter, B.: Wirtschaftliche Montage. Ein Handbuch für Elektrogerätebau und Feinwerktechnik. Düsseldorf: VDI-Verlag 1986.

[Lüt76] Lüttgert, H.: Fortschritte bei Bauelementen des Maschinenbaus und der Elektrotechnik. Düsseldorf: VDI-Verlag 1976, S. 121-129. (VDI-Berichte 229)

[Mag82] Mager, H.: Moderne Regressionsanalyse. Frankfurt/M.: Sauerländer 1982.

[Mai01] MAI, A.: Ein Marketingplan macht noch keine Strategie aus. Absatzwirtschaft (2001) 3, S. 134-135.

[Mal93] Malhotra, N. K.: Marketing Research. New Jersey: Prentice Hall 1993.

[Män90] Männel, W.: Wahl zwischen Eigenfertigung und Fremdbezug in der Praxis. Wiesbaden: Gabler 1990.

[Män97] Männel, W. (Hrsg.): Frühzeitiges Kostenmanagement: Kalkulationsmethoden und DV-Unterstützung. Wiesbaden: Gabler 1997.

[Mas01] www.maschinenmarkt.de/german/framedef/service/software/winkalk/fachartikel

[Mat57] Matousek, R.: Konstruktionslehre des allgemeinen Maschinenbaues. Berlin: Springer 1957.

[Mat98] Matt, D.: Objektorientierte Prozeß- und Strukturinnovation – Methode und Leitfaden zur Steigerung der Produktivität indirekter Leistungsprozesse. Karlsruhe: TU, Diss. 1998. (Forschungsberichte aus dem Institut für Werkzeugmaschinen und Betriebstechnik der Universität Karlsruhe, Bd. 80)

[Mau01] Mauerer, H.; Renaud. M.: Hoch integrierte Lösungen - Konstruktive Möglichkeiten mit Blasformteilen aus technischen Kunststoffen. Der Konstrukteur 5/2001 S. 26-28.

[Mee89] Meerkamm, H.; Finkenwirth, K.: Konstruktionssystem Fertigungsgerecht – ein Expertensystem für den Konstrukteur? Düsseldorf: VDI-Verlag 1989, S. 99-115. (VDI-Berichte 775)

[Mei77] Meinl, F.: Kosten der Einführung eines neuen Bauteils. DIN-Mitt. 56 (1977), S. 469-476.

[Mei92] Meinecke, C.: Konstruktionsbegleitende Kostenermittlung für Erzeugnisse im Rahmen einer computerintegrierten Produktion. Hannover: Univ., Diss. 1992.

[Mel92] Melchert, M.: Entwicklung einer Methode zur systematischen Planung von Make-or-Buy-Entscheidungen. Aachen: Shaker 1992.

[Mer94] Mertins, K.; Kempf, S.; Siebert, G.: Benchmarking, ein Management-Werkzeug. ZwF 89 (1994) 7/8, S. 359-361.

[Mer96] Merat, P.: Rechnergestützte Auftragsabwicklung an einem Praxisbeispiel. Aachen: Shaker 1996. (Konstruktionstechnik München, Band 25). Zugl. München: TU, Diss. 1996.

[Mic89] Michaels, J. V.; William, P. W.: Design to Cost. New York: Wiley 1989.

[Mil87] Miles, L. D.: Value Engineering. Wertanalyse, die praktische Methode zur Kostensenkung. 2. Aufl. München: Moderne Industrie 1987.

[Mir91] MIRAKON Vertriebsunterlagen: Kurzbeschreibung von HKB Rev. 6.0. Hittnau: 1991.

[Mon89] Monden, Y.: Total cost management system in Japanese automobile corporations. In: Monden, Y.; Sakurai, M. (Ed.): Japanese Management Accounting. A World Class Approach to Profit Management. Cambridge, Mass.: Productivity Press 1989, S. 15-34.

[Mon99] Monden, Y.; Hoque, M.: Target Costing based on QFD. Controlling 11 1999 S. 525 – 534.

[Mör02] Mörtl, M.: Entwicklungsmanagement für langlebige, upgradinggerechte Produkte München: Dr. Hut 2002. (Produktentwicklung München, Band 51). Zugl. München: TU, Diss. 2002.

[Mül91] Müller, R.: Datenbankgestützte Teileverwaltung und Wiederholteilsuche. München: Hanser 1991. (Konstruktionstechnik München, Band 6). Zugl. München: TU, Diss. 1990.

[Mül93] Müller, H.: Prozeßkonforme Grenzplankostenrechnung. Wiesbaden: Gabler 1993.

[Mül94] Müller, R.; Pickel, H.: Ein neues Verfahren zur Klassifizierung von Teilen. CIM Management 10 (1994) 2, S. 31-35.

[Nef00] Neff, T.; Kokes, M.; Mathes, H. D.; Hertel, G.; Virt, W.: Front LoadCosting - Produktkostenmanagement auf Basis unvollkommener Information. Krp-Kostenrechnungspraxis, 44 (2000) S. 15-24.

[Nie83] Niemann, G.; Winter, H.: Maschinenelemente II. Berlin: Springer 1983.

[Nie93] Niemand, S.: Target Costing im Anlagenbau. krp (1993) 5, S. 327-332.

[Opi66] Opitz, H.: Werkstückbeschreibendes Klassifizierungssystem. Essen: Giradet 1966.

[OPL00] Optimierung der Produktlebensdauer zur nachhaltigen Abfallreduzierung. Forschungsprojekt für den Bayerischen Forschungsverbund Abfallforschung u. Reststoffverwertung. Laufzeit: 11/1999-12/2001.

[Osb57] Osborn, A.: Applied Imagination, Principles and Procedures of Creative Thinking. New York: Charles Cribner's Sons 1957.

[Pac76] Pacyna, H.; Traub, K.: Arbeitsvorbereitungen in Gießereien (Zweckmäßige Arbeitsplanung und treffsichere Kalkulation). Düsseldorf: Gießerei-Verlag 1976.

[Pac80] Pacyna, H.: Einfluß der konstruktiven Gestaltung auf die Herstellkosten von Gußstücken. Düsseldorf: VDI-Verlag 1980, S. 97-111. (VDI-Berichte 362)

[Pac82a] Pacyna, H.; Hillebrand, A.; Rutz, A.: Kostenfrüherkennung für Gußteile. Düsseldorf: VDI-Verlag 1982, S. 103-114. (VDI-Berichte 457)

[Pac82b] Pacyna, H.: Die Kosten vor dem Gießen berechnet. VDI-Nachrichten 36 (1982) 16.

[Pät77] Pätzold, H.: Senkung des Konstruktions- und Fertigungsaufwandes durch Einsatz bereits konstruierter Teile und Baugruppen – praktische Anwendung von Sachmerkmalen bei Wiederholteilen. DIN-Mitt. 56 (1977), S. 341-350.

[Pah74] Pahl, G.; Beitz, W.: Baureihenentwicklung. Konstruktion 26 (1974) 2, S. 71-79, u. 26 (1974) 3, S. 113-118.

[Pah79] Pahl, G.; Beelich, K. H.: Ermittlung von Herstellkosten für ähnliche Bauteile. Düsseldorf: VDI-Verlag 1979, S. 155-164. (VDI-Berichte 347)

[Pah82] Pahl, G.; Beelich, K. H.: Kostenwachstumsgesetze nach Ähnlichkeitsbeziehungen für Baureihen. Düsseldorf: VDI-Verlag 1982, S. 69-69. (VDI-Berichte 457)

[Pah84] Pahl, G.; Rieg, F.: Kostenwachstumsgesetze für Baureihen. München: Hanser 1984.

[Pah97] Pahl, G.; Beitz, W.: Konstruktionslehre. Berlin: Springer 1997.

[Pat82] Patzak, G.: Systemtechnik – Planung komplexer, innovativer Systeme. Berlin: Springer 1982.

[Pat97] Paterak, J.: Vom theoretischen Minimum zum praktischen Optimum. VDI-Nachrichten (1997) 7, v. 14.2.97.

[Pau78] Paul, J.: Überwindung von Engpässen im Konstruktionsbereich durch Planung und Steuerung. In: Das Konstruktionsbüro – Arbeitsmittel und Organisation, Stuttgart. Düsseldorf: VDI-Verlag 1978, S. 113-120. (VDI-Berichte 311)

[Paw05] Pawellek, G.; O'Shea, M.; Schramm, A.: Logistikgerechte Produktentwicklung. Konstruktion 3 (2005) S. 71- 76.

[Pee93] Peemöller, V. H.: Zielkostenrechnung für die frühzeitige Kostenbeeinflussung. krp (1993) 6, S. 375-380.

[Pei67] Peithmann, L.: Das Baukastensystem – eine Gestaltungsaufgabe bei Hebezeugen. Wirtschaftliche Aspekte für Hersteller und Benutzer. Vortrag anl. Fachtagung Fördertechnik; DIM Hannover 1967.

[Pfe93] Pfeiffer, T.: Qualitätsmanagement – Strategien, Methoden, Techniken. München: Hanser 1993.

[Pfl79] Pflicht, W.: Sachmerkmalssystem – genormtes Verfahren zur Wiederholteilfindung. Konstruktion 31 (1979) 12, S. 475-477.

[Phl97] Phleps, U.; Meier-Staude, R.: Methoden und Hilfsmittel zur Senkung der Entsorgungskosten als Teil der Produkt-Gesamtkosten. Abschlußbericht für das Vorhaben Nr. 189 Entsorgungskostensenkung AiF-Nr. 9847. Frankfurt/M.: Forschungskuratorium Maschinenbau e.V. 1997.

[Phl99] Phleps, U.: Recyclinggerechte Produktdefinition – Methodische Unterstützung für Upgrading und Verwertung. Aachen: Shaker 1999. (Konstruktionstechnik München, Band 34). Zugl. München: TU, Diss. 1999.

[Pic89] Pickel, H.: Kostenmodelle als Hilfsmittel zum kostengünstigen Konstruieren. München: Hanser 1989. (Konstruktionstechnik München, Band 2). Zugl. München: TU, Diss. 1988.

[Pic96] Picot, A.; Reichwald, R.; Wigand, R. T.: Die grenzenlose Unternehmung: Information, Organisation und Management; Lehrbuch zur Unternehmensführung im Informationszeitalter. Wiesbaden: Gabler 1996.

[Pie95] Pieske, R.: Benchmarking – Lernen von den Besten. VDI-Z 137 (1995) 1/2, S. 80-83.

[Pil98] Pilller, F. Th.:Kundenindividuelle Massenproduktion: Die Wettbewerbsstrategie der Zukunft. München: Hanser 1998.

[Pil99] Pilller, F. Th.; Waringer, D.: Modularisierung in der Automobilidustrie – neue Formen und Prinzipien. Aachen: Shaker 1999.

[Pok74] Pokorny, F.: Die Kosten der Normung. DIN-Mitt. 53 (1974), S. 227-230.

[Pro96] ProMeKreis – Verbundprojekt: Methoden zur Verbesserung der Kreislauffähigkeit von Geräten unter Berücksichtigung der Recyclingkosten und unter Einbeziehung innovativer Verwertungstechniken für die Produktentwicklung. Im Rahmen von Produktion 2000, Projektträger des BMBF für Fertigungstechnik und Qualitätssicherung: Forschungszentrum Karlsruhe. Laufzeit 12/96-11/99.

[Puc89] Pucher, H.: Entwicklungstendenzen bei Großdieselmotoren und ihre Auswirkungen auf deren Konstruktion. Konstruktion 41 (1989), S. 221-228.

[Rad84] Radke, M.: Kosten senkt man heute so. 222 praxiserprobte Maßnahmen zur Kostensenkung. Landsberg: Moderne Industrie 1984.

[Rau78] Rauschenbach, T.: Kostenoptimierung konstruktiver Lösungen – Möglichkeiten für die Einzel- und Kleinserienproduktion. Düsseldorf: VDI-Verlag 1978. (VDI-Taschenbuch 31)

[Rec97] Rechberg, U. v.: Systemgestützte Kostenschätzung – Eine Controlling-Perspektive. Wiesbaden: Gabler 1997. Zugl. Koblenz: WHU, Diss. 1997.

[REF71] REFA: Methodenlehre des Arbeitsstudiums. Teil 2 Datenermittlung. München: Hanser 1971.

[Reh81] Rehm, S.: Reduzierung der Tätigkeiten in der Konstruktion und Arbeitsplanung durch Teile und Fertigungsfamilien. REFA-/AKIE-Tagung, München 1981.

[Reh87] Rehm, S.: Einfluß auf das kostenbewußte Konstruieren durch Zusammenarbeit der Entwicklung und anderer Bereiche. Düsseldorf: VDI-Verlag 1987, S. 75-90. (VDI-Berichte 651)

[Rei93] Reinemuth J.; Birkhofer, H.: Elektronische Katalogsysteme für Zulieferkomponenten. In: Wettbewerbsfähiger mit Zulieferkomponenten. Düsseldorf: VDI-Verlag 1993, S. 157-172. (VDI-Berichte 1098)

[Rei95] Reinhart, G.; Lindermaier, R.; Kuba, R.: Im Schwitzkasten von Kosten und Zeit. Produktion (1995) 38, S. 3.

[Rei96] Reinhart, G.; Lindemann, U.; Heinzl, J.: Qualitätsmanagement. Berlin: Springer 1996.

[Rei96a] Reischl, C.: Implementierung des Kosteninformationssystems XKIS in der Zahnradfabrik Passau GmbH. krp 40 (1996) 4, S. 215-221.

[Rei97] Reischl, C.; Stößer, R.; Lindemann, U.: Design Concurrent Calculation – A Tool for the Target Costing Oriented Design Process. In: Riitahuhta, A. (Hrsg.): Proceedings of ICED 97, Tampere, Finnland. Tampere: University of Technology 1997 Band 2, S. 505-510. (WDK Schriftenreihe 25)

[Ren97] Renner, A.; Sauter, R.: Target Manager - Erste Standardsoftware zur Unterstützung des gesamten Target Costing-Prozesses. Controlling 1997, H. 1.

[Ren99] Renius, K. T.: Two Axle Tractors. In: CIGR Handbook of Agricultural Engineering, Vol.III, S.115-184. American Society of Agricultural Engineers, St. Joseph, MI, USA 1999. ISBN 1-892769-02-6.

[Ren02a] Renius, K. T.: Persönliche Mitteilungen 2002.

[Ren02b] Renius, K. T.: Global Tractor Development: Product Families and Technology Levels. Plenarvortrag XXX. Internat. Symposium "Actual Tasks on Agricultural Engineering". 12 - 15.3.2002. Opatija, Kroatien. Proceedings S. 87-95. ISSN 1333-2651.

[Ren02c] Renius, K. T.: Gesamtentwicklung Traktoren. In: Jahrbuch Agrartechnik 14 (2002), S.41-48, 232, 233. Münster: Landwirtschaftsverlag 2002. ISBN 3-7843-3133-5.

[Rep94] Repota, P.: Welche Technik ist die Beste? PM 4 (1994), S. 84-94.

[Rie82] Rieg, F.: Kostenwachstumsgesetze für Baureihen. Darmstadt: TH, Diss. 1982.

[Rie85] Riebel, P.: Einzelkosten und Deckungsbeitragsrechnung. 5. Aufl. Wiesbaden: Gabler 1985, S. 177.

[Rie93] Rieker, S.: Kundenorientierung als tragender Erfolgsfaktor des Key Account Managements. In: Hofmaier, R. (Hrsg.): Investitionsgüter- und High-Tech-Marketing (ITM). 2. Aufl. Landsberg/Lech: Moderne Industrie 1993, S. 355-378.

[RKW90] Relativkosten für den Konstrukteur: Nutzen und Risiken; Bedarf, Erwartungen, Leistungsvermögen und Kosten bezüglich Relativkostenblätter und andere Methoden der Kostenbeeinflussung des Konstruktionsprozesses. Eschborn: RKW-Verlag; Köln: TÜV-Rheinland 1990.

[Rod91] Rodenacker, W. G.: Methodisches Konstruieren – Grundlagen, Methodik, praktische Beispiele. 4., überarb. Aufl. Berlin: Springer 1991.

[Rös96] Rösler, F.: Target Costing für die Automobilindustrie. Wiesbaden: Gabler 1996. Zugl. Koblenz: Wiss. Hochsch. für Unternehmensführung, Diss. 1996.

[Roh69] Rohrbach, B.: Kreativ nach Regeln – Methode 635, eine neue Technik zum Lösen von Problemen. Absatzwirtschaft 12 (1969), S. 73-75.

[Roma93] Romanow, P.: Konstruktionsbegleitende Kalkulation von Werkzeugmaschinen. Berlin: Springer 1994. Zugl. München: TU, Diss. 1993.

[Romm93] Rommel, G.; Brück, F.; Diederichs, R.; Kempis, R.-D.; Kluge, J.: Einfach überlegen. Stuttgart: Schäffer-Poeschel 1993.

[Rom95] Rommel, G.; Brück, F.; Diederichs, R.; Kempis, R.-D.; Kaas, H.-W.; Fuhry, G.; Kurfess, V.: Qualität gewinnt. Stuttgart: Schäffer-Poeschel 1995.

[Roo95] Roozenburg, N.; Eekels, J.: Product design. Chichester: Wiley 1995.

[Ros96] Rosenberg, O.: Variantenfertigung. In: Kern. W.; Schröder, H. H.; Weber, J.: Handwörterbuch der Produktionswirtschaft. 2. Aufl. Stuttgart: Schäffer-Poeschel 1996.

[Ros02] Rosenberg, O.: Kostensenkung durch Komplexitätsmanagement. In: Franz, K.-P.; Kajüter, P. (Hrsg): Kostenmanagement: Wertsteigerung durch systematische Kostensteuerung. Stuttgart: Schäffer-Poeschel 2002.

[Rot86] Rothenbücher, J.: Ein Beitrag zur Kostenprognose und Analyse der Effizienz im Betriebsmittelbau. Aachen: RWTH, Diss. 1986.

[Rot94] Roth, K.: Konstruieren mit Konstruktionskatalogen. Band 1: Konstruktionslehre; Band 2: Kataloge. Berlin: Springer 1994.

[Rot96] Roth, K.: Konstruieren mit Konstruktionskatalogen. Band 3: Verbindungen und Verschlüsse, Lösungsfindung. Berlin: Springer 1996.

[RTO00] RTO: Design for Low Cost Operation und Support. RTO MEETING PROCEEDINGS 37 (2000).

[Ruc82] Ruckes, J.: Analytische Angebotskalkulation im Stahl- und Apparatebau mit empirischen Werten. Berlin: Springer 1982.

[Sab97] Sabisch, H.; Tintelot, C.: Integriertes Benchmarking. Berlin: Springer 1997.

[Sak89a] Sakurai, M.: Target Costing and how to use it. Journal of Cost Management for the manufacturing industry (1989) 3, S. 39-50.

[Sak89b] Sakurai, M.; Huang, P. Y.: A Japanese Survey of Factory Automation and its Impact on Management Control Systems. In: Monden, Y.; Sakurai, M. (Ed.): Japanese Management Accounting. A World Class Approach to Profit Management. Cambridge, Mass.: Productivity Press 1989, S. 261-279.

[Sak94] Sakurai, M.; Keating, P. J.: Target Costing und Activity-Based Costing. Controlling (1994) 2, S. 84-91.

[Sau86] Sauermann, H. J.: Eine Produktkostenplanung für Unternehmen des Maschinenbaus. München: TU, Diss. 1986.

[Say84] Saynisch, M.: Konfigurationsmanagement – fachlich-inhaltliche Entwurfssteuerung, Dokumentation und Änderungswesen im ganzheitlichen Projektmanagement. Köln: TÜV Rheinland, 1984.

[Sch92] Schaal, S.: Integrierte Wissensverarbeitung mit CAD am Beispiel der konstruktionsbegleitenden Kalkulation. München: Hanser 1992. (Konstruktionstechnik München, Band 8). Zugl. München: TU, Diss. 1992.

[Sch95] Schultz, V.: Projektkostenschätzung. Kostenermittlung in den frühen Phasen von technischen Auftragsprojekten. Wiesbaden: Gabler 1995.

[Sch96] Schmidt, A.: Kostenrechnung. Grundlagen der Vollkosten-, Deckungsbeitrags-, Plankosten- und Prozeßkostenrechnung. Stuttgart: Kohlhammer 1996.

[Sch98] Schmalzl, B.; Schröder, J.: Managementkonzepte im Wettstreit. München: Beck 1998.

[Sch98a] Scholl, K.: Konstruktionsbegleitende Kalkulation. Computergestützte Anwendung von Prozeßkostenrechnung und Kostentableaus. Vahlen 1998.

[Sch01] Schumann, F. J.: Methoden und Werkzeuge zur Integration der kundengerechten Wertgestaltung in die Konzeptphase des Produktentwicklungsprozesses. Chemnitz: Techn. Univ. Dis.2001.

[Sche90] Scheer, A.-W.; Bock, M.; Bock, R.: Konstruktionsbegleitende Kalkulation mit Expertensystem-Unterstützung. ZwF 85 (1990) 11, S. 576-579.

[Sche93] Scheucher, F.: FTA-Fehlerbaumanalyse, Qualitätsmanagement. Augsburg: WEKA Fachverlag 1993.

[Sche97] Scheffels, G.: Welches (Fahrzeug-)Teil darf es sein? „Ford Power Products“ – ein Komponenten-Baukasten mit über 100 000 Teilen. Der Zuliefermarkt 11 (1997), S. 19-20.

[Schh89] Schuh, G.: Gestaltung und Bewertung von Produktvarianten. Aachen: TH, Diss. 1989.

[Schh93] Schuh, G.; Steinfatt, E.: Konstruktionsbegleitende Prozeßkostenrechnung. ZwF 88 (1993), S. 344-346.

[Schl89] Schultz, H.: Elektronenstrahlschweißen. Düsseldorf: DVS-Verlag 1989. (Fachbuchreihe Schweißtechnik, Band 93)

[Schm96] Schmidt, F.: Gemeinkostensenkung durch kostengünstiges Konstruieren. Wiesbaden: Dt. Univ.-Verlag; Wiesbaden: Gabler 1996. (Gabler Edition Wissenschaft). Zugl. Kaiserslautern: Univ., Diss. 1996.

[Schu89] Schuh, G.: Gestaltung und Bewertung von Produktvarianten. Aachen: TH, Diss. 1989.

[Schu96] Schulz, H.: Hochgeschwindigkeitsbearbeitung. München: Hanser 1996.

[Schu97] Schuh, G. u. a.: Zielkostenmanagement im Anlagenbau. ZWF 92 (1997) 11, S. 583-587.

[Schw01] Schwankl, L.: Analyse und Dokumentation in den frühen Phasen der Produktentwicklung. München: TU, Diss. 2001.

[Sei90] Seicht, G.: Moderne Kosten- und Leistungsrechnung. Wien: 1990.

[Seid93] Seidenschwarz, W.: Target Costing: Marktorientiertes Zielkostenmanagement. München: Vahlen 1992. Zugl. Stuttgart: Univ., Diss. 1992.

[Seid97] Seidenschwarz, W.: Nie wieder zu teuer! 10 Schritte zum marktorientierten Kostenmanagement. Stuttgart: Schäffer-Poeschel 1997.

[Sim97] Simon, H.: Hidden Champions: Wie deutsche Unternehmen Weltspitze werden. Münchner Koll. 1997. Landsberg: Moderne Industrie 1997.

[Som92] Sommer, P.: Kosten- und Leistungsrechnung in Härtereien. Bericht der Dr. Sommer Werkstofftechnik, Issum-Seveler 1992.

[Spr95] Sprenger, R.: Das Prinzip Selbstverantwortung. Wege zur Motivation. Frankfurt/M.: Campus 1995.

[Spu81] Spur, G.; Stöferle, T.: Handbuch der Fertigungstechnik. Band 1. München: Hanser 1981.

[Spu82] Spur, G.; Kreisfeld, P. : Hilfsmittel zur Kostenprognose abgespanter Einzelteile. VDI-Verlag 1982, S. 91-102. (VDI-Berichte 457)

[Sta03] Stang, S.; Warneck G.: Plattform Engineering – neue Wege zu neuartigen Konzepten. Konstruktion 3 2003 S. 72 – 75.

[Ste92] Steitz, T.: Methodik zur markorientierten Entwicklung von Werkzeugmaschinen mit Integration funktionsbasierter Strukturierung und Kostenschätzung. Karlsruhe: Forschungsberichte aus dem Institut für Werkzeugmaschinen u. Betriebstechnik 1992.

[Ste93] Steiner, M.; Ehrlenspiel, K.; Schnitzlein, W.: Erfahrungen mit der Einführung wissensbasierter Erweiterungen eines CAD-Systems zur konstruktionsbegleitenden Kalkulation. Düsseldorf: VDI-Verlag 1993. (VDI-Berichte 1079)

[Ste93b] Steinhilper, R.; Hudelmaier, U.: Erfolgreiches Produktrecycling zur erneuten Verwendung oder Verwertung. Eschborn: RKW 1993.

[Ste95] Steiner, M. Rechnergestütztes Kostensenken im praktischen Einsatz. Aachen: Shaker 1996. (Konstruktionstechnik München, Band 22). Zugl. München: TU, Diss. 1995.

[Ste98] Steinmeier, E.: Realisierung eines systemtechnischen Produktmodells – Einsatz in der Pkw-Entwicklung. Aachen: Shaker 1998. (Konstruktionstechnik München, Band 28). Zugl.: München: TU, Diss. 1998.

[Sti98] Stippel, N.; Reichmann, Th.: Target Costing und Wertanalyse. Konkurrierende oder sich ergänzende Instrumente für die marktorientierte Gestaltung neuer Produkte? Controlling (1998) 2, S. 98-105.

[Stö75] Stöferle, Th.; Dilling, H. J.; Rauschenbach, Th.: Rationelle Montage – Herausforderung an den Ingenieur. VDI-Z. 117 (1975), S. 715-719.

[Stö97] Stößer, R.: Managing Target Costs – A Computer Based Tool to Support the Designer in a Design to Cost Process. In: Riitahuhta, A. (Hrsg.): Proceedings of ICED 97, Tampere, Finnland. Tampere: University of Technology 1997 Band 2, S. 521-524. (WDK Schriftenreihe 25)

[Stö98] Stößer, R.; Lindemann, U.: Conception of a Cost Information System for a Target-Costing-Oriented Product Development Process. In: Proceedings of IV International Congress of Project Engineering. Cordoba, Spain 1998. Cordoba: Universidad de Córdoba, Área de Proyectos de Ingeniería, 1998.

[Stö99] Stößer, R.: Zielkostenmanagement in integrierten Produkterstellungsprossen. Aachen: Shaker 1999. (Konstruktionstechnik München, Band 33). Zugl. München: TU, Diss. 1999.

[Sto87] Stoeck, N.: Made in Germany als Qualitätsbegriff ist durchaus noch entwicklungsfähig. MEGA (12) 1987, S. 88-92.

[Sto94] Stoll, G.: Montagegerechte Produkte mit featurebasiertem CAD. München: Hanser 1994. (Konstruktionstechnik München, Band 21). Zugl. München: TU, Diss. 1994.

[Sto99] Stoi, R.: Prozeßkostenmanagement in Deutschland. Ergebnisse einer empirischen Untersuchung. Controlling (1999) 2, S. 53-59.

[Stu94] Stuffer, R.: Planung und Steuerung der integrierte Produktentwicklung. München: Hanser 1994. (Konstruktionstechnik München, Band 13). Zugl. München: TU, Diss. 1994.

[Stu97] Stuffer, R.; Kleedörfer, R.: Prozeßmanagement im Wandel – Zeitgerechte Ansätze zur Prozeßplanung und -steuerung. EDM-Report (1997) 2, S. 42-47.

[Tan89] Tanaka, M.: Cost Planning and Control Systems in the Design Phase of a New Product. In: Moden, Y.; Sakurai, M. (Ed.): Japanese Management Accounting. A World Class Approach to Profit Management. Cambridge, Mass.: Productivity Press 1989, S. 49-71.

[Ter97] Terninko, J.; Zusman, A.; Zlotin, B.: Step-by-Step TRIZ: Creating Innovative Solution Concepts. Nottingham, New Hampshire: Responsible Management 1997.

[The89] Theuerkauff, P.; Groß, A.: Praxis des Klebens. Heidelberg: Springer 1989.

[Tre78] Trechsel, F.: Produkt/Markt-Strategie ... Kernstück jeder Unternehmensstrategie. Management-Z. 47 (1978), S. 383-387.

[TRU96] TRUMPF: Faszination Blech – Flexible Bearbeitung eines vielseitigen Werkstoffs. Stuttgart: Raabe 1996. – Firmenschrift

[Ull92] Ullman, D. G.: The Mechanical Design Process. New York: McGraw-Hill 1992.

[Ulr95] Ulrich, K. T.; Eppinger, S. D.: Product Design and Development. New York: McGraw-Hill 1995.

[VDG66] VDG: Konstruieren mit Gußwerkstoffen. Düsseldorf: Gießerei-Verlag 1966.

[VDI77] VDI-Richtlinie 2225: Technisch-wirtschaftliches Konstruieren. Blatt 2. Düsseldorf: VDI-Verlag 1977.

[VDI78] VDI-Richtlinie 3381: Schaumstoffmodelle; Konstruktionshinweise für Gußteile. Düsseldorf: VDI-Verlag 1978.

[VDI79] VDI-Richtlinie 2006: Gestalten von Spritzgußteilen aus thermoplastischen Kunststoffen. Düsseldorf: VDI-Verlag 1979.

[VDI82] VDI-Richtlinie 2222, Bl. 2: Konstruktionsmethodik. Erstellung und Anwendung von Konstruktionskatalogen. Düsseldorf: VDI-Verlag 1982.

[VDI87] VDI-Richtlinie 2235: Wirtschaftliche Entscheidungen beim Konstruieren – Methoden und Hilfen. Düsseldorf: VDI-Verlag 1987.

[VDI90] VDI-Richtlinie 2234: Wirtschaftliche Grundlagen für den Konstrukteur. Düsseldorf: VDI-Verlag 1990.

[VDI93] VDI-Richtlinie 2221: Methodik zum Entwickeln und Konstruieren technischer Systeme und Produkte. Düsseldorf: VDI-Verlag 1993.

[VDI93a] VDI-Richtlinie 2243: Konstruieren recyclinggerechter technischer Produkte. Grundlagen und Gestaltungsregeln. Düsseldorf: VDI-Verlag 1993.

[VDI95] VDI-Zentrum Wertanalyse (Hrsg.): Wertanalyse; Idee-Methode-System. 4. Aufl. Düsseldorf: VDI-Verlag 1995.

[VDI97] VDI-Richtlinie 2225: Technisch-wirtschaftliches Konstruieren. Blatt 1 u. 4. Düsseldorf: VDI-Verlag 1997.

[VDI98] VDI-Richtlinie 2223: Methodisches Entwerfen technischer Produkte. Düsseldorf: VDI-Verlag 1998.

[VDI98a] VDI-Berichte 1434: Effektive Entwicklung und Auftragsabwicklung variantenreicher Produkte.: Düsseldorf: VDI-Verlag 1998.

[VDI99] VDI (Hrsg.): pm-praxis. 1. praxisorientierter Anwendertag zum Projektmanagement, München, 6./7.5.99; Düsseldorf: VDI-Verlag 1999. (VDI-Berichte 1490)

[VDM78a] VDMA: Selbst fertigen oder kaufen? Rechen- und Entscheidungsschema. Bw V182. Frankfurt/M.: Maschinenbau-Verlag 1978.

[VDM78b] VDMA: Kennzahlen-Kompaß. Frankfurt: Maschinenbau-Verlag 1978.

[VDM95] VDMA: Kennzahlenkompaß 1994. Frankfurt/M.: Maschinenbau-Verlag 1995.

[VDM97] VDMA: Total Profit Management. Frankfurt/M.: Maschinenbau-Verlag 1997.

[VDM98] VDMA: Studie „Schneller oder besser?“ Frankfurt/M.: Maschinenbau-Verlag 1998.

[Vec86] Vecemik, P.: Bei schrumpfendem Absatz kann eine Preisreduktion rasch den Ruin bedeuten. Management-Z. 55 (1986) 4, S. 189-191.

[Ver94] Verlemann, E.: Prozeßgestaltung beim Hochgeschwindigkeitsaußenrundschleifen von Ingenieurkeramik. Aachen: Shaker 1994. (Berichte aus der Produktionstechnik, Band 1994,17). Zugl. Aachen: TH, Diss. 1994.

[Wal87] Wallace, K; Hales, C.: Detailed Analysis of an Engineering Design Project. In: Proceedings of the International Conference on Engineering Design 1987. New York: 1987. (Schriftenreihe WDK 13)

[War80] Warnecke, H. J.; Bullinger, H.-J.; Hichert, R.: Wirtschaftlichkeitsrechnung für Ingenieure. München: Hanser 1980.

[War80a] Ward, S. A.: Cost control in design and construction. McGraw-Hill (1980).

[War90] Warnecke, H. J.; Bullinger, H.-J.; Hichert, R.: Kostenrechnung für Ingenieure. München: Hanser 1990.

[War92] Warnecke, H. J.: Die fraktale Fabrik. Revolution der Unternehmenskultur. Berlin: Springer 1992.

[Web97] Webhofer, M.: Zielkostenorientierte Umkonstruktion eines Nd-YAG-Laserresonators. München: TU, Lehrstuhl für Konstruktion im Maschinenbau, Unveröffentlichte Semesterarbeit 1997.

[Wel74] Welschof, G.: Entwicklungslinien im Schlepperbau. Kriterien für die heutige und zu-künftige Entwicklung. Grundlagen der Landtechnik 24 (1974) H.1, S. 6-13.

[Wel97] Welg, M. K.; Amshoff, B: Neuordnung der Kostenrechnung zur Unterstützung der strategischen Planung. In: Franz, K. P.; Kajüter, P. (Hrsg.): Kostenmanagement. Stuttgart: Schäffer-Poeschel 1997.

[Wel98] Welp, E. G.; Endebrock, K.; Albrecht, K.: Entwicklungs- und konstruktionsbegleitende Kostenbeurteilung – Ergebnisse einer Befragung von Konstruktionsleitern. krp 42 (1998) 5, S. 257-265.

[Wer97] Werner, W.: Schmäh, M.: Gemeinsam zum Erfolg – Die Zukunft in (West-) Europa gehört der „intelligenten Zulieferung". Der Zuliefermarkt 11 (1997), S. 19-20.

[Wes02] Westekemper, M.: Methodik zur Angebotspreisfindung – am Beispiel des Werkzeug- und Formenbaus. Dis. RWTH Aachen 2002.

[Weu99] Weule, H. Trender, L.: Entwicklungsbegleitende Kostenkalkulation – prozeßorientierte Bestimmung der Produktlebenszykluskosten unter Beachtung von Zielkosten. Konstruktion 9 1999 S. 354-39.

[Wie72] Wiendahl, H.-P.; Grabowski, H.: Systematische Erfassung von Konstruktionstätigkeiten – Voraussetzung für eine Rationalisierung im Konstruktionsbereich. Konstr. 24 (1972), S. 175-180.

[Wie90] Wierda, L.: Cost Information Tools for Designers. Delft: Univ., Diss. 1990.

[Wil94] Wildemann, H.: Die modulare Fabrik: Kundennahe Produktion durch Fertigungssegmentierung. 4. Aufl. München: TCW Transfer-Centrum 1994.

[Wil96] Wildemann, H.: Kernkompetenzen – Leitfaden zur Ermittlung und Entwicklung von Kernfähigkeiten in Produktion, Entwicklung und Logistik. München: TCW Transfer-Centrum 1996.

[Wil98] Wildemann, H.: Produktklinik – Wertgestaltung von Produkten und Prozessen. München: TCW Transfer-Centrum 1998. (TCW-report Nr. 2)

[Wil99] Wildemann, H.: Produktklinik. Wertgestaltung von Produkten und Prozessen Methoden und Fallbeispiele. München: TCW Transfer-Centrum 1999.

[Wil02] Wildemann, H.: Komplexitätsmanagement. Leitfaden. 3. Aufl. München 2002.

[Wip81] Wippersteg, H. H.: Kosten der Teilevielfalt – Methoden zu ihrer Erfassung und Reduzierung. Pers. überlass. Manuskr., Fa. Claas, Harsewinkel 1981.

[Wit84] Witte, K.-W.: Konstruktion senkt Montagekosten. VDI-Z. 126 (1984), S. 835-840.

[Wöh96] Wöhe, G.: Einführung in die allgemeine Betriebswirtschaftslehre. 16. Aufl. München: Vahlen 1996.

[Wol94] Wolfram, M.: Feature-basiertes Konstruieren und Kalkulieren. München: Hanser 1994. (Konstruktionstechnik München, Band 19). Zugl. München: TU, Diss. 1994.

[Wom91] Womack, J. P.; Jones, D. T.; Roos, D.: Die zweite Revolution in der Automobilindustrie. Frankfurt/M.: Campus 1991.

[Wom98] Womack, J. P.; Jones, D. T.: Auf dem Weg zum perfekten Unternehmen (Lean Thinking). München: Heyne 1998 u. Frankfurt: Campus 1998.

[Zan70] Zangemeister, C.: Nutzwertanalyse in der Systemtechnik. München: Wirtmannsche Buchhandlung 1970.

[Zol96] Zoll, G.: Entwicklung von Automobilteilen aus Kunststoff mit systemtechnische Methoden. Berlin: TU, Diss. 1996.

[ZWA92] ZWA: Hrsg.: Bundeswirtschaftskammer (Gruppe Technik und Betriebwirtschaft) Wien; ZWA Bericht 3: „Erfolg mit Methode", 1992.

[Zwi66] Zwicky, F.: Entdecken, Erfinden, Forschen im morphologischen Weltbild. Zürich: Droemer Knaur 1966.

Anhang

A 1
Überblick – Einführung

Etliche Leser waren es leid, die für das Kostensenken im praktischen Einsatz nötigen Übersichten, Checklisten und Regelsammlungen jedes Mal neu im Buch zu suchen. Deshalb haben wir hier eine, am Ablauf eines Kostensenkungsprojekts orientierte Übersicht mit Verweisen auf die nach unserer Meinung wichtigsten Regeln und Bilder als „Leitlinie" zusammengestellt (Ausgangspunkt: Der Vorgehenszyklus zur Kostensenkung von Produkten Bild 4.5-7).

Bitte beachten Sie:

- Es soll **nicht** der Eindruck erweckt werden, als sei diese Leitlinie **„das Kochrezept"** zum zielkostenorientierten Konstruieren. Er soll Ihnen **helfen** ein eigenes, an Ihr Problem **angepasstes Vorgehen selbst** zu **entwickeln**.
- **Checklisten und Regelsammlungen sind nie vollständig**, sie sind außerdem **betriebs-** und **produktspezifisch**, manchmal sogar widersprüchlich. Sie sollen **zum eigenen Nachdenken und Handeln anregen**. Kein stures Abarbeiten! Nehmen Sie **Änderungen und Ergänzungen für Ihr Produkt** oder **Ihr Unternehmen** vor.
- Auf was es in Ihrem Fall ankommt, erkennen Sie am Besten, wenn Sie **das Wichtige vom Unwichtigen trennen**. Dazu helfen Ihnen die **Klärung der Anforderungen** (Kap. 4.5.1), besonders auch des Kostenzieles, **ABC-Analysen** (Bild 4.6-4) oder **Kostenstrukturen** (Bilder 4.6-5; 7.11-51; 7.13-15; 10.2-2) am besten. Diese **vor dem eigentlichen Beginn** der Arbeit unter Zeitdruck aufzustellen ist bei dem meist unvollständigen Datenwust mühsam. Aber **es lohnt sich!** Fragen Sie frühzeitig Spezialisten, die mehr wissen. Lassen Sie sich nicht durch Besserwisser, Mauern, Killerphrasen usw. einschüchtern.
- Kosten senken bzw. zielkostenorientiert konstruieren ist systematische Ingenieurarbeit! Sie erfordert ferner die vertrauensvolle und offene **Zusammenarbeit** aller kostenbeeinflussenden und -erfassenden Abteilungen. Deshalb muss ein **interdisziplinäres Team** gegründet werden, das die Ressortmauern beseitigt (Bild 3.2-2).
- Diese Leitlinie geht hauptsächlich auf die **Senkung der Herstellkosten** ein. Die Senkung anderer Kosten, z. B. der Lebenslaufkosten (Bild 5.3-1), der Entwicklungskosten (Bild 6.2-1) usw., läuft nach dem gleichen Schema mit angepassten Inhalten und Begriffen ab.

A 2
Leitlinie zum Kostensenken

Hier werden ausgehend von Bild 4.5-7 mehr Erläuterungen und mehr Verweise eingebracht, als es bei der kurzen Darstellung des Vorgehenszyklus zur Kostensenkung von Produkten in Bild 4.5-7 möglich war.

A 2.1
I Aufgabe und Vorgehen klären

I.0 **Vorgehen** planen, **Team** bilden, **Verantwortliche** benennen.

- Bevor überhaupt ein Kostensenkungsprojekt angefangen wird, muss ein dafür geeignetes **Klima** geschaffen werden, bzw. wenn es noch nicht vorhanden ist, muss das Klima im Laufe des Projekts geschaffen werden (Bild 3.2-2)! Wichtig ist eine wirkliche **Unterstützung durch die Geschäftsleitung** (Pate, Lenkungskreis) (Kap. 3.2; 4.8) und die **Offenlegung von Kostendaten** (aber vertraulich behandeln!) (Kap. 3.2.2). Einen Vorgehensplan mit Zwischenterminen erstellen (Kap. 4.8.3; 6.2.2).
  Teamarbeit nach außen „verkaufen"!
- Zur interdisziplinären **Teambildung** Regeln S. 42-44.
- **Aufgabe klären**:
  Wichtig: Im Folgenden wird zwar nur auf Kosten eingegangen, dazu gehört aber auch die „normale" technische, organisatorische Klärung der Aufgabe mit Erstellung der Anforderungsliste (Kap. 4.5.1.1). Wissen wir wirklich, für was der Kunde am ehesten bereit ist zu zahlen? Wodurch kann man sich gegenüber der Konkurrenz herausheben?
  Bei Angebotsabgabe/Auftragsgespräch möglichst wenig oder **wenig „scharfe" Forderungen**, Funktionen, Toleranzeinengungen, Garantien, Abnahmebedingungen, einzuhaltende Vorschriften oder Normen vereinbaren (Jede Forderung, Garantiezusage ist meist mit zusätzlichen Kosten verbunden). Die Konstruktion an der Festlegung des Pflichtenhefts, der Anforderungsliste (an den Gesprächen mit dem Kunden und Zulieferer) beteiligen.
- Eine Überarbeitung oder Neukonstruktion eines Produkts sollte sich nicht nur auf Kostensenken beschränken, sondern immer auch andere Verbesserungen mit einschließen! Kernsatz: **Kundennutzen steigern!**

I.1 Gesamtzielkosten festlegen (Kap. 4.5).
Klären welche Kosten betrachtet werden sollen: Lebenslauf-, Selbst-, Herstellkosten? Gewinnziel, Wirtschaftlichkeitsziel?
Was wünscht der Kunde?
Nicht einfach ein Kostenziel –xx % übernehmen, sondern die Gründe hinterfragen, auch fragen: Warum sind wir so teuer, warum ist die Konkurrenz so viel kostengünstiger?

I.2 Kostenstrukturen (Kap. 4.6.2; Bilder 10.1-4; 10.1-7; 10.2-2)
von Vorgänger- und von Konkurrenzprodukten (Benchmarking Kap. 7.13) nach Baugruppen, -teilen erstellen und analysieren, auch nach vom Kunden gewünschten Eigenschaften und Funktionen!
Hilfsmittel: Tabellenkalkulation (Bilder 10.1-5; 10.1-8). Die Kostenstrukturen helfen auch später bei der Kostenermittlung der neuen Lösung!
Ziel: Sich klar machen, wie sich die Kosten zusammensetzen, wie sie „entstehen" und wo im Projekt die Schwerpunkte sind!

I.3 Schwerpunkte, Kostensenkungspotentiale suchen.
Was kann geändert werden, was liegt fest?
Sind hohe Kostensenkungen gefordert, müssen sicher auch große Änderungen am Produkt und Prozess erfolgen (Kap. 4.8.2)!
Zur Festlegung eines anstrengenden, aber auch erreichbaren Kostenziels muss möglichst vorab geklärt sein, wie es erreicht werden könnte: **Kostensenkungspotentiale**. Um sie zu ermitteln, ist schon bei der Aufgabenklärung eine Lösungssuche erforderlich! Sie sollte im Team erfolgen. Im Laufe des Projektes ergeben sich u. U. weitere Kostensenkungspotentiale, denen weiter nachgegangen werden sollte.

I.4 Gesamtzielkosten aufteilen, d. h. Teilzielkosten ermitteln.
(Kap. 4.5.1.4; Bild 4.5-4; Kap. 10.1.4). Auf der Basis der Kostenstrukturen und der Kostensenkungspotentiale sind für Baugruppen, -teile und/oder Funktionen Teilkostenziele festzulegen, so dass für einzelne Mitarbeiter (-gruppen) bearbeitbare und erreichbare Aufgaben definiert sind.
Zu den Kostenzielen die Maßnahmen und die Verantwortlichen dokumentieren (Bild 10.1-8), zu festgelegten Zwischenterminen „kontrollieren" = kurze Regelkreise zwischen Kostenfestlegung und Kostenermittlung anstreben (Bild 4.2-2; 4.4-2).

Eine gute Aufgabenklärung, insbesondere auch der Zielkosten und eine detaillierte Vorgehensplanung sind die Basis für den Erfolg eines Projektes!

A 2.2
II Lösungen suchen

- Weil man nicht sicher sein kann, sofort die beste Lösung zu finden und die „erstbeste“ Lösung wahrscheinlich nicht die allerbeste Lösung ist: Mehrere Lösungen suchen!
- Gesamtproblem in Teilprobleme aufspalten, dafür Teillösungen suchen.
- Methoden (intuitive und systematische Kap. 4.5.2) zur Lösungssuche anwenden.
- Bei systematischer Lösungssuche die **Konkretisierungsstufen** (Kap. 4.5.2) von abstrakt zu konkret durchlaufen. Je abstrakter die Lösungssuche beginnt, desto größer ist die Chance eine neue kostengünstige Lösung zu finden. Allerdings erhöhen sich auch der Aufwand und das Risiko!

II.1 Funktion: (Kap. 4.5.1.2)
- Sind die Funktionen, auf die der Kunde Wert legt, bekannt?
- Weniger, mehr? Funktionsvereinigung?
- Sind die Funktionen der Baugruppe bzw. des Teils geklärt?
- Ist die Funktionserfüllung eindeutig, einfach und sicher?
- Sind Funktionen in ein anderes Bauteil integrierbar?
- Sind Funktionen auf mehrere Bauteile übertragbar?
- Sind der Material- und der Fertigungsaufwand für die Funktionserfüllung gerechtfertigt?

II.2 Prinzip: (Kap. 7.3)
- Anderes Prinzip (Konzept), Baugrößenverringerung.
  Konzepte für kleine und leichte Bauweise ergeben meist kostengünstige Maschinen. Klein und leicht werden Maschinen mit starken physikalischen Effekten (z. B. aus mechanischer und hydrostatischer Energie), durch Parallelschaltung von Wirkflächen (Leistungsverzweigung), Geschwindigkeits- bzw. Drehzahlerhöhung (Kap. 7.9.2.2).
  Kleinbau, d. h. Baugrößenverringerung, vermindert die Herstellkosten besonders bei großen Teilen in Einzelfertigung. Dasselbe gilt auch für kleine **und** große Teile in Serienfertigung (Kap. 7.9.2.2).
- **Konzepte mit einfachem Aufbau und wenigen Teilen** (z. B. Funktionsvereinigung, Integralbauweise (Kap. 7.12.3.3)) sind kostengünstiger, bei kleinen Abmessungen und/oder hohen Stückzahlen.

II.3 Gestaltung: (Kap. 7.4; 7.8)

- weniger Teile (Integralbauweise)?
- Werkinterne Normung (Kap. 7.12), Gleichteile, Wiederholteile, Teilefamilien, Baureihe, Baukasten?

Varianten so gestalten, dass sie möglichst **spät im Fertigungsprozess**, z. B. erst bei der Endmontage, realisiert werden (Bild A8).

Bei **Teilen in hoher Stückzahl ist Integralbauweise** anzustreben. Durch Ur- und Umformverfahren die endgültige Gestalt so annähern, dass wesentlicher Materialabfall vermieden wird (Kap. 7.12.3.3).

Integralbauweise ist bei **kleiner Stückzahl** und spanender Fertigung aus dem Vollen besonders bei **kleinen und mittleren Teilen** kostengünstiger als die Differentialbauweise (z. B. Vorrichtungskonstruktion, Bilder 7.12-15; 7.11-42).

Differentialbauweise ist bei **großen Teilen** und/oder bei teurem Werkstoff in Einzelfertigung und bei **kleinen Stückzahlen** kostengünstiger.

II.4 Material: (Kap. 7.9)

Weniger Material? Weniger Abfall? Kostengünstigeres Material? Norm-, Serien- und Kaufteile (Bild 7.9-3; Bild A5)?

Materialkosten verringern durch Kleinbau (Vermeiden von Überdimensionierungen; FEM-Analyse!), Geschwindigkeits-/Drehzahlerhöhung; Verwendung hochbeanspruchbarer (meist nur geringfügig teurer) Werkstoffe; Verwendung billiger Standardwerkstoffe, wo keine hohen Beanspruchungen auftreten. Bei **Serienfertigung** materialsparende, endformnahe Fertigungsverfahren, wie Gießen, Schmieden, Tiefziehen wählen; stückzahlangepasst konstruieren. – Geringe Materialdicken anstreben. Auf direkten Kraftfluss von Krafteinleitung zu -ausleitung achten (Zug-/Druckbeanspruchung anstreben, Biege- und Torsionsbeanspruchung meiden).

- Ist das Rohmaterial oder ein Kaufteil kostengünstiger zu beschaffen?
- Kann anderes, kostengünstigeres Material verwendet werden?
- Können Norm- bzw. Standardteile (Baukasten) verwendet werden?
- Kann das Rohteil aus einem anderen Halbzeug hergestellt werden?
- Kann der Verschnitt durch geeignete Gestaltung reduziert werden?
- Ist das Rohteil als Guss-, Schmiede-, Sinter- bzw. Blechteil herstellbar?
- Kann das Halbzeug bzw. der Rohling vorbehandelt bezogen werden?

II.5 Fertigung: (Kap. 7.11)
Es gibt sehr viele **Fertigungsverfahren** (Bilder 7.11-4; A6)! Nicht nur an die „Standardverfahren“ für Teile im eigenen Unternehmen denken, sondern im Team systematisch verschiedene Verfahren und evtl. darauf spezialisierte Zulieferer suchen. Zulieferer zum Teamgespräch einladen. Das Kostenziel weitergeben.
Andere und weniger Fertigungsgänge, andere Vorrichtungen, Betriebsmittel? Weniger Genauigkeit? Montagevarianten (Bilder 7.11-52; A7)? Eigen- oder Fremdfertigung (Kap. 7.10)?
- Wird die Fertigungstechnologie im Haus beherrscht?
- Passt das Bauteil in das firmenspezifische Teilespektrum?
- Muss das Bauteil im Haus gefertigt werden?
- Sind die Fertigungszeiten gerechtfertigt?
- Ist die Reihenfolge der Arbeitsgänge optimal?
- Ist die Fertigung auf anderen Maschinen kostengünstiger?
- Sind andere Verfahren zur Werkstofftrennung, zur Oberflächenbehandlung, zum Fügen und Montieren möglich?
- Dienen alle bearbeiteten Flächen der Funktionserfüllung?
- Müssen alle Wirkflächen bearbeitet werden?
- Ist eine geringere Oberflächenqualität und sind gröbere Toleranzen möglich?
- Können unterschiedliche Abmessungen vereinheitlicht werden?
- Fertigungsfachmann hinzuziehen!

- Die **Montageverfahren** sind ähnlich zahlreich wie die Teile-Fertigungsverfahren (Kap. 7.11.7) und sollten in Abstimmung mit den Fertigungsverfahren und der Materialwahl im Team festgelegt werden. Maßnahmen zum Montagekostensenken (Bilder 7.11-51; A7).

A 2.3
III Lösung auswählen

- Dieser Schritt ist nicht nur zum Abschluss eines Projekts, sondern kontinuierlich immer wieder im Laufe des Projekts einzuschieben!
  Kurze Regelkreise anstreben (Kap. 4.4.3)! Möglichst nach jeder Lösungssuche, mindestens aber zu vorher vereinbarten Terminen die Einhaltung der Kostenziele kontrollieren und neue Maßnahmen einleiten!
  Den erreichten „Stand" dokumentieren.

III.1 Analyse: (Kap. 4.5.3; 9; 10.3)
Es ist nicht nur die Erreichung des Kostenziels, sondern auch die Erreichung aller anderen Forderungen zu überprüfen! Dazu sind die Eigenschaften der Lösungen mit geeigneten „Früherkennungsmethoden" zu ermitteln.
Mitlaufende Kostenermittlung (Kap. 9; Bild 10.1-8). Mut zum Schätzen (Kap. 9.2)! Frühe Kosten- und Eigenschaftsermittlungen sind notwendigerweise ungenau. Aber richtig durchgeführt und unterstützt lassen sich ausreichend genaue Ergebnisse erreichen (Ausgleich zufälliger Fehler: Kap. 9.3.7.3).
Arbeitsvorbereitung und Kalkulation beteiligen!

III.2 Auswahl: (Kap. 4.5.3.2)
In die Entscheidung für eine Lösung fließen nicht nur „harte" Kosten- und technische Daten ein, sondern auch „weiche" Faktoren ein, deshalb: **Team und Chef beteiligen**!

A 2.4
Projektverfolgung, Auswertung

- **Weitere Projektverfolgung**:
  Mit dem Abschluss der Konstruktion ist das Produkt erst „auf dem Papier als Plan" entstanden. Es kommt darauf an diesen „Plan" auch umzusetzen! Dazu hilft z. B. die Beteiligung der Fertigung und des Einkaufs schon im Konstruktionsprozess. Ferner muss die Umsetzung des Plans auch termin- und kostenmäßig kontrolliert werden (Bild A4).
- **Auswertung von Erfahrungen**:
  Bei jedem Projekt gibt es positive und negative Erfahrungen. Es kommt im Team darauf an aus diesen Erfahrungen zu lernen: „Manöverkritik"!

A 3
Wichtige Bilder und Regeln

A 3.1
Kalkulation (Kostenentstehung)

Die Basis für das Kostenmanagement sind die Kostenrechnung im Unternehmen und die Kosten der vorangegangenen Produkte. (Analogie Festigkeitsrechnung: Mechanik, Festigkeitswerte usw.). Sie sind betriebs- und produktspezifisch! Wichtig ist, dass von der Zielkostenermittlung über die mitlaufende Kalkulation bis zur Nachkalkulation die Kostendaten immer in der gleichen Struktur und auf gleicher Basis kalkuliert vorliegen, um Vergleiche zu ermöglichen, Abweichungen richtig zu erkennen und Gegenmaßnahmen einzuleiten (Bild A4)!

- Wie werden in Ihrem Unternehmen die Kosten berechnet?
- Wo liegen die Schwerpunkte?
- Welche Kosten sind durch das aktuelle Projekt beeinflussbar, welche nicht?
- Wer kann Ihnen die Informationen beschaffen (Datenzugriff)?
- Wie müssen Sie Kalkulationen, Datenstammsätze, Arbeitspläne … lesen?
- Bildet die Kostenrechnung die Kostenverursachung „richtig" ab? Z. B. Berücksichtigung des Stückzahleinflusses (Kap. 8.4.3 b und d, 8.4.).
- …

Daten unbedingt vertraulich behandeln!
Bild A1 zeigt das Schema der differenzierenden Zuschlagskalkulation, Maschinenstundensatz- und Platzkostenrechnung und soll als Anregung dienen, entsprechende Kostenanalysen für Ihr Produkt durchzuführen. Beachten Sie, dass die Begriffe, Aufteilungen usw. betriebsspezifisch sind. – Wenn Sie zum Vergleich die Größenordnung der einzelnen Summanden als Mittelwerte des VDMA wissen wollen: Bild 8.4-2.

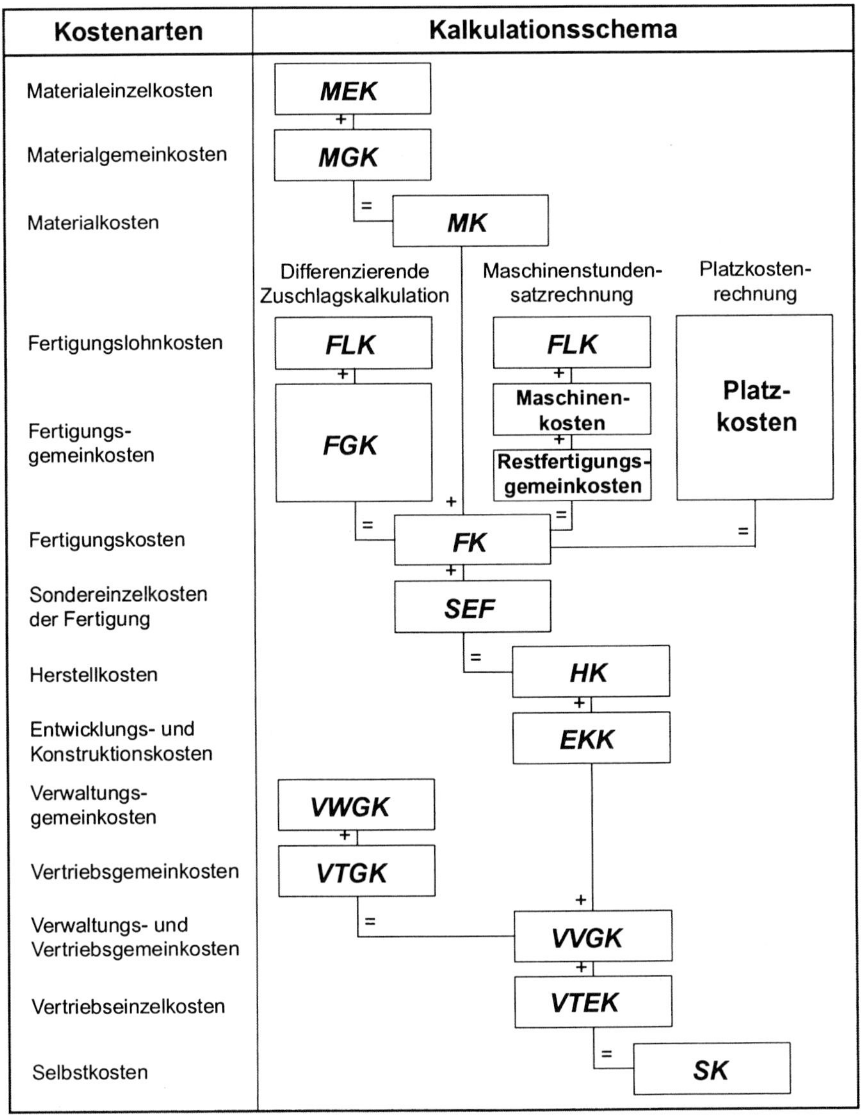

Bild A1. Differenzierende Zuschlagskalkulation, Maschinenstundensatz-, Platzkostenrechnung (Bild 8.4-9)

A 3.2
Kostenstrukturen – Kostenziele – mitlaufende Kalkulation

Zum Finden von Kostenschwerpunkten und Kostensenkungspotentialen eignen sich Kostenstrukturen. Sie können vom Vorgängerprodukt, von ähnlichen Produkten (auch von Konkurrenzprodukten, die im eigenen Haus kalkuliert wurden) erstellt werden (Kap. 4.6.2; 10.2; Gliederungsgesichtspunkte Bild 4.6-3).

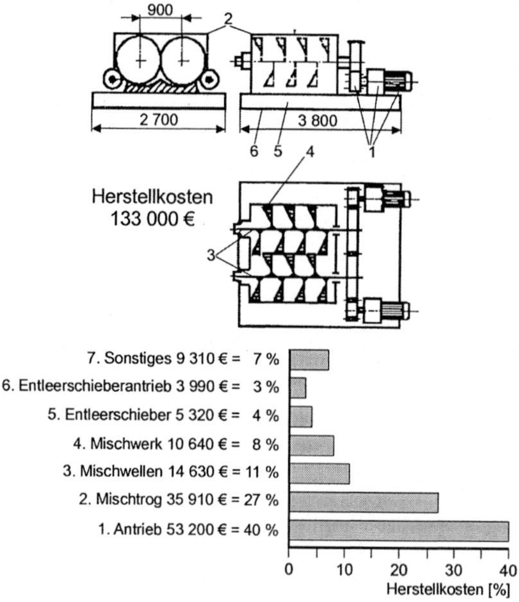

Bild A2. Kostenstruktur eines Betonmischers (Bild 10.1-4)

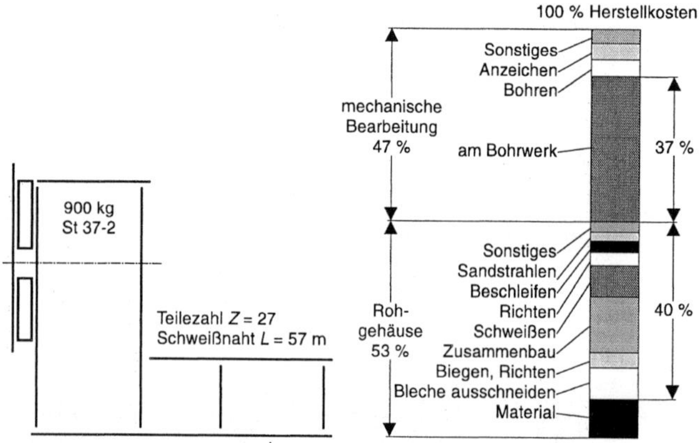

Bild A3. Herstellkostenstruktur nach Fertigungsverfahren und Material eines Zentrifugenständers (Bild 10.2-2)

Es ist zweckmäßig, während eines Projektes mit einem Tabellenkalkulationsprogramm die Teilzielkosten und die Ist-Kosten der Komponenten fortlaufend (z. B. zu jeder Teamsitzung) zu erfassen = entwicklungsbegleitende Kalkulation (Kap. 4.8.3 und 9.1.2). Man behält so die Übersicht über das Ganze und kann neue Maßnahmen einleiten, wenn sich Schwierigkeiten oder neue Möglichkeiten zum Kostensenken ergeben. Zweckmäßig sind dazu auch fortlaufende „Notizen", wie Kostensenkungspotentiale, Verantwortliche für Maßnahmen usw. festzuhalten.

1. Sitzung: Analyse

Doppelwellenmischer (DWM) Baugruppen	Istkosten DWM [€]	Anteil DWM [%]	Istkosten Tellermischer [€]	Teilzielkosten DWM [€]	nötige Kostensenkung [%]	Kostensenkungspotentiale Maßnahmen	Verantwort
Antrieb	53 000	39,8	32 000	34 100	-36	ander. Prinzip	Entwicklun
Mischtrog	36 000	27,0	27 000	21 600	-40	Schweißkonstr.	Entw.+Fert
M.welle+Lager.	15 000	11,0	10 000	12 750	-15	Vereinfachen	Entwicklun
Mischwerk	11 000	8,1	8 000	9 400	-15	Fertig. ändern	Fertigung
Entleerschieber	5 200	3,9	5 000	4 300	-17	Vereinfachen	Entwicklun
Entleerantr.	4 000	3,1	3 800	3 400	-15	Vereinfachen	Entwicklun
Sonstiges	9 000	7,0	8 000	7 550	-16	Vereinfachen	Entwicklun
Summe	**133 200**	100	93 800	93 100	**-30**		

2. Sitzung:

Stand DWM [€]	erreichte Kostensenkung [%]	neue Maßnahmen	Verantwort
38 000	-28	anderer Liefer.	Einkauf
23 000	-36	Fertig. ändern	Fertigung
11 830	-21	ok	
10 000	-9	Fertig. ändern	Fertigung
3 400	-35	ok	
3 400	-15	ok	
7 800	-13	ok	
97 430	-27		

weitere Sitzungen ...

Ergebnis:

Kosten DWM [€]	erreichte Kostensenkung [%]
31 700	-40
18 000	-50
11 800	-21
8 400	-24
3 400	-35
3 400	-15
7 800	-13
84 500	**-37**

Aus Platzgründen ist hier die Tabelle "gestapelt". Mit einer Tabellenkalkulation kann sie beliebig den Anforderungen der Praxis angepasst werden.

Bild A4. Kostenverfolgungstabelle eines Betonmischers (Bild 10.1-8)

A 3.3
Materialkosten

Unter Materialkosten versteht man i. a. nicht nur die Kosten für das Rohmaterial, sondern die Kosten für das ganze Zuliefervolumen. Dies wird im Zuge der Konzentration auf Kernprodukte und -prozesse und durch Outsourcing immer wichtiger. Kostenziele an ausgewählte Lieferanten weitergeben! Enge Zusammenarbeit anstreben!

Aus Bild A5 sieht man, dass Materialkosten nicht nur durch „billiges" Material (pro Volumen) gesenkt werden können, sondern auch durch hochwertiges Material, durch günstige Konzepte, die Klein- und Leichtbau ergeben.

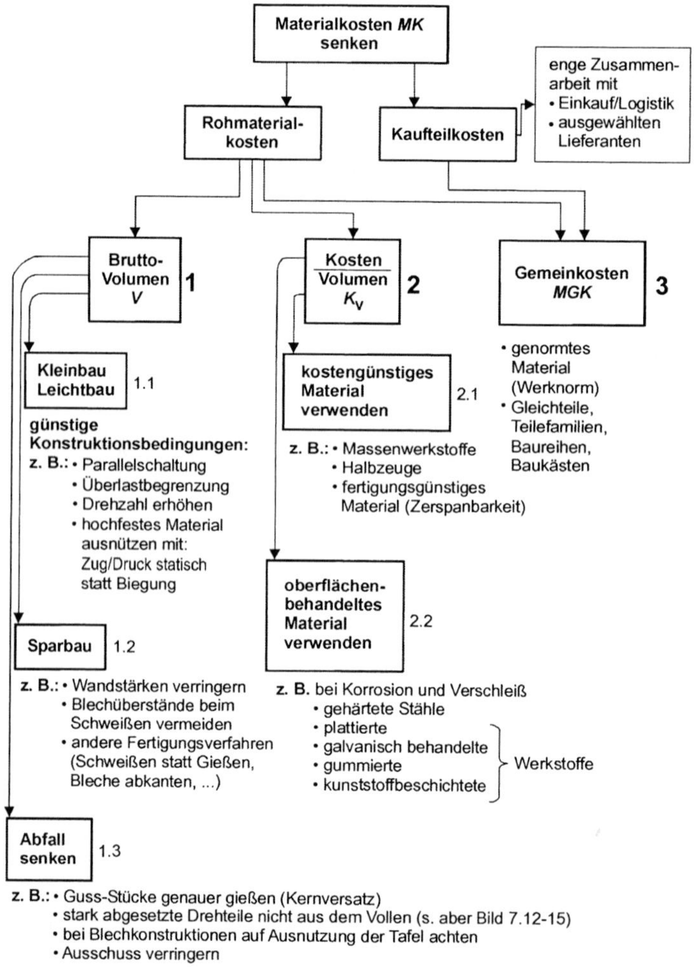

Bild A5. Materialkostengünstig Konstruieren und Regeln dafür (Bild 7.9-3)

A 3.4
Fertigungskosten

Bild A6 gibt nur einen groben Überblick über die Vielfalt der Fertigungsverfahren (Kap. 7.11). Hier sind z. B. nur 8 Schweißverfahren aufgezeigt, es gibt aber ca. 250 verschiedene! Die Wahl von Teilefertigung, Montage, Material, Verbindungsverfahren ist eng miteinander verknüpft (Kap. 7.11.1; Bild 7.11-1). Sie sollte im Team und auch evtl. mit erfahrenen Lieferanten diskutiert und entschieden werden.

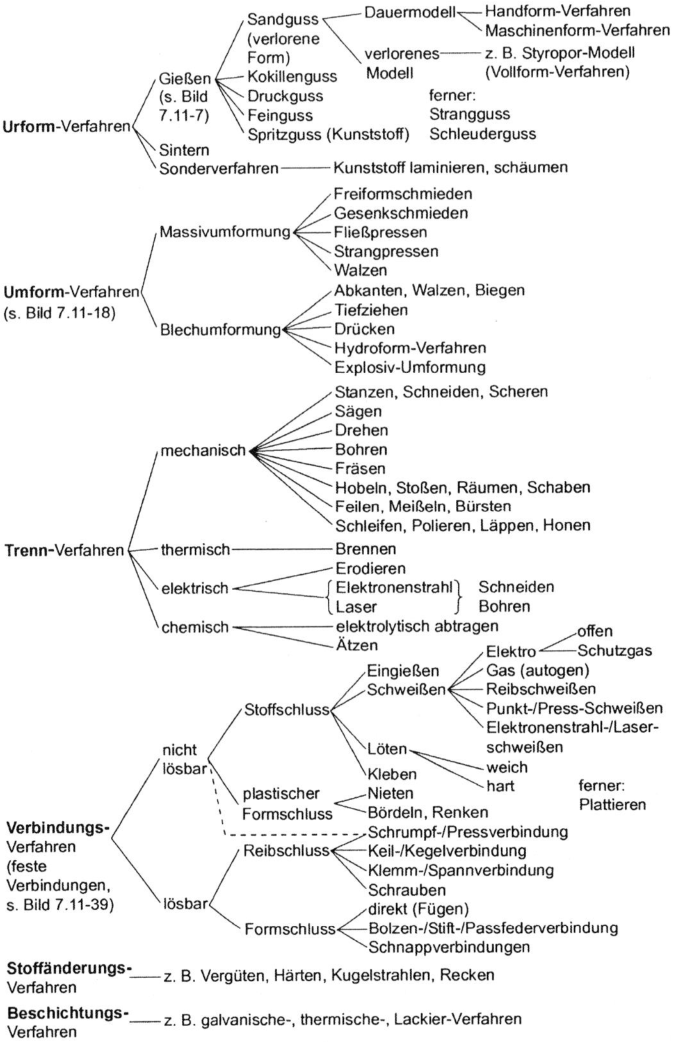

Bild A6. Überblick über gebräuchliche Fertigungsverfahren (Bild 7.11-4)

A 3.5
Montagekosten

Oberste Leitidee ist, möglichst wenige Teile zu konstruieren: Was nicht geteilt ist, braucht auch nicht montiert werden (s. a. Bild A8)! Auch hier gilt es zunächst die Struktur der Montagekosten zu ermitteln (Bild 7.11-50). Die erkannten Schwerpunkte müssen in enger Zusammenarbeit mit der Montage zuerst angegangen werden.

Technische Maßnahmen für automatisierungsgerechtes Montieren

- 1 Aufgabe
  - wenige Varianten vereinbaren
- 2 Baustruktur
  - vormontierbare Baugruppen
    - getrennt prüfbar
    - Basisbaugruppe vorsehen, modulare Montage
    - wenige variantenspezifische Baugruppen; diese erst gegen Ende montieren
    - bei variantenunabhängigen Baugruppen einheitliche Anbaubedingungen, Schnittstellen vorsehen
- 3 Teile
  - wenige Teile, wenige verschiedenartige Teile
    - durch Integralbauweise
      - Gussverfahren (Kunststoff, Metall)
      - Blechumformung
      - Sinterverfahren
      - Outsert-/Inserttechnik
    - Gleichteile
    - Kauf-, Norm- u. Standardteile
  - nicht verwechselbare, nach Lage erkennbare und greifbare Teile
  - keine biegeschlaffenTeile (z. B. Kabel, Dichtungen)
  - keine Wirrteile, besser vorgeordnete Teile
  - leicht transportierbare Teile, leicht handhabbar und einführbar
  - selbsttätig ausrichtende und sichernde Teile
- 4 Verbindungen
  - wenige zusätzliche Verbindungsteile
  - vormontierte Verbindungsteile (z. B. Schraube mit Dichtung)
  - mit Translation montierbar
    - Schnapp-, Rastverbindungen
    - Bördel-, Stauch-, Verlapp-, Kerbverbindungen
  - Kleben
- 5 Fügebewegung
  - möglichst nur eine Bewegungsart, z. B. Translation
  - möglichst nur von einer Richtung stapelartig montieren
  - auf gute Zugänglichkeit achten
  - Einstellen, Justieren vermeiden
- 6 Handhabungsgerät
  - Grenzen und Eignung bzgl. Abmessungen, Kräfte, Wege, Geschwindigkeiten; Genauigkeit beachten

Organisatorische Maßnahmen für montagegünstiges Konstruieren

- Schulung der Konstrukteure anhand von Beispielen aus dem eigenen Hause
  - Filme über neue zweckmäßige Montageverfahren
- Beratung der Konstruktion durch Montagefachmann
  - von Fall zu Fall
  - Berater macht zeitlich fixierten Besuch
  - Berater ist ständig in der Konstruktion
- Projektteam für montagegünstige Konstruktion
- Arbeitsgruppe Montageplanung innerhalb der Arbeitsvorbereitung einrichten

Bild A7. Maßnahmen für die kostengünstige Montage (Bild 7.11-52)

A 3.6 Variantenreduzierung

Die zunehmende Hinwendung auf die Erfüllung der Kundenwünsche verringert die Stückzahl gleicher Produkte und vergrößert die Zahl der Produkt- und Teilevarianten. Beides wirkt kostentreibend, sowohl für die Herstellkosten (Kap. 7.12) wie für die Selbstkosten (Kap. 6.3). Es kommt darauf an, gemeinsam mit Marketing, Verkauf die für den Markt **notwendigen Varianten** zu erkennen und die unnötigen Varianten zu reduzieren. Je früher das bei der Programm- und Produktkonzeption angegangen wird, umso wirkungsvoller ist es.

Das Bild A8 gibt Strategien und Maßnahmen zur Variantenreduzierung im Überblick an (Weitere Informationen siehe Inhalts- oder Sachverzeichnis).

1. Integralbauweise	• **Ur- und Umformverfahren** wählen (z. B. Gießen, Spritzgießen, Blechumformen, Schmieden, Tiefziehen, erosiv Abtragen): Stückzahl? • geeignete Halbzeuge einsetzen.
2. Gestaltelemente standardisieren	• Gestaltelemente (Teilegeometrien, CAD-Features), also Einbauräume, Anschlussgeometrien, die in unterschiedlichen Varianten benötigt werden, standardisieren.
3. Gleichteile (mehrmals an einem Produkt vorkommend)	• Möglichst viele Teile eines Produktes gleich machen und **Integralbauweise** wählen. • Vermeiden von **links-/rechts**-Ausführungen. • Auch **Kleinteile** (z. B. Schrauben, Dichtungen, Sicherungsringe) „radikal" reduzieren und standardisieren: Die Fertigung und Montage wird oft viel einfacher! • **Werkstoffe** vereinheitlichen: Im Zweifelsfall den „besseren" Werkstoff, u. U. mit Prüfzeugnis, nehmen.
4. Wiederholteile (bei unterschiedlichen Produkten öfters vorkommend)	• **Normteile und Zulieferteile** verwenden (firmeninterne Auswahl!). Meist wegen größerer Stückzahl kostengünstiger! • **Symmetrische** Bauteile, die in unterschiedlichen Einbaulagen montiert werden können. • Teile von **anderen Produktfamilien** verwenden: Sich absprechen! Änderungsproblem?
5. Teilefamilie	• Teile gleicher Funktion standardisieren. „Gemeinsame Aufräumaktion für eingerissenen Wildwuchs" (Bild 7.12-13).
6. Baureihe	• Gröbere Stufung anstreben.
7. Baukasten	• Baukastensysteme von **Zulieferanten** nutzen • **Lokale** Baukastensysteme vorsehen (Bild 7.12-29). • Getrennt **vormontier**- und **prüfbare** Baugruppen vorsehen. • **Plattformstrategie**: gleiche Grundbausteine für mehrere Produkte.
8. Teilearmes Konzept	• Durch Wahl geeigneter phys. Prinzipien lässt sich die Teilezahl oft überraschend reduzieren (Beispiel: mechanische/Bubble-Jet-Schreibmaschine).

Bild A8a. Strategien zur Variantenreduzierung (1-8 wesentlich konstruktive)

9. Zulieferer einschalten	• **Anzahl der Zulieferer** reduzieren (günstigere Konditionen). Kostenziel weitergeben! • **Rahmenverträge** abschließen. • **Standardisierung** gemeinsam festlegen.
10. Normungsgrad	• Als **Zielvorgabe** einführen (Bild 7.12-6): $\frac{\sum \text{Wiederhol–, Gleich–, Kauf–, Normteile}}{\sum \text{unterschiedliche Teile}} \leq \text{Grenzwert}$
11. Variantenbaum	• Zur Beurteilung, ob Varianten früh oder spät auftreten. Am besten erst am Montageende (Bild 7.12-7)!
12. Malus	• Eine **Kostenvorgabe** pro neuem Teil (z.B. 3000,- €), die durch Kostenreduzierung erst übertroffen werden muss: sonst kein Neuteil (Bild 7.12-11)!
13. Teilesuchsystem einführen	• Datenbank in EDM mit freien Begriffen aus dem Stammdatenfeld und mit CAD-Bildern. (Suchen muss schneller gehen, als neu machen).
14. Standardisierung verkaufen!	• Verkaufsunterlagen zusammen mit dem Verkauf so gestalten, dass Technik und Kosten für den Verkäufer transparent sind. Den **Kostenvorteil** der Standardisierung an den Kunden **weitergeben**. (Dazu gehört Mut!) Sonderwünsche kosten extra! (Nicht jeden Auftrag wollen!) **Vertriebsprovision** gewinn-, statt umsatzorientiert aufbauen.
15. Prozesskosten	• Abschätzung mit Stundensätzen der Kostenstellenrechnung oder nach Stundenaufschreibungen. – Aktive (hohe Nachfrage) und passive Varianten (geringe Nachfrage) unterscheiden. Passive „ruhen lassen", aktive u. U. teilearm umgestalten!
16. Vielfalts-Problemfelder	• Variantenmanagement verlangt Reduzierung in der Produkt-, Teile-, Lieferanten-, Kunden-, Auftrags-Vielfalt. • Erkennen der für den Markt **nötigen** Varianten, Reduzierung der **unnötigen** Varianten (Bild 7.12-2).

Bild A8b. Strategien zur Variantenreduzierung (9-16 mehr organisatorische)
(Enge Abstimmung mit Controlling, Fertigung, Montage, Einkauf, Vertrieb, Service nötig!)

Sachverzeichnis

Fette Seitenzahlen geben das Hauptvorkommen bzw. eine Begriffserläuterung an.

ABC-Analyse 77
Abfall 194
Abmessungen
– kostengünstige 174, 177, 201
Abnahmemenge 201
Abschreibungen 126
Abschreibungszeitraum 126
Ähnlichkeit
– dynamische **329**
– geometrische 466
– statische **328**
Ähnlichkeitsgesetze **327**
Ähnlichteilsuche 484
Aktualisierung 480
Analyse 69
Analysemethoden **69**
Änderungen 41, 51, 100, **145**, 151
Anforderungen 160
Anforderungsarten 54
Anforderungsklärung 53
Anforderungsliste **53**
Angebote 208
Angebotserstellung 347, 354
Anlassen 243
Anpassungskonstruktion **64**
Antriebstechnik 364
Anwenderbaukasten 338
Arbeitsklima 42
Arbeitsmethodik
– interdisziplinäre 99
Arbeitsplan 517
Arbeitsplanung **482**, 515
Aufgabenklärung 46, **53**, 84, 322, 346
Aufgabenstellung 158, **160**
Auftragsabwicklung 354
Auftragsgespräch 493
Ausarbeiten **64**
Ausfallkosten 191
Auslegung **190**
Ausschusskosten 199

Bau
– Klein~ 194, **196**
– Leicht~ 194, 196, **197**
– Spar~ 194, 198
Baugröße 158, **174**, 178, 181, 222, 245, 368, 373
Baukasten 335
– Anwender~ 340
– Arten **340**
– Aufbau (Morphologie) 339
– geschlossener 340
– Hersteller~ 340
– offener 340
– strukturgebundener 340
Baukastenkonstruktion **335**
Baukastenprodukte **342**
Baukastenstruktur **342**
Baukastensystem
– Vorgehen beim Entwickeln 343
Baureihe 335
– Grenzen geometrisch ähnliche 331
Baureihenentwicklung 323
Baureihenkonstruktion **320**
Baureihen-Stufung 327
Bausteine 335, 341
Beanspruchung 190, 191
Bearbeitbarkeit 202, **246**
Bearbeitung
– mechanisch 374
Begeisterungsmerkmale 57

Begriffskatalog 303
Bemessungsgleichungen **458**
Benchmarking 114, **363**, 364, 493
Beschaffung 39
Beschäftigungsgrad 439
Betonmischer 491
– Doppelwellen 492
– Teller 492
Betriebsabrechnungsbogen **412**, 413
Betriebskosten **6**, 121
Betriebssicherheit 191
Bewertung 70
Bewertungsmethoden **71**
Bewertungsprofile 384
Bezugsgröße 415, 417, 433
Blechumformung 237, 238
Bohrbearbeitung 248
Bohren 246
Bohrwerk 245
Boston-Erfahrungskurve 174
Brainstorming **67**
Brainwriting **67**
Break-even-point **123**, 124, 138, 438, 494
Breite-Längen-Verhältnis 376

CAD **482**
Cauchy-Zahl *Ca* **331**
Checkliste 66, **83**
Cluster-Analyse 303
Controlling 39
Cost Center 44
Cost Tables 81

Datenbank 310
– relationale 302
Deckungsbeitragsrechnung **437**, 443
Demontagetiefe 402
Demontierbarkeit 400
Design
– to Assembly (DTA) 114
– to Cost (DTC) 114
– to Manufacturing (DTM) 114
dezimaler Schlüssel 301
Differenzialbauweise 230, **313**, 314, 317
Dokumentation 148
Drehbearbeitung 247
Drehen 246
Drehzahlerhöhung 196
Durchlaufzeit 23, 282, 292
Durchström-Wasserturbinen 180
DV-Informationssysteme 320

EDV-Konfigurationssystem 347
EDV-Suchsystem 303
Effekt
– physikalischer 64
Effizienzsteigerung
– Produktentwicklung 142
Eigenfertigung 205, 260
Eigenfertigung/Zukauf **205**
– Entscheidung **437**
Eigenschaftscheckliste 494
Einfluss
– Baugröße 428
– Stückzahl 428
Einflussgrößen 157
Einführungskosten **169**, 292, 375
Einstandskosten **6**, 121
Einzelfertigung 178, 184, 187
Einzelkosten 7, 138, **412**
Engineering Data Management (EDM) 310
Entscheidung 70
Entsorgung 10, 40, **396**
Entsorgungsfachmann 397
Entsorgungskosten 123
Entsorgungskostensenkung 396
– Regeln 404
Entsorgungslogistik 397
Entsorgungsmarkt 397
Entsorgungsstrategie 398
Entwerfen **63**
Entwicklung 10, 13
– zielkostenorientiert 52
Entwicklungsprozesse 23
Entwicklungstiefe 204
Erfahrungswerte 98

Erlöse 406

Feature 485
Fehler
– absoluter 474
– Ausgleich 477
– relativer 474
– Stücklisten~ 388
– Zeichnungs~ 388
– zufälliger 477
Fehler-Möglichkeits- und Einfluss-Analyse (FMEA) 115
Fertigung 10, 13
– Eigen~ 149
– Einzel~ 33, 429
– Fremd~ 149
– Kleinserien~ 429
– Serien~ 33
Fertigungsberatung **75**, 388
Fertigungsfamilien **300**
Fertigungskosten **418**
– aus Einzelzeiten 390
– aus Rüstzeiten 391
Fertigungsoperationen 318
Fertigungsort
– unsicherer 207
Fertigungs-Technologie 158
Fertigungstiefe 33, 204
– verringerung 286
Fertigungsverfahren 172, 186, **212**, 216
– Wahl 215
– Entscheidung 437
Festigkeit 195
Fexibilität 138
Flächenpressung p 385
Flanschwelle 384
Fließpressen 238
Folgeentwurf 328, 333
Formleichtbau 197
Fraktionierbarkeit 400
Fräsbearbeitung 249
Fräsen 248
Freiformschmieden 236
Fremdbezug 205
Führung 25
Funktion **342**
– Basis~ 342
– Gesamt~ 342
– Kann~ 342
– Muss~ 342
– Spezial~ 342
Funktionsanalyse **55**
Funktionskosten **78**, 160, 161, 257, 264
Funktionsprinzip 157
Funktionstrennung 202
Funktionsvereinigung 163, 166, 318

Galeriemethode **68**
Gehäuse
– gegossen 371
– geschweißt 371
Gemeinkosten 7, 138, **412**
Gemeinkostenzuschlag 416
Genauigkeit **447**, 448
– innerbetriebliche 475
geometrische ähnliche Baureihen
– Grenzen 331
geometrische Halbähnlichkeit **328**
Gesamtzielkosten **55**
Geschäftsführung 12
Gestalt 66, **166**
Gestaltung
– fertigungsgerecht 214, 218, 246
– montagegerecht 214
– toleranzvermeidend 268
– von Gussteilen 224
Getriebemontage
– gestörte~ 387
– ungestörte~ 386
Gewichtskostenkalkulation 178, 223, 259, **427**
Gewichtskostensatz 455
Gewinn 6, 406, 418
Gewinnschwellendiagramm **438**
Gießverfahren 219
Gleichteil **309**
Gozinto-Graph 342
Grenzkostenrechnung **442**

Grenzstückzahl 138, 217, 375, 518
– Schweißen/Gießen **376**
Grobarbeitsplanung
– automatische 485
Grundentwurf **328**, 519
Gruppenarbeit 286
Gruppentechnologie 301
Gussgestaltung 229
Gussmaterial 223, 229
Gussrohteil 221
Güter
– Investitions~ 31
– Konsum~ 31
Gütestufe Gussteile 223

Halbähnlichkeit
– geometrische 467
Härten 243
Härten 370
Härtereikosten 380
Härteverfahren 379
Hauptkosteneinflüsse 158
Herstellbaukasten 338
Herstellkosten 157, 178
– Einflussgrößen 157, 159
Herstellkostensenkung 98
Hilfsmittel **73**, 146
Hochgeschwindigkeitsfräsen 250
Hochgeschwindigkeitsschleifen 250

Inbetriebnahme 355
Information 113
Informationsverfügbarkeit 25, 27, 30
Instandhaltungskosten **6,** 121,191
Integralbauweise 15, 166, 230, 231, 271, 274, 313, 315, 318
Internationalisierung
– Markt 287
Investitionskosten 124, 126

Job Rotation 42

Kalkulation **482**, 552
– Ähnlichkeits~ **454**
– Angebots~ 415, **447**
– Aufwandsverringerung 451
– Divisions~ 415
– entwicklungsbegleitende 449
– Gewichtskosten~ **455,** 518
– mitlaufende 554
– Nach~ **414,** 415
– rechnerintegrierte 480
– Such~ **454**
– Vor~ **414**, 415, 420, 515, 517
– Zuschlags~ 415, 421
– Zuschlags~, differenzierende **417**, 432, 553
– Zuschlags~, Nachteile 429
– Zuschlags~, summarische 415
Kalkulation mit Kostenwachstumsgesetzen 519
Kalkulationsschema des Maschinenbaus **418**
Kalkulationsverfahren **415**
Kaltumformen 236, 240
Kapazitätsplanung 144
Katalog 66
Kaufteil 307
– nach Kundenspezifikation 307
– nach Lieferantenspezifikation 307
Kernkompetenzen 203
Kernteam 493
Kleben 263
Kleinbau 174, 177, 190
Kommunikation 27
Komplexität 150, 284
– Beherrschung 284
– Kosten 150, 284
– Markt 287
– Produktions 284
– Teile 284
Komplexitätskosten 150, 284, 314
Konstruieren
– kostengünstig 52
Konstruktionslogik 350
Kontinuierlicher Verbesserungs-Prozess (KVP) 115
Kontrollsystem 103
Konzept 157, 158, 162, 196
– prinzipielle Lösung 162
Konzipieren **63**

Kooperation 42
Korrosionsschutz 203
Kosten 5, **407**
– analyse 69
– Ausschuss~ 280
– Bearbeitungs~ 377
– beratung 75
– Einführungs~ 314, 321
– Einmal~ 314, 315, 318
– einmalige 6, 121, **168**, 169, 170
– Einzel~ **412**, 418
– Fertigungs~ 175, 217, **418**, 557
– Fertigungseinzel~ 418
– Fertigungsgemein~ **419**
– Fertigungslohn~ **419**
– fixe 138, **435**
– früherkennung 69, 25, 445
– Funktions~ **78**, 484
– Gemein~ **412**, 418
– Gesamtziel~ 493
– Gussrohteil~ 220
– Herstell~ 409, 418, **419**
– Ist~ 408
– Komplexitäts~ 284, 314
– Lohn~ 193
– Material~ 174, 186, 187, **192**, 193, 233, 246, **417**, 556
– Materialeinzel~ **417**
– Materialgemein~ **418**
– Modell~ 220, 221, 377
– Montage~ 558
– Normal~ 409
– Plan~ 409
– Qualitäts~ 280
– Rohmaterial~ **194**
– Rohteil~ 377
– Rüst~ 170, 176, 178, 185, 314, 318
– Selbst~ 409, 418, **419**
– Sondereinzelkosten der Fertigung **419**
– sonstige 121
– struktur **77**, 334, 497, 500, 504, 508, 554
– variable 138, **435**
– Werkzeug~ 234
Kostenart **411**
Kosten-Benchmarking 364
Kostenberatung **75**, 388
Kostenberechnung
– Unterschiedskosten 451
Kostenentstehung 13
Kostenfestlegung 13
Kostenforechecking 503
Kosteninformation 28
Kostenmanagement 19, **35**
– Bausteine 35
– Durchführung 98
– Einführung 94
– kurzfristig 35
– Methoden 74, 114
– Praxis **94**
– Probleme 23
– wirksames 36
Kostenrechnung 405, **410**
– Platz~ **431**, 432, 553
– Prozess~ 433
– Teil~ 408, **434**
– Voll~ 408, 434
Kostenschätzung **451**
Kostensenken
– Aufwand **95**
Kostensenkungspozential 496, 501,508, 509
Kostenspaltung 61
Kostenstelle **411**
Kostenstruktur **77**, 334, 497, 500, 504, 508, 554
Kostenträger 7, 412, **414**
Kostentransparenz
– mangelhafte 207
Kostentreiber 433
Kostenverfolgung 446, 555
Kostenverfolgungstabelle 501, 503
Kostenwachstumsgesetz 374, 466
– differenzierte **469**
– summarische **468**
Kreativitätstechniken **67**
Kunde 70
– anonyme 31
– Einzel~ 31
Kundenbegeisterung 21

Kundenfunktion 498
Kundennutzen 57
Kundenvielfalt 285
Kundenzufriedenheit 191
Kunststoff-Spritzguss 230
Kunststoffteile 230
Kurzkalkulation **453**
– Genauigkeit 474
– leistungsbestimmende Größen 457
– Vorgehensweise **471**
Kurzkalkulationsformeln
– mit mehreren Einflussgrößen 458, 460
– Regressionsanalyse 458
Kurzkalkulationsverfahren 450, 513

Lagerbestand 300
Lagerbock
– Gussausführung 514
– Schweißausführung 514
– Vollmaterial 515
Lebenslauf 53
Lebenslaufkosten 6, **11**, 53, 119, **121**, 124, 489, 494
– Einflüsse 128
– Regeln 130
– Schwerpunkte 126
Lebenslaufkosten-Minimum 191
Lebenslaufkosten-Senkung
– Vorgehenszyklus **129**
Lebenslaufkosten-Verringerung
– Beispiele 133
Lebenslaufzielkosten 129
Leichtbau 190, **197**
Leistungen 405
Leistungstiefe 149, **203**
Leitlinie zum Kostensenken 546
Lieferantenvielfalt 285
Lieferzeitverkürzung 321, 337
Lieferzeitverzögerungen 388
Life-cycle-costs **121**
Logistikprozess 139
Losgröße 169, 184, 187, 318
Losgrößenfertigung 184
Lösungen
– vorhandene 64
Lösungsauswahl 48, **69**, 91
Lösungssuche 47, **63**, 86

Malus **309**, 320
Management-Prozess 20
Marketing 12, 39
Marktanalyse 322
marktgerecht 21
Marktlebensdauer 119, **122**, 123
Marktpreis 60, 409
Maschinen
– Druck~ 180
– Papier~ 180
Maschinenstundensatz **432**, 553
Maßnahmen
organisatorische 320
Maßtoleranzen 266
Material 192
– hochfestes 197
– oberflächenbehandeltes 202
Materialkosten 391
materialkostengünstig 194
Materialkostenmethode **456**
Materialvolumen 196
Mengengerüst 354
Mengennachlaß 202
Mengenrabatt **173**, **202**
Mensch 36, 42
Messen 280
Methode 6-3-5 **68**
Methoden 148
Methodeneinsatz **29**, 71, 73
Mitarbeiterkapazität 27
Modellkosten 374, 375
Modularisierung
– Freie 348
– Generische 347
– Individuelle 348
– Quantitative 348
Module 347
Montage 39, 270, 275, 355, 386
– Störungsursachen 388

Montagekosten 271
Montage-Technologie 158
Montagevorplanung 388
morphologischer Baukasten 339
morphologischer Kasten **68**
Motivation 143

Nachkalkulation 449
Neukonstruktion **64**
neuronale Netze **464**
Neuteil **308**
Nibbeln 252
Normung 305
Normungsgrad **296**, 308
Normzahlreihen **324**, 325
Nummernsysteme 301
Nutzung 10, 39
Nutzungsdauerverlängerung 131

Opportunitätskosten **150**
Optimierungsrechnung 463
Optimierungsverfahren **462**
Optimum 16
Organisation 26, 42, 143
Organisationsform
– produktbezogen 26
– integrative **44**
Outsourcing 33, 203
Overengeneering 40, 69

Parallelschaltung 196
Parametrik 350
Paretoanalyse **77**
Passfeder 382
Personalmotivation 142
Personalmanagement 25
PERT 450
Planetengetriebe 165, 196, 327
Planungssystem 103
Plattformen 348
Plattformstrategie 338
Portfolioanalyse **84**
Pressverbände 385
Pressverbindung 382
PRICE 450
Prinziplösungen 349
Produkt
– eigenschaften 69
– kostengünstiges 22
– marktgerechtes 21
– pflege 40
– planung 39
Produktart 31
Produktentwicklung
– integrierte **36**
– kosten 139
– Regelkreis 41
– zeit 144
Produktentwicklungsphasen
– frühe 70, 144
– späte 145
Produktion 10
Produktionsart 33
Produktlebensdauer 119, **121**
Produktlebenslauf 9, 11, 36, 38
Produktnorm 296
Produktpflege 40
Produktplanung 10, 39
Produktprogramm 31, 295, 439
Produktvarianten
– Kosten 152
Produktvielfalt 283, 285, **295**
– Verringerung 304
Profit Center 44
Projektierung 9
Projektierungssystem 353
Projekt-Kosten-Kalkulation **450**
Projektmanagement 36, 94, 143
Projektteam 493, 507
Prozess 38
Prozessanalyse 146
Prozessgesamtkosten 124
Prozesskostenrechnung 139, 320
Prüfen 280
Punktschweißungen 257

Qualifikation 142
Qualitätsanforderungen 223
Qualitätskosten 124
Qualitätsmanagement 144, 388
Qualitätssteigerung 322
Quality Function Deployment (QFD) 115

Rationalisierung 9
Rauheit 266, 269
Rechnereinsatz 104, **146**
Rechnerintegration
– Arbeitsplanung, Kalkulation **482**
– CAD, Arbeitsplanung, Kalkulation **484**
Regel **82**
– kreis 20, 41
– kurz 51
– lang 51
Regressionsrechnung **459**, 463
Relativkosten 81
Rendite 141
Reparaturkosten 190
Return of Investment 124, 141
Rohgehäuse 222
Rohgehäusekosten 374
Rohmaterial 192
Rohteilkosten 221
Rule of Ten 12, 51
Rüstkosten 169
Rüstkostenverringerung 318
rüstzeitarme Betriebsmittel 319
Rüstzeit-Verringerung **319**

Sachmerkmalsleiste 301, 310
Sägen 253
Schadstoffe 401
Schleifbearbeitung 250
Schleifen 248
Schmieden 236
– Gesenk~ 236, 239, 241
Schneiden 251, 254
– Brenn~ 252
– Laser~ 252, 253, 255
– Plasmastrahl~ 252
– Wasserstrahl~ 252, 253
Schnittstellen
– Analyse 303
– Energie~ 304
– Geometrie~ 304
– organisatorische 303
– Signal~ 304
– Stoff~ 304
– technische 303
Schraube 197, 263, 266
Schraubensicherung 266
Schweißen
– Elektronenstrahl~ 260
– Laserstrahl~ 260
– Lichtbogen~ 258
Schweißgruppen 258
Schweißkonstruktion 198
Schweißteil 222, 261
Segmentierung 286
Selbstkosten 7, **137**, 292, **420**
Serienfertigung 215
Service 40
Serviceprozess 139
Simultaneous Engineering **44**, 143
Sinterteile 234
Sinterverfahren 234
Sonderkonstruktion 429
spanende Verfahren 242, 244, 246
Spannhülse 266
Spannungsfreiglühen 243
Spritzguss 315
Stahlguss 225
Standardabweichung 474
Standardisierung 305
Stanzen 248, 251, 252
Steuerungssystem 103
Stirnradgetriebe 164, 175, 179, 323
Stirnzahnräder 186, 368
Stoffleichtbau 197
Störungsdokumentation 388
Strategie **49**
Stückzahl 158, **167**, 169, 181, 245, 315, 368, 375
Stückzahldegression **170**

Stückzahleinfluss 221
Stufensprung 324, 326
Subsidiaritätsprinzip 44, 144
Suchsystem 310
Synektik **67**
System HKB 482
Szenario 131

Tabellenkalkulation 449, 497, 503
Target Costing 50, 59, 491
Target-Costing-Team 503
Team 214
– arbeit **43**, 388
Technische Auslegungen
– Streuungen 385
Teilefamilien 311
– konstruktive 310
Teilefertigung 39
Teileklassifikation **301**
Teilenormungsgrad 308
Teilevielfalt 151, 283, **294**
– Verringerung 304, 320
– Organisatorische Maßnahmen 320
Teilezahlverringerung 271
Teilzielkosten **61**, 496
Teilzielkosten nach Kundenfunktionen 497
Termindruck 27
Terminplan **104**, 144
Thesaurus 306
Tiefziehen 198
Total Costs of Ownership 124
Total Quality Management (TQM) 115
Trainiereffekt **171**
Trend 131
Trend-Diagramm **106**
Trennverfahren 242
Trommelfilter 180
Typisierung 349

Überlastbegrenzung 196
Umformverfahren 236
Upgrading 131
Urformverfahren 219

Variante **282**
Variantenbaum **297**
Variantenkonstruktion **64**
Variantenmanagement **282**, 488
– präventives 487
Variantenreduzierung 316, 559
Variantenstückliste 347
Variantenvielfalt 150, 155, 295
– externe Ursachen 287
– interne Ursachen 289
– Nachteile 291
– Vorteile 290
Variation 66
Variationsmerkmal 66, 67
Verbindungen 255
– Blech~ 257
– Bördel~ 257
– feste 256
– Press~ 257
– Schnapp~ 257
Vergüten 243
Verkaufspreis 51, **409**
Verschleißkosten 494
Verschleißschutz 203
Vertrieb 12, 39
Verursachungsprinzip 405, 425
Verwaltungskosten 151
Verzahnungsqualität 369
Vollform-Gießverfahren 224
Volltextsuche 303
Vorkalkulation 449
Voraussetzungen
– innerbetriebliche **112**
Vorentwicklung 145
Vorgabezeiten **176**
Vorgängerprodukt **57**
Vorgehen
– methodisches 71
– operativ 20
– strategisch 20
Vorgehensplan 36, 51, **99**, 166
Vorgehenszyklus 36, **46**, 167, 394, 493, 507

– zur Kostensenkung **72**
Vorleistungskosten 122, 292
Vorzugslieferanten 208

Wachstumsgesetze
– pauschale 174
Wärmebehandlung 243, 370, 379
Wartungskosten 190
Weiterbildung 113
Welle-Nabe-Verbindung **381**
Wellensicherung
– axial 266
Werkstoff 200, 369
Werkstoff-Relativkosten 201
Werkzeuge 36, 73
Wert
– schöpfung 5
Wertanalyse 15, 16, **115**
– Arbeitsplan 116
Wertschöpfung 204
Wiederholteil **308**
Wiederholteilekatalog **301**, 302
Wiederholteil-Suchsystem 310
Wirkflächen
– Abmessungsverhältnisse 179
Wirrteile 272
Wirtschaftlichkeitsprinzip 405, 425
Wissensmanagement 148

Zahnräder 177, **368**
Zahnradfeinbearbeitung 244
Zentrifugenständer 506
Zielkonflikte 71
Zielkosten 50, 55
– Ermittlung 55
– Kontrolle 28
– Lebenslauf 129
Zielkostenindex 499
Zielkostenkontrolldiagramm 498
Zielnormungsgrad 309
Zug-(Druck-)Beanspruchung 197
Zukauf 223
Zulieferanten 33
Zulieferbaukästen 341
Zulieferer 33, 259, 388
Zuordenbarkeit 400
Zuverlässigkeitssteigerung 322
Zylinderkerbstift 266